第十版

# Automatic Control Systems 10E

# 自動控制系統

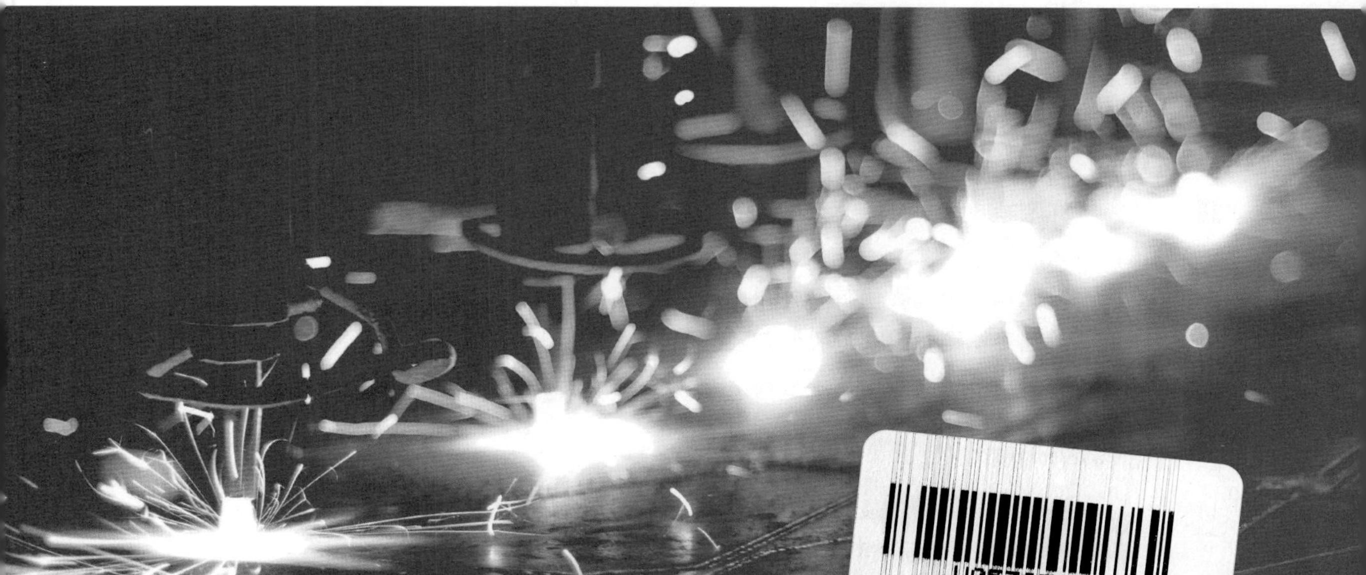



FARID GOLNARAGHI, BENJAMIN C. KUO 著

江昭皚．江秉軒 譯

McGraw Hill

美商麥格羅．希爾

電子／電機 系列叢書

東華書局

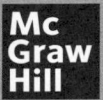

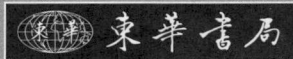

國家圖書館出版品預行編目資料

自動控制系統／Farid Golnaraghi, Benjamin C. Kuo 著；江昭皚,江秉軒譯. -- 初版. -- 臺北市：麥格羅希爾,臺灣東華, 2018.06

864 面；19x26 公分

譯自：Automatic control systems, 10th ed.

ISBN 978-986-341-394-3（平裝）

1.CST: 自動控制

448.9　　　　　　　　　　　　　　107008605

---

電子／電機

# 自動控制系統
Automatic control systems, 10th ed.

| | |
|---|---|
| 原　　著 | Farid Golnaraghi, Benjamin C. Kuo |
| 譯　　者 | 江昭皚、江秉軒 |
| 執行編輯 | 余欣怡 |
| 合作出版 | 臺灣東華書局股份有限公司 |
| 暨發行所 | 美商麥格羅希爾國際股份有限公司台灣分公司 |
| 總經銷(臺灣) | 臺灣東華書局股份有限公司 |
| 地　　址 | 臺北市重慶南路一段一四七號四樓 |
| 電　　話 | (02) 2311-4027 |
| 傳　　真 | (02) 2311-6615 |
| 劃撥帳號 | 00064813 |
| 網　　址 | www.tunghua.com.tw |
| 讀者服務 | service@tunghua.com.tw |
| 出版日期 | 2025 年 2 月 10 版 4 刷 |

ISBN　978-986-341-394-3

**版權所有 ・ 侵害必究**

繁體中文版 ©2018 年，美商麥格羅希爾國際股份有限公司台灣分公司版權所有。本書所有內容，未經本公司事前書面授權，不得以任何方式（包括儲存於資料庫或任何存取系統內）作全部或局部之翻印、仿製或轉載。

Traditional Chinese translation copyright © 2018 by McGraw-Hill International Enterprises LLC Taiwan Branch

Original title: Automatic Control Systems, 10E (ISBN: 978-125-964-383-5)
Original title copyright © 2017 by McGraw Hill Education
All rights reserved.

# 序 Preface

本書第十版是與新出版商 McGraw-Hill Education 公司合作出版。這代表本書的全面改版,亦即本書進行了實用教材內容的設計,以便為讀者介紹自動控制系統的基本概念。新的版本對所有的章節均做了顯著的改進,大量已做詳解的範例,使用 LEGO® MINDSTORMS® 和 MATLAB®/SIMLab 的實驗室,以及對控制實驗室概念的介紹。本書提供學生此課程之真正實務上的理解,並且為學生在未來遇到挑戰時做好萬全準備。

在這個版本中,我們增加了一些範例,也加入更多的 MATLAB 工具盒,並且改進了 MATLAB GUI 軟體和 ACSYS,以便與 LEGO MINDSTORMS 介接。我們也為學生以及授課教師加入更多計算機輔助工具。新版的修訂歷時五年之久,經過許多教授的審閱,將新的觀念做更好的微調。在這個版本中,第一章到第三章編排成包含所有的背景教材,而第四章到第十一章則包含與控制主題直接相關的素材。附錄 D 詳細介紹了控制實驗室的教材內容。

下列關於本書的原文附錄介紹可於網站 www.mhprofessional.com/golnaraghi 中找到:

附錄 A:Elementary Matrix Theory and Algebra (基本矩陣理論與代數)
附錄 B:Mathematical Foundations (數學基礎)
附錄 C:Laplace Transform Table (拉氏轉換表)
附錄 D:Control Lab (控制實驗室)
附錄 E:**ACSYS** 2013: Description of the Software (**ACSYS** 2013:軟體的說明)
附錄 F:Properties and Construction of the Root Loci (根軌跡的性質與繪製)
附錄 G:General Nyquist Criterion (通用奈氏準則)
附錄 H:Discrete-Data Control Systems (離散-資料控制系統)
附錄 I:Difference Equations (差分方程式)
附錄 J:z-Transform Table (z-轉換表)

下文將針對三種讀者群進行介紹,包括:已經採用本書或我們希望未來會選用本書作為教科書的教授;始終在尋找能解決日常設計問題的從業工程師;以及,由於選修已指定本書為教科書之控制系統課程而將終日與此書為伍的學生。

**致授課教授:**本書所收錄的教材內容乃兩位作者——Golnaraghi 教授和 Kuo 教授——於其教職生涯中,在各自任職的大學講授大三與大四之控制系統課程所衍生出來的著作。本書前九版已被美國及世界各國的數百所大學所採用,並且已被翻譯成至少六種語言發行。

大多數大四的控制課程都設有實驗室來處理直流馬達之時間響應與其控制——亦即,速率響應、速率控制、位置響應及位置控制。在許多情況下,由於控制實驗室設備的成本昂貴,學生接觸實驗設備的機會十分有限。因此,許多學生對於講授的課題無法獲得實際的見解。由於

瞭解到這些限制，我們在第十版中導入**控制實驗室** (Control Lab) 的概念，其中包含兩種類型的實驗：**SIMLab (model-based simulation)**、及 **LEGOLab (physical experiments)**。這些實驗係為了補充或取代傳統大四控制課程中學生的實驗接觸。

在此版本中，我們為 LEGO MINDSTORMS NXT 直流馬達設計了一系列不昂貴的控制實驗，使學生可以在 MATLAB 和 Simulink® 環境下學習，即使在家裡也是如此。更多細節請參閱附錄 D。這種具有成本效益的方法可以讓教育機構在他們的實驗室裝備一些樂高測試平台，並使學生能夠以最大限度的方式利用設備，而成本只是現有控制系統實驗的一小部分。換言之，作為一個輔助學習的工具，學生甚至可以把設備帶回家，然後按自己的步調來學習。這個概念在 Golnaraghi 教授所任職的大學 (Simon Fraser University, Vancouver, Canada)，已被證明是非常成功的。

實驗室涵蓋了直流馬達的**速率和位置控制**等各種實驗，其後接續的是一個**控制器設計專題**，此專題涉及一個簡單機器人系統的控制，它可用來進行電梯系統的拾取-置放操作和位置控制。在第六和第七章中，另外備有兩個不同的專題。這些新實驗的具體目標是

- 提供直流馬達之速率響應、速率控制及位置控制概念的深入且實際的討論。
- 透過實驗提供如何識別實際系統參數的範例。
- 藉由實際的範例給控制器設計一個更好的體驗。

本書不僅包含有傳統的 MATLAB 工具箱，學生可以藉此學習 MATLAB 並利用其程式設計技巧，而且還包含一個植基於 MATLAB 的圖控軟體，**ACSYS**。本版本所加入的 **ACSYS** 軟體與其它控制相關之書籍附贈的軟體有很大的差異。在此，透過大量 MATLAB GUI 程式設計，我們創造了方便使用的軟體。因此，學生僅需要專注在控制問題的學習上，而非程式設計！

**致從業工程師：**本書係以讀者為中心的方式來撰寫，故非常適合自修。我們的目的是希望能夠清楚、完整地探討所有課題，而非使用定理-證明-證畢的編寫格式，故本書沒有大量的數學理論。本書作者已經在工業界相當多的部門中擔任顧問多年，並參與解決控制系統的眾多問題，從太空系統到工業控制、汽車控制、及電腦週邊控制等問題均涵蓋在內。雖然在此階段將實際問題的所有細節與實況編納於書中是件很困難的事情，然而書中的一些範例與習題亦代表現實系統的簡化版本。

**致學生：**現在，你們已經選修了這門課，而且你們的老師已經選用了這本書！雖然你們無權說不，然而當閱讀完本書之後，你們仍可表達自己的意見。更糟的是，老師選用本書的目的，不外乎就是希望各位更努力的學習，但請不要誤會作者的意思，作者真正的本意是：本書雖然淺顯易讀 (以作者的觀點而言)，卻不是一本毫無價值的書。本書並無卡通漫畫或漂亮的照片以資娛樂。從此處開始，研讀本書將是你們的份內工作且必須努力用功。你們應該已經具備一些於典型的線性系統課程便能找到之題材的背景知識，諸如：如何求解線性常微分方程式、拉氏轉換與應用、線性系統的時間響應與頻-域分析等。在本書中，你們不會發現太多以前尚

未接觸過的新數學理論。有趣且富挑戰的是，你們將學習到如何將過去兩、三年於大學所學到的數學加以應用到本課程的探討議題。因此，假如你們需要複習一些數學基礎，這些都可於附錄中獲得，這些附錄可在本書的課程網站找到：www.mhprofessional.com/golnaraghi。在此網站內，你們也會找到植基於 Simulink 的 SIMLab (模擬實驗室) 與 LEGOLab (樂高實驗室) 軟體套件，這些套件將會幫助各位獲得對真實世界之控制系統的認識。

本書提供為數眾多的範例，有些很簡單，旨在闡述新觀念與新主題；有些則詳細敘述，以便讓讀者更接近實際情況。此外，本書主要的目的是用清晰、完整的方法將複雜的主題呈現出來。但對於身為學生的你們，最重要的學習策略之一就是不能僅依賴一本教科書。在研習某一主題時，須到圖書館多借幾本類似的書，看看不同的作者是如何介紹相同的主題。從中你們可能對該主題獲得新的啟發，同時亦可發覺某位作者可能較其他作者的內容介紹更為細心且更為完整。不要被過度簡化的範例所困惑，可立即記載其所涵蓋的範圍。一旦進入真實世界的那一刻，你們將面對具有令人驚恐的非線性及/或時變元件，以及會令你不知所措之更高階控制系統的設計問題。現在告訴你們這些，或許會令你們感到沮喪，但在真實世界中，完全線性與一-階的系統是不存在的。

## 特別致謝

Farid Golnaraghi 想要感謝 McGraw-Hill Education 公司國際與專業事業群之工程部編輯主任 Robert L. Argentieri 在出版此新版本的貢獻與支持。特別感謝所有審稿者的寶貴意見和建議；出版前的這些審閱評論對此次的修訂版本產生了很大影響。作者更要特別感謝 Simon Fraser University 機電整合系統工程學院的許多教職同仁、學生、研究助理，以及參與本書改版的所有大學部學生。

Golnaraghi 教授充分體認郭氏地產企業 (特別是 Lori Dillon) 的貢獻，並且感謝他們對於此次本書改版專案的大力協助。

最後，Golnaraghi 教授要向已故的 Benjamin Kuo 教授致謝，感謝 Kuo 教授分享他寫作這本精彩教科書時的樂趣，並感謝他在這些歷程中的耐心指導和支持。

# 目錄 Contents

## Chapter 1
### 導論 .......... 1
- 1-1 控制系統的基本元件 .......... 2
- 1-2 控制系統應用的實例 .......... 2
- 1-3 開-迴路控制系統 (無回授系統) .......... 6
- 1-4 閉-迴路控制系統 (回授控制系統) .......... 7
- 1-5 何謂回授及其效應為何？ .......... 8
- 1-6 回授控制系統的類型 .......... 12
- 1-7 線性與非線性控制系統 .......... 12
- 1-8 非時變和時變系統 .......... 13
- 1-9 連續-資料控制系統 .......... 13
- 1-10 離散-資料控制系統 .......... 14
- 1-11 個案研究：智慧車輛避障——LEGO MINDSTORMS (樂高腦力激盪車) .......... 15
- 1-12 摘要 .......... 24

## Chapter 2
### 動態系統的建模 .......... 25
- 2-1 簡單機械系統的建模 .......... 26
- 2-2 簡單電氣系統模型化的簡介 .......... 42
- 2-3 熱力與流體系統建模的簡介 .......... 48
- 2-4 非線性系統的線性化 .......... 61
- 2-5 類比性 .......... 65
- 2-6 專題：樂高智能 NXT 馬達——機械建模 .......... 67
- 2-7 摘要 .......... 69
- 習題 .......... 69

## Chapter 3
### 動態系統的微分方程式之解 .......... 85
- 3-1 微分方程式簡介 .......... 86
- 3-2 拉氏轉換 .......... 87
- 3-3 利用部分分式展開法求反拉氏轉換 .......... 96
- 3-4 應用拉氏轉換求解線性常微分方程式 .......... 104
- 3-5 線性系統的脈衝響應與轉移函數 .......... 120
- 3-6 一-階微分方程式系統：狀態方程式 .......... 124
- 3-7 線性齊次狀態方程式的解 .......... 134
- 3-8 利用 MATLAB 的個案研究 .......... 145
- 3-9 線性化回顧：狀態空間法 .......... 152
- 3-10 摘要 .......... 157
- 習題 .......... 158

## Chapter 4
### 方塊圖及信號流程圖 .......... 171
- 4-1 方塊圖 .......... 171
- 4-2 信號流程圖 .......... 188
- 4-3 狀態圖 .......... 203
- 4-4 個案研究 .......... 209
- 4-5 MATLAB 工具 .......... 221
- 4-6 摘要 .......... 225
- 習題 .......... 225

## Chapter 5
### 線性控制系統的穩定度 .......... 239
- 5-1 穩定度簡介 .......... 239
- 5-2 決定穩定度的方法 .......... 244
- 5-3 路斯-赫維茲準則 .......... 244
- 5-4 MATLAB 工具與個案研究 .......... 251
- 5-5 摘要 .......... 260
- 習題 .......... 261

## Chapter 6
### 回授控制系統的重要元件 / 267

- 6-1 主動式電氣元件的建模：運算放大器 268
- 6-2 控制系統的感測器與編碼器 274
- 6-3 控制系統的直流馬達 284
- 6-4 直流馬達的速率與位置控制 292
- 6-5 個案研究：實際範例 299
- 6-6 控制實驗室：LEGO MINDSTORMS NXT 馬達簡介——建模與特性化 305
- 6-7 摘要 315
- 習題 317

## Chapter 7
### 控制系統的時域性能 / 335

- 7-1 連續-資料系統的時間響應：簡介 336
- 7-2 評估控制系統時間響應性能的典型測試信號 337
- 7-3 單位-步階響應與時域規格 339
- 7-4 原型一-階系統的時間響應 341
- 7-5 原型二-階系統的暫態響應 344
- 7-6 穩態誤差 362
- 7-7 基本控制系統與加入極點及零點至轉移函數的效應 381
- 7-8 轉移函數的主極點與零點 394
- 7-9 個案研究：位置-控制系統的時域分析 397
- 7-10 控制實驗室：LEGO MINDSTORMS NXT (可程式控制積木) 馬達簡介——位置控制 407
- 7-11 摘要 413
- 習題 414

## Chapter 8
### 狀態空間分析與控制器設計 / 431

- 8-1 狀態變數分析 431
- 8-2 方塊圖、轉移函數與狀態圖 432
- 8-3 一-階微分方程式系統：狀態方程式 435
- 8-4 狀態方程式的向量-矩陣表示法 439
- 8-5 狀態-轉移矩陣 441
- 8-6 狀態-轉移方程式 444
- 8-7 狀態方程式和高階微分方程式的關係 450
- 8-8 狀態方程式與轉移函數的關係 451
- 8-9 特性方程式、固有值與固有向量 454
- 8-10 相似變換 459
- 8-11 轉移函數的分解 468
- 8-12 控制系統的可控制性 477
- 8-13 控制系統的可觀測性 482
- 8-14 可控制性、可觀測性和轉移函數之間的關係 484
- 8-15 可控制性與可觀測性的不變性定理 486
- 8-16 個案研究：磁浮球系統 488
- 8-17 狀態回授控制 492
- 8-18 狀態回授之極點配置設計 494
- 8-19 利用積分控制的狀態回授 499
- 8-20 MATLAB 工具與個案研究 506
- 8-21 個案研究：LEGO MINDSTORMS 機械手臂系統的位置控制 514
- 8-22 摘要 521
- 習題 522

## Chapter 9
### 根軌跡分析 / 545

- 9-1 根軌跡的基本性質 546
- 9-2 根軌跡的性質 550
- 9-3 根的靈敏度 573
- 9-4 根軌跡的設計觀點 577
- 9-5 根廓線：多重參數變動 585
- 9-6 MATLAB 工具 592
- 9-7 摘要 593
- 習題 594

## Chapter 10
### 頻域分析 ... 601

10-1 頻率響應的簡介 601
10-2 原型二-階系統的 $M_r$、$\omega_r$ 及頻寬 613
10-3 在順向-路徑轉移函數加入極點與零點的效應 618
10-4 奈奎斯特穩定度準則：基本原理 626
10-5 最小-相位轉移函數系統的奈氏準則 635
10-6 根軌跡與奈氏圖的關係 637
10-7 示範範例：最小-相位轉移函數的奈氏準則 638
10-8 加入極點與零點至 $L(s)$ 對奈氏圖形狀的影響 644
10-9 相對穩定度：增益邊限與相位邊限 649
10-10 利用波德圖的穩定度分析 656
10-11 相對穩定度與波德圖大小曲線斜率的關係 660
10-12 利用大小-相位圖的穩定度分析 663
10-13 大小-相位平面之定值-$M$ 軌跡：尼可斯圖 664
10-14 應用尼可斯圖至非單位-回授系統 668
10-15 頻域的靈敏度研究 669
10-16 MATLAB 工具與個案研究 672
10-17 摘要 673
習題 674

## Chapter 11
### 控制系統設計 ... 689

11-1 簡介 689
11-2 PD 控制器的設計 694
11-3 PI 控制器的設計 718
11-4 PID 控制器的設計 734
11-5 相位-超前與相位-落後控制器的設計 739
11-6 極點-零點對消設計：凹陷濾波器 782
11-7 順向與前饋式控制器 795
11-8 強健控制系統的設計 797
11-9 次-迴路回授控制 807
11-10 MATLAB 工具與個案研究 810
11-11 控制實驗室 824
習題 824

索引 849

# Chapter 1

# 導論

**本**章主要目的在於使讀者瞭解下列主題：

1. 定義控制系統。
2. 解釋控制系統的重要性。
3. 介紹控制系統的基本組件。
4. 控制系統的一些應用實例。
5. 解釋為何大多數的控制系統需要回授。
6. 介紹控制系統的型式。

在過去五十年間，控制系統在現代文明與科技的發展與維新有著日益重要的作用，特別是人們日常生活的許多行為都受到控制系統的影響。例如：在居家方面，為了居住舒適，房子和建築物的溫度與濕度必須加以調節；在交通方面，現代的汽車和飛機的各式各樣操作功能都涉及到控制系統；在工業上，為了達成產品的精準度和低成本的要求，其製程涵蓋了許多控制目標。一般，人們都能做各種不同性質的工作，包含進行決策在內。在這些工作中，有些是例行性的，例如拾取物品、從某一點步行至另一點。在某些情況下，有些工作則必須以最佳的方式來完成。例如，一位百碼賽跑選手的目標就是要在最短時間內跑完全程，但是對一位馬拉松賽跑選手而言，他不僅必須在最短時間內跑完全程，同時還須懂得在賽跑過程中如何調節體力的消耗，以覓得最佳的賽跑策略。達成這些「目標」的方法，通常牽涉到能實現某些控制策略之控制系統的使用。

控制系統在所有工業界部門亦時常看到，諸如產品品質管制、自動裝配線、工具機控制、太空技術、電腦控制、運輸系統、電力系統、機器人、微電機系統

### 學習重點

在學習完本章後，讀者將具備以下能力：

1. 重視日常生活中自動控制系統的重要性。
2. 瞭解控制系統的基本架構。
3. 瞭解開-迴路與閉-迴路系統的差異，以及在閉-迴路系統中回授的角色。
4. 藉由利用 LEGO® MINDSTORMS® (樂高腦力激盪車)、MATLAB®，以及 Simulink®，認識現實生活中自動控制問題的意義。

(microelectromechanical systems, MEMS)、奈米科技與許多其它應用領域。自動控制理論甚至可以應用到庫存控制與社會經濟問題上。更進一步探討，自動控制的運用對於許多領域產生助益，包括：

- 程序控制：得以在工業環境下自動化與大量生產。
- 工具機械：改善精準度與增加生產力。
- 機器人系統：增進運動與速度控制。
- 運輸系統：現代汽車與飛機的許多功能均涉及控制系統。
- 微電機系統：促成諸如微型感測器與微型致動器等極微小機電裝置的生產。
- 晶片實驗室：在一片僅幾毫米到數平方釐米大小的單一晶片上賦予多種實驗室操作功能，以進行醫療診斷或是環境監控。
- 生機與生醫：人造肌肉、藥物輸送系統與其它輔助性科技。

> 控制系統充斥於現代文明之中。

## 1-1 控制系統的基本元件

控制系統的基本要件包括：

1. 控制的目標。
2. 控制系統組件。
3. 結果或輸出。

這三種要件間的基本關係可用方塊圖表示法來加以闡釋，如圖 1-1 所示。如同稍後在第四章所討論的，**方塊圖** (block diagram) 表示法係用於說明一個控制系統各組件間如何交互作用的一種圖形方法。以本例來說，**目標** (objectives) 就是**輸入** (inputs) 或**激勵訊號** (actuating signals) $u$，而結果就是**輸出** (outputs) 或**受控變數** (controlled variables) $y$。一般而言，控制系統的目的就是經由控制系統的各種元件，將輸入用某種已預設的方式來控制輸出。

## 1-2 控制系統應用的實例

控制系統的應用已隨著計算機科技的進步與新材料的研發而明顯地增加，這些新科技與材料可提供高效率的驅動與感測功能，進而減少能量的損耗與環境的衝擊。最先進的驅

▶ 圖 1-1　控制系統的基本組件。

動器與感測器幾乎都可以在任何系統中真實地實現，這些系統包括生物推進、運動、機器人、材料處理、生物醫學、外科手術、內視鏡、航空力學、海洋學，以及國防與太空工業等。

以下是已經成為日常生活中一部分之控制應用的一些實例。

## 1-2-1　智能 (慧) 交通系統

在過去兩百年，汽車工業理當是人類最具創新、變化性的發明演變。近年來，許多的創新讓汽車跑得更快、馬力更大，也更加美觀。人們也因此渴望讓汽車獲得一些「智慧」同時兼具提供最大舒適性、安全性，及節省燃料等性能。汽車內的智慧型系統實例有氣候控制、行駛控制、防鎖死剎車系統 (ABS)、在崎嶇路面降低車輛震動的主動式懸吊系統、以高重力迴轉時可自我調控水平的氣壓式彈簧 (增加乘坐舒適度)、在車輛高速或低速行駛 (可藉由啟動閉鎖重新取得車輛控制) 時可提供偏航控制的整合型車輛動態機制、用以避免加速時輪胎打滑的牽引控制系統，以及提供「控制」車輛翻滾的主動式擺動橫桿等，一些範例如下。

### 線-控駕駛與輔助駕駛系統

新世代的智慧型汽車具有瞭解駕駛環境、能夠定位所在位置、監測汽車狀態、判讀道路標識、以及監測駕駛人的行車狀態，甚至能夠在不理會駕駛人的情況下判斷車況以避免車禍的發生。要擁有這些技術性能的提升，就必須對舊有的設計有構想上的突破。線-控駕駛技術係利用電子技術及控制系統，即使用電機機械致動器與人機介面 (像是踏板和轉向感覺模擬器)——亦即熟知的觸控系統來取代傳統的機械與液壓系統。因此，傳統的零件像是舵輪柱、中間軸、幫浦、軟管、汽車流體、皮帶、冷卻器、剎車輔助器和主油缸等，都被現代的汽車淘汰。觸控互動介面能夠提供足夠清晰的資訊給駕駛人，同時又能維持系統的安全和穩定性。隨著人體工學概念的發展，為了創造出更大的駕駛空間，移除傳統笨重的舵輪柱和其餘的轉舵支架，對於減輕車體重量及增加安全性有著十分良好的成效。用觸控裝置取代方向盤，駕駛人透過觸覺直接駕駛車輛更是現代汽車的一大進步。觸控系統不但能夠提供駕駛人原先方向盤的駕駛感受，更能夠降低成本、提高安全性，甚至因為減輕了大量的機械系統重量，在燃料消耗上有顯著的改善。

藉由監測著行車環境與可能發生的顯著危險，輔助駕駛系統可協助駕駛人來達到避免或是減少意外發生的機會。在偵測到重大危險的顯著性與時間點時，這些車載安全系統會在最短時間內觸發警戒告知駕駛人。然後，它會切換成輔助駕駛或最終切換成主動干預駕駛，來避免意外或是減輕傷害。當駕駛人因為疲勞或失去注意力而失去控制時，具有自動駕駛功能的配置對於汽車駕駛系統而言，就顯得十分重要。在此類系統中，所謂的先進車輛控制系統可以監控縱向與橫向的控制，並藉由與中央管理單元的互動，只要有需要時，

它將可隨時接手控制汽車。輔助駕駛系統已經整合了可監測各種路況的感知網路，並且能隨時提供安全又舒適的行車模式。

### 先進混合式動力系統的整合與運用

在促進行車體驗的同時，混合式動力技術更可改善油耗的問題。要如何使用新的能源儲存與轉換技術並將之與動力系統整合，則是現代混合式能源科技的主要研究目標。這些技術必須能與現今的燃燒性引擎平台相容，故能提升 (而非折衷) 車輛性能。實際的運用包含隨插即充式的混合動力技術，此技術可以僅利用獨立型的蓄電池電力來增進車輛的續航距離，故可採用燃料電池、能量擷取技術 (例如：將懸吊系統的震動能量或是剎車時的能量轉換成電能)、或者像是太陽能和風力的再生能源，來對蓄電池充電。智慧型隨插即充式汽車可以整合成為未來智慧家庭與智慧電網系統的一部分，其中的智慧電網系統將會利用智慧型監測裝置，藉由避開能源消耗高峰時段，提供最有效利用能源的策略。

### 高效能即時控制、車況監測與診斷

現代化車輛使用了大量的感測器、致動器及嵌入式電腦網路。高效能計算的需求將會隨著加入諸如具有革命性特色功能的線-控駕駛系統至現代化車輛而大幅的增長。然而，將大量的感應數據轉換成適當的控制與監控訊號及診斷資訊所需之處理運算負擔，造成了嵌入式計算技術設計上的一大挑戰。為了達成這個目的，另一個挑戰就是要兼具擁有精密計算技術，能夠控制、監控與診斷複雜的汽車系統，又同時能符合諸如低功耗與成本效益的需求。

## 1-2-2　汽車的駕駛控制

我們不妨將駕駛汽車這件事作為圖 1-1 之控制系統的說明。兩個前輪的方向可以當作受控變數或輸出 $y$；方向盤的方向便是激勵訊號或輸入 $u$。此例的控制系統或處理程序便是由整部汽車的轉向機構和動力系統所構成。不過，若目標為控制汽車的速率，則油門所承受的壓力便是激勵訊號，而車子的速率就成為受控變數。整體來看，簡化的汽車控制系統可以看成是具有兩個輸入 (方向盤和油門) 和兩個輸出 (行車方向和速率) 的系統。本例中，兩個輸入和兩個輸出是互為獨立的。但一般而言，它們是互相耦合的。我們稱具有一個以上輸入和一個以上輸出的系統 (如本例) 為**多變數系統** (multivariable systems)。

## 1-2-3　汽車的惰-速控制

另一個控制系統的實例是汽車引擎的惰-速控制系統。無論加至引擎的實際負載 (例如，傳動、動力方向盤、冷氣空調等) 如何，此種控制系統的目標在於維持引擎惰-速於一相當低值的水準，以達成省油之功效。若沒有惰-速控制系統，任何突然的引擎負載變化將會使引擎速率下降，引擎也容易熄火。因此，惰-速控制系統兩個主要目標是：(1) 當引

擎加入負載時,速率下降的情形會消除或降至最低程度;(2) 維持引擎惰-速於一定值。圖 1-2 是從輸入-系統-輸出的觀點來展示惰-速控制系統的方塊圖。本例中,節氣閥角度 $\alpha$ 及負載轉矩 $T_L$ (係由啟用冷氣空調、動力方向盤、傳動軸,或動力剎車等所造成) 是輸入,引擎速率 $\omega$ 為輸出,而引擎則為系統的受控制程序。

## 1-2-4　太陽能收集器的追日控制

為了達成發展經濟上可行的非化石燃料電力之目標,人們已經投注大量的努力於包含太陽能電力轉換技術在內的各類替代能源之研究和開發,其中也包括太陽-電池轉換技術。在大部分的太陽能系統中,欲達到高效率能量轉換,關鍵在於使用太陽追蹤器裝置。圖 1-3 展示一個太陽能收集器場,圖 1-4 則是利用太陽能有效抽取地下水之概念性方法的示意圖。在白天,藉著太陽能收集器得來的電力把地下水抽到水庫中 (水庫可能是在附近

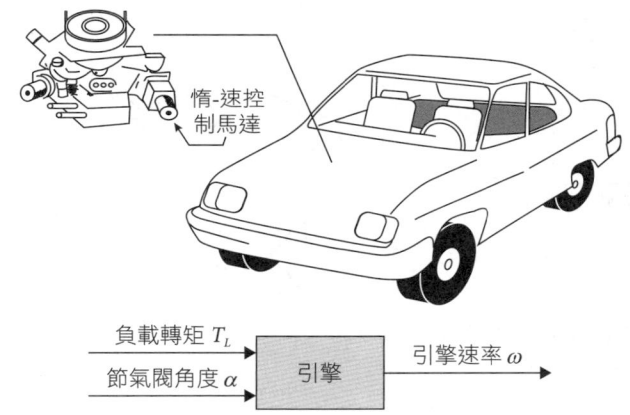

▶ 圖 1-2　惰-速控制系統。

▶ 圖 1-3　太陽能收集器場[1]。

---
1　資料來源:http://stateimpact.npr.org/texas/files/2011/08/Solar-Energy-Power-by-Reese-01.jpg。

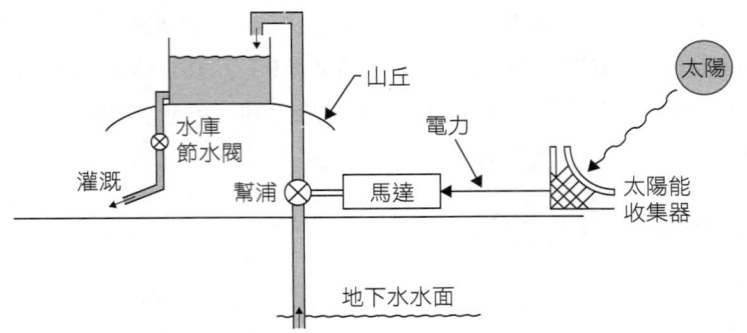

▶ 圖 1-4　用太陽能有效抽取地下水之運作概念示意圖。

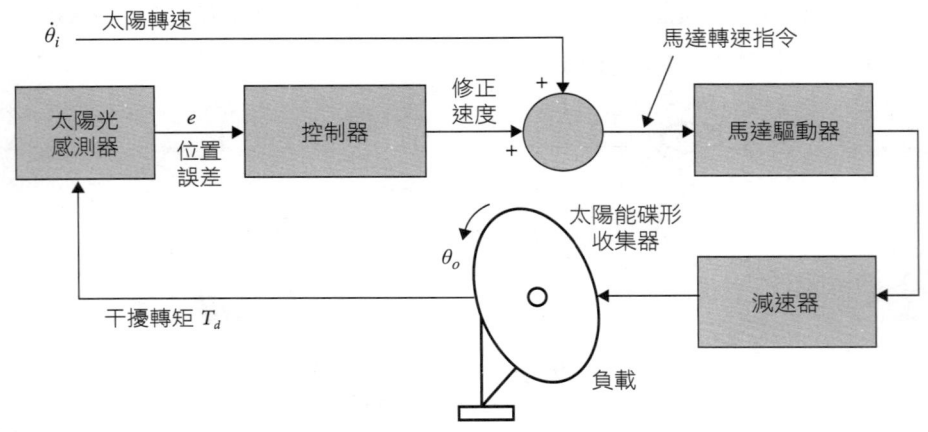

▶ 圖 1-5　太陽追蹤控制系統的重要組件。

的山上或山丘)；清晨時，再利用水庫的水來灌溉。

　　太陽能收集器的重要特性之一是太陽能碟形收集器必須精準地追蹤太陽，亦即碟形收集器是由精密的控制系統所控制。圖 1-5 之方塊圖描述太陽追蹤系統的一般運作概念及一些最重要的組件。控制器必須確保追日收集器在一大早就對準太陽，並送出「開始追蹤」的命令。在白天，控制器會持續計算太陽的轉速 (根據方位角和仰角) 作為控制追日系統的雙軸之用。控制器利用太陽轉速和太陽感測器資訊作為輸入來產生適當的馬達指令，使收集器轉動。

## 1-3　開-迴路控制系統 (無回授系統)

　　上一節圖 1-2 所舉例說明的惰-速控制系統並不是精確的系統，我們稱之為**開-迴路控制系統** (open-loop control system)。我們不難看出該系統無法完全達到重要的性能要求。舉例來說，若節氣閥角度 $\alpha$ 設定在相當於某一引擎速率的初值上，當加入負載轉矩 $T_L$ 時，車子將無法避免引擎速率下降。要使該系統有效運作的唯一方法只有調整 $\alpha$ 來對應

▶ 圖 1-6  開-迴路控制系統之組件。

負載轉矩的改變,以維持 ω 於所需要的水準。傳統的洗衣機也是另一種開-迴路控制系統,因為洗衣時間完全由人憑經驗決定。

> 開-迴路系統較經濟,但通常較不準確。

開-迴路系統的組件通常可分為兩部分:**控制器** (controller) 及**受控程序** (controlled process),如圖 1-6 的方塊圖所示。輸入訊號 (或稱為命令) $r$ 會被加入至控制器,而控制器的輸出變成激勵訊號 $u$;激勵訊號便會控制此系統 (即受控程序) 使受控變數 $y$ (即系統輸出) 依據預設的方式動作。在簡單的系統,控制器可能是一個放大器、機械鏈、濾波器或其它控制元件,依系統的性質而定。在更複雜的系統中,控制器可能是一部電腦或微處理機。由於開-迴路控制具有簡單、經濟的特性,因此常用於許多非重要性的應用上。

## 1-4　閉-迴路控制系統 (回授控制系統)

從輸出到輸入無法產生迴路或回授是開-迴路系統的最大缺失,以致於使開-迴路系統的控制效果不夠精確,適應性也降低。為了達成更精確的控制,控制訊號 $y$ (即系統輸出) 應該加以回授,並與參考輸入比較,且將其與輸出輸入之差成一定比例的激勵訊號送回系統內以糾正誤差。如前所述,具有一個或多個回授路徑的系統稱之為**閉-迴路系統** (closed-loop system)。

圖 1-7 所示係閉-迴路惰-速控制系統。參考輸入 $\omega_r$ 設定在所需的惰-速值。處於惰速狀態時,引擎速率應與參考輸入 $\omega_r$ 值一致。任何由負載轉矩 $T_L$ 造成實際速

> 閉-迴路系統相較於開-迴路系統有許多優勢。

率與設定速率的偏差,均可由速率轉換器與誤差感測器偵測出來。控制器處理該速率偏差後會提供一個訊號來調整節氣閥角度 $\alpha$ 以糾正誤差。圖 1-8 比較開-迴路與閉-迴路惰速控

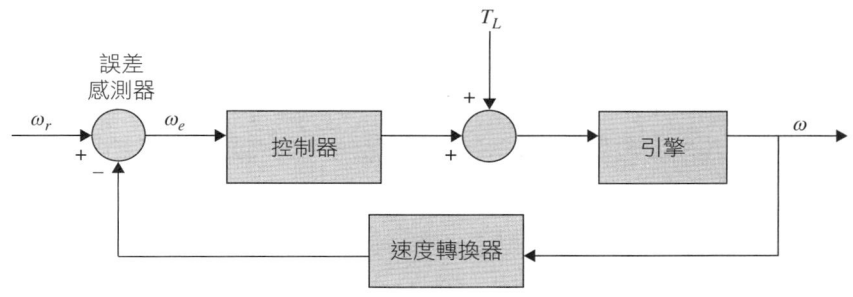

▶ 圖 1-7  閉-迴路惰-速控制系統的方塊圖。

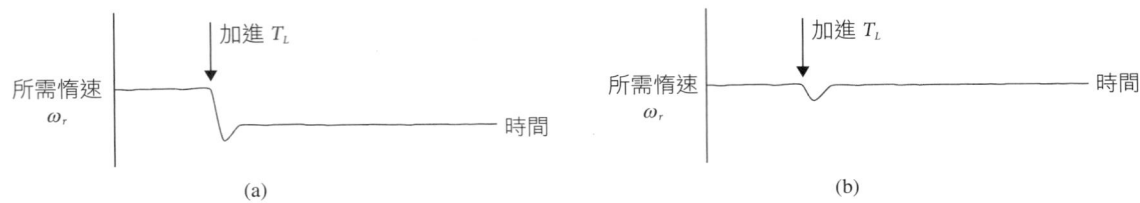

▶ 圖 1-8　(a) 開-迴路惰-速控制系統的典型響應。(b) 閉-迴路惰-速控制系統的典型響應。

制系統的典型性能。在圖 1-8a 中，加入負載轉矩之後，開-迴路系統的惰-速會下降並停留在某一個較低值上。然而，圖 1-8b 所顯示的，則是當加入 $T_L$ 時，閉-迴路系統的惰-速會很快地回復到原有設定值。

惰-速控制系統的目的是將系統輸出維持在某一設定值，這類系統也稱為**調節器系統** (regulator system)。

## 1-5　何謂回授及其效應為何？

針對使用回授的動機，於 1-1 節所舉的例子都已被過度簡化。在這些例子中，回授只是用來降低系統輸出與參考輸入之間的誤差而已。然而，控制系統之回授作用的重要性要比這些例子所顯示的複雜許多。降低系統誤差只是回授對於系統的許多重要效應的其中一項罷了。下列各節，我們要介紹回授對其它系統性能，如**穩定度** (stability)、**頻寬** (bandwidth)、**總增益** (overall gain)、**阻抗值** (impedance)，及**靈敏度** (sensitivity) 等特性的影響。

為了瞭解回授在控制系統中的影響，我們必須從各種角度來研究此現象。如果是故意引進回授作為控制之用，回授的存在很容易就可以確認。但是，在實際系統中有許多情況，原本為非回授系統，但以某種方式來看時，就會變成具有回授。通常可以這麼說，當有一個**因-果關係** (cause-and-effect relationships) 的閉合序列存在於系統的許多變數之間時，則回授存在。這個觀念無疑承認許多通常被認為不具回授的系統，都是有回授的系統。不過，只要符合上述回授的觀念時，控制系統理論允許我們用系統化的方法來研究許多無論具有或不具有實際回授的系統。

> 只要有因-果關係的閉合序列存在就有回授。

現在，我們要來探討回授對各種系統性能的效應。下面的討論毋須用到線性系統理論的數學基礎，只要用到簡單的靜態系統符號即可。考慮在圖 1-9 中所示的簡單回授系統的組態，其中 $r$ 是輸入訊號，$y$ 是輸出訊號，$e$ 是誤差訊號，而 $b$ 是回授訊號；參數 $G$ 和 $H$ 可視為定值的增益。

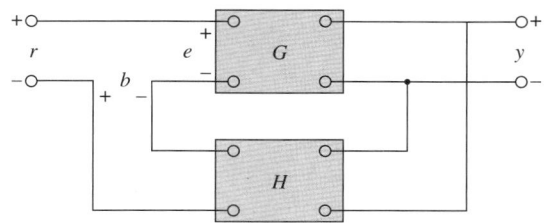

▶ 圖 1-9　回授系統。

經過簡單的代數計算,便可輕易地找出系統的輸入-輸出關係為

$$M = \frac{y}{r} = \frac{G}{1+GH} \tag{1-1}$$

利用這個回授系統架構的基本關係,我們便可找出回授的一些重要效應。

## 1-5-1　回授對總增益的效應

由 (1-1) 式可看出,回授的影響是將無回授系統增益值 $G$ 除以一個 $1 + GH$ 的因子。圖 1-9 的系統稱為具有**負回授** (negative feedback),因為回授訊號具有一個負號。$GH$ 的數量本身也可包含負號,因而回授的一般效應是可以增加或降低系統的增益值 $G$。在實際的控制系統中,$G$ 和 $H$ 都是頻率的函數,因此 $1 + GH$ 的大小可能在某個頻率範圍中大於 1,而在另一個頻率範圍卻小於 1。所以,回授可能在某一頻率範圍中增加系統的增益值,而在另一個頻率範圍卻降低之。

> 回授可能在某一頻率範圍增加系統增益值,而在另一頻率範圍降低之。

## 1-5-2　回授對穩定度的效應

穩定度的觀念可用來說明系統是否能跟隨著輸入命令而動作,亦即,系統是可使用的。以一種不太嚴謹的方式來定義,如果一個系統的輸出失去控制,則稱該系統為不穩定。為了探討回授對於穩定度的影響,吾人再度參考 (1-1) 式。如果 $GH = -1$ 時,則對任何有限的輸入而言,系統的輸出都是無窮大;亦即,系統是不穩定

> 若系統的輸出無法控制,則系統不穩定。

的。因此,回授可能導致一個原本穩定的系統變成不穩定。當然,回授有如劍的雙刃;使用不當時,也會造成傷害。不過,在此我們只考慮靜態的情況;通常 $GH = -1$ 並不是造成不穩定的唯一條件。系統的穩定度將於第五章做正式的討論。

事實上,我們使用回授的目的通常是為了使不穩定的系統穩定下來。假設圖 1-9 中的回授系統為不穩定;亦即,$GH = -1$。如果透過一個負回授增益 $F$ 而引入另一個回授迴路,如圖 1-10 所示;則整個系統的輸入-輸出關係為

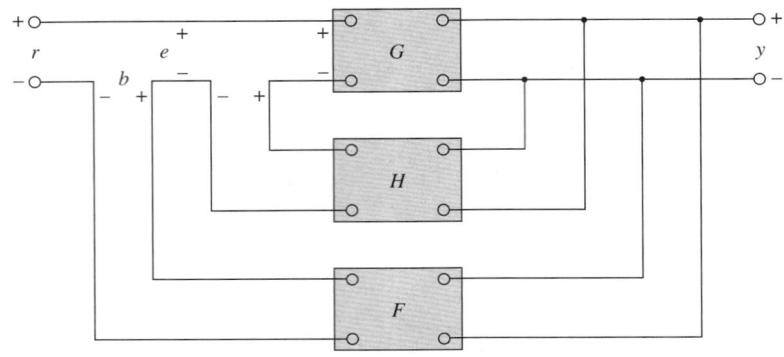

▶圖 1-10 具有兩個回授迴路的回授系統。

$$\frac{y}{r} = \frac{G}{1+GH+GF} \qquad (1\text{-}2)$$

很明顯地，雖然因為 G 與 H 的性質造成 GH = −1 而使得內迴路回授系統為不穩定，但是整個系統卻可藉由適當地選擇外迴路之回授增益 F 而使其變成為穩定。實際上，GH 是頻率的函數，閉迴路系統的穩定條件視 GH 的大小 (magnitude) 和相位 (phase) 而定。結論是：若使用得當，回授會增進系統的穩定度，反之則會破壞穩定度。

回授可增進或破壞穩定度。

設計控制系統時，靈敏度的考慮通常扮演著重要的角色。因為所有的實際元件都會隨著環境和使用時間而改變其特性，控制系統的參數不可能在全程操作週期都完全不變。例如，當工作期間馬達的溫度上升時，馬達的繞線電阻會隨之改變。含有電氣元件的控制系統，一般在第一次開機時，由於熱機期間系統參數仍在改變，故於第一次運轉時，可能不會正常的運作。這種現象稱為**晨起症候群** (morning sickness)。大部分需要熱機的複寫機器在第一次開機時，都會有這種當機的毛病。

注意：回授可增加或降低系統靈敏度。

通常，一個好的控制系統應對參數的變化不敏感，而對輸入命令敏感。本節將探討回授在參數改變時對靈敏度的影響。假設圖 1-9 中的系統增益 G 是會改變的。全系統增益 M 對 G 變化的靈敏度可定義為

$$S_G^M = \frac{\partial M/G}{\partial G/M} = \frac{M \text{ 的百分比變化量}}{G \text{ 的百分比變化量}} \qquad (1\text{-}3)$$

其中，$\partial M$ 代表因 G 的增量變化 $\partial G$ 所引起的 M 之增量變化。利用 (1-1) 式，靈敏度函數可寫成

$$S_G^M = \frac{\partial M}{\partial G}\frac{G}{M} = \frac{1}{1+GH} \tag{1-4}$$

此關係顯示，若 GH 為正值且系統仍維持穩定，則不斷增大 GH 值可使靈敏度變得很小。對開-迴路系統而言，因 $S_G^M = 1$，系統增益會以一對一的方式反應 G 的改變。再次提醒，在實際應用上，因 GH 是頻率的函數，1 + GH 的值在某些頻率範圍可能會小於 1，故在此狀況，回授會傷害系統對參數變化的靈敏度。一般而言，回授系統的系統增益對參數改變的靈敏度，取決於參數所在的位置。讀者可自行導出圖 1-9 中的系統於 H 改變時的靈敏度。

### 1-5-3　回授對外部干擾或雜訊的效應

所有實際的系統在運作時都會面臨一些外來的訊號或雜訊。這些訊號的例子，如：在電子電路中的熱雜訊電壓，以及在電動馬達中的電刷或換向片雜訊等。外界的干擾，諸如加之於天線上的陣風，在控制系統中也屢見不鮮。因此，控制系統必須設計到使其對雜訊與干擾不敏感，而對輸入命令很敏感。

回授對雜訊與干擾的效應大部分取決於這些外來的訊號介入系統的位置；並沒有一般性的結論。不過，在許多情況中，回授可以減低雜訊與干擾對系統性能的影響。參考圖 1-11 中所示的系統，r 代表命令訊號，n 代表雜訊。若無回授，亦即 H = 0 時，由 n 單獨作用所引起的輸出 y 為

> 回授可降低雜訊的影響。

$$y = G_2 n \tag{1-5}$$

假定有回授存在，由 n 單獨作用所引起的系統輸出為

$$y = \frac{G_2}{1+G_1G_2H}n \tag{1-6}$$

比較 (1-6) 式與 (1-5) 式可知，於 (1-6) 式之輸出中，雜訊成分會降低 1 + $G_1G_2H$ 倍 (若

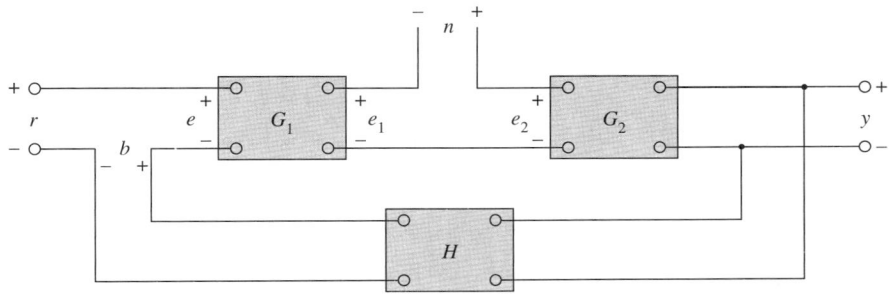

▶ 圖 1-11　具有雜訊訊號的回授系統。

該值大於一)，且系統仍保持穩定。

在第十一章，前授和順向控制器組態會與回授合用，以減少干擾與雜訊的影響。通常，回授對其它的系統特性也有影響，如頻寬、阻抗、暫態響應，及頻率響應等。當我們繼續研讀時，本書會逐步解釋這些影響。

> 回授會影響頻寬、阻抗、暫態響應和頻率響應。

## ◉ 1-6 回授控制系統的類型

回授控制系統有許多種分類法，其分法取決於分類的目的。例如，依據分析和設計的方法，回授控制系統可區分為**線性** (linear) 或**非線性** (nonlinear)，以及**時變** (time-varying) 或**非時變** (time-invariant)。由系統內的訊號型式，又可分類為**連續資料** (continuous-data) 或**離散資料** (discrete-data) 系統，以及**調變** (modulated) 或**未調變** (unmodulated) 系統。控制系統也經常以系統的主要功用來分類。例如，**位置控制系統** (position-control system) 和**速度控制系統** (velocity-control system) 都是以其所控制的輸出變數來分類。在第十一章中，系統的**型式** (type) 是根據開-迴路轉移函數的型式而定。通常，還有很多其它方法，如以系統的特殊性能，來辨識該控制系統。在探討控制系統的分析和設計之前，知道一些較常用的控制系統的分類方法是很重要的。

> 大多數真實的控制系統都具有某些程度的非線性特質。

## ◉ 1-7 線性與非線性控制系統

此處是以分析和設計的方法來分類。嚴格而言，線性系統實際上並不存在，因為所有的實際系統或多或少都是非線性的。線性回授控制系統只是理想化的模型，純粹只是分析者為了分析和設計上的便利而假設的。當控制系統的訊號大小限制在某個範圍，使得系統各元件呈現出線性的特質時 (即適用於重疊原理)，這系統本質上就是線性的。然而，當訊號的大小超出線性工作的範圍時，依非線性的嚴重程度，系統就不能再認為是線性的。例如，在控制系統中所使用的放大器，當其輸入訊號變大時往往出現飽和現象；馬達中的磁場經常也有飽和特性。在控制系統中其它常見的非線性效應，如在兩傳動齒輪間的背隙或死區操作，彈簧中的非線性特性，在兩個移動組件之間的非線性摩擦力或力矩等。非線性特性也常常故意加至控制系統中以增進其工作性能或提供更有效的控制，例如：為了達到最少時間的控制，開-關式 (衝力控制器或繼電器) 控制器經常用於飛彈或太空船的控制系統中。一般，在這些系統中，噴射口都是裝設於飛行器的兩旁，以提供飛行傾斜度控制的反作用力矩。這些噴射口經常是以全開或全關的形式來控制，於某一

> 非線性系統並無通用性解法。

時間週期，由某一指定的噴射口注入固定量的空氣，用以控制太空飛行器之傾斜度。

針對線性系統，有很多解析和畫圖技術可用於設計和分析的工作。本書主要內容均致力於線性系統的分析與設計。另一方面，非線性系統通常很難以數學方法來處理，而且沒有一種通用的解法適用於求解各種型式的非線性系統。在實際設計時，首先忽略系統的非線性，而只依系統的線性模式來設計控制器。然後再將所設計的控制器應用到非線性系統模型，利用電腦模擬來加以評估或重新設計。第八章所介紹的控制實驗室 (Control Lab) 係用真實的實體元件來對實際系統的特性進行建模。

## 1-8　非時變和時變系統

一個控制系統在操作時，若其系統參數不會隨時間而變，則此系統即稱為非時變系統。實際上，大部分的真實系統，其元件的特性多少會隨時間而漂移或改變。例如，馬達在受激勵啟動且溫度升高時，它的線圈電阻也會隨時間改變。另一個時變系統的例子就是導向飛彈控制系統，因飛彈的質量在飛行中會隨著燃料的消耗而減少。雖然不含非線性特性的時變系統仍為線性系統，但它的分析與設計遠比線性非時變系統複雜許多。

## 1-9　連續-資料控制系統

若訊號在系統的各個部分都是連續時間變數 $t$ 的函數，則稱此系統為連續-資料系統。在連續-資料系統中的訊號又可細分為交流或直流訊號。不像在一般電機工程中所定義的交流和直流訊號，在控制系統專用術語上，交流和直流控制系統具有特殊的意義。**交流控制系統** (ac control system) 通常是指系統中的訊號經由某種調變方式加以調變。另一方面，**直流控制系統** (dc control system) 則只是意味著其訊號未經調變，它們仍是如傳統定義的交流訊號。閉-迴路直流控制系統的概要圖示於圖 1-12，圖中所示波形為步階函數輸入時的典型響應。直流控制系統的典型元件有電位計、直流放大器、直流馬達，及直流轉速計等。

典型交流控制系統的概要示意圖如圖 1-13 所示，此系統基本上可執行與圖 1-12 之直流系統相同的工作。在此例中，系統中的訊號被調變，亦即以交流載波訊號來做資訊的傳輸。請注意：其輸出受控變數仍具有與直流系統類似的行為。在本例中，調變過的訊號經交流馬達的低通特性予以調解。交流控制系統被廣泛地用於常受雜訊與干擾所困擾的飛機和飛彈控制系統中。藉由使用具有載波頻率為 400 Hz 或以上之調變型交流控制系統，故此系統不易受低頻雜訊的影響。交流控制系統的典型元件有同步器、交流放大器、交流馬達、陀螺儀、加速規等。

實際上，並非所有的控制系統都可嚴格區分為交流或直流型式。系統可能是以交流和直流元件組合在一起的混合體，反而是在系統不同點處利用調變器和解調器來匹配訊號。

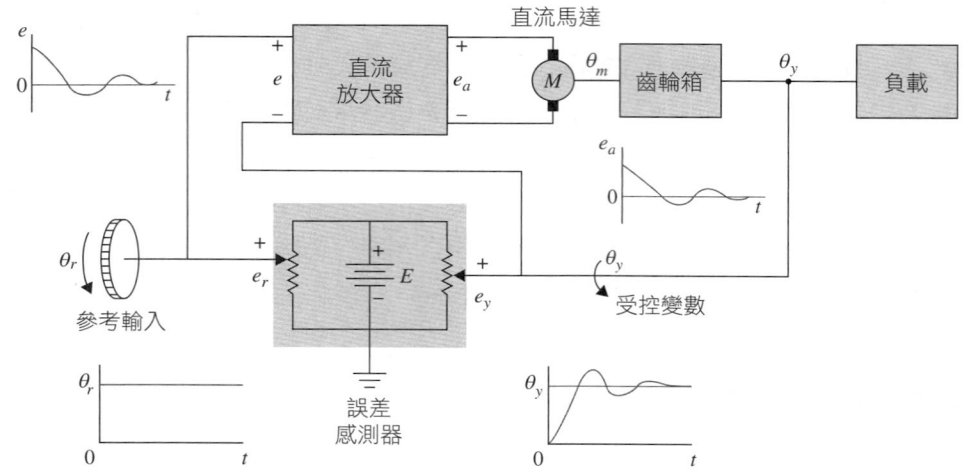

▶ 圖 1-12　典型的直流閉-迴路控制系統示意圖。

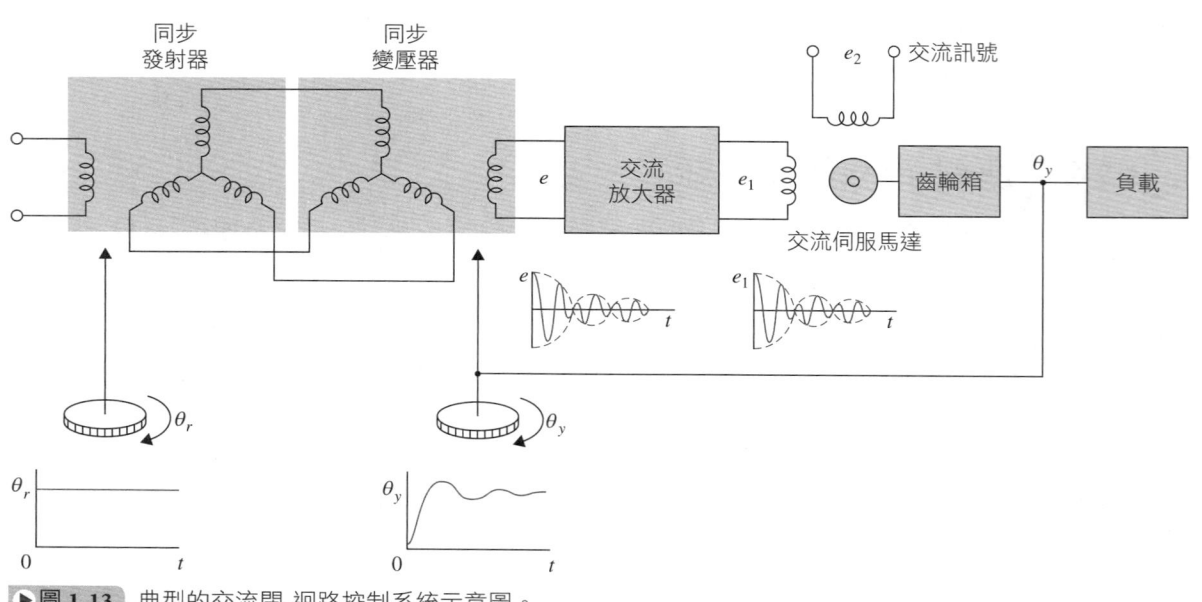

▶ 圖 1-13　典型的交流閉-迴路控制系統示意圖。

## 1-10　離散-資料控制系統

離散-資料控制系統之不同於連續-資料系統，乃因其訊號在系統的某處或多處是以脈波序列或數位碼的型式出現。通常，離散-資料控制系統可細分為**取樣-資料** (sampled-data) **控制系統**和**數位控制系統** (digital control system) 兩種。取樣-資料控制系統泛指一般的離散-資料系統，其所處理的訊號都是脈波型式。數位控制系統則是指使用數位計算機或數位控制器的系統，

數位控制系統不易受雜訊干擾。

▶ 圖 1-14　取樣-資料控制系統方塊圖。

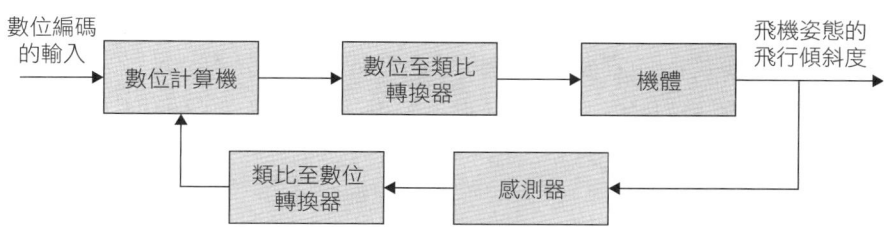

▶ 圖 1-15　飛機姿態控制的數位式自動駕駛系統。

所處理的訊號都經數位編碼，例如二進位碼。

通常，取樣-資料系統僅間歇地在某特定瞬間接收資料或資訊。例如，控制系統的誤差訊號僅能以脈波型式供應時，此種控制系統在兩個連續脈波之間無法接收到任何與誤差訊號有關的訊息。嚴格而言，取樣-資料系統亦可歸類為交流系統，因為此種系統的訊號均是已被調變的脈波訊號。

圖 1-14 說明取樣-資料系統的工作原理。將一個連續-資料的輸入訊號 $r(t)$ 加於系統中，誤差訊號 $e(t)$ 以取樣裝置，即**取樣器** (sampler) 加以取樣，而取樣器的輸出則是一序列的脈波。取樣器的取樣速率可以是或可以不是一致不變的。在控制系統中使用取樣有許多優點，其中一項重要的優點是系統內貴重設備可透過分時的方式，而由多個控制通道共同使用；另一優點則是脈波資料較不易受雜訊干擾。

數位計算機在尺寸大小和彈性運用上具有許多優點，因此，近年來計算機控制已廣為流行。許多航空系統所用的數位控制器不會比本書大，而裡面卻裝了數以千計的離散元件。圖 1-15 即是用於飛機姿態控制的數位式自動駕駛儀系統的基本組件。

## 1-11　個案研究：智慧車輛避障——LEGO MINDSTORMS (樂高腦力激盪車)

本節的目的是要提供讀者對於實際系統的控制器設計有更深入的瞭解——在此，將以 LEGO® MINDSTORMS® NXT (亦即，樂高腦力激盪車) 的可程式機器人系統為例。雖然現階段可能會有許多地方難以理解這個範例的原理，但是它可以展示如何成功地將控制系統運用在機械系統上所需採取的各種步驟。讀者可以在讀完附錄 D 的教材後再來研讀這個範例。

## 專題內容說明[2]

如圖 1-16 所示，此項專題的系統設備是一台 LEGO MINDSTORMS 車，它可利用 MATLAB® 和 Simulink® 來控制。如圖 1-17 與圖 1-18 所示，這種樂高 (LEGO) 車配備有超聲波感測器、光感測器、指示燈、NXT 馬達變速箱，以及 NXT 控制主體 (積木)。利用編碼器 (感測器) 來感測馬達變速箱的角度位置。NXT 控制主體最多可接收四個感測器的輸入，並可經由 RJ12 電纜輸出最多控制三個馬達 (詳見第八章)。在車體前端裝有超聲波感測器來判斷前方的障礙物，而安裝在車體底部面朝下的光感測器則是用來判斷行走表面的色彩——在本例中，若是白色，則代表前進。整個系統用 USB 接頭與主控電腦連接，而主控電腦則是利用藍芽來即時記錄編碼器的資料。

## 控制器設計程序

針對實際的問題，其控制系統的設計需要做系統性的處理，如下列所示：

- 列出控制系統的目的。
- 指定設計規格、設計規則及限制 (第七、十一章)。
- 發展系統的數學模型，包含機械、電氣、感測器、馬達及變速箱 (第二、三、六章)。
- 利用方塊圖建立整體系統各個子元件如何互動 (第四章)。

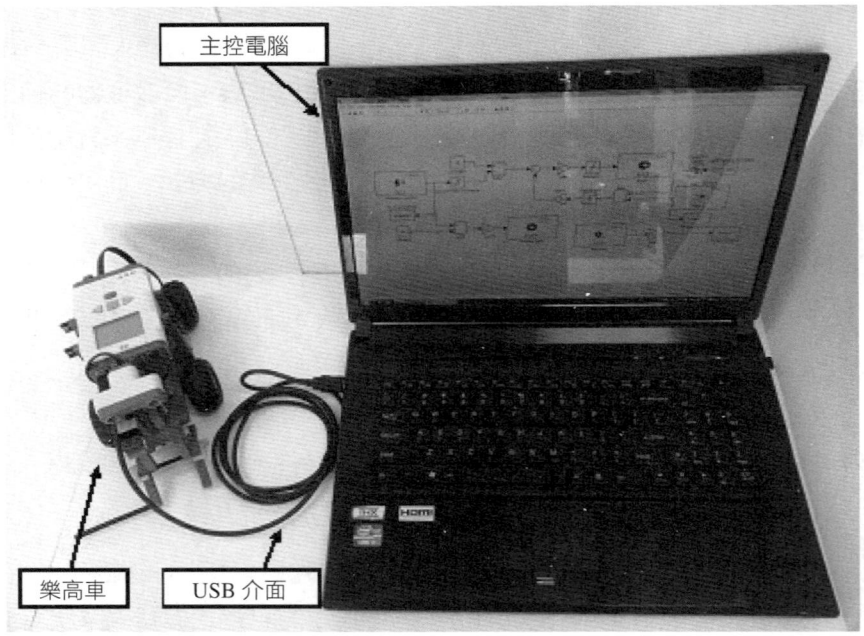

▶ 圖 1-16　智能樂高車成品與主控電腦。

---

2 YouTube 介紹影片：http://youtu.be/gZo7qkWlZhs。

▶圖 1-17　智能樂高車設計──側面圖。

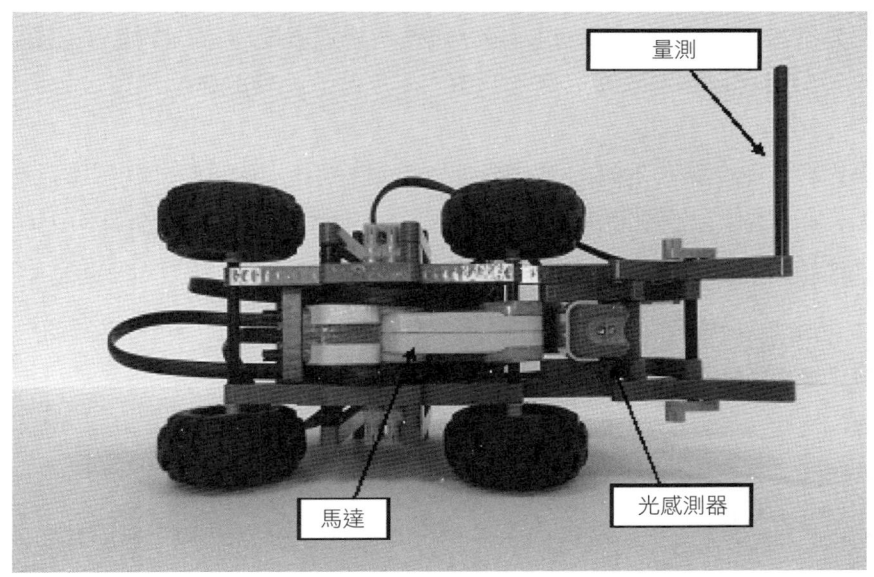

▶圖 1-18　智能樂高車設計──底視圖。

- 利用方塊圖、信號流程圖或是狀態圖來求出整體系統的模型──轉移函數或是狀態空間模型 (第四章)。
- 在拉普拉斯域中研究系統的轉移函數，或是系統的狀態空間表示法 (第三章)。

- 瞭解系統的時間響應與頻率響應特性，並且判斷系統穩定與否 (第五、七、九到十一章)。
- 利用時間響應設計出一個控制器 (第七、十一章)。
- 利用根軌跡法 (即拉氏域) 和時間響應設計出一個控制器 (第七、九、十一章)。
- 利用各種頻率響應技術設計出一個控制器 (第十、十一章)。
- 利用空間狀態法設計出一個控制器 (第八章)。
- 如果必要，將控制器最佳化 (第十一章)。
- 將這些設計實際運用在實驗或是實際的系統上 (第七、十一章、附錄 D)。

### 目標

這個專題的目標是要使智能樂高車 (LEGO car) 能夠在白色的表 (路) 面上行駛，並且在撞到障礙物 (即一道牆) 之前停下來。

### 設計準則與限制

智能樂高車只能在白色的表面上以最高速度前進。若路面顏色並非白色，則要停下來。在撞到障礙物之前，車子也必須停下來。

### 建立系統的數學模型

馬達驅動智能車的後輪。車輛的質量、馬達、變速器及車輪的摩擦力等都必須在建模時考慮進來。讀者可以透過學習第二章及第六章來建立系統的數學模型，也可以參考 7-5 節。

遵循第六章與第七章和附錄 D 的方法，本系統採用位置控制 (即利用增益為 $K$ 的放大器) 及編碼器感測器位置回授時，其**方塊圖**如圖 1-19 所示，其中系統的時域內各種參數與變數，如下所示：

$R_a$ = 電樞電阻，$\Omega$

$L_a$ = 電樞電感，H

$\theta_m$ = 馬達變速箱轉軸的角位移，弳度 (radian)

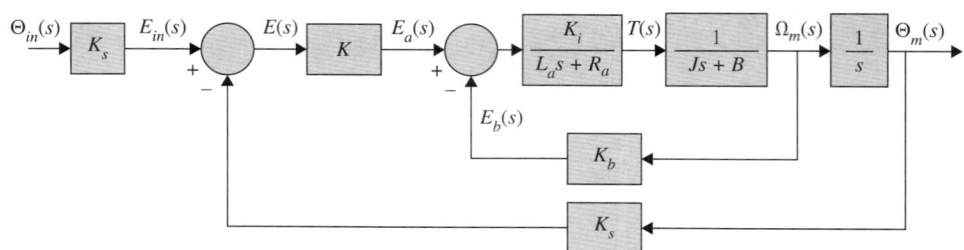

▶ 圖 1-19　用來表示智能樂高車之位置-控制，電樞-受控型直流-馬達的方塊圖。

$\theta_{in}$ = 馬達變速箱轉軸所需要的角位移，弳度 (radian)
$\omega_{m}$ = 馬達轉軸的角速度，rad/s
$T$ = 馬達所提供的轉矩，N·m
$J$ = 馬達與連接至馬達轉軸之負載的等效慣性矩
    $J = J_L/n^2 + Jm$，$kg - m^2$ (細節詳見第二章)
$n$ = 變速比
$B$ = 馬達與負載參照至馬達轉軸的等效黏滯摩擦係數，N·m/rad/s (當有轉速比時，$B$ 必須再做轉速比 $n$ 的比例調整；相關細節請參閱第二章)
$K_i$ = 轉矩常數，N·m/A
$K_b$ = 反電動勢常數，V·rad/s
$K_s$ = 等效編碼感測器增益，V/rad
$K$ = 位置控制增益 (放大器)

在拉氏轉換域內，本例的閉-迴路的**轉移函數** (transfer function) 為

$$\frac{\Theta_m(s)}{\Theta_{in}(s)} = \frac{\dfrac{KK_iK_s}{R_a}}{(\tau_e s+1)\left\{Js^2 + \left(B_m + \dfrac{K_bK_i}{R_a}\right)s + \dfrac{KK_iK_s}{R_a}\right\}} \tag{1-7}$$

其中 $K_s$ 代表感測器增益。因為 $L_a$ 很小，故馬達的電氣時間常數 $\tau_e = L_a/R_a$ 可忽略不計。因此，位置轉移函數可以簡化成

$$\frac{\Theta_m(s)}{\Theta_{in}(s)} = \frac{\dfrac{KK_iK_s}{R_aJ}}{s^2 + \left(\dfrac{R_aB_m + K_iK_b}{R_aJ}\right)s + \dfrac{KK_iK_s}{R_aJ}} = \frac{\omega_n^2}{(s^2 + 2\zeta\omega_n s + \omega_n^2)} \tag{1-8}$$

此處，(1-8) 式為一個二階的系統，而且

$$2\zeta\omega_n = \frac{R_aB_m + K_iK_b}{R_aJ} \tag{1-9}$$

$$\omega_n^2 = \frac{KK_iK_s}{R_aJ} \tag{1-10}$$

若 $K > 0$，則 (1-8) 式的轉移函數代表一個穩定的 (stable) 系統，並不會存在**任何的穩態誤差**——換言之，此系統將會達到由輸入所規定的必要目的地。

為了要研究位置-控制系統的時間響應行為，我們可使用 Simulink。本系統的 Simulink 數值模型，如圖 1-20 所示，其中所有的系統參數都可利用第八章所探討的程序以實驗的

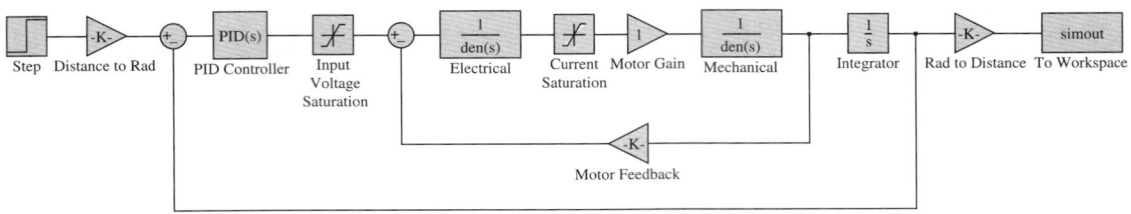

▶ 圖 1-20　智能車的 Simulink 模型。

■表 1-1　智能樂高車的系統參數

| 車體質量 | $M = 574$ g |
|---|---|
| 電樞電阻 | $R_a = 2.27\ \Omega$ |
| 電樞電感 | $L_a = 0.0047$ H |
| 馬達轉矩常數 | $K_i = 0.25$ N·m/A |
| 反電動勢常數 | $K_b = 0.25$ V/rad/s |
| 等效黏滯摩擦係數 | $B = 0.003026$ kg·m²/s 或 N·m/s |
| 總慣性矩 | $J = 0.00246$ kg·m² |

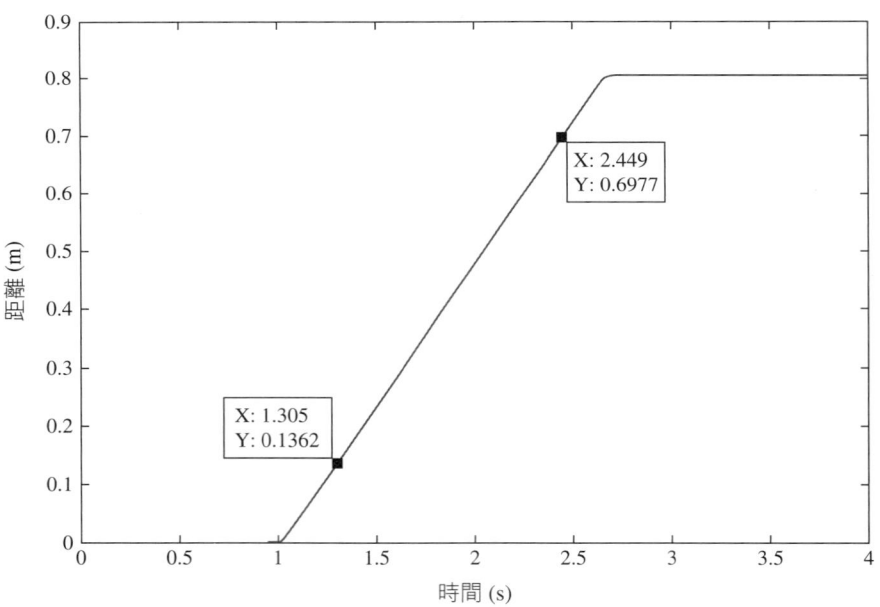

▶ 圖 1-21　智能車行駛距離-時間圖。

方式求得，結果如表 1-1 所示。

　　針對控制器增益 $K = 12.5$，在執行模擬後，我們可以將汽車的行駛過程畫成如圖 1-21 所示。注意：編碼器的輸出已加以比例調整已得出圖示的結果。如圖所示，智能車在停止前以一個固定的速率行駛約 2.7 秒。從圖 1-21 中圖形的斜率可得知，智能車的最大速率為

0.4906 m/s。從圖 1-22 的速率曲線圖也可以確認此結果。此外，由此圖還可以得知智能車的平均加速度為 2.27 m/s²。停車時間係由系統的機械時間常數決定，如圖 1-22 所示，於停車時，其行駛速率會以指數方式從最大值衰減至零。當智能車遇到障礙物時，此項時間也必須加以考慮。

一旦求得令人滿意的響應時，控制系統就可以在**實際系統** (actual system)上測試。智能樂高車可利用 Simulink 執行操作。本例的 Simulink 模型是根據第八章所指示的建立，並示於圖 1-23。請記得輸入增益常數 $K$ = 12.5。

在 Simulink 模型建立後，利用藍芽將 NXT 控制主體與電腦進行配對 (請參閱教學影片)。第一步，我們必須先利用 USB 纜線將智能車連結至電腦，並在 Simulink 工具盒的主

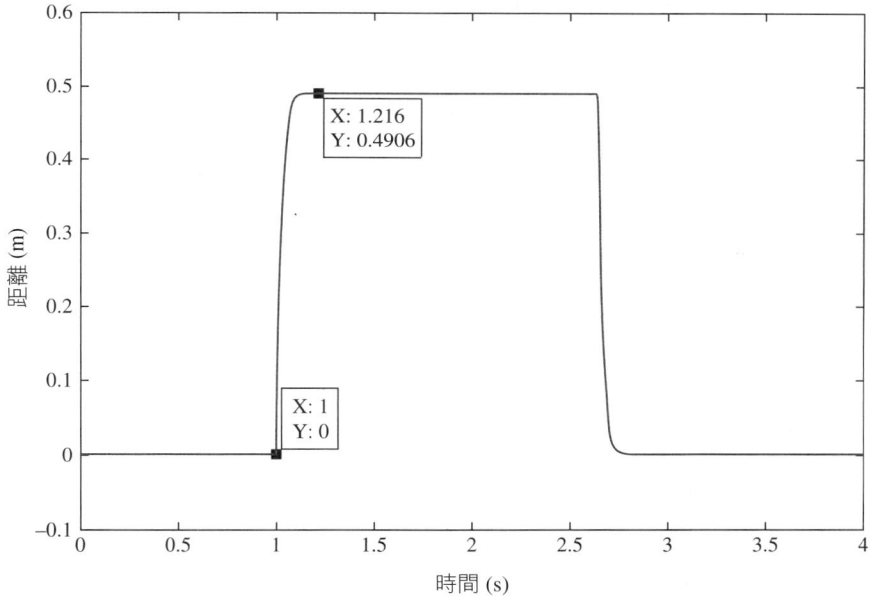

▶ 圖 1-22 智能車的行駛速率圖。

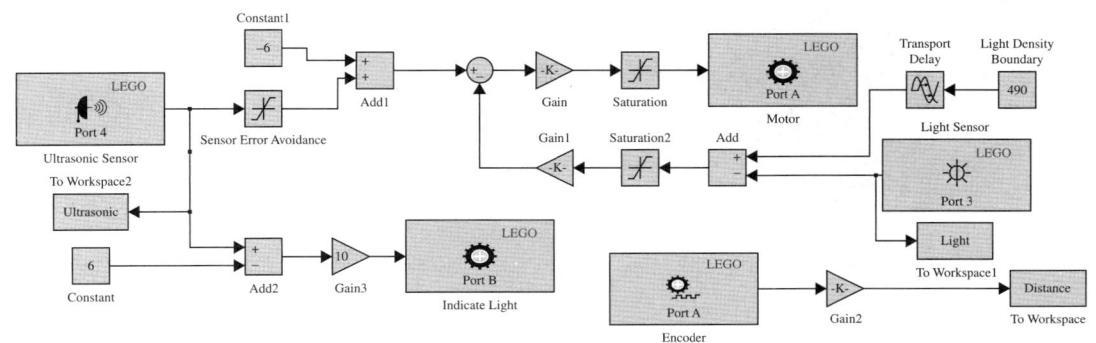

▶ 圖 1-23 智能車操縱的 Simulink 模型。

選單點選 Run on Target Hardware。當指示燈亮起後，智能車就處於可操作的狀態。此時，再將 USB 拔掉，智能車即可以無連線方式而行動自如。

為了啟動智能車，可將一條非白色的條帶擺放在智能車的光感測器下方，如圖 1-24 所示。將非白色的條帶抽出，智能車就會開始往前跑。當智能車遇到障礙物時，就會停下來且指示燈會熄滅，如圖 1-25 所示──而圖 1-23 之 Simulink 模型所示的超聲波感測器

▶圖 1-24 起始位置。

▶圖 1-25 終點。

運作模式,請參閱教學影片。在智能車完成其行駛後,於 Simulink 程式上點選 Stop 來停止操作,所有的數據將會儲存在電腦裡。再利用 MATLAB,如第八章舉例示範的,你便可以畫出智能車的時間反應圖。如圖 1-26 所示,智能車的速率很接近數值模擬的 0.4367 m/s。車子行駛到達牆邊停下之前行走的距離是 0.8063 m。根據圖 1-27 所示的速率曲線圖,可知智能車的平均加速度為 1.888 m/s²。

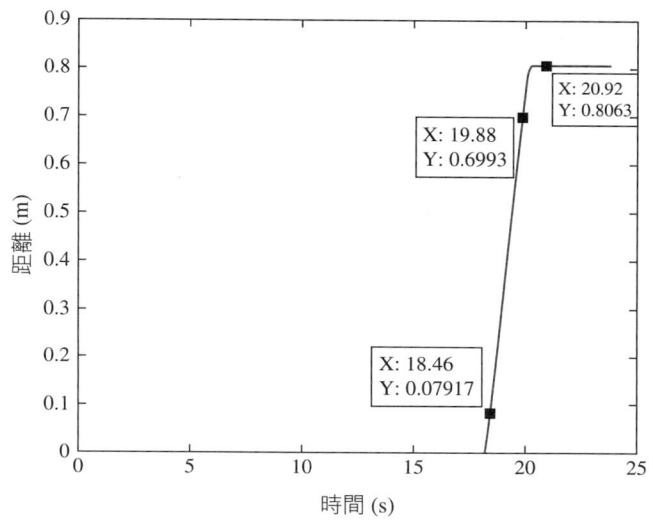

▶ 圖 1-26 取自馬達編碼器的智能車行駛距離-時間圖。

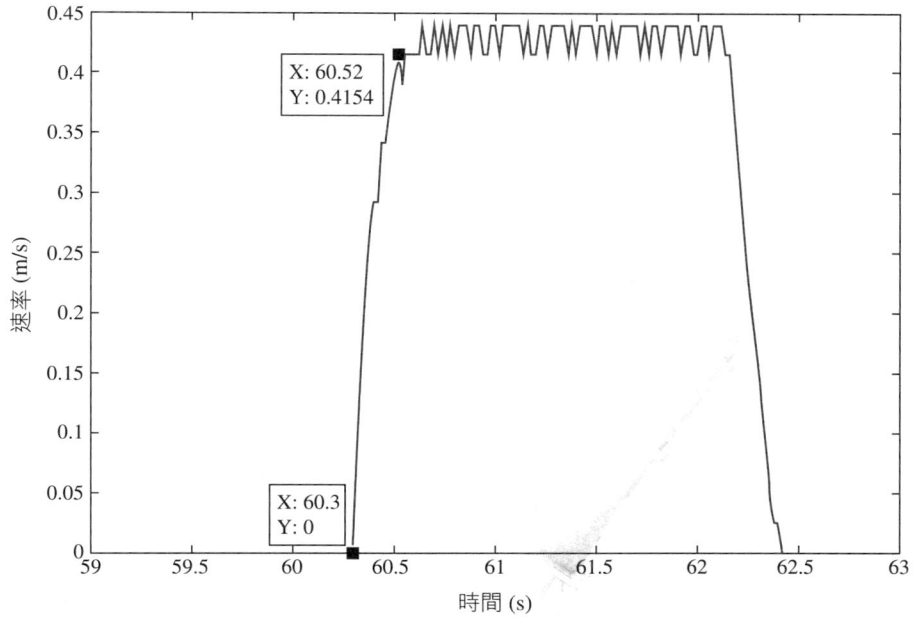

▶ 圖 1-27 智能車的速率曲線圖。

## 1-12 摘要

本章已介紹了控制系統的基本觀念及欲達成的目標，也描述了控制系統的基本組件。經由初淺的方法展示回授的效應，可清楚瞭解何以大部分控制系統都是閉-迴路控制系統。不過，回授宛如劍的雙刃，可能有利於也可能有害於受控系統。因此，在設計控制系統時，對系統性能的規格，如穩定度、靈敏度、頻寬和準確度等都要詳加考慮。最後，本章也談到控制系統可以根據系統的訊號、線性和控制目的加以分類。同時，利用幾個典型實例來闡述控制系統的分析和設計。在現實生活中，大部分的系統都具有某些程度的非線性與時變。本書著重於線性系統的探討，主要是因為分析和設計線性系統的解析方法都已臻一致且簡單易懂。

# Chapter 2
# 動態系統的建模

如同第一章所提及的，建立由系統子元件到整個系統的數學模型是控制系統分析與設計最重要的工作之一。這些系統的模型可以用各種線性與非線性的**微分方程式** (differential equations) 表示。在本書中，我們將只考慮運用普通的微分方程式所建模的系統——而非偏微分方程式。

針對大部分的應用，儘管線性 (或線性化) 控制系統運用的分析與設計技術已發展相當成熟，然而非線性系統的分析與設計仍然十分複雜。因此，控制系統工程師的任務通常不僅在於決定如何以數學方法精確地說明該系統，而且更重要的是做出正確的假設與近似，以便在必要時可以用線性數學模式將系統的特徵真實地表示出來。

在本章中，我們將更深入探討許多不同控制系統組成元件的建模。一個控制系統可能由許多不同的元件組成，包括機械的、熱力的、流體的、氣體的和電氣系統等。在本章中，我們將複習部分系統的基本性質，這些系統也稱之為**動態系統** (dynamic systems)。利用基本的建模原則，如牛頓第二運動定律、克希荷夫 (Kirchhoff) 定律或是質量守恆 (不可壓縮流體)，這些動態系統的模型可以用微分方程式來表示。

如同稍早提到的，由於在多數情況下，控制器的設計程序需要使用到線性模型，因此在本章提供將非線性的函數線性化的複習。除此之外，本章還會說明這些系統的相似處，並以電氣網路建立機械的、熱力的、流體系統的類比性質。

一個控制系統也包含許多其它的組件，如放大器、感測器、致動器及電腦等。這些系統的建模需要更多的理論知識，我們將會在稍後的第六章討論。

最後，在此強調，本章探討的建模工具可作為大學二、三年級曾修習的機械工程課程，包含動力學、流體力學、熱

---

**學習重點**

在學習完本章後，讀者將具備以下能力：

1. 基礎機械系統之微分方程式的建模。
2. 基礎電力系統之微分方程式的建模。
3. 基礎熱力系統之微分方程式的建模。
4. 基礎流體系統之微分方程式的建模。
5. 非線性常微分方程式的線性化。
6. 討論類比性質並且能以等效電氣系統建立機械、熱力與流體系統的類比系統。

傳學、電路學、電子學、以及感測器與致動器等不同課程的複習。若讀者對任何這些主題想要有更全面的瞭解，可以參閱上述相關領域的課程。

## 2-1 簡單機械系統的建模

機械系統是由**平移** (transitional) 與**旋轉** (rotational)，或是這兩種運動元件的組合所組成。機械元件的運動通常可用**牛頓運動定律** (Newton's law of motion)[1] 直接或間接地來建立其數學模式。這些機械系統的基礎模型是根據粒子動力學為基礎，其中系統的質量被視為無因次粒子。為了要瞭解機械系統實際的運動方式，包含平移及旋轉運動，我們會採用剛體動力學。彈簧用來代表具有彈性的物件，而阻尼器則是用來模擬摩擦。最後，所得出的運動掌控方程式可為線性或非線性微分方程式，它們可以由多達六個變數來描述──亦即在三維空間內，一個物體可以有三維的平移運動及三維的旋轉運動。本書主要注重於線性及平面的粒子和剛體的運動。

### 2-1-1 平移運動

平移運動可能發生在一條直線或是曲線上。用來描述平移運動的變數有**加速度** (acceleration)、**速度** (velocity)、以及**位移** (displacement)。

牛頓運動定律可敘述為：在已知方向作用於一剛體或粒子之外力的代數和等於物體的質量和在同方向的加速度的乘積。此定律可表示為

$$\sum_{\text{外部的}} 力 = Ma \qquad (2\text{-}1)$$

其中，$M$ 代表質量，而 $a$ 代表在所考慮方向上的加速度。圖 2-1 舉例說明力作用在一個質量為 $M$ 之物體上的情況。此力的方程式可寫成

$$f(t) = Ma(t) = M\frac{d^2 y(t)}{dt^2} \qquad (2\text{-}2)$$

或者

$$f(t) = M\frac{dv(t)}{dt} \qquad (2\text{-}3)$$

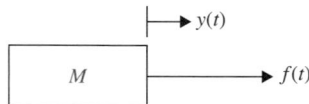

▶圖 2-1 力-質量系統。

---

1 在更複雜的應用中，諸如**拉格朗奇** (Lagrange) 方法的高等建模議題可作為**牛頓**建模方法的替代教材。

其中，$a(t)$ 是加速度、$v(t)$ 為線性速度，而 $y(t)$ 則為質量 $M$ 的位移。注意：要建立一個模型的第一步驟就是要先將質量獨立出來，並將施加於此質量上的所有力和所造成的反作用力標示出來，畫出系統的自由體圖 (free-body diagram, FBD)。這些施加在物體的外力會造成物體加速運動。在這個例子中，唯一的外力是 $f(t)$。再根據常理，我們假設物體係沿著 $y(t)$ 方向移動來求得運動的方程式。

考慮圖 2-2，一個外力 $f(t)$ 作用在一個具有彈性的結構上，在這個例子中為一懸臂樑，再利用彈簧-質量-阻尼器系統來近似模擬此系統，即可得到一個簡單的數學模型。

在這個例子中，除了質量本身之外，亦涉及下列的系統元件。

- 線性彈簧：實際上，線性彈簧可以是一個真實的彈簧或是一組合乎規格的機械元件，像是有順應性的纜線或皮帶的模型——在此例中為懸臂樑。通常，一個理想的彈簧可視為一個可儲存位能的無質量元件。圖 2-2 中的彈簧可施加一個力 $F_s$ 在質量 $M$ 上。根據牛頓第三運動定律作用力等於反作用力，質量 $M$ 也施予相同的力在彈簧 $K$ 上，如圖 2-3 所示，並且可寫成下列線性模型：

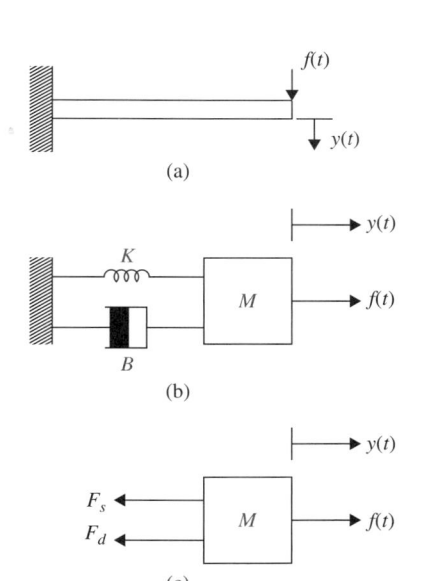

$$F_s = Ky(t) \tag{2-4}$$

▶圖 2-2　施力作用在一懸臂樑上來建模為彈簧-質量-阻尼器的系統。(a) 懸臂樑。(b) 彈簧-質量-阻尼器等效模型。(c) 自由體圖。

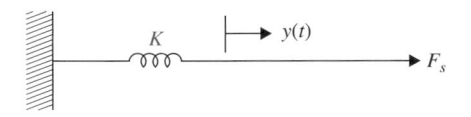

▶圖 2-3　力-彈簧系統。

其中，$K$ 為彈簧常數 (spring constant)，或簡稱剛性 (stiffness)。(2-4) 式表示施於物體的力與彈簧的位移 (偏轉) 呈線性比例。如果彈簧預先施加一張力 $T$，則 (2-4) 式需修正為

$$F_s - T = Ky(t) \tag{2-5}$$

- 摩擦：當兩實際元件之間有相互運動或運動的趨勢時，就存在著摩擦力。就連機械的內部構造也存在著摩擦力。圖 2-2 範例中的懸臂樑，在施力造成懸臂上下擺動後，最終也會因為內部的摩擦力而回到靜止的狀態。在實際系統中所遇到的摩擦力通常是非線性的。兩接觸面之間的摩擦力特性，是依表面的組成、表面之間的壓力、相對速度及其它因素而定。所以，對摩擦力做正確的數學描述是很困難的。在實際系統中，通常有三種不同型態的摩擦力：**黏滯摩擦** (viscous friction)、**靜摩擦** (static friction) 及**庫倫摩擦** (Coulomb friction)。在多數例子及本書中，為了要利用線性模型，大多數的摩擦性元件都近似於黏滯摩擦，即熟知的**黏滯阻尼** (viscous damping)。在黏滯摩擦中，外力與速度呈現線性比例關係，通常我們以緩衝器 (或阻尼器) 作為黏滯摩擦的示意圖元件，如圖 2-3 所示。圖 2-4 中所示的緩衝器可由下列數學式表示：

> 在多數例子及本書中，為了要利用線性模型，大多數的摩擦性元件都近似為黏滯摩擦，即熟知的**黏滯阻尼**。

$$F_d = B\frac{dy(t)}{dt} \tag{2-6}$$

其中，$B$ 代表黏滯阻尼係數。

圖 2-2 所示系統的運動方程式可根據圖 2-2c 所展示的自由體圖──假設物體是沿著 $y(t)$ 的作用方向移動來求得。因此，可得出

$$f(t) - F_s - F_d = Ma(t) = M\frac{d^2y(t)}{dt^2} \tag{2-7}$$

將 (2-4) 式與 (2-6) 式代入 (2-7) 式，再重新整理後可得出

$$M\frac{d^2y(t)}{dt^2} + B\frac{dy(t)}{dt} + Ky(t) = f(t) \tag{2-8}$$

其中，$\dot{y}(t) = \left(\dfrac{dy(t)}{dt}\right)$ 與 $\ddot{y}(t) = \left(\dfrac{d^2y(t)}{dt^2}\right)$ 分別代表速度和加速度。將上式除以 $M$，得到

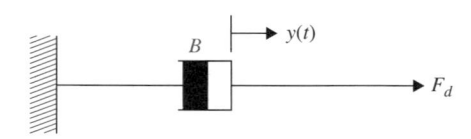

▶ **圖 2-4** 黏滯摩擦的緩衝器示意圖。

$$\ddot{y}(t) + \frac{B}{M}\dot{y}(t) + \frac{K}{M}y(t) = \frac{K}{M}r(t) \tag{2-9}$$

其中，$r(t)$ 與 $y(t)$ 具有**相同單位** (same units)。在控制系統中，我們習慣將 (2-9) 式寫成

$$\ddot{y}(t) + 2\zeta\omega_n\dot{y}(t) + \omega_n^2 y(t) = \omega_n^2 r(t) \tag{2-10}$$

其中，$\omega_n$ 和 $\zeta$ 分別為系統的自然頻率和阻尼比。(2-10) 式也被視為**原型二-階系統** (prototype second-order system)。我們將 $y(t)$ 定義成系統的**輸出**，$r(t)$ 則定義為系統的**輸入**。

## 範例 2-1-1

考慮圖 2-5 所示自由度為二的機械系統，其中質量 $M_2$ 沿著質量 $M_1$ 平坦潤滑的表面滑行，並且 $M_1$ 係以彈簧 $K$ 連接著牆。

$y_1(t)$ 與 $y_2(t)$ 分別為質量 $M_1$ 與 $M_2$ 的位移，而兩個物體表面之間的油膜被模擬成一個黏滯阻尼元件 $B$，如圖 2-5b 所示。在畫完兩個質量的自由體圖後，如圖 2-5c 所示，我們將牛頓第二運動定律運用至每一個質量上，得出

$$\sum_{\text{外部的}} 力 = M_1 \ddot{y}_1(t) \tag{2-11}$$

利用 (2-5) 式與 (2-6) 式，得到

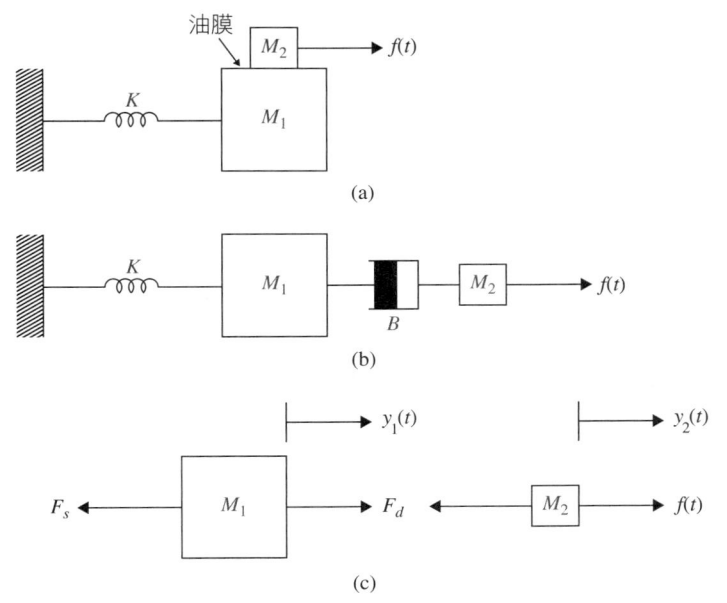

▶ **圖 2-5** 配載彈簧與阻尼器之自由度為二的機械系統。(a) 一個雙質量-彈簧系統。(b) 質量-彈簧-阻尼器的等效系統。(c) 自由體圖。

$$-Ky_1(t) + B(\dot{y}_2(t) - \dot{y}_1(t)) = M_1\ddot{y}_1(t) \tag{2-12}$$

$$\sum_{外部的}力 = M_2\ddot{y}_2(t) \tag{2-13}$$

同樣地,利用 (2-5) 式與 (2-6) 式,可求出

$$-B(\dot{y}_2(t) - \dot{y}_1(t)) + f(t) = M_2\ddot{y}_2(t) \tag{2-14}$$

因此,運動的兩個二-階微分方程式變成

$$M_1\ddot{y}_1(t) + B(\dot{y}_1(t) - \dot{y}_2(t)) + Ky_1(t) = 0 \tag{2-15}$$

$$M_2\ddot{y}_2(t) + B(\dot{y}_1(t) - \dot{y}_2(t)) = f(t) \tag{2-16}$$

## 範例 2-1-2

考慮圖 2-6 所示,一個自由度為二的機械系統,其內兩個質量 $M_1$ 與 $M_2$ 用三個彈簧加以連結,同時有一外力 $f(t)$ 施加在質量 $M_2$ 上。

質量 $M_1$ 與 $M_2$ 的位移分別以 $y_1(t)$ 與 $y_2(t)$ 來衡量。假設兩質量均往相同方向移動,而且 $y_2(t) > y_1(t)$,我們可以根據兩個質量畫出兩個自由體圖,如圖 2-6b 所示。這是可讓彈簧施力有正確方向的好技巧。所以,在本例中,彈簧 $K_1$ 與 $K_2$ 均處於張力狀態,而 $K_3$ 則處於壓縮狀態。運用牛頓第二運動定律至每一個質量,可得出

$$\sum_{外部的}力 = M_1\ddot{y}_1(t) \tag{2-17}$$

利用 (2-5) 式,並且已知彈簧 $K_1$ 與 $K_2$ 的位移分別為 $y_1(t)$ 與 $(y_2(t) - y_1(t))$,得到

$$-K_1y_1(t) + K_2(y_2(t) - y_1(t)) = M_1\ddot{y}_1(t) \tag{2-18}$$

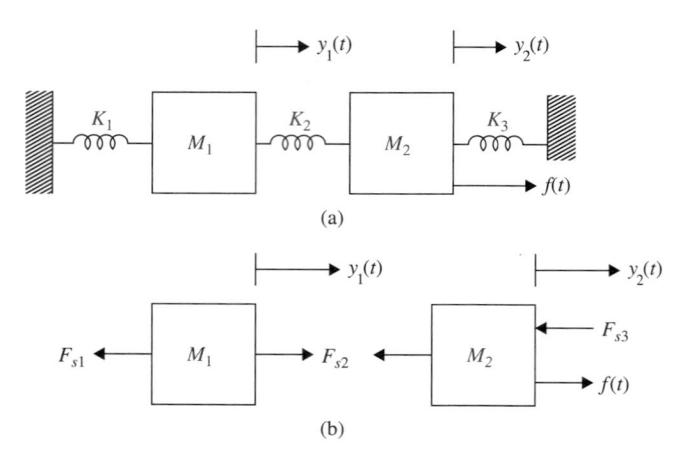

▶ 圖 2-6  (a) 一個含有三個彈簧之自由度為二的機械系統。(b) 自由體圖。

$$\sum_{\text{外部的}} 力 = M_2 \ddot{y}_2(t) \tag{2-19}$$

同樣地,利用 (2-5) 式可得出

$$-K_2(y_2(t) - y_1(t)) - K_3 y_2(t) + f(t) = M_2 \ddot{y}_2(t) \tag{2-20}$$

因此,運動的兩個二階微分方程式變成

$$M_1 \ddot{y}_1(t) + (K_1 + K_2) y_1(t) - K_2 y_2(t) = 0 \tag{2-21}$$

$$M_2 \ddot{y}_2(t) - K_2 y_1(t) + (K_2 + K_3) y_2(t) = f(t) \tag{2-22}$$

## 範例 2-1-3

考慮展示於圖 2-7 的一棟三層樓建築。讓我們導出此建築基地受到地震的晃動後,可描述整棟建築運動的系統方程式。假設各樓地板的質量相較於三個支柱在質量上占有絕對優勢,並且支柱內部並無能量損失,整個系統可以模擬三個質量與三個彈簧的系統,如圖 2-7b 所示。

這個系統的建模方法與範例 2-1-2 完全相同。我們先畫出自由體圖,假設 $y_3(t) > y_2(t) > y_1(t)$,然後可得出最後的系統方程式為

$$M_1 \ddot{y}_1(t) + (K_1 + K_2) y_1(t) - K_2 y_2(t) = 0 \tag{2-23}$$

$$M_2 \ddot{y}_2(t) - K_2 y_1(t) + (K_2 + K_3) y_2(t) - K_3 y_3(t) = 0 \tag{2-24}$$

$$M_3 \ddot{y}_3(t) - K_3 y_2(t) + K_3 y_3(t) = 0 \tag{2-25}$$

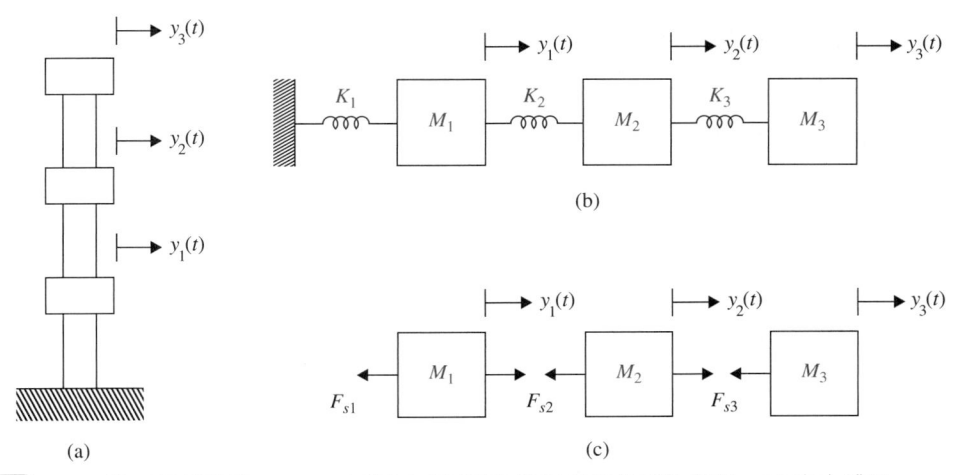

▶ 圖 2-7　(a) 一棟三層樓建築。(b) 自由度為三的彈簧-質量系統的等效模型。(c) 自由體圖。

## 2-1-2 旋轉運動

在控制系統的大部分應用中，物體的旋轉運動可定義為對一**固定軸** (fixed axis) 的運動[2]。對於旋轉運動，牛頓第二運動定律可引申為：對於一固定軸，施加於一個慣量為 $J$ 之剛體的外部轉矩的代數和會產生一個繞著該軸的角加速度 (亦即，外加轉矩代數和等於此軸的慣量與角加速度的乘積)，即

$$\sum_{\text{外部的}} \text{轉矩} = J\alpha \tag{2-26}$$

其中，$J$ 代表慣量，$\alpha$ 為角加速度。通常用來描述旋轉運動的其它變數有**轉矩** (torque) $T$、**角速度** (angular velocity) $\omega$，及**角位移** (angular displacement) $\theta$。旋轉運動方程式包括下列各項：

- 慣量：一個質量為 $M$ 之三維的剛體擁有三個轉動慣量與三個慣性積。在本書中，我們首先探討平面的運動，係以 (2-26) 式來表示。繞著固定的旋轉軸，一個質量為 $M$ 之剛體會具有慣量 $J$，此即為與旋轉運動之動態能量有關的性質。一個已知元件的慣量會依其相對於旋轉軸之幾何組成及它的密度而定。例如，圓碟或圓軸 (半徑為 $r$，質量為 $M$) 對其幾何軸的慣量可用下式表示：

$$J = \frac{1}{2}Mr^2 \tag{2-27}$$

當一力矩加於一個慣量為 $J$ 的物體，如圖 2-8 所示，其轉矩方程式可寫成

$$T(t) = J\alpha(t) = J\frac{d\omega(t)}{dt} = J\frac{d^2\theta(t)}{dt^2} \tag{2-28}$$

其中，$\theta(t)$ 為角位移、$\omega(t)$ 為角速度，及 $\alpha(t)$ 為角加速度。

- 扭轉彈簧：如同在平移運動中的線性彈簧，**扭轉彈簧常數** (torsional spring constant) $K$ 為每單位角位移之轉矩，也可用來表示當一轉矩加於桿或軸時，這些物件的順應性。圖 2-9 說明了一個簡單扭轉彈簧系統，其可用下列方程式來表示：

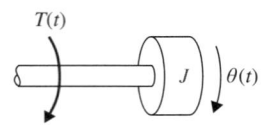

▶ **圖 2-8** 轉矩-慣量系統。

---

[2] 繞著任意一軸或者繞著剛體質心之中心軸的旋轉可用不同的方程式來表示。讀者應參閱有關剛體動力學的教科書，以便更詳細地瞭解此項課題。

$$T = K\theta(t) \tag{2-29}$$

若扭轉彈簧預先加入一預載轉矩 TP，則 (2-29) 式可修改為

$$T - TP = K\theta(t) \tag{2-30}$$

- 旋轉運動的黏滯阻尼：描述平移運動摩擦的方法可以被運用到旋轉運動。因此，(2-6) 式可以代換成

$$T = B\frac{d\theta(t)}{dt} \tag{2-31}$$

在圖 2-9b 中，長棒內部的能量損失可以用阻尼器 B 來表示。

考慮圖 2-9c 的自由體圖，我們要來檢視施予正方向的轉矩後的反應。注意：我們通常根據右手定則來定義轉動的正方向——在此例中，逆時針方向定義為正轉方向。將 (2-29) 式與 (2-31) 式代入 (2-26) 式並重新整理後，得到

$$J\frac{d^2\theta(t)}{dt^2} + B\frac{d\theta(t)}{dt} + K\theta(t) = T(t) \tag{2-32}$$

其中，$\dot{\theta}(t) = \left(\dfrac{d\theta(t)}{dt}\right)$ 與 $\ddot{\theta}(t) = \left(\dfrac{d^2\theta(t)}{dt^2}\right)$ 分別代表角速度和角加速度。再將上式除以 J，得到

$$\ddot{\theta}(t) + \frac{B}{J}\dot{\theta}(t) + \frac{K}{J}\theta(t) = \frac{K}{J}r(t) \tag{2-33}$$

其中，r(t) 與 θ(t) 有**相同單位**。在控制系統中，習慣將 (2-33) 式重新寫成

$$\ddot{\theta}(t) + 2\zeta\omega_n\dot{\theta}(t) + \omega_n^2\theta(t) = \omega_n^2 r(t) \tag{2-34}$$

其中，$\omega_n$ 和 $\zeta$ 分別為系統的自然頻率與阻尼比。(2-34) 式又稱為**原型二階-系統**。我們 θ(t) 定義為系統的**輸出**，而 r(t) 定義為系統的**輸入**。注意：這個系統實際上與圖 2-2 平移系統類比 (analogous)。

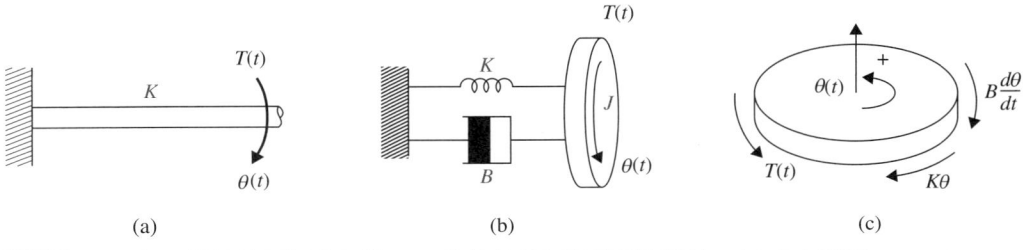

▶ **圖 2-9** (a) 一根長棒被施以扭轉負載。(b) 等效的轉矩扭轉彈簧系統。(c) 自由體圖。

## 範例 2-1-4

在控制系統中,兩個機械元件間的非剛性耦合通常會造成扭轉共振,且可以傳遞到系統的每個部件。在本例中,圖 2-10a 的旋轉系統包含一個馬達與慣量為 $J_m$ 的一根長軸。慣量為 $J_L$ 的負載圓盤被安裝在馬達軸的另一端。馬達軸的可塑性被模擬成扭轉彈簧 $K$,而馬達內部任何的能量耗損則以黏滯阻尼係數 $B_m$ 表示。為了方便,在這個例子中我們假設馬達軸沒有內部的能量耗損。由於馬達軸的可塑性,馬達與負載圓盤的角位移並不相同,分別設成 $\theta_m$ 與 $\theta_L$。因此,整個系統有兩個自由度。

系統的變數與參數如下:

$T_m(t)$ = 馬達轉矩　　　　　　　　　$B_m$ = 馬達黏滯摩擦係數
$K$ = 軸的彈簧常數　　　　　　　　$\theta_m(t)$ = 馬達角位移
$\omega_m(t)$ = 馬達角速度　　　　　　　　$J_m$ = 馬達慣量
$\theta_L(t)$ = 負載角位移　　　　　　　　$\omega_L(t)$ = 負載角速度
$J_L$ = 負載慣量

系統的自由體圖如圖 2-10b 所示。系統的兩個方程式為

$$\frac{d^2\theta_m(t)}{dt^2} = -\frac{B_m}{J_m}\frac{d\theta_m(t)}{dt} - \frac{K}{J_m}[\theta_m(t)-\theta_L(t)] + \frac{1}{J_m}T_m(t) \tag{2-35}$$

$$K[\theta_m(t)-\theta_L(t)] = J_L\frac{d^2\theta_L(t)}{dt^2} \tag{2-36}$$

(2-35) 式與 (2-36) 式可重新整理成

$$\frac{d^2\theta_m(t)}{dt^2} + \frac{B_m}{J_m}\frac{d\theta_m(t)}{dt} + \frac{K}{J_m}[\theta_m(t)-\theta_L(t)] = \frac{1}{J_m}T_m(t) \tag{2-37}$$

$$\frac{d^2\theta_L(t)}{dt^2} + \frac{K}{J_L}[\theta_L(t)-\theta_m(t)] = 0 \tag{2-38}$$

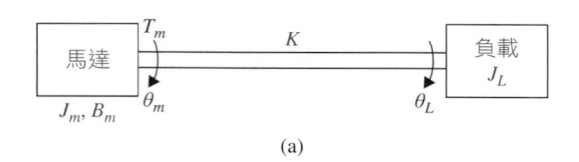

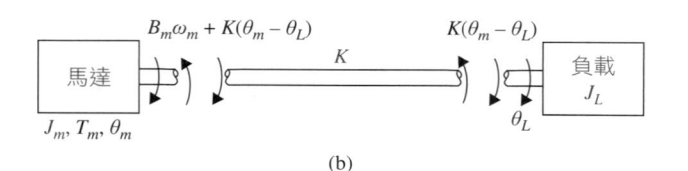

▶ 圖 2-10　(a) 馬達-負載系統。(b) 自由體圖。

注意：馬達軸若是**剛體** (rigid) 結構，則 $\theta_m = \theta_L$，所有馬達施加的轉矩均會全數轉移到負載。所以，在這種情況下系統的整體方程式會變成

$$\frac{d^2\theta_m(t)}{dt^2} + \frac{B_m}{J_m + J_L}\frac{d\theta_m(t)}{dt} = \frac{1}{J_m + J_L}T_m(t) \tag{2-39}$$

表 2-1 為平移及旋轉機械系統參數所用到的國際單位與其它測量單位。

## 2-1-3　平移和旋轉運動之間的轉換

在運動-控制問題中，經常必須將旋轉運動轉換成平移運動。例如，經由旋轉式馬達和導螺桿組合便可將一個負載控制成沿直線移動，如圖 2-11 所示。圖 2-12 展示另一類似的情況，其中齒條和小齒輪是用來做機械連結。另一個在運動控制中常用的系統是，經由滑輪以旋轉馬達來控制一質量，如圖 2-13 所示。在圖 2-11 和圖 2-13 所示的系統均可用一個直接連接至驅動馬達的等效慣量之簡單系統來代替。例如，在圖 2-13 的質量可視為繞

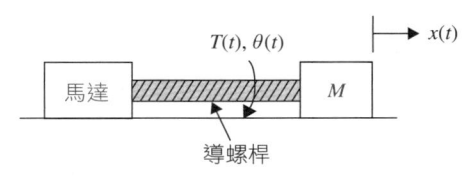

▶ **圖 2-11**　旋轉-至-線性運動控制系統 (導螺桿)。

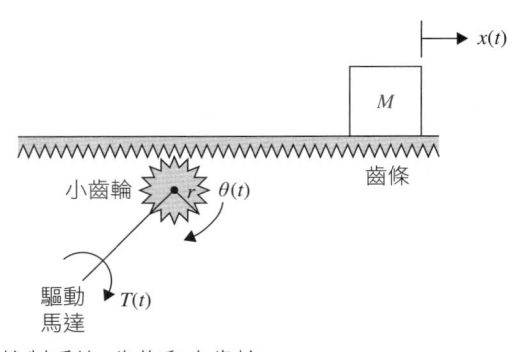

▶ **圖 2-12**　旋轉-至-線性運動控制系統 (齒條和小齒輪)。

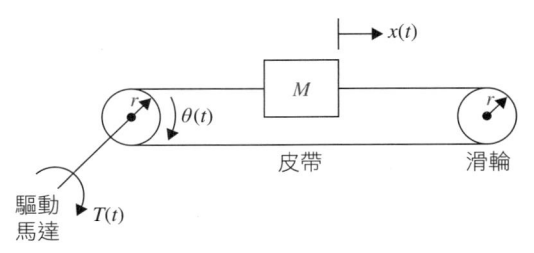

▶ **圖 2-13**　旋轉-至-線性運動控制系統 (皮帶和滑輪)。

■表 2-1　基本的平移與旋轉機械系統性質及其單位

| 參數 | 表示符號 | 國際單位 | 其它單位 | 轉換因子 |
|---|---|---|---|---|
| 平移運動 | | | | |
| 質量 | M | 公斤 (kg) | Slug ft/s$^2$ | 1 kg = 1000 g<br>= 2.2046 lb (質量)<br>= 35.274 oz (質量)<br>= 0.06852 slug |
| 彈簧常數 | K | N/m | lb/ft | |
| 黏滯摩擦係數 | B | N/m/s | lb/ft/s | |
| 旋轉運動 | | | | |
| 慣量 | J | kg·m$^2$ | slug·ft$^2$<br>lb·ft·s$^2$<br>oz·in·s$^2$ | 1 g·cm = 1.417 × 10$^{-5}$ oz·in·s$^2$<br>1 lb·ft·s$^2$ = 192 oz·in·s$^2$<br>= 32.2 lb·ft$^2$<br>1 oz·in·s$^2$ = 386 oz·in$^2$<br>1 g·cm·s$^2$ = 980 g·cm$^2$ |
| 彈簧常數 | K | N·m/rad | ft·lb/rad | |
| 黏滯摩擦係數 | B | N·m/rad/s | ft·lb/rad/s | |

變數

位移：$y(t)$ 公尺 (m); ft; in
　1 m = 3.2808 ft = 39.37 in
　1 ft = 0.3048 m
　1 in. = 25.4 mm
速度：$v(t) = \dfrac{dy(t)}{dt}$ m/s; ft/s; in/s
加速度：$a(t) = \dfrac{d^2y(t)}{dt^2}$ m/s$^2$; ft/s$^2$; in/s$^2$
力：$f(t)$ 牛頓 (N); 磅 (lb); 達因 (dyne)
1 N = 0.2248 lb (力)　1 N = 1 kg − m/s$^2$;
　　= 3.5969 oz (力)　1 dyn = 1 g − cm/s$^2$

旋轉角：$\theta(t)$ 弳 (rad)
1 rad = $\dfrac{180}{\pi}$ = 57.3 deg
角速度：$\omega(t) = \dfrac{d\theta(t)}{dt}$ rad/s
1 rpm = $\dfrac{2\pi}{60}$
　　　= 0.1047 rad/s
1 rpm = 6 deg/s
角加速度：$\alpha(t) = \dfrac{d^2\theta}{dt^2}$ rad/s$^2$
力矩：$T(t)$ (N·m) dyn·cm; lb·ft oz·in
1 g·cm = 0.0139 oz·in
1 oz·in = 0.00521 lb·ft
1 lb·ft = 192 oz·in

能量：$E$ J (焦耳)
　1 J = 1 N−m
　1 cal = 4.184 J
　1 Btu = 1055 J
功率：$P$ W (瓦特); J/s (焦耳/秒)
　1 W = 1 J/s

著半徑為 $r$ 的滑輪移動的點質量。忽略滑輪的慣量,由馬達看到的等效慣量為

$$J = Mr^2 \tag{2-40}$$

若圖 2-12 小齒輪的半徑為 $r$,則其馬達所看到的等效的慣量也可由 (2-40) 式得出。

現在,考慮圖 2-11 的系統。導螺桿的節距 $L$ 可定義為:導螺桿每旋轉一圈時,質量移動的直線距離。基本上,圖 2-12 和圖 2-13 的兩個系統是等效的。在圖 2-12 中,小齒輪每旋轉一圈時,質量移動的距離為 $2\pi r$。因此,應用 (2-40) 式,則圖 2-11 系統的等效慣量為

$$J = M\left(\frac{L}{2\pi}\right)^2 \tag{2-41}$$

### 範例 2-1-5

四分之一車體模型通常用來探討車輛懸吊系統,以及不同負載輸入所造成的動態響應。一般而言,如圖 2-14a 所展示之系統的慣量、剛性及阻尼特性,也可用一個具有二自由度 (2-DOF) 的系統來模擬,如圖 2-14b 所示。雖然二自由度的系統更為精確,但是如圖 2-14c 所示之單一自由度的系統就足夠做以下的分析。

已知系統如圖 2-14c 所示,其中

$m$ = 四分之一車體的有效質量 　　　$k$ = 有效剛性
$c$ = 有效阻尼 　　　　　　　　　　$x(t)$ = 質量的絕對位移,$m$
$y(t)$ = 基座的絕對位移 　　　　　　$z(t)$ = 質量對於基座的相對位移

系統的運動方程式可以定義成下列式子:

$$m\ddot{x}(t) = c(\dot{y}(t) - \dot{x}(t)) + k(y(t) - x(t)) \tag{2-42}$$

即

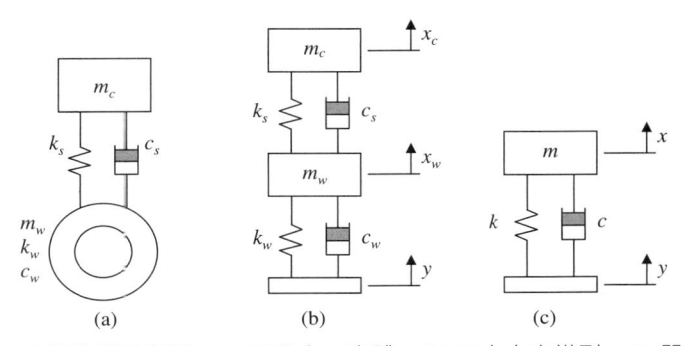

▶ 圖 2-14　四分之一車體模型示意圖。(a) 四分之一車體。(b) 二自由度模型。(c) 單一自由度模型。

$$m\ddot{x}(t) + c\dot{x}(t) + kx(t) = c\dot{y}(t) + ky(t) \tag{2-43}$$

藉由將下列關係式代入上式，上式也可以用相對位移，亦即彈跳量，來重新定義。

$$z(t) = x(t) - y(t) \tag{2-44}$$

將結果再除以 $m$，(2-43) 式便可重新寫成

$$\ddot{z}(t) + 2\zeta\omega_n\dot{z}(t) + \omega_n^2 z(t) = -\ddot{y}(t) = -a(t) \tag{2-45}$$

注意：與先前相同，$\omega_n$ 和 $\zeta$ 分別為系統的自然頻率和阻尼比。(2-45) 式可顯示對於來自地面的一個特定輸入加速度時，車輛底盤如何相對於地面彈跳——例如，輪胎行駛過隆起的地面之後的彈跳。

實際上，我們可以利用許多不同種類的致動器，包含液體的、氣體的或是機電的馬達來建構出一個**主動控制** (active control) 的懸吊系統。就讓我們以直流電馬達與齒條組成的主動懸吊系統 (如圖 2-15 所示) 來做介紹。

在圖 2-15 中，$T(t)$ 是馬達軸旋轉 $\theta$ 角度所提供的轉矩，而 $r$ 則是馬達驅動齒輪的半徑。因此，馬達的轉矩方程式為

$$T(t) = J_m\ddot{\theta} + B_m\dot{\theta} + T_{\text{Load}} \tag{2-46}$$

將馬達傳遞到質量上的力定義為 $f(t)$，質量的運動方程式為

$$m\ddot{x} + c\dot{x} + kx = c\dot{y} + ky + f \tag{2-47}$$

為了控制車輛的彈跳，我們用 $z(t) = x(t) - y(t)$ 來將上式重新寫成

$$m\ddot{z} + c\dot{z} + kz = f - m\ddot{y} = f(t) - ma(t) \tag{2-48}$$

接著，使用下列式子：

$$f(t) = \frac{T_{\text{Load}}}{r} \tag{2-49}$$

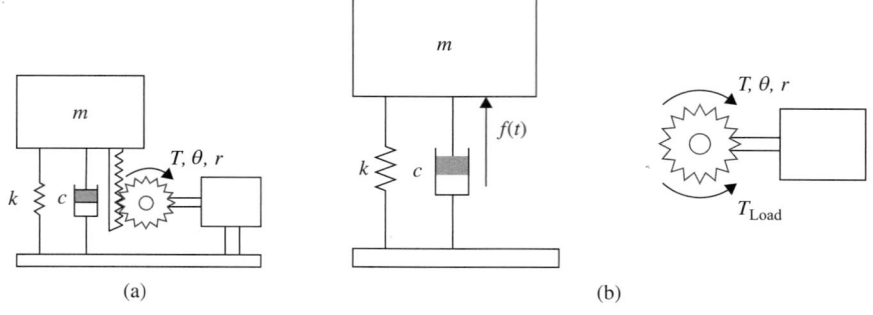

▶ **圖 2-15** 由直流馬達與齒條組成的單一自由度四分之一車體模型的主動控制。(a) 原理圖。(b) 自由體圖。

並注意到 $z = \theta r$，故可將 (2-48) 式改寫成

$$(mr^2 + J_m)\ddot{\theta} + (cr^2 + B_m)\dot{\theta} + kr^2\theta = T(t) - mra(t) \qquad (2\text{-}50)$$

即

$$J\ddot{z} + B\dot{z} + Kz = r[T(t) - mra(t)] \qquad (2\text{-}51)$$

其中，$J = mr^2 + J_m$、$B = cr^2 + B_m$，以及 $K = kr^2$。

因此，馬達轉矩可用來控制因地面彈跳的加速度 $a(t)$ 所產生的車輛彈跳。

## 2-1-4　齒輪列

齒輪列、槓桿或滑輪上的傳動皮帶是一種以力、轉矩、速度及位移等變化的方式，將能量由系統中的一部分傳送至另一部分的機械裝置。這些裝置也可視為用來達到最大功率傳輸的匹配裝置。圖 2-16 所示為耦合在一起的兩個齒輪。齒輪的慣量和摩擦都省略不計，亦即當作理想情況來考慮。

在齒輪列中，轉矩 $T_1$ 和 $T_2$、角位移 $\theta_1$ 和 $\theta_2$，以及齒輪的齒數 $N_1$ 和 $N_2$ 之間的關係可由下列事實導出：

**1.** 齒輪表面的齒數與齒輪的半徑 $r_1$ 和 $r_2$ 成正比，即

$$r_1 N_2 = r_2 N_1 \qquad (2\text{-}52)$$

**2.** 沿著每一齒輪表面移動的距離是相同的。故知

$$\theta_1 r_1 = \theta_2 r_2 \qquad (2\text{-}53)$$

**3.** 一個齒輪所作的功是等於另一個齒輪所作的功，因為假設它們都沒有損耗。故

$$T_1 \theta_1 = T_2 \theta_2 \qquad (2\text{-}54)$$

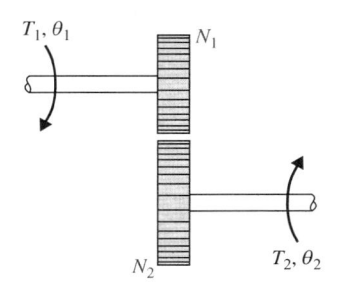

▶ **圖 2-16**　齒輪列。

若考慮兩個齒輪的角速度 $\omega_1$ 和 $\omega_2$，則由 (2-52) 式到 (2-54) 式可以得知

$$\frac{T_1}{T_2} = \frac{\theta_2}{\theta_1} = \frac{N_1}{N_2} = \frac{\omega_2}{\omega_1} = \frac{r_1}{r_2} \tag{2-55}$$

### 範例 2-1-6

如圖 2-10 所示，考慮裝配有慣性為 $J_m$ 的剛性軸之馬達-負載組合。若我們在馬達軸與慣量為 $J_L$ 的負載之間使用一個齒輪比為 $\frac{N_1}{N_2} = n$ 的齒輪列，則可知 $J$ 為馬達與負載的等效轉動慣量，即 $J = J_L/n^2 + J_m$。因此，(2-39) 式可修正為

$$\frac{d^2\theta_m(t)}{dt^2} + \frac{B_m}{J}\frac{d\theta_m(t)}{dt} = \frac{1}{J}T_m(t) \tag{2-56}$$

---

實際上，齒輪在耦合時確實會具有慣量和摩擦，而且通常是不能省略的。齒輪列的黏滯摩擦和慣量的等效表示法可看作是一種示於圖 2-17 的集總參數，其中，$T$ 代表外加轉矩，$T_1$ 和 $T_2$ 為傳送轉矩，$B_1$ 和 $B_2$ 為黏滯阻尼係數。齒輪 2 的轉矩方程式可寫成

$$T_2(t) = J_2\frac{d^2\theta_2(t)}{dt^2} + B_2\frac{d\theta_2(t)}{dt} \tag{2-57}$$

在齒輪 1 側的轉矩方程式為

$$T(t) = J_1\frac{d^2\theta_1(t)}{dt^2} + B_1\frac{d\theta_1(t)}{dt} + T_1(t) \tag{2-58}$$

利用 (2-55) 式，將 (2-57) 式預乘上 $\frac{N_1}{N_2}$ 項後，可轉換為

$$T_1(t) = \frac{N_1}{N_2}T_2(t) = \left(\frac{N_1}{N_2}\right)^2 J_2\frac{d^2\theta_1(t)}{dt^2} + \left(\frac{N_1}{N_2}\right)^2 B_2\frac{d\theta_1(t)}{dt} \tag{2-59}$$

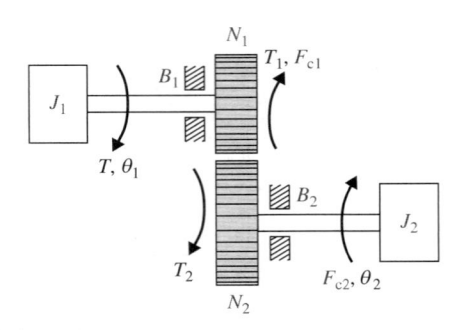

▶ 圖 2-17　具有摩擦和慣量的齒輪列。

(2-59) 式代表慣量、摩擦、順應性、轉矩、速率及位移可由齒輪列的一邊反射至另一邊。因此,當由齒輪 2 反射至齒輪 1 則可獲得下列的量:

$$慣量:\left(\frac{N_1}{N_2}\right)^2 J_2$$

$$黏滯阻尼係數:\left(\frac{N_1}{N_2}\right)^2 B_2$$

$$轉矩:\frac{N_1}{N_2}T_2 \qquad (2\text{-}60)$$

$$角位移:\frac{N_1}{N_2}\theta_2$$

$$角速度:\frac{N_1}{N_2}\omega_2$$

同理,齒輪 1 反射到齒輪 2 的齒輪參數及變數也可以藉由將上述各式的下標對調而得到。

若存在有扭轉彈簧效應,由齒輪 2 反射至齒輪 1 時,彈簧常數也必須乘上 $(N_1/N_2)^2$。現在,將 (2-59) 式代入 (2-58) 式中,可得

$$T(t) = J_{1e}\frac{d^2\theta_1(t)}{dt^2} + B_{1e}\frac{d\theta_1(t)}{dt} \qquad (2\text{-}61)$$

其中,

$$J_{1e} = J_1 + \left(\frac{N_1}{N_2}\right)^2 J_2 \qquad (2\text{-}62)$$

$$B_{1e} = B_1 + \left(\frac{N_1}{N_2}\right)^2 B_2 \qquad (2\text{-}63)$$

### 範例 2-1-7

已知一負載的慣量為 $0.05 \text{ oz} \cdot \text{in} \cdot \text{s}^2$,試找出經由一個 1:5 的齒輪列 ($N_1/N_2 = 1/5$,即 $N_2$ 位於負載側) 的反射慣量和摩擦轉矩。在 $N_1$ 側的反射慣量為 $(1/5)^2 \times 0.05 = 0.002 \text{ oz} \cdot \text{in} \cdot \text{s}^2$。

## 2-1-5 背隙和死區 (非線性特性)

在齒輪列和類似的機械連結中,由於耦合不完美,常會產生背隙和死區。在大多數的情形下,背隙會在控制系統中產生不必要的不精確、振盪及不穩定。此外,它還會有導致磨損機械元件的趨向。不管實際的機械元件為何,在輸入和輸出之間的背隙或死區,其實

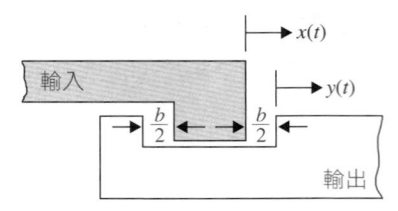

▶ 圖 2-18  在兩個機械元件之間背隙的實際模型。

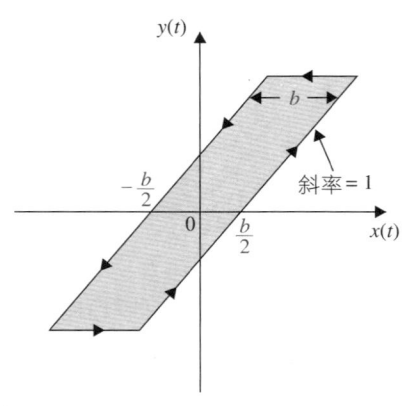

▶ 圖 2-19  背隙的輸入-輸出特性。

際模式可用圖 2-18 來說明。這個模式可用於旋轉系統和平移系統。在參考位置任一邊，背隙的量都為 $b/2$。

通常，具有背隙的機械連結的動態特性，是依輸出組件的相對慣量-對-摩擦比而變。若輸出組件的慣量遠小於和輸入組件的慣量時，則主要是由摩擦力來控制運動。此即意味著：只要在兩個組件之間沒有接觸時，輸出組件不會滑行。當輸出由輸入驅動時，兩個組件將一起移動直到輸入組件反向為止；然後，輸出組件將停留不動直到背隙發生在另一邊為止。在那一瞬間，我們假設輸入組件的速度也會立即傳給輸出組件。對一具有背隙的系統，若忽略其輸出慣量，則其輸入和輸出位移之間的轉移特性如圖 2-19 所示。

## 2-2　簡單電氣系統模型化的簡介

在本章中，我們要探討由被動元件如電阻、電感與電容所組成之簡單電氣網路的模型。這些系統的數學模型是由常微分方程式所構成的。在稍後的第六章中，我們會再介紹運算放大器，它們屬於主動電氣元件，其數學模型與控制器系統的討論更為相關。

### 2-2-1　被動電氣元件的建模

考慮圖 2-20，圖中展示了基本的被動電氣元件：電阻、電感、電容。

電阻 (resistors)。**歐姆**定律 (Ohm's law) 闡述跨在電阻 $R$ 上的電壓降 $e_R(t)$，與通過電阻

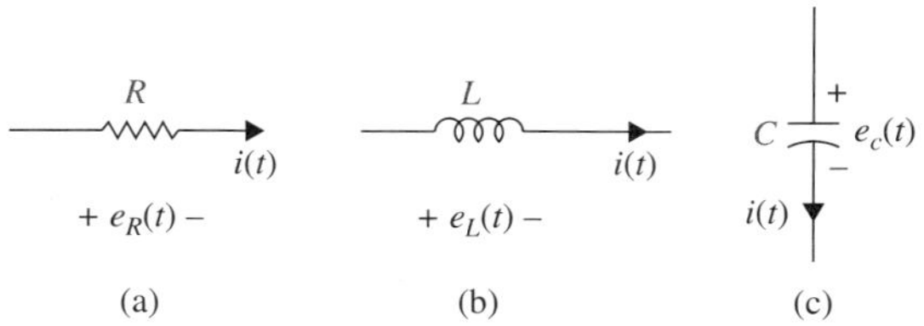

▶ 圖 2-20　基本被動電氣元件。(a) 電阻。(b) 電感。(c) 電容。

$R$ 之電流成正比。亦即

$$e_R(t) = i(t)R \tag{2-64}$$

電感 (inductors)。跨在電感 $L$ 上的電壓降 $e_L(t)$，與通過電感 $L$ 之電流 $i(t)$ 的時間變化率成正比。因此，

$$e_L(t) = L\frac{di(t)}{dt} \tag{2-65}$$

電容 (capacitor)。跨在電容 $C$ 上的電壓降 $e_C(t)$，與通過電容 $C$ 之電流 $i(t)$ 對時間積分成正比。因此，

$$e_c(t) = \int \frac{i(t)}{C}dt \tag{2-66}$$

## 2-2-2　電氣網路的建模

列寫電氣網路方程式之傳統方法有迴路法和節點法，這兩種方法係根據兩個克希荷夫定律來形成公式，此二定律分別敘述如下：

電流定律 (current law) 或迴路法 (loop method)：流入一個節點的所有電流代數和為零。

電壓定律 (voltage law) 或節點法 (node method)：沿著一個完全封閉的迴路，所有電壓降代數和為零。

### 範例 2-2-1

考慮圖 2-21 所示的 **RLC** 網路。利用電壓定律，可知

$$e(t) = e_R + e_L + e_c \tag{2-67}$$

其中，$e_R$ = 跨降在電阻 $R$ 上的電壓
　　　$e_L$ = 跨降在電感 $L$ 上的電壓
　　　$e_C$ = 跨降在電容 $C$ 上的電壓

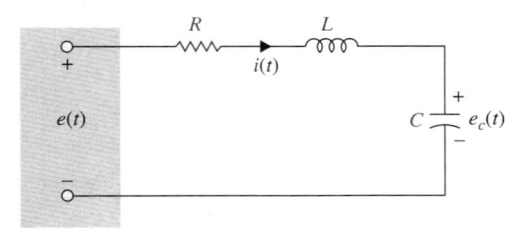

▶ 圖 2-21　RLC 網路。電路圖。

或是

$$e(t) = +e_c(t) + Ri(t) + L\frac{di(t)}{dt} \tag{2-68}$$

利用流經電容 C 的電流，

$$C\frac{de_c(t)}{dt} = i(t) \tag{2-69}$$

並將上式的 $i(t)$ 代入 (2-68) 式，得到 RLC 網路的方程式為

$$LC\frac{d^2e_c(t)}{dt^2} + RC\frac{de_c(t)}{dt} + e_c(t) = e(t) \tag{2-70}$$

將上式除以 $LC$，並利用 $\dot{e}_c(t) = \left(\frac{de_c(t)}{dt}\right)$ 與 $\ddot{e}_c(t) = \left(\frac{d^2e_c(t)}{dt^2}\right)$，得到

$$\ddot{e}_c(t) + \frac{R}{L}\dot{e}_c(t) + \frac{1}{LC}e_c(t) = \frac{1}{LC}e(t) \tag{2-71}$$

在控制系統中，我們習慣將 (2-70) 式改寫成

$$\ddot{e}_c(t) + 2\zeta\omega_n\dot{e}_c(t) + \omega_n^2 e_c(t) = \omega_n^2 e(t) \tag{2-72}$$

其中，$\omega_n$ 和 $\zeta$ 分別為系統的自然頻率和阻尼比。如同 (2-10) 式，(2-72) 式也是熟知的**原型二階系統**。我們將 $e_c(t)$ 定義為**輸出**，$e(t)$ 則定義為系統的**輸入**，這兩項均使用相同的單位。注意：這個系統也**類比**於圖 2-2 的平移機械系統。

### 範例 2-2-2

另一個電氣網路的例子如圖 2-22 所示。跨在電容上的電壓為 $e_c(t)$，而兩個電感的電流則分別為 $i_1(t)$ 和 $i_2(t)$。此電氣網路的方程式為

$$L_1\frac{di_1(t)}{dt} + R_1 i_1(t) + e_c(t) = e(t) \tag{2-73}$$

$$L_2\frac{di_2(t)}{dt} + R_2 i_2(t) = e_c(t) \tag{2-74}$$

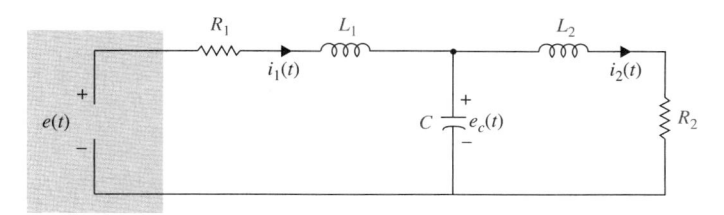

▶ 圖 2-22　範例 2-2-2 之網路電路圖。

$$C\frac{de_c(t)}{dt} = i_1(t) - i_2(t) \tag{2-75}$$

將 (2-73) 式和 (2-74) 式微分並代入 (2-75) 式，得到

$$L_1\frac{d^2i_1(t)}{dt^2} + R_1\frac{di_1(t)}{dt} + \frac{1}{C}\left[i_1(t) - i_2(t)\right] = \frac{de(t)}{dt} \tag{2-76}$$

$$L_2\frac{d^2i_2(t)}{dt^2} + R_2\frac{di_2(t)}{dt} - \frac{1}{C}\left[i_1(t) + i_2(t)\right] = 0 \tag{2-77}$$

檢視本系統與範例 2-1-4 中所討論的系統之相似處，可知當 $R_2 = 0$ 時，此二系統為類比系統——只要將 (2-76) 式和 (2-77) 式與 (2-37) 式和 (2-38) 式進行比較即可得知。

## 範例 2-2-3

考慮圖 2-23 所示的 RC 電路。試求出此系統的微分方程式。利用電壓定律，可知

$$e_{in}(t) = e_R(t) + e_C(t) \tag{2-78}$$

其中，

$$e_R = iR \tag{2-79}$$

跨降在電容上的電壓 $e_C(t)$ 為

$$e_C(t) = \frac{1}{C}\int i\,dt \tag{2-80}$$

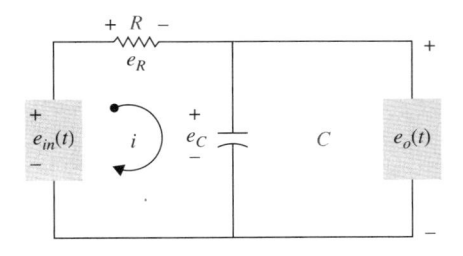

▶ 圖 2-23　簡易 RC 電路。

但是由圖 2-23 可知

$$e_o(t) = \frac{1}{C}\int i\,dt = e_C(t) \tag{2-81}$$

如果將 (2-81) 式對時間做微分，得出

$$\frac{i}{C} = \frac{de_o(t)}{dt} \tag{2-82}$$

即

$$C\dot{e}_o(t) = i \tag{2-83}$$

此即表示 (2-78) 式可以寫成輸入-輸出形式

$$RC\dot{e}_o(t) + e_o(t) = e_{in}(t) \tag{2-84}$$

其中，$\tau = RC$ 即為熟知之系統的**時間常數** (time constant)。時間常數的重要性會在接下來的第三、六及七章中討論。利用這個時間常數，系統的方程式便可以重新寫成**標準的一階-原型** (standard first-order prototype) 系統的型式。即

$$\dot{e}_o(t) + \frac{1}{\tau}e_o(t) = \frac{1}{\tau}e_{in}(t) \tag{2-85}$$

注意：當 $M = 0$ 時，(2-85) 式類比於 (2-8) 式。

### 範例 2-2-4

考慮圖 2-24 所示的 RC 電路。試求出此系統的微分方程式。
如同前述方式，可求得

$$e_{in}(t) = e_c(t) + e_R(t) \tag{2-86}$$

即

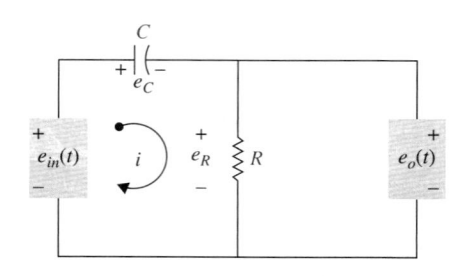

▶ 圖 2-24　簡易 RC 電路。

$$e_{in}(t) = \frac{1}{C}\int i\,dt + iR \tag{2-87}$$

但是，$e_o(t) = iR$。所以，

$$e_{in}(t) = \frac{\int e_o(t)dt}{RC} + e_o(t) \tag{2-88}$$

上式即為系統的微分方程式。為了求解 (2-88) 式，我們將之對時間微分一次，得出

$$\dot{e}_{in}(t) = \frac{e_o(t)}{RC} + \dot{e}_o(t) \tag{2-89}$$

其中，$\tau = RC$ 一樣被視為系統的**時間常數**。

## 範例 2-2-5

考慮圖 2-25 的分壓器。已知輸入電壓為 $e_o(t)$，試求出由兩個電阻 $R_1$ 和 $R_2$ 所組成之電路的輸出電壓。

兩電阻的電流為

$$i = \frac{e_{in}(t) - e_o(t)}{R_1} \tag{2-90}$$

$$i = \frac{e_o(t)}{R_2} \tag{2-91}$$

令 (2-90) 式和 (2-91) 式相等，得出

$$\frac{e_{in}(t) - e_o(t)}{R_1} = \frac{e_o(t)}{R_2} \tag{2-92}$$

將上式重新整理成下列可代表分壓器的公式：

$$e_o(t) = \frac{R_2}{R_1 + R_2} e_{in}(t) \tag{2-93}$$

此電氣系統內各變數的國際單位與大部分其它測量單位均相同，如表 2-2 所示。

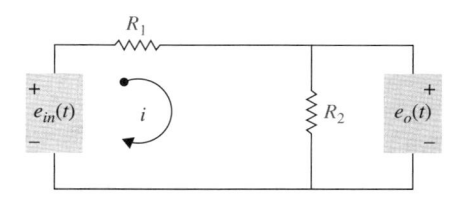

▶ 圖 2-25　分壓器。

■表 2-2　基本的電氣系統性質及其單位

| 參數 | 符號 | 單位 |
| --- | --- | --- |
| 電阻 | $R$ | 歐姆 (ohm, Ω) = volt/amp |
| 電感 | $C$ | 法拉 (farad, F) = amp; s/volt = s/ohm |
| 電容 | $L$ | 亨利 (henry, H) = volt; s/amp = ohm · s |
| 變數 | | |
| 電荷：$q(t)$ 庫倫 = 牛頓-米/伏特 | | |
| 電流：$i(t)$ 安培 (A) | | |
| 電壓：$e(t)$ 伏特 (V) | | |
| 能量：$E$ J (焦耳) | | |
| 1 J = 1 N-m | | |
| 1 cal = 4.184 J | | |
| 1 Btu = 1055 J | | |
| 電量：$P$ W (瓦特); J/s (焦耳/秒) | | |
| 1 W = 1 J/s | | |

## 2-3　熱力與流體系統建模的簡介

在本節中，我們要來複習熱力與流體系統。這些系統的知識在很多機械與化學工程控制系統的應用上十分重要，諸如發電廠、流體動力控制系統或是溫度控制系統。因為這些非線性系統涉及到複雜的數學，我們僅專注於基礎且簡化的模型。

### 2-3-1　基本的傳熱特性[3]

在熱力系統中，我們需要研究在不同的元件間的熱傳導。在熱處理程序中，有兩個重要的關鍵變數，即溫度 $T$ 以及所儲存的熱量或是儲熱 $Q$，兩者具有跟能量相同的單位 (例如：國際單位系統的 J，即焦耳)。此外，在熱傳導系統中還包含熱容與熱阻特性，它們類比於電氣系統所提到的相同性質。熱傳導與熱流率 $q$ 有緊密的關係，$q$ 具有與功率相同的單位。亦即，

$$q = \dot{Q} \tag{2-94}$$

在熱傳問題中，**熱容**與物體內的熱量儲存 (或排放) 有關。

如同電氣系統，熱量傳遞問題中**熱容** (capacitance) 的觀念與物體內熱量的儲存 (或排放) 有關。熱容 $C$ 與物體內溫度相對於時間的變化以及熱流率 $q$ 之間的關係為

---

[3] 如欲更深入地研究這個議題，請參閱參考資料 1~7。

$$q = C\dot{T} \tag{2-95}$$

其中,熱容 $C$ 可被描述為物質密度 $\rho$ 乘以物質比熱 $c$,再乘上體積 $V$:

$$C = \rho c_p V \tag{2-96}$$

在熱力系統中,熱能的傳遞有三種不同形式:**傳導** (conduction)、**對流** (convection) 與**輻射** (radiation)。

### 傳導

熱量傳導是在描述一個物體是如何導熱。此種型式的熱傳遞通常係導因於兩個固體的表面有著溫度上的差異。在此情況下,熱量會從溫度高的區域向溫度低的區域傳遞。這類型的能量傳遞屬於分子擴散,其方向與物體表面垂直。考慮沿著 $x$ 方向的單向穩定熱傳導,如圖 2-26 所示,熱傳率如下:

$$q = \frac{kA}{\ell}\Delta T = D_{1-2}\Delta T \tag{2-97}$$

其中,$q$ 是熱傳 (流) 率,$k$ 是與所使用材料相關的熱導率,$A$ 是與熱流方向垂直的面積。因此,$\Delta T = T_1 - T_2$ 是在 $x = 0$ 與 $x = \ell$ 處的溫度,即 $T_1$ 和 $T_2$ 之間的溫度差。注意:在這個例子中,已假設了完美絕緣,即熱量往其它方向的傳導為零。另外,也要注意到

$$D_{1-2} = \frac{1}{\frac{\ell}{kA}} = \frac{1}{R} \tag{2-98}$$

其中,$R$ 被定義為**熱阻** (thermal resistance)。所以,熱傳率 $q$ 也可以用 $R$ 的形式來表示成

> 熱阻是物質抗拒熱量傳導的一種性質。

$$q = \frac{\Delta T}{R} \tag{2-99}$$

### 對流

這種熱量的傳遞發生在固體表面與其所接觸的流體之間,如圖 2-27 所示。在流體與固體表面接觸的邊界處,熱量係以傳導的方式傳遞。但是當流體接觸到熱後,它便可代換成另一種流體。在熱對流中,熱傳率可以寫成

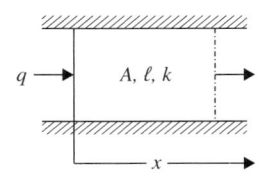

▶ **圖 2-26** 單-方向的熱傳導。

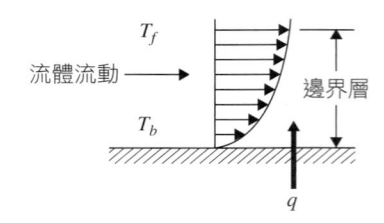

▶ 圖 2-27　流體-邊界的熱對流。

$$q = hA\Delta T = D_0 \Delta T \tag{2-100}$$

其中，$q$ 是熱傳率或熱流率，$h$ 是對流熱傳係數，$A$ 是與熱傳遞方向垂直的面積，故知 $\Delta T = T_b - T_f$ 是邊界與流體的熱溫度差。$hA$ 這一項可以寫成 $D_0$，其中

$$D_0 = hA = \frac{1}{R} \tag{2-101}$$

同樣地，熱傳率 $q$ 也可以用熱阻 $R$ 的形式來表示。因此

$$q = \frac{\Delta T}{R} \tag{2-102}$$

**輻射**

兩個分離物體之間透過輻射的熱傳率係由史蒂芬-波茲曼定律來決定，故知

$$q = \sigma A \left( T_1^4 - T_2^4 \right) \tag{2-103}$$

其中，$q$ 是熱傳率，$\sigma$ 是史蒂芬-波茲曼常數，其值等於 $5.667 \times 10^{-8}$ W/m$^2$·K$^4$，$A$ 是與熱流方向垂直的面積，而 $T_1$ 與 $T_2$ 是兩個物體的絕對溫度。注意：(2-103) 式可直接地應用於具有相同面積 $A$ 的兩個理想輻射體，它們可完美地吸收所有的熱量而無反射 (圖 2-28)。

熱力系統各種變數的國際單位與其它的測量單位，如表 2-3 所示。

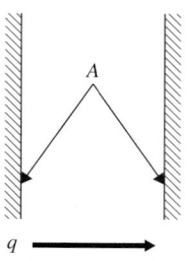

▶ 圖 2-28　具有一對直接相對向理想輻射器的一個簡單熱輻射系統。

■表 2-3　熱力系統的基本性質及其單位

| 參數 | 符號 | SI 單位 | 其它單位 |
| --- | --- | --- | --- |
| 熱阻 | $R$ | °C/W　K/W | °F/(Btu/h) |
| 熱容 | $C$ | J/(kg · °C)　J/(kg · K) | Btu/°F　Btu/°R |

溫度: $T(t)$ °C (攝氏溫度); K (絕對溫度); °F (華氏溫度)

°C = (°F − 32) × 5/9, °C = °K + 273

熱能 (所儲存之熱): $Q$ J (焦耳); Btu; 卡路里

1 J = 1 N–m

1 cal = 4.184 J

1 Btu = 1055 J

熱流率: $q(t)$ J/s; W; Btu/s

## 範例 2-3-1

一個長方形的物體，其材料組成方式係在其上方接觸到一流體，而其它三面都是完美的絕緣，如圖 2-29 所示。針對下列所示之參數，試求熱傳遞的方程式：

$T_1$ = 固體物體的溫度，假設其溫度是均勻分布　　$T_f$ = 上方流體的溫度

$\ell$ = 物體的長度　　$A$ = 物體的截面積

$\rho$ = 材料的密度　　$c$ = 材料的比熱

$k$ = 材料的導熱　　$h$ = 對流熱傳係數

**解**　由 (2-95) 式，可知固體的儲熱率為

$$q = \rho c A \ell \left( \frac{dT_\ell}{dt} \right) \tag{2-104}$$

此外，自流體所傳遞來之熱對流率為

$$q = hA(T_f - T_\ell) \tag{2-105}$$

此系統的能量平衡公式係由在 (2-104) 式與 (2-105) 式的 $q$ 值須相同來決定。因此，引用 (2-95) 式

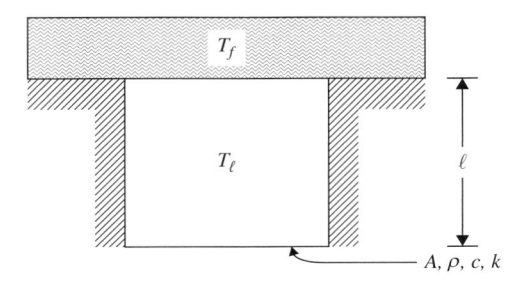

▶ 圖 2-29　流體與熱絕緣固體物體之間的熱傳導。

的熱容 $C$ 與 (2-99) 式的熱對流熱阻 $R$，並將 (2-104) 式的右式代入 (2-105) 式，可得出

$$RC\dot{T}_\ell + T_\ell = T_f \tag{2-106}$$

其中，$RC = \tau$ 一樣被視為系統的**時間常數**。注意：(2-106) 式類比於 (2-84) 式所建模的電氣系統。

## 2-3-2 基本的流體系統特性[4]

本章節中，我們要推導流體系統的方程式。在與流體系統相關的控制系統中，最主要的應用是在流體動力控制領域。瞭解流體系統的運作有助於我們理解液壓驅動器的模型。在流體系統中，有五個重要的參數——壓力、流量 (流率)、溫度、密度、以及流動容積 (容積率)。我們的重點主要放在**不可壓縮流體系統** (incompressible fluid systems)，此乃由於它們可運用在一些常見的工業控制系統的元件上，像是液壓驅動器與阻尼器。在流體不可壓縮的情況下，流體的容積維持為固定，而且正如同電氣系統，它們也可以被建模成被動元件，包含流阻、流感、流容。

> 對於**不可壓縮流體**，其密度 $\rho$ 為一常數，流容 $C$ 的變化量被定義成容積流體流率 $q$ 對壓力 $P$ 變化率的比值。

為了加深對這些觀念的瞭解，我們必須考慮**流體連續性方程式** (fluid continuity equation) 或是**質量守恆定律** (the law of conservation of mass)。針對圖 2-30 所示的控制容積及淨質量流率為 $q_m = \rho q$ 時，我們可得到

$$m = \int \rho q \, dt \tag{2-107}$$

其中，$m$ 是淨質量流量，$\rho$ 是流體密度，$\dfrac{dV}{dt} = q = q_i - q_o$ 是淨容積的流體流率 (即流入的流體的容積流率 $q_i$ 減去流出的流體的容積流率 $q_o$)。由**質量守恆** (conservation of mass) 可知

$$\frac{dm}{dt} = \rho q = \frac{d}{dt}(M_{cv}) = \frac{d}{dt}(\rho V) \tag{2-108}$$

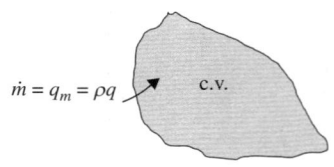

▶ **圖 2-30** 控制容積與淨質量流率。

---

[4] 如欲更深入地研究這個議題，請參閱參考資料 1~7。

$$\frac{dm}{dt} = \rho \dot{V} + V \dot{\rho} \qquad (2\text{-}109)$$

其中，$\dot{m} = \dfrac{dm}{dt}$ 是淨質量流率，$M_{cv}$ 是控制容積 (或簡稱「容器」流體) 的質量，以及 $V$ 是容器的容積。又知

$$\frac{dV}{dt} = q_i - q_o = q \qquad (2\text{-}110)$$

此式又稱為流體的**容積守恆** (conservation of volume)。對一**不可壓縮流體**而言，$\rho$ 被視為一**常數**。因此，(2-109) 式中的不可壓縮流體的質量守恆為

$$\dot{m} = \rho \dot{V} = \rho q \qquad (2\text{-}111)$$

### 流容 (capacitance)——不可壓縮流體

流容和電容相似，流容與能量如何儲存在流體系統內有關。**流容 $C$ 是在壓力變化下的流體儲存體積之變化**。換言之，流容可定義成容積流體流率 $q$ 對於壓力 $P$ 變化率的比值，如下：

$$C = \frac{\dot{V}}{\dot{P}} = \frac{q}{\dot{P}} \qquad (2\text{-}112)$$

即

$$q = C\dot{P} \qquad (2\text{-}113)$$

### 範例 2-3-2

在一個單-槽的液-位系統中，流體注入槽內的高度達到 $h$ (也被稱之為水面) 時，如圖 2-31 所示，流體的壓力為流體的重量除以容器截面積，即

$$P = \frac{\rho V g}{A} = \frac{\rho h g A}{A} = \rho h g \qquad (2\text{-}114)$$

因此，由 (2-112) 式且又知 $V = Ah$，得到

$$C = \frac{\dot{V}}{\dot{P}} = \frac{A\dot{h}}{\rho g \dot{h}} = \frac{A}{\rho g} \qquad (2\text{-}115)$$

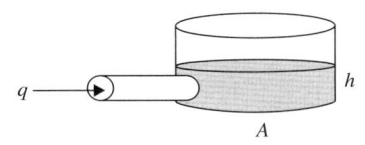

▶ 圖 2-31　不可壓縮流體流進一個不加蓋的圓柱形容器。

通常，流體的密度 $\rho$ 為非線性，且會依溫度與壓力而變。這種非線性的相依性 $\rho(P, T)$，被稱為**狀態方程式** (the equation of state)，可以利用 $\rho$ 相對於 $P$ 和 $T$ 的一-階泰勒級數展開式而予以線性化：

$$\rho = \rho_{\text{ref}} + \left(\frac{\partial \rho}{\partial P}\right)_{P_{\text{ref}}, T_{\text{ref}}} (P - P_{\text{ref}}) + \left(\frac{\partial \rho}{\partial T}\right)_{P_{\text{ref}}, T_{\text{ref}}} (T - T_{\text{ref}}) \tag{2-116}$$

其中，$\rho_{\text{ref}}$、$P_{\text{ref}}$ 和 $T_{\text{ref}}$ 分別為密度、壓力與溫度的固定參考值。在此例子中，下列二參數

$$\beta = \frac{1}{\rho_{\text{ref}}}\left(\frac{\partial \rho}{\partial P}\right)_{P_{\text{ref}}, T_{\text{ref}}} \tag{2-117}$$

$$\alpha = -\frac{1}{\rho_{\text{ref}}}\left(\frac{\partial \rho}{\partial T}\right)_{P_{\text{ref}}, T_{\text{ref}}} \tag{2-118}$$

分別為**體積模數** (bulk modulus) 與**熱膨脹係數** (thermal expansion coefficient)。然而，在大部分感興趣的例子中，流進與流出容器的流體溫度都幾乎相同。因此，回到圖 2-30 的控制容積，(2-108) 式的質量守恆可反映容積與密度兩者的變化為

$$\frac{dm}{dt} = \frac{d\rho}{dt}V + \rho\frac{dV}{dt} \tag{2-119}$$

若體積為 $V$ 的容器是一個**剛性物體**時，則知 $\dot{V} = 0$。因此，上式變成

$$\frac{dm}{dt} = \frac{d\rho}{dt}V \tag{2-120}$$

假設沒有溫度上的相依性，將 (2-116) 式的時間微分式代入 (2-120) 式，並利用 (2-117) 式，便可得到如下的熱容關係式：

$$q = \frac{V}{\beta}\dot{P} = C\dot{P} \tag{2-121}$$

> 一般而言，密度會依溫度與壓力而變。在接下來的例子中，流體是具有可壓縮性的。

注意：在求得 (2-121) 式時，運用了 $\frac{dm}{dt} = q_m = \rho_{\text{ref}}q$。因此，若是在不可塑容器之**可壓縮**流體的情況下，其流容為

$$C = \frac{V}{\beta} \tag{2-122}$$

### 範例 2-3-3

實務上，蓄壓器可作為流體容器，它們可以模擬成一個彈簧-加載式的活塞系統，如圖 2-32

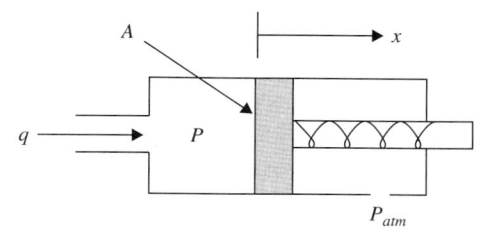

▶ 圖 2-32  彈簧-加載式活塞系統。

所示。在此情況下，假設截面積為 $A$ 的彈簧-加載式活塞在剛性圓柱形容器內運轉，利用代表可壓縮流體之質量守恆公式，即 (2-119) 式，得出

$$\rho_{\text{ref}} q = \frac{d\rho}{dt} V + \rho_{\text{ref}} \frac{dV}{dt} \tag{2-123}$$

假設可壓縮流體不受到溫度的影響，取 (2-116) 式對時間微分並利用 (2-117) 式，吾人可得出

$$\frac{d\rho}{dt} = \frac{\rho_{\text{ref}}}{\beta} \frac{dP}{dt} \tag{2-124}$$

結合 (2-123) 式與 (2-124) 式並利用 (2-122) 式，圖 2-32 之的控制容積，可證明其壓力上升率為

$$\dot{P} = \frac{\beta}{V}(q - \dot{V}) = \frac{1}{C}(q - \dot{V}) \tag{2-125}$$

其中，$\dot{V} = A\dot{x}$。此方程式反映出在變化的控制容積內，其壓力變化率與流體的容積流率及容器自身的容積變化率有關。

## 流感 (Inductance)──不可壓縮流體

流感也被視為**流體慣性** (inertance)，它與流體在一通道 (線路或管線) 中流動時的慣量相關。慣性通常發生在長的管線中，但是受到外力 (例如，受到泵浦影響) 造成流率有明顯改變時也會存在慣性。在圖 2-33 所示的例子中，假設不具摩擦力的管線內的均勻流體以速度 $v$ 流動著，且為了要加速流體流動而施加一個外力 $F$。根據牛頓第二運動定律，可知

> **流感**或流體慣性主要會發生在長的管線中，或者在施加一個外力 $F$ 導致流率有明顯改變的地方。

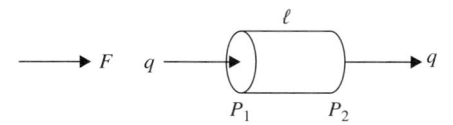

▶ 圖 2-33  一個均勻不可壓縮流體受外力而流經沒有摩擦力的管線。

$$F = A\Delta P = M\dot{v} = \rho A \ell \dot{v}$$
$$\Delta P = (P_1 - P_2) \tag{2-126}$$

但是

$$\dot{V} = Av = q \tag{2-127}$$

因此，

$$(P_1 - P_2) = L\dot{q} \tag{2-128}$$

其中，

$$L = \frac{\rho \ell}{A} \tag{2-129}$$

此值即為熟知的**流感** (fluid inductance)。注意：在可壓縮流體與氣體的情況下，流感很少被討論。

### 流阻 (Resistance)——不可壓縮流體

如同電氣系統中，阻流器需要消耗能量。不過，流阻並沒有一個特別的定義。在本書中，我們採用最普遍的術語，將流阻描述成流體對於壓力改變的抵抗力。如圖 2-34 所示的系統，阻止流體在一管線內流動的力為

> 在本書中，流體**阻力**與體積流量 $q$ 的壓力變化有關。

$$F_f = A\Delta P = A(P_1 - P_2) \tag{2-130}$$

其中，$\Delta P = P_1 - P_2$ 是壓降，$A$ 為管線的截面積。根據流動的型態 [例如，層流或擾 (紊) 流] 而定，流阻關係式可能為線性或是非線性，並且其值可使壓降與容積流率 $q$ 呈現關聯性。針對層流的流動，我們定義

$$\Delta P = Rq \tag{2-131}$$

$$R = \frac{\Delta P}{q} \tag{2-132}$$

其中，$q$ 是容積流率。表 2-4 所示為層流流動情況下，不同通道截面積的流阻 $R$。

當流體變成**擾流** (turbulent) 時，壓降關係 (2-131) 式可改寫成

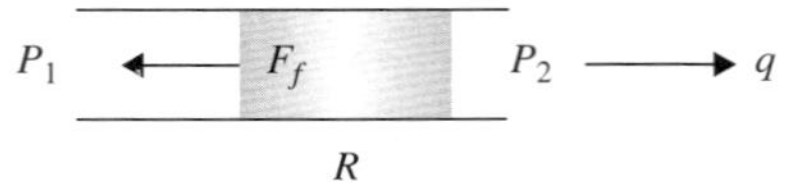

▶ 圖 2-34　流過管線的不可壓縮流體與其流阻。

■表 2-4　各種層流的阻力 R 方程式

| 流阻 | |
|---|---|
| 所使用的符號 | 流體容積流率：$q$<br>壓降：$\Delta P = P_{12} = P_1 - P_2$<br>層流流阻：$R$<br>$\mu$：流體黏滯係數<br>$w$ = 寬度；$h$ = 高度；$\ell$ = 長度；$d$ = 直徑 |
| 一般情況 | $R = \dfrac{32\mu\ell}{Ad_h^2}$<br>$d_h$ = 液壓直徑 = $\dfrac{4A}{\text{圓周長}}$ |
| 圓形截面 | $R = \dfrac{128\mu\ell}{\pi d^4}$ |
| 正方形截面 | $R = \dfrac{32\mu\ell}{w^4}$ |
| 矩形截面 | $R = \dfrac{\dfrac{8\mu\ell}{wh^3}}{(1+h/w)^2}$ |
| 矩形截面：近似式 | $R = \dfrac{12\mu\ell}{wh^3}$<br>$w/h$ = 很小 |
| 環形截面 | $R = \dfrac{8\mu\ell}{\pi d_o d_i^3 \left(1 - \dfrac{d_i}{d_o}\right)}$<br>$d_o$ = 外環直徑；$d_i$ = 內環直徑 |
| 環形截面：近似式 | $R = \dfrac{12\mu\ell}{\pi d_o d_i^3}$<br>$d_o/d_i$ = 很小 |

$$\Delta P = R_T q^n \tag{2-133}$$

其中，$R_T$ 為擾流的流阻，$n$ 則是會依所採用的介面而變的冪次數值——例如，$n = 7/4$ 為長管路所採用的數值，以及最常見的 $n = 2$，則是代表流經孔洞或閥的流動。

　　為了要更加瞭解層流與擾流，以及其相對應的流阻模式，你可以操作一個簡單的實驗，將力施加在一個充滿水的塞柱注射器。若平穩地用力推壓注射器，水將會從另一端注射器孔而輕易地流出；反之，若大力地推壓注射器，你則會感受到強大的阻力。在前者的

例子中，由於層流的緣故，你會感受到較溫和的阻力，而後者的強大阻力就是擾流所造成的。

## 範例 2-3-4 單-槽液-位系統

圖 2-35 所示的流體系統中，水或任何**不可壓縮流體** (亦即，流體的密度 $\rho$ 為恆定) 由上方流進槽中，並由底部流阻為 $R$ 的閥流出。槽內流體的高度 (也稱之為水位) $h$ 為一**變數**，閥的流阻為 $R$。試求出流入量 $q_i$ 與流出量 $q_o$ 的系統方程式。

**解** 藉由質量守恆，可知

$$\frac{dm}{dt} = \frac{d(\rho V)}{dt} = \rho q_i - \rho q_o \qquad (2\text{-}134)$$

其中，$\rho q_i$ 和 $\rho q_o$ 分別為流入閥與流出閥的質量流率。由於流體的密度 $\rho$ 為常數，故知體積守恆也成立，即槽內的流體容積對時間的變化率等於流入與流出之流率的差。

$$\frac{d(V)}{dt} = \frac{d(Ah)}{dt} = q_i - q_o \qquad (2\text{-}135)$$

依據 (2-112) 式，槽流體的流容為

$$C = \frac{\dot{V}}{\dot{P}} = \frac{A\dot{h}}{\rho g \dot{h}} = \frac{A}{\rho g} \qquad (2\text{-}136)$$

其中，$\dot{P}$ 是在出口閥處流體壓力的變化率。根據 (2-132) 式，假設是層流的情況下，在此閥處的流阻 $R$ 可定義成

$$R = \frac{\Delta P}{q_o} \qquad (2\text{-}137)$$

其中，$\Delta P = P_o - P_{atm}$ 是跨過閥的壓降。此外，可求出壓力與可變的流體高度 $h$ 的關係為

$$P_o = P_{atm} + \rho g h \qquad (2\text{-}138)$$

其中，$P_o$ 是出口閥處的壓力，$P_{atm}$ 則是大氣壓力。因此，從 (2-137) 式可得到

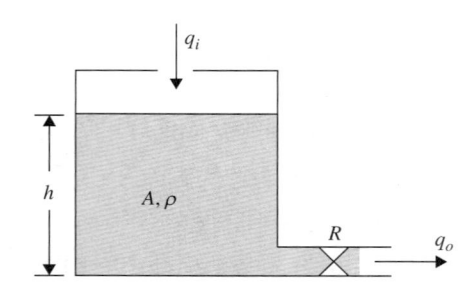

▶ 圖 2-35 單-槽液-位系統。

$$q_o = \frac{\rho g h}{R} \tag{2-139}$$

合併 (2-134) 式和 (2-139) 式後，以及利用 (2-136) 式的流容，我們便可得出系統方程式為

$$RC\frac{dh}{dt} + h = \frac{R}{\rho g}q_i \tag{2-140}$$

或是利用 (2-139) 式，我們也可以用體積流量的模式，找到系統的方程式：

$$RC\dot{q}_o + q_o = q_i \tag{2-141}$$

其中，系統的時間常數為 $\tau = RC$。這個系統**類比**於由 (2-85) 式所表示的電氣系統。

### 範例 2-3-5

圖 2-36 所示的液體系統，並除了引流管路的長度為 $\ell$ 之外，其餘皆與圖 2-35 所示的系統相同。

在這個例子中，引流管內的流感如下：

$$(P_1 - P_2) = \ell \dot{q}_o \tag{2-142}$$

如同上一個例子，出口閥處的流阻為

$$R = \frac{P_2 - P_\text{atm}}{q_o} \tag{2-143}$$

槽流體的流容與範例 2-3-4 相同，如下所示：

$$C = \frac{A}{\rho g} \tag{2-144}$$

將 (2-143) 式代入 (2-142) 式，並利用 $P_1 = P_\text{atm} + \rho g h$，得到

$$\rho g h = L\dot{q}_o + Rq_o \tag{2-145}$$

但是，從容積守恆定律，得知

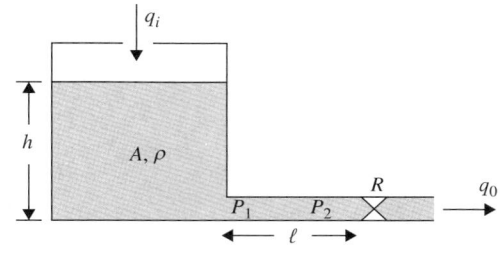

▶ 圖 2-36　單-槽液-位系統。

$$\frac{d(V)}{dt} = A\dot{h} = q_i - q_o \tag{2-146}$$

對 (2-145) 式微分,我們可以將 (2-146) 式改寫成以流入 $q_i$ 與流出 $q_o$ 表示的形式。亦即

$$\frac{L}{\rho g}\ddot{q}_o + \frac{R}{\rho g}\dot{q}_o = \frac{1}{A}q_i - \frac{1}{A}\dot{q}_o \tag{2-147}$$

利用 (2-144) 式的流容公式,則 (2-147) 式可修改成

$$LC\ddot{q}_o + RC\dot{q}_o + q_o = q_i \tag{2-148}$$

## 範例 2-3-6　雙-槽液-位系統

考慮一個雙-槽系統,如圖 2-37 所示,$h_1$ 與 $h_2$ 分別代表兩個槽的高度,而 $R_1$ 與 $R_2$ 則分別代表閥的流阻。我們將槽 1 與槽 2 的底部壓力分別標示為 $P_1$ 與 $P_2$,再者,位於槽 2 出口閥處的壓力 $P_3 = P_{atm}$。試求出此系統的微分方程式。

**解**　利用與範例 2-3-4 相同的方法,我們不難看出槽 1:

$$\begin{aligned}\frac{d(V_1)}{dt} &= A_1\dot{h}_1 = q_i - q_1 \\ &= q_i - \frac{P_1 - P_2}{R_1} = q_i - \frac{(P_{atm} + \rho g h_1) - (P_{atm} + \rho g h_2)}{R_1}\end{aligned} \tag{2-149}$$

而槽 2 為

$$\begin{aligned}\frac{d(V_2)}{dt} &= A_2\dot{h}_2 = q_1 - q_2 = \frac{P_1 - P_2}{R_1} - \frac{P_2 - P_3}{R_2} \\ &= \frac{(P_{atm} + \rho g h_1) - (P_{atm} + \rho g h_2)}{R_1} - \frac{(P_{atm} + \rho g h_2) - P_{atm}}{R_2}\end{aligned} \tag{2-150}$$

因此,系統的方程式為

$$A_1\dot{h}_1 + \frac{\rho g h_1}{R_1} - \frac{\rho g h_2}{R_1} = q_i \tag{2-151}$$

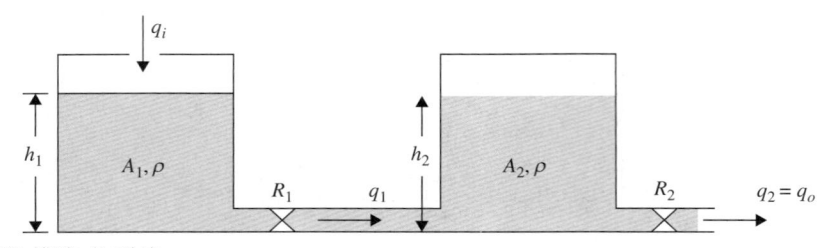

▶ 圖 2-37　雙-槽液-位系統。

$$A_2 \dot{h}_2 - \frac{\rho g h_1}{R_1} + \left(\frac{1}{R_1} + \frac{1}{R_2}\right)\rho g h_2 = 0 \tag{2-152}$$

此流體系統中各種變數的國際單位與其它的測量單位，都條列在表 2-5 中。

■表 2-5　流體系統的基本性質與其單位

| 參數 | 符號 | SI 單位 | 其它單位 |
|---|---|---|---|
| 流阻 (液壓) | $R$ | $N \cdot s/m^5$ | $lb_f \cdot s/in^5$ |
| 流容 (液壓) | $C$ | $m^5/N$ | $in^5/lb$ |
| 時間常數 | $\tau = RC$ | s | |
| **變數** | | | |
| 壓力：$P$ $N/m^2$; Pa, psi $(lb/in^2)$ | | | |
| 容積流率：$q$ $m^3/s$; $ft^3/s$, $in^3/s$ | | | |
| 質量流率：$q_m$ kg/s; lb/s | | | |

## 2-4　非線性系統的線性化

由前幾節的討論可知，實際系統中的大多數元件和致動器都有非線性特性。實際上，有些裝置如果驅動至某些操作區時會產生些許的非線性特徵或非線性性質。對這些裝置而言，用線性系統模式來模擬時，在某些操作條件範圍下，它們仍可得出十分精確的分析結果。但仍有許多實際裝置具有嚴重的非線性特性。對於這些裝置，嚴格來說，其線性化模式只適用在一很有限的小操作區間中，而且通常只有在該操作點處才能施予線性化。更重要的是，當非線性系統在操作點處線性化後，其線性模式可能包含有時變的元件。

### 2-4-1　使用泰勒級數進行線性化：古典表示法

通常，泰勒展開式可應用來將一個非線性函數 $f(x(t))$ 針對某一個參考值或操作值 $x_0(t)$ 作展開。操作值可能是彈簧-質量-阻尼器系統的平衡位置，電氣系統的一個固定電壓，或是流體系統的穩定壓力等。因此，函數 $f(x(t))$ 可以表示成下列形式：

$$f(x(t)) = \sum_{i=1}^{n} c_i (x(t) - x_0(t))^i \tag{2-153}$$

其中，$c_i$ 代表函數 $f(x(t))$ 對 $x(t)$ 的導數後，並且在操作點 $x_0(t)$ 處所估算之值。亦即

$$c_i = \frac{1}{i!}\frac{d^i f(x_0)}{dx^i} \tag{2-154}$$

故知

$$f(x(t)) = f(x_0(t)) + \frac{df(x_0(t))}{dt}(x(t)-x_0(t)) + \frac{1}{2}\frac{d^2 f(x_0(t))}{dt^2}(x(t)-x_0(t))^2$$
$$+ \frac{1}{6}\frac{d^3 f(x_0(t))}{dt^3}(x(t)-x_0(t))^3 + \cdots + \frac{1}{n!}\frac{d^n f(x_0(t))}{dt^n}(x(t)-x_0(t))^n \qquad (2\text{-}155)$$

若 $\Delta(x) = x(t) - x_0(t)$ 為很小值,則級數 (2-155) 式會收斂,並可以用 (2-155) 式的前兩項來取代函數 $f(x(t))$ 而將函數線性化。亦即

$$f(x(t)) \approx f(x_0(t)) + \frac{df(x_0(t))}{dt}(x(t)-x_0(t))$$
$$= c_0 + c_1 \Delta x \qquad (2\text{-}156)$$

接下來的範例可用來說明上述線性化的程序。

### 範例 2-4-1

試求出質量為 $m$ 的簡單 (理想) 擺之運動方程式,此單擺以長度 $\ell$ 且質量可以忽略的桿子絞鏈在 $O$ 點 (即樞紐點),如圖 2-38 所示。

**解** 假設質量沿著正方向擺動 $\theta$ 角度。注意:$\theta$ 角度的正方向是相對於 $x$ 軸的逆時針方向。第一步驟是要畫出此系統各元件的自由體圖,如圖 2-38b 所示的質量與桿子。對於質量 $m$,其運動方程式為

$$\sum F_x = ma_x \qquad (2\text{-}157)$$

$$\sum F_y = ma_y \qquad (2\text{-}158)$$

其中,$F_x$ 與 $F_y$ 是施加於質量 $m$ 的外力,而 $a_x$ 與 $a_y$ 則分別為質量 $m$ 沿著 $x$ 和 $y$ 軸方向的加速度分量。如果由 $O$ 點至質量 $m$ 的位置向量記為向量 $\mathbf{R}$,則質量 $m$ 的加速度 $\mathbf{a}$ 便為向量 $\mathbf{R}$ 對時間的二次微分,且 $\mathbf{a}$ 具有切線和向心線方向的兩個分量。利用直角座標系統 $(x, y)$ 表示法,加速度向量為

▶ 圖 2-38 (a) 單擺。(b) 質量 $m$ 的自由體圖。

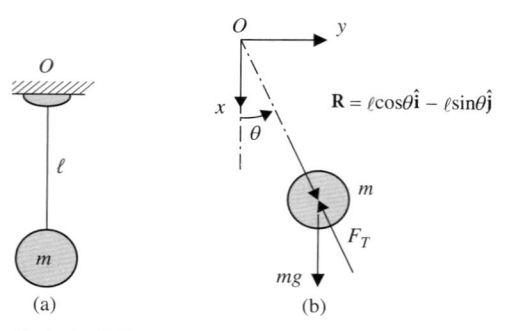

$$\mathbf{a} = \frac{d^2\mathbf{R}}{dt^2} = \frac{d^2(\ell\cos\theta\hat{\mathbf{i}} + \ell\sin\theta\hat{\mathbf{j}})}{dt^2}$$
$$= (-\ell\ddot{\theta}\sin\theta - \ell\dot{\theta}^2\cos\theta)\hat{\mathbf{i}} + (\ell\ddot{\theta}\cos\theta - \ell\dot{\theta}^2\sin\theta)\hat{\mathbf{j}} \tag{2-159}$$

其中，$\hat{\mathbf{i}}$ 和 $\hat{\mathbf{j}}$ 分別是沿著 $x$ 與 $y$ 方向的單位向量。因此，可得出

$$a_x = (-\ell\ddot{\theta}\sin\theta - \ell\dot{\theta}^2\cos\theta) \tag{2-160}$$

$$a_y = (\ell\ddot{\theta}\cos\theta - \ell\dot{\theta}^2\sin\theta) \tag{2-161}$$

考慮施加到質量的外力時，我們可求得

$$\sum F_x = -F_T\cos\theta + mg \tag{2-162}$$

$$\sum F_y = -F_T\sin\theta \tag{2-163}$$

因此，(2-157) 式與 (2-158) 式可以重新寫成

$$-F_T\cos\theta + mg = m(-\ell\ddot{\theta}\sin\theta - \ell\dot{\theta}^2\cos\theta) \tag{2-164}$$

$$-F_T\sin\theta = m(\ell\ddot{\theta}\cos\theta - \ell\dot{\theta}^2\sin\theta) \tag{2-165}$$

將 (2-164) 式乘以 $(-\sin\theta)$ 與 (2-165) 式乘以 $(\cos\theta)$ 後，兩結果再予以相加，得到

$$-mg\sin\theta = m\ell\ddot{\theta} \tag{2-166}$$

其中

$$\sin^2\theta + \cos^2\theta = 1 \tag{2-167}$$

重新整理後，(2-167) 式可改寫成

$$m\ell\ddot{\theta} + mg\sin\theta = 0 \tag{2-168}$$

即

$$\ddot{\theta} + \frac{g}{\ell}\sin\theta = 0 \tag{2-169}$$

簡言之，以靜態平衡位置 $\theta = 0$ 當作操作點，當小規模運動時，此系統的線性化意味著 $\sin\theta \approx \theta$，如圖 2-39 所示。

因此，系統的線性表示式為 $\ddot{\theta} + \frac{g}{\ell}\theta = 0$，即

$$\ddot{\theta} + \omega_n^2\theta = 0 \tag{2-170}$$

其中，$\omega_n = \sqrt{\frac{g}{\ell}}$ rad/s 為線性化模型的自然頻率。

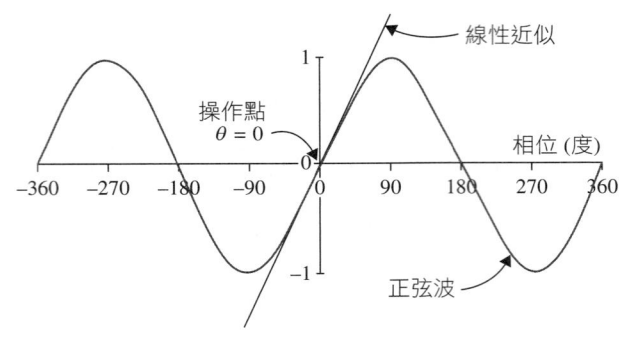

▶ 圖 2-39　在 $\theta = 0$ 操作點處 $\sin\theta \approx \theta$ 的線性化。

## 範例 2-4-2

如圖 2-38 所示的單擺，以轉矩方程式重新推導單擺的微分方程式。

**解**　單擺轉矩方程式的自由體圖如圖 2-38b 所示。於固定點 $O$ 處，應用轉矩方程式，可得出

$$\sum M_o = m\ell^2 \alpha$$
$$-\ell\sin\theta \cdot mg = m\ell^2 \ddot{\theta} \tag{2-171}$$

將式子重新整理成標準的輸入-輸出微分方程式的形式：

$$m\ell^2 \ddot{\theta} + mg\ell \sin\theta = 0 \tag{2-172}$$

即

$$\ddot{\theta} + \frac{g}{\ell}\sin\theta = 0 \tag{2-173}$$

此結果與之前相同。對小規模運動而言，如範例 2-4-1，可知

$$\sin\theta \approx \theta \tag{2-174}$$

線性化的微分方程式為

$$\ddot{\theta} + \omega_n^2 \theta = 0 \tag{2-175}$$

其中，如同先前

$$\omega_n = \sqrt{\frac{g}{\ell}} \tag{2-176}$$

## 2-5 類比性

在本節中，我們要來說明電氣網路系統與機械、熱力、流體系統之間的類比性。舉例來看，讓我們來比較 (2-10) 式與 (2-71) 式。不難發現圖 2-2 的機械系統可以**類比**於圖 2-21 所示的**串聯 RLC 電氣網路**系統。這些系統如圖 2-40 所示。為了更清楚瞭解參數 $M$、$B$ 與 $K$ 如何分別對應到 $R$、$L$ 與 $C$；或是變數 $y(t)$ 與 $f(t)$ 如何對應到 $i(t)$ 和 $e(t)$，我們需要比較 (2-8) 式與 (2-59) 式。因此，

> 利用**力**-**電壓**類比，圖 2-2 的彈簧-物體-阻尼系統與圖 2-19 的 RLC 電氣網路系統**類比**。

$$M\frac{d^2 y(t)}{dt^2} + B\frac{dy(t)}{dt} + Ky(t) = f(t) \tag{2-177}$$

$$L\frac{di(t)}{dt} + Ri(t) + \frac{1}{C}\int i(t)\,dt = e(t) \tag{2-178}$$

如果將 (2-177) 式對時間積分，這個比較可更適當地完成。亦即

$$M\frac{dv(t)}{dt} + Bv(t) + K\int v(t)\,dt = f(t) \tag{2-179}$$

其中，$v(t)$ 代表質量 $M$ 的速度。因此，根據此種比較，質量 $M$ 類比到電感 $L$，彈簧常數 $K$ 類比到電容倒數 $1/C$，以及黏滯摩擦係數 $B$ 類比到電阻 $R$。同樣地，$v(t)$ 與 $f(t)$ 分別類比到 $i(t)$ 和 $e(t)$。這類的類比也被稱之為**力**-**電壓** (force-voltage) 類比。相似的類比方式可以用在 (2-32) 式的旋轉系統與範例 2-4-1 的 RLC 網路。

利用一個以電流當作電源的並聯 RLC 網路，有些文獻會使用力-電流做類比，但在此不做討論[5]。比較熱力、流體與電氣系統，我們也可以得到許多相似的類比，如表 2-6 所示。

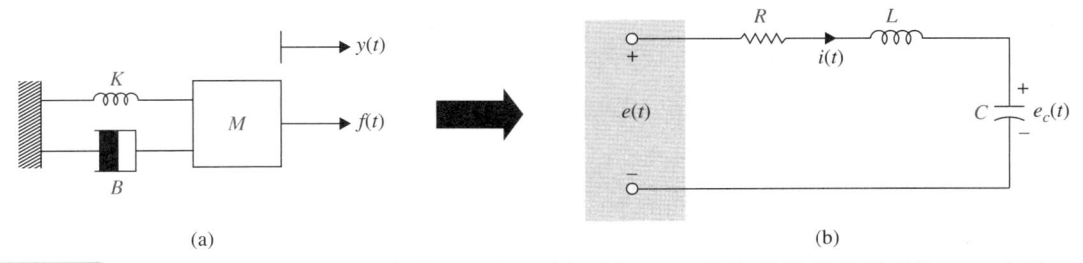

▶ 圖 2-40　彈簧-質量-阻尼器系統與串聯 RLC 網路的類比性。(a) 彈簧-質量-阻尼器系統。(b) 串聯 RLC 等效系統。

---

[5] 在**力**-**電流**的類比中，$f(t)$ 與 $v(t)$ 分別類比到 $i(t)$ 和 $e(t)$，而 $M$、$K$ 與 $B$ 則分別類比到 $C$、$1/L$ 與 $1/R$。

■ 表 2-6　機械、熱力及流體系統與其等效的電氣系統

| 系統 | 類比於電氣 $R$、$L$、$C$ 參數的參數關係 | 變數類比性 |
|---|---|---|
| 機械 (平移)<br>$M\dfrac{dv(t)}{dt}+Bv(t)+K\int v(t)\,dt=f(t)$<br>類比於<br>$L\dfrac{di(t)}{dt}+Ri(t)+\dfrac{1}{C}\int i(t)\,dt=e(t)$ | $Ri(t)=Bv(t)$<br>$R=B$<br>$\dfrac{1}{C}\int i(t)\,dt=K\int v(t)\,dt$<br>$C=\dfrac{1}{K}$<br>$L\dfrac{di(t)}{dt}=M\dfrac{dv(t)}{dt}$<br>$L=M$ | $e(t)$ 類比於 $f(t)$<br>$i(t)$ 類比於 $v(t)$<br>其中<br>$e(t)$ = 電壓<br>$i(t)$ = 電流<br>$f(t)$ = 力<br>$v(t)$ = 線性速度 |
| 機械 (旋轉)<br>$J\dfrac{d\omega(t)}{dt}+B\omega(t)+K\int \omega(t)\,dt=T(t)$<br>類比於<br>$L\dfrac{di(t)}{dt}+Ri(t)+\dfrac{1}{C}\int i(t)\,dt=e(t)$ | $R=B$<br>$C=\dfrac{1}{K}$<br>$L=J$ | $e(t)$ 類比於 $T(t)$<br>$i(t)$ 類比於 $\omega(t)$<br>其中<br>$e(t)$ = 電壓<br>$i(t)$ = 電流<br>$T(t)$ = 轉矩<br>$\omega(t)$ = 角速度 |
| 流體 (不可壓縮) | $\Delta P=Rq(t)$<br>(層流流動)<br>$R$ 為流阻，其值依流動的方式而定<br>$q(t)=C\dot{P}$<br>$C$ 為流容，其值依流動的方式而定<br>$L=\dfrac{\rho}{A}$ (在管線中之流動)<br>$L$ 為流感，其值依流動的方式而定<br>$A$ = 截面積<br>$l$ = 長度<br>$\rho$ = 流體密度 | $e(t)$ 類比於 $\Delta P$<br>$i(t)$ 類比於 $q(t)$<br>其中<br>$e(t)$ = 電壓<br>$i(t)$ = 電流<br>$\Delta P$ = 壓差<br>$q(t)$ = 容積流率 |
| 熱力 | $R=\dfrac{\Delta T}{q}$<br>$R$ 為熱阻<br>$T=\dfrac{1}{C}\int q\,dt$<br>$C$ 為熱容 | $e(t)$ 類比於 $T(t)$<br>$i(t)$ 類比於 $q(t)$<br>其中<br>$e(t)$ = 電壓<br>$i(t)$ = 電流<br>$T(r)$ = 溫度<br>$q(t)$ = 熱流 |

### 範例 2-5-1　單-槽液-位系統

如圖 2-35 所示的單-槽液-位系統，$C = \dfrac{A}{\rho g}$ 為系統的流容，而 $R = \dfrac{\rho g h}{q_o}$ 是系統的流阻。因此，系統的時間常數 $\tau = RC$。

**解**　為了要設計出速度、位置或是任何型態的控制系統，第一要務就是要能得出系統的數學模型。這樣會幫助我們可以根據所需求的任務，而「適當地」發展出最好的控制器 (例如：在取物與放置的操作中，機械手臂的正確定位)。

一般的建議是要能以最簡單的方式讓你達到「足夠好」為目的。在這個例子中，我們可以假設機械手臂的有效質量與載荷物的質量都聚集在質量可以忽略之桿子的一端，如圖 2-41 所示。你可以透過實驗來求出模型中質量 $m$ 應為何值。詳細的細節請參閱附錄 D。

如同範例 2-4-1，質量朝著定義中的正方向擺動 $\theta$ 角度。注意：$\theta$ 角度的正方向是由 $x$ 軸開始沿著逆時針方向來量測。對於質量 $m$，我們可以透過針對 $O$ 點的轉矩來求得它的運動模型，如下：

$$\sum M_O = T = m\ell^2 \ddot{\theta} \tag{2-180}$$

其中，$T$ 是馬達提供的外部轉矩，以使質量產生加速度。

在第六章中，我們會藉由加入馬達模型來更深入探討此模型。

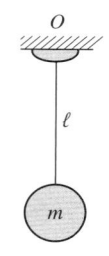

▶ **圖 2-41**　單一自由度的單擺與其必要元件。

---

## 2-6　專題：樂高智能 NXT 馬達——機械建模

為了更加瞭解目前為止我們所探討過的理論概念，本節提供一個簡單卻實用的專題給讀者。

這個專題的目的是進一步利用 LEGO MINDSTORMS NXT (可程式控制積木) 馬達來建造一個單一-自由度的機器人，如圖 2-42 所示，並且求得這個單一-自由度機械手臂的數學模型。在接下來的第

> 這個專題的第一個目的是要讓讀者瞭解如何測量直流馬達的電氣與機械特性，以及最後能夠建立馬達的模型。

六、七、八及十一章均會延續探討這個範例。詳細的細節請參閱附錄 D，其**目的**在於提供

68　自動控制系統

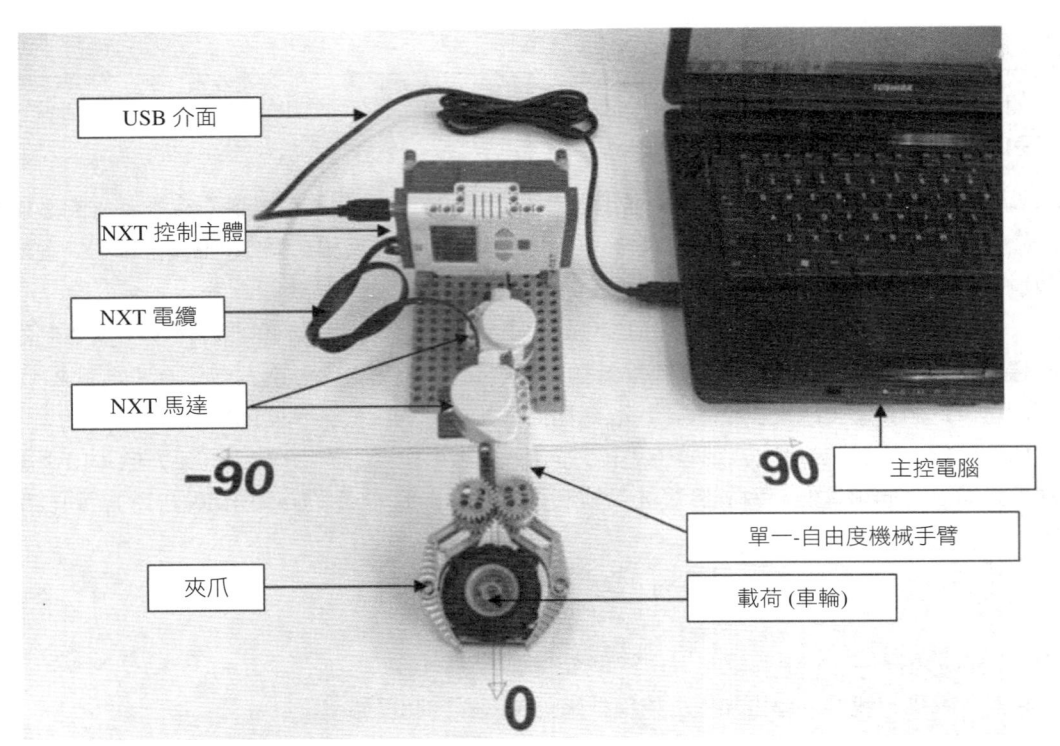

▶ 圖 2-42　單一-自由度機械手臂的簡化模型。

　　讀者有關**測量**直流馬達之電氣與**機械**性質的一系列實驗，並且最終能建立這個馬達的**數學模型**及圖 2-42 所示的機械手臂，以作為控制器設計之用。

　　如圖 2-42 所示，我們的機器人系統包含 NXT 控制主體、NXT 馬達與一些可在 LEGO MINDSTORMS 基本套件內找到的樂高元件，這些樂高元件在此係用來建造一個單一-自由度的機械手臂。這個機械手臂的目的是要將一個載荷物夾起來並放進一個位在特定角度位置處的杯子裡，在此同時，其數據則會在 Simulink 內取樣。整個程式編碼會在一台電腦中利用 Simulink 來完成，並以 USB 介面連接上傳到 NXT 控制主體。控制主體透過 NXT 纜線同時提供電力與控制給機械手臂。另外，位於馬達的背面裝有一個**光學編碼器** (optical encoder)，是用來測量伸出去之單一-自由度輸出軸的旋轉位置。主控電腦透過藍芽蒐集 NXT 控制主體的編碼器數據。為了要讓主控電腦辨識到 NXT 控制主體，在設定藍芽系統時就要先進行配對[6]。

---

6 針對建立藍芽連接之各種設定的指令，請參閱 http://www.mathworks.com/matlabcentral/fileexchange/35206-simulink-support-package-for-lego-mindstorms-nxt-hardware/content/lego/legodemos/html/publish_lego_communication.html#4。

## 2-7 摘要

本章致力於探討基本動態系統的數學模型，包含許多機械、電氣、熱力與流體系統的實例。利用基本建模原則，像是牛頓第二運動定律、克希荷夫定律或質量守恆等，這些動態系統的模型便可以用分方程式來表示，它們可以是線性的或非線性的。不過，因篇幅的限制及受限於本書的範圍，我們只對實務上會使用之部分的實際裝置加以描述。

由於非線性系統在現實的世界不能被忽略，同時本書中並非專注於此議題，我們僅介紹非線性系統在正規操作點的線性化。一旦求得線性模型，非線性系統的性能便可以在設定的操作點上，針對小訊號條件來進行研究。

最後，我們也在本章中建立了機械、熱力、流體系統與等效電氣網路之間的類比性。

## 參考資料

1. W. J. Palm III, *Modeling Analysis, and Control of Dynamic Systems*, 2nd Ed., John Wiley & Sons, New York, 1999.
2. K. Ogata, *Modern Control Engineering*, 4th Ed., Prentice Hall, New Jersey, 2002.
3. I. Cochin and W. Canwallender, *Analysis and Design of Dynamic Systems*, 3rd Ed., Addison-Wesley, New York, 1997.
4. A. Esposito, *Fluid Power with Applications*, 5th Ed., Prentice Hall, New Jersey, 2000.
5. H. V. Vu and R. S. Esfandiari, *Dynamic Systems*, Irwin/McGraw-Hill, Boston, 1997.
6. J. L. Shearer, B.T. Kuliakowski, and J. F. Gardner, *Dynamic Modeling and Control of Engineering Systems*, 2nd Ed., Prentice Hall New Jersey, 1997.
7. R. L. Woods and K. L. Lawrence, *Modeling and Simulation of Dynamic Systems*, Prentice Hall, New Jersey, 1997.
8. E. J. Kennedy, *Operational Amplifier Circuit*, Holt Rinehary and Winston, Fort Worth, TX, 1998.
9. J. V. Wait, L. P. Huelsman, and G. A. Korn, *Introduction to Operational Amplifier Theory and Applications*, 2nd Ed., McGraw-Hill, New York, 1992.
10. B. C. Kuo and F. Galnaraghi, *Automatic Control Systems*, 8th Ed., John Wiley & Sons, New York, 2003.
11. F. Golnaraghi and B. C. Kuo, *Automatic Control Systems* 9th Ed., John Wiley & Sons, New York, 2003.

## 習題

### 2-1 節習題

**2-1** 試求出圖 2P-1 所示之質量-彈簧系統的運動方程式，並同時計算出系統的自然頻率。

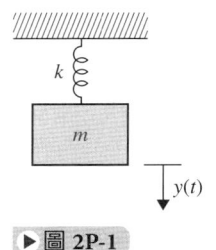

▶ 圖 2P-1

**2-2** 試求出圖 2P-2 所示之五個彈簧-單一質量系統的單一彈簧-質量等效系統，並同時計算出系統的自然頻率。

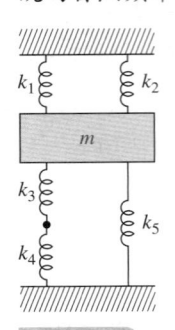

▶ 圖 2P-2

**2-3** 試求出正在撞擊路面安全凸的車輛懸吊系統簡單模型之運動方程式。如圖 2P-3 所示，車輪的質量與其慣性矩分別為 $m$ 和 $J$。同時，試求出系統的自然頻率。

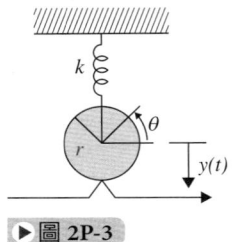

▶ 圖 2P-3

**2-4** 試求出圖 2P-4 所示之線性運動系統的力量方程式。

(a)

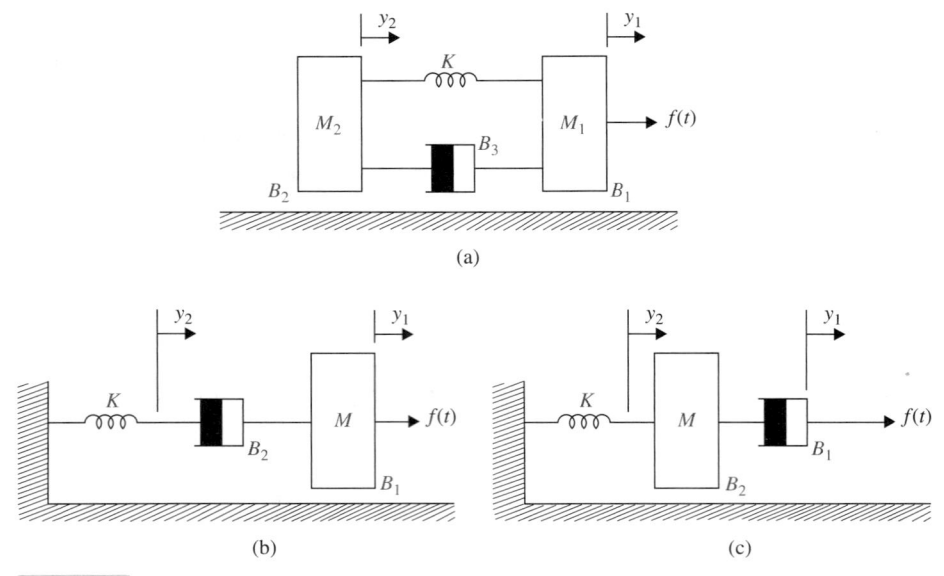

(b)　　　　　　　　　　　(c)

▶ 圖 2P-4

**2-5** 試求出圖 2P-5 所示之線性運動系統的力量方程式。

(a)　　　　　　　　　　(b)

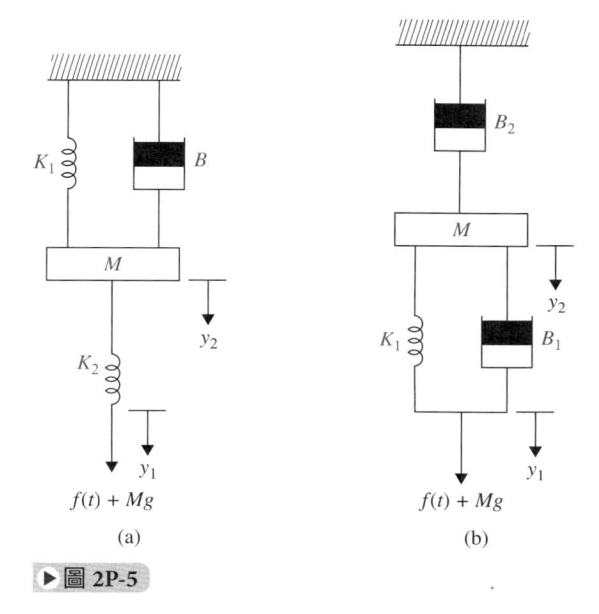

▶圖 2P-5

**2-6** 考慮一列由一節引擎與一節車輛組成的列車,如圖 2P-6 所示。

▶圖 2P-6

列車上裝有一個控制器以使得啟動與停止都很平順,並在行駛時可維持一個穩定的速度。引擎與車輛的質量分別為 $M$ 和 $m$,並以剛性係數為 $K$ 的彈簧相連接。$F$ 為引擎提供的力量,而 $\mu$ 為滾動時造成的摩擦。假設列車為單向行駛:
(a) 畫出自由體圖。
(b) 求出列車的運動方程式。

**2-7** 牽引車和拖車之間是經由彈簧-阻尼器的耦合栓來牽引,如圖 2P-7 所示。其參數和變數定義如下:$M$ 為拖車質量、$K_h$ 為牽引栓的彈簧常數、$B_h$ 為牽引栓的黏滯阻尼係數、$B_t$ 為拖車的黏滯阻尼係數、$y_1(t)$ 為牽引車輛的位移、$y_2(t)$ 為拖車的位移,及 $f(t)$ 為牽引車的力量。

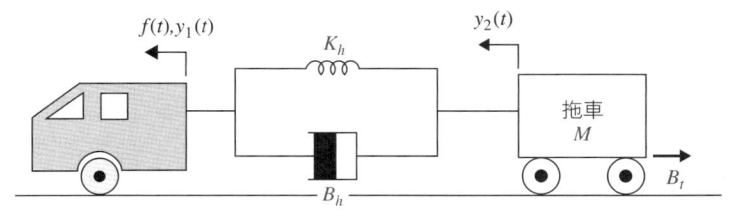

▶圖 2P-7

試寫出系統的微分方程式。

2-8 假設圖 2P-8 所示之雙擺的位移角度小到彈簧始終維持在相同水平高度。若雙擺的桿子長度為 L，並且質量可以忽略不計，而彈簧連接在距離桿子頂端的 7/8 處，試求出系統的狀態方程式。

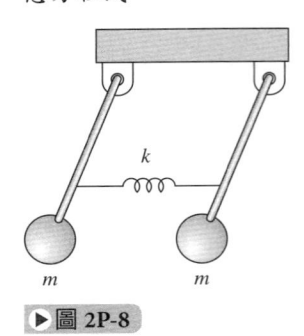

▶ 圖 2P-8

2-9 (挑戰問題) 圖 2P-9 所示為立於一推車上的一支倒單擺。

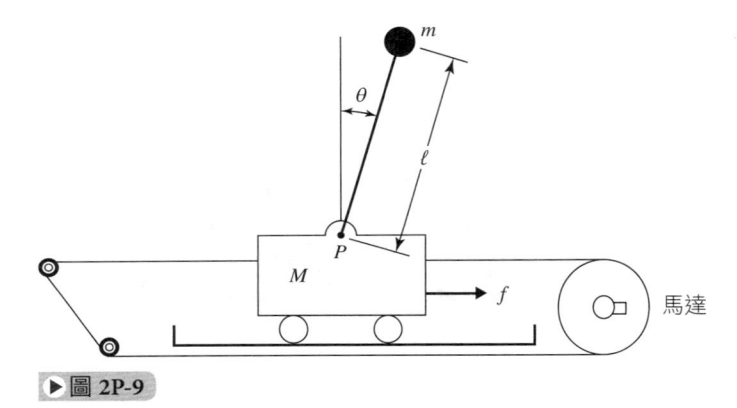

▶ 圖 2P-9

若推車的重量為 M，而力 f 施於推車上以保持倒單擺在固定的角度上：
(a) 畫出自由體圖。
(b) 求出運動的動態方程式。

2-10 (挑戰問題) 若一個二段式的倒單擺倒立於一推車上，如圖 2P-10 所示。

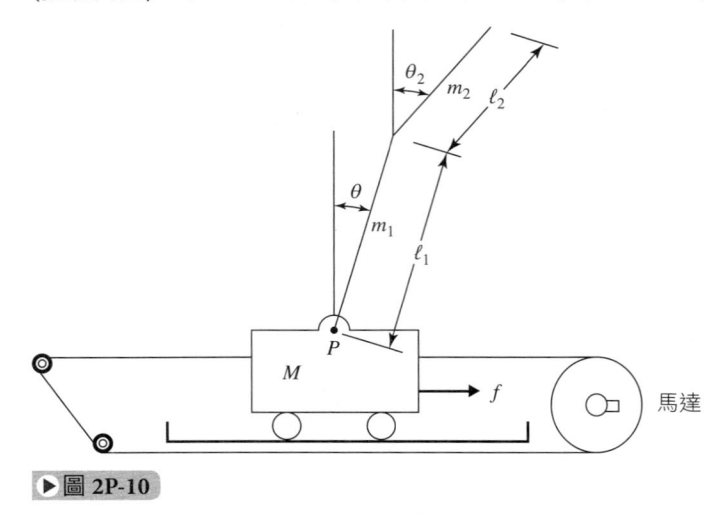

▶ 圖 2P-10

若推車的質量為 $M$，而力 $f$ 施於推車上以保持倒單擺在固定的角度上：

(a) 畫出質量 $M$ 的自由體圖。

(b) 求出運動的動態方程式。

**2-11 (挑戰問題)** 圖 2P-11 所示為在控制系統中常見的「球與樑」系統。一顆球置於一長樑上並沿著樑滾動，一支槓桿長臂連接到樑的一端，而一伺服傳動齒輪則接在槓桿長臂的另一端。當伺服傳動齒輪轉動了 $\theta$ 角度，槓桿長臂將會以 $\alpha$ 角度上下運動，並造成球沿著長樑滾動。現在需要設計一個控制器來控制球的位置。

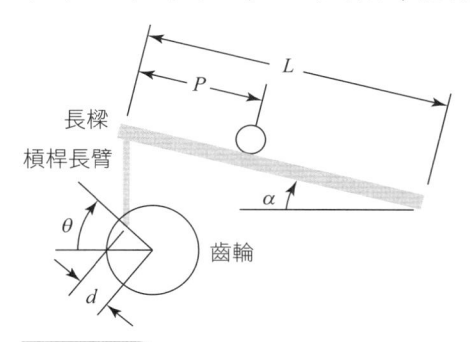

▶ 圖 2P-11

假設：

$m$ = 球的質量　　　　　　　　$r$ = 球的半徑

$d$ = 槓桿長臂的偏移　　　　　$g$ = 重力加速度

$L$ = 長樑的長度　　　　　　　$J$ = 球的慣性矩

$p$ = 球的位置座標　　　　　　$\alpha$ = 長樑的角度座標

$\theta$ = 伺服傳動齒輪的轉動角度

求出系統運動的動態方程式。

**2-12** 飛機的運動方程式是由六條非線性相互耦合的微分方程式所構成。在某些假設下，這些方程式可以被解耦合，並且線性化成縱向與側向的方程式。圖 2P-12 所示為飛機在飛行時的基本模型。俯仰 (升降舵) 的控制屬於垂直控制，而自動駕駛是用來控制飛機的升降。

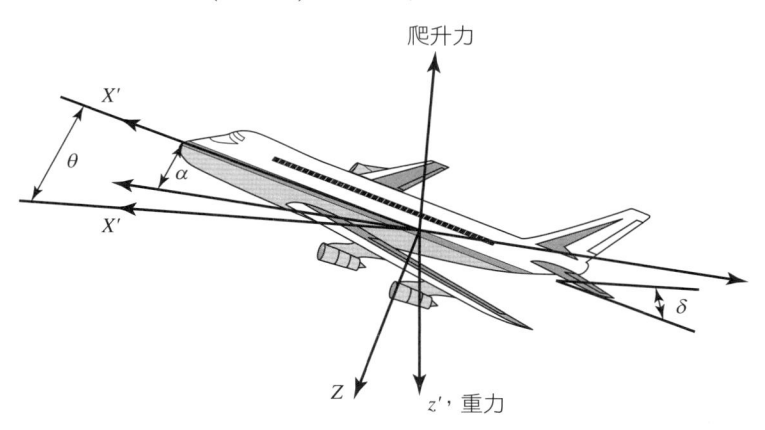

▶ 圖 2P-12

考慮飛機的飛航穩定維持在一個固定的高度與速度，代表推力與阻力相互抵銷，而且爬升力與重力也會相互平衡。為了將問題簡單化，假設升降角度的改變，在任何情況下都不影響飛行速度。試求飛機的縱向運動方程式。

**2-13** 試寫出圖 2P-13 中各旋轉系統的轉矩方程式。

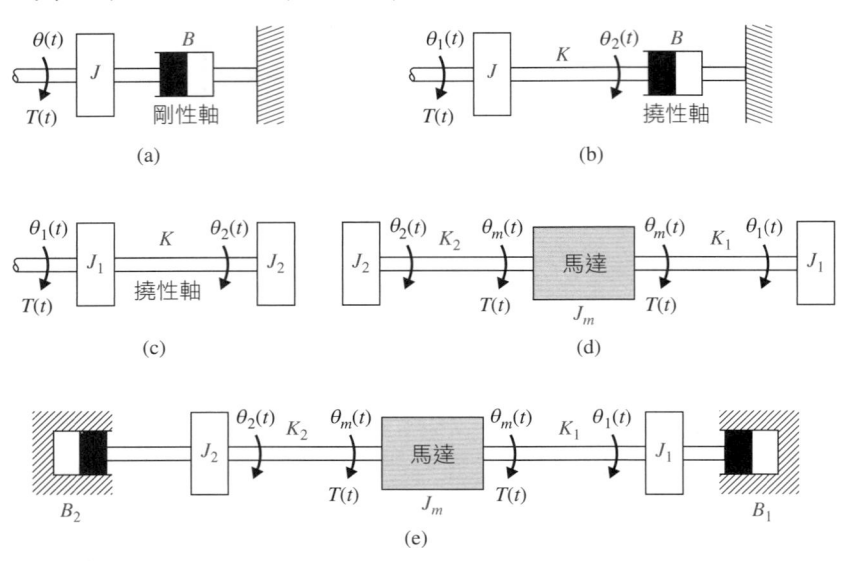

▶ 圖 2P-13

**2-14** 試寫出圖 2P-14 所示之齒輪列系統的轉矩方程式。齒輪的慣性矩分別為 $J_1$、$J_2$ 及 $J_3$。$T_m(t)$ 為外加轉矩；$N_1$、$N_2$、$N_3$ 及 $N_4$ 為齒數。假設都是剛性軸。
(a) 假設 $J_1$、$J_2$ 及 $J_3$ 可以忽略不計，試寫出系統的轉矩方程式及求出馬達所看見的總慣量。
(b) 考慮慣性矩 $J_1$、$J_2$ 及 $J_3$，重做 (a) 小題。

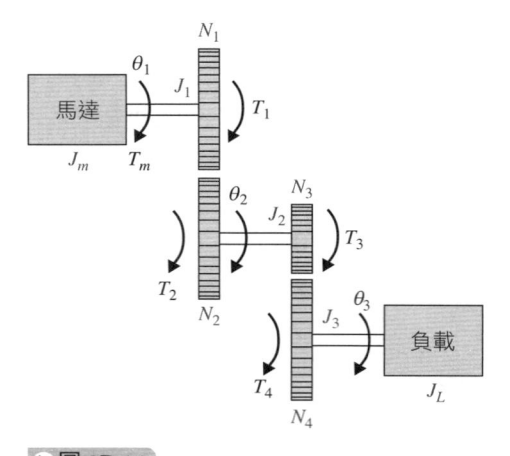

▶ 圖 2P-14

**2-15** 圖 2P-15 所示為馬達-負載系統，此系統係經由齒輪比為 $n = N_1/N_2$ 的齒輪列來耦合連接。馬達轉矩為 $T_m(t)$，且 $T_L(t)$ 為負載轉矩。

(a) 試求最後齒輪比 $n^*$，以使負載加速度 $\alpha_L = d^2\theta_L/dt^2$ 為最大。

(b) 當負載轉矩為零時，重做 (a) 小題。

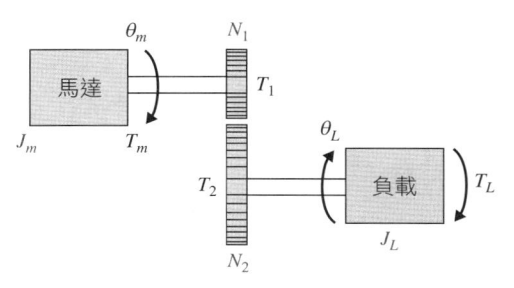

▶ 圖 2P-15

**2-16** 圖 2P-16 所示為打字機印字輪控制系統的簡圖。此印字輪藉由直流馬達透過皮帶和滑輪來控制。假設皮帶為剛體，定義以下參數和變數：$T_m(t)$ 為馬達轉矩、$\theta_m(t)$ 為馬達角位移、$y(t)$ 為印字輪的線性位移、$J_m$ 為馬達慣量、$B_m$ 為馬達黏滯摩擦係數、$r$ 為滑輪半徑，及 $M$ 為印字輪的質量。試寫出系統的微分方程式。

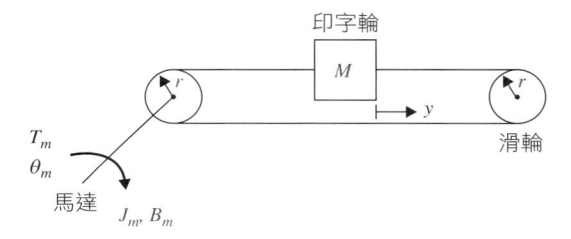

▶ 圖 2P-16

**2-17** 圖 2P-17 為一具有皮帶和滑輪的印字輪系統之示意圖。將皮帶模擬成線性彈簧且彈簧係數為 $K_1$ 和 $K_2$。

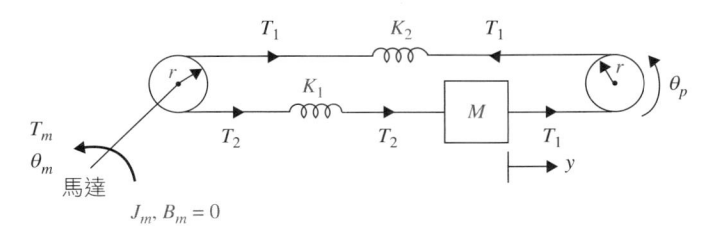

▶ 圖 2P-17

利用 $\theta_m$ 和 $y$ 為相依變數，試寫出系統微分方程式。

**2-18** 四分之一車體模型通常用來探討車輛懸吊系統，以及不同路面輸入造成的動態響應。圖 2P-18a 說明典型系統的慣量、剛性及阻尼特性，也可將系統模擬成二-自由度 (2-DOF)，如圖 2P-18b 所示。雖然二-自由度的系統更為精確，但是如圖 2P-18c 所示之單一-自由度系統就足夠做以下分析。

**76** 自動控制系統

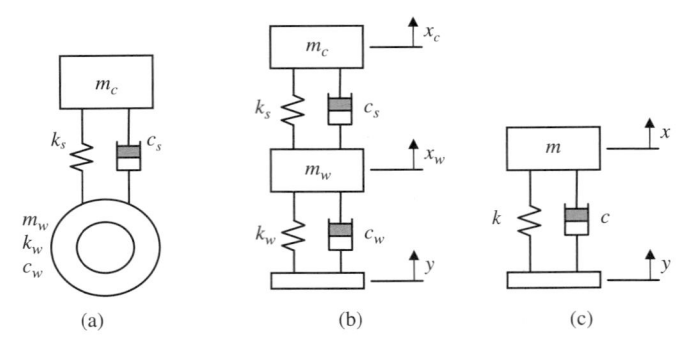

▶ 圖 2P-18 四分之一車體模型的實現。(a) 四分之一車體。(b) 二-自由度系統。(c) 單一-自由度系統。

試求出絕對運動 $x$ 與相對運動 (反彈) $z = x - y$ 的運動方程式。

**2-19** 圖 2P-19 所示為一馬達-負載系統的示意圖。其參數和變數定義如下：$T_m(t)$ 為馬達轉矩、$\omega_m(t)$ 為馬達角速度、$\theta_m(t)$ 為馬達角位移、$\omega_L(t)$ 為負載速度、$\theta_L(t)$ 為負載位移、$K$ 為扭轉彈簧常數、$J_m$ 為馬達慣量、$B_m$ 為馬達黏滯摩擦係數，以及 $B_L$ 為負載黏滯摩擦係數。試求出系統轉矩方程式。

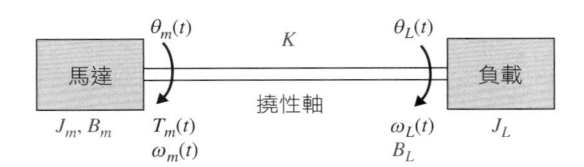

▶ 圖 2P-19

**2-20** 本題是關於導彈飛彈的飛行傾斜度控制。當飛彈在大氣中飛行時，飛彈所遭遇的空氣動力經常導致飛彈飛行傾斜度不穩定。由飛行控制的觀點來看，其基本的原因是受空氣的側壓力影響，使得飛彈依其重心旋轉。若飛彈的中心線與重心 $C$ 飛行的方向並不一致時，會產生如圖 2P-20 所示的 $\theta$ 角 ($\theta$ 也稱為攻擊角)，而空氣的阻力將會對飛行的飛彈產生一側向力。假設總力量 $F_\alpha$ 集中於壓力中心點 $P$。如圖 2P-20 所示，這個側向力有導致飛彈滾動的趨勢，尤其是當 $P$ 點位於重心 $C$ 的前面時更是如此。在 $C$ 點由側向力所產生的飛彈角加速度以 $\alpha_F$ 來表示。在正常情況下，$\alpha_F$ 是直接正比於攻擊角 $\theta$，以下式表示：

$$\alpha_F = \frac{K_F d_1}{J}\theta$$

其中，$K_F$ = 常數，依下列參數而定，如動態壓力、飛彈的速度、空氣密度等，且

$J$ = 飛彈對於 $C$ 點的轉動慣量

$d_1$ = $C$ 點和 $P$ 點之間的距離

飛行控制系統的主要目的是：在遭遇到側向力影響時，使飛彈保持穩定的飛行。一個標準的控制法是在飛彈的尾部用氣體噴射來偏轉火箭引擎推力 $T_s$ 的方向，如圖 2P-20 所示。

(a) 試求出一力矩微分方程式來描述 $T_s$、$\delta$、$\theta$ 和系統參數之間的關係。假設 $\delta$ 很小，則

$\sin\delta(t)$ 近似於 $\delta(t)$。

(b) 互換 $C$ 點和 $P$ 點後，重做 (a) 小題。在 $\alpha_F$ 的表示式中 $d_1$ 應更改為 $d_2$。

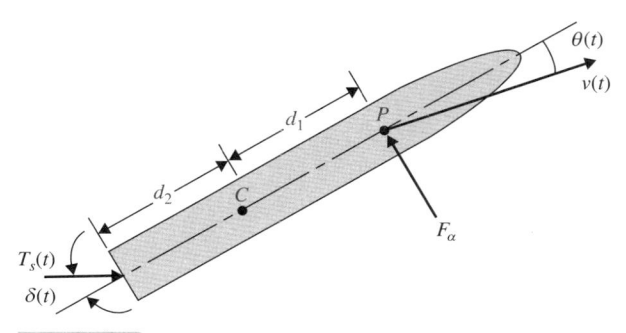

▶ 圖 2P-20

2-21 圖 2P-21a 所示為大家所熟知的「倒單擺平衡」系統。此控制系統的目的在於藉由加於車子上的外力 $u(t)$，維持倒單擺在正上方的位置。在實際的應用上，此一系統與一維的獨輪車控制或飛彈發射後的控制類似。此系統的自由物體圖如圖 2P-21b 所示，其中，

- $f_x$ = 在倒單擺底座的水平方向力量
- $f_y$ = 在倒單擺底座的垂直方向力量
- $M_b$ = 倒單擺質量
- $g$ = 重力加速度
- $M_c$ = 車子質量
- $J_b$ = 倒單擺相對於重心的慣量矩，$CG = M_b L^2/3$

(a) 試寫出在倒單擺樞紐點處 $x$、$y$ 方向的力量方程式，以及相對於倒單擺重心 ($CG$) 的轉矩方程式。並寫出車子在水平方向的力量方程式。

(b) 將你得到的結果與習題 2-9 做比較。

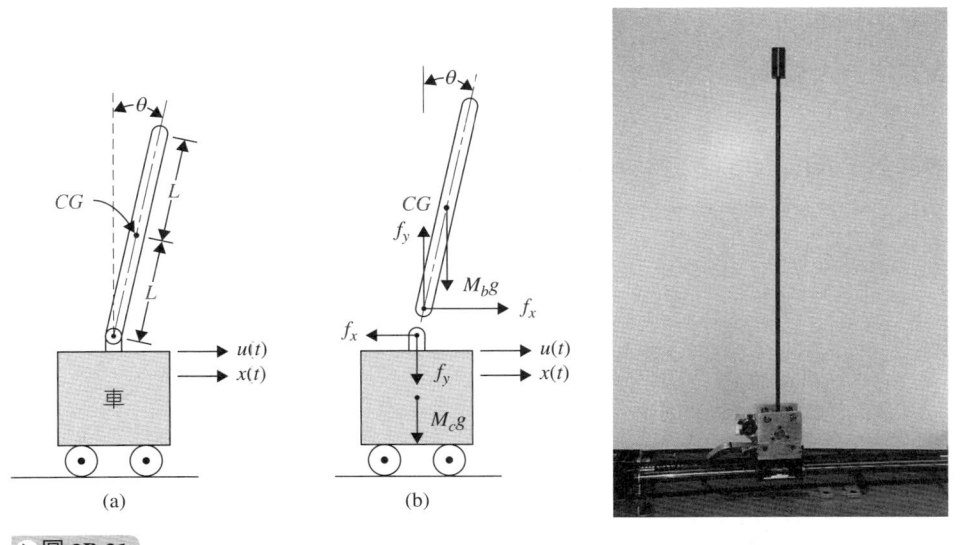

▶ 圖 2P-21

2-22 大多數的機器與裝置都具有可轉動的部件。在這些部件中，若有一點質量分布不均都會造成震動，稱之為旋轉不平衡。圖 2P-22 所示為出質量 $m$ 旋轉不平衡的概要圖，假設機器的

旋轉頻率為 $\omega$。試導出系統的運動方程式。

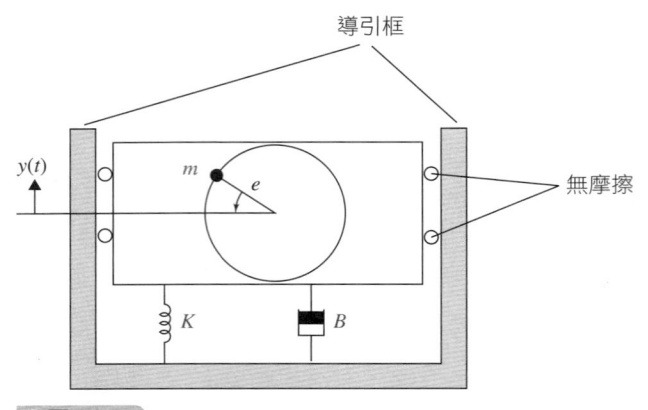

▶ 圖 2P-22

2-23 減震器是用來保護在固定速度運轉下的機器免於諧波干擾。圖 2P-23 所示為簡單的減震器。

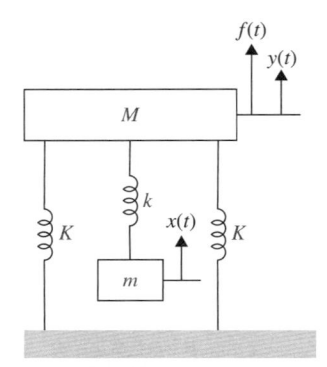

▶ 圖 2P-23

假設諧波力 $F(t) = A \sin(\omega t)$ 是質量 $M$ 所受到的干擾，試推導出系統的運動方程式。

2-24 圖 2P-24 所示為減震系統。假設諧波力 $F(t) = A \sin(\omega t)$ 是質量 $M$ 所受到的干擾，試推導出系統的運動方程式。

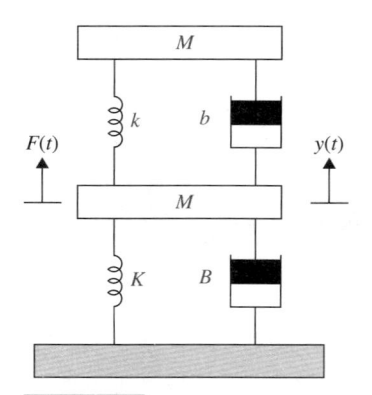

▶ 圖 2P-24

**2-25** 加速度計是一種換能器，如圖 2P-25 所示。試求出運動的動態方程式。

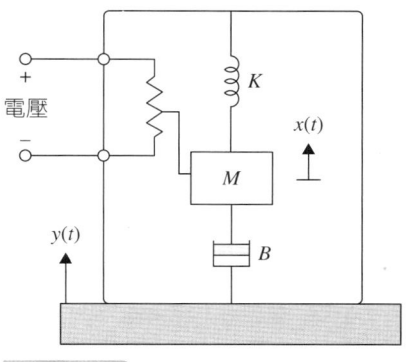

▶ 圖 2P-25

## 2-2 節習題

**2-26** 考慮圖 2P-26 a 和 b 所示的電路。

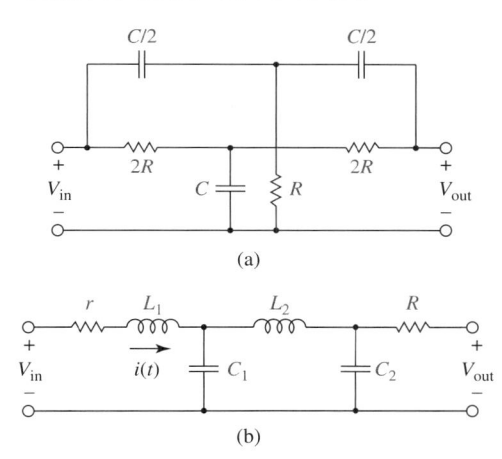

▶ 圖 2P-26

針對每一個電路，試求出動態方程式。

**2-27** 如圖 2P-27 所示，應變計電路中，電橋內一個或多個分支的電阻會隨著其所剛性地黏貼的表面應力而變。電阻的改變會導致一個與應變大小相關的差動。電橋是由兩個分壓器所組成，因此差動電壓 $\Delta e$ 可以表示為 $e_1$ 與 $e_2$ 的電壓差。

(a) 試求出電壓差 $\Delta e$。

(b) 若電阻 $R_2$ 是一個具有固定的數值，加上一個微小的量 $\delta R$ 的電阻時，則 $R_2 = R_2^* + \delta R$。針對相同的電阻 $(R_1 = R_3 = R_4 = R_2^* = R)$，試著重新寫出電橋電路的方程式 (亦即，$\Delta e$ 的方程式)。

▶ 圖 2P-27

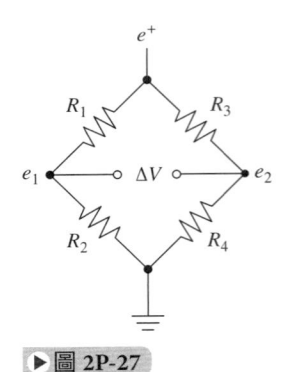

**2-28** 圖 2P-28 所示為由兩個 RC 電路組成的電路，試求出系統的動態方程式。

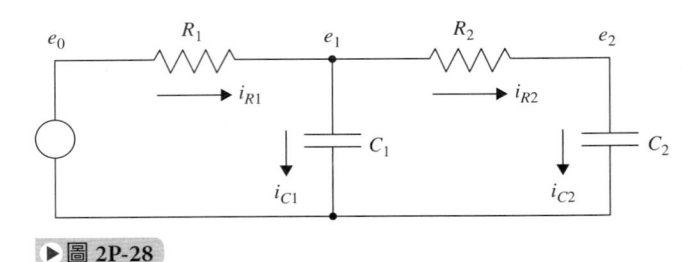

▶ 圖 2P-28

**2-29** 如圖 2P-29 所示的並聯 RLC 電路，試求出系統的動態方程式。

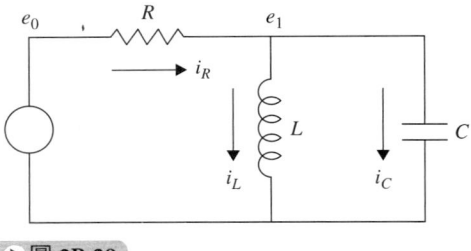

▶ 圖 2P-29

## 2-3 節習題

**2-30** 淬火槽中熱油鍛造的橫截面圖，如圖 2P-30 所示。

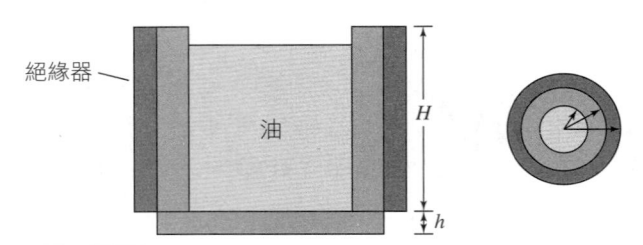

▶ 圖 2P-30

圖 2P-30 所示的半徑從內到外分別為 $r_1$、$r_2$ 和 $r_3$。熱量會由淬火槽的側壁與底部，甚至從熱對流係數為 $k_o$ 的熱油表面傳遞到空氣中。假設：

$k_v$ = 淬火槽的熱導率　　　　　$k_i$ = 絕緣體的熱導率
$c_o$ = 油的比熱　　　　　　　$d_o$ = 油的密度
$c$ = 鍛造的比熱　　　　　　　$m$ = 鍛造的質量
$A$ = 鍛造的表面積　　　　　　$h$ = 淬火槽底部的厚度
$T_a$ = 周圍溫度

當熱油達到所需的溫度時，試求出系統的模型。

2-31 圖 2P-31 所示為一個有外殼的電源。由於電源會散發大量的熱量，因此會加裝一個散熱器來吸收電源產生的熱能。假設電源產生熱量的效率已知為一常數 $Q$，熱能透過傳導與輻射從電源傳遞到外殼，底部支架為完美的絕緣體，以及散熱器的溫度恆等於室溫，試求出可以代表電源運作時的系統溫度模型。讀者可自行賦予任何需要的參數。

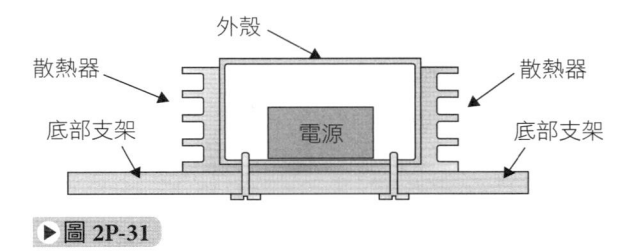

▶ 圖 2P-31

2-32 圖 2P-32 所示為一個熱能交換系統。

假設系統獲得熱能的速率可以由簡單的物質轉移模型來表示，則

$$(\dot{m}c)(T_2 - T_1) = q_{\text{gained}}$$

其中，$m$ 代表質量流量、$T_1$ 和 $T_2$ 分別代表流入與流出的流體溫度，以及 $c$ 是流體的比熱。假設熱能交換系統的管子長度為 $L$，試導出一個流體 $B$ 離開熱能交換器的溫度模型。讀者可自行賦予任何需要的參數，例如半徑、導熱率係數與厚度。

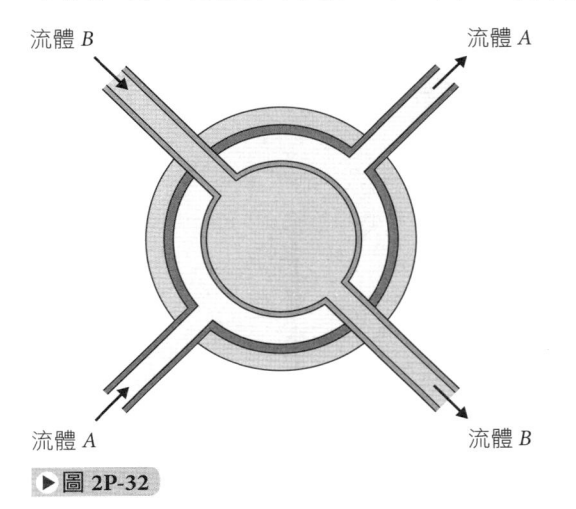

▶ 圖 2P-32

2-33 流體系統中也可能存在震動。圖 2P-33 所示為 U 型管壓力計。
假設流體的總長為 $L$、重量密度為 $\mu$，以及 U 型管的截面積為 $A$。
(a) 試寫出系統的狀態方程式。
(b) 計算出流體震動的自然頻率。

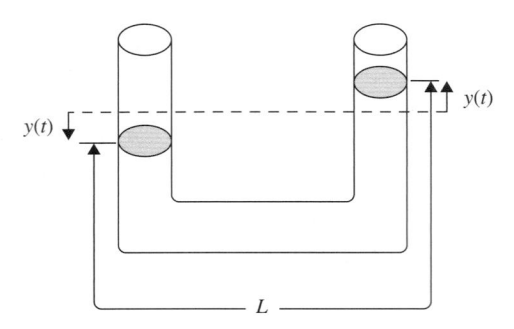

▶ 圖 2P-33

2-34 有一條長管路將水庫連接至水力發電機系統，如圖 2P-34 所示。

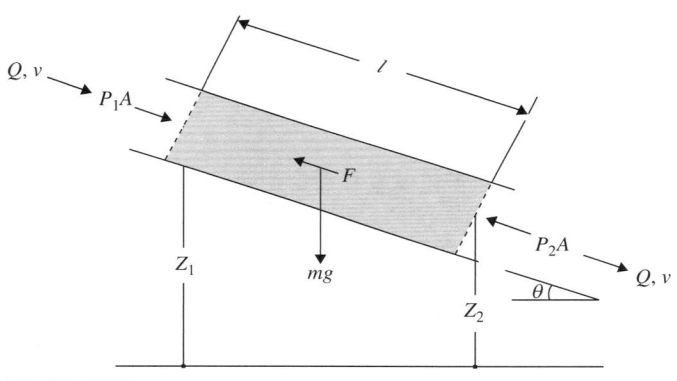

▶ 圖 2P-34

在管路的末端有一個以速度控制器控制的閥門。若發電機失去負載，控制器可以快速關閉閥門以停止水流通過。試求出蓄水緩衝池水位的動態模型。渦輪發電機屬可視為能量轉換器。讀者可自行賦予任何需要的參數。

2-35 圖 2P-35 所示為一個簡化的油井系統。在這張圖裡，驅動機械可以由轉矩 $T_{in}(t)$ 取代。假設周圍的岩石給予的壓力固定為 $P$，且步進樑移動非常小的角度，試求出此系統在抽油桿上進行抽油時的系統模型。

▶ 圖 2P-35

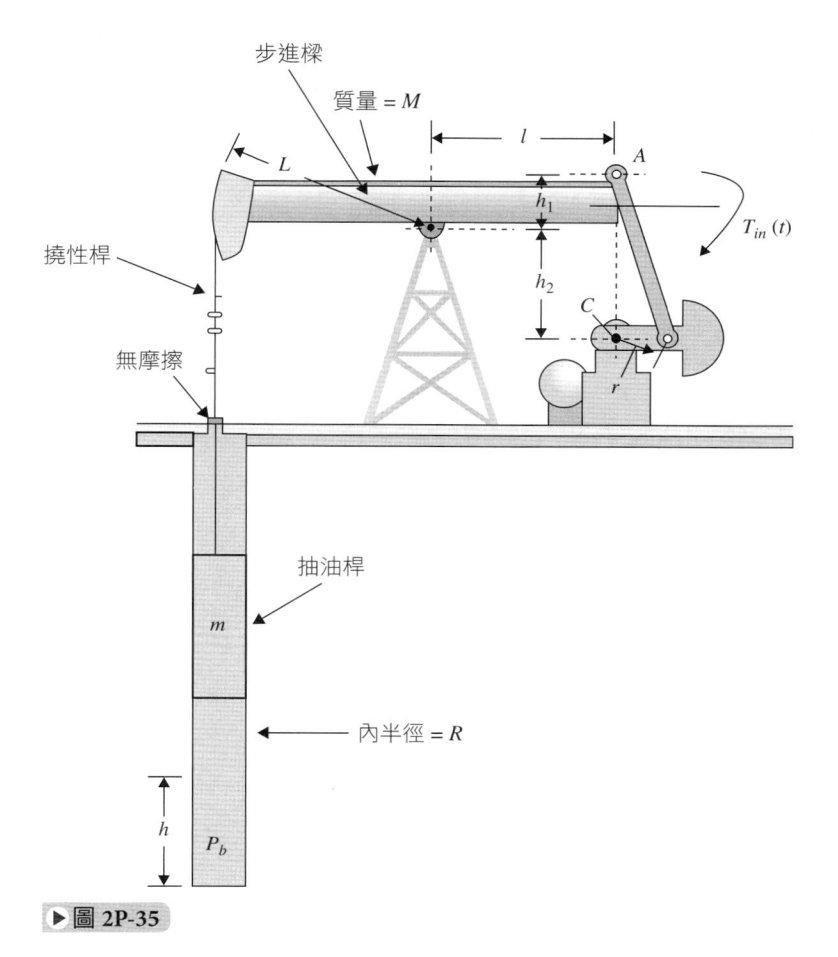

2-36 圖 2P-36 所示為雙-槽液-位系統。設 $Q_1$ 和 $Q_2$ 分別為兩個槽穩定狀態的進流率，而 $H_1$ 和 $H_2$ 為穩定的液位高度。假設圖 2P-36 的其它數據均非常小，系統的輸出為 $h_1$ 和 $h_2$，系統的輸入為 $q_{i1}$ 和 $q_{i2}$，試推導出系統的狀態-空間模型。

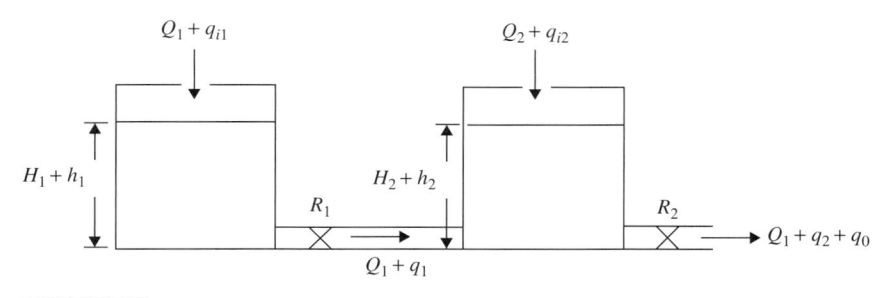

▶ 圖 2P-36

## 2-4 節習題

2-37 圖 2P-37 所示為典型的穀粒秤。讀者可自行賦予任何需要的參數。

(a) 試求出自由體圖。

(b) 導出穀粒秤的模型，它是決定穀粒放在秤盤上後，穀粒的重量讀值的等待時間。

(c) 設計出一個與此系統類比的電路。

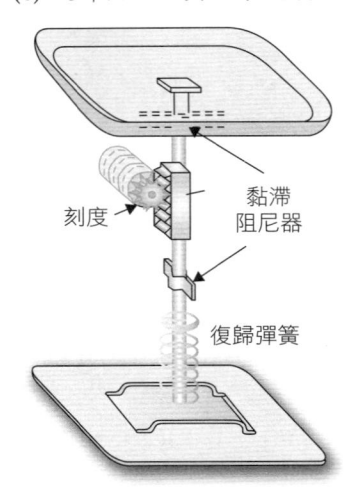

▶ 圖 2P-37

2-38 設計出一個與圖 2P-38 所示之機械系統類比的電路。

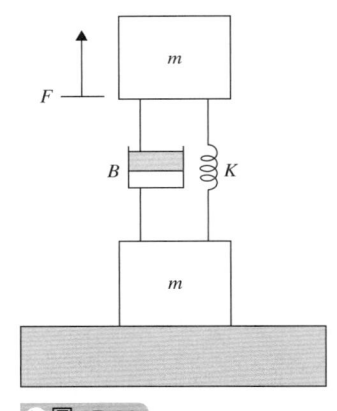

▶ 圖 2P-38

2-39 設計出一個與圖 2P-39 所示之流體液壓系統類比的電路。

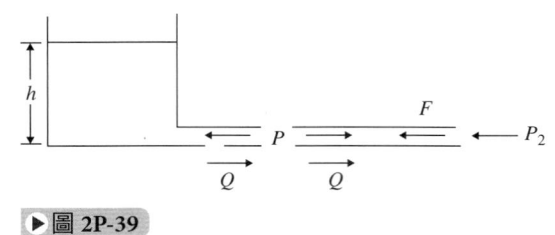

▶ 圖 2P-39

## 2-5 節習題

更多線性化問題詳見第三章。

# Chapter 3
# 動態系統的微分方程式之解

**在** 開始這個章節之前,建議讀者先去參考附錄 B 複習一下複數變數的背景理論。

如同第二章提到的,設計一個控制系統的第一步是要建立系統的數學模型,也就是系統的微分方程式。在本書中,如同許多傳統的控制工程應用,我們所考慮的系統都以常微分方程式來建立模型,而不是偏微分方程式。

一旦求得系統的微分方程式後,我們需要研發一套分析和數值工具,用以協助我們能夠清楚瞭解系統的性能。這是將控制系統的設計擴建成一個原型或真實的系統前十分重要的一個步驟。研習控制系統特性 (亦即,解答的特性) 的兩個常見的工具為轉移函數與狀態變數法。轉移函數植基於拉普拉斯變換技術,只適用於線性非時變系統;然而,狀態變數法則可以運用在線性與非線性系統。

在本章中,我們要複習非時變常微分方程式,以及如何利用拉氏變換或是狀態變數法來處理這類方程式。本章主要的目的為

- 複習非時變常微分方程式。
- 複習拉氏轉換的基礎概念。
- 示範說明應用拉氏轉換來求解線性常微分方程式。
- 介紹轉移函數的概念與如何將之運用於非時變系統的建模。
- 介紹狀態空間系統。
- 提供拉氏轉換與狀態變數法如何運用來求解微分方程的範例。

由於部分的這類主題對讀者來說算是複習,因此這些主題不會詳盡地講解,附加的補充教材請參閱附錄。

**學習重點**

在學習完本章後,讀者將具備以下能力:
1. 將線性非時變常微分方程式轉換至拉氏域。
2. 以拉氏域表示,求解微分方程式的轉移函數、極點與零點。
3. 利用反拉氏轉換求解線性非時變微分方程式的響應。
4. 瞭解一-階與原型二-階微分方程式的特性。
5. 求出線性非時變微分方程式的狀態空間表示法。
6. 利用反拉氏轉換求解狀態空間方程的響應。
7. 用狀態空間法求出轉移函數。
8. 從系統的轉移函數求出狀態空間表示法。

## 3-1　微分方程式簡介

如同第二章所討論的，工程上許多類型的系統都是以微分方程式來做數學上的建模。這些方程式一般牽涉到因變數相對於自變數的導數 (或者積分)──通常是對時間。就以範例 2-2-2 為例，串聯的 *RLC* (電阻-電感-電容) 電氣網路，如圖 3-1a 所示，可以下列微分方程式來表示：

$$LC\frac{d^2 e_c(t)}{dt^2} + RC\frac{de_c(t)}{dt} + e_c(t) = e(t) \tag{3-1}$$

或者

$$L\frac{di(t)}{dt} + Ri(t) + \int \frac{i(t)}{C} dt = e(t) \tag{3-2}$$

同樣地，由範例 2-1-1 中簡單的彈簧-質量-緩衝器系統，如圖 3-1b 所示，可以用**牛頓第二運動定律**來建立模型：

$$M\frac{d^2 y(t)}{dt^2}(t) + B\frac{dy(t)}{dt} + Ky(t) = f(t) \tag{3-3}$$

回想一下第二章，這兩個系統互為類比，並且都可以由**標準原型二-階系統** (standard prototype second-order system) 的形式表示：

$$\ddot{y}(t) + 2\zeta\omega_n \dot{y}(t) + \omega_n^2 y(t) = \omega_n^2 u(t) \tag{3-4}$$

### 3-1-1　線性常微分方程式

通常，一個 *n*-階系統的微分方程式可以寫成

$$\begin{aligned}&\frac{d^n y(t)}{dt^n} + a_{n-1}\frac{d^{n-1} y(t)}{dt^{n-1}} + \cdots + a_1\frac{dy(t)}{dt} + a_0 y(t) \\ &= b_m\frac{d^m u(t)}{dt^m} + b_{m-1}\frac{d^{m-1} u(t)}{dt^{m-1}} + \cdots + b_1\frac{du(t)}{dt} + b_0 u(t)\end{aligned} \tag{3-5}$$

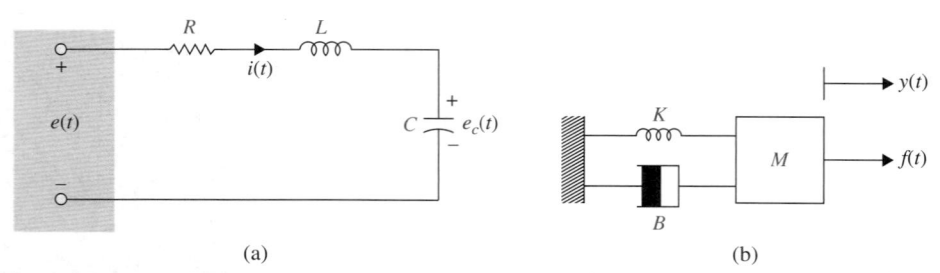

▶ 圖 3-1　(a) 串聯 *RLC* 電氣網路。(b) 彈簧-質量-阻尼器系統。

如果 $a_0, a_1, ..., a_{n-1}$ 與 $b_0, b_1, ..., b_m$ 為常數，並且不是 $y(t)$ 的函數，則上式也被稱為**線性常微分方程式** (linear ordinary differential equation)。在控制系統中，當 $t \geq t_0$ 時，$u(t)$ 和 $y(t)$ 分別視為系統輸入與輸出。注意：系統通常會有不只一個外加至 (3-5) 式的輸入函數。但是，由於系統是線性的，我們可以利用重疊原理分別研究各個輸入至系統時的效應。

一-階線性常微分方程式的通式如下：

$$\frac{dy(t)}{dt} + a_0 y(t) = f(t) \tag{3-6}$$

而二-階線性常微分方程式的通式如下：

$$\frac{d^2 y(t)}{dt^2} + a_1 \frac{dy(t)}{dt} + a_0 y(t) = f(t) \tag{3-7}$$

在本書中，我們主要研究由常微分方程式表示的系統。例如，第二章提到的許多系統如流體和熱力系統，實際上都是以偏微分方程式來建模。但是，在此情況下我們會給予系統一些特殊條件限制，像是流體僅朝向單方向流動，進而將系統的方程式轉換成常微分方程。

### 3-1-2　非線性常微分方程式

許多物理系統為非線性的，故需要以非線性方程式才能夠描述。例如，用來描述質量為 $m$ 且擺長為 $\ell$ 之單擺的微分方程式，即 (2-169) 式，為

$$\ddot{\theta} + \frac{g}{\ell} \sin\theta = 0 \tag{3-8}$$

因為 (3-8) 式中 $\sin\theta(t)$ 為非線性，故整個系統即為**非線性系統** (nonlinear system)。為了能夠解決非線性系統的問題，在絕大多數的實際工程實務上，都是針對某個操作點將對應的方程式線性化，而轉換成線性常微分方程式。在這個例子中，以靜態平衡位置 $\theta = 0$ 作為操作點，在小規模運動的情況下，系統的線性化意味著 $\sin\theta \approx \theta$，或是

$$\ddot{\theta} + \frac{g}{\ell}\theta = 0 \tag{3-9}$$

泰勒展開式的線性化細節，請參閱 2-4 節。讀者也可以參考 3-9 節，這些單元講解的線性化議題都是以矩陣格式表示。

## 3-2　拉氏轉換

拉氏轉換是用來求解線性常微分方程式的數學工具之一。和線性微分方程式的傳統解

法比較，拉氏轉換的方式有下列兩個特點：

**1.** 齊次方程式的解與微分方程式的特解，可於同一運算中求出。

> 拉氏轉換是一種用來求解線性常微分方程式的技術。

**2.** 拉氏轉換可將微分方程式轉換成能用簡單的代數來處理代數形式——亦即，在熟知的 $s$-領域的解。

### 3-2-1　拉氏轉換的定義

已知函數 $f(t)$ 滿足下列的條件：

$$\int_0^\infty \left| f(t)e^{-\sigma t} \right| dt < \infty \tag{3-10}$$

對某個有限的實數 $\sigma$，$f(t)$ 的拉氏轉換定義為

$$F(s) = \int_{0^-}^\infty f(t)e^{-st} dt \tag{3-11}$$

或

$$F(s) \text{ 的拉氏轉換 } f(t) = \mathcal{L}[f(t)] \tag{3-12}$$

變數 $s$ 稱為**拉氏運算子** (Laplace operator)，是一個複變數；即 $s = \sigma + j\omega$，其中，$\sigma$ 為實部分量，$j = \sqrt{-1}$ 及 $\omega$ 為虛部分量。

(3-12) 式的定義方程式 (當積分由 0 計算到 $\infty$ 時) 也稱為**單邊拉氏轉換** (one-sided Laplace transform)，這意味著 $f(t)$ 在 $t = 0$ 以前的資訊均為零或予以忽略。這個假設並沒有對拉氏轉換應用在線性系統的問題中產生任何的限制，因為在一般的時-域研究中，時間的參考點總是選擇在 $t = 0$ 的瞬間。再者，對一實際系統而言，當輸入在 $t = 0$ 加入時，系統無法在 $t = 0$ 之前就有輸出[1]；亦即輸出響應無法早於輸入訊號。這樣的系統稱為**因果系統** (causal system) 或**實際可實現的系統** (physically realizable system)。

接下來的範例會說明 (3-12) 式如何被用來求出 $f(t)$ 的拉氏轉換式。

#### 範例 3-2-1

假設 $f(t)$ 為單位-步階函數，其定義為

$$f(t) = u_s(t) = \begin{cases} 0, & t < 0 \\ 1, & t \geq 0 \end{cases} \tag{3-13}$$

---

[1] 嚴格來說，單邊拉氏轉換應該定義成從 $t = 0^-$ 到 $t = \infty$。符號 $t = 0^-$ 表示 $t \to 0$ 的極限係取自 $t = 0$ 的左側。簡言之，我們將會採用 $t = 0$ 或是 $t = t_0 (\geq 0)$ 當作後面討論的初始時間。拉氏轉換公式表請參閱附錄 C。

則 f(t) 之拉氏轉換為

$$F(s) = L[u_s(t)] = \int_0^\infty u_s(t)e^{-st}\,dt = -\frac{1}{s}e^{-st}\Big|_0^\infty = \frac{1}{s} \tag{3-14}$$

當然，若

$$\int_0^\infty |u_s(t)e^{-\sigma t}|\,dt = \int_0^\infty |e^{-\sigma t}|\,dt < \infty \tag{3-15}$$

成立，則 (3-14) 式為正確，即 s 的實部 σ 必須大於零。換言之，實用上，我們都是將單位-步階函數的拉氏轉換視為 1/s。

## 範例 3-2-2

考慮指數函數

$$f(t) = e^{-\alpha t} \quad t \geq 0 \tag{3-16}$$

其中，α 為一實數常數。f(t) 的拉氏轉換為

$$F(s) = \int_0^\infty e^{-\alpha t}e^{-st}\,dt = \frac{e^{-(s+\alpha)t}}{s+\alpha}\Big|_0^\infty = \frac{1}{s+\alpha} \tag{3-17}$$

### 工具盒 3-2-1

利用 MATLAB 符號式運算工具盒來求出拉氏轉換。

```
>> syms t
>> f = t^4
f =
t^4
>> laplace(f)
ans =
24/s^5
```

### 3-2-2 拉氏轉換的重要定理

在許多情形下，拉氏轉換的應用可藉由各種轉換性質的使用而加以化簡。這些性質整理於表 3-1 之中，此處將不加以證明這些定理。

### 3-2-3 轉移函數

在傳統控制中**轉移函數** (transfer functions) 可用來表示變數之間的輸入-輸出關係。考慮下列一個具有常

> 系統的輸入變數與輸出變數之間的**轉移函數**是輸出的拉氏轉換與輸入的拉氏轉換之比。

■表 3-1　拉氏轉換定理

| | |
|---|---|
| 乘上常數 | $\mathcal{L}[kf(t)] = kF(s)$ |
| 和及差 | $\mathcal{L}[f_1(t) \pm f_2(t)] = F_1(s) \pm F_2(s)$ |
| 微分 | $\mathcal{L}\left[\dfrac{df(t)}{dt}\right] = sF(s) - f(0)$ |
| | $\mathcal{L}\left[\dfrac{d^n f(t)}{dt^n}\right] = s^n F(s) - s^{n-1} f(0) - s^{n-2} f^{(1)}(0) - \cdots - f^{(n-1)}(0)$ |
| | 其中， |
| | $f^{(k)}(0) = \left.\dfrac{d^k f(t)}{dt^k}\right|_{t=0}$ |
| | 代表 $f(t)$ 對 $t$ 之第 $k$ 階微分在 $t = 0$ 時之值。 |
| 積分 | $\mathcal{L}\left[\displaystyle\int_0^t f(\tau)d\tau\right] = \dfrac{F(s)}{s}$ |
| | $\mathcal{L}\left[\displaystyle\int_0^{t_n}\int_0^{t_{n-1}}\cdots\int_0^{t_1} f(t)d\tau dt_1 dt_2 \cdots dt_{n-1}\right] = \dfrac{F(s)}{s^n}$ |
| 對時間移位 | $\mathcal{L}[f(t-T)u_s(t-T)] = e^{-Ts}F(s)$ |
| | 其中，$u_s(t-T)$ 為向右位移 $T$ 時間的單位-步階函數。 |
| | $u_s(t-T) = \begin{cases} 0, & t < T \\ 1, & t \geq T \end{cases}$ |
| 初值定理 | $\displaystyle\lim_{t \to 0} f(t) = \lim_{s \to \infty} sF(s)$ |
| 終值定理 | 若 $sF(s)$ 在 $s$-平面的虛軸上及其右邊並無極點，則 $\displaystyle\lim_{t \to \infty} f(t) = \lim_{s \to 0} sF(s)$。 |
| | 終值定理在回授控制系統的分析與設計中非常有用，因為它可以由拉氏轉換在 $s = 0$ 時的行為來判斷時間函數的終值。 |
| 複數移位 | $\mathcal{L}\left[e^{\mp \alpha t} f(t)\right] = F(s \pm \alpha)$ |
| 實數迴旋 | $F_1(s)F_2(s) = \mathcal{L}\left[\displaystyle\int_0^t f_1(\tau)f_2(t-\tau)d\tau\right]$ |
| | $= \mathcal{L}\left[\displaystyle\int_0^t f_2(\tau)f_1(t-\tau)d\tau\right] = \mathcal{L}[f_1(t) * f_2(t)]$ |
| | 其中，符號 * 代表時間領域 (簡稱「時域」) 之迴旋 (convolution)。 |
| | 通常 |
| | $\mathcal{L}^{-1}[F_1(s)F_2(s)] \neq f_1(t)f_2(t)$ |
| 複雜迴旋 | $\mathcal{L}[f_1(t)f_2(t)] = F_1(s) * F_2(s)$ |
| | 其中，符號 * 代表 $s$-領域的迴旋。 |

數實係數的 $n$-階微分方程式：

$$\frac{d^n y(t)}{dt^n}+a_{n-1}\frac{d^{n-1}y(t)}{dt^{n-1}}+\cdots+a_1\frac{dy(t)}{dt}+a_0 y(t)$$
$$=b_m\frac{d^m u(t)}{dt^m}+b_{m-1}\frac{d^{m-1}u(t)}{dt^{m-1}}+\cdots+b_1\frac{du(t)}{dt}+b_0 u(t) \quad (3\text{-}18)$$

係數 $a_0, a_1, ..., a_{n-1}$ 和 $b_0, b_1, ..., b_m$ 為實數。一旦 $t \geq t_0$ 時的**輸入** $u(t)$，以及在初始時間 $t = t_0$ 時之 $y(t)$ 的初始條件和 $y(t)$ 的各階導數值均已確定時，則 $t \geq t_0$ 時的**輸出**響應 $y(t)$，便可由求解 (3-18) 式來決定。

(3-18) 式的**轉移函數**是一個函數 $G(s)$，可定義為

$$G(s) = \mathcal{L}[g(t)] \quad (3\text{-}19)$$

對微分方程式兩邊取拉氏轉換，並假設初始條件為零 (zero initial conditions)。結果得出

$$\left(s^n+a_{n-1}s^{n-1}+\cdots+a_1 s+a_0\right)Y(s)=\left(b_m s^m+b_{m-1}s^{m-1}+\cdots+b_1 s+b_0\right)U(s) \quad (3\text{-}20)$$

$u(t)$ 與 $y(t)$ 之間的轉移函數，如下式所示：

$$G(s)=\frac{Y(s)}{U(s)}=\frac{b_m s^m+b_{m-1}s^{m-1}+\cdots+b_1 s+b_0}{s^n+a_{n-1}s^{n-1}+\cdots+a_1 s+a_0} \quad (3\text{-}21)$$

轉移函數的性質[2] 總結於下：

- 線性微分方程式系統的轉移函數是輸出的拉氏轉換與輸入的拉氏轉換之比。
- 系統的所有初始條件均假設為零。
- 轉移函數與系統的輸入無關。

### 3-2-4 特性方程式

一線性系統的特性方程式定義為：將轉移函數之分母多項式設為零而得之方程式。因此，對於 (3-18) 式之微分方程式所描述的系統，此系統的特性方程式可由 (3-21) 式之轉移函數的分母來求得，即

$$s^n+a_{n-1}s^{n-1}+\cdots+a_1 s+a_0=0 \quad (3\text{-}22)$$

### 3-2-5 解析函數

在 $s$-平面上的一個區域中，若此函數與其所有的導數都存在時，則複變數 $s$ 的函數

---

[2] 若 (3-20) 式的轉移函數的分母多項式比分子多項式還要大的話 (亦即，$n > m$)，則此轉移函數可以稱作嚴格適用；若 $n = m$，則轉移函數稱之為適合；轉移函數在 $n < m$ 的情況下，則稱為不適合。

$G(s)$ 便被稱為**解析函數** (analytic function)。例如,下列的函數

$$G(s)=\frac{1}{s(s+1)} \qquad (3\text{-}23)$$

除了在點 $s = 0$ 與 $s = -1$ 之外,此函數在 $s$-平面上每一點處都屬於可解析的。在前這兩個點處,函數的數值為無限大。再舉一個例子,函數 $G(s) = s + 2$ 在有限的 $s$-平面上都屬於可解析的。

## 3-2-6 函數的極點

極點,或稱為奇異點,在古典的控制理論中扮演非常重要的角色。簡單地說,(3-21) 式中轉移函數的**極點** (poles) 就是該函數在**笛卡爾** (Cartesian) 座標系 (也稱為 $s$-平面) 內,其數值為無限大的點。換言之,極點也就是 (3-22) 式之特性方程式中的根,即可使得函數 $G(s)$ 之分母變成為零的點[3]。

若函數的分母包含有 $(s - p_i)^r$ 因式,則當 $r = 1$ 時,在 $s = p_i$ 處的極點稱之為**簡單極點** (simple pole);當 $r = 2$ 時,在 $s = p_i$ 處的極點稱為二-階極點;依此類推。

例如,下列的函數

$$G(s)=\frac{10(s+2)}{s(s+1)(s+3)^2} \qquad (3\text{-}24)$$

在 $s = -3$ 處有二-階極點,以及在 $s = 0$ 和 $s = 1$ 處有簡單極點。也可以說是,除了在這些點之外,函數 $G(s)$ 在 $s$-平面內都是可以解析的。圖 3-2 是此系統在 $s$-平面上有限極點的圖形表示法。

## 3-2-7 函數的零點

(3-24) 式之函數 $G(s)$ 的零點 (zero) 就是那些位於 $s$-平面上會使得函數的值變為零的點。

若函數 $G(s)$ 的分子包含了 $(s - z_i)^r$ 因式,則當 $r = 1$ 時,在 $s = z_i$ 點處之零點稱為**簡單零點** (simple zero);當 $r = 2$ 時,在 $s = z_i$ 點處之零點為二-階零點;依此類推。

換言之,函數 $G(s)$ 的零點也就是 (3-24) 式之分子方程式的根[4]。例如,(3-24) 式具有位在 $s = -2$ 點處的簡單零點。

---

[3] **極點**的定義可以敘述為:若一個函數 $G(s)$ 在點 $p_i$ 的鄰域內為可解析與單-值函數時,如果極限 $\lim_{s \to p_i}[(s-p_i)^r G(s)]$ 具有有限的非零值的話,則稱函數 $G(s)$ 在 $s = p_i$ 點處具有一個 $r$ 階的極點。換言之,$G(s)$ 的分母必定含有因式 $(s - p_i)^r$,所以當 $s = p_i$ 時,函數會變成無限大。如果 $r = 1$ 時,在 $s = p_i$ 處的極點便稱為**簡單極點**。

[4] **零點**的定義可以敘述為:若一個函數 $G(s)$ 在 $z_i$ 點處為可解析時,如果極限 $\lim_{s \to z_i}[(s-z_i)^{-r} G(s)]$ 具有有限的非零值,則稱函數 $G(s)$ 在 $s = z_i$ 點處具有一個 $r$ 階的零點。或者,簡言之,如果 $1/G(s)$ 在 $s = z_i$ 處具有 $r$ 階的極點時,則 $G(s)$ 在 $s = z_i$ 處便具有 $r$ 階的零點。

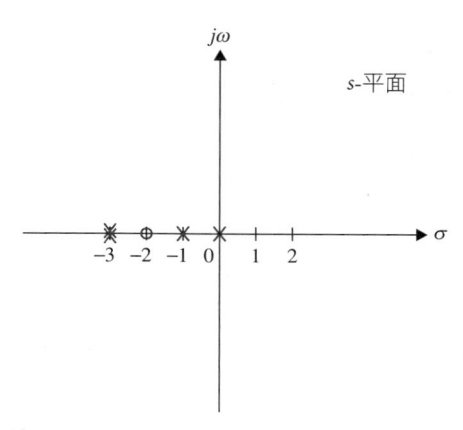

▶ **圖 3-2** 函數 $G(s) = \dfrac{10(s+2)}{s(s+1)(s+3)^2}$ 在 s-平面上的圖形表示法：× 代表極點，而 ○ 代表零點。

**以數學觀點來說**，若將多階極點與零點的個數計算在內，且將位於無限遠處的極點與零點之個數亦包含在內時，極點的總數會等於零點的總數。(3-24) 式的函數具有位在 $s = 0$, $-1$, $-3$ 及 $-3$ 點處的四個有限的極點；有一個有限的零點位在 $s = -2$ 處，但還有三個零點是位在無限遠處，因為

$$\lim_{s \to \infty} G(s) = \lim_{s \to \infty} \frac{10}{s^3} = 0 \tag{3-25}$$

因此，這個函數在 s-平面上總共有四個極點與四個零點，包含位於無限遠處的零點在內。此系統之有限零點的圖形表示法，請參閱圖 3-2。

**通常來說**，我們只考慮函數的有限極點與零點。

## 工具盒 3-2-2

針對 (3-23) 式，依循下列一序列之 MATLAB 函式，利用「zpk」來建立零點-極點-增益模型

```
>> G = zpk([-2],[0 -1 -3 -3],10)
Zero/pole/gain:
  10 (s+2)
-----------
(s+1) (s+3)^2
```

將轉移函數轉換成多項式形式

```
>> Gp=tf(G)
Transfer function:
    10 s + 20
------------------------
s^4 + 7 s^3 + 15 s^2 + 9 s
```

利用「pole」與「zero」指令來求得轉移函數之極點與零點

```
>> pole(Gp)
ans =
   0
  -1
  -3
  -3
>> zero(Gp)
ans =
  -2
```

另外，亦可採用：

```
>> clear all
>> s = tf('s');
>> Gp=10*(s+2)/(s*(s+1)*(s+3)^2)
Transfer function:
    10 s + 20
------------------------
s^4 + 7 s^3 + 15 s^2 + 9 s
```

將轉移函數 Gp 轉換成零點-極點-增益的形式

```
>> Gzpk=zpk(Gp)
Zero/pole/gain:
    10 (s+2)
---------------
s (s+3)^2 (s+1)
```

## 3-2-8 共軛複數極點與零點

在處理控制系統的時間響應時，詳見第七章，共軛-複數極點 (或零點) 扮演十分重要的角色。因此，接下來應該要特別加以探討。

考慮下列的轉移函數

$$G(s) = \frac{\omega_n^2}{s^2 + 2\zeta\omega_n s + \omega_n^2} \tag{3-26}$$

讓我們假設 $\zeta$ 的值小於 1，則函數 $G(s)$ 具有一對**簡單共軛複數極點** (simple complex-conjugate poles) 位於

$$s = s_1 = -\sigma + j\omega \text{ 與 } s = s_2 = -\sigma - j\omega \tag{3-27}$$

其中

$$\sigma = \zeta\omega_n \tag{3-28}$$

以及

$$\omega = \omega_n\sqrt{1-\zeta^2} \tag{3-29}$$

(3-27) 式的極點係以**直角座標形式** (rectangular form) 來表示，其中 $j = \sqrt{-1}$、$(-\sigma, \omega)$ 及 $(-\sigma, -\omega)$ 分別為 $s_1$ 和 $s_2$ 實部係數與虛部係數。我們專注來看 $(-\sigma, \omega)$ 時，它代表 $s$-平面上的一個點，如圖 3-3 所示。直角座標系統上的一個點也可以用向量 $R$ 和角度 $\phi$ 來定義。我們可以很簡單地看出

$$\begin{aligned} -\sigma &= R\cos\phi \\ \omega &= R\sin\phi \end{aligned} \tag{3-30}$$

▶ 圖 3-3　$s$-平面上的一對共軛複數極點。

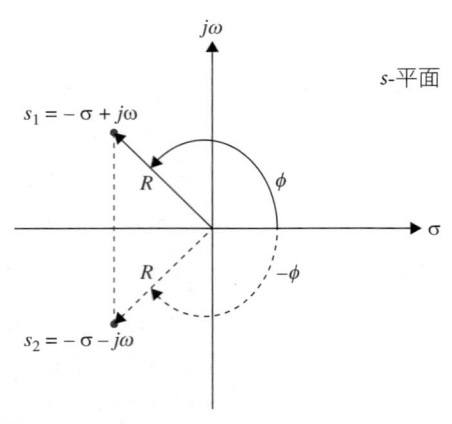

其中，$R = s$ 的大小

$\phi =$ 從 $\sigma$ (實數) 軸所量測之 $s$ 的相位角。根據右手定則的慣用法：正相位角是以逆時針方向來決定

因此，可知

$$R = \sqrt{\sigma^2 + \omega^2}$$
$$\phi = \tan^{-1}\frac{\omega}{-\sigma} \tag{3-31}$$

將 (3-30) 式代入 (3-27) 式中的 $s_1$，可得到

$$s = s_1 = R(\cos\phi + j\sin\phi) \tag{3-32}$$

比較所涉及之各項的<u>泰勒級數</u>，我們可以輕易地確認

$$e^{j\phi} = \cos\phi + j\sin\phi \tag{3-33}$$

(3-33) 式也稱為<u>尤拉公式</u> (Euler formula)。因此，(3-32) 式中的 $s_1$ 也可以用<u>極座標形式</u> (polar form) 來表示，如下：

$$s = s_1 = Re^{j\phi} = R\angle\phi \tag{3-34}$$

注意：(3-34) 式之極點的<u>共軛</u> (conjugate) 複數為

$$\bar{s} = s_2 = R(\cos\phi - j\sin\phi) = Re^{-j\phi} = R\angle-\phi \tag{3-35}$$

## 3-2-9 終值定理

終值定理對於控制系統的分析與設計十分有用，因為它可以藉由解析拉氏轉換於 $s = 0$ 時的行為來判斷時間函數的終值。此定理可描述成：若 $f(t)$ 的<u>拉氏轉換</u>是 $F(s)$，且 $sF(s)$ 在虛軸上與 $s$-平面的右半平面為可解析 (請參閱 3-2-5 節對於解析函數的定義) 時，則

$$\lim_{t\to\infty} f(t) = \lim_{s\to 0} sF(s) \tag{3-36}$$

若 $sF(s)$ 包含有任何實部為零或是為正值的極點，此即等同於 $sF(s)$ 在 $s$-平面右半平面內為可解析的條件，則終值定理無法使用。下列的範例用以說明運用終值定理時需要注意的事項。

### 範例 3-2-3

考慮函數

$$F(s) = \frac{5}{s(s^2+s+2)} \quad (3\text{-}37)$$

因為 $sF(s)$ 在虛軸上與 s-平面右半部均為可解析，終值定理可以被運用。利用 (3-36) 式，得到

$$\lim_{t\to\infty} f(t) = \lim_{s\to 0} sF(s) = \lim_{s\to 0} \frac{5}{s^2+s+2} = \frac{5}{2} \quad (3\text{-}38)$$

### 範例 3-2-4

考慮函數

$$F(s) = \frac{\omega}{s^2+\omega^2} \quad (3\text{-}39)$$

上式為 $f(t) = \sin\omega t$ 的拉氏轉換。因為函數 $sF(s)$ 在 s-平面的虛軸上有兩個極點，所以終值定理無法在此例中使用。換言之，即使終值定理可以產生一個為零的值作為 $f(t)$ 的終值，此結果也是錯誤的。

## 3-3 利用部分分式展開法求反拉氏轉換

已知拉氏轉換 $F(s)$ 時，求取 $f(t)$ 的運算稱為反拉氏轉換，記成

$$f(t) = F(s) \text{ 的反拉氏轉換} = \mathcal{L}^{-1}[F(s)] \quad (3\text{-}40)$$

反拉氏轉換積分定義為

$$f(t) = \frac{1}{2\pi j}\int_{c-j\infty}^{c+j\infty} F(s)e^{st}\,ds \quad (3\text{-}41)$$

其中，$c$ 是實常數，它會大於 $F(s)$ 所有奇異點的實部。(3-41) 式代表一個要在 s-平面內計算的線積分。在控制系統大部分的問題中，計算反拉氏轉換時並不需要使用 (3-41) 式反拉氏積分。對於簡單的函數而言，其反拉氏轉換運算只要查閱拉氏轉換表 (Laplace transform table) 便可輕易地完成，如同附錄 C 提供的轉換表。對於複雜的函數，其反拉氏轉換可以透過先對 $F(s)$ 做部分分式展開 (partial-fraction expansion)，然後再利用轉換表來求得。你也可以利用 MATLAB 符號式工具找到函數的反拉氏轉換。

### 3-3-1 部分分式展開法

當微分方程式的拉氏轉換解是 s 的有理函數時，則它便可用下式來表示：

$$G(s) = \frac{Q(s)}{P(s)} \tag{3-42}$$

其中，$P(s)$ 和 $Q(s)$ 為 $s$ 之多項式。此處，假設 $P(s)$ 的階數高於 $Q(s)$ 的階數。多項式 $P(s)$ 可寫成

$$P(s) = s^n + a_{n-1}s^{n-1} + \cdots + a_1 s + a_0 \tag{3-43}$$

其中，$a_0, a_1, ..., a^{n-1}$ 為實數係數。下面就針對 $G(s)$ 有簡單極點、多-階極點和共軛複數極點時，說明如何使用部分分式展開法。此處的概念是將 $G(s)$ 盡可能地簡單化，以便讓我們可以不依靠轉換表，而可輕易地求出函數的反拉氏轉換。

### $G(s)$ 僅有簡單極點時

若 $G(s)$ 的所有極點均為實數且為簡單極點時，(3-42) 式可寫成

$$G(s) = \frac{Q(s)}{P(s)} = \frac{Q(s)}{(s+s_1)(s+s_2)\cdots(s+s_n)} \tag{3-44}$$

其中，$s_1 \neq s_2 \neq \cdots \neq s_n$。利用部分分式展開法，(3-44) 式可改寫成

$$G(s) = \frac{K_{s1}}{s+s_1} + \frac{K_{s2}}{s+s_2} + \cdots + \frac{K_{sn}}{s+s_n} \tag{3-45}$$

即

$$G(s) = \frac{K_{s1}}{s+s_1} + \frac{K_{s2}}{s+s_2} + \cdots + \frac{K_{sn}}{s+s_n} = \frac{Q(s)}{(s+s_1)(s+s_2)\cdots(s+s_n)} \tag{3-46}$$

係數 $K_{si}$ ($i = 1, 2, ..., n$)，可藉由將 (3-46) 式等號的兩邊各乘上因式 $(s + s_i)$，然後令 $s$ 等於 $-s_i$ 而求得。例如，為找出係數 $K_{s1}$，可將 (3-46) 式的兩邊各乘上 $(s + s_1)$，然後令 $s = -s_1$，即

$$K_{s_1} = [(s+s_1)G(s)]\Big|_{s=-s_1} \tag{3-47}$$

即

$$\begin{aligned} K_{s1} &= K_{s1} + \frac{\cancel{(-s_1+s_1)}}{\cancel{s_1+s_2}}K_{s2} + \cdots + \frac{\cancel{(-s_1+s_1)}}{\cancel{s_1+s_n}}K_{sn} \\ &= \frac{Q(-s_1)}{(s_2-s_1)(s_3-s_1)\cdots(s_n-s_1)} \end{aligned} \tag{3-48}$$

### 範例 3-3-1

考慮函數

$$G(s) = \frac{5s+3}{(s+1)(s+2)(s+3)} = \frac{5s+3}{s^3+6s^2+11s+6} \tag{3-49}$$

以部分分式展開的形式重寫上式，可得出

$$G(s) = \frac{K_{-1}}{s+1} + \frac{K_{-2}}{s+2} + \frac{K_{-3}}{s+3} \tag{3-50}$$

係數 $K_{-1}$、$K_{-2}$ 和 $K_{-3}$ 的求法如下：

$$K_{-1} = [(s+1)G(s)]\big|_{s=-1} = \frac{5(-1)+3}{(2-1)(3-1)} = -1 \tag{3-51}$$

$$K_{-2} = [(s+2)G(s)]\big|_{s=-2} = \frac{5(-2)+3}{(1-2)(3-2)} = 7 \tag{3-52}$$

$$K_{-3} = [(s+3)G(s)]\big|_{s=-3} = \frac{5(-3)+3}{(1-3)(2-3)} = -6 \tag{3-53}$$

因此，(3-49) 式變成

$$G(s) = \frac{-1}{s+1} + \frac{7}{s+2} - \frac{6}{s+3} \tag{3-54}$$

### 工具盒 3-3-1

針對範例 3-3-1，(3-49) 式為兩個多項式之比例式。

```
>> b = [5 3] % numerator polynomial coefficients
>> a = [1,6,11,6] % denominator polynomial coefficients
```

你可以計算部分分式展開式如下

```
>> [r, p, k] = residue(b,a)
r =
-6.0000
7.0000
-1.0000
p =
-3.0000
-2.0000
-1.0000
k =
[ ]
```

注意：r 代表 (3-54) 式之分子，而 p 則代表對應的極點值。現在，將部分分式展開式轉換回多項式係數。

```
>> [b,a] = residue(r,p,k)
b =
0.0000    5.0000    3.0000
a =
1.0000    6.0000    11.0000    6.0000
```

注意：b 與 a 分別代表 (3-49) 式中分子和分母多項式之係數。此外，請注意：計算的結果已將分母的首項係數歸一化。

利用附錄 C 的拉氏轉換表，對 (3-54) 式兩側同時取**反拉氏轉換** (inverse Laplace transform)，或是利用下列的 MATLAB 工具盒，我們可得出

$$g(t) = -e^{-t} + 7e^{-2t} - 6e^{-3t} \quad t \geq 0 \tag{3-55}$$

### 工具盒 3-3-2

對於範例 3-3-1，(3-54) 式是由三個函數所組成，我們稱之為 f1、f2 與 f3。利用 MATLAB 中的符號式函式，可知

```
>> syms s
>> f1=-1/(s+1)
f1 =
-1/(s + 1)
>> f2=7/(s+2)
f2 =
7/(s + 2)
>> f3=-6/(s+3)
f3 =
-6/(s + 3)
>> g=ilaplace(f1)+ilaplace(f2)+ilaplace(f3)
g =
7*exp(-2*t) - exp(-t) - 6*exp(-3*t)
```

注意：g 為 (3-54) 式中 $G(s)$ 之反拉氏轉換，如 (3-55) 式所示；或者你也可以直接求算 (3-49) 式的反拉氏轉換。

```
>> f4=(5*s+3)/((s+1)*(s+2)*(s+3))
f4 =
(5*s + 3)/((s + 1)*(s + 2)*(s + 3))
>> g=ilaplace(f4)
g =
7*exp(-2*t) - exp(-t) - 6*exp(-3*t)
```

### $G(s)$ 有多-階極點時

若 $G(s)$ 的 $n$ 個極點中有 $r$ 個完全相同——也就是說，位在 $s = -s_i$ 處之極點的多重性為 $r$——$G(s)$ 可寫成

$$G(s) = \frac{Q(s)}{P(s)} = \frac{Q(s)}{(s+s_1)(s+s_2)\cdots(s+s_{n-r})(s+s_i)^r} \tag{3-56}$$

($i \neq 1, 2, ..., n-r$)。此時，$G(s)$ 可展開成

$$G(s) = \underbrace{\frac{K_{s1}}{s+s_1} + \frac{K_{s2}}{s+s_2} + \cdots + \frac{K_{s(n-r)}}{s+s_{n-r}}}_{n-r \text{ 項簡單極點}}$$

$$+ \underbrace{\frac{A_1}{s+s_i} + \frac{A_2}{(s+s_i)^2} + \cdots + \frac{A_r}{(s+s_i)^r}}_{r \text{ 項重複極點}} \tag{3-57}$$

對應於 $(n-r)$ 個簡單極點有 $(n-r)$ 個係數,即 $K_{s1}, K_{s2}, ..., K_{s(n-r)}$,這些係數可依 (3-47) 式的方法求算之;而多-階極點的係數 $A_1, ..., A_r$,其求法如下:

$$A_r = \left[(s+s_i)^r G(s)\right]\Big|_{s=-s_i} \tag{3-58}$$

$$A_{r-1} = \frac{d}{ds}\left[(s+s_i)^r G(s)\right]\Big|_{s=-s_i} \tag{3-59}$$

$$A_{r-2} = \frac{1}{2!}\frac{d^2}{ds^2}\left[(s+s_i)^r G(s)\right]\Big|_{s=-s_i} \tag{3-60}$$

$$\vdots$$

$$A_1 = \frac{1}{(r-1)!}\frac{d^{r-1}}{ds^{r-1}}\left[(s+s_i)^r G(s)\right]\Big|_{s=-s_i} \tag{3-61}$$

## 範例 3-3-2

考慮函數

$$G(s) = \frac{1}{s(s+1)^3(s+2)} = \frac{1}{s^5+5s^4+9s^3+7s^2+2s} \tag{3-62}$$

利用 (3-57) 式的格式,$G(s)$ 可寫成

$$G(s) = \frac{K_0}{s} + \frac{K_{-2}}{s+2} + \frac{A_1}{s+1} + \frac{A_2}{(s+1)^2} + \frac{A_3}{(s+1)^3} \tag{3-63}$$

因此,對應於簡單極點的係數,如下所示:

$$K_0 = [sG(s)]\Big|_{s=0} = \frac{1}{2} \tag{3-64}$$

$$K_{-2} = [(s+2)G(s)]\Big|_{s=-2} = \frac{1}{2} \tag{3-65}$$

而三-階極點的係數則為

$$A_3 = [(s+1)^3 G(s)]\Big|_{s=-1} = -1 \tag{3-66}$$

$$A_2 = \frac{d}{ds}[(s+1)^3 G(s)]\Big|_{s=-1} = \frac{d}{ds}\left[\frac{1}{s(s+2)}\right]\Big|_{s=-1} = 0 \tag{3-67}$$

$$A_1 = \frac{1}{2!}\frac{d^2}{ds^2}[(s+1)^3 G(s)]\Big|_{s=-1} = \frac{1}{2}\frac{d^2}{ds^2}\left[\frac{1}{s(s+2)}\right]\Big|_{s=-1} = -1 \tag{3-68}$$

完整的部分分式展開式為

$$G(s) = \frac{1}{2s} + \frac{1}{2(s+2)} - \frac{1}{s+1} - \frac{1}{(s+1)^3} \tag{3-69}$$

### 工具盒 3-3-3

對於範例 3-3-2，(3-62) 式為兩個多項式的比例式。

```
>> clear all
>> a = [1 5 9 7 2] % coefficients of polynomial s^4+5*s^3+9*s^2+7*s+2
a =
     1     5     9     7     2
>> b = [1] % polynomial coefficients
b =
     1
>> [r, p, k] = residue(b,a) % b is the numerator and a is the denominator
r =
   -1.0000
    1.0000
   -1.0000
    1.0000
p =
   -2.0000
   -1.0000
   -1.0000
   -1.0000
k =
     []
>> [b,a] = residue(r,p,k) % Obtain the polynomial form
b =
   -0.0000   -0.0000   -0.0000    1.0000
a =
    1.0000    5.0000    9.0000    7.0000    2.0000
```

利用附錄 C 的拉氏轉換表，將 (3-69) 式兩側同時進行反拉氏轉換，或是利用下列的 MATLAB 工具盒，得到

$$g(t) = \frac{1}{2} - e^{-t} + \frac{e^{-2t}}{2} + \frac{t^2 e^{-t}}{2} \quad t \geq 0 \tag{3-70}$$

### 工具盒 3-3-4

對於範例 3-3-2，(3-69) 式是由四個函數所組成，我們將之稱為 f1、f2、f3 與 f4。利用 MATLAB 中的符號式函式，可得出

```
>> syms s
>> f1=1/(2*s)
f1 =
```

```
1/(2*s)
>> f2=1/(2*(s+2))
f2 =
1/(2*s + 4)
 >> f3=-1/(s+1)
f3 =
-1/(s + 1)
 >> f4=-1/(s+1)^3
f4 =
1/(s + 1)^3
 >> g=ilaplace(f1)+ilaplace(f2)+ilaplace(f3)+ilaplace(f4)
g =
exp(-2*t)/2 - exp(-t) - (t^2*exp(-t))/2 + 1/2
```

注意：g 為 (3-69) 式中 $G(s)$ 之反拉氏轉換，如同 (3-70) 式所示，或者你也可以直接求出 (3-62) 式的反拉氏轉換。

```
>> f5=1/(s*(s+1)^3*(s+2))
f5 =
1/(s*(s + 1)^3*(s + 2))
>> g=ilaplace(f5)
g =
exp(-2*t)/2 - exp(-t) - (t^2*exp(-t))/2 + 1/2
```

### $G(s)$ 有簡單共軛複數極點時

(3-42) 式的部分分式展開對簡單的共軛複數極點也成立。如同 3-2-8 節所討論的，在控制系統的研究中，共軛複數極點是非常重要的部分，因此需要更深入的探討。

假設 (3-42) 式 $G(s)$ 的有理函數包括一對複數極點 $s = -\sigma + j\omega$ 和 $s = -\sigma - j\omega$。由 (3-47) 式的方法，便可求得這些極點的對應係數為

$$K_{-\sigma+j\omega} = (s+\sigma-j\omega)G(s)\Big|_{s=-\sigma+j\omega} \tag{3-71}$$

$$K_{-\sigma-j\omega} = (s+\sigma+j\omega)G(s)\Big|_{s=-\sigma-j\omega} \tag{3-72}$$

求出 (3-71) 式和 (3-72) 式的係數之步驟將透過以下範例來說明。

### 範例 3-3-3

考慮二-階原型 (second-order prototype) 函數

$$G(s) = \frac{\omega_n^2}{s^2 + 2\zeta\omega_n s + \omega_n^2} \tag{3-73}$$

若假設 $\zeta$ 之值小於 1，則 $G(s)$ 的極點為複數。因此，$G(s)$ 可展開如下：

$$G(s) = \frac{K_{-\sigma+j\omega}}{s+\sigma-j\omega} + \frac{K_{-\sigma-j\omega}}{s+\sigma+j\omega} \tag{3-74}$$

其中

$$\sigma = \zeta\omega_n$$
$$\omega = \omega_n\sqrt{1-\zeta^2} \tag{3-75}$$

可解出 (3-74) 式的係數為

$$K_{-\sigma+j\omega} = (s+\sigma-j\omega)G(s)\Big|_{s=-\sigma+j\omega} = \frac{\omega_n^2}{2j\omega} \tag{3-76}$$

$$K_{-\sigma-j\omega} = (s+\sigma+j\omega)G(s)\Big|_{s=-\sigma-j\omega} = -\frac{\omega_n^2}{2j\omega} \tag{3-77}$$

(3-73) 式的完整部分分式展開為

$$G(s) = \frac{\omega_n^2}{2j\omega}\left[\frac{1}{s+\sigma-j\omega} - \frac{1}{s+\sigma+j\omega}\right] \tag{3-78}$$

對上式兩邊取**反拉氏轉換**，可得

$$g(t) = \frac{\omega_n^2}{2j\omega}e^{-\sigma t}(e^{j\omega t} - e^{-j\omega t}) \quad t \geq 0 \tag{3-79}$$

或

$$g(t) = \frac{\omega_n}{\sqrt{1-\zeta^2}}e^{-\zeta\omega_n t}\sin\left(\omega_n\sqrt{1-\zeta^2}\,t\right) \quad t \geq 0 \tag{3-80}$$

---

### 工具盒 3-3-5

對於範例 3-3-3，(3-73) 式是由兩個函數所組成，我們稱之為 f1 和 f2。利用 MATLAB 中的符號式函式，可知

```
>> syms s wn w z
>> f1= wn^2/(2*j*wn*sqrt(1-z^2))*(1/(s+z*wn-j*wn*sqrt(1-z^2)))
f1 =
-(wn*i)/(2*(1 - z^2)^(1/2)*(s + wn*z - wn*(1 - z^2)^(1/2)*i))
>> f2= wn^2/(2*j*wn*sqrt(1-z^2))*(-1/(s+z*wn+j*wn*sqrt(1-z^2)))
f2 =
(wn*i)/(2*(1 - z^2)^(1/2)*(s + wn*z + wn*(1 - z^2)^(1/2)*i))
>> g=ilaplace(f1)+ilaplace(f2)
g=
- (wn*exp(-t*(wn*z - wn*(1 - z^2)^(1/2)*i))*i)/(2*(1 - z^2)^(1/2)) +
  (wn*exp(-t*(wn*z + wn*(1 - z^2)^(1/2)*i))*i)/(2*(1 - z^2)^(1/2)
>> g=simplify(g)
g =
(wn*exp(-t*wn*z)*sin(t*wn*(1 - z^2)^(1/2)))/(1 - z^2)^(1/2)
```

注意：g 為 (3-78) 式中 $G(s)$ 之反拉氏轉換，如 (3-80) 式所示。我們已利用符號化簡指令將 g 轉換成三角函數格式。注意：在 MATLAB 中的 (i) 與 (j) 兩者都代表 SQRT(-1)。

或者，你也可以直接求出 (3-73) 式的反拉氏轉換。

```
>> f3=wn^2/(s^2+2*z*wn*s+wn^2)
f3 =
wn^2/(s^2 + 2*z*s*wn + wn^2)
>> g=ilaplace(f3)
g =
(wn*exp(-t*wn*z)*sin(t*wn*(1 - z^2)^(1/2)))/(1 - z^2)^(1/2)
```

## 3-4　應用拉氏轉換求解線性常微分方程式

如同第二章所見，控制系統的大多數元件之數學模型都是由一-階或二-階微分方程式所表示。在本書中，我們首先研究係數為常數的**線性常微分方程式** (linear ordinary differential equations)，例如一-階線性系統：

$$\frac{dy(t)}{dt}+a_0 y(t)=f(t) \tag{3-81}$$

或是二-階線性系統：

$$\frac{d^2 y(t)}{dt^2}+a_1\frac{dy(t)}{dt}+a_0 y(t)=f(t) \tag{3-82}$$

利用 3-2 節中所提到的拉氏轉換定理，以及部分分式展開法和拉氏轉換表的輔助，線性常微分方程式可以用拉氏轉換的方法來求解。求解步驟如下：

1. 利用拉氏轉換及轉換表將微分方程式轉換至 $s$-領域。
2. 處理轉換過後的代數方程式，解出輸出變數。
3. 對此代數方程式進行部分分式展開。
4. 利用拉氏轉換表求解反拉氏轉換。

讓我們來研究兩個特別的例子：一-階與二-階原型系統。微分方程式的原型可提供不同控制系統的元件模型一個通用的格式。這種表示法的重要性在第二章顯得十分重要，甚至在往後的第七章研習**時間響應** (time response) 時會變得更加重要。

### 3-4-1　一-階原型系統

在第二章中，我們展示說明流體、電氣、熱力及機械系統可由不同的微分方程式加以建模。圖 3-4 所示係以線性常微分方程式來建模之機械、電氣、流體與熱力系統的四個例子，它們最終都可以由**一-階原型** (first-order prototype) 的形式來表示，如下：

> 微分方程式的原型形式可作為表示控制系統內各種元件的通用格式。

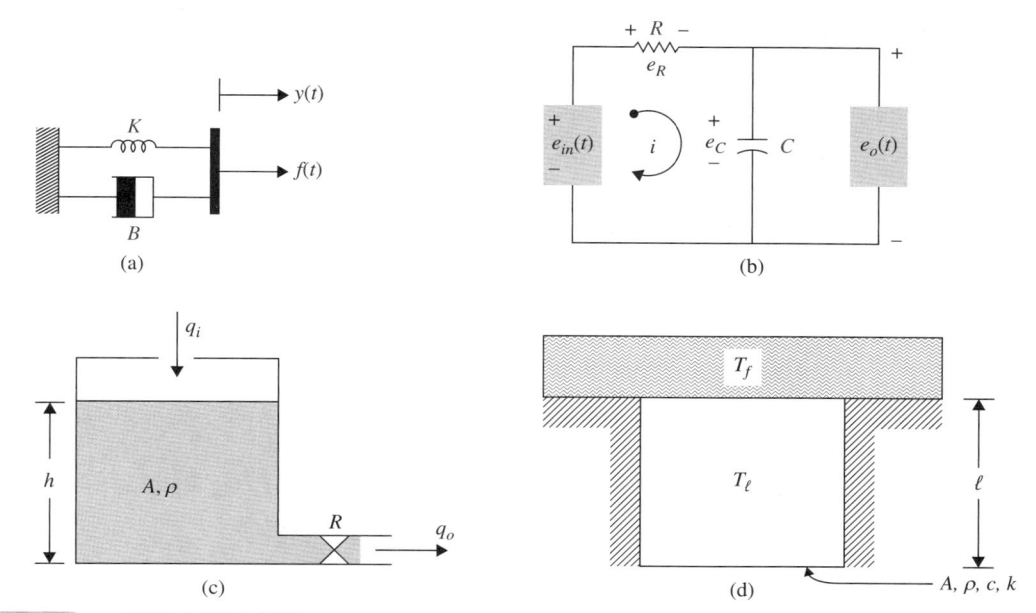

▶ 圖 3-4　(a) 彈簧-緩衝器機構。(b) 串聯的 RC 網路。(c) 單-槽液-位系統。(d) 熱傳問題。

$$\frac{dy(t)}{dt} + \frac{1}{\tau} y(t) = \frac{1}{\tau} u(t) \tag{3-83}$$

其中，$\tau$ 為系統的**時間常數**，用來衡量衡量系統對於外在激勵之初始條件所造成的響應快慢。注意：在 (3-83) 式中的輸入因為修飾的原因而乘以 $1/\tau$ 項做調整。

在圖 3-4a 中的彈簧-阻尼器 (沒有質量) 系統，可知

$$\dot{y}(t) + \frac{K}{B} y(t) = \frac{Ku(t)}{B} \tag{3-84}$$

其中，$Ku(t) = f(t)$ 是作用在系統的外力，而 $\tau = B/K$ 是時間常數，係為阻尼常數 $B$ 與彈簧剛性之比值。在此例中，位移 $y(t)$ 和 $u(t)$ 分別為輸出與輸入的變數。

圖 3-4b 中的 RC 電路，其輸出電壓 $e_o(t)$ 滿足下列的微分方程式：

$$\dot{e}_o(t) + \frac{1}{RC} e_o(t) = \frac{1}{RC} e_{in}(t) \tag{3-85}$$

其中，$e_{in}(t)$ 為輸入電壓，$\tau = RC$ 為時間常數。

在圖 3-4c 的單-槽液-位系統中，系統的方程式可用輸出容積流率 $q_o$ 來定義，如下

$$\dot{q}_o + \frac{q_o}{RC} = \frac{q_i}{RC} \tag{3-86}$$

其中，$q_i$ 為系統的輸入流率、$RC = \tau$ 為時間常數、$R$ 為流阻，以及 $C$ 為槽的流容。

最後，圖 3-4d 所示的熱力系統，$C$ 是熱容、$R$ 是對流的熱阻、$RC = \tau$ 是系統的時間常數、$T_\ell$ 為固體的溫度，以及 $T_f$ 是上方流體的溫度。用來表示系統熱傳遞的方程式如下：

$$\dot{T}_\ell + \frac{T_\ell}{RC} = \frac{T_f}{RC} \tag{3-87}$$

由 (3-84) 式到 (3-87) 式可明顯看出，它們均可用一-階原型系統 (3-83) 式來表示，為了要瞭解它們相對應的特性，我們也可以用測試輸入來求解 (3-83) 式——以本例來說，就是一個步階輸入：

$$u(t) = u_s(t) = \begin{cases} 0, & t < 0 \\ 1, & t \geq 0 \end{cases} \tag{3-88}$$

步階輸入基本上是加入至系統的一個固定輸入，藉由求出微分方程式的解，我們便可分析出系統的輸出是如何對此輸入產生響應。將 (3-83) 式重新改寫成

$$u_s(t) = \tau \frac{dy(t)}{dt} + y(t) \tag{3-89}$$

若 $y(0) = \frac{dy(0)}{dt} = 0$，$\mathcal{L}[u_s(t)] = \frac{1}{s}$ 和 $\mathcal{L}[y(t)] = Y(s)$，可知

$$\frac{1}{s} = s\tau Y(s) + Y(s) \tag{3-90}$$

即得出 $s$-領域的輸出如下：

$$Y(s) = \frac{1}{s} \frac{1}{\tau s + 1} \tag{3-91}$$

注意：由於輸入的緣故，系統有一個位於零位置的極點，而另一極點則位於 $s = -1/\tau$，如圖 3-5 所示。對於一個正的 $\tau$ 而言，系統的極點位於 $s$-平面的左半邊。利用部分分

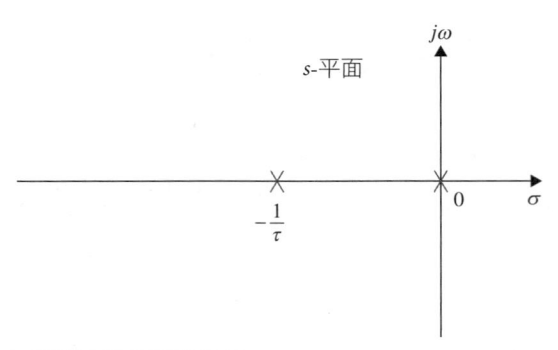

▶ **圖 3-5** 原型一-階系統之轉移函數的極點組態。

式,(3-91) 式可寫成

$$Y(t) = \frac{K_0}{s} + \frac{K_{-1/\tau}}{\tau s + 1} \tag{3-92}$$

其中,$K_0 = 1$,$K_{-1/\tau} = -\tau$。將反拉氏轉換應用到 (3-92) 式,可得 (3-83) 式的時間響應如下:

$$y(t) = 1 - e^{-t/\tau} \tag{3-93}$$

其中,$\tau$ 是 $y(t)$ 到達其**終值** (final value) $\lim_{t \to \infty} y(t) = \lim_{s \to 0} sY(s) = 1$ 之 63% 所需的時間。

$y(t)$ 的典型步階響應,如圖 3-5 所示。當時間常數 $\tau$ 的數值下降時,系統響應會更快達到終值。

### 工具盒 3-4-1

(3-91) 式的反拉氏轉換係透過利用下列 MATLAB 函式之 MATLAB 符號式工具盒來求得。

```
>> syms s tau;
>> ilaplace(1/(tau*s^2+s))
ans =
 1 - exp(-t/tau)
```

此結果即為 (3-93) 式。

注意:指令 sym 可讓你建立符號變數與表示式,而其指令如下所示

```
>> syms s tau;
```

等效於

```
>> s=sym('s');
>> tau=sym('tau');
```

針對一已知的數值 $\tau = 0.1$ s,(3-83) 式之如圖 3-6 所示的時間響應,係利用下列指令來求得

```
>> clear all;
>> t = 0:0.01:1;
>> tau = 0.1;
>> plot(1-exp(-t/tau));
```

你可以確認在時間 t = 0.1 s 的響應值,即 $y(t) = 0.63$。

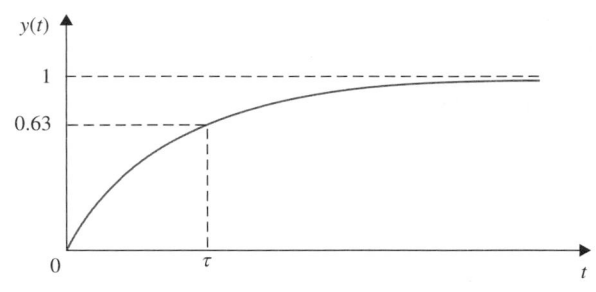

▶ **圖 3-6**　一-階原型微分方程式的步階響應。

## 3-4-2 二-階原型系統

與前一節相似,在第二章討論的不同的機械、電氣與流體系統,也可以用二**-階原型**系統來建模——例如:圖 3-1 所示之由 (3-1) 式與 (3-3) 式所描述的系統。標準的二-階原型系統之形式如下:

> 阻尼比 $\zeta$ 在原型二-階系統的時間響應中扮演重要角色。

$$\frac{d^2 y(t)}{dt^2} + 2\zeta\omega_n \frac{dy(t)}{dt} + \omega_n^2 y(t) = \omega_n^2 u(t) \qquad (3\text{-}94)$$

其中,$\zeta$ 為熟知的阻尼比、$\omega_n$ 是系統的自然頻率、$y(t)$ 是輸出變數,以及 $u(t)$ 是輸入變數。如同 3-4-1 節,我們可以利用一個測試輸入來求解 (3-94) 式——以本例來說,就是步階輸入:

$$u(t) = u_s(t) = \begin{cases} 0, & t < 0 \\ 1, & t \geq 0 \end{cases} \qquad (3\text{-}95)$$

若 $y(0) = \dfrac{dy(0)}{dt} = 0$,$\mathcal{L}[u_s(t)] = U(s)\dfrac{1}{s}$ 和 $\mathcal{L}[y(t)] = Y(s)$,則在 $s$-領域內的輸出關係式如下:

$$Y(s) = \frac{1}{s}\frac{\omega_n^2}{s^2 + 2\zeta\omega_n s + \omega_n^2} \qquad (3\text{-}96)$$

其中,系統的轉移函數為

$$G(s) = \frac{Y(s)}{U(s)} = \frac{\omega_n^2}{s^2 + 2\zeta\omega_n s + \omega_n^2} \qquad (3\text{-}97)$$

原型二-階系統的特性方程式可透過將 (3-97) 式的分母設為零而求得

$$\Delta(s) = s^2 + 2\zeta\omega_n s + \omega_n^2 = 0 \qquad (3\text{-}98)$$

系統的兩個極點就是特性方程式的根,可表示成

$$s_1, s_2 = -\zeta\omega_n \pm \omega_n\sqrt{\zeta^2 - 1} \qquad (3\text{-}99)$$

從 (3-99) 式所示的系統極點,很明顯地可看出 (3-96) 式的解與阻尼比 $\zeta$ 的數值有直接的關係。阻尼比可決定 (3-99) 式的極點是否為實數或複數。為了更清楚瞭解系統的時間特性,首先我們要針對三個重要情況:$\zeta < 1$、$\zeta = 1$,以及 $\zeta > 1$,來求出 (3-96) 式的反拉氏轉換。

### 系統為臨界阻尼,$\zeta = 1$

當特性方程式的兩個根為實數且相等時,我們稱此系統為**臨界阻尼** (critically damped)。由 (3-99) 式可知,臨界阻尼發生在 $\zeta = 1$ 時。以本例來說,由 (3-96) 式所描述的

$s$-領域內之輸出關係，可以重新寫成下列式子：

$$Y(s) = \frac{1}{s}\frac{\omega_n^2}{s^2 + 2\omega_n s + \omega_n^2} = \frac{1}{s}\frac{\omega_n^2}{(s+\omega_n)^2} \tag{3-100}$$

進一步來說，(3-98) 式的轉移函數變成下式：

$$G(s) = \frac{\omega_n^2}{(s+\omega_n)^2} \tag{3-101}$$

其中，$G(s)$ 有兩個重複的極點位在 $s = -\omega_n$，如圖 3-7 所示。以本例來說，為了求解微分方程式，我們遵從範例 3-3-2 所建立的步驟來求得描述 (3-100) 式的部分分式。因此，藉由利用 (3-57) 式的格式，$Y(s)$ 改寫成下列式子：

$$Y(s) = \frac{K_0}{s} + \frac{A_1}{(s+\omega_n)} + \frac{A_2}{(s+\omega_n)^2} \tag{3-102}$$

其中

$$K_0 = \left[(s)\frac{1}{s}\frac{\omega_n^2}{(s+\omega_n)^2}\right]_{s=0} = 1 \tag{3-103}$$

$$A_2 = \left[(s+\omega_n)^2\frac{1}{s}\frac{\omega_n^2}{(s+\omega_n)^2}\right]_{s=-\omega_n} = -1 \tag{3-104}$$

$$A_1 = \frac{d}{ds}\left[(s+\omega_n)^2\frac{1}{s}\frac{\omega_n^2}{(s+\omega_n)^2}\right]_{s=-\omega_n} = -1 \tag{3-105}$$

完整的部分分式展開如下：

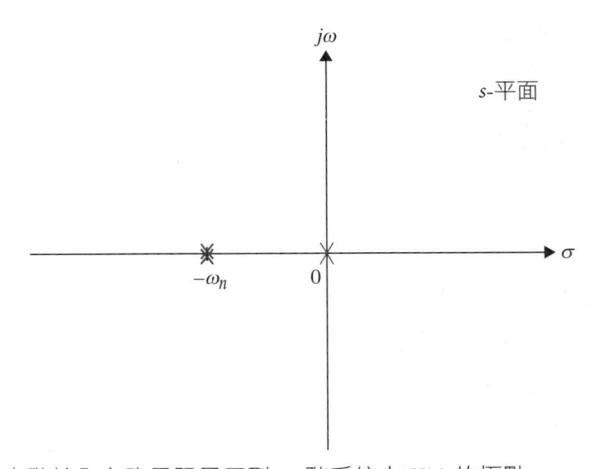

▶ 圖 3-7　在具有單位-步階輸入之臨界阻尼原型一-階系統中 $Y(s)$ 的極點。

$$Y(s) = \frac{1}{s} - \frac{1}{(s+\omega_n)} - \frac{1}{(s+\omega_n)^2} \tag{3-106}$$

利用附錄 C 的**拉氏**轉換表，對上式兩側同時取**反拉氏轉換**，或是利用下列的 MATLAB 工具盒，我們可得出

$$y(t) = 1 - e^{-\omega_n t} - te^{-\omega_n t} \quad t \geq 0 \tag{3-107}$$

### 工具盒 3-4-2

(3-106) 式是由三個函數所組成，我們將之稱為 f1、f2 和 f3。利用 MATLAB 中的符號式函式，可知

```
>> syms s wn
>> f1= 1/s
f1 =
1/s
>> f2=-1/(s+wn)
f2 =
-1/(s + wn)
>> f3=-1/(s+wn)^2
f3 =
-1/ (s + wn)^2
 >> y=ilaplace(f1)+ilaplace(f2)+ilaplace(f3)
y =
1 - t*exp(-t*wn) - exp(-t*wn)
```

或者，我們也可以直接求出 (3-100) 式的反拉氏轉換。

```
>> syms s wn
>> f1= 1/s
f1 =
1/s
 >> f2= wn^2/(s+wn)^2
f2 =
wn^2/(s + wn)^2
 >> y=ilaplace(f1*f2)
y =
1 - t*exp(-t*wn) - exp(-t*wn)
```

注意：y 是 (3-100) 式中 Y(s) 之反**拉氏**轉換，如 (3-107) 式所示。

### 系統為過阻尼，$\zeta > 1$

當特性方程式的兩個根為實數卻不相等時，我們稱此系統為**過阻尼** (overdamped)。由 (3-99) 式可知，過阻尼發生在 $\zeta > 1$ 時。以本例來說，由 (3-96) 式所描述的 s-領域內之輸出關係，可以重新寫成下列式子：

$$Y(s) = \frac{1}{s} \frac{\omega_n^2}{s^2 + 2\zeta\omega_n s + \omega_n^2} \tag{3-108}$$

進一步來說，(3-108) 式的轉移函數會變成

$$G(s) = \frac{\omega_n^2}{s^2 + 2\zeta\omega_n s + \omega_n^2} \tag{3-109}$$

其中，$G(s)$ 有兩個極點位於

$$s_1, s_2 = -\zeta\omega_n \pm \omega_n\sqrt{\zeta^2 - 1} \tag{3-110}$$

我們定義

$$\sigma = \zeta\omega_n \tag{3-111}$$

為阻尼因子，以及

$$\omega = \omega_n\sqrt{\zeta^2 - 1} \tag{3-112}$$

通稱為系統的條件 (或阻尼) 頻率，以作為參考之用——注意：系統在過阻尼情況下並不存在振盪現象，因此「頻率」這個術語並不精準。我們利用下列數值範例能夠更容易理解此方法。

### 範例 3-4-1

考慮 (3-108) 式，令 $\zeta = \dfrac{3\sqrt{2}}{4}$ 和 $\omega_n = \sqrt{2}$ rad/s，故可知

$$Y(s) = \frac{1}{s}\frac{2}{s^2 + 3s + 2} = \frac{1}{s}\frac{2}{(s+1)(s+2)} \tag{3-113}$$

(3-109) 式中系統的轉移函數有兩個極點位於 $s_1 = -1$ 和 $s_2 = -2$，如圖 3-8 所示。以本例來說，為了要求出微分方程式的解，我們根據範例 3-3-1 所建立的步驟來求得描述 (3-113) 式的部分分式。因此，藉由利用 (3-45) 式的格式，$Y(s)$ 可寫成下列式子：

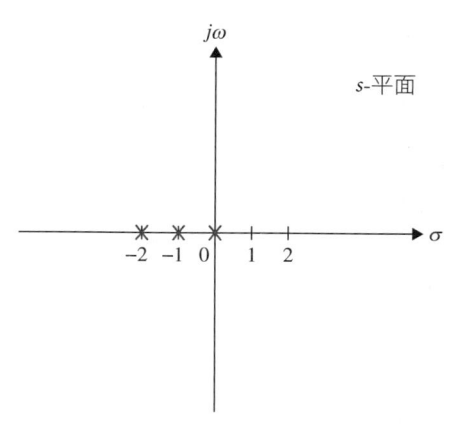

▶ 圖 3-8　在具有單位-步階輸入之過阻尼原型一-階系統中 $Y(s)$ 的極點。

$$Y(s) = \frac{K_0}{s} + \frac{K_{-1}}{(s+1)} + \frac{K_{-2}}{(s+2)} \tag{3-114}$$

其中

$$K_0 = \left[ (s)\frac{1}{s}\frac{2}{(s+1)(s+2)} \right]_{s=0} = 1 \tag{3-115}$$

$$K_{-1} = \left[ (s+1)\frac{1}{s}\frac{2}{(s+1)(s+2)} \right]_{s=-1} = -2 \tag{3-116}$$

$$K_{-2} = \left[ (s+2)\frac{1}{s}\frac{2}{(s+1)(s+2)} \right]_{s=-2} = 1 \tag{3-117}$$

完整的部分分式展開式為

$$Y(s) = \frac{1}{s} - \frac{2}{(s+1)} + \frac{1}{(s+2)} \tag{3-118}$$

利用附錄 C 的拉氏轉換表，上式兩側同時取反拉氏轉換，或是利用隨後的 MATLAB 工具盒，便可得到

$$y(t) = 1 - 2e^{-t} + e^{-2t} \quad t \geq 0 \tag{3-119}$$

### 工具盒 3-4-3

(3-118) 式是由三個函數所組成，我們將之稱為 f1、f2 和 f3。利用 MATLAB 中的符號式函式，可得出

```
>> syms s
>> f1=1/s
f1 =
1/s
>> f2=-2/(s+1)
f2 =
-2/(s + 1)
>> f3=1/(s+2)
f3 =
1/(s + 2)
>> y=ilaplace(f1)+ilaplace(f2)+ilaplace(f3)
y =
exp(-2*t) - 2*exp(-t) + 1
```

或者我們也可以直接求出 (3-113) 式的反拉氏轉換，

```
>> syms s
>> y=ilaplace(2/(s*(s+1)*(s+2)))
y =
exp(-2*t) - 2*exp(-t) + 1
```

此式與 (3-119) 式相同。

## 範例 3-4-2

考慮一個形式為**修正型二-階原型** (modified second-order prototype)：

$$\frac{d^2 y(t)}{dt^2} + 2\zeta\omega_n \frac{dy(t)}{dt} + \omega_n^2 y(t) = A\omega_n^2 u(t) \tag{3-120}$$

其中，$A$ 為一常數。系統的轉移函數為

$$G(s) = \frac{A\omega_n^2}{s^2 + 2\zeta\omega_n s + \omega_n^2} \tag{3-121}$$

將前述範例的參數值代入此式，且令 $A = 2.5$ 及 $u(t) = u_s(t)$，可得出

$$\frac{d^2 y(t)}{dt^2} + 3\frac{dy(t)}{dt} + 2y(t) = 5u_s(t) \tag{3-122}$$

其中，$u_s(t)$ 是單位-步階函數。初始狀態為 $y(0) = -1$ 和 $\dot{y}(0) = \left.\frac{dy(t)}{dt}\right|_{t=0} = 2$。

為了求解微分方程式，我們首先對 (3-122) 式等號兩邊取拉氏轉換：

$$s^2 Y(s) - sy(0) - \dot{y}(0) + 3sY(s) - 3y(0) + 2Y(s) = 5/s \tag{3-123}$$

將初始條件的數值代入上式並求解 $Y(s)$，可得

$$Y(s) = \frac{-s^2 - s + 5}{s(s^2 + 3s + 2)} = \frac{-s^2 - s + 5}{s(s+1)(s+2)} \tag{3-124}$$

(3-124) 式經過部分分式展開成下列的式子：

$$Y(s) = \frac{5}{2s} - \frac{5}{s+1} + \frac{3}{2(s+2)} \tag{3-125}$$

對 (3-125) 式取反拉氏轉換，可得到完整的解如下：

$$y(t) = \frac{5}{2} - 5e^{-t} + \frac{3}{2}e^{-2t} \quad t \geq 0 \tag{3-126}$$

(3-126) 式中的第一項稱作**穩態** (steady-state) 或是**特解** (particular solution)；最後兩項代表**暫態** (transient) 或是**齊次解** (homogeneous solution)。拉氏轉換法與典型的方法不同，典型方法需要透過許多不同的步驟來求出暫態與穩態響應 (transient and the steady-state responses)，而拉氏轉換法只需要透過一次運算便可求出全部的解。

當只想知道 $y(t)$ 之穩態解的大小時，即可應用 (3-36) 式的終值定理。因此，

> 暫態與穩態響應的術語可用來顯示微分方程式的齊次解或是特解。

$$\lim_{t \to \infty} y(t) = \lim_{s \to 0} sY(s) = \lim_{s \to 0} \frac{-s^2 - s + 5}{s^2 + 3s + 2} = \frac{5}{2} \tag{3-127}$$

其中，為了要確保終值理論的有效性，我們要先確認函數 $sY(s)$ 的極點全部都只位於 $s$-平面之左半邊。

從範例 3-4-2，在控制系統中重要的是要強調：暫態與穩態響應的術語係要用來顯示微分方程式的齊次解或是特解。我們會在第七章研習這些主題的細節。

### 系統為欠阻尼，$\zeta < 1$

當特性方程式的兩個根為具有相同負實部的複數時，我們稱此系統為欠阻尼 (underdamped)。根據 (3-99) 式，可知欠阻尼發生在 $0 < \zeta < 1$ 時。此時，由 (3-96) 式所描述的 s-領域內之輸出關係，可以重新寫成下列式子：

$$Y(s) = \frac{1}{s} \frac{\omega_n^2}{s^2 + 2\zeta\omega_n s + \omega_n^2} \tag{3-128}$$

進一步來說，(3-128) 式的轉移函數變成

$$G(s) = \frac{\omega_n^2}{s^2 + 2\zeta\omega_n s + \omega_n^2} \tag{3-129}$$

其中，$G(s)$ 有兩個極點位於

$$s_1, s_2 = -\zeta\omega_n \pm j\omega_n\sqrt{1-\zeta^2} \tag{3-130}$$

其中，$j$ 項是用來指出極點為共軛複數。讓我們定義

$$\sigma = \zeta\omega_n \tag{3-131}$$

為阻尼因子，以及將

$$\omega = \omega_n\sqrt{1-\zeta^2} \tag{3-132}$$

定義為系統的條件 (或者阻尼) 頻率。圖 3-9 說明了特性方程式之根的位置和 $\sigma$、$\zeta$、$\omega_n$ 與 $\omega$ 之間的關係。就圖示的共軛複數而言，

- $\omega_n$ 為 s-平面上特性根到原點的徑向距離，$\omega_n = \sqrt{(\zeta\omega_n)^2 + \omega_n^2(1-\zeta^2)}$。
- $\sigma$ 為特性根的實部。
- $\omega$ 為特性根的虛部。
- 當根位於 s-平面的左半邊時，$\zeta$ 為原點到根的徑向線與負實軸間之夾角的餘弦值，即 $\zeta = \cos\theta$。

(3-128) 式的部分分式展開式可寫成

$$Y(s) = \frac{K_0}{s} + \frac{K_{-\sigma+j\omega}}{s+\sigma-j\omega} + \frac{K_{-\sigma-j\omega}}{s+\sigma+j\omega} \tag{3-133}$$

其中

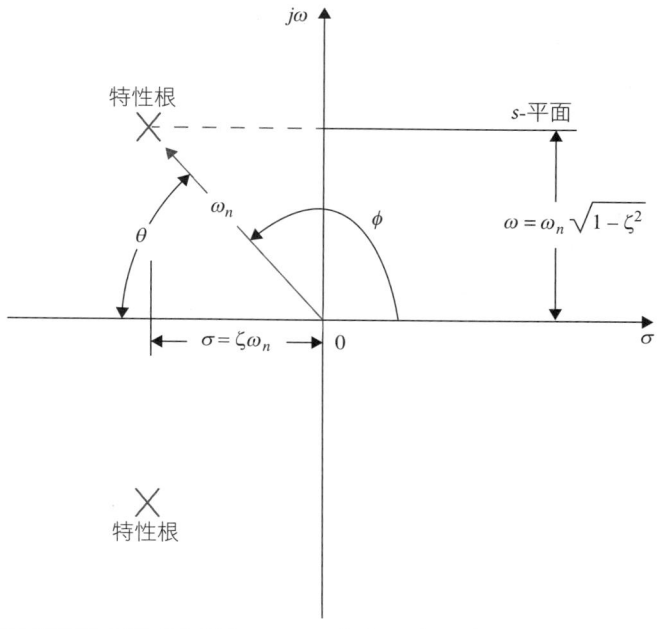

▶ 圖 3-9　原型二-階系統特性方程式之根和 $\sigma$、$\zeta$、$\omega_n$ 與 $\omega$ 之間的關係。

$$K_0 = sY(s)\big|_{s=0} = 1 \tag{3-134}$$

$$K_{-\sigma+j\omega} = (s+\sigma-j\omega)Y(s)\big|_{s=-\sigma+j\omega} = \frac{e^{-j\phi}}{2j\sqrt{1-\zeta^2}} \tag{3-135}$$

$$K_{-\sigma-j\omega} = (s+\sigma+j\omega)Y(s)\big|_{s=-\sigma-j\omega} = \frac{-e^{j\phi}}{2j\sqrt{1-\zeta^2}} \tag{3-136}$$

角度 $\phi$ 為

$$\phi = \pi - \cos^{-1}\zeta \tag{3-137}$$

如圖 3-9 所示。(3-128) 式的反拉氏轉換變成

$$\begin{aligned}y(t) &= 1 + \frac{1}{2j\sqrt{1-\zeta^2}} e^{-\zeta\omega_n t}\left[e^{j(\omega t-\phi)} - e^{-j(\omega t-\phi)}\right] \\ &= 1 + \frac{1}{\sqrt{1-\zeta^2}} e^{-\zeta\omega_n t}\sin\left[\omega_n\sqrt{1-\zeta^2}\,t - \phi\right] \quad t \geq 0\end{aligned} \tag{3-138}$$

其中，(3-33) 式中的尤拉公式已被用來將 (3-138) 式的中括號內之指數項轉換成正弦函數。將 (3-137) 式的 $\phi$ 代入 (3-138) 式，得出

$$y(t) = 1 - \frac{1}{\sqrt{1-\zeta^2}} e^{-\zeta\omega_n t}\sin\left[\left(\omega_n\sqrt{1-\zeta^2}\right)t + \cos^{-1}\zeta\right] \quad t \geq 0 \tag{3-139}$$

## 範例 3-4-3

考慮線性微分方程式

$$\frac{d^2 y(t)}{dt^2} + 34.5 \frac{dy(t)}{dt} + 1000 y(t) = 1000 u_s(t) \tag{3-140}$$

$y(t)$ 和 $dy(t)/dt$ 的初值皆為零。對 (3-140) 式等號兩邊取拉氏轉換，可得 $Y(s)$ 為

$$Y(s) = \frac{1000}{s(s^2 + 34.5s + 1000)} = \frac{\omega_n^2}{s(s^2 + 2\zeta\omega_n s + \omega_n^2)} \tag{3-141}$$

其中，利用二-階原型表示法，可知 $\zeta = 0.5455$ 和 $\omega_n = 31.6228$。(3-141) 式的反拉氏轉換可以透過將這些數值代入 (3-139) 式中執行，即

$$y(t) = 1 - 1.193 e^{-17.25t} \sin(26.5t + 0.9938) \quad t \geq 0 \tag{3-142}$$

其中

$$\theta = \cos^{-1}\zeta = 0.9938 \text{ rad} \left( = 56.94° \frac{\pi \text{ rad}}{180°} \right) \tag{3-143}$$

$$\sigma = \zeta\omega_n = 17.25 \tag{3-144}$$

$$\omega = \omega_n \sqrt{1 - \zeta^2} = 26.5 \tag{3-145}$$

注意：在本例中的終值為 $y(t) = 1$，代表系統輸出完美地追隨穩態輸入。由下列 MATLAB 工具盒所得出的時間響應圖，詳見圖 3-10。

### 工具盒 3-4-4

對於單位-步階輸入，(3-140) 式之時間響應圖可以利用下述方法獲得

```
num = [1000];                          Alternatively:
den = [1,34.5 1000];                   s = tf ('s');
G = tf (num,den);                      G=1000/(s^2+34.5*s+1000);
step(G);                               step (G);
title ('Step Response')                title ('Step Response')
xlabel ('Time (sec)')                  xlabel ('Time(sec)')
ylabel ('Amplitude y(t)')              ylabel ('Amplitude')
```

「step」指令可產生一個函數針對單位-步階輸入時的時間響應。

### 3-4-3 二-階原型系統──最終觀察

系統參數 $\zeta$ 和 $\omega_n$ 對於原型二-階系統之步階響應 $y(t)$ 的影響，可以藉由參照 (3-99) 式之特性方程式的根來加以研究。

步階響應

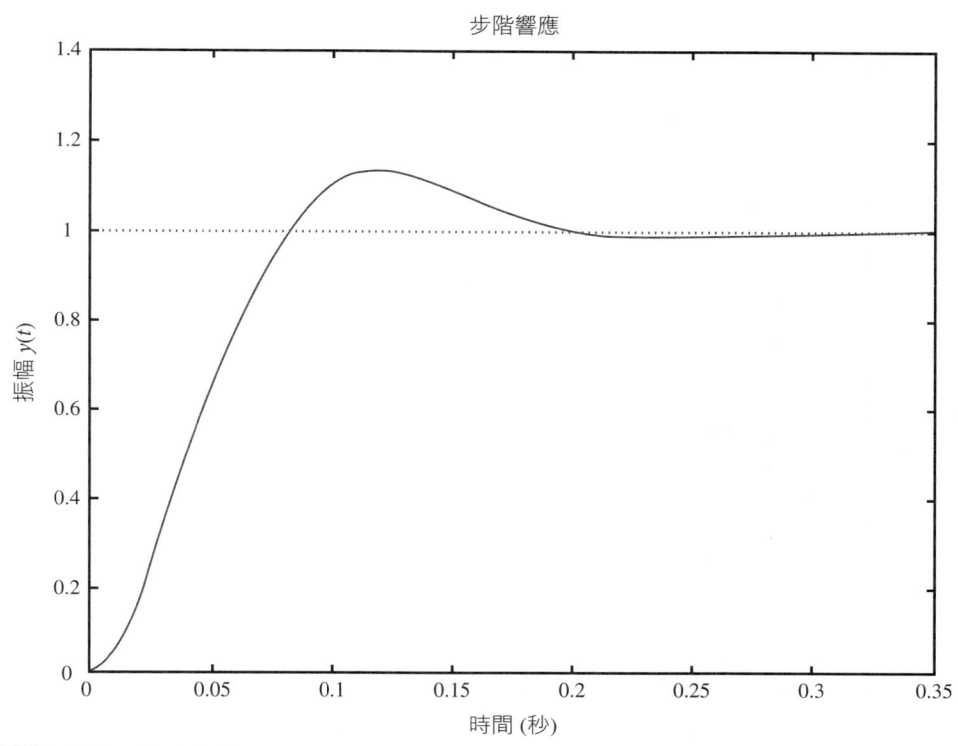

振幅 y(t) / 時間 (秒)

▶ **圖 3-10** 針對單位-步階輸入時，(3-140) 式之二-階系統的時間響應。

利用接下來的工具盒，我們可以畫出 (3-96) 式針對不同的正 $\zeta$ 值和一個固定的自然頻率 $\omega_n$ = 10 rad/s 時的單位-步階響應圖。如圖所見，當 $\zeta$ 下降時，系統產生的響應變得更加震盪且伴隨著更大的**超越量** (overshoot)。當 $\zeta \geq 1$ 時，步階響應不存在**超越量**；亦即，$y(t)$ 並不會超過終值。

### 工具盒 3-4-5

圖 3-11 對應之時間響應係利用下列 MATLAB 函式所獲得：

```
clear all
wn=10;
for l=[0.2 0.4 0.6 0.8 1 1.2 1.4 1.6 1.8 2]
t=0:0.1:50;
num = [wn.^2];
den = [1 2*l*wn wn.^2];
t=0:0.01:2;
step(num,den,t)
hold on;
end
xlabel('Time(secs)')
ylabel('Amplitude y(t)')
```

### 步階響應

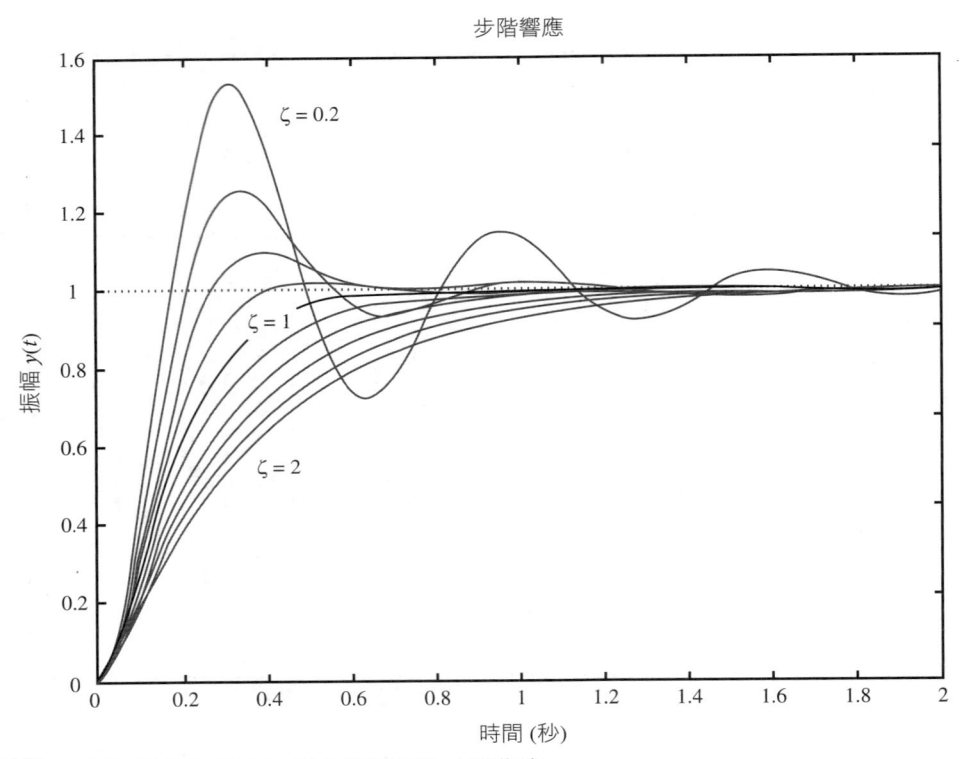

▶ 圖 3-11　不同阻尼比之原型二-階系統的單位-步階響應。

　　二-階系統之阻尼對特性方程式之根的影響——即 (3-97) 式中轉移函數的極點——可用圖 3-12 和圖 3-13 來進一步舉例說明。在圖 3-12 中，$\omega_n$ 維持為定值，而阻尼比 $\zeta$ 則可由 $-\infty$ 變化到 $\infty$。根據 $\zeta$ 的數值，系統動態特性的分類顯示於表 3-2。

- $s$-平面的左半邊是對應於正阻尼；亦即，阻尼因子或阻尼比為正值。當阻尼為正時，因為 $e^{-\zeta\omega_n t}$ 之負指數的關係，單位-步階響應將會安定在一個固定的終值上。此系統為

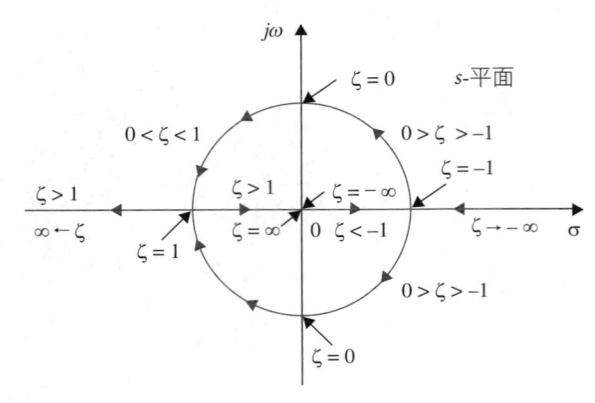

▶ 圖 3-12　原型二-階系統的特性方程式之根軌跡。

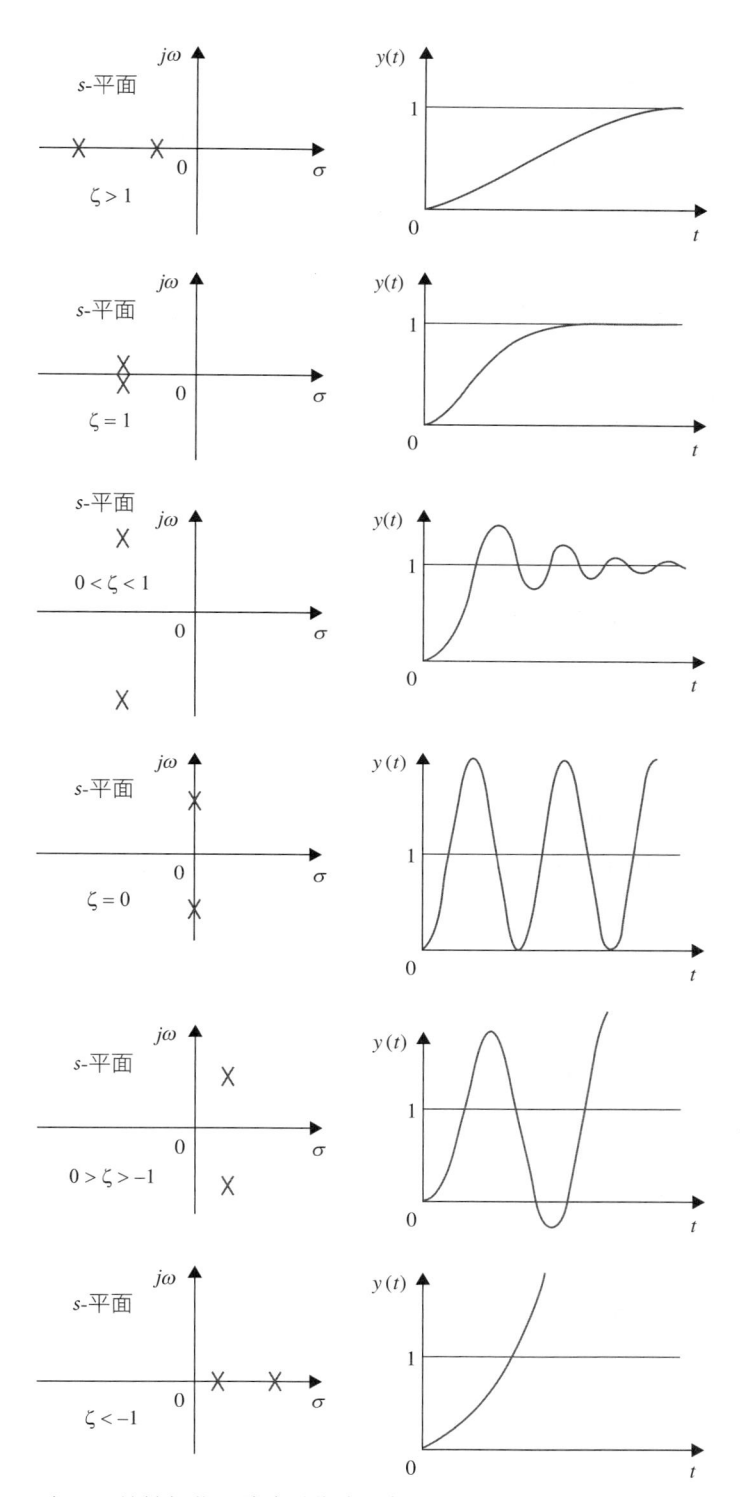

▶ 圖 3-13　在 s-平面上不同特性根位置的步階響應比較。

■ 表 3-2　根據不同 $\zeta$ 值系統響應的分類

| $G(s) = \dfrac{\omega_n^2}{s^2 + 2\zeta\omega_n s + \omega_n^2}$ 的極點 | $y(t)$ 響應的分類 |
|---|---|
| $0 < \zeta < 1 : s_1, s_2 = -\zeta\omega_n \pm j\omega_n\sqrt{1-\zeta^2}$　$(-\zeta\omega_n < 0)$ | 欠阻尼 |
| $\zeta = 1 : s_1, s_2 = -\omega_n$ | 臨界阻尼 |
| $\zeta > 1 : s_1, s_2 = -\zeta\omega_n \pm \omega_n\sqrt{\zeta^2-1}$ | 過阻尼 |
| $\zeta = 0 : s_1, s_2 = \pm j\omega_n$ | 無阻尼 (臨界不穩定) |
| $\zeta < 0 : s_1, s_2 = -\zeta\omega_n \pm j\omega_n\sqrt{1-\zeta^2}$　$(-\zeta\omega_n > 0)$ | 負阻尼 (臨界不穩定) |

穩定。

- $s$-平面的右半邊對應於**負阻尼** (negative damping)。負阻尼會造成**響應的大小無限制地增長**，故知系統為**不穩定**。
- 虛軸對應於零阻尼 ($\alpha = 0$ 或 $\zeta = 0$)。零阻尼會造成持續的弦波振盪，故知系統為臨界穩定或臨界不穩定。

圖 3-13 舉例說明圖中所示之不同根的位置所對應的典型的單位-步階響應。

在本節中，我們證明了特性方程式之根的位置在原型二-階系統的時間響應中扮演十分重要的角色——或是任何的控制系統。在實際應用中，我們僅考慮對應於 $\zeta > 0$ 的**穩定**系統。

## 3-5　線性系統的脈衝響應與轉移函數

另一種定義**轉移函數**的方式為利用脈衝響應，接下來的幾節將會介紹這種定義。

### 3-5-1　脈衝響應

考慮一線性非時變系統，其輸入為 $u(t)$，而輸出為 $y(t)$。如圖 3-14 所示，一個具有非常大數值 $\hat{u}/2\varepsilon$ 的長方形脈波函數 $u(t)$，在 $\varepsilon \to 0$ 的極短時間內會變成脈衝函數。圖 3-14 之方程式表示如下：

$$u(t) = \begin{cases} 0 & t \leq \tau - \varepsilon \\ \dfrac{\hat{u}}{2\varepsilon} & \tau - \varepsilon < t < \tau + \varepsilon \\ 0 & t \geq \tau + \varepsilon \end{cases} \tag{3-146}$$

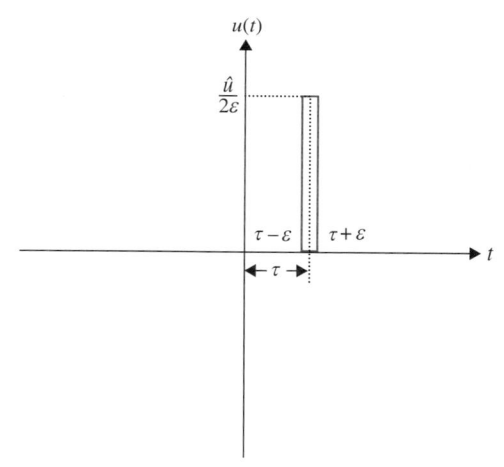

▶ 圖 3-14  脈衝函數的圖形表示法。

當 $\hat{u} = 1$ 時，$u(t) = \delta(t)$ 即為熟知的單位脈衝函數或是 **狄拉克 delta** (Dirac delta) 函數，其特性如下：

$$\begin{aligned} &\delta(t-\tau) = 0; \quad t \neq \tau \\ &\int_{\tau-\varepsilon}^{\tau+\varepsilon} \delta(t-\tau) dt = 1; \quad \varepsilon > 0 \\ &\int_{\tau-\varepsilon}^{\tau+\varepsilon} \delta(t-\tau) f(t) dt = f(t); \quad \varepsilon > 0 \end{aligned} \tag{3-147}$$

其中，$f(t)$ 為任意的時間函數。當 (3-146) 式中 $t = 0$ 時，利用 (3-11) 式並注意到積分真正的上下限界定為 $t = 0^-$ 到 $t = \infty$，對 (3-146) 式取拉氏轉換，便可得到 $\delta(t)$ 的**拉氏轉換** [Laplace transform of $\delta(t)$]。再利用 (3-147) 式的第三個性質之拉氏轉換為 1，亦即，當 $\varepsilon \to 0$ 時，可得出

$$\begin{aligned} \mathcal{L}[\delta(t)] &= \int_{0^-}^{\infty} \delta(t) e^{-st} dt \\ &= \int_{\tau-\varepsilon}^{\tau+\varepsilon} \delta(t-\tau) f(t) dt = e^{-st}\Big|_{\tau-\varepsilon}^{\tau+\varepsilon} = 1 \end{aligned} \tag{3-148}$$

在下述的範例中，我們得出原型二-階系統的脈衝響應。

### 範例 3-5-1

針對下列二-階原型系統，求出脈衝響應：

$$\frac{d^2 y(t)}{dt^2} + 2\zeta\omega_n \frac{dy(t)}{dt} + \omega_n^2 y(t) = \omega_n^2 u(t) \tag{3-149}$$

當初始條件為零時，則 (3-149) 式之系統的轉移函數為

$$G(s) = \frac{Y(s)}{U(s)} = \frac{\omega_n^2}{s^2 + 2\zeta\omega_n s + \omega_n^2} \tag{3-150}$$

當 $u(t) = \delta(t)$ 時，因為 $\mathcal{L}[\delta(t)] = U(s) = 1$，利用範例 3-3-3 的反拉氏運算，則對於 $0 < \zeta < 1$ 時，脈衝響應 $y(t) = g(t)$ 為

$$y(t) = \frac{\omega_n}{\sqrt{1-\zeta^2}} e^{-\zeta\omega_n t} \sin\left(\omega_n \sqrt{1-\zeta^2}\, t\right) \quad t \geq 0 \tag{3-151}$$

## 範例 3-5-2

考慮到線性微分方程式

$$\frac{d^2 y(t)}{dt^2} + 34.5 \frac{dy(t)}{dt} + 1000 y(t) = 1000 \delta(t) \tag{3-152}$$

依循 (3-151) 式的解，上式的脈衝響應為

$$y(t) = 37.73 e^{-0.5455t} \sin(26.5t) \quad t \geq 0 \tag{3-153}$$

利用工具盒 3-5-1，(3-153) 式的時間響應圖顯示於圖 3-15。

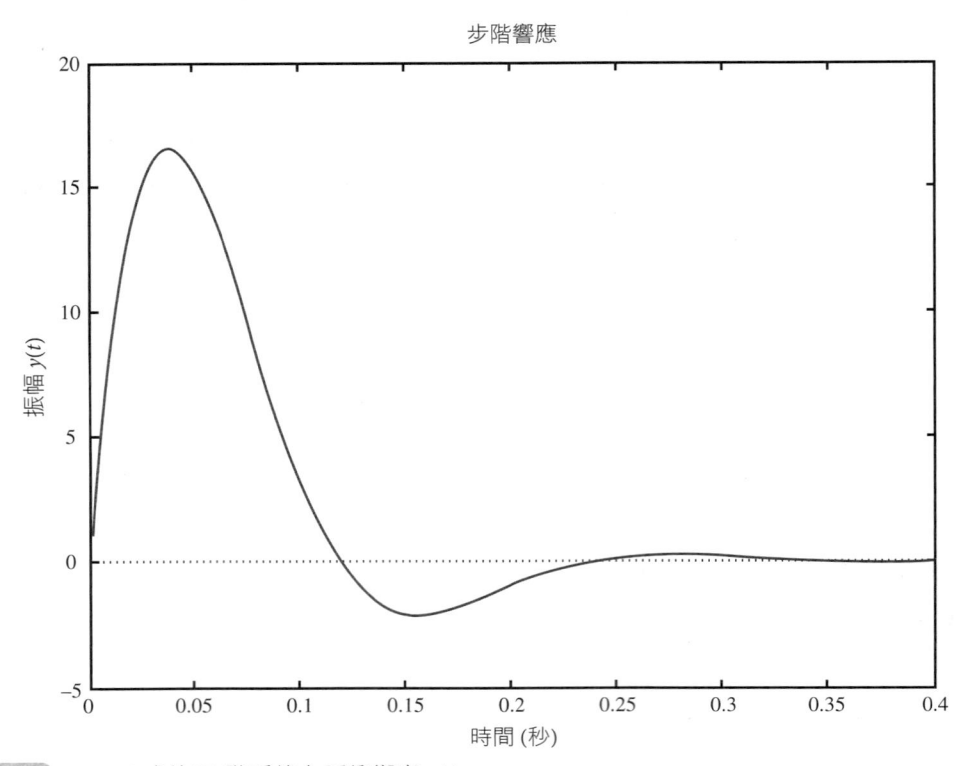

▶ **圖 3-15**　(3-153) 式的二-階系統之脈衝響應 $y(t)$。

### 工具盒 3-5-1

(3-152) 式之單位脈衝響應也可以利用 MATLAB 來獲得。

```
num = [1000];                          Alternatively:
den = [1,34.5,1000];                   s = tf ('s');
G = tf (num,den);                      G=1000/(s^2+34.5*s+1000);
impulse(G);                            impulse(G);
title ('Impulse Response')             title ('Impulse Response')
xlabel ('Time (sec)')                  xlabel ('Time (sec)')
ylabel ('Amplitude y(t)')              ylabel ('Amplitude y(t)')
```

「impulse」指令可產生一函數在脈衝輸入時的時間響應。

## 3-5-2 利用脈衝響應的時間響應

很重要的是，任何系統的響應都可以用脈衝響應 $g(t)$ 來加以描述，脈衝響應則是定義為單位-脈衝輸入 $\delta(t)$ 時的輸出。當一線性系統的脈衝響應為已知時，對於任意的輸入 $u(t)$，系統的輸出 $y(t)$ 都可以藉由利用轉移函數來求得。回想先前的說明，

> 任何線性系統對於所有輸入之時間響應均可以藉由脈衝響應來求出。

$$G(s) = \frac{\mathcal{L}[y(t)]}{\mathcal{L}[u(t)]} = \frac{Y(s)}{U(s)} \tag{3-154}$$

上式即為系統的**轉移函數**。更詳細的實例請參閱參考資料 14。我們透過下列的範例說明此觀念。

### 範例 3-5-3

針對 (3-149) 式的二-階原型系統，利用範例 3-5-1 的脈衝響應 $g(t)$ 求出單位-步階輸入 $u(t) = u_s(t)$ 的時間響應。

初始條件為零時，(3-149) 式的拉氏轉換

$$\mathcal{L}[y(t)] = Y(s) = \frac{1}{s} \frac{\omega_n^2}{s^2 + 2\zeta\omega_n s + \omega_n^2} = \frac{G(s)}{s} \tag{3-155}$$

從 (3-139) 式，可以求得系統的時間響應如下：

$$y(t) = 1 - \frac{e^{-\zeta\omega_n t}}{\sqrt{1-\zeta^2}} \sin\left[\left(\omega_n\sqrt{1-\zeta^2}\right)t + \cos^{-1}\zeta\right] \quad t \geq 0 \tag{3-156}$$

利用 (3-155) 式與拉氏轉換的迴旋性質，從表 3-1 可得出

$$\mathcal{L}[y(t)] = U(s)G(s) = \frac{G(s)}{s} = \mathcal{L}[u_s * g(t)] = \mathcal{L}\left[\int_0^t u_s(\tau) g(t-\tau)d\tau\right] \tag{3-157}$$

作為 (3-157) 式的結果，因此輸出 $y(t)$ 變為

$$\int_0^t u_s(\tau) g(t-\tau) d\tau = \int_0^t \frac{\omega_n}{\sqrt{1-\zeta^2}} e^{-\zeta\omega_n(t-\tau)} \sin\left(\omega_n\sqrt{1-\zeta^2}(t-\tau)\right) d\tau \quad t \geq 0 \tag{3-158}$$

即經過一些運算後，得到

$$y(t) = 1 - \frac{e^{-\zeta\omega_n t}}{\sqrt{1-\zeta^2}} \sin\left[\left(\omega_n\sqrt{1-\zeta^2}\right)t + \theta\right] \quad t \geq 0 \tag{3-159}$$

其中，$\theta = \cos^{-1}\zeta$。明顯地，(3-159) 式與 (3-156) 式完全相同。

### 3-5-3 轉移函數 (單輸入-單輸出系統)

令 $G(s)$ 為一個單輸入-單輸出 (SISO) 系統的轉移函數，其中，輸入為 $u(t)$、輸出為 $y(t)$、以及脈衝響應為 $g(t)$。我們可以將 3-5-1 節的結論形式化，並得出下列結論。

因此，轉移函數 $G(s)$ 定義為

$$G(s) = \mathcal{L}[g(t)] = \frac{Y(s)}{U(s)} \tag{3-160}$$

> 當所有初始條件設定為零時，轉移函數可定義為脈衝響應的拉氏轉換。

令所有初始條件設定為零，而 $Y(s)$ 和 $U(s)$ 分別為 $y(t)$ 與 $u(t)$ 的拉氏轉換。

## 3-6　一-階微分方程式系統：狀態方程式

如同早先研習微分方程式所討論的，狀態方程式提供轉移函數方法另一種替代方法。此種技術在處理與分析高階微分方程式時，提供一個強而有力的工具，因此經常被高度地使用於現代控制理論和控制系統中更為先進的課題上，例如：最佳控制設計。

通常，一個 $n$-階微分方程式可以被分解成 $n$ 個一-階微分方程式。因為理論上，一-階微分方程式比高-階微分方程式更好求解，所以一-階微分方程式可被應用在控制系統的解析研究上。舉例來說，(3-2) 式的微分方程式，如下所示：

$$L\frac{di(t)}{dt} + Ri(t) + \int \frac{i(t)}{C} dt = e(t) \tag{3-161}$$

如果我們令

$$x_1(t) = \int i(t) dt \tag{3-162}$$

以及

$$x_2(t) = \frac{dx_1(t)}{dt} = i(t) \tag{3-163}$$

則知,(3-161) 式可被分解成下列兩個一-階微分方程式:

$$\frac{dx_1(t)}{dt} = x_2(t) \tag{3-164}$$

$$\frac{dx_2(t)}{dt} = -\frac{1}{LC}x_1(t) - \frac{R}{L}x_2(t) + \frac{1}{L}e(t) \tag{3-165}$$

或是另一個例子,(3-3) 式的微分方程式,

$$M\frac{d^2y(t)}{dt^2}(t) + B\frac{dy(t)}{dt} + Ky(t) = f(t) \tag{3-166}$$

如果我們令

$$x_1(t) = y(t) \tag{3-167}$$

以及

$$x_2(t) = \frac{dx_1(t)}{dt} = \frac{dy(t)}{dt} \tag{3-168}$$

則 (3-166) 式可被分解成下列兩個一-階微分方程式:

$$\frac{dx_1(t)}{dt} = x_2(t) \tag{3-169}$$

$$\frac{dx_2(t)}{dt} = -\frac{B}{M}x_2(t) - \frac{K}{M}x_1(t) + \frac{1}{M}f(t) \tag{3-170}$$

以類似的方式,針對 (3-5) 式,我們定義

$$\begin{aligned} x_1(t) &= y(t) \\ x_2(t) &= \frac{dy(t)}{dt} \\ &\vdots \\ x_n(t) &= \frac{d^{n-1}y(t)}{dt^{n-1}} \end{aligned} \tag{3-171}$$

然後 $n$-階微分方程式被分解成 $n$ 個一-階微分方程式:

$$\frac{dx_1(t)}{dt} = x_2(t)$$

$$\frac{dx_2(t)}{dt} = x_3(t)$$

$$\vdots \tag{3-172}$$

$$\frac{dx_n(t)}{dt} = -a_0 x_1(t) - a_1 x_2(t) - \cdots - a_{n-2} x_{n-1}(t) - a_{n-1} x_n(t) + f(t)$$

注意：最後一個方程式是透過讓 (3-5) 式的最高階導數項等於其餘各項來求得。(3-172) 式的 $f(t)$ 代表 (3-5) 式等號右邊的所有輸入項。在控制系統理論中，(3-172) 式的一-階微分方程式組合稱之為**狀態方程式** (state equations)，而 $x_1, x_2, ..., x_n$ 則稱為**狀態變數** (state variables)。最後，狀態變數所需的最少個數通常與系統的微分方程式之階數 $n$ 相同。

> 表示一狀態方程式所需要的最少狀態變數的數量通常與系統的微分方程式之階數 $n$ 相同。

## 範例 3-6-1

考慮如圖 3-16 所示之自由度為二的機械系統，其內用三條彈簧來連接約束兩個質量 $M_1$ 與 $M_2$，而外力 $f(t)$ 則是加至質量 $M_1$ 上。

質量 $M_1$ 與 $M_2$ 的位移分別由 $y_1$ 與 $y_2$ 測量。根據範例 2-1-2，兩個運動的二-階微分方程式如下：

$$M_1 \ddot{y}_1(t) + (K_1 + K_2) y_1(t) - K_2 y_2(t) = 0 \tag{3-173}$$

$$M_2 \ddot{y}_2(t) - K_2 y_1(t) + (K_2 + K_3) y_2(t) = f(t) \tag{3-174}$$

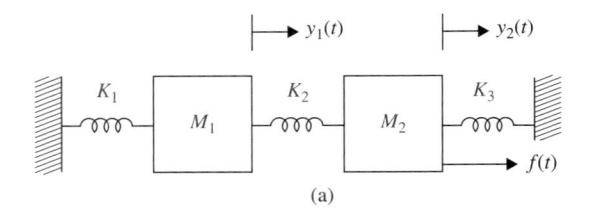

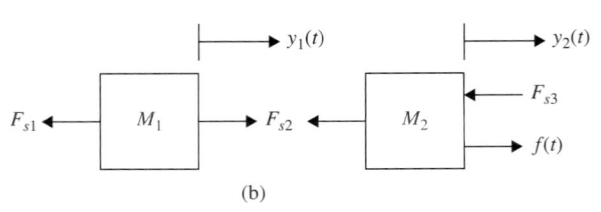

▶ 圖 3-16　具有三條彈簧之自由度為二的機械系統。

如果我們令

$$x_1(t) = y_1(t) \tag{3-175}$$

$$x_2(t) = y_2(t) \tag{3-176}$$

以及

$$x_3(t) = \frac{dx_1(t)}{dt} = \frac{dy_1(t)}{dt} \tag{3-177}$$

$$x_4(t) = \frac{dx_2(t)}{dt} = \frac{dy_2(t)}{dt} \tag{3-178}$$

接著,這兩個二-階微分方程式便可分解成四個一-階微分方程式,亦即,下列的狀態方程式:

$$\frac{dx_1(t)}{dt} = x_3(t) \tag{3-179}$$

$$\frac{dx_2(t)}{dt} = x_4(t) \tag{3-180}$$

$$\frac{dx_3(t)}{dt} = -\frac{(K_1 + K_2)}{M_1} x_1(t) + \frac{K_2}{M_1} x_2(t) \tag{3-181}$$

$$\frac{dx_4(t)}{dt} = \frac{K_2}{M_2} x_1(t) - \frac{(K_2 + K_3)}{M_2} x_2(t) + \frac{f(t)}{M_2} \tag{3-182}$$

注意:選擇狀態變數的過程並不是唯一的,因此我們也可以使用下列的表示法:

$$x_1(t) = y_1(t) \tag{3-183}$$

$$x_2(t) = \frac{dx_1(t)}{dt} = \frac{dy_1(t)}{dt} \tag{3-184}$$

$$x_3(t) = y_2(t) \tag{3-185}$$

$$x_4(t) = \frac{dx_3(t)}{dt} = \frac{dy_2(t)}{dt} \tag{3-186}$$

因此,可得出之狀態方程式為

$$\frac{dx_1(t)}{dt} = x_2(t) \tag{3-187}$$

$$\frac{dx_2(t)}{dt} = -\frac{(K_1 + K_2)}{M_1} x_1(t) + \frac{K_2}{M_1} x_3(t) \tag{3-188}$$

$$\frac{dx_3(t)}{dt} = x_4(t) \tag{3-189}$$

$$\frac{dx_4(t)}{dt} = \frac{K_2}{M_2}x_1(t) - \frac{(K_2+K_3)}{M_2}x_3(t) + \frac{f(t)}{M_2} \tag{3-190}$$

## 3-6-1 狀態變數的定義

系統的狀態係指系統之過去、現在與未來的狀態。由數學觀點來看，定義一組狀態變數和狀態方程式來模擬動態系統是十分方便的。如同先前所描述的，(3-171) 式中所定義的變數 $x_1(t), x_2(t), ..., x_n(t)$ 為 (3-5) 式所描述的 $n$ 階系統之**狀態變數**，而 (3-172) 中的 $n$ 個一階微分方程式則是**狀態方程式**。一般來說，關於狀態變數的定義與狀態方程式的構成有一些基本原則。狀態變數必須滿足下列條件：

- 在任何初始時間 $t = t_0$，狀態變量 $x_1(t_0), x_2(t_0), ..., x_n(t_0)$ 定義了系統的**初始狀態** (initial states)。
- 一旦 $t \geq t_0$ 的系統輸入與剛才所定義的初始狀態均已加以指定時，則這些狀態變數應可以完全地界定系統的未來行為。

系統的狀態變數被定義為一組變數 $x_1(t), x_2(t), ..., x_n(t)$ 之**最小的集合** (minimal set)，使得只要得知這些變數在任意時間點 $t_0$ 之值及在時間 $t_0$ 的外加輸入資訊就足以決定系統在 $t > t_0$ 的狀態。因此，$n$ 個狀態變數的**空間狀態形式** (space state form) 如下：

$$\dot{\mathbf{x}}(t) = \mathbf{A}\mathbf{x}(t) + \mathbf{B}\mathbf{u}(t) \tag{3-191}$$

其中，$\mathbf{x}(t)$ 是具有 $n$ 列的狀態向量，

$$\mathbf{x}(t) = \begin{bmatrix} x_1(t) \\ x_2(t) \\ \vdots \\ x_n(t) \end{bmatrix} \tag{3-192}$$

以及 $\mathbf{u}(t)$ 為具有 $p$ 列的輸入向量，

$$\mathbf{u}(t) = \begin{bmatrix} u_1(t) \\ u_2(t) \\ \vdots \\ u_p(t) \end{bmatrix} \tag{3-193}$$

係數矩陣 $\mathbf{A}$ 與 $\mathbf{B}$ 定義為

$$\mathbf{A} = \begin{bmatrix} a_{11} & a_{12} & \cdots & a_{1n} \\ a_{21} & a_{22} & \cdots & a_{2n} \\ \vdots & \vdots & \ddots & \vdots \\ a_{n1} & a_{n2} & \cdots & a_{nn} \end{bmatrix} (n \times n) \tag{3-194}$$

$$\mathbf{B} = \begin{bmatrix} b_{11} & b_{12} & \cdots & b_{1p} \\ b_{21} & b_{22} & \cdots & b_{2p} \\ \vdots & \vdots & \ddots & \vdots \\ b_{n1} & b_{n2} & \cdots & b_{np} \end{bmatrix} (n \times p) \tag{3-195}$$

## 範例 3-6-2

對於 (3-187) 式到 (3-190) 式所描述的系統，可知

$$\mathbf{x}(t) = \begin{bmatrix} x_1(t) \\ x_2(t) \\ x_3(t) \\ x_4(t) \end{bmatrix} \tag{3-196}$$

$$\mathbf{u}(t) = f(t) \tag{3-197}$$

$$\mathbf{A} = \begin{bmatrix} 0 & 1 & 0 & 0 \\ -\dfrac{(K_1 + K_2)}{M_1} & 0 & \dfrac{K_2}{M_1} & 0 \\ 0 & 0 & 0 & 1 \\ \dfrac{K_2}{M_2} & 0 & -\dfrac{(K_2 + K_3)}{M_2} & 0 \end{bmatrix} (4 \times 4) \tag{3-198}$$

$$\mathbf{B} = \begin{bmatrix} 0 \\ 0 \\ 0 \\ \dfrac{1}{M_2} \end{bmatrix} (4 \times 1) \tag{3-199}$$

## 3-6-2　輸出方程式

讀者不該把狀態變數與系統的輸出搞混。一個系統的**輸出**是一個可以被量測的變數，

但狀態變數並不是永遠需要滿足這個條件。例如：在一個電氣馬達，其狀態變數如繞組電流、轉子速度及位移都可以用物理方式測量，並且這些變數都符合輸出變數的條件。另一方面，磁通量可以代表馬達的過去、現在與未來狀態，因此也可以被視為電氣馬達中的狀態變數，但是由於無法在運作時被直接量測，所以通常不能歸類為輸出。一般而言，一輸出變數可以表示成狀態變數的代數組合。對於 (3-5) 式所描述的系統，若 $y(t)$ 定義為輸出，則輸出方程式為簡單的 $y(t) = x_1(t)$。一般而言，輸出方程式可寫成

$$\mathbf{y}(t) = \begin{bmatrix} y_1(t) \\ y_2(t) \\ \vdots \\ y_q(t) \end{bmatrix} = \mathbf{C}\mathbf{x}(t) + \mathbf{D}\mathbf{u}(t) \tag{3-200}$$

$$\mathbf{C} = \begin{bmatrix} c_{11} & c_{12} & \cdots & c_{1n} \\ c_{21} & c_{22} & \cdots & c_{2n} \\ \vdots & \vdots & \ddots & \vdots \\ c_{q1} & c_{q2} & \cdots & c_{qn} \end{bmatrix} \tag{3-201}$$

$$\mathbf{D} = \begin{bmatrix} d_{11} & d_{12} & \cdots & d_{1p} \\ d_{21} & d_{22} & \cdots & d_{2p} \\ \vdots & \vdots & \ddots & \vdots \\ d_{q1} & d_{q2} & \cdots & d_{qp} \end{bmatrix} \tag{3-202}$$

接下來，我們會將這些概念利用在不同的動態系統之建模上。

### 範例 3-6-3

考慮在範例 3-4-1 研習過的二-階微分方程式。

$$\frac{d^2 y(t)}{dt^2} + 3\frac{dy(t)}{dt} + 2y(t) = 2u(t) \tag{3-203}$$

如果我們令

$$x_1(t) = y(t) \tag{3-204}$$

以及

$$x_2(t) = \frac{dx_1(t)}{dt} = \frac{dy(t)}{dt} \tag{3-205}$$

則 (3-203) 式可被分解為下列的兩個一-階微分方程式：

$$\frac{dx_1(t)}{dt} = x_2(t) \tag{3-206}$$

$$\frac{dx_2(t)}{dt} = -2x_1(t) - 3x_2(t) + 2u(t) \tag{3-207}$$

其中，$x_1(t)$、$x_2(t)$ 為狀態變數，而 $u(t)$ 為輸入——在此，可任意地——定義 $y(t)$ 為輸出，由下列式子表示：

$$y(t) = x_1(t) \tag{3-208}$$

以本例來說，我們只想要讓狀態變數 $x_1(t)$ 當作我們的輸出。因此，

$$\mathbf{x}(t) = \begin{bmatrix} x_1(t) \\ x_2(t) \end{bmatrix}; \quad \mathbf{u}(t) = u(t) \tag{3-209}$$

$$\mathbf{A} = \begin{bmatrix} 0 & 1 \\ -2 & -3 \end{bmatrix}; \quad \mathbf{B} = \begin{bmatrix} 0 \\ 2 \end{bmatrix}; \quad \mathbf{C} = \begin{bmatrix} 1 & 0 \end{bmatrix}; \quad \mathbf{D} = 0 \tag{3-210}$$

## 範例 3-6-4

另一個向量-矩陣形式表示之狀態方程式的範例：

$$\begin{bmatrix} \dfrac{dx_1(t)}{dt} \\ \dfrac{dx_2(t)}{dt} \\ \dfrac{dx_3(t)}{dt} \end{bmatrix} = \begin{bmatrix} 0 & 1 & 0 \\ \dfrac{-(a_2+a_3)}{1+a_0a_3} & -a_1 & \dfrac{1-a_0a_2}{1+a_0a_3} \\ 0 & 0 & 0 \end{bmatrix} \begin{bmatrix} x_1(t) \\ x_2(t) \\ x_3(t) \end{bmatrix} + \begin{bmatrix} 0 \\ 0 \\ 1 \end{bmatrix} r(t) \tag{3-211}$$

輸出變數可以是一個狀態變數更複雜的表示法，例如下列式子：

$$y(t) = \frac{1}{1+a_0a_3} x_1(t) + \frac{a_0}{1+a_0a_3} x_3(t) \tag{3-212}$$

其中

$$\mathbf{C} = \begin{bmatrix} \dfrac{1}{1+a_0a_3} & 0 & \dfrac{a_0}{1+a_0a_3} \end{bmatrix} \tag{3-213}$$

## 範例 3-6-5

考慮一個加速度計，它是一個可用來測量其所附著之物體加速度的感測器，如圖 3-17 所示。若物體的運動為 $u(t)$，則示於圖 3-17b 的自由體圖中，其加速度計測震質量 $M$ 的運動方程式可以寫成下列式子：

$$-K[y(t)-u(t)] - B[\dot{y}(t)-\dot{u}(t)] = M\ddot{y}(t) \tag{3-214}$$

其中，$B$ 和 $K$ 分別為加速度計內部材料之阻尼常數與剛性係數。若我們定義測震質量 $M$ 之相對運動為 $z(t)$，即

$$z(t) = y(t) - u(t) \tag{3-215}$$

然後，(3-214) 式可以用感應器所測量到的質量加速度來表示，而重新整理成

$$M\ddot{z}(t) + B\dot{z}(t) + Kz(t) = -M\ddot{u}(t) \tag{3-216}$$

加速度輸出係以電壓形式來表示，它會與測震質量之相對運動呈現線性比例關係，即常數 $K_a$——也就是熟知的感測器增益。亦即，

$$e_o(t) = K_a z(t) \tag{3-217}$$

以狀態空間形式表示時，若我們狀態變數定義為

$$x_1(t) = z(t) \tag{3-218}$$

以及

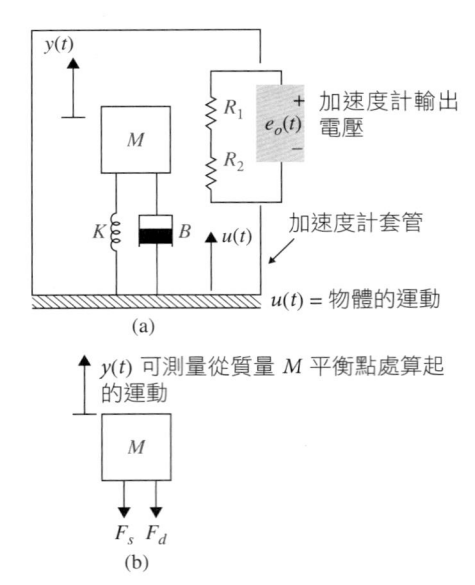

▶ 圖 3-17　(a) 安裝在運動物體上的加速度計之概念圖。(b) 自由體圖。

$$x_2(t) = \frac{dx_1(t)}{dt} = \frac{dz(t)}{dt} \tag{3-219}$$

則知 (3-216) 式可分解為下述兩個狀態方程式：

$$\frac{dx_1(t)}{dt} = x_2(t) \tag{3-220}$$

$$\frac{dx_2(t)}{dt} = -\frac{B}{M}x_2(t) + \frac{K}{M}x_1(t) - \ddot{u}(t) \tag{3-221}$$

其中，$x_1(t)$、$x_2(t)$ 為狀態變數，而 $\ddot{u}(t)$ 為輸入。我們可以定義 $e_o(t)$ 為輸出。

因此，

$$\mathbf{x}(t) = \begin{bmatrix} x_1(t) \\ x_2(t) \end{bmatrix}; \quad \mathbf{u}(t) = \ddot{u}(t) \tag{3-222}$$

$$\mathbf{A} = \begin{bmatrix} 0 & 1 \\ -\frac{K}{M} & -\frac{B}{M} \end{bmatrix}; \quad \mathbf{B} = \begin{bmatrix} 0 \\ 1 \end{bmatrix}; \quad \mathbf{C} = [K_a \quad 0]; \quad \mathbf{D} = 0 \tag{3-223}$$

$$e_o(t) = K_a x_1(t) \tag{3-224}$$

我們將會在本章後面的部分重新探討此問題。作為提醒，為了瞭解加速度計如何測量加速度，我們需要瞭解其頻率響應的特性，我們會在第十章說明此議題。有關這個主題更深入的研究，請參閱參考資料 14。

## 範例 3-6-6

考慮下列微分方程式

$$\frac{d^3 y(t)}{dt^3} + 5\frac{d^2 y(t)}{dt^2} + \frac{dy(t)}{dt} + 2y(t) = u(t) \tag{3-225}$$

將上述式子重新整理，最高階的微分項與其餘的項目建立等式，可得

$$\frac{d^3 y(t)}{dt^3} = -5\frac{d^2 y(t)}{dt^2} - \frac{dy(t)}{dt} - 2y(t) + u(t) \tag{3-226}$$

其狀態變數可以定義為

$$\begin{aligned} x_1(t) &= y(t) \\ x_2(t) &= \frac{dy(t)}{dt} \\ x_3(t) &= \frac{d^2 y(t)}{dt^2} \end{aligned} \tag{3-227}$$

然後，狀態方程式便可由向量-矩陣方程式來表示成

$$\dot{\mathbf{x}}(t) = \mathbf{A}\mathbf{x}(t) + \mathbf{B}u(t) \tag{3-228}$$

其中，$\mathbf{x}(t)$ 是 $2 \times 1$ 的狀態向量，$u(t)$ 是純量輸入。在本例子中，輸出可任意地選擇成

$$y(t) = x_1(t) = [1 \quad 0]\mathbf{x}(t) \tag{3-229}$$

因此，

$$\mathbf{A} = \begin{bmatrix} 0 & 1 & 0 \\ 0 & 0 & 1 \\ -2 & -1 & -5 \end{bmatrix}; \quad \mathbf{B} = \begin{bmatrix} 0 \\ 0 \\ 1 \end{bmatrix}; \quad \mathbf{C} = \begin{bmatrix} 1 & 0 \end{bmatrix} \tag{3-230}$$

## 3-7 線性齊次狀態方程式的解

線性非時變狀態方程式

$$\dot{\mathbf{x}}(t) = \mathbf{A}\mathbf{x}(t) + \mathbf{B}u(t) \tag{3-231}$$

可以利用求解線性微分方程式的典型方法或是拉氏轉換解法來求解。接下來，我們要介紹拉氏轉換的解法。

對 (3-231) 式兩側取拉氏轉換，可得

$$s\mathbf{X}(s) - \mathbf{x}(0) = \mathbf{A}\mathbf{X}(s) + \mathbf{B}\mathbf{U}(s) \tag{3-232}$$

其中，$\mathbf{x}(0)$ 表示 $t = 0$ 時所估算的初始-狀態向量。求解 (3-232) 式的 $\mathbf{X}(s)$，得出

$$\mathbf{X}(s) = (s\mathbf{I} - \mathbf{A})^{-1}\mathbf{x}(0) + (s\mathbf{I} - \mathbf{A})^{-1}[\mathbf{B}\mathbf{U}(s)] \tag{3-233}$$

其中，$\mathbf{I}$ 是單位矩陣，$\mathbf{X}(s) = \mathcal{L}[\mathbf{x}(t)]$ 及 $\mathbf{U}(s) = \mathcal{L}[\mathbf{u}(t)]$。(3-231) 式之狀態方程式的解可以透過對 (3-233) 式兩側取反拉氏轉換來獲得

$$\mathbf{x}(t) = \mathcal{L}^{-1}[(s\mathbf{I} - \mathbf{A})^{-1}]\mathbf{x}(0) + \mathcal{L}^{-1}\{(s\mathbf{I} - \mathbf{A})^{-1}[\mathbf{B}\mathbf{U}(s)]\} \tag{3-234}$$

一旦求出狀態向量 $\mathbf{x}(t)$ 後，便可輕易地得出輸出為

$$\mathbf{y}(t) = \mathbf{C}\mathbf{x}(t) + \mathbf{D}\mathbf{u}(t) \tag{3-235}$$

### 範例 3-7-1

考慮範例 3-6-3 中 (3-203) 式所表示之系統的狀態方程式

$$\begin{bmatrix} \dot{x}_1(t) \\ \dot{x}_2(t) \end{bmatrix} = \begin{bmatrix} 0 & 1 \\ -2 & -3 \end{bmatrix} \begin{bmatrix} x_1(t) \\ x_2(t) \end{bmatrix} + \begin{bmatrix} 0 \\ 2 \end{bmatrix} u(t) \tag{3-236}$$

輸入為單位-步階函數，亦即，當 $t \geq 0$ 時，$u(t) = 1$。本題就是要求出在 $t \geq 0$ 時的狀態向量 $\mathbf{x}(t)$ 之解。此系統與範例 3-4-1 的二-階過阻尼系統一樣。係數矩陣 $\mathbf{A}$ 和 $\mathbf{B}$ 等於

$$\mathbf{A} = \begin{bmatrix} 0 & 1 \\ -2 & -3 \end{bmatrix} ; \quad \mathbf{B} = \begin{bmatrix} 0 \\ 2 \end{bmatrix} \tag{3-237}$$

因此，

$$s\mathbf{I} - \mathbf{A} = \begin{bmatrix} s & 0 \\ 0 & s \end{bmatrix} - \begin{bmatrix} 0 & 1 \\ -2 & -3 \end{bmatrix} = \begin{bmatrix} s & -1 \\ 2 & s+3 \end{bmatrix} \tag{3-238}$$

$(s\mathbf{I} - \mathbf{A})$ 的反矩陣是

$$(s\mathbf{I} - \mathbf{A})^{-1} = \frac{1}{s^2 + 3s + 2} \begin{bmatrix} s+3 & 1 \\ -2 & s \end{bmatrix} \tag{3-239}$$

狀態方程式的解可利用 (3-234) 式來求出。因此，

$$\mathbf{x}(t) = \begin{bmatrix} 2e^{-t} - e^{-2t} & e^{-t} - e^{-2t} \\ -2e^{-t} + 2e^{-2t} & -e^{-t} + 2e^{-2t} \end{bmatrix} \mathbf{x}(0) + \begin{bmatrix} 1 - e^{-t} + e^{-2t} \\ e^{-t} - 2e^{-2t} \end{bmatrix} \quad t \geq 0 \tag{3-240}$$

其中，解的第二項也可以透過對 $[(s\mathbf{I}-\mathbf{A})^{-1}]\mathbf{B}U(s)$ 取拉氏轉換來求出。因此，可得

$$\mathcal{L}^{-1}\{[(s\mathbf{I} - \mathbf{A})^{-1}]\mathbf{B}U(s)\} = \mathcal{L}^{-1}\left( \frac{1}{s^2 + 3s + 2} \begin{bmatrix} s+3 & 1 \\ -2 & s \end{bmatrix} \begin{bmatrix} 0 \\ 2 \end{bmatrix} \frac{1}{s} \right)$$

$$= \mathcal{L}^{-1}\left( \frac{1}{s^2 + 3s + 2} \begin{bmatrix} \frac{2}{s} \\ 2 \end{bmatrix} \right) = \begin{bmatrix} 1 - e^{-t} + e^{-2t} \\ e^{-t} - 2e^{-2t} \end{bmatrix} \quad t \geq 0 \tag{3-241}$$

由此例可發現：(3-239) 式的完全解係由初始條件與輸入 $u(t)$ 所造成之響應的疊加而成。若初始狀態為零，本例的響應與先前範例 3-4-1 之 (3-119) 式過阻尼系統所得到的解完全一樣。不過，狀態方程式的解法更加好用，因為它可以同時顯示 $x_1(t)$ 和 $x_2(t)$ 的狀態。最後，找到系統的狀態之後，我們就可以從 (3-235) 式求出輸出 $y(t)$。

## 3-7-1 轉移函數 (多變數系統)

轉移函數的定義可輕易推廣到多個輸入和多個輸出的系統，這類型式的系統經常稱之為多變數系統。在多變數系統中，當所有其它輸入均為零時，形式為 (3-5) 式的微分方程式可用於描述一對輸入-輸出變數之間的關係。在此，重新列出此方程式如下：

$$\begin{aligned}\frac{d^n y(t)}{dt^n} &= a_{n-1}\frac{d^{n-1} y(t)}{dt^{n-1}} + \cdots + a_1\frac{dy(t)}{dt} + a_0 y(t) \\ &= b_m\frac{d^m u(t)}{dt^m} + b_{m-1}\frac{d^{m-1} u(t)}{dt^{m-1}} + \cdots + b_1\frac{du(t)}{dt} + b_0 u(t)\end{aligned} \quad (3\text{-}242)$$

係數 $a_0, a_1, ..., a_{n-1}$ 與 $b_0, b_1, ..., b_m$ 均為實數常數。

由多變數系統的狀態空間表示法，可知

$$\frac{d\mathbf{x}(t)}{dt} = \mathbf{A}\mathbf{x}(t) + \mathbf{B}\mathbf{u}(t) \quad (3\text{-}243)$$

$$\mathbf{y}(t) = \mathbf{C}\mathbf{x}(t) + \mathbf{D}\mathbf{u}(t) \quad (3\text{-}244)$$

對 (3-243) 式兩邊取拉氏轉換並求解 $\mathbf{X}(s)$，可得

$$\mathbf{X}(s) = (s\mathbf{I} - \mathbf{A})^{-1}\mathbf{x}(0) + (s\mathbf{I} - \mathbf{A})^{-1}\mathbf{B}\mathbf{U}(s) \quad (3\text{-}245)$$

(3-244) 式的拉氏轉換如下：

$$\mathbf{Y}(s) = \mathbf{C}\mathbf{X}(s) + \mathbf{D}\mathbf{U}(s) \quad (3\text{-}246)$$

將 (3-245) 式代入 (3-246) 式中，可得

$$\mathbf{Y}(s) = \mathbf{C}(s\mathbf{I} - \mathbf{A})^{-1}\mathbf{x}(0) + \mathbf{C}(s\mathbf{I} - \mathbf{A})^{-1}\mathbf{B}\mathbf{U}(s) + \mathbf{D}\mathbf{U}(s) \quad (3\text{-}247)$$

因為轉移函數的定義需要將初始狀態設為零，即 $\mathbf{x}(0) = 0$；因此，(3-247) 式變成

$$\mathbf{Y}(s) = [\mathbf{C}(s\mathbf{I} - \mathbf{A})^{-1}\mathbf{B} + \mathbf{D}]\mathbf{U}(s) \quad (3\text{-}248)$$

我們定義 $\mathbf{u}(t)$ 和 $\mathbf{y}(t)$ 之間的**轉移函數矩陣** (transfer-function matrix) 為

$$\mathbf{G}(s) = \mathbf{C}(s\mathbf{I} - \mathbf{A})^{-1}\mathbf{B} + \mathbf{D} \quad (3\text{-}249)$$

其中，$\mathbf{G}(s)$ 為一 $q \times p$ 矩陣。(3-248) 式變成

$$\mathbf{Y}(s) = \mathbf{G}(s)\mathbf{U}(s) \quad (3\text{-}250)$$

通常，若一線性系統有 $p$ 個輸入和 $q$ 個輸出時，第 $i$ 個輸出和第 $j$ 個輸入之間的轉移函數可定義為

$$G_{ij}(s) = \frac{Y_i(s)}{U_j(s)} \quad (3\text{-}251)$$

其中，$U_k(s) = 0$，$k = 1, 2, ..., p$，$k \neq j$。注意：(3-251) 式之定義僅針對第 $j$ 個輸入的影響，假設其它輸入均設定為零。由於重疊定理可用在線性系統上，同一時間的所有輸入對任一輸出的效應總和可以透過將所有由每個輸入都是獨自作用所引起之輸出加總起來而得到。系統的第 $i$ 個輸出轉換式與所有的輸入轉換式 $p$ 之間的關係為

$$Y_i(s) = G_{i1}(s)U_1(s) + G_{i2}(s)U_2(s) + \cdots + G_{ip}(s)U_p(s) \tag{3-252}$$

其中

$$\mathbf{G}(s) = \begin{bmatrix} G_{11}(s) & G_{12}(s) & \cdots & G_{1p}(s) \\ G_{21}(s) & G_{22}(s) & \cdots & G_{2p}(s) \\ \cdot & \cdot & \cdots & \cdot \\ G_{q1}(s) & G_{q2}(s) & \cdots & G_{qp}(s) \end{bmatrix} \tag{3-253}$$

則為 $q \times p$ 的轉移函數矩陣。

在稍後的第四章與第八章中，我們會提供利用狀態空間法求解微分方程式的更詳盡解法。

### 範例 3-7-2

考慮以下列微分方程式所描述的多變數系統

$$\frac{d^2 y_1(t)}{dt^2} + 4\frac{dy_1(t)}{dt} - 3y_2(t) = u_1(t) \tag{3-254}$$

$$\frac{dy_1(t)}{dt} + \frac{dy_2(t)}{dt} + y_1(t) + 2y_2(t) = u_2(t) \tag{3-255}$$

利用下列狀態變數之選擇：

$$\begin{aligned} x_1(t) &= y_1(t) \\ x_2(t) &= \frac{dy_1(t)}{dt} \\ x_3(t) &= y_2(t) \end{aligned} \tag{3-256}$$

其中，這些狀態變數的定義，僅是藉著對兩個微分方程式的觀察，除了這是最方便的定義，再無其它特別的理由好說明。現在，將 (3-254) 式和 (3-255) 式方程式的第一項各自等於其它的項，並用 (3-256) 式的狀態變數關係，我們便可以如 (3-243) 式與 (3-244) 式所表示的，寫出狀態方程式和輸出方程式的向量-矩陣形式，即

$$\begin{bmatrix} \dot{x}_1(t) \\ \dot{x}_2(t) \\ \dot{x}_3(t) \end{bmatrix} = \begin{bmatrix} 0 & 1 & 0 \\ 0 & -4 & 3 \\ -1 & -1 & -2 \end{bmatrix} \begin{bmatrix} x_1(t) \\ x_2(t) \\ x_3(t) \end{bmatrix} + \begin{bmatrix} 0 & 0 \\ 1 & 0 \\ 0 & 1 \end{bmatrix} \begin{bmatrix} u_1(t) \\ u_2(t) \end{bmatrix} \tag{3-257}$$

$$\begin{bmatrix} y_1(t) \\ y_2(t) \end{bmatrix} = \begin{bmatrix} 1 & 0 & 0 \\ 0 & 0 & 1 \end{bmatrix} \begin{bmatrix} x_1(t) \\ x_2(t) \\ x_3(t) \end{bmatrix} = \mathbf{C}\mathbf{x}(t) \tag{3-258}$$

其中，輸出的選擇為任意設定。為了使用狀態變數表示法來決定轉移函數矩陣，我們將矩陣 **A**、**B** 和 **C** 代入 (3-249) 式。首先，寫出矩陣 $(s\mathbf{I} - \mathbf{A})$：

$$(s\mathbf{I} - \mathbf{A}) = \begin{bmatrix} s & -1 & 0 \\ 0 & s+4 & -3 \\ 1 & 1 & s+2 \end{bmatrix} \tag{3-259}$$

$(s\mathbf{I} - \mathbf{A})$ 的行列式為

$$|s\mathbf{I} - \mathbf{A}| = s^3 + 6s^2 + 11s + 3 \tag{3-260}$$

因此，

$$\begin{aligned} (s\mathbf{I} - \mathbf{A})^{-1} &= \frac{\text{adj}(s\mathbf{I} - \mathbf{A})}{\det(s\mathbf{I} - \mathbf{A})} \\ &= \frac{1}{s^3 + 6s^2 + 11s + 3} \begin{bmatrix} s^2 + 6s + 11 & s+2 & 3 \\ -3 & s(s+2) & 3s \\ -(s+4) & -(s+1) & s(s+4) \end{bmatrix} \end{aligned} \tag{3-261}$$

$\mathbf{u}(t)$ 和 $\mathbf{y}(t)$ 之間的轉移函數矩陣為

$$\mathbf{G}(s) = \mathbf{C}(s\mathbf{I} - \mathbf{A})^{-1} \mathbf{B} = \frac{1}{s^3 + 6s^2 + 11s + 3} \begin{bmatrix} s+2 & 3 \\ -(s+1) & s(s+4) \end{bmatrix} \tag{3-262}$$

**或者**以傳統式的作法，對 (3-254) 式和 (3-255) 式等號兩邊各取拉氏轉換，並假設初始條件為零。所轉換的方程式可寫成矩陣形式為

$$\begin{bmatrix} s(s+4) & -3 \\ s+1 & s+2 \end{bmatrix} \begin{bmatrix} Y_1(s) \\ Y_2(s) \end{bmatrix} = \begin{bmatrix} U_1(s) \\ U_2(s) \end{bmatrix} \tag{3-263}$$

由 (3-263) 式求解 $\mathbf{Y}(s)$，可得

$$\mathbf{Y}(s) = \mathbf{G}(s)\mathbf{U}(s) \tag{3-264}$$

其中

$$\begin{aligned} \mathbf{G}(s) &= \begin{bmatrix} \begin{pmatrix} s(s+4) & -3 \\ s+1 & s+2 \end{pmatrix} \end{bmatrix}^{-1} \\ &= \frac{1}{(s^3 + 6s^2 + 11s + 3)} \begin{bmatrix} (s+2) & 3 \\ -(s+1) & s(s+4) \end{bmatrix} \end{aligned} \tag{3-265}$$

這和 (3-262) 式的結果相同。

### 範例 3-7-3

對於範例 3-7-1 的狀態方程式，若我們定義輸出為

$$\mathbf{y}(t) = \mathbf{C}\mathbf{x}(t); \quad \mathbf{C} = \begin{bmatrix} 1 & 0 \end{bmatrix} \tag{3-266}$$

亦即 $y(t) = x_1(t)$。當初始條件為零，$\mathbf{u}(t)$ 與 $\mathbf{y}(t)$ 之間的轉移函數矩陣為

$$\mathbf{G}(s) = \mathbf{C}(s\mathbf{I}-\mathbf{A})^{-1}\mathbf{B} = \begin{bmatrix} 1 & 0 \end{bmatrix} \left( \frac{1}{s^2+3s+2} \begin{bmatrix} s+3 & 1 \\ -2 & s \end{bmatrix} \begin{bmatrix} 0 \\ 2 \end{bmatrix} \right) \tag{3-267}$$

即

$$\mathbf{G}(s) = \frac{2}{s^2+3s+2} \tag{3-268}$$

這和範例 3-4-1 過阻尼系統的二-階轉移函數相同。

## 3-7-2　由狀態方程式求出特性方程式

根據前一節討論的轉移函數，我們可以將 (3-249) 式寫成

$$\begin{aligned}\mathbf{G}(s) &= \mathbf{C}(s\mathbf{I}-\mathbf{A})^{-1}\mathbf{B}+\mathbf{D} = \mathbf{C}\frac{\text{adj}(s\mathbf{I}-\mathbf{A})}{\det(s\mathbf{I}-\mathbf{A})}\mathbf{B}+\mathbf{D} \\ &= \frac{\mathbf{C}[\text{adj}(s\mathbf{I}-\mathbf{A})]\mathbf{B}+|s\mathbf{I}-\mathbf{A}|\mathbf{D}}{|s\mathbf{I}-\mathbf{A}|}\end{aligned} \tag{3-269}$$

將轉移函數矩陣 $\mathbf{G}(s)$ 的分母設為零，就可以得到**特性方程式** (characteristic equation)：

$$|s\mathbf{I}-\mathbf{A}| = 0 \tag{3-270}$$

上式為特性方程式的另一種形式，但是會導致與 (3-22) 式相同的方程式。特性方程式的一個重要特性為：當 $\mathbf{A}$ 的係數為實數時，則 $|s\mathbf{I}-\mathbf{A}|$ 的係數亦為實數。特性方程式的根也稱為矩陣 $\mathbf{A}$ 的**固有值** (eigenvalues)。

### 範例 3-7-4

(3-225) 式中微分方程式的狀態方程式之矩陣 $\mathbf{A}$ 顯示於 (3-230) 式。矩陣 $\mathbf{A}$ 的特性方程式為

$$|s\mathbf{I}-\mathbf{A}| = \begin{vmatrix} s & -1 & 0 \\ 0 & s & -1 \\ 2 & 1 & s+5 \end{vmatrix} = s^3 + 5s^2 + s + 2 = 0 \tag{3-271}$$

注意：當 **A** 是一個 3×3 的矩陣，特性方程式為一個三-階多項式。

### 範例 3-7-5

範例 3-7-1 的狀態方程式之矩陣 **A** 顯示於 (3-237) 式。矩陣 **A** 的特性方程式為

$$|s\mathbf{I}-\mathbf{A}| = \begin{vmatrix} s & -1 \\ 2 & s+3 \end{vmatrix} = s^2 + 3s + 2 = 0 \tag{3-272}$$

注意：以本例來說，特性方程式的階數與矩陣 **A** 的維度相同。

### 範例 3-7-6

範例 3-7-2 的特性方程式如下：

$$|s\mathbf{I}-\mathbf{A}| = s^3 + 6s^2 + 11s + 3 = 0 \tag{3-273}$$

同樣地，**A** 為一個 3×3 的矩陣，故知其特性方程式為一個三-階多項式。

## 3-7-3 由轉移函數求出特性方程式

根據先前討論的，系統的轉移函數可以經由狀態空間方程式獲得。不過，在未清楚知道系統的物理模型與其性質的情況下，由轉移函數求出狀態空間方程式並非簡單的過程——特別是因為狀態和輸出變數的選擇有許多的可能性。從轉移函數到狀態圖的過程稱作**分解** (decomposition)。通常來說，有三種分解轉移函數的方法。分別為**直接分解** (direct decomposition)、**串接分解** (cascade decomposition)、以及**並聯分解** (parallel decomposition)。這三種分解法的每一種都有其優點與適用的特別用途，這個主題將會在第八章中做更深入的討論。

在本節中，我們要說明如何利用**直接分解**技術從轉移函數得到狀態方程式。讓我們考慮 $u(t)$ 與 $y(t)$ 之間的轉移函數，如下所示：

$$G(s) = \frac{Y(s)}{U(s)} = \frac{b_m s^m + b_{m-1} s^{m-1} + \cdots + b_1 s + b_0}{s^n + a_{n-1} s^{n-1} + \cdots + a_1 s + a_0}; \quad m \le n-1 \tag{3-274}$$

其中，係數 $a_0, a_1, ..., a_{n-1}$ 與 $b_0, b_1, ..., b_m$ 均為實數常數，$U(s) = \mathcal{L}[u(t)]$ 及 $Y(s) = \mathcal{L}[y(t)]$。如同稍後即可明白的，在此必須令 $m \leq n-1$。將 (3-274) 式兩邊交叉乘上分母因式，可得

> 由轉移函數獲得狀態空間方程式無須清楚明瞭物理系統之模型與其性質，且並非為唯一的方法。

$$\left(s^n + a_{n-1}s^{n-1} + \cdots + a_1 s + a_0\right) Y(s) = \left(b_m s^m + b_{m-1}s^{m-1} + \cdots + b_1 s + b_0\right) U(s) \tag{3-275}$$

對 (3-275) 式取反拉氏轉換，並記得轉移函數與系統的初始狀態無關，我們便可得到下述係數為實常數的 $n$-階微分方程式：

$$\frac{d^n y(t)}{dt^n} + a_{n-1}\frac{d^{n-1}y(t)}{dt^{n-1}} + \cdots + a_1 \frac{dy(t)}{dt} + a_0 y(t)$$
$$= b_m \frac{d^m u(t)}{dt^m} + b_{m-1}\frac{d^{m-1}u(t)}{dt^{m-1}} + \cdots + b_1 \frac{du(t)}{dt} + b_0 u(t) \tag{3-276}$$

在這個分解方法中，我們的目標是將 (3-274) 式中的轉移函數變成狀態空間形式：

$$\frac{d\mathbf{x}(t)}{dt} = \mathbf{A}\mathbf{x}(t) + \mathbf{B}u(t) \tag{3-277}$$

$$y(t) = \mathbf{C}\mathbf{x}(t) + Du(t) \tag{3-278}$$

注意：$y(t)$ 與 $u(t)$ 並非向量，而是純量函數。根據 (3-274) 式之分母得到 $n$-階多項式之特性方程式如下：

$$|s\mathbf{I} - \mathbf{A}| = s^n + a_{n-1}s^{n-1} + \cdots + a_1 s + a_0 = 0 \tag{3-279}$$

這顯示 $\mathbf{A}$ 為一個 $n \times n$ 矩陣。如此，可預期此系統應該有為 $n$ 個狀態。因此，

$$\mathbf{x}(t) = \begin{bmatrix} x_1(t) \\ x_2(t) \\ \vdots \\ x_n(t) \end{bmatrix} \tag{3-280}$$

我們假設係數矩陣 $\mathbf{B}$ 具有下列的形式：

$$\mathbf{B} = \begin{bmatrix} 0 \\ 0 \\ \vdots \\ 1 \end{bmatrix} \quad (n \times 1) \tag{3-281}$$

因此，對於 (3-277) 式、(3-278) 式及 (3-279) 式，我們必定可分別得出下列式子：

$$\frac{dx_1(t)}{dt} = x_2(t)$$
$$\frac{dx_2(t)}{dt} = x_3(t)$$
$$\vdots$$
$$\frac{dx_{n-1}(t)}{dt} = x_n(t)$$
$$\frac{dx_n(t)}{dt} = -a_0 x_1(t) - a_1 x_2(t) - \cdots - a_{n-2} x_{n-1}(t) - a_{n-1} x_n(t) + u(t) \tag{3-282}$$

以及

$$y(t) = b_0 x_1(t) + b_1 x_2(t) + \cdots + b_{n-1} x_n(t) \tag{3-283}$$

這表示在輸出方程式 (3-278) 式中，$D = 0$ 及 $C$ 有一行與 $n$ 列，即

$$\mathbf{C} = [b_0 \quad b_1 \quad b_2 \quad \cdots \quad b_{n-2} \quad b_{n-1}] \quad (1 \times n) \tag{3-284}$$

其中，上述式子須符合 $m$ 不超過 (3-274) 式中的 $n - 1$——即 $m \leq n - 1$。

最後，直接分解法得出結果，係數矩陣 $\mathbf{A}$、$\mathbf{B}$、$\mathbf{C}$ 及 $\mathbf{D}$ 為

$$\mathbf{A} = \begin{bmatrix} 0 & 1 & 0 & \cdots & 0 & 0 \\ 0 & 0 & 1 & \cdots & 0 & 0 \\ \vdots & \vdots & \vdots & \ddots & \vdots & \vdots \\ 0 & 0 & 0 & \cdots & 0 & 1 \\ -a_0 & -a_1 & -a_2 & \cdots & -a_{n-2} & -a_{n-1} \end{bmatrix}; \quad \mathbf{B} = \begin{bmatrix} 0 \\ 0 \\ \vdots \\ 0 \\ 1 \end{bmatrix};$$
$$\mathbf{C} = \begin{bmatrix} b_0 & b_1 & b_2 & \cdots & b_{n-2} & b_{n-1} \end{bmatrix}; \quad D = 0 \tag{3-285}$$

再次，請注意此項主題會在第八章做更詳盡的討論。

## 範例 3-7-7

考慮下列的輸入-輸出轉移函數：

$$\frac{Y(s)}{U(s)} = \frac{2s^2 + s + 5}{s^3 + 6s^2 + 11s + 4} \tag{3-286}$$

用直接分解法的系統之動態方程式為

$$\begin{bmatrix} \dfrac{dx_1(t)}{dt} \\ \dfrac{dx_2(t)}{dt} \\ \dfrac{dx_3(t)}{dt} \end{bmatrix} = \begin{bmatrix} 0 & 1 & 0 \\ 0 & 0 & 1 \\ -4 & -11 & -6 \end{bmatrix} \begin{bmatrix} x_1(t) \\ x_2(t) \\ x_3(t) \end{bmatrix} + \begin{bmatrix} 0 \\ 0 \\ 1 \end{bmatrix} u(t)$$

$$y(t) = \begin{bmatrix} 5 & 1 & 2 \end{bmatrix} \begin{bmatrix} x_1(t) \\ x_2(t) \\ x_3(t) \end{bmatrix} \tag{3-287}$$

### 範例 3-7-8

考慮範例 3-6-4 的加速度計，如圖 3-17 所示。若物體的運動是 $u(t)$，則對顯示於圖 3-17b 的自由體圖，其加速度計測震質量 $M$ 所產生的運動方程式，可以寫成

$$-K(y(t)-u(t))-B(\dot{y}(t)-\dot{u}(t))=M\ddot{y}(t) \tag{3-288}$$

其中，$B$ 與 $K$ 分別為加速度計內部材料的阻尼常數和剛性係數。重新整理 (3-288) 式，可得

$$M\ddot{y}(t)+B\dot{y}(t)+Ky(t)=B\dot{u}(t)+Ku(t) \tag{3-289}$$

以本例來說，我們用加速度計的絕對位移 $y(t)$ 當作輸出變數。本例中代表輸入-輸出關係的轉移函數

$$\frac{Y(s)}{U(s)} = \frac{\dfrac{B}{M}s+\dfrac{K}{M}}{s^2+\dfrac{B}{M}s+\dfrac{K}{M}} \tag{3-290}$$

然後利用直接分解法，(3-290) 式可分解成下列兩個狀態方程式：

$$\frac{dx_1(t)}{dt}=x_2(t) \tag{3-291}$$

$$\frac{dx_2(t)}{dt}=-\frac{K}{M}x_1(t)-\frac{B}{M}x_2(t)+u(t) \tag{3-292}$$

其中，$x_1(t)$、$x_2(t)$ 為狀態變數，以及位移 $u(t)$ 作為輸入。根據 (3-283) 式，系統輸出為

$$y(t)=\begin{bmatrix} \dfrac{K}{M} & \dfrac{B}{M} \end{bmatrix}\mathbf{x}(t)=\frac{K}{M}x_1(t)+\frac{B}{M}x_2(t) \tag{3-293}$$

為了要確認 (3-291) 式到 (3-293) 式可確實地代表 (3-290) 式的轉移函數，我們將初始條件設

為零,並取它們的拉氏轉換。因此,

$$sX_1(s) = X_2(s) \tag{3-294}$$

$$sX_2(s) = -\frac{K}{M}X_1(s) - \frac{B}{M}X_2(s) + U(s) \tag{3-295}$$

$$Y(s) = \frac{K}{M}X_1(s) + \frac{B}{M}X_2(s) \tag{3-296}$$

其中,$X_1(s) = \mathcal{L}[x_1(t)]$、$X_2(s) = \mathcal{L}[x_2(t)]$、$U(s) = \mathcal{L}[u(t)]$ 及 $Y(s) = \mathcal{L}[y(t)]$。利用 (3-294) 式將 $X_2(s)$ 項從 (3-295) 式與 (3-296) 式中消除,可得

$$\left(s^2 + \frac{B}{M}s + \frac{K}{M}\right)X_1(s) = U(s) \tag{3-297}$$

$$\frac{Y(s)}{\frac{B}{M}s + \frac{K}{M}} = X_1(s) \tag{3-298}$$

以 $Y(s)$ 和 $U(s)$ 形式表示,求解 (3-297) 式與 (3-298) 式,可得出

$$\frac{Y(s)}{U(s)} = \frac{\frac{B}{M}s + \frac{K}{M}}{s^2 + \frac{B}{M}s + \frac{K}{M}} \tag{3-299}$$

這和 (3-290) 式相同。

為了將此加速度計的表示法與範例 3-6-5 做整合,我們加入一個新的輸出變數

$$z(t) = y(t) - u(t) = \frac{K}{M}x_1(t) + \frac{B}{M}x_2(t) - u(t) \tag{3-300}$$

假設初始狀態為零,上式取拉氏轉換,可得

$$Z(s) = \frac{K}{M}X_1(s) + \frac{B}{M}X_2(s) - U(s) \tag{3-301}$$

利用 (3-294) 式來消除 (3-301) 式的 $X_2(s)$ 項,並將所形成的方程式與 (3-297) 式一起求解,並以 $Z(s)$ 與 $U(s)$ 表示,可得

$$\frac{Z(s)}{U(s)} = \frac{-s^2}{s^2 + \frac{B}{M}s + \frac{K}{M}} \tag{3-302}$$

上述式子為 (3-216) 式的轉移函數。

## 3-8 利用 MATLAB 的個案研究

在本節中,我們要利用狀態空間法來求取一些簡單實例的時間響應。

### 範例 3-8-1

考慮圖 3-18 所示的 RLC 電氣網路。利用電壓定律,可得

$$e(t) = e_R + e_L + e_c \tag{3-303}$$

其中,$e_R$ = 跨在電阻 $R$ 上的電壓
$e_L$ = 跨在電感 $L$ 上的電壓
$e_c$ = 跨在電容 $C$ 上的電壓

即

$$e(t) = +e_c(t) + Ri(t) + L\frac{di(t)}{dt} \tag{3-304}$$

利用流過 $C$ 的電流

$$C\frac{de_c(t)}{dt} = i(t) \tag{3-305}$$

然後取 (3-304) 式對時間的導數,可得 RLC 網路的方程式如下:

$$L\frac{d^2i(t)}{dt^2} + R\frac{di(t)}{dt} + \frac{i(t)}{C} = \frac{de(t)}{dt} \tag{3-306}$$

一個典型方法為將通過電感 $L$ 之電流 $i(t)$,與跨在電容 $C$ 上的電壓 $e_c(t)$,指定作為狀態變數。此種選擇的原因是因為狀態變數直接與系統的能量儲存元件有關。電感可儲存動能而電容則可儲存電位能。藉由指定 $i(t)$ 與 $e_c(t)$ 作為狀態變數,我們對於電氣網路的過去歷史 (經由初始狀態),以及現在與未來狀態便有了完整的描述。圖 3-18 電氣網路的狀態方程式可以利用流經 $C$ 中的電流和跨越 $L$ 的電壓,分別以狀態變數及外加電壓 $e(t)$ 來表示寫出。利用向量-矩陣形式,系統的方程式可表示為

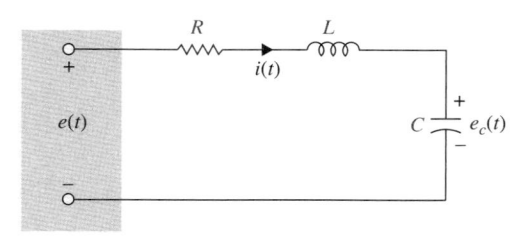

▶ 圖 3-18　RLC 電氣網路。

$$\begin{bmatrix} \dfrac{de_c(t)}{dt} \\ \dfrac{di(t)}{dt} \end{bmatrix} = \begin{bmatrix} 0 & \dfrac{1}{C} \\ -\dfrac{1}{L} & -\dfrac{R}{L} \end{bmatrix} \begin{bmatrix} e_c(t) \\ i(t) \end{bmatrix} + \begin{bmatrix} 0 \\ \dfrac{1}{L} \end{bmatrix} e(t) \tag{3-307}$$

若將式子定義如下，則下列格式也被稱為狀態形式

$$\begin{bmatrix} x_1(t) \\ x_2(t) \end{bmatrix} = \begin{bmatrix} e_c(t) \\ i(t) \end{bmatrix} \tag{3-308}$$

或是

$$\begin{bmatrix} \dot{x}_1 \\ \dot{x}_2 \end{bmatrix} = \begin{bmatrix} 0 & \dfrac{1}{C} \\ -\dfrac{1}{L} & -\dfrac{R}{L} \end{bmatrix} \begin{bmatrix} x_1 \\ x_2 \end{bmatrix} + \begin{bmatrix} 0 \\ \dfrac{1}{L} \end{bmatrix} e(t) \tag{3-309}$$

我們定義輸出為

$$\begin{bmatrix} y_1(t) \\ y_2(t) \end{bmatrix} = \begin{bmatrix} x_1(t) \\ x_2(t) \end{bmatrix} = \begin{bmatrix} e_c(t) \\ i(t) \end{bmatrix}$$

$$\mathbf{y}(t) = \begin{bmatrix} 1 & 0 \\ 0 & 1 \end{bmatrix} \mathbf{x}(t) \tag{3-310}$$

亦即，我們同時想要量測電流 $i(t)$ 與跨在電容上的電壓 $e_c(t)$。

因此，係數矩陣為

$$\mathbf{A} = \begin{bmatrix} 0 & \dfrac{1}{C} \\ -\dfrac{1}{L} & -\dfrac{R}{L} \end{bmatrix}; \quad \mathbf{B} = \begin{bmatrix} 0 \\ \dfrac{1}{L} \end{bmatrix}; \quad \mathbf{C} = \begin{bmatrix} 1 & 0 \\ 0 & 1 \end{bmatrix} \tag{3-311}$$

$e(t)$ 和 $y(t)$ 之間的轉移函數可以透過將所有初始狀態設為零，並利用 (3-249) 式來求得。因此，得出

$$\begin{aligned} \mathbf{G}(s) &= \mathbf{C}(s\mathbf{I} - \mathbf{A})^{-1}\mathbf{B} \\ &= \dfrac{1}{LCs^2 + RCs + 1} \begin{bmatrix} 1 \\ Cs \end{bmatrix} \end{aligned} \tag{3-312}$$

更精確地說，兩個轉移函數為

$$\dfrac{E_c(s)}{E(s)} = \dfrac{1}{1 + RCs + LCs^2} \tag{3-313}$$

$$\frac{I(s)}{E(s)} = \frac{Cs}{1+RCs+LCs^2} \tag{3-314}$$

### 工具盒 3-8-1

利用 $R=1$、$L=1$ 及 $C=1$，(3-313) 式與 (3-314) 式之輸出的時-域步階響應顯示於圖 3-19：

```
R=1; L=1; C=1;
t=0:0.02:30;
num1 = [1];
den1 = [L*C R*C 1];
num2 = [C 0];
den2 = [L*C R*C 1];
G1 = tf(num1, den1);
G2 = tf(num2, den2);
y1 = step (G1, t);
y2 = step (G2, t);
plot(t,y1);
hold on
plot (t, y2, '--');
xlabel('Time (s)')
ylabel('Output')
```

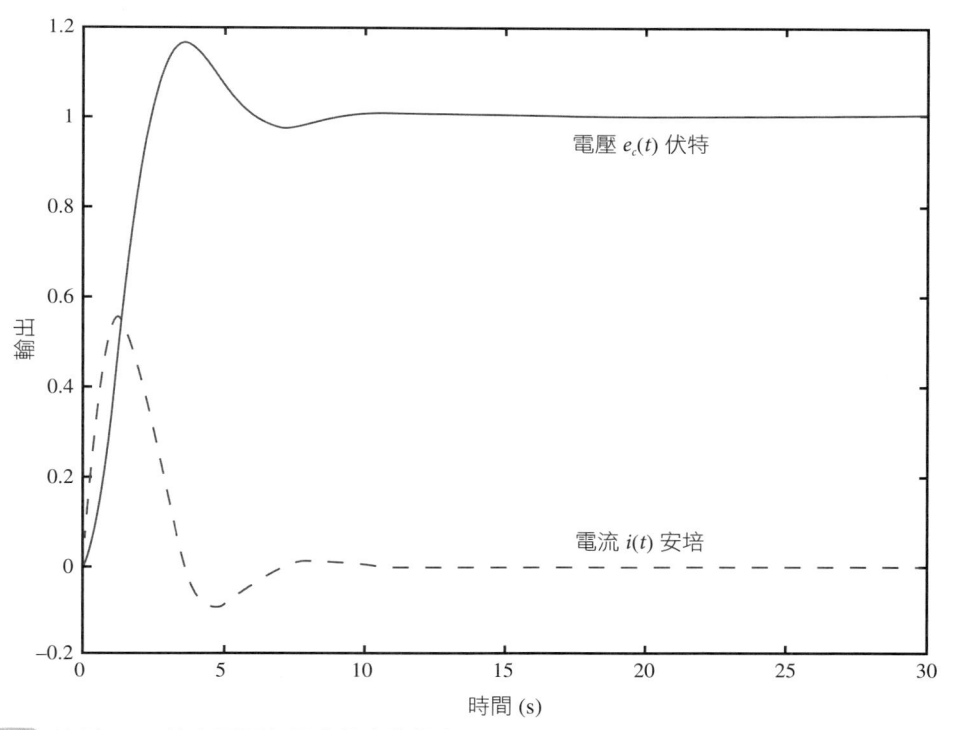

▶ 圖 3-19　範例 3-8-1 輸出電壓與電流的步階響應。

## 範例 3-8-2

考慮圖 3-20 所示的網路,作為列寫電氣網路狀態方程式的另一個例子。根據前面的討論,跨在電容上的電壓 $e_c(t)$,以及電感的電流 $i_1(t)$ 與 $i_2(t)$,被指定為狀態變數,如圖 3-20 所示。網路的狀態方程式可透過以這三個狀態變數來表示的方式,列寫出跨在電感的電壓與流過電容的電流來求得。這些狀態方程式為

$$L_1 \frac{di_1(t)}{dt} = -R_1 i_1(t) - e_c(t) + e(t) \tag{3-315}$$

$$L_2 \frac{di_2(t)}{dt} = -R_2 i_2(t) + e_c(t) \tag{3-316}$$

$$C \frac{de_c(t)}{dt} = i_1(t) - i_2(t) \tag{3-317}$$

以向量-矩陣形式,狀態方程式寫成

$$\begin{bmatrix} \dot{x}_1 \\ \dot{x}_2 \\ \dot{x}_3 \end{bmatrix} = \begin{bmatrix} -\dfrac{R_1}{L_1} & 0 & -\dfrac{1}{L_1} \\ 0 & -\dfrac{R_2}{L_2} & \dfrac{1}{L_2} \\ \dfrac{1}{C} & -\dfrac{1}{C} & 0 \end{bmatrix} \begin{bmatrix} x_1 \\ x_2 \\ x_3 \end{bmatrix} + \begin{bmatrix} \dfrac{1}{L_1} \\ 0 \\ 0 \end{bmatrix} e(t) \tag{3-318}$$

其中

$$\begin{bmatrix} x_1 \\ x_2 \\ x_3 \end{bmatrix} = \begin{bmatrix} i_1(t) \\ i_2(t) \\ e_c(t) \end{bmatrix} \tag{3-319}$$

與先前範例所採用的程序相同,$I_1(s)$ 與 $E(s)$、$I_2(s)$ 與 $E(s)$、以及 $E_c(s)$ 與 $E(s)$ 之間的轉移函數分別為

$$\frac{I_1(s)}{E(s)} = \frac{L_2 C s^2 + R_2 C s + 1}{\Delta} \tag{3-320}$$

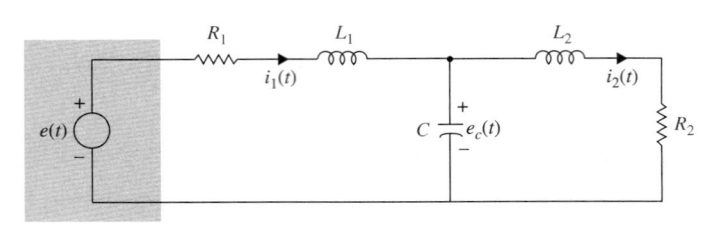

▶ 圖 3-20  範例 3-8-2 網路的電路圖。

$$\frac{I_2(s)}{E(s)} = \frac{1}{\Delta} \tag{3-321}$$

$$\frac{E_c(s)}{E(s)} = \frac{L_2 s + R_2}{\Delta} \tag{3-322}$$

其中

$$\Delta = L_1 L_2 C s^3 + (R_1 L_2 + R_2 L_1) C s^2 + (L_1 + L_2 + R_1 R_2 C) s + R_1 + R_2 \tag{3-323}$$

### 工具盒 3-8-2

利用 $R_1 = 1$、$R_2 = 1$、$L_1 = 1$、$L_2 = 1$ 及 $C_1 = 1$，(3-320) 式到 (3-322) 式中各輸出的時-域步階響應顯示於圖 3-21：

```
R1=1; R2=1; L1=1; L2=1; C=1;
t=0:0.02:30;
num1 = [L2*C R2*C 1];
num2 = [1];
num3 = [L2 R2];
den = [L1*L2*C R1*L2*C+R2*L1*C L1+L2+R1*R2*C R1+R2];
G1 = tf(num1, den);
```

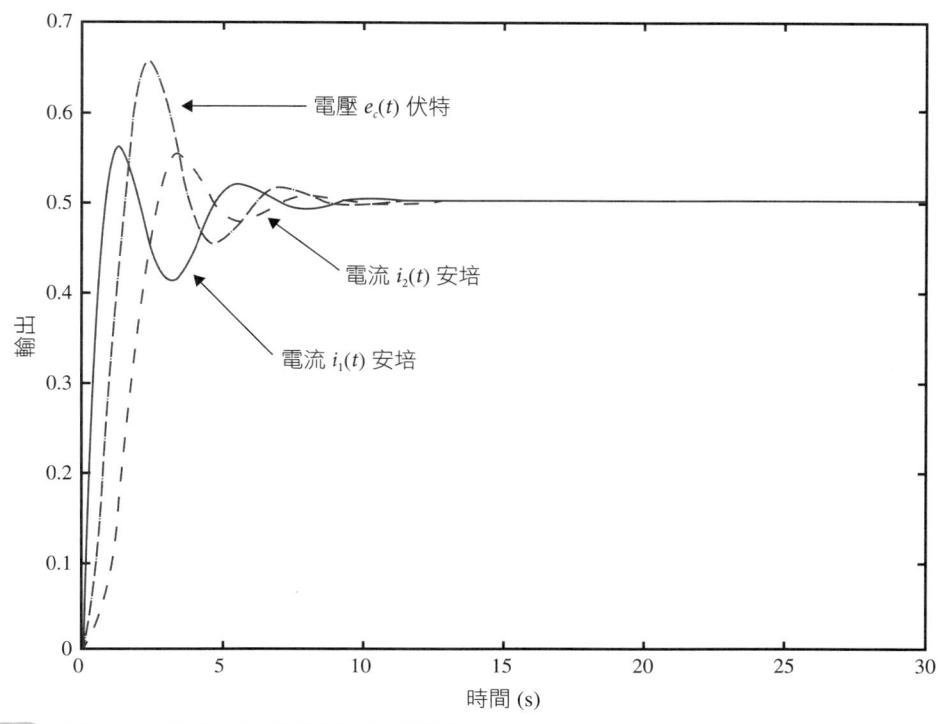

▶ 圖 3-21 範例 3-8-2 輸出電壓與電流的步階響應。

```
G2 = tf(num2, den);
G3 = tf(num3, den);
y1 = step (G1, t);
y2 = step (G2, t);
y3 = step (G3, t);
plot(t, y1);
hold on
plot(t, y2, '--');
hold on
plot(t, y3, '-.');
xlabel('Time (s)')
ylabel('Output')
```

### 範例 3-8-3

考慮範例 3-6-4 與範例 3-7-8 的加速度計，如圖 3-17 所示。利用範例 3-7-8 中所定義的狀態變數系統的狀態方程式如下：

$$\frac{dx_1(t)}{dt} = x_2(t) \tag{3-324}$$

$$\frac{dx_2(t)}{dt} = -\frac{K}{M}x_1(t) - \frac{B}{M}x_2(t) + u(t) \tag{3-325}$$

其中，$x_1(t)$、$x_2(t)$ 為狀態變數，而位移 $u(t)$ 是輸入。在此，我們採用可同時反映測震質量的絕對與相對位移作為輸出變數，即 $y(t)$ 與 $z(t)$，來定義輸出方程式。根據 (3-293) 式與 (3-300) 式，可知輸出為

$$\begin{bmatrix} y(t) \\ z(t) \end{bmatrix} = \begin{bmatrix} \dfrac{K}{M} & \dfrac{B}{M} \\ \dfrac{K}{M} & \dfrac{B}{M} \end{bmatrix} \begin{bmatrix} x_1(t) \\ x_2(t) \end{bmatrix} + \begin{bmatrix} 0 \\ -1 \end{bmatrix} u(t) \tag{3-326}$$

稍早已得出系統的轉移方程式為

$$\frac{Y(s)}{U(s)} = \frac{\dfrac{B}{M}s + \dfrac{K}{M}}{s^2 + \dfrac{B}{M}s + \dfrac{K}{M}} \tag{3-327}$$

$$\frac{Z(s)}{U(s)} = \frac{-s^2}{s^2 + \dfrac{B}{M}s + \dfrac{K}{M}} \tag{3-328}$$

### 工具盒 3-8-3

利用 $M = 1$、$B = 3$ 及 $K = 2$，(3-327) 式與 (3-328) 式中兩個輸出的時-域步階響應顯示於圖 3-21：

```
K=2; M=1; B=3;
t=0:0.02:30;
num1 = [B/M K/M];
num2 = [-1 0 0];
den = [1 B/M K/M];
G1 = tf(num1, den);
G2 = tf(num2, den);
y1 = step (G1, t);
y2 = step (G2, t);
plot(t, y1);
hold on
plot(t, y2, '--');
xlabel('Time (Second)') ; ylabel ('Step Response' )
```

考慮圖 3-22 的時間響應圖，結果如同預期。亦即，對於底座的單位-步階移動，在穩定狀態下，絕對位移會隨著底座運動，而質量相對於底座的相對運動，在經歷初始位移後，會隨即安定至零。

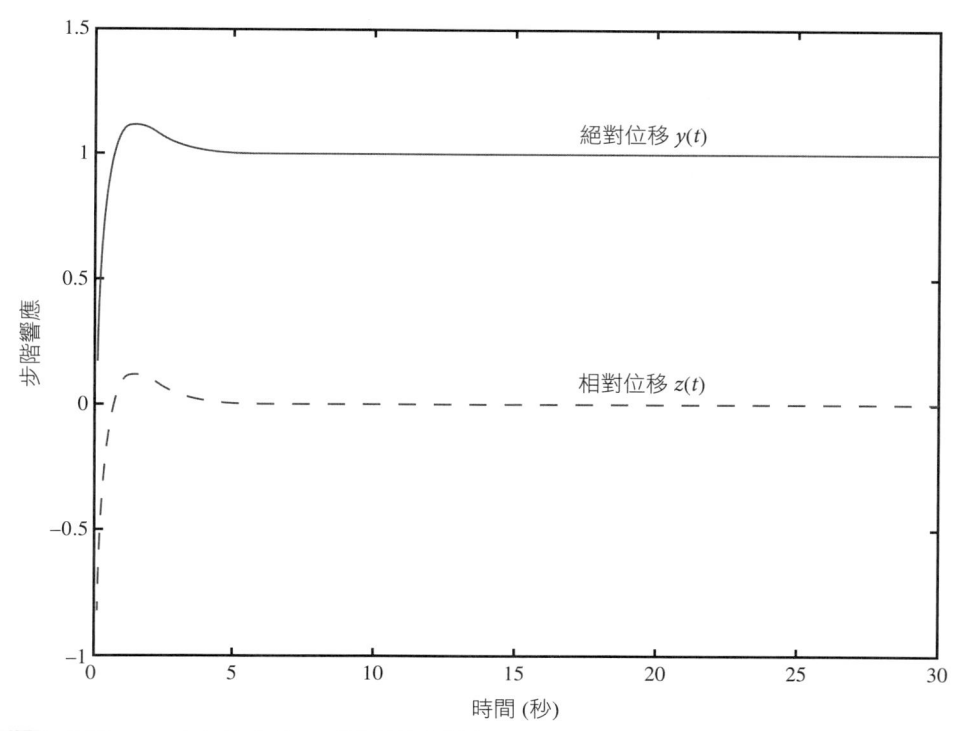

▶ 圖 3-22　範例 3-8-3 中加速度計內測震質量針對步階位移輸入時之絕對位移與相對位移的時間響應。

## 3-9 線性化回顧：狀態空間法

在 2-4 節，我們介紹了利用泰勒級數技術的線性化之概念。另一種方法，可以用下述向量-矩陣狀態方程式來表示一非線性系統：

$$\frac{d\mathbf{x}(t)}{dt} = \mathbf{f}[\mathbf{x}(t), \mathbf{r}(t)] \tag{3-329}$$

其中，$\mathbf{x}(t)$ 代表 $n \times 1$ 狀態向量，$\mathbf{r}(t)$ 代表 $p \times 1$ 輸入向量，而 $\mathbf{f}[\mathbf{x}(t), \mathbf{r}(t)]$ 代表 $n \times 1$ 函數向量。通常，$\mathbf{f}$ 為狀態向量和輸入向量的函數。

由於在稍後將僅對線性非時變系統做嚴格定義，故知狀態變數法能夠以狀態方程式來同時代表非線性和/或時變系統，這也是狀態變數法優於轉移函數法的另一項特點。

以一個簡單的例子來說明，考慮下列非線性狀態方程式：

$$\frac{dx_1(t)}{dt} = x_1(t) + x_2^2(t) \tag{3-330}$$

$$\frac{dx_2(t)}{dt} = x_1(t) + r(t) \tag{3-331}$$

因為非線性系統通常難以分析和設計，所以無論如何都需要對其進行適當的線性化。

線性化的過程是將非線性狀態方程式對正規操作點或軌跡做泰勒級數展開。泰勒級數中所有超過一階以上的項均省略，結果便可形成非線性狀態方程式發生於正規點處的線性近似結果。

以 $\mathbf{x}_0(t)$ 代表對應於正規輸入 $\mathbf{r}_0(t)$ 及一些固定的初始狀態的正規操作軌跡。將 (3-329) 式的非線性狀態方程式在 $\mathbf{x}(t) = \mathbf{x}_0(t)$ 附近展開為泰勒級數，並省略所有高階項，可得

$$x_i(t) = f_i(\mathbf{x}_0, \mathbf{r}_0) + \sum_{j=1}^{n} \left.\frac{\partial f_i(\mathbf{x}, \mathbf{r})}{\partial x_j}\right|_{x_0, r_0} (x_j - x_{0j}) + \sum_{j=1}^{p} \left.\frac{\partial f_i(\mathbf{x}, \mathbf{r})}{\partial r_j}\right|_{x_0, r_0} (r_j - r_{0j}) \tag{3-332}$$

其中，$i = 1, 2, ..., n$。令

$$\Delta x_i = x_i - x_{0i} \tag{3-333}$$

以及

$$\Delta r_j = r_j - r_{0j} \tag{3-334}$$

則

$$\Delta \dot{x}_i = \dot{x}_i - \dot{x}_{0i} \tag{3-335}$$

因為

$$\dot{x}_{0i} = f_i(\mathbf{x}_0, \mathbf{r}_0) \tag{3-336}$$

(3-332) 式可寫成

$$\Delta \dot{x}_i = \sum_{j=1}^{n} \frac{\partial f_i(\mathbf{x},\mathbf{r})}{\partial x_j}\bigg|_{x_0,r_0} \Delta x_j + \sum_{j=1}^{p} \frac{\partial f_i(\mathbf{x},\mathbf{r})}{\partial r_j}\bigg|_{x_0,r_0} \Delta r_j \tag{3-337}$$

(3-337) 式可寫成向量-矩陣形式：

$$\Delta \dot{\mathbf{x}} = \mathbf{A}^* \Delta \mathbf{x} + \mathbf{B}^* \Delta r \tag{3-338}$$

其中

$$\mathbf{A}^* = \begin{bmatrix} \dfrac{\partial f_1}{\partial x_1} & \dfrac{\partial f_1}{\partial x_2} & \cdots & \dfrac{\partial f_1}{\partial x_n} \\ \dfrac{\partial f_2}{\partial x_1} & \dfrac{\partial f_2}{\partial x_2} & \cdots & \dfrac{\partial f_2}{\partial x_n} \\ \cdot & \cdot & \cdots & \cdot \\ \dfrac{\partial f_n}{\partial x_1} & \dfrac{\partial f_n}{\partial x_2} & \cdots & \dfrac{\partial f_n}{\partial x_n} \end{bmatrix} \tag{3-339}$$

$$\mathbf{B}^* = \begin{bmatrix} \dfrac{\partial f_1}{\partial r_1} & \dfrac{\partial f_1}{\partial r_2} & \cdots & \dfrac{\partial f_1}{\partial r_p} \\ \dfrac{\partial f_2}{\partial r_1} & \dfrac{\partial f_2}{\partial r_2} & \cdots & \dfrac{\partial f_2}{\partial r_p} \\ \cdot & \cdot & \cdots & \cdot \\ \dfrac{\partial f_n}{\partial r_1} & \dfrac{\partial f_n}{\partial r_2} & \cdots & \dfrac{\partial f_n}{\partial r_p} \end{bmatrix} \tag{3-340}$$

以下的簡單範例可用來說明剛才所陳述的線性化過程。

### 範例 3-9-1

對於圖 2-38 之單擺，其質量為 $m$ 與質量可忽略的桿長度為 $l$，如果我們定義 $x_1 = \theta$ 與 $x_2 = \dot{\theta}$ 為狀態變數，系統模型的狀態空間表示法變成

$$\begin{aligned} \dot{x}_1 &= x_2(t) \\ \dot{x}_2 &= -\frac{g}{\ell}\sin x_1(t) \end{aligned} \tag{3-341}$$

將 (3-341) 式的非線性狀態方程式針對 $\mathbf{x}(t) = \mathbf{x}_0(t) = 0$ (即 $\theta = 0$) 進行泰勒級數展開，並且忽視

全部所形成的高階項，以及令 $\mathbf{r}(t) = 0$，因為在本例中沒有輸入 (即外部激勵)。可知

$$\Delta \dot{x}_1(t) = \frac{\partial f_1(t)}{\partial x_2} \Delta x_2(t) = \frac{\partial x_2(t)}{\partial x_2} \Delta x_2(t) = \Delta x_2(t) \tag{3-342}$$

$$\Delta \dot{x}_2(t) = \frac{\partial f_2(t)}{\partial x_1(t)} \Delta x_1(t) = \left[ \frac{\partial \left[ -\frac{g}{\ell} \sin x_1(t) \right]}{\partial x_1(t)} \right]_{x_0=0} \Delta x_1(t) = -\frac{g}{\ell} \Delta x_1(t) \tag{3-343}$$

其中，$\Delta x_1(t)$ 與 $\Delta x_2(t)$ 分別代表 $x_1(t)$ 和 $x_2(t)$ 的標稱值 (nominal values)。注意：最後兩個方程式為線性，並且僅適用於小的訊號。以向量-矩陣形式表示時，這些線性化的狀態方程式可寫成

$$\begin{bmatrix} \Delta \dot{x}_1(t) \\ \Delta \dot{x}_2(t) \end{bmatrix} = \begin{bmatrix} 0 & 1 \\ -a & 0 \end{bmatrix} \begin{bmatrix} \Delta x_1(t) \\ \Delta x_2(t) \end{bmatrix} \tag{3-344}$$

其中

$$a = \frac{g}{\ell} = 常數 \tag{3-345}$$

如果我們令 $a = \omega_n^2$，(3-344) 式變成

$$\Delta \dot{x}_2(t) = -\omega_n^2 \Delta x_1(t) \tag{3-346}$$

切換回古典表示法，我們可得到線性系統為

$$\ddot{\theta} + \omega_n^2 \theta = 0 \tag{3-347}$$

### 範例 3-9-2

在範例 3-9-1 中，線性化後的系統變成非時變的。如同前述，非線性系統的線性化通常會形成一個線性時變系統。考慮下列的非線性系統：

$$\dot{x}_1(t) = \frac{-1}{x_2^2(t)} \tag{3-348}$$

$$\dot{x}_2(t) = u(t) x_1(t) \tag{3-349}$$

我們要將這些方程式在標稱軌跡 $[x_{01}(t), x_{02}(t)]$ 附近線性化，而此種作法就是要以初始條件 $x_1(0) = x_2(0) = 1$ 和輸入 $u(t) = 0$ 來求出這些方程式的線性化解答。

將 (3-349) 式兩邊對 $t$ 做積分，針對以上的條件可以得到

$$x_2(t) = x_2(0) = 1 \tag{3-350}$$

接著，(3-348) 式可以得到

$$x_1(t) = -t + 1 \tag{3-351}$$

因此，(3-348) 式與 (3-349) 式線性化所需要的標稱軌跡可用下列式子表示：

$$x_{01}(t) = -t + 1 \tag{3-352}$$

$$x_{02}(t) = 1 \tag{3-353}$$

現在計算 (3-337) 式的係數，可得

$$\frac{\partial f_1(t)}{\partial x_1(t)} = 0 \quad \frac{\partial f_1(t)}{\partial x_2(t)} = \frac{2}{x_2^3(t)} \quad \frac{\partial f_2(t)}{\partial x_1(t)} = u(t) \quad \frac{\partial f_2(t)}{\partial u(t)} = x_1(t) \tag{3-354}$$

由 (3-337) 式，可得

$$\Delta \dot{x}_1(t) = \frac{2}{x_{02}^3(t)} \Delta x_2(t) \tag{3-355}$$

$$\Delta \dot{x}_2(t) = u_0(t) \Delta x_1(t) + x_{01}(t) \Delta u(t) \tag{3-356}$$

將 (3-352) 式與 (3-353) 式代入 (3-355) 式和 (3-356) 式，則線性化後的方程式可寫成

$$\begin{bmatrix} \Delta \dot{x}_1(t) \\ \Delta \dot{x}_2(t) \end{bmatrix} = \begin{bmatrix} 0 & 2 \\ 0 & 0 \end{bmatrix} \begin{bmatrix} \Delta x_1(t) \\ \Delta x_2(t) \end{bmatrix} + \begin{bmatrix} 0 \\ 1-t \end{bmatrix} \Delta u(t) \tag{3-357}$$

此為一組具有時變係數的線性狀態方程式。

## 範例 3-9-3　磁浮球懸吊系統

圖 3-23 展示一個磁浮球系統。此系統的目標在於利用輸入電壓 $e(t)$ 來調整電磁鐵中的電流以控制鋼球的位置。系統的微分方程式為

$$M \frac{d^2 y(t)}{dt^2} = Mg - \frac{i^2(t)}{y(t)} \tag{3-358}$$

$$e(t) = Ri(t) + L \frac{di(t)}{dt} \tag{3-359}$$

其中，$e(t)$ = 輸入電壓　　　　　　　$y(t)$ = 球之位置
　　　$i(t)$ = 線圈電流　　　　　　　$R$ = 線圈電阻
　　　$L$ = 線圈電感　　　　　　　　$M$ = 球之質量
　　　$g$ = 重力加速度

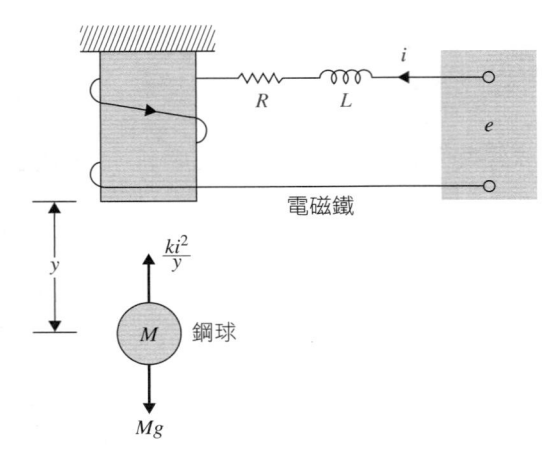

**▶圖 3-23** 磁浮球系統。

我們定義狀態變數為 $x_1(t) = y(t)$、$x_2(t) = dy(t)/dt$，及 $x_3(t) = i(t)$，則系統的狀態方程式為

$$\frac{dx_1(t)}{dt} = x_2(t) \tag{3-360}$$

$$\frac{dx_2(t)}{dt} = g - \frac{1}{M}\frac{x_3^2(t)}{x_1(t)} \tag{3-361}$$

$$\frac{dx_3(t)}{dt} = -\frac{R}{L}x_3(t) + \frac{1}{L}e(t) \tag{3-362}$$

我們針對平衡點 $y_0(t) = x_{01} =$ 常數，將系統線性化，則

$$x_{02}(t) = \frac{dx_{01}(t)}{dt} = 0 \tag{3-363}$$

$$\frac{d^2 y_0(t)}{dt^2} = 0 \tag{3-364}$$

$i(t)$ 的標稱值可由將 (3-364) 式代入 (3-358) 式來決定。因此，

$$i_0(t) = x_{03}(t) = \sqrt{Mgx_{01}} \tag{3-365}$$

線性化後的狀態方程式可以狀態空間形式來表示，其係數矩陣 **A**\* 及 **B**\* 為

$$\mathbf{A}^* = \begin{bmatrix} 0 & 1 & 0 \\ \dfrac{x_{03}^2}{Mx_{01}^2} & 0 & \dfrac{-2x_{03}}{Mx_{01}} \\ 0 & 0 & -\dfrac{R}{L} \end{bmatrix} = \begin{bmatrix} 0 & 1 & 0 \\ \dfrac{g}{x_{01}} & 0 & -2\left(\dfrac{g}{Mx_{01}}\right)^{1/2} \\ 0 & 0 & -\dfrac{R}{L} \end{bmatrix} \tag{3-366}$$

$$\mathbf{B}^* = \begin{bmatrix} 0 \\ 0 \\ 1 \\ \dfrac{1}{L} \end{bmatrix} \qquad (3\text{-}367)$$

## 3-10 摘要

解決表示動態系統之微分方程式最常用的兩個工具為轉移函數與狀態變數法。轉移函數係根據拉氏轉換技術，並且僅適用於線性非時變系統，而狀態方程式則可以被應用在線性與非線性系統。

在本章，我們從微分方程式開始，以及拉氏轉換如何用以求解線性微分方程式。此種轉換先將實數域的方程式 (微分方程式) 轉換成轉換域 ($s$-領域) 的代數方程式，然後利用代數方法先求得在轉換域的解；最後，再利用反轉換求得實數域真正的解。就工程問題而言，轉換表及部分分式展開法較適合求解反轉換。在整章中，我們也介紹許多不同的 MATLAB 工具盒來求解微分方程式，並且繪製出它們對應的時間響應圖。

本章討論線性非時變微分方程式的狀態空間之建模。我們還提供利用拉氏轉換技術的狀態方程式之解法。狀態方程式與轉移函數的關係也在此建立。最後，我們還說明當一線性系統的轉移函數為已知時，則系統的狀態方程式也可以透過轉移函數的分解來獲得。

在稍後的第七到十一章中，我們會提供需要利用這些主題之物理系統建模的更多範例。甚至在第七章及第八章，我們將會提供分別利用拉氏轉換與狀態空間法來得到微分方程式之解法和時間響應的更多細節。

## 參考資料

1. F. B. Hildebrand, *Methods of Applied Mathematics*, 2nd Ed., Prentice Hall, Englewood Cliffs, NJ, 1965.
2. B. C. Kuo, *Linear Networks and Systems*, McGraw-Hill Book Company, New York, 1967.
3. C. R. Wylie, Jr., *Advanced Engineering Mathematics*, 2nd Ed., McGraw-Hill Book Company, New York, 1960.
4. C. Pottle, "On the Partial Fraction Expansion of a Rational Function with Multiple Poles by Digital Computer," *IEEE Trans. Circuit Theory*, Vol. CT-11, 161-162, Mar. 1964.
5. B. O. Watkins, "A Partial Fraction Algorithm." *IEEE Trans. Automatic Control*, Vo. AC-16, 489-491, Oct. 1971.
6. William J. Palm III, *Modeling, Analysis, and Control of Dynamic Systems*, 2nd Ed., John Wiley & Sons, Inc., New York, 1999.
7. Katsuhiko Ogata, *Modern Control Engineering*, 5th Ed., Prentice Hall, New Jersey, 2010.
8. Richard C. Dorf and Robert H. Bishop, *Modern Control Engineering*, 12th Ed., Prentice Hall, NJ, 2011.
9. Norman S. Nise, *Control System Engineering*, 6th Ed., John Wiley and Sons, New York, 2011.
10. Gene F. Franklin, J. David Powell, and Abbas Emami-Naeini, *Feedback Control of Dynamic Systems*, 6th Ed., Prentice

Hall, New Jersey, 2009.
11. J. Lowen Shearer, Bohdan T. Kulakowski, John F. Gardner, *Dynamic Modeling and Control of Engineering Systems*, 3rd Ed., Cambridge University Press, New York, 2007.
12. Robert L. Woods and Kent L. Lawrence, *Modelind and Simulation of Dynamic Systems*, Prentice Hall, New Jersey, 1997.
13. Benjamin C, Kuo, *Automatic Control Systems*, 7th Ed., Prentice Hall, New Jersey, 1995.
14. Benjamin C, Kuo and F. Golnaraghi, *Automatic Control Systems*, 8th Ed., John Wiley & Sons, New York, 2003.
15. F. Golnaraghi and Benjamin C. Kuo, *Automatic Control Systems*, 9th Ed., John Wiley & Sons, New York, 2010.
16. Daniel J. Inman, *Engineering Vibration*, 3th Ed., Prentice Hall, New York, 2007.

# 習題

## 3-2 節習題

**3-1** 試求下列函數的極點和零點 (如果有的話，請含無窮遠處的點)，並在 $s$-平面上用 × 表示有限極點及 ○ 表示有限零點。

(a) $G(s) = \dfrac{10(s+2)}{s^2(s+1)(s+10)}$

(b) $G(s) = \dfrac{10s(s+1)}{(s+2)(s^2+3s+2)}$

(c) $G(s) = \dfrac{10(s+2)}{s(s^2+2s+2)}$

(d) $G(s) = \dfrac{e^{-2s}}{10s(s+1)(s+2)}$

**3-2** 已知一函數的極點與零點；試求出對應之函數：

(a) 簡單極點：0、−2；二-階極點：−3；零點：−1、∞

(b) 簡單極點：−1、−4；零點：0

(c) 簡單極點：−3、∞；二-階極點：0、−1；零點：±j、∞

**3-3** 利用 MATLAB 求出習題 3-1 中函數之極點與零點。

**3-4** 利用 MATLAB 求出 $\mathcal{L}\{\sin^2 2t\}$。然後，當你知道 $\mathcal{L}\{\sin^2 2t\}$ 後，計算 $\mathcal{L}\{\cos^2 2t\}$。將你的答案與直接使用 MATLAB 求解 $\mathcal{L}\{\cos^2 2t\}$ 做驗算。

**3-5** 求出下列函數之拉氏轉換。若合適，則使用拉氏定理。

(a) $g(t) = 5te^{-5t}u_s(t)$

(b) $g(t) = (t\sin 2t + e^{-2t})u_s(t)$

(c) $g(t) = 2e^{-2t}\sin 2t u_s(t)$

(d) $g(t) = \sin 2t \cos 2t u_s(t)$

(e) $g(t) = \sum\limits_{k=0}^{\infty} e^{-5kT}\delta(t-kT)$，其中 $\delta(t) =$ 單位-脈衝函數。

**3-6** 利用 MATLAB 求解習題 3-5。

**3-7** 試求圖 3P-7 所示函數之拉氏轉換。首先，寫出 $g(t)$ 之完整表示式，再求其拉氏轉換。令 $g_T(t)$ 代表基本週期的函數，然後將 $g_T(t)$ 延遲以得到 $g(t)$，再對 $g(t)$ 取拉氏轉換以求出 $G(s)$。

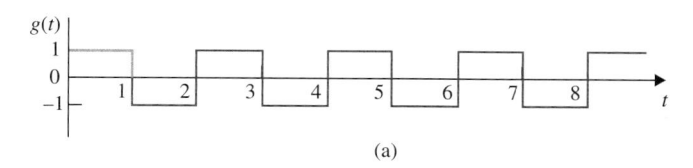

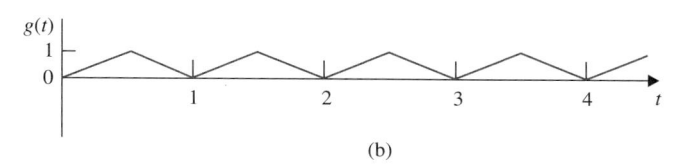

▶ 圖 3P-7

**3-8** 試求下列函數之拉氏轉換。

$$g(t) = \begin{cases} t+1 & 0 \leq t < 1 \\ 0 & 1 \leq t < 2 \\ 2-t & 2 \leq t < 3 \\ 0 & t \geq 3 \end{cases}$$

**3-9** 試求出圖 3P-9 中週期函數之拉氏轉換。

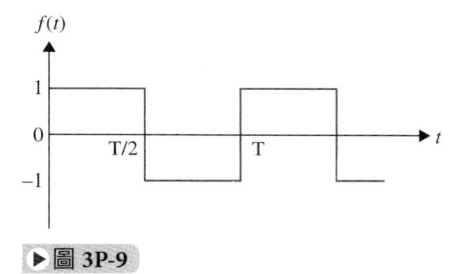

▶ 圖 3P-9

**3-10** 試求出圖 3P-10 函數之拉氏轉換。

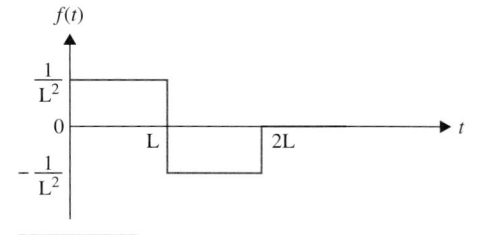

▶ 圖 3P-10

**3-11** 下列微分方程式代表線性非時變系統，式中 $r(t)$ 代表輸入，$y(t)$ 代表輸出。試求出每一系統的轉移函數 $Y(s)/R(s)$。(假設初始條件均為零。)

(a) $\dfrac{d^3 y(t)}{dt^3} + 2\dfrac{d^2 y(t)}{dt^2} + 5\dfrac{dy(t)}{dt} + 6y(t) = 3\dfrac{dr(t)}{dt} + r(t)$

(b) $\dfrac{d^4 y(t)}{dt^4} + 10\dfrac{d^2 y(t)}{dt^2} + \dfrac{dy(t)}{dt} + 5y(t) = 5r(t)$

(c) $\dfrac{d^3 y(t)}{dt^3} + 10\dfrac{d^2 y(t)}{dt^2} + 2\dfrac{dy(t)}{dt} + y(t) + 2\int_0^t y(\tau)d\tau = \dfrac{dr(t)}{dt} + 2r(t)$

(d) $2\dfrac{d^2 y(t)}{dt^2} + \dfrac{dy(t)}{dt} + 5y(t) = r(t) + 2r(t-1)$

(e) $\dfrac{d^2 y(t+1)}{dt^2} + 4\dfrac{dy(t+1)}{dt} + 5y(t+1) = \dfrac{dr(t)}{dt} + 2r(t) + 2\int_{-\infty}^t r(\tau)d\tau$

(f) $\dfrac{d^3 y(t)}{dt^2} + 2\dfrac{d^2 y(t)}{dt^2} + \dfrac{dy(t)}{dt} + 2y(t) + 2\int_{-\infty}^t y(\tau)d\tau = \dfrac{dr(t-2)}{dt} + 2r(t-2)$

**3-12** 利用 MATLAB 求出習題 3-11 中微分方程式之 $Y(s)/R(s)$。

### 3-3 節習題

**3-13** 求出下列函數之反拉氏轉換。首先，對 $G(s)$ 進行部分分式展開；然後，再利用拉氏轉換表。

(a) $G(s) = \dfrac{1}{s(s+2)(s+3)}$

(b) $G(s) = \dfrac{10}{(s+1)^2(s+3)}$

(c) $G(s) = \dfrac{100(s+2)}{s(s^2+4)(s+1)}e^{-s}$

(d) $G(s) = \dfrac{2(s+1)}{s(s^2+s+2)}$

(e) $G(s) = \dfrac{1}{(s+1)^3}$

(f) $G(s) = \dfrac{2(s^2+s+1)}{s(s+1.5)(s^2+5s+5)}$

(g) $G(s) = \dfrac{2+2se^{-s}+4e^{-2s}}{s^2+3s+2}$

(h) $G(s) = \dfrac{2s+1}{s^3+6s^2+11s+6}$

(i) $G(s) = \dfrac{3s^3+10s^2+8s+5}{s^4+5s^3+7s^2+5s+6}$

**3-14** 利用 MATLAB 求出習題 3-13 中各函數的反拉氏轉換。首先，對 $G(s)$ 進行部分分式展開；然後，再利用拉氏轉換表。

**3-15** 利用 MATLAB 求出下列函數的部分分式展開式。

(a) $G(s) = \dfrac{10(s+1)}{s^2(s+4)(s+6)}$

(b) $G(s) = \dfrac{(s+1)}{s(s+2)(s^2+2s+2)}$

(c) $G(s) = \dfrac{5(s+2)}{s^2(s+1)(s+5)}$

(d) $G(s) = \dfrac{5e^{-2s}}{(s+1)(s^2+s+1)}$

(e) $G(s) = \dfrac{100(s^2+s+3)}{s(s^2+5s+3)}$

(f) $G(s) = \dfrac{1}{s(s^2+1)(s+0.5)^2}$

(g) $G(s) = \dfrac{2s^3+s^2+8s+6}{(s^2+4)(s^2+2s+2)}$

(h) $G(s) = \dfrac{2s^4+9s^3+15s^2+s+2}{s^2(s+2)(s+1)^2}$

**3-16** 利用 MATLAB 求出習題 3-15 中各函數之反拉氏轉換。

### 3-4 節習題

**3-17** 使用拉氏轉換法求解下列微分方程式。

(a) $\dfrac{d^2 f(t)}{dt^2} + 5\dfrac{df(t)}{dt} + 4f(t) = e^{-2t}u_s(t)$ (假設初始條件為零。)

(b) $\begin{cases} \dfrac{dx_1(t)}{dt} = x_2(t) \\ \dfrac{dx_2(t)}{dt} = -2x_1(t) - 3x_2(t) + us(t)\, x_1(0) = 1, x_2(0) = 0 \end{cases}$

(c) $\begin{cases} \dfrac{d^3 y(t)}{dt^2} + 2\dfrac{d^2 y(t)}{dt^2} + \dfrac{dy(t)}{dt} + 2y(t) = -e^{-t}u_s(t) \\ \dfrac{d^2 y}{dt^2}(0) = -1 \dfrac{dy}{dt}(0) = 1, y(0) = 0 \end{cases}$

**3-18** 利用 MATLAB 求出習題 3-17 函數之反拉氏轉換。

**3-19** 利用 MATLAB 求解下列微分方程式。

$\dfrac{d^2 y}{dt^2} - y = e^t$ (假設初始條件為零。)

**3-20** 作為化學反應之用的一個串聯的三-反應器槽配置，如圖 3P-20 所示。

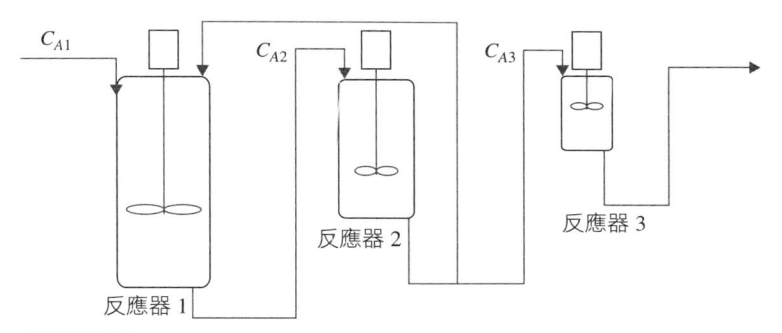

▶圖 3P-20

每一個反應器的狀態方程式定義如下：

R1: $\dfrac{dC_{A1}}{dt} = \dfrac{1}{V_1}[1000 + 100C_{A2} - 1100C_{A1} - k_1 V_1 C_{A1}]$

R2: $\dfrac{dC_{A2}}{dt} = \dfrac{1}{V_2}[1100C_{A1} - 1100C_{A2} - k_2 V_2 C_{A2}]$

R3: $\dfrac{dC_{A3}}{dt} = \dfrac{1}{V_3}[1000C_{A2} - 1000C_{A3} - k_3 V_3 C_{A3}]$

如下表所示，當 $V_i$ 與 $k_i$ 代表每一個槽的容積與溫度常數時：

| 反應器 | $V_i$ | $k_i$ |
|---|---|---|
| 1 | 1,000 | 0.1 |
| 2 | 1,500 | 0.2 |
| 3 | 100 | 0.4 |

利用 MATLAB 求解這些微分方程式，假設當 $t = 0$ 時，$C_{A1} = C_{A2} = C_{A3} = 0$。

## 3-5 節習題

**3-21** 圖 3P-21 所示為車輛懸吊系統撞擊路面安全凸時的一個簡單模型。若輪胎質量與其慣量矩分別為 $m$ 和 $J$ 時，則
(a) 試求出運動的方程式。
(b) 試求出系統的轉移函數。
(c) 計算系統的自然頻率。
(d) 利用 MATLAB 繪製出系統的步階響應圖。

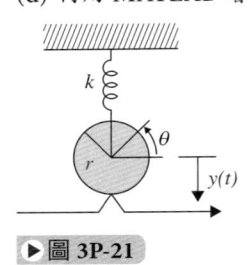

▶ 圖 3P-21

**3-22** 一電機機械系統具有下述系統方程式。

$$L\frac{di}{dt} + R_1 + K_1\omega = e(t)$$

$$J\frac{d\omega}{dt} + B\omega - K_2 i = 0$$

對於單位-步階外加電壓且初始條件為零時，試求出響應 $i(t)$ 與 $\omega(t)$。假設下列參數值：

$$L = 1\text{ H}, J = 1\text{ kg-m}^2, B = 2\text{ N/m/s}, R = 1\text{ }\Omega, K_1 = 1\text{ V-s}, K_2 = 1\text{ N-m/A}$$

**3-23** 考慮圖 3P-23 之二-自由度機械系統，此系統受到兩個外力作用 $f_1(t)$ 和 $f_2(t)$，以及初始條件均為零。在下列條件時，試求出系統的響應 $x_1(t)$ 與 $x_2(t)$：
(a) $f_1(t) = 0, f_2(t) = u_s(t)$。
(b) $f_1(t) = u_s(t), f_2(t) = u_s(t)$。
  利用下列參數值：
  $m_1 = m_2 = 1\text{ kg}, b_1 = 2\text{ N/m/s}, b_2 = 1\text{ N/m/s}, k_1 = k_2 = 1\text{ N/m}$

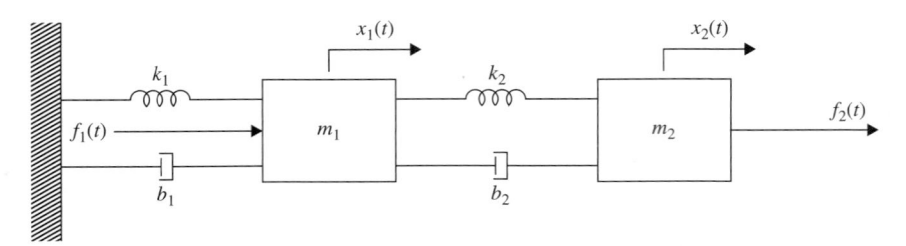

▶ 圖 3P-23

## 3-6 節與 3-7 節習題

**3-24** 試以向量-矩陣形式 $\dfrac{d\mathbf{x}(t)}{dt} = \mathbf{A}\mathbf{x}(t) + \mathbf{B}\mathbf{u}(t)$ 來表示下列各組一-階微分方程式。

(a) $\dfrac{dx_1(t)}{dt} = -x_1(t) + 2x_2(t)$

$\dfrac{dx_2(t)}{dt} = -2x_2(t) + 3x_3(t) + u_1(t)$

$\dfrac{dx_3(t)}{dt} = -x_1(t) - 3x_2(t) - x_3(t) + u_2(t)$

(b) $\dfrac{dx_1(t)}{dt} = -x_1(t) + 2x_2(t) + 2u_1(t)$

$\dfrac{dx_2(t)}{dt} = 2x_1(t) - x_3(t) + u_2(t)$

$\dfrac{dx_3(t)}{dt} = 3x_1(t) - 4x_2(t) - x_3(t)$

**3-25** 已知系統的狀態方程式，將其轉換成一-階微分方程式系統。

(a) $\mathbf{A} = \begin{bmatrix} 0 & -1 & 2 \\ 1 & 0 & 1 \\ -1 & -2 & 1 \end{bmatrix}$ $\mathbf{B} = \begin{bmatrix} 0 & -1 \\ 1 & 0 \\ 0 & 0 \end{bmatrix}$

(b) $\mathbf{A} = \begin{bmatrix} 3 & 1 & -2 \\ -1 & 2 & 2 \\ 0 & 0 & 1 \end{bmatrix}$ $\mathbf{B} = \begin{bmatrix} -1 \\ 0 \\ 2 \end{bmatrix}$

**3-26** 考慮一列由一節引擎與一節車輛組成的列車，如圖 3P-26 所示。

▶ 圖 3P-26

列車上裝有一個控制器以使得啟動與停止都很平順，並在行駛時可維持一個穩定的速度。引擎與車輛的質量分別為 $M$ 和 $m$，並以剛性係數為 $K$ 的彈簧相連接。$F$ 為引擎提供的力量，而 $\mu$ 為滾動時造成的摩擦。假設列車為單向行駛：

(a) 畫出自由體圖。
(b) 求出狀態變數與輸出方程式。
(c) 求出轉移函數。
(d) 列寫系統的狀態方程式。

**3-27** 牽引車和拖車之間是經由彈簧-阻尼器的牽引栓來耦合，如圖 3P-27 所示。其參數和變數定義如下：$M$ 為拖車質量、$K_h$ 為牽引栓的彈簧常數、$B_h$ 為牽引栓的黏滯阻尼係數、$B_t$ 為拖車的黏滯阻尼係數、$y_1(t)$ 為牽引車輛的位移、$y_2(t)$ 為拖車的位移，及 $f(t)$ 為牽引車的力量。

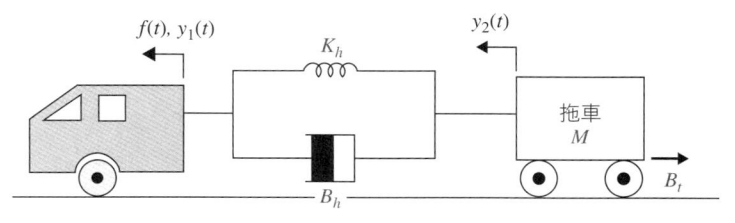

▶ 圖 3P-27

(a) 試寫出系統的微分方程式。

(b) 藉由定義下列狀態變數：$x_1(t) = y_1(t) - x_2(t)$ 和 $x_2(t) = dy_2(t)/dt$，試寫出系統的狀態方程式。

**3-28** 圖 3P-28 所示為在控制系統中常見的「球與樑」系統。一顆球置於一長樑上，並沿著樑滾動。一支槓桿長臂連接到樑的一端，而一伺服傳動齒輪則接在槓桿長臂的另一端。當伺服傳動齒輪轉動了 $\theta$ 角度，槓桿長臂將會以 $\alpha$ 角度上下運動，並造成球沿著長樑滾動。現在需要設計一個控制器來控制球的位置。

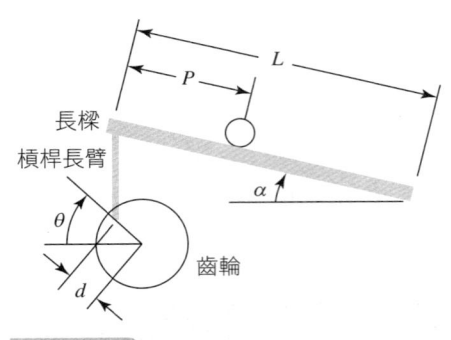

▶ 圖 3P-28

假設：

$m$ = 球的質量　　　　　　　　$r$ = 球的半徑
$d$ = 槓桿長臂的偏移　　　　　$g$ = 重力加速度
$L$ = 長樑的長度　　　　　　　$J$ = 球的慣性矩
$p$ = 球的位置座標　　　　　　$\alpha$ = 長樑的角度座標
$\theta$ = 伺服傳動齒輪的轉動角度

(a) 求出系統運動的運動方程式。
(b) 求出轉移函數。
(c) 列寫出系統的狀態空間表示式。
(d) 利用 MATLAB 求出系統的步階響應。

**3-29** 求出習題 2-12 的轉移函數與狀態空間變數。

**3-30** 求出習題 2-16 的轉移函數 $Y(s)/T_m(s)$。

**3-31** 圖 3P-31 所示為一馬達-負載系統的示意圖。以下定義參數和變數：$T_m(t)$ 為馬達轉矩、$\omega_m(t)$ 為馬達角速度、$\theta_m(t)$ 為馬達角位移、$\omega_L(t)$ 為負載角速度、$\theta_L(t)$ 為負載角位移、$K$ 為扭轉彈簧常數、$J_m$ 為馬達慣量、$B_m$ 為馬達黏滯摩擦係數，以及 $B_L$ 為負載黏滯摩擦係數。

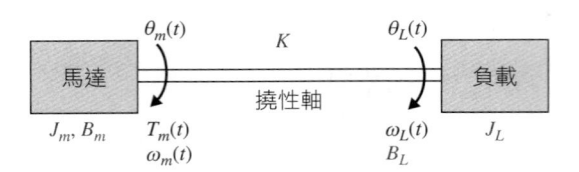

▶ 圖 3P-31

(a) 試寫出系統的轉矩方程式。
(b) 求出轉移函數 $\Theta_L(s)/T_m(s)$ 與 $\Theta_m(s)/T_m(s)$。
(c) 求出系統的特性方程式。
(d) 令 $T_m(t) = T_m$ 為一固定的外加轉矩；試證明在穩態下，$\omega_m = \omega_L =$ 常數。求出穩態速度 $\omega_m$ 與 $\omega_L$。
(e) 當 $J_L$ 數值倍增，而 $J_m$ 保持相同時，重做 (d) 小題。

**3-32** 在習題 2-20 中，
(a) 假設 $T_s$ 為一固定的轉矩。試求出轉移函數 $\Theta(s)/\Delta(s)$，其中，$\Theta(s)$ 與 $\Delta(s)$ 分別為 $\theta(t)$ 和 $\delta(t)$ 的拉氏轉換。假設 $\delta(t)$ 非常小。
(b) 將 C 點與 P 點互換，重做 (a) 小題。在 $\alpha_F$ 表示式中的 $d_1$ 應該會改成 $d_2$。

**3-33** 在習題 2-21 中，
(a) 藉由將狀態變數定義為 $x_1 = \theta$、$x_2 = d\theta/dt$、$x_3 = x$ 及 $x_4 = dx/dt$，試將稍早得到的方程式表示成狀態方程式。在 $\theta$ 很小時，透過令近似值 $\sin\theta \cong \theta$ 和 $\cos\theta \cong 1$，試簡化這些方程式。
(b) 當平衡點為 $x_{01}(t) = 1$、$x_{02}(t) = 0$、$x_{03}(t) = 0$ 及 $x_{04}(t) = 0$ 時，試將系統的小訊號線性化狀態方程式模型寫成下列形式：

$$\frac{d\Delta\mathbf{x}(t)}{dt} = \mathbf{A}^*\Delta\mathbf{x}(t) + \mathbf{B}^*\Delta\mathbf{r}(t)$$

**3-34** 減震器是用來保護在固定速度運轉下的機器免於穩態的諧波干擾。圖 3P-34 所示為簡單的減震器。

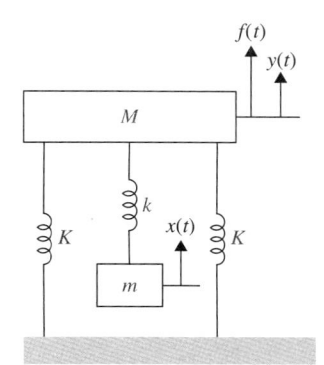

▶ **圖 3P-34**

假設諧波力 $F(t) = A\sin(\omega t)$ 是質量 M 所受到的干擾：
(a) 推導出系統的狀態空間表示式。
(b) 試求出系統的轉移函數。

**3-35** 圖 3P-35 代表一個減震系統的阻尼特性。

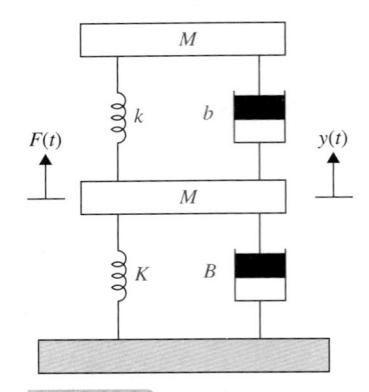

▶圖 3P-35

假設諧波力 $F(t) = A\sin(\omega t)$ 是質量 $M$ 所受到的干擾：
(a) 推導出系統的狀態空間表示式。
(b) 試求出系統的轉移函數。

3-36 考慮圖 3P-36 a 和 b 所示的電路。

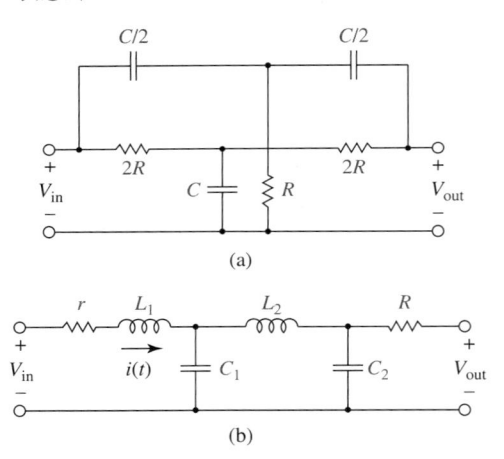

▶圖 3P-36

針對每一個電路：
(a) 試求出動態方程式與狀態空間變數。
(b) 試求出轉移函數。
(c) 利用 MATLAB 繪製出系統的步階響應圖。

3-37 針對下列代表線性非時變系統之微分方程式。試以向量-矩陣形式，列寫出其動態方程式（狀態方程式與輸出方程式）。

(a) $\dfrac{d^2 y(t)}{dt^2} + 4\dfrac{dy(t)}{dt} + y(t) = 5r(t)$

(b) $2\dfrac{d^3 y(t)}{dt^3} + 3\dfrac{d^2 y(t)}{dt^2} + 5\dfrac{dy(t)}{dt} + 2y(t) = r(t)$

(c) $\dfrac{d^3 y(t)}{dt^3} + 5\dfrac{d^2 y(t)}{dt^2} + 3\dfrac{dy(t)}{dt} + y(t) + \int_0^t y(\tau)d\tau = r(\tau)$

(d) $\dfrac{d^4 y(t)}{dt^4} + 1.5\dfrac{d^3 y(t)}{dt^3} + 2.5\dfrac{dy(t)}{dt} + y(t) = 2r(t)$

**3-38** 下列轉移函數顯示為線性非時變系統。試以向量-矩陣形式，寫出其動態方程式 (狀態方程式與輸出方程式)。

(a) $G(s) = \dfrac{s+3}{s^2 + 3s + 2}$

(b) $G(s) = \dfrac{6}{s^3 + 6s^2 + 11s + 6}$

(c) $G(s) = \dfrac{s+2}{s^2 + 7s + 12}$

(d) $G(s) = \dfrac{s^3 + 11s^2 + 35s + 250}{s^2(s^3 + 4s^2 + 39s + 108)}$

**3-39** 利用 MATLAB 重做習題 3-38。

**3-40** 試求出下列系統之時間響應：

(a) $\begin{bmatrix} \dot{x}_1 \\ \dot{x}_2 \end{bmatrix} = \begin{bmatrix} 0 & 1 \\ -2 & -3 \end{bmatrix}\begin{bmatrix} x_1 \\ x_2 \end{bmatrix} + \begin{bmatrix} 0 \\ 1 \end{bmatrix} u$

(b) $\begin{bmatrix} \dot{x}_1 \\ \dot{x}_2 \end{bmatrix} = \begin{bmatrix} -1 & -0.5 \\ 1 & 0 \end{bmatrix}\begin{bmatrix} x_1 \\ x_2 \end{bmatrix} + \begin{bmatrix} 0.5 \\ 0 \end{bmatrix} u \quad y = \begin{bmatrix} 1 & 0 \end{bmatrix}\begin{bmatrix} x_1 \\ x_2 \end{bmatrix}$

**3-41** 已知一系統由下述動態方程式所描述：

$$\dfrac{d\mathbf{x}(t)}{dt} = \mathbf{A}\mathbf{x}(t) + \mathbf{B}u(t) \quad y(t) = \mathbf{C}\mathbf{x}(t)$$

(a) $\mathbf{A} = \begin{bmatrix} 0 & 1 & 0 \\ 0 & 0 & 1 \\ -1 & -2 & -3 \end{bmatrix} \quad \mathbf{B} = \begin{bmatrix} 0 \\ 0 \\ 1 \end{bmatrix} \quad \mathbf{C} = \begin{bmatrix} 1 & 0 & 0 \end{bmatrix}$

(b) $\mathbf{A} = \begin{bmatrix} -1 & 1 \\ 0 & -1 \end{bmatrix} \quad \mathbf{B} = \begin{bmatrix} 0 \\ 1 \end{bmatrix} \quad \mathbf{C} = \begin{bmatrix} 1 & 1 \end{bmatrix}$

(c) $\mathbf{A} = \begin{bmatrix} 0 & 1 & 0 \\ 0 & 0 & 1 \\ 0 & -1 & -2 \end{bmatrix} \quad \mathbf{B} = \begin{bmatrix} 0 \\ 0 \\ 1 \end{bmatrix} \quad \mathbf{C} = \begin{bmatrix} 1 & 1 & 0 \end{bmatrix}$

(1) 求出 $\mathbf{A}$ 的固有值。
(2) 求出 $\mathbf{X}(s)$ 與 $U(s)$ 之間的轉移函數關係式。
(3) 求出轉移函數 $Y(s)/U(s)$。

**3-42** 已知一非時變系統之動態方程式：

$$\dfrac{d\mathbf{x}(t)}{dt} = \mathbf{A}\mathbf{x}(t) + \mathbf{B}u(t) \quad y(t) = \mathbf{C}\mathbf{x}(t)$$

其中

$$\mathbf{A} = \begin{bmatrix} 0 & 1 & 0 \\ 0 & 0 & 1 \\ -1 & -2 & -3 \end{bmatrix} \quad \mathbf{B} = \begin{bmatrix} 0 \\ 0 \\ 1 \end{bmatrix} \quad \mathbf{C} = \begin{bmatrix} 1 & 1 & 0 \end{bmatrix}$$

求出矩陣 $\mathbf{A}_1$ 與 $\mathbf{B}_1$，使得狀態方程式寫成

$$\frac{d\overline{\mathbf{x}}(t)}{dt} = \mathbf{A}_1 \overline{\mathbf{x}}(t) + \mathbf{B}_1 u(t)$$

其中

$$\overline{\mathbf{x}}(t) = \begin{bmatrix} x_1(t) \\ y(t) \\ \dfrac{dy(t)}{dt} \end{bmatrix}$$

**3-43** 圖 3P-43a 所示為大家所熟知的「倒單擺平衡」系統。此控制系統的目的在於藉由加於車子上的外力 $u(t)$，維持倒單擺在正上方的位置，如圖所示。在實際的應用上，此一系統與一維的獨輪車控制或飛彈發射後的控制類似。此系統的自由體圖，如圖 3P-43b 所示，其中，

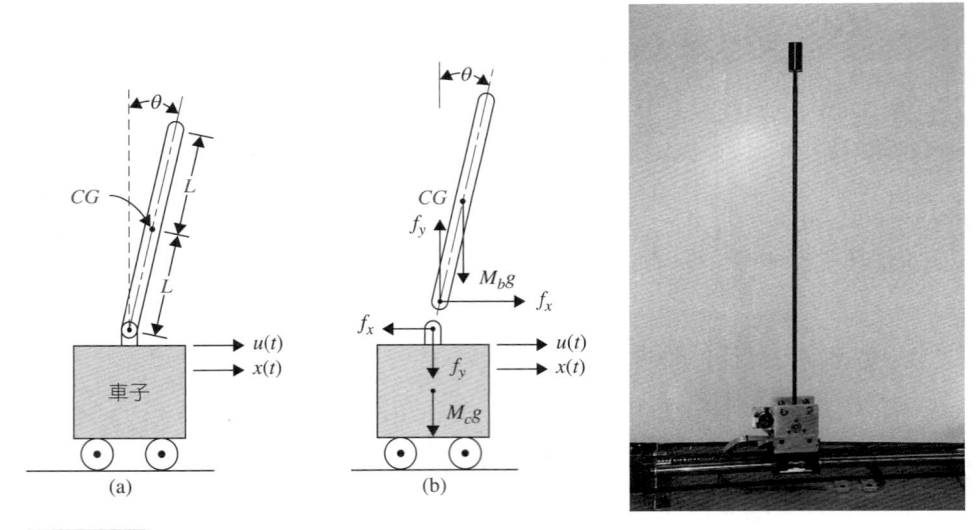

▶ 圖 3P-43

$f_x$ = 在倒單擺底座的水平方向力量
$f_y$ = 在倒單擺底座的垂直方向力量
$M_b$ = 倒單擺質量
$g$ = 重力加速度
$M_c$ = 車子質量
$J_b$ = 倒單擺相對於重心的慣量矩，$CG = M_b L^2 / 3$

(a) 試寫出在倒單擺樞紐點處 $x$、$y$ 方向的力量方程式。寫出相對於倒單擺重心 (CG) 的轉矩方程式。寫出車子在水平方向的力量方程式。

(b) 透過將狀態變數定義為 $x_1 = \theta$、$x_2 = d\theta/dt$、$x_3 = x$ 及 $x_4 = dx/dt$，把 (a) 小題所得到的結果表示成狀態方程式。在 $\theta$ 很小時，透過令近似值 $\sin\theta \cong \theta$ 和 $\cos\theta \cong 1$，試簡化這些方程式。

(c) 當平衡點為 $x_{01}(t) = 1$、$x_{02}(t) = 0$、$x_{03}(t) = 0$ 及 $x_{04}(t) = 0$ 時，試將系統的小訊號線性化狀態方程式模型寫成下列形式：

$$\frac{d\Delta \mathbf{x}(t)}{dt} = \mathbf{A}^* \Delta \mathbf{x}(t) + \mathbf{B}^* \Delta \mathbf{r}(t)$$

**3-44** 習題 3-43 所描述「倒單擺平衡」控制系統有下列參數：

$$M_b = 1 \text{ kg} \quad M_c = 10 \text{ kg} \quad L = 1 \text{ m} \quad g = 32.2 \text{ ft/s}^2$$

系統的小訊號線性化狀態方程式為

$$\Delta \dot{\mathbf{x}}(t) = \mathbf{A}^* \Delta \mathbf{x}(t) + \mathbf{B}^* \Delta r(t)$$

其中

$$\mathbf{A}^* = \begin{bmatrix} 0 & 1 & 0 & 0 \\ 25.92 & 0 & 0 & 0 \\ 0 & 0 & 0 & 1 \\ -2.36 & 0 & 0 & 0 \end{bmatrix} \quad \mathbf{B}^* = \begin{bmatrix} 0 \\ -0.0732 \\ 0 \\ 0.0976 \end{bmatrix}$$

求出 $\mathbf{A}^*$ 之特性方程式與它的根。

**3-45** 圖 3P-45 為一磁浮球系統。鋼球受到電磁鐵所產生的電磁力而懸浮在空中。此系統的目標在於利用輸入電壓 $e(t)$ 來調整電磁鐵中的電流以控制鋼球的位置。此系統的實際應用例子為磁浮列車或是配載磁力之高精準度控制系統。線圈的電阻為 $R$，而電感為 $L(y) = L/y(t)$，其中 $L$ 為常數。外加電壓是一個振幅為 $E$ 之常數。

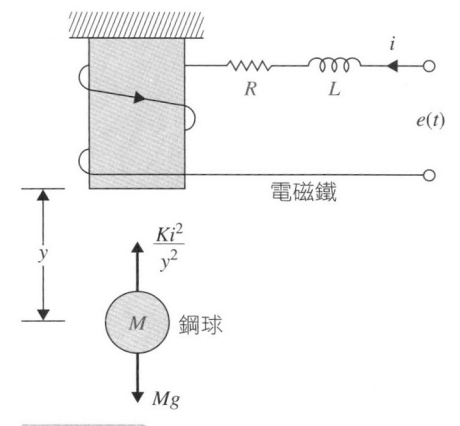

▶ 圖 **3P-45**

(a) 令 $E_{eq}$ 為 $E$ 之標稱值。平衡時，試求出 $y(t)$ 和 $dy(t)/dt$ 的標稱值。

(b) 將狀態變數定義為 $x_1(t) = i(t)$、$x_2(t) = y(t)$ 及 $x_3(t) = dy(t)/dt$，試求出非線性狀態方程式並表示成 $\dfrac{d\mathbf{x}(t)}{dt} = \mathbf{f}(\mathbf{x}, e)$ 的形式。

(c) 將狀態方程式在穩定點線性化，並將線性化之狀態方程式表示成下列形式：

$$\frac{d\Delta\mathbf{x}(t)}{dt} = \mathbf{A}^* \Delta\mathbf{x}(t) + \mathbf{B}^* \Delta e(t)$$

電磁鐵所產生的力為 $Ki^2(t)/y(t)$，其中 $K$ 為比例常數，而鋼球所受到的地心引力為 $Mg$。

**3-46** 磁浮球控制系統的線性化狀態方程式如習題 3-45 所描述，可表示如下：

$$\Delta\dot{\mathbf{x}}(t) = \mathbf{A}^* \Delta\mathbf{x}(t) + \mathbf{B}^* \Delta i(t)$$

其中

$$\mathbf{A}^* = \begin{bmatrix} 0 & 1 & 0 & 0 \\ 115.2 & -0.05 & -18.6 & 0 \\ 0 & 0 & 0 & 1 \\ -37.2 & 0 & 37.2 & -0.1 \end{bmatrix} \quad \mathbf{B}^* = \begin{bmatrix} 0 \\ -6.55 \\ 0 \\ -6.55 \end{bmatrix}$$

令控制電流 $\Delta i(t)$ 可由狀態回授 $\Delta i(t) = -\mathbf{K}\Delta\mathbf{x}(t)$ 來導出，其中

$$\mathbf{K} = \begin{bmatrix} k_1 & k_2 & k_3 & k_4 \end{bmatrix}$$

(a) 求出 $\mathbf{K}$ 的各元素值，以使得 $\mathbf{A}^* - \mathbf{B}^*\mathbf{K}$ 的固有值為 $-1+j$、$-1-j$、$-10$ 及 $-10$。

(b) 針對下列的初始條件，試繪製出 $\Delta x_1(t) = \Delta y_1(t)$(磁鐵位移) 和 $\Delta x_3(t) = \Delta y_2(t)$(磁浮球位移) 之響應圖。

$$\Delta\mathbf{x}(0) = \begin{bmatrix} 0.1 \\ 0 \\ 0 \\ 0 \end{bmatrix}$$

(c) 以下列初始條件，重做 (b) 小題：

$$\Delta\mathbf{x}(0) = \begin{bmatrix} 0 \\ 0 \\ 0.1 \\ 0 \end{bmatrix}$$

試評論閉-迴路系統具有 (b) 與 (c) 小題之兩組初始條件時的響應。

# Chapter 4
# 方塊圖及信號流程圖

在第二章，我們研習了基礎動態系統的建模，以及在其後的第三章，我們利用轉移函數和狀態空間法，將這些以微分方程式表示的模型轉換成適合於控制系統分析的格式。在本章中，我們將介紹方塊圖作為控制系統建模與其基礎數學的另一種圖示表現法。方塊圖在學習控制系統中十分常見，因為它提供我們更清楚瞭解動態系統中的元件組成與元件間的互聯運作。信號流程圖 (signal-flow graph, SFG) 也可以用來作為控制系統模型的另一種圖形表示法。

在本章，我們利用方塊圖和信號流圖以及梅森 (Mason) 增益公式來找到整個控制系統的轉移函數。透過本章結尾個案研究的探討，我們可以將這些技術實際運用在早先第二章與第三章研習過的許多不同動態系統的建模。

### 學習重點

在學習完本章後，讀者將具備以下能力：
1. 運用方塊圖與其元件，還有它的數學基礎，來求得控制系統的轉移函數。
2. 建立方塊圖與信號流程圖的對比架構。
3. 利用信號流程圖與梅森增益公式找到系統的轉移函數。
4. 將信號流程圖擴展到狀態方程式與微分方程式，並得出狀態圖。

## 4-1 方塊圖

**方塊圖** (block diagram) 的建模與轉移函數的模型一同描述了整個系統的因果關係 (輸入-輸出)。就以讀者教室裡的暖氣系統之簡單方塊圖為例，如圖 4-1 所示，其中設定一個期望的室溫，也被稱為**輸入** (input)，你

> 方塊圖提供動態系統的組成與連結更好的理解。

就可以點起暖爐來給予房間熱能，而這個過程相對的簡單。房間的實際溫度也被視為**輸出** (output)，被恆溫器內的**感測器** (sensor) 所偵測。恆溫器內的簡單電氣迴路會將實際的房間溫度與期望的溫度做比較 [**比較器** (comparator)]。若實際的溫度比期望的溫度還要低，則會產生一個**誤差** (error) 電壓。此誤差電壓可作為氣閥的啟動開關，用以啟動暖爐 [**致**

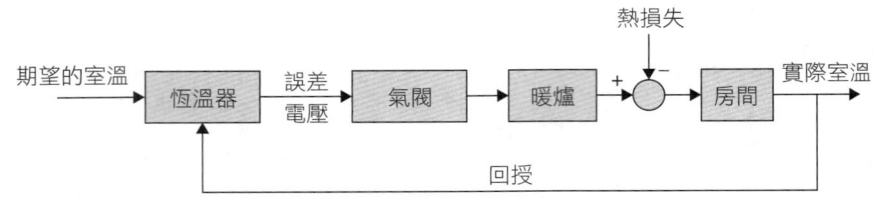

```
期望的室溫 → 恆溫器 → 誤差電壓 → 氣閥 → 暖爐 → +(-熱損失)→ 房間 → 實際室溫
                                                           ↑ 回授
```

▶ 圖 4-1  一個表示加熱系統的簡化方塊圖。

動器 (actuator)]。開教室的窗或門會造成熱能的流失，亦即，將會擾亂加熱的程序 [干擾 (disturbance)]。

房間的溫度持續地受到輸出感測器的監控。感應輸出並將之與輸入做比較，然後建立一個誤差信號的程序被稱為**回饋** (feedback)。注意：這裡的誤差電壓會啟動暖爐，而暖爐會在誤差值到達零時關閉。

此例中的方塊圖只表現系統元件是如何相互連接，並沒有數學的細節。如果系統元件的數學與功能關係是已知的，則方塊圖可成為系統分析解或電腦解的工具。

通常，方塊圖可用來模擬線性及非線性系統。對於非線性系統，方塊圖採用時域的變數，**而線性系統則使用拉氏轉換變數**。

因此在這個例子中，假設所有系統元件都是線性模型，則在拉氏域中，系統動態特性便可由下列轉移函數表示：

$$\frac{T_o(s)}{T_i(s)} \tag{4-1}$$

其中，$T_i(s)$ 是所需要之房間溫度的拉氏表示式，而 $T_o(s)$ 則是實際的房間溫度，如圖 4-1 所示。

或者我們可以用信號流圖或是狀態圖來當作控制系統的圖示表示法，這些主題將會在稍後的章節裡討論。

## 4-1-1  控制系統方塊圖內典型元件的建模

多數控制系統方塊圖內的典型元件包含：

- 比較器
- 代表各個元件轉移函數的方塊，包含
  - 參考感測器 (或輸入感測器)
  - 輸出感測器
  - 致動器
  - 控制器

- 受控體 (變數受到控制的元件)
- 輸入或是參考信號[1]
- 輸出信號
- 干擾信號
- 回授迴路

圖 4-2 所示為某一種組態，其內每個零件都互相連結。讀者可以將圖 4-1 與圖 4-2 相互比較，便可發現每一個系統的控制術語。通常，圖中的每一個方塊代表著系統中的一個零件，而每一個零件也可以用一條或是多條的方程式建模。這些方程式通常存在於拉氏域 (因為易於運用轉移函數)，但是也可以使用時域表示法。一旦系統的方塊圖被完整地建構好後，讀者便可以研究單獨的元件或是整個系統的運作模式。方塊圖的關鍵組件會在稍後討論。

### 比較器

感測或電子裝置是回授控制系統中重要的元件之一，其作用如同信號比較的連結點──亦稱為**比較器**。通常，這些裝置具有感測器以及能夠執行簡單的數學運算，諸如加法與減法 (像是圖 4-1 的恆溫器)。三個比較器範例的方塊元件如圖 4-3 所示。注意：圖 4-3a 和 b 的加、減運算是線性，故這些方塊元件的輸入及輸出變數可為時域變數或是拉氏轉換變數。因此，圖 4-3a 中，方塊圖表示

$$e(t) = r(t) - y(t) \tag{4-2}$$

或

$$E(s) = R(s) - Y(s) \tag{4-3}$$

### 方塊

先前提到的，**方塊** (blocks) 代表時域中系統的方程式，或是拉氏域中系統的**轉移函**

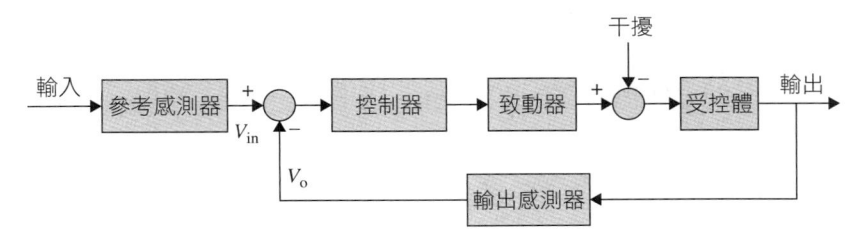

▶ 圖 4-2　基本控制系統的方塊圖。

---
1 輸入與參考輸入之間的差異請參閱第七章。

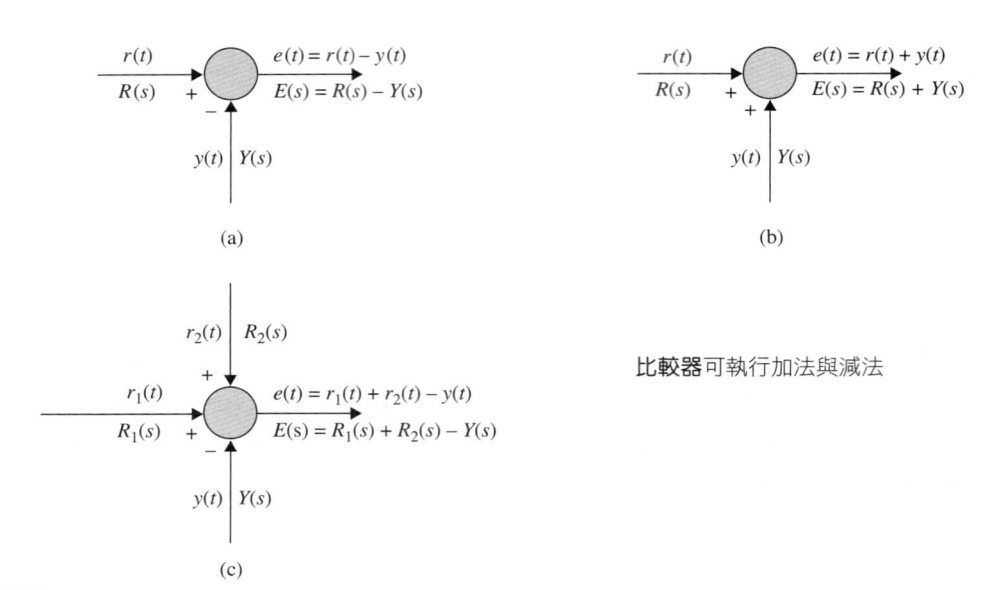

**▶ 圖 4-3** 控制系統典型感測裝置的方塊圖元件。(a) 減。(b) 加。(c) 加和減。

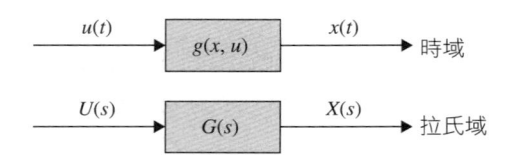

比較器可執行加法與減法

**▶ 圖 4-4** 時域與拉氏域的方塊圖。

數，如圖 4-4 所示。

在拉氏域中，下式所列出的輸入-輸出的關係可以代表圖 4-4 的系統：

$$X(s) = G(s)U(s) \qquad (4\text{-}4)$$

若信號 $X(s)$ 為輸出，而信號 $U(s)$ 代表輸入，則圖 4-4 中方塊圖的轉移函數為

$$G(s) = \frac{X(s)}{U(s)} \qquad (4\text{-}5)$$

大部分控制系統的方塊圖中，典型的方塊元件包含**受控體** (plant)、**控制器**、**致動器**及**感測器**。

### 範例 4-1-1

考慮到圖 4-5 所示的方塊圖，轉移函數 $G_1(s)$ 和 $G_2(s)$ 為串聯連接。整個系統的轉移函數 $G(s)$ 可以經由整合各個方塊的方程式得到。因此，對於變數 $A(s)$ 和 $X(s)$，我們可知

▶ 圖 4-5　$G_1(s)$ 與 $G_2(s)$ 以串聯方式連接的方塊圖——一個串接系統。

$$X(s) = A(s)G_2(s)$$
$$A(s) = U(s)G_1(s)$$
$$X(s) = G_1(s)G_2(s)U(s)$$
$$G(s) = \frac{X(s)}{U(s)}$$

亦即，

$$G(s) = G_1(s)G_2(s) \tag{4-6}$$

根據 (4-6) 式，圖 4-5 的系統可以用圖 4-4 系統的方塊圖來表示。

## 範例 4-1-2

考慮一個更加複雜的系統，如圖 4-6 所示，其內的兩個轉移函數 $G_1(s)$ 和 $G_2(s)$ 以並聯方式連接。整個系統的轉移函數 $G(s)$ 可以經由整合各個方塊的方程式得到。注意：對於這兩個方塊 $G_1(s)$ 和 $G_2(s)$ 而言，$A_1(s)$ 為其輸入，而 $A_2(s)$ 與 $A_3(s)$ 分別為其輸出。更要注意到信號流 $U(s)$ 經過**分支點** (branch point) **P** 後重新命名為 $A_1(s)$。因此，對於整個系統，我們可以如下所示將各方程式整合：

$$A_1(s) = U(s)$$
$$A_2(s) = A_1(s)G_1(s)$$
$$A_3(s) = A_1(s)G_2(s)$$
$$X(s) = A_2(s) + A_3(s)$$
$$X(s) = U(s)[G_1(s) + G_2(s)]$$
$$G(s) = \frac{X(s)}{U(s)}$$

或

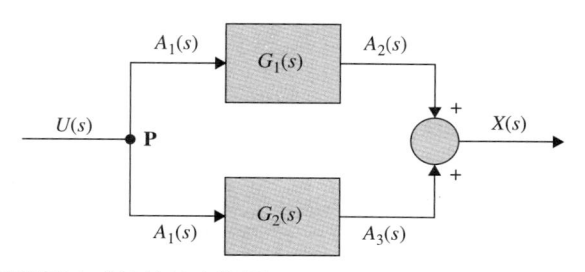

▶ 圖 4-6　$G_1(s)$ 與 $G_2(s)$ 以並聯方式連接的方塊圖。

$$G(s) = G_1(s) + G_2(s) \tag{4-7}$$

根據 (4-7) 式，圖 4-6 的系統可以用圖 4-4 系統的方塊圖來表示。

## 回授

一個系統要被歸類為**回授控制系統** (feedback control system) 時，其受控變數必須被回授，並與參考輸入做**比較** (compare)。在比較過後，可產生一個**誤差**信號用來**驅動** (actuate) 控制系統。因此，在誤差值存在，致動器會被啟動來降低或是消除嚴重的誤差。**輸出感測器** (output sensor) 是每一個回授控制系統中的必要元件，用來將輸出信號轉換成與參考輸入具有相同單位的物理量。一個回授控制系統也稱為**閉-迴路** (closed-loop) 系統。一個系統可以擁有多個回授迴路。圖 4-7 所示為一個具有單-回授迴路的線性回授控制系統的方塊圖。下列的術語是參考此方塊圖而定義的：

$r(t)$、$R(s)$ = 參考輸入 (命令)
$y(t)$、$Y(s)$ = 輸出 (受控變數)
$b(t)$、$B(s)$ = 回授信號
$u(t)$、$U(s)$ = 驅動信號，當 $H(s) = 1$ 時，此信號即為熟知的誤差信號 $e(t)$、$E(s)$。但是，在大部分的教科書內，無論回授轉移函數為何，大都是使用 $E(s)$ 來表示驅動信號
$H(s)$ = 回授轉移函數
$G(s)H(s) = L(s)$ = 迴路轉移函數
$G(s)$ = 順向-路徑轉移函數
$M(s) = Y(s)/R(s)$ 閉-迴路轉移函數或系統轉移函數

閉-迴路轉移函數 $M(s)$ 可以表示為 $G(s)$ 和 $H(s)$ 的函數。由圖 4-7，我們可寫出

$$Y(s) = G(s)U(s) \tag{4-8}$$

且

$$B(s) = H(s)Y(s) \tag{4-9}$$

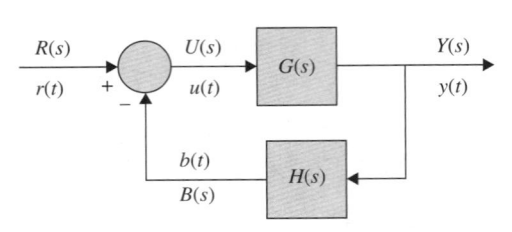

▶ **圖 4-7** 基本負回授控制系統的方塊圖。

驅動信號可寫成

$$U(s) = R(s) - B(s) \tag{4-10}$$

將 (4-10) 式代入 (4-8) 式，可得

$$Y(s) = G(s)R(s) - G(s)B(s) \tag{4-11}$$

將 (4-9) 式代入 (4-11) 式，然後解出 $Y(s)/R(s)$ 可得閉-迴路轉移函數

$$M(s) = \frac{Y(s)}{R(s)} = \frac{G(s)}{1+G(s)H(s)} \tag{4-12}$$

圖 4-7 的回授系統稱之為具有**負回授迴路** (negative feedback loop)，因為比較器是用來**減掉**回授量。當比較器是**加上**回授量時，稱之為**正回授** (positive feedback)，則 (4-12) 式的轉移函數會變成

$$M(s) = \frac{Y(s)}{R(s)} = \frac{G(s)}{1-G(s)H(s)} \tag{4-13}$$

若 $G$ 和 $H$ 為一常數，它們也被稱為**增益** (gain)。若圖 4-7 中的 $H = 1$ 時，則系統擁有**單位回授迴路** (unity feedback loop)，而若 $H = 0$ 時，則系統稱為**開-迴路** (open loop)。

## 4-1-2 數學方程式與方塊圖間的關係

考慮我們在第二章與第三章所學習的二-階原型系統：

$$\ddot{x}(t) + 2\zeta\omega_n \dot{x}(t) + \omega_n^2 x(t) = \omega_n^2 u(t) \tag{4-14}$$

上式的拉氏轉換表示式 [假設零初始條件，即 $x(0) = \dot{x}(0) = 0$] 為

$$X(s)s^2 + 2\zeta\omega_n X(s)s + \omega_n^2 X(s) = \omega_n^2 U(s) \tag{4-15}$$

(4-15) 式係由阻尼比常數 $\zeta$ 與自然頻率 $\omega_n$ 常數，以及輸入 $U(s)$ 和輸出 $X(s)$ 組成。如果我們將 (4-15) 式重新整理成

$$\omega_n^2 U(s) - 2\zeta\omega_n X(s)s - \omega_n^2 X(s) = X(s)s^2 \tag{4-16}$$

它可以用圖形方式來表示，如圖 4-8。

信號 $2\zeta\omega_n sX(s)$ 與 $\omega_n^2 X(s)$ 可以設想成信號 $X(s)$ 分別進入轉移函數為 $2\zeta\omega_n s$ 和 $\omega_n^2$ 的方塊來產生，而信號 $X(s)$ 則是經由 $s^2X(s)$ 的二次積分，即乘以 $1/s^2$ 得到，如圖 4-9 所示。

由於圖 4-9 右方的信號 $X(s)$ 皆相同，因此它們可以互相連接，演變成系統 (4-16) 式的方塊圖，如圖 4-10 所示。如果讀者希望，你可以藉由如圖 4-11a 所示先分解出 $1/s$ 形式來

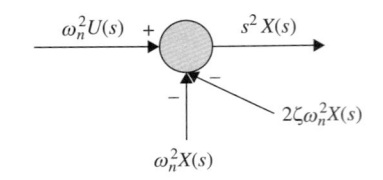

▶ 圖 4-8　(4-16) 式使用比較器的圖形化表示。

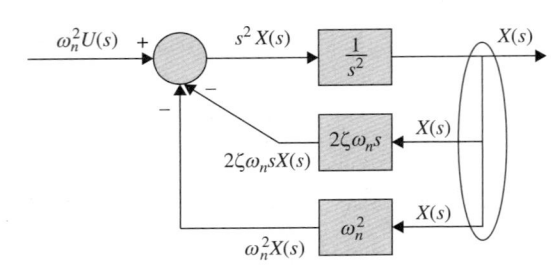

▶ 圖 4-9　加入方塊 $1/s^2$、$2\zeta\omega_n s$ 和 $\omega_n^2$ 後，(4-16) 式的方塊圖。

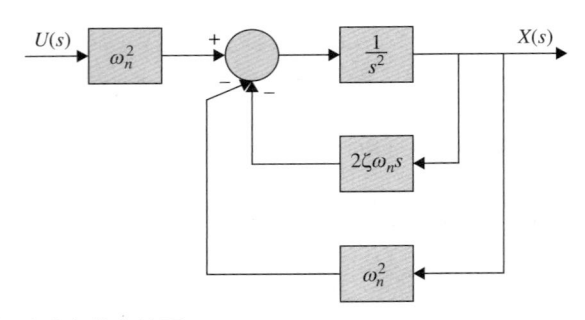

▶ 圖 4-10　(4-16) 式在拉氏域中的方塊圖。

更深層剖析圖 4-10 的方塊圖，進而得出圖 4-11b。

　　根據第二章，我們可以得知 (4-14) 式的二-階原型系統代表許多不同的動態系統。以這裡的例子為例，它可以對應到圖 2-2 的彈簧-質量-阻尼器系統，則分別代表系統的加速度和速度之內部變數 $A(s)$ 與 $V(s)$，也可以併入方塊圖模型之中。理解這種作法的最佳方法就是要記得：拉氏域中的 $1/s$ 代表積分的運算。因此，如果加速度信號 $A(s)$ 經過一次積分，我們便可得到速度信號 $V(s)$，而速度信號再經過一次積分運算，我們就可以得到位置信號 $X(s)$，如圖 4-11b 所示。

　　很明顯地，系統模型的方塊圖沒有唯一的表示方式。只要整個系統的轉移函數不改變，我們就能夠運用不同形式的方塊圖來達到不同的目的。例如，想要得到轉移函數 $V(s)/U(s)$ 時，我們可以重新整理圖 4-11，而使得 $V(s)$ 作為系統的輸出，如同圖 4-12 所示。這樣使我們可以用輸入信號 $U(s)$ 來決定速度信號的特性。

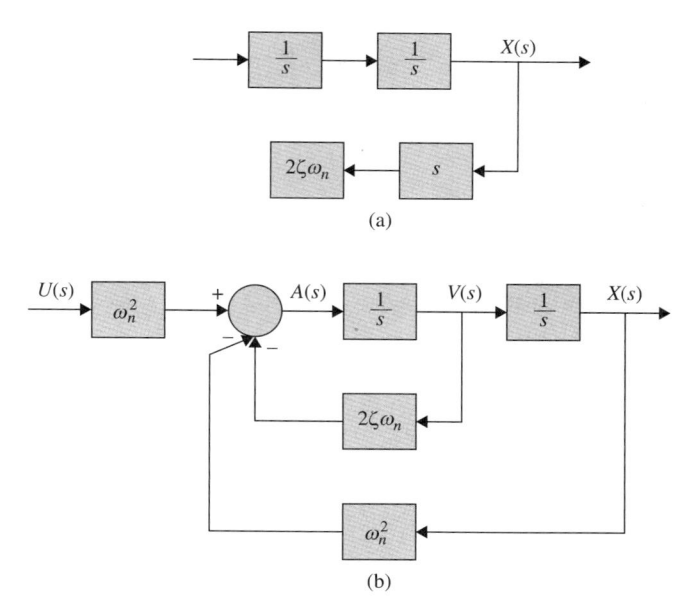

▶ **圖 4-11** (a) 圖 4-10 的內部回授迴路中分解出 $1/s$ 項。(b) 拉氏域中 (4-16) 式的最終方塊圖。

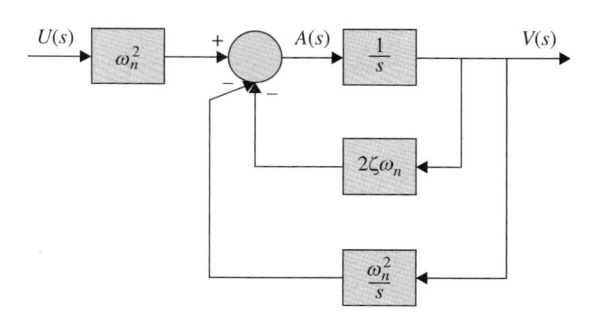

▶ **圖 4-12** 拉氏域中以速度信號 $V(s)$ 作為輸出時，(4-16) 式的方塊圖。

## 範例 4-1-3

試求出圖 4-11b 系統的轉移函數，並與 (4-15) 式進行比較。

**解** 在圖 4-11b 中，輸入與回授信號的 $\omega_n^2$ 方塊可以被移到比較器的右邊，如圖 4-13a 所示。這種作法跟下列式子把 $\omega_n^2$ 因式分解出來一樣：

$$\omega_n^2 U(s) - \omega_n^2 X(s) = \omega_n^2 [U(s) - X(s)] \tag{4-17}$$

(4-16) 式的因式分解可導致一個較簡化的系統方塊圖，如圖 4-13b 所示。注意：圖 4-11b 與圖 4-13b 為等效的系統。考慮圖 4-11b，它可以簡單地辨識出內部回授迴路，接著利用 (4-12) 式將其簡化，亦即

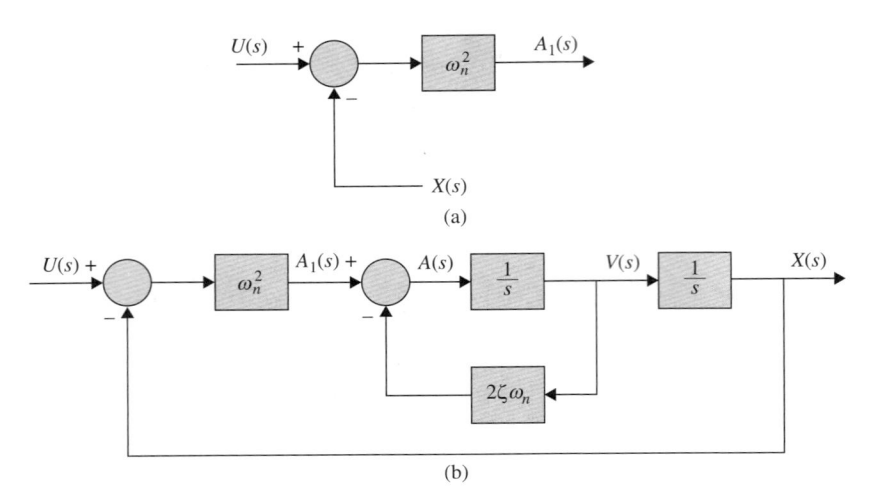

▶ 圖 4-13　(a) $\omega_n^2$ 的因式分解。(b) 拉氏域中 (4-16) 式的替代方塊圖。

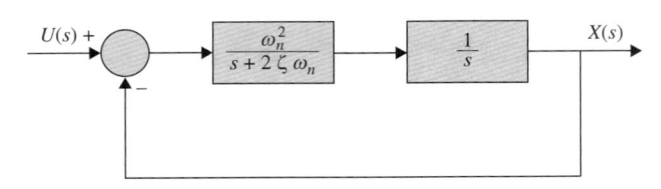

▶ 圖 4-14　$\dfrac{\omega_n^2}{s^2+2\zeta\omega_n s+\omega_n^2}$ 的方塊圖。

$$\frac{V(s)}{A_1(s)} = \frac{\frac{1}{s}}{1+\frac{2\zeta\omega_n}{s}} = \frac{1}{s+2\zeta\omega_n} \tag{4-18}$$

將上式再前後分別乘以 $\omega_n^2$ 和 $1/s$ 之後，系統的方塊圖可再簡化成圖 4-14 所示的樣子，最終得出

$$\frac{X(s)}{U(s)} = \frac{\frac{\omega_n^2}{s(s+2\zeta\omega_n)}}{1+\frac{\omega_n^2}{s(s+2\zeta\omega_n)}} = \frac{\omega_n^2}{s^2+2\zeta\omega_n s+\omega_n^2} \tag{4-19}$$

(4-19) 式便是 (4-15) 式系統的轉移函數。

### 範例 4-1-4

試利用圖 4-12 求出速度轉移函數，並與 (4-19) 式的結果進行比較。

**解**　將圖 4-12 的兩個回授迴路簡化，從內部迴路圈開始著手，我們得到

$$\frac{V(s)}{U(s)} = \frac{\dfrac{\dfrac{1}{s}}{1+\dfrac{2\zeta\omega_n}{s}}\omega_n^2}{1+\dfrac{\dfrac{1}{s}}{1+\dfrac{2\zeta\omega_n}{s}}\dfrac{\omega_n^2}{s}}$$

$$\frac{V(s)}{U(s)} = \frac{\omega_n^2 s}{s^2 + 2\zeta\omega_n s + \omega_n^2} \tag{4-20}$$

(4-20) 式與 (4-19) 式的導數相同，只要將 (4-19) 式乘以 $s$ 項即可。讀者可嘗試求出 $A(s)/U(s)$ 轉移函數。很明顯地，你必然會得到 $s^2 X(s)/U(s)$。

## 4-1-3　方塊圖化簡

讀者可能已經從先前部分的範例中發現，控制系統的轉移函數可以透過操作其方塊圖，最終可簡化到剩下一個方塊。但是，對於較複雜的方塊圖，通常需要移動**比較器**或是**分支點**，以便讓方塊圖簡化過程簡單一些。此時，有以下兩個重要的簡化動作：

1. **將分支點 P 移動到分支點 Q**，如圖 4-15a 和 b 所示。此動作必須在信號 $Y(s)$ 與 $B(s)$ 不改變的情況下完成。由圖 4-15a，我們可以得知下列關係：

$$\begin{aligned} Y(s) &= A(s)G_2(s) \\ B(s) &= Y(s)H_1(s) \end{aligned} \tag{4-21}$$

在圖 4-15b 中，我們可得出下列關係式：

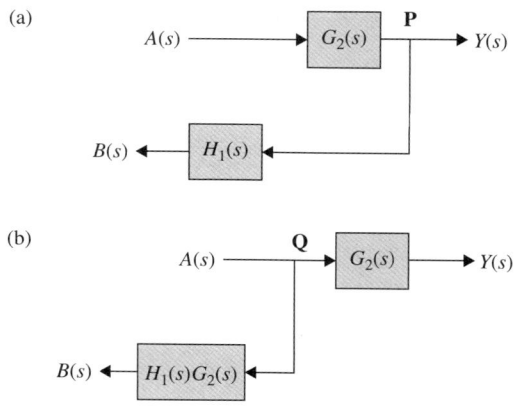

▶ 圖 4-15　(a) 分支點從 P 點移動到 (b) Q 點。

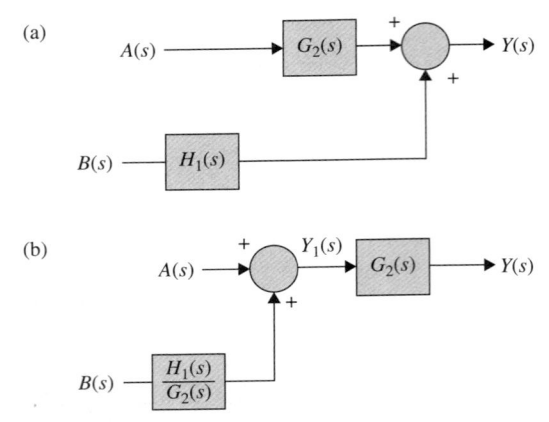

▶ **圖 4-16** (a) 比較器從方塊 $G_2(s)$ 的右方移動到 (b) $G_2(s)$ 方塊的左方。

$$Y(s) = A(s)G_2(s)$$
$$B(s) = A(s)H_1(s)G_2(s)$$
(4-22)

故知

$$\frac{B(s)}{A(s)} = H_1(s)G_2(s) \tag{4-23}$$

(4-23) 式等號右邊的 $H_1(s)G_2(s)$ 即為由 **Q** 點至 $B(s)$ 之間方塊圖所需的轉移函數。

2. 在不改變輸出 $Y(s)$ 的情況下，也可以移動**比較器**，如圖 4-16a 和 b 所示。由圖 4-16a，我們可以得到下列關係式：

$$Y(s) = A(s)G_2(s) + B(s)H_1(s) \tag{4-24}$$

由圖 4-16b，我們可以得到下列關係式：

$$Y_1(s) = A(s) + B(s)\frac{H_1(s)}{G_2(s)}$$
$$Y(s) = Y_1(s)G_2(s)$$
(4-25)

所以，可以得出

$$Y(s) = A(s)G_2(s) + B(s)\frac{H_1(s)}{G_2(s)}G_2(s)$$
$$\Rightarrow Y(s) = A(s)G_2(s) + B(s)H_1(s)$$
(4-26)

## 範例 4-1-5

試求出圖 4-17a 所示系統的輸入-輸出轉移函數。

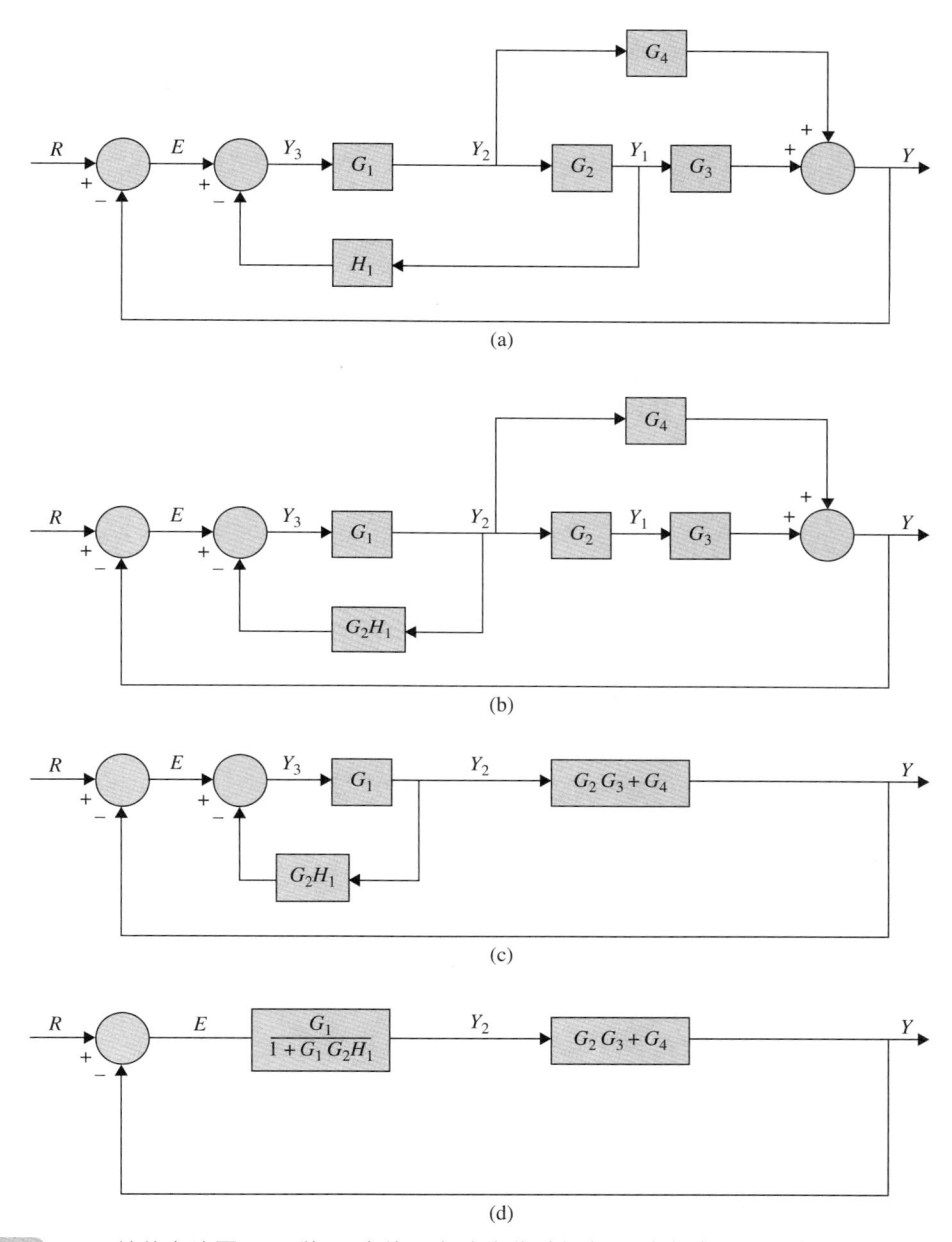

▶ 圖 4-17　(a) 原始的方塊圖。(b) 將 $Y_1$ 處的分支點移動到方塊 $G_2$ 的左邊。(c) 合併方塊 $G_1$、$G_2$ 和 $G_3$。(d) 消除內回授迴路。

**解**　為了簡化方塊圖，其中一個方法是將分支點由 $Y_1$ 移動到方塊 $G_2$ 的左邊，如圖 4-17b 所示。簡化後，簡化程序就會變成很簡單了，首先合併方塊 $G_2$、$G_3$ 與 $G_4$，如圖 4-17c 所示，然後消去兩個回授迴路。結果，在圖 4-17d 中經過簡化後所得到最終系統的轉移函數變成

$$\frac{Y(s)}{R(s)} = \frac{G_1 G_2 G_3 + G_1 G_4}{1 + G_1 G_2 H_1 + G_1 G_2 G_3 + G_1 G_4} \tag{4-27}$$

## 4-1-4　多輸入系統的方塊圖：特例——具有干擾的系統

在控制系統研究中，有個重要的例子要特別討論，就是當干擾信號存在時。干擾 (像是如圖 4-1 範例中，熱量的流失) 通常會增加控制器/致動器元件的負擔，進而對控制系統的性能產生不利影響。圖 4-18 所示為有兩個輸入的一簡單方塊圖。在這個例子中，其中的一個輸入信號 $D(s)$ 被視為干擾，而 $R(s)$ 則為參考輸入。在為系統設計出一個合適的控制器之前，瞭解干擾 $D(s)$ 對系統的影響總是十分重要。

我們會利用重疊原理來建立多-輸入系統的模型。

### 重疊原理 (Superposition Principle)

對於線性系統，系統在對多-輸入之下的整體響應是各個輸入對系統所造成的響應之總和。也就是說，本例的響應為

$$Y_{\text{total}} = Y_R\big|_{D=0} + Y_D\big|_{R=0} \tag{4-28}$$

當 $D(s) = 0$ 時，系統的方塊圖可被簡化 (圖 4-19)，並且得到轉移函數：

$$\frac{Y(s)}{R(s)} = \frac{G_1(s)G_2(s)}{1+G_1(s)G_2(s)H_1(s)} \tag{4-29}$$

當 $R(s) = 0$ 時，系統的方塊圖重新整理後 (圖 4-20) 得出

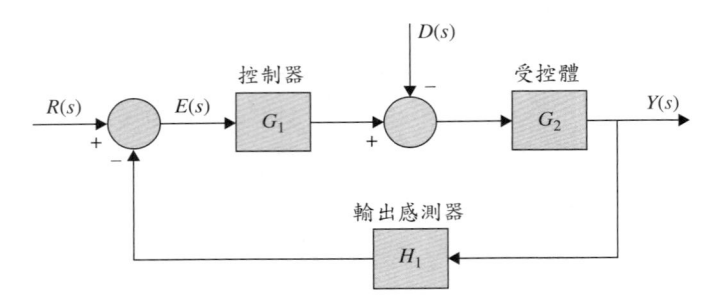

▶圖 4-18　受到干擾的系統方塊圖。

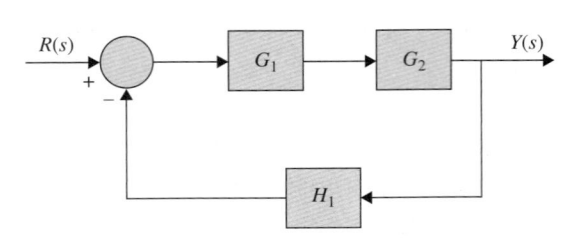

▶圖 4-19　當 $D(s) = 0$ 時，圖 4-18 之系統的方塊圖。

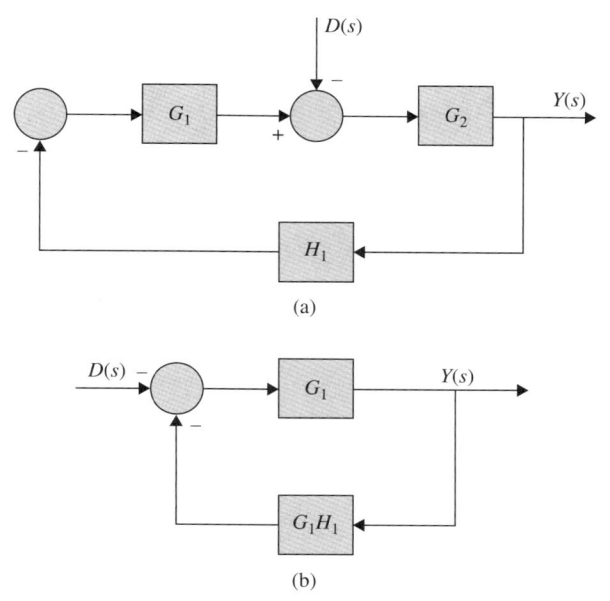

▶ 圖 4-20　當 $R(s) = 0$ 時，圖 4-18 之系統的方塊圖。

$$\frac{Y(s)}{D(s)} = \frac{-G_2(s)}{1+G_1(s)G_2(s)H_1(s)} \tag{4-30}$$

因此，從 (4-28) 式到 (4-32) 式，我們最終可得到

$$\begin{aligned}Y_{\text{total}} &= \left.\frac{Y(s)}{R(s)}\right|_{D=0} R(s) + \left.\frac{Y(s)}{D(s)}\right|_{R=0} D(s) \\ Y(s) &= \frac{G_1 G_2}{1+G_1 G_2 H_1} R(s) + \frac{-G_2}{1+G_1 G_2 H_1} D(s)\end{aligned} \tag{4-31}$$

**觀察**

如果干擾信號進入順向路徑時，則 $\left.\frac{Y}{R}\right|_{D=0}$ 與 $\left.\frac{Y}{D}\right|_{R=0}$ 會具有相同的分母。在 $\left.\frac{Y}{D}\right|_{R=0}$ 分子中的負號，代表干擾信號會干擾控制信號，因此會對系統的性能造成不利的影響。通常，為了彌補誤差，控制器將會承受到更高的負擔。

## 4-1-5　多變數系統的方塊圖與轉移函數

本節將會舉例說明多變數系統的方塊圖和矩陣表示法 (請參閱附錄 A)。具有 $p$ 個輸入和 $q$ 個輸出的多變數系統的兩種方塊圖表示法，如圖 4-21a 和圖 4-21b 所示。在圖 4-21a 中，個別的輸入及輸出信號均畫出，但在圖 4-21b 的方塊圖，其輸入與輸出的多重性則是以向量來表示。實際上，我們較喜歡用圖 4-21b 的方法，因為它較簡便。

圖 4-22 所示為一個多變數回授控制系統的方塊圖。此系統的各種轉移函數關係式可

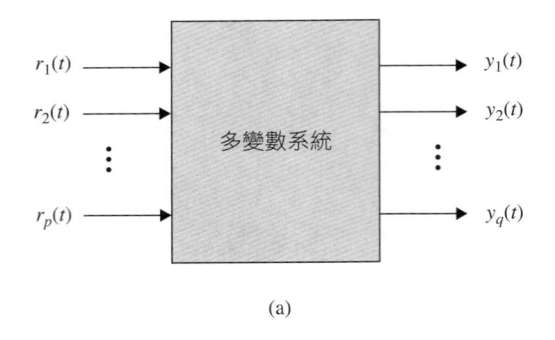

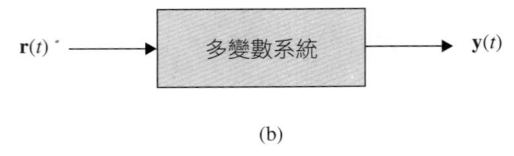

▶ 圖 4-21　多變數系統的方塊圖表示法。

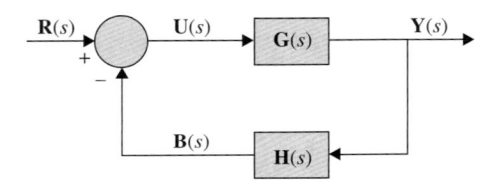

▶ 圖 4-22　多變數回授控制系統的方塊圖。

用向量-矩陣的形式來表示 (請參閱附錄 A)：

$$\mathbf{Y}(s) = \mathbf{G}(s)\mathbf{U}(s) \tag{4-32}$$

$$\mathbf{U}(s) = \mathbf{R}(s) - \mathbf{B}(s) \tag{4-33}$$

$$\mathbf{B}(s) = \mathbf{H}(s)\mathbf{Y}(s) \tag{4-34}$$

其中，$\mathbf{Y}(s)$ 是 $q \times 1$ 的輸出向量，$\mathbf{U}(s)$、$\mathbf{R}(s)$ 和 $\mathbf{B}(s)$ 均為 $p \times 1$ 向量，而 $\mathbf{G}(s)$ 和 $\mathbf{H}(s)$ 分別為 $q \times p$ 與 $p \times q$ 轉移函數矩陣。將 (4-33) 式代入 (4-32) 式，然後再將 (4-34) 式代入 (4-32) 式，可得出

$$\mathbf{Y}(s) = \mathbf{G}(s)\mathbf{R}(s) - \mathbf{G}(s)\mathbf{H}(s)\mathbf{Y}(s) \tag{4-35}$$

由 (4-35) 式求解 $\mathbf{Y}(s)$，可得

$$\mathbf{Y}(s) = [\mathbf{I} + \mathbf{G}(s)\mathbf{H}(s)]^{-1}\mathbf{G}(s)\mathbf{R}(s) \tag{4-36}$$

假設 $\mathbf{I}+\mathbf{G}(s)\mathbf{H}(s)$ 為非奇異的。閉-迴路轉移矩陣可定義為

$$\mathbf{M}(s)=[\mathbf{I}+\mathbf{G}(s)\mathbf{H}(s)]^{-1}\mathbf{G}(s) \tag{4-37}$$

則 (4-37) 式可寫成

$$\mathbf{Y}(s)=\mathbf{M}(s)\mathbf{R}(s) \tag{4-38}$$

## 範例 4-1-6

考慮圖 4-22，假設系統的順向-路徑轉移函數矩陣及回授-路徑轉移函數矩陣分別為

$$\mathbf{G}(s)=\begin{bmatrix} \dfrac{1}{s+1} & -\dfrac{1}{s} \\ 2 & \dfrac{1}{s+2} \end{bmatrix} \quad \mathbf{H}(s)=\begin{bmatrix} 1 & 0 \\ 0 & 1 \end{bmatrix} \tag{4-39}$$

系統的閉-迴路轉移矩陣可以 (4-15) 式求得，計算如下：

$$\mathbf{I}+\mathbf{G}(s)\mathbf{H}(s)=\begin{bmatrix} 1+\dfrac{1}{s+1} & -\dfrac{1}{s} \\ 2 & 1+\dfrac{1}{s+2} \end{bmatrix}=\begin{bmatrix} \dfrac{s+2}{s+1} & -\dfrac{1}{s} \\ 2 & \dfrac{s+3}{s+2} \end{bmatrix} \tag{4-40}$$

閉-迴路轉移函數矩陣為

$$\mathbf{M}(s)=[\mathbf{I}+\mathbf{G}(s)\mathbf{H}(s)]^{-1}\mathbf{G}(s)=\dfrac{1}{\Delta}\begin{bmatrix} \dfrac{s+3}{s+2} & \dfrac{1}{s} \\ -2 & \dfrac{s+2}{s+1} \end{bmatrix}\begin{bmatrix} \dfrac{1}{s+1} & -\dfrac{1}{s} \\ 2 & \dfrac{1}{s+2} \end{bmatrix} \tag{4-41}$$

其中

$$\Delta=\dfrac{s+2}{s+1}\dfrac{s+3}{s+2}+\dfrac{2}{s}=\dfrac{s^2+5s+2}{s(s+1)} \tag{4-42}$$

因此，

$$\mathbf{M}(s)=\dfrac{s(s+1)}{s^2+5s+2}\begin{bmatrix} \dfrac{3s^2+9s+4}{s(s+1)(s+2)} & -\dfrac{1}{s} \\ 2 & \dfrac{3s+2}{s(s+1)} \end{bmatrix} \tag{4-43}$$

## ◎ 4-2 信號流程圖

信號流程圖 (SFG) 可視為方塊圖的另一種表示方法。信號流程圖是由梅森 (S. J. Mason) [2, 3] 所提出,用於描述由代數方程式所代表之線性系統的因果 (輸入-輸出) 關係表示法。信號流程圖可定義為:描述一組線性代數方程式內各變數之間輸入-輸出關係的圖解工具。

方塊圖與信號流程圖之間的關係可依四種重要案例來列表,如圖 4-23 所示。

> 在信號流程圖中,信號只能依支路箭頭的方向傳遞。

考慮圖 4-23b,在建構信號流程圖時,連結點或節點 (nodes) 係用來表示變數——在此例中,$U(s)$ 是輸入變數,而 $Y(s)$ 則為輸出變數。這些節點根據因果方程

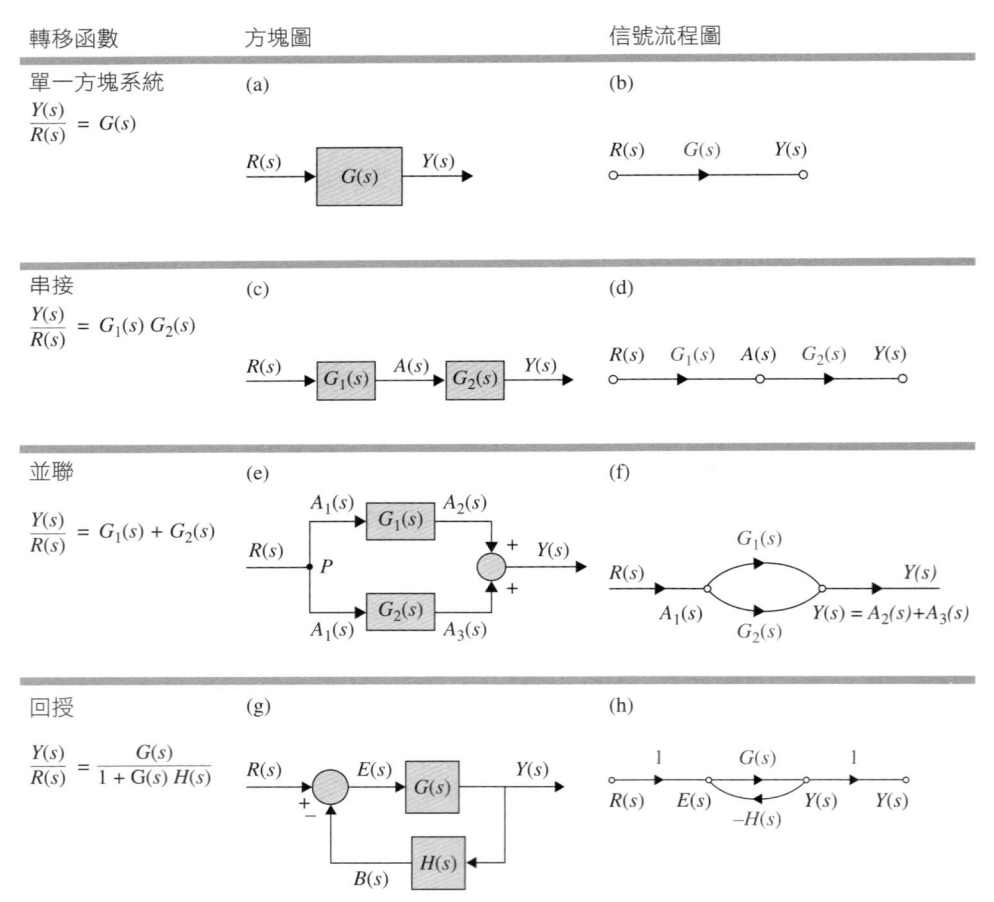

▶ 圖 4-23 方塊圖與其信號流程圖等效的表示法。(a) 用方塊圖表示的輸入-輸出形式。(b) 用信號流程圖表示的等效輸入-輸出形式。(c) 串接方塊圖表示法。(d) 等效的串接信號流程圖表示法。(e) 並聯的方塊圖表示法。(f) 等效的並聯信號流程圖表示法。(g) 負回授方塊圖表示法。(h) 等效的負回授信號流程圖表示法。

式，由稱為**支路** (branches) 的直線連結在一起。支路是由支路增益和支路方向組成的——在此例中，支路代表著轉移函數 $G(s)$。信號僅可以依箭頭的方向而經由支路傳輸。一般而言，信號流程圖的建構方式基本上是依據任一變數本身和其它變數表示的輸入-輸出關係來完成。因此，在圖 4-23b 中信號流程圖所表示的轉移函數為

$$\frac{Y(s)}{U(s)} = G(s) \tag{4-44}$$

其中 $U(s)$ 是輸入，$Y(s)$ 是輸出，而 $G(s)$ 是這兩個變數之間的增益或傳輸度。在輸入與輸出兩個節點之間的支路，可視為具有增益 $G(s)$ 的單向放大器。因此，當一個單位的信號加於輸入 $U(s)$ 時，一個強度為 $G(s)U(s)$ 的信號將會被送到節點 $Y(s)$。雖然 (4-44) 式的代數式可寫成

$$U(s) = \frac{1}{G(s)} Y(s) \tag{4-45}$$

但圖 4-23b 的信號流程圖並不能代表這個關係。若 (4-45) 式要當成有效的因果方程式來看，則必須以 $Y(s)$ 為輸入、$U(s)$ 為輸出，**重畫信號流程圖**。

比較圖 4-23c 與圖 4-23d，或是比較圖 4-23e 與圖 4-23g，我們不難發現信號流程圖的節點代表方塊圖的變數——亦即輸出、輸入和中間變數，如 $A(s)$，然後這些節點透過具有可分別代表轉移函數 $G_1(s)$ 和 $G_2(s)$ 之增益的支路來加以連接。

圖 4-23e 與圖 4-23f 所示之串接與並聯型式以及回授系統，其信號流程圖表示法將會在下一節中詳細的討論。

## 4-2-1　信號流程圖的代數

讓我們來概述信號流程圖的代數和運算法則，如下所示：

1. 一節點所代表變數的值，等於所有進入該節點信號的總和。因此，就圖 4-24 的信號流程圖而言，$y_1$ 的值等於所有經由進來支路傳送的信號總和；即

$$y_1 = a_{21} y_2 + a_{31} y_3 + a_{41} y_4 + a_{51} y_5 \tag{4-46}$$

2. 一節點所代表變數的值，會經由所有離開此節點的支路來傳遞。在圖 4-24 的信號流程圖中，我們有

$$\begin{aligned} y_6 &= a_{17} y_1 \\ y_7 &= a_{17} y_1 \\ y_8 &= a_{18} y_1 \end{aligned} \tag{4-47}$$

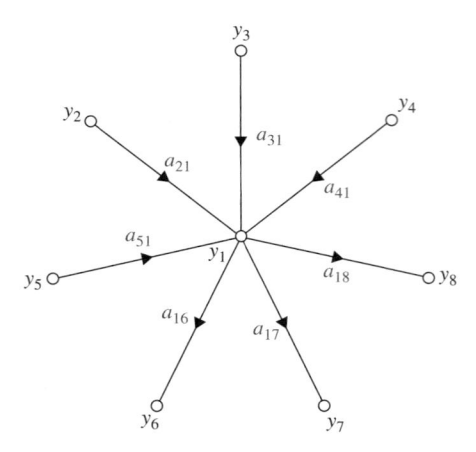

▶ **圖 4-24** 節點當作總和點及傳輸點。

3. 連結在兩個節點之間相同方向的**並聯** (parallel) 支路，可用一個增益等於這些並聯支路增益和的支路來代替。這個情況的例子說明於圖 4-23f 和圖 4-25 中。
4. 單一方向**串聯**（**串接**）[series (cascade) connection] 的支路，可用一個增益等於這些支路增益乘積的支路來代替，如圖 4-23d 或是圖 4-26 所示。
5. 圖 4-23g 所示為一個**回授系統**，取決於下列代數方程式：

$$E(s) = R(s) - H(s)Y(s) \tag{4-48}$$

與

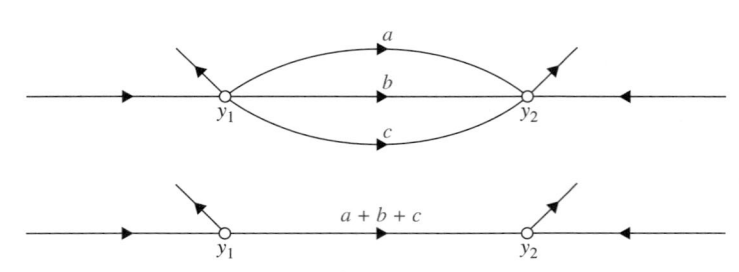

▶ **圖 4-25** 以一個單一支路來代替並聯路徑的信號流程圖。

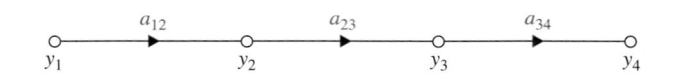

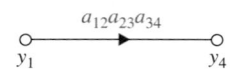

▶ **圖 4-26** 以單一支路來代替串接的單方向支路群的信號流程圖。

$$Y(s) = G(s)E(s) \tag{4-49}$$

將 (4-49) 式代入 (4-48) 式,並將中間變數 $E(s)$ 消去,得到

$$Y(s) = G(s)R(s) - G(s)H(s)Y(s) \tag{4-50}$$

由上式求解 $Y(s)/R(s)$,我們得到閉-迴路的轉移函數

$$M(s) = \frac{Y(s)}{R(s)} = \frac{G(s)}{1 + G(s)H(s)} \tag{4-51}$$

### 範例 4-2-1

將圖 4-27a 的方塊圖轉換成信號流程圖。

**解** 首先,要標示方塊圖的所有變數——在此例中,變數有 $R$、$E$、$Y_3$、$Y_1$ 及 $Y$。接下來,將這

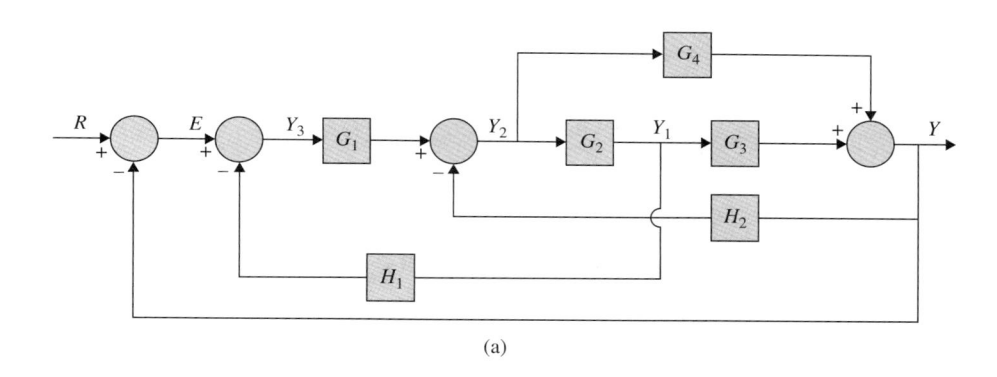

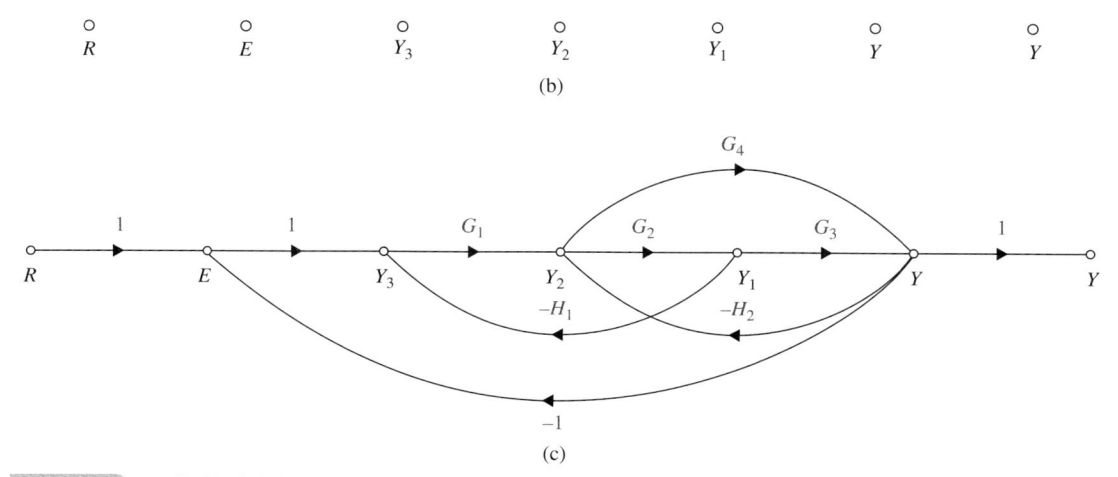

▶ 圖 4-27 (a) 控制系統的方塊圖。(b) 信號節點。(c) 等效的信號流程圖。

些變數與節點做連結,如圖 4-27b 所示。注意:清楚地辨識輸入和輸出節點分別為 R 與 Y 是十分重要的,如圖 4-27b 所示。利用支路連結各節點,同時要確保支路的方向與方塊圖中信號的方向相同。配合圖 4-27a 的轉移函數,將各個支路標示上增益 [例如,$-G_1(s)$、$-G_2(s)$ $-1$]——詳見圖 4-27c。

## 範例 4-2-2

作為建構一個信號流程圖的例子,考慮下列一組代數方程式:

$$
\begin{aligned}
y_2 &= a_{12}y_1 + a_{32}y_3 \\
y_3 &= a_{23}y_2 + a_{43}y_4 \\
y_4 &= a_{24}y_2 + a_{34}y_3 + a_{44}y_4 \\
y_5 &= a_{25}y_2 + a_{45}y_4
\end{aligned}
\tag{4-52}
$$

這些方程式的信號流程圖,其作圖逐步圖解於圖 4-28 中。

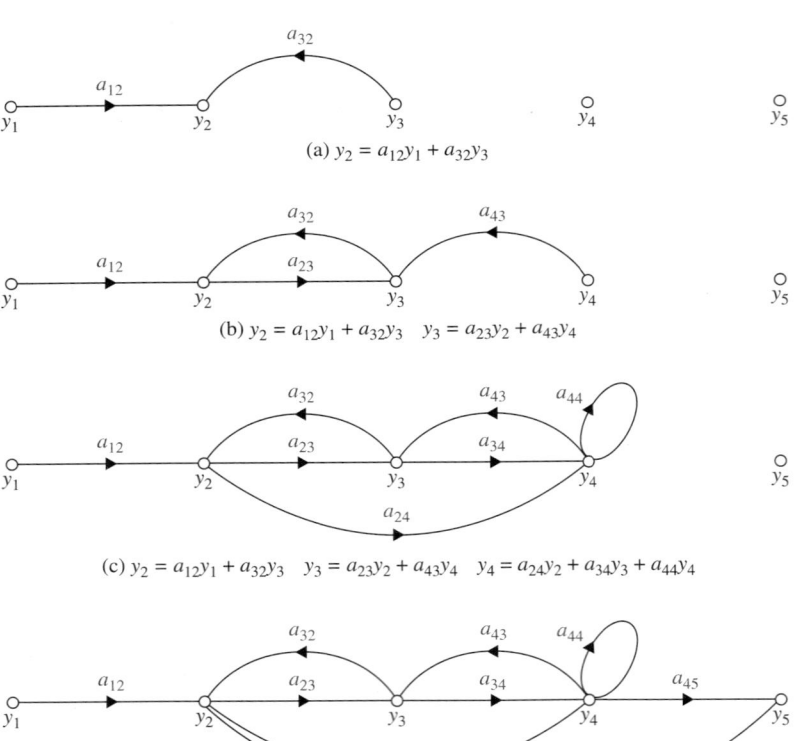

(a) $y_2 = a_{12}y_1 + a_{32}y_3$

(b) $y_2 = a_{12}y_1 + a_{32}y_3$   $y_3 = a_{23}y_2 + a_{43}y_4$

(c) $y_2 = a_{12}y_1 + a_{32}y_3$   $y_3 = a_{23}y_2 + a_{43}y_4$   $y_4 = a_{24}y_2 + a_{34}y_3 + a_{44}y_4$

(d) 完整的訊號流程圖

▶圖 4-28  (4-52) 式之信號流程圖的逐步作圖說明。

## 4-2-2 信號流程圖專有名詞的定義

除了前面所定義的信號流程圖的支路與節點，下列名詞將有助於我們對信號流程圖代數的認識與使用。

### 輸入節點（源點）

一個節點若只有出去的支路時稱為輸入節點。[例如：圖 4-23b 的節點 $U(s)$]。

一輸入節點僅有出去的支路。

### 輸出節點（汲點）

一個節點若只有進來的支路時稱為輸出節點。[例如：圖 4-23b 的節點 $Y(s)$]。然而，這個條件並非都能很快地看出輸出節點。例如，圖 4-29a 中的信號流程圖並沒有任何節點滿足輸出節點的條件。但是，必須視節點 $y_2$ 和/或 $y_3$ 為輸出節點，以找出輸入對這些節點上的影響。要使 $y_2$ 成為輸出節點，我們只要以單位增益支路從既有的 $y_2$ 節點連到新的標示為 $y_2$ 的節點，如圖 4-29b 所示。同樣的步驟亦適用於 $y_3$。要注意的是，圖 4-29b 修改過的信號流程圖，相當於加上方程式 $y_2 = y_2$ 及 $y_3 = y_3$。通常，信號流程圖中的任何非輸入節點大都可以用上述的方式而變成輸出節點。但是，將上述步驟中的支路反向，並無法將非輸入節點轉成輸入節點。例如，圖 4-29a 中信號流程圖的節點 $y_2$ 並不是一個輸入節點。若想加進一條單一增益的支路，將 $y_2$ 變成輸入節點，則會形成圖 4-30 的流程圖。現在描述節點 $y_2$ 的關係式的方程式則變為

一輸出節點僅有進來的支路。

$$y_2 = y_2 + a_{12}y_1 + a_{32}y_3 \tag{4-53}$$

這與圖 4-29a 中原來所指定的方程式不同。

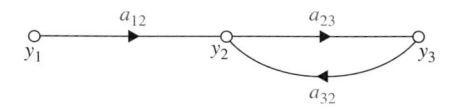

(a) 原來的訊號流程圖

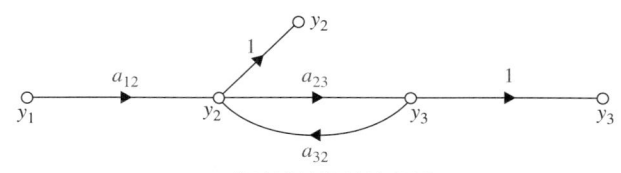

(b) 修改過的訊號流程圖

▶ 圖 4-29　修改信號流程圖，使得 $y_2$ 和 $y_3$ 滿足輸出節點的條件。

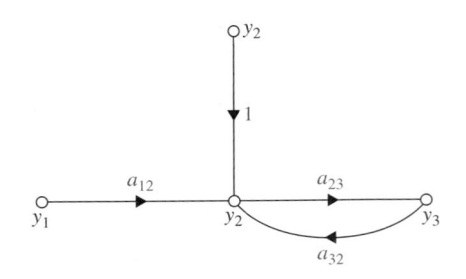

▶ 圖 4-30　使節點 $y_2$ 改成輸入節點的錯誤方法。

## 路徑

任何通過同一方向的支路之連續系列的組合均稱為路徑 (path)。路徑的定義相當廣泛，因為它並不限制通過任何節點一次以上。因此，如同圖 4-29a 的簡單信號流程圖也可有多條路徑，只要連續地通過支路 $a_{23}$ 和 $a_{32}$ 即可。

## 順向路徑

若一路徑起始於輸入節點，結束於輸出節點且沿途所經過的節點沒有超過一次以上時，則稱此路徑為順向路徑 (forward path)。例如，圖 4-28d 中的信號流程圖，$y_1$ 是輸入節點，其餘皆為可能的輸出節點。在 $y_1$ 和 $y_2$ 之間的順向路徑就是連結 $y_1$ 和 $y_2$ 之間的支路。在 $y_1$ 和 $y_3$ 之間有兩條順向路徑：一條由 $y_1$ 經 $y_2$ 到 $y_3$ 的支路組成，另一條由 $y_1$ 經 $y_2$ 到 $y_4$ (通過支路增益為 $a_{24}$)，然後再回到 $y_3$ (通過的支路增益為 $a_{43}$) 的支路組成。讀者也可在 $y_1$ 和 $y_4$ 之間找到兩條順向路徑。同樣地，在 $y_1$ 和 $y_5$ 之間也有三條順向路徑。

信號流程圖**增益公式**僅能夠使用在**輸入節點與輸出節點**之間。
$\Delta$ 也是如此，無論輸出的節點為何。

## 路徑增益

在一路徑中所遇到的支路，其支路增益的乘積稱為路徑增益 (path gain)。例如，圖 4-28d 中的路徑 $y_1 - y_2 - y_3 - y_4$ 的路徑增益為 $a_{12}a_{23}a_{34}$。

## 迴路

若一路徑的起點和終點是在同一節點，且沿途節點並沒有遭遇一次以上時，則稱此路徑為迴路 (loop)。例如，圖 4-28d 的信號流程圖有四個迴路。這些迴路如圖 4-31 所示。

## 順向路徑增益

順向路徑增益 (forward-path gain) 為一順向路徑的路徑增益。

## 迴路增益

一迴路的路徑增益即稱為迴路增益 (loop gain)。例如，圖 4-31 中迴路 $y_2 - y_4 - y_3 - y_2$ 的迴路增益為 $a_{24}a_{43}a_{32}$。

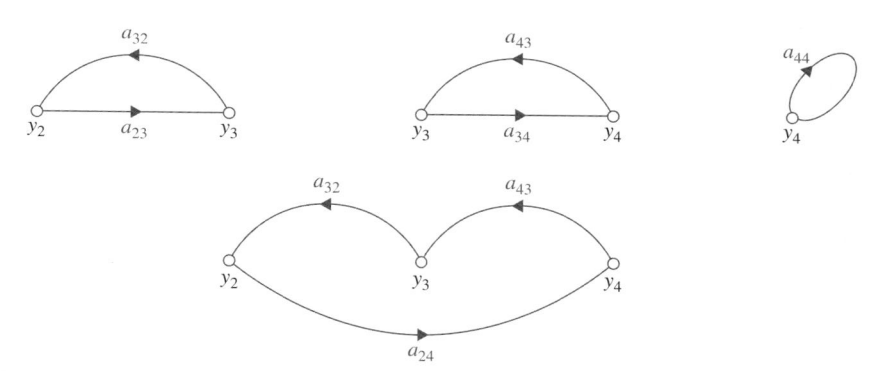

▶圖 4-31　在圖 4-28d 中信號流程圖的四個迴路。

### 無接觸迴路

一信號流程圖的兩部分若無共用節點,則稱此兩部分為無接觸的 (nontouching)。例如,圖 4-28d 中信號流程圖的 $y_2 - y_3 - y_2$ 和 $y_4 - y_4$ 迴路,即為無接觸迴路 (nontouching loops)。

> 一信號流程圖的兩部分如果沒有共用節點,則為無接觸的。

## 4-2-3　信號流程圖的增益公式

已知信號流程圖或方塊圖,要用代數運算來解出輸入-輸出關係式是一件十分冗長的工作。還好,有一個通用的增益公式可讓我們以觀察法來決定信號流程圖的輸入-輸出關係式。

已知信號流程圖有 $N$ 個順向路徑和 $K$ 個迴路,在輸入節點 $y_{in}$ 和輸出節點 $y_{out}$ 之間的增益為 [3]

$$M = \frac{y_{out}}{y_{in}} = \sum_{k=1}^{N} \frac{M_k \Delta_k}{\Delta} \tag{4-54}$$

其中

$y_{in}$ = 輸入節點變數

$y_{out}$ = 輸出節點變數

$M$ = $y_{in}$ 和 $y_{out}$ 之間的增益

$N$ = $y_{in}$ 和 $y_{out}$ 之間順向路徑的總數

$M_k$ = $y_{in}$ 和 $y_{out}$ 之間第 $k$ 條順向路徑的增益

$$\Delta = 1 - \sum_{i=1} L_{i1} + \sum_{j=1} L_{j2} - \sum_{k=1} L_{k3} + \cdots \tag{4-55}$$

或

$\Delta = 1 -$ (**所有個別**迴路增益和) + (**兩個**無接觸迴路的所有可能組合的增益乘積總和) – (**三個**無接觸迴路的所有可能組合的增益乘積總和) + (**四個**無接觸迴路的所有可能組合的增益乘積總和) – ⋯

$\Delta_k =$ 在信號流程圖中與第 $k$ 個順向路徑無接觸部分的 $\Delta$ 和 $\Delta_k$

增益公式 (4-54) 式，乍看似乎不好用。不過，只有當信號流程圖有很多迴路與無接觸迴路時，公式中才會有複雜的 $\Delta$ 與 $\Delta_k$。

記住：增益公式只適用於一個**輸入節點**與一個**輸出節點**之間。

### 範例 4-2-3

考慮圖 4-23f 的信號流程圖。我們希望使用增益公式 (4-54) 式來決定轉移函數 $Y(s)/R(s)$。下列的結果是由觀察信號流程圖而獲得的：

**1.** 在 $R(s)$ 和 $Y(s)$ 之間只有一條順向路徑，順向路徑增益是

$$M_1 = G(s) \tag{4-56}$$

**2.** 只有一個迴路；迴路增益是

$$L_{11} = -G(s)H(s) \tag{4-57}$$

**3.** 因為順向路徑和唯一的迴路接觸 $L_{11}$，所以沒有無接觸迴路。因此，$\Delta_1 = 1$，及

$$\Delta = 1 - L_{11} = 1 + G(s)H(s) \tag{4-58}$$

利用 (4-54) 式，閉-迴路轉移函數可寫成

$$\frac{Y(s)}{R(s)} = \frac{M_1 \Delta_1}{\Delta} = \frac{G(s)}{1 + G(s)H(s)} \tag{4-59}$$

這與 (4-12) 式或 (4-51) 式相合。

### 範例 4-2-4

考慮圖 4-28d 的信號流程圖。首先，用增益公式來決定 $y_1$ 和 $y_5$ 之間的增益。

在 $y_1$ 和 $y_5$ 之間的三個順向-路徑與**順向-路徑增益**為

| 順向路徑 | 增益 |
| --- | --- |
| $y_1 - y_2 - y_3 - y_4 - y_5$ | $M_1 = a_{12}a_{23}a_{34}a_{45}$ |
| $y_1 - y_2 - y_5$ | $M_2 = a_{12}a_{25}$ |
| $y_1 - y_2 - y_4 - y_5$ | $M_3 = a_{12}a_{24}a_{45}$ |

信號流程圖的四個迴路顯示於圖 4-31 中。迴路增益為

| 迴路 | 增益 |
|---|---|
| $y_2 - y_3 - y_2$ | $L_{11} = a_{23}a_{32}$ |
| $y_3 - y_4 - y_3$ | $L_{21} = a_{34}a_{43}$ |
| $y_2 - y_4 - y_3 - y_2$ | $L_{31} = a_{23}a_{43}a_{32}$ |
| $y_4 - y_4$ | $L_{41} = a_{44}$ |

有兩個**無接觸的迴路**，如下所示：

$$y_2 - y_3 - y_2 \quad \text{和} \quad y_4 - y_4$$

這兩個無接觸迴路的增益乘積為

$$L_{12} = a_{23}a_{32}a_{44} \tag{4-60}$$

所有的迴路都與順向-路徑 $M_1$ 和 $M_3$ 有接觸，因此 $\Delta_1 = \Delta_3 = 1$。所有迴路中有兩個迴路與順向-路徑 $M_2$ 無接觸，它們是迴路 $y_3 - y_4 - y_4$ 和 $y_4 - y_4$。因此，

$$\Delta_2 = 1 - a_{34}a_{43} - a_{44} \tag{4-61}$$

將這些量代入 (4-54) 式，可得

$$\begin{aligned}\frac{y_5}{y_1} &= \frac{M_1\Delta_1 + M_2\Delta_2 + M_3\Delta_3}{\Delta} \\ &= \frac{(a_{12}a_{23}a_{34}a_{45}) + (a_{12}a_{25})(1 - a_{34}a_{43} - a_{44}) + a_{12}a_{24}a_{45}}{1 - (a_{23}a_{32} + a_{34}a_{43} + a_{24}a_{32}a_{43} + a_{44}) + a_{23}a_{32}a_{44}}\end{aligned} \tag{4-62}$$

其中

$$\begin{aligned}\Delta &= 1 - (L_{11} + L_{21} + L_{31} + L_{41}) + L_{12} \\ &= 1 - (a_{23}a_{32} + a_{34}a_{43} + a_{24}a_{32}a_{43} + a_{44}) + a_{23}a_{32}a_{44}\end{aligned} \tag{4-63}$$

讀者可確認一件事：若選 $y_2$ 為輸出，則

$$\frac{y_2}{y_1} = \frac{a_{12}(1 - a_{34}a_{43} - a_{44})}{\Delta} \tag{4-64}$$

其中，$\Delta$ 與 (4-63) 式相同。

## 範例 4-2-5

先將所有方塊圖的變量 $y_1 - y_7$ 轉換成如圖 4-32b 所示的節點，我們便可以將圖 4-32a 的方塊圖轉換成如圖 4-32c 所示的信號流程圖格式。接下來，我們依據方塊圖的信號流向以支路來連接各個節點。再根據圖 4-32a 的轉移函數，將適當的增益標示在支路上。記得要將負回授的符號標

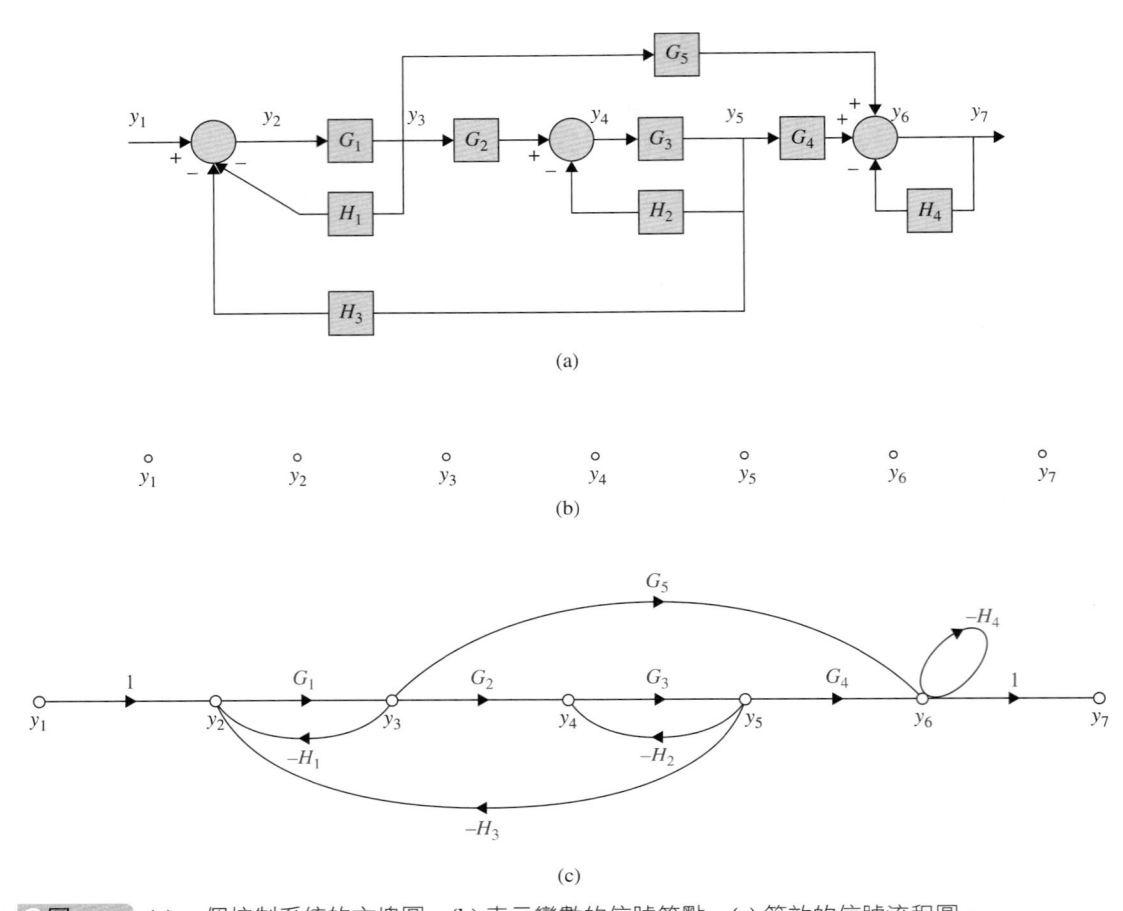

▶ 圖 4-32　(a) 一個控制系統的方塊圖。(b) 表示變數的信號節點。(c) 等效的信號流程圖。

記標示在增益上 [例如，$-H_1(s)$、$-H_2(s)$、$-H_3(s)$ 及 $-H_4(s)$]——詳見圖 4-32c。

在 $y_1$ 和 $y_7$ 之間的兩個順向-路徑與**順向-路徑增益**為

| 順向路徑 | 增益 |
|---|---|
| $y_1 - y_2 - y_3 - y_4 - y_5 - y_6 - y_7$ | $M_1 = G_1 G_2 G_3 G_4$ |
| $y_1 - y_2 - y_3 - y_6 - y_7$ | $M_2 = G_1 G_5$ |

SFG 的**四個迴路**顯示於圖 4-32 中。迴路增益為

| 迴路 | 增益 |
|---|---|
| $y_2 - y_3 - y_2$ | $L_{11} = -G_1 H_1$ |
| $y_4 - y_5 - y_4$ | $L_{21} = -G_3 H_2$ |
| $y_2 - y_3 - y_4 - y_5 - y_2$ | $L_{31} = -G_1 G_2 G_3 H_3$ |
| $y_6 - y_7 - y_6$ | $L_{41} = -H_4$ |

有三個**無接觸**的迴路，如下所示：

$$y_2 - y_3 - y_2 \, \cdot \, y_4 - y_5 - y_4 \quad \text{和} \quad y_6 - y_7 - y_6$$

因此，這三個無接觸迴路中任兩個迴路的增益乘積為

$$L_{12} = G_1G_3H_1H_2 \, \cdot \, L_{22} = G_1H_1H_4 \, \cdot \, \text{以及} \, L_{32} = G_3H_2H_4 \tag{4-65}$$

此外，以下的兩個迴路也是**無接觸**迴路

$$y_2 - y_3 - y_4 - y_5 - y_2 \quad \text{和} \quad y_6 - y_7 - y_6$$

因此，這兩個無接觸迴路的增益乘積為

$$L_{42} = G_1G_2G_3H_3H_4 \tag{4-66}$$

進一步來說，三個無接觸迴路的增益乘積為

$$L_{13} = -G_1G_3H_1H_2H_4 \tag{4-67}$$

因此，得到

$$\begin{aligned}\Delta = & 1 + G_1H_1 + G_3H_2 + G_1G_2G_3H_3 + H_4 \\ & + G_1G_3H_1H_2 + G_1H_1H_4 + G_3H_2H_4 + G_1G_2G_3H_3H_4 + G_1G_3H_1H_2H_4\end{aligned} \tag{4-68}$$

所有的迴路都與順向路徑 $M_1$ 有接觸。因此，$\Delta_1 = 1$。有一個迴路 $y_4 - y_5 - y_4$ 與順向路徑 $M_2$ 無接觸，因此

$$\Delta_2 = 1 + G_3H_2 \tag{4-69}$$

將這些變量代入 (4-54) 式，得到

$$\frac{y_6}{y_1} = \frac{y_7}{y_1} \frac{M_1\Delta_1 + M_2\Delta_2}{\Delta} = \frac{G_1G_2G_3G_4 + G_1G_5(1+G_3H_2)}{\Delta} \tag{4-70}$$

以下輸入-輸出關係也可以經由此增益公式獲得：

$$\frac{y_2}{y_1} = \frac{1 + G_3H_2 + H_4 + G_3H_2H_4}{\Delta} \tag{4-71}$$

$$\frac{y_4}{y_1} = \frac{G_1G_2(1+H_4)}{\Delta} \tag{4-72}$$

---

## 4-2-4　輸出節點與非輸入節點之間增益公式的應用

在前面已說明了增益公式僅能用於一對輸入及輸出節點之間。但我們常有興趣找出輸出節點和非輸入節點之間的關係式。例如，在圖 4-32 的信號流程圖中，我們想找出關係式 $y_7/y_2$。它代表 $y_7$ 如何隨 $y_2$ 而變，但後者並不是輸入。

我們可以證明只要引進一輸入節點，增益公式照樣可用在找出非輸入節點與輸出節點之間的增益。令 $y_{in}$ 為信號流程圖的輸入，而 $y_{out}$ 為輸出。針對非輸入節點 $y_2$ 言，增益 $y_{out}/y_2$ 可寫成

$$\frac{y_{out}}{y_2}=\frac{\dfrac{y_{out}}{y_{in}}}{\dfrac{y_2}{y_{in}}}=\frac{\dfrac{\sum M_k \Delta_k |_{從\, y_{in}\, 到\, y_{out}}}{\Delta}}{\dfrac{\sum M_k \Delta_k |_{從\, y_{in}\, 到\, y_2}}{\Delta}} \tag{4-73}$$

因為 $\Delta$ 與輸入和輸出無關，上式可寫成

$$\frac{y_{out}}{y_2}=\frac{\sum M_k \Delta_k |_{從\, y_{in}\, 到\, y_{out}}}{\sum M_k \Delta_k |_{從\, y_{in}\, 到\, y_2}} \tag{4-74}$$

注意：$\Delta$ 沒有出現在上式中。

### 範例 4-2-6

由圖 4-32 中的信號流程圖，$y_2$ 與 $y_7$ 之間的增益可寫成

$$\frac{y_7}{y_2}=\frac{y_7/y_1}{y_2/y_1}=\frac{G_1 G_2 G_3 G_4 + G_1 G_5 (1+G_3 H_2)}{1+G_3 H_2 + H_4 + G_3 H_2 H_4} \tag{4-75}$$

### 範例 4-2-7

考慮圖 4-27a 中的方塊圖。此系統的等效方塊圖顯示於圖 4-27c。要注意的是，因為在信號流程圖中的節點代表所有進入節點信號的總和點，所以方塊圖中的負回授是以在信號流程圖的回授路徑上指定負增益來表示。首先，我們要先辨識系統的順向路徑與迴路，以及相對應的增益。亦即，

| 順向路徑 | 增益 |
|---|---|
| $R - E - Y_3 - Y_2 - Y_1 - Y$ | $M_1 = G_1 G_2 G_3$ |
| $R - E - Y_3 - Y_2 - Y$ | $M_2 = G_1 G_4$ |

圖 4-27c 所示的 SFG 共有**四個迴路**。各迴路增益為

| 迴路 | 增益 |
|---|---|
| $Y_3 - Y_2 - Y_1 - Y_3$ | $L_{11} = -G_1 G_2 H_1$ |
| $Y_2 - Y_1 - Y - Y_2$ | $L_{21} = -G_2 G_3 H_2$ |
| $E - Y_3 - Y_2 - Y_1 - Y - E$ | $L_{31} = -G_1 G_2 G_3$ |

$$Y_2 - Y - Y_2 \qquad\qquad L_{41} = -G_4 H_2$$
$$E - Y_3 - Y_2 - Y - E \qquad\qquad L_{51} = -G_1 G_4$$

注意:所有的迴路都有接觸。因此,系統的閉-迴路轉移函數可應用 (4-54) 式到圖 4-27 的方塊圖或信號流程圖來求得。亦即,

$$\frac{Y(s)}{R(s)} = \frac{G_1 G_2 G_3 + G_1 G_4}{\Delta} \tag{4-76}$$

其中

$$\Delta = 1 + G_1 G_2 H_1 + G_2 G_3 H_2 + G_1 G_2 G_3 + G_4 H_2 + G_1 G_4 \tag{4-77}$$

同理,得

$$\frac{E(s)}{R(s)} = \frac{1 + G_1 G_2 H_1 + G_2 G_3 H_2 + G_4 H_2}{\Delta} \tag{4-78}$$

$$\frac{Y(s)}{E(s)} = \frac{G_1 G_2 G_3 + G_1 G_4}{1 + G_1 G_2 H_1 + G_2 G_3 H_2 + G_4 H_2} \tag{4-79}$$

上式是利用 (4-74) 式而求得。

---

## 4-2-5　簡化的增益公式

從範例 4-2-7 可得知,**所有的迴路與順向路徑都有接觸**。通常,系統的方塊圖或是信號流程圖內,當各順向路徑均沒有無接觸的迴路且各迴路之間亦沒有無接觸迴路 (例如,範例 4-2-3 中的 $y_2 - y_3 - y_2$ 和 $y_4 - y_4$) 時,則 (4-54) 式看上去會簡單許多,如下所示:

$$M = \frac{y_{\text{out}}}{y_{\text{in}}} = \sum \frac{順向路徑增益}{1 - 迴路增益} \tag{4-80}$$

### 範例 4-2-8

範例 4-2-5 中存在有無接觸迴路,如同圖 4-33 可見,經過一些方塊圖的操作可以消除無接觸迴路,如此便可以使用簡化的增益公式。

在節點 $y_1$ 與 $y_7$ 之間的兩條順向路徑與**順向-路徑增益**為

| 順向路徑 | 增益 |
|---|---|
| $y_1 - y_2 - y_3 - y_4 - y_5 - y_6 - y_7$ | $M_1 = G_1 G_2 G_6 G_4 G_7$ |
| $y_1 - y_2 - y_3 - y_6 - y_7$ | $M_2 = G_1 G_5 G_7$ |

信號流程圖的兩個**接觸迴路**顯示於圖 4-33 中。迴路增益為

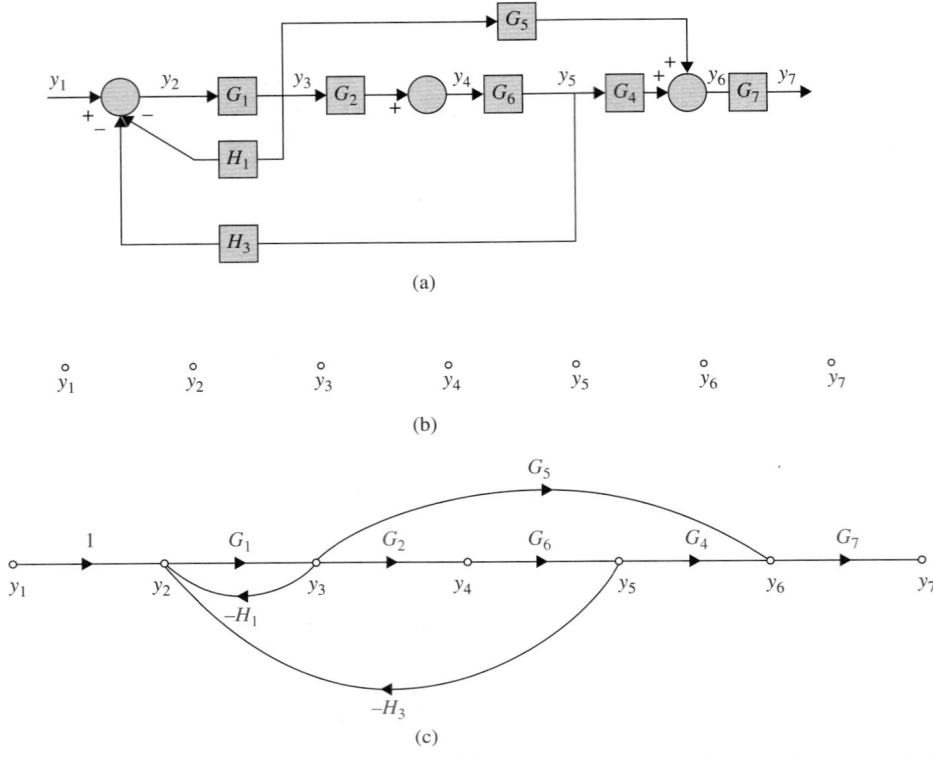

▶圖 4-33 (a) 修改圖 4-32 控制系統的方塊圖來消除無接觸迴路。(b) 代表示各變數的信號節點。(c) 等效的信號流程圖。

| 迴路 | 增益 |
|---|---|
| $y_2 - y_3 - y_2$ | $L_{11} = -G_1 H_1$ |
| $y_2 - y_3 - y_4 - y_5 - y_2$ | $L_{21} = -G_1 G_2 G_6 H_3$ |

注意：在這個例子中，

$$G_6 = \frac{G_3}{1+G_3 H_2} \quad 與 \quad G_7 = \frac{1}{1+H_4} \tag{4-81}$$

因此，

$$\begin{aligned}\Delta = 1 &+ G_1 H_1 + G_3 H_2 + G_1 G_2 G_3 H_3 + H_4 \\ &+ G_1 G_3 H_1 H_2 + G_1 H_1 H_4 + G_3 H_2 H_4 + G_1 G_2 G_3 H_3 H_4 + G_1 G_3 H_1 H_2 H_4\end{aligned} \tag{4-82}$$

得到

$$\frac{Y(s)}{R(s)} = \frac{G_1 G_2 G_3 + G_1 G_4}{\Delta} \tag{4-83}$$

## 4-3 狀態圖

本節將介紹狀態圖，它是信號流程圖的延伸，用以描述狀態方程式與微分方程式。狀態圖的建構使用拉氏轉換後的狀態方程式，並遵循所有信號流程圖的法則。狀態圖的基本元件類似傳統的信號流程圖，但**積分運算**除外。

令變數 $x_1(t)$ 與 $x_2(t)$ 之間的關係為一階微分：

$$\frac{dx_1(t)}{dt} = x_2(t) \tag{4-84}$$

對上式的兩邊從初始時間 $t_0$ 相對於 $t$ 做積分，可得到

$$x_1(t) = \int_{t_0}^{t} x_2(\tau)\,d\tau + x_1(t_0) \tag{4-85}$$

因為信號流程圖代數無法在時域中處理積分，必須對 (4-85) 式的兩邊取拉氏轉換，可得

$$X_1(s) = \mathcal{L}\left[\int_{t_0}^{t} x_2(\tau)\,d\tau\right] + \frac{x_1(t_0)}{s} = \frac{X_2(s)}{s} - \left[\int_{0}^{t_0} x_2(\tau)\,d\tau\right] + \frac{x_1(t_0)}{s} \tag{4-86}$$

因為積分器過去的經歷是由 $x_1(t_0)$ 代表，且狀態轉移假設是從 $\tau = t_0$ 開始，$x_2(\tau) = 0$，$0 < \tau < t_0$。因此 (4-86) 式變成

$$X_1(s) = \frac{X_2(s)}{s} + \frac{x_1(t_0)}{s} \quad \tau \geq t_0 \tag{4-87}$$

(4-87) 式現在是代數的式子，且可由信號流程圖來代表，如圖 4-34 所示，其中，積分器的輸出等於 $s^{-1}$ 乘上輸入，再加上初始條件 $x_1(t_0)/s$。(4-87) 式的另一種使用較少元件的信號流程圖顯示於圖 4-35 中。

### 4-3-1 由微分方程式求出狀態圖

當一線性系統以高階微分方程式來描述時，可由這些方程式求出狀態圖 (雖然這種直接的方法未必是最好的)。考慮下列微分方程式：

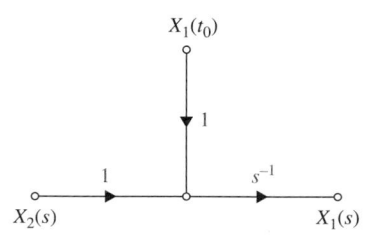

▶ 圖 4-34　$X_1(s) = [X_2(s)/s] + [x_1(t_0)/s]$ 的信號流程圖表示法。

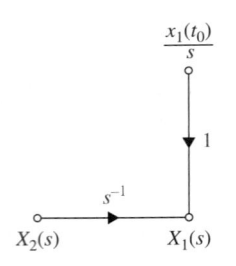

▶ 圖 4-35　$X_1(s) = [X_2(s)/s] + [x_1(t_0)/s]$ 另一種的信號流程圖表示法。

$$\frac{d^n y(t)}{dt^n} + a_n \frac{d^{n-1} y(t)}{dt^{n-1}} + \cdots + a_2 \frac{dy(t)}{dt} + a_1 y(t) = r(t) \tag{4-88}$$

為了由此方程式求得狀態圖，我們將方程式重新排列為

$$\frac{d^n y(t)}{dt^n} = -a_n \frac{d^{n-1} y(t)}{dt^{n-1}} - \cdots - a_2 \frac{dy(t)}{dt} - a_1 y(t) + r(t) \tag{4-89}$$

步驟如下：

**1.** 將代表 $R(s), s^n Y(s), s^{n-1} Y(s), ..., sY(s)$ 和 $Y(s)$ 的節點由左至右排列，如圖 4-36a 所示。

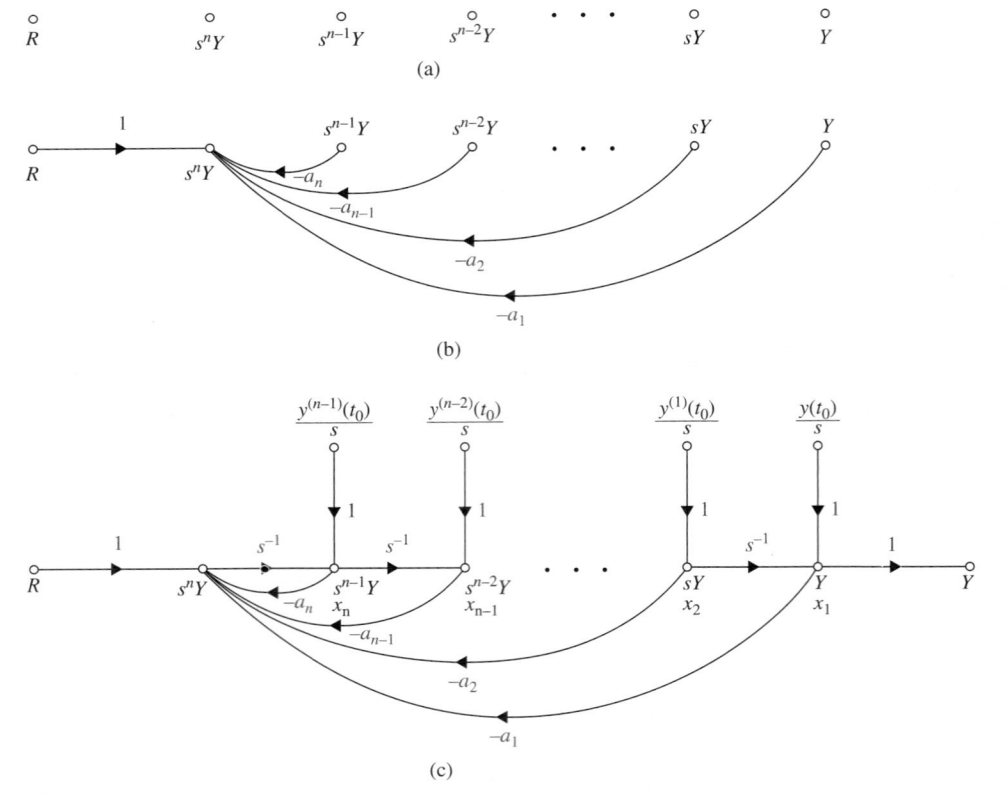

▶ 圖 4-36　微分方程式 (4-89) 式的狀態圖表示法。

2. 因為在拉氏域中，$s^i Y(s)$ 是相對於 $d^i y(t)/dt^i$，$i = 0, 1, 2, ..., n$，所以下一步是將圖 4-36a 中的節點用支路連接起來，以描述 (4-85) 式。所得結果為圖 4-36b。

3. 最後，根據圖 4-35 中的基本圖示，我們安插增益為 $s^{-1}$ 的積分支路，並加上初始條件至積分器的輸出。

完整的狀態圖繪於圖 4-36c 中，積分器的輸出定義為狀態變數 $x_1, x_2, ..., x_n$。一旦想要畫出狀態圖，這通常是狀態變數的自然選擇。

> 狀態圖中積分器的輸出常被定義為狀態變數。

當微分方程式有輸入的微分項在右邊時，畫狀態圖的問題將不如剛才講解得那樣簡單。我們將證明，通常先由微分方程式得到轉移函數，再經由分解來求得狀態圖會更容易 (8-11 節)。

### 範例 4-3-1

考慮微分方程式

$$\frac{d^2 y(t)}{dt^2} + 3\frac{dy(t)}{dt} + 2y(t) = r(t) \tag{4-90}$$

令上式中的最高階項等於其餘的項，可得

$$\frac{d^2 y(t)}{dt^2} = -3\frac{dy(t)}{dt} - 2y(t) + r(t) \tag{4-91}$$

依循前面所描述的步驟，可畫出系統的狀態圖，如圖 4-37 所示。狀態變數 $x_1$ 和 $x_2$ 亦表示於圖中。

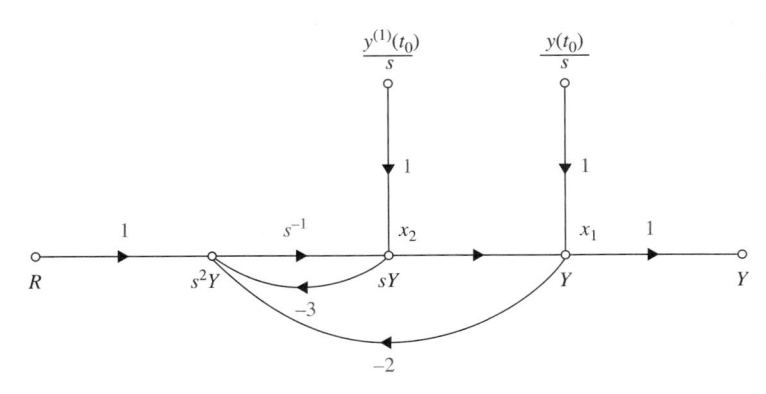

▶ 圖 4-37　(4-90) 式的狀態圖。

## 4-3-2　由狀態圖求出轉移函數

輸入和輸出之間的轉移函數,可從狀態圖中利用增益公式,並將所有其它輸入和初始條件設為零來求得。下面的例子將會說明如何直接從狀態圖來求得轉移函數。

### 範例 4-3-2

考慮圖 4-37 中的狀態圖。在 $R(s)$ 和 $Y(s)$ 之間的轉移函數,可在該兩節點間應用增益公式,並將初始條件設為零而求得。我們可得

$$\frac{Y(s)}{R(s)} = \frac{1}{s^2 + 3s + 2} \tag{4-92}$$

## 4-3-3　由狀態圖求出狀態與輸出方程式

利用信號流程圖增益公式,可直接從狀態圖來得到狀態方程式與輸出方程式。一線性系統之狀態方程式與輸出方程式的通式描述於第三章中,在此再介紹如下:

狀態方程式:

$$\frac{dx(t)}{dt} = ax(t) + br(t) \tag{4-93}$$

輸出方程式:

$$y(t) = cx(t) + dr(t) \tag{4-94}$$

其中 $x(t)$ 為狀態變數,$r(t)$ 為輸入,$y(t)$ 為輸出,而 $a$、$b$、$c$ 與 $d$ 則為常數係數。根據狀態與輸出方程式的一般式,以下所述為從狀態圖導出狀態與輸出方程式的步驟:

1. 從狀態圖中刪去初始狀態與增益為 $s^{-1}$ 的積分器支路,這是因為狀態與輸出方程式並未包含拉氏運算子 $s$ 或初始狀態。
2. 針對狀態方程式,將代表狀態變數微分的節點視為輸出節點,這是因為這些變數出現在狀態方程式的左邊。輸出方程式的輸出 $y(t)$ 自然是一個輸出節點的變數。
3. 在狀態圖中將狀態變數與輸入視為輸入變數,這是因為這些變數是位於狀態與輸出方程式的右邊。
4. 應用信號流程圖增益公式於狀態圖。

## 範例 4-3-3

圖 4-38 所示為圖 4-37 的狀態圖去掉積分器支路與初始狀態所得的圖。採用 $dx_1(t)/dt$ 與 $dx_2(t)/dt$ 為輸出節點，$x_1(t)$、$x_2(t)$ 與 $r(t)$ 為輸入節點，並在這些節點之間應用增益公式，可得狀態方程式為

$$\frac{dx_1(t)}{dt} = x_2(t) \tag{4-95}$$

$$\frac{dx_2(t)}{dt} = -2x_1(t) - 3x_2(t) + r(t) \tag{4-96}$$

以 $x_1(t)$、$x_2(t)$ 與 $r(t)$ 為輸入節點，$y(t)$ 為輸出節點，並應用增益公式，輸出方程式可寫為

$$y(t) = x_1(t) \tag{4-97}$$

注意：完整的狀態方塊圖以 $t_0$ 為初始點，如圖 4-37 所示。積分器的輸出被定義為狀態變數。將增益公式運用在圖 4-37 的狀態方塊圖，$X_1(s)$ 和 $X_2(s)$ 為輸出節點，而 $X_1(t_0)$、$X_2(t_0)$ 和 $R(s)$ 為輸入節點，我們得到

$$X_1(s) = \frac{s^{-1}(1+3s^{-1})}{\Delta} x_1(t_0) + \frac{s^{-2}}{\Delta} x_2(t_0) + \frac{s^{-2}}{\Delta} R(s) \tag{4-98}$$

$$X_2(s) = \frac{-2s^{-2}}{\Delta} x_1(t_0) + \frac{s^{-1}}{\Delta} x_2(t_0) + \frac{s^{-1}}{\Delta} R(s) \tag{4-99}$$

其中

$$\Delta = 1 + 3s^{-1} + 2s^{-2} \tag{4-100}$$

(4-98) 式和 (4-99) 式在經過簡化後，可以用向量-矩陣形式表示：

$$\begin{bmatrix} X_1(s) \\ X_2(s) \end{bmatrix} = \frac{1}{(s+1)(s+2)} \begin{bmatrix} s+3 & 1 \\ -2 & s \end{bmatrix} \begin{bmatrix} x_1(t_0) \\ x_2(t_0) \end{bmatrix} + \frac{1}{(s+1)(s+2)} \begin{bmatrix} 1 \\ s \end{bmatrix} R(s) \tag{4-101}$$

注意：(4-101) 式也可以透過對 (4-95) 式和 (4-96) 式做拉氏轉換來求得。由於 $Y(s) = X_1(s)$，零初始狀態的輸出-輸入轉移函數為

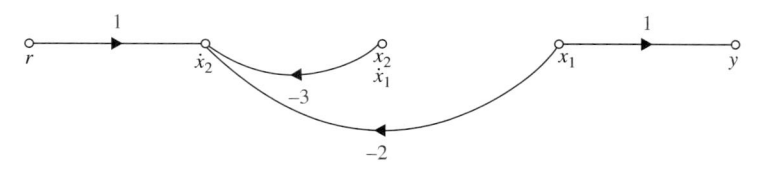

▶ 圖 4-38　圖 4-37 的狀態圖去掉初始狀態與積分器支路。

$$\frac{Y(s)}{R(s)} = \frac{1}{s^2 + 3s + 2} \quad (4\text{-}102)$$

上式與 (4-92) 式相同。

## 範例 4-3-4

以圖 4-39a 中的狀態圖作為另一個從狀態圖來決定狀態方程式的例子。本例亦將強調應用增益公式的重要性。圖 4-39b 所示為去掉初始狀態與積分器的狀態圖。要注意在此例中，圖 4-39b 的狀態圖內仍然包含一個迴路。將 $\dot{x}_1(t)$、$\dot{x}_2(t)$ 與 $\dot{x}_3(t)$ 視為輸出節點變數；$r(t)$、$x_1(t)$、$x_2(t)$ 與 $x_3(t)$ 為輸入節點，並應用增益公式於圖 4-39b 中的狀態圖，可得出如下向量-矩陣形式的狀態方程式：

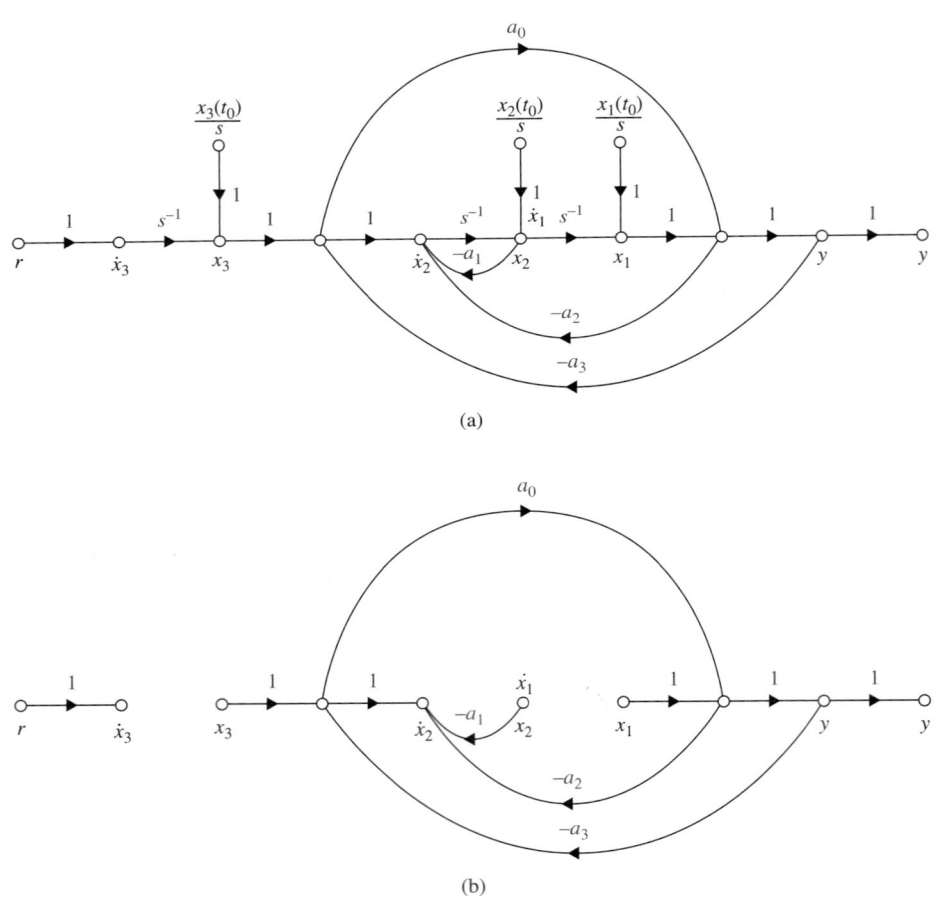

▶ **圖 4-39** (a) 狀態圖。(b) 圖 (a) 中的狀態圖去掉所有的初始狀態與積分器後的狀態圖。

$$\begin{bmatrix} \dfrac{dx_1(t)}{dt} \\ \dfrac{dx_2(t)}{dt} \\ \dfrac{dx_3(t)}{dt} \end{bmatrix} = \begin{bmatrix} 0 & 1 & 0 \\ \dfrac{-(a_2+a_3)}{1+a_0a_3} & -a_1 & \dfrac{1-a_0a_2}{1+a_0a_3} \\ 0 & 0 & 0 \end{bmatrix} \begin{bmatrix} x_1(t) \\ x_2(t) \\ x_3(t) \end{bmatrix} + \begin{bmatrix} 0 \\ 0 \\ 1 \end{bmatrix} r(t) \tag{4-103}$$

輸出方程式為

$$y(t) = \dfrac{1}{1+a_0a_3} x_1(t) + \dfrac{a_0}{1+a_0a_3} x_3(t) \tag{4-104}$$

## 4-4 個案研究

### 範例 4-4-1

考慮到圖 4-40a，質量-彈簧-阻尼器系統的線性運動是在同一個水平面上。系統的自由體圖示於圖 4-40b。遵照著 2-1-1 節的程序，運動的方程式可改寫成如下所示的輸入-輸出的形式：

$$\ddot{y}(t) + \dfrac{B}{M}\dot{y}(t) + \dfrac{K}{M} y(t) = \dfrac{1}{M} f(t) \tag{4-105}$$

其中，$y(t)$ 為輸出，$\dfrac{f(t)}{M}$ 視為輸入，$\dot{y}(t) = \left(\dfrac{dy(t)}{dt}\right)$ 與 $\ddot{y}(t) = \left(\dfrac{d^2y(t)}{dt^2}\right)$ 分別為速度與加速度。

對於零初始狀態 (zero initial conditions)，$Y(s)$ 和 $F(s)$ 之間的轉移函數可以透過對 (4-105) 式兩側取拉氏轉換來獲得：

$$Y(s)\left(s^2 + \dfrac{B}{M}s + \dfrac{K}{M}\right) = \dfrac{F(s)}{M} \tag{4-106}$$

因此，

$$\dfrac{Y(s)}{F(s)} = \dfrac{1}{Ms^2 + Bs + K} \tag{4-107}$$

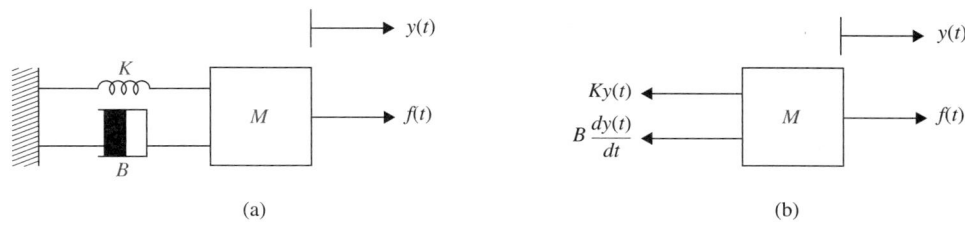

▶ 圖 4-40　(a) 質量-彈簧-摩擦系統。(b) 自由體圖。

若將增益公式運用在如圖 4-41 所示的方塊圖上,也可以獲得相同結果。

(4-105) 式也可以用空間狀態形式來表示

$$\dot{\mathbf{x}}(t) = \mathbf{A}\mathbf{x}(t) + \mathbf{B}\mathbf{u}(t) \tag{4-107-1}$$

其中

$$\mathbf{x}(t) = \begin{bmatrix} x_1(t) \\ x_2(t) \end{bmatrix} \tag{4-108}$$

以及

$$\mathbf{u}(t) = \frac{f(t)}{M} \tag{4-109}$$

輸出的方程式為

$$y(t) = x_1(t) \tag{4-110}$$

因此,(4-107-1) 式重新寫成

$$\begin{bmatrix} \dot{x}_1 \\ \dot{x}_2 \end{bmatrix} = \begin{bmatrix} 0 & 1 \\ -\dfrac{K}{M} & -\dfrac{B}{M} \end{bmatrix} \begin{bmatrix} x_1 \\ x_2 \end{bmatrix} + \dfrac{f(t)}{M} \tag{4-111}$$

(4-111) 式的狀態方程式也可以寫成一組一階微分方程式:

$$\begin{aligned} \frac{dx_1(t)}{dt} &= x_2(t) \\ \frac{dx_2(t)}{dt} &= -\frac{K}{M}x_1(t) - \frac{B}{M}x_2(t) + \frac{1}{M}f(t) \\ y(t) &= x_1(t) \end{aligned} \tag{4-112}$$

對於零初始狀態,$Y(s)$ 和 $F(s)$ 之間的轉移函數可以透過對 (4-112) 式兩側取拉氏轉換來獲得,如下:

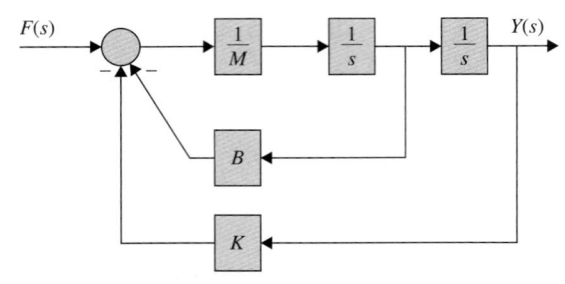

▶圖 4-41 (4-106) 式質量-彈簧-阻尼器系統的方塊圖。

$$sX_1(s) = X_2(s)$$
$$sX_2(s) = -\frac{B}{M}X_2(s) - \frac{K}{M}X_1(s) + \frac{1}{M}F(s) \tag{4-113}$$
$$Y(s) = X_1(s)$$

結果,可得出

$$\frac{Y(s)}{F(s)} = \frac{1}{Ms^2 + Bs + K} \tag{4-114}$$

與 (4-113) 式相關聯的方塊圖顯示於圖 4-42。注意:此方塊圖也可以透過直接對圖 4-41 中的方塊圖做因式分解,得出 $1/M$ 項。將增益公式運用到圖 4-42 的方塊圖,則可得到 (4-114) 式的轉移函數。

對於非零的初始狀態,(4-112) 式有著不同的拉氏轉換表示法,如下:

$$sX_1(s) - x_1(0) = X_2(s)$$
$$sX_2(s) - x_2(0) = -\frac{B}{M}X_2(s) - \frac{K}{M}X_1(s) + \frac{1}{M}F(s) \tag{4-115}$$
$$Y(s) = X_1(s)$$

(4-115) 式對應的信號流程圖顯示於圖 4-43。

藉由簡化 (4-115) 式或是運用增益公式在系統的信號流程圖上,系統的輸出變成

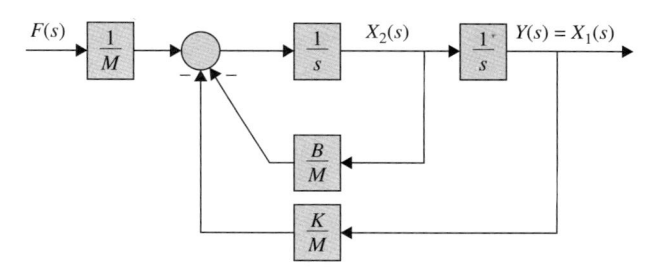

▶ **圖 4-42** 圖 4-41 所示質量-彈簧-阻尼器系統的方塊圖。

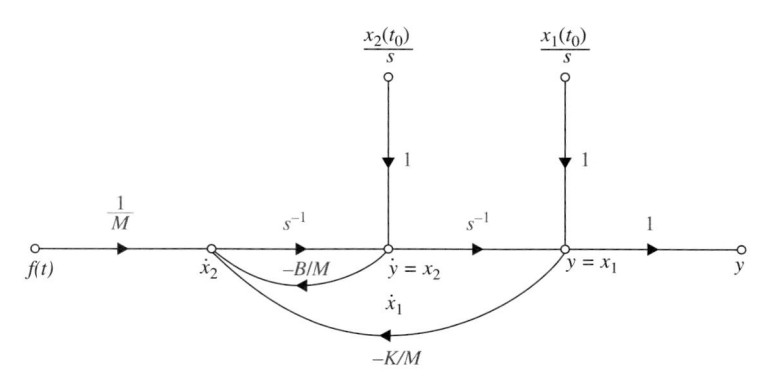

▶ **圖 4-43** (4-115) 式的質量-彈簧-阻尼器系統在具有零初始狀態 $x_1(t_0)$ 和 $x_2(t_0)$ 時的信號流程圖表示法。

$$Y(s) = \frac{1}{Ms^2+Bs+K} F(s) + \frac{Ms}{Ms^2+Bs+K} x_1(t_0) + \frac{M}{Ms^2+Bs+K} x_2(t_0) \tag{4-116}$$

### 工具盒 4-4-1

針對 $K=1$、$M=1$、$B=1$ 時,利用 MATLAB 計算 (4-114) 式所得的時域步階響應:

```
K=1; M=1; B=1;
t=0 : 0.02: 30;
num = [1];
den = [M B K];
G = tf(num, den);
y1 = step (G, t);
plot(t, y1);
xlabel('Time (Second)') ; ylabel ('Step Response')
title ('Response of the system in Eq. (4-114) to step input')
```

(4-114) 式系統的時域步階響應,如圖 4-44 所示。

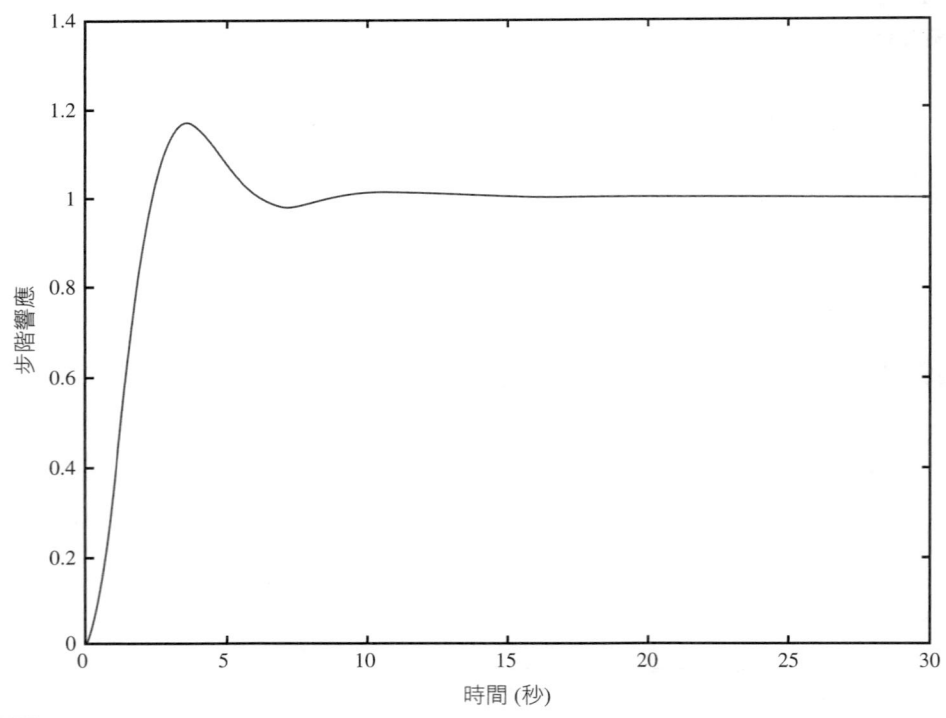

▶ 圖 4-44　(4-114) 式針對單位階輸入的時間響應。

## 範例 4-4-2

考慮到圖 4-45a 所示的系統。由於彈簧受到一外力 $f(t)$ 作用而改變形狀，兩個位移量 $y_1$ 和 $y_2$ 必須設定在彈簧的兩個端點。系統的自由體圖顯示於圖 4-45b。各個力的方程式為

$$f(t) = K[y_1(t) - y_2(t)] \tag{4-117}$$

$$-K[y_2(t) - y_1(t)] - B\frac{dy_2(t)}{dt} = M\frac{d^2 y_2(t)}{dt^2} \tag{4-118}$$

這些方程式重新整理成輸入-輸出的形式，如下：

$$\frac{d^2 y_2(t)}{dt^2} + \frac{B}{M}\frac{dy_2(t)}{dt} + \frac{K}{M}y_2(t) = \frac{K}{M}y_1(t) \tag{4-119}$$

對於零初始狀態，$Y_1(s)$ 和 $Y_2(s)$ 之間的轉移函數可以透過對 (4-118) 式兩側取拉氏轉換來獲得，如下：

$$\frac{Y_1(s)}{Y_2(s)} = \frac{K}{Ms^2 + Bs + K} \tag{4-120}$$

針對狀態表示法，本例的兩個力方程式可以重新整理成

$$\begin{aligned} y_1(t) &= y_2(t) + \frac{1}{K}f(t) \\ \frac{d^2 y_2(t)}{dt^2} &= -\frac{B}{M}\frac{dy_2(t)}{dt} + \frac{K}{M}[y_1(t) - y_2(t)] \end{aligned} \tag{4-121}$$

(4-120) 式的轉移函數可藉由將增益公式運用到系統的方塊圖來求得，其方塊圖係藉由 (4-121) 式來繪製，顯示於圖 4-46。注意：在圖 4-46 中，$F(s)$、$Y_1(s)$、$X_1(s)$、$Y_2(s)$ 和 $X_2(s)$ 分別為 $f(t)$、$y_1(t)$、$x_1(t)$、$y_2(t)$ 及 $x_2(t)$ 的拉氏轉換。對於零初始狀態，(4-121) 式的轉移函數與 (4-119) 式一模一樣。經由利用上列的兩方程式，將系統的狀態變數定義成 $x_1(t) = y_2(t)$ 及 $x_2(t) = dy_2(t)/dt$，因此狀態方程式寫成下列式子：

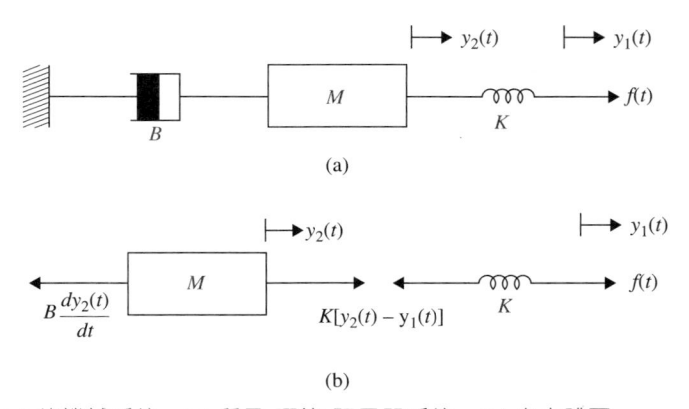

▶ 圖 4-45 範例 4-4-2 的機械系統。(a) 質量-彈簧-阻尼器系統。(b) 自由體圖。

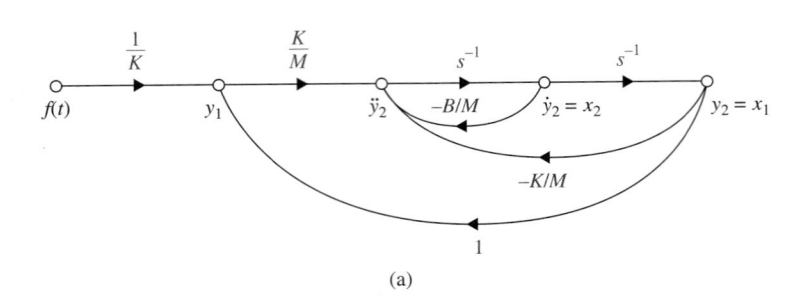

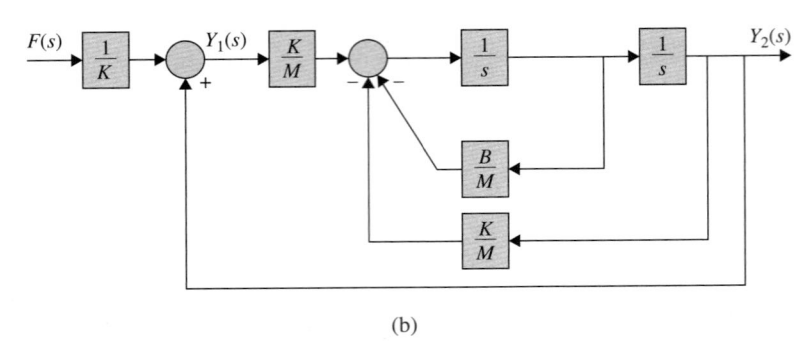

▶ 圖 4-46 (4-121) 式的質量-彈簧-阻尼器系統。(a) 信號流程圖表示法。(b) 方塊圖表示法。

$$\frac{dx_1(t)}{dt} = x_2(t)$$
$$\frac{dx_2(t)}{dt} = -\frac{B}{M}x_2(t) + \frac{1}{M}f(t) \qquad (4\text{-}122)$$
$$y_2(t) = x_1(t)$$

## 範例 4-4-3

圖 4-47a 為一馬達經由一具有彈簧常數 $K$ 的軸連結到一慣量負載。

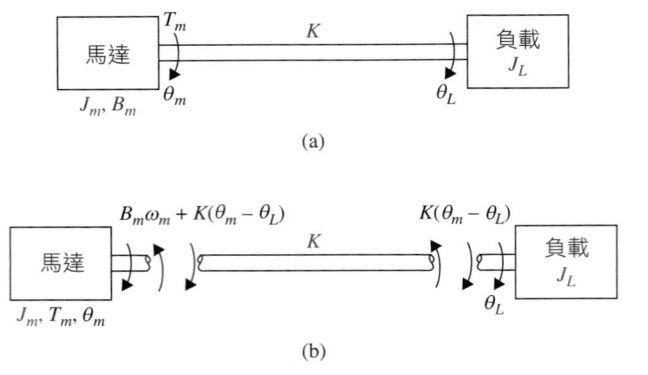

▶ 圖 4-47 (a) 馬達-負載系統。(b) 自由物體圖。

在控制系統中，兩個機械元件間的非剛性耦合經常產生扭轉共振，且可以傳遞到系統的每個部件。系統變數和參數如下：

$T_m(t)$ = 馬達轉矩　　　　　　　　　$B_m$ = 馬達黏滯摩擦係數
$K$ = 軸的彈簧常數　　　　　　　　$\theta_m(t)$ = 馬達位移
$\omega_m(t)$ = 馬達速度　　　　　　　　　$J_m$ = 馬達慣量
$\theta_L(t)$ = 負載位移　　　　　　　　　$\omega_L(t)$ = 負載速度
$J_L$ = 負載慣量

系統的自由體圖如圖 4-47b 所示。系統的轉矩方程式為

$$\frac{d^2\theta_m(t)}{dt^2} = -\frac{B_m}{J_m}\frac{d\theta_m(t)}{dt} - \frac{K}{J_m}[\theta_m(t) - \theta_L(t)] + \frac{1}{J_m}T_m(t) \tag{4-123}$$

$$K[\theta_m(t) - \theta_L(t)] = J_L\frac{d^2\theta_L(t)}{dt^2} \tag{4-124}$$

在這個例子中，系統包含 $J_m$、$J_L$ 及 $K$ 三個儲能元件，因此將有三個狀態變數。在建構狀態圖及指定狀態變數時要注意，必須把狀態變數合併成最少的數量。(4-123) 式和 (4-124) 式可加以整理為

$$\frac{d^2\theta_m(t)}{dt^2} = -\frac{B_m}{J_m}\frac{d\theta_m(t)}{dt} - \frac{K}{J_m}[\theta_m(t) - \theta_L(t)] + \frac{1}{J_m}T_m(t) \tag{4-125}$$

$$\frac{d^2\theta_L(t)}{dt^2} = \frac{K}{J_L}[\theta_m(t) - \theta_L(t)] \tag{4-126}$$

這個例子中的狀態變數定義為 $x_1(t) = \theta_m(t) - \theta_L(t)$、$x_2(t) = d\theta_L(t)/dt$ 及 $x_3(t) = d\theta_m(t)/dt$。狀態方程式為

$$\begin{aligned}\frac{dx_1(t)}{dt} &= x_3(t) - x_2(t) \\ \frac{dx_2(t)}{dt} &= \frac{K}{J_L}x_1(t) \\ \frac{dx_3(t)}{dt} &= -\frac{K}{J_m}x_1(t) - \frac{B_m}{J_m}x_3(t) + \frac{1}{J_m}T_m(t)\end{aligned} \tag{4-127}$$

信號流程圖的表示法顯示於圖 4-48。

### 範例 4-4-4

考慮圖 4-49a 所示的 **RLC** 電路。根據電壓定律，可知

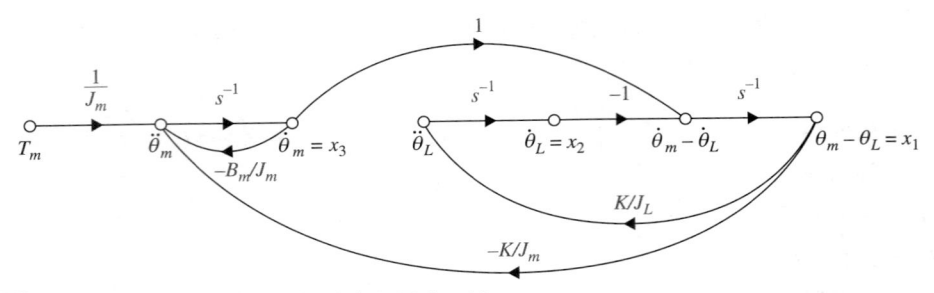

▶ 圖 4-48　(4-123) 式之旋轉系統的信號流程圖表示法。

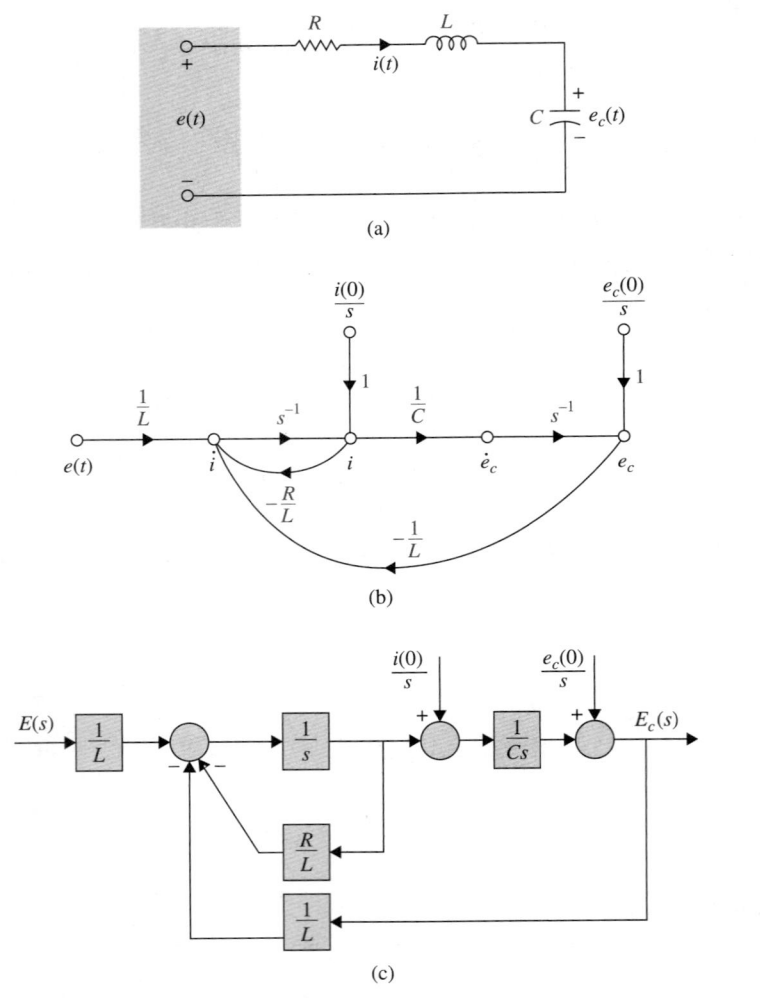

▶ 圖 4-49　RLC 網路。(a) 電路圖。(b) 信號流程圖表示法。(c) 方塊圖表示法。

$$e(t) = e_R + e_L + e_c \tag{4-128}$$

其中，$e_R$ = 跨降在電阻 $R$ 上的電壓
$e_L$ = 跨降在電感 $L$ 上的電壓
$e_C$ = 跨降在電容 $C$ 上的電壓

故知

$$e(t) = +e_c(t) + Ri(t) + L\frac{di(t)}{dt} \tag{4-129}$$

接著，取 (4-129) 式對時間的微分，再利用電容 $C$ 之中的電流：

$$C\frac{de_c(t)}{dt} = i(t) \tag{4-130}$$

我們得到 $RLC$ 網路的方程式為

$$L\frac{d^2i(t)}{dt^2} + R\frac{di(t)}{dt} + \frac{i(t)}{C} = \frac{de(t)}{dt} \tag{4-131}$$

實際的作法是將電感器 $L$ 的電流 $i(t)$，以及跨降在電容器 $C$ 上的電壓 $e_c(t)$ 設定為狀態變數。由於狀態變數直接與系統的儲能元件有關，故選用此法。在這種情形下，電感器是儲存動能，而電容器儲存電位能。藉由設定 $i(t)$ 和 $e_c(t)$ 為狀態變數，可瞭解網路的過去歷史 (由狀態變數的初始值可知)，以及網路的現在和未來的狀態。圖 4-49b 中網路的狀態方程式可利用流經 $C$ 中的電流和跨越 $L$ 的電壓分別以狀態變數及外加電壓 $e(t)$ 來表示寫出。狀態方程式可以向量矩陣形式寫成

$$\begin{bmatrix} \dfrac{de_c(t)}{dt} \\ \dfrac{di(t)}{dt} \end{bmatrix} = \begin{bmatrix} 0 & \dfrac{1}{C} \\ -\dfrac{1}{L} & -\dfrac{R}{L} \end{bmatrix} \begin{bmatrix} e_c(t) \\ i(t) \end{bmatrix} + \begin{bmatrix} 0 \\ \dfrac{1}{L} \end{bmatrix} e(t) \tag{4-132}$$

此種形式也被視為狀態表示法，若我們定義

$$\begin{bmatrix} x_1(t) \\ x_2(t) \end{bmatrix} = \begin{bmatrix} e_c(t) \\ i(t) \end{bmatrix} \tag{4-133}$$

然後

$$\begin{bmatrix} \dot{x}_1 \\ \dot{x}_2 \end{bmatrix} = \begin{bmatrix} 0 & \dfrac{1}{C} \\ -\dfrac{1}{L} & -\dfrac{R}{L} \end{bmatrix} \begin{bmatrix} x_1 \\ x_2 \end{bmatrix} + \begin{bmatrix} 0 \\ \dfrac{1}{L} \end{bmatrix} e(t) \tag{4-134}$$

當所有的初始狀態設為零時，系統的各種轉移函數可以藉由應用信號流程圖增益公式至狀態圖或圖 4-49c 的方塊圖而求得。例如，

$$\frac{E_c(s)}{E(s)} = \frac{(1/LC)s^{-2}}{1+(R/L)s^{-1}+(1/LC)s^{-2}} = \frac{1}{1+RCs+LCs^2} \tag{4-135}$$

$$\frac{I(s)}{E(s)} = \frac{(1/L)s^{-1}}{1+(R/L)s^{-1}+(1/LC)s^{-2}} = \frac{Cs}{1+RCs+LCs^2} \tag{4-136}$$

### 工具盒 4-4-2

針對 $R=1$、$L=1$ 及 $C=1$ 時,利用 MATLAB 以及 (4-135) 式與 (4-136) 式所得的時域步階響應:

```
R=1; L=1; C=1;
t=0 : 0.02 : 30 ;
num1 = [1];
den1 = [L*C R*C 1];
num2 = [C 0];
den2 = [L*C R*C 1];
G1 = tf(num1, den1);
G2 = tf(num2, den2);
y1 = step(G1, t);
y2 = step(G2, t);
plot(t,y1);
hold on
plot (t, y2, '--');
xlabel('Time')
ylabel('Output')
```

這些結果顯示於圖 4-50,其中單位步階響應 $e_c(t)$ 係由 (4-135) 式,以及 $i(t)$ 則是經由 (4-136) 式針對 $R=1$、$L=1$ 及 $C=1$ 而求出。

### 範例 4-4-5

考慮圖 4-51a 所示的網路,它可作為推導電氣網路之狀態方程式的另一個例子。根據前面的討論,將跨在電容器上的電壓 $e_c(t)$ 與流經電感器的電流 $i_1(t)$ 和 $i_2(t)$ 設定為狀態變數,如圖 4-51a 中所示。以這三個狀態變數表示,網路的狀態方程式可藉由寫出跨過電感器上的電壓和流經電容器的電流而求。狀態方程式為

$$L_1 \frac{di_1(t)}{dt} = -R_1 i_1(t) - e_c(t) + e(t) \tag{4-137}$$

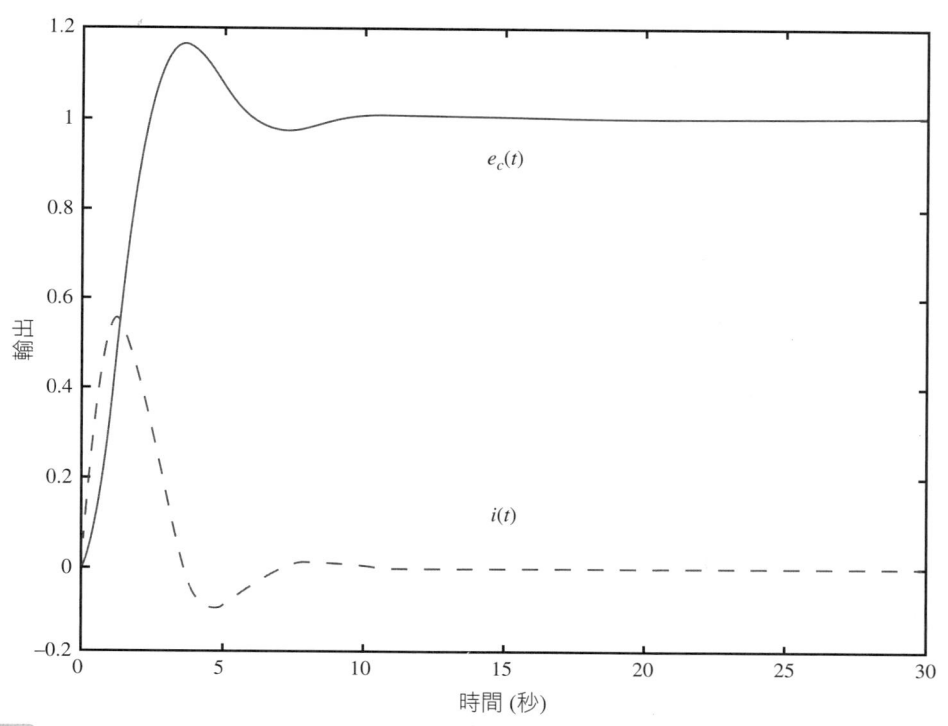

▶圖 4-50　當 $L = 1$ 及 $C = 1$ 時，$RLC$ 網路內由 (4-135) 式所計算之 $e_c(t)$，以及由 (4-136) 式所計算之 $i(t)$ 的時域單位步階響應圖。

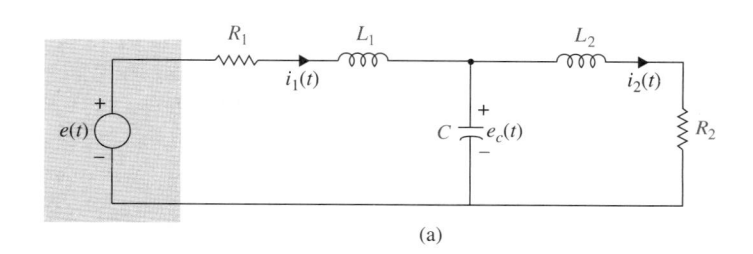

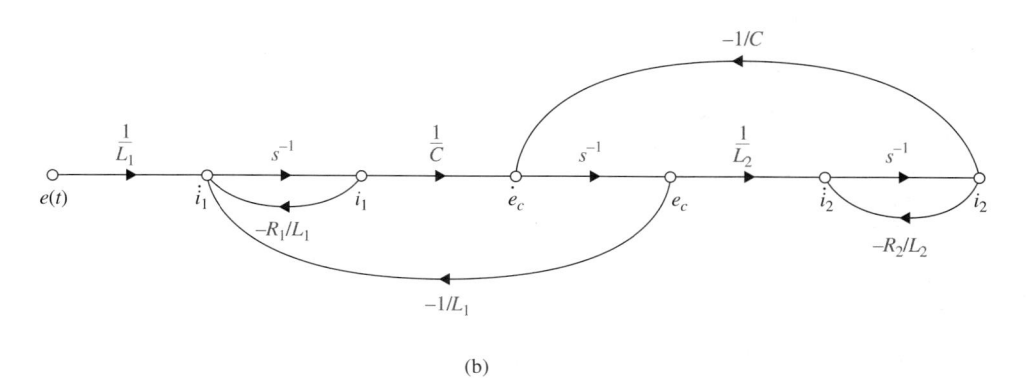

▶圖 4-51　範例 4-4-5 的網路。(a) 電路圖。(b) 信號流程圖。

$$L_2 \frac{di_2(t)}{dt} = -R_2 i_2(t) + e_c(t) \tag{4-138}$$

$$C \frac{de_c(t)}{dt} = i_1(t) - i_2(t) \tag{4-139}$$

狀態方程式可以向量-矩陣形式寫成

$$\begin{bmatrix} \dot{x}_1 \\ \dot{x}_2 \\ \dot{x}_3 \end{bmatrix} = \begin{bmatrix} -\dfrac{R_1}{L_1} & 0 & -\dfrac{1}{L_1} \\ 0 & -\dfrac{R_2}{L_2} & \dfrac{1}{L_2} \\ \dfrac{1}{C} & -\dfrac{1}{C} & 0 \end{bmatrix} \begin{bmatrix} x_1 \\ x_2 \\ x_3 \end{bmatrix} + \begin{bmatrix} \dfrac{1}{L_1} \\ 0 \\ 0 \end{bmatrix} e(t) \tag{4-140}$$

其中，$x_1 = i_1(t)$、$x_2 = i_2(t)$、以及 $x_3 = e_c(t)$。不考慮初始狀態時，此一網路的狀態圖如圖 4-51b 所示。對於 $I_1(s)$ 和 $E(s)$、$I_2(s)$ 和 $E(s)$、$E_c(s)$ 及 $E(s)$ 之間的轉移函數，可以由狀態圖寫成

$$\frac{I_1(s)}{E(s)} = \frac{L_2 C s^2 + R_2 C s + 1}{\Delta} \tag{4-141}$$

$$\frac{I_2(s)}{E(s)} = \frac{1}{\Delta} \tag{4-142}$$

$$\frac{E_c(s)}{E(s)} = \frac{L_2 s + R_2}{\Delta} \tag{4-143}$$

其中

$$\Delta = L_1 L_2 C s^3 + (R_1 L_2 + R_2 L_1) C s^2 + (L_1 + L_2 + R_1 R_2 C) s + R_1 + R_2 \tag{4-144}$$

系統的各個單位步階響應，顯示於圖 4-52。

### 工具盒 4-4-3

針對 $R_1 = 1$、$R_2 = 1$、$L_1 = 1$、$L_2 = 1$、$R_1 = 1$ 及 $C = 1$ 時，利用 MATLAB 及 (4-141) 式到 (4-143) 式計算所得的時域步階響應：

```
R1=1; R2=1; L1=1; L2=1; C=1;
t=0 : 0.02 : 30 ;
num1 = [L2*C R2*C 1];
num2 = [1];
num3 = [L2 R2];
den = [L1*L2*C R1*L2*C+R2*L1*C L1+L2+R1*R2*C R1+R2];
G1 = tf(num1, den);
G2 = tf(num2, den);
G3 = tf(num3, den);
y1 = step(G1, t);
y2 = step(G2, t);
y3 = step(G3, t);
```

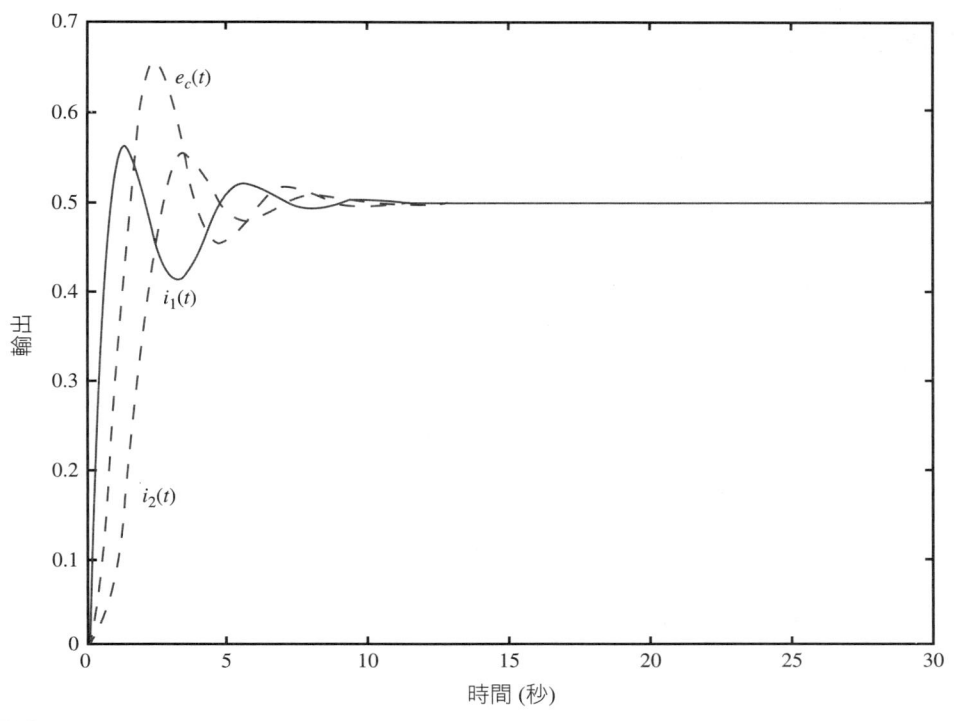

▶ 圖 4-52　範例 4-4-5 之網路的時域單位步階響應圖，其中，$i_1(t)$ 利用 (4-141) 式、$i_2(t)$ 利用 (4-142) 式、以及 $i_1(t)$ 利用 (4-143) 式來計算，電路元件參數為 $R_1 = 1$、$R_2 = 1$、$L_1 = 1$、$L_2 = 1$、$R_1 = 1$ 及 $C = 1$。

```
plot(t, y1);
hold on
plot(t, y2, '--');
hold on
plot(t, y3, '-.');
xlabel('Time')
ylabel('Output')
```

## 4-5　MATLAB 工具

　　本章並無發展專屬的軟體。雖然 MATLAB 控制工具盒 (Controls Toolbox) 提供從一已知方塊圖來求取轉移函數的功能，但讀者應在不借助電腦之情況下熟悉此項課題。不過，就簡單運算而言，仍可以使用 MATLAB，如下列範例所示。

## 範例 4-5-1

考慮下列各轉移函數，分別對應於圖 4-53 所示的各方塊圖。

$$G_1(s)=\frac{1}{s+1}, \quad G_2(s)=\frac{s+1}{s+2}, \quad G(s)=\frac{1}{s(s+1)}, \quad H(s)=10 \tag{4-145}$$

利用 MATLAB 求出各情況的轉移函數 $Y(s)/R(s)$，結果如下所示。

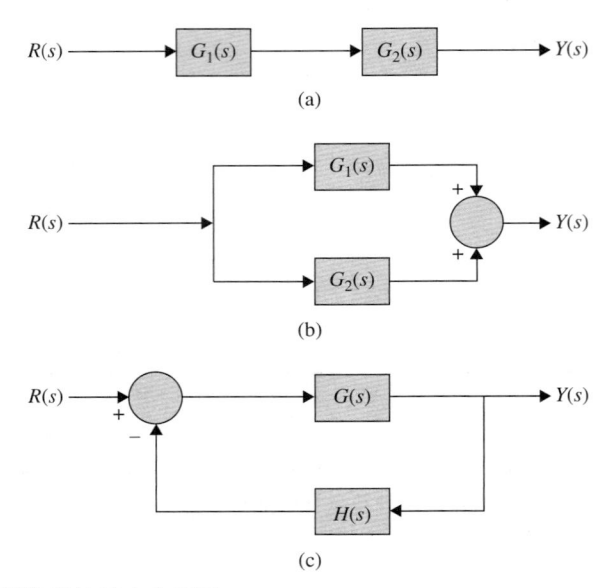

▶ 圖 4-53 範例 4-5-1 所使用的基本方塊圖。

### 工具盒 4-5-1

情況 (a)：利用 MATLAB 求取 $G_1 * G_2$。

$$\frac{Y(s)}{R(s)} = \frac{s+1}{s^2+3s+2} = \frac{1}{(s+2)}$$

**方法 1**
```
>> clear all
>> s = tf('s');
>> G1=1/(s+1)
G1 =
   1
  ---
  s + 1
>> G2=(s+1)/(s+2)
G2 =
  s + 1
  -----
```

**方法 2**
```
>> clear all
>> G1=tf([1],[1 1])
G1 =
   1
  ---
  s + 1
>> G2=tf([1 1],[1 2])
G2 =
  s + 1
  -----
```

```
                s + 2                              s + 2
>> YR=G1*G2                         >> YR=G1*G2
YR =                                YR =
  s + 1                               s + 1
 -------------                       -------------
 s^2 + 3 s + 2                       s^2 + 3 s + 2
>> YR_simple=minreal(YR)            >> YR_simple=minreal(YR)
YR_simple=                          YR_simple=
   1                                   1
  -----                               -----
  s + 2                               s + 2
```

如有需要，亦可利用「minreal(YR)」來做極點-零點互消。
而不是採用「YR = $G_1 * G_2$」。

情況 (b)：利用 MATLAB 求取 $G_1 + G_2$。

$$\frac{Y(s)}{R(s)} = \frac{2s+3}{s^2+3s+2} = \frac{2(s+1.5)}{(s+1)(s+2)}$$

**方法 1**                          **方法 2**

```
>> clear all                        >> clear all
>> s = tf('s');                     >> G1=tf([1],[1 1])
>> G1=1/(s+1)
Transfer function:                  Transfer function:
  1                                   1
 -----                               -----
 s + 1                               s + 1
>> G2=(s+1)/(s+2)                   >> G2=tf([1 1],[1 2])
Transfer function:                  Transfer function:
 s + 1                               s + 1
 -----                               -----
 s + 2                               s + 2
>> YR=G1+G2                         >> YR=G1+G2
Transfer function:                  Transfer function:
 s^2 + 3 s + 3                       s^2 + 3 s + 3
 -------------                       -------------
 s^2 + 3 s + 2                       s^2 + 3 s + 2
>> YR=parallel(G1,G2)               >> YR=parallel(G1,G2)
Transfer function:                  Transfer function:
 s^2 + 3 s + 3                       s^2 + 3 s + 3
 -------------                       -------------
 s^2 + 3 s + 2                       s^2 + 3 s + 2
```

如有需要，亦可利用「minreal(YR)」來做極點-零點互消。
另外，亦可使用「YR = parallel(G1,G2)」，而不是採用「YR = $G_1 + G_2$」。

| Use "zpk(YR)" to obtain the real zero/pole/Gain format: | Use "zero(YR)" to obtain transfer function zeros: | Use "pole(YR)" to obtain transfer function poles: |
|---|---|---|
| ```
>> zpk(YR)
Zero/pole/gain:
 (s^2 + 3s + 3)
---------------
  (s+2) (s+1)
``` | ```
>> zero(YR)
ans =
  -1.5000 + 0.8660i
  -1.5000 - 0.8660i
``` | ```
>> pole(YR)
ans =
  -2
  -1
``` |

### 工具盒 4-5-2

情況 (c)：利用 MATLAB 求取閉-迴路轉移函數 $\dfrac{G}{1+GH}$。

$$\frac{Y(s)}{R(s)} = \frac{1}{s^2+s+10}$$

**方法 1**
```
>> clear YR
>> s = tf('s');
>> G=1/(s*(s+1))
Transfer function:
    1
  -------
  s^2 + s
>> H=10
H =
   10
>> YR=G/(1+G*H)
Transfer function:
        s^2 + s
  ---------------------------
  s^4 + 2 s^3 + 11 s^2 + 10 s
>> YR_simple=minreal(YR)
Transfer function:
       1
  -------------
  s^2 + s + 10
```

**方法 2**
```
>> clear all
>> G=tf([1],[1,1,0])
Transfer function:
    1
  -------
  s^2 + s
>> H=10
H =
   10
>> YR=G/(1+G*H)
Transfer function:
        s^2 + s
  ---------------------------
  s^4 + 2 s^3 + 11 s^2 + 10 s
>> YR_simple=minreal(YR)
Transfer function:
       1
  -------------
  s^2 + s + 10
```

如有需要，利用「minreal(YR)」來做極點-零點互消。

Alternatively use:
```
>> YR=feedback(G,H)
Transfer function:
       1
  -------------
  s^2 + s + 10
```

Use "pole(YR)" to obtain transfer function poles:
```
>> pole(YR)
ans =
  -0.5000 + 3.1225i
  -0.5000 - 3.1225i
```
```

## 4-6 摘要

本章致力於實際系統的數學建模，其中我們定義了轉移函數、方塊圖和信號流程圖。方塊圖表示法為一個多用途的方法，可用以描述線性和非線性系統。一方塊圖可以具有或沒有數學的含義。信號流程圖 (SFG) 為強而有力的方法，用以代表一線性系統中信號之間的相互關係。若恰當地運用，利用增益公式可從信號流程圖導出一線性系統輸入與輸出變數之間的轉移函數。狀態圖為一信號流程圖，它可應用於以微分方程式所代表的動態系統。

本章章末還探討了許多實際的例子，讓第二、三章所研習過之動態和控制系統建模的概念更加完整。MATLAB 也被用於計算簡易系統方塊圖的轉移函數和時間響應。

## 參考資料

**方塊圖與信號流程圖**

1. T. D. Graybeal, "Block Diagram Network Transformation," *Elec. Eng.*, Vol. 70, pp. 985-990, 1951.
2. S. J. Mason, "Feedback Theory—Some Properties of Signal Flow Graphs," *Proc. IRE*, Vol. 41, No. 9, 1144-1156, Sep. 1953.
3. S. J. Mason, "Feedback Theory—Further Properties of Signal Flow Graphs," *Proc. IRE*, Vol. 44, No. 7, pp. 920-926, July 1956.
4. L. P. A. Robichaud, M. Boisvert, and J. Robert, *Signal Flow Graphs and Applications*, Prentice Hall, Englewood Cliffs, NJ, 1962.
5. B. C. Kuo, *Linear Networks and Systems*, McGraw-Hill, New York, 1967.

**電氣網路的狀態變數分析**

6. B. C. Kuo, *Linear Circuits and Systems*, McGraw-Hill, New York, 1967.

## 習題

### 4-1 節習題

**4-1** 考慮到圖 4P-1 所示的方塊圖。

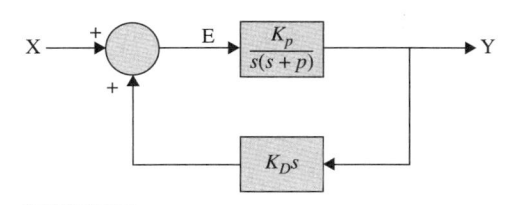

▶圖 4P-1

試求出：

(a) 迴路轉移函數。　　　　　　　　(b) 順向-路徑轉移函數。

(c) 誤差轉移函數。 (d) 回授轉移函數。
(e) 閉-迴路的轉移函數。

4-2 將圖 4P-2 所示的方塊圖簡化成單位回授形式，並求出系統的特性方程式。

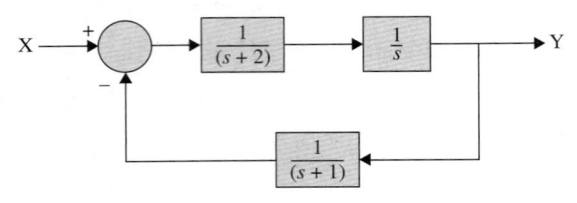

▶ 圖 4P-2

4-3 簡化圖 4P-3 所示的方塊圖，並求出 Y/X。

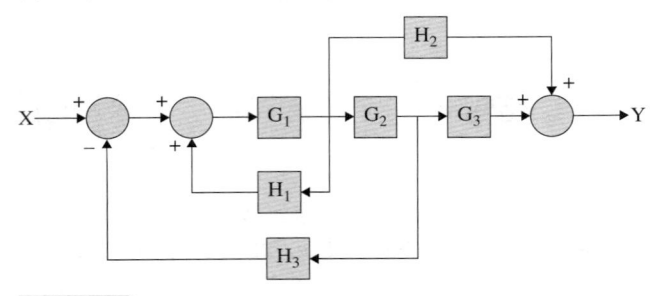

▶ 圖 4P-3

4-4 將圖 4P-4 簡化成單位回授形式，並求出 Y/X。

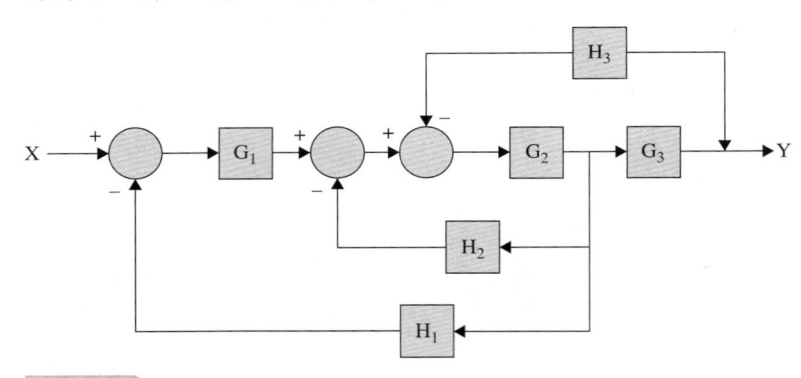

▶ 圖 4P-4

4-5 圖 4P-5a 所示的航空器渦輪推進引擎是由圖 4P-5b 中方塊圖所示的閉-迴路系統來控制。引擎可以用一個多變數系統來模擬，其輸入向量 $\mathbf{E}(s)$ 包含燃料率及推進器葉片角度，而輸出向量 $\mathbf{Y}(s)$ 則包含引擎速度及渦輪入口溫度。該系統轉移函數矩陣為

$$\mathbf{G}(s) = \begin{bmatrix} \dfrac{2}{s(s+2)} & 10 \\ \dfrac{5}{s} & \dfrac{1}{s+1} \end{bmatrix} \quad \mathbf{H}(s) = \begin{bmatrix} 1 & 0 \\ 0 & 1 \end{bmatrix}$$

▶ 圖 4P-5

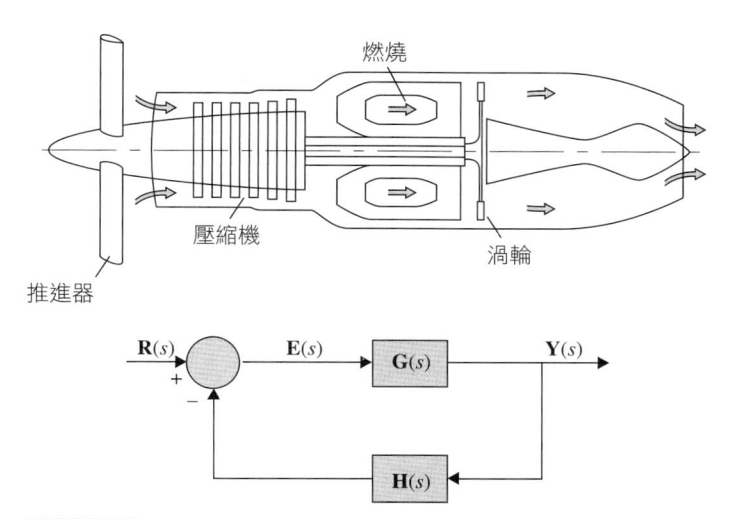

試求出此系統的閉-迴路轉移函數矩陣 $[\mathbf{I}+\mathbf{G}(s)\mathbf{H}(s)]^{-1}\mathbf{G}(s)$。

4-6 試利用 MATLAB 求解習題 4-5。

4-7 電子文書處理器的位置控制系統，其方塊圖如圖 4P-7 所示。

(a) 試求出迴路轉移函數 $\Theta_o(s)/\Theta_e(s)$ (最外層的回授路徑為開-迴路)。

(b) 試求出閉-迴路轉移函數 $\Theta_o(s)/\Theta_r(s)$。

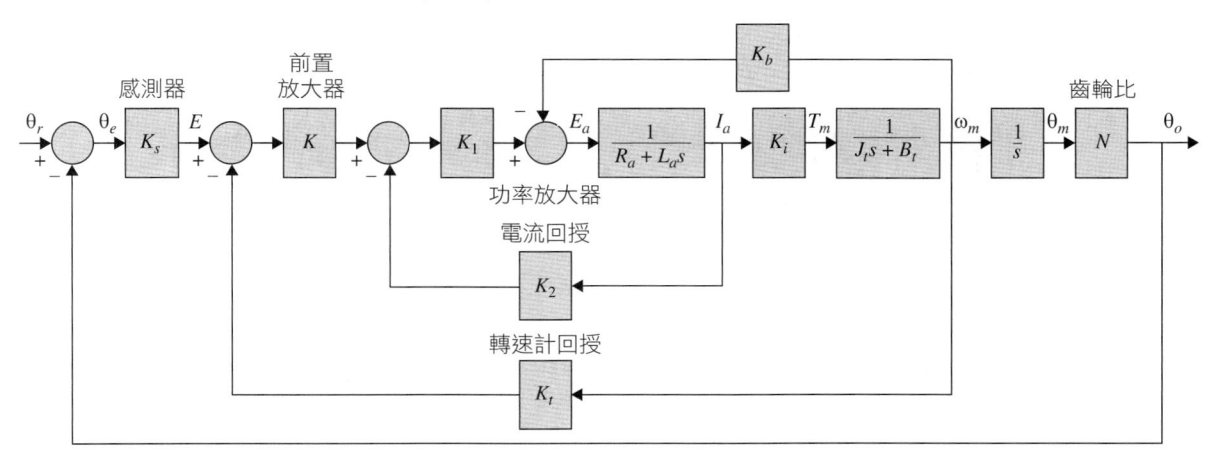

▶ 圖 4P-7

4-8 一回授控制系統的方塊圖示於圖 4P-8 中，試求下列轉移函數：

(a) $\left.\dfrac{Y(s)}{R(s)}\right|_{N=0}$

(b) $\left.\dfrac{Y(s)}{E(s)}\right|_{N=0}$

(c) $\left.\dfrac{Y(s)}{N(s)}\right|_{R=0}$

(d) 同時施加 $R(s)$ 和 $N(s)$ 時，試求輸出 $Y(s)$。

▶ 圖 4P-8

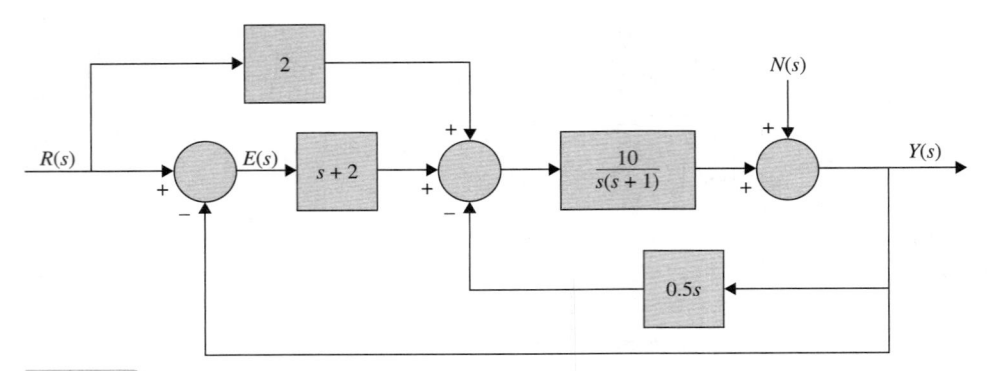

**4-9** 一回授控制系統的方塊圖顯示於圖 4P-9 中。

(a) 直接應用 SFG 增益公式至方塊圖，以求出轉移函數：

$$\left.\frac{Y(s)}{R(s)}\right|_{N=0} \quad \left.\frac{Y(s)}{N(s)}\right|_{R=0}$$

當兩個輸入同時施加時，以 $R(s)$ 和 $N(s)$ 來表示 $Y(s)$。

(b) 試求出轉移函數 $G_1(s)$、$G_2(s)$、$G_3(s)$、$G_4(s)$、$H_1(s)$ 和 $H_2(s)$ 之間的關係，以使得輸出 $Y(s)$ 不受干擾信號 $N(s)$ 的影響。

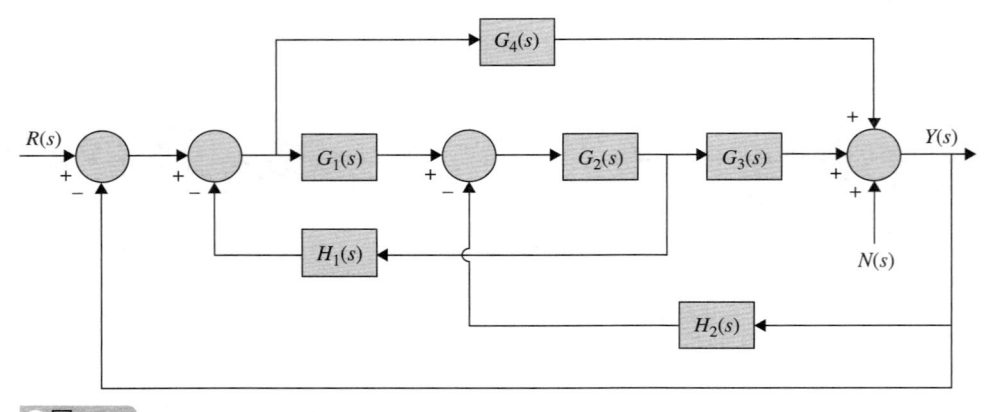

▶ 圖 4P-9

**4-10** 圖 4P-10 所示為圖 1-5 中太陽能收集器場的天線控制系統的方塊圖。信號 $N(s)$ 代表陣風作用在天線上的干擾。順向轉移函數 $G_d(s)$ 是用來消除 $N(s)$ 對輸出 $Y(s)$ 的影響。試求出轉移函數 $Y(s)/N(s)|_{R=0}$。試決定 $G_d(s)$ 的表示式，以使得 $N(s)$ 的影響能完全消除。

▶ 圖 4P-10

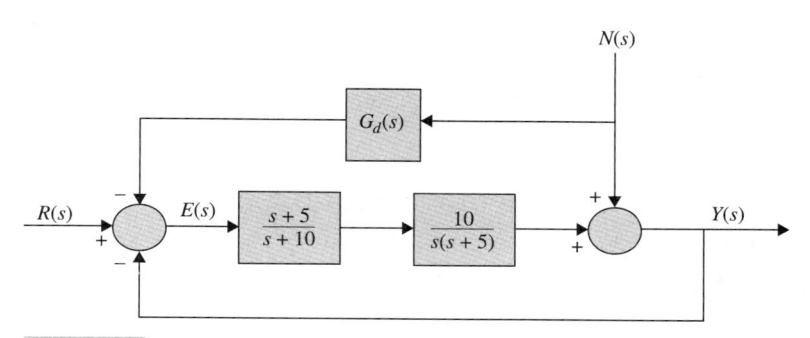

4-11 圖 4P-11 為一直流馬達控制系統的方塊圖。信號 $N(s)$ 表示作用於馬達軸的摩擦轉矩。
(a) 試求出能使輸出 $Y(s)$ 不受干擾轉矩 $N(s)$ 影響的轉移函數 $H(s)$。
(b) 利用 (a) 小題所求出的 $H(s)$，試求當輸入為一單位斜坡函數 $r(t) = tu_s(t)$，$R(s) = 1/s^2$，$N(s) = 0$ 時，使得 $e(t)$ 的穩態值等於 0.1 的 $K$ 值。利用終值定理。

$$G(s) = \frac{K(s+3)}{s(s+1)(s+2)}$$

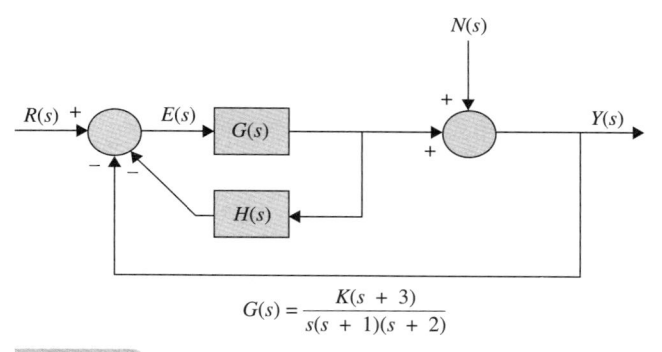

▶ 圖 4P-11

4-12 電動火車控制的方塊圖如圖 4P-12 所示。系統的參數與變數為

$e_r(t)$ = 代表所要火車速度的電壓，V

$v(t)$ = 火車的速率，ft/sec

$M$ = 火車的質量 = 30,000 lb/sec$^2$

$K$ = 放大器的增益

$K_t$ = 速率偵測器的增益 = 0.15 V/ft/sec

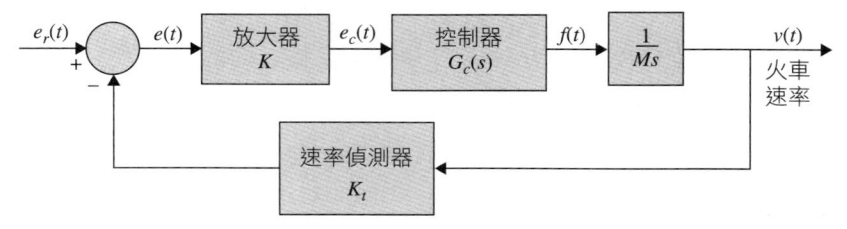

▶ 圖 4P-12

為決定控制器的轉移函數，我們施加 1 V 的步階函數至控制器的輸入 [亦即 $e_c(t) = u_s(t)$]。

控制器的輸出經量測後，可用下列方程式描述：

$$f(t)=100(1-0.3e^{-6t}-0.7e^{-10t})u_s(t)$$

(a) 求控制器的轉移函數 $G_c(s)$。
(b) 導出系統的順向-路徑轉移函數 $V(s)/E(s)$。此時，回授路徑為開-迴路。
(c) 導出系統的閉-迴路轉移函數 $V(s)/E_r(s)$。
(d) 假設 $K$ 設在某一值使得火車不會亂跑 (不穩定)，當輸入為 $e_r(t) = u_s(t)$ 時，求火車以 ft/sec 為單位表示的穩態速率。

4-13 試利用 MATLAB 求解習題 4-12。

4-14 重做習題 4-12，其中控制器的輸出在量測後，可用下列式子描述：

$$f(t)=100(1-0.3e^{-6(t-0.5)})u_s(t-0.5)$$

此時，1 V 的步階輸入施加於控制器。

4-15 試利用 MATLAB 求解習題 4-14。

4-16 一線性非時變多變數系統之輸入為 $r_1(t)$ 和 $r_2(t)$，輸出為 $y_1(t)$ 和 $y_2(t)$，並可用下列微分方程組描述：

$$\frac{d^2 y_1(t)}{dt^2}+2\frac{dy_1(t)}{dt}+3y_2(t)=r_1(t)+r_2(t)$$

$$\frac{d^2 y_2(t)}{dt^2}+3\frac{dy_1(t)}{dt}+y_1(t)-y_2(t)=r_2(t)+\frac{dr_1(t)}{dt}$$

求下列各轉移函數：

$$\left.\frac{Y_1(s)}{R_1(s)}\right|_{R_2=0} \quad \left.\frac{Y_2(s)}{R_1(s)}\right|_{R_2=0} \quad \left.\frac{Y_1(s)}{R_2(s)}\right|_{R_1=0} \quad \left.\frac{Y_2(s)}{R_2(s)}\right|_{R_1=0}$$

## 4-2 節習題

4-17 試求出圖 4P-4 所示系統的狀態-流程圖。

4-18 根據下列系統的狀態-空間表示式，畫出其信號-流程圖。

$$\dot{\mathbf{X}}=\begin{bmatrix} -5 & -6 & 3 \\ 1 & 0 & -1 \\ -0.5 & 1.5 & 0.5 \end{bmatrix}\mathbf{X}+\begin{bmatrix} 0.5 & 0 \\ 0 & 0.5 \\ 0.5 & 0.5 \end{bmatrix}\mathbf{U}$$

$$\mathbf{Z}=\begin{bmatrix} 0.5 & 0.5 & 0 \\ 0.5 & 0 & 0.5 \end{bmatrix}\mathbf{X}$$

4-19 根據下列轉移函數，試求出系統的狀態圖：

$$G(s)=\frac{B_1 s+B_0}{s^2+A_1 s+A_0}$$

**4-20** 畫出下列代數方程組的信號流程圖。在畫信號流程圖之前，應先將這些方程式化成因果形式。試證這些方程組有很多種信號流程圖的畫法。

(a) $x_1 = -x_2 - 3x_3 + 3$
$x_2 = 5x_1 - 2x_2 + x_3$
$x_3 = 4x_1 + x_2 - 5x_3 + 5$

(b) $2x_1 + 3x_2 + x_3 = -1$
$x_1 - 2x_2 - x_3 = 1$
$3x_2 + x_3 = 0$

**4-21** 一控制系統的方塊圖示於圖 4P-21 中。

(a) 試繪出該系統的等效信號流程圖。

(b) 直接應用信號流程圖的增益公式至方塊圖，以求出下列各轉移函數。

$$\left.\frac{Y(s)}{R(s)}\right|_{N=0} \quad \left.\frac{Y(s)}{N(s)}\right|_{R=0} \quad \left.\frac{E(s)}{R(s)}\right|_{N=0} \quad \left.\frac{E(s)}{N(s)}\right|_{R=0}$$

(c) 將所得答案與應用增益公式至等效信號流程圖所得之結果相比較。

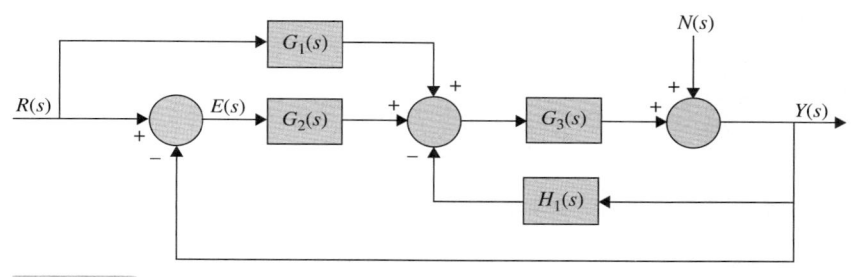

▶ 圖 4P-21

**4-22** 應用增益公式至圖 4P-22 中的信號流程圖，以求出下列轉移函數：

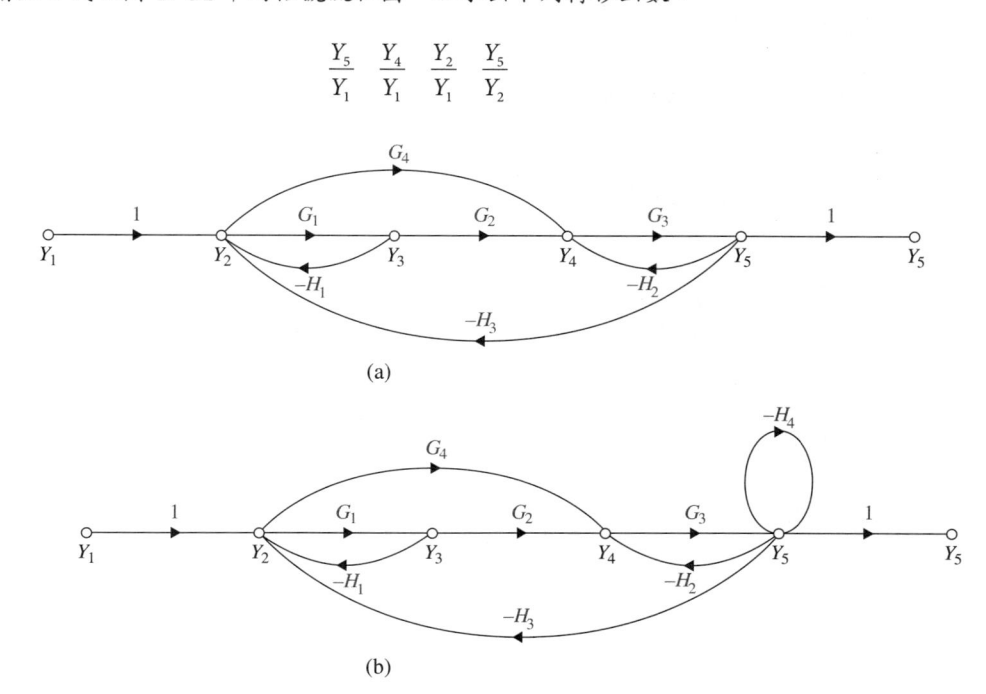

$$\frac{Y_5}{Y_1} \quad \frac{Y_4}{Y_1} \quad \frac{Y_2}{Y_1} \quad \frac{Y_5}{Y_2}$$

▶ 圖 4P-22

▶ 圖 4P-22 （續）

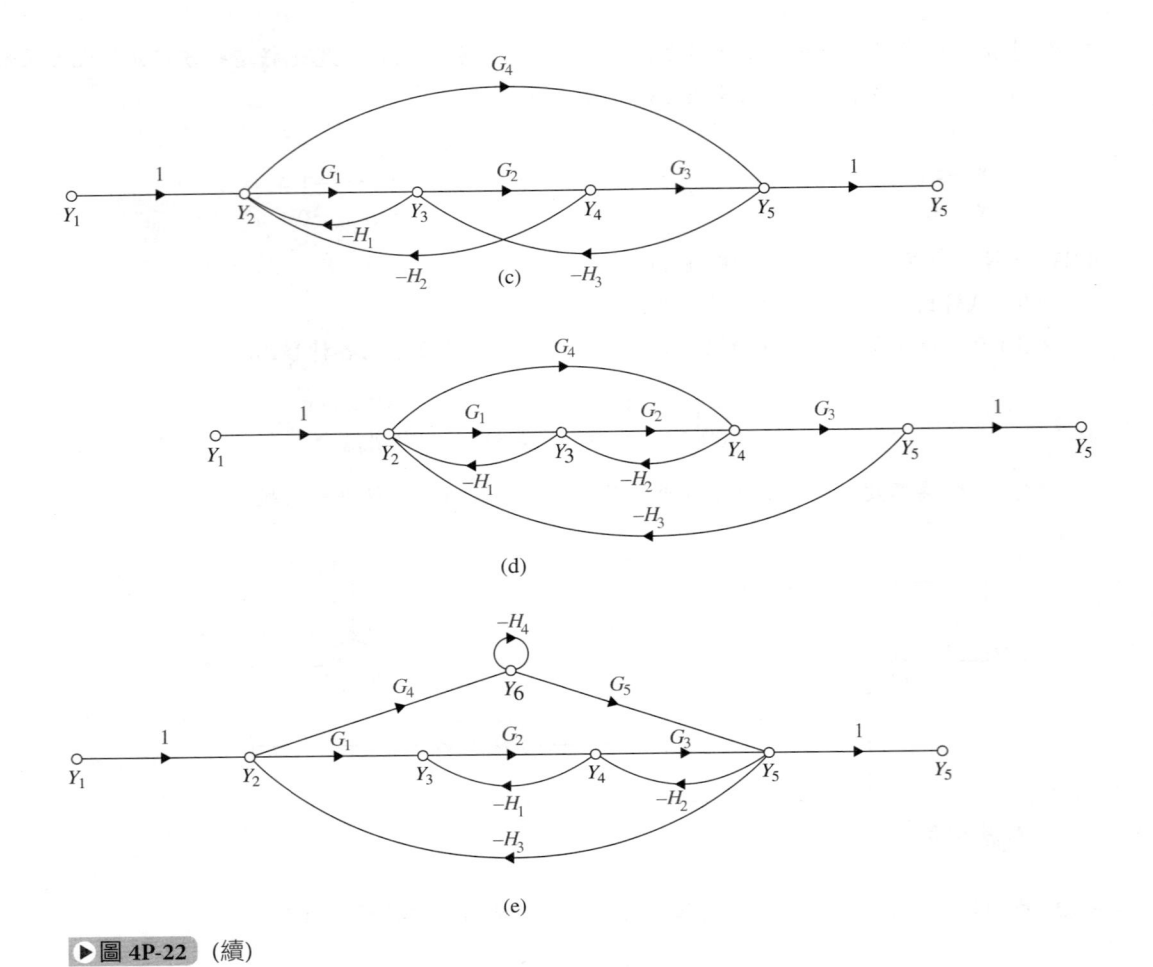

4-23 試求出顯示於圖 4P-23 中信號流程圖的轉移函數 $Y_7/Y_1$ 和 $Y_2/Y_1$。

(a)

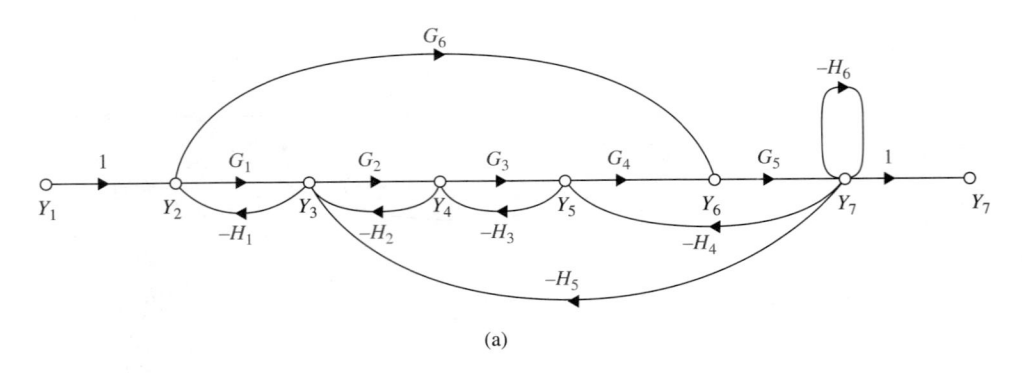

▶ 圖 4P-23

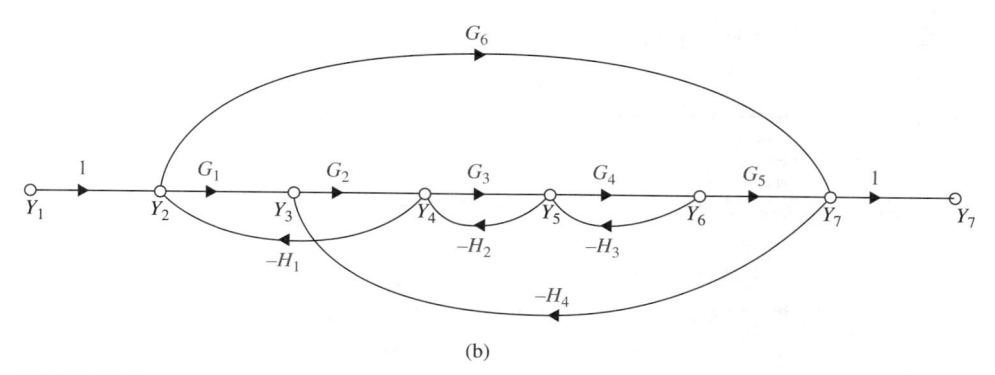

Chapter 4 方塊圖及信號流程圖 233

(b)

▶ 圖 4P-23 （續）

4-24 信號流程圖可用來解很多種類的電路問題。圖 4P-24 所示的是一電子電路的等效電路。電壓源 $e_d(t)$ 表示一種干擾電壓，試求出使輸出電壓 $e_o(t)$ 不受 $e_d(t)$ 影響的 $k$ 值。解題時，最好先由節點和迴路方程式寫出一組電路的因果方程式，然後利用這些方程式繪出信號流程圖，再求出 $e_o/e_d$（將其它輸入設置為零）。為使 $e_o$ 不受 $e_d$ 影響，故需設定 $e_o/e_d$ 為零。

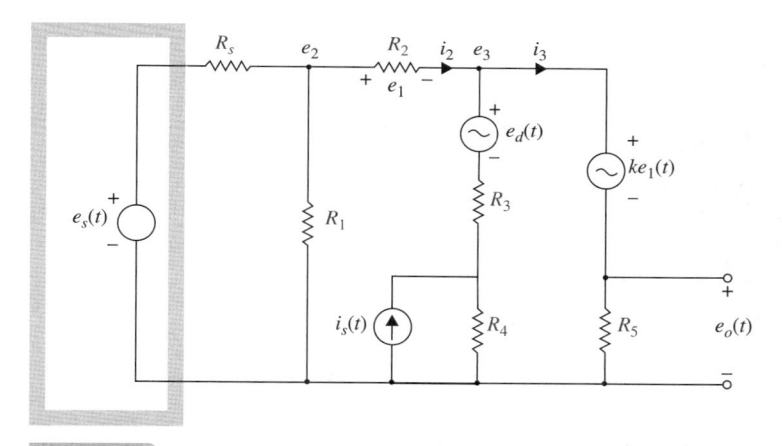

▶ 圖 4P-24

4-25 試證圖 4P-25a 和 b 中的兩系統為等效的。

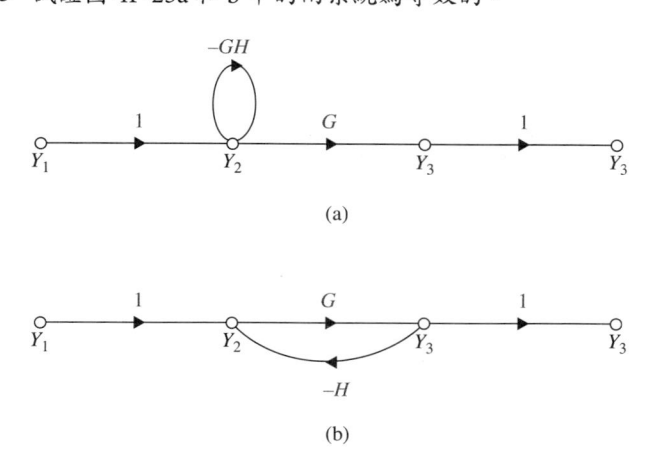

(a)

(b)

▶ 圖 4P-25

**4-26** 試證圖 4P-26a 和 b 中的兩系統並不等效。

(a)

(b)

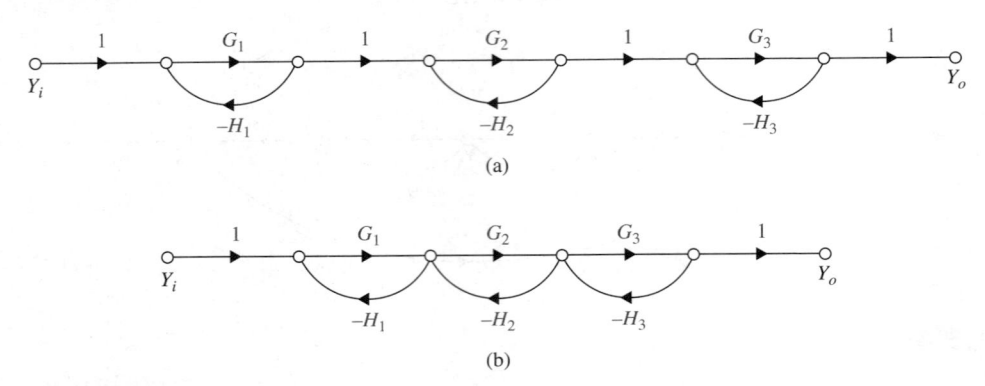

▶ 圖 4P-26

**4-27** 針對圖 4P-27 中信號流程圖，試求出下列的轉移函數。

$$\left.\frac{Y_6}{Y_1}\right|_{Y_7=0} \quad \left.\frac{Y_6}{Y_7}\right|_{Y_1=0}$$

(a)

(b)

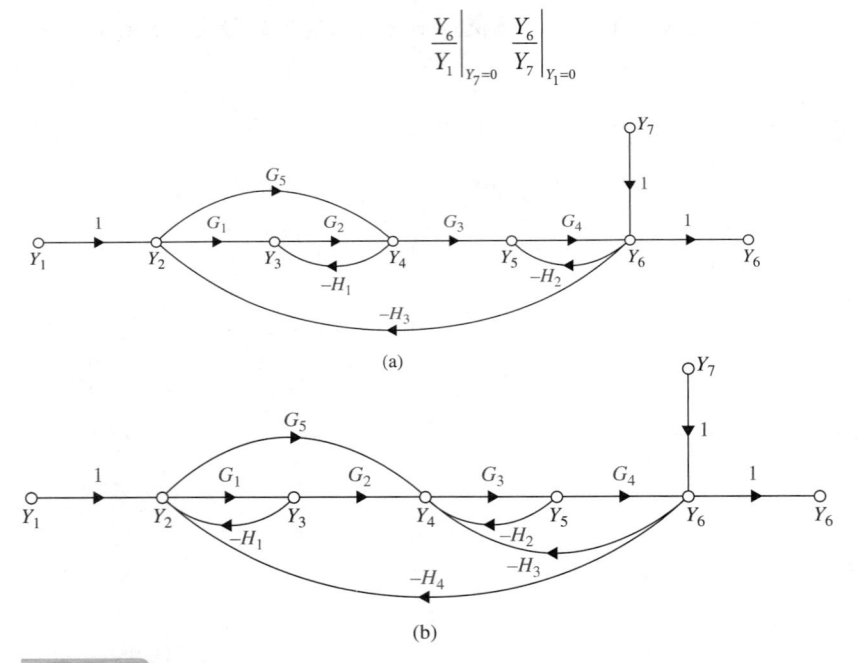

▶ 圖 4P-27

**4-28** 根據圖 4P-28 的信號流程圖求出下列各個轉移函數。說明為何 (c) 和 (d) 小題的結果不相同。

(a) $\left.\dfrac{Y_7}{Y_1}\right|_{Y_8=0}$ 　　(b) $\left.\dfrac{Y_7}{Y_8}\right|_{Y_1=0}$

(c) $\left.\dfrac{Y_7}{Y_4}\right|_{Y_8=0}$ 　　(d) $\left.\dfrac{Y_7}{Y_4}\right|_{Y_1=0}$

▶ 圖 4P-28

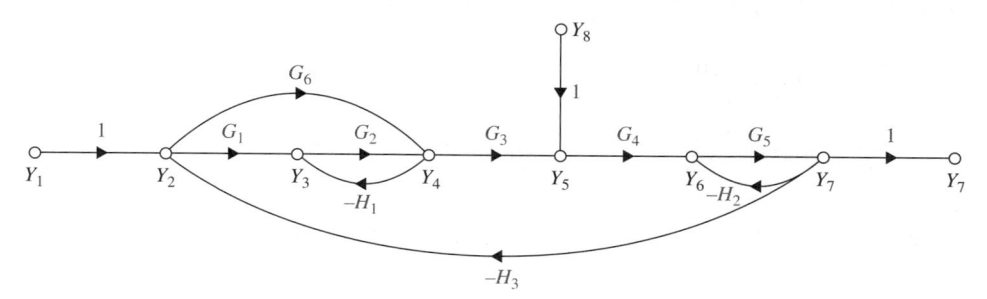

**4-29** 圖 4P-5a 中渦輪推進引擎信號間的耦合顯示於圖 4P-29 中。各個信號之定義為

$R_1(s)$ = 燃料率　　　　　　　　　$R_2(s)$ = 推進器葉片角度
$Y_1(s)$ = 引擎速率　　　　　　　　$Y_2(s)$ = 渦輪入口溫度

(a) 試繪出系統的等效信號流程圖。
(b) 試用信號流程圖增益公式方法求出此系統的 $\Delta$。
(c) 試求下列轉移函數：

$$\left.\frac{Y_1(s)}{R_1(s)}\right|_{R_2=0} \quad \left.\frac{Y_1(s)}{R_2(s)}\right|_{R_1=0} \quad \left.\frac{Y_2(s)}{R_1(s)}\right|_{R_2=0} \quad \left.\frac{Y_2(s)}{R_2(s)}\right|_{R_1=0}$$

(d) 用矩陣形式表示轉移函數，$\mathbf{Y}(s) = \mathbf{G}(s)\mathbf{R}(s)$。

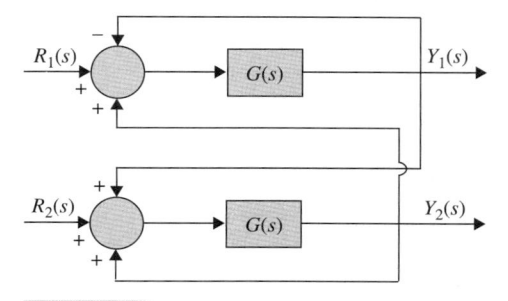

▶ 圖 4P-29

**4-30** 圖 4P-30 所示為一具條件回授的控制系統。轉移函數 $G_p(s)$ 表示受控程序，而 $G_c(s)$ 和 $H(s)$ 則為控制器的轉移函數。

(a) 試導出轉移函數 $Y(s)/R(s)|_{N=0}$ 和 $Y(s)/N(s)|_{R=0}$。如果 $G_c(s) = G_p(s)$，試求出 $Y(s)/R(s)|_{N=0}$。

(b) 令

$$G_p(s) = G_c(s) = \frac{100}{(s+1)(s+5)}$$

當 $N(s) = 0$ 和 $r(t) = u_s(t)$ 時，試求輸出響應 $y(t)$。

(c) 令 $G_p(s)$ 和 $G_c(s)$ 如 (b) 小題所示，在下列選項中，選擇適當的 $H(s)$ 使得當 $n(t) = u_s(t)$ 和

$r(t) = 0$ 時，$y(t)$ 的穩態值為零。(解答不只一個。)

$$H(s) = \frac{10}{s(s+1)} \qquad H(s) = \frac{10}{(s+1)(s+2)}$$

$$H(s) = \frac{10(s+1)}{s+2} \qquad H(s) = \frac{K}{s^n} \ (n = 正整數；選擇 n)$$

注意：閉-迴路轉移函數的極點必須都要在 s-平面的左半邊，以確保終值定理的適用性。

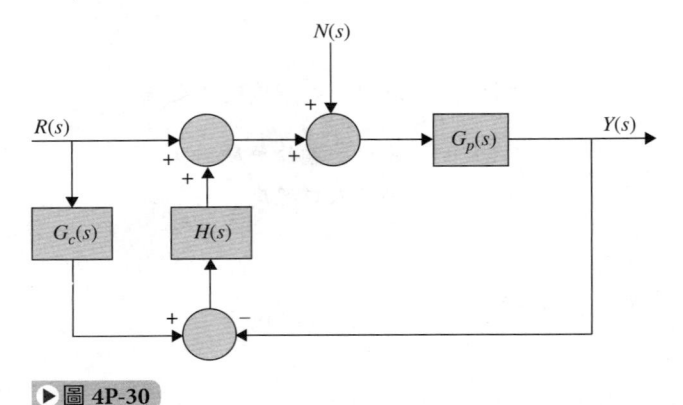

▶ 圖 4P-30

**4-31** 試利用 MATLAB 求解習題 4-30。

## 4-3 節習題

**4-32** 考慮下列系統的微分方程式：

$$\frac{dx_1(t)}{dt} = -2x_1(t) + 3x_2(t)$$

$$\frac{dx_2(t)}{dt} = -5x_1(t) - 5x_2(t) + 2r(t)$$

(a) 畫出上述狀態方程式的狀態圖。
(b) 試求系統的特性方程式。
(c) 試求轉移函數 $X_1(s)/R(s)$ 和 $X_2(s)/R(s)$。

**4-33** 一線性系統的微分方程式為

$$\frac{d^3y(t)}{dt^3} + 5\frac{d^2y(t)}{dt^2} + 6\frac{dy(t)}{dt} + 10y(t) = r(t)$$

其中，$y(t)$ 為輸出，而 $r(t)$ 為輸入。

(a) 試繪出系統的狀態圖。
(b) 從狀態圖寫出狀態方程式。由右至左以升冪順序來定義狀態變數。
(c) 試求出特性方程式及其根。可使用任何電腦程式來求其根。
(d) 求轉移函數 $Y(s)/R(s)$。

(e) 對 $Y(s)/R(s)$ 實行部分分式展開。
(f) 求出 $y(t)$，$t \geq 0$，$r(t) = u_s(t)$。
(g) 使用終值定理求出 $y(t)$ 的終值。

**4-34** 考慮習題 4-33 中的微分方程式，利用 MATLAB：
(a) 對 $Y(s)/R(s)$ 實行部分分式展開。
(b) 求出系統的<u>拉氏轉換</u>。
(c) 求出 $y(t)$，$t \geq 0$，$r(t) = u_s(t)$。
(d) 繪製系統的步階響應。
(e) 驗證你在習題 4-33(g) 小題中所求得的終值。

**4-35** 針對下列微分方程式，重做習題 4-33：

$$\frac{d^4 y(t)}{dt^4} + 4\frac{d^3 y(t)}{dt^3} + 3\frac{d^2 y(t)}{dt^2} + 5\frac{dy(t)}{dt} + y(t) = r(t)$$

**4-36** 針對習題 4-35 的微分方程式，重做習題 4-34。

**4-37** 一回授控制系統的方塊圖示於圖 4P-37 中。
(a) 導出下列轉移函數：

$$\left.\frac{Y(s)}{R(s)}\right|_{N=0} \quad \left.\frac{Y(s)}{N(s)}\right|_{R=0} \quad \left.\frac{E(s)}{R(s)}\right|_{N=0}$$

(b) 轉移函數為 $G_4(s)$ 的控制器是用來減少雜訊 $N(s)$ 的影響。試求出能使輸出 $Y(s)$ 完全與 $N(s)$ 無關的 $G_4(s)$。

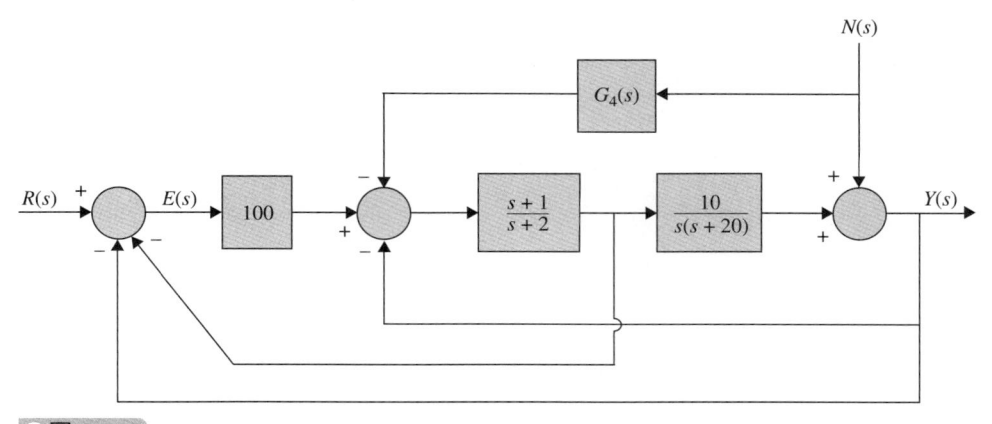

▶ 圖 4P-37

**4-38** 試利用 MATLAB 求解習題 4-37。

# 額外的習題

**4-39** 假設

$$P_1 = 2s^6 + 9s^5 + 15s^4 + 25s^3 + 25s^2 + 14s + 6$$
$$P_2 = s^6 + 8s^5 + 23s^4 + 36s^3 + 38s^2 + 28s + 16$$

(a) 利用 MATLAB 求出 $P_1$ 及 $P_2$ 的根。

(b) 利用 MATLAB，計算 $P_3 = P_2 - P_1$、$P_4 = P_2 + P_1$、以及 $P_5 = (P_1 - P_2) * P_1$。

**4-40** 利用 MATLAB 計算下列多項式。

(a) $P_6 = (s + 1)(s^2 + 2)(s + 3)(2s^2 + s + 1)$

(b) $P_7 = (s^2 + 1)(s + 2)(s + 4)(s^2 + 2s + 1)$

**4-41** 利用 MATLAB 對下列函數實行部分分式展開：

(a) $G_1(s) = \dfrac{(s+1)(s^2+2)(s+4)(s+10)}{s(s+2)(s^2+2s+5)(2s^2+s+4)}$

(b) $G_2(s) = \dfrac{s^3 + 12s^2 + 47s + 60}{4s^6 + 28s^5 + 83s^4 + 135s^3 + 126s^2 + 62s + 12}$

**4-42** 利用 MATLAB 計算習題 4-41 的單位回授閉-迴路轉移函數。

**4-43** 利用 MATLAB 計算：

(a) $G_3(s) = G_1(s) + G_2(s)$      (b) $G_4(s) = G_1(s) - G_2(s)$

(c) $G_5(s) = \dfrac{G_4(s)}{G_3(s)}$      (d) $G_6(s) = \dfrac{G_4(s)}{G_1(s)*G_2(s)}$

# Chapter 5
# 線性控制系統的穩定度

**在**控制系統設計所使用的各種性能規格當中，**穩定度** (stability) 是其中最重要的一種。若考慮所有形式的系統——線性、非線性、非時變與時變——則穩定度的定義也可以界定成許多種不同的形式。在本書中，我們只探討單-輸入-單-輸出 (SISO) 之線性非時變系統的穩定度。

在本章中，我們會介紹穩定度的概念，並利用路斯-赫維茲準則來判斷 SISO 非時變系統的穩定度。透過不同的範例，我們也會探討轉移函數和狀態空間系統的穩定度。更進一步來說，我們利用 MATLAB 工具解決不同型態的問題。

### 學習重點

在學習完本章後，讀者將具備以下能力：
1. 在拉氏域中或是以狀態空間模式來評估線性 SISO 系統的穩定度。
2. 利用路斯-赫維茲準則來探討系統的穩定度。
3. 利用 MATLAB 進行穩定度的判讀。

## 5-1 穩定度簡介

在第三章，從學習常係數微分方程式的過程中，我們得知在線性非時變系統中，時間響應通常被分為兩個部分：暫態響應與穩態響應。令 $y(t)$ 代表一個連續-資料系統的時間響應，一般而言，它可寫成

$$y(t) = y_t(t) + y_{ss}(t) \tag{5-1}$$

其中，$y_t(t)$ 代表暫態響應，而 $y_{ss}(t)$ 代表穩態響應。

在**穩定的**控制系統中，暫態響應等同於控制微分方程式的齊次解，並且當時間變數變得很大時，它是被定義為會趨近於零的時間響應。因此，$y_t(t)$ 具有下列的性質

$$\lim_{t \to \infty} y_t(t) = 0 \tag{5-2}$$

在暫態響應結束後，剩下的時間響應部分就視為整個系統的穩態響應。

如同 3-4-3 節探討的，系統的**穩定度**直接由系統特性方

程式的根——亦即，由系統的極點來決定。對於有限輸入，若系統的特性方程式有負數實根，系統的整體響應通常會追隨輸入(即有限輸出)。

> 若要 BIBO 穩定，特性方程式的根必須全部落在 s-平面的左半部。
> 一系統若是 BIBO 穩定，則簡稱為穩定，否則即是不穩定。

設初始條件為零，若系統對應於有限-輸入 $u(t)$ 的輸出 $y(t)$ 為有限時，則該系統稱為有限-輸入-有限-輸出 (BIBO) **穩定**或簡單穩定 (simply stable)。若要 BIBO 穩定，特性方程式的根或 $G(s)$ 的極點，就不能落在 s-平面的右半邊或 $j\omega$-軸上，它們必須全部落於 s-平面的左半邊。若一系統不是 BIBO 穩定，則為**不穩定** (unstable)。當一系統有根在 $j\omega$-軸上時，例如在 $s = j\omega_0$ 和 $s = -j\omega_0$ 上，若輸入為弦波 $\sin\omega_0 t$，則輸出將會是 $(t\sin\omega_0 t)$ 的形式，這種輸出並無界限，因此系統不是穩定的。

為了分析與設計上的需求，我們可以將系統歸類成**絕對穩定** (absolute stability) 與**相對穩定度** (relative stability)[1]。絕對穩定意指系統穩定與否只能給予是或否的答案。若系統已是處於穩定狀態，要判斷此系統到底有多穩定，就是屬於相對穩定的範疇了。

我們藉由一個簡單的範例來開始探討穩定度的概念。

### 範例 5-1-1

在第二章中，我們已求得質量為 $m$，透過長度為 $\ell$ 且質量可忽略的長桿繫在絞鏈點 $O$ 的一個簡單(理想)單擺的運動方程式，如圖 5-1 所示。此方程式可以簡化成

$$\ddot{\theta} + \frac{g}{\ell}\sin\theta = 0 \tag{5-3}$$

根據圖 5-1b 之質量 $m$ 的自由體圖，我們發現簡單單擺有兩個靜態平衡點，其中

$$\begin{aligned}\sum F_x &= -F_T\cos\theta + mg = 0\\ \sum F_y &= -F_T\sin\theta = 0\end{aligned} \tag{5-4}$$

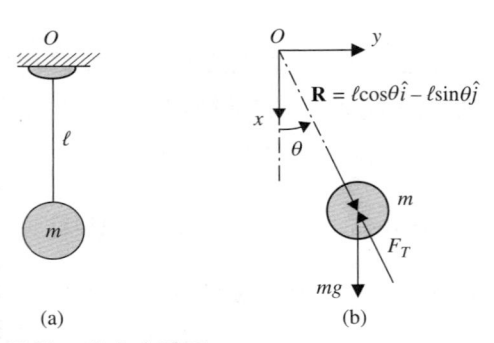

▶ 圖 5-1　(a) 簡單單擺。(b) 質量 $m$ 的自由體圖。

---
1 本主題正式的數學討論收錄在附錄 B。

在求解 (5-4) 式時，我們將 $\theta = 0$ 與 $\pi$ 定義為單擺的靜態平衡點，即能夠在沒有任何外力、初始條件或是其它干擾時，單擺於此兩點處可保持完全的靜止。在這種情況下，單擺的重量受到絞鏈點 $O$ 的反作用力而達到完全的平衡。

將處於 $\theta = 0$ 時的靜態平衡當作操作點，系統的線性化意味著 $\sin\theta \approx \theta$。因此，系統的線性化表示法如下

$$\ddot{\theta} + \frac{g}{\ell}\theta = 0 \tag{5-5}$$

或是

$$\ddot{\theta} + \omega_n^2\theta = 0 \tag{5-6}$$

其中，$\omega_n = \sqrt{\dfrac{g}{\ell}}$ rad/s 是系統線性化模型的自然頻率。

(5-6) 式描述於靜止平衡位置 $\theta = 0$ 附近的單擺行為，特別是小幅度的運動 (例如，對單擺施予輕微的碰觸)。在受到微小外力的初始條件 $\theta(0) = \theta_0$ 時，系統對此情況的響應是呈現弦波運動。更進一步來說，如果我們將絞鏈點 $O$ 的摩擦力與質量 $m$ 所受到的風阻納入考量，給予一個微小外力的初始條件，單擺會擺動一小段時間後便靜止於 $\theta = 0$ 處。注意：在這個例子中，系統因為受到初始條件所產生的**暫態響應**會隨著時間而趨向於零。因此，單擺於 $\theta = 0$ 附近的運動是**穩定的**。

若我們對質量 $m$ 施加一外力 $F(t)$，並且加上黏滯阻尼，此阻尼可近似代表系統內各種摩擦力，則 (5-6) 式便可以修改成

$$\ddot{\theta} + 2\zeta\omega_n\dot{\theta} + \omega_n^2\theta = f(t) \tag{5-7}$$

其中，$f(t) = \dfrac{F(t)}{m\ell}$。此時，(5-7) 式具有下列的轉移函數：

$$\frac{\Theta(s)}{F(s)} = \frac{1}{s^2 + 2\zeta\omega_n s + \omega_n^2} \tag{5-8}$$

從第三章可知，當 $\zeta > 0$ 時 (5-8) 式中系統的**極點 (poles)**——即特性方程式的根——**具有負實部**。注意：要得到系統的時間響應，你需要清楚辨識並納入 (5-7) 式系統的拉氏轉換之初始條件——詳見範例 3-4-2。不過，因為有阻尼的單擺於 $\theta = 0$ 處的運動為穩定運動，其暫態響應會隨時間而消失，故知單擺會追隨輸入 (**穩態響應**)——例如，一個步階-輸入——而擺動到一個固定的角度。

回顧 (5-3) 式，在利用 $\theta = \pi$ 當作操作點時，系統線性化方程式為 (請驗證)：

$$\ddot{\theta} - \frac{g}{\ell}\theta = 0 \tag{5-9}$$

在受到小的干擾時，單擺是於 $\theta = 0$ 開始擺動，而非 $\theta = \pi$！因此 $\theta = \pi$ 被視為一個**不穩定的**平衡，而 (5-9) 式的解可反映單擺會朝遠離此平衡點移動。此時，無論起始狀態如何，線性化的

(5-9) 式之時間響應會包含一個指數成長項 (無界限的運動)，表示質量會朝遠離 $\theta = \pi$ 點移動。很明顯地，線性近似的範圍會很小，並且此解法僅適用於當質量保持在這個小擺動區域之內才行。

此時，利用與 (5-8) 式相似的方法，我們可以得到系統的轉移函數如下：

$$\frac{\Theta(s)}{F(s)} = \frac{1}{s^2 + 2\zeta\omega_n s - \omega_n^2} \tag{5-10}$$

其中，當 $\zeta > 0$ 時，(5-10) 式系統的其中一個極點是**正實根** (real and positive)，而另一個極點則為負數。

由前面的討論可使我們瞭解到，對線性非時變系統而言，系統的穩定度係由系統的極點決定，而對一穩定的系統而言，其特性方程式的根必須全部都落在 s-平面的左半邊。更進一步來說，若一系統為穩定，則它必定也是零-輸入穩定——也就是說，其僅由初始條件所造成的響應會收斂至零。基於此項理由，對於一線性系統的穩定狀況，我們只說它是**穩定**或**不穩定**。後者的狀況是指至少有一個特性方程式的根不落在 s-平面的左半邊。基於實務上的運用，當特性方程式有單根落於 $j\omega$-軸上且沒有根落於右半平面時，我們稱這種情形為**臨界穩定** (marginally stable) 或**臨界不穩定** (marginally unstable)。例外之情形為：若系統被特意地設計成一積分器 (亦即，控制系統中的速度控制系統)，則該系統會有根 (s) 在 $s = 0$ 處且可視為穩定。同理，若系統被設計成一個振盪器，則其特性方程式會有單根在 $j\omega$-軸上且此系統可視為穩定。

詳見 5-4 節的 MATLAB 工具盒。

如同 3-7-2 節所討論的，因為特性方程式的根與狀態方程式矩陣 **A** 的**固有值** (eigenvalues) 相同，所以穩定條件對固有值也有相同的限制——詳見範例 5-4-4。我們在第八章會更深入地講解狀態空間方程式的穩定性分析。

令一連續資料線性非時變之 SISO 系統，其特性方程式的根或 **A** 的固有值為 $s_i = \sigma_i + j\omega_i$，$i = 1, 2, ..., n$。若任一根為複數，則其共軛複數亦為特性根。系統可能的穩定狀況與對應之特性方程式的根，均摘錄於表 5-1。

總而言之，**線性非時變 SISO 系統的穩定度可以透過系統特性方程式之根的位置決定**。實際上，並不需要計算出整個系統的完全響應才能求得系統的穩定度。s-平面上穩定與不穩定的區域顯示於圖 5-2。

下列例子可用來說明系統的穩定度條件與系統轉移函數之極點 (即特性方程式之根) 的關係。

■表 5-1　線性連續資料非時變 SISO 系統的穩定度條件

| 穩定度條件 | 根的值 |
| --- | --- |
| 漸近穩定或穩定 | 對所有的 $i$，$\sigma_i < 0$，$i = 1, 2, ..., n$。(所有根皆在 $s$-平面的左半邊。) |
| 臨界穩定或臨界不穩定 | 對任一 $i$，單根之 $\sigma_i = 0$，且沒有 $\sigma_i > 0$，$i = 1, 2, ..., n$。(在 $j\omega$-軸上至少有一單根但無重根,且沒有根在 $s$-平面的右半邊。請注意例外的情形。) |
| 不穩定 | 對任一 $i$，$\sigma_i > 0$ 或任一重根之 $\sigma_i = 0$，$i = 1, 2, ..., n$。(至少有一單根在 $s$-平面的右半邊,或至少有一重根在 $j\omega$-軸上。) |

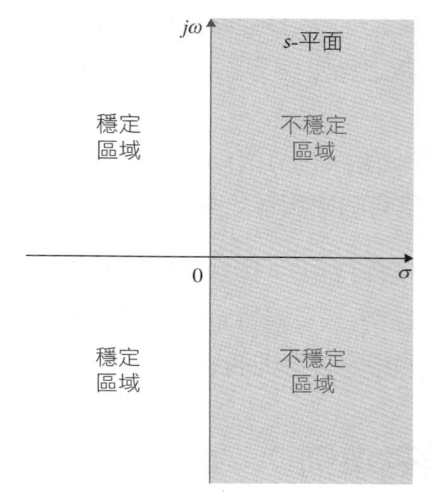

▶ 圖 5-2　在 $s$-平面上的穩定與不穩定區域。

## 範例 5-1-2

下列有一些閉-迴路轉移函數及其相關的穩定度條件。

| | |
| --- | --- |
| $M(s) = \dfrac{20}{(s+1)(s+2)(s+3)}$ | BIBO 穩定 (或漸近穩定) |
| $M(s) = \dfrac{20(s+1)}{(s-1)(s^2+2s+2)}$ | 不穩定，因為在 $s = 1$ 處有極點 |
| $M(s) = \dfrac{20(s-1)}{(s+2)(s^2+4)}$ | 臨界穩定或臨界不穩定，因為在 $s = \pm j2$ 處有極點 |
| $M(s) = \dfrac{10}{(s^2+4)^2(s+10)}$ | 不穩定，因為在 $s = \pm j2$ 處有重根 |

## 5-2 決定穩定度的方法

若系統的參數皆為已知,特性方程式的根可用 MATLAB 來決定。在第三章中,已介紹過的 MATLAB 工具盒視窗 (也可見工具盒 5-3-1)。以下將略述幾種知名的方法,它們無須解根即可決定線性連續資料系統的穩定度。

1. **路斯-赫維茲準則**。此準則是一種代數方法,用來決定具常係數特性方程式之線性非時變系統的絕對穩定度。它可測試是否有任何特性方程式的根落於 s-平面的右半邊,而落於 $j\omega$-軸上及右半平面根的個數亦可找出來。
2. **奈氏準則**。此為一半圖解法,以觀察迴路轉移函數之奈氏圖的行為,來決定在右半 s-平面中,閉-迴路轉移函數之極點與零點數目的差。此議題將會在第十章中做深入的討論。
3. **波德圖**。此圖為迴路轉移函數 $G(j\omega)H(j\omega)$ 的分貝幅度及角度相位相對於頻率 $\omega$ 的圖形。閉-迴路系統的穩定度可藉由觀察此圖形的行為而得知。

因此,如同在本書各部分皆可看出,控制系統的大部分分析與設計技巧,都只是解決相同問題的不同方法而已。設計者只要視特定的情況,適當地選擇最佳的解析工具即可。下一節將介紹路斯-赫維茲的穩定度準則的細節。

## 5-3 路斯-赫維茲準則

路斯-赫維茲 (Routh-Hurwitz) 準則是用來決定常實係數的多項式,其零點的位置是位於 s-平面的左半邊或右半邊,而毋須真正地解出零點的一種方法。因為求根的電腦程式可以輕易地解出多項式的零點,所以路斯-赫維茲準則的最大好處在於可應用到至少有一個未知參數的方程式。

考慮一個線性非時變 SISO 系統的特性方程式,如下式所示:

$$F(s) = a_n s^n + a_{n-1} s^{n-1} + \cdots + a_1 s + a_0 = 0 \tag{5-11}$$

其中,所有的係數都是實數。要確保上列方程式的所有根,沒有一個根會具有正實部時,則下面兩個必要的 (但非充分的) 條件必須成立:

1. 多項式所有的係數都具有同樣的符號。
2. 沒有缺項。

這些條件係植基於代數定律,跟 (5-11) 式的係數有下列關係:

$$\frac{a_{n-1}}{a_n} = -\sum \text{所有的根} \tag{5-12}$$

$$\frac{a_{n-2}}{a_n} = \sum \text{每次兩個根相乘積} \tag{5-13}$$

$$\frac{a_{n-3}}{a_n} = -\sum \text{每次三個根相乘積} \tag{5-14}$$

$$\vdots$$

$$\frac{a_0}{a_n} = (-1)^n \text{ 所有根的乘積} \tag{5-15}$$

所有的比值必須是正值且非零值，除非至少有一個根具有正實數部分。

上述兩個要求 (5-11) 式沒有根在右半 s-平面的必要條件，可用觀察方程式來檢查。不過，這些條件並非是充分條件；因為，一個多項式所有的係數都不為零且均同號，仍可能會有零點位於 s-平面的右半邊。

## 5-3-1　路斯表

赫維茲準則給定 (5-11) 式的所有根落在 s-平面左半邊的充分與必要條件。此準則規定了方程式的 $n$ 個赫維茲行列式均必須為正才行。

不過，要計算 $n$ 個赫維茲行列式實在太過於繁雜而難以實行，但路斯則是利用列表法來替換赫維茲行列式，進而簡化了處理程序。

赫維茲準則化簡的第一個步驟是將多項式 (5-11) 式的係數重新排成兩列。由高階項開始算，第一列由第一、第三、第五個，……等係數組成，第二列由第二、第四、第六個，……等係數組成，如下表所示：

$$\begin{array}{cccc} a_n & a_{n-2} & a_{n-4} & a_{n-6} & \cdots \\ a_{n-1} & a_{n-3} & a_{n-5} & a_{n-7} & \cdots \end{array}$$

在此，以一個六階的方程式為例：

$$a_6 s^6 + a_5 s^5 + \cdots + a_1 s + a_0 = 0 \tag{5-16}$$

來說明下一個步驟是以指定的運算來形成如下的數字陣列：

$$\begin{array}{c|cccc} s^6 & a_6 & a_4 & a_2 & a_0 \\ s^5 & a_5 & a_3 & a_1 & 0 \\ s^4 & \dfrac{a_5 a_4 - a_6 a_3}{a_5} = A & \dfrac{a_5 a_2 - a_6 a_1}{a_5} = B & \dfrac{a_5 a_0 - a_6 \times 0}{a_5} = a_0 & 0 \\ s^3 & \dfrac{A a_3 - a_5 B}{A} = C & \dfrac{A a_1 - a_5 a_0}{A} = D & \dfrac{A \times 0 - a_5 \times 0}{A} = 0 & 0 \end{array}$$

| | | | | |
|---|---|---|---|---|
| $s^2$ | $\dfrac{BC-AD}{C}=E$ | $\dfrac{Ca_0-A\times 0}{C}=a_0$ | $\dfrac{C\times 0-A\times 0}{C}=0$ | 0 |
| $s^1$ | $\dfrac{ED-Ca_0}{E}=F$ | 0 | 0 | 0 |
| $s^0$ | $\dfrac{Fa_0-E\times 0}{F}=a_0$ | 0 | 0 | 0 |

上述陣列稱為**路斯表** (Routh's tabulation) 或**路斯陣列** (Routh's array)。左邊 $s$ 項所形成的行是作為識別參考之用，有助於計算結果的記錄。路斯表的最後一列必定是 $s^0$ 之列。

一旦路斯表完成後，最後一個步驟就是應用準則來探究表內第一行各個係數的符號，它包含方程式根的資訊。總結於下：

> 若路斯表中第一行的所有元素都是相同符號時，則多項式的根全部位於 $s$-平面的左半邊。若在第一行中的元素有符號改變時，則符號改變的次數即為具有正實部或在右半 $s$-平面之根的數目。

下面例題將說明**路斯-赫維茲**準則在簡單問題中的應用，其中所得的**路斯表**並無任何複雜難解的情形。

### 範例 5-3-1

考慮方程式

$$2s^4+s^3+3s^2+5s+10=0 \tag{5-17}$$

因為方程式並無缺項且所有的係數都是同號，正好滿足沒有根位於 $s$-平面的右半邊或虛軸上的必要條件。不過，充分條件仍必須檢查。路斯表列於下：

詳見 5-4 節的 MATLAB 工具盒。

| | | | | |
|---|---|---|---|---|
| | $s^4$ | 2 | 3 | 10 |
| | $s^3$ | 1 | 5 | 0 |
| 符號改變 | $s^2$ | $\dfrac{(1)(3)-(2)(5)}{1}=-7$ | 10 | 0 |
| 符號改變 | $s^1$ | $\dfrac{(-7)(5)-(1)(10)}{-7}=6.43$ | 0 | 0 |
| | $s^0$ | 10 | 2 | 0 |

因為在第一行中有兩次符號改變，所以方程式有兩個根位於 $s$-平面的右半邊。求解 (5-17) 式的根，可得出四個根：$s=-1.005\pm j0.933$ 和 $s=0.755\pm j1.444$。很明顯地，後面兩個根是位於右半 $s$-平面，這會導致系統的不穩定。

### 工具盒 5-3-1

(5-17) 式之多項式的根可利用下列的 MATLAB 函式指令來求得。

```
>> clear all
>> p = [2 1 3 5 10] % Define polynomial 2*s^4+s^3+3*s^2+5*s+10
p =
    2 1 3 5 10
>> roots(p)
ans =
    0.7555 + 1.4444i
    0.7555 - 1.4444i
   -1.0055 + 0.9331i
   -1.0055 - 0.9331i
```

## 5-3-2　當路斯表過早終止時的特殊情況

上述兩個範例所考慮的方程式都是特別設計的，因此路斯表並沒有用到任何複雜的計算即可求出。隨方程式係數的不同，可能發生下列的困難，進而阻礙路斯表的順利完成：

**1.** 路斯表的任何一列的第一個元素是零，而其它的元素卻不為零。
**2.** 路斯表的一整列元素都是零。

在第一種情況，如果一列的第一個位置出現的是零，則在下一列的元素將全部變成無窮大，如此路斯表無法繼續填算下去。為了克服這種情形，我們以一個**非常小的正數** (small positive number) $\varepsilon$ 代替第一行中的零，然後繼續進行路斯表的填算。這種技巧可用以下範例來舉例說明。

### 範例 5-3-2

考慮一線性系統的特性方程式：

$$s^4+s^3+2s^2+2s+3=0 \tag{5-18}$$

因為所有的係數皆不為零且均同號，所以我們需要使用路斯-赫維茲準則。路斯表計算如下：

$$\begin{array}{c|ccc} s^4 & 1 & 2 & 3 \\ s^3 & 1 & 2 & 0 \\ s^2 & 0 & 3 & \end{array}$$

因為 $s^2$ 列的第一個元素為零，所以 $s^1$ 列的所有元素皆為無限大。為了克服這個困難，我們以一個非常小的正數 $\varepsilon$ 來取代 $s^2$ 列中的零，然後繼續進行表格的填算。從 $s^2$ 列開始，所得結果

如下：

詳見 5-4 節的 MATLAB 工具盒。

$$\begin{array}{c|ccc} s^2 & \varepsilon & 3 & \\ \text{符號改變} \quad s^1 & \dfrac{2\varepsilon-3}{\varepsilon} \cong -\dfrac{3}{\varepsilon} & 0 & \\ \text{符號改變} \quad s^0 & 3 & 0 & \end{array}$$

因為在路斯表的第一行有兩個符號改變，所以 (5-18) 式會有兩個根在右半 $s$-平面。求解 (5-18) 式即可得出其根為 $s = -0.091 \pm j0.902$ 和 $s = 0.406 \pm j1.293$；後面兩個根很明顯地是位在右半 $s$-平面內。

要注意的是：如果方程式有純虛根時，則上述之 $\varepsilon$ 法可能無法得到正確的答案。

在第二種特殊情況，在路斯表正常完成前其中的一整列元素都是零，則表示有下列的一種或多種情形可能發生：

1. 方程式至少有一對大小相等、符號相反的實根。
2. 方程式有一或多對虛根。
3. 方程式有對稱於 $s$-平面原點的共軛複數根對；例如，$s = -1 \pm j1$、$s = 1 \pm j1$。

輔助方程式的係數，是在路斯表中全列為零的上一列的係數。

輔助方程式的根，必定也滿足原來的方程式。

整列都是零的情形，可用**輔助方程式** (auxiliary equation) $A(s) = 0$ 來補救。它是用路斯表中全列為零的上一列的係數來形成。輔助方程式必定是偶數多項數，亦即只有 $s$ 的偶數次方出現。輔助方程式的根也必定滿足原來的方程式。因此，由求解輔助方程式便可得到原方程式的一些根。當一整列零出現而想繼續填寫路斯表，則需進行下列的步驟：

1. 利用在零的列之上一列的係數來形成輔助方程式 $A(s) = 0$。
2. 取輔助方程式對 $s$ 的微分，可得 $dA(s)/ds = 0$。
3. 以 $dA(s)/ds = 0$ 的係數來取代零的那一列。
4. 以新形成的係數列來取代零的列，並以平常的方式繼續路斯表的填算。
5. 如果有符號改變的話，照平常的方式來解釋第一行係數的變號。

### 範例 5-3-3

考慮下列方程式，它可能是某一線性控制系統的特性方程式：

$$s^5 + 4s^4 + 8s^3 + 8s^2 + 7s + 4 = 0 \tag{5-19}$$

其路斯表為

$$
\begin{array}{c|ccc}
s^5 & 1 & 8 & 7 \\
s^4 & 4 & 8 & 4 \\
s^3 & 6 & 6 & 0 \\
s^2 & 4 & 4 & \\
s^1 & 0 & 0 & \\
\end{array}
$$

詳見 5-4 節的 MATLAB 工具盒。

因為零的列過早出現，所以我們利用 $s^2$ 列的係數來形成輔助方程式：

$$A(s) = 4s^2 + 4 = 0 \qquad (5\text{-}20)$$

$A(s)$ 對 $s$ 的微分為

$$\frac{dA(s)}{ds} = 8s = 0 \qquad (5\text{-}21)$$

以上式的係數 8 和 0 來取代原來表中 $s^1$ 列的零，則路斯表的其餘部分為

$$
\begin{array}{c|ccc}
s^1 & 8 & 0 & \quad dA(s)/ds \text{ 的係數} \\
s^0 & 4 & & \\
\end{array}
$$

因為在整個路斯表的第一行中並沒有符號的改變，所以 (5-21) 式沒有根在右半 $s$-平面。求解 (5-20) 式的輔助方程式，可得兩根位在 $s = j$ 和 $s = -j$ 處，其亦為 (5-19) 式的根。因此，方程式有兩個根在 $j\omega$-軸，故知系統是臨界穩定。這些虛根使得最初路斯表中的 $s^1$ 列全為零。

因為全部為零的列對應到 $s$ 的奇次方，這使得輔助方程式僅含 $s$ 的偶次方，而輔助方程式的根則可能全部位在 $j\omega$-軸上。在設計上，我們可以使用全零-列的條件，來解出使系統穩定之系統參數的臨界值。下列例子說明路斯-赫維茲在簡單設計問題上的實用價值。

## 範例 5-3-4

考慮一個三-階控制系統，其特性方程式為

$$s^3 + 3408.3s^2 + 1{,}204{,}000s + 1.5 \times 10^7 K = 0 \qquad (5\text{-}22)$$

路斯-赫維茲準則最適用於求出使系統穩定之 $K$ 的臨界值，亦即使至少有一根落於 $j\omega$-軸上但沒有根落於右半 $s$-平面的 $K$ 值。(5-22) 式的路斯表如下：

詳見 5-4 節的 MATLAB 工具盒。

| | | |
|---|---|---|
| $s^3$ | 1 | 1,204,000 |
| $s^2$ | 3408.3 | $1.5 \times 10^7 K$ |
| $s^1$ | $\dfrac{410.36 \times 10^7 - 1.5 \times 10^7 K}{3408.3}$ | 0 |
| $s^0$ | $1.5 \times 10^7 K$ | |

為使系統穩定，所有 (5-22) 式的根必須落於左半 s-平面，因此所有路斯表第一行的係數必須同號。這可導出下列條件：

$$\frac{410.36 \times 10^7 - 1.5 \times 10^7 K}{3408.3} > 0 \tag{5-23}$$

和

$$1.5 \times 10^7 K > 0 \tag{5-24}$$

由 (5-23) 式的不等式可得出 $K < 273.57$，而由 (5-34) 式可得到 $K > 0$。因此，使系統達到穩定的 K 值條件為

$$0 < K < 273.57 \tag{5-25}$$

若令 $K = 273.57$，則 (5-22) 式的特性方程式會有兩個根在 $j\omega$-軸上。為求此兩根，我們將 $K = 273.57$ 代入輔助方程式 (可由路斯表中 $s^2$ 列的係數求得)。因此，

$$A(s) = 3408.3s^2 + 4.1036 \times 10^9 = 0 \tag{5-26}$$

上式的根位在 $s = j1097$ 和 $s = -j1097$，而這些根所對應的 K 值為 273.57。此外，如果系統操作在 $K = 273.57$，則系統的零輸入響應將會是一個頻率為 1097.27 rad/sec 的無阻尼弦波。

## 範例 5-3-5

作為另一個使用路斯-赫維茲準則至簡單設計問題上的例子，考慮一閉-迴路控制系統的特性方程式：

$$s^3 + 3Ks^2 + (K+2)s + 4 = 0 \tag{5-27}$$

我們想要決定可使系統穩定的 K 值範圍。(5-27) 式的路斯表如下：

| | | |
|---|---|---|
| $s^3$ | 1 | $K+2$ |
| $s^2$ | $3K$ | 4 |
| $s^1$ | $\dfrac{3K(K+2)-4}{3K}$ | 0 |
| $s^0$ | 4 | |

詳見 5-4 節的 MATLAB 工具盒。

由 $s^2$ 列得知，穩定度的條件為 $K > 0$，而由 $s^1$ 列得知，穩定度的條件為

$$3K^2 + 6K - 4 > 0 \quad (5\text{-}28)$$

或

$$K < -2.528 \quad \text{或} \quad K > 0.528 \quad (5\text{-}29)$$

當比較 $K > 0$ 和 $K > 0.528$ 的條件時，顯然後者的限制較嚴格。因此，若要閉-迴路系統穩定，$K$ 必須滿足

$$K > 0.528 \quad (5\text{-}30)$$

$K < -2.528$ 的條件是不合理，因為 $K$ 不能是負值。

---

必須再次強調的是，路斯-赫維茲準則只在特性方程式是代數式，且所有的係數是實數時才適用。若所有特性方程式係數中有任一個是複數，或者如果方程式不是代數式時，例如，包括 s 的指數函數，或三角函數，則路斯-赫維茲準則就不能適用。

路斯-赫維茲準則的另一限制為：它只適用於決定特性方程式的根是在 $s$-平面的左半邊或右半邊。穩定度的邊界為 $s$-平面的 $j\omega$-軸。此準則不能適用於複數平面上任何其它的穩定度邊界，例如在複數平面上的單位圓，它是離散資料系統的穩定度邊界 (請參閱附錄 H)。

## 5-4　MATLAB 工具與個案研究

要得到一已知函數穩定度的最簡單方法就是找到函數極點的位置。為了達到此目的，工具盒 5-3-1 的 MATLAB 程式碼可以最簡單地找到特性方程多項式的根——亦即，系統的極點。

在本節中，我們要介紹穩定度工具，**tfrouth**，它可以用來求得路斯陣列；更重要的是，它可以被應用在控制器的設計上。此時，針對一個控制器增益，例如 $k$，它在評估系統的穩定度時很重要。

利用 tfrouth 求解穩定度問題時，其相關的設定及求解的步驟如下所示：

1. 為了要應用 tfrouth 工具，首先你要下載 **ACSYS** 軟體，它可在 www.mhprofessional.com/golnaraghi 取得。
2. 安裝 MATLAB，並使用 MATLAB 指令視窗最上端的文件夾瀏覽器進入 ACSYS 目錄——例如：對於 PC 機款而言，它會位於 C:\documents\ACSYS2013——如果你已經將ACSYS2013 的目錄放入文件夾內的話[2]。
3. 在 MATLAB 指令視窗內輸入「dir」，並找到「TFSymbolic」目錄。
4. 藉由輸入「cd TFSymbolic」來切換到「TFSymbolic」目錄。
5. 在 MATLAB 指令視窗的「TFSymbolic」目錄內輸入「tfrouth」。
6. 「Routh-Hurwitz」視窗會顯示出來。將特徵多項式輸入成一個係數的列向量 (例如，對於 $s^3 + s^2 + s + 1$，可輸入：[1 1 1 1])。
7. 按下「Routh-Hurwitz」鍵，並檢查 MATLAB 指令視窗內的結果。
8. 若你希望針對某一設計參數來評估系統的穩定度，則要在標示為「Enter Symbolic Parameters」的方框內鍵入設計的參數。例如，對於 $s^3 + k_1 s^2 + k_2 s + 1$，你便需要在「Enter Symbolic Parameters」方框中輸入「k1 k2」，接下來在「Characteristic Equation」方框中輸入 [1 k1 k2 1]。注意：預設係數為「k」，你可以替換成其它符號——在這個例子中是 k1 和 k2。
9. 按下「Routh-Hurwitz」鍵來形成路斯陣列，並進行路斯-赫維茲穩定度測試。

為了更明確說明如何使用 tfrouth，讓我們來求解本章先前介紹過的一些範例。

## 範例 5-4-1

回想範例 5-3-1，讓我們用 tfrouth 來求解下列多項式：

$$2s^4 + s^3 + 3s^2 + 5s + 10 = 0 \tag{5-31}$$

遵照本節一開始所述的步驟，在 MATLAB 指令視窗中，鍵入「tfrouth」並以係數向量形式，即 [2 1 3 5 10]，來輸入特性方程式 (5-31) 式，緊接著按下「Routh-Hurwitz」鍵來得出路斯-赫維茲陣列，如圖 5-3 所示。

此結果與原範例 5-3-1 相符。由於有兩個正極點，故系統為不穩定。路斯陣列的第一行也出現兩次變號，故可確認結果無誤。為了能檢視完整的路斯表，可參照 MATLAB 命令視窗，如圖 5-4 所示。

下列方框所示為符號改變的位置。

---

[2] 對於 Mac或 Unix 使用者，相關安裝資訊則可參閱 MATLAB help。

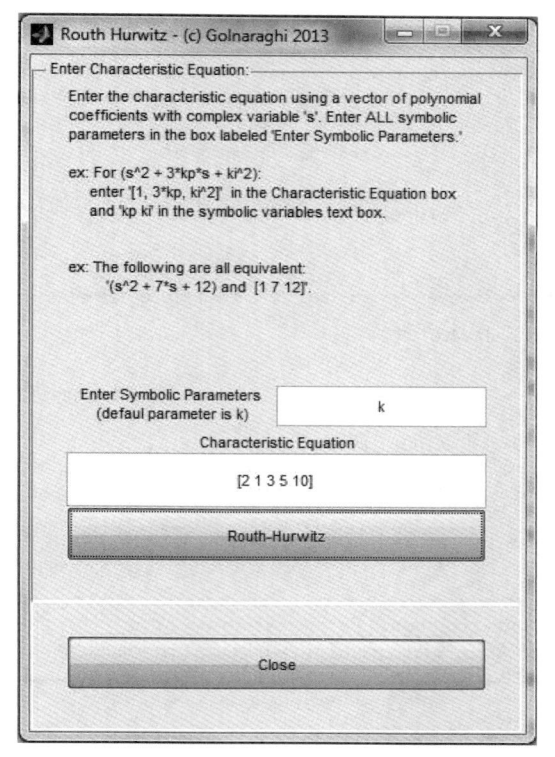

▶ 圖 5-3　利用 tfrouth 模組來輸入範例 5-3-1 的特性多項式。

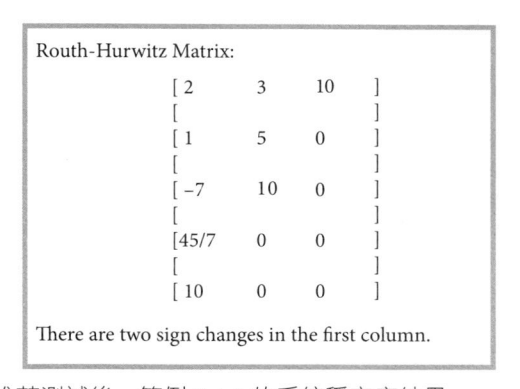

```
Routh-Hurwitz Matrix:
           [  2      3     10  ]
           [                   ]
           [  1      5      0  ]
           [                   ]
           [ -7     10      0  ]
           [                   ]
           [45/7     0      0  ]
           [                   ]
           [ 10      0      0  ]
There are two sign changes in the first column.
```

▶ 圖 5-4　在經過路斯-赫維茲測試後，範例 5-4-1 的系統穩定度結果。

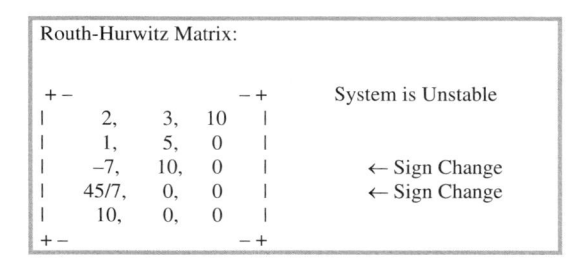

```
Routh-Hurwitz Matrix:

+ -              - +          System is Unstable
|   2,     3,    10  |
|   1,     5,     0  |
|  -7,    10,     0  |        ← Sign Change
|  45/7,   0,     0  |        ← Sign Change
|  10,     0,     0  |
+ -              - +
```

## 範例 5-4-2

考慮範例 5-3-2 之線性系統的特性方程式：

$$s^4+s^3+2s^2+2s+3=0 \tag{5-32}$$

利用 tfrouth，以 [1 1 2 2 3] 格式輸入轉移函數的特性方程式，並按下「Routh-Hurwitz」鍵，得到的輸出為：

```
Routh-Hurwitz Matrix:

+ -           - +                System is Unstable
|     1,   2,  3   |
|     1,   2,  0   |
|   eps,   3,  0   |              First element is zero. Epsilon is used.
|  2 eps – 3  0, 0 |                    ← Sign Change
|  ------------,   |
|     eps          |
|     3,   0,  0   |                    ← Sign Change
+ -           - +
```

由於最後結果有兩次變號，故可預期系統會有兩個不穩定的極點。

## 範例 5-4-3

重做範例 5-3-3，利用 tfrouth 來研究下列的特性方程式：

$$s^5+4s^4+8s^3+8s^2+7s+4=0 \tag{5-33}$$

將特性方程式的係數輸入成 [1 4 8 8 7 4]。MATLAB 的輸出如下所示：

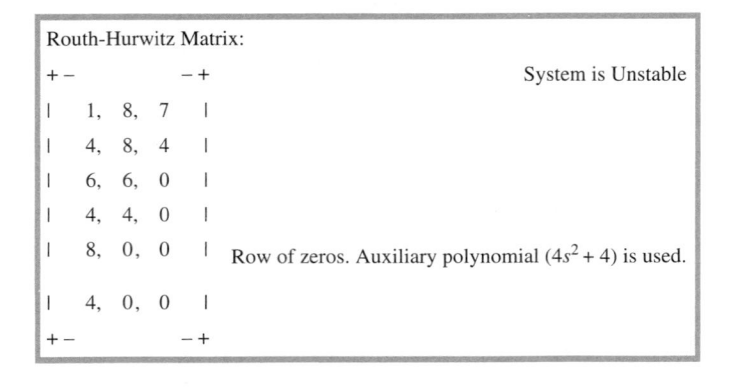

```
Routh-Hurwitz Matrix:
+ -        - +                     System is Unstable
|   1,  8,  7  |
|   4,  8,  4  |
|   6,  6,  0  |
|   4,  4,  0  |
|   8,  0,  0  |   Row of zeros. Auxiliary polynomial (4s² + 4) is used.
|   4,  0,  0  |
+ -        - +
```

## 範例 5-4-4

考慮某一閉-迴路控制系統的特性方程式：

$$s^3 + 3Ks^2 + (K+2)s + 4 = 0 \tag{5-34}$$

此例欲求出 $K$ 的範圍，以使系統為穩定。利用預設參數「k」，將特性方程式的係數輸入成 [1 3*k k+2 4]——如圖 5-5。

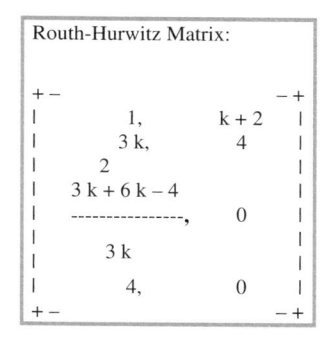

```
Routh-Hurwitz Matrix:
+-                          -+
|          1,       k + 2    |
|         3 k,        4      |
|          2                 |
|      3 k + 6 k – 4         |
|      ---------------,  0   |
|          3 k               |
|          4,         0      |
+-                          -+
```

在 tfrouth 中，路斯陣列會存放在名為「RH」的變數下。為了以不同的 $k$ 值來檢查系統的穩定度，首先你需要先賦予 $k$ 一個數值。再利用 MATLAB 指令「eval (RH)」來得到路斯陣列的實際數值，如下所示：

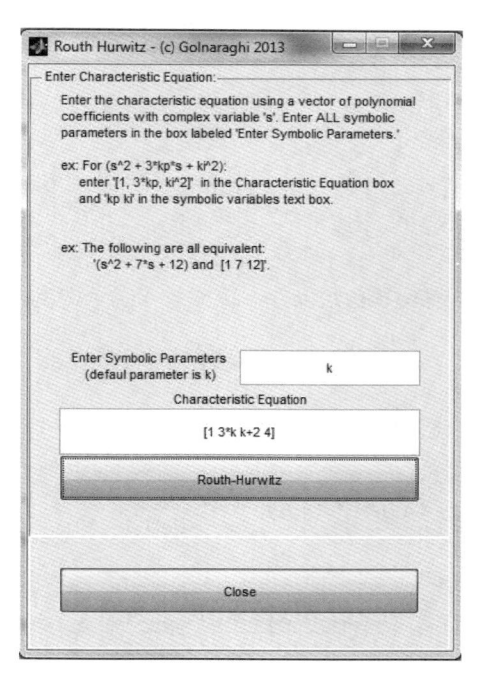

▶圖 5-5　利用 tfrouth 模組來輸入範例 5-4-4 的特性多項式。

|  |  |
|---|---|
| `>> k = 0.4;`<br>`>> eval(RH)`<br>`ans =`<br>   1.0000  2.4000    **Unstable**<br>   1.2000  4.0000<br>  −0.9333  0    ← **Sign Change**<br>   4.0000  0    ← **Sign Change** | `>> k = 1;`<br>`>> eval(RH)`<br>`ans =`<br>  1.0000  3.0000    **Stable**<br>  3.0000  4.0000<br>  1.6667  0<br>  4.0000  0 |

在本例中，若 $k = 0.4$，系統為不穩定；若 $k = 1$，則系統為穩定。

## 範例 5-4-5

考慮下列的狀態空間系統：

$$\frac{dx_1(t)}{dt} = x_1(t) - 4x_2(t)$$
$$\frac{dx_2(t)}{dt} = 5x_1(t) + u(t)$$
(5-35)

系統的狀態方程式為

$$\dot{\mathbf{x}}(t) = \mathbf{A}\mathbf{x}(t) + \mathbf{B}u(t)$$
$$\mathbf{y}(t) = \mathbf{C}\mathbf{x}(t)$$
(5-36)

其中

$$\mathbf{A} = \begin{bmatrix} 1 & -4 \\ 5 & 0 \end{bmatrix} \qquad \mathbf{B} = \begin{bmatrix} 0 \\ 1 \end{bmatrix} \qquad \mathbf{C} = \begin{bmatrix} 1 & 0 \\ 0 & 1 \end{bmatrix}$$
(5-37)

將 (5-36) 式做拉氏轉換，假設零初始條件，來求解 $\mathbf{Y}(s)$，得到

$$\mathbf{Y}(s) = \mathbf{C}(s\mathbf{I} - \mathbf{A})^{-1}\mathbf{B}U(s)$$
(5-38)

根據 3-7-1 節與 3-7-2 節所討論的，在這個例子中系統的轉移函數為

$$\mathbf{G}(s) = \mathbf{C}(s\mathbf{I} - \mathbf{A})^{-1}\mathbf{B} = \mathbf{C}\frac{\mathrm{adj}(s\mathbf{I} - \mathbf{A})}{\det(s\mathbf{I} - \mathbf{A})}\mathbf{B}$$

$$= \mathbf{C}\frac{[\mathrm{adj}(s\mathbf{I} - \mathbf{A})]\mathbf{B}}{|s\mathbf{I} - \mathbf{A}|} = \frac{\begin{bmatrix} -4 \\ s-1 \end{bmatrix}}{s^2 - s + 20}$$
(5-39)

更精確地說，可發現 $\mathbf{Y}(s) = \mathbf{X}(s)$，可得

$$\frac{X_1(s)}{U(s)} = \frac{-4}{s^2 - s + 20} \tag{5-40}$$

$$\frac{X_2(s)}{U(s)} = \frac{s-1}{s^2 - s + 20} \tag{5-41}$$

將轉移函數矩陣 **G**(*s*) 之分母設定為零，我們就可以得出**特性方程式**：

$$|s\mathbf{I} - \mathbf{A}| = 0 \tag{5-42}$$

此即表示特性方程式的根就是矩陣 **A** 的**固有值**。因此，

$$|s\mathbf{I} - \mathbf{A}| = \begin{vmatrix} s-1 & 4 \\ -5 & s \end{vmatrix} = s^2 - s + 20 = 0 \tag{5-43}$$

由路斯-赫維茲準則可知，此系統為**不穩定**──其時間響應，如圖 5-6 所示。

利用下列的狀態回授控制器，我們可以解決穩定度與其它以控制為目標的問題 (更多此主題的討論詳見第八章)：

$$u(t) = -k_1 x_1 - k_2 x_2 + r(t) \tag{5-44}$$

其中，$k_1$ 和 $k_2$ 為實係數，$r(t)$ 為一單位-步階輸入。

下一個步驟是決定系統的穩定性參數 $k_1$ 和 $k_2$。將 (5-44) 式代入 (5-36) 式中，可以得到封閉迴圈系統的方程式：

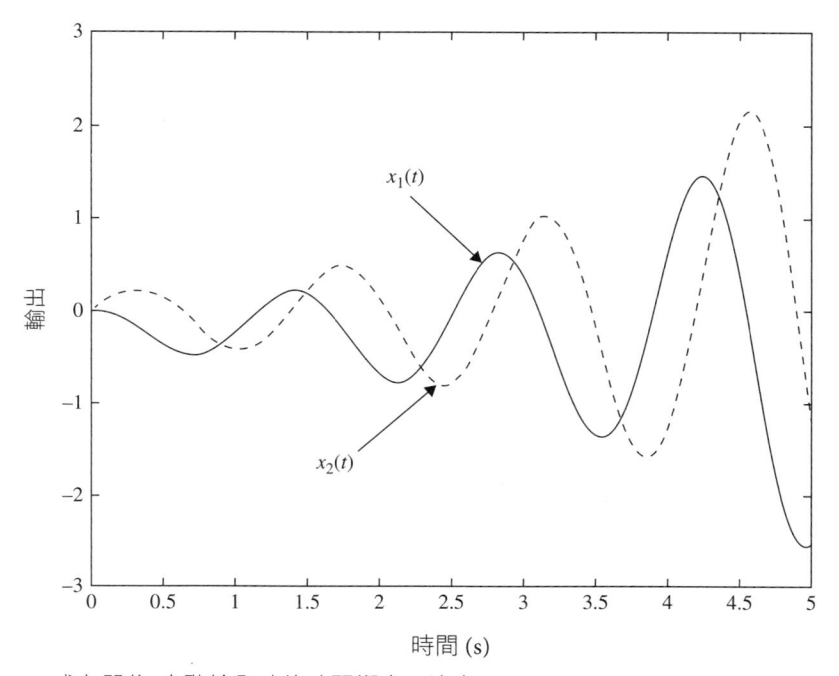

▶ 圖 5-6 (5-38) 式在單位-步階輸入時的時間響應。注意：$y(t) = x(t)$。

$$\dot{\mathbf{x}}(t) = (\mathbf{A} - \mathbf{BK})\mathbf{x}(t) + \mathbf{B}r(t) = \mathbf{A}^*\mathbf{x}(t) + \mathbf{B}r(t)$$
$$\mathbf{y}(t) = \mathbf{C}\mathbf{x} \tag{5-45}$$

其中

$$\mathbf{K} = [k_1 \quad k_2] \tag{5-46}$$

以及

$$\mathbf{A}^* = \mathbf{A} - \mathbf{BK} = \begin{bmatrix} 1 & -4 \\ 5-k_1 & -k_2 \end{bmatrix} \tag{5-47}$$

對 (5-45) 式取拉氏轉換，假設零初始條件，來求解 $\mathbf{Y}(s)$，得到

$$\mathbf{Y}(s) = \mathbf{C}\mathbf{X}(s) = \mathbf{C}(s\mathbf{I} - \mathbf{A} + \mathbf{BK})^{-1}\mathbf{B}R(s) = \frac{\begin{bmatrix} -4 \\ s-1 \end{bmatrix}}{s^2 + (k_2 - 1)s + 20 - 4k_1 - k_2} \tag{5-48}$$

遵照與 (5-42) 式的相同步驟，閉-迴路系統的特性方程式現在變為

$$|s\mathbf{I} - \mathbf{A} + \mathbf{BK}| = \begin{vmatrix} s-1 & 4 \\ -5+k_1 & s+k_2 \end{vmatrix} = s^2 + (k_2 - 1)s + 20 - 4k_1 - k_2 = 0 \tag{5-49}$$

欲知穩定度的條件，我們使用 **tfrouth**，如圖 5-7 所示。因此，為了確保系統的穩定度，路

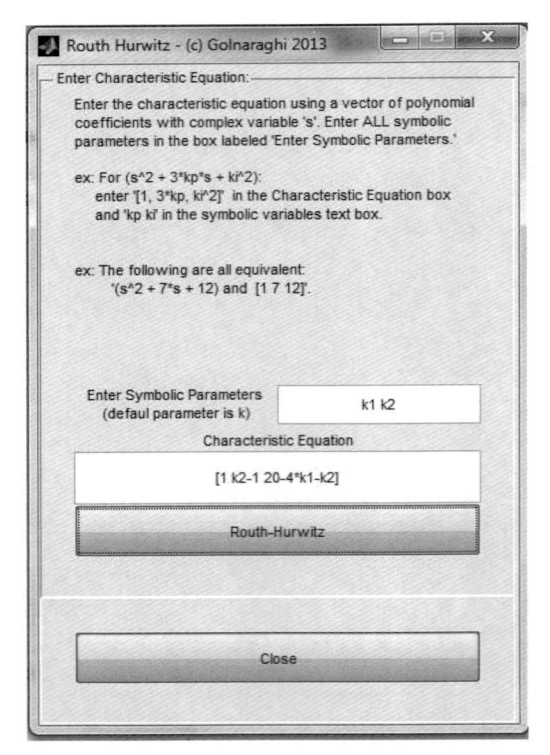

▶ **圖 5-7** 利用 tfrouth 模組來輸入範例 5-4-5 的特性多項式。

斯陣列第一行中所有的元素都必須為正值。這需要下列兩個條件同時符合。

$$k_2 > 1 \tag{5-50}$$

$$k_2 < 20 - 4k_1 \tag{5-51}$$

因此，為了達成穩定，我們必須確保

$$1 < k_2 < 20 - 4k_1 \tag{5-52}$$

採用 $k_2 = 2$ 和 $k_1 = 2$ 時，這兩個條件符合使系統變成穩定。此時，可得到

$$\mathbf{Y}(s) = \mathbf{C}(s\mathbf{I} - \mathbf{A} + \mathbf{BK})^{-1}\mathbf{B}R(s) = \frac{\begin{bmatrix} -4 \\ s-1 \end{bmatrix}}{s^2 + s + 10} R(s) \tag{5-53}$$

利用工具盒 5-4-1，在將分母項修改為 [1 1 10] 後，我們便可得到系統對於單位步階 $r(t)$ 的時間響應，如圖 5-8 所示。

### 工具盒 5-4-1

於單位步階輸入時，(5-39) 式的時域步階響應，如圖 5-6 所示。

```
t=0:0.02:5;
num1 = [-4];
den1 = [1 -1 20];
num2 = [1 -1];
den2 = [1 -1 20];
G1 = tf(num1, den1);
G2 = tf(num2, den2);
y1 = step (G1, t);
y2 = step (G2, t);
plot(t,y1);
hold on
plot (t, y2, '--');
xlabel('Time (s)')
ylabel('Output')
```

(譯者註：上列的工具盒 5-4-1 內的程式碼可產生圖 5-6 的圖形；如欲得出圖 5-8 的圖形，兩分母項的指令則需修改為：den1 = [1 1 10]; den1 = [1 1 10]; 即可。)

```
Routh-Hurwitz Matrix:
+-                          -+                Stability Criteria
|       1,         20 - k2 -k1   |
|     k2 – 1,          0         |                    k2>1
|   20 - k2 - 4 k1,    0         |    20 - k2 - 4 k1 > 0 or k2 < 20 - 4 k1
+-                          -+
```

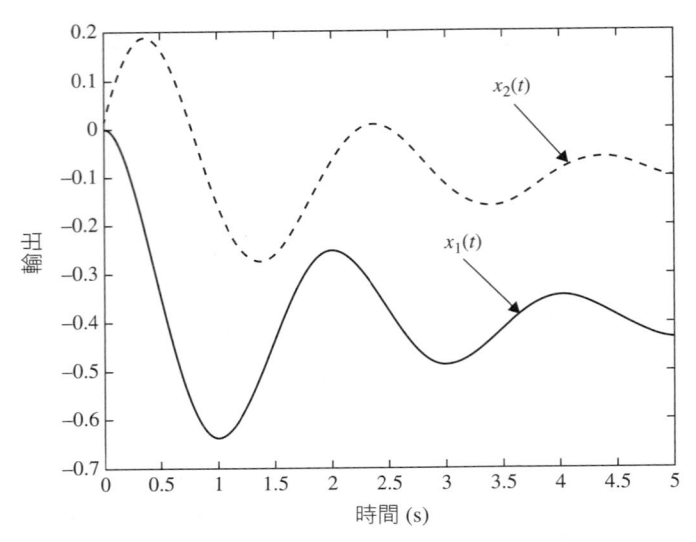

▶ 圖 5-8　(5-53) 式在單位-步階輸入時的時間響應。注意：$y(t) = x(t)$。

## 5-5　摘要

在本章中，我們將路斯-赫維茲準則應用在線性非時變連續系統上。我們證明了這些形式的穩定條件直接與特性方程式的根相關。連續資料系統要穩定，其特性方程式的根必須皆落在 $s$-平面的左半邊。儘管路斯-赫維茲的穩定度適用於系統的特性方程式上，同時我們也強調這種方法亦適用於評估系統狀態空間表示法的穩定度——因為矩陣 **A** 的固有值等同於特性方程式的根。

我們利用 tfrouth 求解各種範例內的問題，tfrouth 是專為本書所開發的穩定度 MATLAB 工具。

## 參考資料

1. F. Golnaraghi and B. C. Kuo, *Automatic Control Systems*, 9th Ed., John Wiley & Sons, New York, 2010.
2. F. R. Gantmacher, *Matrix Theory*, Vol. II, Chelsea Publishing Company, New York, 1964.
3. K. J. Khatwani, "On Routh-Hurwitz Criterion," *IEEE Trans. Automatic Control*, vol. AC-26, p. 583, April. 1981.
4. S. K. Pillai, "The ε Method of the Routh-Hurwitz Criterion," *IEEE Trans. Automatic Control*, vol. AC-26, p. 584, April. 1981.
5. B.C. Kuo and F. Golnaraghi, *Automatic Control Systems*, 8$^{TH}$ ED., John Wiley & Sons, New York, 2003.

## 習題

(譯者註：下列許多題目涉及「漸進穩定」，惟本版本書作者已將「漸進穩定」的定義刪除；零輸入穩定又稱為「漸進穩定」。)

**5-1** 不用路斯-赫維茲準則，試決定下列系統是漸近穩定、臨界穩定，還是不穩定。在每一個問題中，閉-迴路系統轉移函數如下列所示。

(a) $M(s) = \dfrac{10(s+2)}{s^3+3s^2+5s}$
(b) $M(s) = \dfrac{s-1}{(s+5)(s^2+2)}$
(c) $M(s) = \dfrac{K}{s^3+5s+5}$
(d) $M(s) = \dfrac{100(s-1)}{(s+5)(s^2+2s+2)}$
(e) $M(s) = \dfrac{100}{s^3-2s^2+3s+10}$
(f) $M(s) = \dfrac{10(s+12.5)}{s^4+3s^3+50s^2+s+10^6}$

**5-2** 利用 MATLAB 中的「roots」指令求解習題 5-1。

**5-3** 利用路斯-赫維茲準則，試決定具有下列轉移函數之閉-迴路系統的穩定度。求出每個方程式的根在右半 s-平面和 $j\omega$-軸上的數目。

(a) $s^3+25s^2+10s+450=0$
(b) $s^3+25s^2+10s+50=0$
(c) $s^3+25s^2+250s+10=0$
(d) $2s^4+10s^3+5.5s^2+5.5s+10=0$
(e) $s^6+2s^5+8s^4+15s^3+20s^2+16s+16=0$
(f) $s^4+2s^3+10s^2+20s+5=0$
(g) $s^8+2s^7+8s^6+12s^5+20s^4+16s^3+16s^2=0$

**5-4** 使用 MATLAB 求解習題 5-3。

**5-5** 使用 MATLAB 工具盒 5-3-1 求出下列線性連續資料系統之特性方程式的根，並決定系統的穩定度狀況。

(a) $s^3+10s^2+10s+130=0$
(b) $s^4+12s^3+s^2+2s+10=0$
(c) $s^4+12s^3+10s^2+10s+10=0$
(d) $s^4+12s^3+s^2+10s+1=0$
(e) $s^6+6s^5+125s^4+100s^3+100s^2+20s+10=0$
(f) $s^5+125s^4+100s^3+100s^2+20s+10=0$

**5-6** 對下列所給定的每一個回授控制系統之特性方程式，使用 MATLAB 求出使系統為漸近穩定的 K 值範圍。試求出可使系統為臨界穩定的 K 值，若有此值時，求出維持振盪的頻率。

(a) $s^4+25s^3+15s^2+20s+K=0$
(b) $s^4+Ks^3+2s^2+(K+1)s+10=0$
(c) $s^3+(K+2)s^2+2Ks+10=0$
(d) $s^3+20s^2+5s+10K=0$
(e) $s^4+Ks^3+5s^2+10s+10K=0$
(f) $s^4+12.5s^3+s^2+5s+K=0$

**5-7** 已知單-迴路回授控制系統的迴路轉移函數為

$$G(s)H(s) = \dfrac{K(s+5)}{s(s+2)(1+Ts)}$$

參數 K 和 T 可以在以 K 為水平軸，T 為垂直軸的平面上表示出來。在 K-對-T 的參數平面中，試決定閉-迴路系統為漸近穩定的區域及為不穩定的區域。指出在此平面上，系統為

臨界穩定的邊界。

5-8 已知單位-回授控制系統的順向路徑轉移函數，如下所示。

(a) $G(s) = \dfrac{K(s+4)(s+20)}{s^3(s+100)(s+500)}$ 
(b) $G(s) = \dfrac{K(s+10)(s+20)}{s^2(s+2)}$

(c) $G(s) = \dfrac{K}{s(s+10)(s+20)}$ 
(d) $G(s) = \dfrac{K(s+1)}{s^3+2s^2+3s+1}$

應用路斯-赫維茲準則來將閉-迴路系統的穩定度表示成 $K$ 的函數。試決定使系統產生持續固定-振幅振盪的 $K$ 值，與振盪頻率。

5-9 使用 MATLAB 求解習題 5-8。

5-10 一受控程序可建模成下列的狀態方程式。

$$\dfrac{dx_1(t)}{dt} = x_1(t) - 2x_2(t) \qquad \dfrac{dx_2(t)}{dt} = 10x_1(t) + u(t)$$

由狀態回授可得控制輸入 $u(t)$，使得

$$u(t) = -k_1 x_1(t) - k_2 x_2(t)$$

其中，$k_1$ 和 $k_2$ 為實常數。試求在 $k_1$-對-$k_2$ 的參數平面中，可使閉-迴路系統為漸近穩定的區域。

5-11 一線性非時變系統可用下列狀態方程式描述：

$$\dfrac{d\mathbf{x}(t)}{dt} = \mathbf{A}\mathbf{x}(t) + \mathbf{B}u(\mathbf{t})$$

其中

$$\mathbf{A} = \begin{bmatrix} 0 & 1 & 0 \\ 0 & 0 & 1 \\ 0 & -4 & -3 \end{bmatrix} \quad \mathbf{B} = \begin{bmatrix} 0 \\ 0 \\ 1 \end{bmatrix}$$

閉-迴路系統是以狀態回授 $u(t) = -\mathbf{K}\mathbf{x}(t)$ 來實現，其中 $\mathbf{K} = [k_1 \ k_2 \ k_3]$，且 $k_1$、$k_2$ 和 $k_3$ 為實常數。試求可使系統為漸進穩定時，$K$ 中各元素的限制。

5-12 已知系統的狀態方程式

$$\dfrac{d\mathbf{x}(t)}{dt} = \mathbf{A}\mathbf{x}(t) + \mathbf{B}u(t)$$

其中

(a) $\mathbf{A} = \begin{bmatrix} 1 & 0 & 0 \\ 0 & -3 & 0 \\ 0 & 0 & -2 \end{bmatrix} \quad \mathbf{B} = \begin{bmatrix} 1 \\ 0 \\ 1 \end{bmatrix}$ 
(b) $\mathbf{A} = \begin{bmatrix} 1 & 0 & 0 \\ 0 & -2 & 0 \\ 0 & 0 & 3 \end{bmatrix} \quad \mathbf{B} = \begin{bmatrix} 0 \\ 1 \\ 1 \end{bmatrix}$

可以用狀態回授 $u(t) = -\mathbf{K}\mathbf{x}(t)$ 來穩定此系統嗎？其中 $\mathbf{K} = [k_1 \ k_2 \ k_3]$。

5-13 考慮一開-迴路系統，如圖 5P-13a 所示。

其中，$\dfrac{d^2y}{dt^2} - \dfrac{g}{l}y = z$ 與 $f(t) = \tau\dfrac{dz}{dt} + z$。

▶ 圖 5P-13a

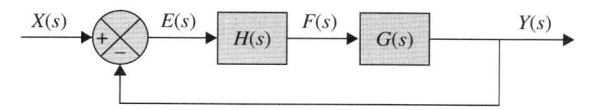

▶ 圖 5P-13b

我們的目標是要穩定此系統，使得其閉-迴路回授控制可定義成如圖 5P-13b 所示的方塊圖。假設 $f(t) = k_p e + k_d \dfrac{de}{dt}$。

(a) 求出開-迴路的轉移函數。
(b) 求出閉-迴路的轉移函數。
(c) 求出系統為穩定的 $k_p$ 和 $k_d$ 的範圍。
(d) 假設 $\dfrac{g}{l} = 10$ 及 $\tau = 0.1$。若 $y(0) = 10$ 及 $\dfrac{dy}{dt} = 0$，試用 $k_p$ 和 $k_d$ 的三個不同數值，繪製此系統的步階響應。然後，證明有些數值的結果相較於其它結果來得好；不過，所有數值都須符合路斯-赫維茲準則。

5-14 一個具有轉速計回授的馬達控制系統的方塊圖，如圖 5P-14 所示。試求使得系統漸近穩定的轉速計常數 $K_t$ 的範圍。

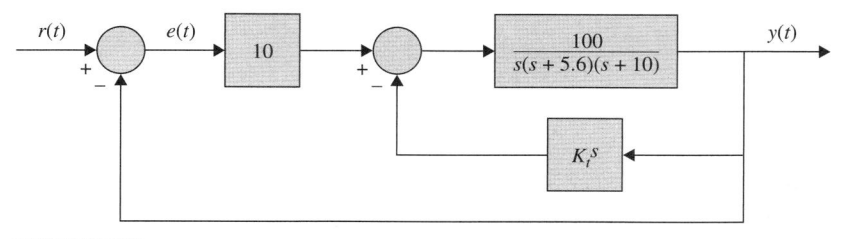

▶ 圖 5P-14

5-15 一控制系統的方塊圖，如圖 5P-15 所示。試求在 K-對-α 平面中，可使系統為漸近穩定的區域。（以 K 為縱軸，而 α 為橫軸。）

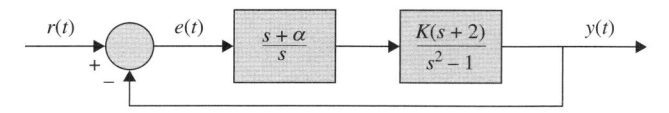

▶ 圖 5P-15

**5-16** 傳統的路斯-赫維茲準則僅能告訴我們一多項式 $F(s)$ 的零點相對於 $s$-平面左、右半邊的位置資訊。試設計一線性轉換 $s = f(p, \alpha)$，其中 $p$ 為一複變數；使得路斯-赫維茲準則能用於決定 $F(s)$ 是否有零點在直線 $s = -\alpha$ 的右邊，其中 $\alpha$ 為一正實數。試應用所求得的轉換至下列特性方程式，決定有多少根是在 $s$-平面中直線 $s = -1$ 的右邊。

(a) $F(s) = s^2 + 5s + 3 = 0$
(b) $F(s) = s^3 + 3s^2 + 3s + 1 = 0$
(c) $F(s) = s^3 + 4s^2 + 3s + 10 = 10$
(d) $F(s) = s^3 + 4s^2 + 4s + 4 = 0$

**5-17** 太空梭定位控制系統的負載可用一個純質量 $M$ 來表示。此負載是藉由磁性軸承來懸吊著，因此在控制中不會產生摩擦。負載在 $y$ 方向上的傾斜度，是由安裝於底部的磁力致動器來控制。磁力致動器所產生的總力為 $f(t)$。其它運動方向的控制皆為獨立的，且不在此考慮。由於在負載上有實驗要進行，所以電源必須經由電纜而送至負載。以彈簧常數為 $K_s$ 的彈簧來表示電纜行為。控制 $y$ 軸運動的動態系統模型，如圖 5P-17 所示。$y$ 軸之力量運動方程式為

$$f(t) = K_s y(t) + M \frac{d^2 y(t)}{dt^2}$$

其中，$K_s = 0.5$ N-m/m，$M = 500$ kg。磁力致動器的控制是經由如下的狀態回授來達成

$$f(t) = -K_P y(t) - K_D \frac{dy(t)}{dt}$$

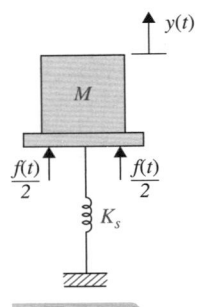

▶ 圖 5P-17

(a) 試繪出系統的功能方塊圖。
(b) 試求此閉-迴路系統的特性方程式。
(c) 試在 $K_D$-對-$K_P$ 平面中，找出系統為漸近穩定的區域。

**5-18** 一庫存控制系統以下列微分方程式來表示：

$$\frac{dx_1(t)}{dt} = -x_2(t) + u(t)$$

$$\frac{dx_2(t)}{dt} = -Ku(t)$$

其中，$x_1(t)$ 為庫存量，$x_2(t)$ 為產品的銷售速率，$u(t)$ 為生產速率，$K$ 則為一實常數。令系統的輸出為 $y(t) = x_1(t)$；$r(t)$ 為所設定的目標庫存量的參考點。令 $u(t) = r(t) - y(t)$，試求為

使閉-迴路系統漸近穩定而施加於 $K$ 的限制。

**5-19** 使用 MATLAB 求解習題 5-18。

**5-20** 使用 MATLAB：

(a) 符號方式產生時間函數 $f(t)$ 的數學式：

$$f(t)=5+2e^{-2t}\sin\left(2t+\frac{\pi}{4}\right)-4e^{-2t}\cos\left(2t-\frac{\pi}{2}\right)+3e^{-4t}$$

(b) 以符號方式產生 $G(s)=\dfrac{(s+1)}{s(s+2)(s^2+2s+2)}$。

(c) 求出 $f(t)$ 的拉氏轉換，並命名為 $F(s)$。

(d) 求出 $G(s)$ 的反拉氏轉換，並命名為 $g(t)$。

(e) 若 $G(s)$ 是單位-回授控制系統的順向-路徑轉移函數，試求出閉-迴路系統的轉移函數，並應用路斯-赫維茲準則判定其穩定度。

(f) 若 $F(s)$ 是單位-回授控制系統的順向-路徑轉移函數，試求出閉-迴路系統的轉移函數，並應用路斯-赫維茲準則判定其穩定度。

# Chapter 6
# 回授控制系統的重要元件

如同第一章所提及的,控制系統的設計步驟從系統數學模型的發展開始,此類系統通常由諸如機械、電氣、化學、感測器、致動器 (馬達) 等不同的次元件等所組成,即為熟知的**動態系統** (dynamic systems)。在第二章中,我們探討了基本動態系統的模型,如機械、電氣、流體、以及熱傳遞系統,它們都是大多數控制系統所會遇到的次元件。利用基本建模原理,像是牛頓第二運動定律、克希荷夫定律或是質量守恆定律,這些動態系統的模型可由微分方程式來表示。在第三章中,我們利用轉移函數與狀態空間法來求解這些微分方程式以求出動態系統的行為。然後在第四章中,我們學習如何利用方塊圖、訊號流程圖、以及狀態圖,而以圖形方式來表示系統模型,以及學習控制系統中的回授概念。我們更深入地學習典型回授控制系統,如圖 6-1 所示,係由不同元件組成,包括:

- 參考感測器 (即輸入感測器)。
- 輸出感測器。
- 致動器。
- 控制器。
- 受控體 (即變數會受到控制的元件——通常為第二章所描述的動態系統)。

在**回授控制系統** (feedback control system) 中,感測器對於感測系統內各種不同性質十分重要,特別是受控體的輸出。隨後,控制器可以將輸出訊號與期望的目標或輸入相比較,並且利用致動器來調整整個系統的性能,以達到期望的目標。

在本章中,我們將專注於可讓回授控制系統運作之必要

## 學習重點

在學習完本章後,讀者將具備以下能力:

1. 瞭解可讓回授控制系統運作之必要元件,包括感測器、致動器、以及控制器。
2. 建立這些元件的數學模型,包含電位計、轉速計、編碼器、運算放大器、以及直流馬達。
3. 建立直流馬達速率與位置的時間響應之轉移函數。
4. 透過一系列的實驗測量來描述直流馬達的特性。

268　自動控制系統

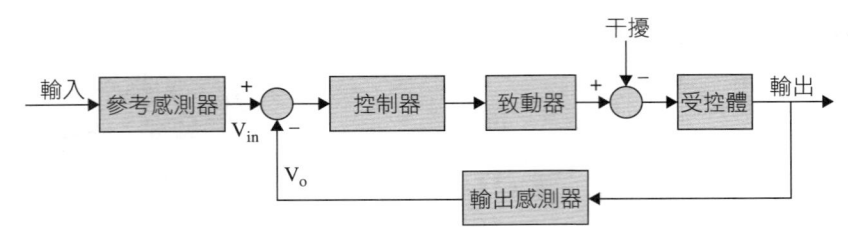

▶ 圖 6-1　一般回授控制系統之方塊圖表示法。

> 感測器、致動器、以及控制器為任一控制系統中最重要的元件。

元件。這些包含**感測器** (sensors)、**致動器** (actuators)、以及控制系統的實際大腦，即**控制器** (controller)。我們特別考慮具有**線性模型** (linear models) 的元件──或至少非常接近線性。

在本書中，為了要達到簡化的目的與符合線性的目標，我們將會利用**直流馬達** (dc motors) 作為致動器。我們也會探討用來量化直流馬達運動之感測器，亦即，**編碼器** (encoders)、**轉速計** (tachometers)、以及**電位計** (potentiometers)。例如：圖 6-2a 顯示一個典型直流馬達變速器系統，它配載一個用來感測馬達軸輸出的編碼器。配載之編碼器特寫顯示於圖 6-2b。

在本章中，我們也會學習有關**運算放大器** (op-amps) 以及其在任何控制系統中建立方塊的重要性。最後，經由個案研究，我們將第一章到第五章的所有材料結合在一起。

到本章結尾時，你將能夠瞭解如何建立一個完整的控制系統與其獨立元件之模型，以及更深入的瞭解這些元件彼此之間的關聯與運作。

最後，在本章末，我們也提供一個**控制實驗室** (Control Lab)，它包含透過一系列實驗測量來描述直流馬達特性的特別方法。

## 6-1　主動式電氣元件的建模：運算放大器

運算放大器，或簡稱 **op-amps**，提供建立、實現一連續資料或 $s$-域之轉移函數一個簡易的方法。在控制系統中，運算放大器常用來實現由控制系統設計程序演變而成的控制器或是補償器，因此我們在本節將會說明常見之運算放大器的電路組態。然而，運算放大器的詳細介紹已經超出了本書的範圍。若讀者有興趣，則可參考許多關於運算放大器各種電路設計與應用面向之書籍 [8, 9]。

我們在此的主要目標是要展示如何利用運算放大器來實現一階轉移函數，同時記住更高階轉移函數的重要性。事實上，簡單的高階轉移函數可以透過將多個一階運算放大器組態連結在一起來實現。在此僅探討一個具有代表性的多運算放大器的範例。部分與運算放大器相關的實例將會在第七章與第十一章做說明。

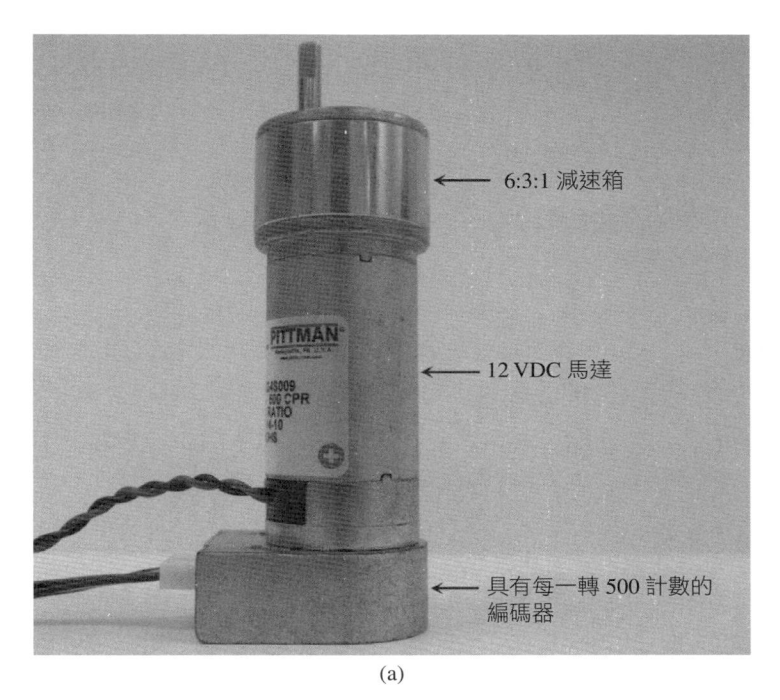

▶圖 6-2 (a) 配載一個用來測量馬達軸旋轉之編碼器的典型直流馬達變速器系統——照片係由作者自 GM8224S009 12VDC 500 CPR Ametec Pittman 模型拍攝而得。(b) 位於馬達底盤之編碼器的相片。

## 6-1-1 理想運算放大器

我們通常將運算放大器視為「理想」來對運算放大器電路進行分析。理想的運算放大器電路顯示於圖 6-3，它具有下述性質：

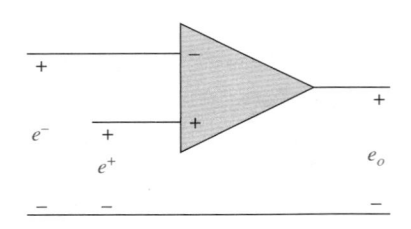

▶ 圖 6-3 運算放大器電路圖。

1. 在正 (+) 與負 (−) 兩端子之間的電壓為零，即 $e^+ = e^-$。此性質通常稱為虛接地 (virtual ground) 或虛短路 (virtual short)。
2. 流入正 (+) 與負 (−) 輸入端子之電流為零。因此，輸入阻抗為無限大。
3. 由輸出端子看入的阻抗為零。因此，輸出可視為理想電壓源。
4. 輸入-輸出關係式為 $e_o = A(e^+ - e^-)$，其中增益 $A$ 近似於無限大。

　　許多運算放大器組態之輸入-輸出關係式均可以藉由利用上述原則來決定。如圖 6-3 所示的一個運算放大器並無法使用。相反地，線性運算需要將輸出訊號回授加到「−」輸入端。

## 6-1-2　加法器與減法器 (和與差)

　　如同第四章所提及的，在方塊圖或訊號流程圖中最基本的一個元件就是訊號的加或減。當這些訊號為電壓時，運算放大器提供了訊號相加與相減的一個簡單方法，如圖 6-4 所示，其中所有電阻的數值皆相同。利用重疊理論以及前一節得知的運算放大器的理想性質，圖 6-4a 之輸出-輸入關係式為 $e_o = -(e_a + e_b)$。因此，輸出為輸入電壓總和的負值。當要求出一個正的總和時，可以使用圖 6-4b 的電路。在此，輸出為 $e_o = e_a + e_b$。些微調整圖 6-4b 的電路便會得到圖 6-4c 所示的相減電路，其輸出-輸入關係式為 $e_o = e_b - e_a$。

## 6-1-3　一階運算放大器組態

　　除了訊號的加與減，運算放大器可以用來實現連續-資料系統的各種轉移函數。儘管有許多方案可供採用，我們僅探討使用如圖 6-5 所示之反相運算放大器組態。在該圖中，$Z_1(s)$ 與 $Z_2(s)$ 通常為電阻與電容所組成的阻抗。由於電感體積較大且價格昂貴，因此一般比較少用。利用理想運算放大器的性質，圖 6-5 所示之輸出-輸入關係式，或轉移函數，可以寫成許多形式，例如：

$$G(s) = \frac{E_o(s)}{E_i(s)} = -\frac{Z_2(s)}{Z_1(s)} = \frac{-1}{Z_1(s)Y_2(s)}$$
$$= -Z_2(s)Y_1(s) = -\frac{Y_1(s)}{Y_2(s)} \tag{6-1}$$

(a)

(b)

(c)

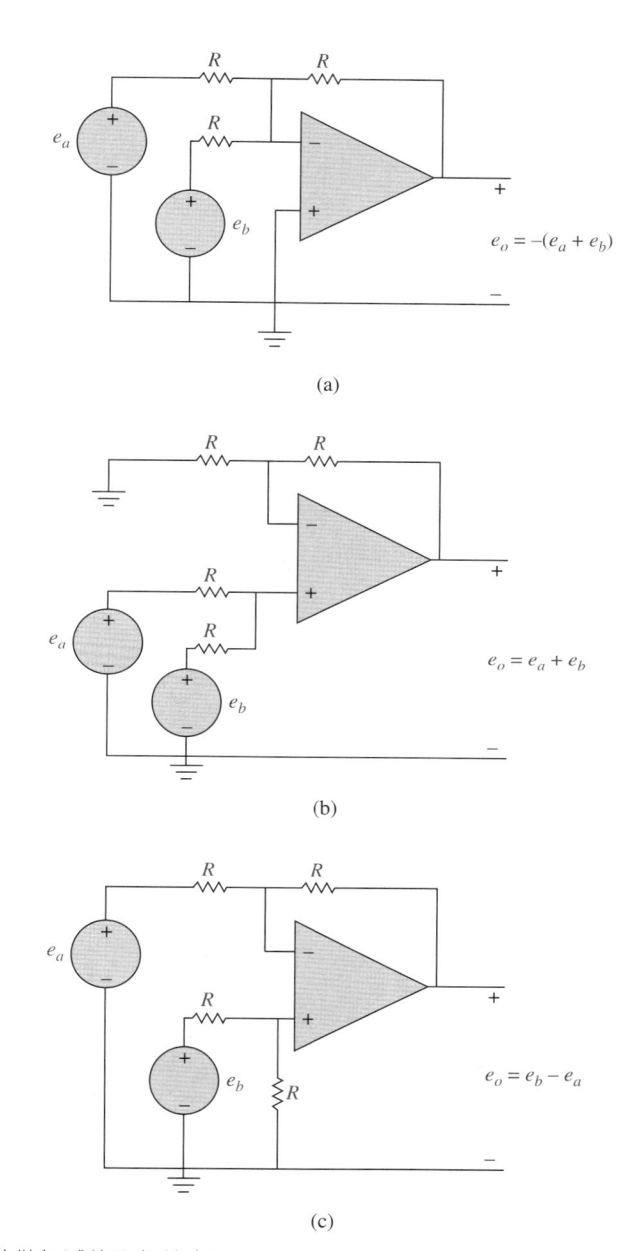

▶圖 6-4 用來對訊號做加減的理想放大器。

其中，$Y_1(s) = 1/Z_1(s)$ 及 $Y_2(s) = 1/Z_2(s)$ 為與電路抗阻相關聯的導納。在 (6-1) 式中不同轉移函數的形式可很方便地應用在不同的電路抗阻組合上。

利用圖 6-5 所示之反相運算放大器組態，並採用由電阻與電容作為元件來組成的 $Z_1(s)$ 和 $Z_2(s)$，就可以實現座落於 $s$-平面負實軸上及原點處的極點與零點，如表 6-1 所示。因為採用反相運算放大器組態，所有的轉移函數都有負的增益。此種負的增益通常不會有

## 272　自動控制系統

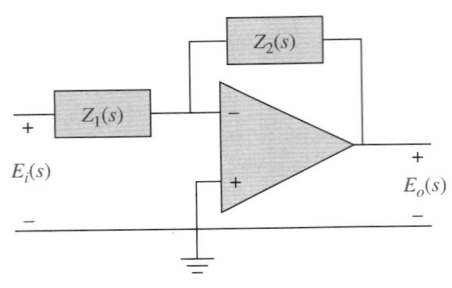

▶ 圖 6-5　反相運算放大器組態。

■ 表 6-1　反相運算放大器轉移函數

| 輸入元件 | 回授元件 | 轉移函數 | 註解 |
|---|---|---|---|
| (a) $R_1$，$Z_1 = R_1$ | $R_2$，$Z_2 = R_2$ | $-\dfrac{R_2}{R_1}$ | 反相增益；例如，如果 $R_1 = R_2$ 時，$e_o = -e_1$ |
| (b) $R_1$，$Z_1 = R_1$ | $C_2$，$Y_2 = sC_2$ | $\left(\dfrac{-1}{R_1 C_2}\right)\dfrac{1}{s}$ | 極點位於原點，即為積分器 |
| (c) $C_1$，$Y_1 = sC_1$ | $R_2$，$Z_2 = R_2$ | $(-R_2 C_1)s$ | 零點位於原點，即為微分器 |
| (d) $R_1$，$Z_1 = R_1$ | $R_2$ 與 $C_2$ 並聯，$Y_2 = \dfrac{1}{R_2} + sC_2$ | $\dfrac{\dfrac{1}{R_1 C_2}}{s + \dfrac{1}{R_2 C_2}}$ | 極點位於在 $\dfrac{-1}{R_2 C_2}$ 處，直流增益為 $-R_2/R_1$ |
| (e) $R_1$，$Z_1 = R_1$ | $R_2$ 與 $C_2$ 串聯，$Z_2 = R_2 + \dfrac{1}{sC_2}$ | $\dfrac{-R_2}{R_1}\left(\dfrac{s + 1/R_2 C_2}{s}\right)$ | 極點位於原點與零點位於 $-1/R_2 C_2$ 處，即為 PI 控制器 |
| (f) $R_1$ 與 $C_1$ 並聯，$Y_1 = \dfrac{1}{R_1} + sC_1$ | $R_2$，$Z_2 = R_2$ | $-R_2 C_1\left(s + \dfrac{1}{R_1 C_1}\right)$ | 零點位於 $s = \dfrac{-1}{R_1 C_1}$ 處，即為 PD 控制器 |
| (g) $R_1$ 與 $C_1$ 並聯，$Y_1 = \dfrac{1}{R_1} + sC_1$ | $R_2$ 與 $C_2$ 並聯，$Y_2 = \dfrac{1}{R_2} + sC_2$ | $\dfrac{-C_1}{C_2}\dfrac{\left(s + \dfrac{1}{R_1 C_1}\right)}{s + \dfrac{1}{R_2 C_2}}$ | 極點位於 $s = \dfrac{-1}{R_2 C_2}$ 與零點位於 $s = \dfrac{-1}{R_1 C_1}$，即為相位領先或是相位落後控制器 |

問題，因為只要在輸入與輸出訊號之間加入一個 −1 的增益，就能簡單地使得淨增益變為正。

## 範例 6-1-1

作為以運算放大器實現轉移函數的例子，考慮如下的轉移函數：

$$G(s) = K_p + \frac{K_I}{s} + K_D s \tag{6-2}$$

其中，$K_P$、$K_I$ 和 $K_D$ 為實數常數。在第七章與第十一章中，將此種轉移函數稱作 **PID 控制器** (PID controller)，因為第一個字母 P 代表**比例**增益、第二個字母 I 為**積分**項，以及第三個字母 D 為**微分**項。利用表 6-1，比例增益可以使用 (a) 列實現，積分項可以使用 (b) 列實現，以及微分項可以使用 (c) 列實現。藉由重疊原理，$G(s)$ 的輸出為 $G(s)$ 內每一項所造成之響應的總和。此總和可以透過對圖 6-4a 所示之電路加上一個額外的輸入阻抗來實現。藉由將總和定為負值，比例、積分與微分項之負增益便會被抵銷，進而得出想要的結果，如圖 6-6 所示。圖 6-6 中運算放大器之各元件的轉移函數為

$$比例：\frac{E_P(s)}{E(s)} = -\frac{R_2}{R_1} \tag{6-3}$$

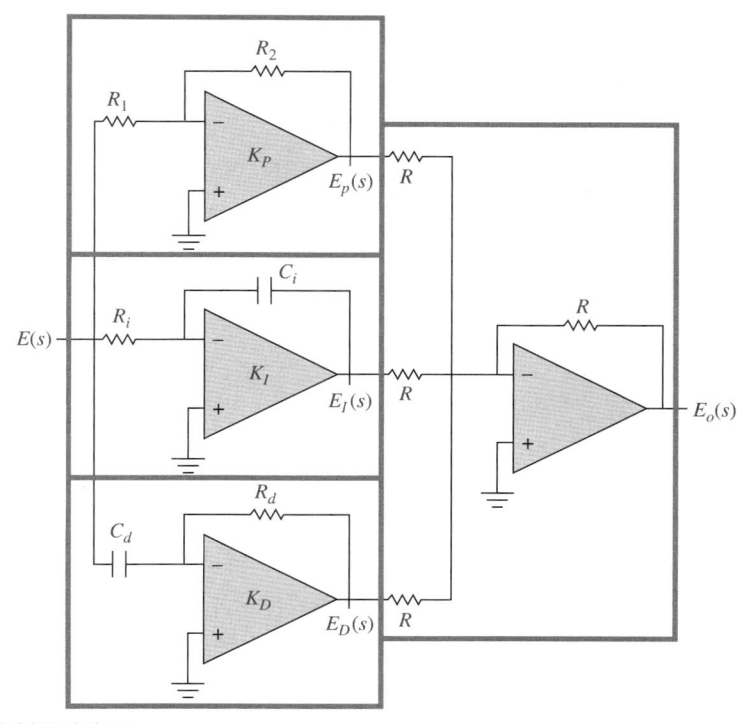

▶ 圖 6-6　PID 控制器的實現。

積分：$\dfrac{E_I(s)}{E(s)} = -\dfrac{1}{R_i C_i s}$ (6-4)

微分：$\dfrac{E_D(s)}{E(s)} = -R_d C_d s$ (6-5)

輸出電壓為

$$E_o(s) = -[E_P(s) + E_I(s) + E_D(s)]$$ (6-6)

因此，PID 運算放大器的轉移函數為

$$G(s) = \dfrac{E_o(s)}{E(s)} = \dfrac{R_2}{R_1} + \dfrac{1}{R_i C_i s} + R_d C_d s$$ (6-7)

令 (6-2) 式等於 (6-7) 式，藉由選取運算放大器電路的電阻值與電容值，以符合所需的 $K_P$、$K_I$ 和 $K_D$ 值，就可以完成運算放大器電路的設計。這種控制器的設計還是需要依據實際可得的標準電容與電阻來進行。

值得注意的是，圖 6-6 僅是 (6-2) 式許多可行之實現方式的其中一種。例如：只用三個運算放大器來實現一個 PID 控制器是可行的，並且一般可以加上一些元件來限制微分器的高頻增益和積分器的輸出大小，這種方法通常稱之為抗飽和保護 (anti windup protection)。以圖 6-6 來實現 PID 控制器有一個優點，即要調整每一個常數 $K_P$、$K_I$ 和 $K_D$ 值，只需要改變各自對應的運算放大器電路中的電阻值即可。此外，運算放大器也使用在控制系統中的 A/D 與 D/A 轉換器、取樣裝置，以及實現補償系統所使用的非線性元件。

## 6-2 控制系統的感測器與編碼器

感測器和編碼器是回授控制系統中用來監測性能與回授的重要元件。本節將會討論控制系統中常用的感測器和編碼器，及其操作原理與應用。

### 6-2-1 電位計

電位計是一種機電轉換器，可將機械能轉換成電能。輸入至電位計的是機械位移的形式，可能是線性或旋轉位移。當外加一電壓至電位計的固定端時，就可在變動端與接地之間測得一輸出電壓，此電壓與輸入位移呈現比例關係，或者呈現某種非線性關係。

常見的商用旋轉電位計有單-旋轉式和多-旋轉式。有些電位計有旋轉動作的極限；有些則沒有。電位計通常是由繞線電阻或導電塑料電阻元件所構成。圖 6-7 所示為旋轉電位計的剖面照片，圖 6-8 則為含有內建式運算放大器的線性電位計照片。對精密控制而言，較適合使用導電塑料電位計，因其有絕佳的解析度、長的旋轉壽命、良好的輸出平滑度、

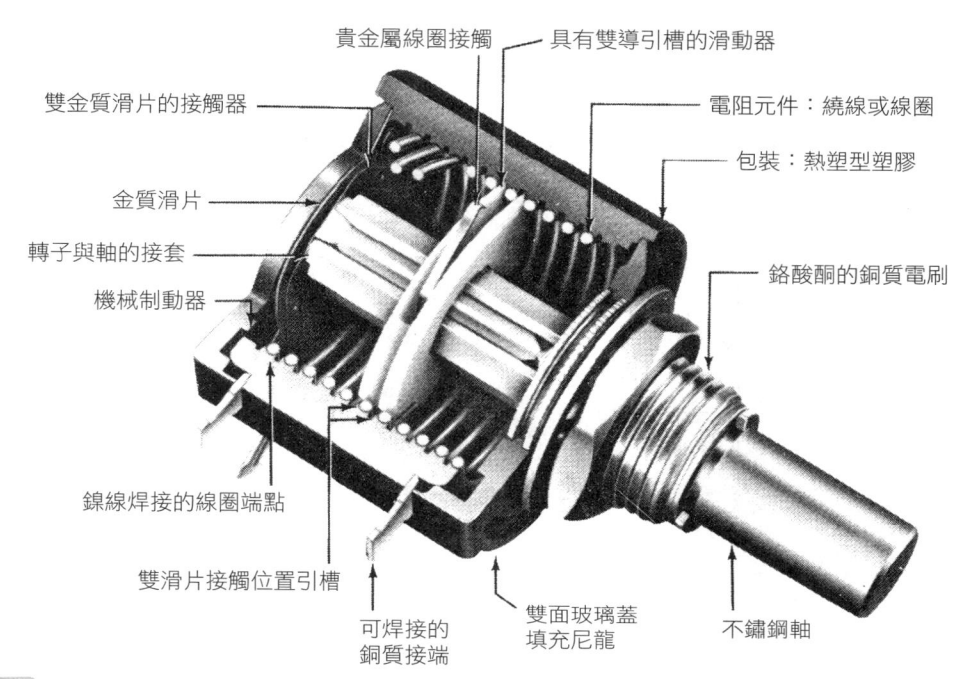

▶ 圖 6-7　十-圈旋轉式的電位計 (Courtesy of Helipot Divison of Beckman Instruments, Inc.)。

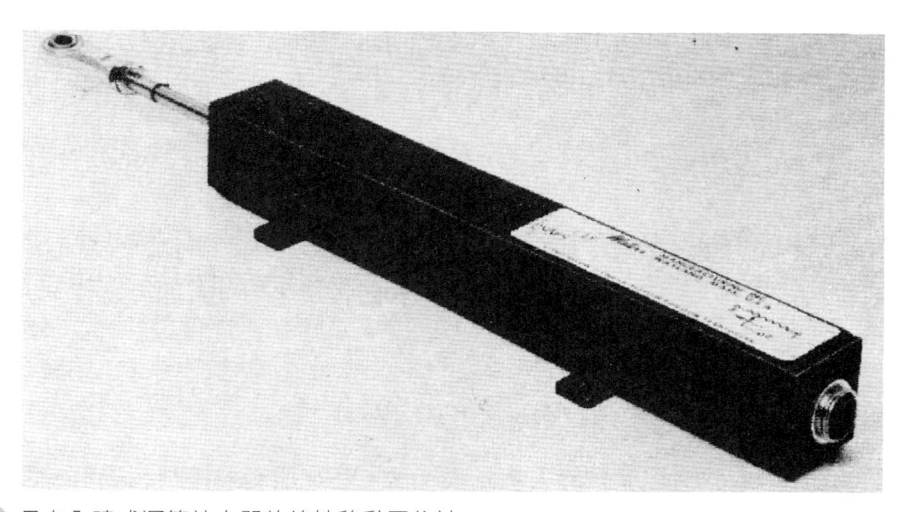

▶ 圖 6-8　具有內建式運算放大器的線性移動電位計 (Courtesy of Waters Manufacturing, Inc.)。

及低的靜態雜訊。

　　圖 6-9 為線性或旋轉式電位計的等效電路表示法。由於跨於變動端和參考端之間的電壓與電位計的軸位移成正比，當電壓外加於固定端時，此裝置可用來指示一系統的絕對位置或兩機械輸出的相對位置。在圖 6-10a 中顯示有當電位計外殼固定接在參考電位點時的

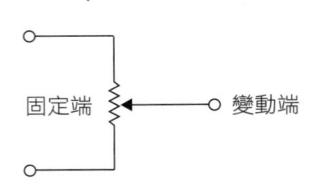

▶ 圖 6-9　電位計的電路表示法。

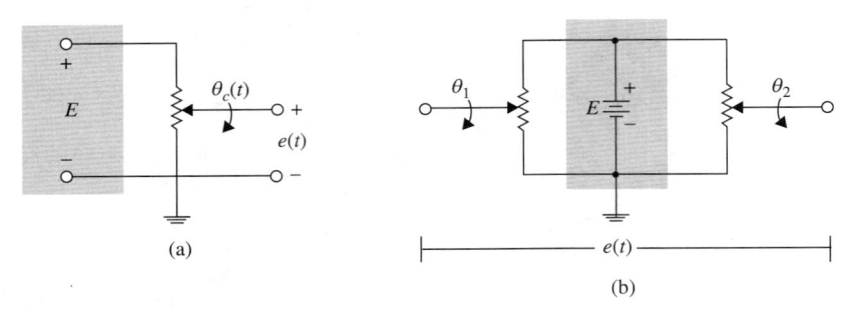

▶ 圖 6-10　(a) 作為位置指示器的電位計。(b) 用來感測兩個軸的位置的兩個電位計。

情況；只要掃臂轉動時，則輸出電壓 $e(t)$ 將與軸位置 $\theta_c(t)$ 成正比。故知

$$e(t) = K_s \theta_c(t) \tag{6-8}$$

其中，$K_s$ 為比例常數。對一個 $N$-圈式的電位計而言，變動端的總位移為 $2\pi N$ 弳。比例常數 $K_s$ 為

$$K_s = \frac{E}{2\pi N} \text{ V/rad} \tag{6-9}$$

其中，$E$ 為外加至固定端之參考電壓的大小。另外，也可將兩個電位計並聯而得到更靈活的安排，如圖 6-10b 所示。這樣的安排可讓兩個相距較遠之軸位置進行比較。由跨在這兩個電位計的變動端點取得的輸出電壓為

$$e(t) = K_s[\theta_1(t) - \theta_2(t)] \tag{6-10}$$

圖 6-11 所示為圖 6-10 之裝置的方塊圖表示法。在直流馬達控制系統中，電位計經常是做位置回授。圖 6-12a 所示為典型直流馬達位置控制系統的示意圖。電位計係使用於回

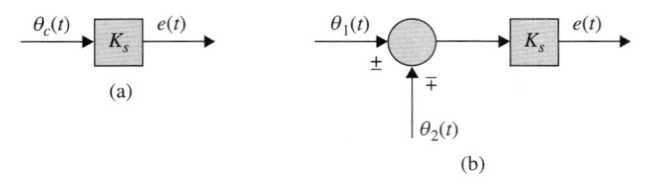

▶ 圖 6-11　圖 6-10 之電位計組合之方塊圖表示法。

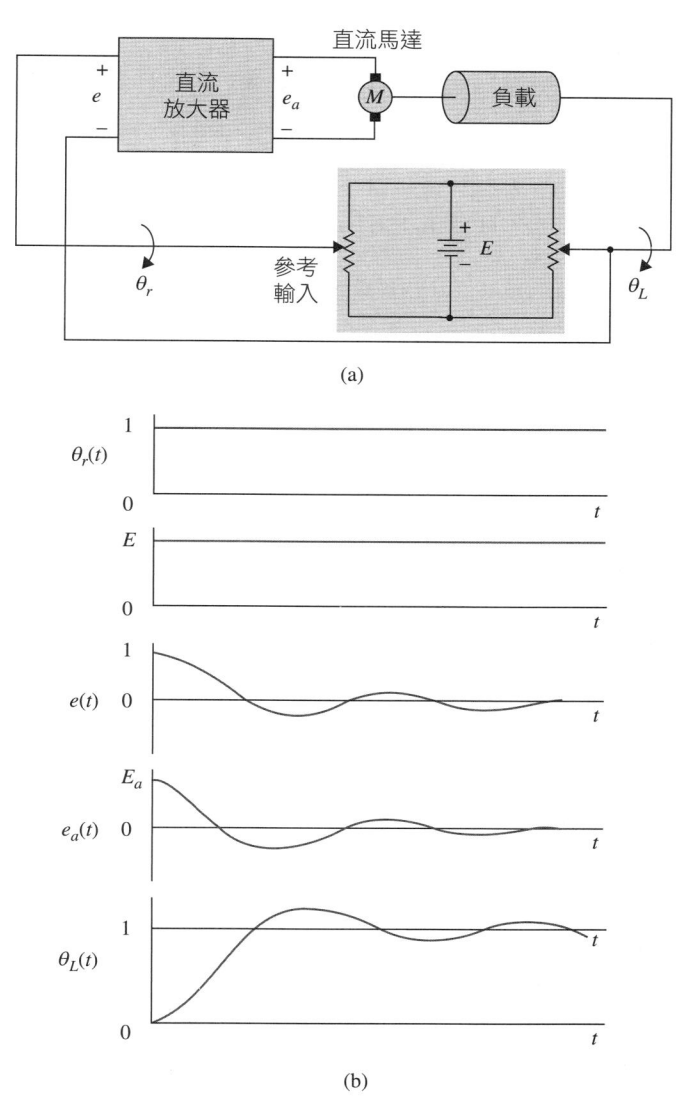

▶ 圖 6-12　(a) 以電位計當作誤差檢測器的直流馬達位置控制系統。(b) 在 (a) 圖中控制系統內各種訊號的典型波形。

授路徑中，可對實際負載位置與所要的參考位置進行比較。若負載位置和參考輸入之間有差異，電位計就會產生誤差訊號，並以此訊號來驅動馬達使其儘快減小誤差。如圖 6-12a 所示，誤差訊號由一直流放大器放大，放大後的輸出訊號驅動永磁式直流馬達的電樞。當輸入 $\theta_r(t)$ 為一步階函數時，系統中訊號的典型波形如圖 6-12b 所示。注意：所有的訊號均未調變。在控制系統的用語中，直流訊號通常視為未調變訊號。另一方面，控制系統中的交流訊號則可視為經過某種調變程序調變的訊號。這些定義與平常電機工程中的定義不同，平常電機工程中 dc 是指直流電，而 ac 是指交流電。

278 自動控制系統

　　圖 6-13a 所示的控制系統，除了其中使用交流訊號之外，本質上與圖 6-12a 的系統功能相同。在此例中，外加至誤差檢測器之電壓為弦波。此訊號頻率通常比傳輸至系統的訊號頻率高。使用交流訊號的控制系統常出現於航太系統中，而這些系統對於雜訊較為敏感。

　　交流控制系統的典型訊號，如圖 6-13b 所示。訊號 $v(t)$ 可視為頻率 $\omega_c$ 之載波訊號，即

$$v(t) = E \sin \omega_c t \tag{6-11}$$

誤差感測器之輸出為

$$e(t) = K_s \theta_e(t) v(t) \tag{6-12}$$

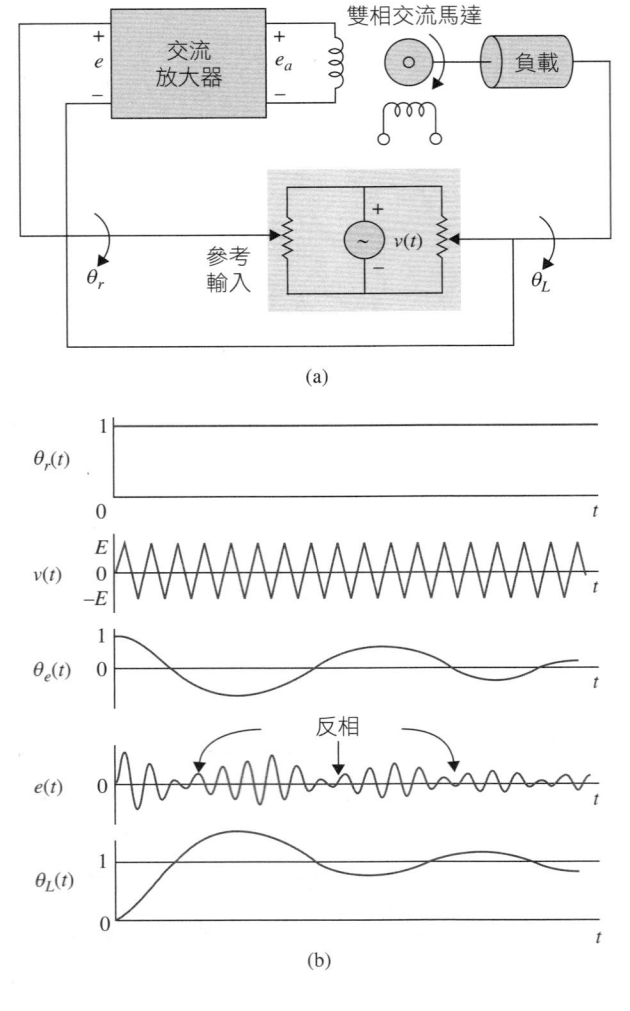

▶ 圖 6-13　(a) 以電位計當作誤差檢測器的交流控制系統。(b) 在 (a) 圖中控制系統訊號的典型波形。

其中，$\theta_e(t)$ 為輸入位移與負載位移之間的差，即

$$\theta_e(t) = \theta_r(t) - \theta_L(t) \tag{6-13}$$

對於圖 6-13b 所示之 $\theta_e(t)$ 而言，$e(t)$ 變成一種**抑制-載波調變訊號** (suppressed-carrier-modulated signal)。當訊號跨過零值軸時，$e(t)$ 的相位會發生反相。這種相位反轉使得交流馬達可依據誤差信號 $\theta_e(t)$ 所想要之修正方向來進行其轉動方向上的反轉。抑制-載波調變訊號的名稱源自下列的事實。當訊號 $\theta_e(t)$ 以載波訊號 $v(t)$ 依據 (6-12) 式加以調變時，所形成的訊號 $e(t)$ 不再包含原來的載波頻率 $\omega_c$。為了說明這點，假設 $\theta_e(t)$ 也是弦波

$$\theta_e(t) = \sin \omega_s t \tag{6-14}$$

其中，正常時 $\omega_s \ll \omega_c$。利用所熟悉的三角關係式，將 (6-11) 式和 (6-14) 式代入 (6-12) 式，可得

$$e(t) = \frac{1}{2} K_s E \left[ \cos(\omega_c - \omega_s)t - \cos(\omega_c + \omega_s)t \right] \tag{6-15}$$

因此，$e(t)$ 不再包含載波頻率 $\omega_c$ 或訊號頻率 $\omega_s$，但是它有兩個旁波：$\omega_c + \omega_s$ 和 $\omega_c - \omega_s$。

當調變後的訊號傳輸經過系統，馬達的作用就像一個解調器，使得負載的位移將和未調變以前的直流訊號有相同的波形。這些可由圖 6-13b 中的波形圖清楚地看出。必須指出的是控制系統並不需要全部均為直流或交流元件。較常見的情形是：經由一調變器將直流元件耦合成交流元件，或經由一解調器將交流裝置轉換成直流裝置。例如，圖 6-13a 中系統的直流放大器可用一交流放大器來代替，此交流放大器的前面加一個調變器，後面加一個解調器即可。

## 6-2-2　轉速計

轉速計是一種可將機械能轉換成電能之電機裝置。轉速計的工作，本質上如同發電機，其輸出電壓與輸入軸的角速度大小成正比。在控制系統中，轉速計通常用於直流類的系統 (即輸出電壓為直流訊號)。在控制系統中使用直流轉速計的方式很多；它們可用來作為速度指示器以提供軸速率的讀數、速度回授、速率控制或增加穩定度。圖 6-14 所示為典型速度控制系統的方塊圖，轉速計輸出與代表所要速率之參考電壓相比較。兩訊號之間的差或誤差放大後用來驅動馬達，使得速率最後到達所要之值。在這一類的應用中，轉速計的準確度十分重要，因為整個速率控制的準確度就決定於此。

在位置控制系統中，速度回授通常用來改善整個閉-迴路系統的穩定度或阻尼。圖 6-15 所示為此一應用的方塊圖。在這種情形，轉速計回授形成一個內迴路，可增加系統的阻尼特性。對此類應用而言，轉速計的準確度就不那麼重要了。

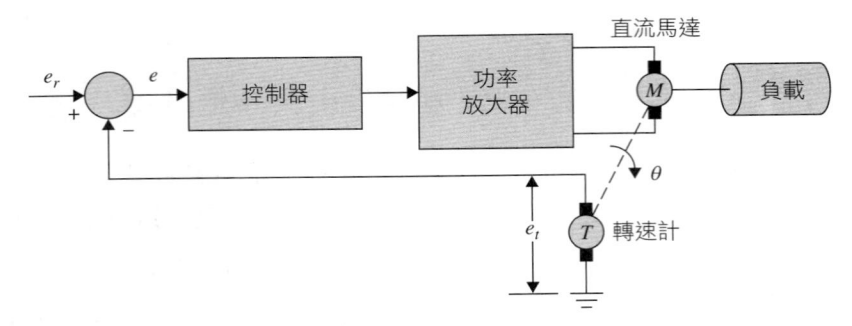

▶ 圖 6-14　具有轉速計回授的速度控制系統。

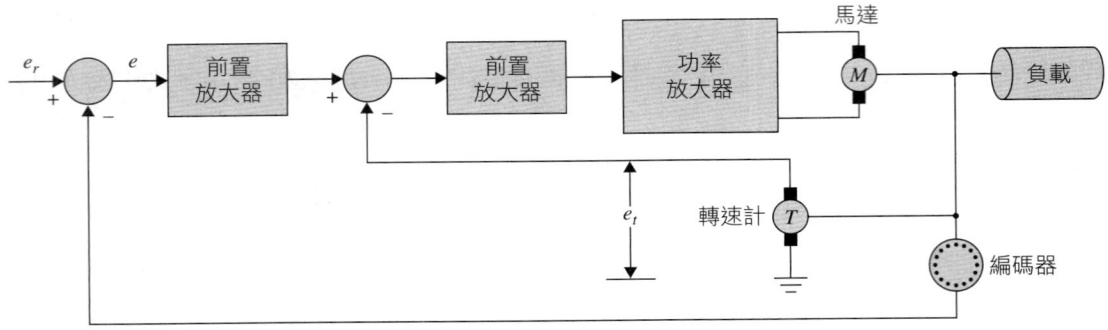

▶ 圖 6-15　具有轉速計回授的位置控制系統。

第三種也是較傳統的用途，直流轉速計提供旋轉軸的速率讀數。轉速計如此使用時，通常直接與刻有 rpm 的電壓計連接。

**轉速計的數學模型**

轉速計的動態特性可用下式表示：

$$e_t(t) = K_t \frac{d\theta(t)}{dt} = K_t \omega(t) \tag{6-16}$$

其中，$e_t(t)$ 為輸出電壓，$\theta(t)$ 為轉子位移 [單位為 rad (弳)]，$\omega(t)$ 為轉子速度 (單位為 rad/sec)，$K_t$ 為**轉速計常數** (tachometer constant)(單位為 V/rad/sec)。$K_t$ 的值通常在型錄規格表上即可找到，單位為 **伏特/1000 rpm** (V/krpm)。

轉速計的轉移函數可由對 (6-16) 式之兩邊取拉氏轉換而求得。結果為

$$\frac{E_t(s)}{\Theta(s)} = K_t s \tag{6-17}$$

其中，$E_t(s)$ 及 $\Theta(s)$ 為 $e_t(t)$ 和 $\theta(t)$ 分別之拉氏轉換。

## 6-2-3 增量編碼器

編碼器常用於現代控制系統中，用來將線性或旋轉位移轉換成數位碼或脈波訊號。輸出為數位訊號之編碼器稱為絕對編碼器 (absolute encoder)。以最簡單的方式來說，絕對編碼器可產生不同數位碼的輸出，顯示每一個特殊的解析度之最小有效增量。另一方面，增量編碼器 (incremental encoder) 對每一個解析度的增量提供一個脈波，但在增量之間並未提供差別。實際上，選擇使用哪一種編碼器，依經濟與控制目的而定。大部分情形，如果須顧慮停電時的資料消失，或應用中包含機械運動期間毋需在有電下讀出時，通常選用絕對編碼器。不過，增量編碼器的構造簡單、成本低、應用容易，且具變通性，使其成為控制系統中最常用的編碼器。增量編碼器對旋轉與線性形式均適用。圖 6-16 和圖 6-17 所示分別為典型旋轉與線性增量編碼器的照片。

典型增量編碼器有四個基本部分：光源、旋轉盤、固定罩和感測器，如圖 6-18 所示。旋轉盤上具有交替的透明和不透明的扇區。每一對這種扇區代表一個增量週期。固定

▶ 圖 6-16 旋轉式增量編碼器 (Courtesy of DISC Instruments, Inc.)。

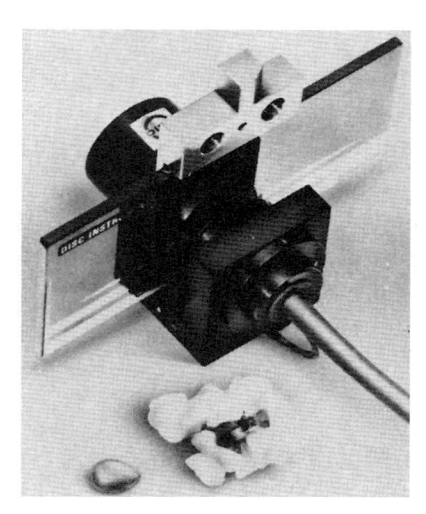

▶ 圖 6-17 線性增量編碼器 (Courtesy of DISC Instruments, Inc.)。

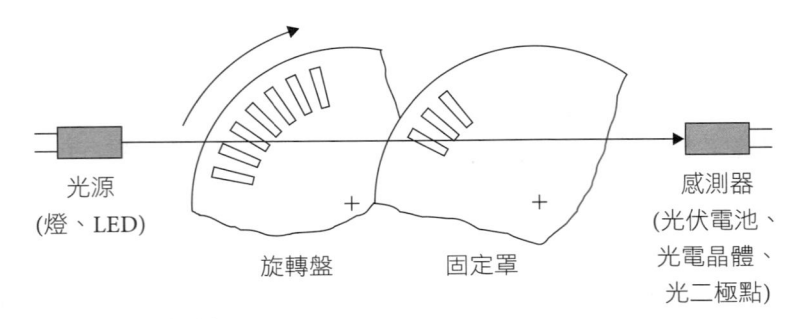

▶ 圖 6-18　典型的增量光學機械裝置。

的光罩用來通過或阻止光束由光源射向位於該光罩之後的光感測器。若編碼器只需很低的解析度時，就可省略固定罩。高解析度的編碼器(每次旋轉有數千個增量)，常使用多槽固定罩，以便接收最大數量的光線。依解析度的要求而定，感測器輸出的波形通常是三角波或弦波。可與數位邏輯相容的方波訊號，通常是由一線性放大器加一比較器而求得。圖 6-19a 所示為單-通道增量編碼器的典型矩形輸出波形。這種情形下，在兩個軸旋轉方向都會產生脈波。在做方向感測及其它的控制功能時，則必須使用具有兩組輸出脈波的雙-通道編碼器。當兩輸出脈波列的相位相差 90 度電位角時，則稱這兩個訊號成直交，如圖 6-19b 所示。這些訊號可以用相對於編碼器旋轉盤的旋轉方向來唯一地定義 0 到 1 和 1 到 0 的邏輯變換，因此可建構一個方向感測邏輯電路來對這些訊號解碼。圖 6-20 所示為具有弦波波形的單-通道輸出及直交輸出。由增量編碼器來的弦波訊號可用於回授控制系統中做精密位置控制。下列的範例說明增量編碼器在控制系統中的某些應用。

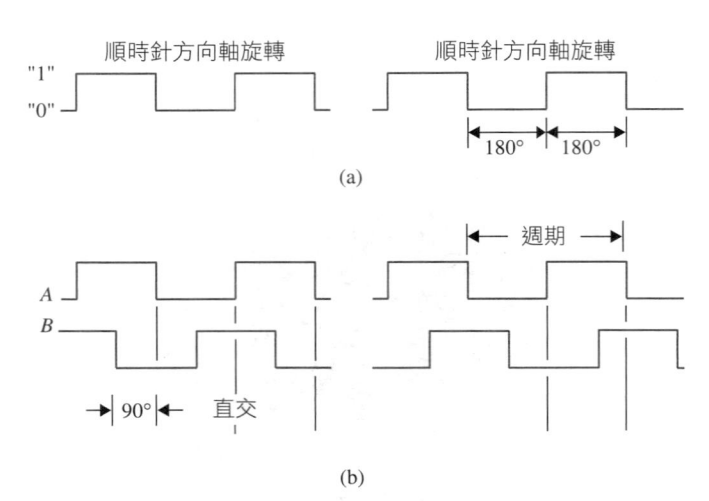

▶ 圖 6-19　(a) 單-通道編碼器裝置 (雙向) 的典型矩形輸出波形。(b) 呈直交之典型的雙-通道編碼器訊號 (雙向)。

(a)

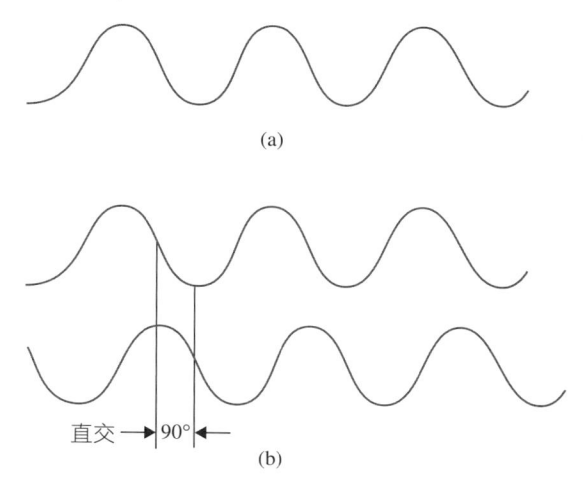

(b) 直交 → 90°

▶ 圖 6-20 (a) 單-通道編碼器裝置的典型弦波輸出波形。(b) 呈直交的典型雙-通道編碼器訊號。

## 範例 6-2-1

考慮在編碼器旋轉盤旋轉時會產生兩個成直交的弦波訊號之增量編碼器。圖 6-21 所示為一個週期內兩個通道的輸出訊號。注意：兩個編碼器訊號每個週期內產生四個零交越點。這些零交越點可用來做位置顯示、位置控制，或控制系統的速率測量。假設編碼器軸直接耦合至馬達的轉子軸，使其直接驅動電動打字機或文字處理機的印字輪。在印字輪的周邊有 96 個字元位置，而且編碼器具有 480 個週期。因此，每一次旋轉有 480 × 4 = 1920 個零交越點。對 96 字元的印字輪而言，這相當於每個字元有 1920/96 = 20 個零交越點，即在兩相鄰字元間有 20 個零交越點。

測量印字輪速度的方法之一是計算編碼器輸出兩連續零交越點之間產生的脈波數。假設使用 500 kHz 時脈 (即每秒產生 500,000 個脈波)，若計數器算得編碼器在兩零交越點之間的時脈數為 500，則軸速率為

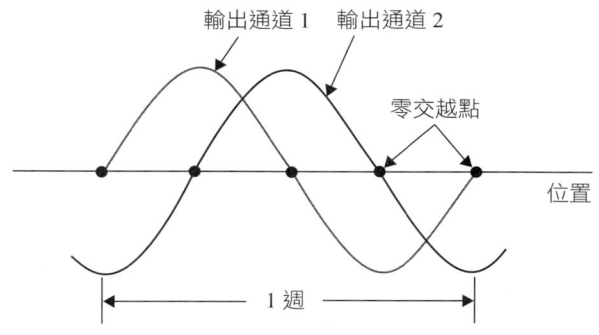

輸出通道 1　輸出通道 2

零交越點

位置

1 週

▶ 圖 6-21 雙-通道增量編碼器的輸出訊號。

$$\frac{500{,}000 \text{ (脈波/秒)}}{500 \text{ (脈波/零交越點)}} = 1000 \text{ 零交越點/秒}$$

$$= \frac{1000 \text{ (零交越點/秒)}}{1920 \text{ (零交越點/秒)}} = 0.52083 \text{ rev/sec}$$

$$= 31.25 \text{ rpm} \tag{6-18}$$

上述的編碼器配置可用做印字輪的精密位置控制。令圖 6-21 中波形的零交越點 $A$ 對應於印字輪上的某字元位置 (下一個字元位置在 20 個零交越點之外),且該點對應於一穩定平衡點。系統的大範圍位置控制係先驅動印字輪位置至 $A$ 位置兩側的一個零交越點之內,然後位置控制系統便可利用位置 $A$ 的正弦波斜率,迅速使其誤差為零。

## 6-3 控制系統的直流馬達

直流 (direct-current, dc) 馬達是目前工業界用途最廣的基本驅動裝置。數年前,作為控制用途的小型伺服馬達主要還是使用交流。實際上,交流馬達較難控制,尤其是位置控制,其特性相當的非線性,使得其分析工作更為困難。另一方面,直流馬達較昂貴,因為它有電刷和換向器,而且可變磁通型直流馬達只適用於某些形式的控制應用。在永久磁鐵的技術發展完成之前,使用永久磁鐵 (permanent-magnet, PM) 場的直流馬達之重量以及單位體積之轉矩,均遠遜於所需。基於稀土族金屬磁鐵的發展,現今已能做出非常高轉矩-體積比,且價格合理之永磁式直流馬達。此外,電刷和換向器技術的改良,使得其機件實際上毋須保養。由於電力電子的技術進步,使得無刷直流馬達已普遍應用於高性能控制系統。同時,先進的製造技術已經可以生產出無鐵心轉子及轉子慣量極低的直流馬達,因此可達到非常高的轉矩-慣量比。低時間常數的特性已開啟直流馬達在計算機周邊裝置中新的應用,例如:印表機、磁碟機驅動,以及包括自動化與工具機工業中之其它應用。

### 6-3-1 直流馬達的基本操作原理

直流馬達基本上是一種轉矩轉換器,可將電能轉換成機械能。馬達軸產生的轉矩直接與磁場通量及電樞電流成正比。如圖 6-22 所示,在具有磁通 $\phi$ 的磁場裡建立一載流導體,此導體離旋轉中心之距離為 $r$。磁通 $\phi$、電流 $i_a$ 與所產生轉矩之間的關係為

$$T_m = K_m \phi i_a \tag{6-19}$$

其中,$T_m$ 為馬達轉矩 (單位為 N·m、lb·ft 或 oz·in.),$\phi$ 為磁通 (韋伯),$i_a$ 為電樞電流 (安培),$K_m$ 為比例常數。

圖 6-22 的配置除了產生轉矩之外,當導體在磁場內移動時,在其端點也會產生電壓。此電壓與軸速度成正比,且會阻止電流流動,故稱為反電動勢 (back emf)。此反電動

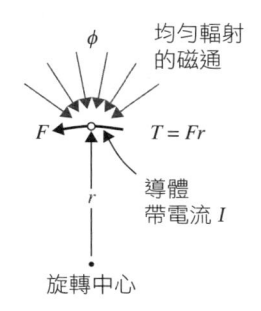

▶圖 6-22　直流馬達中轉矩的產生。

勢和軸速度之間的關係為

$$e_b = K_m \phi \omega_m \tag{6-20}$$

其中，$e_b$ 代表反電動勢 (伏特)，$\omega_m$ 為馬達的軸速度 (rad/sec)。(6-19) 式和 (6-20) 式形成直流馬達操作的基礎。

## 6-3-2　永磁式直流馬達的基本分類

通常，直流馬達的磁場可由線圈或永久磁鐵產生。由於永磁式直流馬達在控制系統的應用上深受大眾歡迎，所以我們專注於此類型的馬達。

永磁式直流馬達可進一步根據換向方法和電樞的設計加以分類。傳統的直流馬達具有機械式電刷和換向器。不過，有一種直流馬達係採用電子方式來完成換向，此型馬達稱為**無刷直流** (brushless dc) 馬達。

根據電樞結構，永磁式直流馬達可分為三種電樞設計型式：**鐵芯** (iron-core)、**平面繞組** (surface-wound) 及**動-圈式** (moving-coil) 馬達。

### 鐵芯永磁式直流馬達

鐵芯永磁式直流馬達的轉子與定子結構，如圖 6-23 所示。永久磁鐵的材料可能是鐵酸鋇、鋁鎳鈷 (Alnico)，或稀土族金屬的化合物。由永久磁鐵所產生的磁通會通過含有槽隙的薄片型轉子結構。電樞導體則安裝於轉子槽隙中。此種直流馬達的特性是：具有相當高的轉子慣量 (因為旋轉部分包含電樞繞組)、高電感、低成本及較高的可靠性。

## 6-3-3　平面-繞組直流馬達

圖 6-24 所示為平面繞組永磁式直流馬達的轉子結構。電樞導體安置於圓柱型轉子結構的表面，該結構係由固定於馬達軸的薄圓碟所構成。由於此種設計的轉子上並無槽隙，所以電樞不會有「鑲齒」效應。由於導體位於轉子碟和永久磁場之間的氣隙內，所以此種馬達之電感量低於鐵芯結構的馬達。

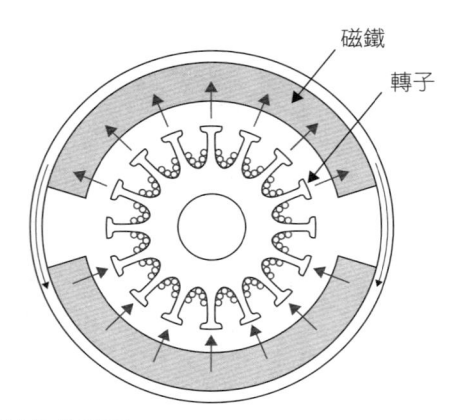

▶圖 6-23  永磁式鐵芯直流馬達的截面圖。

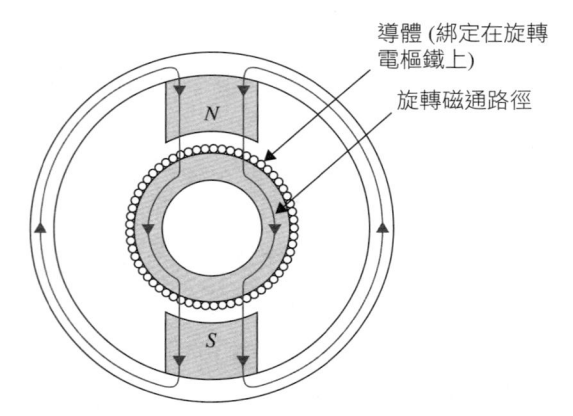

▶圖 6-24  平面-繞組永久磁鐵直流馬達的截面圖。

## 6-3-4　動-圈式直流馬達

　　動-圈式馬達設計成使其具有極小的慣量及極低的電樞電感。其方式是將電樞導體安置於穩定磁通路徑和永久磁鐵結構之間的氣隙，如圖 6-25 所示。在本例中，導體結構由非磁性物質支撐──通常用環氧基樹脂及玻璃纖維──以形成一中空圓柱體。圓柱的一端形成輪軸，用來銜接馬達軸。此種馬達的橫截面如圖 6-26 所示。由於所有非必要的元件均由動-圈式馬達的電樞中除去，所以慣量很小。由於動-圈式馬達電樞中的導體不直接與鐵芯接觸，所以馬達電感很低，通常小於 100 $\mu$H。低慣量與低電感特性使得動-圈式馬達成為高性能控制系統致動器的首選。

## 6-3-5　無刷直流馬達

　　無刷直流馬達不同於前面所介紹的直流馬達，主要在於電樞電流使用電子式 (而非機械式) 的換向方法。無刷直流馬達最常使用的架構為──尤其常用於增量運動的應用

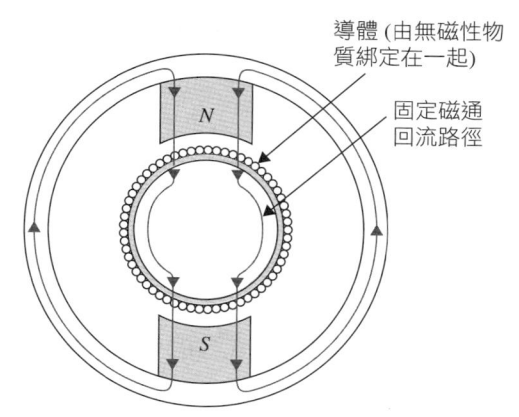

▶ 圖 6-25　動-圈式永久磁鐵直流馬達的截面圖。

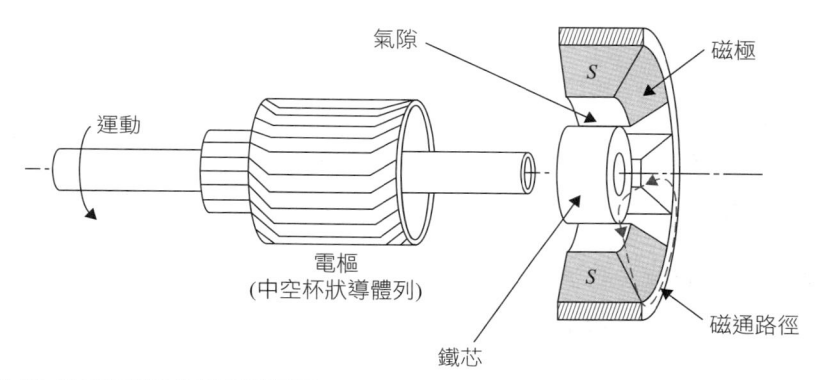

▶ 圖 6-26　動-圈式直流馬達的截面側視圖。

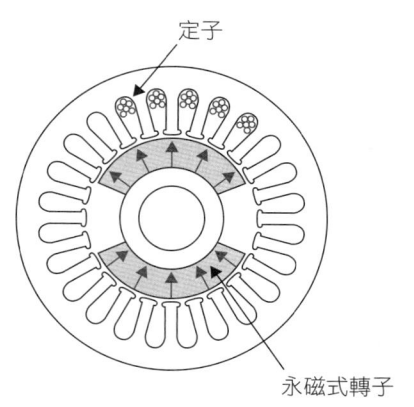

▶ 圖 6-27　永磁式無刷直流馬達的截面圖。

上──馬達的轉子由磁鐵組成，並由「背鐵」支撐著；其換向線圈置於旋轉部件的外部，如圖 6-27 所示。與圖 6-26 所示之一般的直流馬達做比較，無刷直流馬達是一個由裡面往外翻的結構。

視特定的應用而定,在需要低慣性矩的應用中,便可採用無刷直流馬達,如應用於電腦上高性能磁碟機的軸傳動。

## 6-3-6 直流馬達的數學模式

直流馬達廣泛地使用於控制系統之中。在本節中,我們會建立直流馬達的數學模式。如同在此所說明的,直流馬達的數學模型為線性的。我們使用圖 6-28 的等效電路圖來代表一個永磁式直流馬達。電樞模擬成一電阻 $R_a$ 與一電感 $L_a$ 串聯的電路,而電壓源 $e_b$ 則代表轉子旋轉時電樞中產生的電壓 (反電動勢)。馬達的變數和參數可如下定義:

$i_a(t)$ = 電樞電流           $L_a$ = 電樞電感
$R_a$ = 電樞電阻              $e_a(t)$ = 外加電壓
$e_b(t)$ = 反電動勢           $K_b$ = 反電動勢常數
$T_L(t)$ = 負載轉矩           $\phi$ = 氣隙內的磁通
$T_m(t)$ = 馬達轉矩           $\omega_m(t)$ = 轉子角速度
$\theta_m(t)$ = 轉子角位移    $J_m$ = 馬達慣量
$K_i$ = 轉矩常數              $B_m$ = 黏滯摩擦係數

參考圖 6-28 之電路圖,**直流馬達的控制是以外加電壓 $e_a(t)$ 的形式加至電樞端點上來進行**。對於線性分析而言,我們假設馬達的轉矩與氣隙磁通及電樞電流成正比。因此,

$$T_m(t) = K_m(t)\phi i_a(t) \tag{6-21}$$

因為 $\phi$ 為常數,(6-21) 式可寫成

$$T_m(t) = K_i i_a(t) \tag{6-22}$$

其中,$K_i$ 為**轉矩常數** (torque constant),單位為 N·m/A、lb·ft/A 或 oz·in/A。

由控制輸入電壓 $e_a(t)$ 開始,圖 6-28 之馬達電路的系統因果方程式為

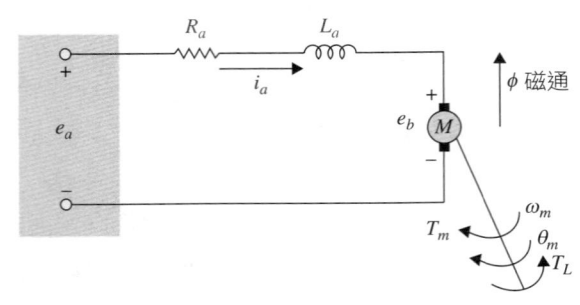

▶ **圖 6-28** 分激式直流馬達模型。

$$\frac{di_a(t)}{dt} = \frac{1}{L_a}e_a(t) - \frac{R_a}{L_a}i_a(t) - \frac{1}{L_a}e_b(t) \tag{6-23}$$

$$T_m(t) = K_i i_a(t) \tag{6-24}$$

$$e_b(t) = K_b \frac{d\theta_m(t)}{dt} = K_b \omega_m(t) \tag{6-25}$$

$$\frac{d^2\theta_m(t)}{dt^2} = \frac{1}{J_m}T_m(t) - \frac{1}{J_m}T_L(t) - \frac{B_m}{J_m}\frac{d\theta_m(t)}{dt} \tag{6-26}$$

其中，$T_L(t)$ 代表負載摩擦轉矩，如庫倫摩擦，作為可降低馬達速率的干擾。例如，考慮將水果壓入電動果汁機後，馬達是如何運作並減速。

將 $e_a(t)$ 視為眾因之源，即可寫出 (6-23) 式到 (6-26) 式；(6-23) 式係將 $di_a(t)/dt$ 視為由 $e_a(t)$ 所引起之立即效應；在 (6-24) 式中，它表示由 $i_a(t)$ 產生轉矩 $T_m(t)$；(6-25) 式為反電動勢的定義；最後，在 (6-26) 式中，轉矩 $T_m(t)$ 產生角速度 $\omega_m(t)$ 及角位移 $\theta_m(t)$。

對 (6-23) 式到 (6-26) 式取拉氏轉換，並且假設初始條件均為零，可知

$$sI_a(s) = \frac{1}{L_a}E_a(s) - \frac{R_a}{L_a}I_a(s) - \frac{1}{L_a}E_b(s) \tag{6-27}$$

$$T_m(s) = K_i I_a(s) \tag{6-28}$$

$$E_b(s) = K_b s\Theta_m(s) = K_b \Omega_m(s) \tag{6-29}$$

$$s^2\Theta_m(s) = \frac{1}{J_m}T_m(s) - \frac{1}{J_m}T_L(s) - \frac{B_m}{J_m}s\Theta_m(s) \tag{6-30}$$

重新整理 (6-27) 式並且將 (6-30) 式分解成可分別表示角速率與位置後，則 (6-27) 式到 (6-30) 式可變成下述的形式：

$$sI_a(s) + \frac{R_a}{L_a}I_a(s) = \frac{1}{L_a}E_a(s) - \frac{1}{L_a}E_b(s) \tag{6-31}$$

$$T_m(s) = K_i I_a(s) \tag{6-32}$$

$$E_b(s) = K_b \Omega_m(s) \tag{6-33}$$

$$(J_m s + B_m)\Omega_m(s) = T_m(s) - T_L(s) \tag{6-34}$$

$$\Theta_m(s) = \frac{1}{s}\Omega_m(s) \tag{6-35}$$

所形成的各方程式可以個別地由圖 6-29 所示的各個方塊圖來表示。

圖 6-30 所示為直流馬達系統的方塊圖。使用方塊圖的優點是可得到系統每一個方塊之間轉移函數的清楚關係。由圖 6-30 整體系統的方塊圖，便可求得馬達位移與輸入電壓之間的轉移函數為

$$\frac{\Theta_m(s)}{E_a(s)} = \frac{K_i}{L_a J_m s^3 + (R_a J_m + B_m L_a)s^2 + (K_b K_i + R_a B_m)s} \tag{6-36}$$

其中，$T_L$ 已設為零——即沒有任何負載加至馬達。

由於 $s$ 可由 (6-36) 式的分母中因式分解出來，所以轉移函數 $\Theta_m(s)/E_a(s)$ 的重要性在於直流馬達本質上為此兩變數間的積分裝置。這是可預期的，因為若 $e_a(t)$ 為固定輸入，則輸出馬達位移的行為如同積分器的輸出；即會隨時間線性增加。

> 直流馬達本質上為此兩變數間的積分器。

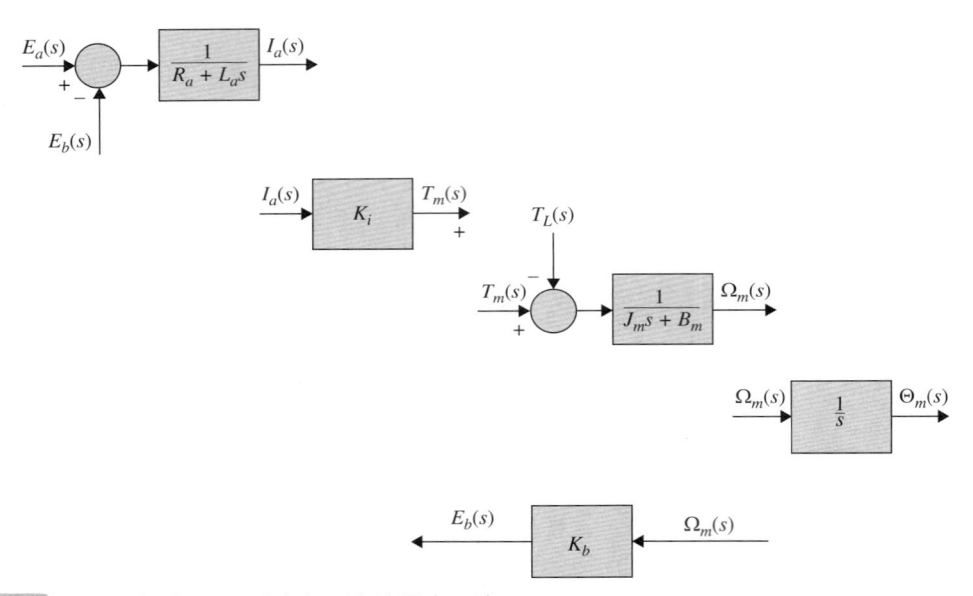

▶ **圖 6-29** (6-31) 式到 (6-35) 式之個別方塊圖表示法。

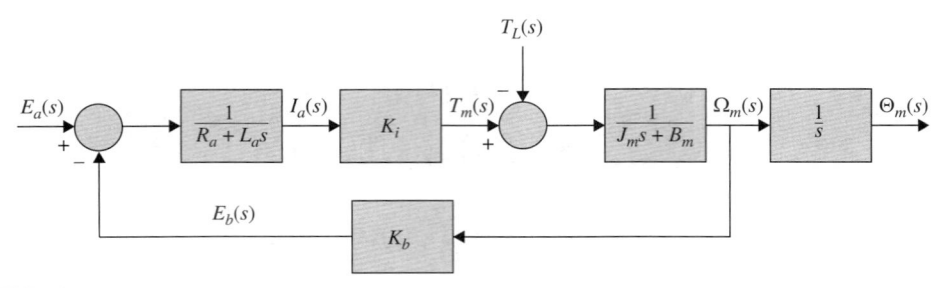

▶ **圖 6-30** 直流馬達系統的方塊圖。

雖然直流馬達本身基本上為一開-迴路系統，圖 6-30 的方塊圖顯示馬達有一由反電動勢產生的「內建」回授迴路。事實上，反電動勢代表回授訊號，其與馬達轉速的負值成正比。由 (6-36) 式可看出，反電動勢常數 $K_b$ 代表一個新加至電阻 $R_a$ 和黏滯摩擦係數 $B_m$ 中的項。因此，反電動勢效應等效於一種「電子摩擦」，它會傾向於改善馬達穩定性，而且通常也會改善系統的穩定度。

系統的**狀態變數** (state variables) 可定義為 $i_a(t)$、$\omega_m(t)$ 及 $\theta_m(t)$。由直接代入及刪去 (6-23) 式到 (6-26) 式中所有非狀態變數，則直流馬達系統的狀態方程式可寫成向量-矩陣形式：

$$\begin{bmatrix} \dfrac{di_a(t)}{dt} \\ \dfrac{d\omega_m(t)}{dt} \\ \dfrac{d\theta_m(t)}{dt} \end{bmatrix} = \begin{bmatrix} -\dfrac{R_a}{L_a} & -\dfrac{K_b}{L_a} & 0 \\ \dfrac{K_i}{J_m} & -\dfrac{B_m}{J_m} & 0 \\ 0 & 1 & 0 \end{bmatrix} \begin{bmatrix} i_a(t) \\ \omega_m(t) \\ \theta_m(t) \end{bmatrix} + \begin{bmatrix} \dfrac{1}{L_a} \\ 0 \\ 0 \end{bmatrix} e_a(t) + \begin{bmatrix} 0 \\ -\dfrac{1}{J_m} \\ 0 \end{bmatrix} T_L(t) \quad (6\text{-}37)$$

注意：在此情況下，$T_L(t)$ 可視為狀態方程式的第二個輸入。

遵從 4-3 節探討的程序，系統之信號流程圖的繪製如圖 6-31 所示。

## 6-3-7　$K_i$ 與 $K_b$ 的關係

雖然就功能上而言，轉矩常數 $K_i$ 與反電動勢常數 $K_b$ 為兩個不同的參數，但對馬達本身而言，這兩個值的關係密切。為說明此關係，我們寫出由馬達電樞所產生的機械功率

$$P = e_b(t)i_a(t) \tag{6-38}$$

機械功率也可表示成

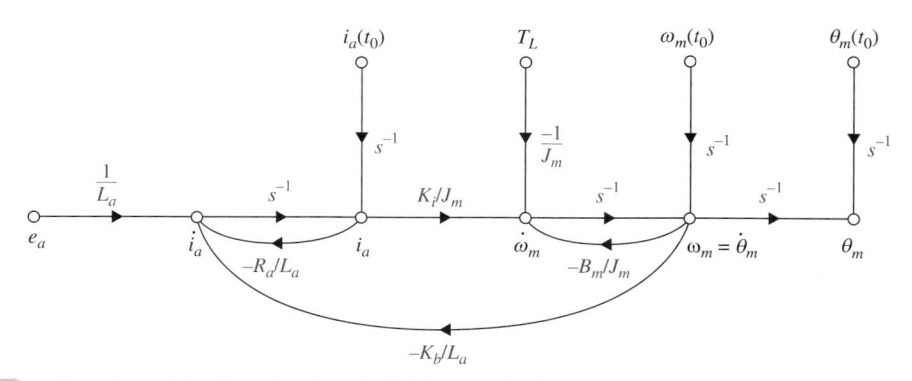

▶ 圖 6-31　直流馬達的信號流程圖，其中初始條件均令為零。

$$P = T_m(t)\omega_m(t) \tag{6-39}$$

其中，在公制系統，$T_m(t)$ 之單位為 N·m，$\omega_m(t)$ 之單位為 rad/sec。將 (6-24) 式和 (6-25) 式代入 (6-38) 式與 (6-39) 式，可得

$$P = T_m(t)\omega_m(t) = K_b\omega_m(t)\frac{T_m(t)}{K_i} \tag{6-40}$$

由此可得，在**公制單位下**

$$K_b(\text{V/rad/s}) = K_i(\text{N·m/A}) \tag{6-41}$$

> 以公制單位表示時，$K_b$ 與 $K_i$ 的數值完全相等。

因此在公制系統中，若 $K_b$ 以 V/rad/sec，$K_i$ 以 N·m/A 表示時，則 $K_b$ 和 $K_i$ 之值完全相等。

在英制系統中，將 (6-38) 式以馬力 (hp) 表示，即

$$P = \frac{e_b(t)i_a(t)}{746} \text{ hp} \tag{6-42}$$

以轉矩和角速度來表示，(6-39) 式的 $P$ 可寫成

$$P = \frac{T_m(t)\omega_m(t)}{550} \text{ hp} \tag{6-43}$$

其中，$T_m(t)$ 之單位為 ft·lb，$\omega_m(t)$ 之單位為 rad/sec。利用 (6-24) 式和 (6-25) 式，並令上述 (6-42) 式與 (6-43) 式相等，可得

$$\frac{K_b\omega_m(t)T_m(t)}{746K_i} = \frac{T_m(t)\omega_m(t)}{550} \tag{6-44}$$

因此，

$$K_b = \frac{746}{550}K_i = 1.356K_i \tag{6-45}$$

其中，$K_b$ 之單位為 V/rad/sec，$K_i$ 之單位為 ft·lb/A。

## 6-4 直流馬達的速率與位置控制

伺服機構或許是最常遇到的電機機械控制系統，其應用包括機器人 (機器人的每一個關節都需要位置伺服器)、數值控制 (NC) 機械、與雷射印表機等。所有這類系統的共通特徵都是會回傳受控變數 (通常是位置或速度)，用來修正命令訊號。本章於實驗中所使用的伺服機構是由直流馬達與回傳馬達速率與位置的放大器所組成。

在設計與實現成功的控制器時的最大挑戰，就是求得精確的系統元件模型，尤其是致動器。在前一節中，我們已經討論了不同版本的直流馬達模型，在本節中則要學習直流馬達速度與位置的控制。

## 6-4-1　速率響應和電感與擾動的效應：開-迴路響應

考慮圖 6-32 的電樞-控制型直流馬達的示意圖，其中系統的場電流維持為一定值。在本例中，接至馬達上的感測器為轉速計，它用來感測馬達軸速率。根據應用實例而定，例如位置控制，電位計或是編碼器也可用來當作感測器──詳見圖 6-32。系統的參數與變數包括：

$R_a$ = 電樞電阻，$\Omega$

$L_a$ = 電樞電感，H

$e_a$ = 外加的電樞電壓，V

$e_b$ = 反電動勢，V

$\theta_m$ = 馬達轉軸的角位移，rad

$\omega_m$ = 馬達轉軸的角速度，rad/s

$T_m$ = 馬達轉矩，N·m

$J_L$ = 負載慣量矩，kg·m$^2$

$T_L$ = 視為干擾的任何外部負載轉矩，N·m

$J_m$ = 馬達慣量矩 (馬達轉軸)，kg·m$^2$

$J$ = 馬達與連接到馬達轉軸之負載的等效慣量矩，$J = J_L/n^2 + J_m$，kg·m$^2$ (詳細內容請參閱第二章)

$n$ = 齒輪比

$B_m$ = 馬達黏滯摩擦係數，N·m/rad/s

$B_L$ = 負載黏滯摩擦係數，N·m/rad/s

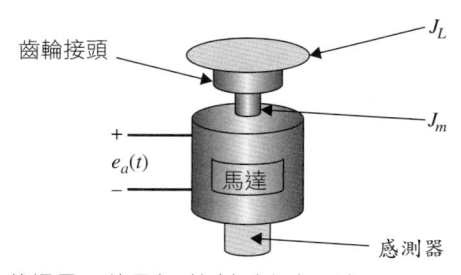

$B$ = 馬達與來自於馬達轉軸之負載的等效黏滯摩擦 (viscous-friction) 係數，牛頓-米/弧弳/秒 (N·m/rad/s) (當具有齒輪比時，$B$ 必須按照 $n$ 來做比例調整；詳細內

▶ 圖 6-32　含有齒輪接頭與負載慣量 $J_L$ 的電樞-控制型直流馬達。

容請參閱第二章)
$K_i$ = 轉矩常數，N·m/A
$K_b$ = 反電動勢常數，V/rad/s
$K_t$ = 速率感測器 (在本例中是轉速計) 增益，V/rad/s

如圖 6-33 所示，電樞-控制型直流馬達本身就是一個回授系統，其中反電動勢電壓與馬達速率成比例。圖 6-33 中已將任何可能的外部負載影響 (例如：操作者將水果壓入果汁機所造成之負載) 視為干擾轉矩 $T_L$。在 $s$-域中，我們將此系統安排成輸入-輸出形式，使得 $E_a(s)$ 為輸入，而 $\Omega_m(s)$ 為輸出：

$$\Omega_m(s) = \frac{\frac{K_i}{R_a J_m}}{\left(\frac{L_a}{R_a}\right)s^2 + \left(1 + \frac{B_m L_a}{R_a J_m}\right)s + \frac{K_i K_b + R_a B_m}{R_a J_m}} E_a(s)$$

$$- \frac{\left\{1 + s\left(\frac{L_a}{R_a}\right)\right\}/J_m}{\left(\frac{L_a}{R_a}\right)s^2 + \left(1 + \frac{B_m L_a}{R_a J_m}\right)s + \frac{K_i K_b + R_a B_m}{R_a J_m}} T_L(s) \qquad (6\text{-}46)$$

比值 $L_a/R_a$ 稱之為馬達電氣時間常數 (motor electric-time constant)，此常數將使得系統的速率響應轉移函數變為二階，此比值標記為 $\tau_e$。此外，它引進了一個零點 (zero) 至干擾-輸出的轉移函數之中。然而，因為電樞電路中的 $L_a$ 非常小，$\tau_e$ 可被忽略，進而可再簡化轉移函數與系統方塊圖。因此，馬達轉軸的速率可被簡化成

$$\Omega_m(s) = \frac{\frac{K_i}{R_a J_m}}{s + \frac{K_i K_b + R_a B_m}{R_a J_m}} E_a(s) - \frac{\frac{1}{J_m}}{s + \frac{K_i K_b + R_a B_m}{R_a J_m}} T_L(s) \qquad (6\text{-}47)$$

或

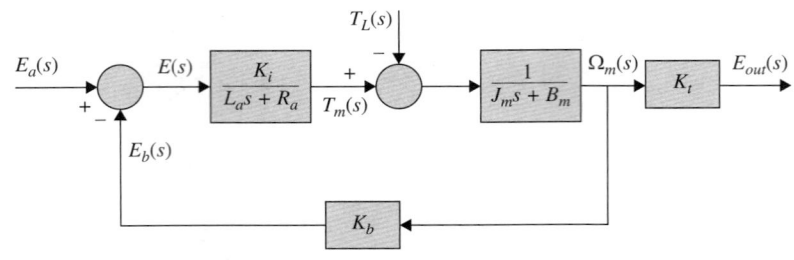

▶ 圖 6-33　電樞-控制型直流馬達的方塊圖。

$$\Omega_m(s) = \frac{K_{\text{eff}}}{\tau_m s + 1} E_a(s) - \frac{\dfrac{\tau_m}{J_m}}{\tau_m s + 1} T_L(s) \qquad (6\text{-}48)$$

其中，$K_{\text{eff}} = K_i/(R_a B_m + K_i K_b)$ 為馬達增益常數，而 $\tau_m = R_a J_m/(R_a B_m + K_i K_b)$ 為馬達機械時間常數 (motor mechanical time constant)。

利用重疊原理，得到

$$\Omega_m(s) = \Omega_m(s)\big|_{T_L(s)=0} + \Omega_m(s)\big|_{E_a(s)=0} \qquad (6\text{-}49)$$

為了求出響應 $\omega_m(t)$，我們運用重疊原理求出由個別輸入所引起的響應。當 $T_L = 0$ (無干擾且 $B = 0$)，而外加電壓為 $e_a(t) = A$ 時，即 $E_a(s) = A/s$，則知

$$\omega_m(t) = \frac{AK_i}{K_i K_b + R_a B_m}(1 - e^{-t/\tau_m}) \qquad (6\text{-}50)$$

在這種情況下，請注意：電機機械時間常數 $\tau_m$ 反映了馬達能夠快速地克服自身慣量 $J_m$ 而達到一個穩態，亦即達成由電壓 $E_a$ 所決定之恆定速率。由 (6-50) 式可知，此速率的終值為 $\omega_{fv} = \dfrac{AK_i}{K_i K_b + R_a B_m}$。在稍後的第七章將會明白，此數值即為熟知的**參考輸入** (reference input)，它反映了在一已知輸入電壓下所想要的輸出值。當 $\tau_m$ 值增加時，則需較長之時間以達到穩態。與 (6-50) 式相關之典型時間響應，請參閱圖 6-34。

若施加大小為 $D$ 的固定負載轉矩於此系統 (即 $T_L = D/s$)，則 (6-48) 式的速率響應將會變為

$$\omega_m(t) = \frac{K_i}{K_i K_b + R_a B_m}\left(A - \frac{R_a D}{K_i}\right)(1 - e^{-t/\tau_m}) \qquad (6\text{-}51)$$

此式很清楚地指出：干擾 $T_L$ 會影響馬達的最終速率。由 (6-51) 式可知，在穩態時，馬達

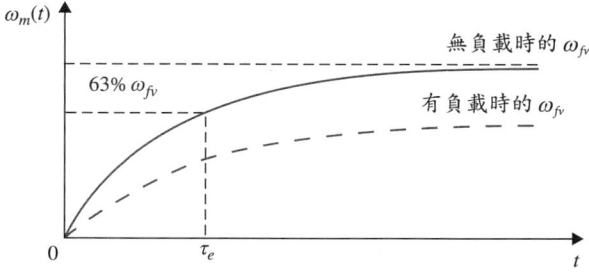

▶ 圖 6-34　直流馬達之典型速率響應。實線表示無負載的響應。虛線表示一固定負載對速率響應的影響。

的速率為 $\omega_{fv} = \dfrac{K_i}{K_i K_b + R_a B_m}\left(A - \dfrac{R_a D}{K_i}\right)$。此處，$\omega_m(t)$ 的終值比之前減少了 $R_a D/K_m K_b$，如圖 6-34 所示。實際上，**負載轉矩 $T_L = D$ 之值絕不可能超過馬達的失速轉矩** (stall torque；或稱「堵轉轉矩」)，故由 (6-51) 式可知，若要使馬達運轉，則需 $AK_i/R_a > D$，此條件設定了轉矩 $T_L$ 的極限值。對一給定的馬達，其失速轉矩可參閱製造廠商之型錄。

在現實的情況下，必須利用感測器量測馬達的轉速。然而，感測器又會如何影響系統方程式呢？(詳見圖 6-33。)

## 6-4-2　直流馬達的速率控制：閉-迴路響應

如前節所述，馬達的輸出轉速與轉矩 $T_L$ 有密切的關係。吾人可利用比例回授控制器 (proportional feedback controller) 來改善馬達的速率性能。如圖 6-35 所示的組態，此控制器是由檢測速率的感測器 (對於速率應用而言，通常是使用轉速計) 與增益為 $K$ [比例控制——參考表 6-1 的 (a) 列] 的放大器所組成。此系統之方塊圖，如圖 6-36 所示。

注意：馬達轉軸之速率是由增益為 $K_t$ 之轉速計所檢測。為了方便輸入與輸出的比較，已利用增益為 $K_t$ 之轉速計將此控制系統之輸入，由電壓 $E_{in}$ 變換為速率 $\Omega_{in}$。因此，當 $L_a \approx 0$ 時，可得出

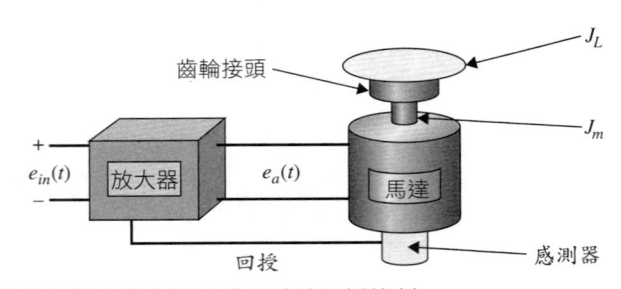

▶圖 6-35　具有負載慣量之電樞-控制型直流馬達的回授控制。

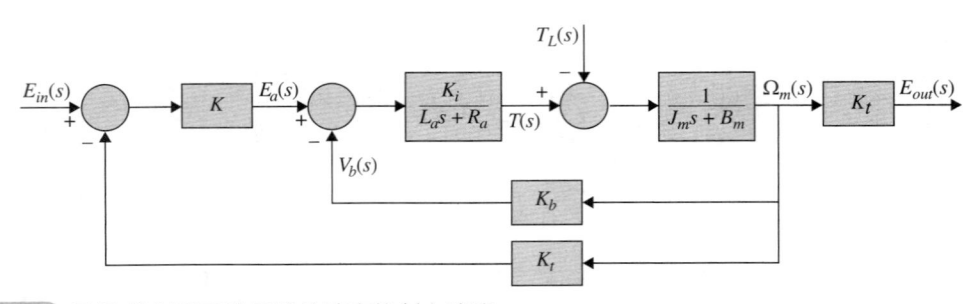

▶圖 6-36　電樞-控制型直流馬達的速率控制方塊圖。

$$\Omega_m(s) = \frac{\dfrac{K_t K_i K}{R_a J_m}}{s + \left(\dfrac{K_i K_b + R_a B_m + K_t K_i K}{R_a J_m}\right)} \Omega_{in}(s)$$

$$-\frac{\dfrac{1}{J_m}}{s + \left(\dfrac{K_i K_b + R_a B_m + K_t K_i K}{R_a J_m}\right)} T_L(s) \tag{6-52}$$

當步階輸入為 $\Omega_{in} = A/s$ 與干擾轉矩為 $T_L = D/s$ 時，輸出變為

$$\omega_m(t) = \frac{AKK_i K_t}{R_a J_m}\tau_c(1-e^{-t/\tau_c}) - \frac{\tau_c D}{J_m}(1-e^{-t/\tau_c}) \tag{6-53}$$

其中，$\tau_c = \dfrac{R_a J_m}{K_i K_b + R_a B + K_t K_i K}$ 為系統時間常數。在此狀況下之穩態響應為

$$\omega_{fv} = \left(\frac{AKK_i K_t}{K_i K_b + R_a B_m + K_t K_i K} - \frac{R_a D}{K_i K_b + R_a B_m + K_t K_i K}\right) \tag{6-54}$$

其中，$K \rightarrow \infty$ 時，則 $\omega_{fv} \rightarrow A$。儘管 (6-53) 式的時間響應與圖 6-34 有相似的圖形表示，但是控制系統增益可以減少干擾的影響，因為 $K$ 值很大，所以干擾被抵銷。當然，也有些限制條件。例如：實際上，我們會受到放大器飽和與馬達的輸入電壓限制等。本例的系統也會存在有穩態誤差，將會在稍後第七章與第八章中討論。如同在 6-4-1 節所述，讀者應探討若模型中納入慣量 $J_L$ 時將發生什麼情況。假使負載慣量 $J_L$ 太大，則馬達仍可能運轉嗎？再者，如同 6-4-1 節所述，讀者亦需判讀速率感測器之電壓以檢測速率，此舉對方程式的影響為何？

## 6-4-3　位置控制

開-迴路的位置響應可由對速率響應加以積分而求得。接下來，考慮圖 6-33 可知 $\Theta_m(s) = \Omega_m(s)/s$。因此，開-迴路轉移函數變成

$$\frac{\Theta_m(s)}{E_a(s)} = \frac{K_i}{s(L_a J s^2 + (L_a B_m + R_a J)s + R_a B_m + K_i K_b)} \tag{6-55}$$

其中，以本例來說，我們採用了總慣量為 $J = J_L/n^2 + J_m$。當 $L_a$ 很小時，此例的時間響應成為

$$\theta_m(t) = \frac{A}{K_b}(t + \tau_m e^{-t/\tau_m} - \tau_m) \tag{6-56}$$

此式意味著馬達轉軸會以固定的穩態速率 $A/K_b$ 旋轉，不會停止。要控制馬達轉軸之位置，最簡單的方法就是利用增益為 $K$ 的比例控制器，如表 6-1 之 (a) 列所示。閉-迴路系統的方塊圖，如圖 6-37 所示。此系統是由角位置感測器 [通常使用編碼器 (encoder) 或電位計 (potentiometer)] 組合而成。注意：為了簡化起見，輸入電壓可加以比例調整為位置輸入 $\Theta_{in}(s)$，使得輸入與輸出具有相同的單位與尺度。另外，輸出也能利用感測器的增益值而轉換為電壓。在此例中，閉-迴路轉移函數變為

$$\frac{\Theta_m(s)}{\Theta_{in}(s)} = \frac{\dfrac{KK_iK_s}{R_a}}{(\tau_e s+1)\left\{Js^2+\left(B_m+\dfrac{K_bK_i}{R_a}\right)s+\dfrac{KK_iK_s}{R_a}\right\}} \tag{6-57}$$

其中，$K_s$ 為感測器之增益 (為了避免爭執，在本例中使用電位計)，以及如同先前所述，當 $L_a$ 很小時，馬達電氣時間常數 $\tau_e = (L_a/R_a)$ 可被忽略。結果，轉移函數便可簡化成

$$\frac{\Theta_m(s)}{\Theta_{in}(s)} = \frac{\dfrac{KK_iK_s}{R_aJ}}{s^2+\left(\dfrac{R_aB_m+K_iK_b}{R_aJ}\right)s+\dfrac{KK_iK_s}{R_aJ}} = \frac{\omega_n^2}{\left(s^2+2\zeta\omega_n s+\omega_n^2\right)} \tag{6-58}$$

其中，(6-58) 式為一個二-階系統，以及

$$2\zeta\omega_n = \frac{R_aB_m+K_iK_b}{R_aJ} \tag{6-59}$$

$$\omega_n^2 = \frac{KK_iK_s}{R_aJ} \tag{6-60}$$

因此，對於一個步階輸入 $\Theta_{in}(s) = 1/s$，系統的位置響應將會與二-階原型系統相同，如第三章 (圖 3-11) 所示。對一特定馬達而言，其所有參數均為已知，僅有放大器增益 $K$ ── 即控制器增益為變動項。基於不同的 $K$ 值，我們可以直接改變 $\omega_n$ 或間接改變 $\zeta$ 來達到想要的響應。對於正的 $K$ 值而言，無論響應的形式為何 (例如，臨界阻尼或是欠阻尼)，系

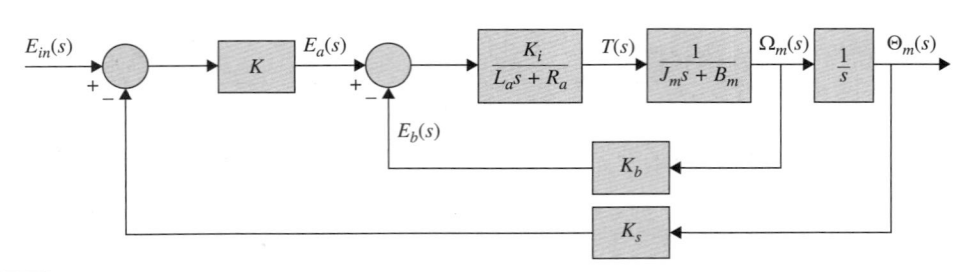

▶ 圖 6-37　電樞-控制型直流馬達的位置控制方塊圖。

統的終值皆為 $\theta_{fv} = 1$，此即表示輸出會追隨輸入而變 (回想我們先前使用過的單位-步階輸入)。因此，在由 (6-56) 式所表示之不受控制系統中，其位置不會增加。

稍後，在第七章與第八章，我們將會建置數值的與實驗的個案研究，用以測試及驗證前述之觀念，並可藉以同時學習更多其它的實務經驗。

## 6-5 個案研究：實際範例

### 範例 6-5-1 太陽追蹤器控制系統的建模

在此個案研究中，我們將模擬太陽追蹤器控制系統，其主要目的為控制太空船的傾斜度，以便準確地追蹤太陽的位置。此處所描述的系統僅可在一個平面上追蹤到太陽。圖 6-38 為此系統的示意圖。誤差鑑別器的主要元件為裝在一外殼之長方型細縫後方的兩片小型矽質光伏電池。兩個電池的安裝方式是：當感測器指向太陽時，經由細縫的光柱會同時照在兩片電池上。矽電池當作電流源使用，且以相反極性方式連接到運算放大器的兩個輸入端。任何在這兩電池的短路電流上的差異，均會被加以感測並由運算放大器予以放大。由於在每個電池上的電流和投射至電池上的亮度成正比，當從細縫射入的光線並非準確地照射在電池上時，放大器便會輸出誤差訊號。此誤差訊號回授給伺服放大器，以便使馬達帶動系統，使其回復到對準太陽。此系統每一部件詳述如下。

**座標系統 (coordinate system)** 此系統的座標系統中心位於其輸出齒輪處。參考軸為直流馬達

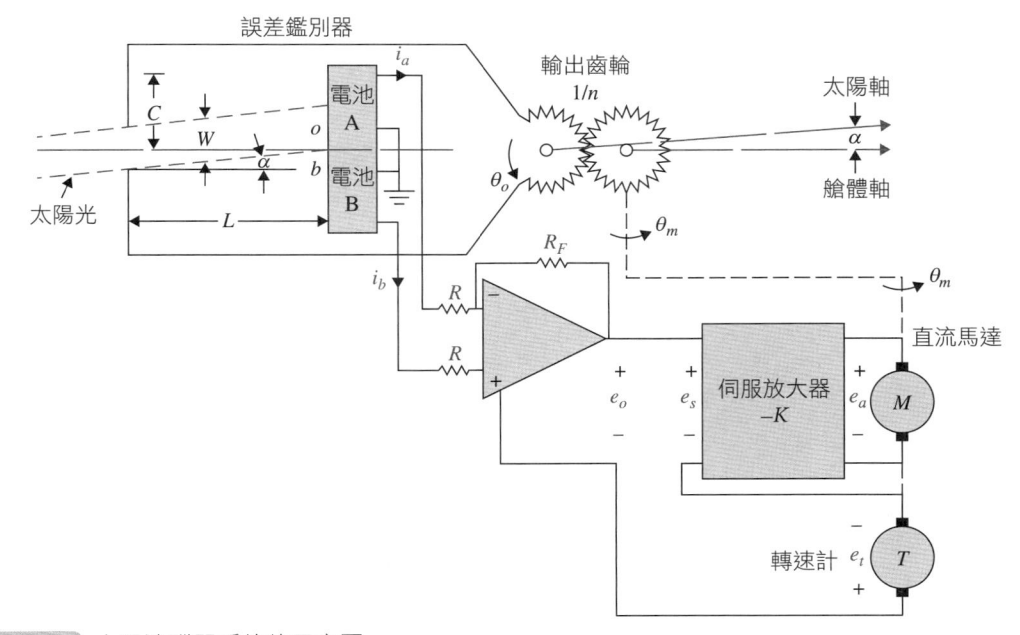

▶ 圖 6-38 太陽追蹤器系統的示意圖。

的固定外框，且所有的旋轉量測均是參照此軸來進行。太陽軸 (或從輸出齒輪到太陽的直線) 與參考軸形成一個角度 $\theta_r(t)$，而 $\theta_o(t)$ 則代表艙體軸相對於參考軸的夾角。此控制系統的目標在使 $\theta_r(t)$ 和 $\theta_o(t)$ 之間的誤差，即 $\alpha(t)$ 趨近於零：

$$\alpha(t) = \theta_r(t) - \theta_o(t) \tag{6-61}$$

上述的座標系統，如圖 6-39 所示。

**誤差鑑別器 (error discriminator)**　當艙體完全對準太陽時，$\alpha(t) = 0$，且 $i_a(t) = i_b(t) = I$，或 $i_a(t) = i_b(t) = 0$。從圖 6-38 所示的太陽光與光伏電池的幾何關係，我們可以得到

$$oa = \frac{W}{2} + L\tan\alpha(t) \tag{6-62}$$

$$ob = \frac{W}{2} - L\tan\alpha(t) \tag{6-63}$$

其中，針對一已知的 $\alpha(t)$，$oa$ 代表太陽光照射在電池 A 的寬度，而 $ob$ 則是電池 B 上的寬度。由於電流 $i_a(t)$ 與 $oa$ 成正比，且 $i_b(t)$ 與 $ob$ 成正比，故當 $0 \leq \tan\alpha(t) \leq W/2L$ 時，我們可以得到

$$i_a(t) = I + \frac{2LI}{W}\tan\alpha(t) \tag{6-64}$$

$$i_b(t) = I - \frac{2LI}{W}\tan\alpha(t) \tag{6-65}$$

當 $W/2L \leq \tan\alpha(t) \leq (C - W/2)/L$ 時，太陽光完全照在電池 A 上，故知 $i_a(t) = 2I$，$i_b(t) = 0$。當 $(C - W/2)L \leq \tan\alpha(t) \leq (C + W/2)L$ 時，$i_a(t)$ 則會由 $2I$ 線性地減少到零。當 $\tan\alpha(t) \geq (C + W/2)/L$ 時，$i_a(t) = i_b(t) = 0$。因此，誤差鑑別器可用圖 6-40 的非線性特性來表示，其中對於小角度 $\alpha(t)$ 而言，$\tan\alpha(t)$ 可以用 $\alpha(t)$ 近似之。

運算放大器輸出與電流 $i_a(t)$ 及 $i_b(t)$ 之間的關係為

$$e_o(t) = -R_F[i_a(t) - i_b(t)] \tag{6-66}$$

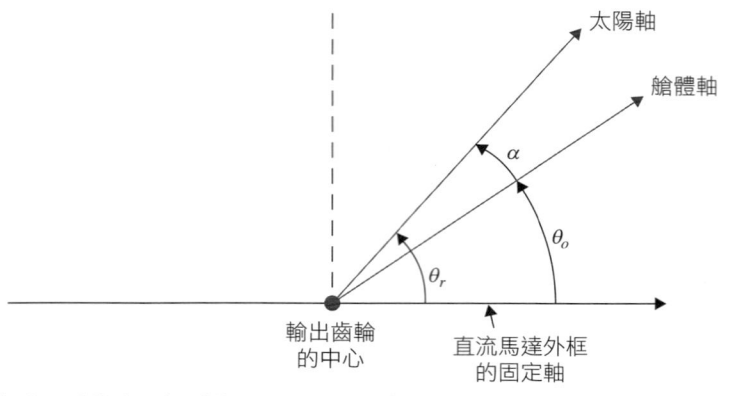

▶ **圖 6-39**　太陽追蹤器系統的座標系統。

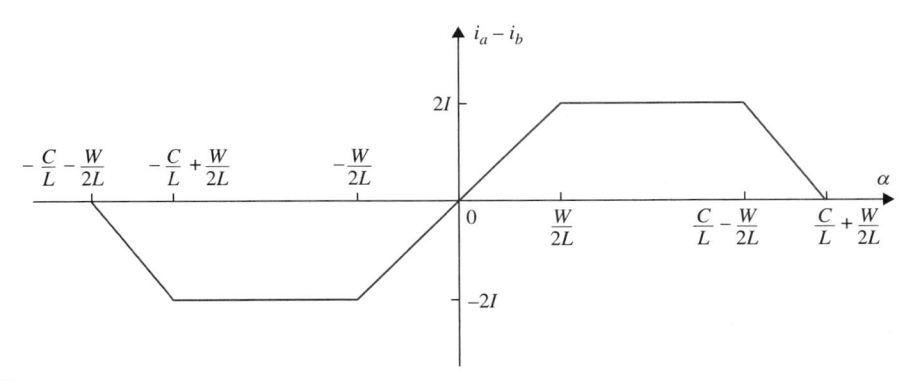

▶ 圖 6-40　誤差鑑別器的非線性特性。橫座標為 $\tan\alpha$，當 $\alpha$ 很小時，$\tan\alpha$ 以 $\alpha$ 近似之。

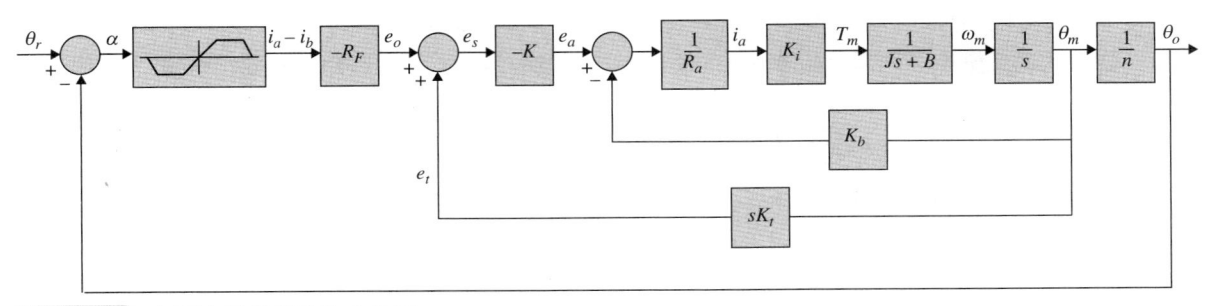

▶ 圖 6-41　太陽追蹤器系統的方塊圖。

**伺服放大器 (servo-amplifier)**　伺服放大器的增益為 $-K$。參考圖 6-41，伺服放大器的輸出可表示為

$$e_a(t) = -K[e_o(t) + e_t(t)] = -Ke_s(t) \tag{6-67}$$

**轉速計 (tachometer)**　轉速計的輸出電壓，$e_t$，與轉速計常數 $K_t$ 和馬達的角速度相關：

$$e_t(t) = K_t \omega_m(t) \tag{6-68}$$

輸出齒輪的角位移，經由齒輪比 $1/n$，與馬達位置相關。因此

$$\theta_o = \frac{1}{n}\theta_m \tag{6-69}$$

**直流馬達 (DC motor)**　在 6-3 節已建立了直流馬達的模型，其方程式為

$$e_a(t) = R_a i_a(t) + e_b(t) \tag{6-70}$$

$$e_b(t) = K_b \omega_m(t) \tag{6-71}$$

$$T_m(t) = K_i i_a(t) \tag{6-72}$$

$$T_m(t) = J\frac{d\omega_m(t)}{dt} + B\omega_m(t) \tag{6-73}$$

其中，$J$ 及 $B$ 為在馬達軸處所看到的慣量與黏滯摩擦係數。(6-70) 式中忽略掉馬達的電感，因為已假設它的值很小──回想 6-4-1 節對於小的馬達電氣時間常數之探討。用以表示系統所有功能關係的方塊圖，如圖 6-41 所示。

## 範例 6-5-2　四分之一車體主動懸吊系統的建模

對於圖 6-42 所示之測試車體，透過對車體施加不同的激勵，四柱振盪器可用來測試車體懸吊系統的性能。

典型的四分之一車體模型，如圖 6-43 所示，是用來研究車體懸吊系統以及不同路面輸入所導致的動態響應。通常，如圖 6-43a 所說明之系統的慣量、剛性和阻尼特性，是由二-自由度系統來建立模型，如圖 6-43b 所示。儘管二-自由度系統是較精準的模型，但如圖 6-43c 所示，假設為一-自由度模型已足夠進行下列的分析。

**開-迴路車底激勵 (open-loop base excitation)**　已知簡化的系統可表示小型的車體懸吊模型，如圖 6-43c 所示，其中

| | | |
|---|---|---|
| $m$ | 1/4 車體有效質量 | 10 kg |
| $k$ | 有效剛性 | 2.7135 N/m |
| $c$ | 有效阻尼 | 0.9135 N·m/s$^{-1}$ |
| $x(t)$ | 質量 $m$ 絕對位移 | m |
| $y(t)$ | 車底絕對位移 | m |
| $z(t)$ | 相對位移 $x(t) - y(t)$ | M |

▶ **圖 6-42**　在一個四柱振盪器測試設備上的凱迪拉克 SRX 2005 模型 (本圖引用自作者對主動懸掛系統的研究)。

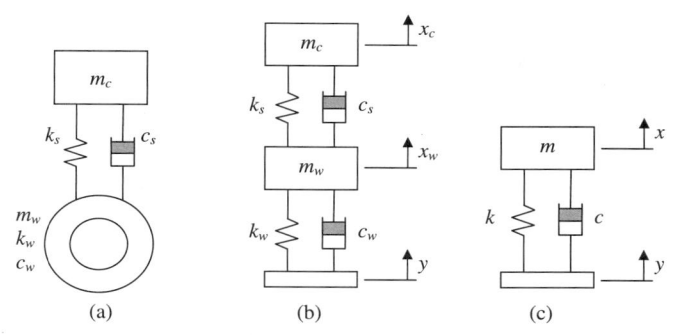

▶ 圖 6-43　四分之一車體模型示意圖。(a) 四分之一車體。(b) 二-自由度模型。(c) 一-自由度模型。

系統的運動方程式定義如下：

$$m\ddot{x}(t) + c\dot{x}(t) + kx(t) = c\dot{y}(t) + ky(t) \tag{6-74}$$

上述式子可以藉由代入關係式 $z(t) = x(t) - y(t)$ 以及將各係數無因次化來簡化成下列形式：

$$\ddot{z}(t) + 2\zeta\omega_n\dot{z}(t) + \omega_n^2 z(t) = -\ddot{y}(t) = -a(t) \tag{6-75}$$

(6-75) 式取拉氏轉換便可得出輸入-輸出關係

$$\frac{Z(s)}{A(s)} = \frac{-1}{s^2 + 2\zeta\omega_n s + \omega_n^2} \tag{6-76}$$

其中，車底的加速度 $A(s)$ 為 $a(t)$ 的拉氏轉換，並且為系統的輸入，而相對位移 $Z(s)$ 則為輸出。以本例來說，初始條件均已假設為零。

**閉-迴路位置控制 (closed-loop position control)**　利用 6-4-3 節所描述的相同直流馬達，將之與圖 6-44 所示之齒條相連接，便可達成懸吊系統的主動控制。

在圖 6-44 中，$T(t)$ 為馬達軸轉動 $\theta$ 角度下所產生的轉矩，以及 $r$ 為馬達驅動齒輪之半徑。因此，(6-74) 式重新寫成包含主動分量 $F(t)$ 的形式，如下所示：

$$m\ddot{x} + c\dot{x} + kx = c\dot{y} + ky + F(t) \tag{6-77}$$

其中

$$m\ddot{z} + c\dot{z} + kz = F(t) - m\ddot{y} = F(t) - ma(t) \tag{6-78a}$$

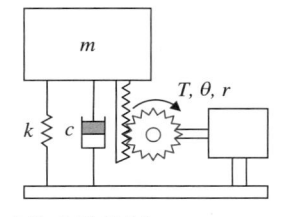

▶ 圖 6-44　馬達與齒條構成之一-自由度的主動控制。

$$F(t) = \frac{T(t)-(J_m\ddot{\theta}+B_m\dot{\theta})}{r} \quad (6\text{-}78\text{b})$$

因為 $z = \theta r$，我們可以將 (6-78) 式代入 (6-77) 式中，整理並取拉氏轉換得到

$$Z(s) = \frac{r}{(mr^2+J_m)s^2+(cr^2+B_m)s+kr^2}[T(s)-mrA(s)] \quad (6\text{-}79)$$

注意：$mrA(s)$ 項可被解讀為干擾轉矩。

6-3 節的馬達方程式為

$$sI_a(s) = \frac{1}{L_a}E_a(s) - \frac{R_a}{L_a}I_a(s) - \frac{1}{L_a}E_b(s) \quad (6\text{-}80)$$

$$T(s) = K_i I_a(s) \quad (6\text{-}81)$$

$$E_b(t) = K_b \frac{Z(s)}{r} \quad (6\text{-}82)$$

在 (6-79) 式中，利用 $J = mr^2 + J_m$、$B = cr^2 + B_m$ 及 $K = kr^2$，並且將所得之方程式與 (6-80) 式到 (6-82) 式結合，便可以針對外加的馬達電壓 $E_a(s)$ 及干擾的轉矩，求得整體系統之轉移函數。系統新的方程式可以表示成下列新的形式：

$$Z(s) = \frac{\dfrac{K_i r}{R_a}}{\left(\dfrac{L_a}{R_a}s+1\right)(Js^2+Bs+K)+\dfrac{K_iK_b}{R_a}s}E_a(s) - \frac{\left(\dfrac{L_a}{R_a}s+1\right)r}{\left(\dfrac{L_a}{R_a}s+1\right)(Js^2+Bs+K)+\dfrac{K_iK_b}{R_a}s}mrA(s) \quad (6\text{-}83)$$

為了要控制汽車的彈跳，我們需要利用位置感測器去感測 $z(t)$，例如，增益為 $K_s$ 的串線型電位計。以本例來說，感測器與控制器的加入——本例為如 6-4-3 節所描述的一個增益為 $K$ 的比例控制器——將會產生如圖 6-45 所示的一個回授控制系統。在這個情況下，輸入 $Z_{in}(s)$ 反映期望的彈跳準位——通常，對於路面的干擾，控制的目的係想要達成沒有彈跳響應，則 $z_{in}(t) = 0$。

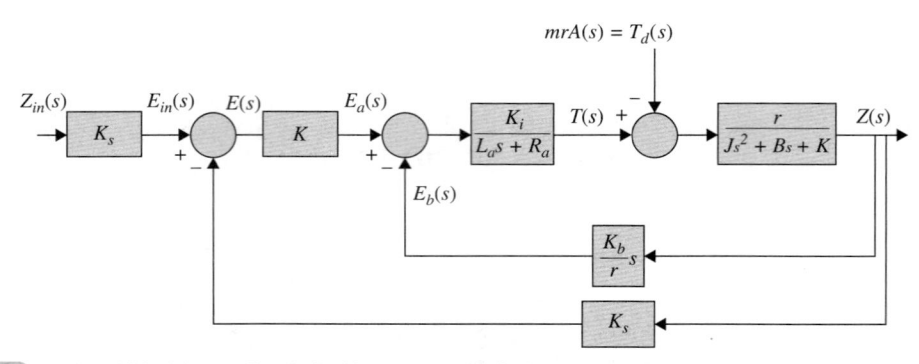

▶ 圖 6-45　作為彈跳控制，主動回授控制四分之一車體系統的方塊圖。

## 6-6 控制實驗室：LEGO MINDSTORMS NXT 馬達簡介——建模與特性化

本節提供直流馬達之建模與特性描述實用的方法，不需要依賴任何製造商的數據表。本節嘗試提供理解與認識本章稍早所提及的每一項術語的來源，以及如何透過實驗求得或驗證它們的數值。

在本節中，我們將延續先前於 2-6 節所描述的專題 (細節請參閱附錄 D)，並且透過實驗來描述馬達參數，以得到整個電動系統精準的模型。

### 6-6-1 NXT 馬達

本專題中所使用的 NXT (可程式控制積木) 馬達是一個 9-V 直流馬達，係專門適用於 LEGO MINDSTORMS NXT (可程式控制積木) 組合的馬達。如圖 6-46 所示，此馬達包含有一個從馬達到輸出軸的**齒輪列**以提供更大的轉矩。

從馬達到輸出軸的整體齒輪比計算結果顯示於表 6-2。以本例來說，如同附錄 D 所探討的，因為編碼器係量測輸出軸的旋轉位置，而不是馬達軸，所以齒輪比與其模型可被納入至整個馬達的模型之中——細節請參閱本章稍早的討論。因此，在此

> 齒輪比與其模型可以包含在馬達的模型之中。

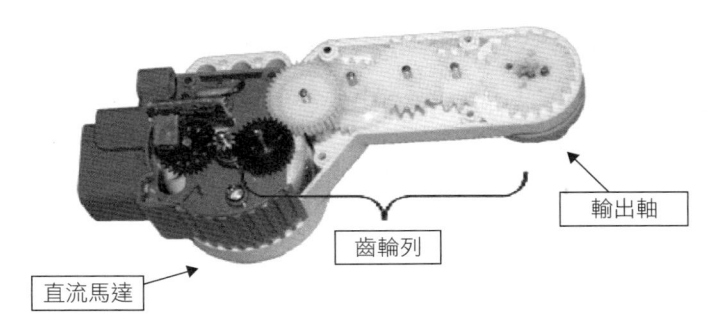

▶ 圖 6-46　NXT 馬達內部構造。

■ 表 6-2　馬達到輸出軸齒輪減速表

| 軸編號 | 齒輪齒數比 | 齒輪減速 |
|---|---|---|
| 1 | 10:30:40 | 1:4 |
| 2 | 9:27 | 1:3 |
| 3 | 10:20 | 1:2 |
| 4 | 10:13:20 | 1:2 |
| 整體齒輪減速 |  | 1:48 |

注意：所求得的全部參數皆為馬達-齒輪列組合之參數值。

之後，任何提及馬達之處都可隱含地歸類為馬達-齒輪列系統。甚至，所求得的參數均為馬達-齒輪組合之參數值。

為了要完整地建立馬達的模型，馬達電氣的與機械的性質都需要透過實驗來求得。

## 6-6-2　電氣特性[1]

建立馬達模型所需要的電氣特性為電樞電阻和電樞電感。接下來各節會提供讀者用來測量馬達電氣特性的各種測試(詳見附錄 D)。

### 電樞電阻 (armature resistance)

首先，我們必須利用萬用電表來量測電樞電流。依據附錄 D 所描述的步驟，你將會注意到當馬達失速時，電流將會急劇地增加。記錄萬用電表所顯示的**失速電流** (stall current)，$I_{stall}$，並且重複進行不同的試驗。在量測失速電流後，同樣的必須用萬用電表量測電樞電壓。接下來，計算實驗的電樞電阻，如附錄 D 建議的，利用下列公式：

$$R_a = \frac{v_a}{I_{stall}} \tag{6-84}$$

其中，$v_a$ 為馬達失速時量測的電壓。

NXT 馬達對於不同輸入功率值(表示成最大功率的百分比)的實驗數據示於表 6-3。應用 (6-84) 式，可求出 NXT 馬達實驗的平均電樞電阻為 $R_a = 2.27\ \Omega$。

### 電樞電感 (armature inductance)

量測馬達電感的方式有很多種。在大學部控制實驗室最常練習的其中一種方式為將

■表 6-3　電樞電阻量測實驗數據

| 馬達功率 | $v_a$<br>失速電樞電壓 (V) | $I_{stall}$<br>失速電流 (A) | $R_a$<br>電樞電阻 ($\Omega$) |
|---|---|---|---|
| 10% | 0.24 | 0.106 | 2.3 |
| 20% | 0.44 | 0.198 | 2.23 |
| 30% | 0.61 | 0.262 | 2.33 |
| −10% | −0.24 | −0.108 | 2.26 |
| −20% | −0.47 | −0.211 | 2.24 |
| −30% | −0.62 | −0.269 | 2.28 |

---

[1] 值得注意的是，此處所提供的測量數值會依不同馬達而有所不同，讀者最好自行實驗，以求出各自系統的參數數值。

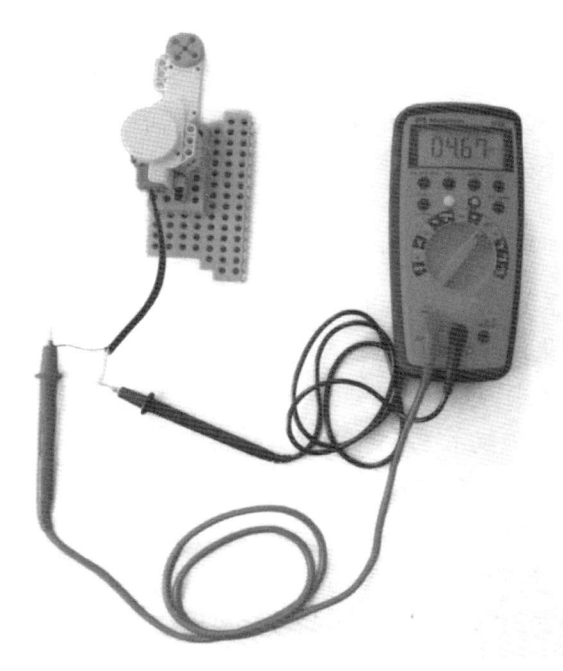

▶ 圖 6-47　利用萬用電表進行馬達電感的直接量測。

一個已知的電阻 $R$ (選一個靠近 $R_a$ 的數值) 與馬達做串聯連接，如同前一節讓馬達失速停下，提供系統一個固定的輸入電壓，然後關掉輸入並量測電氣時間常數 $L_a/(R+R_a)$。得知時間常數與電阻數值後，你就可以計算 $L_a$。我們也可利用萬用電表這種較簡單的方式，便能夠來測量電感。簡單地將萬用電表連接到馬達的端子，並且將萬用電表設置成量測電感的模式，如圖 6-47 所示。可求得實驗所量測的電樞電感為 $L_a = 4.7$ mH。

## 6-6-3　機械特性[2]

需要建立馬達模型所需要的機械特性為轉矩常數、反電動勢常數、黏滯-摩擦係數 (回憶第二章，我們為了簡化而假設所有摩擦都模擬成黏滯阻尼)、電樞和負載慣性矩、以及系統的機械時間常數。以下各節將會提供讀者用來測量 NXT 馬達機械特性的各種測試。

**馬達轉矩常數 (motor torque constant)**

如同 6-3 節探討的，馬達轉矩常數 $K_i$ 可透過下列式子求得

$$T_m = K_i i_a \tag{6-85}$$

其中，$T_m$ 為馬達轉矩，而 $i_a$ 為電樞電流。要以實驗方式求出轉矩常數，需要同時量測供

---

[2] 值得注意的是，此處所提供的測量數值會依不同馬達而有所不同，讀者最好自行實驗以求出各自系統的參數數值。

應到馬達的電流以及馬達提供的轉矩。

首先,把一個軸與捲筒裝置接在馬達端部,如圖 6-48 所說明的作為一個滑輪之用。最後,將一已知質量之負重物綁在線的末端;這個重物可作為馬達要轉動時所需要抵銷的外部轉矩。轉矩可利用下列公式計算:

$$T = T_m - T_W = K_i i_a - r_{spool} W \tag{6-86}$$

其中,$r_{spool}$ 為捲筒的半徑,以及 $W$ 為質量 $M$ 所對應的重量。當 $T = 0$ 時,馬達將會停止。$T_m$ 與 $i_a$ 分別對應到馬達失速轉矩和電流。

在此實驗中,馬達轉矩導致質量 $M$ 上下運動。對於不同的質量,讀者需要去測量施加到馬達的電流——回想先前 6-6-2 節如何測量馬達電流的介紹。首先,施加一個輸入到馬達讓質量達到最高點。當馬達將質量往上拉時,利用萬用電表測量供應到馬達的電流。針對不同的質量,重複此步驟並畫出 (6-85) 式的實驗轉矩 $T_m$ 相對於所測量之電流的圖形。表 6-4 所示為我們實驗中的一些測量值。注意:當 $T_W = 0$ N·m,$i_a = 0.041$ A 時,即為可抵銷馬達內部摩擦之馬達內的電流。此數值可以在稍後用於計算馬達阻尼參數。同時注意到,當質量為 $M = 0.874$ kg 時,**馬達停止且所對應的失速轉矩為** $T_{stall} = T_W = \mathbf{0.116}$ **N·m**。NXT 馬達的實驗馬達轉矩曲線顯示於圖 6-49,其中實驗的馬達轉矩曲線係利用

NXT 馬達

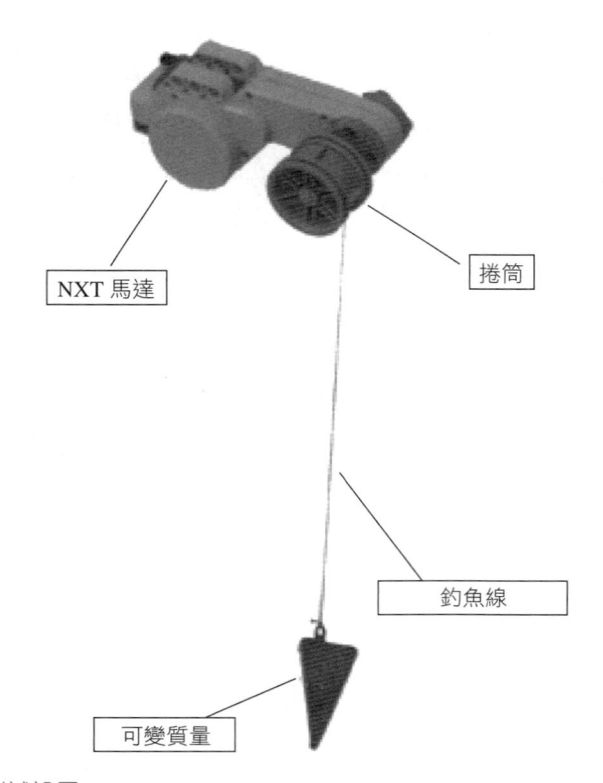

捲筒

釣魚線

可變質量

▶ **圖 6-48** 轉矩常數測試設置。

■表 6-4　馬達轉矩常數的實驗測量 ($r_{spool}$ = 0.013575 m)

| 試驗 | $M$<br>接在釣魚線上<br>的質量 (kg) | $W$<br>重量 (N) | $T_W = r_{spool}W$<br>抵銷質量所需的<br>馬達轉矩 (N·m) | $i_a$<br>馬達電流 (A) |
|---|---|---|---|---|
| 1  | 0     | 0      | 0        | 0.041 |
| 2  | 0.067 | 0.6566 | 0.008913 | 0.085 |
| 3  | 0.119 | 1.1662 | 0.015831 | 0.113 |
| 4  | 0.173 | 1.6954 | 0.023015 | 0.137 |
| 5  | 0.234 | 2.2932 | 0.03113  | 0.161 |
| 6  | 0.293 | 2.8714 | 0.038979 | 0.187 |
| 7  | 0.353 | 3.4594 | 0.046961 | 0.224 |
| 8  | 0.413 | 4.0474 | 0.054943 | 0.245 |
| 9  | 0.471 | 4.6158 | 0.062659 | 0.283 |
| 10 | 0.532 | 5.2136 | 0.070775 | 0.322 |
| 11 | 0.643 | 6.3014 | 0.085542 | 0.387 |
| 12 | 0.702 | 6.8796 | 0.093391 | 0.435 |
| 13 | 0.874 | 8.5654 | 0.116275 | 0.465 (失速) |

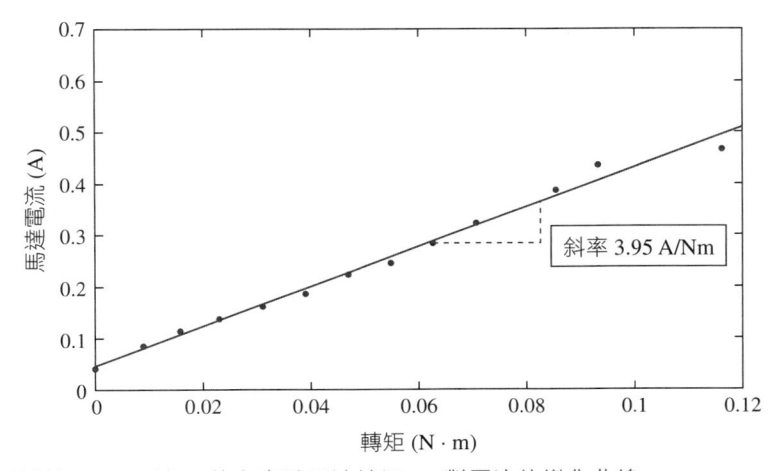

▶圖 6-49　用以計算 NXT 馬達 $K_i$ 值之實驗馬達轉矩 $T_W$ 對電流的變化曲線。

MATLAB 線性迴歸工具由數據點以外插方式畫出。實驗測量之 NXT 馬達常數即為此曲線斜率 (3.95 A/N·m) 的倒數，亦即 $K_i$ = 0.252 N·m/A。

### 反電動勢常數 (back-emf constant)

如同本章先前所探討的，反電動勢常數可經由下列式子求得

$$e_b = K_b \omega_m \tag{6-87}$$

其中，$e_b$ 為反電動勢或馬達電壓，以及 $\omega_m$ 是馬達的角速率。為了要測量馬達反電動勢常數，讀者需要利用 Simulink 來測試馬達開-迴路速率響應，同時也要利用萬用電表量測供應的電壓 (詳見附錄 A)。

針對 2.0 V 步階輸入時的開-迴路步階響應樣本，如圖 6-50 所示。你會觀察到：輸出中存在著可見的雜訊。這個雜訊來自於利用編碼器讀取速率時，低解析度位置訊號之差異所造成的結果，同時也歸因於齒輪的齒隙之影響。因此，針對不同的步階輸入，讀者需要記錄平均穩態速率，也要記錄每次試驗的穩態速率及電樞電壓。最後，繪製實驗的電樞電壓相對於所量測之穩態平均速率的圖形。範例圖形如圖 6-51 所示，圖中顯示了實驗數據點，以及利用 MATLAB 線性迴歸工具所求出之外插的趨勢線。這條直線的斜率即為馬達的反電動勢常數。以實驗方式所測量的 NXT 馬達之反電動勢常數為 $K_b = 0.249$ V/rad/s。

值得注意的是，在理想情況下，反電動勢常數與馬達的轉矩常數以公制單位表示時，數值上會相等。然而，由於這些數值是由實驗所測量得出，它們相對應的實驗數值十分相近，但卻不會是相等。要令兩常數相等，我們可以求出它們的平均值，以使 $K_b$ 與 $K_i$ 在數值上相等。在 $K_b = 0.249$ V/rad/s 與 $K_i = 0.252$ V/rad/s 之間的平均值為 0.25；因此，此平均數值將會一同用來代表 $K_b$ 與 $K_i$。

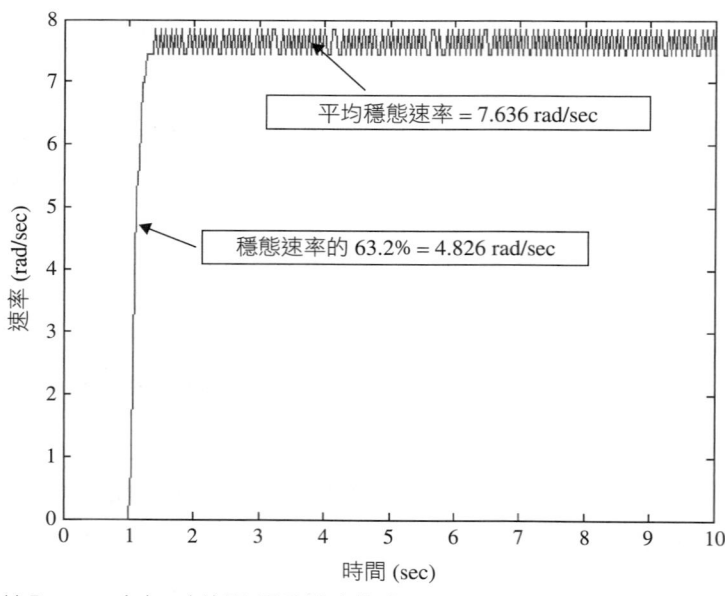

▶ **圖 6-50** 2.0 V 輸入 (50% 功率) 時的開-迴路速率響應。

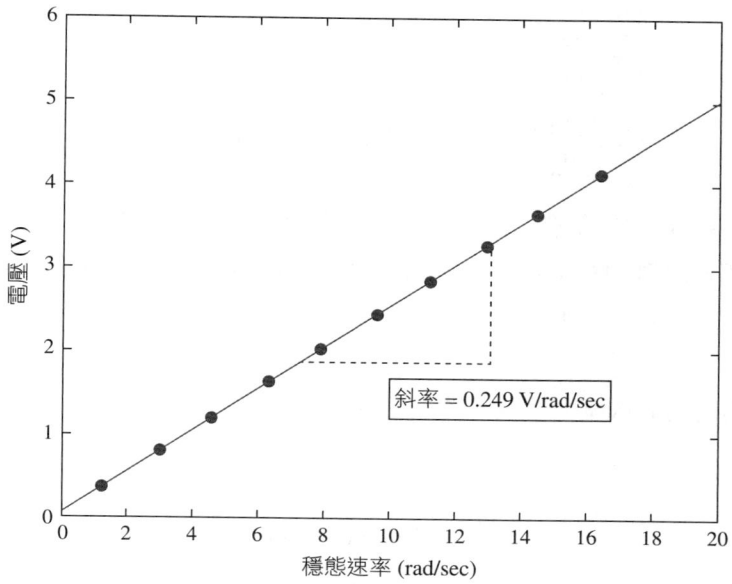

▶ 圖 6-51　電壓對穩態速率的變化曲線。

斜率 = 0.249 V/rad/sec

## 黏滯-摩擦係數 (viscous-friction coefficient)

　　黏滯-摩擦係數描述了存在於系統內的摩擦量。實際上，摩擦並不一定是黏滯的。然而，如同第二章所提及的，這是我們為了要達到馬達-齒輪列組合之近似線性模型所建立的假設——再次提醒，任何提及馬達的說明都隱含地意味著整個馬達-齒輪列組合。**一定要注意**：因為有諸如摩擦與齒輪間隙之不同的非線性影響，因此不可預期此參數的估計會很準確。

> 注意：所求得的全部參數皆適用於馬達-齒輪列組合。

　　利用電感很小的假設，即 $L_a \simeq 0$，我們可以求出由電氣與機械元件所造成的有效阻尼。根據 6-3-6 節，圖 6-48 中馬達的速率響應 (假設捲筒慣量可忽略) 為

$$J_m \frac{d\omega(t)}{dt} + \left(B_m + \frac{K_i K_b}{R_a}\right)\omega(t) = \frac{e_a(t)K_i}{R_a} - T_w \tag{6-88}$$

其中，$B_m$ 為黏滯-摩擦係數、$R_a$ 為馬達電樞電阻、$K_i$ 為馬達轉矩常數、以及 $K_b$ 為反電動勢常數。

　　接下來，利用穩態速率的公式

$$\omega_{fv} = \lim_{t \to \infty}\omega(t) = \frac{2K_i}{K_i K_b + R_a B_m} \tag{6-89}$$

利用下列公式，我們可以計算實驗的 $B_m$ 值為

$$B_m = \left(\frac{2K_i}{\omega_{fv}} - K_i K_b\right)\left(\frac{1}{R_a}\right)$$
$$= \left(\frac{2(0.25)}{7.636} - (0.25)^2\right)\left(\frac{1}{2.27}\right) = 1.31 \times 10^{-3} \text{ N·m/s} \tag{6-90}$$

為了要量測黏滯-摩擦係數，將一單位-步階電壓——在本例中為 2V——輸入到馬達上，利用先前測量反電動勢常數所描述的步驟，並且觀察開-迴路的速率響應，如圖 6-50 所示。記錄穩態速率——在本例中為 7.636 rad/s——並且將此數值代入 (6-90) 式，如上式所示。

抑或是利用馬達的機械方程式，即利用 (6-87) 式，將公式內的馬達轉矩替換成電樞電流，可得

$$J_m \frac{d\omega(t)}{dt} + B_m \omega(t) = K_i i_a - T_W \tag{6-91}$$

因此，穩態角速率的黏滯-摩擦係數也可以利用下式測量：

$$B_m = \frac{K_i}{\omega_{fv}} i_a - \frac{T_W}{\omega_{fv}} \tag{6-92}$$

利用無負載的例子 ($T_W = 0$)，以及根據表 6-4 無負載電樞電流 $i_a = 0.041$ A，我們可以計算實驗的 $B_m$ 值為

$$B_m = \frac{K_i}{\omega_{fv}} i_a = \frac{(0.41)(0.25)}{7.636} = 1.34 \times 10^{-3} \text{ N·m/s} \tag{6-93}$$

無載的電流值就是馬達克服內部摩擦所需的值。

你也可以利用 (6-93) 式和表 6-4 求出不同負載轉矩值的黏滯-摩擦係數，只要你有每一個 $T_W$ 相對應的穩態角速率。如圖 6-52 所示，建構馬達的速率-轉矩曲線，可以幫助讀者完成此項工作。讀者可以利用本節稍早提到之計算 $K_i$ 的相同步驟，以實驗方式求出此曲線。在圖 6-52 中，角速率與轉矩之間的關係為

$$\omega_{fv} = -63.63 T_m + \omega_{fv(\text{noload})}$$
$$= -63.63 K_i i_a + 7.636 \tag{6-94}$$

根據表 6-4 以及 (6-90) 式和 (6-92) 式，黏滯-摩擦係數的平均值為 $B_m = 1.36 \times 10^{-3}$ N·m/s。

**注意**：$B_m$ 的數值會隨著提供給馬達的功率而變。在我們的例子中，計算了在功率等於 50% 時的黏滯-摩擦係數。依照提供馬達不同百分比功率的試驗，我們可以求出黏滯-摩擦係數與功率百分比之間的關係。如圖 6-53 所示，黏滯-摩擦係數數值隨著馬達功率的增

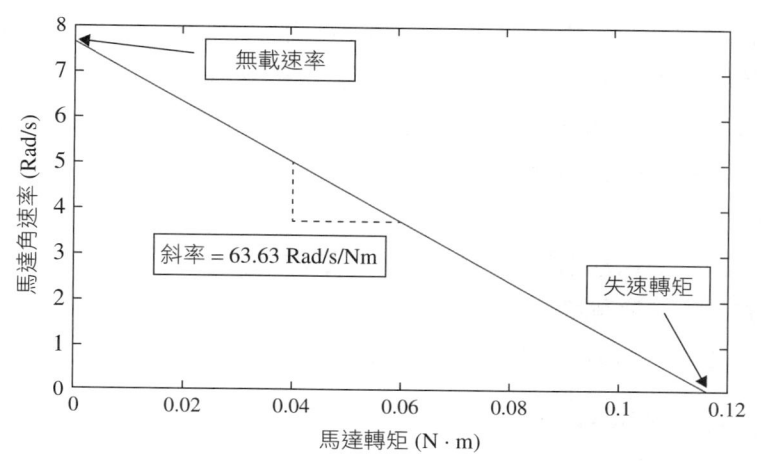

▶ 圖 6-52　馬達速率-轉矩曲線。

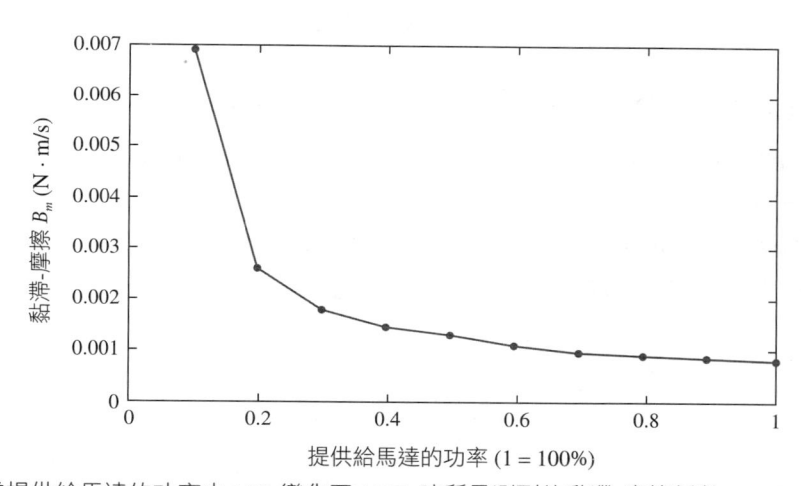

▶ 圖 6-53　當提供給馬達的功率由 10% 變化至 100% 時所量測到的黏滯-摩擦係數。

加而下降。因此，在這個專題中，無負載之 NXT 馬達的黏滯-摩擦係數之最小數值——即 $B_m = 1.31 \times 10^{-3}$ N·m/s。

**把機械手臂裝置在馬達上**重做實驗，並且利用 (6-90) 式與 (6-93) 式來實驗測量等效馬達有效荷載之黏滯-摩擦係數為 $B = B_m + B_{arm/payload} = 2.7 \times 10^{-3}$ N·m/s。在此情況下，$B$ 的數值越高相當於用來克服與轉動機械手臂/有效負荷系統相關的內部摩擦所需之初始轉矩就越高。請注意：這個測量需要機械手臂與其負載物旋轉約十秒鐘。在多數的應用中，此方法雖然簡單但並不可行 (不安全！)。另一個替換的方法可以用位置控制響應 (位置響應詳見第七章) 求出或微調 $B$ 的數值。

## 機械時間常數 (mechanical time constant)

如同本章先前所探討的，機械時間常數 $\tau_m$ 定義成：在步階輸入時，馬達速率到達其

最終轉速數值的 63.2% 時所需要的時間。要測量這個時間常數，讀者需要利用先前提到之計算反電動勢的開-迴路速率響應實驗。首先，確認馬達沒有任何外在的負載。接下來，利用圖 6-50 之模型將步階輸入加至馬達上，繪製所造成的響應圖。求出穩態速率的平均值，並計算穩態速率的 63.2% 之數值，如圖 6-50 所示。

在本項試驗中，穩態速率的平均值為 7.636 rad/s，故知 63.2% 之穩態速率的平均值為 4.826 rad/s。無負載 NXT 馬達之機械時間常數的實驗測量值為 $\tau_m = 0.081$ s。裝上機械手臂後，重做此實驗，實驗量測到的時間常數為 $\tau_m = 0.10$ s——很明顯地，緩慢的響應是因為有效荷載所增加之慣量造成的結果。

### 轉動慣量 (moment of inertia)

電樞-負載組合之轉動慣量 $J_m$ 可以用實驗方式來計算，利用下列式子：

$$J_m = \tau_m \left( B_m + \frac{K_i K_b}{R_a} \right) \tag{6-95}$$

其中，此方程式將整體馬達-齒輪列的轉動慣量與本節稍早所求得的參數做連結。應用 (6-95) 式並代入前一節所求出的各參數值，馬達-齒輪列的轉動慣量之實驗計算結果為 $J_m = J_{motor} + J_{gear} = 2.33 \times 10^{-3}$ kg·m²。

作為最後檢查，對於具有示於圖 6-50 之速率響應的無-載馬達，在它到達最終速率值後，關掉輸入並記錄速率如何隨著時間而衰減至零，如圖 6-54 所示。關掉電源時，系統的方程式為

$$J_m \frac{d\omega(t)}{dt} + B_m \omega(t) = T_m \tag{6-96}$$

其中，本例中系統的時間常數為 $\tau = J_m/B_m$。根據我們量測的 $J_m$ 與 $B_m$ 值，系統的時間

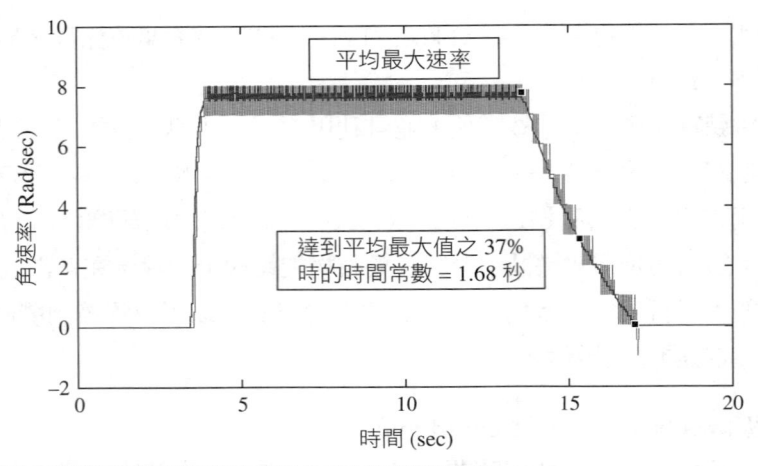

▶ 圖 6-54  在到達穩態響應後關掉馬達的輸入來量測時間常數。

常數為 $\tau = 1.78$ s，與圖 6-54 所示的量測值 $\tau = 1.68$ s 十分接近。

因此，對於所估計的系統參數之準確度，我們具有非常高的信心。

同樣地，裝載機械手臂與負載之馬達的轉動慣量也可以用實驗方式來計算，其值為 $J_{total} = J_m + J_{gear} + J_{arm/payload} = 3.02 \times 10^{-3}$ kg·m$^2$。注意：總慣量是透過利用 $\tau_m = 0.10$ 及 $B = B_m + B_{arm/payload} = 2.7 \times 10^{-3}$ 代入 (6-95) 式來求得。

或者是，讀者可以利用大二動力學課程中所學習到的技術，如平行軸理論 (或是透過利用 CAD 軟體)，先辨識出組合質量的質心，計算機械手臂/負荷物的慣量。然後，藉由測量機械手臂/負荷物的質量，讀者可以估算 $J_{arm/payload} = M_{arm/payload} r_{cm}^2$。這個方法係將機械手臂/負荷物假設為距離旋轉軸 $r_{cm}$ 處的一個點質量 $M$。不過，讀者會發現這個方法需要花一點時間。這全都取決於讀者計畫花多久時間求出近似的模型。實際上，足夠好就夠了！

### 6-6-4 速率響應與模型驗證

現在馬達的參數已經被測量出來，我們就可以來建立速率響應系統的數學模型，並且藉由比較模擬響應與實際馬達的響應來進行微調 (模擬細節詳見附錄 D)。利用表 6-5 的參數值以及在時間為 1 s 時啟動振幅為 2.0 V 之步階輸入，其速率響應顯示於圖 6-55，此結果與先前圖 6-50 所示之實際系統的響應**高度吻合**。

為了進一步驗證裝載機械手臂之模型，建議讀者參閱於第七章探討的位置控制響應。

## 6-7 摘要

在**回授控制系統**中，感測器對於感測系統之不同性質十分重要，特別是受控體的輸出。隨後，控制器就可以比較輸出訊號與期望的目標或輸入，並且利用致動器來調整整個系統的性能，以達到期望的目標。本章專注於建立回授控制系統運作之必要元件的數學模型。這些包含**感測器**、**致動器**及控制系統的實際大腦，即**控制器**。我們特別考慮具有線性模型的元件——或至少非常接近線性。對於線性系統，微分方程式、狀態方程式、以及轉

■表 6-5　NXT 無載馬達的實驗參數

| | |
|---|---|
| 電樞電阻 | $R_a = 2.27$ Ω |
| 電樞電感 | $L_a = 0.0047$ H |
| 馬達轉矩常數 | $K_i = 0.25$ N·m/A |
| 反電動勢 | $K_b = 0.25$ V/rad/s |
| 黏滯-摩擦係數 | $B_m = 0.00131$ N·m/s |
| 機械時間常數 | $\tau_m = 0.081$ s |
| 電樞馬達與齒輪列組合之轉動慣量 | $J_m = 0.00233$ kg·m$^2$ |

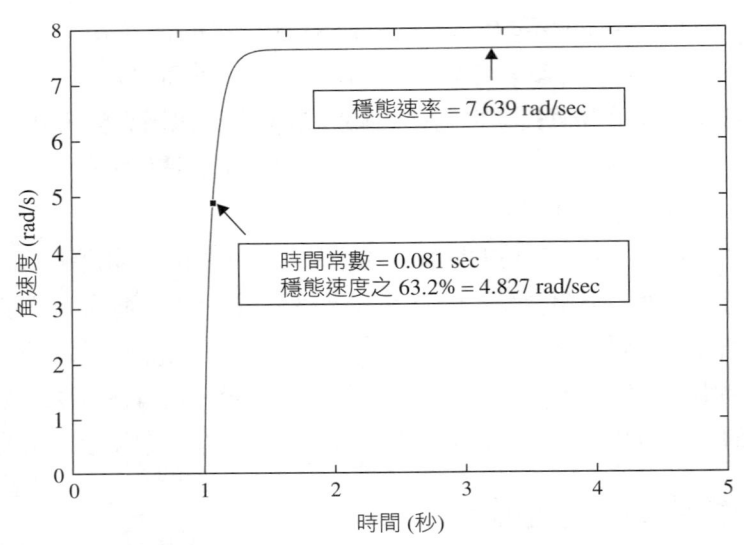

▶ 圖 6-55　2.0 V 輸入至所建模系統的時間響應。

移函數皆可作為建模的基礎工具。

在本章中，我們利用**直流馬達**作為一個致動器──因為它具有簡單的模型與領域中高度的應用。同時，我們也討論可能用於量化直流馬達運動的感測器，舉例來說：**編碼器**、**轉速計**及**電位計**。在本章中，我們也學習**運算放大器**與其在建立任何控制系統方塊中的角色。

我們也探討了直流馬達速率與位置響應的理論，並且介紹直流馬達的速率與位置控制。最後，個案研究範例用於呈現數學模型與實際應用時的馬達參數估算。

在成功完成本章的學習後，讀者將能夠瞭解如何建立一個完整的控制系統以及其個別的元件，甚至瞭解這些元件彼此之間的關係與運作的方式。

## 參考資料

1. W. J. Palm III, *Modeling, Analysis, and Control of Dynamic Systems*, 2nd Ed., John Wiley & Sons, New York, 1999.
2. K. Ogata, *Modern Control Engineering*, 4th Ed., Prentice Hall, NJ, 2002.
3. I. Cochin and W. Cadwallender, *Analysis and Design of Dynamic Systems*, 3rd Ed., Addison-Wesley, 1997.
4. A. Esposito, *Fluid Power with Applications*, 5th Ed., Prentice Hall, NJ, 2000.
5. H. V. Vu and R. S. Esfandiari, *Dynamic Systems*, Irwin/McGraw-Hill, 1997.
6. J. L. Shearer, B. T. Kulakowski, and J. F. Gardner, *Dynamic Modeling and Control of Engineering Systems*, 2nd Ed., Prentice Hall, NJ, 1997.
7. R. L. Woods and K. L. Lawrence, *Modeling and Simulation of Dynamic Systems*, Prenticee Hall, NJ, 1997.
8. E. J. Kennedy, *Operational Amplifier Circuits*, Holt, Rinehart and Winston, Fort Worth, TX, 1998.

9. J. V. Wait, L. P., Huelsman, and G. A. Korn, *Introduction to Operational Amplifier theory and Applications*, 2nd Ed., McGraw-Hill, New York, 1992.
10. B. C. Kuo, *Automatic Control Systems*, 7th Ed., Prentice Hall, NJ, 1995.
11. B. C. Kuo and F. Golnaraghi, *Automatic Control Systems*, 8th Ed., John Wiley & Sons, New York, 2003.
12. F. Golnaraghi and B. C. Kuo, *Automatic Control Systems*, 9th Ed., John Wiley & Sons, New York, 2010.

## 習題

**6-1** 寫出圖 6P-1 中所示之線性運動系統的力量方程式。
(a) 利用最少數目的積分器繪出狀態圖，並由狀態圖寫出狀態方程式。
(b) 定義狀態變數為：
(i) $x_1 = y_2 \cdot x_2 = dy_2/dt \cdot x_3 = y_1$ 及 $x_4 = dy_1/dt$
(ii) $x_1 = y_2 \cdot x_2 = y_1$ 及 $x_3 = dy_1/dt$
(iii) $x_1 = y_1 \cdot x_2 = y_2$ 及 $x_3 = dy_2/dt$
以這些狀態變數寫出狀態方程式，並繪出狀態圖。求出轉移函數 $Y_1(s)/F(s)$ 與 $Y_2(s)/F(s)$。

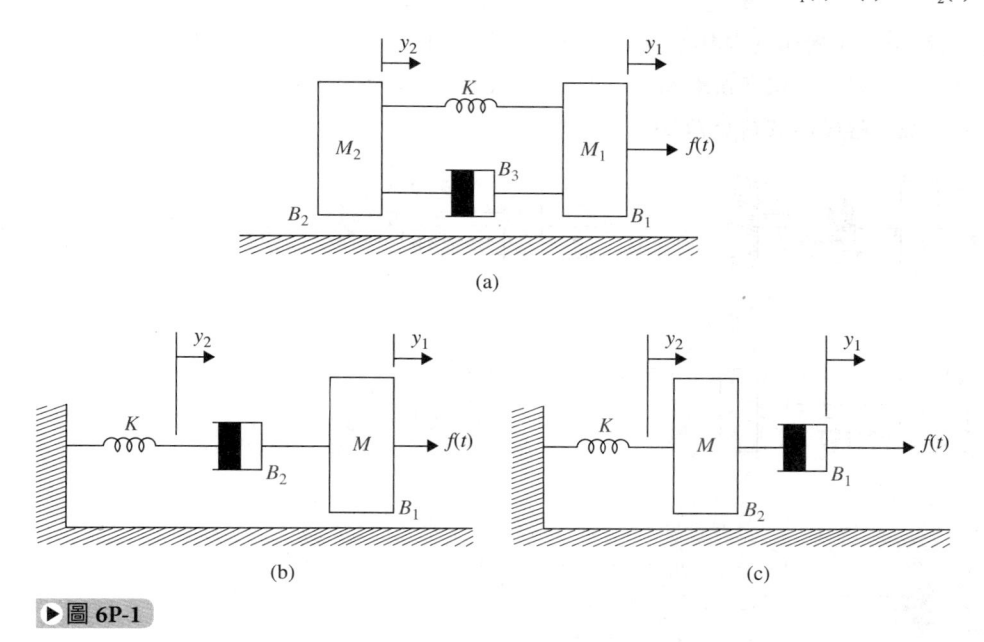

▶ 圖 6P-1

**6-2** 寫出圖 6P-2 中所示之線性運動系統的力量方程式，利用最少的積分器繪出狀態圖。由狀態圖寫出狀態方程式。求出轉移函數 $Y_1(s)/F(s)$ 與 $Y_2(s)/F(s)$。求轉移函數時，令 $Mg = 0$。

**318** 自動控制系統

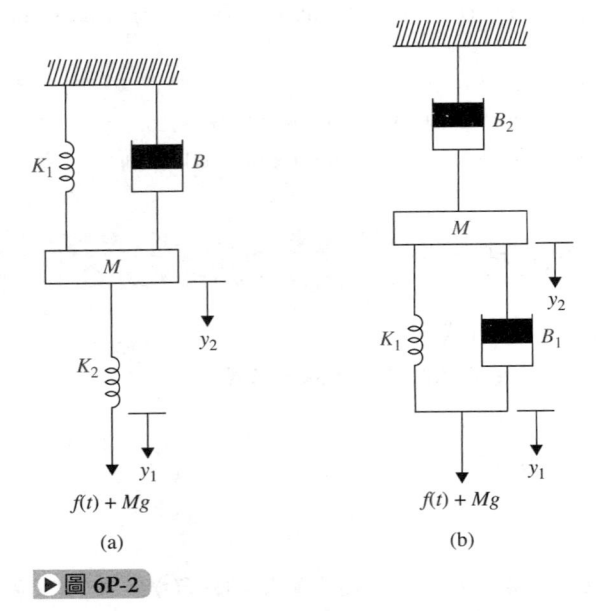

▶ 圖 6P-2

6-3 寫出圖 6P-3 中所示之旋轉系統的轉矩方程式。利用最少的積分器繪出狀態圖。由狀態圖寫出狀態方程式。試求在圖 6P-3a 中系統的 $\Theta(s)/T(s)$ 的轉移函數。求出在 b、c、d 及 e 圖中各系統的轉移函數 $\Theta_1(s)/T(s)$ 及 $\Theta_2(s)/T(s)$。

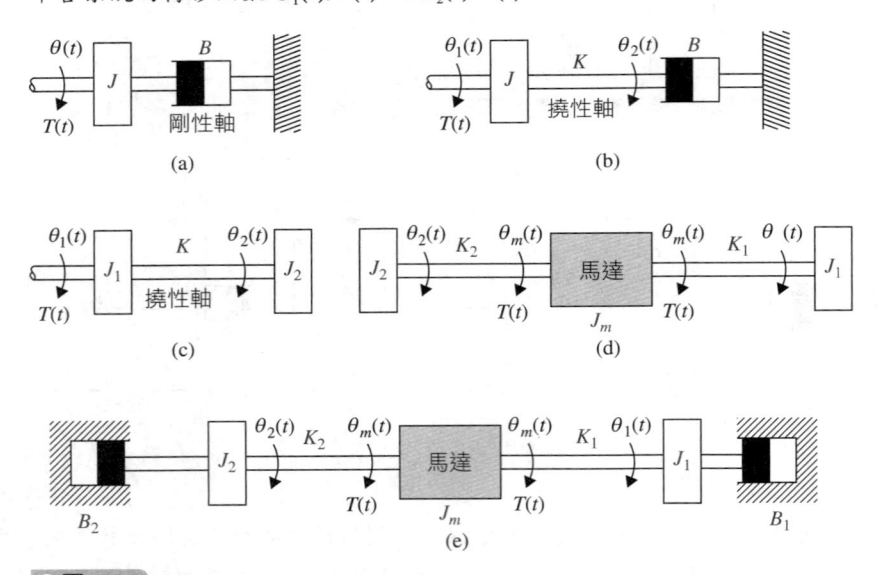

▶ 圖 6P-3

6-4 圖6P-4 所示為開-迴路馬達控制系統。電位計最大範圍為 10 轉 ($20\pi$ rad)。試求轉移函數 $E_o(s)/T_m(s)$，其參數和變數定義如下：$\theta_m(t)$ 為馬達角位移、$\theta_L(t)$ 為負載位移、$T_m(t)$ 為馬達轉矩、$J_m$ 為馬達慣量、$B_m$ 為馬達黏滯-摩擦係數、$B_p$ 為電位計黏滯-摩擦係數、$e_o(t)$ 為輸出電壓，及 K 為扭力彈簧常數。

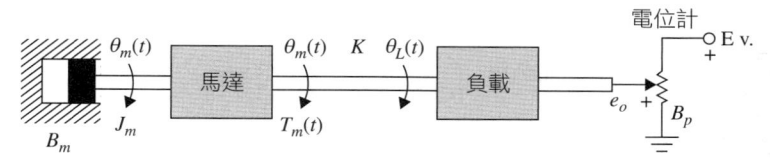

▶ 圖 6P-4

6-5 寫出圖 6P-5 所示之齒輪列系統的轉矩方程式。齒輪的轉動慣量分別集成為 $J_1$、$J_2$ 及 $J_3$。$T_m(t)$ 為外加轉矩；$N_1$、$N_2$、$N_3$ 及 $N_4$ 為齒數。假設均為剛性軸。

(a) 假設 $J_1$、$J_2$ 及 $J_3$ 可以忽略不計，寫出系統的轉矩方程式，求出馬達的總慣量。

(b) 考慮轉動慣量 $J_1$、$J_2$ 及 $J_3$，重做 (a) 小題。

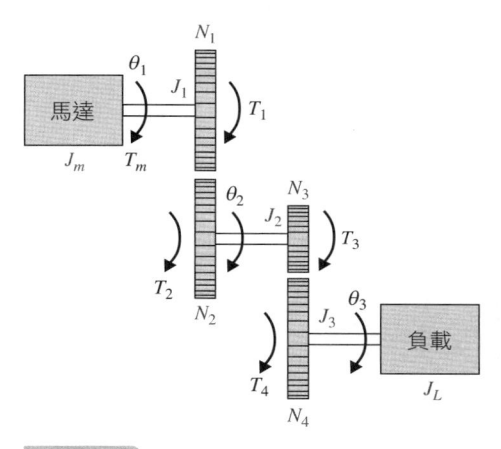

▶ 圖 6P-5

6-6 牽引車和拖車之間是經由彈簧-阻尼器耦合，如圖 6P-6 所示。其參數和變數定義如下：$M$ 為拖車質量、$K_h$ 為牽引彈簧常數、$B_h$ 為牽引器黏滯阻尼係數、$B_t$ 為拖車的黏滯-摩擦係數、$y_1(t)$ 為牽引車輛位移、$y_2(t)$ 為拖車位移，及 $f(t)$ 為牽引車的力量。

(a) 寫出系統的微分方程式。

(b) 定義狀態變數為 $x_1(t) = y_1(t) - y_2(t)$ 及 $x_2(t) = dy_2(t)/dt$ 時，寫出狀態方程式。

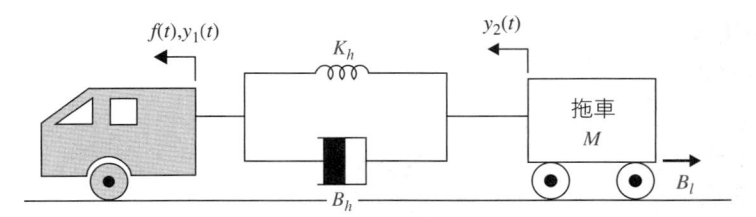

▶ 圖 6P-6

6-7 圖 6P-7 為馬達-負載系統，其經由齒輪列連接且齒輪比為 $n = N_1/N_2$。馬達轉矩為 $T_m(t)$，且 $T_L(t)$ 為負載轉矩。

(a) 試求最後齒輪比 $n^*$，使負載加速度 $\alpha_L = d^2\theta_L/dt^2$ 為最大。

(b) 當負載轉矩為零時，重做 (a) 小題。

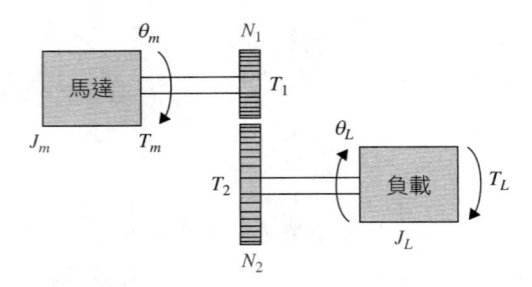

▶ 圖 6P-7

6-8　圖 6P-8 為打字機印字輪控制系統的簡圖。此印字輪藉由直流馬達透過皮帶和滑輪來控制。假設皮帶為剛體。其參數和變數定義如下：$T_m(t)$ 為馬達轉矩、$\theta_m(t)$ 為馬達角位移、$y(t)$ 為印字輪的線性位移、$J_m$ 為馬達慣量、$B_m$ 為馬達黏滯-摩擦係數、$r$ 為滑輪半徑，及 $M$ 為印字輪質量。
(a) 寫出系統的微分方程式。
(b) 求出轉移函數 $Y(s)/T_m(s)$。

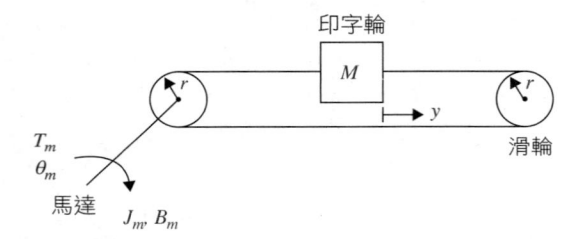

▶ 圖 6P-8

6-9　圖 6P-9 為一具有皮帶和滑輪的印字輪系統。將皮帶模擬成線性彈簧且彈簧係數為 $K_1$ 和 $K_2$。
(a) 利用 $\theta_m$ 和 $y$ 為因變數，寫出系統微分方程式。
(b) 利用 $x_1 = r\theta_m - y$、$x_2 = dy/dt$，以及 $x_3 = \omega_m = d\theta_m/dt$ 為狀態變數，寫出狀態方程式。
(c) 繪出此系統的狀態圖。
(d) 試求轉移函數 $Y(s)/T_m(s)$。
(e) 求出系統的特性方程式。

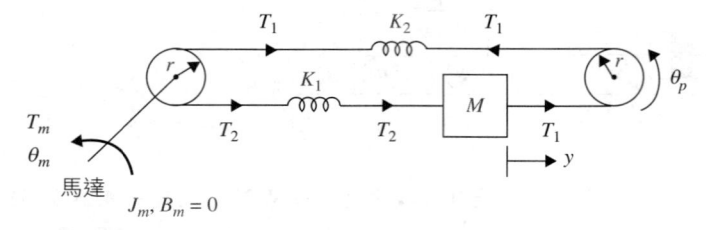

▶ 圖 6P-9

6-10　圖 6P-10 為一馬達-負載系統的示意圖。其參數和變數定義如下：$T_m(t)$ 為馬達轉矩、$\omega_m(t)$

為馬達角速度、$\theta_m(t)$ 為馬達角位移、$\omega_L(t)$ 為負載速度、$\theta_L(t)$ 為負載位移、$K$ 為扭力彈簧常數、$J_m$ 為馬達慣量、$B_m$ 為馬達黏滯-摩擦係數，及 $B_L$ 為負載黏滯-摩擦係數。

(a) 寫出系統轉矩方程式。

(b) 求出轉移函數 $\Theta_L(s)/T_m(s)$ 及 $\Theta_m(s)/T_m(s)$。

(c) 求出系統的特性方程式。

(d) 令 $T_m(t) = T_m$ 為一外加轉矩，且為常數；證明於穩態下，$\omega_m = \omega_L =$ 常數。試求穩態速度 $\omega_m$ 及 $\omega_L$。

(e) 重做 (d) 小題，但 $J_L$ 加倍，而 $J_m$ 維持不變。

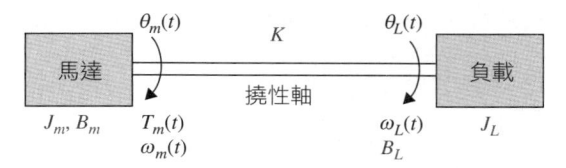

▶ 圖 6P-10

6-11 圖 6P-11 為馬達控制系統，馬達連接到轉速計和負載。其參數和變數定義如下：$T_m$ 為馬達轉矩、$J_m$ 為馬達慣量、$J_t$ 為轉速計慣量、$J_L$ 為負載慣量、$K_1$ 及 $K_2$ 為軸的彈簧常數、$\theta_t$ 為轉速計位移、$\theta_m$ 為馬達位移、$\theta_L$ 為負載位移、$\omega_t$ 為轉速計速度、$\omega_m$ 為馬達速度、$\omega_L$ 為負載速度，及 $B_m$ 為馬達黏滯-摩擦係數。

(a) 利用 $\theta_L$、$\omega_L$、$\theta_t$、$\omega_t$、$\theta_m$ 及 $\omega_m$ 為狀態變數，寫出狀態方程式 (以列出順序)。馬達轉矩 $T_m$ 為輸入。

(b) 繪出狀態圖，以 $T_m$ 為最左端，$\theta_L$ 在最右端。狀態圖應共有 10 個節點，不考慮初始狀態。

(c) 求出下列的轉移函數：

$$\frac{\Theta_L(s)}{T_m(s)} \quad \frac{\Theta_t(s)}{T_m(s)} \quad \frac{\Theta_m(s)}{T_m(s)}$$

(d) 求出系統的特性方程式。

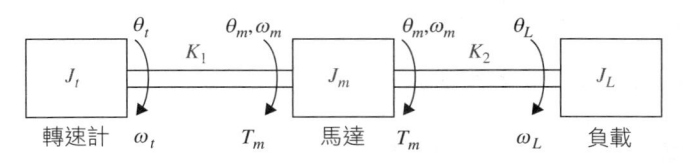

▶ 圖 6P-11

6-12 直流馬達的電壓方程式為

$$e_a(t) = R_a i_a(t) + L_a \frac{di_a(t)}{dt} + K_b \omega_m(t)$$

其中，$e_a(t)$ 為外加電壓、$i_a(t)$ 為電樞電流、$R_a$ 為電樞電阻、$L_a$ 為電樞電感、$K_b$ 為反電動勢

常數、$\omega_m(t)$ 為馬達速度，及 $\omega_r(t)$ 為參考輸入。對電壓方程式兩邊取拉氏轉換，令初始條件為零，求解 $\Omega_m(s)$ 得出

$$\Omega_m(s) = \frac{E_a(s) - (R_a + L_a s) I_a(s)}{K_b}$$

上式指出可以將電樞電壓和電流回授回來而得到速度的資料。圖 6P-12 的方塊圖顯示一個直流馬達系統，其中將電壓和電流回授回來作為速度控制。

(a) 令 $K_i$ 是增益非常高的放大器。證明當 $H_i(s)/H_e(s) = -(R_a + L_a s)$ 時，馬達速度 $\omega_m(t)$ 完全和負載干擾轉矩 $T_L$ 無關。

(b) 當 $H_i(s)$ 和 $H_e(s)$ 與 (a) 小題相同時，試求 ($T_L = 0$ 時) $\Omega_m(s)$ 和 $\Omega_r(s)$ 之間的轉移函數。

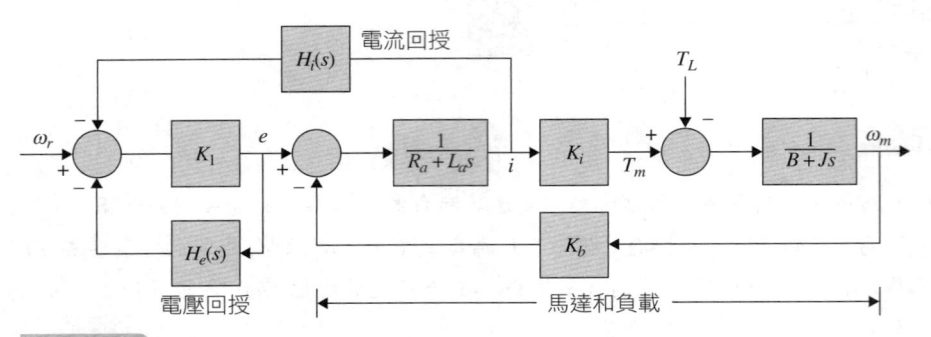

▶ 圖 6P-12

6-13 本題是關於導彈飛彈的飛行傾斜度控制。當飛彈在大氣中飛行時，飛彈所遭遇的空氣動力經常導致飛彈飛行傾斜度不穩定。由飛行控制的觀點來看，其基本的原因是受空氣的側壓力影響，使得飛彈依其重心旋轉。若飛彈的中心線與重心 $C$ 飛行的方向並不一致時，會產生如圖 6P-13 所示的 $\theta$ 角 ($\theta$ 也稱為攻擊角)，而空氣的阻力將產生一側向力。假設總力量 $F_\alpha$ 集中於壓力中心點 $P$。如圖 6P-13 所示，這個側向力有導致飛彈滾動的趨勢，尤其是當 $P$ 點位於重心 $C$ 的前面時更是如此。由側向力導致飛彈在 $C$ 點處所產生的角加速度以 $\alpha_F$ 來表示。正常情況下，$\alpha_F$ 是直接正比於攻擊角 $\theta$，以下式表示：

$$\alpha_F = \frac{K_F d_1}{J} \theta$$

其中，$K_F$ 為常數，會依下列參數而定，如動態壓力、飛彈的速度、空氣密度等，且

$J = $ 飛彈在 $C$ 點的轉動慣量　　　　$d_1 = C$ 和 $P$ 之間的距離

飛行控制系統的主要目的是：在遭遇到側向力影響時，使飛彈保持穩定的飛行。一個標準的控制方法是在飛彈的尾部用氣體噴射來偏轉火箭引擎推力 $T_s$ 的方向，如圖 6P-13 所示。

(a) 試寫出一力矩微分方程式來描述 $T_s$、$\delta$、$\theta$ 和系統參數之間的關係。假設 $\delta$ 很小，則 $\sin \delta(t)$ 近似於 $\delta(t)$。

(b) 假設 $T_s$ 為常數，試求出在 $\delta(t)$ 很小時的轉移函數，$\Theta(s)/\Delta(s)$，其中 $\Theta(s)$ 和 $\Delta(s)$ 分別為

$\theta(t)$ 及 $\delta(t)$ 的拉氏轉換。

(c) 互換 $C$ 和 $P$ 以後重做 (a) 和 (b) 小題。此時，在 $\alpha_F$ 表示式中的 $d_1$ 應更改為 $d_2$。

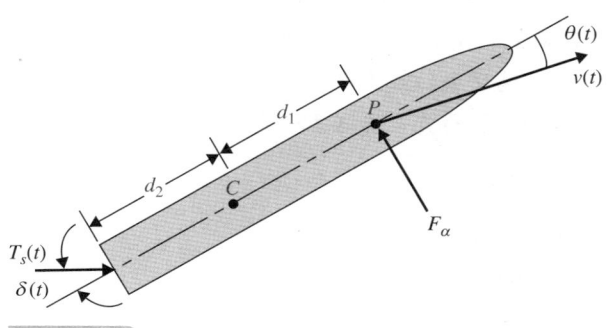

▶ 圖 6P-13

6-14 圖 6P-14a 所描述的是印字輪直流馬達控制系統。在此例中，負載為印字輪，其直接連接到馬達軸。其參數和變數定義如下：$K_s$ 為誤差偵測增益 (V/rad)、$K_i$ 為轉矩常數 (oz·in/A)、$K$ 為放大器增益 (V/V)、$K_b$ 為反電動勢常數 (V/rad/sec)、$n$ 為齒輪比 $= \theta_2/\theta_m = T_m/T_2$、$B_m$ 為馬達黏滯-摩擦係數 (oz·in·sec)、$J_m$ 為馬達慣量 (oz·in·sec$^2$)、$K_L$ 為馬達軸扭力彈簧常數 (oz·in/rad)，及 $J_L$ 為負載慣量 (oz·in·sec$^2$)。

(a) 寫出此系統的因果方程式。以 $x_1 = \theta_o$、$x_2 = \omega_o$、$x_3 = \theta_m$、$x_4 = \omega_m$ 及 $x_5 = i_a$ 重新安排這些方程式為狀態方程式的形式。
(b) 利用圖 6P-14b 中的節點，繪出狀態圖。
(c) 導出順向-路徑轉移函數 (令外部回授路徑為開-迴路)：$G(s) = \Theta_o(s)/\Theta_e(s)$。求出閉-迴路轉移函數 $M(s) = \Theta_o(s)/\Theta_r(s)$。
(d) 當馬達軸為剛體，亦即 $K_L = \infty$ 時，重做 (c) 小題。證明此結果亦可由 (c) 小題的答案中，取 $K_L$ 趨近無窮大的極限而得到。

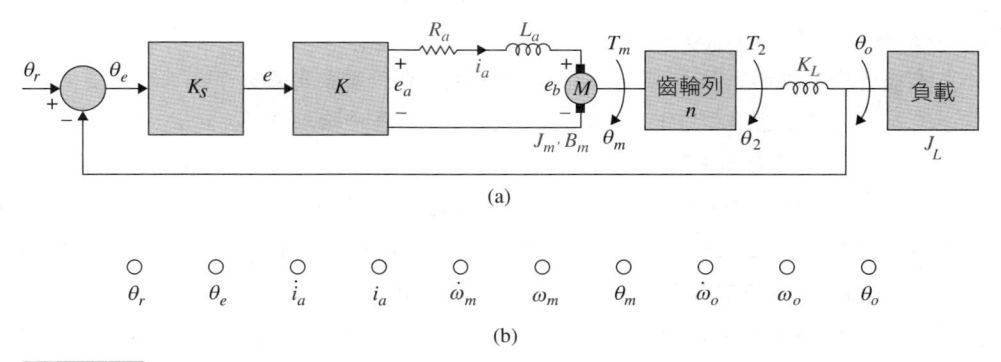

▶ 圖 6P-14

6-15 圖 6P-15a 為一音圈馬達 (voice-coil motor, VCM)，它用來作為磁碟片記憶儲存系統的線性致動器。VCM 包含圓柱形的永久磁鐵 (PM) 及一個聲音線圈。當電流從線圈送出時，PM 的磁場與帶有電流的導體產生交互作用，導致線圈做線性移動。在圖 6P-15a 中，VCM 的

聲音線圈包含主要線圈及次要線圈。後者安裝的目的係為了有效地降低裝置的電氣常數。圖 6P-15b 所示為線圈的等效電路。其參數和變數定義如下：$e_a(t)$ 為外加的線圈電壓、$i_a(t)$ 為主要線圈電流、$i_s(t)$ 為次要線圈電流、$R_a$ 為主要線圈電阻、$L_a$ 為主要線圈電感、$L_{as}$ 為主線圈與次要線圈之間的互感、$v(t)$ 為聲音線圈的速度、$y(t)$ 為聲音線圈的位移、$f(t) = K_i v(t)$ 為聲音線圈的力量、$K_i$ 為力量常數、$K_b$ 為反電動勢常數、$e_b(t) = K_b v(t)$ 為反電動勢、$M_T$ 為聲音線圈和負載的總質量，及 $B_T$ 為聲音線圈和負載的總黏滯-摩擦係數。

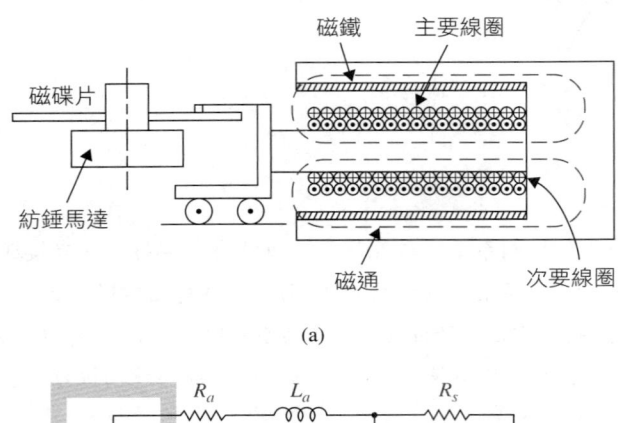

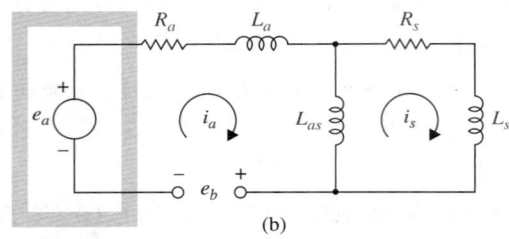

▶ 圖 6P-15

(a) 寫出系統的微分方程式。
(b) 繪出系統方塊圖，以 $E_a(s)$、$I_a(s)$、$I_s(s)$、$V(s)$ 及 $Y(s)$ 為變數。
(c) 導出轉移函數 $Y(s)/E_a(s)$。

6-16 一直流馬達位置控制系統如圖 6P-16a 所示。其參數和變數定義如下：$e$ 為誤差電壓、$e_r$ 為參考輸入、$\theta_L$ 為負載位置、$K_A$ 為放大器增益、$e_a$ 為馬達輸入電壓、$e_b$ 為反電動勢、$i_a$ 為馬達電流、$T_m$ 為馬達轉矩、$J_m$ 為馬達慣量 = 0.03 oz·in·sec$^2$、$B_m$ 為馬達黏滯-摩擦係數 = 10 oz·in·sec$^2$、$K_L$ 為扭力彈簧常數 = 50,000 oz·in/rad、$J_L$ 為負載慣量 = 0.05 oz·in·sec$^2$、$K_i$ 為馬達轉矩常數 = 21 oz·in/A、$K_b$ 為反電動勢常數 = 15.5 V/1000 rpm、$K_s$ 為誤差偵測器增益 = $E/2\pi$、$E$ 為誤差偵測器外加電壓 = $2\pi$ 伏特、$R_a$ 為馬達電阻 = 1.15 Ω，及 $\theta_e = \theta_r - \theta_L$。

(a) 利用以下狀態變數：$x_1 = \theta_L$，$x_2 = d\theta_L/dt = \omega_L$，$x_3 = \theta$，$x_4 = d\theta_m/dt = \omega_m$，寫出系統狀態方程式。
(b) 利用圖 6P-16b 的節點，繪出狀態圖。
(c) 導出當外部回授路徑從 $\theta_L$ 為開-迴路時，前向轉移函數 $G(s) = \Theta_L(s)/\Theta_e(s)$，求出 $G(s)$ 之極點。

(d) 導出閉迴路轉移函數 $M(s) = \Theta_L(s)/\Theta_e(s)$。當 $K_A = 1, 2738$ 及 5476 時，求出 $M(s)$ 之極點。將這些極點擺在 s-平面上，並說明這些 $K_A$ 值的意義。

(a)

(b)

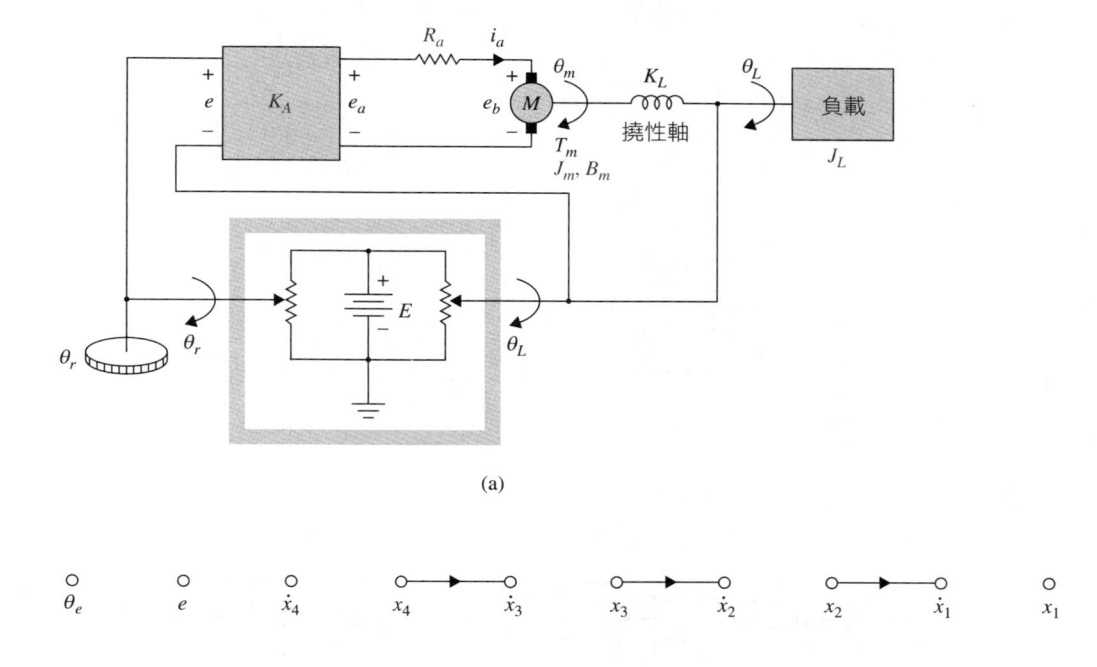

▶圖 **6P-16**

**6-17** 圖 6P-17a 為氣流系統的溫度控制設備。熱水貯存槽供應水，並流入熱交換器以加熱空氣。溫度感測器感測空氣溫度 $T_{AO}$，並與參考溫度 $T_r$ 做比較。誤差溫度 $T_e$ 則送到控制器，其轉移函數為 $G_c(s)$。控制器的輸出 $u(t)$ 為電子訊號，會經由一轉換器轉換成氣壓訊號。致動器的輸出經由三通閥來控制水流率。圖 6P-17b 所示為系統的方塊圖。

其參數和變數定義如下：$dM_w$ 為加熱流體的流率 $= K_M u$、$K_M = 0.054$ kg/sec/V、$T_w$ 為水溫度 $= K_R dM_w$、$K_R = 65$ °C/kg/sec，及 $T_{AO}$ 為輸出空氣溫度。

空氣與水之間的熱轉換方程式：

$$\tau_c \frac{dT_{AO}}{dt} = T_w - T_{AO} \qquad \tau_c = 10 \text{ 秒}$$

溫度感測器方程式：

$$\tau_s \frac{dT_s}{dt} = T_{AO} - T_s \qquad \tau_s = 2 \text{ 秒}$$

(a) 繪出包含系統之各個轉移函數的功能方塊圖。
(b) 當 $G_c(s) = 1$ 時，導出轉移函數 $T_{AO}(s)/T_r(s)$。

(a)

(b)

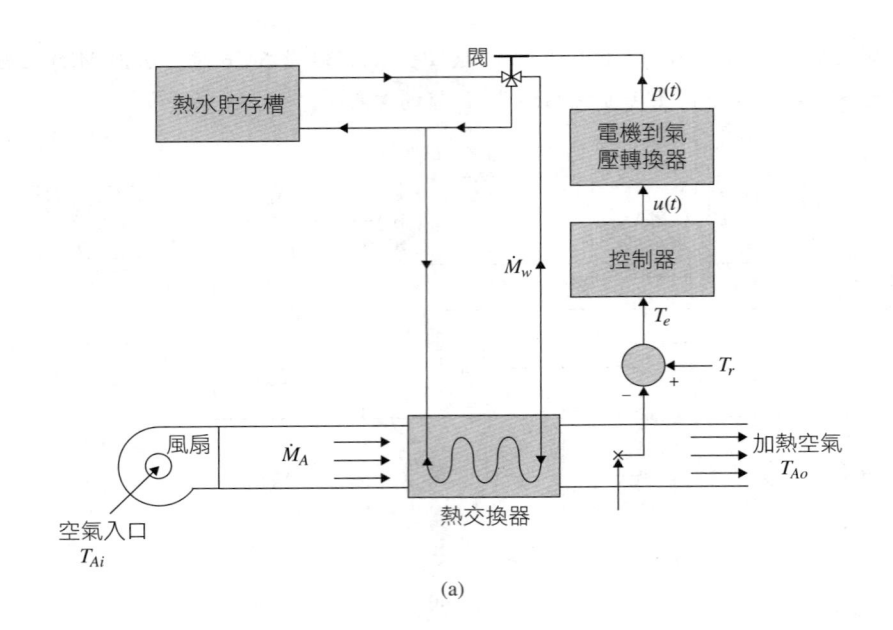

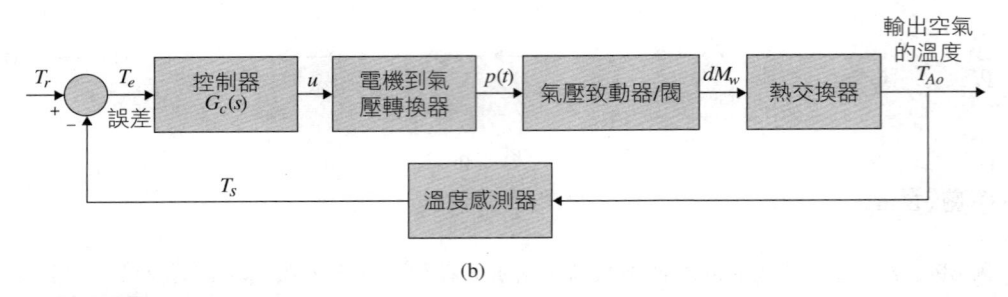

▶ 圖 6P-17

**6-18** 此習題的目的為發展一汽車引擎惰速控制系統的線性分析模型,如圖 1-2 所示。系統的輸入為節氣閥的位置,以控制進入歧管氣流的流速 (如圖 6P-18)。引擎的轉矩由歧管所進入的空氣,以及混合的空氣/油進入氣缸燃燒後產生的壓力來建立。各種引擎變數如下:

$q_i(t)$ = 經由節氣閥進入歧管的氣流量
$dq_i(t)/dt$ = 經由節氣閥進入歧管的氣流率
$q_m(t)$ = 歧管內的平均空氣質量
$q_o(t)$ = 經由進入閥離開進氣歧管的空氣量
$dq_o(t)/dt$ = 經由進入閥離開進氣歧管的空氣流率
$T(t)$ = 引擎轉矩
$T_d$ = 啟用自動輔助設備所產生的干擾轉矩 = 常數
$\omega(t)$ = 引擎轉速
$\alpha(t)$ = 節氣閥位置

$\tau_D$ = 引擎的時間延遲

$J_e$ = 引擎的慣量

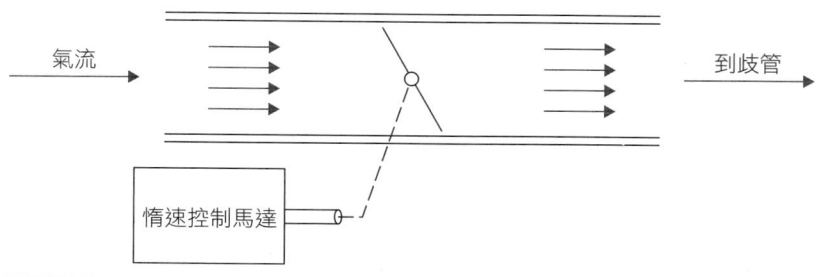

▶ 圖 6P-18

以下為所需的假設及引擎各個變數之間的數學關係：

**1.** 進入歧管的氣流率與節氣閥位置呈線性相依：

$$\frac{dq_i(t)}{dt} = K_1\alpha(t) \qquad K_1 = \text{比例常數}$$

**2.** 氣流離開歧管的速率與歧管內的空氣質量和引擎轉速成線性關係：

$$\frac{dq_o(t)}{dt} = K_2 q_m(t) + K_3 \omega(t) \qquad K_2, K_3 = \text{常數}$$

**3.** 歧管內空氣質量的改變與引擎轉矩間存在時間延遲：

$$T(t) = K_4 q_m(t - \tau_D) \qquad K_4 = \text{常數}$$

**4.** 引擎剎車可用黏滯-摩擦轉矩 $B\omega(t)$ 模擬，其中 $B$ 為黏滯-摩擦係數。

**5.** 平均空氣質量 $q_m(t)$ 為

$$q_m(t) = \int \left( \frac{dq_i(t)}{dt} - \frac{dq_o(t)}{dt} \right) dt$$

**6.** 描述機械元件的方程式為

$$T(t) = J\frac{d\omega(t)}{dt} + B\omega(t) + T_d$$

(a) 以 $\alpha(t)$ 為輸入、$\omega(t)$ 為輸出，及 $T_d$ 為干擾輸入來繪出系統的功能方塊圖。寫出每一方塊的轉移函數。

(b) 求出系統的轉移函數 $\Omega(s)/\alpha(s)$。

(c) 求出系統的特性方程式，並證明其並非具有常係數的有理函數。

(d) 引擎的時間延遲可用下式近似

$$e^{-\tau_D s} \cong \frac{1 - \tau_D s/2}{1 + \tau_D s/2}$$

並重做 (b) 和 (c) 小題。

6-19 鎖-相迴路控制系統用來作為精密的馬達-速率控制。結合了一直流馬達之鎖-相迴路系統的各個基本零件，如圖 6P-19a 所示。脈波列的輸入代表參考頻率或者是想要的輸出速率。數位編碼器產生代表馬達-速率的數位脈波。相位偵測器比較馬達的速率及參考頻率，且將此誤差電壓送到濾波器 (控制器) 以調整系統的動態響應。相位偵測器增益 = $K_p$，編碼器增益 = $K_e$，計數器增益 = $1/N$，和直流馬達轉矩常數 = $K_i$。假設馬達為零電感及零摩擦。

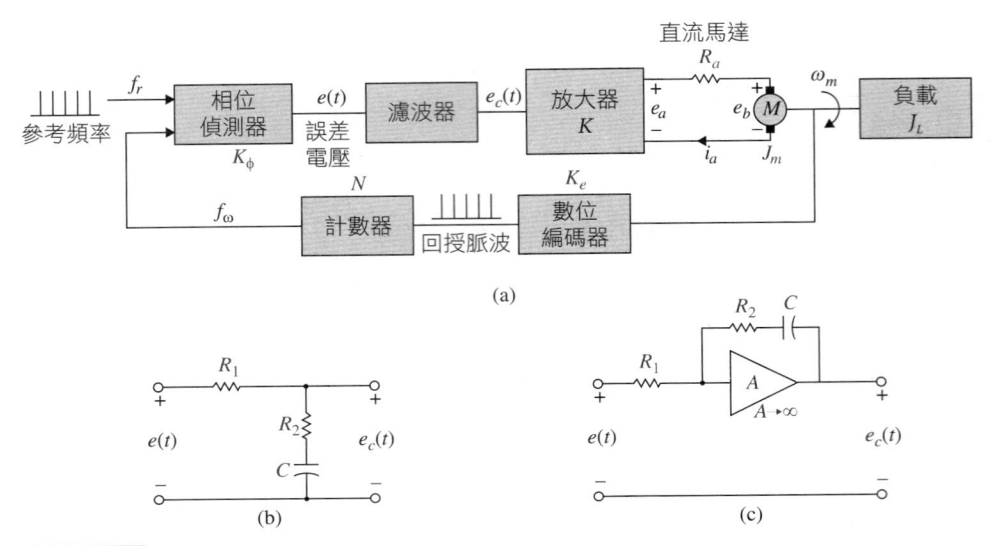

▶ 圖 6P-19

(a) 導出圖 4P-19b 中濾波器的轉移函數 $E_c(s)/E(s)$。假設由濾波器來看，在輸出端為無窮大阻抗，及輸入端為零阻抗。
(b) 繪出系統的功能方塊圖，且在每方塊中寫出其增益或轉移函數。
(c) 當回授路徑為開-迴路時，導出前向轉移函數 $\Omega_m(s)/E(s)$。
(d) 求出閉-迴路轉移函數 $\Omega_m(s)/F_r(s)$。
(e) 針對圖 6P-19c 所示之濾波器，重做 (a)、(c) 及 (d) 小題。
(f) 數位編碼器為每轉輸出 36 脈波。參考頻率 $f_r$ 固定為 120 脈波/秒。試求出 $K_e$，單位為脈波/徑。利用計數器 N 的構想為：令 $f_r$ 固定下，仍然可以藉由改變 N 值來達成想要的不同輸出速率。如果想要的輸出為 200 rpm 時，試求出 N 值；如果想要的輸出為 1800 rpm 時，試求出 N 值。

6-20 圖 6P-20 為直流馬達驅動機械手臂系統的線性化模型。系統的參數及變數如下：

| 直流馬達 | 機械手臂 |
|---|---|
| $T_m$ = 馬達力矩 = $K_i i_a$ | $J_L$ = 機械手臂的慣量 |
| $K_i$ = 轉矩常數 | $T_L$ = 機械手臂的干擾轉矩 |
| $i_a$ = 電樞電流 | $\theta_L$ = 機械手臂的位移 |
| $J_m$ = 馬達慣量 | $K$ = 馬達和機械手臂間轉軸的扭轉彈簧常數 |
| $B_m$ = 馬達的黏滯-摩擦係數 | $\theta_m$ = 馬達轉軸位移 |
| $B$ = 馬達和機械手臂之間轉軸的黏滯-摩擦係數 | |
| $B_L$ = 機械手臂軸的黏滯-摩擦係數 | |

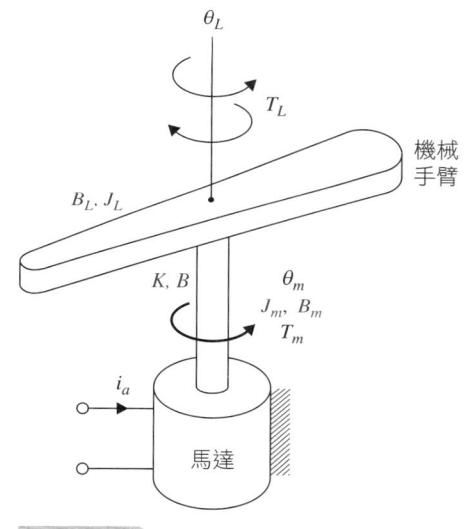

▶ 圖 6P-20

(a) 以 $i_a(t)$ 和 $T_L(t)$ 為輸入，而 $\theta_m(t)$、$\theta_L(t)$ 為輸出，寫出系統的微分方程式。
(b) 以 $i_a(s)$、$T_L(s)$、$\Theta_m(s)$ 和 $\Theta_L(s)$ 為節點變數，畫出訊號流程圖。
(c) 將轉移函數表示為

$$\begin{bmatrix} \Theta_m(s) \\ \Theta_L(s) \end{bmatrix} = \mathbf{G}(s) \begin{bmatrix} I_a(s) \\ -T_L(s) \end{bmatrix}$$

試求 $\mathbf{G}(s)$。

6-21 以下的微分方程式描述電車牽引系統：

$$\frac{dx(t)}{dt} = v(t)$$
$$\frac{dv(t)}{dt} = -k(v) - g(x) + f(t)$$

其中，

  $x(t)$ = 電車的線性位移
  $v(t)$ = 電車的線性速度
  $k(v)$ = 電車的阻力 [$v$ 的奇函數，且具有 $k(0) = 0$ 和 $dk(v)/dv = 0$ 的特性]
  $g(x)$ = 非平面方向或弧線路徑產生之重力
  $f(t)$ = 電車動力

電動馬達提供電車的推力，並可用下列方程式來描述：

$$e(t) = K_b \phi(t) v(t) + R_a i_a(t)$$
$$f(t) = K_i \phi(t) i_a(t)$$

其中，$e(t)$ 為外加電壓、$i_a(t)$ 為電樞電流、$i_f(t)$ 為場電流、$R_a$ 為電樞電阻、$\phi(t)$ 為分激磁場的磁通 $= K_f i_f(t)$，及 $K_i$ 為力量常數。

(a) 考慮直流串聯馬達，其電樞和線圈連接成串列式。因此，$i_a(t) = i_f(t)$、$g(x) = 0$、$k(v) = Bv(t)$，及 $R_a = 0$。證明此系統可用非線性狀態方程式描述：

$$\frac{dx(t)}{dt} = v(t)$$
$$\frac{dv(t)}{dt} = -Bv(t) + \frac{K_i}{K_b^2 K_f v^2(t)} e^2(t)$$

(b) 考慮 (a) 小題所陳述的條件，$i_a(t)$ 為系統的輸入 [取代 $e(t)$]，導出系統的狀態方程式。
(c) 考慮 (a) 小題所陳述的條件，但以 $\phi(t)$ 為輸入，導出狀態方程式。

6-22 圖 6P-22a 為大家所熟知的「倒單擺平衡」系統。此控制系統的目的在於藉由施加於車上的外力 $u(t)$，維持倒單擺在正上方的位置。在實際的應用上，此系統與一維的獨輪車控制或飛彈發射後的控制類似。此系統的自由物體圖，如圖 6P-23b 所示，其中，

  $f_x$ = 在倒單擺座的水平方向力量
  $f_y$ = 在倒單擺座的垂直方向力量
  $M_b$ = 倒單擺質量
  $g$ = 重力加速度
  $M_c$ = 車子質量
  $J_b$ = 倒單擺相對於重心 (CG) 的轉動慣量 $= M_b L^2 / 3$

(a) 寫出在倒單擺軸上 $x$、$y$ 方向的力量方程式；相對於倒單擺重心 (CG) 的轉矩方程式；車子在水平方向的力量方程式。
(b) 由設定狀態變數 $x_1 = \theta$、$x_2 = d\theta/dt$、$x_3 = x$，及 $x_4 = dx/dt$，將 (a) 小題的結果，以狀態方程式表示出來。對於小角度的 $\theta$ 可用 $\sin\theta \cong \theta$，及 $\cos\theta \cong 1$ 來近似，以簡化問題。
(c) 在平衡點 $x_{01}(t) = 1$、$x_{02}(t) = 0$、$x_{03}(t) = 0$，及 $x_{04}(t) = 0$ 處，試求出系統小訊號線性化狀態

方程式模型，其形式如下所示：

$$\frac{d\Delta \mathbf{x}(t)}{dt} = \mathbf{A} * \Delta \mathbf{x}(t) + \mathbf{B} * \Delta \mathbf{r}(t)$$

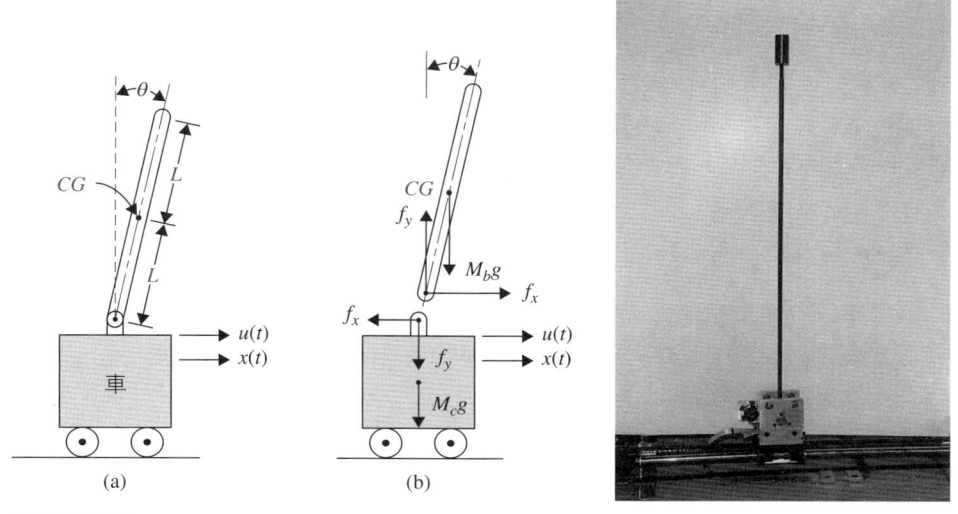

▶ 圖 6P-22

6-23 圖 6P-23 為磁浮球控制系統略圖。鋼球是藉由電磁鐵所產生的電磁力而懸浮在空中。控制的目的是以電壓 $e(t)$ 控制電磁鐵的電流使金屬球懸浮在平衡位置。此一系統的實際應用為磁浮火車，或用於高精度控制系統的磁浮軸承。線圈的電阻為 $R$，電感為 $L(y) = L/y(t)$，其中 $L$ 為常數。所加的電壓 $e(t)$ 為常數，振幅為 $E$。

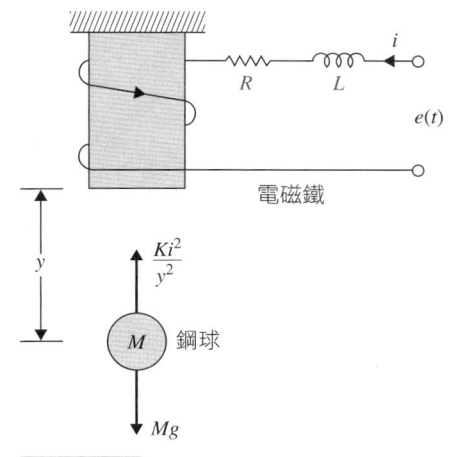

▶ 圖 6P-23

(a) 設 $E_{eq}$ 為 $E$ 的正規值，試求平衡狀態下 $y(t)$ 和 $dy(t)/dt$ 之值。
(b) 定義狀態變數為 $x_1(t) = i(t)$、$x_2(t) = y(t)$ 及 $x_3(t) = dy(t)/dt$，試求非線性狀態方程式：

$$\frac{d\mathbf{x}(t)}{dt} = \mathbf{f}(\mathbf{x}, e)$$

(c) 在平衡點將狀態方程式線性化，並將線性化的狀態方程式表為

$$\frac{d\Delta\mathbf{x}(t)}{dt} = \mathbf{A} * \Delta\mathbf{x}(t) + \mathbf{B} * \Delta e(t)$$

電磁鐵產生的力量為 $Ki^2(t)/y(t)$，其中 $K$ 為比例常數，且鋼球的重力為 $Mg$。

6-24 圖 6P-24a 為磁浮球控制系統略圖。鋼球是藉由電磁鐵所產生的電磁力而懸浮在空中。此控制的目的係擬以控制電磁鐵中的電流來使金屬球懸浮在平衡位置。當系統處於穩態平衡的位置時，任何對鋼球的小干擾，都會促使系統將鋼球控制回到平衡位置。此系統的自由物體圖，如圖 6P-24b 所示。其中，

$M_1$ = 電磁鐵的質量 = 2.0    $M_2$ = 鋼球的質量 = 1.0
$B$ = 空氣的黏滯摩擦係數 = 0.1    $K$ = 電磁鐵的比例常數 = 1.0
$g$ = 重力加速度 = 32.2

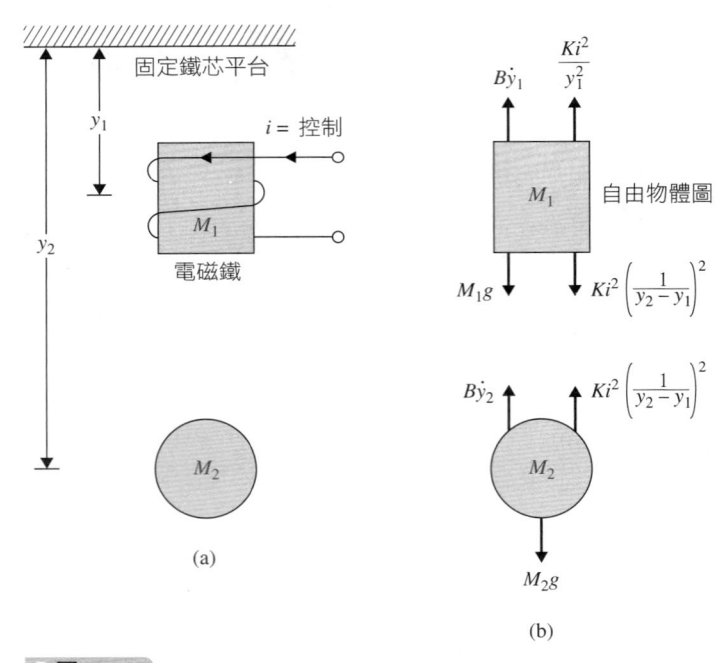

▶ 圖 6P-24

假設所有單位一致。令變數 $i(t)$、$y_1(t)$ 和 $y_2(t)$ 的穩定平衡值分別為 $I$、$Y_1$ 及 $Y_2$。狀態變數定義為 $x_1(t) = y_1(t)$、$x_2(t) = dy_1(t)/dt$、$x_3(t) = y_2(t)$，及 $x_4(t) = dy_2(t)/dt$。
(a) 已知 $Y_1 = 1$，試求 $I$ 和 $Y_2$。
(b) 以 $dx(t)/dt = f(x, i)$ 形式，寫出系統的非線性狀態方程式。
(c) 試求系統在平衡狀態 $I$、$Y_1$ 和 $Y_2$ 下的系統線性化狀態方程式。其形式為

$$\frac{d\mathbf{x}(t)}{dt} = \mathbf{A}*\Delta\mathbf{x}(t) + \mathbf{B}*\Delta i(t)$$

**6-25** 圖 6P-25 為軋鋼製程的示意圖。鋼板以定速 $V$ ft/sec 進入軋輪。在軋輪和厚度量測之間的距離為 $d$ 呎。馬達轉動位移 $\theta_m(t)$，藉由齒輪列和線性致動器的組合轉換成線性位移 $y(t)$，$y(t) = n\theta_m(t)$，其中 $n$ 為正的常數，單位為 ft/rad。從負載反射到馬達軸的等效慣量為 $J_L$。

(a) 繪出系統的功能方塊圖。

(b) 導出順向-路徑轉移函數 $Y(s)/E(s)$，及閉-迴路轉移函數 $Y(s)/R(s)$。

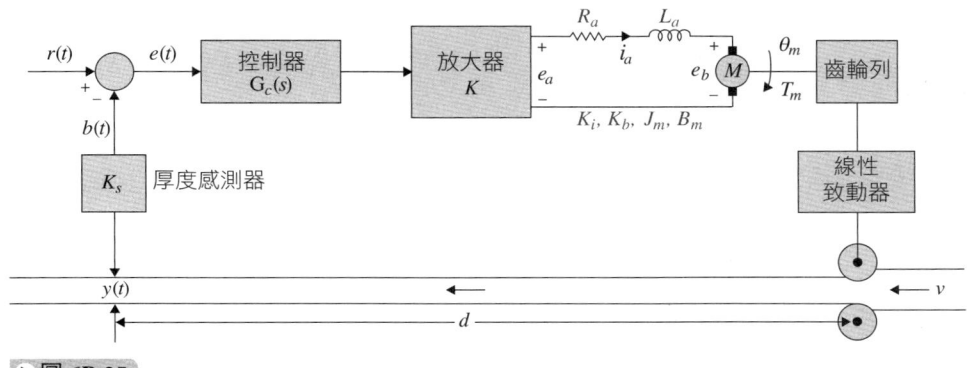

▶ 圖 6P-25

# Chapter 7
# 控制系統的時域性能

本章中，奠基於第一章到第三章所建立的背景材料，我們要來探討簡單控制系統的時間響應。為了求出簡單控制系統的時間響應，我們需要先建立整體系統動態特性的模型，以及求出可以充分代表系統的數學模型。在許多的實例中，系統為非線性且必須加以線性化。這些系統可能由機械的、電氣的或是其它子系統所組成。每一個子系統都可能配載感測器或是致動器來感測環境，並與之交互作用。接下來，利用拉氏轉換，我們可以求出所有子系統的轉移函數，然後利用方塊圖法或是訊號流程圖求出各系統元件之間的交互作用。最後，我們可以求出整體系統的轉移函數，並利用反拉氏轉換求出系統對於一測試輸入的時間響應——通常為一個步階輸入。

在本章中，我們將詳細介紹時間響應分析，討論簡單控制系統的**暫態** (transient) 與**穩態** (steady-state) 時間響應，並發展用於處理時間響應的設計準則。在本章最後，我們會介紹基本的控制技術，並探討將一個簡單增益或是極點與零點加入系統轉移函數時所造成的影響。我們也會介紹時域中之比例、微分以及積分控制器設計理念的簡單實例。此階段的控制器設計純粹為介紹性的，並且仰賴時間響應的觀察。

本章中有許多涉及直流馬達速率與位置控制的不同範例，它們均可作為在此章所討論之主題的重要實例。最後在本章末提供的個案研究，是介紹直流馬達位置控制的實例，其中會介紹涉及將三-階系統簡化成二-階系統的各項議題。全章都會使用 MATLAB 工具盒來協助分析與本章所討論之不同概念的解釋。

最後，大多數大學部的控制課程都具有可處理直流馬達之時間響應與控制——亦即，速率響應、速率控制、位置響

## 學習重點

在學習完本章後，讀者將具備以下能力：

1. 分析一個簡單控制系統的暫態與穩態時間響應。
2. 建立用於處理時間響應的簡單設計準則。
3. 求出直流馬達的速率與位置時間響應。
4. 應用基本的控制技術，以及探討將一個簡單增益，或是極點與零點加入至系統轉移函數時所造成的影響。
5. 利用 MATLAB 研究簡單控制系統的時間響應。

應及位置控制的實驗室。在許多時候，由於控制實驗室之設備昂貴，學生接觸到試驗設備的機會有限，因此許多學生無法對這個主題有實際且深入的瞭解。由於體認到這些限制，我們在本書中將會介紹**控制實驗室** (Control Lab) 之概念，其中包含兩大類實驗課：**SIMLab** [模型式的 (model-based) 模擬] 及 **LEGOLab** [物理實驗 (physical experiment)]。這些實驗可作為學生接觸傳統大學部控制課程之實驗的補充或替代教材。

在完成本章後，建議讀者可以參閱附錄 A，以便能利用 LEDOLab 來體驗設計控制系統時的各種實務觀點。

## 7-1 連續-資料系統的時間響應：簡介

> 在大多數的控制系統問題中，系統性能的最後判斷係以時間響應為基礎。
>
> 控制系統的時間響應通常可分為兩部分：暫態響應和穩態響應。
>
> 在穩定的控制系統中，暫態響應可定義為當時間趨近於無窮大時，時間響應會變為零的部分。
>
> 簡言之，穩態響應就是暫態響應消失後，總響應所剩餘的部分響應。

由於大部分的控制系統均以時間作為獨立變數，因此我們通常都會想要估算相對於時間的狀態與輸出響應，或者簡單地說，就是要計算**時間響應** (time response)。在分析問題時，係藉由將一**參考（測試）輸入訊號** [reference (test) input signal] 加於系統來研究其時域響應，以便評估系統的性能。例如，若控制系統的目的是要輸出變數從某一初始時間和初始條件下開始追蹤輸入訊號，則必須將輸入和輸出當作時間函數來比較。因此，在大多數控制系統問題中，都是根據時間響應來作系統性能的最後判斷。

如同先前章節所討論的，控制系統的時間響應通常可分為兩部分：**暫態響應** (transient response) 和**穩態響應** (steady-state response)。令 $y(t)$ 代表一個連續-資料系統的時間響應，則它通常可寫成

$$y(t) = y_t(t) + y_{ss}(t) \tag{7-1}$$

其中，$y_t(t)$ 為暫態響應，$y_{ss}(t)$ 為穩態響應。

在**穩定的**控制系統中，暫態響應可定義為當時間趨近無窮大時，時間響應會變為零的部分。因此，$y_t(t)$ 具有下列的特性：

$$\lim_{t \to \infty} y_t(t) = 0 \tag{7-2}$$

簡言之，穩態響應就是暫態響應消失後，總響應所剩餘的部分響應。因此，穩態響應仍然會以一個固定的形式而隨時間變化，例如，一個正弦波，或是一個隨時間而增加的斜坡函數。

所有真實穩定的控制系統，在到達穩態以前，都會展現出某種程度的暫態現象。因為

在實際系統中無法避免慣量、質量和電感等，而且典型的控制系統其響應無法立即隨輸入做出突然的改變，因此通常可觀察到其暫態響應。所以，控制系統暫態響應的控制非常重要，因為它是系統動態行為的一部分，故知在達到穩態之前，輸出響應和輸入（即所想要的響應）兩者之間的偏差必須密切地加以控制。

控制系統的穩態響應也非常重要，因為它會表示在時間變長之後，系統輸出抵達至何處。對位置控制系統而言，將穩態響應和所要設計之**參考** (reference) 位置做比較，便可求出系統最後的準確度。一般而言，若輸出的穩態響應與輸入不完全一致時，就稱此系統具有**穩態誤差** (steady-state error)。

> 在時域中，穩定控制系統的研究基本上牽涉到系統暫態及穩態響應的評估。

在時域中，穩定控制系統的研究基本上牽涉到系統暫態及穩態響應的評估。在設計系統時，其規格常以暫態及穩態的性能來表示，而控制器設計則在於使所設計的系統能滿足所有的規格。

## 7-2　評估控制系統時間響應性能的典型測試信號

不像許多電子電路及通訊系統，在許多實際的控制系統中事先並無法完全知道其輸入為何。在許多情形下，控制系統的實際輸入是隨時間任意的改變其形式。例如，在防空導彈的雷達追蹤系統中，所要追蹤目標的位置和速率常以不可預期的方式改變，因此無法預先判定其動向。這就使設計者產生了一個難題，因為要設計一種控制系統使其在任何輸入時均能執行令人滿意的工作是相當困難的。為了方便分析與設計，必須假設一些基本型式的**測試輸入** (test inputs)，以便利用這些測試訊號來評估系統的**工作性能** (performance)。適當地選擇這些基本的測試訊號，不僅可以系統化處理問題的數學，而且允許利用這些輸入的響應來預測系統對其它較複雜輸入的性能。在**設計** (design) 問題中，可利用這些測試訊號 (test signals) 決定系統的**性能標準** (performance criteria)，並依此標準來設計系統。此方法對線性系統特別有用，因為對於複雜訊號的系統響應可以由這些簡單的測試訊號響應加以疊加來合成。

如同稍後第十章所討論的，線性非時變系統的響應也可以利用一個測試弦波輸入而在頻域中來分析。當輸入的頻率由零變化到超過系統特性有意義的範圍時，輸入和輸出之間的振幅比值和相位均可繪製成以頻率為函數的曲線。在這種情況下，通常可以由頻域特性來預測系統在時域中的行為。

為了時域-分析的方便，常使用下列的測試訊號。

### 步階函數輸入

步階函數是最重要且使用最廣泛的輸入，它代表在參考輸入處有瞬時的改變。例如，若輸入是一個馬

> 以**步階**函數來作為測試訊號非常有用，因為其振幅在起始瞬間的跳動可顯示出系統的反應敏捷度。

達軸的角位置時，則步階輸入代表軸的突然旋轉。大小為 $R$ 之步階函數的數學表示法為

$$r(t) = R \quad t \geq 0$$
$$\qquad = 0 \quad t < 0 \tag{7-3}$$

其中，$R$ 為常數，或

$$r(t) = Ru_s(t) \tag{7-4}$$

其中，$u_s(t)$ 為單位-步階函數。作為一個時間函數的步階函數，如圖 7-1a 所示。以步階函數來作為測試訊號非常有用，因為其振幅在起始瞬間的跳動可顯示出系統對於突然變動之輸入的反應敏捷度。此外，由於步階函數有一不連續的跳躍，故知基本上它的頻譜可包含極寬的頻率；因此，將步階函數當作測試訊號相當於同時加入具有很寬的頻率範圍的多種弦波訊號。

### 斜坡函數輸入

斜坡函數是一種隨時間有固定變化的訊號。在數學上，斜坡函數以下式表示：

$$r(t) = Rtu_s(t) \tag{7-5}$$

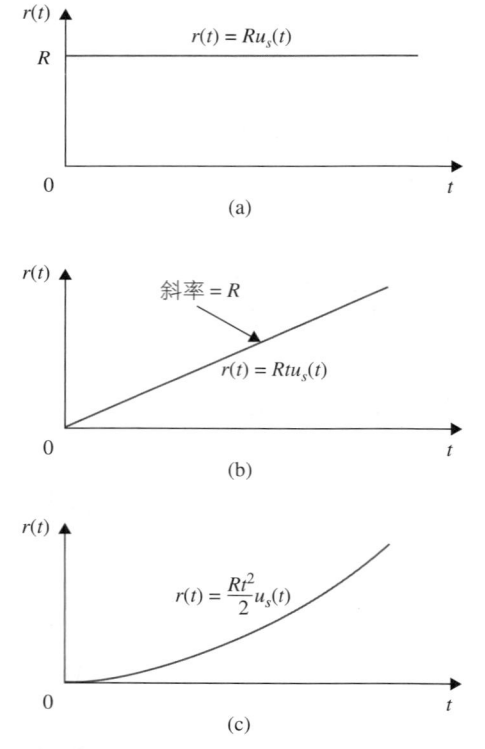

▶ 圖 7-1　控制系統的基本時域測試訊號。(a) 步階函數。(b) 斜坡函數。(c) 拋物線函數。

其中，R 為實常數。斜坡函數如圖 7-1b 所示。若輸入變數為馬達軸的角位移形式，則斜坡輸入代表轉軸以等速率旋轉。斜坡函數具有測試系統對於一個隨時間線性變化訊號如何響應的能力。

### 拋物線函數輸入

拋物線函數代表比斜坡函數更快一個等級的訊號。其數學表示為

$$r(t) = \frac{Rt^2}{2} u_s(t) \tag{7-6}$$

其中，R 為實常數，而加上 ½ 之乘數因子是為了數學上的方便，如此，$r(t)$ 之拉氏轉換才為 $R/s^3$。拋物線函數的圖形表示，如圖 7-1c。

這些訊號具有一個共同的特性，就是它們都容易以數學式來表示。從步階函數到拋物線函數，訊號對時間的變化逐漸變快。理論上，我們定義更快速率的訊號，如 $t^3$，稱為**顫振函數** (jerk function)。實際上，我們很少發現需要用到比拋物線更快的測試訊號。

## 7-3　單位-步階響應與時域規格

如前面所定義的，時間響應的暫態部分是指會隨時間的增長而趨向零的部分。儘管如此，控制系統的暫態響應非常重要，因為暫態響應的振幅及時間的長短，必須保持在可容忍或預設的範圍內。例如，第一章所述的汽車惰-速控制系統，除了在穩態時保有設計的惰-速外，引擎轉速的暫態下降不能過多，且要能儘速回復轉速。對於線性控制系統，暫態響應的特性通常以**單位-步階** (unit-step) 函數 $u_s(t)$ 作為輸入來求得。以單位-步階函數為輸入的控制系統響應稱為單位-步階響應。圖 7-2 說明了線性控制系統典型的單位-步階響應。參考單位-步階響應，線性控制系統在時域中通用的**性能標準**定義如下：

1. **最大超越量** (maximum overshoot)。令 $y(t)$ 為單位-步階響應。令 $y_{max}$ 為 $y(t)$ 的最大值、$y_{ss}$ 為 $y(t)$ 的穩態值，且 $y_{max} \geq y_{ss}$。$y(t)$ 的最大超越量定義為

> 對於線性控制系統，暫態響應的特性通常以**單位-步階**函數 $u_s(t)$ 作為輸入。

$$\text{最大超越量} = y_{max} - y_{ss} \tag{7-7}$$

最大超越量通常以步階響應之終值的百分比來表示，即

$$\text{百分比最大超越量} = \frac{\text{最大超越量}}{y_{ss}} \times 100\% \tag{7-8}$$

最大超越量經常可用來測量控制系統的相對穩定性，一個系統通常不能有太大的最大超越量。就設計的目的而言，最大超越量通常視為時域規格。圖 7-2 所顯示的單位-

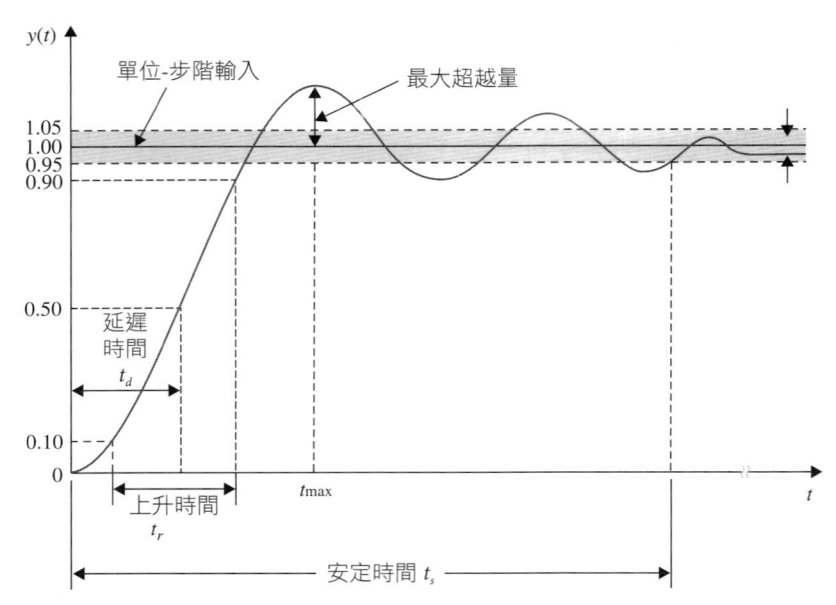

▶ 圖 7-2　用來說明時-域規格之控制系統的典型單位-步階響應。

步階響應，其最大超越量係發生於第一次的超越。對某些系統，最大超越量可能發生於較後的峰點；且若系統轉移函數有奇數個零點在 $s$-平面右半邊時，則亦可能發生負的最大超越值 [4, 5]——詳見 7-9-3 節與 7-9-4 節。

2. **延遲時間** (delay time)。步階響應達到其終值的 50% 所需的時間定義為延遲時間 $t_d$，如圖 7-2 所示。
3. **上升時間** (rise time)。由步階響應，由其終值的 10% 上升到 90% 所需的時間，定義為上升時間 $t_r$。如圖 7-2 所示。另一種測量法為，上升時間可以用響應等於其終值的 50% 時瞬間點處之斜率的倒數來表示。
4. **安定時間** (settling time)。安定時間 $t_s$ 定義為步階響應衰減至會停留在其終值的特定百分比以內時所需的時間。通常使用的數值是 5%。
5. **穩態誤差** (steady-state error)。系統響應的穩態誤差定義為系統達到穩態 (即 $t \to \infty$) 時，輸出與參考輸入間之差異值。

剛剛所定義的前四個參數提供控制系統對步階響應暫態特性的直接測量。當步階響應如圖 7-2 所示做了明確定義後，上述這些時域規格即可容易地量測。然而，除了低於三階的簡單系統之外，不易以解析方式求出這些數值。

值得一提的是，雖然圖 7-2 僅示有步階輸入的誤差，但穩態誤差的定義對任何測試訊號均適用，諸如步階函數、斜坡函數、拋物線函數，甚或是弦波輸入均可。

## 7-4　原型一-階系統的時間響應

回想第三章所討論的**原型一-階系統**：

$$\frac{dy(t)}{dt}+\frac{1}{\tau}y(t)=\frac{1}{\tau}u(t) \tag{7-9}$$

其中，$\tau$ 為系統的**時間常數** (time constant)，它是系統對於初始條件或外在激勵有多快速產生響應的一種衡量。對於一個測試單位-步階輸入

> **時間常數**是系統對於一輸入產生響應有多快速的一種衡量。

$$u(t)=u_s(t)=\begin{cases} 0, & t<0 \\ 1, & t\geq 0 \end{cases} \tag{7-10}$$

如果 $y(0)=\dfrac{dy(0)}{dt}=0$、$\mathcal{L}[u(t)]=U(s)=\dfrac{1}{s}$，以及 $\mathcal{L}[y(t)]=Y(s)$ 時，則可得出

$$\frac{Y(s)}{U(s)}=\frac{1/\tau}{s+1/\tau} \tag{7-11}$$

其中，$s=-1/\tau$ 為轉移函數的單一極點。利用反拉氏轉換，(7-9) 式的時間響應為

$$y(t)=1-e^{-t/\tau} \tag{7-12}$$

利用 MATLAB 工具盒 3-4-1，我們便可以求得 (7-12) 式所示的時間響應。圖 7-3 所示為兩個任意的 $\tau$ 值時，$y(t)$ 的典型單位-步階響應。當時間常數 $\tau$ 的數值下降時，系統響應變得更快。從圖 7-3 中可發現，隨著時間常數的增加，極點 $s=-1/\tau$ 會往 $s$-平面中的更左半邊移動。最後，對於任意正的 $\tau$ 值，極點都會位於 $s$-平面的左半邊，如圖 7-4 所示，故知系統永遠是**穩定的**。

> 詳見 MATLAB 工具盒 3-4-1。

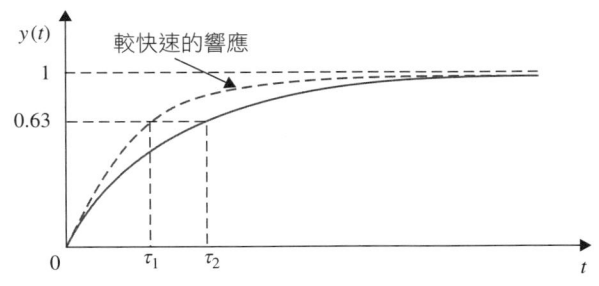

▶ 圖 7-3　原型一-階系統之單位-步階響應。

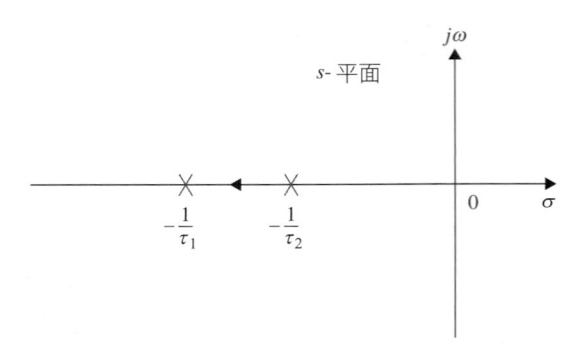

▶ 圖 7-4 當時間常數減少時，(7-12) 式中原型一-階系統之轉移函數的極點位置。

## 範例 7-4-1 直流馬達之速率響應

對於 7-4-1 節的直流馬達，如圖 7-5 所示，檢視透過外加一個磁性制動，而增加之阻尼對於速率響應上所造成的效應。注意：在此情況下，磁性制動也被視為外在負載。但為了簡化問題，我們將之視為會嚴格地改變系統的阻尼。

如 7-4-1 節所討論的，表示為 $\tau_e$ 的馬達電氣-時間常數，即 $L_a/R_a$ 比值，其值非常小而可被忽略，使系統的方塊圖得以簡化，如圖 7-6 所示。

因此在拉氏域中，馬達轉軸的速率模型變為

$$\Omega_m(s) = \frac{\dfrac{K_i}{R_a J_m}}{s + \dfrac{K_i K_b + R_a B_m}{R_a J_m}} R(s) \tag{7-13}$$

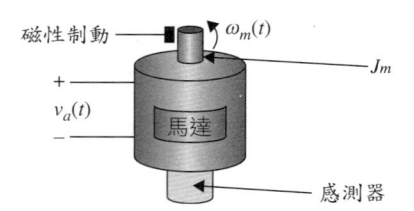

▶ 圖 7-5 電樞-控制直流馬達。

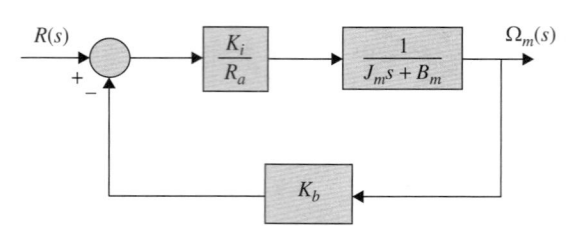

▶ 圖 7-6 假設電氣-時間常數可忽略時，用於求取直流馬達速率響應的簡化方塊圖。

或者，寫成

$$\Omega_m(s) = \frac{K_{\text{eff}}}{\tau_m s + 1} R(s) \tag{7-14}$$

其中，$K_{\text{eff}} = K_i/(R_a B_m + K_i K_b)$ 為馬達增益常數，以及 $\tau_m = R_a J_m/(R_a B_m + K_i K_b)$ 為馬達機械時間常數。

對於單位-步階輸入電壓，即 $r(t) = u_s(t)$ 或 $R(s) = 1/s$，可求出響應 $\omega_m(t)$ 為

$$\omega_m(t) = \frac{K_i}{K_i K_b + R_a B_m}(1 - e^{-t/\tau_m}) \tag{7-15}$$

在本例中，馬達的機械時間常數 $\tau_m$ 可當作馬達對於克服自身慣量 $J_m$ 以達到穩態，亦即達到由電壓所決定的固定速率有多快速的反映指標。當 $\tau_m$ 增加時，達到穩態的時間較長。與 (7-50) 式相關聯之典型時間響應，詳見圖 7-7。根據 (7-15) 式，速率之終值為

$$\omega_{fv} = \lim_{t \to \infty} \omega(t) = \frac{K_i}{K_i K_b + R_a B_m} \tag{7-16}$$

讓我們選擇直流馬達之參數，如下所示：

| | |
|---|---|
| 馬達電樞電阻 | $R_a = 5.0\ \Omega$ |
| 馬達電樞電感 | $L_a = 0.003$ H |
| 馬達轉矩常數 | $K_i = 9.0\ \text{oz} \cdot \text{in/A}(0.0636\ \text{N} \cdot \text{m/A})$ |
| 馬達反電動勢常數 | $K_b = 0.0636$ V/rad/s |
| 馬達轉子慣量 | $J_m = 0.0001\ \text{oz} \cdot \text{in} \cdot \text{s}^2$ |
| | $(7.0616 \times 10^{-7}\ \text{N} \cdot \text{m} \cdot \text{s}^2)$ |
| 無磁性制動之馬達黏滯摩擦係數 | $B_m = 0.005\ \text{oz} \cdot \text{in} \cdot \text{s}$ |
| | $(3.5308 \times 10^{-5}\ \text{N} \cdot \text{m} \cdot \text{s})$ |

磁性制動的應用增加了系統的黏滯阻尼。利用工具盒 7-4-1，我們現在便可檢視阻尼對於馬達速率響應的影響。表 7-1 以單位-步階輸入響應來舉例說明，對於三個阻尼值所產生的馬達機械時間常數 $\tau_m$ 與終值 $\omega_{fv}$。這三個速率響應顯示於圖 7-7。如圖所示，當阻尼越高，馬達響應越快，而終值則會下降。藉由利用磁性制動使馬達最終速率下降，這明顯與常識概念相符。

■表 7-1　三個不同阻尼值的馬達機械時間常數與最終速率

| 黏滯阻尼 $B_m$ | 機械時間常數 $\tau_m$ | 速率終值 $\omega_{fv}$ |
|---|---|---|
| 無磁性制動<br>$B_m = 0.005\ \text{oz} \cdot \text{in} \cdot \text{s}$ | $\tau_1 = 8.3696 \times 10^{-4}$ s | $\omega_{fv} = 15.0653$ rad/s |
| $B_m = 0.05\ \text{oz} \cdot \text{in} \cdot \text{s}$ | $\tau_2 = 6.0798 \times 10^{-4}$ s | $\omega_{fv} = 10.9436$ rad/s |
| $B_m = 0.5\ \text{oz} \cdot \text{in} \cdot \text{s}$ | $\tau_3 = 1.6274 \times 10^{-4}$ s | $\omega_{fv} = 2.9293$ rad/s |

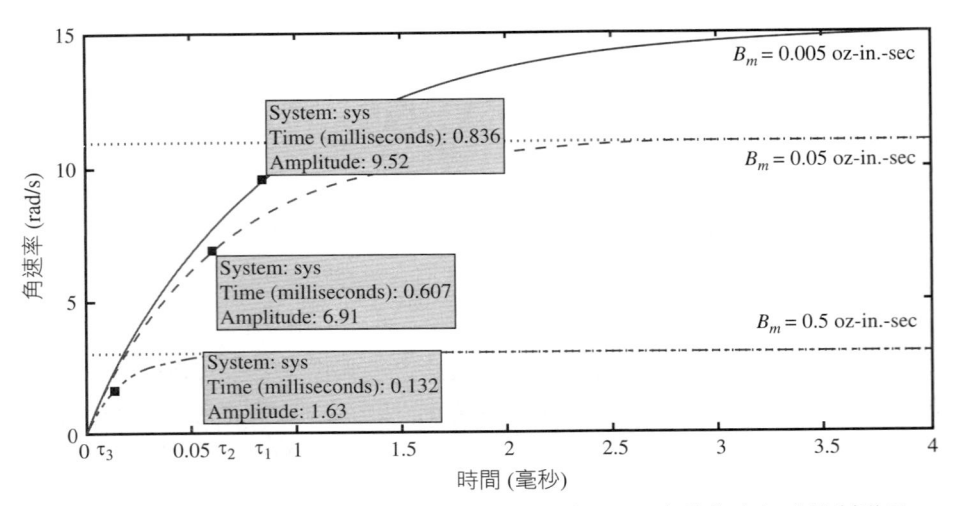

▶ 圖 7-7　範例 7-4-1 直流馬達對單位-步階輸入之速率響應。(a) 實線代表無磁性制動且 $B_m = 0.005$ oz·in·s 時的響應。(b) 虛線代表 $B_m = 0.05$ oz·in·s 時之磁性制動的效應。(c) 點-虛線代表對一個具有更主控性之阻尼 $B_m = 0.5$ oz·in·s 時的響應。

**工具盒 7-4-1**

利用 MATLAB 求出範例 7-4-1 的速率響應。

```
clear all
ra=5.0;ki=9.0;kb=0.0636;jm=0.0001;bm=0.005; %enter system parameters
num = [ki/(ra*jm)]; %transfer function numerator
den = [1 (ki*kb+ra*bm)/(ra*jm)];%transfer function denominator
step(num,den)%apply a unit step input
hold on;
bm=0.05;%change damping value
num = [ki/(ra*jm)];
den = [1 (ki*kb+ra*bm)/(ra*jm)];
step(num,den)
bm=0.5; %change damping value
num = [ki/(ra*jm)];
den = [1 (ki*kb+ra*bm)/(ra*jm)];
step(num,den)
xlabel('Time')
ylabel('Angular Speed (rad/s)')
```

## 7-5　原型二-階系統的暫態響應

雖然二-階控制系統在實際上是很少見的，但其分析通常有助於形成一些基礎，以利於瞭解高階系統的分析和設計，特別是可用二-階系統來近似的高階系統。

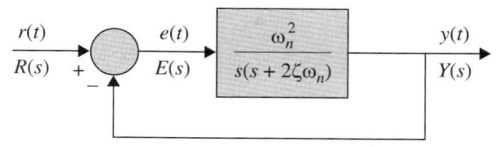

```
  r(t)         e(t)      ⎡  ω_n²      ⎤    y(t)
  ──→ ○ ──────→ ─────────→│ ─────────── │───────→
  R(s) + −     E(s)      ⎣ s(s+2ζω_n) ⎦    Y(s)
         ↑_____|
```

▶ **圖 7-8** 原型二-階控制系統。

考慮圖 7-8 方塊圖所表示的具有單一回授之二-階單位回授控制系統。此系統的開-迴路轉移函數為

$$G(s) = \frac{Y(s)}{E(s)} = \frac{\omega_n^2}{s(s+2\zeta\omega_n)} \tag{7-17}$$

其中，$\zeta$ 和 $\omega_n$ 為實常數。系統的閉-迴路轉移函數為

$$\frac{Y(s)}{R(s)} = \frac{\omega_n^2}{s^2 + 2\zeta\omega_n s + \omega_n^2} \tag{7-18}$$

如同先前在第二章與第三章所討論的，圖 7-8 的系統具有 (7-18) 式所給定之轉移函數，可定義為**原型二-階系統**。

## 7-5-1 阻尼比與自然頻率

原型二-階系統的特性方程式可由設定 (7-18) 式的分母為零，得到

$$\Delta(s) = s^2 + 2\zeta\omega_n s + \omega_n^2 = 0 \tag{7-19}$$

(7-19) 式的兩個根為 (7-18) 式中轉移函數的極點，並且可以表示成

$$\begin{aligned} s_1, s_2 &= -\zeta\omega_n \pm j\omega_n\sqrt{1-\zeta^2} \\ &= -\sigma \pm j\omega \end{aligned} \tag{7-20}$$

其中

$$\sigma = \zeta\omega_n \tag{7-21}$$

且

$$\omega = \omega_n\sqrt{1-\zeta^2} \tag{7-22}$$

圖 7-9 說明了當 $0 < \zeta < 1$ 時，特性方程式根的位置和 $\sigma$、$\zeta$、$\omega_n$ 與 $\omega$ 之間的關係。如圖顯示的共軛複數根，

- $\omega_n$ 是由 s-平面的原點至根的徑向距離。
- 阻尼因子 $\sigma$ 為根的實數部分。

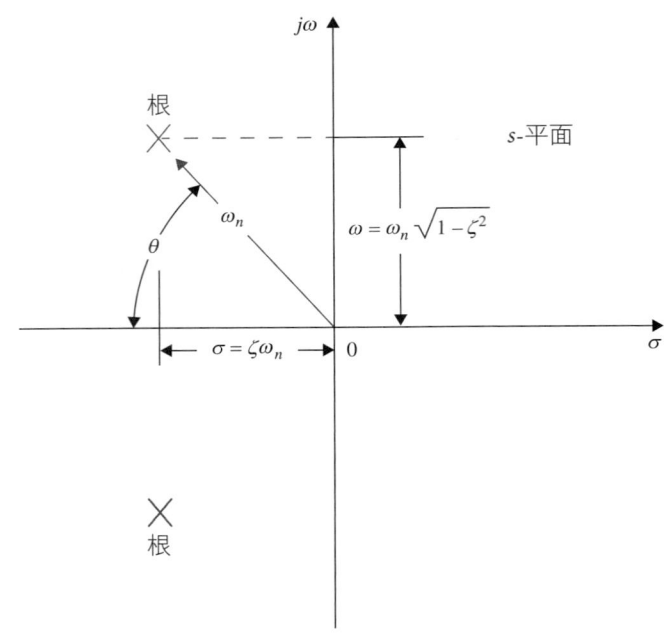

▶ 圖 7-9　原型二-階系統特性方程式之根和 $\sigma$、$\zeta$、$\omega_n$ 與 $\omega$ 之間的關係。

- 條件 (阻尼) 頻率 $\omega$ 是根的虛數部分。
- 當特性根位於 s-平面的左半邊時，阻尼比 $\zeta$ 等於根的徑向線和負實軸間夾角的餘弦值；即 $\zeta = \cos\theta$。

現在，我們要來研究 (7-21) 式中 $\zeta$ 和 $\sigma$ 的物理意義。由第三章可知，**阻尼因子** (damping factor) $\sigma$ 為常數，它在 $y(t)$ 的指數項內會乘以 $t$。因此，$\sigma$ 控制了 $y(t)$ 上升或下降的速率。換言之，$\sigma$ 控制了系統的阻尼。$\sigma$ 的倒數，即 $1/\sigma$，會與系統的**時間常數**成正比。

當特性方程式的兩根為相等實數時，我們稱此系統為**臨界阻尼** (critically damped)。由

> 阻尼比 $\zeta$ 對超越量有直接的影響，而自然頻率 $\omega_n$ 對上升時間、延遲時間與安定時間有直接影響。

(7-20) 式可知，臨界阻尼發生於 $\zeta = 1$。在此條件下，阻尼因子就變成 $\sigma = \omega_n$。因此，可將 $\zeta$ 視為**阻尼比** (damping ratio，無單位)，即

$$\zeta = \cos\theta = 阻尼比 = \frac{\sigma}{\omega_n} = \frac{實際阻尼因子}{臨界阻尼處的阻尼因子} \tag{7-23}$$

參數 $\omega_n$ 可定義為**自然頻率** (natural frequency)。由 (7-20) 式可看出，當 $\zeta = 0$ 時，阻尼為零，特性方程式的根是虛數，且表 7-2 中的 (7-27) 式顯示出其步階響應為純弦波。因此，$\omega_n$ 等同於無阻尼弦波響應的頻率。(7-20) 式顯示，當 $0 < \zeta < 1$ 時，根的虛部之大小為 $\omega$。當 $\zeta \neq 0$ 時，$y(t)$ 的響應就不是週期性的函數，故知 (7-22) 式所定義的 $\omega$ 並非頻率。然

■表 7-2　植基於阻尼比之原型二-階系統的分類

| | | |
|---|---|---|
| $0 < \zeta < 1$ | $s_1, s_2 = -\zeta\omega_n \pm j\omega_n\sqrt{1-\zeta^2}$ | 欠阻尼 |
| | $y(t) = 1 - \dfrac{e^{-\zeta\omega_n t}}{\sqrt{1-\zeta^2}}\sin\left[\left(\omega_n\sqrt{1-\zeta^2}\right)t + \cos^{-1}\zeta\right]$ (7-24) | |
| $\zeta = 1$ | $s_1, s_2 = -\omega_n$ | 臨界阻尼 |
| | $y(t) = 1 - e^{-\omega_n t} - te^{-\omega_n t}$　　(7-25) | |
| $\zeta > 1$ | $s_1, s_2 = -\zeta\omega_n \pm \omega_n\sqrt{\zeta^2-1}$ | 過阻尼 |
| | $1 - \dfrac{e^{-\omega_n \zeta t}}{\sqrt{\zeta^2-1}}\left[\cosh\left(\omega_n\sqrt{\zeta^2-1}\right)t + \zeta\sinh\left(\omega_n\sqrt{\zeta^2-1}\right)t\right]$ (7-26) | |
| $\zeta = 0$ | $s_1, s_2 = \pm j\omega_n$ | 無阻尼 |
| | $y(t) = 1 - \cos\omega_n t$　　(7-27) | |
| $\zeta < 0$ | $s_1, s_2 = -\zeta\omega_n \pm j\omega_n\sqrt{1-\zeta^2}$ | 負阻尼 |
| | $y(t) = 1 - \dfrac{e^{-\zeta\omega_n t}}{\sqrt{1-\zeta^2}}\sin\left[\left(\omega_n\sqrt{1-\zeta^2}\right)t + \cos^{-1}\zeta\right]$ (7-28) | |
| | (不穩定響應) | |

[譯者註：原書為提供響應公式，但是列有公式編號；在此提供適用於 $-1 < \zeta < 0$ 的公式，如上式所示，其中 $-\zeta\omega_n > 0$。]

而，為了參考之用，有時會將 (7-22) 式中的 $\omega$ 定義為**條件頻率** (conditional frequency)，或**阻尼頻率** (damped frequency)。

　　由 (7-18) 式之轉移函數所表示的系統，其單位-步階響應可根據阻尼比 $\zeta$ 來做分類，如表 7-2 所示。圖 7-10 列舉了對應到於不同根位置的各種典型的單位-步階響應。

　　在多數的控制應用中，當系統為穩定時，僅討論 $\zeta > 0$ 所對應到的暫態響應。圖 7-11 顯示 (7-24) 式到 (7-26) 式的單位-步階響應，它們均針對不同的 $\zeta$ 數值而繪製成歸一化時間 $\omega_n t$ 的函數波形。

　　由圖示可看出，當 $\zeta$ 值減少時，響應的振盪變得更厲害且超越量也更大。當 $\zeta \geq 1$ 時，在步階響應中沒有超越量；亦即，在暫態期間輸出 $y(t)$ 絕不會超過參考輸入值。這些響應也顯示 $\omega_n$ 對上升時間、延遲時間與安定時間有直接的影響，但是對超越量則沒有影響。

　　如同先前所提及的，超越量、上升時間、延遲時間、以及安定時間為定義控制系統暫態響應**性能** (performance) 表現的指標量，故在接下來各節中將會更加詳細地研究它們。

　　最後，建立系統極點的位置與系統時間響應之間的關係是很重要的。圖 7-12 所示為 $s$-平面內，(a) 常數-$\omega_n$ 軌跡；(b) 常數-$\zeta$ 軌跡；(c) 常數-$\sigma$ 軌跡；以及 (d) 常數-$\omega$ 軌跡。在

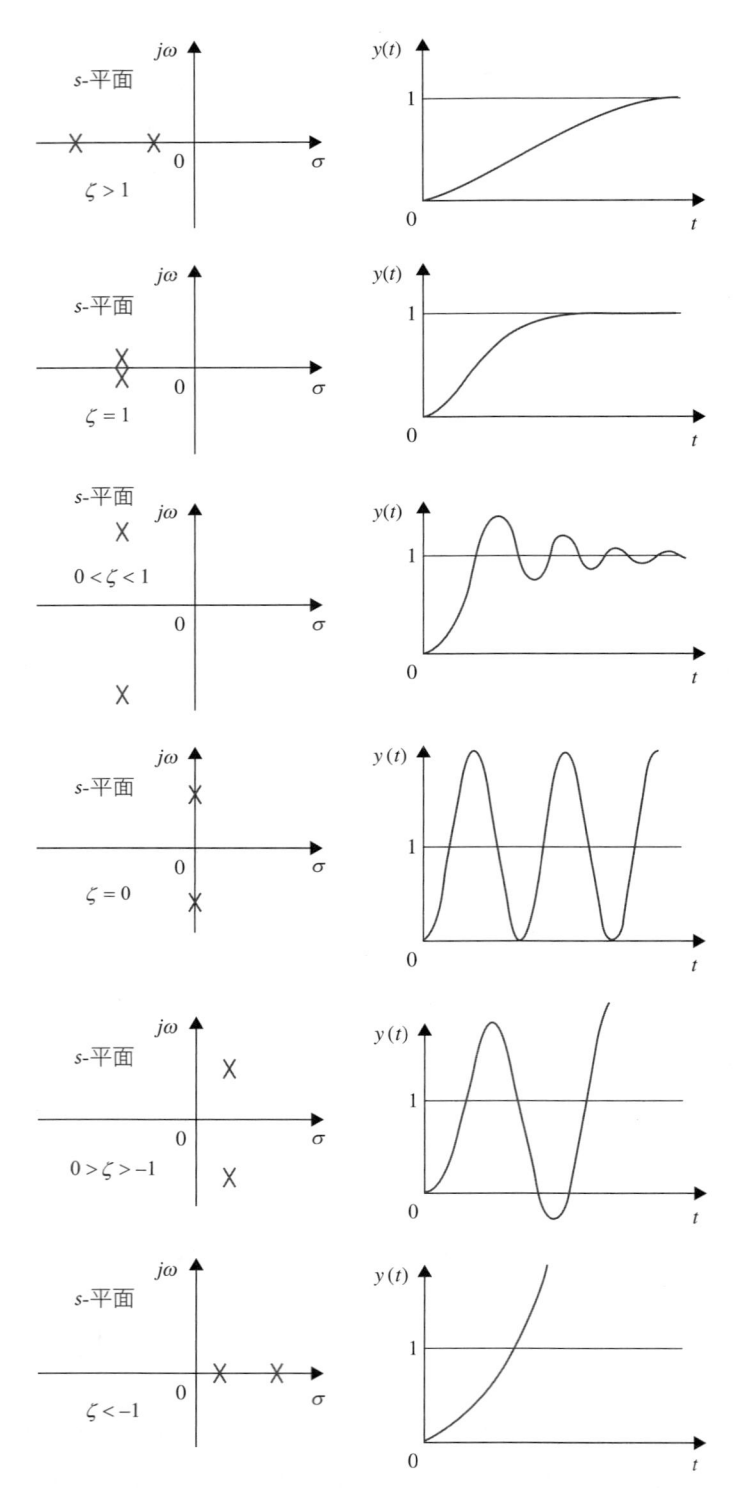

▶圖 7-10　$s$-平面上不同特性方程式根位置的步階響應之比較。

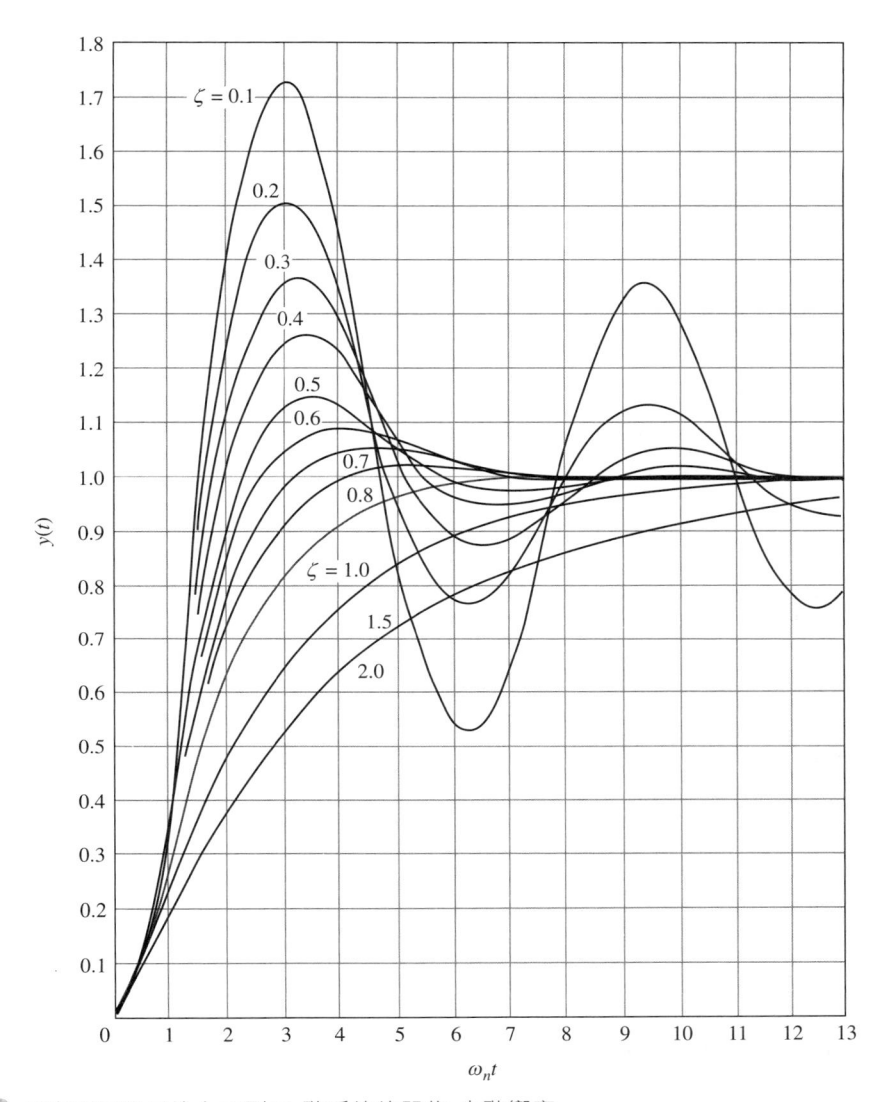

▶ 圖 7-11　具有不同阻尼比之原型二-階系統的單位-步階響應。

$s$-平面上各區域依系統阻尼劃分如下：

- **$s$-平面的左半邊**對應於**正阻尼** (positive damping)；亦即，阻尼因子或阻尼比為正值。因為 $\exp(-\zeta\omega_n t)$ 的負指數緣故，正阻尼會使得單位-步階響應在穩態時安定至一個固定的終值。此系統為**穩定**。
- **$s$-平面的右半邊**對應於**負阻尼** (negative damping)。負阻尼產生一個大小會無限制增長的響應，故知系統為**不穩定**。
- 虛軸對應於零阻尼 (即 $\sigma = 0$ 或 $\zeta = 0$)。零阻尼 (zero damping) 會造成一個**持續的振盪**響應。系統為臨界穩定，或臨界不穩定。

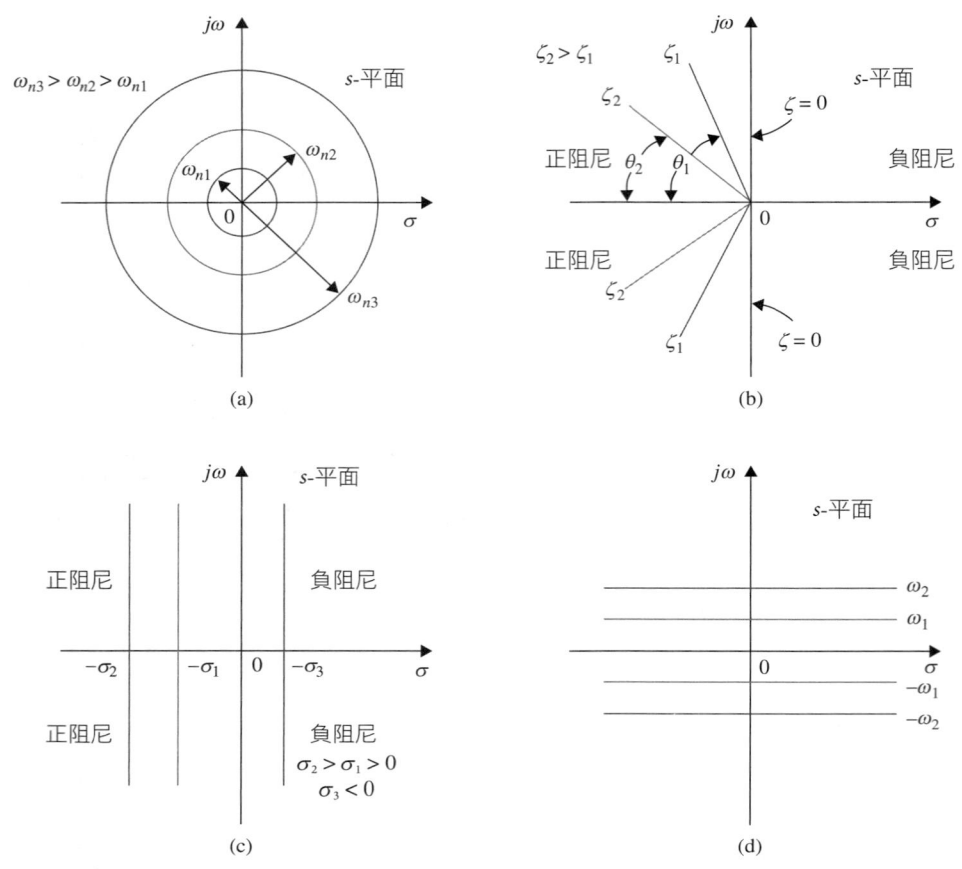

▶ 圖 7-12 (a) 自然無阻尼頻率為常數時之軌跡。(b) 常數阻尼比為常數時之軌跡。(c) 阻尼因子為常數時之軌跡。(d) 條件頻率為常數時之軌跡。

因此,藉助於簡單的標準二-階系統,我們已說明特性方程式根的位置在研究系統暫態響應的動態行為中占有極重要的角色。

## 7-5-2 最大超越量 ($0 < \zeta < 1$)

最大超越量係為一個控制系統中最重要的暫態響應性能準則之一。例如,在一個取置式機械手臂中,超越量代表機械手臂末端夾取器與最終放置的地點之距離有多遠。通常具有超越量的原型二-階系統之暫態響應是振盪的 (亦即,$0 < \zeta < 1$)——在特殊情況下,轉移函數的零點也可能造成無振盪的超越量 (詳見 7-10 節)。

當 $0 < \zeta < 1$ 時 (欠阻尼響應),對於單位-步階輸入,即 $R(s) = 1/s$,系統的輸出響應可以藉由對下列的輸出轉換式取反拉氏轉換來求得

$$Y(s) = \frac{\omega_n^2}{s(s^2+2\zeta\omega_n s+\omega_n^2)} \tag{7-29}$$

這個可以透過參閱附錄 D 的拉氏轉換表來完成。其結果為

$$y(t) = 1 - \frac{e^{-\zeta\omega_n t}}{\sqrt{1-\zeta^2}}\sin\left[\left(\omega_n\sqrt{1-\zeta^2}\right)t + \cos^{-1}\zeta\right] \quad t \geq 0 \tag{7-30}$$

> 在多數情況下，原型二-階系統之步階輸入暫態響應是具有超越量的振盪波形 (亦即，$0 < \zeta < 1$)。
> 具有一個零點的臨界阻尼或是過阻尼轉移函數，在特殊情況下，可能會存在無振盪的超越量——詳見 7-7 節。

(7-30) 式對 $t$ 取微分並設結果為零，即可求得阻尼比和總超越量之間的確實關係。因此，

$$\frac{dy(t)}{dt} = \frac{\omega_n e^{-\zeta\omega_n t}}{\sqrt{1-\zeta^2}}\left[\zeta\sin(\omega t+\theta) - \sqrt{1-\zeta^2}\cos(\omega t+\theta)\right] \quad t \geq 0 \tag{7-31}$$

其中，$\omega$ 和 $\theta$ 分別由 (7-22) 式與 (7-23) 式加以定義。根據圖 7-9 可輕易看出

$$\zeta = \cos\theta \tag{7-32}$$

$$\sqrt{1-\zeta^2} = \sin\theta \tag{7-33}$$

因此，我們可以證明在 (7-31) 式中括號內的值，可以化簡為 $\sin\omega t$。因此，(7-31) 式可簡化為

$$\frac{dy(t)}{dt} = \frac{\omega_n}{\sqrt{1-\zeta^2}}e^{-\zeta\omega_n t}\sin\omega_n\sqrt{1-\zeta^2}\,t \quad t \geq 0 \tag{7-34}$$

令 $dy(t)/dt = 0$，可得出解為：$t = \infty$ 與

$$\omega_n\sqrt{1-\zeta^2}\,t = n\pi \quad n = 0,1,2,\ldots \tag{7-35}$$

由上式可求出

$$t = \frac{n\pi}{\omega_n\sqrt{1-\zeta^2}} \quad n = 0,1,2,\ldots \tag{7-36}$$

只有 $\zeta \geq 1$ 的情形，$y(t)$ 的最大值才會發生在 $t = \infty$。如圖 7-13 所示的單位-步階響應，第一個超越量是最大的超越量。此值對應於 (7-36) 式中 $n = 1$。因此，這個最大超越量發生的時間為

$$t_{\max} = \frac{\pi}{\omega_n\sqrt{1-\zeta^2}} \tag{7-37}$$

參考圖 7-13，當 $n$ 為奇數值，即 $n = 1, 3, 5, \ldots$ 時，則有超越量出現；當 $n$ 為偶數值

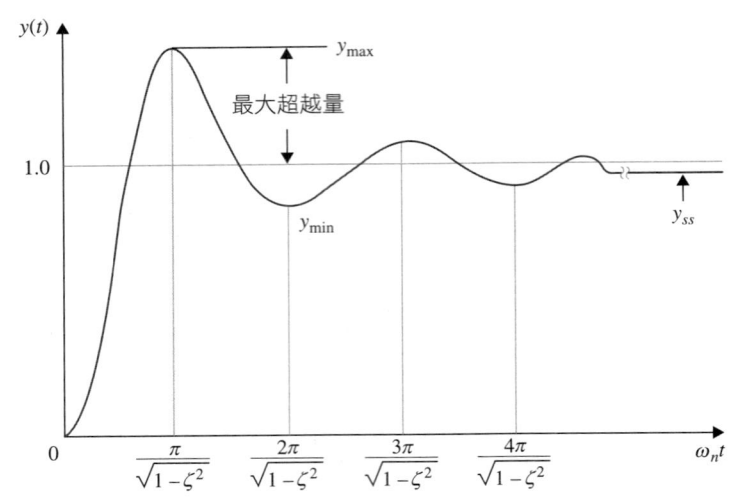

▶ 圖 7-13　單位-步階響應的最大值和最小值以週期性方式出現。

時，則會發生欠過度。不論極值為超越量或欠過度，其發生時間均可由 (7-36) 式求得。要注意的是，雖然 $\zeta \neq 0$ 時的單位-步階響應並非週期性，但響應的最大值和最小值確實係發生在週期性區間，如圖 7-13 所示。

　　超越量和欠過度的大小可藉由將 (7-36) 式代入 (7-30) 式而求得，結果為

$$y(t)|_{\max \text{或} \min} = 1 - \frac{e^{-n\pi\zeta/\sqrt{1-\zeta^2}}}{\sqrt{1-\zeta^2}} \sin(n\pi + \theta) \quad n = 1, 2, \ldots \tag{7-38}$$

或

$$y(t)|_{\max \text{或} \min} = 1 + (-1)^{n-1} e^{-n\pi\zeta/\sqrt{1-\zeta^2}} \quad n = 1, 2, \ldots \tag{7-39}$$

　　根據 (7-7) 式，最大超越量可以由下式求出：

$$\text{最大超越量} = y_{\max} - y_{ss} \tag{7-40}$$

其中，$y_{ss} = \lim_{t \to \infty} y(t) = 1$。令 (7-39) 式的 $n = 1$，可得出

$$\text{最大超越量} = y_{\max} - 1 = e^{-\pi\zeta/\sqrt{1-\zeta^2}} \tag{7-41}$$

　　同樣地，根據 (7-8) 式，最大超越量的百分比為

$$\text{百分比最大超越量} = \frac{\text{最大超越量}}{y_{ss}} \times 100\% \tag{7-42}$$

即

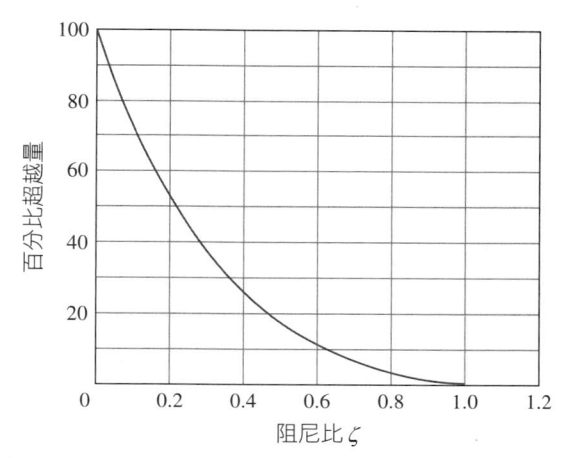

▶ 圖 7-14　原型二-階系統步階響應的百分比超越量表示為阻尼比的函數。

$$\text{百分比最大超越量} = 100e^{-\pi\zeta/\sqrt{1-\zeta^2}} \qquad (7\text{-}42\text{-}1)$$

(7-42-1) 式顯示原型二-階系統步階響應的最大超越量僅為阻尼比 $\zeta$ 之函數。

百分比最大超越量和阻尼比之間的關係如 (7-42-1) 式所示，並繪於圖 7-14。(7-37) 式的時間 $t_{\max}$ 則同時為 $\zeta$ 和 $\omega_n$ 之函數。

最後，因為最大超越量只是 $\zeta$ 的一個函數，參考圖 7-12b 可知，無論 $\omega_n$ 之數值為多少，所有在 $\zeta_1$ 線上的點皆具有等值的最大超越量。相同地，所有在 $\zeta_2$ 線上的點也會有相同的最大超越量，並且因為 $\zeta_2 > \zeta_1$，故知 $\zeta_2$ 所對應的最大超越量會比較小。

### 7-5-3　延遲時間與上升時間 $(0 < \zeta < 1)$

延遲與上升時間均為一個控制系統對一輸入或初始條件反應速率快慢的衡量值。即使僅是簡單的原型二-階系統，還是很難以求出延遲時間 $t_d$、上升時間 $t_r$，和安定時間 $t_s$ 精確的解析公式。例如，對延遲時間而言，我們必須將 (7-30) 式設定成 $y(t) = 0.5$ 來求解 $t$。一個較容易的方法是先畫出 $\omega_n t_d$ 對 $\zeta$ 的變化圖形，如圖 7-15 所示，則在 $0 < \zeta < 1$ 範圍內的曲線，可用一條直線、一條曲線來近似。由圖 7-15 可以看出，原型二-階系統的延遲時間可近似為

> 延遲與上升時間為控制系統對一輸入或初始條件反應速率快慢的衡量值。

$$t_d \cong \frac{1+0.7\zeta}{\omega_n} \quad 0 < \zeta < 1.0 \qquad (7\text{-}43)$$

我們可以利用二-階方程式來得到一較佳的 $t_d$ 似近值：

$$t_d \cong \frac{1.1+0.125\zeta+0.469\zeta^2}{\omega_n} \quad 0 < \zeta < 1.0 \qquad (7\text{-}44)$$

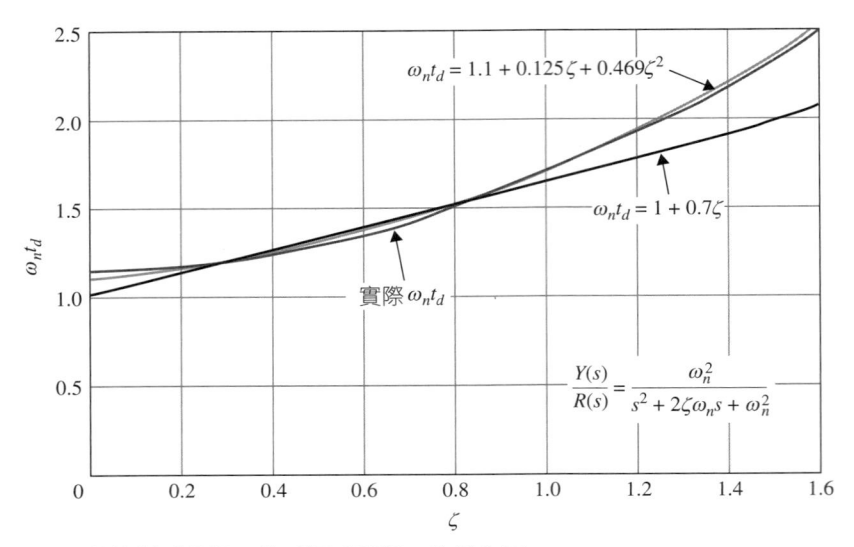

▶ 圖 7-15　原型二-階控制系統歸一化延遲時間對 $\zeta$ 的變化圖。

**上升時間** $t_r$ 為步階響應中,由其終值的 10% 達到 90% 所需的時間,它的精確值可直接由圖 7-11 的各個響應來求得。圖 7-16 所示為 $\omega_n t_r$ 對 $\zeta$ 的變化曲線圖。此情形下,這些關係在有限範圍的 $\zeta$ 內,仍可用一直線來近似:

$$t_r = \frac{0.8 + 2.5\zeta}{\omega_n} \quad 0 < \zeta < 1 \tag{7-45}$$

利用二-階方程式可得一較好的近似:

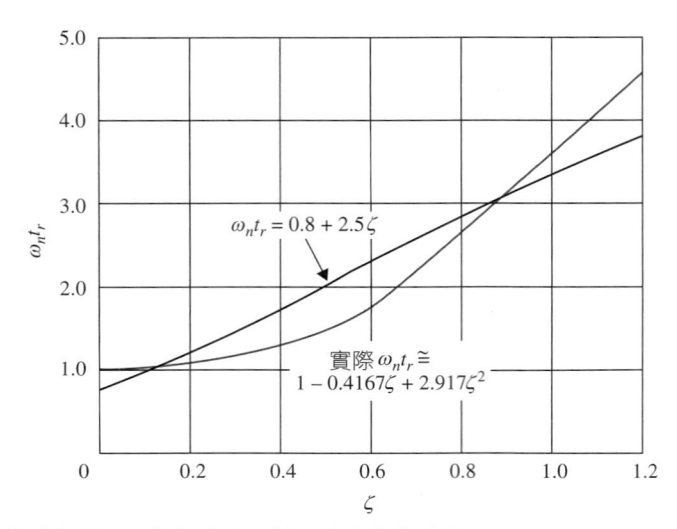

▶ 圖 7-16　原型二-階系統的歸一化上升時間對 $\zeta$ 的變化曲線圖。

$$t_r = \frac{1 - 0.4167\zeta + 2.917\zeta^2}{\omega_n} \quad 0 < \zeta < 1 \tag{7-46}$$

由這些討論，可對原型二-階系統的上升時間和延遲時間作出以下結論：

- $t_r$ 和 $t_d$ 都與 $\zeta$ 成正比，並與 $\omega_n$ 成反比。
- 增加 (減少) 自然頻率 $\omega_n$ 將會降低 (增加) $t_r$ 和 $t_d$。

## 7-5-4 安定時間

如標題所示，**安定時間** (settling time) 可用來衡量步階響應安定到其終值有多快速。由圖 7-11 可知，當 $0 < \zeta < 0.69$ 時，單位-階響應有一大於 5 個百分點的最大超越量，故知響應不論由上方或下方，最後均可進入 0.95 到 1.05 之間的區域；當 $\zeta$ 大於 0.69 時，最大超越量則小於 5 個百分點，且響應只能由下方進入 0.95 到 1.05 之間的區域。圖 7-17a 和 b 顯示兩種不同情況。因此，安定時間在 $\zeta = 0.69$ 處，有一個不連續點。精確的安定時間的解析解是很難求得的。如圖 7-17a 所示的 5% 規格，可以利用 $y(t)$ 的阻尼式弦波的波封來求得 $0 < \zeta < 0.69$ 時，$t_s$ 的近似解。通常，若安定時間與 $y(t)$ 上半部波封有交點時，可得到以下關係：

> 安定時間是步階響應安定到其終值有多快速的一種衡量值。

$$1 + \frac{1}{\sqrt{1-\zeta^2}} e^{-\zeta\omega_n t_s} = \text{單位-步階響應的上限} \tag{7-47}$$

當安定時間對應於與 $y(t)$ 下半部波封的交點時，則 $t_s$ 必須滿足以下條件：

$$1 - \frac{1}{\sqrt{1-\zeta^2}} e^{-\zeta\omega_n t_s} = \text{單位-步階響應的下限} \tag{7-48}$$

對於 5% 規格的安定時間而言，(7-47) 式的右式變成 1.05，而 (7-48) 式的右式則為 0.95。非常明顯地，不論由 (7-47) 式或 (7-48) 式，均可求得相同的 $t_s$ 結果。

求解 (7-47) 式的 $\omega_n t_s$，可得出

$$\omega_n t_s = -\frac{1}{\zeta} \ln\left(c_{ts}\sqrt{1-\zeta^2}\right) \tag{7-49}$$

其中，$c_{ts}$ 為安定時間的百分比設定。例如，若臨限設定值為 **5%** 時，則 $c_{ts} = 0.05$。因此，對於 5% 的安定時間而言，當 $\zeta$ 由 0 變化到 0.69 時，(7-49) 式的右半部分，則會由 3.0 變化到 3.32。因此，原型二-階系統的安定時間可近似為

$$\textbf{5\% 安定時間：} \; t_s \cong \frac{3.2}{\zeta\omega_n} \quad 0 < \zeta < 0.69 \tag{7-50}$$

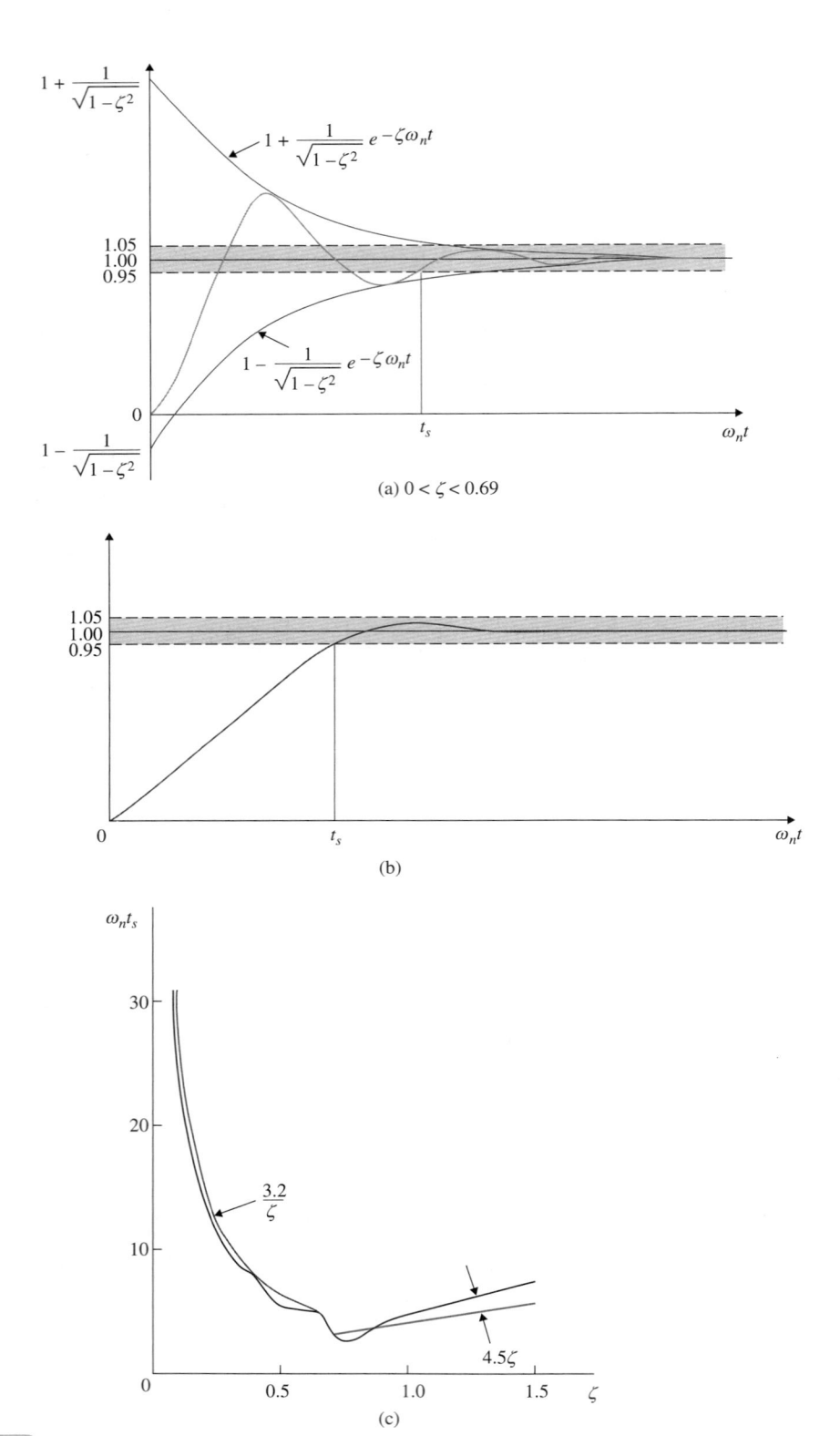

▶ 圖 7-17　單位-步階響應的 5% 安定時間。

當阻尼比 $\zeta$ 大於 0.69 時，圖 7-17b 可知，單位-步階響應將永遠由下方進入 0.95 到 1.05 之間區域。由觀察圖 7-11 的各個響應可知，$\omega_n t_s$ 之值幾乎直接與 $\zeta$ 成正比。以下之近似式為 $\zeta > 0.69$ 時的 $t_s$。

$$5\% \text{ 安定時間：} t_s = \frac{4.5\zeta}{\omega_n} \quad \zeta > 0.69 \tag{7-51}$$

圖 7-17c 所示為 (7-18) 式所描述之原型二-階系統的 $\omega_n t_s$ 實際值對 $\zeta$ 之變化曲線，以及利用 (7-50) 式和 (7-51) 式於其適用之個別範圍所得之近似曲線圖。表 7-3 所示則為數值結果。

> 通常，安定時間與 $\zeta$ 和 $\omega_n$ 成反比。一個減少安定時間的作法為增加 $\omega_n$，而保持 $\zeta$ 固定不變。雖然響應將較為振盪，但最大超越量只和 $\zeta$ 有關，且可獨立控制。

值得一提的是，5% 臨限值並非不可更改之設定值。更嚴格的設計問題中可能會要求系統安定時間在小於 5% 規格以內。針對 2% 安定時間，依照相同步驟，我們可得出

$$2\% \text{ 安定時間：} t_s \cong \frac{4.0}{\zeta\omega_n} \quad 0 < \zeta < 0.9 \tag{7-52}$$

■表 7-3　原型二-階系統 5% 安定時間的比較表，$\omega_n t_s$

| $\zeta$ | 實際 | $\dfrac{3.2}{\zeta}$ | $4.5\zeta$ |
| --- | --- | --- | --- |
| 0.10 | 28.7 | 30.2 | |
| 0.20 | 13.7 | 16.0 | |
| 0.30 | 10.0 | 10.7 | |
| 0.40 | 7.5 | 8.0 | |
| 0.50 | 5.2 | 6.4 | |
| 0.60 | 5.2 | 5.3 | |
| 0.62 | 5.16 | 5.16 | |
| 0.64 | 5.00 | 5.00 | |
| 0.65 | 5.03 | 4.92 | |
| 0.68 | 4.71 | 4.71 | |
| 0.69 | 4.35 | 4.64 | |
| 0.70 | 2.86 | | 3.15 |
| 0.80 | 3.33 | | 3.60 |
| 0.90 | 4.00 | | 4.05 |
| 1.00 | 4.73 | | 4.50 |
| 1.10 | 5.50 | | 4.95 |
| 1.20 | 6.21 | | 5.40 |
| 1.50 | 8.20 | | 6.75 |

## 7-5-5 暫態響應性能準則：最後評論

先前各節所討論的暫態響應性能準則，當它們用於控制系統的設計時，也可當作是暫態響應的設計標準。為了要更有效地設計控制系統，完全瞭解極點在 $s$-平面上的移動是如何影響 PO、上升時間、以及安定時間是很重要的。如圖 7-18 所示，對於 (7-18) 式的原型二-階轉移函數，可知：

- 當極點由原點沿著對角線移動時，由於 $\theta$ 維持固定，故知阻尼比 $\zeta$ 會維持固定，而自然頻率 $\omega_n$ 則會增加。考慮前面各節的性能準則，可知 PO 會維持固定，而 $t_{max}$、$t_r$ 及 $t_s$ 則會下降。
- 當極點由原點垂直向上移動時，系統的自然頻率會增加，而阻尼比則會下降。在此情況下，PO 會增加，同時 $t_{max}$ 與 $t_r$ 也會下降，而 $t_s$ 維持不變。
- 當極點由原點水平向左移動時，由於 $\omega$ 維持不變，系統的自然頻率增加。在此情況下，PO 會增加，同時 $t_{max}$ 與 $t_r$ 也會下降。注意：此時 $t_{max}$ 會維持不變。

由於表示 $t_s$ 的方程式係基於近似值，其值會根據臨界百分比 (例如，2% 或 5%) 而有不同，所以上述在 $s$-平面上的觀察並不一定準確──請參閱範例 7-5-1。

最後，請務必記得，儘管 $y_{max}$、$t_{max}$、$t_d$、$t_r$ 及 $t_s$ 的定義可應用到任意階數的系統，但是阻尼比 $\zeta$ 與自然無阻尼頻率 $\omega_n$ 只能應用到二-階系統，其閉-迴路轉移函數如 (7-18) 式所示。一般來說，$t_d$、$t_r$ 和 $t_s$ 及 $\zeta$ 和 $\omega_n$ 之間的關係只有在相同的二-階系統模型時才成立。

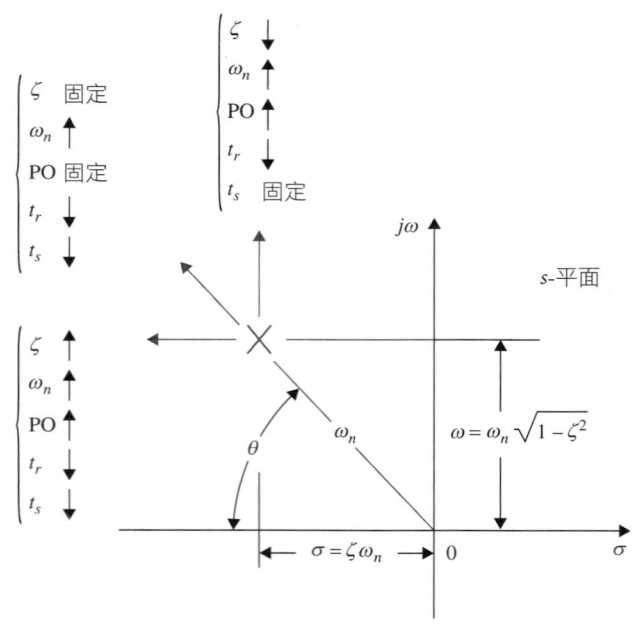

▶ 圖 7-18　極點位置與 $\zeta$、$\omega_n$、PO、$t_r$ 與 $t_s$ 之間的關係。

不過，在假定某些高階極點可以忽略不計之情況下，這些關係可用來衡量可以用二-階系統模型來模擬之更高階的系統模型。

## 範例 7-5-1　直流馬達的位置控制

對於 7-4-3 節所討論的直流馬達之位置控制問題，其方塊圖顯示於圖 7-19，利用範例 7-4-1 的馬達參數來研究控制增益 $K$ 對超越量、上升時間與安定時間的影響。這個範例是直流馬達之位置控制非常重要的一個介紹。

注意：為了要做正確的比較，我們需要確保輸入與輸出訊號有相同的單位。因此，輸入電壓 $E_{in}(s)$ 已經利用輸出感測器增益，即 $K_s$，將之換算成位置 $\Theta_{in}(s)$。所以，利用單位-步階輸入，對於馬達轉軸，我們的目標係為了使其旋轉 1 rad，如圖 7-20 所示。注意：連接到馬達軸的圓盤非常的薄 (無慣量)。在此情況下，對於小的 $L_a$ 而言，馬達的電氣時間常數 $\tau_e = (L_a/R_a)$ 可被忽略不計。因此，簡化的閉-迴路轉移函數為

$$\frac{\Theta_m(s)}{\Theta_{in}(s)} = \frac{\frac{KK_iK_s}{R_aJ}}{s^2 + \left(\frac{R_aB_m + K_iK_b}{R_aJ}\right)s + \frac{KK_iK_s}{R_aJ}} = \frac{\omega_n^2}{(s^2 + 2\zeta\omega_n s + \omega_n^2)} \tag{7-53}$$

其中，$K_s$ 為感測增益，為本例中，增益 $K_s = 1$ 的電位計。由於 (7-53) 式為二-階系統，可得

$$2\zeta\omega_n = \frac{R_aB_m + K_iK_b}{R_aJ} \tag{7-54}$$

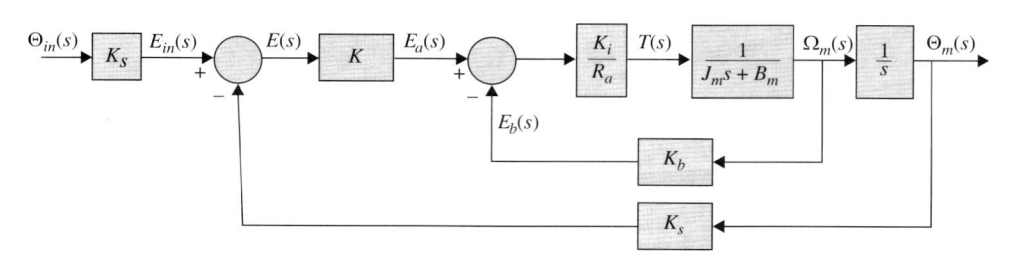

▶ 圖 7-19　電樞-控制型直流馬達之位置控制的方塊圖。

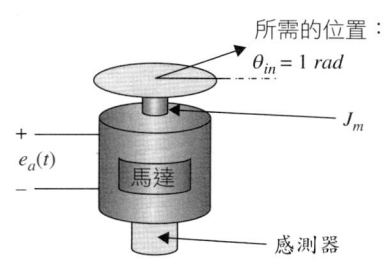

▶ 圖 7-20　電樞-控制型直流馬達所需的位置。

$$\omega_n^2 = \frac{KK_iK_s}{R_aJ} \tag{7-55}$$

> 利用 MATLAB 可求出 PO、上升時間、以及安定時間,將游標指到圖上的期望的位置,再按右鍵,便可顯示 x 與 y 值。

對於所給定的馬達與位置感測器,所有參數皆為已知,唯一的變動項為放大增益 $K$——即控制器增益。基於不同的 $K$ 值,我們可以直接改變 $\omega_n$,而 $\sigma = \zeta\omega_n$ 維持不變。因此,$\zeta$ 會間接地改變。對於正的 $K$ 值,不管響應形式為何 (例如,臨界阻尼或欠阻尼),系統的終值為 $\theta_{fv} = 1$,這意味著其輸出會跟隨著輸入改變 (試回想一下,我們係使用單位-步階輸入)。表 7-4 描述三個 $K$ 值下的馬達性能表現。利用工具盒 7-5-1,便可求得這些情況下馬達的響應,如圖 7-21 所示。如圖所示的,實際的 PO 和 $t_{max}$ 與表 7-4 所求出的數值完全吻合,而上升時間與安定時間則和表 7-4 求出的數值相近。

根據這些結果,我們觀察到:當 $K$ 下降時,阻尼比 $\zeta$ 會下降,而自然頻率 $\omega_n$ 會增加。因此,當 $K$ 增加時,系統的 PO 會增大,導致上升時間 $t_r$ 加速 (即 $t_r$ 變小)。以此例來說,5% 的安

■表 7-4　三個控制器增益 $K$ 值的馬達性能表現

| 控制器增益 $K$ | 阻尼比 $\zeta$ | 自然頻率 $\omega_n$ | 響應 |
|---|---|---|---|
| $K = 1.0$ | $\zeta = 1.0$ | | 臨界阻尼 |
| $K = 2.0$ | $\zeta = 0.707$ | $\omega_n = 844.8$ rad/s | 欠阻尼 <br><br> $5\% \, t_s = \dfrac{4.5\zeta}{\omega_n} = 0.0038$ s $\quad \zeta > 0.69$ <br><br> 注意:安定時間發生於超越量 (PO < 5) 之前 <br><br> $2\% \, t_s = \dfrac{4}{\zeta\omega_n} = 0.0067$ s $\quad 0 < \zeta < 0.9$ <br><br> $t_r = \dfrac{1 - 0.4167\zeta + 2.917\zeta^2}{\omega_n} = 0.0026$ s $\quad 0 < \zeta < 1$ <br><br> $t_{max} = \dfrac{\pi}{\omega_n\sqrt{1-\zeta^2}} = 0.0053$ s <br><br> $PO = 100e^{-\pi\zeta/\sqrt{1-\zeta^2}} = 4.3$ |
| $K = 4.0$ | $\zeta = 0.5$ | $\omega_n = 1{,}194.8$ rad/s | 欠阻尼 <br><br> $5\% \, t_s = \dfrac{3.2}{\zeta\omega_n} = 0.0054$ s $\quad 0 < \zeta < 0.69$ <br><br> $2\% \, t_s = \dfrac{4}{\zeta\omega_n} = 0.0067$ s $\quad 0 < \zeta < 0.9$ <br><br> $t_r = \dfrac{1 - 0.4167\zeta + 2.917\zeta^2}{\omega_n}$ $\quad 0 < \zeta < 1$ <br><br> $= 0.0013$ s <br><br> $t_{max} = \dfrac{\pi}{\omega_n\sqrt{1-\zeta^2}} = 0.003$ s <br><br> $PO = 100e^{-\pi\zeta/\sqrt{1-\zeta^2}} = 16.3$ |

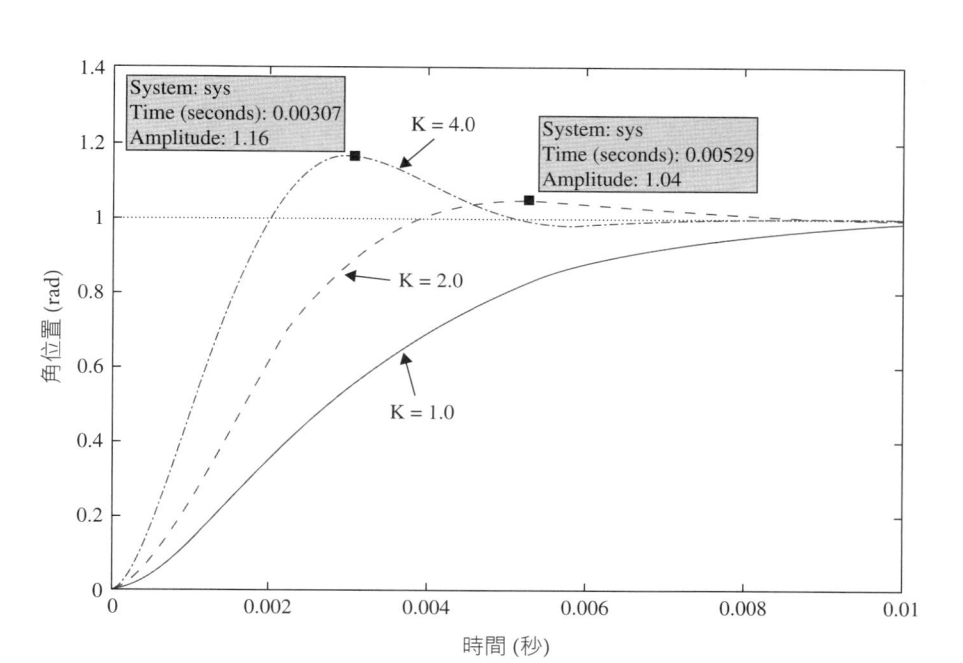

▶圖 7-21　範例 7-5-1 直流馬達對於單位-步階輸入之控制器增益的三個數值 K 的位置控制響應。

定時間會隨著 K 值一同增大，和前一節 s-平面的觀察結果相反。這是因為當 $\zeta$ 大於 0.69 時，超越量會低於 5%，並且安定時間小於 $t_{max}$。然而，對於 2% 安定時間而言，其值維持固定且會大於 $t_{max}$，這結果與先前章節的 s-平面的觀察結果相符。

### 工具盒 7-5-1

利用 MATLAB 求出範例 7-5-1 的位置響應。

```
clear all
ks=19.826;ra=5.0;ki=9.0;kb=0.0636;jm=0.0001;bm=0.005; %enter system parameters
k=1; %enter controller gain
num = [k*ki*ks/(ra*jm)]; %transfer function numerator
den = [1 (ki*kb+ra*bm)/(ra*jm) k*ki*ks/(ra*jm)];%transfer function denominator
omn=sqrt(k*ki*ks/(ra*jm)) % display the natural frequency value
zeta=((ki*kb+ra*bm)/(ra*jm))/(2*sqrt(k*ki*ks/(ra*jm))) % display the damping ratio value
step(num,den)%apply a unit step input
hold on;
k=2;%change controller gain value
num = [k*ki*ks/(ra*jm)]; %transfer function numerator
den = [1 (ki*kb+ra*bm)/(ra*jm) k*ki*ks/(ra*jm)];%transfer function denominator
omn=sqrt(k*ki*ks/(ra*jm)) % display the natural frequency value
zeta=((ki*kb+ra*bm)/(ra*jm))/(2*sqrt(k*ki*ks/(ra*jm))) % display the damping ratio value
step(num,den)
k=4;%change controller gain value
num = [k*ki*ks/(ra*jm)]; %transfer function numerator
den = [1 (ki*kb+ra*bm)/(ra*jm) k*ki*ks/(ra*jm)];%transfer function denominator
omn=sqrt(k*ki*ks/(ra*jm)) % display the natural frequency value
zeta=((ki*kb+ra*bm)/(ra*jm))/(2*sqrt(k*ki*ks/(ra*jm))) % display the damping ratio value
step(num,den)
```

```
xlabel('Time')
ylabel('Angular Position (rad)')
```

## 7-6 穩態誤差

大多數控制系統的目的之一為：在穩態時，系統輸出響應可準確地追隨著一特定參考信號。例如，一個取置式機械手臂必須能夠精確地在必要的位置停住，以便拾起或放置一個物件 (在附錄 A 中，我們提供有取置式機械手臂的實例)。在實際系統中，由於存在有摩擦和其它的缺點，以及系統的內在組成，輸出響應的穩態值很少能正確地接近參考輸入值。因此，在控制系統中幾乎都會有穩態誤差。在設計問題中，其中一個目的就是必須使穩態誤差保持至最小值，或讓誤差低於某一容忍值。同時，暫態響應也必須滿足某種規格。

控制系統的準確度要求完全視系統的控制目的而定。例如，電梯最後位置的準確度遠小於太空望遠鏡指向控制的準確度，太空望遠鏡位置控制的準確度通常以微弧單位來衡量。

### 7-6-1 穩態誤差的定義

**單位-回授系統**

單位-回授控制系統的誤差定義成**輸入**與**輸出**之間的差。對於如圖 7-22 所示的閉-迴路系統而言，系統的誤差定義成

$$e(t) = r(t) - y(t) \tag{7-56}$$

其中，輸入 $r(t)$ 即為輸出 $y(t)$ 所要追蹤的訊號。注意：(7-56) 式中所有參數都具有**相同的單位**或維度 (例如：伏特、公尺等)。以本例來說，輸入 $r(t)$ 即為熟知的**參考訊號**，它就是輸出所想要達成的值。如圖 7-22 所示，在拉氏域中的誤差為

$$E(s) = R(s) - Y(s) \tag{7-57}$$

或

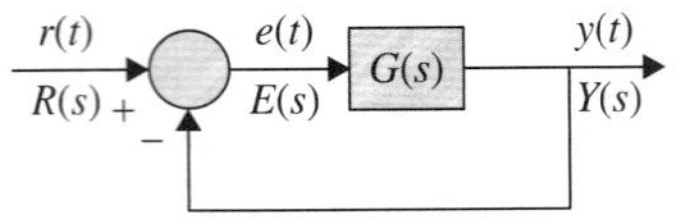

▶ 圖 7-22　單位-回授控制系統中的誤差。

$$E(s) = \left(\frac{1}{1+G(s)}\right)R(s) \tag{7-58}$$

**穩態誤差**定義成穩定狀態下的誤差值，或是誤差的終值。亦即，

> **穩態誤差**定義為誤差於穩定狀態下的值。

$$e_{ss} = \lim_{t \to \infty} e(t) = \lim_{s \to 0} sE(s) \tag{7-59}$$

對於單位-回授系統，穩態誤差可由 (7-59) 式求得

$$e_{ss} = \lim_{s \to 0} sE(s) = \lim_{s \to 0} s\left(\frac{1}{1+G(s)}\right)R(s) \tag{7-60}$$

## 非單位-回授系統

考慮圖 7-23 中的非單位-回授系統，其中 $r(t)$ 為輸入 (但是並非參考訊號)、$u(t)$ 為致動訊號、$b(t)$ 為回授訊號，以及 $y(t)$ 為輸出。在此情況下，(7-57) 式中的誤差公式並不適用，因為輸入與輸出可能**不具有相同的單位**或**維度**。為了要對建立正確的誤差公式，首先我們必須對參考訊號有清楚的概念。從第三章與本節稍早的討論中，對於一個穩定的系統而言，穩態輸出將會追蹤參考訊號。任意時間的系統誤差就是參考訊號與輸出之間的差。為了要建立參考訊號，我們要修改圖 7-23 的系統，首先分解出回授增益 $H(s)$，如圖 7-24 所示。系統中的誤差即為輸出與期望的輸出值 (或是**參考訊號**) 之差。在此情況下，拉氏域的參考訊號為 $R(s)\,G_1(s)$，如圖 7-24 所示。很明顯地，$G_1(s)$ 的值與 $1/H(s)$ 相關，並且可以用圖 7-23 原系統的時間響應特性為基礎來求得。顯然地，參考訊號係基於給定的輸入來反映期望的系統輸出值，並且它無法包含因 $H(s)$ 而引起的額外的**暫態**行為。

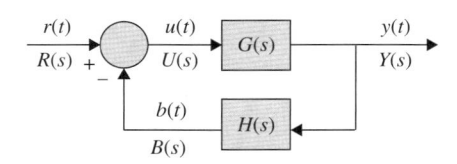

▶ **圖 7-23** 非單位-回授控制系統。

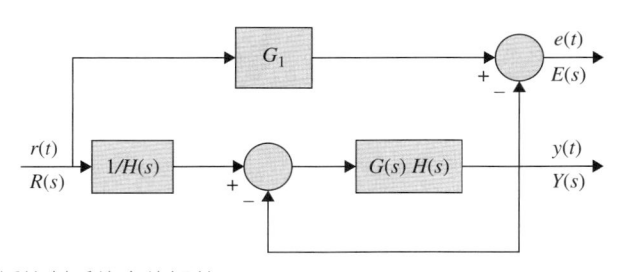

▶ **圖 7-24** 非單位-回授控制系統中的誤差。

透過本節末的範例，參考訊號的概念便會更加清晰；根據 $H(s)$ 的值，可區分為兩種可能的情況。

**案例一**：$G_1(s) = \dfrac{1}{\lim_{s \to 0} H(s)} = 1/H(0) = $ 常數 　　　　(7-61)

此即表示 $H(s)$ 在 $s = 0$ 不能存在極點。因此，參考訊號變為

$$\text{參考訊號} = R(s)[1/H(0)] = R(s)G_1(s) \tag{7-62}$$

**案例二**：$H(s)$ 在 $s = 0$ 有 $N$-階零點

$$G_1(s) = \left(\frac{1}{s^N}\right)\frac{1}{\lim_{s \to 0}[H(s)/s^N]} = \frac{1}{s^N K_H} \tag{7-63}$$

$$\text{參考訊號} = \frac{R(s)}{s^N K_H} = R(s)G_1(s) \tag{7-64}$$

在這兩個情況下，<u>拉氏轉換域中的誤差訊號</u>變成

$$E(s) = \text{參考訊號} - Y(s) = R(s)G_1(s) - Y(s) \tag{7-65}$$

即

$$E(s) = \left(G_1(s) - \frac{Y(s)}{R(s)}\right)R(s) = \left(G_1(s) - \frac{G(s)}{1+G(s)H(s)}\right)R(s) \tag{7-66}$$

在非單位-回授系統的情況下，穩態誤差可由 (7-66) 式求出如下：

$$e_{ss} = \lim_{s \to 0} sE(s) = \lim_{s \to 0} s\left(G_1(s) - \frac{G(s)}{1+G(s)H(s)}\right)R(s) \tag{7-67}$$

我們也可以將圖 7-24 的方塊圖重新整理成單位-回授系統，使之能夠利用 (7-60) 式作為穩態誤差的定義。這個作法可以藉由建構一個足以模擬圖 7-24 之系統的等效單位-回授系統來達成。為此，我們令非單位-回授系統的誤差方程式與等效之單位-回授系統的誤差相等。亦即，

$$E(s) = \left(\frac{1}{1+G_{eq}(s)}\right)R(s) = \left(\frac{G_1(s) + G_1(s)G(s)H(s) - G(s)}{1+G(s)H(s)}\right)R(s) \tag{7-68}$$

為了讓上述式子成立，則需

$$G_{eq}(s) = \left(\frac{[1+G(s)H(s)][1-G_1(s)]+G(s)}{G_1(s)[1+G(s)H(s)]-G(s)}\right) \tag{7-69}$$

▶ 圖 7-25　圖 7-23 非單位-回授系統之等效單位-回授控制系統表示法。

其中，(7-65) 式的等效系統現在便可以表示成如圖 7-25 所示之單位-回授的形式。若 $H(s) = 1$，則 $G_1(s) = 1$，表示 $G_{eq} = G$。因此，圖 7-22 與圖 7-25 的兩個系統變成相同的。

### 範例 7-6-1

在圖 7-22 所示之系統，其順向-路徑及閉-迴路轉移函數如下所示。系統假設為單位回授，所以 $H(s) = 1$，因此我們可利用 (7-60) 式來計算誤差。

$$G(s) = \frac{5(s+1)}{s^2(s+12)(s+5)} \tag{7-70}$$

$$M(s) = \frac{G(s)}{1+G(s)} = \frac{5(s+1)}{s^4+17s^3+60s^2+5s+5} \tag{7-71}$$

$M(s)$ 之極點全都在 $s$-平面左半邊。因此，系統為穩定。由三種基本輸入型態所造成的穩態誤差估算如下：

單位-步階輸入：

$$e_{ss} = \lim_{s \to 0} sE(s) = \lim_{s \to 0} s\left(\frac{1}{1+G(s)}\right)R(s) = \lim_{s \to 0} s\left(\frac{s^4+17s^3+60s^2}{s^4+17s^3+60s^2+5s+5}\right)\left(\frac{1}{s}\right) = 0 \tag{7-72a}$$

單位-斜坡輸入：

$$e_{ss} = \lim_{s \to 0} s\left(\frac{s^4+17s^3+60s^2}{s^4+17s^3+60s^2+5s+5}\right)\left(\frac{1}{s^2}\right) = 0 \tag{7-72b}$$

單位-拋物線輸入：

$$e_{ss} = \lim_{s \to 0} s\left(\frac{s^4+17s^3+60s^2}{s^4+17s^3+60s^2+5s+5}\right)\left(\frac{1}{s^3}\right) = \frac{60}{5} = 12 \tag{7-72c}$$

### 範例 7-6-2

考慮圖 7-23 之非單位-回授系統，其轉移函數如下：

$$G(s) = \frac{1}{s^2(s+12)} \quad H(s) = \frac{5(s+1)}{s+5} \tag{7-73}$$

因為 $H(s)$ 在 $s = 0$ 並沒有零點，我們可以用 (7-61) 式所示之案例一的情境來計算誤差——亦即，$G_1(s) = 1/H(0) = 1$。因此，圖 7-23 中的 $r(t)$ 為參考訊號。閉-迴路轉移函數為

$$M(s) = \frac{Y(s)}{R(s)} = \frac{G(s)}{1+G(s)H(s)} = \frac{s+5}{s^4+17s^3+60s^2+5s+5} \tag{7-74}$$

利用 (7-67) 式，針對三種基本輸入型態，可以求得系統的穩態誤差為

單位-步階輸入：

$$\begin{aligned} e_{ss} &= \lim_{s \to 0} sE(s) = \lim_{s \to 0} s[1-M(s)]R(s) = \lim_{s \to 0} s\left(1 - \frac{s+5}{s^4+17s^3+60s^2+5s+5}\right)\left(\frac{1}{s}\right) \\ &= \lim_{s \to 0} s\left(\frac{s^4+17s^3+60s^2+4s}{s^4+17s^3+60s^2+5s+5}\right)\left(\frac{1}{s}\right) = 0 \end{aligned} \tag{7-75}$$

單位-斜坡輸入：

$$\begin{aligned} e_{ss} &= \lim_{s \to 0} sE(s) = \lim_{s \to 0} s[1-M(s)]R(s) \\ &= \lim_{s \to 0} s\left(\frac{s^4+17s^3+60s^2+4s}{s^4+17s^3+60s^2+5s+5}\right)\left(\frac{1}{s^2}\right) = 0.8 \end{aligned} \tag{7-76}$$

單位-拋物線輸入：

$$\begin{aligned} e_{ss} &= \lim_{s \to 0} sE(s) = \lim_{s \to 0} s[1-M(s)]R(s) \\ &= \lim_{s \to 0} s\left(\frac{s^4+17s^3+60s^2+4s}{s^4+17s^3+60s^2+5s+5}\right)\left(\frac{1}{s^3}\right) = \infty \end{aligned} \tag{7-77}$$

同樣重要的是，也可以求出系統的時間響應，以輸入和輸出的差來計算穩態誤差，並與上述剛求得的結果相比較。加入單位-步階、單位-斜坡，及單位-拋物線輸入至 (7-74) 式所描述的系統，並取 $Y(s)$ 的反拉氏轉換，可得輸出為

單位-步階輸入：

$$\begin{aligned} y(t) = &1 - 0.00056e^{-12.05t} - 0.0001381e^{-4.886t} \\ &- 0.9993e^{-0.0302t}\cos 0.2898t - 0.1301e^{-0.0302t}\sin 0.2898t \quad t \geq 0 \end{aligned} \tag{7-78}$$

因此，參考輸入為單位-步階，且由引導項來看，$y(t)$ 的穩態值也為 1，因此穩態誤差為零。

單位-斜坡輸入：

$$\begin{aligned} y(t) = &t - 0.8 + 4.682 \times 10^{-5} e^{-12.05t} + 2.826 \times 10^{-5} e^{-4.886t} \\ &+ 0.8e^{-0.0302t}\cos 0.2898t - 3.365e^{-0.0302t}\sin 0.2898t \quad t \geq 0 \end{aligned} \tag{7-79}$$

因此，參考輸入為單位-斜坡 $tu_s(t)$，$y(t)$ 的穩態成分為 $t - 0.8$，故知針對單位-斜坡的穩態誤差為 0.8。

單位-拋物線輸入：

$$y(t) = 0.5t^2 - 0.8t - 11.2 - 3.8842 \times 10^{-6} e^{-12.05t} - 5.784 \times 10^{-6} e^{-4.886t}$$
$$+ 11.2 e^{-0.0302t} \cos 0.2898t + 3.9289 e^{-0.0302t} \sin 0.2898t \quad t \geq 0 \tag{7-80}$$

因此，參考輸入為單位-拋物線輸入 $t^2 u_s(t)/2$，$y(t)$ 的穩態成分為 $0.5t^2 - 0.8t - 11.2$。所以，穩態誤差為 $0.8t + 11.2$，此值隨時間趨近無窮大時，而會變成無限大。

假設我們改變轉移函數 $H(s)$，使得

$$G(s) = \frac{1}{s^2(s+12)} \quad H(s) = \frac{10(s+1)}{s+5} \tag{7-81}$$

因此

$$G_1 = \frac{1}{\lim_{s \to 0} H(s)} = 1/2 \tag{7-82}$$

閉-迴路轉移函數為

$$M(s) = \frac{Y(s)}{R(s)} = \frac{G(s)}{1+G(s)H(s)} = \frac{s+5}{s^4 + 17s^3 + 60s^2 + 10s + 10} \tag{7-83}$$

由三種基本輸入型態造成的系統穩態誤差計算如下：

單位-步階輸入：

利用 (7-83) 式的 $M(s)$ 求解輸出，可得

$$y(t) = 0.5 u_s(t) + \text{暫態項} \tag{7-84}$$

因此，$y(t)$ 的穩態值為 $0.5$，以及因為 $G_1 = 1/2$ ($= 1/K_H$)，故知由單位-步階輸入造成的穩態誤差為零。

單位-斜坡輸入：

系統的單位-斜坡響應可寫成

$$y(t) = [0.5t - 0.4] u_s(t) + \text{暫態項} \tag{7-85}$$

因為當 $t$ 到達無窮大時，暫態項將會消失，故知單位-斜坡輸入造成的穩態誤差為 $0.4$。

單位-拋物線輸入：

$$y(t) = [0.25t^2 - 0.4t - 2.6] u_s(t) + \text{暫態項} \tag{7-86}$$

因此，穩態誤差為 $0.4t + 2.6$，其值會隨時間而增加。

## 範例 7-6-3

考慮圖 7-23 之非單位-回授系統，其轉移函數為

$$G(s) = \frac{1}{s^2(s+12)} \quad H(s) = \frac{10s}{s+5} \tag{7-87}$$

其中，$H(s)$ 在 $s = 0$ 存在一個零點。因此，

$$G_1(s) = \left(\frac{1}{s}\right)\frac{1}{\lim_{s\to 0}H(s)} = \frac{1}{2s} \tag{7-88}$$

所以，

$$參考訊號 = \frac{R(s)}{2s} \tag{7-89}$$

閉-迴路轉移函數為

$$M(s) = \frac{Y(s)}{R(s)} = \frac{s+5}{s^4 + 17s^3 + 60s^2 + 10s} \tag{7-90}$$

針對單位-步階輸入，由 (7-67) 式便可求得穩態誤差。

單位-步階輸入：

$$\begin{aligned}
e_{ss} &= \lim_{s\to 0} sE(s) = \lim_{s\to 0} s\left[\frac{1}{2s} - M(s)\right]R(s) \\
&= \lim_{s\to 0} s\left(\frac{1}{2s} - \frac{s+5}{s^4+17s^3+60s^2+10s}\right)\left(\frac{1}{s}\right) \\
&= \lim_{s\to 0} s\left(\frac{s^4+17s^3+58s^2}{2s^5+34s^4+120s^3+20s^2}\right)\left(\frac{1}{s}\right) = \frac{58}{20} = 2.9
\end{aligned} \tag{7-91}$$

要驗證此結果，則需利用 (7-90) 式之閉-迴路轉移函數求出單位-步階響應。步階響應為

$$y(t) = (0.5t - 2.9)u_s(t) + 暫態項 \tag{7-92}$$

由 (7-92) 式，參考訊號為 $0.5tu_s(t) = 0.5t$，故知穩態誤差為 2.9。當然，在拉氏域中參考訊號為一斜坡函數 $1/2s^2$，與一開始在 (7-89) 式所選擇的一樣。

## 範例 7-6-4　直流馬達的速率控制

在 7-4-2 節所討論的**速率控制**直流馬達系統，在沒有負載且馬達電氣時間常數很小時，其方塊圖如圖 7-25 所示。在此情況下，因為 $r(t)$ 與 $\omega_m(t)$ 的維度不相同，遵照案例一的 (7-61) 式，我們可以根據參考訊號 $r(t)/K_t$ 來求算誤差。這樣等效於引進角速率 $\omega_{in}(t)$ 作為輸入，如圖 7-26 所示，增益為 $K_t$ (此例中的轉速計增益)，使得 $\omega_{in}(t) = r(t)/K_t$。這也意味著輸入與輸出有相同的單位與維度。因此，**參考訊號**為**期望的速率**，而不是輸入電壓 $r(t)$。

將圖 7-26 的方塊圖簡化，可得出系統最終的單位-回授表示圖，如圖 7-22 所示，其中系統的開-迴路轉移函數為

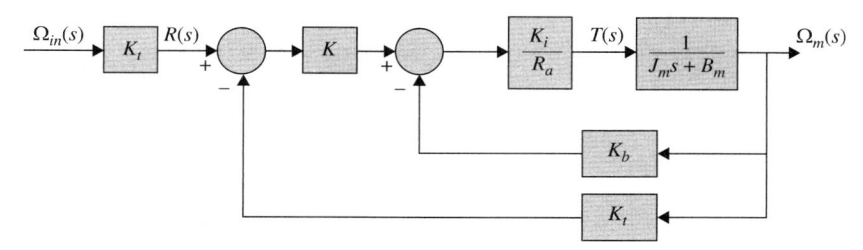

▶ 圖 7-26  直流馬達的速率控制方塊圖。

$$G(s) = \frac{\dfrac{K_t K_i K}{R_a J_m}}{s + \left(\dfrac{K_i K_b + R_a B_m}{R_a J_m}\right)} \tag{7-93}$$

系統的角速率可以用輸入表示成

$$\Omega_m(s) = \frac{\dfrac{K_t K_i K}{R_a J_m}}{s + \left(\dfrac{K_i K_b + R_a B_m + K_t K_i K}{R_a J_m}\right)} \Omega_{in}(s) \tag{7-94}$$

其中

$$\tau_c = \frac{R_a J_m}{K_i K_b + R_a B_m + K_t K_i K} \tag{7-95}$$

為系統的時間常數。我們也注意到：(7-94) 式中的系統對任意 $K > 0$ 時，永遠處於**穩定**。最後，系統對於參考訊號為 $\Omega_{in}(s) = 1/s$ 時的響應為

$$\omega_m(t) = \frac{K_t K_i K}{K_i K_b + R_a B_m + K_t K_i K}(1 - e^{-t/\tau_c}) \tag{7-96}$$

角速率輸出的終值為

$$\omega_{fv} = \lim_{s \to 0} s\Omega_m(s) = \lim_{s \to 0} s\left(\frac{G(s)}{1+G(s)}\right)\frac{1}{s} = \frac{K_t K_i K}{K_i K_b + R_a B_m + K_t K_i K} \tag{7-97}$$

而穩態誤差則可求出為

$$e_{ss} = \lim_{s \to 0} sE(s) = \lim_{s \to 0} s\left(\frac{1}{1+G(s)}\right)\frac{1}{s} = \frac{K_i K_b + R_a B_m}{K_i K_b + R_a B_m + K_t K_i K} \tag{7-98}$$

對於 $H(s) = K_t = 1$ (這僅代表感測器輸出被校準成可將 1 rad/s 顯示為 1 V)，選用來自範例 7-4-1 的系統參數，可知

$$G(s) = \frac{18{,}000K}{(s+1194.8)} \tag{7-99}$$

■ 表 7-5　三個不同控制器增益值的系統時間常數與穩態速率誤差——對已知的單位-步階輸入

| 控制器增益 $K$ | 穩態誤差 $e_{ss}$ | 系統時間常數 $\tau_c = \dfrac{R_a J_m}{K_t K_b + R_a B_m + K_t K_i K}$ |
|---|---|---|
| 0.1 | 0.3990 rad/s | $\tau_c = 3.3391 \times 10^{-4}$ s |
| 1.0 | 0.0622 rad/s | $\tau_c = 5.2097 \times 10^{-5}$ s |
| 10.0 | 0.0066 rad/s | $\tau_c = 5.5189 \times 10^{-6}$ s |

角速率輸出的終值為

$$\omega_{fv} = \lim_{s \to 0} s\Omega_m(s) = \lim_{s \to 0} s \left( \frac{G(s)}{1+G(s)} \right) \frac{1}{s} = \frac{18{,}000K}{1194.8 + 18{,}000K} \tag{7-100}$$

而從 (7-98) 式求出的穩態誤差為

$$e_{ss} = \lim_{s \to 0} sE(s) = \lim_{s \to 0} s \left( \frac{1}{1+G(s)} \right) \frac{1}{s} = \frac{1194.8}{1194.8 + 18{,}000K} \tag{7-101}$$

如表 7-5 所示，對於單位-步階輸入 (1 rad/s)，增加控制器增益 $K$ 可使穩態誤差與系統時間常數值同時下降。對於不同 $K$ 值，系統的單位-步階時間響應顯示於圖 7-27。實際上，由於會有放大器飽和或施加電壓超過馬達輸入容量的緣故，將會存在著一個能增加 $K$ 值到多大的限制。

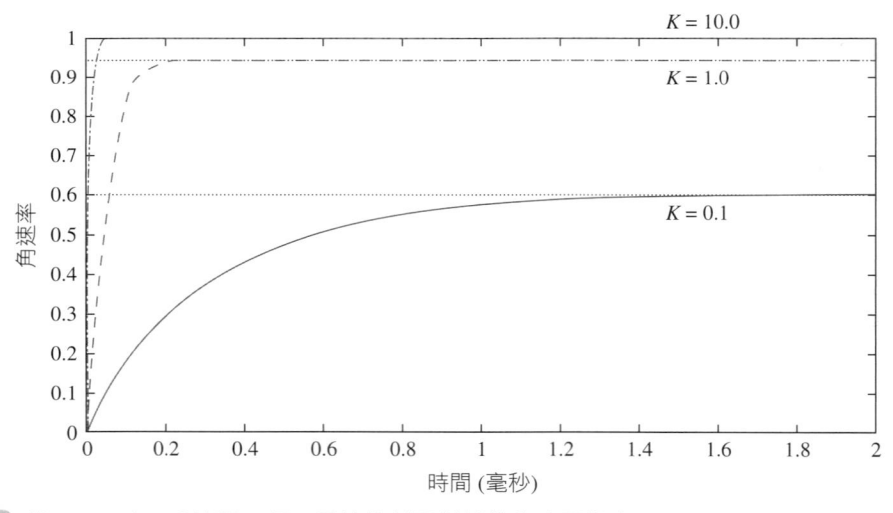

▶ 圖 7-27　當 $K_t = 1$ 時，系統對三個不同的控制器增益值的時間響應。

### 工具盒 7-6-1

利用 MATLAB 求解範例 7-6-4 速率響應。

```
clear all
ra=5.0;ki=9.0;kb=0.0636;jm=0.0001;bm=0.005;
```

```
for k=[0.1 1 10]
num = [ki*k/(ra*jm)];
den = [1 (ki*kb+ra*bm+ki*k)/(ra*jm)];
step(num,den)
hold on;
end
xlabel('Time')
ylabel('Angular Speed (rad/s)')
```

## 7-6-2 具有干擾之系統的穩態誤差

並非所有的系統誤差都是針對由輸入所引起的響應來加以定義。圖 7-28 顯示之單位-回授系統，除了輸入 $R(s)$ 外，也存在一個干擾 $D(s)$。因為 $D(s)$ 單獨作用，所造成的輸出也可能被視為誤差。如 4-1-4 節所討論的，干擾通常透過施加負擔在控制器/致動器元件上，進而對控制系統的性能產生不利影響。在設計系統一個適當的控制器之前，瞭解 $D(s)$ 對系統的影響總是十分的重要。

對於圖 7-28 的系統，利用重疊原理，輸出可以用輸入 $R(s)$ 與干擾 $D(s)$ 表示，而寫成如下的形式：

$$Y_{\text{total}} = \left.\frac{Y(s)}{R(s)}\right|_{D=0} R(s) + \left.\frac{Y(s)}{D(s)}\right|_{R=0} D(s)$$

$$Y(s) = \frac{G_1 G_2}{1+G_1 G_2} R(s) + \frac{-G_2}{1+G_1 G_2} D(s) \tag{7-102}$$

以及誤差為

$$E(s) = \frac{1}{1+G_1 G_2} R(s) + \frac{-G_2}{1+G_1 G_2} D(s) \tag{7-103}$$

系統的**穩態誤差**定義成

$$e_{ss} = \lim_{s \to 0} sE(s) = \lim_{s \to 0} s \frac{1}{1+G_1 G_2} R(s) + \lim_{s \to 0} s \frac{-G_2}{1+G_1 G_2} D(s) \tag{7-104}$$

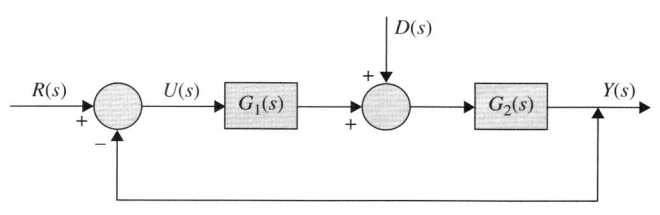

▶ **圖 7-28** 有干擾作用之系統的方塊圖。

其中

$$e_{ss}(R) = \lim_{s \to 0} s \frac{1}{1+G_1G_2} R(s) \tag{7-105}$$

以及

$$e_{ss}(D) = \lim_{s \to 0} s \frac{-G_2}{1+G_1G_2} D(s) \tag{7-106}$$

分別為參考輸入與干擾所造成的穩態誤差。

**觀察**

若干擾訊號是位於順向-路徑上,則 $e_{ss}(R)$ 與 $e_{ss}(D)$ 有相同的分母。在穩態下,$e_{ss}(D)$ 分子的負號顯示干擾訊號對系統性能產生負面影響。當然,為了補償這個負擔,控制系統必須改變穩態時的系統性能。

### 範例 7-6-5　具有干擾之直流馬達的速率控制

接續範例 7-6-4,我們現在加上一個干擾轉矩 $T_L$ 到馬達的速率控制上,如圖 7-29 所示。注意:為了要利用 (7-60) 式來計算穩態誤差,增益 $K_t$ 被移到順向-路徑上以建立單位-回授系統——比較圖 7-29 與圖 7-26 即可。化簡圖 7-29 的方塊圖,可得出

$$\Omega_m(s) = \frac{\dfrac{K_tK_iK}{R_aJ_m}}{s + \left(\dfrac{K_tK_b + R_aB_m + K_tK_iK}{R_aJ_m}\right)} \Omega_{in}(s)$$

$$- \frac{\dfrac{1}{J_m}}{s + \left(\dfrac{K_tK_b + R_aB_m + K_tK_iK}{R_aJ_m}\right)} T_L(s) \tag{7-107}$$

對於單位-步階輸入 $\Omega_{in}(s) = 1/s$ 及單位干擾轉矩 $T_L = 1/s$,輸出變為

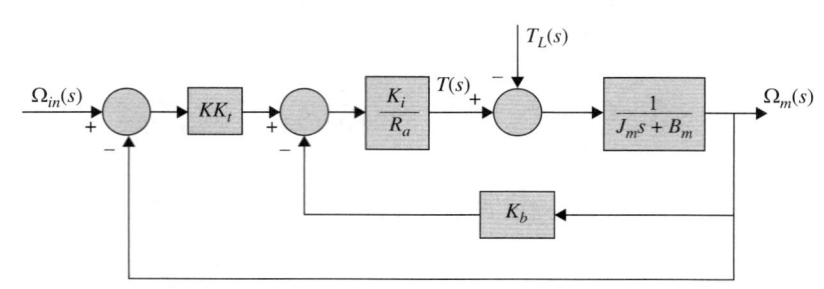

▶ 圖 7-29　直流馬達速率控制之方塊圖。

$$\omega_m(t) = \frac{KK_iK_t}{R_aJ_m}\tau_c(1-e^{-t/\tau_c}) - \frac{\tau_c}{J_m}(1-e^{-t/\tau_c}) \tag{7-108}$$

其中，$\tau_c = \dfrac{R_aJ_m}{K_iK_b + R_aB + K_tK_iK}$ 為系統的時間常數。此情況下的穩態響應與穩態誤差為

$$\omega_{fv} = \left(\frac{KK_iK_t}{K_iK_b + R_aB_m + K_tK_iK} - \frac{R_a}{K_iK_b + R_aB_m + K_tK_iK}\right) \tag{7-109a}$$

$$e_{ss}(\Omega_{in}) = \frac{K_iK_b + R_aB_m}{K_iK_b + R_aB_m + K_iK} \tag{7-109b}$$

$$e_{ss}(T_L) = \frac{R_a}{K_iK_b + R_aB_m + K_tK_iK} \tag{7-109c}$$

如同先前範例 7-6-4，當 $K$ 增加時，由輸入與干擾訊號所造成的穩態誤差也會下降。

## 7-6-3　控制系統的型式：單位-回授系統

考慮具有單位-回授的控制系統，它可以表示成或簡化成圖 7-22 所示之方塊圖，其中 $H(s) = 1$。系統的穩態誤差可寫成

$$\begin{aligned}e_{ss} &= \lim_{t\to\infty}e(t) = \lim_{s\to 0}sE(s) \\ &= \lim_{s\to 0}\frac{sR(s)}{1+G(s)}\end{aligned} \tag{7-110}$$

> 穩態誤差 $e_{ss}$ 會依控制系統的型式而變。

顯然地，$e_{ss}$ 取決於 $G(s)$ 之特性。更明確地說，我們可以證明 $e_{ss}$ 與 $G(s)$ 在 $s = 0$ 處之極點數目有關。此一數目即為控制系統的型式，或簡稱**系統型式** (system type)。

利用順向-路徑轉移函數 $G(s)$ 的型式便可正式地來界定出系統型式。為方便起見，$G(s)$ 可表示為

$$G(s) = \frac{K(s+z_1)(s+z_2)\cdots}{s^j(s+p_1)(s+p_2)\cdots} \tag{7-111}$$

系統的型式和 $G(s)$ 在 $s = 0$ 處之極點的階次有關。因此，若圖 7-30 之閉-迴路系統具有如 (7-111) 式所示的順向-路徑轉移函數時，則系統的型式為 $j$，其中 $j = 0, 1, 2, \dots$。分子與分

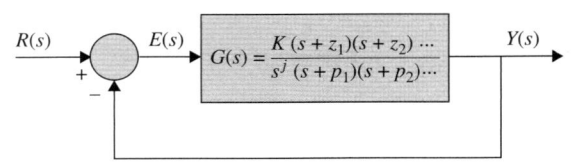

▶ **圖 7-30**　用來定義系統型式之單位-回授控制系統。

母的總項數及各係數值對系統型式並不重要,系統型式只與 $G(s)$ 在 $s = 0$ 處的極點數目有關。下列的範例說明參照於 $G(s)$ 形式的系統型式。

### 範例 7-6-6

下列的轉移函數,其方塊圖示於圖 7-30,系統型式定義如下:

$$G(s) = \frac{K(1+0.5s)}{s(1+s)(1+2s)(1+s+s^2)} \quad 型式\ 1 \tag{7-112}$$

$$G(s) = \frac{K(1+2s)}{s^3} \quad 型式\ 3 \tag{7-113}$$

現在,我們要來研究不同型態的輸入對穩態誤差的效應。在此將只考慮步階、斜坡與拋物線輸入。

## 7-6-4 誤差常數

### 具有斜坡輸入函數之系統的穩態誤差

對於圖 7-22 的單位-回授控制系統,當輸入 $r(t)$ 是大小為 $R$ 的步階函數時,即 $R(s) = R/s$,由 (7-60) 式可知,其穩態誤差可寫成

$$e_{ss} = \lim_{s \to 0} \frac{sR(s)}{1+G(s)} = \lim_{s \to 0} \frac{R}{1+G(s)} = \frac{R}{1+\lim_{s \to 0} G(s)} \tag{7-114}$$

為方便起見,定義

$$K_p = \lim_{s \to 0} G(s) \tag{7-115}$$

為**步階-誤差常數** (step-error constant),則 (7-114) 式變成

$$e_{ss} = \frac{R}{1+K_p} \tag{7-116}$$

當 $K_p$ 為有限值且不為零時,由步階輸入所引起的典型的 $e_{ss}$,如圖 7-31 所示。由 (7-116) 式知,當輸入為步階函數時,若要使 $e_{ss}$ 為零,則 $K_p$ 必須為無限大。若以 (7-111) 式來描述 $G(s)$,$K_p$ 應為無限大,則 $j$ 必須至少等於 1;亦即 $G(s)$ 至少必須有一極點位在 $s = 0$ 處。因此,可將步階函數輸入所造成的穩態誤差綜合於下:

$$型式\ 0\ 的系統:e_{ss} = \frac{R}{1+K_p} = 常數$$

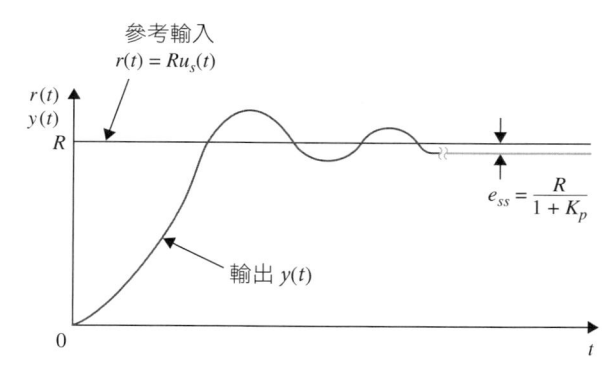

<figure>
圖 7-31 步階輸入所引起的典型穩態誤差。
</figure>

型式 1 或更高的系統：$e_{ss} = \infty$

## 具有斜坡輸入函數之系統的穩態誤差

對於圖 7-22 單位-回授控制系統，當其輸入是大小為 R 的斜坡函數時，即

$$r(t) = Rtu_s(t) \tag{7-117}$$

其中 R 為常數，則 $r(t)$ 的拉氏轉換為

$$R(s) = \frac{R}{s^2} \tag{7-118}$$

利用 (7-60) 式，穩態誤差可寫為

$$e_{ss} = \lim_{s \to 0} \frac{R}{s + sG(s)} = \frac{R}{\lim_{s \to 0} sG(s)} \tag{7-119}$$

在此定義**斜坡-誤差常數** (ramp-error constant) 為

$$K_v = \lim_{s \to 0} sG(s) \tag{7-120}$$

則 (7-119) 式可寫成

$$e_{ss} = \frac{R}{K_v} \tag{7-121}$$

這就是當輸入為斜坡函數時的穩態誤差。當 $K_v$ 為有限值且不為零時，由斜坡輸入所引起的典型的 $e_{ss}$，如圖 7-32 所示。

(7-121) 式表示：當輸入為斜坡函數時，若要使 $e_{ss}$ 為零，則 $K_v$ 必須為無限大。利用

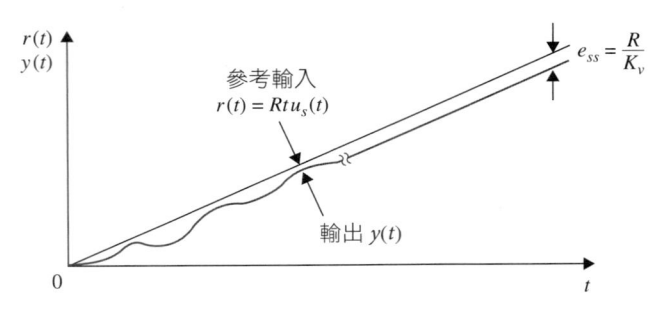

▶ 圖 7-32　斜坡-函數所引起的典型穩態誤差。

(7-120) 式和 (7-111) 式，可得到

$$K_v = \lim_{s \to 0} sG(s) = \lim_{s \to 0} \frac{K}{s^{j-1}} \quad j = 0,1,2,\ldots \tag{7-122}$$

因此，為了要 $K_v$ 為無窮大，$j$ 至少必須等於 2，或系統必須是型式 2 或更高的系統關於具有斜坡輸入的系統，其穩態誤差可以敘述成下列的結論：

型式 0 的系統：$e_{ss} = \infty$

型式 1 的系統：$e_{ss} = \dfrac{R}{K_v} =$ 常數

型式 2 或更高的系統：$e_{ss} = 0$

## 具有拋物線函數輸入之系統的穩態誤差

當輸入為標準的拋物線形式時，

$$r(t) = \frac{Rt^2}{2} u_s(t) \tag{7-123}$$

取 $r(t)$ 之拉氏轉換為

$$R(s) = \frac{R}{s^3} \tag{7-124}$$

圖 7-22 之系統的穩態誤差為

$$e_{ss} = \frac{R}{\lim_{s \to 0} s^2 G(s)} \tag{7-125}$$

圖 7-33 所示是由拋物線函數輸入所造成之系統典型的 $e_{ss}$，其中 $K_a$ 為有限值且不為零。

將拋物線-誤差常數 (parabolic-error constant) 定義為

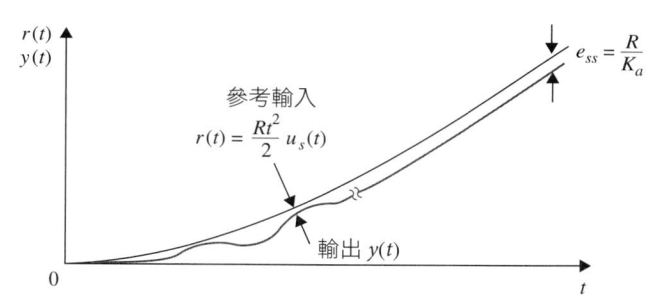

▶ 圖 7-33　拋物線-函數輸入所引起的典型穩態誤差。

$$K_a = \lim_{s \to 0} s^2 G(s) \tag{7-126}$$

則穩態誤差變成

$$e_{ss} = \frac{R}{K_a} \tag{7-127}$$

依照步階和斜坡輸入的模式，若系統為型式 3 或更高時，由拋物線輸入所引起的穩態誤差為零。下列的結論是拋物線輸入時，系統的穩態誤差：

型式 0 的系統：　　$e_{ss} = \infty$

型式 1 的系統：　　$e_{ss} = \infty$

型式 2 的系統：　　$e_{ss} = \dfrac{R}{K_a} = $ 常數

型式 3 或更高的系統：$e_{ss} = 0$

很明顯地，這些結果要成立的話，閉-迴路系統一定要**穩定**才行。

利用所描述的方法，如果有需要時，皆可用相同方法推導出階數比拋物線-函數來得高之輸入訊號對於任何線性閉-迴路系統所造成的穩態誤差。作為穩態誤差分析的摘要，表 7-6 列出誤差常數、系統型式 [詳見 (7-111) 式] 及輸入類型之間的關係。

作為總結，應用剛剛所討論的誤差常數分析時，應注意以下的事項：

1. 在誤差分析時，步階-、斜坡-，以及拋物線-誤差常數，只有在輸入分別為步階函數、斜坡函數，以及拋物線函數時才有意義。
2. 由於誤差常數是根據順向-路徑轉移函數 $G(s)$ 來定義，此一方法只適用於如圖 7-22 所示之單位-回授的系統組態。由於誤差分析是依據拉氏轉換之終值定理，因此必須先查看 $sE(s)$ 是否有任何極點位在 $j\omega$-軸上或右半 $s$-平面內。
3. 表 7-6 所整理之穩態誤差特性只適用於單位-回授的系統。
4. 當系統的輸入是上面三種基本輸入函數的線性組合時，其穩態誤差可以由個別輸入所

■ 表 7-6　步階-、斜坡-，以及拋物線-函數輸入所造成之單位-回授系統的穩態誤差摘要

| 系統型式 | 誤差常數 | | | 穩態誤差 $e_{ss}$ | | |
|---|---|---|---|---|---|---|
| | | | | 步階輸入 | 斜坡輸入 | 拋物線輸入 |
| $j$ | $K_p$ | $K_v$ | $K_a$ | $\dfrac{R}{1+K_p}$ | $\dfrac{R}{K_v}$ | $\dfrac{R}{K_a}$ |
| 0 | $K$ | 0 | 0 | $\dfrac{R}{1+K}$ | $\infty$ | $\infty$ |
| 1 | $\infty$ | $K$ | 0 | 0 | $\dfrac{R}{K}$ | $\infty$ |
| 2 | $\infty$ | $\infty$ | $K$ | 0 | 0 | $\dfrac{R}{K}$ |
| 3 | $\infty$ | $\infty$ | $\infty$ | 0 | 0 | 0 |

造成誤差來疊加合成。

5. 當系統組態並非如圖 7-22 [且 $H(s) = 1$] 所示時，則可對系統加以簡化成如圖 7-22 之形式，或者可以找出誤差訊號再用終值定理求解。而此處所定義之誤差常數是否適用，則需視個別情形而定。

當穩態誤差為無窮大，即誤差會隨時間而持續地增加時，誤差常數法無法顯示誤差如何隨時間變化。此為誤差常數法的缺點之一。誤差常數法亦不能用於弦波輸入訊號，因為終值定理在此處無法使用。以下範例會說明誤差常數的用法，以及它們於求取單位-回授控制系統之穩態誤差時的價值。

### 範例 7-6-7

考慮如圖 7-22 之 $H(s) = 1$ 的系統，其轉移函數如下所示。利用三種基本輸入型態之誤差常數，試求誤差常數和穩態誤差。

(a) $G(s) = \dfrac{K(s+3.15)}{s(s+1.5)(s+0.5)}$　　$H(s)=1$　型式 1 系統

步階輸入：步階-誤差常數 $K_p = \infty$　　$e_{ss} = \dfrac{R}{1+K_p} = 0$

斜坡輸入：斜坡-誤差常數 $K_v = 4.2K$　　$e_{ss} = \dfrac{R}{K_v} = \dfrac{R}{4.2K}$

拋物線輸入：拋物線-誤差常數 $K_a = 0$　　$e_{ss} = \dfrac{R}{K_a} = \infty$

這些結果只有在 $0 < K < 1.304$ 時，閉-迴路系統才穩定。

(b) $G(s) = \dfrac{K}{s^2(s+12)}$   $H(s) = 1$   型式 2 系統

對於所有 $K$ 值，閉-迴路系統均為不穩定，故誤差分析無意義。

(c) $G(s) = \dfrac{5(s+1)}{s^2(s+12)(s+5)}$   $H(s) = 1$   型式 2 系統

此閉-迴路系統為穩定，因此對三種基本型態的輸入，其穩態誤差為

步階輸入：步階-誤差常數 $K_p = \infty$   $e_{ss} = \dfrac{R}{1+K_p} = 0$

斜坡輸入：斜坡-誤差常數 $K_v = \infty$   $e_{ss} = \dfrac{R}{K_v} = 0$

拋物線輸入：拋物線-誤差常數 $K_a = 1/12$   $e_{ss} = \dfrac{R}{K_a} = 12R$

## 7-6-5　由非線性系統元件所造成的穩態誤差

　　控制系統中大多數穩態誤差是由某些非線性系統特性所造成的，如非線性摩擦或死區。例如，在實際應用時，控制系統中所使用的放大器，其輸入-輸出特性曲線可能如圖 7-34 所示，則當放大器的輸入訊號落於死區時，放大器的輸出就會是零，此時若有誤差，則將無法控制來改正誤差。如圖 7-34 之死區非線性特性並不只限於放大器，電動馬達磁場的磁通對電流的關係也有類似特性。當馬達電流落於死區 D 之下，則無磁通。因此也沒有轉矩產生，用以移動負載。

　　控制系統中所用的數位元件，如微處理機，其輸出訊號是離散式的或量化的位階，此性質的量化特性說明示於圖 7-35。若量化器的輸入落在 $\pm q/2$ 內，則其輸出為零，所以系統的誤差是 $\pm q/2$。這一類的誤差就是數位控制系統的量化誤差。

　　當涉及實體物件的控制時，摩擦現象總是無法避免。庫倫摩擦是控制系統導致穩態位置誤差的常見因素。圖 7-36 為控制系統之恢復轉矩-對-位置的變化曲線。一般而言，此種轉矩曲線可由步進馬達、切換式磁阻馬達，或是由具位置編碼器的閉-迴路系統所產生。0

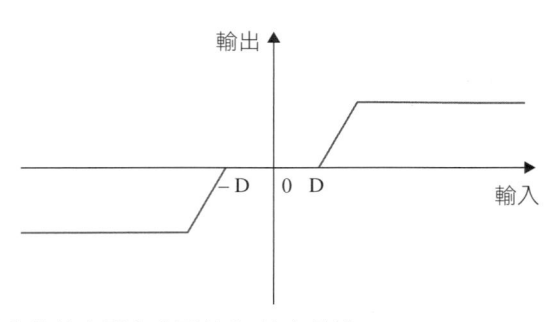

▶圖 7-34　具有死區與飽和的放大器之典型輸入-輸出特性。

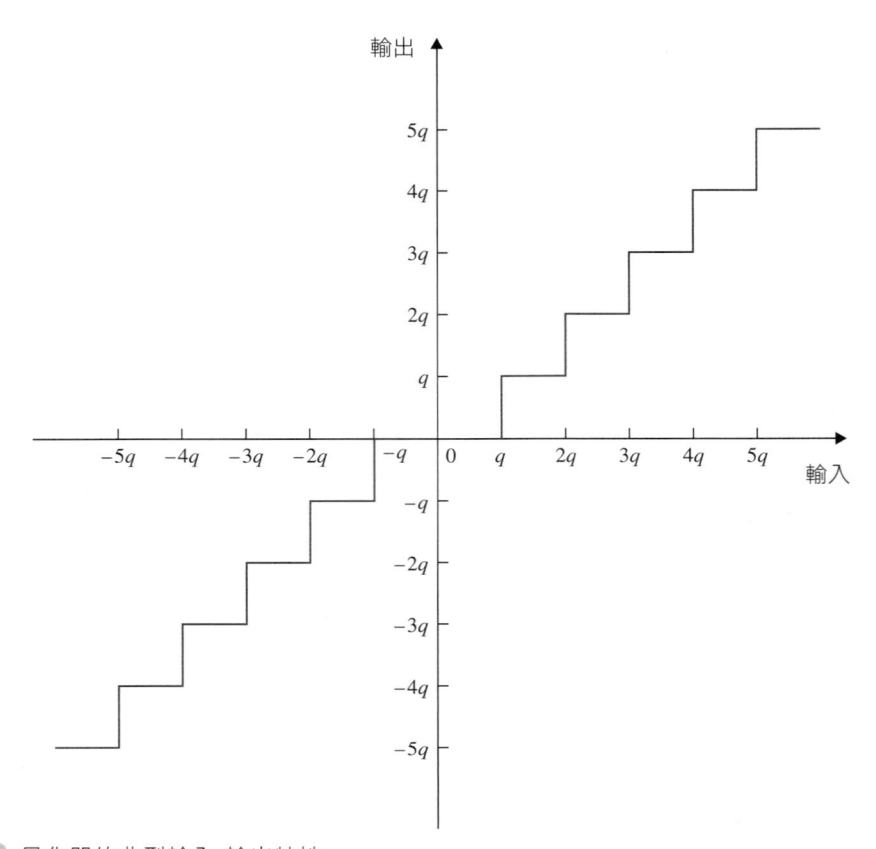

▶圖 7-35　量化器的典型輸入-輸出特性。

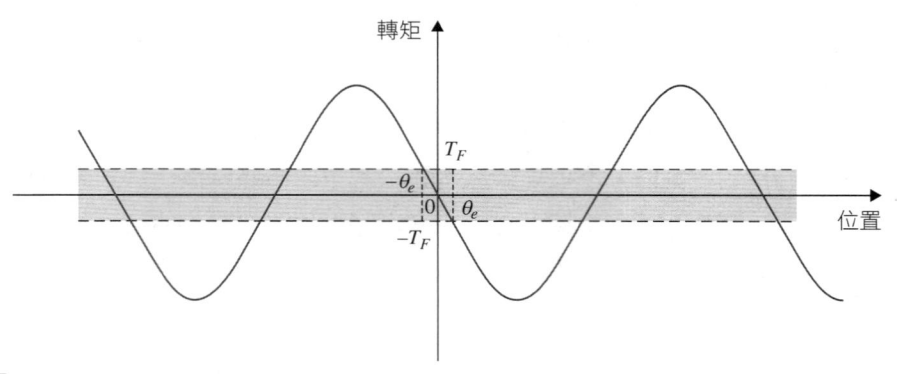

▶圖 7-36　具有庫倫摩擦的馬達或閉-迴路系統的轉矩-角度曲線。

點表示轉矩曲線的穩定平衡點，同時沿著水平軸也存在有其它週期性的交越點，這些點的轉矩曲線斜率均為負的。0 點左、右邊的轉矩代表一種恢復轉矩，即當有角位移干擾發生時，企圖使轉子轉到平衡點的恢復轉矩。如果沒有摩擦，則位置誤差為零。因為只要位置不在平衡點上，便會存在一恢復轉矩，使其回到平衡點。若馬達轉子有庫倫摩擦轉矩 $T_F$

存在，則馬達轉矩必須先克服這個摩擦轉矩才能產生任何動作。因此，當轉子位置接近穩定平衡點時，馬達轉矩會降到 $T_F$ 以下。因此，馬達可能會停止在圖 7-36 的斜線區域內 (即 $\pm\theta_e$) 任意位置。

雖然理解非線性對誤差的影響及建立誤差最大上限值並不難，但建立非線性系統的通用及閉合形式的解並不容易。一般來說，非線性控制系統誤差的詳細精確分析，只能依靠電腦模擬來完成。

因此，我們必須瞭解在真實世界中並不存在無誤差的控制系統，且因所有實際系統常具有或多或少的非線性特性，故穩態誤差雖可降低，但卻無法完全消除。

## 7-7 基本控制系統與加入極點及零點至轉移函數的效應

到目前為止，在先前範例中我們所討論的控制系統，其控制器通常是具有常數增益 $K$ 的簡易放大器。由於控制器輸出的控制訊號與控制器的輸入有著簡單的比例常數關係，這類型的控制動作被稱為**比例控制** (proportional control)。

直觀來看，除了比例操作之外，也可以利用輸入訊號的微分與積分。因此，我們可以考慮更一般的連續-資料控制器，其包含的元件有加法器或總和器 (加法或減法)、放大器、衰減器、微分器及積分器——更多的細節詳見 6-1 節與第十一章。舉例來說，其中一種最為熟知的控制器實例為 PID 控制器，代表**比例** (proportional)、**積分** (integral)、以及**微分** (derivative)。PID 控制器中的積分與微分元件擁有單獨性能表現的功能，故知整個控制器的應用有賴於對這些元件之基礎概念的瞭解。

總而言之，這些控制器的作用就是將額外的極點與零點加到整體系統的開-或閉-迴路轉移函數中。因此，首先很重要的是要瞭解將極點與零點加到轉移函數所造成的影響。我們會證明——雖然特性方程式的根，即—閉-迴路轉移函數的極點，會影響線性非時變控制系統的暫態響應，特別是穩定度——但是，當轉移函數有零點時，這些零點的影響也很重要。因此，要達成令人滿意的控制系統時域性能，則通常需要加入極點及零點和/或消去轉移函數中不想要的極點及零點。

在本節中，我們將會證明把極點和零點加到順向-路徑與閉-迴路轉移函數上時，它們對於閉-迴路系統的暫態響應有著不同的影響。

### 7-7-1 加入極點至順向-路徑轉移函數：單位-回授系統

為了研究加入一個極點 (和其相關位置) 至單位-回授系統之順向-路徑轉移函數的影響，考慮下列轉移函數：

$$G(s) = \frac{\omega_n^2}{s(s+2\zeta\omega_n)(1+T_p s)} \tag{7-128}$$

位於 $s = -1/T_p$ 的極點可視為是被加到原型二-階轉移函數，則閉-迴路系統的轉移函數為

$$M(s) = \frac{Y(s)}{R(s)} = \frac{G(s)}{1+G(s)} = \frac{\omega_n^2}{T_p s^3 + (1+2\zeta\omega_n T_p)s^2 + 2\zeta\omega_n s + \omega_n^2} \tag{7-129}$$

表 7-7 所示為當 $\omega_n = 1$、$\zeta = 1$ 及 $T_p = 0$、1、2 與 5 時之閉-迴路系統的極點。當 $T_p$ 的數值增加時，**開-迴路**增加一個極點於 $s$-平面上的 $-1/T_p$ 處**並往原點移動**，造成閉-迴路系統擁有往原點移動的一對共軛複數極點。圖 7-37 說明了閉-迴路系統的單位-步階響應。當 $T_p$ 的數值增加時，開-迴路增加一個極點位於 $s$-平面上的 $-1/T_p$ 處**並往原點移動**，並且**最大超越量增加**。這些響應也顯示增加的極點，會**增加**步階響應的**上升時間**。

從圖 7-38 的單位-步階響應可以得出相同的結論，這些結論係針對 $\omega_n = 1$、$\zeta = 0.25$ 及 $T_p = 0$、0.2、0.667 與 1.0 時求得。在本例中，當 $T_p$ 大於 0.667 時，單位-步階響應的振幅會隨時間而增加，故知系統為**不穩定**。

一般來說，順向-路徑轉移函數加入一個極點通常會對閉-迴路系統有增加最大超越量的影響。

本主題更詳細的討論，請參閱 7-9 節的個案研究。

■表 7-7 　當 $\omega_n = 1$、$\zeta = 1$ 及 $T_p = 0$、1、2 與 5 時，(7-129) 式中閉-迴路系統的極點

| $T_p$ | | 極點 | |
|---|---|---|---|
| 0 | 原型二-階系統 | $s_1 = -1$ | $s_2 = -1$ |
| 1 | $s_1 = -2.32$ | $s_2 = -0.34 + j\,0.56$ | $s_3 = -0.34 - j\,0.56$ |
| 2 | $s_1 = -2.14$ | $s_2 = -0.18 + j\,0.45$ | $s_3 = -0.18 - j\,0.45$ |
| 5 | $s_1 = -2.05$ | $s_2 = -0.07 + j\,0.30$ | $s_3 = -0.07 - j\,0.30$ |

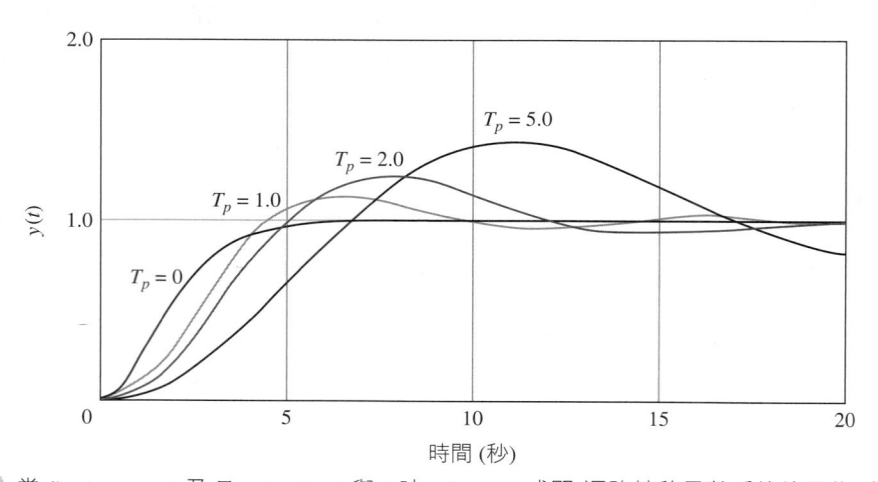

▶圖 7-37 　當 $\zeta = 1$、$\omega_n = 1$ 及 $T_p = 0$、1、2 與 5 時，(7-129) 式閉-迴路轉移函數系統的單位-步階響應。

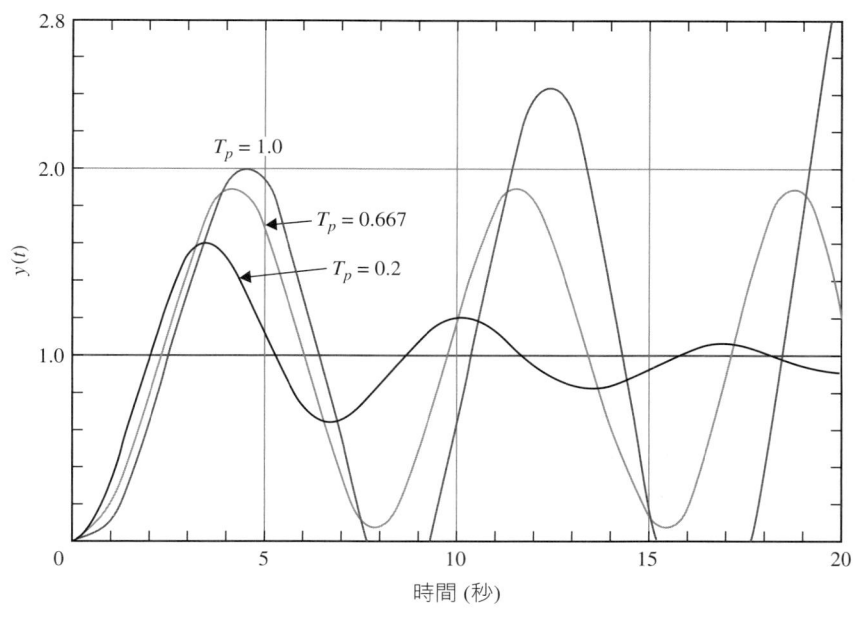

▶ 圖 7-38　閉-迴路轉移函數為 (7-129) 式的系統之單位-步階響應：$\zeta = 0.25$、$\omega_n = 1$ 及 $T_p = 0$、0.2、0.667 和 1.0。

### 工具盒 7-7-1

圖 7-37 所對應的響應可以透過下列的 MATLAB 函式求得：

```
clear all
w=1; l=1;
for Tp=[0 1 2 5];
t=0:0.001:20;
num = [w];
den = [Tp 1+2*l*w*Tp 2*l*w w^2];
roots(den)
step(num,den,t);
hold on;
end
xlabel('Time(secs)')
ylabel('apos;y(t)')
title('Unit-step responses of the system')
```

圖 7-38 所對應的響應可以透過下列的 MATLAB 函式求得：

```
clear all
w=1;l=0.25;
for Tp=[0,0.2,0.667,1];
t=0:0.001:20;
num = [w];
den = [Tp 1+2*l*w*Tp 2*l*w w^2];
step(num,den,t);
hold on;
end
```

```
xlabel('Time(secs)')
ylabel('y(t)')
title('Unit-step responses of the system')
```

## 7-7-2 加入極點至閉-迴路轉移函數

因為閉-迴路轉移函數的極點為特性方程式的根，它們直接控制系統的暫態響應。考慮閉-迴路轉移函數

$$M(s)=\frac{Y(s)}{R(s)}=\frac{\omega_n^2}{(s^2+2\zeta\omega_n s+\omega_n^2)(1+T_p s)} \quad (7\text{-}130)$$

其中，$(1+T_p s)$ 項被加到一個原型二-階轉移函數上。表 7-8 所示為閉-迴路系統在 $\omega_n = 1$、$\zeta = 0.5$，及 $T_p$ 分別為 0、0.5、1、2 和 4 時之極點。當 $T_p$ 的數值增加時，**閉-迴路**增加一個位於 s-平面上 $-1/T_p$ 處，並且會**往原點移動**的極點。圖 7-39 展示了閉-迴路系統的單位-步階響應。當位於 $s = -1/T_p$ 處的極點往 s-平面的**原點移動**時，**上升時間會增加**，且**最大超越量會減少**。因此，當談到超越量時，將極點加到閉-迴路轉移函數正好與加到順向-路徑轉移函數的影響相反。

對於 $T_p < 2$，實數極點的數值小於共軛複數極點的實數部分。然而，當 $T_p > 2$ 時，實數極點相較於複數極點更為靠近原點。如同稍後的 7-8 節討論的，後者的情況下之實數極點的主控性較複數極點小；而前者的情況控制了響應，進而造成超越量減少。

### 工具盒 7-7-2

圖 7-39 所對應的響應可以透過下列的 MATLAB 函式求得：

```
clear all
w=1;l=0.5;
for Tp=[0 0.5 1 2 4];
t=0:0.001:15;
num = [w^2];
den = conv([1 2*l*w w^2],[Tp 1]);
step(num,den,t);
hold on;
end
xlabel('Time(secs)')
ylabel('y(t)')
title('Unit-step responses of the system')
```

## 7-7-3 加入零點至閉-迴路轉移函數

考慮下述增加零點之閉-迴路轉移函數：

$$M(s)=\frac{Y(s)}{R(s)}=\frac{\omega_n^2(1+T_z s)}{(s^2+2\zeta\omega_n s+\omega_n^2)} \quad (7\text{-}131)$$

■表 7-8　當 $\omega_n = 1$、$\zeta = 0.5$ 及 $T_p = 0$、0.5、1、2 與 4 時，(7-130) 式中閉-迴路系統的極點

| $T_p$ | | 極點 | |
|---|---|---|---|
| 0 | 原型二-階系統 | $s_1 = -0.5 + j\,0.87$ | $s_2 = -0.5 - j\,0.87$ |
| 0.5 | $s_1 = -2$ | $s_2 = -0.5 + j\,0.87$ | $s_3 = -0.5 - j\,0.87$ |
| 1 | $s_1 = -1$ | $s_2 = -0.5 + j\,0.87$ | $s_3 = -0.5 - j\,0.87$ |
| 2 | $s_1 = -0.5$ | $s_2 = -0.5 + j\,0.87$ | $s_3 = -0.5 - j\,0.87$ |
| 4 | $s_1 = -0.25$ | $s_2 = -0.5 + j\,0.87$ | $s_3 = -0.5 - j\,0.87$ |

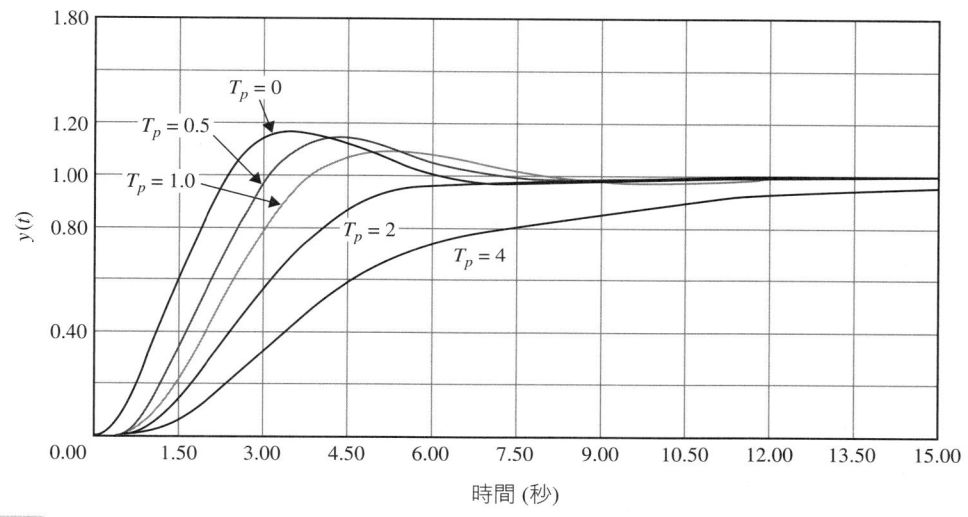

▶ 圖 7-39　閉-迴路轉移函數為 (7-130) 式之系統的單位-步階響應：$\zeta = 0.5$、$\omega_n = 1$ 及 $T_p = 0$、0.5、1.0、2.0 和 4.0。

表 7-9 顯示當 $\omega_n = 1$、$\zeta = 0.5$ 及 $T_z = 0$、0.5、1、3、6 與 10 時，系統的各個根之值。當 $T_z$ 上升，**閉-迴路**增加一個位於 $s$-平面內 $-1/T_z$ 處並**往原點移動**的零點。圖 7-40 顯示閉-迴路系統的單位-步階響應。以本例來說，我們發現將一個**零點加到**閉-迴路系統，會造成步階響應的上升時間減少及**最大超越量增加**。

■表 7-9　當 $\omega_n = 1$、$\zeta = 0.5$ 及 $T_z = 0$、0.5、1、2、6 與 10，(7-131) 式之閉-迴路系統的各個根

| $T_p$ | 零點 | 極點 | |
|---|---|---|---|
| 0 | 原型二-階系統 | $s_1 = -0.5 + j\,0.87$ | $s_2 = -0.5 - j\,0.87$ |
| 0.5 | $s_1 = -2$ | $s_2 = -0.5 + j\,0.87$ | $s_3 = -0.5 - j\,0.87$ |
| 1 | $s_1 = -1$ | $s_2 = -0.5 + j\,0.87$ | $s_3 = -0.5 - j\,0.87$ |
| 2 | $s_1 = -0.5$ | $s_2 = -0.5 + j\,0.87$ | $s_3 = -0.5 - j\,0.87$ |
| 6 | $s_1 = -0.17$ | $s_2 = -0.5 + j\,0.87$ | $s_3 = -0.5 - j\,0.87$ |
| 10 | $s_1 = -0.10$ | $s_2 = -0.5 + j\,0.87$ | $s_3 = -0.5 - j\,0.87$ |

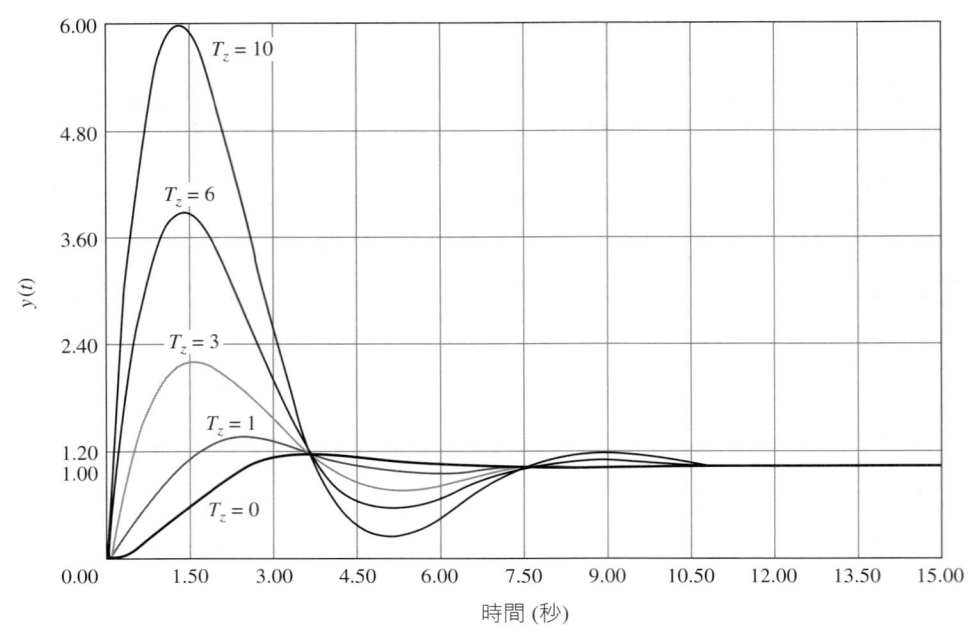

▶ 圖 7-40　閉-迴路轉移函數為 (7-131) 式之系統的單位-步階響應：$T_z = 0$、$1$、$2$、$3$、$6$ 和 $10$。(譯者註：原書此圖並未繪製出 $T_z = 2$ 時的單位-步階響應。)

當 $T_z < 1$ 時，零點的數值小於共軛複數極點的實數部分。然而，當 $T_z > 1$ 時，其相較於複數極點會更靠近原點。如同先前章節，後一種情況下之零點的主控性較複數極點小，而前者的情況控制了響應，進而造成更多的超越量。

將 (7-131) 式寫成下列型式，我們便可以分析其通用的情況：

$$M(s) = \frac{Y(s)}{R(s)} = \frac{\omega_n^2}{s^2 + 2\zeta\omega_n s + \omega_n^2} + \frac{T_z \omega_n^2 s}{s^2 + 2\zeta\omega_n s + \omega_n^2} \tag{7-132}$$

對單位-步階輸入而言，令對應於 (7-132) 式等號右邊第一項的輸出響應為 $y_1(t)$，則全部的單位-步階響應為

$$y(t) = y_1(t) + T_z \frac{dy_1(t)}{dt} \tag{7-133}$$

根據 (7-133) 式，圖 7-41 指出何以加入位於 $s = -1/T_z$ 的零點後，會減少上升時間並增加最大超越量。事實上，當 $T_z$ 增加到無限大時，最大超越量亦會變成無限大。但只要超越量為有限值，且 $\zeta$ 為正值時，則系統仍然**穩定**。

### 7-7-4　順向-路徑轉移函數中加入零點：單位-回授系統

我們考慮將一個位在 $s = -1/T_z$ 的零點加到一個三-階系統的順向-路徑轉移函數，使得

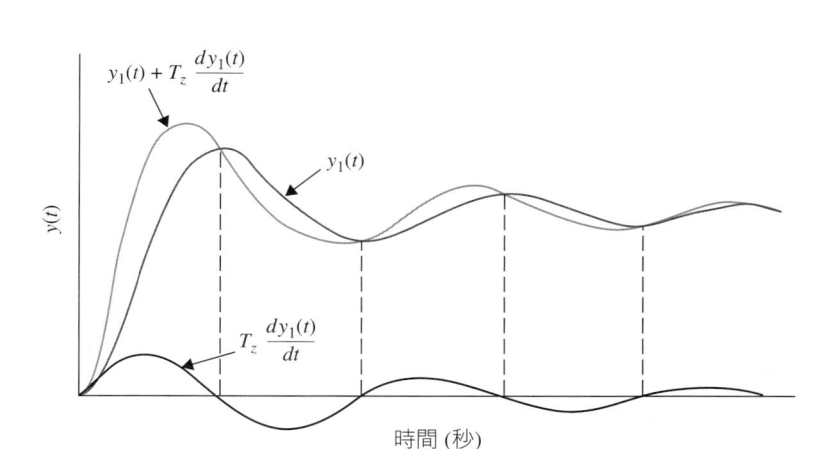

▶ 圖 7-41　說明將一個零點加到閉-迴路轉移函數之影響的單位-步階響應。

$$G(s) = \frac{6(1+T_z s)}{s(s+1)(s+2)} \tag{7-134}$$

閉-迴路轉移函數為

$$M(s) = \frac{Y(s)}{R(s)} = \frac{6(1+T_z s)}{s^3 + 3s^2 + (2+6T_z)s + 6} \tag{7-135}$$

此情況與加一個零點到閉-迴路轉移函數的差別是，$(1 + T_z s)$ 項出現在閉-迴路轉移函數的分子，而 $M(s)$ 的分母也包含了 $T_z$。在 $M(s)$ 之分子的 $(1 + T_z s)$ 會增加最大超越量，但 $T_z$ 出現在分母 s 項的係數，它具有改善阻尼，或減少最大超越量的效應。圖 7-42 展示當 $T_z$ 分別為 0、0.2、0.5、2.0、5.0 和 10 時的單位-步階響應。注意：當 $T_z = 0$ 時，閉-迴路系統

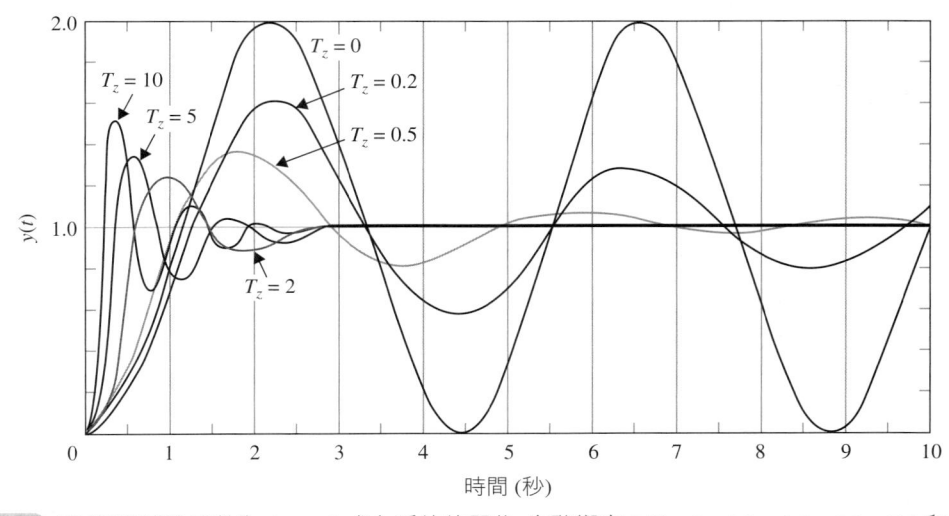

▶ 圖 7-42　閉-迴路轉移函數為 (7-161) 式之系統的單位-步階響應：$T_z = 0$、0.2、0.5、2.0、5.0 和 10。

變成不穩定。當 $T_z = 0.2$ 和 0.5 時，最大超越量減少，主要係因改善了阻尼的緣故。當 $T_z$ 增加超過 2 時，雖然阻尼仍進一步改善，但在分子的 $(1 + T_z s)$ 項變成更具主控性，以致於當 $T_z$ 越增加時，最大超越量越變越大。

從這些討論有一個重要的發現，雖然特性方程式的根通常用於研究有關線性控制系統的相對阻尼和相對穩定度，但是轉移函數的零點對於系統暫態性能的影響亦不能忽略。請參閱下一小節範例 7-7-1 便可瞭解此種情況的另一種處理方式。

### 工具盒 7-7-3

圖 7-42 所對應的響應可以透過下列的 MATLAB 函式求得：

```
clear all
for Tz=[0 0.2 0.5 3 5];
t=0:0.001:15;
num = [6*Tz 6];
den = [1 3 2+6*Tz 6];
step(num,den,t);
hold on;
end
xlabel('Time(secs)')
ylabel('y(t)')
title('Unit-step responses of the system')
```

### 7-7-5 加入極點與零點：控制時間響應的簡介

實際上，我們可以透過加上極點與零點，或是將具有增益常數 $K$ 的簡易放大器加到系統的轉移函數，來控制系統的響應。本章到目前為止，我們討論在時間響應中加上簡單增益所造成的影響──亦即，比例控制。在本節中，除了比例控制操作之外，我們還要探討包含有信號微分或是積分的控制器。

### 範例 7-7-1

考慮二-階模型

$$G_p(s) = \frac{2}{s(s+2)} = \frac{\omega_n^2}{s(s+2\zeta\omega_n)} \tag{7-136}$$

其中，$\omega_n = 1.414$ rad/s 及 $\zeta = 0.707$。順向-路徑轉移函數有兩個極點位於 0 和 −2。圖 7-43 所示為系統的方塊圖。圖中串聯的控制器，會在順向-路徑上加入一個零點，它為比例-微分 (PD) 型，其轉移函數如下：

$$G_c(s) = K_P + K_D s \tag{7-137}$$

在此情況下，已補償系統的順向-路徑轉移函數為

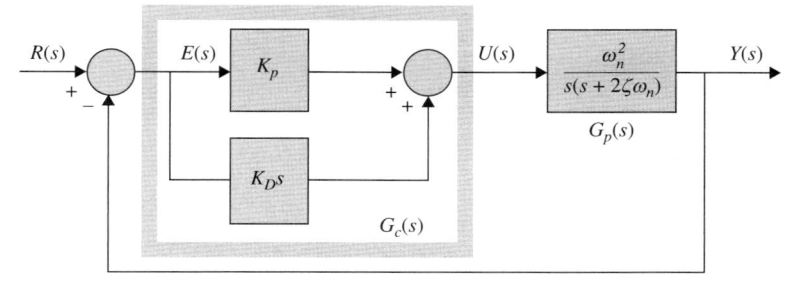

▶ 圖 7-43　含有 PD 控制器的控制系統。

$$G(s) = \frac{Y(s)}{E(s)} = G_c(s)G_p(s) = \frac{\omega_n^2(K_P + K_D s)}{s(s + 2\zeta\omega_n)} \tag{7-138}$$

上式顯示 PD 控制器等效於將位在 $s = -K_P/K_D$ 處之簡單零點加到順向-路徑轉移函數。注意：此控制器並不會影響系統的型式，並且只改變系統的暫態響應。

將 PD 控制器的轉移函數重新寫成

$$G_c(s) = (K_P + K_D s) = K_P(1 + T_z s) \tag{7-139}$$

其中

$$T_z = K_D/K_P \tag{7-140}$$

系統的順向-路徑轉移函數變成

$$G(s) = \frac{Y(s)}{E(s)} = \frac{2K_P(1 + T_z s)}{s(s + 2)} \tag{7-141}$$

閉-迴路轉移函數為

$$\frac{Y(s)}{R(s)} = \frac{2K_P(1 + T_z s)}{s^2 + (2 + 2K_P T_z)s + 2K_P} \tag{7-142}$$

由於暫態響應也會被轉移函數位在 $s = -K_P/K_D$ 的零點影響，我們應可馬上指出 (7-142) 式不再代表原型二-階系統——更詳細的討論請參閱 7-7-4 節。

現在，讓我們來研究控制器增益 $K_P$ 與 $K_D$ 如何影響系統的響應。很明顯地，由於我們可以操控兩個增益，因此這個過程並不是唯一的。在第十一章中，我們將對這個主題做更深入的討論。以本例來說，藉由檢視 $K_P$ 與 $K_D$ 如何影響系統的極點和零點，我們將提供一個簡單的方法。零點的數值固定成會位在順向-路徑轉移函數極點 0 與 $-2$ 之左側的任意位置。若 $T_z$ 太小，(7-142) 式中的系統會收斂成一個原型二-階轉移函數。亦即，

$$\frac{Y(s)}{R(s)} = \lim_{T_z \to 0} \frac{2K_P(1 + T_z s)}{s^2 + (2 + 2K_P T_z)s + 2K_P} = \frac{2K_P}{s^2 + 2s + 2K_P} \tag{7-143}$$

這簡單地說明了一個極大負值的零點，對系統的暫態響應有最小的影響。為了要對零點的

影響加以研究，我們選擇零點位於 $s = -1/T_z = -2.5$，這意味著 $T_z = 0.4$。極點則可以透過特性方程式求出：

$$s^2 + (2 + 2K_pT_z)s + 2K_p = 0 \tag{7-144}$$

即

$$s_{1,2} = -1 - K_pT_z \pm \sqrt{(1 + K_pT_z)^2 - 2K_p} \tag{7-145}$$

表 7-10 所示為當 $K_p$ 從 0 到 7 之間，所選擇的極點值。其結果也在 $s$-平面上被繪製成一個圖形，即為熟知的系統的根軌跡——詳見圖 7-44。根軌跡本質上就是對應於所有 $K_p$ 值時，系統之零點與 (7-145) 式之根的圖形表示。如圖所示，當 $K_p$ 數值改變時，系統的極點會一起移動，並且於 $K_p = 0.9549$ 時，匯集到 $s = -1.38$。然後，極點變成複數且環繞著位於 $s = -2.5$ 的零點。在 $K_p = 6.5463$ 時，它們再次匯集於 $s = -3.64$。當超過此點之後，其中一個極點往位於 $s = -2.5$ 的零點移動，而另一個極點則向左移動。最終，當 $K_p \to \infty$ 時，$s_1 \to \infty$ 及 $s_2 \to -2.5$。

> 因此，在順向-路徑上加入零點會影響系統的超越量與上升時間。如果零點主控性比極點高，儘管振盪減少，同時上升時間也會減少，但超越量仍會上升。若我們選擇零點位於 $s$-平面的更左側，其效應會變得較無主控性。

透過觀察根軌跡及根據先前的討論可知，在 $K_p = 0.9549$ 時，位於 $s = -1.38$ 的兩個極點之主控性較 $s = -2.5$ 的零點大，並且我們可預期會觀察到一個臨界阻尼型式的響應。然而，當 $K_p = 6.5463$ 時，位於 $s = -2.5$ 的零點之主控性較 $s = -1.38$ 的兩個極點大。因此，我們預期會發現更大的超越量，以及更快的上升時間——詳見 7-7-3 節與 7-7-4 節。介於這些數值之間，依位在 $s = -2.5$ 零點造成的影響而定，系統可能會展現出振盪響應。針對所選擇的 $K_p$ 數值，即 $K_p = 0.9549$、1 及 6.5463 時，檢視 (7-142) 式中系統的單位-步階響應即可證實我們上述的 $s$-平面評估。值得注意的是，即使極點為複數時，在本例中零點的效應會大到足以壓制系統的振盪性質。

■表 7-10　當 $T_z = 0.4$ 及 $K_p$ 數值由 0 變化至 7 時，(7-142) 式中閉-迴路系統的根

| $K_p$ | 零點 | 極點 | |
|---|---|---|---|
| 0 | −2.5 | 0 | −2 |
| 0.9549 | −2.5 | −1.38 | −1.38 |
| 1 | −2.5 | $-1.4 + j0.2$ | $-1.4 - j0.2$ |
| 3 | −2.5 | $-2.2 + j1.08$ | $-2.2 - j1.08$ |
| 4 | −2.5 | $-2.6 + j1.11$ | $-2.6 - j1.11$ |
| 5 | −2.5 | $-3 + j$ | $-3 - j$ |
| 6.5 | −2.5 | $-3.6 + j0.2$ | $-3.6 - j0.2$ |
| 6.5463 | −2.5 | −3.64 | −3.64 |
| 6.6 | −2.5 | −3.86 | −3.86 |

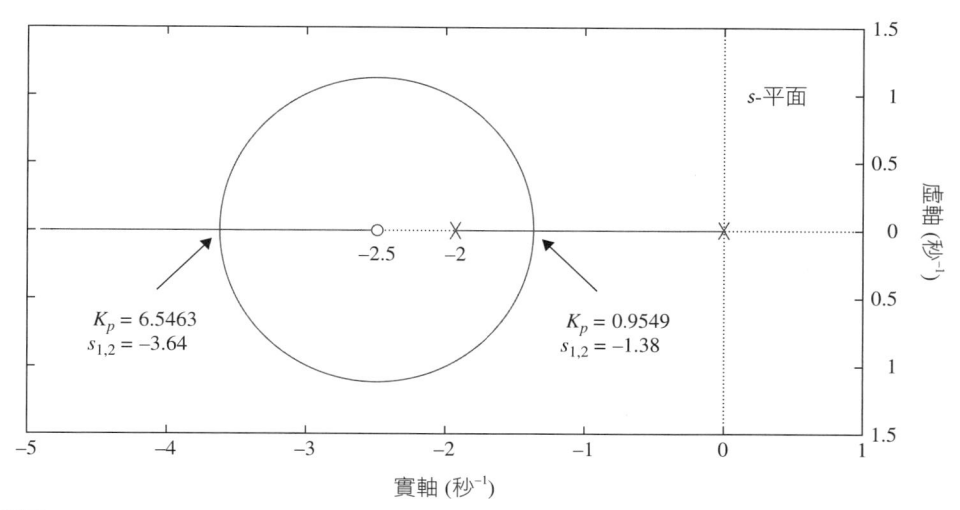

▶ 圖 7-44　當 $K_p$ 數值介於 0 到 ∞ 及 $T_z = 0.4$ 時，代表 (7-142) 式之零點與極點的根軌跡。

### 工具盒 7-7-4

圖 7-45 所對應的響應可以透過下列的 MATLAB 函式求得：

```
clear all
Tz=0.4; % fix the zero
for KP =[0.9549 4 6.5463];% plot three responses
t=0:0.001:5; % time resolution and final limit
num = [2*KP *Tz 2*KP ];
den = [1 2+2*KP *Tz 2*KP ];
step(num,den,t); % plot the responses
hold on;
end
xlabel('Time')
ylabel('y(t)')
title('Unit-step responses of the system')
```

圖 7-44 所對應的響應可以透過下列的 MATLAB 函式求得：

```
clear all
Tz=0.4; % fix the zero
KP =0.001; % start from a very small KP value.
num = [2*KP *Tz 2*KP];
den = [1 2+2*KP *Tz 2*KP];
rlocus(num,den); % find and plot the root locus
```

### 範例 7-7-2

考慮下列的二-階受控體：

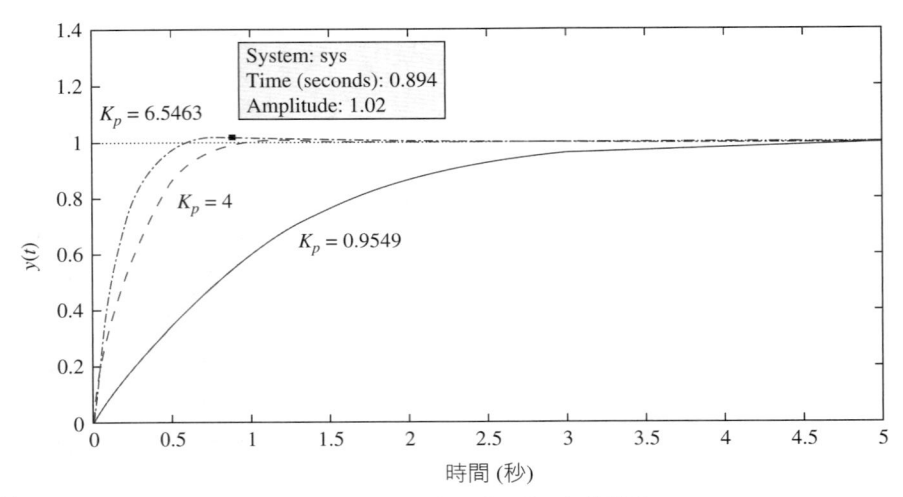

▶ 圖 7-45　針對 $T_z = 0.4$ 以及三個 $K_p$ 數值，(7-142) 式的單位-步階響應。

$$G_p(s) = \frac{2}{(s+1)(s+2)} \tag{7-146}$$

圖 7-46 展示了此系統使用串聯 PI 控制器的方塊圖。利用第六章的表 6-1 提供之電路元件，PI 控制器的轉移函數為

$$G_c(s) = K_P + \frac{K_I}{s} \tag{7-147}$$

它會對順向-路徑轉移函數加入一個零點與一個極點。加入位於 $s = 0$ 處的極點會將系統變成型式 1 的系統，因此它可消除步階輸入的穩態誤差。已補償之系統的順向-路徑轉移函數變為

$$G(s) = G_c(s)G_P(s) = \frac{2K_P(s+K_I/K_P)}{s(s+1)(s+2)} = \frac{2K_P(s+K_I/K_P)}{s^3 + 3s^2 + 2s} \tag{7-148}$$

以本例來說，對於單位-步階輸入，我們的**設計準則**為零穩態誤差及 PO 為 4.3%。
閉-迴路轉移函數為

$$\frac{Y(s)}{R(s)} = \frac{2K_P(s+K_I/K_P)}{s^3 + 3s^2 + 2(1+K_P)s + 2K_I} \tag{7-149}$$

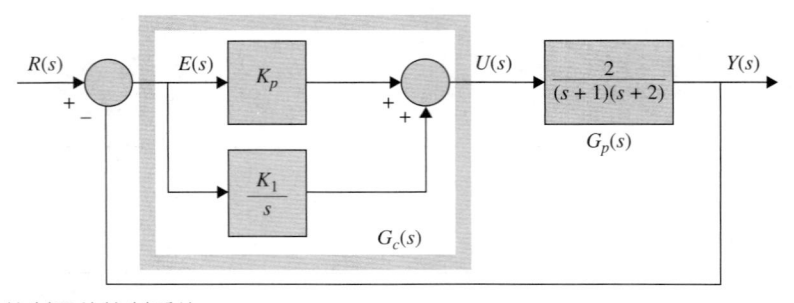

▶ 圖 7-46　PI 控制器的控制系統。

其中，閉-迴路系統的特性方程式為

$$s^3 + 3s^2 + 2(1+K_P)s + 2K_I = 0 \qquad (7\text{-}150)$$

根據路斯-赫維茲穩定度測試，系統在 $0 < K_I/K_P < 13.5$ 範圍內處於穩定。這表示 $G(s)$ 中位在 $s = -K_I/K_P$ 的零點不可以存在於 $s$-平面上太左邊的位置，不然系統會變成不穩定 (詳見圖 7-47 所示控制器零點與極點的位置)。因此，當一個型式 0 系統利用 PI 控制器轉換成型式 1 系統時，如果閉-迴路系統為穩定，則其步階輸入的穩態誤差永遠為零。

圖 7-46 的系統，它具有 (7-148) 式的順向-路徑轉移函數，當參考輸入為步階函數時，此系統將會具有零穩態誤差。然而，因為現在系統變為三-階，此系統的穩定度有可能較原本的二-階系統還差，甚至在參數 $K_I$ 與 $K_P$ 未做適當的選擇時變成不穩定。因此，現在的問題變成了如何選擇適當的 $K_P$ 與 $K_I$ 組合，以使得暫態響應能符合要求。

> 設計 PI 控制器的一個可行方法為將位於 $s = -K_I/K_P$ 處的零點選擇成：使其相當地靠近原點，同時又能使其遠離此設計之最重要的極點；故知 $K_P$ 與 $K_I$ 的數值應該相當的小。

我們將控制器的零點置於 $-K_I/K_P$，使其相當地接近原點。以本例來說，$G(s)$ 最重要的極點是位在 $-1$。因此，$K_I/K_P$ 應該選擇成可以滿足下列的條件：

$$\frac{K_I}{K_P} < 1 \qquad (7\text{-}151)$$

考慮 (7-151) 式的條件，作為控制器設計的起始點，(7-148) 式可以寬鬆地近似於

$$G(s) \cong \frac{2K_P}{s^2 + 3s + 2 + 2K_P} \qquad (7\text{-}152)$$

其中，分子中的 $K_I/K_P$ 項與分母中的 $K_I$ 已被忽略。

作為設計準則，對於單位-步階輸入，我們要求期望的百分比最大超越量為 4.3%，這可利用 (7-42) 式得出相對阻尼比為 0.707。與原型二-階系統做比較，從 (7-152) 式的分母，我們得出自然頻率數值為 $\omega_n = 2.1213$ rad/s 以及所需要的比例增益為 $K_P = 1.25$──時間響應詳見圖 7-48。

利用 $K_P = 1.25$，我們現在便可研究 (7-149) 式之三階系統的時間響應。如圖 7-48 所示，如果

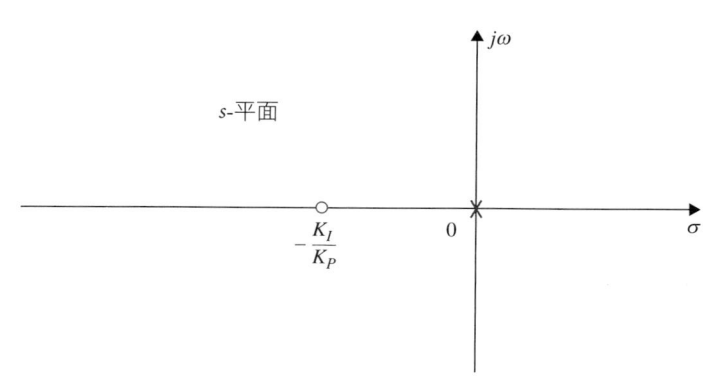

▶ 圖 7-47　PI 控制器之極點-零點組態。

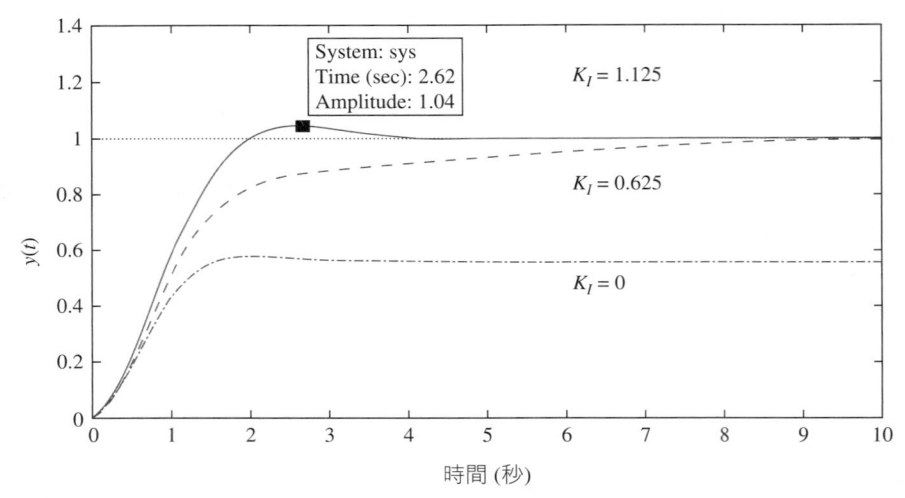

▶ 圖 7-48　當 $K_p = 1.25$ 時，(7-149) 式對三個 $K_I$ 數值的單位-步階響應。

$K_I$ 太小，譬如此時取為 0.625，則系統的時間響應緩慢且無法滿足達成期望的零穩態誤差所需的夠快之速率。隨著 $K_I$ 增加至 1.125，便能符合期望的響應，如圖 7-48 所示。在此情況下，控制器的零點仍然符合 (7-151) 式的條件。

因此，以本例來說，控制器加入位於 $s = 0$ 之極點後，它消除了穩態誤差，而同時控制器的零點也會影響暫態響應來滿足 PO 的需求。

### 工具盒 7-7-5

圖 7-48 所對應的響應可以透過下列的 MATLAB 函式求得：

```
clear all
KP=1.25 % set KP
for KI=[0 0.625 1.125]; % Response for three values of KI
t=0:0.001:10; % time resolution
num = [2*KP 2*KI];
den = [1 3 2+2*KP 2*KI];
step(num,den,t);
hold on;
end
xlabel('Time')
ylabel('y(t)')
title('Unit-step responses of the system')
```

## 7-8　轉移函數的主極點與零點

由前面幾節的討論，可以明瞭在 $s$-平面上轉移函數的極點位置與系統的暫態響應有極大關係。為了方便分析和設計，找出幾個對暫態響應有重要影響的極點是非常重要的，這

些極點稱為**主極點** (dominant pole)。

實際上，大多數的控制系統都是二-階以上的高階系統，利用低階系統來近似高階系統並建立近似解 (就暫態響應而言) 的準則是有用的。在設計上，我們可以利用主極點來控制系統的動態行為，而將不重要極點作為確保控制器能以實際的元件來實現之用。

實用上，我們可將 $s$-平面畫分為主極點區與非主極點區，如圖 7-49 所示。我們故意不在座標軸上直接標明數值，因為這些數值和給定的系統有關。

接近 $s$-平面左半部虛軸的極點會產生衰減相對地較慢的暫態響應，而遠離虛軸 (相對主極點而言) 的極點相對地使暫態響應衰減得較快。如圖 7-49 所示，在主極點區與不重要區之間的距離 $D$ 將會是被討論的課題。問題是：「多大的極點才算真正大？」實用上與文獻上認為就暫態響應而言，若一極點的實數部分之大小比主極點或一對共軛複數主極點的實數部分至少大 **5 到 10 倍**時，則該極點便可視為不重要極點。在 $s$-平面左邊靠近虛軸的零點，對於影響暫態響應而言更為重要，而遠離虛軸 (相對於主極點而言) 的零點對時間響應則有較小的影響。

我們必須強調：在圖 7-49 所示之區域僅是用來作為主極點與不重要極點區域的定義。在**控制器設計**上，如極點-配置的設計，由設計者選擇作為主極點與不重要的極點，則應該盡可能地配置於圖 7-50 中所示的陰影區域。除了假設主極點所希望的區域集中在 $\zeta = 0.707$ 直線附近外，我們並未指出座標的絕對值。另一方面也必須說明的是：在設計時，我們不能僅將不重要極點任意地置於 $s$-平面的左邊遠處，否則由紙筆設計的系統由實際元件實現時，將會需要用到不切合實際的系統參數值。

## 7-8-1　極點與零點效應的摘要整理

根據先前的觀察，我們可以總結如下：

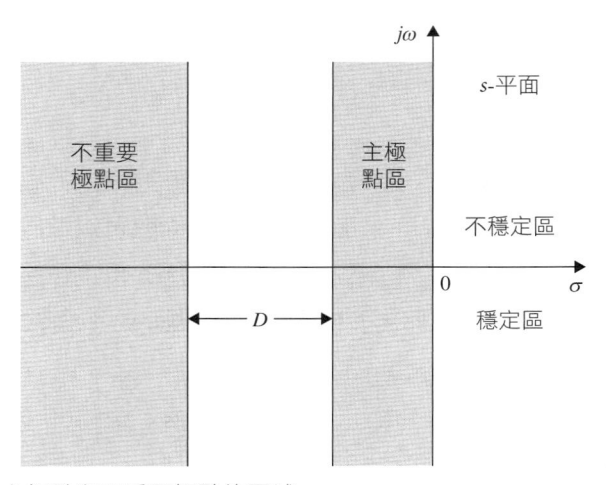

▶ 圖 7-49　在 $s$-平面上主極點與不重要極點的區域。

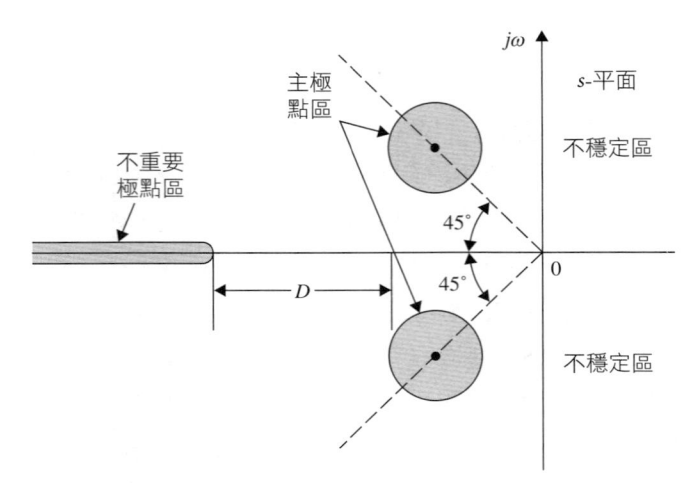

▶ 圖 7-50　用於設計時之 s-平面上的主極點區與不重要極點區。

1. 閉-迴路轉移函數的共軛-複數極點導致一個欠阻尼的步階響應。如果所有系統的極點均為實數，則步階響應為過阻尼。然而，儘管系統是過阻尼，但是閉-迴路轉移函數的零點仍可能會造成超越量。
2. 系統的響應受到 s-平面上最靠近原點的極點控制。因為由這些極點所造成的暫態，越靠近左邊，衰減越快。
3. 系統的主控極點在 s-平面上越左邊，則系統反應越快且其頻寬越大。
4. 系統的主控極點在 s-平面上越左邊，則其成本越昂貴及內部訊號越大。雖然這種設計就解析上來說是正確的，但很明顯地，用錘子敲打釘子可以將釘子釘得更快，但是每一下需要更多的力氣。同樣地，跑車可以加速得更快，但是需要比一般的汽車消耗更多的燃料。
5. 當系統轉移函數的極點與零點幾乎相互抵銷時，與該極點相關聯的系統響應之比例較小。

## 7-8-2　相對阻尼比

當系統階數比二-階來得高時，嚴格來說，我們無法使用原先為原型二-階系統所定義之阻尼比 $\zeta$ 和自然無阻尼頻率 $\omega_n$。然而，若系統之動態可以準確地以一對共軛-複數主極點來表示時，則仍可以使用 $\zeta$ 和 $\omega_n$ 來表示其暫態響應的動態特性。在此情形下的阻尼比，稱之為系統的相對阻尼比。例如，考慮下列的閉-迴路轉移函數：

$$M(s) = \frac{Y(s)}{R(s)} = \frac{20}{(s+10)(s^2+2s+2)} \tag{7-153}$$

在 $s = -10$ 處的極點，其值為共軛-複數極點 (位於 $s = -1 \pm j1$) 實部的 10 倍。所以，系

統的相對阻尼比可定為 0.707。

## 7-8-3 考慮穩態響應時，忽略非重要極點的正確方法

到目前為止，已從暫態響應觀點提出如何忽略轉移函數不重要極點的方向。但是，從機械力學的觀點看，穩態的性能也必須加以考慮。考慮 (7-153) 式之轉移函數；位於 $s = -10$ 之極點就暫態的觀點上可以忽略不計。首先，將 (7-153) 式表示成

$$M(s) = \frac{20}{10(s/10+1)(s^2+2s+2)} \tag{7-154}$$

根據複數極點的主控性，當 $s$ 絕對值遠小於 10 時，即 $|s/10| \ll 1$，則 $s/10$ 項與 1 比較下，可以忽略。然後，(7-154) 式可近似為

$$M(s) \cong \frac{20}{10(s^2+2s+2)} \tag{7-155}$$

如此作法，三-階系統的穩態性能將不會被此種近似所影響。換言之，由 (7-153) 式所描述之三-階系統和 (7-155) 式所近似之二-階系統，在輸入為單位-步階函數時，兩系統之輸出的終值均為 1。另一方面，若我們只是將 (7-153) 式的 $(s + 10)$ 項拿掉，則此一近似的二-階系統在外加一單位-步階輸入時，其終值為 5，故知此種近似是不正確的作法。

## 7-9 個案研究：位置-控制系統的時域分析

由於有改善響應與可靠度之要求，現代飛機的控制面 (或稱操縱面) 均以電子致動器而用電子控制方式來控制。考慮圖 7-51 的系統。在此，所考慮的系統，其目的在於控制飛機機翼的位置。所謂「線控飛行」的控制系統，意味著飛機的傾斜度控制不再是藉由機

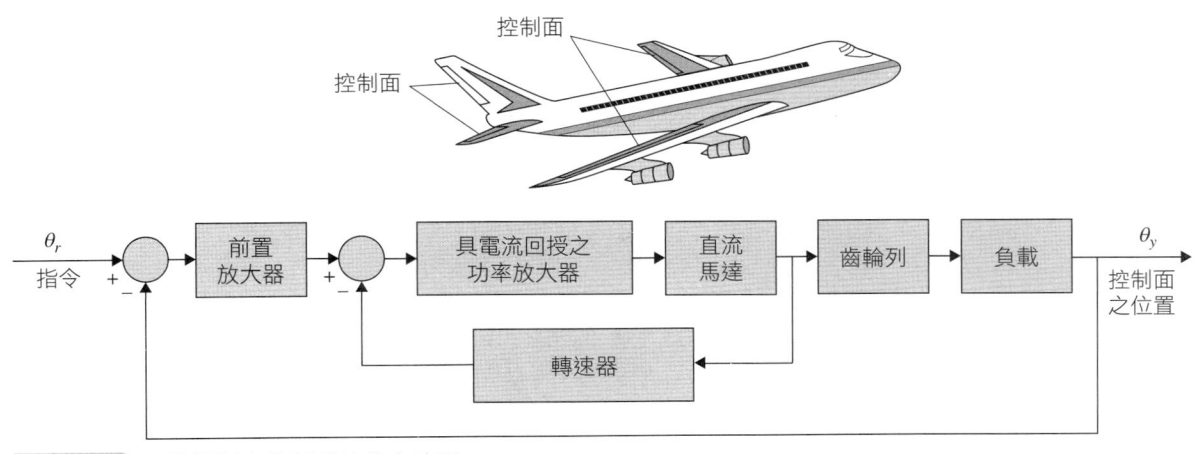

▶ 圖 7-51　飛機傾斜度控制系統的方塊圖。

械連桿來加以控制。圖 7-51 所示為此類位置控制系統的某一單軸之控制面與方塊圖。圖 7-52 則顯示使用圖 7-51 所示之直流馬達模型的系統分析方塊圖。此系統已被簡化至將放大器增益與馬達轉矩的飽和、齒輪背隙及軸的撓性均忽略不計。(在實際應用上，某些非線性效應必須加以考慮納入數學模型，以便獲致更佳的控制器設計，才能使系統工作。)

此系統的目的是要使系統輸出 $\theta_y(t)$ 可跟隨輸入 $\theta_r(t)$ 而變化。首先，系統各參數值如下所示：

| | |
|---|---|
| 編碼器增益 | $K_s = 1$ V/rad |
| 前置放大器增益 | $K = $ 可調整的 |
| 功率放大器增益 | $K_1 = 10$ V/V |
| 電流回授增益 | $K_2 = 0.5$ V/A |
| 轉速計回授增益 | $K_t = 0$ V/rad/sec |
| 馬達電樞電阻 | $R_a = 5.0\ \Omega$ |
| 馬達電樞電感 | $L_a = 0.003$ H |
| 馬達轉矩常數 | $K_i = 9.0$ oz·in/A |
| 馬達反電動勢常數 | $K_b = 0.0636$ V/rad/sec |
| 馬達轉子慣量 | $J_m = 0.0001$ oz·in·s$^2$ |
| 負載慣量 | $J_L = 0.01$ oz·in·s$^2$ |
| 馬達黏滯摩擦係數 | $B_m = 0.005$ oz·in·s |
| 負載黏滯摩擦係數 | $B_L = 1.0$ oz·in·s |
| 馬達和負載之間的齒輪列比值 | $N = \theta_y/\theta_m = 1/10$ |

由於馬達是經由一齒輪比為 $N$ 的齒輪列接到負載，即 $\theta_y = N\theta_m$，所以從馬達側看到的

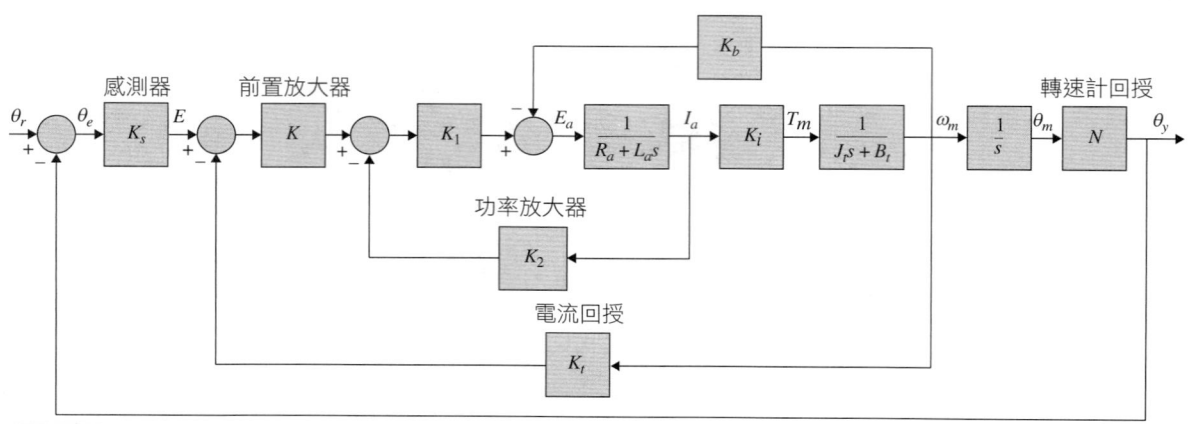

▶ **圖 7-52** 圖 7-51 所示系統的轉移函數方塊圖。

等效總慣量及黏滯摩擦係數分別為

$$J_t = J_m + N^2 J_L = 0.0001 + 0.01/100 = 0.0002 \text{ oz} \cdot \text{in} \cdot \text{s}^2$$
$$B_t = B_m + N^2 B_L = 0.005 + 1/100 = 0.015 \text{ oz} \cdot \text{in} \cdot \text{s} \tag{7-156}$$

利用 SFG 增益公式，圖 7-52 中單位-回授系統的順向-路徑轉移函數可寫成：

$$G(s) = \frac{\Theta_y(s)}{\Theta_e(s)}$$
$$= \frac{K_s K_1 K_i KN}{s[L_a J_t s^2 + (R_a J_t + L_a B_t + K_1 K_2 J_t)s + R_a B_t + K_1 K_2 B_t + K_i K_b + KK_1 K_t K_i]} \tag{7-157}$$

因為 $G(s)$ 的最高次項為 $s^3$，故知此系統為三-階系統。放大器-馬達系統的電氣時間常數為

$$\tau_a = \frac{L_a}{R_a + K_1 K_2} = \frac{0.003}{5+5} = 0.0003 \text{ 秒} \tag{7-158}$$

而馬達-負載系統的機械時間常數為

$$\tau_t = \frac{J_t}{B_t} = \frac{0.0002}{0.015} = 0.01333 \text{ 秒} \tag{7-159}$$

由於馬達的低電感，所以電氣時間常數遠小於機械時間常數。因此，藉由忽略電樞電感 $L_a$，我們就可以作初步的近似。如此，三-階系統便可近似為二-階。稍後，我們將會說明此種作法並非是以低階系統近似高階系統的最好方法。現在，順向-路徑轉移函數變為

$$G(s) = \frac{K_s K_1 K_i KN}{s[(R_a J_t + K_1 K_2 J_t)s + R_a B_t + K_1 K_2 B_t + K_i K_b + KK_1 K_i K_t]}$$
$$= \frac{\dfrac{K_s K_1 K_i KN}{R_a J_t + K_1 K_2 J_t}}{s\left(s + \dfrac{R_a B_t + K_1 K_2 B_t + K_i K_b + KK_1 K_i K_t}{R_a J_t + K_1 K_2 J_t}\right)} \tag{7-160}$$

將各個系統參數代入上式，可得出

$$G(s) = \frac{4500K}{s(s+361.2)} \tag{7-161}$$

單位-回授控制系統的閉-迴路轉移函數為

$$\frac{\Theta_y(s)}{\Theta_r(s)} = \frac{4500K}{s^2 + 361.2s + 4500K} \tag{7-162a}$$

比較 (7-162) 式與 (7-18) 式的原型二-階系統轉移函數，可得

$$\begin{cases} \omega_n = \sqrt{\dfrac{K_s K_1 K_i KN}{R_a J_t + K_1 K_2 J_t}} = \sqrt{4500K} \text{ rad/s} \\ \zeta = \dfrac{R_a B_t + K_1 K_2 B_t + K_i K_b + KK_1 K_i K_t}{2\sqrt{K_s K_1 K_i KN(R_a J_t + K_1 K_2 J_t)}} = \dfrac{2.692}{\sqrt{K}} \end{cases} \quad (7\text{-}162\text{b})$$

因此，我們發現自然頻率 $\omega_n$ 與放大器增益 $K$ 的平方根成比例，而阻尼比 $\zeta$ 則與 $\sqrt{K}$ 成反比。

## 7-9-1 單位-步階暫態響應

(7-162) 式的特性方程式的根為

$$s_1 = -180.6 + \sqrt{32616 - 4500K} \quad (7\text{-}163)$$

$$s_2 = -180.6 - \sqrt{32616 - 4500K} \quad (7\text{-}164)$$

當 $K = 7.24808$、$14.5$ 和 $181.2$ 時，特性方程式的根可表列如下：

$K = 7.24808$: $\quad s_1 = s_2 = -180.6$

$K = 14.5$: $\quad s_1 = -180.6 + j180.6 \quad s_2 = -180.6 - j180.6$

$K = 181.2$: $\quad s_1 = -180.6 + j884.7 \quad s_2 = -180.6 - j884.7$

這些根已註記在 $s$-平面上，如圖 7-53 所示。圖 7-53 亦顯示有當 $K$ 在 $-\infty$ 和 $\infty$ 之間變化時，特性方程式兩個根的軌跡。這些軌跡稱為 (7-135) 式的**根軌跡** (root loci)，且廣泛地使用在線性控制系統的分析和設計上。

由 (7-163) 式與 (7-164) 式可以看出，當 $K$ 值在 0 和 7.24808 之間時，兩個根是負實數；此即意味著：$K$ 在這個範圍內時，系統是過阻尼同時步階響應不會有超越量。當 $K$ 值大於 7.24808 時，自然無阻尼頻率將會隨著 $\sqrt{K}$ 而增加。當 $K$ 是負值時，有一根為正值，表示系統的時間響應會隨著時間而一直增加，因此系統為不穩定。由圖 7-53 的根軌跡可以摘要整理出暫態響應的動態特性如下：

| 放大器增益的動態變化 | 特性方程式的根 | 系統特性 |
| --- | --- | --- |
| $0 < K < 7.24808$ | 兩個相異負實根 | 過阻尼 ($\zeta > 1$) |
| $K = 7.24808$ | 兩個相等負實根 | 臨界阻尼 ($\zeta = 1$) |
| $7.24808 < K < \infty$ | 兩個實部為負值之共軛複數根 | 欠阻尼 ($\zeta < 1$) |
| $-\infty < K < 0$ | 兩個相異實根：一為正值，一為負值 | 不穩定系統 ($\zeta < 0$) |

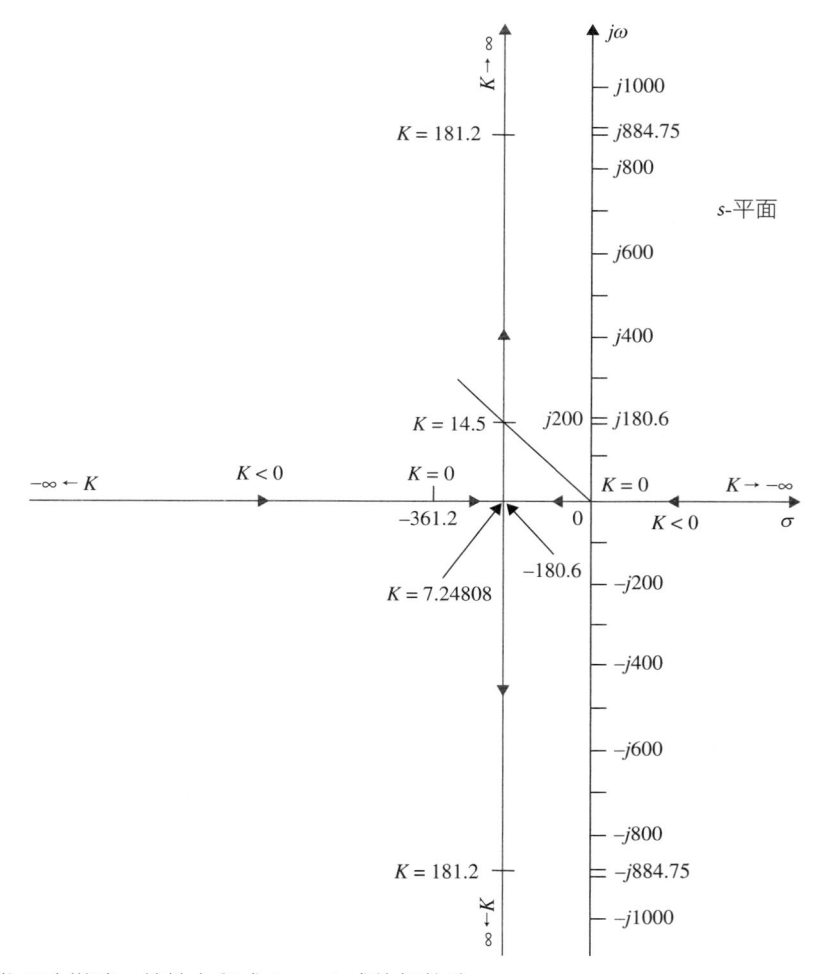

▶ 圖 7-53　當 $K$ 改變時，特性方程式 (7-162) 式的根軌跡。

利用一測試單位-步階輸入，我們可將系統時域性能以最大超越量、上升時間、延遲時間、以及安定時間來作特性描述。令參考輸入是單位-步階函數，$\theta_r(t) = u_s(t)$ rad，故知 $\Theta(s) = 1/s$。在零初始條件下，針對以下三種不同 $K$ 值，系統的輸出為

$K = 7.248$ ($\zeta \cong 1.0$)：

$$\theta_y(t) = (1 - 151e^{-180t} + 150e^{-181.2t})u_s(t) \qquad (7\text{-}165)$$

$K = 14.5$ ($\zeta = 0.707$)：

$$\theta_y(t) = (1 - e^{-180.6t}\cos 180.6t - 0.9997e^{-180.6t}\sin 180.6t)u_s(t) \qquad (7\text{-}166)$$

$K = 181.17$ ($\zeta = 0.2$)：

$$\theta_y(t) = (1 - e^{-180.6t}\cos 884.7t - 0.2041e^{-180.6t}\sin 884.7t)u_s(t) \qquad (7\text{-}167)$$

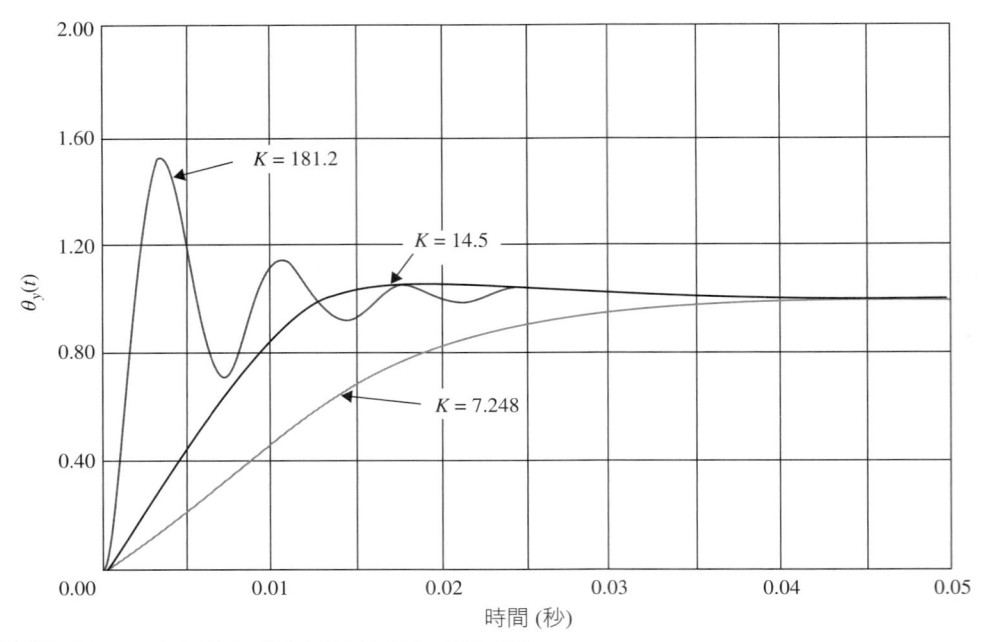

▶ 圖 7-54　圖 7-52 之傾斜度-控制系統的單位-步階響應；$L_a = 0$。

此三種響應均繪製於圖 7-54 中。表 7-11 比較了三種不同 $K$ 值的單位-步階響應之特性。當 $K = 181.17$，$\zeta = 0.2$ 時，系統為微小阻尼系統，最大超越量為 52.7%，這已經超過太多；在 $K = 7.248$，$\zeta$ 非常接近 1.0 時，系統幾乎為臨界阻尼。步階響應並沒有任何超越量或振盪；當 $K$ 為 14.5，阻尼比為 0.707，此時超越量為 4.3%。

■表 7-11　二-階位置控制系統在不同 $K$ 值下的性能比較

| 增益 $K$ | $\zeta$ | $\omega_n$ (rad/sec) | 最大超越量 (%) | $t_d$ (秒) | $t_r$ (秒) | $t_s$ (秒) | $t_{max}$ (秒) |
| --- | --- | --- | --- | --- | --- | --- | --- |
| 7.24808 | 1.000 | 180.62 | 0 | 0.00929 | 0.0186 | 0.0259 | — |
| 14.50 | 0.707 | 255.44 | 4.3 | 0.00560 | 0.0084 | 0.0114 | 0.01735 |
| 181.20 | 0.200 | 903.00 | 52.2 | 0.00125 | 0.00136 | 0.0150 | 0.00369 |

### 工具盒 7-9-1

圖 7-54 所對應的響應可以透過下列的 MATLAB 函式求得：

```
% Unit-Step Transient Response
for k=[7.248,14.5,181.2]
num = [4500*k];
den = [1 361.2 4500*k];
step(num,den)
hold on;
end
```

```
xlabel('Time(secs)')
ylabel('Amplitude')
title('Closed-Loop Step')
```

## 7-9-2　穩態響應

因為 (7-161) 式中的順向-路徑轉移函數中有一極點在 $s = 0$，所以系統是型式 1。此即表示，當輸入是步階函數時，系統的穩態誤差對所有的正 $K$ 值都是零。換句話說，當輸入為步階函數時，將 (7-161) 式代入 (7-115) 式，則步階誤差常數可得到為

$$K_p = \lim_{s \to 0} \frac{4500K}{s(s+361.2)} = \infty \tag{7-168}$$

因此，由 (7-116) 式可知，因步階輸入所引起的系統之穩態誤差為零。圖 7-54 的單位-步階響應可以證明這一結果。因為在此簡化系統模型只考慮黏滯摩擦，故可得到零穩態的結果。在實際情況下，幾乎都有庫倫摩擦存在，所以系統的精確穩態位置永遠都無法達到完美。

## 7-9-3　三-階系統的時間響應——未忽略電氣時間常數

前一節已證明，若直流馬達的電樞電感忽略不計的話，則控制系統是二-階且對所有正 $K$ 值都是穩定的。一般而言，它並不難證明，若二-階系統特性方程式的所有係數皆為正值時，則系統為穩定。

讓我們來探討位置控制系統在電樞電感 $L_a = 0.003$ H 時的性能。(7-160) 式的順向-路徑轉移函數變為

$$\begin{aligned}G(s) &= \frac{1.5 \times 10^7 K}{s(s^2 + 3408.3\,s + 1{,}204{,}000)} \\ &= \frac{1.5 \times 10^7 K}{s(s+400.26)(s+3008)}\end{aligned} \tag{7-169}$$

閉-迴路轉移函數則為

$$\frac{\Theta_y(s)}{\Theta_r(s)} = \frac{1.5 \times 10^7 K}{s^3 + 3408.3\,s^2 + 1{,}204{,}000\,s + 1.5 \times 10^7 K} \tag{7-170}$$

系統現在為三-階且特性方程式為

$$s^3 + 3408.3s^2 + 1{,}204{,}000s + 1.5 \times 10^7 K = 0 \tag{7-171}$$

透過利用路斯-赫維茲準則至 (7-171) 式，我們可以得知：當 $K = 273.57$ 時，三-階系統

有兩個極點位在 $s_{1,2} = \pm j1097.3$，故而變成臨界穩定。這與 (7-162) 式所近似的二-階原型系統有明顯不同，後者對所有正的 $K$ 值都穩定。因此，如同下一節會詳細討論的，我們確實可以預期在某些 $K$ 值時，可忽略電氣-時間常數的近似法可能無法成立。

### 7-9-4 單位-步階暫態響應

針對以前二-階系統中所用過的三種不同 $K$ 值，可求得特性方程式之根且列表如下：

| | | | |
|---|---|---|---|
| $K = 7.248$: | $s_1 = -156.21$ | $s_2 = -230.33$ | $s_3 = -3021.8$ |
| $K = 14.5$: | $s_1 = -186.53 + j192$ | $s_2 = -186.53 - j192$ | $s_3 = -3035.2$ |
| $K = 181.2$: | $s_1 = -57.49 + j906.6$ | $s_2 = -57.49 - j906.6$ | $s_3 = -3293.3$ |

將這些結果與近似二-階系統比較可知，當 $K = 7.428$ 時，二-階系統為臨界阻尼。然而，三-階系統有三個不同實根，且系統為輕微地過阻尼。位於 $s_3 = -3021.8$ 之根，其相對的時間常數為 $\tau = 1/s_3 = 0.33$ 毫秒，此值比次快的時間常數 (由位於 $s_2 = -230.33$ 之極點所造成) 快 13 倍。因此，由 $s_3 = -3021.8$ 極點所引起的暫態響應會快速地衰減，故知從暫態觀點上來看，此極點可以加以忽略。輸出的暫態響應主要由位於 $s_1 = -156.21$ 和 $s_2 = -230.33$ 的兩個特性根所主導。此一分析可藉由將輸出響應的轉換式寫成下式加以驗證：

$$\Theta_y(s) = \frac{10.87 \times 10^7}{s(s+156.21)(s+230.33)(s+3021.8)} \tag{7-172}$$

取 (7-172) 式之反拉氏轉換，可得

$$\theta_y(t) = (1 - 3.28e^{-156.21t} + 2.28e^{-230.33t} - 0.0045e^{-3021.8t})u_s(t) \tag{7-173}$$

由位在 $s = -3021.8$ 的根所造成的是 (7-173) 式的最後一項，此項很快就會衰減至零，且在 $t = 0$ 時其值也是很小。因此我們可以說，座落在 $s$-平面左邊很遠地方的根對於暫態響應的貢獻很小。暫態響應主要是由接近虛軸的根所控制，這些根通常界定為特性方程式或系統的**主根** (dominant root)。以本例來說，(7-162) 式的二-階系統是 (7-170) 式的三-階系統很好的近似系統。

當 $K = 14.5$ 時，二-階系統之阻尼比為 $0.707$，這是因為兩個特性方程式之根的實部和虛部均相同。對於三-階系統而言，阻尼比並沒有嚴格的定義。不過，由於在 $-3021.8$ 之根的暫態響應可忽略，故主導暫態響應的另外兩個根，等同於具有值為 $0.697$ 的阻尼比。因此，當 $K = 14.5$ 時，使用將 $L_a$ 設定為 0 的二-階系統來近似原來系統所得結果並不差。不過，在此要注意的是：二-階近似只針對 $K = 14.5$ 作驗證，並不表示這種近似在所有 $K$ 值下的近似均有效。

當 $K = 181.2$ 時，三-階系統的兩個共軛複數根再次主導暫態響應，且此二根的等效阻

尼比只有 0.0633，遠小於二-階系統的 0.2。因此，可知二-階系統近似法的正當性與準確度會隨著 $K$ 值的增加而降低。

圖 7-55 展示了(7-171) 式之三-階特性方程式於 $K$ 值改變時的根軌跡。當 $K = 181.2$ 時，實數根 $-3293.3$ 僅對暫態響應有極小的貢獻，但兩複數共軛根 $-57.49 \pm j906.6$ 則比相同 $K$ 值下之二-階系統的兩個根 (其根為 $-180.6 \pm j884.75$) 更為接近 $j\omega$-軸。這現象就解釋了為何三-階的系統在 $K = 181.2$ 時，較二-階系統來得不穩定。

利用路斯-赫維茲準則，可求出穩定邊限的 $K$ 值為 273.57。在此臨界 $K$ 值下，閉-迴路轉移函數變成

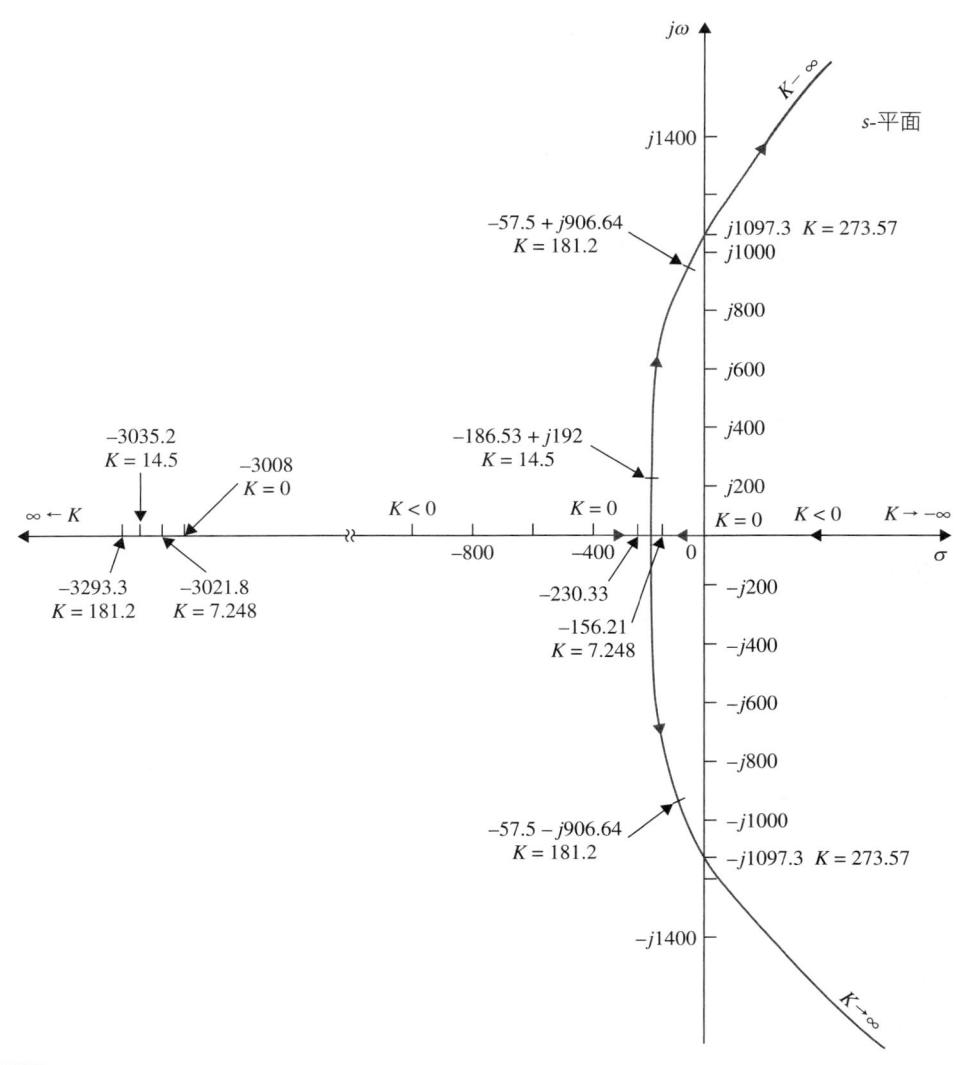

▶ 圖 7-55　三-階傾斜度控制系統的根軌跡。

$$\frac{\Theta_y(s)}{\Theta_r(s)} = \frac{1.0872 \times 10^8}{(s+3408.3)(s^2+1.204 \times 10^6)} \quad (7\text{-}174)$$

此特性方程式之根為 $s = -3408.3$、$-j1097.3$ 及 $j1097.3$。這些點可參考圖 7-55 之根軌跡。

在 $K = 273.57$ 時,系統的單位-步階響應為

$$\theta_y(t) = [1 - 0.094e^{-3408.3t} - 0.952\sin(1097.3t + 72.16°)]u_s(t) \quad (7\text{-}175)$$

因此,穩態響應是一無阻尼的弦波,其頻率是 1097.3 rad/sec,我們稱此系統為臨界穩定。當 $K$ 值大於 273.57 時,特性方程式的兩個共軛複數根之實部將變成正值,系統時間響應的弦波部分會隨時間增加而增大,系統就變成不穩定。因此,我們知道三-階系統可能不穩定,但由令 $L_a = 0$ 所得之二-階系統在所有有限正值 $K$ 時均為穩定。

圖 7-56 所示為三-階系統在三個不同 $K$ 值時的步階響應;其中 $K = 7.248$ 和 $K = 14.5$ 的響應與二-階系統具有相同 $K$ 值時的響應非常類似,它們顯示於圖 7-54。然而,在 $K = 181.2$ 時兩個響應是相當不同的。

### 工具盒 7-9-2

圖 7-56 所對應的響應可以透過下列的 MATLAB 函式求得:

```
for k=[7.248,14.5,181.2,273.57]
t=0:0.001:0.05;
num = [1.5*(10^7)*k];
den = [1 3408.3 1204000 1.5*(10^7)*k];
rlocus(num,den)
hold on;
end
```

**最後的想法**

當馬達的電感恢復時,系統處於三-階狀態,其明顯的效應是會在順向-路徑轉移函數上加入一個極點。對於小的 $K$ 值,三-階系統外加的極點位在 $s$-平面非常左邊,因此其影響十分地小。然而,隨著 $K$ 值的增加,$G(s)$ 函數之新的極點實際上會將二-階系統之根軌跡的共軛複數部分「推向」與「彎曲」朝向 $s$-平面右半邊。此時,三-階系統對於大的放大器增益 $K$ 值就會變得不穩定。

### 7-9-5 穩態響應

由 (7-169) 式可知,當加以考慮電感時,三-階系統仍為型式 1。$K_p$ 值仍與 (7-168) 式相同。因此,若假設系統穩定,則馬達的電感並不影響系統的穩態性能。此乃因 $L_a$ 只影響變化的速率,但並不影響馬達電流的終值。

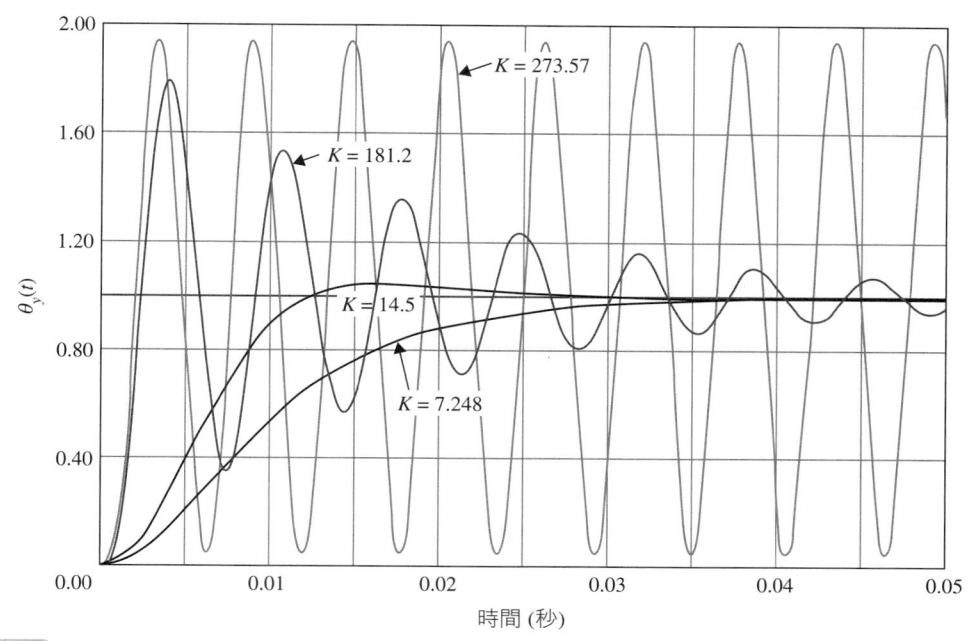

▶ 圖 7-56　三-階傾斜度控制系統的單位-步階響應。

## ◎ 7-10　控制實驗室：LEGO MINDSTORMS NXT (可程式控制積木) 馬達簡介──位置控制

接續 6-6 節的工作，現在馬達參數均已測量好，故可以透過比較模擬的位置響應與馬達實際的位置響應做進一步微調。詳見附錄 D。

### 無-載位置響應

因此，類似範例 7-5-1，利用簡化的閉-迴路轉移函數，可得

$$\frac{\Theta_m(s)}{\Theta_{in}(s)} = \frac{\frac{K_p K_i K_s}{R_a J}}{s^2 + \left(\frac{R_a B_m + K_i K_b}{R_a J}\right)s + \frac{K_p K_i K_s}{R_a J}} = \frac{\omega_n^2}{(s^2 + 2\zeta\omega_n s + \omega_n^2)} \quad (7\text{-}176)$$

其中，$K_s$ 為感測器增益，並校準到 $K_s = 1$ (亦即，1 V = 1 rad)。無-載馬達的閉-迴路位置響應係針對 160 度或是 5.585 rad 的步階輸入來模擬而得。針對多種不同的比例控制增益 $K_p$，其模擬結果顯示於圖 7-57。

接下來，求出 NXT 馬達之閉-迴路位置響應。針對多種不同比例控制增益 $K_p$，其模擬結果顯示於圖 7-58。

模擬之響應與實際馬達響應之性能規格均同時加以測量，並且列表於表 7-12。藉由

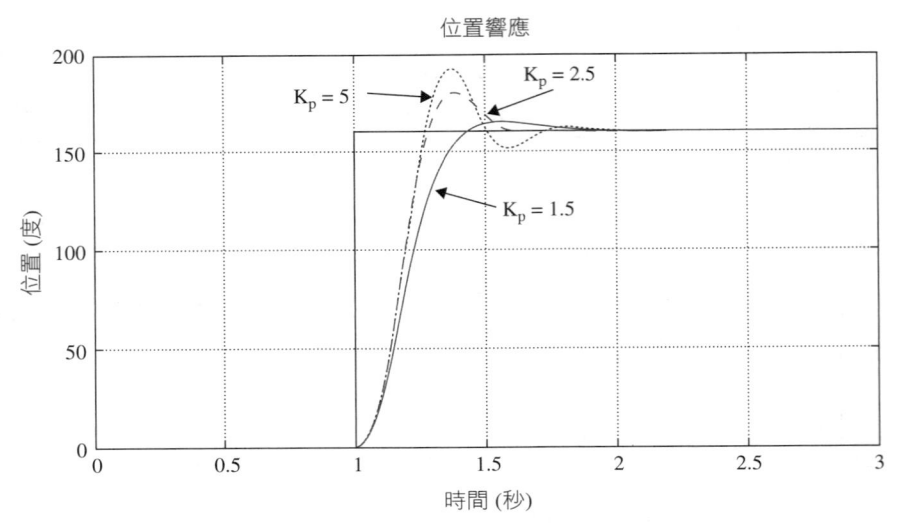

▶ 圖 7-57　針對多個 $K_p$ 增益，無-載閉-迴路位置響應的模擬結果。

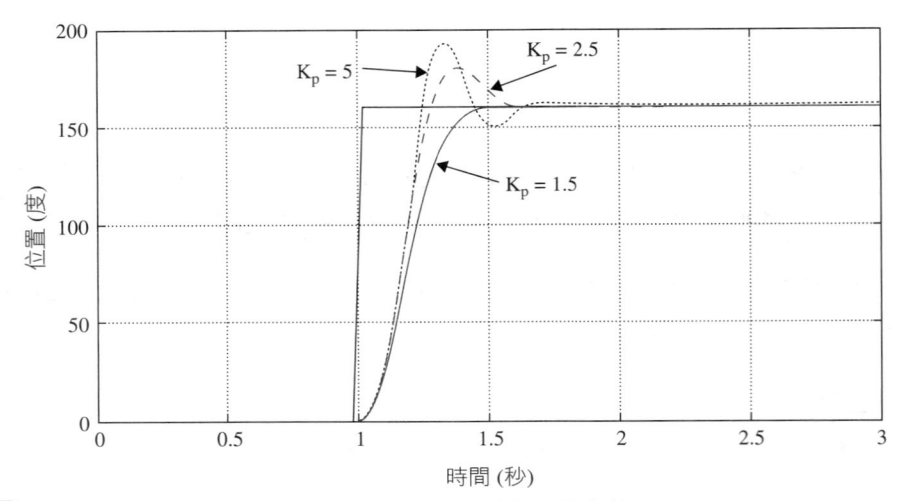

▶ 圖 7-58　針對多個 $K_p$ 增益，NXT 馬達之無-載閉-迴路位置響應結果。

分析表 7-12 的結果，系統模型符合實際馬達的特性，故毋須再做任何微調。

### 機械手臂位置響應

接下來，我們要求出裝置有機械手臂與負載之 NXT 馬達的閉-迴路位置響應。對於多種不同比例控制增益 $K_p$ 之響應結果，如圖 7-59 所示。注意：因為齒輪盒的背隙，其最終值並不一定都是 160 度。

當機械手臂附加至馬達時，所測量的參數值顯示於表 7-13。注意：總慣量與黏滯阻尼常數均比 6-6 節無-載的情況所求得之值還要高。接下來，以 $K_p = 3$ 來模擬裝置機械手

■ 表 7-12　無-載閉-迴路位置響應性能規格之比較

|  | $K_p$ | 百分比超越量 | 安定時間 (s) (5%) | 上升時間 (s) |
|---|---|---|---|---|
| 模擬的位置響應 | 增益 = 1.5 | 0.8 | 0.37 | 0.25 |
|  | 增益 = 2.5 | 12.5 | 0.50 | 0.10 |
|  | 增益 = 5 | 18.9 | 0.48 | 0.09 |
| NXT 馬達的位置響應 | 增益 = 1.5 | 0 | 0.37 | 0.28 |
|  | 增益 = 2.5 | 12.5 | 0.51 | 0.21 |
|  | 增益 = 5 | 18 | 0.61 | 0.17 |

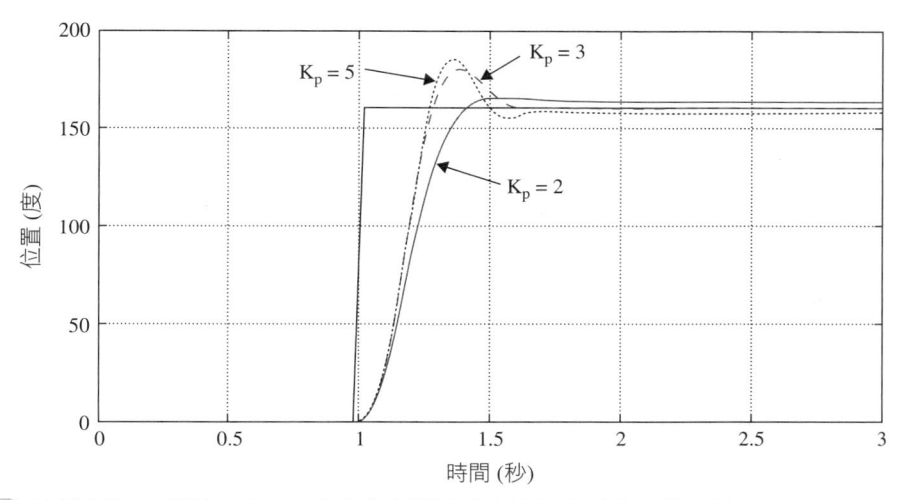

▶ 圖 7-59　針對多個 $K_p$ 增益，具有有效載荷之機械手臂的閉-迴路位置響應結果。

■ 表 7-13　機械手臂與有效載荷之實驗參數

| 電樞電阻 | $R_a = 2.27\ \Omega$ |
|---|---|
| 電樞電感 | $L_a = 0.0047$ H |
| 馬達轉矩常數 | $K_i = 0.25$ N · m/A |
| 反電動勢常數 | $K_b = 0.25$ V/rad/sec |
| 等效黏滯阻尼常數 | $B = 0.0027$ N · m/sec |
| 機械時間常數 | $\tau_m = 0.1$ s |
| 總轉動慣量 | $J_{\text{total}} = 0.00302$ kg · m$^2$ |

臂與負重之馬達的閉-迴路位置響應。在以下所有測試中，電壓飽和至其最大值的一半 (~ ±2.25 V) 以減慢機械手臂。將模擬的結果與相對應的實驗響應做比較，如圖 7-59 所示。

比較兩個響應，如圖 7-60 所示，很明顯地機械手臂/有效載荷模型需要進行一些微調。為了提高模型準確度，系統超越量、上升時間和安定時間都必須減少。為了達成這個

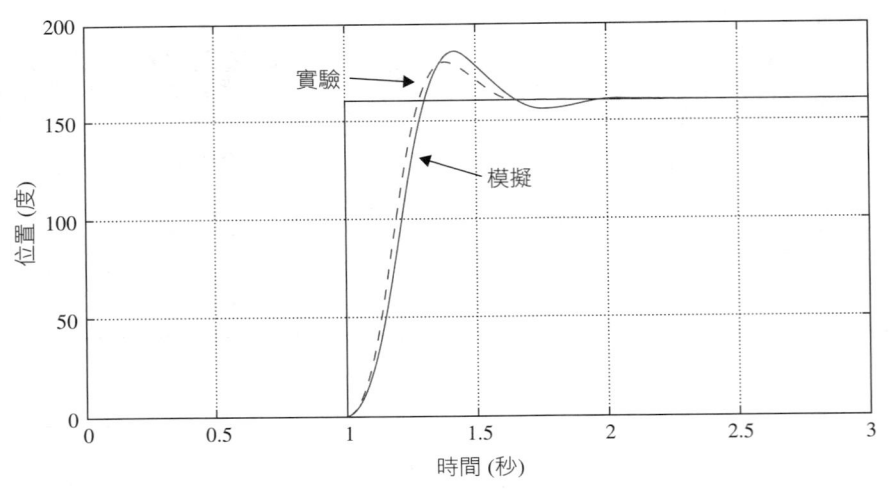

▶ 圖 7-60　當 $K_p = 3$ 時，模擬的與實驗的機械手臂及有效載荷之閉-迴路位置響應的比較。

任務，我們要來研究系統的數學模型。注意：本節中所討論之參數的識別係假設位置響應為二-階模型，因為馬達電氣-時間常數 $\tau_e = L_a/R_a = 0.002$ 秒非常小。因此，與範例 7-5-1 類似，簡化的閉-迴路轉移函數為

$$\frac{\Theta_{機械手臂/有效載荷}(s)}{\Theta_{in}(s)} = \frac{\dfrac{K_P K_i K_s}{R_a J_{total}}}{s^2 + \left(\dfrac{R_a B + K_i K_b}{R_a J_{total}}\right)s + \dfrac{K_P K_i K_s}{R_a J_{total}}} = \frac{\omega_n^2}{(s^2 + 2\zeta\omega_n s + \omega_n^2)} \tag{7-177}$$

其中，$K_s$ 為感測器增益，校準到 $K_s = 1$。因為 (7-177) 式為一二-階系統，因此可得

$$2\zeta\omega_n = \frac{R_a B + K_i K_b}{R_a J_{total}} \tag{7-178a}$$

$$\omega_n = \sqrt{\frac{K_P K_i}{R_a J_{total}}} \tag{7-178b}$$

結合 (7-177) 式與 (7-178) 式，可得

$$\zeta = \frac{R_a B + K_i K_b}{2\sqrt{K_P K_i R_a J_{total}}} \tag{7-179}$$

系統的極點為

$$s_{1,2} = -\frac{R_a B + K_i K_b}{2 R_a J_{total}} \pm \sqrt{\left(\frac{R_a B + K_i K_b}{2 R_a J_{total}}\right)^2 - \frac{K_P K_i}{R_a J_{total}}} \tag{7-180}$$

考慮 (7-178) 式到 (7-180) 式，並利用表 7-8 的參數與 $K_p = 3$，可得

$$\omega_n = 10.45 \text{ rad/s} \tag{7-181}$$

$$\zeta = 0.478 \tag{7-182}$$

$$s_{1,2} = -5 \pm j9.18 \tag{7-183}$$

此外，進行檢視圖 7-18，該圖描述了移動二-階系統之極點 (在 $s$-平面中) 對於時間響應性能上所造成的影響，我們將 (7-180) 式中兩個極點水平地向左移動，應該會增加 $\zeta$，同時減少系統超越量、上升時間和安定時間。如此這樣做，(7-180) 式中的第一項會增加，而第二項則會保持不變。同時滿足這兩個條件可能是一項繁雜而乏味的任務。所以，在不用嚴格的數學表示式的情況下，我們訴諸於試誤法，並降低 $J_{total}$ 的數值，同時檢查了整體響應；或者你可以改變 $B$ 或同時改變 $J_{total}$ 與 $B$。$J_{total}$ 的改變似乎是微調的最佳選擇，因為我們對於 $J_{total}$ 的信賴水準不高，詳見 6-6-3 節和 6-6-4 節的討論。

對於 $J_{total} = 0.00273 \text{ kg} \cdot \text{m}^2$，可以實現 $K_p = 3$ 的最佳響應，如圖 7-61 所示。對於這個參數選擇，由 (7-181) 式到 (7-183) 式，可得出

$$\omega_n = 11.0 \text{ rad/s} \tag{7-184}$$

$$\zeta = 0.503 \tag{7-185}$$

$$s_{1,2} = -5.54 \pm j9.03 \tag{7-186}$$

其中，(7-186) 式中的極點，與 (7-183) 式相比，已經移動到左邊，同時 $\zeta$ 與 $\omega_n$ 增加。根據 (7-42) 式，PO 可預期會減少。此外，根據 (7-46) 式與 (7-50) 式，上升時間和安定時間也預期將會減少。對於使用性能規格公式的二-階模型，可知

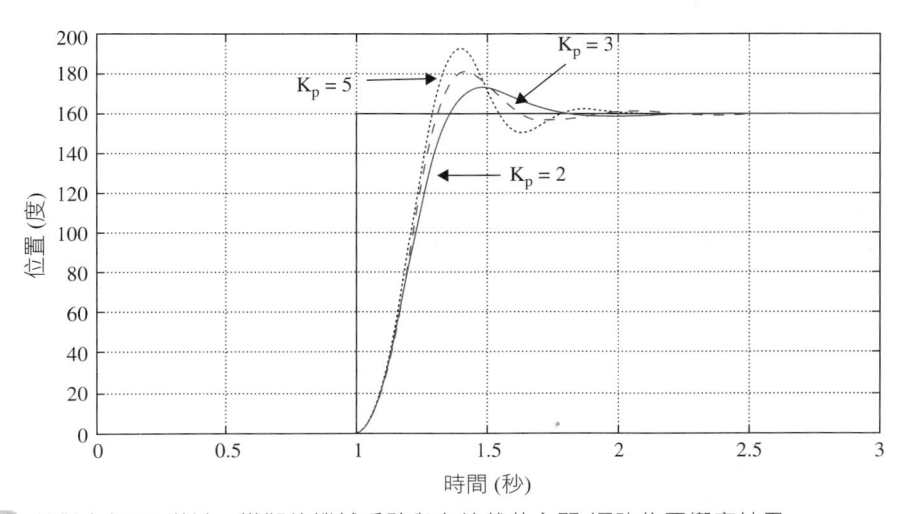

▶ **圖 7-61** 針對多個 $K_p$ 增益，模擬的機械手臂與有效載荷之閉-迴路位置響應結果。

$$\text{百分比最大超越量} = 100e^{-\pi\zeta/\sqrt{1-\zeta^2}} = 16 \tag{7-187}$$

$$t_{max} = \frac{\pi}{\omega_n\sqrt{1-\zeta^2}} = 0.33 \text{ s} \tag{7-188}$$

$$t_r = \frac{1 - 0.4167\zeta + 2.917\zeta^2}{\omega_n} = 0.14 \text{ s} \tag{7-189}$$

$$5\% \text{ 安定時間：} t_s \cong \frac{3.2}{\zeta\omega_n} = 0.58 \text{ s} \tag{7-190}$$

對於 $K_p = 3$，表 7-14 所示的系統之性能規格符合這些期望。計算值，即 (7-188) 式與 (7-189) 式，與表 7-14 之模擬測量值之間的微小差異，明顯地可歸因於二-階和三-階模型之間的差異──這裡所使用的模擬軟體 (Simulink；詳見附錄 D) 係考慮三-階模型。注意：由於我們的系統在現實中是非線性的，我們不應該期望模擬響應與其它控制器增益值的實驗密切相符。從表 7-14，可以看出事實即是如此。

切記實驗系統的 PO 是利用 (7-41) 式而從響應之終值測量得出的。例如，對於 $K_p = 2$ 時，NXT 馬達 (裝置機械手臂與有效載荷) 響應的終值與峰值分別位於 164 和 167 度。因此，

$$PO = 100\left(\frac{167 - 164}{164}\right) = 1.8 \tag{7-191}$$

此時，你可能希望進一步微調系統參數，或者決定該模型是否足夠好。對於所有實際用途，表 7-15 所示的參數值看起來是合理的，故我們應可停止微調的程序。

最後，既然已有一個足夠好的系統模型，我們可以為這個系統設計不同類型的控制器。在附錄 D 中，我們將提供各類實驗，以使讀者可以使用 MATLAB 和 Simulink 軟體進一步運用模擬來比較實際的各種馬達特性。

■表 7-14　機械手臂閉-迴路位置響應性能規格之比較

|  | $K_p$ | 百分比超越量 | 安定時間 (s) (5%) | 上升時間 (s) |
|---|---|---|---|---|
| 模擬的位置響應 | 增益 = 2 | 8 | 0.61 | 0.22 |
|  | **增益 = 3** | **13** | **0.55** | **0.19** |
|  | 增益 = 5 | 19.4 | 0.68 | 0.18 |
| NXT 馬達的位置響應 | 增益 = 2 | 1.8 | 0.33 | 0.23 |
|  | **增益 = 3** | **12.5** | **0.53** | **0.18** |
|  | 增益 = 5 | 17.1 | 0.48 | 0.18 |

■表 7-15　微調後之機械手臂與有效載荷的實驗參數

| 電樞電阻 | $R_a = 2.27\ \Omega$ |
| --- | --- |
| 電樞電感 | $L_a = 0.0047\ H$ |
| 馬達轉矩常數 | $K_i = 0.25\ N \cdot m/A$ |
| 反電動勢常數 | $K_b = 0.25\ V/rad/sec$ |
| 等效黏滯阻尼常數 | $B = 0.0027\ N \cdot m/sec$ |
| 機械時間常數 | $\tau_m = 0.09\ s$ |
| 總轉動慣量 | $J_{total} = 0.00273\ kg \cdot m^2$ |

## 7-11　摘要

本章針對線性連續-資料控制系統的時域分析加以討論。控制系統之時間響應可分為暫態和穩態響應。暫態響應的性能準則有**最大超越量、上升時間、延遲時間及安定時間，而使用的參數有阻尼比、自然無阻尼頻率及時間常數**。若轉移函數為原型二-階時，則這些參數的解析表示式全部都與系統參數有簡單的關係。若系統為三-階或更高階系統，暫態參數與系統常數之間的解析關係式則難以決定。建議可以運用電腦模擬於這些系統。本章已利用馬達的速率響應和位置控制的範例來對此項議題作更佳的說明。

當時間趨近於無窮大時，穩態誤差為系統準確度的一種衡量。當系統為單位回授時，其對步階、斜坡及拋物線輸入的穩態誤差可分別由誤差常數 $K_p$、$K_v$ 和 $K_a$，以及系統型式來決定。當應用穩態誤差分析時，拉氏轉換之終值定理為理論基礎；但其必須在閉-迴路系統穩定時才有用，不然誤差分析無效。在非單位-回授系統中，並沒有定義誤差常數。對於非單位-回授系統，可以利用閉-迴路轉移函數來決定穩態誤差。本章已利用馬達速率響應的範例來對此項議題作更佳的說明。

位置-控制系統的時域分析已加以介紹。暫態和穩態的分析是先以二-階近似系統來完成。本章也示範說明改變放大器增益 $K$ 對於暫態和穩態的效應。同時，本章也介紹了根軌跡法的概念，然後再對三-階系統進行分析。由此項分析得知：二-階近似系統只有在小的 $K$ 值時才準確。

在順向-路徑和閉-迴路轉移函數中加入極點和零點的效應已加以示範說明。對轉移函數的主極點觀念也加以討論，同時探討在 $s$-平面上，轉移函數極點位置的重要性。本章也討論只考慮暫態響應時，在什麼條件下可以忽略不重要的極點和零點。

在本章的最後，介紹了簡單的控制器——PD、PI 及 PID。這些控制器的設計可在時域 (以及 $s$-域) 中進行。時域設計可以透過諸如相對阻尼比、最大超越量、上升時間、延遲時間、安定時間等規格或單純地透過特徵方程式根的位置來作特性描述，但請注意：系統轉移函數的零點也會影響暫態響應。其性能通常透過步階響應和穩態誤差來衡量。

## 參考資料

1. J. C. Willems and S. K. Mitter, "Controllability, Obsevability, Pole Allocation, and State Reconstruction," *IEEE Trans. Automatic Control*, Vol. AC-16, pp. 582-595, Dec. 1971.
2. H. W. Smith and E. J. Davison, "Design of Industrial Regulators," *Proc. IEE (London)*, Vol. 119, pp. 1210–1216, Aug. 1972.
3. F. N. Bailey and S. Meshkat, "Root Locus Design of a Robust Speed Control," *Proc. Incremental Motion Control Symposium*, pp. 49–54, June 1983.
4. M. Vidyasagar, "On Undershoot and Nonminimum Phase Zeros," *IEEE Trans. Automatic Control*, Vol. AC-31, p. 440, May 1986.
5. T. Norimatsu and M. Ito, "On the Zero Non-Regular Control System," *J. Inst. Elec. Eng. Japan*, Vol. 81, pp. 567–575, 1961.
6. K. Ogata, *Modern Control Engineering*, 4th Ed., Prentice Hall, NJ, 2002.
7. G. F. Franklin and J. D. Powell, *Feedback Control of Dynamic Systems*, 5th Ed., Prentice-Hall, NJ, 2006.
8. J. J. Distefano, III, A. R. Stubberud, and I. J. Williams, *Schaum's Outline of eory and Problems of Feedback and Control Systems*, 2nd Ed. New York; McGraw-Hill, 1990.
9. F. Golnaraghi and B. C. Kuo, *Automatic Control Systems*, 9th Ed. 2009.
10. Retrieved February 24, 2012, from http://www.philohome.com/nxtmotor/nxtmotor.htm.
11. LEGO Education. (n.d.) LEGO® MINDSTORMS Education NXT User Guide. Retrieved March 07, 2012, from http://education.lego.com/downloads/?q={02FB6AC1-07B0-4E1A-862D-7AE2DBC88F9E}.
12. Paul Oh. (n.d.) NXT Motor Characteristics: Part 2—Electrical Connections. Retrieved March 07, 2012, from http://www.pages.drexel.edu/~pyo22/mem380Mechatronics2Spring2010-2011/week09/lab/mechatronics2-LabNxtMotorCharacteristics-Part02.pdf.
13. Mathworks In. (n.d.) Simulink Getting Started Guide. Retrieved April 1, 2012, from http://www.mathworks.com/access/helpdesk/help/pdf_doc/simulink/sl_gs.pdf.

## 習題

除了使用傳統的方法，在此也利用 MATLAB 來求解本章的問題。

**7-1** 在 $s$-平面上找出一對共軛複數極點來滿足下列不同規格。試在 $s$-平面上對每一規格繪出極點可能的位置。

(a) $\zeta \geq 0.0707$　　　　　　$\omega_n \geq 2$ rad/s　　　　（正阻尼）

(b) $0 \leq \zeta \leq 0.707$　　　　$\omega_n \leq 2$ rad/s　　　　（正阻尼）

(c) $\zeta \leq 0.5$　　　　　　　$1 \leq \omega_n \leq 5$ rad/s　　（正阻尼）

(d) $0.5 \leq \zeta \leq 0.707$　　　$\omega_n \leq 5$ rad/s　　　　（正和負阻尼）

**7-2** 求出以下順向-路徑轉移函數之單位-回授系統型式。

(a) $G(s) = \dfrac{K}{(1+s)(1+10s)(1+20s)}$　　　　(b) $G(s) = \dfrac{10e^{-0.2s}}{(1+s)(1+10s)(1+20s)}$

(c) $G(s) = \dfrac{10(s+1)}{s(s+5)(s+6)}$   (d) $G(s) = \dfrac{100(s-1)}{s^2(s+5)(s+6)^2}$

(e) $G(s) = \dfrac{10(s+1)}{s^3(s^2+5s+5)}$   (f) $G(s) = \dfrac{100}{s^3(s+2)^2}$

(g) $G(s) = \dfrac{5(s+2)}{s^2(s+4)}$   (h) $G(s) = \dfrac{8(s+1)}{(s^2+2s+3)(s+1)}$

7-3 試求出下列單位-回授控制系統的步階、斜坡及拋物線誤差常數。這些系統的順向-路徑轉移函數如下所示。

(a) $G(s) = \dfrac{1000}{(1+0.1s)(1+10s)}$   (b) $G(s) = \dfrac{100}{s(s^2+10s+100)}$

(c) $G(s) = \dfrac{K}{s(1+0.1s)(1+0.5s)}$   (d) $G(s) = \dfrac{100}{s^2(s^2+10s+100)}$

(e) $G(s) = \dfrac{1000}{s(s+10)(s+100)}$   (f) $G(s) = \dfrac{K(1+2s)(1+4s)}{s^2(s^2+s+1)}$

7-4 針對習題 7-2 所描述的單位-回授控制系統，試求單位-步階輸入 $u_s(t)$、單位-斜坡輸入 $tu_s(t)$，及拋物線-輸入 $(t^2/2)u_s(t)$ 的穩態誤差。在使用終值定理之前先確定系統的穩定性。

7-5 以下所示為單-迴路之非單位-回授控制系統的轉移函數。試求由單位-步階輸入 $u_s(t)$、單位-斜坡輸入 $tu_s(t)$，及單位拋物線輸入 $(t^2/2)u_s(t)$ 所引起的穩態誤差。[譯者註：本習題各小題均屬於「案例一」的題型，參考訊號可採用 (7-62) 式。]

(a) $G(s) = \dfrac{1}{(s^2+s+2)}$   $H(s) = \dfrac{1}{(s+1)}$   (b) $G(s) = \dfrac{1}{s(s+5)}$   $H(s) = 5$

(c) $G(s) = \dfrac{1}{s^2(s+10)}$   $H(s) = \dfrac{s+1}{s+5}$   (d) $G(s) = \dfrac{1}{s^2(s+12)}$   $H(s) = 5(s+2)$

7-6 試求以下單-迴路控制系統在單位-步階輸入 $u_s(t)$、單位-斜坡輸入 $tu_s(t)$，及拋物線輸入 $(t^2/2)u_s(t)$ 時的穩態誤差。當系統包含參數 $K$ 時，求出可使解答為有效的 $K$ 值範圍。[譯者註：本習題 (a)、(b)、及 (d) 小題均屬於「案例一」的題型，參考訊號可採用 (7-62) 式，其中 $K_H = H(0)$。(c) 小題屬於「案例二」的題型，參考訊號需採用 (7-64) 式，其中 $N$ 代表 $H(s)$ 在 $s=0$ 之零點的階數。以此題而言，$N=1$ 及 $K_H \equiv \lim\limits_{s \to 0}[H(s)/s^N, N=1$。]

(a) $M(s) = \dfrac{s+4}{s^4+16s^3+48s^2+4s+4}, K_H = 1$   (b) $M(s) = \dfrac{K(s+3)}{s^3+3s^2+(K+2)s+3K}, K_H = 1$

(c) $M(s) = \dfrac{s+5}{s^4+15s^3+50s^2+10s}, H(s) = \dfrac{10s}{s+5}$   (d) $M(s) = \dfrac{K(s+5)}{s^4+17s^3+60s^2+5Ks+5K}, K_H = 1$

7-7 圖 7P-8 所示系統的輸出具有轉移函數 $Y/X$。求出閉-迴路系統的極點和零點和系統類型。

7-8 求出圖 7P-8 中所示系統的位置、速度及加速度誤差常數。

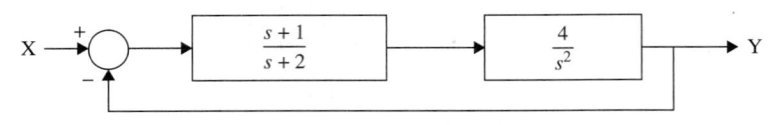

▶ 圖 7P-8

**7-9** 求出習題 7-8 針對：(a) 單步輸入；(b) 單位斜坡輸入；及 (c) 單位拋物線輸入時的穩態誤差。

**7-10** 針對圖 7P-10 所示的系統，重做習題 7-8。

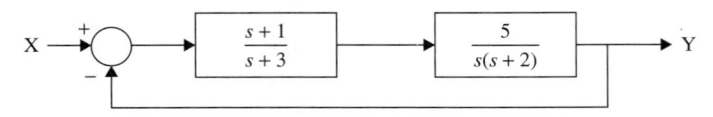

▶ 圖 7P-10

**7-11** 當輸入如下式所示時，試求出習題 7-10 之系統的穩態誤差。

$$X = \frac{5}{2s} - \frac{3}{s^2} + \frac{4}{s^3}$$

**7-12** 求出下列一-階系統的上升時間：

$$G(s) = \frac{1-k}{s-k}, \quad |k| < 1$$

**7-13** 如圖 7P-13 所示之控制系統方塊圖，試求出步階-、斜坡-及拋物線-誤差常數。誤差訊號定義為 $e(t)$。當輸入為下列訊號時，求出穩態誤差並以 $K$ 和 $K_t$ 表示之。假設系統為穩定。

(a) $r(t) = u_s(t)$
(b) $r(t) = tu_s(t)$
(c) $r(t) = (t^2/2)u_s(t)$

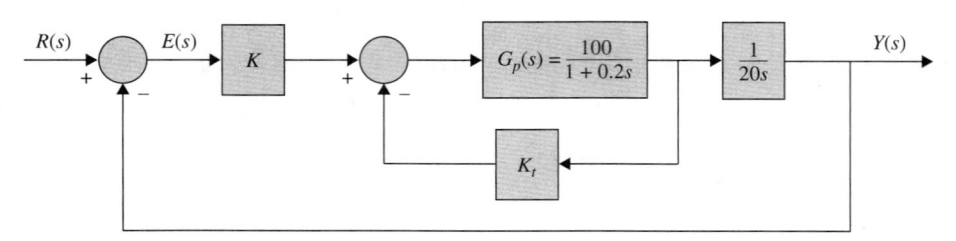

▶ 圖 7P-13

**7-14** 重做習題 7-13，但系統程序的轉移函數變成

$$G_p(s) = \frac{100}{(1+0.1s)(1+0.5s)}$$

試問 $K$ 和 $K_t$ 的限制為何時，(若有的話) 答案才正確。由改變 $K$ 和 $K_t$，使得在單位-斜坡輸入可以得到最小穩態誤差。

**7-15** 如圖 4P-7 所示之位置控制系統，試求：

(a) 單位-步階函數輸入時，用系統參數來表示誤差訊號 $\theta_e(t)$ 之穩態值。
(b) 當輸入為單位-斜坡輸入時，重做 (a) 小題，並假設系統為穩定。

7-16 回授控制系統的方塊圖，如圖 7P-16 所示。誤差訊號定義為 $e(t)$。
(a) 當輸入為單位-斜坡函數時，試以 $K$ 和 $K_t$ 來表示穩態誤差。並指出此解有意義時，在 $K$ 和 $K_t$ 上之限制。在此，令 $n(t) = 0$。
(b) 當 $n(t)$ 為一單位-步階函數，試求 $y(t)$ 之穩態值。令 $r(t) = 0$，並假設系統為穩定。

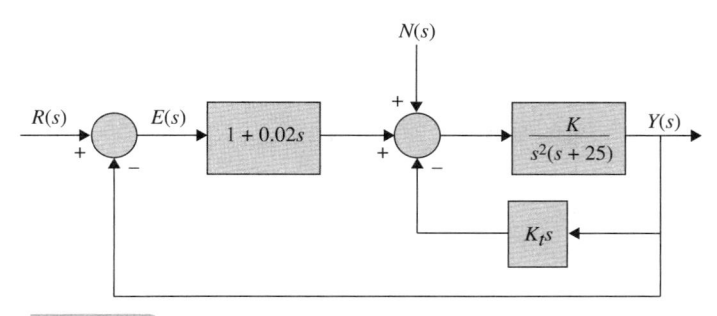

▶ 圖 7P-16

7-17 圖 7P-17 為一控制系統方塊圖，其中 $r(t)$ 為參考輸入且 $n(t)$ 為干擾輸入。
(a) 當 $n(t) = 0$ 且 $r(t) = tu_s(t)$ 時，求 $e(t)$ 的穩態值。求出使得此解有意義時，$\alpha$ 和 $K$ 之條件。
(b) 當 $r(t) = 0$ 且 $n(t) = u_s(t)$ 時，求出 $y(t)$ 之穩態值。

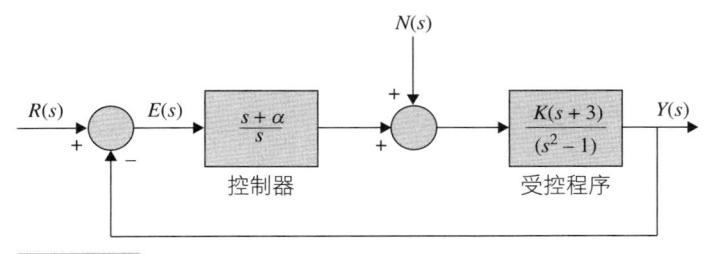

▶ 圖 7P-17

7-18 線性控制系統之單位-步階響應如圖 7P-18 所示。試建立此系統模型所需的二-階原型系統的轉移函數。

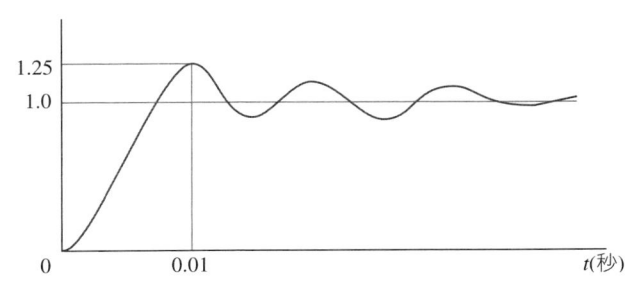

▶ 圖 7P-18

7-19 就圖 7P-13 所示之控制系統，試求 $K$ 及 $K_t$ 值，使輸出的最大超越量為 4.3% 且上升時間 $t_r$ 接近 0.2 秒。利用 (7-46) 式的上升時間關係式。試以時域響應模擬程式來模擬系統，藉以確認所求之解的準確性。

7-20 重做習題 7-19，但是最大超越量為 10% 和上升時間為 0.1 秒。

7-21 重做習題 7-19，但是最大超越量為 20% 和上升時間為 0.05 秒。

7-22 就圖 7P-13 所示之控制系統，試求 $K$ 和 $K_t$ 值，使得輸出之最大超越量為 4.3% 且延遲時間 $t_d$ 近似於 0.1 秒。利用 (7-44) 式的延遲時間關係式。利用電腦程式模擬此系統，藉以確認所求之解的準確性。

7-23 重做習題 7-22，但是最大超越量為 10% 和延遲時間為 0.05 秒。

7-24 重做習題 7-22，但是最大超越量為 20% 和延遲時間為 0.01 秒。

7-25 就圖 7P-13 所示之控制系統，試求 $K$ 和 $K_t$ 之值，使得系統之阻尼比為 0.6，且步階響應的安定時間為 0.1 秒。利用 (7-50) 式的安定時間關係式。利用電腦程式模擬此系統，藉以確認所求之解的準確性。

7-26 (a) 重做習題 7-25，但是最大超越量 10%，安定時間為 0.05 秒。
(b) 重做習題 7-25，但是最大超越量 20%，安定時間為 0.01 秒。

7-27 重做習題 7-25，但是阻尼比 0.707 和安定時間為 0.1 秒。利用 (7-51) 式的安定時間關係式。

7-28 單位-回授控制系統之順向-路徑轉移函數為

$$G(s) = \frac{K}{s(s+a)(s+30)}$$

其中 $a$ 和 $K$ 為實常數。

(a) 試求解 $a$ 和 $K$，使得特性方程式複數根的相對阻尼比為 0.5，且單位步階響應之上升時間約為 1 秒。利用 (7-46) 式作為上升時間的近似。在求得 $a$ 和 $K$ 值後，利用電腦程式求解實際之上升時間。

(b) 利用在 (a) 小題中所求得的 $a$ 和 $K$ 值，試求參考輸入為 (i) 單位-步階函數；(ii) 單位-斜坡函數時的穩態誤差。

7-29 線性控制系統的方塊圖，如圖 7P-29 所示。

(a) 利用試誤法求解 $K$ 值，使特性方程式有兩實根且系統穩定。你可以使用任何找根的電腦程式求解。

(b) 利用 (a) 小題求得之 $K$ 值，試求出系統之單位-步階響應。利用任何電腦模擬程式來求解。假設所有初值均為零。

(c) 當 $K = -1$ 時，重做 (b) 小題。在小的 $t$ 值時，步階響應有何特異之處？其成因為何？

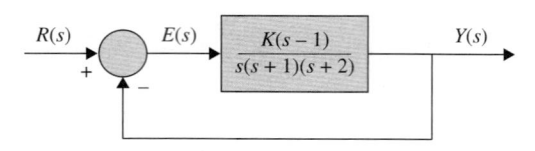

▶ 圖 7P-29

7-30 受控程序可用下面動態方程式描述：

$$\frac{dx_1(t)}{dt} = -x_1(t) + 5x_2(t)$$

$$\frac{dx_2(t)}{dt} = -6x_1(t) + u(t)$$

$$y(t) = x_1(t)$$

控制可由狀態回授得到

$$u(t) = -k_1 x_1(t) - k_2 x_2(t) + r(t)$$

其中 $k_1$ 和 $k_2$ 為實常數，而 $r(t)$ 為參考輸入。
(a) 求出在 $k_1$-對-$k_2$ 平面 ($k_1$ 為縱軸) 上之軌跡，使得在該軌跡上全系統之自然無阻尼頻率為 10 rad/s。
(b) 求出在 $k_1$-對-$k_2$ 平面上之軌跡，使得在該軌跡上全系統之阻尼比為 0.707。
(c) 試求 $k_1$ 與 $k_2$ 之值，使得 $\zeta = 0.707$ 且 $\omega_n = 10$ rad/s。
(d) 令誤差訊號為 $e(t) = r(t) - y(t)$。試求當 $r(t) = u_s(t)$，且 $k_1$、$k_2$ 如 (c) 小題之解時的穩態誤差。
(e) 求出在 $k_1$-對-$k_2$ 平面上之軌跡，使得由單位-步階輸入所造成的穩態誤差為零之軌跡。

7-31 線性控制系統的方塊圖，如圖 7P-31 所示。建構 $K_P$-對-$K_D$ 之參數平面 ($K_P$ 為縱軸)，並指出以下的軌跡或區域。
(a) 不穩定和穩定區。
(b) 阻尼為臨界 ($\zeta = 1$) 之軌跡。
(c) 系統為過阻尼 ($\zeta > 1$) 之區域。
(d) 系統為欠阻尼 ($\zeta < 1$) 之區域。
(e) 拋物線誤差常數 $K_a$ 為 1000 $\sec^{-2}$ 之軌跡。
(f) 自然無阻尼頻率 $\omega_n$ 為 50 rad/s 之軌跡。
(g) 系統為不可控或不可觀測之軌跡 (提示：檢視是否有極點-零點對消)。

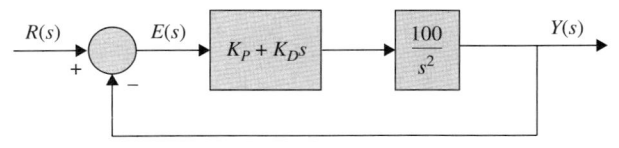

▶ 圖 7P-31

7-32 如圖 7P-32 所示之線性控制系統方塊圖，系統之固定參數為 $T = 0.1$、$J = 0.01$ 和 $K_i = 10$。
(a) 當輸入 $r(t) = tu_s(t)$ 與 $T_d(t) = 0$ 時，試問 $K$ 和 $K_t$ 之值對 $e(t)$ 之穩態值有何影響？試求可使系統穩定之 $K$ 和 $K_t$ 的限制。
(b) 設輸入 $r(t) = 0$。當干擾轉矩 $T_d$ 為步階函數時，即 $T_d(t) = u_s(t)$，試問 $K$ 和 $K_t$ 之值對 $y(t)$ 的穩態值有何影響。

(c) 設 $K_t = 0.01$ 及 $r(t) = 0$。當干擾轉矩 $T_d(t)$ 為步階函數時，試求出由變化 $K$ 時所能求得之 $y(t)$ 的最小穩態值。在此情況下，求出此時的 $K$ 值。試由暫態的觀點來說明用此 $K$ 值時，此系統是否能操作？請說明原因。

(d) 假設想要用 (c) 小題所選取的 $K$ 值來操作系統，試求特性方程式的複數根之實部為 $-2.5$ 時的 $K_t$ 值。求出此特性方程式的全部三個根。

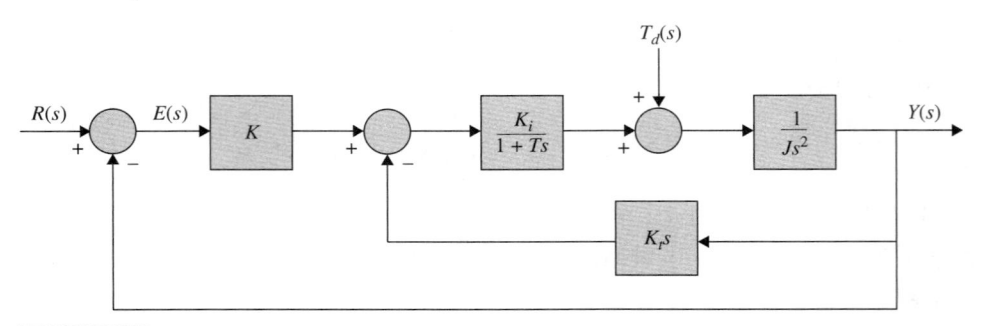

▶ 圖 7P-32

7-33 考慮具有 $\zeta = 0.6$ 和 $\omega_n = 5$ rad/s 的二-階單位-回授系統。當加入單位-步階輸入至系統時，計算上升時間、峰值時間、最大超越量、以及安定時間。

7-34 圖 7P-34 顯示了伺服馬達的方塊圖。假設 $J = 1$ kg·m$^2$，$B = 1$ N·m/rad/s。如果單位-步階輸入的最大超越量和峰值時間分別為 0.2 與 0.1 s 時，
(a) 求出阻尼比與自然頻率。
(b) 求出增益 $K$ 與速度回授 $K_f$，並且計算上升時間與安定時間。

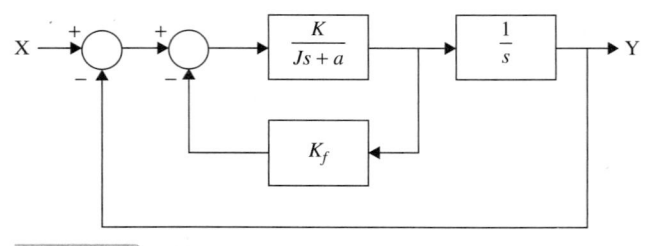

▶ 圖 7P-34

7-35 求出下列系統於零初始條件時的單位-步階響應：

(a) $\begin{bmatrix} \dot{x}_1 \\ \dot{x}_2 \end{bmatrix} = \begin{bmatrix} -1 & -1 \\ 6.5 & 0 \end{bmatrix} \begin{bmatrix} x_1 \\ x_2 \end{bmatrix} + \begin{bmatrix} 1 & 1 \\ 1 & 0 \end{bmatrix} \begin{bmatrix} u_1 \\ u_2 \end{bmatrix} \quad \begin{bmatrix} y_1 \\ y_2 \end{bmatrix} = \begin{bmatrix} 1 & 0 \\ 0 & 1 \end{bmatrix} \begin{bmatrix} x_1 \\ x_2 \end{bmatrix} + \begin{bmatrix} 0 & 0 \\ 0 & 0 \end{bmatrix} \begin{bmatrix} u_1 \\ u_2 \end{bmatrix}$

(b) $\begin{bmatrix} \dot{x}_1 \\ \dot{x}_2 \end{bmatrix} = \begin{bmatrix} 0 & 1 \\ -1 & -1 \end{bmatrix} \begin{bmatrix} x_1 \\ x_2 \end{bmatrix} + \begin{bmatrix} 0 \\ 1 \end{bmatrix} u \quad y_1 = \begin{bmatrix} 1 & 0 \end{bmatrix} \begin{bmatrix} x_1 \\ x_2 \end{bmatrix} + [0]u$

(c) $\begin{bmatrix} \dot{x}_1 \\ \dot{x}_2 \\ \dot{x}_3 \end{bmatrix} = \begin{bmatrix} 0 & 1 & 0 \\ -1 & -1 & 0 \\ 1 & 0 & 0 \end{bmatrix} \begin{bmatrix} x_1 \\ x_2 \\ x_3 \end{bmatrix} + \begin{bmatrix} 0 \\ 1 \\ 0 \end{bmatrix} u \quad y = \begin{bmatrix} 0 & 0 & 1 \end{bmatrix} \begin{bmatrix} x_1 \\ x_2 \\ x_3 \end{bmatrix}$

7-36 利用 MATLAB 求解習題 7-35。

7-37 試求出習題 7-35 所給定之系統的脈衝響應。

7-38 利用 MATLAB 求解習題 7-37。

7-39 圖 7P-39 所示為一機械系統。

(a) 求出系統的微分方程式。

(b) 利用 MATLAB 求出系統的單位-步階輸入響應。

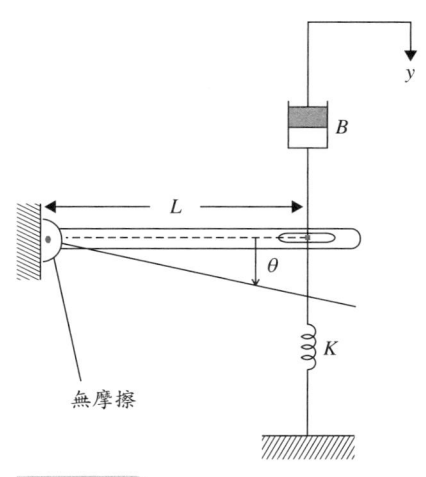

▶ 圖 7P-39

7-40 在習題 6-14 所述之印字輪之直流馬達控制系統，其順向-路徑轉移函數為

$$G(s) = \frac{\Theta_o(s)}{\Theta_e(s)} = \frac{nK_sK_iK_LK}{\Delta(s)}$$

其中 $\Delta(s) = s[L_aJ_mJ_Ls^4 + J_L(R_aJ_m + B_mL_a)s^3$
$+ (n^2K_LL_aJ_L + K_LL_aJ_m + K_iK_bJ_L + R_aB_mJ_L)s^2$
$+ (n^2R_aK_LJ_L + R_aK_LJ_m + B_mK_LL_a)s + R_aB_mK_L + K_iK_bK_L]$

且其中 $K_i = 9$ oz·in./A，$K_b = 0.636$ V/rad/s，$R_a = 5\ \Omega$，$L_a = 1$ mH，$K_s = 1$ V/rad，$n = 1/10$，$J_m = J_L = 0.001$ oz·in·s$^2$，及 $B_m \cong 0$。此閉-迴路系統之特性方程式為

$$\Delta(s) + nK_sK_iK_LK = 0$$

(a) 令 $K_L = 10{,}000$ oz·in/rad，寫出順向-路徑轉移函數 $G(s)$，並求 $G(s)$ 之極點。求出可使閉-迴路系統穩定之臨界 $K$ 值，並求在閉-迴路系統為臨界穩定之 $K$ 值下其特性方程式的根。

(b) 令 $K_L = 1000$ oz·in/rad，重做 (a) 小題。

(c) 令 $K_L = \infty$ (即馬達軸為剛性)，重做 (a) 小題。

(d) 比較 (a)、(b) 和 (c) 小題之結果，並提出 $K_L$ 值對 $G(s)$ 之極點及特性方程式根之影響。

7-41 在習題 6-13 中的導彈傾斜度控制系統，其方塊圖如圖 7P-41 所示。輸入指令為 $r(t)$，$d(t)$

為干擾輸入。此習題主要目的為研究控制器 $G_c(s)$ 對系統穩態及暫態響應之效應。

(a) 令 $G_c(s) = 1$，試求 $r(t)$ 為單位-步階函數且 $d(t) = 0$ 時系統之穩態誤差。

(b) 令 $G_c(s) = (s+\alpha)/s$，試求 $r(t)$ 為單位-步階函數時的穩態誤差。

(c) 求 $0 \leq t \leq 0.5$ 秒時，$G_c(s)$ 如 (b) 小題所示且 $\alpha = 5$、$50$、$500$ 時的單位-步階響應。假設初始值為 0。記錄每次 $y(t)$ 的最大超越量。利用可用的電腦模擬程式求解。指出當控制器的參數 $\alpha$ 改變時對暫態響應之影響。

(d) 令 $r(t) = 0$，且 $G_c(s) = 1$，試求 $d(t) = u_s(t)$ 時的 $y(t)$ 穩態值。

(e) 令 $G_c(s) = (s+\alpha)/s$，試求 $d(t) = u_s(t)$ 時 $y(t)$ 穩態值。

(f) 當 $0 \leq t \leq 0.5$ 秒時，$G_c(s)$ 如 (e) 小題所示，$r(t) = 0$，$d(t) = u_s(t)$，$\alpha = 5$、$50$ 和 $500$，且初值為零，試求輸出響應。

(g) 改變控制器參數 $\alpha$ 值，試問由 $r(t)$ 和 $d(t)$ 所引起之 $y(t)$ 暫態響應的影響為何？

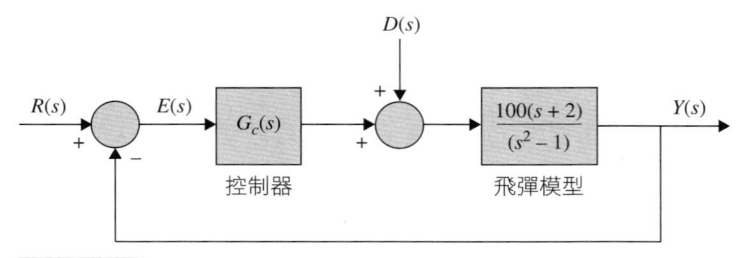

▶ 圖 7P-41

7-42 圖 7P-42 所示為一液位控制系統之方塊圖。

(a) 因為開-迴路轉移函數中有一根位在 $s$-平面實軸上的 $s = -10$ 處，此根在 $s$-平面上左邊相當遠處，故此根可加以忽略。將 $G(s)$ 在 $s = -10$ 之極點忽略，即可得近似的二-階系統。此一近似對於暫態和穩態均有效。當 $N = 1$ 和 $N = 10$ 時，將最大超越量和峰值時間 $t_{max}$ 之公式應用於此二-階模型，求算此二參數值。

(b) 試求原三-階系統 (令所有初值為 0) 在 $N = 1$ 及 $N = 10$ 時的單位-步階響應。比較原有系統和近似二-階系統的響應。以 $N$ 的函數方式，試評論近似的精確度。

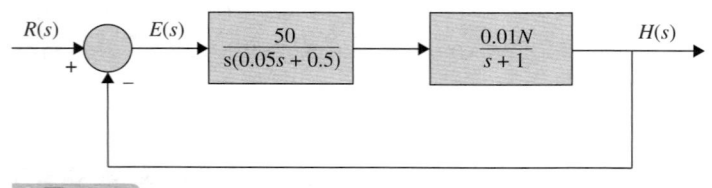

▶ 圖 7P-42

7-43 單位-回授控制系統的順向-路徑轉移函數為

$$G(s) = \frac{1+T_z s}{s(s+1)^2}$$

在 $T_z = 0$、$0.5$、$1.0$、$10.0$ 和 $50.0$ 時，計算並繪出此閉-迴路系統的單位-步階響應。利用任何可用的電腦程式求解之。試評論 $T_z$ 值變化對步階響應之影響 (假設所有初值為 0)。

7-44 單位-回授控制系統的順向-路徑轉移函數為

$$G(s) = \frac{1}{s(s+1)^2(1+T_p s)}$$

計算並畫出閉-迴路系統於 $T_p = 0$、0.5 和 0.707 時的單位-步階響應 (假設所有初值為 0)。利用電腦程式求解，求出閉-迴路系統臨界穩定時的 $T_p$ 臨界值。試評論 $G(s)$ 中 $s = -1/T_p$ 極點之影響。

7-45 已知順向-路徑轉移函數如下列所示，試比較並繪製單位-回授閉迴路系統之單位-步階響應。假設初始條件皆為零。使用 timetool 程式。

(a) $G(s) = \dfrac{1+T_z s}{s(s+0.55)(s+1.5)}$，$T_z = 0$、1、5 和 50

(b) $G(s) = \dfrac{1+T_z s}{(s^2+2s+2)}$，$T_z = 0$、1、5 和 50

(c) $G(s) = \dfrac{2}{(s^2+2s+2)(1+T_p s)}$，$T_p = 0$、0.5 和 1.0

(d) $G(s) = \dfrac{10}{s(s+5)(1+T_p s)}$，$T_p = 0$、0.5 和 1.0

(e) $G(s) = \dfrac{K}{s(s+1.25)(s^2+2.5s+10)}$

　(i) $K = 5$　　　(ii) $K = 10$　　　(iii) $K = 30$

(f) $G(s) = \dfrac{K(s+2.5)}{s(s+1.25)(s^2+2.5s+10)}$

　(i) $K = 5$　　　(ii) $K = 10$　　　(iii) $K = 30$

7-46 圖 7P-46 所示為具有轉速計回授的伺服馬達之方塊圖。

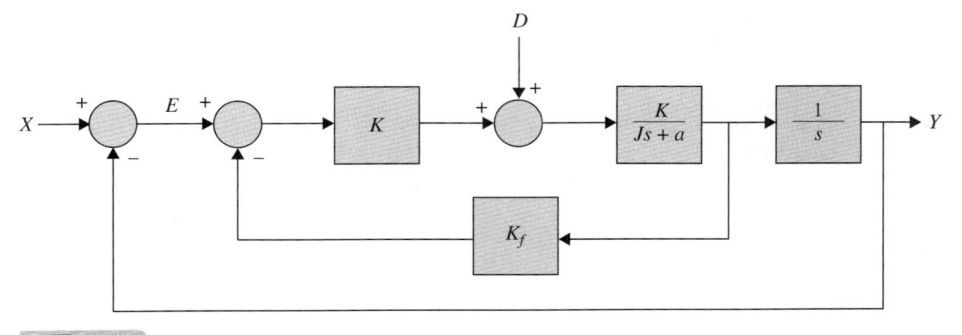

▶ 圖 7P-46

(a) 求出有參考輸入 $X(s)$ 與干擾輸入 $D(s)$ 存在情況下的誤差訊號 $E(s)$。
(b) 當 $X(s)$ 為單位-斜坡及 $D(s)$ 為單位-步階時，計算系統的穩態誤差。
(c) 針對 (b) 小題，利用 MATLAB 繪製系統的響應。

(d) 當 X(s) 為單位-步階輸入及 D(s) 為單位-脈衝輸入時，利用 MATLAB 繪製系統的響應。

**7-47** 穩定的單位-回授系統的前饋轉移函數為 G(s)。如果閉-迴路轉移函數可以重寫為

$$\frac{Y(s)}{X(s)} = \frac{G(s)}{1+G(s)} = \frac{(A_1 s+1)(A_2 s+1)\ldots(A_n s+1)}{(B_1 s+1)(B_2 s+1)\ldots(B_m s+1)}$$

(a) 當 e(t) 為單位-步階響應的誤差，求出 $\int_0^\infty e(t)dt$。

(b) 計算 $\frac{1}{K} = \frac{1}{\lim_{s\to 0} sG(s)}$。

**7-48** 如果圖 7P-48 所示的閉-迴路系統之單位-步階響應的最大超越量和 1% 安定時間不超過 25% 和 0.1 s，試求出補償器的增益 K 和極點位置 p。此外，使用 MATLAB 繪製系統的單位-步階輸入響應，並驗證你的控制器設計。

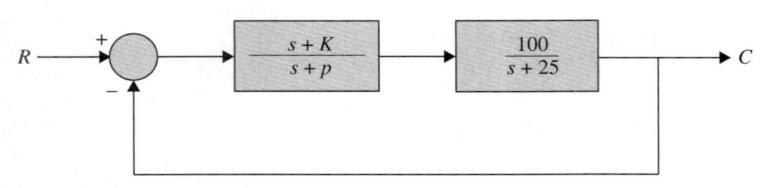

▶ 圖 7P-48

**7-49** 如果一已知二-階系統需要具有小於 t 的峰值時間，試求出滿足該規範的極點所相對應之 s-平面內的區域。

**7-50** 圖 7P-50a 所示的單位-回授控制系統被設計成使得其閉-迴路極點位於圖 7P-50b 所示的區域內。

(a) 試求出 $\omega_n$ 與 $\zeta$ 的數值。

(b) 若 $K_P = 2$ 及 $p = 2$，求出 K 與 $K_I$ 的數值。

(c) 顯示無論 $K_P$ 和 p 值如何，控制器都可以設計成將極點放置在 s-平面的左半邊。

(a)

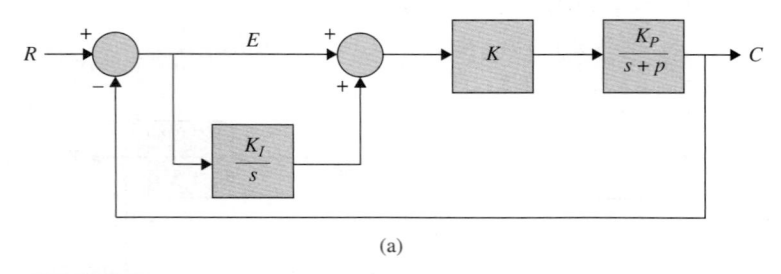

▶ 圖 7P-50

Im (s)

(b)

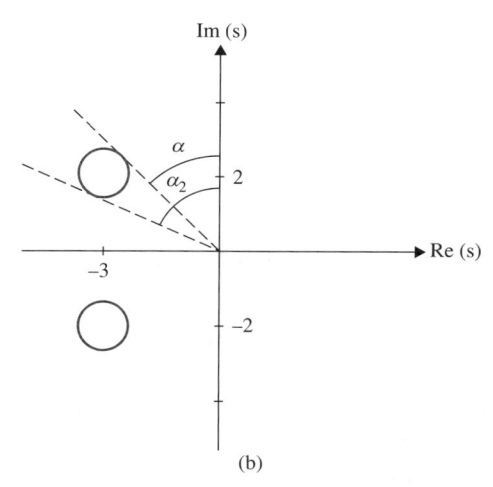

▶ 圖 7P-50 （續）

7-51 已知直流馬達的運動方程式如下：

$$J_m \ddot{\theta}_m + \left(B + \frac{K_1 K_2}{R}\right)\dot{\theta}_m = \frac{K_1}{R} v$$

假設 $J_m = 0.02 \text{ kg} \cdot \text{m}^2$，$B = 0.002 \text{ N} \cdot \text{m} \cdot \text{s}$，$K_1 = 0.04 \text{ N} \cdot \text{m/A}$，$K_2 = 0.04 \text{ V} \cdot \text{s}$，$R = 20 \text{ }\Omega$。

(a) 求出外加電壓與馬達速率之間的轉移函數。
(b) 計算外加 10 V 電壓後馬達的穩態速率。
(c) 求出外加電壓與軸角度 $\theta_m$ 之間的轉移函數。
(d) 將閉-迴路回授納入 (c) 小題，使得 $v = K(\theta_p - \theta_m)$，其中 $K$ 是回授增益，求出 $\theta_p$ 和 $\theta_m$ 之間的轉移函數。
(e) 如果最大超越量小於 25%，求出 $K$。
(f) 如果上升時間大於 3 s，求出 $K$。
(g) 使用 MATLAB 繪製位置伺服系統對於 $K = 0.5$、1.0 和 2.0 時的步階響應，求出上升時間和超越量。

7-52 在與圖 7P-48 類似組態的單位-回授閉-迴路系統中，受控體轉移函數為 $G(s) = \dfrac{1}{s(s+3)}$，以及控制器轉移函數為

$$G_c(s) = \frac{k(s+a)}{(s+b)}$$

試設計此控制器的參數，使閉-迴路具有 10% 的單位-步階輸入超越量和 1.5 秒的 1% 安定時間。

7-53 自動駕駛儀的設計是為了保持飛機的俯仰姿態 $\alpha$。已知俯仰角 $\alpha$ 和升降器角 $\beta$ 之間的轉移函數如下：

$$\frac{\alpha(s)}{\beta(s)} = \frac{60(s+1)(s+2)}{(s^2+6s+40)(s^2+0.04s+0.07)}$$

自動駕駛儀俯仰控制器使用俯仰誤差 e 來調節升降器，如下：

$$\frac{\beta_e(s)}{E(s)} = \frac{K(s+3)}{s+10}$$

針對單位-步階輸入，使用 MATLAB 求出 $K$，使得超越量小於 10% 且上升時間快於 0.5 秒。對於複雜系統，試解釋其控制器設計的困難之處。

7-54 具有串聯控制器之控制系統的方塊圖，如圖 7P-54 所示。試求出控制器 $G_c(s)$ 的轉移函數，以滿足以下的規格：

(a) 斜坡-誤差常數 $K_v$ 為 5。

(b) 閉-迴路轉移函數型式如下：

$$M(s) = \frac{Y(s)}{R(s)} = \frac{K}{(s^2+20s+200)(s+a)}$$

其中，$K$ 和 $a$ 是實常數。使用 MATLAB 求出 $K$ 和 $a$ 的值。

其設計策略是要將閉-迴路極點置於 $-10+j10$ 和 $-10-j10$，然後調整 $K$ 和 $a$ 的值以滿足穩態規格要求。$a$ 的值很大，使得它不會明顯地影響瞬態響應。求出所設計系統的最大超越量。

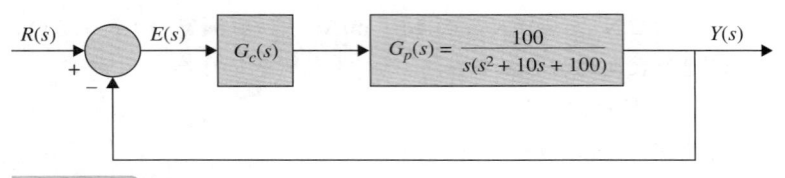

▶ 圖 7P-54

7-55 如果斜坡誤差常數為 9，重做習題 7-54。可以實現的 $K_v$ 之最大值是多少？評論試圖實現一個非常大的 $K_v$ 可能出現的困難。

7-56 具有 PD 控制器的控制系統如圖 7P-56 所示。使用 MATLAB：

(a) 求出 $K_P$ 和 $K_D$ 的值，使斜坡誤差常數 $K_v$ 為 1000，阻尼比為 0.5。

(b) 求出 $K_P$ 和 $K_D$ 的值，使斜坡誤差常數 $K_v$ 為 1000，阻尼比為 0.707。

(c) 求出 $K_P$ 和 $K_D$ 的值，使斜坡誤差常數 $K_v$ 為 1000，阻尼比為 1.0。

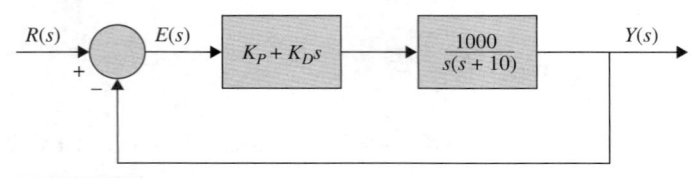

▶ 圖 7P-56

7-57 對於圖 7P-56 所示的控制系統，試設定 $K_P$ 的值，以使斜坡-誤差常數為 1000。利用 MATLAB：

(a) 以 0.2 為增量，將 $K_D$ 的值從 0.2 增加到 1.0，求出系統的上升時間和最大超越量。

(b) 以 0.2 為增量，將 $K_D$ 的值從 0.2 增加到 1.0，求出使得最大超越量最小化之 $K_D$ 值。

7-58 考慮圖 7-43 所示之飛機姿態控制系統的二-階模型。受控程序的轉移函數為 $G_p(s) = \dfrac{4500K}{s(s+361.2)}$。利用 MATLAB 設計轉移函數為 $G_c(s) = K_P + K_D s$ 之串聯 PD 控制器，以便滿足以下性能規格：

單位-斜坡輸入所造成的穩態誤差 ≤ 0.001
最大超越量 ≤ 5%
上升時間 $t_r$ ≤ 0.005 秒
安定時間 $t_s$ ≤ 0.005 秒

7-59 圖 7P-59 顯示習題 7-42 中所描述之液位控制系統的方塊圖。$N$ 代表液位控制系統的注水口數目。設定 $N = 20$。使用 MATLAB 來設計 PD 控制器，以使在單位-步階輸入時，水槽可在不超過 3 秒注入水量至參考水位的 5% 以內，並且沒有超越量。

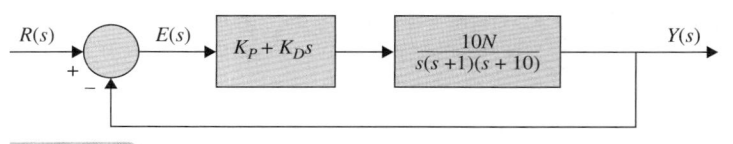

▶ 圖 7P-59

7-60 對於習題 7-59 中描述的液位控制系統，試設定 $K_P$ 值以使斜坡-誤差常數為 1。利用 MATLAB 將 $K_D$ 從 0 變化到 0.5，求出系統的上升時間和最大超越量。

7-61 具有型式 0 的受控程序 $G_p(s)$ 和 PI 控制器的控制系統，如圖 7P-61 所示。利用 MATLAB：
(a) 求出 $K_I$ 的值，使斜坡誤差常數 $K_v$ 為 10。
(b) 求出 $K_P$ 的值，使系統特性方程式複數根的虛部大小為 15 rad/s。求出特性方程式的根。
(c) 利用 (a) 小題中所決定的 $K_P$ 值和 $0 \le K_P < \infty$，試繪製特性方程式的根軌跡。

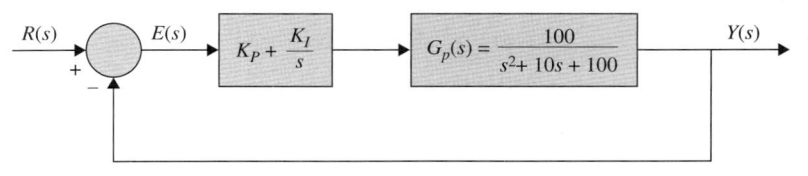

▶ 圖 7P-61

7-62 對於習題 7-61，試設定 $K_I$ 以使斜坡-誤差常數為 10。利用 MATLAB 改變 $K_P$，並求出系統的上升時間和最大超越量。

7-63 對於圖 7P-61 所示的控制系統，利用 MATLAB 執行下述項目：
(a) 求出 $K_I$ 的值，以使斜坡誤差常數 $K_v$ 為 100。
(b) 利用 (a) 小題所決定的 $K_I$ 值，求出 $K_P$ 的臨界值，使得系統為穩定。繪製 $0 \le K_P < \infty$ 時的特性方程式之根軌跡。
(c) 試證明無論 $K_P$ 值大小為何，最大超越量都很高。利用 (a) 小題中的 $K_I$ 值。當最大超越

量為最小時，求出 $K_P$ 的值。這個最大超越量的值是多少？

**7-64** 當 $K_P = 10$ 時，重做習題 7-63。

**7-65** 具有型式 0 的受控程序和 PID 控制器的控制系統，如圖 7P-65 所示。利用 MATLAB 來設計控制器的參數，以滿足以下規格：

斜坡-誤差常數 $K_v = 100$　　　　上升時間 $t_r \leq 0.01$ 秒　　　　最大超越量 $\leq 2\%$

繪製所設計系統的單位-步階響應。

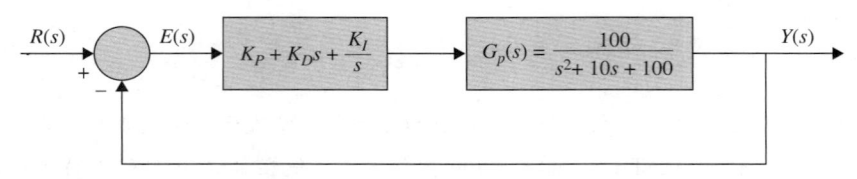

$R(s) \rightarrow \bigotimes \xrightarrow{E(s)} \boxed{K_P + K_D s + \dfrac{K_I}{s}} \rightarrow \boxed{G_p(s) = \dfrac{100}{s^2 + 10s + 100}} \rightarrow Y(s)$

▶ 圖 7P-65

**7-66** 考慮習題 2-18 之車輛懸吊系統的四分之一車體，對於以下系統參數：

| | |
|---|---|
| 1/4 車體的有效質量 | 10 kg |
| 有效剛性 | 2.7135 N/m |
| 有效阻尼 | 0.9135 N·m/s$^{-1}$ |
| 質量 $m$ 的絕對位移 | 公尺 |
| 基座的絕對位移 | 公尺 |
| 相對位移 $(x(t) - y(t))$ | 公尺 |

系統的運動方程式定義如下：

$$m\ddot{x}(t) + c\dot{x}(t) + kx(t) = c\dot{y}(t) + ky(t)$$

此式可以透過代入 $z(t) = x(t) - y(t)$ 的關係來簡化，並將之係數無因次化成下列的形式：

$$\ddot{z}(t) + 2\zeta\omega_n \dot{z}(t) + \omega_n^2 z(t) = -\ddot{y}(t)$$

已知基座加速率與位移之間的拉氏轉換如下：

$$\dfrac{Z(s)}{\ddot{Y}}(s) = \dfrac{-1}{s^2 + 2\zeta\omega_n s + \omega_n^2}$$

(a) 此題想要設計一個比例控制器。利用 MATLAB 來設計控制器參數，使得上升時間不超過 0.05 s，超越量不超過 3%。繪製所設計系統的單位-步階響應。

(b) 此題想要設計一個 PD 控制器。利用 MATLAB 來設計控制器參數，使得上升時間不超過 0.05 s，超越量不超過 3%。繪製所設計系統的單位-步階響應。

(c) 此題想要設計一個 PI 控制器。利用 MATLAB 來設計控制器參數，使得上升時間不超過 0.05 s，超越量不超過 3%。繪製所設計系統的單位-步階響應。

(d) 此題想要設計一個 PID 控制器。利用 MATLAB 來設計控制器參數，使得上升時間不超

過 0.05s，超越量不超過 3%。繪製所設計系統的單位-步階響應。

**7-67** 考慮圖 7P-67 所示之彈簧-質量系統。

已知其轉移函數為 $\dfrac{Y(s)}{F(s)} = \dfrac{1}{Ms^2 + Bs + K}$。

重做習題 7-66，其中 $M = 1$ kg、$B = 10$ N·s/m、$K = 20$ N/m。

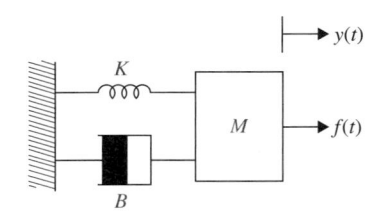

▶ 圖 7P-67

**7-68** 考慮車輛懸吊系統撞擊習題 3-21 中所描述的安全凸。利用 MATLAB 設計一個比例控制器，其中 1% 的安定時間小於 0.1 s，超越量不超過 2%。假定 $m = 25$ kg、$J = 5$ kg·m$^2$、$K = 100$ N/m、$r = 0.35$ m。繪製系統的脈衝響應。

**7-69** 考慮習題 3-26 中所描述的列車系統。利用 MATLAB 設計一個比例控制器，其中峰值時間小於 0.05 s，超越量不超過 4%。假定 $M = 1$ kg、$m = 0.5$ kg、$k = 1$ N/m、$\mu = 0.002$ s/m、$g = 9.8$ m/s$^2$。

**7-70** 考慮習題 2-9 中所描述的倒單擺，其中 $M = 1$ kg、$m = 0.2$ kg、$\mu = 0.1$ N/m/s (推車的摩擦力)、$I = 0.006$ kg·m$^2$、$g = 9.8$ m/s$^2$、$\ell = 0.3$ m。利用 MATLAB 設計 PD 控制器，其中上升時間小於 0.2 s，超越量不超過 10%。

# Chapter 8
# 狀態空間分析與控制器設計

## 8-1 狀態變數分析

在第二章與第三章,我們提出了線性連續-資料動態系統的狀態變數與狀態方程式的概念和定義。在第四章,我們使用方塊圖和信號流程圖 (SFG) 來求出線性系統的轉移函數。我們更進一步將 SFG 的概念延伸到狀態方程式的建模,結果導出**狀態圖** (state diagram)。相較於線性控制系統分析和設計所用的轉移函數法,狀態變數法是近代的新方法,因為它是最佳控制所用的基本方法。狀態變數法的基本特性是線性和非線性系統、時變和非時變系統、單變數和多變數系統均可用統一模式處理。另一方面,轉移函數僅能在線性非時變系統中定義。

本章主要介紹狀態變數和狀態方程式的基本方法,使讀者獲得實用的相關知識,以便在運用狀態空間法於研習近代與最佳控制設計時能事半功倍。具體而言,我們討論了線性非時變狀態方程式的閉合-形式解,並介紹在狀態變數領域中可用以簡化線性控制系統分析與設計的各種轉換。本章也建立狀態變數法和傳統轉移函數法之間的關係,使分析者可用不同方法來研究系統的問題。本章會定義線性系統的可控性和可觀察性,並對其應用進行研究。最後,我們提供了**狀態空間控制器的設計問題**,之後接著探討先前在第二章與第七章中所研究的一個涉及 **LEGO MINDSTORMS NXT** 套件的個案研究。在本章章末,我們還會介紹可以幫助讀者解決大多數狀態空間問題的 MATLAB 自動控制系統 (ACSYS) 狀態工具。

### 學習重點

在學習完本章後,讀者將具備以下能力:

1. 獲得狀態空間方法的作用知識。
2. 使用用於促進狀態變量域中線性控制系統的分析和設計之轉換。
3. 建立常規轉移函數與狀態變量之間的關係。
4. 利用線性系統及其應用之可控性和可觀察性。
5. 透過使用 LEGO MINDSTORMS 和 MATLAB 工具,獲得現實生活中控制問題的實際體會。

## 8-2 方塊圖、轉移函數與狀態圖

### 8-2-1 轉移函數 (多變數系統)

轉移函數的定義可輕易推廣到多個輸入和多個輸出的系統，這類型式的系統稱為多變數系統。如同第三章中所討論的，在多變數系統中，當所有其它輸入均為零時，(8-1) 式的微分方程式可用來描述一對輸入-輸出變數之間的關係。

$$\frac{d^n y(t)}{dt^n}+a_{n-1}\frac{d^{n-1}y(t)}{dt^{n-1}}+\cdots+a_1\frac{dy(t)}{dt}+a_0 y(t)$$
$$=b_m\frac{d^m u(t)}{dt^m}+b_{m-1}\frac{d^{m-1}u(t)}{dt^{m-1}}+\cdots+b_1\frac{du(t)}{dt}+b_0 u(t) \tag{8-1}$$

係數 $a_0, a_1, ..., a_{n-1}$ 和 $b_0, b_1, ..., b_m$ 為實常數。由於線性系統適用重疊定理，所以所有輸入同時作用時的總輸出效應，等於各個輸入單獨作用所得輸出效應之總和。

通常，若一線性系統有 $p$ 個輸入和 $q$ 個輸出時，第 $i$ 個輸出和第 $j$ 個輸入之間的轉移函數可定義為

$$G_{ij}(s)=\frac{Y_i(s)}{R_j(s)} \tag{8-2}$$

其中，$R_k(s) = 0, k = 1, 2, ..., p$，$k \neq j$。注意：(8-2) 式之定義僅針對第 $j$ 個輸入的影響，假設其它輸入為零。系統的第 $i$ 個輸出轉換與所有的輸入轉換之關係為

$$Y_i(s)=G_{i1}(s)R_1(s)+G_{i2}(s)R_2(s)+\cdots+G_{ip}(s)R_p(s) \tag{8-3}$$

為了便利之故，可將 (8-3) 式表成矩陣-向量的形式：

$$\mathbf{Y}(s) = \mathbf{G}(s)\mathbf{R}(s) \tag{8-4}$$

其中

$$\mathbf{Y}(s)=\begin{bmatrix} Y_1(s) \\ Y_2(s) \\ \vdots \\ Y_q(s) \end{bmatrix} \tag{8-5}$$

為 $q \times 1$ 的轉換輸出向量；

$$\mathbf{R}(s)=\begin{bmatrix} R_1(s) \\ R_2(s) \\ \vdots \\ R_p(s) \end{bmatrix} \tag{8-6}$$

為 $p \times 1$ 的轉換輸入向量；而

$$\mathbf{G}(s) = \begin{bmatrix} G_{11}(s) & G_{12}(s) & \cdots & G_{1p}(s) \\ G_{21}(s) & G_{22}(s) & \cdots & G_{2p}(s) \\ \cdot & \cdot & \cdots & \cdot \\ G_{q1}(s) & G_{q2}(s) & \cdots & G_{qp}(s) \end{bmatrix} \tag{8-7}$$

則為 $q \times p$ 的轉移函數矩陣。

### 8-2-2　多變數系統的方塊圖與轉移函數

本節將說明多變數系統的方塊圖和矩陣表示法。具有 $p$ 個輸入和 $q$ 個輸出的多變數系統的兩種方塊圖表示法，如圖 8-1a 與 b 所示。在圖 8-1a 中，個別的輸入及輸出訊號均畫出，但在圖 8-1b 的方塊圖，其輸入與輸出的個數則是以向量來表示。實際上，我們較喜用圖 8-1b 的方法，因為它較簡便。

圖 8-2 所示為一多變數回授控制系統的方塊圖。系統中各轉移函數的關係可用向量-

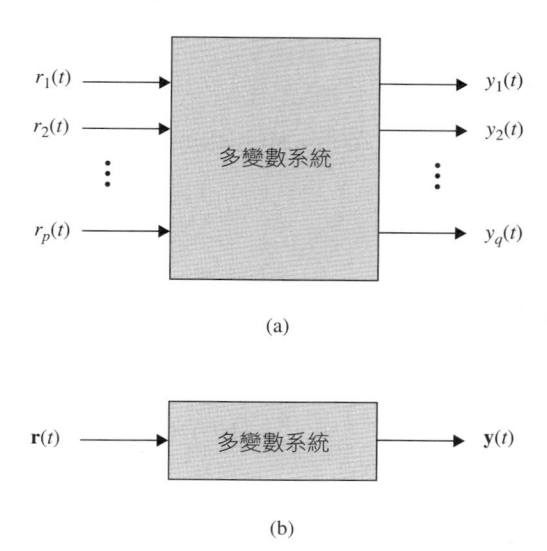

▶圖 8-1　多變數系統的方塊圖表示法。

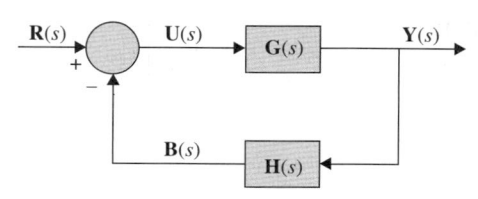

▶圖 8-2　多變數回授控制系統的方塊圖。

矩陣的形式來表示 (詳見 8-3 節)：

$$Y(s) = G(s)U(s) \tag{8-8}$$

$$U(s) = R(s) - B(s) \tag{8-9}$$

$$B(s) = H(s)Y(s) \tag{8-10}$$

其中，$Y(s)$ 是 $q \times 1$ 的輸出向量，$U(s)$、$R(s)$ 及 $B(s)$ 為 $p \times 1$ 向量，而 $G(s)$ 和 $H(s)$ 分別為 $q \times p$ 與 $p \times q$ 轉移函數矩陣。將 (8-9) 式代入 (8-8) 式，然後再將 (8-8) 式代入 (8-10) 式，可得

$$Y(s) = G(s)R(s) - G(s)H(s)Y(s) \tag{8-11}$$

由 (8-11) 式求解 $Y(s)$，可得

$$Y(s) = [I + G(s)H(s)]^{-1} G(s)R(s) \tag{8-12}$$

假設 $I + G(s)H(s)$ 為非奇異的。閉-迴路轉移矩陣可定義為

$$M(s) = [I + G(s)H(s)]^{-1} G(s) \tag{8-13}$$

則 (8-12) 式可寫成

$$Y(s) = M(s)R(s) \tag{8-14}$$

## 範例 8-2-1

考慮圖 8-2，假設系統的順向-路徑轉移函數矩陣及回授-迴路徑轉移函數矩陣分別為

$$G(s) = \begin{bmatrix} \dfrac{1}{s+1} & -\dfrac{1}{s} \\ 2 & \dfrac{1}{s+2} \end{bmatrix} \quad H(s) = \begin{bmatrix} 1 & 0 \\ 0 & 1 \end{bmatrix} \tag{8-15}$$

系統的閉-迴路轉移矩陣可以用 (8-13) 式求得，計算如下：

$$I + G(s)H(s) = \begin{bmatrix} 1 + \dfrac{1}{s+1} & -\dfrac{1}{s} \\ 2 & 1 + \dfrac{1}{s+2} \end{bmatrix} = \begin{bmatrix} \dfrac{s+2}{s+1} & -\dfrac{1}{s} \\ 2 & \dfrac{s+3}{s+2} \end{bmatrix} \tag{8-16}$$

閉-迴路轉移函數矩陣為

$$\mathbf{M}(s) = [\mathbf{I} + \mathbf{G}(s)\mathbf{H}(s)]^{-1}\mathbf{G}(s) = \frac{1}{\Delta}\begin{bmatrix} \frac{s+3}{s+2} & \frac{1}{s} \\ -2 & \frac{s+2}{s+1} \end{bmatrix}\begin{bmatrix} \frac{1}{s+1} & -\frac{1}{s} \\ 2 & \frac{1}{s+2} \end{bmatrix} \qquad (8\text{-}17)$$

其中

$$\Delta = \frac{s+2}{s+1}\frac{s+3}{s+2} + \frac{2}{s} = \frac{s^2+5s+2}{s(s+1)} \qquad (8\text{-}18)$$

因此

$$\mathbf{M}(s) = \frac{s(s+1)}{s^2+5s+2}\begin{bmatrix} \frac{3s^2+9s+4}{s(s+1)(s+2)} & -\frac{1}{s} \\ 2 & \frac{3s+2}{s(s+1)} \end{bmatrix} \qquad (8\text{-}19)$$

## 8-3 一-階微分方程式系統：狀態方程式

如同第三章所討論的，狀態方程式可作為轉移函數方法之替代方案，而用來研究前面討論過的微分方程式。此技術對於處理和分析高階微分方程式是一種特別有用的方法，故而大量地運用於現代控制理論和控制系統中更進階的議題，諸如最佳控制設計。

一般來說，$n$-階微分方程式可以分解為 $n$ 個一-階微分方程式。原則上，由於一-階微分方程式的求解比高階微分方程式更為簡單，故一-階微分方程式可用於控制系統的解析研究。

對 (8-1) 式，如果我們定義

$$\begin{aligned} x_1(t) &= y(t) \\ x_2(t) &= \frac{dy(t)}{dt} \\ &\vdots \\ x_n(t) &= \frac{d^{n-1}y(t)}{dt^{n-1}} \end{aligned} \qquad (8\text{-}20)$$

然後，$n$-階微分方式程便可被分解為 $n$ 個一-階微分方程式：

$$\frac{dx_1(t)}{dt} = x_2(t)$$

$$\frac{dx_2(t)}{dt} = x_3(t)$$

$$\vdots$$

$$\frac{dx_n(t)}{dt} = -a_0 x_1(t) - a_1 x_2(t) - \cdots - a_{n-2} x_{n-1}(t) - a_{n-1} x_n(t) + f(t) \tag{8-21}$$

注意：最後一個方程式是令 (8-1) 式中的最高階微分項等於其它項來求出。在控制系統理論中，(8-21) 式中的一階微分方程式組稱為**狀態方程式** (state equations)，而 $x_1, x_2, ..., x_n$ 稱為**狀態變數** (state variables)。最後，狀態變數所需的最小數量通常與系統的微分方程式的階數 $n$ 相同。

## 8-3-1　狀態變數的定義

> 狀態變數所需的最小數量通常與系統的微分方程式的階數相同。

系統的狀態是指系統的過去、現在和將來的狀況。由數學觀點來看，定義一組狀態變數和狀態狀態方程式來模擬動態系統是十分方便的。如同先前所描述的，(8-20) 式中所定義的變數 $x_1(t), x_2(t), ..., x_n(t)$ 為 (8-1) 式所描述的 $n$-階方程式之**狀態變數**，而 (8-21) 式中的 $n$ 個一-階微分方程式則是**狀態方程式**。一般來說，關於狀態變數的定義與狀態方程式的構成有一些基本原則。狀態變數必須滿足下列條件：

- 在任何初始時間 $t = t_0$，狀態變量 $x_1(t_0), x_2(t_0), ..., x_n(t_0)$ 定義了系統的**初始狀態**。
- 一旦 $t \geq t_0$ 的系統輸入與剛才所定義的初始狀態均已指定時，則這些狀態變數應可以完全地界定系統的未來行為。

系統的狀態變數被定義為一組變數 $x_1(t), x_2(t), ..., x_n(t)$ 之**最小的集合** (minimal set)，如此只要得知這些變數在任意時間點 $t_0$ 之值及在時間 $t_0$ 的外加輸入資訊，就足以決定系統在 $t > t_0$ 的狀態。因此，$n$ 個狀態變數的**空間狀態形式** (space state form) 如下：

$$\dot{\mathbf{x}}(t) = \mathbf{A}\mathbf{x}(t) + \mathbf{B}\mathbf{u}(t) \tag{8-22}$$

其中，$\mathbf{x}(t)$ 為具有 $n$ 列的狀態向量，

$$\mathbf{x}(t) = \begin{bmatrix} x_1(t) \\ x_2(t) \\ \vdots \\ x_n(t) \end{bmatrix} \tag{8-23}$$

以及 $\mathbf{u}(t)$ 為具有 $p$ 列的輸入向量，

$$\mathbf{u}(t) = \begin{bmatrix} u_1(t) \\ u_2(t) \\ \vdots \\ u_p(t) \end{bmatrix} \tag{8-24}$$

係數矩陣 **A** 與 **B** 定義如下：

$$\mathbf{A} = \begin{bmatrix} a_{11} & a_{12} & \cdots & a_{1n} \\ a_{21} & a_{22} & \cdots & a_{2n} \\ \vdots & \vdots & \ddots & \vdots \\ a_{n1} & a_{n2} & \cdots & a_{nn} \end{bmatrix} (n \times n) \tag{8-25}$$

$$\mathbf{B} = \begin{bmatrix} b_{11} & b_{12} & \cdots & b_{1p} \\ b_{21} & b_{22} & \cdots & b_{2p} \\ \vdots & \vdots & \ddots & \vdots \\ b_{n1} & b_{n2} & \cdots & b_{np} \end{bmatrix} (n \times p) \tag{8-26}$$

## 8-3-2 輸出方程式

讀者不該把狀態變數與系統的輸出搞混。一個系統的**輸出**是一個可以被量測的變數，但是狀態變數並不是永遠需要滿足這個條件。例如：在一個電氣馬達中，其狀態變數如繞組電流、轉子速度及位移都可以用物理方式測量，並且這些變數都符合輸出變數的條件。另一方面，磁通量可以代表馬達的過去、現在與未來狀態，因此也可以被視為電氣馬達中的狀態變數，但是由於無法在運作時被直接量測，所以通常不能歸類為輸出。一般而言，一輸出變數可以表示成狀態變數的代數組合。對於 (8-1) 式所描述的系統，若 $y(t)$ 定義為輸出，則輸出方程式為簡單的 $y(t) = x_1(t)$。一般而言，輸出方程式可寫成

$$\mathbf{y}(t) = \begin{bmatrix} y_1(t) \\ y_2(t) \\ \vdots \\ y_q(t) \end{bmatrix} = \mathbf{C}\mathbf{x}(t) + \mathbf{D}\mathbf{u}(t) \tag{8-27}$$

$$\mathbf{C} = \begin{bmatrix} c_{11} & c_{12} & \cdots & c_{1n} \\ c_{21} & c_{22} & \cdots & c_{2n} \\ \vdots & \vdots & \ddots & \vdots \\ c_{q1} & c_{q2} & \cdots & c_{qn} \end{bmatrix} \tag{8-28}$$

$$\mathbf{D} = \begin{bmatrix} d_{11} & d_{12} & \cdots & d_{1p} \\ d_{21} & d_{22} & \cdots & d_{2p} \\ \vdots & \vdots & \ddots & \vdots \\ d_{q1} & d_{q2} & \cdots & d_{qp} \end{bmatrix} \tag{8-29}$$

接下來，我們會將這些概念利用在不同的動態系統之建模上。

## 範例 8-3-1

考慮在範例 3-4-1 研習過的二-階微分方程式，

$$\frac{d^2 y(t)}{dt^2} + 3\frac{dy(t)}{dt} + 2y(t) = 2u(t) \tag{8-30}$$

如果令

$$\begin{aligned} x_1(t) &= y(t) \\ x_2(t) &= \frac{dx_1(t)}{dt} = \frac{dy(t)}{dt} \end{aligned} \tag{8-31}$$

則 (8-30) 式分解為以下兩個一-階微分方程式：

$$\frac{dx_1(t)}{dt} = x_2(t) \tag{8-32}$$

$$\frac{dx_2(t)}{dt} = -2x_1(t) - 3x_2(t) + 2u(t) \tag{8-33}$$

其中，$x_1(t)$、$x_2(t)$ 為狀態變數，而 $u(t)$ 為輸入——在此，可任意地——定義 $y(t)$ 為輸出，由下列式子表示：

$$y(t) = x_1(t) \tag{8-34}$$

在此情況下，我們只考慮狀態變量 $x_1(t)$ 作為輸出，因此得出

$$\begin{aligned} \mathbf{x}(t) &= \begin{bmatrix} x_1(t) \\ x_2(t) \end{bmatrix}; \quad \mathbf{u}(t) = u(t) \\ \mathbf{A} &= \begin{bmatrix} 0 & 1 \\ -2 & -3 \end{bmatrix}; \quad \mathbf{B} = \begin{bmatrix} 0 \\ 2 \end{bmatrix}; \quad \mathbf{C} = \begin{bmatrix} 1 & 0 \end{bmatrix}; \quad \mathbf{D} = 0 \end{aligned} \tag{8-35}$$

## 8-4 狀態方程式的向量-矩陣表示法

一個 $n$-階動態系統的 $n$ 個狀態方程式可寫成

$$\frac{dx_i(t)}{dt} = f_i[x_1(t), x_2(t),\ldots,x_n(t), u_1(t), u_2(t),\ldots,u_p(t), w_1(t), w_2(t),\ldots,w_v(t)] \qquad (8\text{-}36)$$

其中，$i = 1, 2, ..., n$。$x_i(t)$ 表示第 $i$ 個狀態變數；$u_j(t)$，$j = 1, 2, ..., p$ 表示第 $j$ 個輸入；而 $w_k(t)$ 表示第 $k$ 個干擾輸入，$k = 1, 2, ..., v$。

令變數 $y_1(t), y_2(t), ..., y_q(t)$ 為系統的 $q$ 個輸出變數。一般而言，輸出變數為狀態變數和輸入變數的函數。動態系統的**輸出方程式** (output equations) 可表示成

$$y_j(t) = g_j[x_1(t), x_2(t),\ldots,x_n(t), u_1(t), u_2(t),\ldots,u_p(t), w_1(t), w_2(t),\ldots,w_v(t)] \qquad (8\text{-}37)$$

其中，$j = 1, 2, ..., q$。

(8-36) 式中的 $n$ 個狀態方程式和 (8-37) 式中的 $q$ 個輸出方程式合稱為**動態方程式** (dynamic equations)。為表示及計算方便起見，將動態方程式以向量-矩陣形式表示。茲定義下列的行向量：

**狀態向量 (state vector)**：

$$\mathbf{x}(t) = \begin{bmatrix} x_1(t) \\ x_2(t) \\ \vdots \\ x_n(t) \end{bmatrix} (n \times 1) \qquad (8\text{-}38)$$

**輸入向量 (input vector)**：

$$\mathbf{u}(t) = \begin{bmatrix} u_1(t) \\ u_2(t) \\ \vdots \\ u_p(t) \end{bmatrix} (p \times 1) \qquad (8\text{-}39)$$

**輸出向量 (output vector)**：

$$\mathbf{y}(t) = \begin{bmatrix} y_1(t) \\ y_2(t) \\ \vdots \\ y_q(t) \end{bmatrix} (q \times 1) \qquad (8\text{-}40)$$

干擾向量 (disturbance vector)：

$$\mathbf{w}(t) = \begin{bmatrix} w_1(t) \\ w_2(t) \\ \vdots \\ w_v(t) \end{bmatrix} (v \times 1) \tag{8-41}$$

注意：關於這個主題，在大多數的教科書中，干擾向量可視為——也為了簡單起見——被吸收到輸入向量中。

利用這些向量，(8-36) 式的 $n$ 個狀態方程式可寫成

$$\frac{d\mathbf{x}(t)}{dt} = \mathbf{f}[\mathbf{x}(t), \mathbf{u}(t), \mathbf{w}(t)] \tag{8-42}$$

其中，$\mathbf{f}$ 代表包含函數 $f_1, f_2, ..., f_n$ 為元素的 $n \times 1$ 行矩陣。同理，(8-37) 式 $q$ 個輸出方程式變成

$$\mathbf{y}(t) = \mathbf{g}[\mathbf{x}(t), \mathbf{u}(t), \mathbf{w}(t)] \tag{8-43}$$

其中，$\mathbf{g}$ 代表包含函數 $g_1, g_2, ..., g_q$ 為元素的 $q \times 1$ 行矩陣。

對一線性非時變系統而言，動態方程式可寫成：

狀態方程式 (state equations)：

$$\frac{d\mathbf{x}(t)}{dt} = \mathbf{A}\mathbf{x}(t) + \mathbf{B}\mathbf{u}(t) + \mathbf{E}\mathbf{w}(t) \tag{8-44}$$

輸出方程式 (output equations)：

$$\mathbf{y}(t) = \mathbf{C}\mathbf{x}(t) + \mathbf{D}\mathbf{u}(t) + \mathbf{H}\mathbf{w}(t) \tag{8-45}$$

其中，

$$\mathbf{A} = \begin{bmatrix} a_{11} & a_{12} & \cdots & a_{1n} \\ a_{21} & a_{22} & \cdots & a_{2n} \\ \vdots & \vdots & \ddots & \vdots \\ a_{n1} & a_{n2} & \cdots & a_{nn} \end{bmatrix} (n \times n) \tag{8-46}$$

$$\mathbf{B} = \begin{bmatrix} b_{11} & b_{12} & \cdots & b_{1p} \\ b_{21} & b_{22} & \cdots & b_{2p} \\ \vdots & \vdots & \ddots & \vdots \\ b_{n1} & b_{n2} & \cdots & b_{np} \end{bmatrix} (n \times p) \tag{8-47}$$

$$\mathbf{C} = \begin{bmatrix} c_{11} & c_{12} & \cdots & c_{1n} \\ c_{21} & c_{22} & \cdots & c_{2n} \\ \vdots & \vdots & \ddots & \vdots \\ c_{q1} & c_{q2} & \cdots & c_{qn} \end{bmatrix} (q \times n) \tag{8-48}$$

$$\mathbf{D} = \begin{bmatrix} d_{11} & d_{12} & \cdots & d_{1p} \\ d_{21} & d_{22} & \cdots & d_{2p} \\ \vdots & \vdots & \ddots & \vdots \\ d_{q1} & d_{q2} & \cdots & d_{qp} \end{bmatrix} (q \times p) \tag{8-49}$$

$$\mathbf{E} = \begin{bmatrix} e_{11} & e_{12} & \cdots & e_{1v} \\ e_{21} & e_{22} & \cdots & e_{2v} \\ \vdots & \vdots & \ddots & \vdots \\ e_{n1} & e_{n2} & \cdots & e_{nv} \end{bmatrix} (n \times v) \tag{8-50}$$

$$\mathbf{H} = \begin{bmatrix} h_{11} & h_{12} & \cdots & h_{1v} \\ h_{12} & h_{22} & \cdots & h_{2v} \\ \vdots & \vdots & \ddots & \vdots \\ h_{q1} & h_{q2} & \cdots & h_{qv} \end{bmatrix} (q \times v) \tag{8-51}$$

## 8-5 狀態-轉移矩陣

　　一旦線性非時變系統的狀態方程式以 (8-44) 式的形式表示時，下一個步驟就是在 $t \geq t_0$ 時，依所給定的起始狀態向量 $\mathbf{x}(t_0)$、輸入狀態向量 $\mathbf{u}(t)$，以及干擾向量 $\mathbf{w}(t)$ 的條件，來求出這些方程式的解。(8-44) 式右邊第一項為狀態方程式的齊次部分，最後二項則為強迫函數 $\mathbf{u}(t)$ 和 $\mathbf{w}(t)$。

　　**狀態-轉移矩陣** (state-transition matrix) 定義為一個可滿足線性齊次狀態方程式的矩陣：

$$\frac{d\mathbf{x}(t)}{dt} = \mathbf{A}\mathbf{x}(t) \tag{8-52}$$

令 $\phi(t)$ 為一個 $n \times n$ 矩陣，代表狀態-轉移變換矩陣；則它必須滿足方程式

$$\frac{d\boldsymbol{\phi}(t)}{dt} = \mathbf{A}\boldsymbol{\phi}(t) \tag{8-53}$$

再者，令 $\mathbf{x}(0)$ 代表在 $t=0$ 的起始狀態；則 $\phi(t)$ 也可由矩陣方程式來定義

$$\mathbf{x}(t) = \phi(t)\mathbf{x}(0) \tag{8-54}$$

這就是齊次狀態方程式在 $t \geq 0$ 時的解。

決定 $\phi(t)$ 的方法之一是對 (8-52) 式等號兩邊各取拉氏轉換，得出

$$s\mathbf{X}(s) - \mathbf{x}(0) = \mathbf{A}\mathbf{X}(s) \tag{8-55}$$

由 (8-55) 式解出 $\mathbf{X}(s)$，可得

$$\mathbf{X}(s) = (s\mathbf{I} - \mathbf{A})^{-1}\mathbf{x}(0) \tag{8-56}$$

其中，假設矩陣 $(s\mathbf{I} - \mathbf{A})$ 為非奇異的。對 (8-56) 式等號兩邊各取反拉氏轉換，可得

$$\mathbf{x}(t) = \mathcal{L}^{-1}[(s\mathbf{I} - \mathbf{A})^{-1}]\mathbf{x}(0) \quad t \geq 0 \tag{8-57}$$

比較 (8-54) 式和 (8-57) 式，則狀態-轉移矩陣等於

$$\phi(t) = \mathcal{L}^{-1}[(s\mathbf{I} - \mathbf{A})^{-1}] \tag{8-58}$$

另一個解齊次方程式的方法是假設一個解，就如解微分方程式的傳統解法一樣。$t \geq 0$ 時，令 (8-52) 式的解為

$$\mathbf{x}(t) = e^{\mathbf{A}t}\mathbf{x}(0) \tag{8-59}$$

其中，$e^{\mathbf{A}t}$ 代表矩陣 $\mathbf{A}t$ 的冪級數，即

$$e^{\mathbf{A}t} = \mathbf{I} + \mathbf{A}t + \frac{1}{2!}\mathbf{A}^2 t^2 + \frac{1}{3!}\mathbf{A}^3 t^3 + \cdots \tag{8-60}$$

可很輕易地證明 (8-59) 式是齊次狀態方程式的解，因為由 (8-60) 式可知

$$\frac{de^{\mathbf{A}t}}{dt} = \mathbf{A}e^{\mathbf{A}t} \tag{8-61}$$

因此，我們可得 (8-58) 式以外的另一個狀態-轉移矩陣的表示法為

$$\phi(t) = e^{\mathbf{A}t} = \mathbf{I} + \mathbf{A}t + \frac{1}{2!}\mathbf{A}^2 t^2 + \frac{1}{3!}\mathbf{A}^3 t^3 + \cdots \tag{8-62}$$

亦可由 (8-58) 式直接求得 (8-62) 式。這留給讀者當作練習題 (習題 8-5)。

## 8-5-1 狀態-轉移矩陣的重要性

因為狀態-轉移矩陣滿足齊次的狀態方程式，它代表系統的**自由響應** (free response)。換言之，它掌控只受初始條件激勵的響應而影響。由 (8-58) 式和 (8-62) 式知，狀態-轉移矩陣僅依矩陣 **A** 而變，所以有時也稱為 **A** 的狀態-**轉移矩陣** (state-transition matrix of A)。顧名思義，當輸入為零時，狀態-轉移矩陣 $\phi(t)$ 完全定義了由初始時間 $t = 0$ 至任何時間 $t$ 的狀態之轉移。

## 8-5-2 狀態-轉移矩陣的性質

狀態-轉移矩陣 $\phi(t)$ 有下列的特性：

**1.** $\phi(0) = \mathbf{I}$ (單位矩陣) $\quad\quad\quad\quad\quad\quad\quad\quad\quad\quad\quad\quad\quad\quad\quad\quad$ (8-63)

證明：由 (8-62) 式直接令 $t = 0$ 即可得 (8-63) 式。

**2.** $\phi^{-1}(t) = \phi(-t)$ $\quad\quad\quad\quad\quad\quad\quad\quad\quad\quad\quad\quad\quad\quad\quad\quad\quad\quad$ (8-64)

證明：對 (8-65) 式等號兩邊後乘以 $e^{-\mathbf{A}t}$，可得

$$\phi(t)e^{-\mathbf{A}t} = e^{\mathbf{A}t}e^{-\mathbf{A}t} = \mathbf{I} \quad\quad (8\text{-}65)$$

然後，對 (8-65) 式等號兩邊前乘以 $\phi^{-1}(t)$，可得

$$e^{-\mathbf{A}t} = \phi^{-1}(t) \quad\quad (8\text{-}66)$$

因此

$$\phi(-t) = \phi^{-1}(t) = e^{-\mathbf{A}t} \quad\quad (8\text{-}67)$$

由 $\phi(t)$ 這個特性可找出有趣結果，也就是 (8-59) 式可以重新排列成

$$\mathbf{x}(0) = \phi(-t)\mathbf{x}(t) \quad\quad (8\text{-}68)$$

這意味著狀態-轉移過程在時間上可視為是雙向的，亦即，時間的變換可在任一方向發生。

**3.** $\phi(t_2 - t_1)\phi(t_1 - t_0) = \phi(t_2 - t_0)$，對任何 $t_0$、$t_1$、$t_2$ $\quad\quad\quad\quad\quad$ (8-69)

證明：

$$\begin{aligned}\phi(t_2 - t_1)\phi(t_1 - t_0) &= e^{\mathbf{A}(t_2 - t_1)}e^{\mathbf{A}(t_1 - t_0)} \\ &= e^{\mathbf{A}(t_2 - t_0)} = \phi(t_2 - t_0)\end{aligned} \quad\quad (8\text{-}70)$$

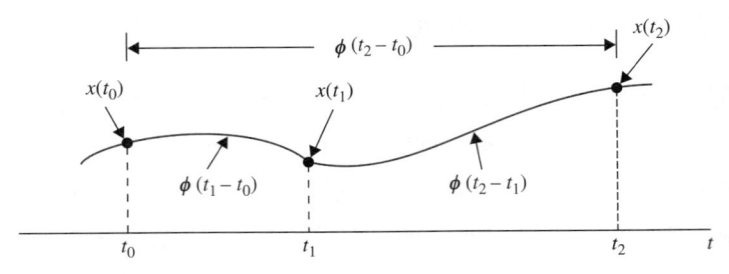

▶圖 8-3　狀態-轉移矩陣的特性。

這個狀態-轉移矩陣的特性是很重要的，因其意味著狀態-轉移過程可以分割成一序列的變換。圖 8-3 說明了由 $t = t_0$ 轉移至 $t = t_2$ 等於由 $t_0$ 轉移至 $t_1$ 再由 $t_1$ 轉移至 $t_2$。當然，通常是可以將轉移的過程分割成任意多個部分。

4. $[\phi(t)]^k = \phi(kt)$　$[\phi(t)]^k = \phi(kt)$　$k = $ 正整數 (8-71)

證明：

$$[\phi(t)]^k = e^{\mathbf{A}t} e^{\mathbf{A}t} \ldots e^{\mathbf{A}t}$$
$$= e^{k\mathbf{A}t} = \phi(kt) \tag{8-72}$$

## 8-6　狀態-轉移方程式

**狀態-轉移方程式** (state-transition equation) 定義為線性非齊次狀態方程式的解。通常，線性非時變狀態方程式

$$\frac{d\mathbf{x}(t)}{dt} = \mathbf{A}\mathbf{x}(t) + \mathbf{B}\mathbf{u}(t) + \mathbf{E}\mathbf{w}(t) \tag{8-73}$$

可以使用求解微分方程式的傳統解法，或用拉氏轉換法來解。拉氏轉換法說明於下。

對 (8-73) 式等號兩邊各取拉氏轉換，可得

$$s\mathbf{X}(s) - \mathbf{x}(0) = \mathbf{A}\mathbf{X}(s) + \mathbf{B}\mathbf{U}(s) + \mathbf{E}\mathbf{W}(s) \tag{8-74}$$

其中，$\mathbf{x}(0)$ 代表在 $t = 0$ 所得的起始狀態向量。解 (8-74) 式中的 $\mathbf{X}(s)$，可得

$$\mathbf{X}(s) = (s\mathbf{I} - \mathbf{A})^{-1}\mathbf{x}(0) + (s\mathbf{I} - \mathbf{A})^{-1}[\mathbf{B}\mathbf{U}(s) + \mathbf{E}\mathbf{W}(s)] \tag{8-75}$$

對 (8-75) 式等號兩邊各取反拉氏轉換，就可獲得 (8-73) 的解，即狀態變換方程式：

$$\mathbf{x}(t) = \mathcal{L}^{-1}[(s\mathbf{I} - \mathbf{A})^{-1}]\mathbf{x}(0) + \mathcal{L}^{-1}\{(s\mathbf{I} - \mathbf{A})^{-1}[\mathbf{B}\mathbf{U}(s) + \mathbf{E}\mathbf{W}(s)]\}$$
$$= \phi(t)\mathbf{x}(0) + \int_0^t \phi(t-\tau)[\mathbf{B}\mathbf{u}(\tau) + \mathbf{E}\mathbf{w}(\tau)]d\tau \quad t \geq 0 \tag{8-76}$$

(8-76) 式的狀態-轉移方程式只在當起始時間定為 $t = 0$ 才有用。在控制系統的研究中，尤其是離散-資料控制系統，往往需要將狀態-轉移過程分割成一系列的轉移，因此必須更有彈性地選擇較適當的初始時間。令 $t_0$ 代表初始時間，而以 $\mathbf{x}(t_0)$ 代表響應的初始狀態，並假設輸入 $\mathbf{u}(t)$ 與干擾 $\mathbf{w}(t)$ 是在 $t \geq 0$ 時加進來的。由 (8-76) 式開始，設 $t = t_0$ 並解出 $\mathbf{x}(0)$，可得

$$\mathbf{x}(0) = \phi(-t_0)\mathbf{x}(t_0) - \phi(-t_0)\int_0^{t_0}\phi(t_0 - \tau)[\mathbf{Bu}(\tau) + \mathbf{Ew}(\tau)]d\tau \tag{8-77}$$

其中，曾使用了 (8-64) 式 $\phi(t)$ 的特性。

將 (8-77) 式代入 (8-76) 式，得

$$\begin{aligned}\mathbf{x}(t) &= \phi(t)\phi(-t_0)\mathbf{x}(t_0) - \phi(t)\phi(-t_0)\int_0^{t_0}\phi(t_0 - \tau)[\mathbf{Bu}(\tau) + \mathbf{Ew}(\tau)]d\tau \\ &+ \int_0^t \phi(t - \tau)[\mathbf{Bu}(\tau) + \mathbf{Ew}(\tau)]d\tau\end{aligned} \tag{8-78}$$

用 (8-69) 式的特性，並將 (8-78) 式中最後兩個積分合併，於是可得

$$\mathbf{x}(t) = \phi(t - t_0)\mathbf{x}(t_0) + \int_{t_0}^t \phi(t - \tau)[\mathbf{Bu}(\tau) + \mathbf{Ew}(\tau)]d\tau \quad t \geq t_0 \tag{8-79}$$

顯然當 $t_0 = 0$ 時，(8-79) 式就回復為 (8-77) 式。

一旦求得狀態-轉移方程式之後，就可將輸出向量表示成起始狀態與輸入向量的函數，並可藉由將 (8-79) 式的 $\mathbf{x}(t)$ 代入 (8-45) 式而求得。因此，輸出向量可寫成

$$\begin{aligned}y(t) &= \mathbf{C}\phi(t - t_0)\mathbf{x}(t_0) + \int_{t_0}^t \mathbf{C}\phi(t - \tau)[\mathbf{Bu}(\tau) + \mathbf{Ew}(\tau)]d\tau \\ &+ \mathbf{Du}(t) + \mathbf{Hw}(t) \quad t \geq t_0\end{aligned} \tag{8-80}$$

下列的範例將說明狀態-轉移矩陣與方程式的應用。

## 範例 8-6-1

考慮狀態方程式

$$\begin{bmatrix} \dfrac{dx_1(t)}{dt} \\ \dfrac{dx_2(t)}{dt} \end{bmatrix} = \begin{bmatrix} 0 & 1 \\ -2 & -3 \end{bmatrix}\begin{bmatrix} x_1(t) \\ x_2(t) \end{bmatrix} + \begin{bmatrix} 0 \\ 1 \end{bmatrix}u(t) \tag{8-81}$$

當 $t \geq 0$ 時，輸入 $u(t) = 1$，求出在 $t \geq 0$ 時的狀態-轉移矩陣 $\phi(t)$ 與狀態向量 $\mathbf{x}(t)$。係數矩陣 $\mathbf{A}$ 和 $\mathbf{B}$ 等於

$$\mathbf{A} = \begin{bmatrix} 0 & 1 \\ -2 & -3 \end{bmatrix} \quad \mathbf{B} = \begin{bmatrix} 0 \\ 1 \end{bmatrix} \quad \mathbf{E} = 0 \tag{8-82}$$

因此，

$$sI - A = \begin{bmatrix} s & 0 \\ 0 & s \end{bmatrix} - \begin{bmatrix} 0 & 1 \\ -2 & -3 \end{bmatrix} = \begin{bmatrix} s & -1 \\ 2 & s+3 \end{bmatrix} \tag{8-83}$$

($sI-A$) 的反矩陣是

$$(sI - A)^{-1} = \frac{1}{s^2 + 3s + 2} \begin{bmatrix} s+3 & 1 \\ -2 & s \end{bmatrix} \tag{8-84}$$

對上式取反拉氏轉換即可求得 A 的狀態-轉移矩陣。因此

$$\phi(t) = \mathcal{L}^{-1}[(sI-A)^{-1}] = \begin{bmatrix} 2e^{-t} - e^{-2t} & e^{-t} - e^{-2t} \\ -2e^{-t} + 2e^{-2t} & -e^{-t} + 2e^{-2t} \end{bmatrix} \tag{8-85}$$

將 (8-85) 式、B 及 $u(t)$ 代入 (8-76) 式，即可求得在 $t \geq 0$ 時的狀態-轉移方程式。可得

$$\begin{aligned} \mathbf{x}(t) &= \begin{bmatrix} 2e^{-t} - e^{-2t} & e^{-t} - e^{-2t} \\ -2e^{-t} + 2e^{-2t} & -e^{-t} + 2e^{-2t} \end{bmatrix} x(0) \\ &+ \int_0^t \begin{bmatrix} 2e^{-(t-\tau)} - e^{-2(t-\tau)} & e^{-(t-\tau)} - e^{-2(t-\tau)} \\ -2e^{-(t-\tau)} + e^{-2(t-\tau)} & -e^{-(t-\tau)} + 2e^{-2(t-\tau)} \end{bmatrix} \begin{bmatrix} 0 \\ 1 \end{bmatrix} d\tau \end{aligned} \tag{8-86}$$

或

$$\mathbf{x}(t) = \begin{bmatrix} 2e^{-t} - e^{-2t} & e^{-t} - e^{-2t} \\ -2e^{-t} + 2e^{-2t} & -e^{-t} + 2e^{-2t} \end{bmatrix} \mathbf{x}(0) + \begin{bmatrix} 0.5 - e^{-t} + 0.5e^{-2t} \\ e^{-t} - e^{-2t} \end{bmatrix} \quad t \geq 0 \tag{8-87}$$

另一個方法，將 $(sI-A)^{-1}BU(s)$ 取反拉氏轉換，即可獲得狀態-轉移方程式的第二項。因此

$$\begin{aligned} \mathcal{L}^{-1}\{[(sI-A)^{-1}]BU(s)\} &= \mathcal{L}^{-1}\left( \frac{1}{s^2+3s+2} \begin{bmatrix} s+3 & 1 \\ -2 & s \end{bmatrix} \begin{bmatrix} 0 \\ 1 \end{bmatrix} \frac{1}{s} \right) \\ &= \mathcal{L}^{-1}\left( \frac{1}{s^2+3s+2} \begin{bmatrix} \frac{1}{s} \\ 1 \end{bmatrix} \right) = \begin{bmatrix} 0.5 - e^{-t} + 0.5e^{-2t} \\ e^{-t} - e^{-2t} \end{bmatrix} \quad t \geq 0 \end{aligned} \tag{8-88}$$

## 8-6-1 由狀態圖決定狀態-轉移方程式

(8-75) 式和 (8-76) 式顯示，求解方程式的拉氏轉換法必須先求出 ($sI-A$) 的反矩陣。本節將證明第四章所敘述的 SFG 增益公式和狀態圖，可用來解在拉氏轉換領域的狀態-轉移方程式 (8-75) 式。設初始時間為 $t_0$，則 (8-75) 式可寫成

$$\mathbf{X}(s) = (sI-A)^{-1}\mathbf{x}(t_0) + (sI-A)^{-1}[BU(s) + EW(s)] \quad t \geq t_0 \tag{8-89}$$

Chapter 8　狀態空間分析與控制器設計　447

因此，利用增益公式，以 $X_i(s)$、$i = 1, 2, ..., n$ 為輸出節點，上式可直接由狀態圖寫出。下列的範例說明求出範例 8-2-1 中系統的狀態-轉移變換方程式之狀態圖法。

### 範例 8-6-2

令 $t_0$ 為初始時間，(8-81) 式所描述的系統之狀態圖顯示於圖 8-4。積分器的輸出視為狀態變數。應用增益公式至圖 8-4 的狀態圖，以 $X_1(s)$ 和 $X_2(s)$ 為輸出節點，$x_1(t_0)$、$x_2(t_0)$、$u(t)$ 和 $U(s)$ 為輸入節點，則可得

$$X_1(s) = \frac{s^{-1}(1+3s^{-1})}{\Delta} x_1(t_0) + \frac{s^{-2}}{\Delta} x_2(t_0) + \frac{s^{-2}}{\Delta} U(s) \tag{8-90}$$

$$X_2(s) = \frac{-2s^{-2}}{\Delta} x_1(t_0) + \frac{s^{-1}}{\Delta} x_2(t_0) + \frac{s^{-1}}{\Delta} U(s) \tag{8-91}$$

其中

$$\Delta = 1 + 3s^{-1} + 2s^{-2} \tag{8-92}$$

化簡後，(8-90) 式和 (8-91) 式可表示成向量-矩陣形式：

$$\begin{bmatrix} X_1(s) \\ X_2(s) \end{bmatrix} = \frac{1}{(s+1)(s+2)} \begin{bmatrix} s+3 & 1 \\ -2 & s \end{bmatrix} \begin{bmatrix} x_1(t_0) \\ x_2(t_0) \end{bmatrix} + \frac{1}{(s+1)(s+2)} \begin{bmatrix} 1 \\ s \end{bmatrix} U(s) \tag{8-93}$$

(8-93) 式等號兩邊取反拉氏轉換，可求得 $t \geq t_0$ 時之狀態-轉移方程式。

若在 $t = t_0$ 將單位-步階函數之輸入 $u(t)$ 加至系統，則下列的反拉氏轉換關係成立：

$$\mathcal{L}^{-1}\left(\frac{1}{s}\right) = u_s(t - t_0) \quad t \geq t_0 \tag{8-94}$$

$$\mathcal{L}^{-1}\left(\frac{1}{s+a}\right) = e^{-a(t-t_0)} u_s(t - t_0) \quad t \geq t_0 \tag{8-95}$$

因為起始時間定在 $t_0$，所以在此拉氏轉換的式子沒有延遲因子 $e^{-t_0 s}$。(8-93) 式的反拉氏轉換為

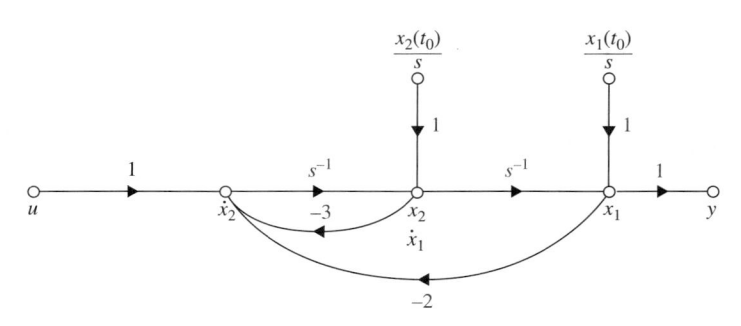

▶圖 8-4　(8-81) 式的狀態圖。

$$\begin{bmatrix} x_1(t) \\ x_2(t) \end{bmatrix} = \begin{bmatrix} 2e^{-(t-t_0)} - e^{-2(t-t_0)} & e^{-(t-t_0)} - e^{-2(t-t_0)} \\ -2e^{-(t-t_0)} + 2e^{-2(t-t_0)} & -e^{-(t-t_0)} + 2e^{-2(t-t_0)} \end{bmatrix} \begin{bmatrix} x_1(t_0) \\ x_2(t_0) \end{bmatrix}$$
$$+ \begin{bmatrix} 0.5u_s(t-t_0) - e^{-(t-t_0)} + 0.5e^{-2(t-t_0)} \\ e^{-(t-t_0)} - e^{-2(t-t_0)} \end{bmatrix} \quad t \geq t_0 \tag{8-96}$$

讀者可將此結果與 $t \geq 0$ 時求得的 (8-87) 式相比較。

### 範例 8-6-3

在本例中，我們將說明狀態-轉移法在具有不連續輸入的系統中的用途。如圖 8-5 所示的一個 $RL$ 網路，它在 $t = 0$ 以前的狀態，完全由 $t = 0$ 時電感的電流 $i(0)$ 來代表。考慮在 $t = 0$ 時，如圖 8-6 的電壓 $e_{in}(t)$ 施加到此網路上，則在 $t \geq 0$ 時，此網路的狀態方程式為

$$\frac{di(t)}{dt} = -\frac{R}{L}i(t) + \frac{1}{L}e_{in}(t) \tag{8-97}$$

比較上式與 (8-44) 式，可得此狀態方程式純量係數為

$$A = -\frac{R}{L} \quad B = \frac{1}{L} \quad E = 0 \tag{8-98}$$

狀態-轉移矩陣則是

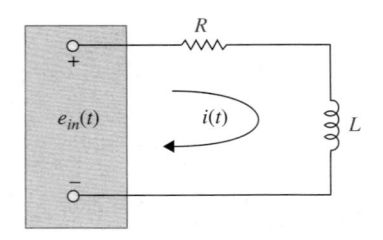

▶ 圖 8-5　$RL$ 網路。

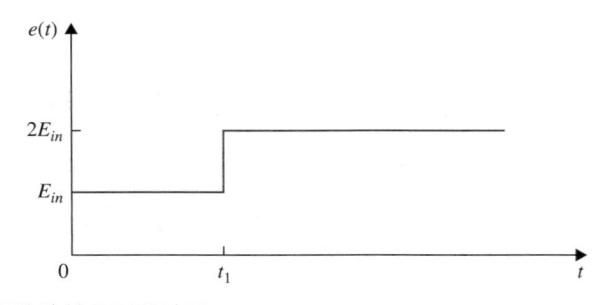

▶ 圖 8-6　在圖 8-5 中網路的輸入電壓波形。

$$\phi(t) = e^{-At} = e^{-Rt/L} \tag{8-99}$$

傳統解 $i(t)$ 在 $t \geq 0$ 的方法是將輸入電壓表示成

$$e(t) = E_{in}u_s(t) + E_{in}u_s(t-t_1) \tag{8-100}$$

其中 $u_s(t)$ 是單位-步階函數。$e(t)$ 的<u>拉氏轉換</u>為

$$E_{in}(s) = \frac{E_{in}}{s}(1 + e^{-t_1 s}) \tag{8-101}$$

則

$$(s\mathbf{I} - \mathbf{A})^{-1}\mathbf{B}\mathbf{U}(s) = \frac{E_{in}}{Ls(s+R/L)}(1 + e^{-t_1 s}) \tag{8-102}$$

將 (8-102) 式代入 (8-76) 式的狀態-轉移方程式中，可求得在 $t \geq 0$ 的電流：

$$i(t) = e^{-Rt/L}i(0)u_s(t) + \frac{E_{in}}{R}(1 - e^{-Rt/L})u_s(t) + \frac{E_{in}}{R}(1 - e^{-R(t-t_1)/L})u_s(t-t_1) \tag{8-103}$$

應用狀態-轉移法時，可將轉移週期分割成兩個部分：$t = 0$ 到 $t = t_1$ 及 $t = t_1$ 到 $t = \infty$。在第一個時間區間 $0 \leq t \leq t_1$ 時，輸入為

$$e(t) = E_{in}u_s(t) \quad 0 \leq t < t_1 \tag{8-104}$$

則

$$(s\mathbf{I} - \mathbf{A})^{-1}\mathbf{B}\mathbf{U}(s) = \frac{E_{in}}{Ls(s+R/L)} = \frac{E_{in}}{Rs[1+(L/R)s]} \tag{8-105}$$

因此，在時間區間 $0 \leq t \leq t_1$ 的狀態-轉移方程式為

$$i(t) = \left[e^{-Rt/L}i(0) + \frac{E_{in}}{R}(1 - e^{-Rt/L})\right]u_s(t) \tag{8-106}$$

將 $t = t_1$ 代入上式，可得

$$i(t_1) = e^{-Rt_1/L}i(0) + \frac{E_{in}}{R}(1 - e^{-Rt_1/L}) \tag{8-107}$$

$i(t)$ 在 $t = t_1$ 之值，即當作下一個轉移週期 $t_1 \leq t < \infty$ 的初始狀態。在這個區間，輸入的振度為 $2E_{in}$。因此，狀態方程式的第二個轉移週期時是

$$i(t) = e^{-R(t-t_1)/L}i(t_1) + \frac{2E_{in}}{R}(1 - e^{-R(t-t_1)/L}) \quad t \geq t_1 \tag{8-108}$$

其中，$i(t_1)$ 是由 (8-107) 式而來。

這個例子說明瞭解狀態-轉移問題兩種可能的方法：在第一種作法，視轉移為連續的過程；但在第二種作法時，轉移的週期分割成兩個部分使得輸入更容易表示。雖然第一種作法只需要一次運算，但第二種作法所產生的狀態-轉移方程式結果比較簡單，很明顯地可看出計算上的便

利。要注意的是，第二種作法在 $t = t_1$ 時的狀態是當作下一個 $t_1$ 的轉移週期的初始狀態。

## 8-7　狀態方程式和高階微分方程式的關係

在前面各節中，我們定義了狀態方程式，及其在線性非時變系統中的解。一般而言，雖然可以由系統的示意圖中寫出狀態方程式，但實際上系統可能是以高階微分方程式或轉移函數來描述。因此，有必要研究如何直接由微分方程式或轉移函數寫出狀態方程式。在第二章，我們已經以例子說明 (3-5) 式中的 $n$-階微分方程式，其狀態變數是如何以直覺的方式定義在 (3-171) 式中；其結果就是 (3-172) 式中的 $n$ 個狀態方程式。

$$\frac{d\mathbf{x}(t)}{dt} = \mathbf{A}\mathbf{x}(t) + \mathbf{B}\mathbf{u}(t) \tag{8-109}$$

其中

$$\mathbf{A} = \begin{bmatrix} 0 & 1 & 0 & \cdots & 0 \\ 0 & 0 & 1 & \cdots & 0 \\ \vdots & \vdots & \vdots & \ddots & \vdots \\ 0 & 0 & 0 & \cdots & 1 \\ -a_0 & -a_1 & -a_2 & \cdots & -a_{n-1} \end{bmatrix} (n \times n) \tag{8-110}$$

$$\mathbf{B} = \begin{bmatrix} 0 \\ 0 \\ \vdots \\ 0 \\ 1 \end{bmatrix} (n \times 1) \tag{8-111}$$

注意：矩陣 $\mathbf{A}$ 的最後一列為微分方程式齊次部分的係數，以其負值依升冪順序排列而成。上述係數並不包含值為 1 的最高次項係數。$\mathbf{B}$ 是行矩陣，其最後一列的元素為 1，而其它行的元素則為 0。具有 (8-110) 式和 (8-111) 式所定義的矩陣 $\mathbf{A}$ 與 $\mathbf{B}$ 的狀態方程式 (8-109) 式，稱為**相位變數典型式** (phase-variable canonical form, PVCF) 或**可控制性典型式** (controllability canonical form, CCF)。

系統的輸出方程式可寫成

$$y(t) = \mathbf{C}\mathbf{x}(t) = x_1(t) \tag{8-112}$$

其中

$$\mathbf{C} = [1 \quad 0 \quad 0 \quad \cdots \quad 0] \tag{8-113}$$

我們在早先已經證明了一個系統的狀態變數並非是唯一的。一般來說，只要能滿足狀態變數的定義，我們會尋找一個最方便的方法來指定狀態變數。在 8-11 節，我們會證明只要先寫下系統的轉移函數，再將其分解來以畫出系統的狀態圖，則任一系統的狀態變數及狀態方程式，就可以很容易地找到了。

### 範例 8-7-1

考慮微分方程式

$$\frac{d^3 y(t)}{dt^3}+5\frac{d^2 y(t)}{dt^2}+\frac{dy(t)}{dt}+2y(t)=u(t) \tag{8-114}$$

將上式重新排列使最高階的微分項等於其它的項，可得

$$\frac{d^3 y(t)}{dt^3}=-5\frac{d^2 y(t)}{dt^2}-\frac{dy(t)}{dt}-2y(t)+u(t) \tag{8-115}$$

狀態變數定義為

$$\begin{aligned} x_1(t) &= y(t) \\ x_2(t) &= \frac{dy(t)}{dt} \\ x_3(t) &= \frac{d^2 y(t)}{dt^2} \end{aligned} \tag{8-116}$$

則狀態方程式可以向量-矩陣方程式來表示如下：

$$\frac{d\mathbf{x}(t)}{dt}=\mathbf{A}\mathbf{x}(t)+\mathbf{B}u(t) \tag{8-117}$$

其中，$x(t)$ 為 $2 \times 1$ 的狀態向量，$u(t)$ 為純量輸入，而且

$$\mathbf{A}=\begin{bmatrix} 0 & 1 & 0 \\ 0 & 0 & 1 \\ -2 & -1 & -5 \end{bmatrix} \quad \mathbf{B}=\begin{bmatrix} 0 \\ 0 \\ 1 \end{bmatrix} \tag{8-118}$$

輸出方程式為

$$y(t)=x_1(t)=[1 \quad 0]\mathbf{x}(t) \tag{8-119}$$

## 8-8 狀態方程式與轉移函數的關係

我們已說明過以轉移函數和動態方程式來描述線性非時變系統。現在，我們將探討在這兩種表示法之間的關係。

考慮以下列動態方程式所描述的線性非時變系統：

$$\frac{d\mathbf{x}(t)}{dt} = \mathbf{Ax}(t) + \mathbf{Bu}(t) + \mathbf{Ew}(t) \tag{8-120}$$

$$\mathbf{y}(t) = \mathbf{Cx}(t) + \mathbf{Du}(t) + \mathbf{Hw}(t) \tag{8-121}$$

其中，

$\mathbf{x}(t) = n \times 1$ 狀態向量，$\mathbf{y}(t) = q \times 1$ 輸出向量

$\mathbf{u}(t) = p \times 1$ 輸入向量，$\mathbf{w}(t) = v \times 1$ 干擾向量

且 $\mathbf{A}$、$\mathbf{B}$、$\mathbf{C}$、$\mathbf{D}$、$\mathbf{E}$ 和 $\mathbf{H}$ 為適當維度的係數矩陣。

對 (8-120) 式等號兩邊各取拉氏轉換，並解出 $\mathbf{X}(s)$，得

$$\mathbf{X}(s) = (s\mathbf{I} - \mathbf{A})^{-1}\mathbf{x}(0) + (s\mathbf{I} - \mathbf{A})^{-1}[\mathbf{BU}(s) + \mathbf{EW}(s)] \tag{8-122}$$

(8-121) 式的拉氏轉換為

$$\mathbf{Y}(s) = \mathbf{CX}(s) + \mathbf{DU}(s) + \mathbf{HW}(s) \tag{8-123}$$

將 (8-122) 式代入 (8-123) 式，可得

$$\mathbf{Y}(s) = \mathbf{C}(s\mathbf{I} - \mathbf{A})^{-1}\mathbf{x}(0) + \mathbf{C}(s\mathbf{I} - \mathbf{A})^{-1}[\mathbf{BU}(s) + \mathbf{EW}(s)] + \mathbf{DU}(s) + \mathbf{HW}(s) \tag{8-124}$$

因為轉移函數的定義需要將初始條件定為零，即 $\mathbf{x}(0) = \mathbf{0}$；因此，(8-124) 式變成

$$\mathbf{Y}(s) = [\mathbf{C}(s\mathbf{I} - \mathbf{A})^{-1}\mathbf{B} + \mathbf{D}]\mathbf{U}(s) + [\mathbf{C}(s\mathbf{I} - \mathbf{A})^{-1}\mathbf{E} + \mathbf{H}]\mathbf{W}(s) \tag{8-125}$$

我們定義

$$\mathbf{G}_u(s) = \mathbf{C}(s\mathbf{I} - \mathbf{A})^{-1}\mathbf{B} + \mathbf{D} \tag{8-126}$$

$$\mathbf{G}_w(s) = \mathbf{C}(s\mathbf{I} - \mathbf{A})^{-1}\mathbf{E} + \mathbf{H} \tag{8-127}$$

其中，$\mathbf{G}_u(s)$ 是當 $\mathbf{w}(t) = 0$ 時，$\mathbf{u}(t)$ 和 $\mathbf{y}(t)$ 之間的 $q \times p$ 轉移函數矩陣，而 $\mathbf{G}_w(s)$ 則是當 $\mathbf{u}(t) = 0$ 時，$\mathbf{w}(t)$ 和 $\mathbf{y}(t)$ 之間的 $q \times v$ 轉移函數矩陣。因此，(8-125) 式變成

$$\mathbf{Y}(s) = \mathbf{G}_u(s)\mathbf{U}(s) + \mathbf{G}_w(s)\mathbf{W}(s) \tag{8-128}$$

### 範例 8-8-1

考慮以下列微分方程式所描述的多變數系統：

$$\frac{d^2 y_1(t)}{dt^2} + 4\frac{dy_1(t)}{dt} - 3y_2(t) = u_1(t) + 2w(t) \tag{8-129}$$

$$\frac{dy_1(t)}{dt}+\frac{dy_2(t)}{dt}+y_1(t)+2y_2(t)=u_2(t) \tag{8-130}$$

系統的狀態變數可設定為

$$\begin{aligned} x_1(t) &= y_1(t) \\ x_2(t) &= \frac{dy_1(t)}{dt} \\ x_3(t) &= y_2(t) \end{aligned} \tag{8-131}$$

這些狀態變數的定義，僅是藉著對兩個微分方程式的觀察，除了這是最方便的定義，再無其它特別的理由好說明。現在，將 (8-129) 式和 (8-130) 式方程式的第一個項各自等於其它的項，並用 (8-131) 式的狀態變數關係，可以向量-矩陣形式寫出下列的狀態方程式和輸出方程式：

$$\begin{bmatrix} \dfrac{dx_1(t)}{dt} \\ \dfrac{dx_2(t)}{dt} \\ \dfrac{dx_3(t)}{dt} \end{bmatrix} = \begin{bmatrix} 0 & 1 & 0 \\ 0 & -4 & 3 \\ -1 & -1 & -2 \end{bmatrix}\begin{bmatrix} x_1(t) \\ x_2(t) \\ x_3(t) \end{bmatrix} + \begin{bmatrix} 0 & 0 \\ 1 & 0 \\ 0 & 1 \end{bmatrix}\begin{bmatrix} u_1(t) \\ u_2(t) \end{bmatrix} + \begin{bmatrix} 0 \\ 2 \\ 0 \end{bmatrix}w(t) \tag{8-132}$$

$$\begin{bmatrix} y_1(t) \\ y_2(t) \end{bmatrix} = \begin{bmatrix} 1 & 0 & 0 \\ 0 & 0 & 1 \end{bmatrix}\begin{bmatrix} x_1(t) \\ x_2(t) \\ x_3(t) \end{bmatrix} = \mathbf{Cx}(t) \tag{8-133}$$

為了使用狀態變數表示法來決定轉移函數矩陣，我們將矩陣 **A**、**B**、**C**、**D** 和 **E** 代入 (8-125) 式。首先，寫出矩陣 ($s\mathbf{I} - \mathbf{A}$)：

$$(s\mathbf{I}-\mathbf{A})=\begin{bmatrix} s & -1 & 0 \\ 0 & s+4 & -3 \\ 1 & 1 & s+2 \end{bmatrix} \tag{8-134}$$

($s\mathbf{I} - \mathbf{A}$) 的行列式為

$$|s\mathbf{I}-\mathbf{A}|=s^3+6s^2+11s+3 \tag{8-135}$$

因此

$$(s\mathbf{I}-\mathbf{A})^{-1}=\frac{1}{|s\mathbf{I}-\mathbf{A}|}\begin{bmatrix} s^2+6s+11 & s+2 & 3 \\ -3 & s(s+2) & 3s \\ -(s+4) & -(s+1) & s(s+4) \end{bmatrix} \tag{8-136}$$

$\mathbf{u}(t)$ 和 $\mathbf{y}(t)$ 之間的轉移函數矩陣為

$$\mathbf{G}_u(s) = \mathbf{C}(s\mathbf{I}-\mathbf{A})^{-1}\mathbf{B} = \frac{1}{s^3+6s^2+11s+3}\begin{bmatrix} s+2 & 3 \\ -(s+1) & s(s+4) \end{bmatrix} \tag{8-137}$$

$\mathbf{w}(t)$ 和 $\mathbf{y}(t)$ 之間的轉移函數矩陣為

$$\mathbf{G}_w(s) = \mathbf{C}(s\mathbf{I}-\mathbf{A})^{-1}\mathbf{E} = \frac{1}{s^3+6s^2+11s+3}\begin{bmatrix} 2(s+2) \\ -2(s+1) \end{bmatrix} \tag{8-138}$$

以傳統式的作法，對 (8-129) 式和 (8-130) 式等號兩邊各取拉氏轉換，並設初始條件為零。最後，所轉換的方程式可寫成矩陣形式為

$$\begin{bmatrix} s(s+4) & -3 \\ s+1 & s+2 \end{bmatrix}\begin{bmatrix} Y_1(s) \\ Y_2(s) \end{bmatrix} = \begin{bmatrix} U_1(s) \\ U_2(s) \end{bmatrix} + \begin{bmatrix} 2 \\ 0 \end{bmatrix}W(s) \tag{8-139}$$

由 (8-139) 式求解 $\mathbf{Y}(s)$，可得

$$\mathbf{Y}(s) = \mathbf{G}_u(s)\mathbf{U}(s) + \mathbf{G}_w(s)\mathbf{W}(s) \tag{8-140}$$

其中

$$\mathbf{G}_u(s) = \left[\begin{pmatrix} s(s+4) & -3 \\ s+1 & s+2 \end{pmatrix}\right]^{-1} \tag{8-141}$$

$$\mathbf{G}_w(s) = \begin{bmatrix} s(s+4) & -3 \\ s+1 & s+2 \end{bmatrix}^{-1}\begin{bmatrix} 2 \\ 0 \end{bmatrix} \tag{8-142}$$

取反矩陣後，上述兩式所獲得的結果分別和 (8-137) 與 (8-138) 式相同。

## 8-9 特性方程式、固有值與固有向量

在研究線性系統時，特性方程式扮演著一個重要的角色。特性方程式可以根據微分方程式、轉換函數或狀態方程式來加以定義。

### 8-9-1 由微分方程式求出特性方程式

考慮以下列微分方程式描述的線性非時變系統：

$$\frac{d^n y(t)}{dt^n} + a_{n-1}\frac{d^{n-1} y(t)}{dt^{n-1}} + \cdots + a_1\frac{dy(t)}{dt} + a_0 y(t)$$
$$= b_m\frac{d^m u(t)}{dt^m} + b_{m-1}\frac{d^{m-1} u(t)}{dt^{m-1}} + \cdots + b_1\frac{du(t)}{dt} + b_0 u(t) \tag{8-143}$$

其中，$n > m$。定義運算子 $s$ 為

$$s^k = \frac{d^k}{dt^k} \quad k = 1, 2, \ldots, n \tag{8-144}$$

則 (8-143) 式可寫成

$$\left(s^n + a_{n-1}s^{n-1} + \cdots + a_1 s + a_0\right) y(t) = \left(b_m s^m + b_{m-1} s^{m-1} + \cdots + b_1 s + b_0\right) u(t) \tag{8-145}$$

系統的**特性方程式** (characteristic equation) 定義為

$$s^n + a_{n-1}s^{n-1} + \cdots + a_1 s + a_0 = 0 \tag{8-146}$$

它是將 (8-145) 式的齊次部分設為零而得。

### 範例 8-9-1

考慮 (8-114) 式中的微分方程式。其特性方程式可藉由觀察而得出

$$s^3 + 5s^2 + s + 2 = 0 \tag{8-147}$$

## 8-9-2　由轉移函數求出特性方程式

$$G(s) = \frac{b_m s^m + b_{m-1} s^{m-1} + \cdots + b_1 s + b_0}{s^n + a_{n-1} s^{n-1} + \cdots + a_1 s + a_0} \tag{8-148}$$

令轉移函數的分母等於零，即可得出特性方程式。

### 範例 8-9-2

(8-114) 式中的微方程式所描述的系統，其轉移函數為

$$\frac{Y(s)}{U(s)} = \frac{1}{s^3 + 5s^2 + s + 2} \tag{8-149}$$

將 (8-149) 式中的分母設為零，即可得到與 (8-147) 式同樣的特性方程式。

## 8-9-3　由狀態方程式求出特性方程式

以狀態變數方法，我們可將 (8-126) 式寫為

$$\mathbf{G}_u(s) = \mathbf{C}\frac{\mathrm{adj}(s\mathbf{I}-\mathbf{A})}{(s\mathbf{I}-\mathbf{A})}\mathbf{B} + \mathbf{D}$$

$$= \frac{\mathbf{C}[\mathrm{adj}(s\mathbf{I}-\mathbf{A})]\mathbf{B} + |s\mathbf{I}-\mathbf{A}|\mathbf{D}}{|s\mathbf{I}-\mathbf{A}|} \tag{8-150}$$

將轉移函數矩陣 $\mathbf{G}_u(s)$ 的分母設為零，即可求得特性方程式為

$$|s\mathbf{I}-\mathbf{A}| = 0 \tag{8-151}$$

這是特性方程式的另一個形式，它會得到與 (8-146) 式同樣的方程式。特性方程式的一個重要的特性是：如果 $\mathbf{A}$ 的係數為實數，則 $|s\mathbf{I}-\mathbf{A}|$ 的係數亦為實數。

### 範例 8-9-3

(8-114) 式中的微分方程式，其狀態方程式的係數矩陣 $\mathbf{A}$ 已寫在 (8-118) 式中。$\mathbf{A}$ 的特性方程式為

$$|s\mathbf{I}-\mathbf{A}| = \begin{vmatrix} s & -1 & 0 \\ 0 & s & -1 \\ 2 & 1 & s+5 \end{vmatrix} = s^3 + 5s^2 + s + 2 = 0 \tag{8-152}$$

## 8-9-4　固有值

特性方程式的根通常稱為矩陣 $\mathbf{A}$ 的固有值 (或特徵值)。

以下是固有值的一些重要特性：

1. 若 $\mathbf{A}$ 的係數都是實數，則其固有值不是實數，就是一對共軛複數。
2. 若 $\lambda_1, \lambda_2, ..., \lambda_n$ 是 $\mathbf{A}$ 的固有值，則

$$\mathrm{tr}(\mathbf{A}) = \sum_{i=1}^{n} \lambda_i \tag{8-153}$$

亦即 $\mathbf{A}$ 的跡 (trace) 是 $\mathbf{A}$ 所有固有值的和。

3. 若 $\lambda_i$，$i = 1, 2, ..., n$ 是 $\mathbf{A}$ 的一個固有值，則它亦是 $\mathbf{A}'$ 的一個固有值。
4. 若 $\mathbf{A}$ 是非奇異的，其固有值為 $\lambda_i$，$i = 1, 2, ..., n$，則 $1/\lambda_i$，$i = 1, 2, ..., n$ 是 $\mathbf{A}^{-1}$ 的固有值。

### 範例 8-9-4

(8-118) 式中，矩陣 $\mathbf{A}$ 的固有值或特性方程式的根可由解 (8-152) 式的根得之，其解為

$$s = -0.06047 + j0.63738 \quad s = -0.06047 - j0.63738 \quad s = -4.87906 \tag{8-154}$$

## 8-9-5 固有向量

固有向量在許多近代控制所探討的主題中都有用處，其中之一就是即將在下一節討論的相似轉換。

設 $\lambda_i$，$i = 1, 2, ..., n$ 代表矩陣 $\mathbf{A}$ 的固有值，則任何一個滿足下列矩陣方程式的非零向量 $\mathbf{p}_i$，

$$(\lambda_i \mathbf{I} - \mathbf{A})\mathbf{p}_i = 0 \tag{8-155}$$

就稱為 $\mathbf{A}$ 相關於固有值 $\lambda_i$ 的固有向量。若 $\mathbf{A}$ 的固有特徵值皆互不相同，則固有向量可直接由 (8-155) 式解得。

### 範例 8-9-5

考慮 (8-44) 式中的狀態方程式，其具有下列的係數矩陣：

$$\mathbf{A} = \begin{bmatrix} 1 & -1 \\ 0 & -1 \end{bmatrix} \quad \mathbf{B} = \begin{bmatrix} 1 \\ 1 \end{bmatrix} \quad \mathbf{E} = 0 \tag{8-156}$$

$\mathbf{A}$ 的特性方程式為

$$|s\mathbf{I} - \mathbf{A}| = s^2 - 1 \tag{8-157}$$

固有值為 $\lambda_1 = 1$ 和 $\lambda_2 = -1$。令固有向量為

$$\mathbf{p}_1 = \begin{bmatrix} p_{11} \\ p_{21} \end{bmatrix} \quad \mathbf{p}_2 = \begin{bmatrix} p_{12} \\ p_{22} \end{bmatrix} \tag{8-158}$$

將 $\lambda_1 = 1$ 和 $\mathbf{p}_1$ 代入 (8-155) 式可得

$$\begin{bmatrix} 0 & 1 \\ 0 & 2 \end{bmatrix} \begin{bmatrix} p_{11} \\ p_{21} \end{bmatrix} = \begin{bmatrix} 0 \\ 0 \end{bmatrix} \tag{8-159}$$

其解為 $p_{21} = 0$，而 $p_{11}$ 為任意，在此我們將 $p_{11}$ 設定為等於 1。

同理，針對 $\lambda_2 = -1$，(8-155) 式成為

$$\begin{bmatrix} -2 & 1 \\ 0 & 0 \end{bmatrix} \begin{bmatrix} p_{12} \\ p_{22} \end{bmatrix} = \begin{bmatrix} 0 \\ 0 \end{bmatrix} \tag{8-160}$$

可導出

$$-2p_{12} + p_{22} = 0 \tag{8-161}$$

上式有兩個未知數，亦即其中之一可任意設定。令 $p_{12} = 1$，則 $p_{22} = 2$。至此，可得固有向量為

$$\mathbf{p}_1 = \begin{bmatrix} 1 \\ 0 \end{bmatrix} \quad \mathbf{p}_2 = \begin{bmatrix} 1 \\ 2 \end{bmatrix} \tag{8-162}$$

## 8-9-6　廣義固有向量

這裡應該指出的一點是：若 $\mathbf{A}$ 有多階固有值且 $\mathbf{A}$ 不是對稱的矩陣，則並非所有的**固有向量**皆可用 (8-155) 式找出來。若 $\mathbf{A}$ 的 $n$ 個固有值中，有 $q\ (< n)$ 個是相異的。對應這 $q$ 個相異固有值的固有向量，可由一般的方式求得

$$(\lambda_i \mathbf{I} - \mathbf{A})\mathbf{p}_i = \mathbf{0} \tag{8-163}$$

其中，$\lambda_i$ 代表第 $i$ 個固有值，$i = 1, 2, ..., q$。在其餘的高階固有值中，令 $\lambda_j$ 的階數為 $m$ ($m \leq n - q$)，則其對應的固有向量，稱為**廣義固有向量**，可由下列 $m$ 個向量方程式求得

$$\begin{aligned}
(\lambda_j \mathbf{I} - \mathbf{A})\mathbf{p}_{n-q+1} &= \mathbf{0} \\
(\lambda_j \mathbf{I} - \mathbf{A})\mathbf{p}_{n-q+2} &= -\mathbf{p}_{n-q+1} \\
(\lambda_j \mathbf{I} - \mathbf{A})\mathbf{p}_{n-q+3} &= -\mathbf{p}_{n-q+2} \\
&\vdots \\
(\lambda_j \mathbf{I} - \mathbf{A})\mathbf{p}_{n-q+m} &= -\mathbf{p}_{n-q+m-1}
\end{aligned} \tag{8-164}$$

### 範例 8-9-6

已知矩陣 $\mathbf{A}$ 為

$$\mathbf{A} = \begin{bmatrix} 0 & 6 & -5 \\ 1 & 0 & 2 \\ 3 & 2 & 4 \end{bmatrix} \tag{8-165}$$

$\mathbf{A}$ 的固有值為 $\lambda_1 = 2$、$\lambda_2 = \lambda_3 = 1$。因此，$\mathbf{A}$ 有一個二-階的固有值。其值為 1。與 $\lambda_1 = 2$ 相關的固有向量可由 (8-163) 式來決定，因此

$$(\lambda_1 \mathbf{I} - \mathbf{A})\mathbf{p}_1 = \begin{bmatrix} 2 & -6 & 5 \\ -1 & 2 & -2 \\ -3 & -2 & -2 \end{bmatrix} \begin{bmatrix} p_{11} \\ p_{21} \\ p_{31} \end{bmatrix} = \mathbf{0} \tag{8-166}$$

因為在 (8-166) 式中只有兩個獨立的方程式，所以我們隨意地令 $p_{11} = 2$，則可解得 $p_{21} = -1$ 和 $p_{31} = -2$。因此

$$\mathbf{p}_1 = \begin{bmatrix} 2 \\ -1 \\ -2 \end{bmatrix} \tag{8-167}$$

針對與二-階固有值相關的廣義固有向量，我們將 $\lambda_2 = 1$ 代入 (8-164) 式，可得

$$(\lambda_2\mathbf{I} - \mathbf{A})\mathbf{p}_2 = \begin{bmatrix} 1 & -6 & 5 \\ -1 & 1 & -2 \\ -3 & -2 & -3 \end{bmatrix} \begin{bmatrix} p_{12} \\ p_{22} \\ p_{32} \end{bmatrix} = \mathbf{0} \tag{8-168}$$

隨意地令 $p_{12} = 1$，我們可解得 $p_{22} = -\dfrac{3}{7}$ 和 $p_{32} = -\dfrac{5}{7}$。因此，可得第一個廣義固有向量

$$\mathbf{p}_2 = \begin{bmatrix} 1 \\ -\dfrac{3}{7} \\ -\dfrac{5}{7} \end{bmatrix} \tag{8-169}$$

將 $\lambda_3 = 1$ 代入 (8-164) 式的第二個方程式，可得

$$(\lambda_3\mathbf{I} - \mathbf{A})\mathbf{p}_3 = \begin{bmatrix} 1 & -6 & -5 \\ -1 & 1 & -2 \\ -3 & -2 & -3 \end{bmatrix} \begin{bmatrix} p_{13} \\ p_{23} \\ p_{33} \end{bmatrix} = -\mathbf{p}_2 = \begin{bmatrix} -1 \\ \dfrac{3}{7} \\ \dfrac{5}{7} \end{bmatrix} \tag{8-170}$$

隨意地將 $p_{13}$ 設為 1，我們可解得第二個廣義固有向量

$$\mathbf{p}_3 = \begin{bmatrix} 1 \\ -\dfrac{22}{49} \\ -\dfrac{46}{49} \end{bmatrix} \tag{8-171}$$

## 8-10　相似變換

給定一個單輸入-單輸出 (SISO) 系統的動態方程式如下：

$$\frac{d\mathbf{x}(t)}{dt} = \mathbf{A}\mathbf{x}(t) + \mathbf{B}u(t) \tag{8-172}$$

$$y(t) = \mathbf{C}\mathbf{x}(t) + \mathbf{D}u(t) \tag{8-173}$$

其中，$\mathbf{x}(t)$ 為 $n \times 1$ 的狀態向量，$u(t)$ 和 $y(t)$ 分別為純量輸入與輸出。在狀態域進行分析與設計時，常將這些方程式變換成其它容易處理的形式。例如，我們在後面將會證明，可控制性典型式 (CCF) 有很多有趣的特性，它們會使得可控制性測試和狀態回授設計變得方便。

考慮 (8-172) 式和 (8-173) 式中的動態方程式，我們將下式轉變成與原來同樣維度的一組方程式：

$$\mathbf{x}(t) = \mathbf{P}\bar{\mathbf{x}}(t) \tag{8-174}$$

其中，$\mathbf{P}$ 為 $n \times n$ 的非奇異矩陣，使得

$$\bar{\mathbf{x}}(t) = \mathbf{P}^{-1}\mathbf{x}(t) \tag{8-175}$$

變換後的動態方程式可寫成

$$\frac{d\bar{\mathbf{x}}(t)}{dt} = \bar{\mathbf{A}}\bar{\mathbf{x}}(t) + \bar{\mathbf{B}}u(t) \tag{8-176}$$

$$\bar{y}(t) = \bar{\mathbf{C}}\bar{\mathbf{x}}(t) + \bar{\mathbf{D}}u(t) \tag{8-177}$$

取 (8-175) 式等號兩邊對於 $t$ 的微分，可得

$$\frac{d\bar{\mathbf{x}}(t)}{dt} = \mathbf{P}^{-1}\frac{d\mathbf{x}(t)}{dt} = \mathbf{P}^{-1}\mathbf{A}\mathbf{x}(t) + \mathbf{P}^{-1}\mathbf{B}u(t)$$

$$= \mathbf{P}^{-1}\mathbf{A}\mathbf{P}\bar{\mathbf{x}} + \mathbf{P}^{-1}\mathbf{B}u(t) \tag{8-178}$$

比較 (8-178) 式和 (8-176) 式可得

$$\bar{\mathbf{A}} = \mathbf{P}^{-1}\mathbf{A}\mathbf{P} \tag{8-179}$$

和

$$\bar{\mathbf{B}} = \mathbf{P}^{-1}\mathbf{B} \tag{8-180}$$

利用 (8-174) 式，(8-173) 式可寫成

$$\bar{y}(t) = \mathbf{C}\mathbf{P}\bar{\mathbf{x}}(t) + \bar{\mathbf{D}}\bar{u}(t) \tag{8-181}$$

比較 (8-181) 式與 (8-177) 式可知

$$\bar{\mathbf{C}} = \mathbf{C}\mathbf{P} \quad \bar{\mathbf{D}} = \mathbf{D} \tag{8-182}$$

上述的變換稱為**相似轉變換** (similarity transformation)，這是因為變換後的系統，其特性如特性方程式、固有向量、固有值及轉移函數，不會因變換而有所改變。稍後，我們將探討可控制性典型式 (CCF)、可觀測性典型式 (OCF)，以及對角典型式 (DCF) 的變換，但只會列出變換方程式而不予證明。

## 8-10-1 相似變換的不變性

相似變換的重要特性之一是：特性方程式、固有值、固有向量和轉移函數在相似變換之下是不變的。

## 8-10-2 特性方程式、固有值與固有向量

由 (8-176) 式所描述之系統的特性方程式為 $|s\mathbf{I}-\mathbf{A}|=0$，可寫成

$$|s\mathbf{I}-\overline{\mathbf{A}}|=|s\mathbf{I}-\mathbf{P}^{-1}\mathbf{AP}|=|s\mathbf{P}^{-1}\mathbf{P}-\mathbf{P}^{-1}\mathbf{AP}| \tag{8-183}$$

因為相乘矩陣的行列式等於矩陣行列式的相乘，所以 (8-183) 式可化成

$$|s\mathbf{I}-\overline{\mathbf{A}}|=|\mathbf{P}^{-1}||s\mathbf{I}-\mathbf{A}||\mathbf{P}|=|s\mathbf{I}-\mathbf{A}| \tag{8-184}$$

特性方程式並未改變；因此，可得到與變換前相同的固有值與固有向量。

## 8-10-3 轉移函數矩陣

由 (8-126) 式可知，(8-176) 式與 (8-177) 式的系統，其轉移函數矩陣為

$$\begin{aligned}\overline{\mathbf{G}}(s)&=\overline{\mathbf{C}}(s\mathbf{I}-\overline{\mathbf{A}})\overline{\mathbf{B}}+\overline{\mathbf{D}}\\&=\mathbf{CP}(s\mathbf{I}-\mathbf{P}^{-1}\mathbf{AP})\mathbf{P}^{-1}\mathbf{B}+\mathbf{D}\end{aligned} \tag{8-185}$$

由上式可簡化成

$$\overline{\mathbf{G}}(s)=\mathbf{C}(s\mathbf{I}-\mathbf{A})\mathbf{B}+\mathbf{D}=\mathbf{G}(s) \tag{8-186}$$

## 8-10-4 可控制性典型式

考慮 (8-172) 式和 (8-173) 式中的動態方程式，其中 **A** 的特性方程式為

$$|s\mathbf{I}-\mathbf{A}|=s^n+a_{n-1}s^{n-1}+\cdots+a_1 s+a_0=0 \tag{8-187}$$

藉著 (8-174) 式的變換，(8-172) 式與 (8-173) 式中的動態方程式可變換成 (8-176) 式和 (8-177) 式中的可控制性典型式。變換的方式如下：

$$\mathbf{P}=\mathbf{SM} \tag{8-188}$$

其中

$$S = \begin{bmatrix} B & AB & A^2B \ldots A^{n-1}B \end{bmatrix} \quad (8\text{-}189)$$

與

$$M = \begin{bmatrix} a_1 & a_2 & a_3 & \cdots & a_{n-1} & 1 \\ a_2 & a_3 & a_4 & \cdots & 1 & 0 \\ \vdots & \vdots & \vdots & \ddots & \vdots & \vdots \\ a_{n-1} & 1 & 0 & \cdots & 0 & 0 \\ 1 & 0 & 0 & \cdots & 0 & 0 \end{bmatrix} \quad (8\text{-}190)$$

則

$$\bar{A} = P^{-1}AP = \begin{bmatrix} 0 & 1 & 0 & \cdots & 0 \\ 0 & 0 & 1 & \cdots & 0 \\ \vdots & \vdots & \vdots & \ddots & \vdots \\ 0 & 0 & 0 & \cdots & 1 \\ -a_0 & -a_1 & -a_2 & \cdots & -a_{n-1} \end{bmatrix} \quad (8\text{-}191)$$

$$\bar{B} = P^{-1}B = \begin{bmatrix} 0 \\ 0 \\ \vdots \\ 0 \\ 1 \end{bmatrix} \quad (8\text{-}192)$$

矩陣 $\bar{C}$ 和 $\bar{D}$ 可由 (8-182) 式得之，但並未有任何特定的型式。可控制性典型式 (CCF) 的條件為 $P^{-1}$ 存在，其含義為矩陣 S 必須有其反矩陣存在。這是因為可由矩陣 M 的行列式為 $(-1)^{n-1}$ 看出 M 的反矩陣始終存在。(8-189) 式中 $n \times n$ 的矩陣 S 在稍後會定義為**可控制性矩陣** (controllability matrix)。

### 範例 8-10-1

考慮(8-172) 式中的狀態方程式，其係數矩陣為

$$A = \begin{bmatrix} 1 & 2 & 1 \\ 0 & 1 & 3 \\ 1 & 1 & 1 \end{bmatrix} \quad B = \begin{bmatrix} 1 \\ 0 \\ 1 \end{bmatrix} \quad (8\text{-}193)$$

這個狀態方程式要轉變成可控制性典型式。

A 的特性方程式為

$$|s\mathbf{I}-\mathbf{A}|=\begin{vmatrix} s-1 & -2 & -1 \\ 0 & s-1 & -3 \\ -1 & -1 & s-1 \end{vmatrix}=s^3-3s^2-s-3=0 \tag{8-194}$$

所以，特性方程式的係數為 $a_0=-3$、$a_1=-1$ 及 $a_2=-3$。由 (8-190) 式可得

$$\mathbf{M}=\begin{bmatrix} a_1 & a_2 & 1 \\ a_2 & 1 & 0 \\ 1 & 0 & 0 \end{bmatrix}=\begin{bmatrix} -1 & -3 & 1 \\ -3 & 1 & 0 \\ 1 & 0 & 0 \end{bmatrix} \tag{8-195}$$

可控制性矩陣為

$$\mathbf{S}=\begin{bmatrix} \mathbf{B} & \mathbf{AB} & \mathbf{A}^2\mathbf{B} \end{bmatrix}=\begin{bmatrix} 1 & 2 & 10 \\ 0 & 3 & 9 \\ 1 & 2 & 7 \end{bmatrix} \tag{8-196}$$

我們可以證明 $\mathbf{S}$ 為非奇異的，所以上述的系統可以被變成可控制性典型式 (CCF)。將 $\mathbf{S}$ 和 $\mathbf{M}$ 代入 (8-188) 式，可得

$$\mathbf{P}=\mathbf{SM}=\begin{bmatrix} 3 & -1 & 1 \\ 0 & 3 & 0 \\ 0 & -1 & 1 \end{bmatrix} \tag{8-197}$$

因此，由 (8-191) 式和 (8-192) 式，可控制性典型式可由下式得之，

$$\bar{\mathbf{A}}=\mathbf{P}^{-1}\mathbf{AP}=\begin{bmatrix} 0 & 1 & 0 \\ 0 & 0 & 1 \\ 3 & 1 & 3 \end{bmatrix} \qquad \bar{\mathbf{B}}=\mathbf{P}^{-1}\mathbf{B}=\begin{bmatrix} 0 \\ 0 \\ 1 \end{bmatrix} \tag{8-198}$$

一旦知道特性方程式的係數，上式就可決定了。本例僅在告訴我們如何得到可控制性典型式的變換矩陣 $\mathbf{P}$。

## 8-10-5 可觀測性典型式

可控制性典型式變換的對偶形式就是**可觀測性典型式** (observability canonical form, OCF)。(8-172) 式和 (8-173) 式所描述的系統可由下式將其變換成 OCF：

$$\mathbf{x}(t)=\mathbf{Q}\bar{\mathbf{x}}(t) \tag{8-199}$$

變換後的方程式為 (8-176) 式和 (8-177) 式。因此，

$$\bar{\mathbf{A}}=\mathbf{Q}^{-1}\mathbf{AQ} \quad \bar{\mathbf{B}}=\mathbf{Q}^{-1}\mathbf{B} \quad \bar{\mathbf{C}}=\mathbf{CQ} \quad \bar{\mathbf{D}}=\mathbf{D} \tag{8-200}$$

其中

$$\bar{\mathbf{A}} = \mathbf{Q}^{-1}\mathbf{A}\mathbf{Q} = \begin{bmatrix} 0 & 0 & \cdots & 0 & -a_0 \\ 1 & 0 & \cdots & 0 & -a_1 \\ 0 & 1 & \cdots & 0 & -a_2 \\ \vdots & \vdots & \ddots & \vdots & \vdots \\ 0 & 0 & \cdots & 1 & -a_{n-1} \end{bmatrix} \quad (8\text{-}201)$$

$$\bar{\mathbf{C}} = \mathbf{C}\mathbf{Q} = \begin{bmatrix} 0 & 0 & \cdots & 0 & 1 \end{bmatrix} \quad (8\text{-}202)$$

矩陣 $\bar{\mathbf{B}}$ 和 $\bar{\mathbf{D}}$ 中的元素並不限於任何形式。請注意：$\bar{\mathbf{A}}$ 和 $\bar{\mathbf{C}}$ 分別是 (8-191) 式與 (8-192) 式中 $\bar{\mathbf{A}}$ 和 $\bar{\mathbf{B}}$ 的轉置矩陣。

可觀測性典型式的變換矩陣如下式所示：

$$\mathbf{Q} = (\mathbf{MV})^{-1} \quad (8\text{-}203)$$

其中，$\mathbf{M}$ 顯示於 (8-190) 式中，且

$$\mathbf{V} = \begin{bmatrix} \mathbf{C} \\ \mathbf{CA} \\ \mathbf{CA}^2 \\ \vdots \\ \mathbf{CA}^{n-1} \end{bmatrix} (n \times n) \quad (8\text{-}204)$$

矩陣 $\mathbf{V}$ 常被定義為**可觀測性矩陣** (observability matrix)，且 $\mathbf{V}^{-1}$ 必須存在以使得 OCF 變換能實現。

## 範例 8-10-2

考慮 (8-172) 式和 (8-173) 式所描述的系統，其係數矩陣為

$$\mathbf{A} = \begin{bmatrix} 1 & 2 & 1 \\ 0 & 1 & 3 \\ 1 & 1 & 1 \end{bmatrix} \quad \mathbf{B} = \begin{bmatrix} 1 \\ 0 \\ 1 \end{bmatrix} \quad \mathbf{C} = \begin{bmatrix} 1 & 1 & 0 \end{bmatrix} \quad \mathbf{D} = 0 \quad (8\text{-}205)$$

因矩陣 $\mathbf{A}$ 與範例 8-10-1 中的系統相同，故知矩陣 $\mathbf{M}$ 又會與 (8-195) 式中的相同。所以，觀測矩陣為

$$\mathbf{V} = \begin{bmatrix} \mathbf{C} \\ \mathbf{CA} \\ \mathbf{CA}^2 \end{bmatrix} = \begin{bmatrix} 1 & 1 & 0 \\ 1 & 3 & 4 \\ 5 & 9 & 14 \end{bmatrix} \quad (8\text{-}206)$$

我們可以證明 $\mathbf{V}$ 為非奇異的，代入上述的系統可以被轉變成 OCF。將 $\mathbf{V}$ 和 $\mathbf{M}$ 代入 (8-203)

式，可以得到 OCF 變換矩陣，

$$\mathbf{Q} = (\mathbf{MV})^{-1} = \begin{bmatrix} 0.3333 & -0.1667 & 0.3333 \\ -0.3333 & 0.1667 & 0.6667 \\ 0.1667 & 0.1667 & 0.1667 \end{bmatrix} \quad (8\text{-}207)$$

由 (8-200) 式，系統的 OCF 可以下式描述：

$$\bar{\mathbf{A}} = \mathbf{Q}^{-1}\mathbf{A}\mathbf{Q} = \begin{bmatrix} 0 & 0 & 3 \\ 1 & 0 & 1 \\ 0 & 1 & 3 \end{bmatrix} \quad \bar{\mathbf{C}} = \mathbf{CQ} = \begin{bmatrix} 0 & 0 & 1 \end{bmatrix} \quad \bar{\mathbf{B}} = \mathbf{Q}^{-1}\mathbf{B} = \begin{bmatrix} 3 \\ 2 \\ 1 \end{bmatrix} \quad (8\text{-}208)$$

因此，$\bar{\mathbf{A}}$ 和 $\bar{\mathbf{C}}$ 分別為 (8-201) 式與 (8-202) 式中 OCF 形式，而 $\bar{\mathbf{B}}$ 則不遵循任何的形式。

## 8-10-6 對角典型式

給定 (8-172) 式和 (8-173) 式的動態方程式，若 $\mathbf{A}$ 的固有值皆互不相同，則存在一個非奇異的變換

$$\mathbf{x}(t) = \mathbf{T}\bar{\mathbf{x}}(t) \quad (8\text{-}209)$$

它會將這些動態方程式轉變成 (8-176) 式和 (8-177) 式中的動態方程式，其中

$$\bar{\mathbf{A}} = \mathbf{T}^{-1}\mathbf{A}\mathbf{T} \quad \bar{\mathbf{B}} = \mathbf{T}^{-1}\mathbf{B} \quad \bar{\mathbf{C}} = \mathbf{CT} \quad \bar{\mathbf{D}} = \mathbf{D} \quad (8\text{-}210)$$

矩陣 $\bar{\mathbf{A}}$ 是對角矩陣

$$\bar{\mathbf{A}} = \begin{bmatrix} \lambda_1 & 0 & 0 & \cdots & 0 \\ 0 & \lambda_2 & 0 & \cdots & 0 \\ 0 & 0 & \lambda_3 & \cdots & 0 \\ \vdots & \vdots & \vdots & \ddots & \vdots \\ 0 & 0 & 0 & \cdots & \lambda_n \end{bmatrix} (n \times n) \quad (8\text{-}211)$$

其中，$\lambda_1, \lambda_2, ..., \lambda_n$ 是 $\mathbf{A}$ 的 $n$ 個相異固有特徵值。係數矩陣 $\bar{\mathbf{B}}$、$\bar{\mathbf{C}}$ 和 $\bar{\mathbf{D}}$ 給定在 (8-210) 式中，且不遵循任何形式。

很明顯地，**對角典型式** (diagonal canonical form, DCF) 的好處之一是：變換後的狀態方程式是互相解耦的，因此可以個別來求解。

以下將說明以 $\mathbf{A}$ 的固有向量為行向量可以形成 DCF 變換矩陣 $\mathbf{T}$；亦即，

$$\mathbf{T} = \begin{bmatrix} \mathbf{p}_1 & \mathbf{p}_2 & \mathbf{p}_3 & \cdots & \mathbf{p}_n \end{bmatrix} \quad (8\text{-}212)$$

其中，$\mathbf{p}_i$，$i = 1, 2, ..., n$ 表示與固有值 $\lambda_i$ 相關聯的固有向量。這可用 (8-155) 式來證明，該式可寫成

$$\lambda_i \mathbf{p}_i = \mathbf{A}\mathbf{p}_i \quad i = 1, 2, ..., n \tag{8-213}$$

接著，組成一個 $n \times n$ 的矩陣

$$\begin{bmatrix} \lambda_1 \mathbf{p}_1 & \lambda_2 \mathbf{p}_2 & \cdots & \lambda_n \mathbf{p}_n \end{bmatrix} = \begin{bmatrix} \mathbf{A}\mathbf{p}_1 & \mathbf{A}\mathbf{p}_2 & \cdots & \mathbf{A}\mathbf{p}_n \end{bmatrix} = \mathbf{A} \begin{bmatrix} \mathbf{p}_1 & \mathbf{p}_2 & \cdots & \mathbf{p}_n \end{bmatrix} \tag{8-214}$$

上式可寫成

$$\begin{bmatrix} \mathbf{p}_1 & \mathbf{p}_2 & \cdots & \mathbf{p}_n \end{bmatrix} \overline{\mathbf{A}} = \mathbf{A} \begin{bmatrix} \mathbf{p}_1 & \mathbf{p}_2 & \cdots & \mathbf{p}_n \end{bmatrix} \tag{8-215}$$

其中，$\overline{\mathbf{A}}$ 可由 (8-211) 式得之。因此，若令

$$\mathbf{T} = [\mathbf{p}_1 \ \mathbf{p}_2 \ \mathbf{p}_3 \ \cdots \ \mathbf{p}_n] \tag{8-216}$$

則 (8-215) 式可寫成

$$\overline{\mathbf{A}} = \mathbf{T}^{-1}\mathbf{A}\mathbf{T} \tag{8-217}$$

如果矩陣 $\mathbf{A}$ 是 CCF 且其固有值互不相同，則 DCF 變換矩陣為范得蒙 (Vandermonde) 矩陣，

$$\mathbf{T} = \begin{bmatrix} 1 & 1 & 1 & \cdots & 1 \\ \lambda_1 & \lambda_2 & \lambda_3 & \cdots & \lambda_n \\ \lambda_1^2 & \lambda_2^2 & \lambda_3^2 & \cdots & \lambda_n^2 \\ \vdots & \vdots & \vdots & \ddots & \vdots \\ \lambda_1^{n-1} & \lambda_2^{n-1} & \lambda_3^{n-1} & \cdots & \lambda_n^{n-1} \end{bmatrix} \tag{8-218}$$

其中 $\lambda_1, \lambda_2, ..., \lambda_n$ 為 $\mathbf{A}$ 的固有值。其證明方式為將 (8-110) 式中 $\mathbf{A}$ 的 CCF 代入 (8-155) 式，其結果為第 $i$ 個固有向量 $\mathbf{p}_i$ 會等於 (8-218) 式中 $\mathbf{T}$ 的第 $i$ 行。

### 範例 8-10-3

考慮矩陣

$$\mathbf{A} = \begin{bmatrix} 0 & 1 & 0 \\ 0 & 0 & 1 \\ -6 & -11 & -6 \end{bmatrix} \tag{8-219}$$

它有固有值 $\lambda_1 = -1$、$\lambda_2 = -2$ 和 $\lambda_3 = -3$。因 $\mathbf{A}$ 為 CCF，若要將它轉變成 DCF，則變換矩陣為 (8-

218) 式中的范得蒙矩陣。因此，

$$\mathbf{T} = \begin{bmatrix} 1 & 1 & 1 \\ \lambda_1 & \lambda_2 & \lambda_3 \\ \lambda_1^2 & \lambda_2^2 & \lambda_3^2 \end{bmatrix} = \begin{bmatrix} 1 & 1 & 1 \\ -1 & -2 & -3 \\ 1 & 4 & 9 \end{bmatrix} \tag{8-220}$$

所以，**A** 的 DCF 可寫成

$$\bar{\mathbf{A}} = \mathbf{T}^{-1}\mathbf{A}\mathbf{T} = \begin{bmatrix} -1 & 0 & 0 \\ 0 & -2 & 0 \\ 0 & 0 & -3 \end{bmatrix} \tag{8-221}$$

## 8-10-7　喬丹典型式

通常，當矩陣 **A** 有多階固有值時，除非這矩陣為對稱的且其元素為實數，否則，它無法變換成一個對角矩陣。不過，存在一個形式如 (8-217) 式的相似變換，可使得 $\bar{\mathbf{A}}$ 幾乎是對角的，而 $\bar{\mathbf{A}}$ 就稱為**喬丹典型式** (Jordan canonical form, JCF)。一個典型的 JCF 如下所示：

$$\bar{\mathbf{A}} = \begin{bmatrix} \lambda_1 & 1 & 0 & 0 & 0 \\ 0 & \lambda_1 & 1 & 0 & 0 \\ 0 & 0 & \lambda_1 & 0 & 0 \\ 0 & 0 & 0 & \lambda_2 & 0 \\ 0 & 0 & 0 & 0 & \lambda_3 \end{bmatrix} \tag{8-222}$$

其中，假設 **A** 有一個三-階的固有值 $\lambda_1$，以及相異的固有值 $\lambda_2$ 和 $\lambda_3$。

喬丹典型式通常有下列特性：

1. **A** 的主對角的元素是矩陣的固有值。
2. **A** 的主對角以下的元素全為零。
3. 在主對角上，多階根固有值上方緊鄰的第一個元素為 1，這可由 (8-222) 式中的例子看出。
4. 由 1 及固有值所組合形成的典型方塊稱為**喬丹方塊** (Jordan blocks)。在 (8-222) 式中的喬丹方塊是以虛線包圍者。
5. 當非對稱的 **A** 矩陣有多階固有值時，其固有向量並非線性獨立。對一 $n \times n$ 的 **A**，僅有 $r$ 個 ($r$ 為整數，$r < n$，且依多階固有值的數目而變) 線性獨立固有向量。
6. 喬丹方塊的數目等於獨立固有向量數目 $r$。只存在有一個，且只有一個線性獨立的固

有向量與每一喬丹方塊有關。
7. 主對角上方之 1 的數目等於 $n - r$。

要執行 JCF 變換，我們可用固有向量和廣義固有向量作為行向量來形成變換矩陣 **T**。

### 範例 8-10-4

考慮 (8-165) 式中的矩陣，我們已經證明該矩陣的固有值為 2、1、1。因此，可藉由 (8-167) 式、(8-169) 式及 (8-171) 式中的固有向量與廣義固有向量，來形成 DCF 變換矩陣。亦即，

$$\mathbf{T} = \begin{bmatrix} \mathbf{p}_1 & \mathbf{p}_2 & \mathbf{p}_3 \end{bmatrix} = \begin{bmatrix} 2 & 1 & 1 \\ -1 & -\dfrac{3}{7} & -\dfrac{22}{49} \\ -2 & -\dfrac{5}{7} & -\dfrac{46}{49} \end{bmatrix} \quad (8\text{-}223)$$

所以，DCF 為

$$\bar{\mathbf{A}} = \mathbf{T}^{-1}\mathbf{A}\mathbf{T} = \begin{bmatrix} 2 & 0 & 0 \\ 0 & 1 & 1 \\ 0 & 0 & 1 \end{bmatrix} \quad (8\text{-}224)$$

請注意：在此例中有兩個喬丹方塊，且有一個為 1 的元素在主對角線的上方。

## 8-11 轉移函數的分解

到目前為止，已說明了許多種線性系統的特性表示法；在討論本節的主題以前，先將這些表示法簡單地摘記下來，並聯合一起思考是很有幫助的。描述線性系統，可以由系統的微分方程式、轉移函數，或動態方程式開始。這說明了這些方法之間有相當密切的關係。此外，第三章所定義的狀態圖是一種有用的工具，它不但可導出狀態方程式的解答，也可當作從一種描述法到另一種描述法時的轉換工具。圖 8-7 說明了幾種線性系統描述法之間的關係。例如，從系統的微分方程式開始，則可用轉移函數法或狀態方程式法來求出解答。方塊圖亦顯示出大多數的關係是雙向的，因此在這些方法之間有相當大的融通性。

到目前為止，由輸出與輸入之間的轉移函數建構出狀構圖的主題尚未討論。由轉移函數至狀態圖或狀態方程式的過程稱為轉移函數的**分解** (decomposition)。通常有三種分解轉移函數的基本方法：**直接分解** (direct decomposition)、**串聯分解** (cascade decomposition) 及**並聯分解** (parallel decomposition)。這三種分解法均有它們各自的優點及最適合的特殊情況。

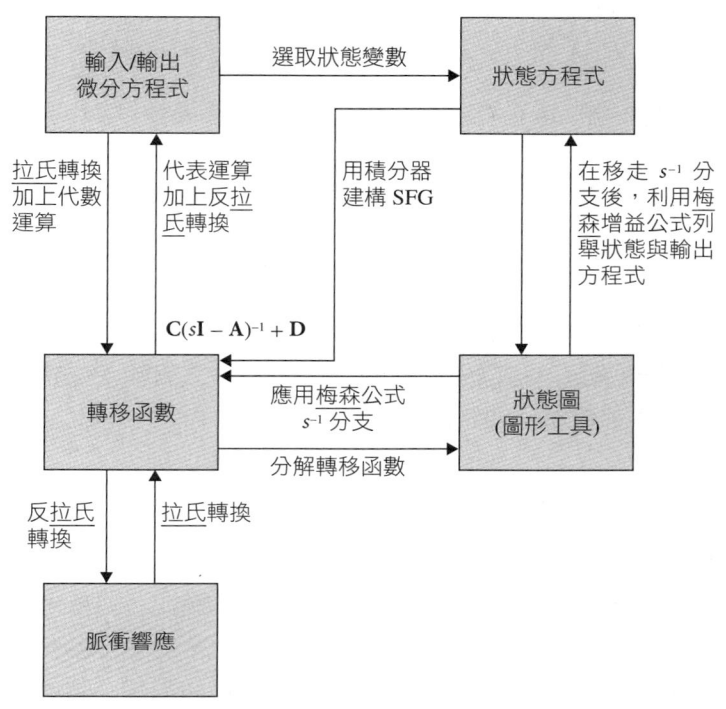

▶ 圖 8-7　描述系統的各種方法之間的關係方塊圖。

## 8-11-1　直接分解

直接分解法是用於沒有表示成因式分解形式的轉移函數。考慮一個 $n$-階 SISO 系統，在其輸入 $U(s)$ 與輸出 $Y(s)$ 之間的轉移函數為

$$\frac{Y(s)}{U(s)} = \frac{b_{n-1}s^{n-1} + b_{n-2}s^{n-2} + \cdots + b_1 s + b_0}{s^n + a_{n-1}s^{n-1} + \cdots + a_1 s + a_0} \tag{8-225}$$

其中，假設分母的階數至少比分子的高一階。

接下來，我們將會說明至少有兩種實行直接分解的方法：其中一個導出的狀態圖對應於 CCF；另一個則對應於 OCF。

## 8-11-2　直接分解成 CCF

其目的在於由 (8-225) 式的轉移函數建構出一個狀態圖，所需的步驟描述如下：

1. 改變轉移函數使其只含有 $s$ 的負指數。這可將轉移函數的分子和分母乘上 $s^{-n}$ 來達成。
2. 以一個虛擬變數 $X(s)$ 來同時乘上轉移函數的分子和分母。完成步驟 1 和 2 之後，(8-225) 式變成

$$\frac{Y(s)}{U(s)} = \frac{b_{n-1}s^{-1} + b_{n-2}s^{-2} + \cdots + b_1 s^{-n+1} + b_0 s^{-n}}{1 + a_{n-1}s^{-1} + \cdots + a_1 s^{-n+1} + a_0 s^{-n}} \frac{X(s)}{X(s)} \tag{8-226}$$

**3.** 令 (8-226) 式等號兩邊的分子和分母彼此相等。其結果為

$$Y(s) = \left( b_{n-1}s^{-1} + b_{n-2}s^{-2} + \cdots + b_1 s^{-n+1} + b_0 s^{-n} \right) X(s) \tag{8-227}$$

$$U(s) = \left( 1 + a_{n-1}s^{-1} + \cdots + a_1 s^{-n+1} + a_0 s^{-n} \right) X(s) \tag{8-228}$$

**4.** 為使用 (8-227) 式和 (8-228) 式兩方程式作出狀態圖，首先必須寫出適當的因果關係。顯然 (8-227) 式已經滿足了這個先決要求。但 (8-228) 式有輸入位於方程式的左邊必須重新排列。(8-228) 式重新排列的結果為

$$X(s) = U(s) - \left( a_{n-1}s^{-1} + a_{n-2}s^{-2} + \cdots + a_1 s^{-n+1} + a_0 s^{-n} \right) X(s) \tag{8-229}$$

用 (8-227) 式和 (8-229) 式畫出的狀態圖顯示於圖 8-8 中。為簡單起見，初始狀態並未畫於該圖中。定義狀態變數 $x_1(t), x_2(t), ..., x_n(t)$ 為積分器的輸出，並依由右至左的順序排列於狀態圖上。將 SFG 增益公式應用於圖 8-8 上，並以狀態變數的導數當作輸出和狀態變數，以 $u(t)$ 為輸入，忽略有積分器的分支，就可得到狀態方程式。將增益公式應用於狀態變數、輸入及輸出 $y(t)$ 之間，即可求出輸出方程式。動態方程式可寫成

$$\frac{d\mathbf{x}(t)}{dt} = \mathbf{A}\mathbf{x}(t) + \mathbf{B}u(t) \tag{8-230}$$

$$y(t) = \mathbf{C}\mathbf{x}(t) + \mathbf{D}u(t) \tag{8-231}$$

其中

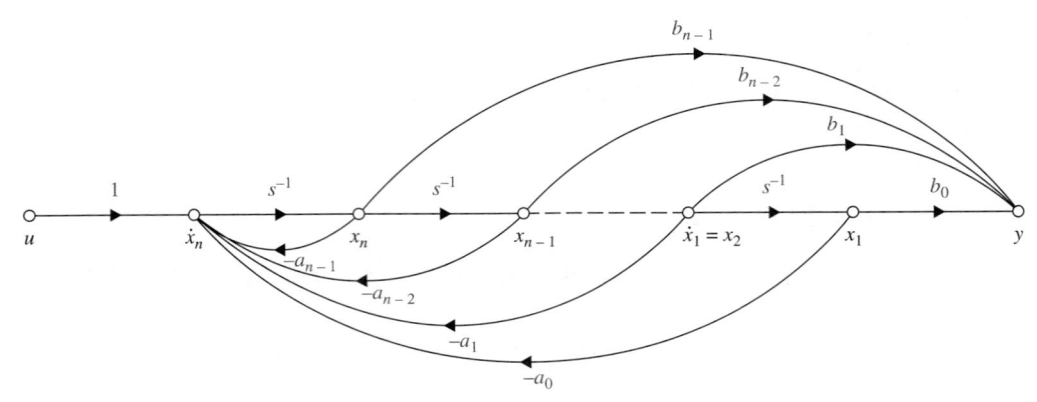

▶ 圖 8-8　(8-225) 式的轉移函數直接分解成 CCF 狀態圖。

$$\mathbf{A} = \begin{bmatrix} 0 & 1 & 0 & \cdots & 0 \\ 0 & 0 & 1 & \cdots & 0 \\ \vdots & \vdots & \vdots & \ddots & \vdots \\ 0 & 0 & 0 & 0 & 1 \\ -a_0 & -a_1 & -a_2 & \cdots & -a_{n-1} \end{bmatrix} \quad \mathbf{B} = \begin{bmatrix} 0 \\ 0 \\ \vdots \\ 0 \\ 1 \end{bmatrix} \tag{8-232}$$

$$\mathbf{C} = \begin{bmatrix} b_0 & b_1 & \cdots & b_{n-2} & b_{n-1} \end{bmatrix} \quad \mathbf{D} = 0 \tag{8-233}$$

(8-232) 式中的 **A** 和 **B** 明顯地為 CCF。

## 8-11-3　直接分解成 OCF

將 (8-225) 式等號右邊的分子與分母同乘以 $s^{-n}$，就可將此方程式展開成

$$\begin{aligned}\left(1 + a_{n-1}s^{-1} + \cdots + a_1 s^{-n+1} + a_0 s^{-n}\right) Y(s) \\ = \left(b_{n-1} s^{-1} + b_{n-2} s^{-2} + \cdots + b_1 s^{-n+1} + b_0 s^{-n}\right) U(s)\end{aligned} \tag{8-234}$$

或

$$\begin{aligned} Y(s) = &-\left(a_{n-1}s^{-1} + \cdots + a_1 s^{-n+1} + a_0 s^{-n}\right) Y(s) \\ &+ \left(b_{n-1} s^{-1} + b_{n-2} s^{-2} + \cdots + b_1 s^{-n+1} + b_0 s^{-n}\right) U(s) \end{aligned} \tag{8-235}$$

以 (8-235) 式所形成的狀態圖顯示於圖 8-9 中，其中積分器的輸出被標示為狀態變數。然而，與一般習慣不同的是：狀態變數由右至左以降階的順序排列。將 SFG 增益公式應用於此狀態圖，就可如同 (8-230) 式與 (8-231) 式寫出動態方程式，而有

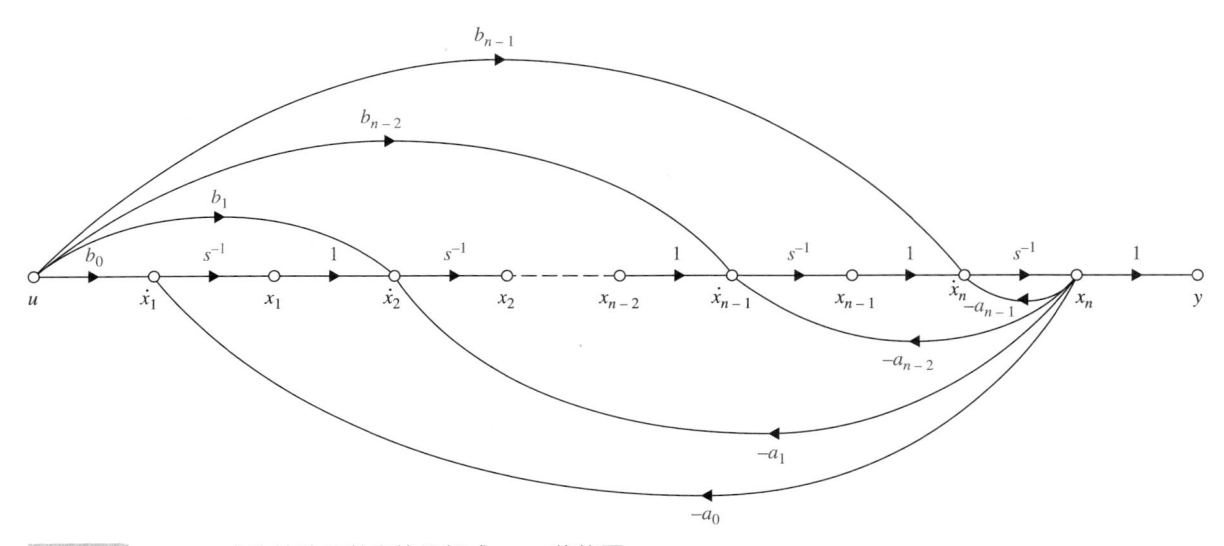

▶ 圖 8-9　(8-225) 式的轉移函數直接分解成 OCF 狀態圖。

$$\mathbf{A} = \begin{bmatrix} 0 & 0 & \cdots & 0 & -a_0 \\ 1 & 0 & \cdots & 0 & -a_1 \\ 0 & 1 & \cdots & 0 & -a_2 \\ \vdots & \vdots & \ddots & \vdots & \vdots \\ 0 & 0 & \cdots & 1 & -a_{n-1} \end{bmatrix} \quad \mathbf{B} = \begin{bmatrix} b_0 \\ b_1 \\ b_2 \\ \vdots \\ b_{n-1} \end{bmatrix} \tag{8-236}$$

以及

$$\mathbf{C} = \begin{bmatrix} 0 & 0 & \cdots & 0 & 1 \end{bmatrix} \quad \mathbf{D} = 0 \tag{8-237}$$

矩陣 $\mathbf{A}$ 和 $\mathbf{C}$ 為 OCF。

　　這裡要指出的是：給定一系統的動態方程式，則輸入-輸出之間的轉移函數是唯一的；然而，給定轉移函數，所對應的狀態模型卻非唯一的，它可以是 CCF、OCF、DCF 或其它很多種可能。事實上，即使針對其中一種典型式，例如 CCF，即使定義好矩陣 $\mathbf{A}$ 和 $\mathbf{B}$，但是 $\mathbf{C}$ 和 $\mathbf{D}$ 中的元素依然可以有所不同，完全視狀態圖如何畫而定，亦即，視轉移函數如何被分解而定。換言之，參考圖 8-8，當回授的分支固定，包含轉移函數分子係數的前饋分支，依然可經處理而改變 $\mathbf{C}$ 的內容。

## 範例 8-11-1

考慮下列輸入-輸出的轉移函數：

$$\frac{Y(s)}{U(s)} = \frac{2s^2 + s + 5}{s^3 + 6s^2 + 11s + 4} \tag{8-238}$$

系統 CCF 狀態圖顯示於圖 8-10 中，它是由下列方程式畫成的：

$$Y(s) = (2s^{-1} + s^{-2} + 5s^{-3})X(s) \tag{8-239}$$

$$X(s) = U(s) - (6s^{-1} + 11s^{-2} + 4s^{-3})X(s) \tag{8-240}$$

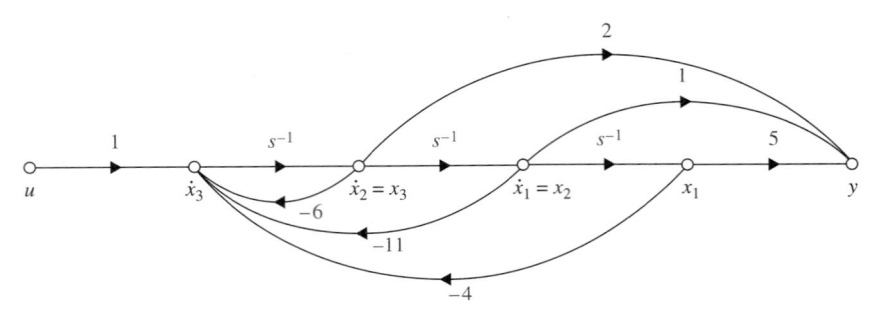

▶ 圖 8-10　(8-238) 式的轉移函數直接分解成 CCF 狀態圖。

系統 CCF 的動態方程式為

$$\begin{bmatrix} \dfrac{dx_1(t)}{dt} \\ \dfrac{dx_2(t)}{dt} \\ \dfrac{dx_3(t)}{dt} \end{bmatrix} = \begin{bmatrix} 0 & 1 & 0 \\ 0 & 0 & 1 \\ -4 & -11 & -6 \end{bmatrix} \begin{bmatrix} x_1(t) \\ x_2(t) \\ x_3(t) \end{bmatrix} + \begin{bmatrix} 0 \\ 0 \\ 1 \end{bmatrix} u(t) \qquad (8\text{-}241)$$

$$y(t) = \begin{bmatrix} 5 & 1 & 2 \end{bmatrix} \begin{bmatrix} x_1(t) \\ x_2(t) \\ x_3(t) \end{bmatrix} = \mathbf{C}\mathbf{x}(t) \qquad (8\text{-}242)$$

至於 OCF，(8-238) 式可展開成

$$Y(s) = (2s^{-1} + s^{-2} + 5s^{-3})U(s) - (6s^{-1} + 11s^{-2} + 4s^{-3})Y(s) \qquad (8\text{-}243)$$

這可導出圖 8-11 中的 OCF 狀態圖。OCF 的動態方程式可寫成

$$\begin{bmatrix} \dfrac{dx_1(t)}{dt} \\ \dfrac{dx_2(t)}{dt} \\ \dfrac{dx_3(t)}{dt} \end{bmatrix} = \begin{bmatrix} 0 & 0 & -4 \\ 1 & 0 & -11 \\ 0 & 1 & -6 \end{bmatrix} \begin{bmatrix} x_1(t) \\ x_2(t) \\ x_3(t) \end{bmatrix} + \begin{bmatrix} 5 \\ 1 \\ 2 \end{bmatrix} u(t) \qquad (8\text{-}244)$$

$$y(t) = \begin{bmatrix} 0 & 0 & 1 \end{bmatrix} \mathbf{x}(t) \qquad (8\text{-}245)$$

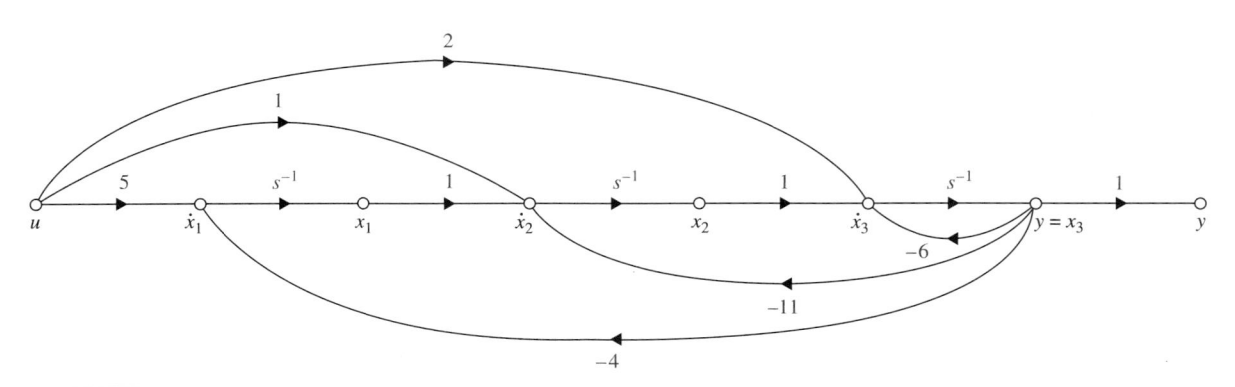

▶ 圖 8-11　(8-238) 式中轉移函數的 OCF 狀態圖。

## 8-11-4 串接分解

串接分解是指寫成簡單的一-階或二-階項乘積的轉移函數。考慮下列的轉移函數，它是兩個一-階轉移函數的乘積。

$$\frac{Y(s)}{U(s)} = K\left(\frac{s+b_1}{s+a_1}\right)\left(\frac{s+b_2}{s+a_2}\right) \tag{8-246}$$

其中 $a_1$、$a_2$、$b_1$ 和 $b_2$ 為實數的常數。每一個一-階的轉移函數先作直接分解，再將所得的狀態圖以串聯的方式接在一起，如圖 8-12 所示。將狀態變數的微分視為輸出，而狀態變數和 $u(t)$ 視為輸入，並將 SFG 增益公式應用於圖 8-12 中的狀態圖，即可得到狀態方程式。在應用增益公式時，積分器分支忽略不計。所得結果為

$$\begin{bmatrix} \dfrac{dx_1(t)}{dt} \\ \dfrac{dx_2(t)}{dt} \end{bmatrix} = \begin{bmatrix} -a_1 & b_2-a_2 \\ 0 & -a_2 \end{bmatrix} \begin{bmatrix} x_1(t) \\ x_2(t) \end{bmatrix} + \begin{bmatrix} K \\ K \end{bmatrix} u(t) \tag{8-247}$$

視狀態變數和 $u(t)$ 為輸入，$y(t)$ 為輸出，並應用增益公式於圖 8-12，即可得輸出方程式。因此

$$y(t) = [b_1-a_1 \quad b_2-a_2]\mathbf{x}(t) + Ku(t) \tag{8-248}$$

當整體的轉移函數有複數的極點或零點時，與這些極點或零點相關的項應為二-階的形式。舉例來說，考慮下列轉移函數：

$$\frac{Y(s)}{U(s)} = \left(\frac{s+5}{s+2}\right)\left(\frac{s+1.5}{s^2+3s+4}\right) \tag{8-249}$$

其中，第二項的極點為複數。串聯兩個子系統而成的系統狀態圖顯示於圖 8-13 中。系統的動態方程式為

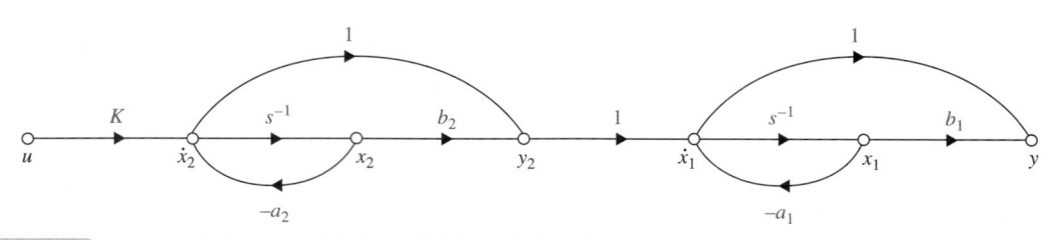

▶ 圖 8-12 (8-246) 式中的轉移函數以串聯分解而得的狀態圖。

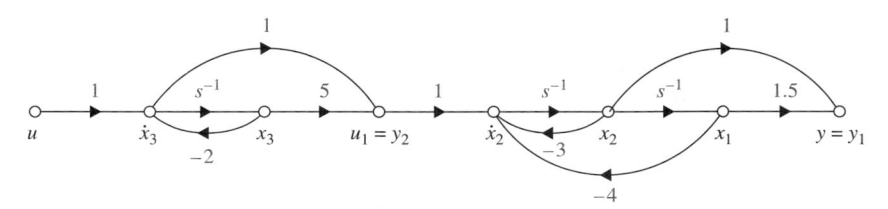

▶ **圖 8-13** (8-249) 式中的轉移函數以串聯分解而得的狀態圖。

$$\begin{bmatrix} \dfrac{dx_1(t)}{dt} \\ \dfrac{dx_2(t)}{dt} \\ \dfrac{dx_3(t)}{dt} \end{bmatrix} = \begin{bmatrix} 0 & 1 & 0 \\ -4 & -3 & 3 \\ 0 & 0 & -2 \end{bmatrix} \begin{bmatrix} x_1(t) \\ x_2(t) \\ x_3(t) \end{bmatrix} + \begin{bmatrix} 0 \\ 1 \\ 1 \end{bmatrix} u(t) \qquad (8\text{-}250)$$

$$y(t) = \begin{bmatrix} 1.5 & 1 & 0 \end{bmatrix} \mathbf{x}(t) \qquad (8\text{-}251)$$

## 8-11-5 並聯分解

當轉移函數的分母是因式分解的形式，即可以利用部分分式將轉移函數展開。所得的狀態圖將由簡單的一-階或二-階系統以並聯的方式組成，這可導得 DCF 或 JCF 的狀態方程式，後者是多階固有值的情形。

考慮以下列轉移函數所表示的二-階系統：

$$\frac{Y(s)}{U(s)} = \frac{Q(s)}{(s+a_1)(s+a_2)} \qquad (8\text{-}252)$$

其中，$Q(s)$ 為階數低於 2 的多項式，而 $a_1$ 和 $a_2$ 為相異的實數。雖然就分析上來說，$a_1$ 和 $a_2$ 可能是複數，但實際上複數在電腦上的運算是困難的。(8-253) 式為其以部分分式展開式為

$$\frac{Y(s)}{U(s)} = \frac{K_1}{s+a_1} + \frac{K_2}{s+a_2} \qquad (8\text{-}253)$$

其中，$K_1$ 和 $K_2$ 為實數的常數。

將 (8-253) 式中每一個一-階項的狀態圖並聯起來，即可畫出系統的狀態圖，如圖 8-14 所示。系統的動態方程式為

$$\begin{bmatrix} \dfrac{dx_1(t)}{dt} \\ \dfrac{dx_2(t)}{dt} \end{bmatrix} = \begin{bmatrix} -a_1 & 0 \\ 0 & -a_2 \end{bmatrix} \begin{bmatrix} x_1(t) \\ x_2(t) \end{bmatrix} + \begin{bmatrix} 1 \\ 1 \end{bmatrix} u(t) \qquad (8\text{-}254)$$

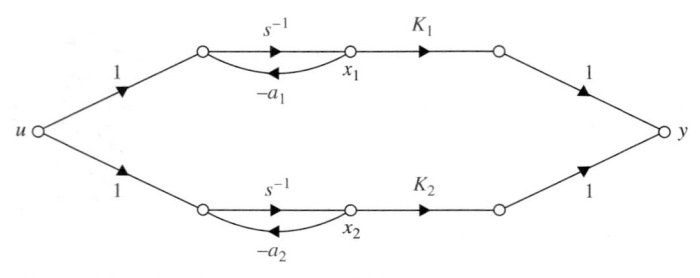

▶ **圖 8-14** (8-252) 式的轉移函數以並聯分解而得的狀態圖。

$$y(t) = [K_1 \quad K_2]\mathbf{x}(t) \tag{8-255}$$

因此，所得的狀態方程式是 DCF。

結論是：若是轉移函數具有相異的極點時，並聯分解將會得到 DCF 的狀態方程式；若轉移函數有多階固有值，則利用最少積分器的並聯分解將會導出 JCF 的狀態方程式。下面的範例將會說明這個論點。

### 範例 8-11-2

考慮下列轉移函數及其部分分式展開：

$$\frac{Y(s)}{U(s)} = \frac{2s^2 + 6s + 5}{(s+1)^2(s+2)} = \frac{1}{(s+1)^2} + \frac{1}{s+1} + \frac{1}{s+2} \tag{8-256}$$

注意：轉移函數是三-階的，雖然在 (8-256) 式右邊的整體階數和是四，但於狀態圖中應只需用到三個積分器，如圖 8-15 所示。圖中使用了最少的三個積分器，其中一個為兩個通道所共用。由圖 8-15 可直接寫出系統的狀態方程式。

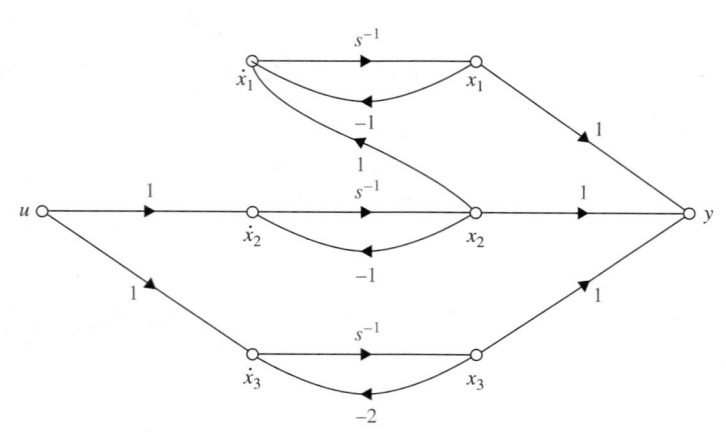

▶ **圖 8-15** (8-256) 式的轉移函數以並聯分解而得的狀態圖。

$$\begin{bmatrix} \dfrac{dx_1(t)}{dt} \\ \dfrac{dx_2(t)}{dt} \\ \dfrac{dx_3(t)}{dt} \end{bmatrix} = \begin{bmatrix} -1 & 1 & 0 \\ 0 & -1 & 0 \\ 0 & 0 & -2 \end{bmatrix} \begin{bmatrix} x_1(t) \\ x_2(t) \\ x_3(t) \end{bmatrix} + \begin{bmatrix} 0 \\ 1 \\ 1 \end{bmatrix} u(t) \tag{8-257}$$

可知上式為 JCF。

## 8-12 控制系統的可控制性

**可控制性** (controllability) 和**可觀測性** (observability) 的觀念首先由卡曼 (Kalman) [3] 提倡用於現代控制理論中，它在理論和實際兩方面都扮演著極重要的角色。基本上，可控制性和可觀測性的條件可決定最佳控制問題解答之存在性。此即最佳控理論與古典控制理論的基本差異。在古典控制理論中，設計的技巧以試誤法為主。古典控制理論是給定一組設計規格，在開始時設計者並不知道解答是否存在。另一方面，最佳控制理論從一開始就具有可決定針對系統參數和設計目標，是否會存在有設計方案的準則。

我們會證明系統的可控制性之條件與狀態回授的解之存在性關係密切，我們可任意放置系統的固有 (特徵) 值使其達到控制目的。輸出變數通常是可量測的，故可觀測性的觀念與是否可由輸出變數來觀測或估計狀態變數的條件有關。

研究可控制性和可觀測性之動機，可由參考圖 8-16 所示之方塊圖來說明。圖 8-16a 中的系統，其動態特性可表示為

$$\dfrac{d\mathbf{x}(t)}{dt} = \mathbf{A}\mathbf{x}(t) + \mathbf{B}\mathbf{u}(t) \tag{8-258}$$

狀態變數經由常數回授增益矩陣 **K** 回授回來形成一個閉-迴路系統。因此，由圖 8-16 可知，

$$\mathbf{u}(t) = -\mathbf{K}\mathbf{x}(t) + \mathbf{r}(t) \tag{8-259}$$

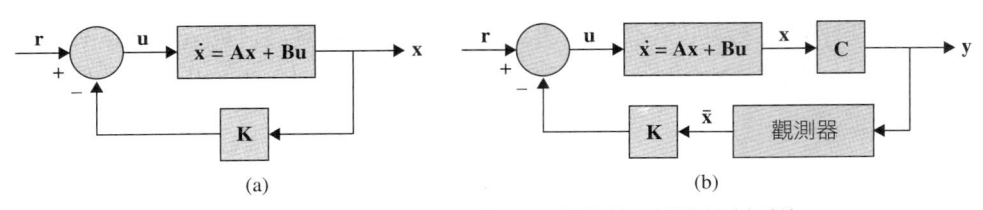

▶ **圖 8-16** (a) 具有狀態回授的控制系統。(b) 具有觀測器和狀態回授的控制系統。

其中，**K** 為具有常數元素的 $p \times n$ 回授矩陣。因此，閉-迴路系統可表示為

$$\frac{d\mathbf{x}(t)}{dt} = (\mathbf{A} - \mathbf{BK})\mathbf{x}(t) + \mathbf{Br}(t) \tag{8-260}$$

這種問題也稱為經由狀態回授的**極點配置設計** (pole-placement design)。在這種情形時，設計的目標是要找出回授矩陣 **K**，以使閉-迴路系統 (**A** – **BK**) 的固有值保持於某一事先設定的值。極點在此的意思是指閉-迴路系統轉移函數的極點，這與 (**A** – **BK**) 的固有值是相同的。

稍後我們將會證明：對於任意指定的極點，經由狀態回授的極點配置設計，其解的存在性直接與系統狀態的可控制性有關。因此，可說若 (8-260) 式的系統為可控制，則必存在一常數回授矩陣 **K**，使得 (**A** – **BK**) 的固有值可任意配置。

一旦完成設計閉-迴路系統，就會面對將狀態變數回授回來的實際問題。這一類的控制有兩個實際的問題：其一是狀態變數的數目可能太多，以至於量測這些狀態變數作為回授的成本十分高昂；其二是並非所有的狀態變數均可由系統直接量測。因此，或許有必要設計和建構一個**觀測器** (observer)，以便能從輸出向量 $\mathbf{y}(t)$ 來估測狀態向量。圖 8-16b 所示為具有觀測器的閉-迴路系統方塊圖。觀測或估測到的狀態向量 $\bar{\mathbf{x}}(t)$，經由回授矩陣 **K** 可產生控制 $\mathbf{u}(t)$。存在此種觀測器的條件稱為系統的可觀測性。

## 8-12-1 可控制性的通用概念

參考圖 8-16a 的方塊圖來討論可控制性的觀念。若系統的每個狀態變數可以在有限的時間內，被某一無限制 (unconstrained) 的控制 $\mathbf{u}(t)$ 所控制來達到某一目的時，則稱此系統為**完全可控制的** (completely controllable)，如圖 8-17 所示。直覺地來看，若任何一個狀態變數是和控制 $\mathbf{u}(t)$ 無關，則必定沒有辦法在有限的時間內，因控制的作用而驅動這個特殊的狀態變數至所要的狀態。因此，這個特殊的狀態即稱為不可控制的。只要存在著一個不可控制的狀態，這個系統就稱為非完全可控制的或簡稱不可控制的。

考慮一個不可控制系統的簡單例子。圖 8-18 說明具有兩個變數的線性系統之狀態圖。因為控制 $u(t)$ 只影響狀態 $x_1(t)$，故知 $x_2(t)$ 是不可控制的。換句話說，不可能以控制 $u(t)$ 在有限的時間區間 $t_f - t_0$ 由初始狀態 $x_2(t_0)$ 來推動 $x_2(t)$ 至所要的狀態 $x_2(t_f)$。因此，整個系統稱為不可控制的。

上述可控制性的觀念與狀態有關，所以有時稱為**狀態可控制性** (state controllability)。系統的輸出也可定義出可控制性，因此在狀態可控制性和輸出可控制性之間有不同處。

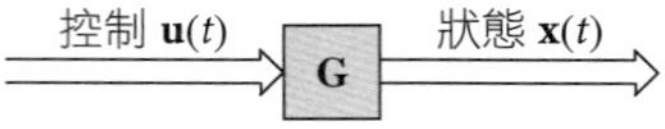

▶ 圖 8-17　線性非時變系統。

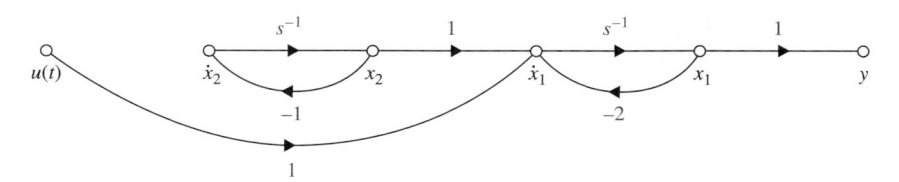

**◆圖 8-18** 非狀態可控制系統的狀態圖。

## 8-12-2 狀態可控制性的定義

考慮以下列動態方程式所描述的線性非時變系統：

$$\frac{d\mathbf{x}(t)}{dt} = \mathbf{A}\mathbf{x}(t) + \mathbf{B}\mathbf{u}(t) \tag{8-261}$$

$$\mathbf{y}(t) = \mathbf{C}\mathbf{x}(t) + \mathbf{D}\mathbf{u}(t) \tag{8-262}$$

其中，$\mathbf{x}(t)$ 為 $n \times 1$ 的狀態向量，$\mathbf{u}(t)$ 為 $r \times 1$ 的輸入向量，$\mathbf{y}(t)$ 為 $p \times 1$ 的輸出向量，而 **A**、**B**、**C** 和 **D** 為適當維度的係數矩陣。

若在一有限時間 $(t_f - t_0) \geq 0$ 內存在一個片段連續輸入 $\mathbf{u}(t)$，驅使狀態 $\mathbf{x}(t_0)$ 至任何最終狀態 $\mathbf{x}(t_f)$ 時，則稱狀態 $\mathbf{x}(t)$ 在 $t = t_0$ 為可控制的。若系統的每一個狀態 $\mathbf{x}(t_0)$ 在一有限時間區間是可控制的，則稱此系統為**完全狀態可控制的**或簡稱可控制的。

下面的定理說明可控制性條件與系統的係數矩陣 **A** 和 **B** 有關。這個定理亦提供了一個測試狀態可控制性的方式。

■ **定理 8-1**

若 (8-261) 式的狀態方程式所描述的系統為**完全狀態可控制的**，則下列 $n \times nr$ 矩陣的秩為 $n$ 是其充分且必要的條件：

$$\mathbf{S} = \begin{bmatrix} \mathbf{B} & \mathbf{AB} & \mathbf{A}^2\mathbf{B} & \cdots & \mathbf{A}^{n-1}\mathbf{B} \end{bmatrix} \tag{8-263}$$

因為可控制性矩陣 **S** 涉及到矩陣 **A** 和 **B**，我們有時也稱之為 [**A, B**] 可控制的，這表示 **S** 的秩為 $n$。

此定理的證明在任何最佳控制系統的標準教科書中都有探討。其證明的觀念係由 (8-79) 式的狀態轉移方程式開始，然後再證明必須滿足 (8-263) 式，以便所有的狀態均能被輸入控制所影響。

雖然定理 8-1 所提供之狀態可控制性的測試標準是相當直接的，但它在高階且/或多重輸入的系統中並不容易以人工計算。若 **S** 不是方矩陣，我們可以建構一個 $n \times n$ 的矩陣 **SS**′。若 **SS**′ 為非奇異的，則 **S** 的秩為 $n$。

## 8-12-3　可控制性的另一種測試

測試可控制性的方法有很多種，有些在應用上可能還比 (8-263) 式中的條件還方便。

■ **定理 8-2**

令 $r=1$，對於以狀態方程式 (8-261) 式所描述的單輸入-單輸出 (SISO) 系統而言，若 **A** 和 **B** 是 CCF 或可用相似轉換轉成 CCF 時，則 [**A**, **B**] 是完全可控制的。

此定理的證明非常直接，因為 8-10 節的內容告訴我們，CCF 轉換要求可控制性矩陣 **S** 必須是非奇異的。又因為在 8-10 節中，CCF 轉換是針對單變數系統來定義的，所以此定理只能應用在這種類型的系統。

■ **定理 8-3**

對於以狀態方程式 (8-261) 式所描述的系統，若 **A** 為 DCF 或 JCF，且對應於每一個喬丹方塊最後一列之矩陣 **B** 的列，當其所有的元素皆不為零時，則 [**A**, **B**] 為完全可控制的。

這個定理的證明可直接由可控制性定義得到。我們假設 **A** 為對角矩陣且其固有值互相不同。若 **B** 沒有任一列元素全為零，則 [**A**, **B**] 為可控制。其理由是：若 **A** 為對角矩陣，則所有的狀態皆是互相解耦的，且若 **B** 的任意一列元素全為零，則所對應的狀態就無法受到任何輸入的影響，這個狀態就稱為不可控制的。

針對一個 JCF 的系統，例如 (8-264) 式的矩陣 **A** 和 **B** 要證明其為可控制的，僅須對應於喬丹方塊最後一列之矩陣 **B** 的列，其所有的元素皆不為零即可。而 **B** 的其它列中的元素不必全為非零，這是因為這些列所對應的狀態，會經由其喬丹方塊中的 1 與該方塊最後一列所對應的狀態耦合在一起。

$$\mathbf{A} = \begin{bmatrix} \lambda_1 & 1 & 0 & 0 \\ 0 & \lambda_1 & 1 & 0 \\ 0 & 0 & \lambda_1 & 0 \\ 0 & 0 & 0 & \lambda_2 \end{bmatrix} \quad \mathbf{B} = \begin{bmatrix} b_{11} & b_{12} \\ b_{21} & b_{22} \\ b_{31} & b_{32} \\ b_{41} & b_{42} \end{bmatrix} \quad (8\text{-}264)$$

因此，(8-264) 式中 **A** 和 **B** 可控制性的條件為 $b_{31} \neq 0$、$b_{32} \neq 0$、$b_{41} \neq 0$ 和 $b_{42} \neq 0$。

### 範例 8-12-1

下列系統的矩陣有兩個相同的固有值，但矩陣 **A** 依然是對角的。

$$\mathbf{A} = \begin{bmatrix} \lambda_1 & 0 \\ 0 & \lambda_1 \end{bmatrix} \quad \mathbf{B} = \begin{bmatrix} b_{11} \\ b_{21} \end{bmatrix} \quad (8\text{-}265)$$

這個系統是不可控制的，因其兩個狀態方程式是相依的，亦即要獨立地控制各個狀態是不可能的。我們可以很容易地證明：此例的 $\mathbf{S} = [\mathbf{B} \; \mathbf{AB}]$ 是奇異的。

## 範例 8-12-2

考慮圖 8-18 中的系統，經由簡單的推論可知其為不可控制的。讓我們用 (8-263) 式中的條件來研究相同的系統。以 (8-263) 式的形式寫下系統的狀態方程式，而有

$$\mathbf{A} = \begin{bmatrix} -2 & 1 \\ 0 & -1 \end{bmatrix} \quad \mathbf{B} = \begin{bmatrix} 1 \\ 0 \end{bmatrix} \tag{8-266}$$

因此，由 (8-263) 式，可控制性矩陣為

$$\mathbf{S} = \begin{bmatrix} \mathbf{B} & \mathbf{AB} \end{bmatrix} = \begin{bmatrix} 1 & -2 \\ 0 & 0 \end{bmatrix} \tag{8-267}$$

它是奇異的，因此系統為不可控制的。

## 範例 8-12-3

考慮一個三-階的系統有係數矩陣

$$\mathbf{A} = \begin{bmatrix} 1 & 2 & -1 \\ 0 & 1 & 0 \\ 1 & -4 & 3 \end{bmatrix} \quad \mathbf{B} = \begin{bmatrix} 0 \\ 0 \\ 1 \end{bmatrix} \tag{8-268}$$

其可控制性矩陣為

$$\mathbf{S} = \begin{bmatrix} \mathbf{B} & \mathbf{AB} & \mathbf{A}^2\mathbf{B} \end{bmatrix} = \begin{bmatrix} 0 & -1 & -4 \\ 0 & 0 & 0 \\ 1 & 3 & 8 \end{bmatrix} \tag{8-269}$$

它是奇異的，因此系統為不可控制的。

$\mathbf{A}$ 的固有值為 $\lambda_1 = 2$、$\lambda_2 = 2$ 和 $\lambda_3 = 1$。以 $\mathbf{x}(t) = \mathbf{T}\bar{\mathbf{x}}(t)$ 轉換可得到 $\mathbf{A}$ 和 $\mathbf{B}$ 的 JCF，其中

$$\mathbf{T} = \begin{bmatrix} 1 & 0 & 0 \\ 0 & 0 & 1 \\ -1 & 1 & 2 \end{bmatrix} \tag{8-270}$$

則

$$\bar{\mathbf{A}} = \mathbf{T}^{-1}\mathbf{A}\mathbf{T} = \begin{bmatrix} 2 & -1 & 0 \\ 0 & 2 & 0 \\ 0 & 0 & 1 \end{bmatrix} \quad \bar{\mathbf{B}} = \mathbf{T}^{-1}\mathbf{B} = \begin{bmatrix} 0 \\ -1 \\ 0 \end{bmatrix} \tag{8-271}$$

因為 $\bar{\mathbf{B}}$ 的最後一列對應於固有值 $\lambda_3$ 的喬丹方塊，其中的元素值為零。所以，轉換後狀態變數 $\bar{x}_3$ 為不可控制的。由 (8-270) 式中的轉換矩陣 $\mathbf{T}$，可知 $x_2 = \bar{x}_3$，此即表示原系統的 $x_2$ 是不可控制的。值得一提的是，喬丹方塊內 1 前面的負號並不會影響該方塊的基本定義。

## 8-13　控制系統的可觀測性

在 8-12 節中提到可觀測性的概念，就本質上言，若系統的每一狀態變數都會影響到某些輸出，則系統為完全可觀的。換言之，通常希望由量測輸入和輸出以獲得關於狀態變數的資料。若任一狀態不能由測量輸出來觀測，則稱此狀態為不可觀測的，而且稱系統為非完全可觀測的或簡稱不可觀測的。圖 8-19 所示的線性系統狀態圖，其中狀態 $x_2$ 並沒有以任何方法連接至輸出 $y(t)$。一旦我們測量 $y(t)$，就可觀測 $x_1(t)$，因為 $x_1(t) = y(t)$，但狀態 $x_2$ 並不能由 $y(t)$ 觀測出任何資料。因此，系統為不可觀測的。

### 8-13-1　可觀測性的定義

已知一個由動態方程式 (8-261) 式和 (8-262) 式所描述的線性非時變系統，如果對於任一指定的輸入 $\mathbf{u}(t)$，存在一個有限時間 $t_f \geq t_0$，使得我們可依據在 $t_0 \leq t < t_f$ 的 $\mathbf{u}(t)$；及 $\mathbf{A}$、$\mathbf{B}$、$\mathbf{C}$ 和 $\mathbf{D}$ 矩陣；以及在 $t_0 \leq t < t_f$ 的輸出 $\mathbf{y}(t)$ 即足以決定 $\mathbf{x}(t_0)$ 時，我們稱此狀態為可觀測的。若系統的每一個狀態對於有限時間 $t_f$ 都是可觀測的，則此系統為完全可觀測的，或是簡稱可觀測的。

下列的定理說明可觀測性的條件和系統的係數矩陣 $\mathbf{A}$ 與 $\mathbf{C}$ 有關。這個定理也提供一種檢驗可觀測性的方法。

■ 定理 8-4

以 (8-261) 式和 (8-262) 式的動態方程式所描述的系統若為完全可觀測的，則下列 $np \times$

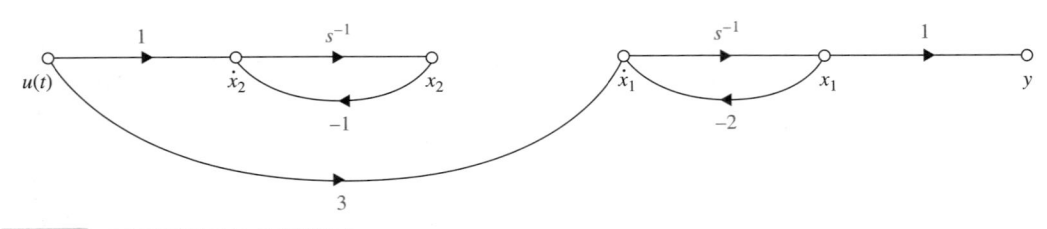

▶ 圖 8-19　不可觀測系統的狀態圖。

$n$ 觀測矩陣的秩為 $n$ 是其充要條件：

$$V = \begin{bmatrix} C \\ CA \\ CA^2 \\ \vdots \\ CA^{n-1} \end{bmatrix} \quad (8\text{-}272)$$

此條件也稱 [A, C] 為可觀測的。在特殊的狀況，若系統僅有一個輸出，C 為 $1 \times n$ 矩陣；則 V 為 $n \times n$ 方矩陣。若 V 為非奇異的，則系統為完全可觀測。

在此並不對此定理加以證明。證明的原理是 (8-272) 式必須滿足，使得 $x(t_0)$ 可單獨由輸出向量 $y(t)$ 求出。

## 8-13-2 可觀測性的替代測試

正如可控制性一樣，還有其它幾種測試可觀測性的方法，茲敘述於下。

■ **定理 8-5**

對於由動態方程式 (8-261) 式和 (8-262) 式所描述的單輸入-單輸出 (SISO) 系統 (即 $r = 1$ 與 $p = 1$)，若 A 和 C 是 OCF 或可用相似轉換變成 OCF 時，則 [A, C] 為完全可觀測的。

這個定理的證明非常直接，因為 8-10 節的內容告訴我們，OCF 轉換要求可觀測性矩陣 V 是非奇異的。

■ **定理 8-6**

對於由動態方程式 (8-261) 式和 (8-262) 式所描述的系統，若 A 是 DCF 或 JCF，且對應於每一個喬丹方塊第一列之 C 的各行向量，其所有元素皆不為零，則 [A, C] 為完全可觀測的。

注意：這個定理與定理 8-3 中的可控制性測試互為對偶。若系統的固有值皆互不相同，亦即 A 為對角矩陣，則可觀測性的條件為沒有任何 C 的一行其元素全為零。

### 範例 8-13-1

考慮圖 8-19 中的系統，其早先已被定義為不可觀測的。以 (8-261) 式與 (8-262) 式的形式來表示系統的動態方程式，而有

$$A = \begin{bmatrix} -2 & 0 \\ 0 & -1 \end{bmatrix} \quad B = \begin{bmatrix} 3 \\ 1 \end{bmatrix} \quad C = \begin{bmatrix} 1 & 0 \end{bmatrix} \quad (8\text{-}273)$$

故可觀測性矩陣為

$$\mathbf{V} = \begin{bmatrix} \mathbf{C} \\ \mathbf{CA} \end{bmatrix} = \begin{bmatrix} 1 & 0 \\ -2 & 0 \end{bmatrix} \tag{8-274}$$

它是奇異的，因此 [A, C] 為不可觀測的。事實上，因為 A 為 DCF 且 C 的第二行為零，所以狀態 $x_2(t)$ 為不可觀測的，正如從圖 8-19 所推測的結果。

## 8-14 可控制性、可觀測性和轉移函數之間的關係

在控制系統的古典分析中，轉移函數是用來建立線性非時變系統的模型。雖然可控制性與可觀測性是近代控制理論的觀念，但我們將證明其與轉移函數的特性息息相關。

■ 定理 8-7

如果一個線性系統輸入-輸出之間的轉移函數有極點-零點對消，則這個系統不是不可控制就是不可觀測，甚至兩者皆是，完全視狀態變數如何定義而定。另一方面，如果這個轉移函數沒有極點-零點對消，則可以用完全可控制且可觀測的動態方程式來描述系統。

這個定理的證明不在此描述。此定理的重要性在於：若以轉移函數建立一個系統的模型而沒有極點-零點對消，則無論是如何導出狀態變數模型，我們皆可確定其為可控制且可觀測的。讓我們參考下面 SISO 系統來詳述這點。

$$\mathbf{A} = \begin{bmatrix} -1 & 0 & 0 & 0 \\ 0 & -2 & 0 & 0 \\ 0 & 0 & -3 & 0 \\ 0 & 0 & 0 & -4 \end{bmatrix} \quad \mathbf{B} = \begin{bmatrix} 1 \\ 1 \\ 0 \\ 0 \end{bmatrix} \quad \mathbf{C} = \begin{bmatrix} 1 & 0 & 1 & 0 \end{bmatrix} \quad \mathbf{D} = 0 \tag{8-275}$$

因為 A 是對角矩陣，其四個狀態變數的可控制性與可觀測性的狀況可用目視法決定如下：

$x_1$：可控制且可觀測的 (C 且 O)
$x_2$：可控制但不可觀測的 (C 但 UO)
$x_3$：不可控制但可觀測的 (UC 但 O)
$x_4$：不可控制且不可觀測的 (UC 且 UO)

在圖 8-20 中，系統的方塊圖為系統的 DCF 分解。顯然，此可控制且可觀測的系統，其轉移函數應該為

$$\frac{Y(s)}{U(s)} = \frac{1}{s+1} \tag{8-276}$$

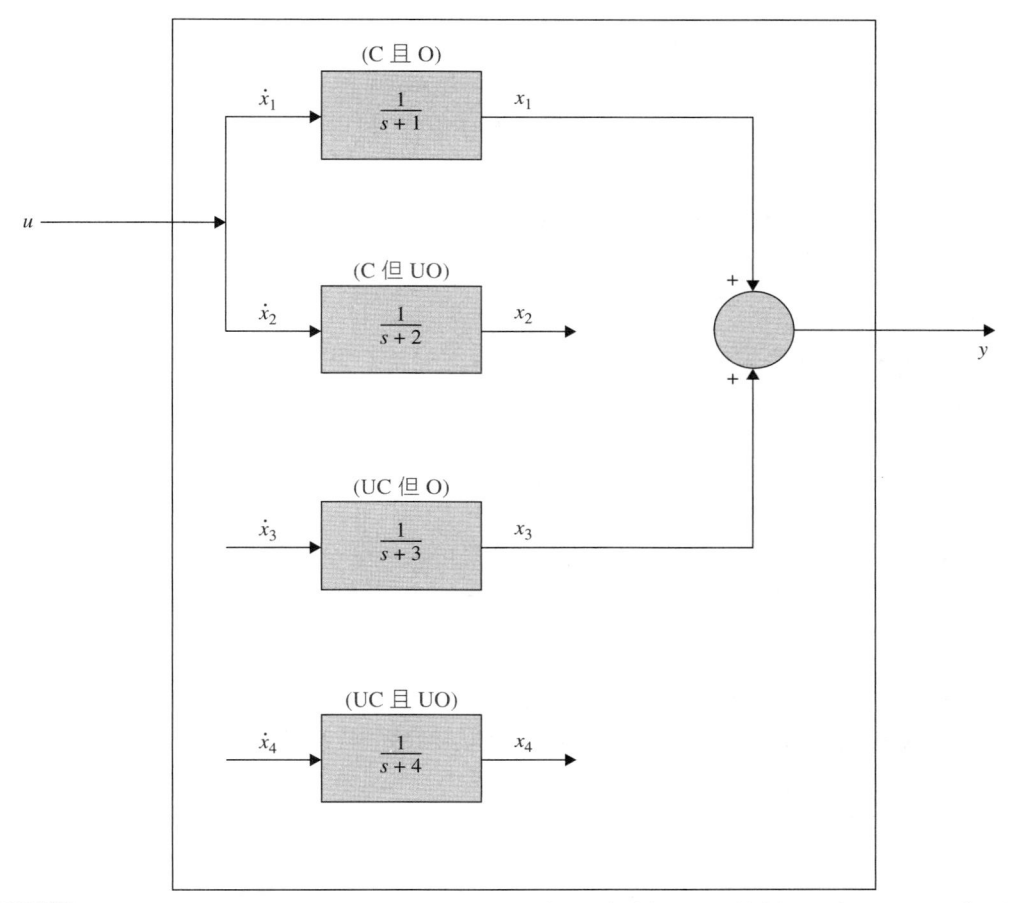

▶ 圖 8-20　(8-275) 式所描述系統的方塊圖，它顯示系統可控制、不可控制、可觀測及不可觀測的成分。

然而，對應於 (8-275) 式所描述的動態特性之轉移函數為

$$\frac{Y(s)}{U(s)} = \mathbf{C}(s\mathbf{I}-\mathbf{A})^{-1}\mathbf{B} = \frac{(s+2)(s+3)(s+4)}{(s+1)(s+2)(s+3)(s+4)} \tag{8-277}$$

它有三個極點-零點對消。這個單純的例子在說明：沒有極點-零點對消且是「最小階數」的轉移函數，是唯一對應於一系統的可控制且可觀測之成分。

### 範例 8-14-1

讓我們考慮轉移函數

$$\frac{Y(s)}{U(s)} = \frac{s+2}{(s+1)(s+2)} \tag{8-278}$$

它是從 (8-277) 式簡化而來。(8-278) 式可分解成 CCF 和 OCF 如下：

**CCF**：

$$\mathbf{A} = \begin{bmatrix} 0 & 1 \\ -2 & -3 \end{bmatrix} \quad \mathbf{B} = \begin{bmatrix} 0 \\ 1 \end{bmatrix} \quad \mathbf{C} = \begin{bmatrix} 1 & 1 \end{bmatrix} \tag{8-279}$$

因為可以找出 CCF 變換，所以 CCF 的 [A, B] 是可控制的。可觀測性矩陣為

$$\mathbf{V} = \begin{bmatrix} \mathbf{C} \\ \mathbf{CA} \end{bmatrix} = \begin{bmatrix} 1 & 1 \\ -2 & -2 \end{bmatrix} \tag{8-280}$$

它是奇異的，所以 CCF 的 [A, C] 是不可觀測的。

**OCF**：

$$\mathbf{A} = \begin{bmatrix} 0 & -2 \\ 1 & -3 \end{bmatrix} \quad \mathbf{B} = \begin{bmatrix} 1 \\ 1 \end{bmatrix} \quad \mathbf{C} = \begin{bmatrix} 0 & 1 \end{bmatrix} \tag{8-281}$$

因為可以做出 OCF 變換，所以 OCF 的 [A, C] 是可觀測的。但可控制性矩陣為

$$\mathbf{S} = \begin{bmatrix} \mathbf{B} & \mathbf{AB} \end{bmatrix} = \begin{bmatrix} 1 & -2 \\ 1 & -2 \end{bmatrix} \tag{8-282}$$

它是奇異的，所以 OCF 的 [A, B] 為不可控制的。

由這個例子我們可以得到一個結論：給定一個以轉移函數建模的系統，該系統的可控制性與可觀測性的狀況視其狀態變數如何定義而定。

## 8-15 可控制性與可觀測性的不變性定理

本節將探討相似轉換對可控制性與可觀測性的影響，而狀態回授對可控制性與可觀測性的影響亦在討論之列。

■ **定理 8-8  相似變換的不變定理**

考慮動態方程式 (8-261) 式和 (8-262) 式所描述的系統。相似變換 $\mathbf{x}(t) = \mathbf{P}\bar{\mathbf{x}}(t)$，其中 P 為非奇異的，將動態方程式轉變成

$$\frac{d\bar{\mathbf{x}}(t)}{dt} = \bar{\mathbf{A}}\bar{\mathbf{x}}(t) + \bar{\mathbf{B}}\mathbf{u}(t) \tag{8-283}$$

$$\bar{\mathbf{y}}(t) = \bar{\mathbf{C}}\mathbf{x}(t) + \bar{\mathbf{D}}\mathbf{u}(t) \tag{8-284}$$

其中

$$\bar{\mathbf{A}} = \mathbf{P}^{-1}\mathbf{A}\mathbf{P} \quad \bar{\mathbf{B}} = \mathbf{P}^{-1}\mathbf{B} \tag{8-285}$$

$[\bar{\mathbf{A}}, \bar{\mathbf{B}}]$ 的可控制性與 $[\bar{\mathbf{A}}, \bar{\mathbf{C}}]$ 的可觀測性不受變換的影響。

換句話說，在相似變換之下，可控制性與可觀測性可被保存下來。只要證明 $\bar{\mathbf{S}}$ 與 $\mathbf{S}$ 的秩相等且 $\bar{\mathbf{V}}$ 與 $\mathbf{V}$ 的秩相等，即可很容易地證明這個定理。其中，$\bar{\mathbf{S}}$ 和 $\bar{\mathbf{V}}$ 分別為變換後的系統之可控制性矩陣與可觀測性矩陣。

■ 定理 8-9　具有狀態回授之閉-迴路系統的可控制性定理

如果開-迴路系統

$$\frac{d\mathbf{x}(t)}{dt} = \mathbf{A}\mathbf{x}(t) + \mathbf{B}\mathbf{u}(t) \tag{8-286}$$

為完全狀態可控制，則經由狀態回授

$$\mathbf{u}(t) = \mathbf{r}(t) - \mathbf{K}\mathbf{x}(t) \tag{8-287}$$

所得的閉-迴路系統，其狀態方程式變成

$$\frac{d\mathbf{x}(t)}{dt} = (\mathbf{A} - \mathbf{B}\mathbf{K})\mathbf{x}(t) + \mathbf{B}\mathbf{r}(t) \tag{8-288}$$

也是完全可控制。反之，若 [**A**, **B**] 為不可控制，則不可能有任何 **K** 存在使得 [**A** − **BK**, **B**] 為可控制。亦即，若開-迴路系統為不可控制，則經由狀態回授不可能使其成為可控制。

證明：[**A**, **B**] 可控制的意義是指在區間 $[t_0, t_f]$ 中存在有一個控制 $\mathbf{u}(t)$，使初始狀態 $\mathbf{x}(t_0)$ 在有限時間區間 $t_f - t_0$ 內被驅動至最終狀態 $\mathbf{x}(t_f)$。我們可將 (8-287) 式寫成

$$\mathbf{r}(t) = \mathbf{u}(t) + \mathbf{K}\mathbf{x}(t) \tag{8-289}$$

此即為閉-迴路系統的控制。因此，若存在有一個 $\mathbf{u}(t)$ 可在有限時間內將 $\mathbf{x}(t_0)$ 驅動至任意的 $\mathbf{x}(t_f)$，則我們不可能找不到一個驅動 $\mathbf{x}(t)$ 之 $\mathbf{r}(t)$，否則，我們便可如 (8-287) 式般設定 $\mathbf{u}(t)$ 來控制開-迴路系統。

■ 定理 8-10　具有狀態回授之閉-迴路系統的可觀測性定理

若一個開-迴路系統為可控制及可觀測，則 (8-287) 式的狀態回授形式可能會破壞可觀測性。換句話說，開-迴路系統的可觀測性和具有狀態回授之閉-迴路系統的可觀測性毫不相干。

下列的範例將說明可觀測性與狀態回授之間的關係。

### 範例 8-15-1

令一線性系統的係數矩陣為

$$\mathbf{A} = \begin{bmatrix} 0 & 1 \\ -2 & -3 \end{bmatrix} \quad \mathbf{B} = \begin{bmatrix} 1 \\ 1 \end{bmatrix} \quad \mathbf{C} = \begin{bmatrix} 1 & 2 \end{bmatrix} \tag{8-290}$$

我們可以證明 [**A**, **B**] 為可控制的，而 [**A**, **C**] 為可觀測的。

令狀態回授定義為

$$u(t) = r(t) - \mathbf{K}\mathbf{x}(t) \tag{8-291}$$

其中

$$\mathbf{K} = [k_1 \quad k_2] \tag{8-292}$$

則閉-迴路系統是以下列狀態方程式來描述：

$$\frac{d\mathbf{x}(t)}{dt} = (\mathbf{A} - \mathbf{B}\mathbf{K})\mathbf{x}(t) + \mathbf{B}r(t) \tag{8-293}$$

$$\mathbf{A} - \mathbf{B}\mathbf{K} = \begin{bmatrix} -k_1 & 1 - k_2 \\ -2 - k_1 & -3 - k_2 \end{bmatrix} \tag{8-294}$$

閉-迴路系統的可觀測性矩陣為

$$\mathbf{V} = \begin{bmatrix} \mathbf{C} \\ \mathbf{C}(\mathbf{A} - \mathbf{B}\mathbf{K}) \end{bmatrix} = \begin{bmatrix} 1 & 2 \\ -3k_1 - 4 & -3k_2 - 5 \end{bmatrix} \tag{8-295}$$

**V** 的行列式為

$$|\mathbf{V}| = 6k_1 - 3k_2 + 3 \tag{8-296}$$

因此，若 $k_1$ 和 $k_2$ 的選擇是使 $|\mathbf{V}| = 0$，這個閉-迴路系統則成為不可控制的。

## 8-16　個案研究：磁浮球系統

作為個案研究來說明本章所介紹的一些材料，讓我們考慮先前範例 3-9-3 中研究的磁浮球懸浮系統，如圖 8-21 所示。此系統的目的在於調節電磁鐵的電流，使得球體能懸浮在距電磁鐵末端一定距離之處。系統的動態方程式為

$$M \frac{d^2 y(t)}{dt^2} = Mg - \frac{k i^2(t)}{x(t)} \tag{8-297}$$

$$v(t) = Ri(t) + L \frac{di(t)}{dt} \tag{8-298}$$

其中，(8-297) 式為非線性的。系統的變數與參數如下：

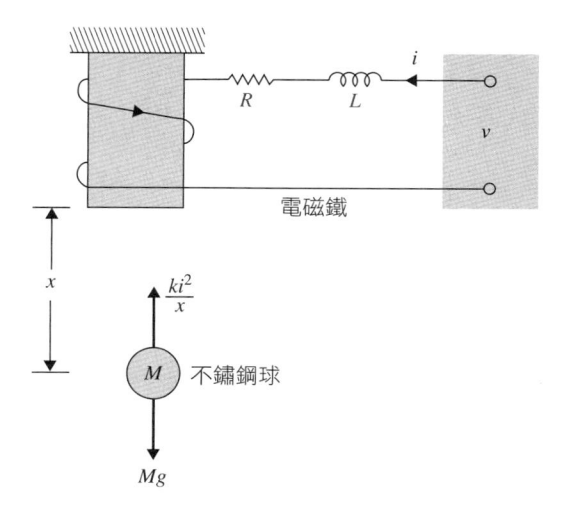

▶ 圖 8-21　球-懸浮系統。

$v(t)$ = 輸入電壓 (V)　　　　　　$x(t)$ = 球的位置 (ft)
$i(t)$ = 繞組電流 (A)　　　　　　$k$ = 比例常數 = 1.0
$R$ = 繞組電阻 = 1 Ω　　　　　　$L$ = 繞組電感 = 0.01 H
$M$ = 球的質量 = 1.0 lb　　　　　$g$ = 重力加速度 = 32.2 ft/sec$^2$

狀態變數定義為

$$x_1(t) = x(t)$$
$$x_2(t) = \frac{dx(t)}{dt} \tag{8-299}$$
$$x_3(t) = i(t)$$

狀態方程式為

$$\frac{dx_1(t)}{dt} = x_2(t) \tag{8-300}$$

$$\frac{dx_2(t)}{dt} = g - \frac{k}{M}\frac{x_3^2(t)}{x_1(t)} \tag{8-301}$$

$$\frac{dx_3(t)}{dt} = -\frac{R}{L}x_3(t) + \frac{v(t)}{L} \tag{8-302}$$

讓我們將系統線性化，利用 3-9 節所描述的方法，參考平衡點 $x_0(t) = x_{01} = 0.5$ ft。然後，$x_{02}(t) = \frac{dx_{01}(t)}{dt} = 0$ 及 $\frac{d^2 x_0(t)}{dt^2} = 0$。在代入參數值後，線性化後的線性方程式為

$$\Delta \dot{\mathbf{x}}(t) = \mathbf{A}^* \Delta \mathbf{x}(t) + \mathbf{B}^* \Delta v(t) \tag{8-303}$$

其中，$\Delta \mathbf{x}(t)$ 和 $\Delta v(t)$ 分別代表線性化系統的狀態向量與輸入電壓。係數矩陣為

$$\mathbf{A}^* = \begin{bmatrix} 0 & 1 & 0 \\ 64.4 & 0 & -16 \\ 0 & 0 & -100 \end{bmatrix} \quad \mathbf{B}^* = \begin{bmatrix} 0 \\ 0 \\ 100 \end{bmatrix} \tag{8-304}$$

以下的所有計算，皆可用電腦程式來進行，如 MATLAB 的狀態工具盒 (8-20 節) 來執行。為說明分析的方法，我們推導的步驟執行如下。

## 8-16-1 特性方程式

$$|s\mathbf{I} - \mathbf{A}^*| = \begin{bmatrix} s & -1 & 0 \\ -64.4 & s & 16 \\ 0 & 0 & s+100 \end{bmatrix} = s^3 + 100s^2 - 64.4s - 6440 = 0 \tag{8-305}$$

### 固有值

$\mathbf{A}^*$ 的固有值，或特性方程式的根為

$$s = -100 \quad s = -8.025 \quad s = 8.025$$

### 狀態變換矩陣

$\mathbf{A}^*$ 的狀態變換矩陣為

$$\phi(t) = \mathcal{L}^{-1}[(s\mathbf{I} - \mathbf{A}^*)^{-1}] = \mathcal{L}^{-1}\left(\begin{bmatrix} s & -1 & 0 \\ -64.4 & s & 16 \\ 0 & 0 & s+100 \end{bmatrix}^{-1}\right) \tag{8-306}$$

或

$$\phi(t) = \mathcal{L}^{-1}\left(\frac{1}{(s+100)(s+8.025)(s-8.025)} \begin{bmatrix} s(s+100) & s+100 & -16 \\ 64.4(s+100) & s(s+100) & -16s \\ 0 & 0 & s^2 - 64.4 \end{bmatrix}\right) \tag{8-307}$$

進行部分分式展開，並取反拉氏轉換，狀態變換矩陣成為

$$\phi(t) = \begin{bmatrix} 0 & 0 & -0.0016 \\ 0 & 0 & 0.16 \\ 0 & 0 & 1 \end{bmatrix} e^{-100t} + \begin{bmatrix} 0.5 & -0.062 & 0.0108 \\ -4.012 & 0.5 & -0.087 \\ 0 & 0 & 0 \end{bmatrix} e^{-8.025t}$$
$$+ \begin{bmatrix} 0.5 & 0.062 & -0.0092 \\ 4.012 & 0.5 & -0.074 \\ 0 & 0 & 0 \end{bmatrix} e^{8.025t} \quad (8\text{-}308)$$

因為 (8-308) 式的最後一項有正指數，所以 $\phi(t)$ 的響應會隨時間而增加，即系統為不穩定的。這是可預期的，因為若無控制的話，鋼球會受磁鐵的吸引而靠近，直至碰到磁鐵的底部為止。

### 轉移函數

令磁浮球的位置 $x(t)$ 當作輸出 $y(t)$，$v(t)$ 為輸入，則系統的輸入-輸出轉移函數為

$$\frac{Y(s)}{V(s)} = \mathbf{C}^*(s\mathbf{I} - \mathbf{A}^*)^{-1}\mathbf{B}^* = [1 \ 0 \ 0](s\mathbf{I} - \mathbf{A}^*)^{-1}\mathbf{B}^* = \frac{-1600}{(s+100)(s+8.025)(s-8.025)} \quad (8\text{-}309)$$

### 可控制性

可控制性矩陣為

$$\mathbf{S} = \begin{bmatrix} \mathbf{B}^* & \mathbf{A}^*\mathbf{B}^* & \mathbf{A}^{*2}\mathbf{B}^* \end{bmatrix} = \begin{bmatrix} 0 & 0 & -1,600 \\ 0 & -1,600 & 160,000 \\ 100 & -10,000 & 1,000,000 \end{bmatrix} \quad (8\text{-}310)$$

因為 $\mathbf{S}$ 的秩為 3，所以系統為完全可控制的。

### 可觀測性

系統的可觀測性視哪一個變數定義為輸出而定，為了要做狀態回授控制 (於 8-17、8-18 兩節討論)，完整的控制器需要回授三個狀態變數 $x_1$、$x_2$ 和 $x_3$。然而，為了經濟上的理由，我們可能僅想要回授其中之一的狀態變數。為使問題更為一般化，將探討哪一個狀態被選為輸出時，會使得系統成為不可觀測的。

**1.** 輸出 $y(t) = $ 球的位置 $= x(t)$：$\mathbf{C}^* = [1 \ 0 \ 0]$

可觀測性矩陣為

$$\mathbf{V} = \begin{bmatrix} \mathbf{C}^* \\ \mathbf{C}^*\mathbf{A}^* \\ \mathbf{C}^*\mathbf{A}^{*2} \end{bmatrix} = \begin{bmatrix} 1 & 0 & 0 \\ 0 & 1 & 0 \\ 64.4 & 0 & -16 \end{bmatrix} \quad (8\text{-}311)$$

它的秩為 3，所以系統為完全可觀測的。

**2.** 輸出 $y(t)$ = 球的速度 = $dy(t)/dt = x_2(t)$：$\mathbf{C}^* = [0\ 1\ 0]$

可觀測性矩陣為

$$\mathbf{V} = \begin{bmatrix} \mathbf{C}^* \\ \mathbf{C}^*\mathbf{A}^* \\ \mathbf{C}^*\mathbf{A}^{*2} \end{bmatrix} = \begin{bmatrix} 0 & 1 & 0 \\ 64.4 & 0 & -16 \\ 0 & 64.4 & 1600 \end{bmatrix} \tag{8-312}$$

它的秩為 3，所以系統為完全可觀測的。

**3.** 輸出 $y(t)$ = 線圈電流 = $i(t) = x_3(t)$：$\mathbf{C}^* = [0\ 0\ 1]$

可觀測性矩陣為

$$\mathbf{V} = \begin{bmatrix} \mathbf{C}^* \\ \mathbf{C}^*\mathbf{A}^* \\ \mathbf{C}^*\mathbf{A}^{*2} \end{bmatrix} = \begin{bmatrix} 0 & 0 & 1 \\ 0 & 0 & -100 \\ 0 & 0 & -10{,}000 \end{bmatrix} \tag{8-313}$$

它的秩為 1，因此系統為不可觀測的。這個結果物理上的解釋為：若我們選擇電流 $i(t)$ 為可量測的輸出，則無法由所量測的資料來重建狀態變數。

有興趣的讀者可以將這個系統的資料輸入任意可用的電腦程式中，以確認上面所得到的結果。

## 8-17 狀態回授控制

在現代控制理論中，主要的設計技巧都是根據狀態回授的架構。即控制已經進步到用狀態變數經過固定的實數增益回授回來，以代替順向或回授路徑的固定結構。圖 8-22 為具有狀態回授控制的系統方塊圖。

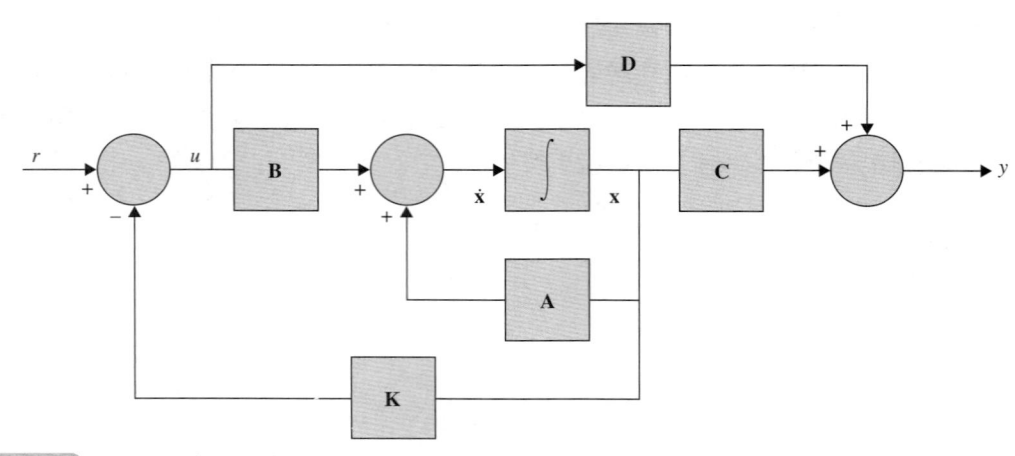

▶ 圖 8-22　具狀態回授之控制系統的方塊圖。

我們可證明以前討論的 PID 控制及轉速計回授控制，都是狀態回授控制架構的特殊情形。讓我們考慮轉速計回授之二-階原型系統，此系統利用直接分解法可得到圖 8-23a 的狀態圖。若狀態 $x_1(t)$ 和 $x_2(t)$ 為實際可得的，我們可以分別經由實數增益 $-k_1$ 和 $-k_2$ 來回授這些變數，以形成控制 $u(t)$，如圖 8-23b 所示。具狀態回授之系統的轉移函數為

$$\frac{Y(s)}{R(s)} = \frac{\omega_n^2}{s^2 + (2\zeta\omega_n + K_2)s + K_1} \tag{8-314}$$

為了做比較，將具有轉速計回授系統與具有 PD 控制系統的轉移函數列出如下：

**轉速計回授：**

$$\frac{Y(s)}{R(s)} = \frac{\omega_n^2}{s^2 + \left(2\zeta\omega_n + K_t\omega_n^2\right)s + \omega_n^2} \tag{8-315}$$

**PD 控制：**

$$\frac{Y(s)}{R(s)} = \frac{\omega_n^2(K_P + K_D s)}{s^2 + \left(2\zeta\omega + K_D\omega_n^2\right)s + \omega_n^2 K_P} \tag{8-316}$$

因此，當 $k_1 = \omega_n^2$ 且 $k_2 = K_t\omega_n^2$ 時，則轉速計回授與狀態回授相等。比較 (8-314) 式與 (8-316) 式發現：若 $k_1 = \omega_n^2 K_P$ 且 $k_2 = \omega_n^2 K_D$，則具狀態回授之系統的特性方程式與具 PD 控制系統者完全相等。不過，這兩個轉移函數的分子並不相同。

若參考輸入 $r(t)$ 為零，這類系統常稱為**調整器** (regulators)。在此情形下，控制的目的便是在某種預設的方式下，如「越快越好」，將系統的任何初始條件驅使至零。此時，具有 PD 控制器的調整器系統便和狀態回授控制相同。

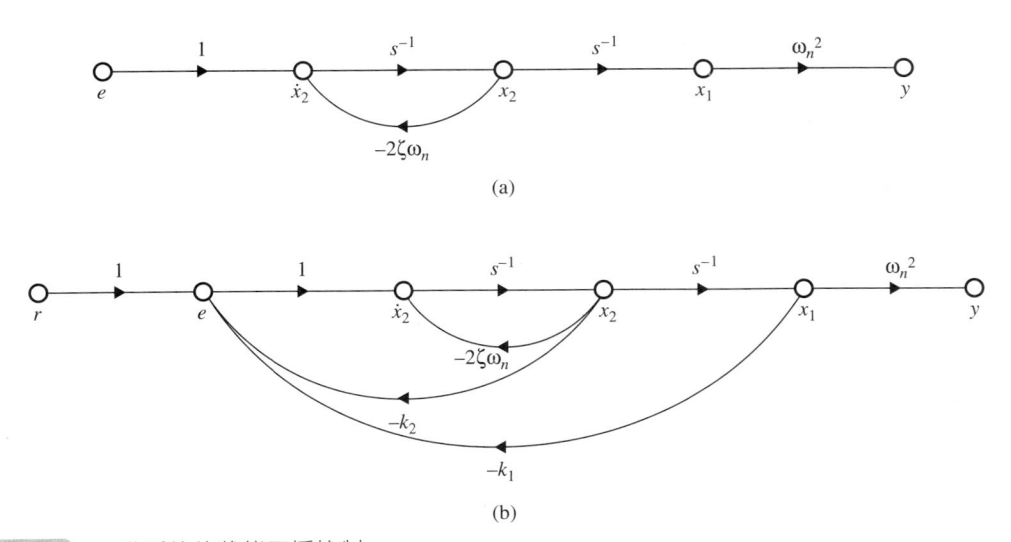

▶ **圖 8-23** 二-階系統的狀態回授控制。

這裡要強調的是：上述所做的比較是針對二-階系統。對於更高階的系統，PD 控制與轉速計回授控制在狀態變數 $x_1$ 和 $x_2$ 回授方面是等效的，然而，狀態回授控制則可回授所有的狀態變數。

因為 PI 控制器增加了系統階數一-階，故其不能和經由常數增益回授的狀態回授等效。我們將在 8-18 節證明，若將狀態回授與積分控制結合起來，就可由狀態回授控制來實現 PI 控制。

## 8-18 狀態回授之極點配置設計

當利用根軌跡作控制系統設計時，一般可說是**極點配置** (pole-placement) 的設計。此處的極點是指閉-迴路轉移函數的極點，即特性方程式的根。知道閉-迴路系統極點與系統性能的關係後，我們就能靠安置這些極點的位置來有效設計系統。

在前幾節討論到的設計方法均有一特性，即根據固定的控制器架構和控制器參數的實際範圍來選擇極點。一個很自然的問題產生：在何種情形下極點能任意被配置？這是一個新的設計哲學與自由，它僅在一定條件下才能做到。

當我們有一個三-階或更高階的受控程序，則 PD、PI、單級相位超前或相位落後控制器都不能獨立控制系統的三個或更多的極點，因為這些控制器都只有兩個自由參數。

為研究 $n$-階系統在何種條件下才能任意安置極點，可考慮由下面狀態方程式所描述的線性系統：

$$\frac{d\mathbf{x}(t)}{dt} = \mathbf{A}\mathbf{x}(t) + \mathbf{B}u(s) \tag{8-317}$$

其中 $\mathbf{x}(t)$ 是 $n \times 1$ 狀態向量，$u(t)$ 是純量控制。而狀態回授控制為

$$u(t) = -\mathbf{K}\mathbf{x}(t) + r(t) \tag{8-318}$$

其中 **K** 是具有常數增益元素的 $1 \times n$ 階回授矩陣。將 (8-318) 式代入 (8-317) 式，閉-迴路系統以狀態方程式可表示成

$$\frac{d\mathbf{x}(t)}{dt} = (\mathbf{A} - \mathbf{B}\mathbf{K})\mathbf{x}(t) + \mathbf{B}r(t) \tag{8-319}$$

以下將證明，若 [**A**, **B**] 為完全可控制的，則存在一矩陣 **K**，使 (**A** − **BK**) 能有任意的固有值；亦即，下列特性方程式的 $n$ 個根

$$|s\mathbf{I} - \mathbf{A} + \mathbf{B}\mathbf{K}| = 0 \tag{8-320}$$

可被任意放置。為證明這是真的，若一系統為完全可控制的，則可表示成可控制性典型式

(CCF)，即 (8-317) 式，

$$\mathbf{A} = \begin{bmatrix} 0 & 1 & 0 & \cdots & 0 \\ 0 & 0 & 1 & \cdots & 0 \\ \vdots & \vdots & \vdots & \ddots & \vdots \\ 0 & 0 & 0 & \ddots & 1 \\ -a_0 & -a_1 & -a_2 & \cdots & -a_{n-1} \end{bmatrix} \quad \mathbf{B} = \begin{bmatrix} 0 \\ 0 \\ \vdots \\ 0 \\ 1 \end{bmatrix} \tag{8-321}$$

回授增益矩陣 $\mathbf{K}$ 可表成

$$\mathbf{K} = [k_1 \quad k_2 \quad \cdots \quad k_n] \tag{8-322}$$

其中 $k_1, k_2, ..., k_n$ 為實數常數。則

$$\mathbf{A} - \mathbf{BK} = \begin{bmatrix} 0 & 1 & 0 & \cdots & 0 \\ 0 & 0 & 1 & \cdots & 0 \\ \vdots & \vdots & \vdots & \ddots & \vdots \\ 0 & 0 & 0 & \cdots & 1 \\ -a_0 - k_1 & -a_1 - k_2 & -a_2 - k_3 & \cdots & -a_{n-1} - k_n \end{bmatrix} \tag{8-323}$$

$\mathbf{A} - \mathbf{BK}$ 的固有值可由下列的特性方程式求出：

$$|s\mathbf{I} - (\mathbf{A} - \mathbf{BK})| = s^n + (a_{n-1} + k_n)s^{n-1} + (a_{n-2} + k_{n-1})s^{n-2} + \cdots + (a_0 + k_1) = 0 \tag{8-324}$$

很顯然地，因為回授增益 $k_1, k_2, ..., k_n$ 被隔離於特性方程式的每一個係數中，所以固有值可被任意放置。直覺上是合理的：若極點要能被任意放置，則系統必須為可控制的。如果有一個或多個狀態變數是不可控制的，則與這些狀態變數相關的極點也將是不可控制的，且不能隨意移動。下列範例在說明控制系統的狀態回授設計。

### 範例 8-18-1

考慮 8-16 節的磁浮球系統。這是典型的調整器系統，其中控制的問題為將球保持在其平衡位置。在 8-16 節已證明此系統若無控制則為不穩定的。

磁浮球系統線性化的狀態模型以下列狀態方程式表示：

$$\frac{d\Delta \mathbf{x}(t)}{dt} = \mathbf{A}^* \Delta \mathbf{x}(t) + \mathbf{B}^* \Delta v(t) \tag{8-325}$$

其中 $\Delta \mathbf{x}(t)$ 為線性化的狀態向量，而 $\Delta v(t)$ 則為線性化的輸入電壓。係數矩陣為

$$\mathbf{A}^* = \begin{bmatrix} 0 & 1 & 0 \\ 64.4 & 0 & -16 \\ 0 & 0 & -100 \end{bmatrix} \quad \mathbf{B}^* = \begin{bmatrix} 0 \\ 0 \\ 100 \end{bmatrix} \tag{8-326}$$

$\mathbf{A}^*$ 的固有值為 $s = -100$、$-8.025$ 及 $8.025$。因此，沒有回授控制的系統是不穩定的。

我們指定下列設計規格：

**1.** 系統必須是穩定的。
**2.** 對於球平衡位置的任何干擾，球必須以零穩態誤差回到其平衡位置。
**3.** 在 0.5 秒內，時間響應必須安定至初始干擾的 5% 以內。
**4.** 以下列狀態回授來實現控制：

$$\Delta v(t) = -\mathbf{K}\Delta \mathbf{x}(t) = -[k_1 \quad k_2 \quad k_3]\Delta \mathbf{x}(t) \tag{8-327}$$

其中 $k_1$、$k_2$ 及 $k_3$ 為實數常數。

圖 8-24a 為「開-迴路」磁浮球系統的狀態圖，而具狀態回授之「閉-迴路」系統的狀態圖則顯示於圖 8-24b。

我們必須選擇 $(s\mathbf{I} - \mathbf{A}^* + \mathbf{B}^*\mathbf{K})$ 的目標固有值位置，以使上述第 3 項對時間響應的要求能夠滿足。不要全部訴諸試誤法，我們可用下列的決定作為開始：

**1.** 系統的動態特性應由兩個主控根來控制。
**2.** 要達到快速的響應，兩個主控根必須是複數。
**3.** 由複數根的實部所控制的阻尼必須適當，而虛部則須高到使暫態特性足夠快地消失。

利用 **ACSYS/MATLAB** 工具 (詳見 8-20 節) 進行幾回試誤法後發現，下列特性方程式的根可滿足設計上的要求：

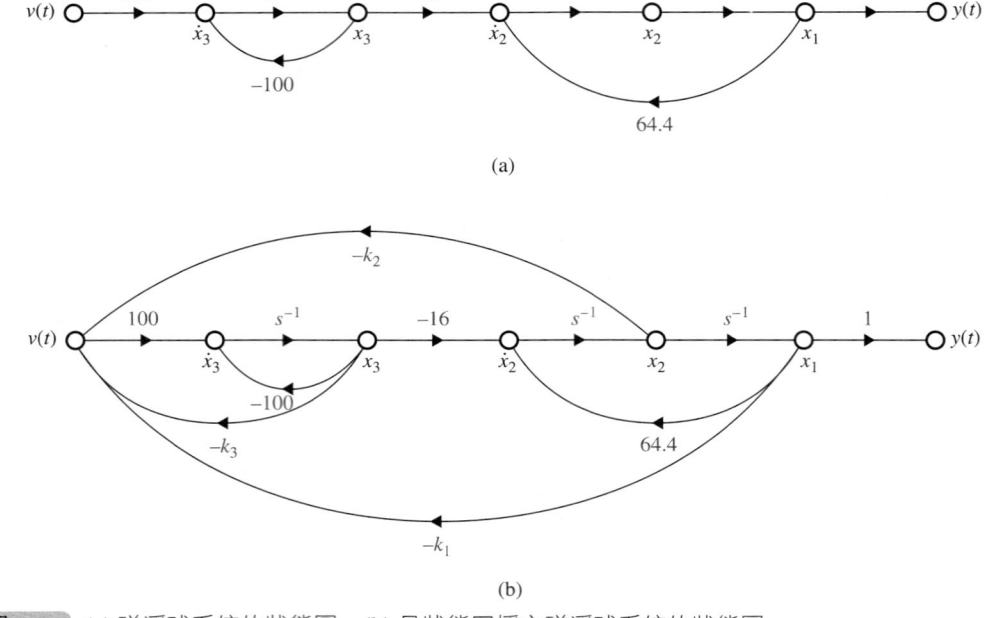

▶ **圖 8-24** (a) 磁浮球系統的狀態圖。(b) 具狀態回授之磁浮球系統的狀態圖。

$$s = -20 \quad s = -6+j4.9 \quad s = -6-j4.9$$

對應的特性方程式為

$$s^3 + 32s^2 + 300s + 1200 = 0 \tag{8-328}$$

具狀態回授之閉-迴路系統的特性方程式可寫成

$$s\mathbf{I} - \mathbf{A}^* + \mathbf{B}^*\mathbf{K} = \begin{vmatrix} s & -1 & 0 \\ -64.4 & s & 16 \\ 100k_1 & 100k_2 & s+100+100k_3 \end{vmatrix}$$

$$= s^3 + 100(k_3+1)s^2 - (64.4 + 1600k_2)s - 1600k_1 - 6440(k_3+1) = 0 \tag{8-329}$$

上式亦可利用 SFG 增益公式直接由圖 8-24b 得之。令 (8-328) 式與 (8-329) 式的同類項係數相等，可得下列聯立方程式：

$$\begin{aligned} 100(k_3+1) &= 32 \\ -64.4 - 1600k_2 &= 300 \\ -1600k_1 - 6440(k_3+1) &= 1200 \end{aligned} \tag{8-330}$$

在確定解存在且唯一的情形下，解上述三個方程式，可得回授增益矩陣

$$\mathbf{K} = \begin{bmatrix} k_1 & k_2 & k_3 \end{bmatrix} = \begin{bmatrix} -2.038 & -0.22775 & -0.68 \end{bmatrix} \tag{8-331}$$

圖 8-25 為當系統受到下列初始條件驅動時的輸出響應，$y(t)$，

$$\mathbf{x}(0) = \begin{bmatrix} 1 \\ 0 \\ 0 \end{bmatrix} \tag{8-331}$$

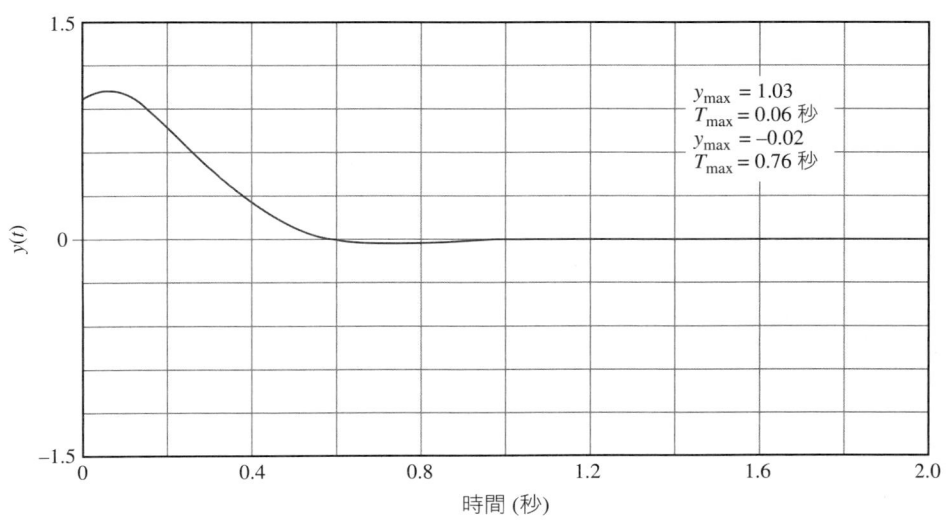

▶ 圖 8-25　具狀態回授之磁浮球系統，受到初始條件 $x(0) = x_1(0) = 1$ 驅動時的輸出響應。

### 範例 8-18-2

本例係針對範例 6-5-1 的二-階太陽-追蹤器系統設計狀態回授控制；同時詳見第十一章（譯者註：本範例的各參數數值請參閱範例 11-5-1）。該系統的 CCF 狀態圖顯示於圖 8-26a。問題為利用下式設計狀態回授控制

$$\theta_e(t) = -\mathbf{K}\mathbf{x}(t) = -[k_1 \quad k_2]\mathbf{x}(t) \tag{8-332}$$

狀態方程式可表成向量-矩陣的形式：

$$\frac{d\mathbf{x}(t)}{dt} = \mathbf{A}\mathbf{x}(t) + \mathbf{B}\theta_e(t) \tag{8-333}$$

其中

$$\mathbf{A} = \begin{bmatrix} 0 & 1 \\ 0 & -25 \end{bmatrix} \quad \mathbf{B} = \begin{bmatrix} 0 \\ 1 \end{bmatrix} \tag{8-334}$$

輸出方程式為

$$\theta_o(t) = \mathbf{C}\mathbf{x}(t) \tag{8-335}$$

其中

$$\mathbf{C} = [2500 \quad 0] \tag{8-336}$$

設計的目的為

1. 對於步階函數的穩態誤差應為零。
2. 利用狀態回授控制，單位-步階響應應有最小超越量、上升時間及安定時間。

具狀態回授的系統轉移函數可寫成

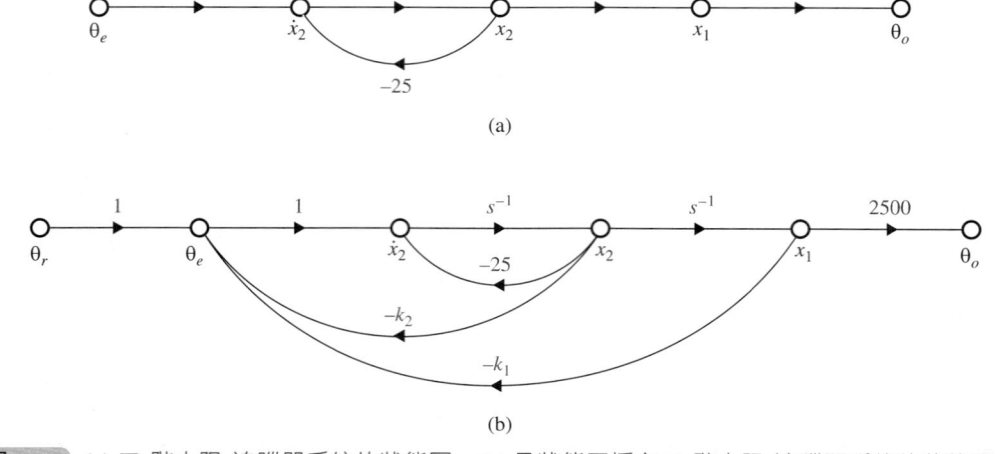

▶ 圖 8-26  (a) 二-階太陽-追蹤器系統的狀態圖。(b) 具狀態回授之二-階太陽-追蹤器系統的狀態圖。

$$\frac{\Theta_o(s)}{\Theta_r(s)} = \frac{2500}{s^2+(25+k_2)s+k_1} \tag{8-337}$$

因此，為了對步階輸入能有零穩態誤差，上式分子與分母的常數項必須相等，或 $k_1 = 2500$。亦即，縱使系統是完全可控制的，也無法隨意指定特性方程式的兩個根。特性方程式現為

$$s^2+(25+k_2)s+2500=0 \tag{8-338}$$

換言之，只有 (8-338) 式的其中一根可隨意指定。本題採用 **ACSYS** 來解 (詳見 8-20 節)。在幾回試誤法後發現，當 $k_2 = 75$ 時，最大超越量、上升時間及安定時間皆為最小。兩根在 $s = -50$ 和 $-50$。單位-步階響應的特性為

最大超越量 $= 0\%$ $\quad t_r = 0.06717$ 秒 $\quad t_s = 0.09467$ 秒

狀態回授增益矩陣為

$$\mathbf{K} = [2500 \quad 75] \tag{8-339}$$

由本例中我們學到的是：狀態回授控制通常產生型式 0 的系統。若系統要以無穩態誤差來追蹤步階輸入，系統必須為型式 1 或更高型式的系統，則系統在 CCF 狀態圖中的回授增益 $k_1$ 不能任意指定；即對於一個 $n$-階的系統，只有特性方程式的 $n-1$ 個根可任意放置。

## 8-19 利用積分控制的狀態回授

在前一節中，建構的狀態回授控制有一個缺點，即其不能改進系統的型式。因此，若要特性方程式的所有根皆能隨意放置，則常數增益回授的狀態回授控制，僅在不追蹤輸入的調整器系統才有用。

通常大多數的控制系統都必須追蹤輸入。對於這個問題的一種解決方法是如同 PI 控制器般引進積分控制，以便與常數增益的狀態回授結合。具常數增益的狀態回授及輸出回授積分控制的系統，其方塊圖如圖 8-27 所示。此系統亦有干擾的輸入 $n(t)$。對於 SISO 系統而言，積分控制加一積分器至系統中。如圖 8-27，第 $(n+1)$ 個積分器的輸出以 $x_{n+1}$ 表示。圖 8-27 系統的動態方程式可寫成

$$\frac{d\mathbf{x}(t)}{dt} = \mathbf{A}\mathbf{x}(t)+\mathbf{B}u(t)+\mathbf{E}n(t) \tag{8-340}$$

$$\frac{dx_{n+1}(t)}{dt} = r(t)-y(t) \tag{8-341}$$

$$y(t) = \mathbf{C}\mathbf{x}(t)+Du(t) \tag{8-342}$$

其中 $\mathbf{x}(t)$ 為 $n \times 1$ 狀態向量，$u(t)$ 和 $y(t)$ 分別為純量驅動訊號與輸出；$r(t)$ 為純量參考輸

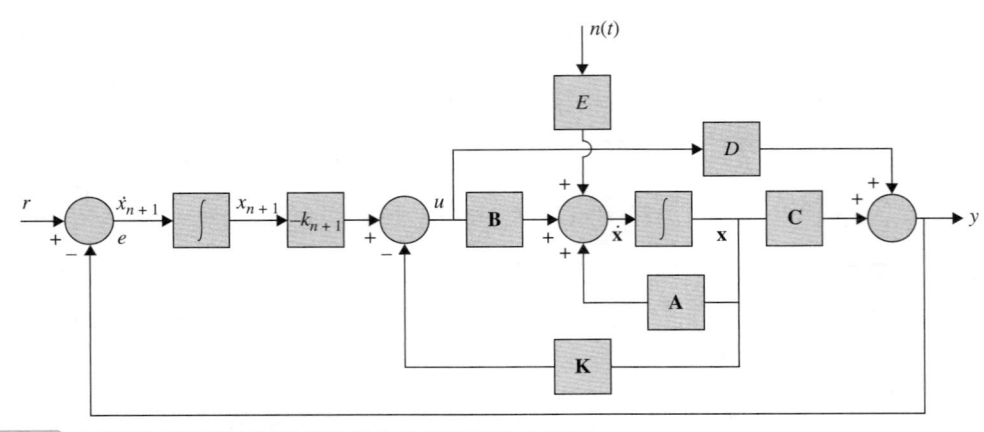

▶ 圖 8-27　具狀態回授與輸出積分回授之控制系統的方塊圖。

入；而 $n(t)$ 則為純量干擾輸入。係數矩陣以 **A**、**B**、**C**、**D** 及 **E** 表示，各有適當的維度。驅動訊號 $u(t)$ 經由常數狀態回授及積分回授而影響狀態變數，即

$$u(t) = -\mathbf{K}\mathbf{x}(t) - k_{n+1} x_{n+1}(t) \tag{8-343}$$

其中

$$\mathbf{K} = [k_1 \quad k_2 \quad k_3 \quad \cdots \quad k_n] \tag{8-344}$$

其元素為常實數增益，而 $k_{n+1}$ 則為純量積分回授增益。

將 (8-343) 式代入 (8-340) 式，並與 (8-341) 式結合，則具常數增益回授與積分回授之整個系統的 $n+1$ 個狀態方程式可寫成

$$\frac{d\bar{\mathbf{x}}(t)}{dt} = (\bar{\mathbf{A}} - \bar{\mathbf{B}}\bar{\mathbf{K}})\bar{\mathbf{x}}(t) + \begin{bmatrix} \mathbf{0} \\ 1 \end{bmatrix} r(t) + \bar{\mathbf{E}} n(t) \tag{8-345}$$

其中

$$\bar{\mathbf{x}}(t) = \begin{bmatrix} \dfrac{d\mathbf{x}(t)}{dt} \\ \dfrac{dx_{n+1}(t)}{dt} \end{bmatrix} (n+1) \times 1 \tag{8-346}$$

$$\bar{\mathbf{A}} = \begin{bmatrix} \mathbf{A} & \mathbf{0} \\ -\mathbf{C} & \mathbf{0} \end{bmatrix} (n+1) \times (n+1) \quad \bar{\mathbf{B}} = \begin{bmatrix} \mathbf{B} \\ D \end{bmatrix} (n+1) \times 1 \tag{8-347}$$

$$\bar{\mathbf{K}} = \begin{bmatrix} \mathbf{K} & K_{n+1} \end{bmatrix} = \begin{bmatrix} k_1 & k_2 & \cdots & k_n & k_{n+1} \end{bmatrix} 1 \times (n+1) \tag{8-348}$$

$$\overline{\mathbf{E}} = \begin{bmatrix} \mathbf{E} \\ 0 \end{bmatrix} [(n+1) \times 1] \tag{8-349}$$

將 (8-343) 式代入 (8-342) 式，則整個系統的輸出方程式為

$$y(t) = \overline{\mathbf{C}} \overline{\mathbf{x}}(t) \tag{8-350}$$

其中

$$\overline{\mathbf{C}} = [\mathbf{C} - D\mathbf{K} \quad D\mathbf{K}][1 \times (n+1)] \tag{8-351}$$

設計的目的為

**1.** 輸出 $y(t)$ 的穩態值要以零誤差方式跟隨一步階函數，即

$$e_{ss} = \lim_{t \to \infty} e(t) = 0 \tag{8-352}$$

**2.** $(\overline{\mathbf{A}} - \overline{\mathbf{B}}\overline{\mathbf{K}})$ 的 $n+1$ 個固有值要放在所設計的位置。要使最後一個條件成為可能，$[\overline{\mathbf{A}}, \overline{\mathbf{B}}]$ 必須為完全可控制的。

下例將說明具積分控制之狀態回授的應用。

### 範例 8-19-1

在範例 8-18-1 已說明：採用常數增益的狀態回授控制，若系統以無穩態誤差來追蹤一步階輸入，則二-階的太陽-追蹤器系統兩根中僅有一根能被隨意放置。現在考慮與範例 8-18-1 相同的二-階太陽-追蹤器，並在其順向-路徑加入積分控制。整個系統狀態圖顯示於圖 8-28。係數矩陣為

$$\mathbf{A} = \begin{bmatrix} 0 & 1 \\ 0 & -25 \end{bmatrix} \quad \mathbf{B} = \begin{bmatrix} 0 \\ 1 \end{bmatrix} \quad \mathbf{C} = \begin{bmatrix} 2500 & 0 \end{bmatrix} \quad D = 0 \tag{8-353}$$

由 (8-347) 式，

$$\overline{\mathbf{A}} = \begin{bmatrix} \mathbf{A} & \mathbf{0} \\ -\mathbf{C} & 0 \end{bmatrix} = \begin{bmatrix} 0 & 1 & 0 \\ 0 & -25 & 0 \\ -2500 & 0 & 0 \end{bmatrix} \quad \overline{\mathbf{B}} = \begin{bmatrix} \mathbf{B} \\ D \end{bmatrix} = \begin{bmatrix} 0 \\ 1 \\ 0 \end{bmatrix} \tag{8-354}$$

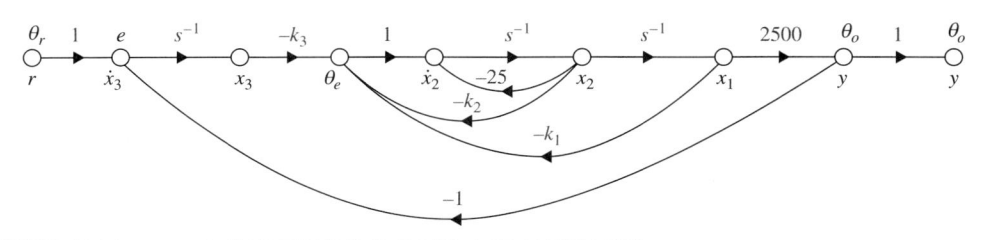

▶ **圖 8-28** 範例 8-18-1 具狀態回授與積分控制的太陽-追蹤器系統。

可以證明 $[\bar{\mathbf{A}}, \bar{\mathbf{B}}]$ 為完全可控制的。因此，$(s\mathbf{I}-\bar{\mathbf{A}}+\bar{\mathbf{B}}\bar{\mathbf{K}})$ 的特徵值可任意放置。將 $\bar{\mathbf{A}}$、$\bar{\mathbf{B}}$ 和 $\bar{\mathbf{K}}$ 代入具狀態與積分回授閉-迴路系統的特性方程式，可得

$$|s\mathbf{I}-\bar{\mathbf{A}}+\bar{\mathbf{B}}\bar{\mathbf{K}}| = \begin{vmatrix} s & -1 & 0 \\ k_1 & s+25+k_2 & k_3 \\ -2500 & 0 & s \end{vmatrix} \quad (8\text{-}355)$$

$$= s^3 + (25+k_2)s^2 + k_1 s + 2500 k_3 = 0$$

上式亦可利用 SFG 增益公式由圖 8-28 求得。

設計的目的為

1. 穩態輸出必須以零誤差方式跟隨一步階函數。
2. 上升時間與安定時間必須小於 0.05 秒。
3. 單位步階響應的最大超越量必須小於 5%。

因為所有特性方程式的三個根皆能任意放置，故如範例 8-18-1 般要求最小上升時間與安定時間是不實際的。

再者，為實現快速的上升時間與安定時間，特性方程式的根必須放在 s-平面遠遠的左邊，且自然頻率也要高。注意：根的幅度越大者，將會導致在狀態回授矩陣中的高增益。

**ACSYS/MATLAB** 軟體可用來進行設計。幾回試誤法後，可以將根放在下列位置來滿足設計規格，

$$s = -200 \quad -50+j50 \quad \text{和} \quad -50-j50$$

需求的特性方程式為

$$s^3 + 300s^2 + 25{,}000s + 1{,}000{,}000 = 0 \quad (8\text{-}356)$$

令 (8-355) 式和 (8-356) 式的同類項相等，可得

$$k_1 = 25{,}000 \quad k_2 = 275 \quad \text{和} \quad k_3 = 400$$

單位步階響應的特性如下：

$$最大超越量 = 4\%$$
$$t_r = 0.03247 \text{ 秒}$$
$$t_s = 0.04667 \text{ 秒}$$

注意：高回授增益 $k_1$，它是由所選根的值很大所導致；這可能會造成實際上的問題，若果真如此，則必須修改設計規格。

### 範例 8-19-2

本例將說明具積分控制的狀態回授在有干擾輸入系統上的應用。
考慮一個直流馬達控制系統，其狀態方程式如下：

$$\frac{d\omega(t)}{dt} = \frac{-B}{J}\omega(t) + \frac{K_i}{J}i_a(t) - \frac{1}{J}T_L \tag{8-357}$$

$$\frac{di_a(t)}{dt} = \frac{-K_b}{L}\omega(t) - \frac{R}{L}i_a(t) + \frac{1}{L}e_a(t) \tag{8-358}$$

其中

- $i_a(t)$ = 電樞電流，A
- $e_n(t)$ = 電樞電壓，V
- $\omega(t)$ = 馬達速度，rad/s
- $B$ = 馬達和負載的黏滯摩擦係數 = 0
- $J$ = 馬達和負載的轉動慣量 = 0.02 N·m/rad/s$^2$
- $K_I$ = 馬達轉矩常數 = 1 N·m/A
- $K_b$ = 馬達反電動勢常數 = 1 V/rad/s
- $T_L$ = 常數負載轉矩 (幅度未知)，N·m
- $L$ = 電樞電感 = 0.005 H
- $R$ = 電樞電阻 = 1 Ω

輸出方程式為

$$y(t) = \mathbf{C}\mathbf{x}(t) = \begin{bmatrix} 1 & 0 \end{bmatrix}\mathbf{x}(t) \tag{8-359}$$

設計的問題是以狀態回授和積分控制來求出控制 $u(t) = e_a(t)$，以滿足

1. $\lim_{t\to\infty} i_a(t) = 0$ 與 $\lim_{t\to\infty} \frac{d\omega(t)}{dt} = 0$ (8-360)

2. $\lim_{t\to\infty} \omega(t) = $ 步階輸入 $r(t) = u_s(t)$ (8-361)

3. 具狀態回授與積分控制之閉-迴路系統的固有值為 $s = -300$、$-10 + j10$ 及 $-10 - j10$。

令狀態變數定義成 $x_1(t) = \omega(t)$ 及 $x_2(t) = i_a(t)$。(8-357) 式和 (8-358) 式中的狀態方程式可寫成向量-矩陣的形式：

$$\frac{d\mathbf{x}(t)}{dt} = \mathbf{A}\mathbf{x}(t) + \mathbf{B}u(t) + \mathbf{E}n(t) \tag{8-362}$$

其中 $n(t) = T_L u_s(t)$。

$$\mathbf{A} = \begin{bmatrix} -\dfrac{B}{J} & \dfrac{K_i}{J} \\ -\dfrac{K_b}{L} & -\dfrac{R}{L} \end{bmatrix} = \begin{bmatrix} 0 & 50 \\ -200 & -200 \end{bmatrix} \tag{8-363}$$

$$\mathbf{B} = \begin{bmatrix} 0 \\ \dfrac{1}{L} \end{bmatrix} = \begin{bmatrix} 0 \\ 200 \end{bmatrix} \tag{8-364}$$

$$\mathbf{E} = \begin{bmatrix} -\dfrac{1}{J} \\ 0 \end{bmatrix} = \begin{bmatrix} -50 \\ 0 \end{bmatrix} \tag{8-365}$$

由 (8-347) 式，可得

$$\bar{\mathbf{A}} = \begin{bmatrix} \mathbf{A} & 0 \\ -\mathbf{C} & 0 \end{bmatrix} = \begin{bmatrix} 0 & 50 & 0 \\ -200 & -200 & 0 \\ -1 & 0 & 0 \end{bmatrix} \quad \bar{\mathbf{B}} = \begin{bmatrix} \mathbf{B} \\ 0 \end{bmatrix} = \begin{bmatrix} 0 \\ 200 \\ 0 \end{bmatrix} \tag{8-366}$$

$$\bar{\mathbf{C}} = \begin{bmatrix} \mathbf{C} & 0 \end{bmatrix} = \begin{bmatrix} 1 & 0 & 0 \end{bmatrix} \quad \bar{\mathbf{E}} = \begin{bmatrix} \mathbf{E} \\ 0 \end{bmatrix} = \begin{bmatrix} -50 \\ 0 \\ 0 \end{bmatrix} \tag{8-367}$$

控制可由下式得之

$$u(t) = -\mathbf{K}\mathbf{x}(t) - k_{n+1}x_{n+1}(t) = \bar{\mathbf{K}}\bar{\mathbf{x}}(t) \tag{8-368}$$

其中

$$\bar{\mathbf{K}} = \begin{bmatrix} k_1 & k_2 & k_3 \end{bmatrix} \tag{8-369}$$

圖 8-29 顯示整個設計系統的狀態圖。閉-迴路系統的係數矩陣為

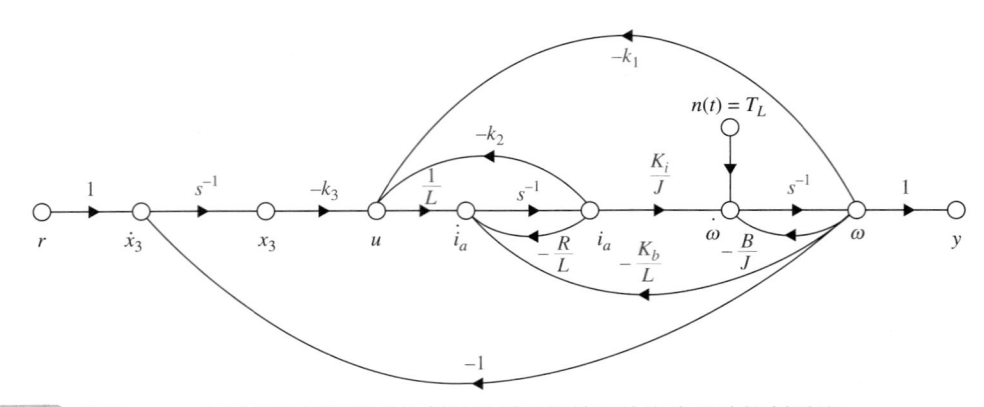

▶ **圖 8-29** 範例 8-18-2 具狀態回授與積分控制且承受干擾轉矩的直流馬達控制系統。

$$\bar{\mathbf{A}} - \bar{\mathbf{B}}\bar{\mathbf{K}} = \begin{bmatrix} 0 & 50 & 0 \\ -200-200k_1 & -200-200k_2 & -200k_3 \\ -1 & 0 & 0 \end{bmatrix} \tag{8-370}$$

特性方程式為

$$|s\mathbf{I} - \bar{\mathbf{A}} + \bar{\mathbf{B}}\bar{\mathbf{K}}| = s^3 + 200(1+k_2)s^2 + 10,000(1+k_1)s - 10,000k_3 = 0 \tag{8-371}$$

上式可應用 SFG 增益公式至圖 8-29 求得。

對於三個所指定的根，上式必須等於

$$s^3 + 320s^2 + 6,200s + 60,000 = 0 \tag{8-372}$$

令 (8-371) 式和 (8-372) 式中同類項的係數相等，可得

$$k_1 = -0.38 \quad k_2 = 0.6 \quad k_3 = -6.0$$

應用 SFG 增益公式於圖 8-29 的輸入 $r(t)$ 與 $n(t)$，及狀態 $\omega(t)$ 與 $i_a(t)$ 之間，可得

$$\begin{bmatrix} \Omega(s) \\ I_a(s) \end{bmatrix} = \frac{1}{\Delta_c(s)} \begin{bmatrix} -\frac{1}{J}\left(s^2 + \frac{R}{L}s + \frac{k_2}{L}s\right) & -\frac{k_3 K_i}{JL} \\ -\frac{1}{J}\left(-\frac{K_b}{L}s - \frac{k_1}{L}s + \frac{k_3}{L}\right) & -\frac{k_3}{L}\left(s + \frac{B}{J}\right) \end{bmatrix} \begin{bmatrix} \dfrac{T_L}{s} \\ \dfrac{1}{s} \end{bmatrix} \tag{8-373}$$

其中 $\Delta_c(s)$ 為 (8-372) 式的特性多項式。

應用終值定理於上式，可得狀態變數的穩態值為

$$\lim_{t \to \infty} \begin{bmatrix} \omega(t) \\ i_a(t) \end{bmatrix} = \lim_{s \to \infty} s \begin{bmatrix} \Omega(s) \\ I_a(s) \end{bmatrix} = \frac{1}{\Delta_c(0)} \begin{bmatrix} 0 & -\dfrac{k_3}{JL}K_i \\ -\dfrac{k_3}{JL} & \dfrac{k_3}{JL}B \end{bmatrix} \begin{bmatrix} T_L \\ 1 \end{bmatrix}$$

$$= \frac{1}{60,000} \begin{bmatrix} 0 & 60,000K_i \\ 60,000 & 60,000B \end{bmatrix} \begin{bmatrix} T_L \\ 1 \end{bmatrix} = \begin{bmatrix} 0 & 1 \\ 1 & 0 \end{bmatrix} \begin{bmatrix} T_L \\ 1 \end{bmatrix} = \begin{bmatrix} 1 \\ T_L \end{bmatrix} \tag{8-374}$$

因此，當 $t$ 趨近於無窮久時，馬達速度 $\omega(t)$ 將趨近於常數參考輸入步階函數 $r(t) = u_s(t)$，且與干擾轉矩 $T_L$ 無關。將系統參數代入 (8-373) 式，可得

$$\begin{bmatrix} \Omega(s) \\ I_a(s) \end{bmatrix} = \frac{1}{\Delta_c(s)} \begin{bmatrix} -50(s+320)s & 60,000 \\ 6200s + 60,000 & 1,200s \end{bmatrix} \begin{bmatrix} \dfrac{T_L}{s} \\ \dfrac{1}{s} \end{bmatrix} \tag{8-375}$$

圖 8-30 顯示當 $T_L = 1$ 和 $T_L = 0$ 時，$\omega(t)$ 和 $i_a(t)$ 的時間響應。參考輸入為一單位-步階函數。

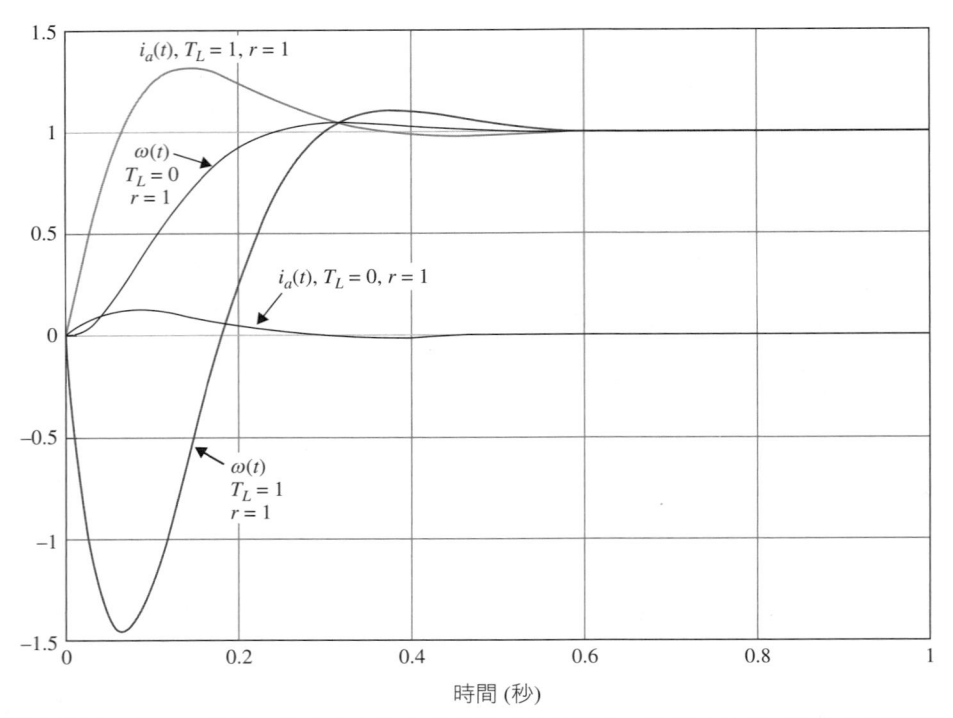

▶ 圖 8-30　範例 8-18-2 具狀態回授與積分控制且承受干擾轉矩之直流馬達控制系統的時間響應。

## 8-20　MATLAB 工具與個案研究

本節中，我們將會討論可用來求解本章所論述過之大部分問題的 MATLAB 工具。讀者可應用此項工具至本章內文邊欄所標記 MATLAB 工具盒符號的所有問題。如第二章所述，吾人可利用 MATLAB 的符號工具來求解本章中牽涉到反拉氏轉換的部分初值問題。最後，利用第三章所討論的 **tfcal** 工具，可將轉移函數轉換成狀態空間表示式。這些程式可讓使用者來完成下列的工作：

- 輸入狀態矩陣。
- 求取系統的特性多項式、固有值與固有向量。
- 求取相似變換矩陣。
- 檢查系統可控制性與可觀測性性質。
- 求得步階、脈衝及自然響應 (即針對初始條件的響應)，以及針對任何時間函數的時間響應。
- 利用 MATLAB 符號工具便可以用反拉氏命令來求出狀態變換矩陣。
- 將轉移函數轉換成狀態空間形式，反之亦然。

為了更明確說明如何使用這些軟體，讓我們再次檢視求解本章前述範例的相關步驟。

## 8-20-1 狀態空間分析工具的描述與用法

狀態空間分析工具 (State-Space Analysis Tool, state tool) 是由一些 m-檔及可用來分析狀態空間的人機介面 (GUI) 組成。state tool 可以透過啟動平台 (**ACSYS**) 點選適當按鍵呼叫出來，你將會看到如圖 8-31 所示之視窗圖。我們首先考慮 8-16 節中的例子來描述 state tool 的功能。

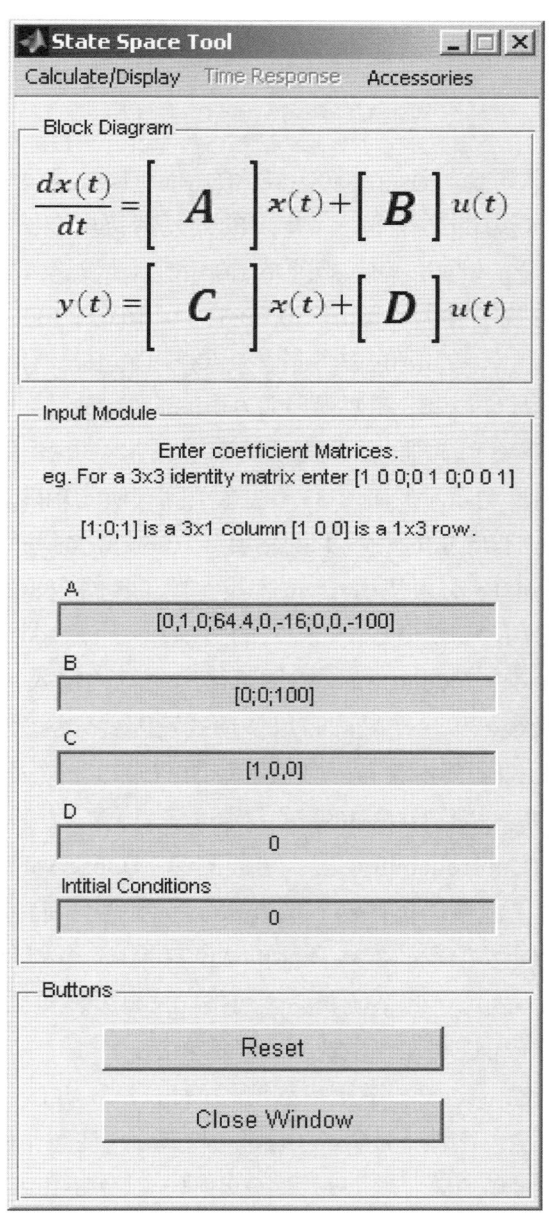

▶ 圖 8-31　狀態空間分析視窗。

先輸入下列的係數矩陣

$$\mathbf{A}^* = \begin{bmatrix} 0 & 1 & 0 \\ 64.4 & 0 & -16 \\ 0 & 0 & -100 \end{bmatrix} \quad (8\text{-}376)$$

$$\mathbf{B}^* = \begin{bmatrix} 0 \\ 0 \\ 100 \end{bmatrix} \quad (8\text{-}377)$$

$$\mathbf{C}^* = \begin{bmatrix} 1 & 0 & 0 \end{bmatrix} \quad (8\text{-}378)$$

在適當的編輯方框中輸入數值。注意：初始條件的預設值均定為零，以此例而言，並不需要改變它。小心地依照螢幕的命令進行。矩陣的列元素可用空格隔開或逗號間隔，而每一列則是用分號加以區分。例如，輸入矩陣 **A** (譯者註：狀態空間分析視窗的各個矩陣輸入欄位並未顯示「＊」符號。) 的方式如下 [0,1,0;64.4,0,-16;0,0,-100]，而輸入矩陣 **B** 則是鍵入 [0;0;100]，如圖 8-32 所示。本例的 **D** 矩陣設定為零 (為預設值)。為了求取 (8-305) 式的特性方程式、固有值及固有向量，可點選計算/顯示選單中的「A 的固有值與固有向量」(Eigenvals & vects of A) 選項。詳細的解決方法將顯示在 MATLAB 命令視窗中。**A** 矩陣、**A** 的固有值及 **A** 的固有向量均顯示於圖 8-33。注意：固有值的矩陣表示式等同於 **A** 的對角典型式 (DCF)，而代表固有向量的矩陣 **T** 則呈現 8-10-6 節所討論的 DCF 轉換矩陣形式。為了求出狀態變換矩陣 $\phi(t)$，必須使用 tfsym 工具，此工具將在 8-20-2 節中討論。

(8-378) 式內 **C** 的選取方式可使球位置為輸出 $y(t)$，而輸入為 $v(t)$。然後，點選「狀態空間計算」(State-Space Calculations) 鍵便可得出系統的輸入-輸出轉移函數。出現在 MATLAB 命令視窗的最後結果，便是同時以多項式及因式分解形式表示的轉移函數，如圖 8-34 所示。由該圖可知，其中會有因數值計算所造成的些微誤差。在所得的轉移函數中可令很小的那些項為零，以得出 (8-309) 式。

點選「可控制性」(Controllability) 與「可觀測性」(Observability) 鍵，便可決定系統是否為可控制或可觀測。注意：這些鍵只有在按下「狀態空間計算」鍵後才會動作。按下「可控制性」鍵後，便可得出圖 8-35 所示的 MATLAB 命令視窗。本例的 **S** 矩陣與 (8-310) 式一樣，其秩為 3。因此，此系統為完全可控制。此程式亦可提供 **M** 與 **P** 矩陣，以及 8-10-4 節所定義的系統可控制性典型式 (CCF) 的表示式。

一旦按下「可觀測性」鍵後，系統可觀測性便會在 MATLAB 命令視窗評估，如圖 8-36 所示。此系統為完全可觀測，因為 **V** 矩陣的秩為 3。注意：圖 8-42 的 **V** 矩陣與 (8-311) 式的結果相同。此程式同樣可提供 **M** 與 **Q** 矩陣，以及 8-10-5 節所定義的系統可觀測性典型式 (OCF) 表示式。在此，作為練習之用，讀者可嘗試利用此軟體來產生 (8-312) 式

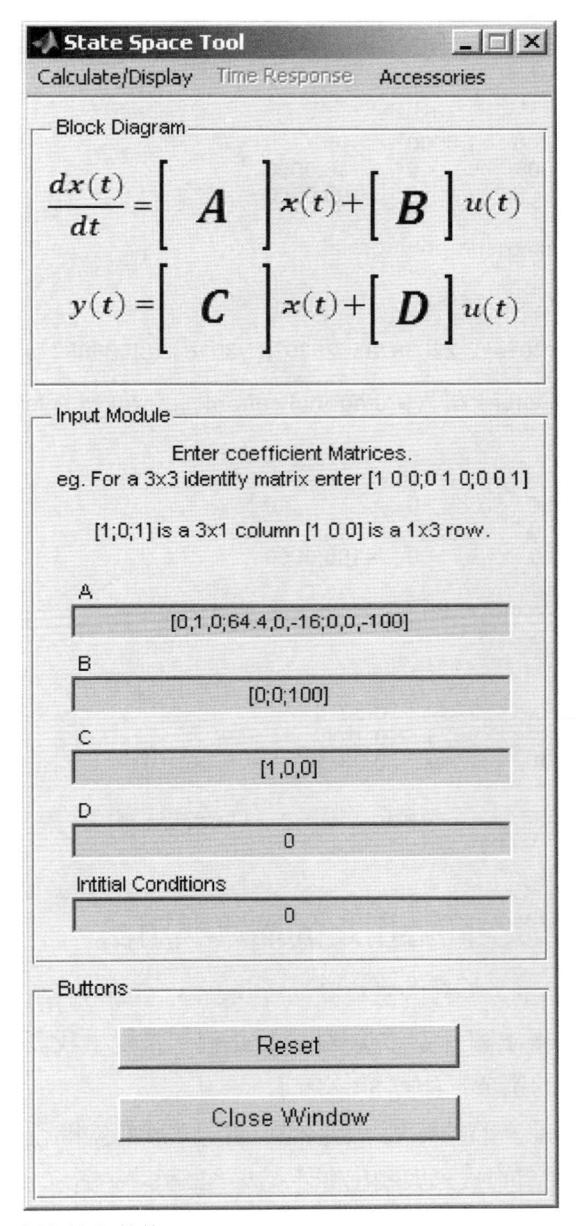

▶ 圖 8-32　在狀態空間視窗中輸入數值。

與 (8-313) 式。

　　只要從時間響應選單中點選合適的按鍵，讀者便可求得輸出 $y(t)$ 的自然時間響應 (即僅由初始條件所造成的響應)、步階響應、脈衝響應，或任何其它輸入功能的時間響應。

　　除了涉及反拉氏轉換與閉合式解之外，本章內文邊欄所標記 MATLAB 工具盒的所有範例均可使用 state tool 程式來處理。為了強調解析解，吾人需使用到 tfsym 工具，此工具需搭配 MATLAB 的符號工具才能使用。

```
The A matrix is:

Amat =

          0      1.0000          0
    64.4000          0    -16.0000
          0          0   -100.0000

Characteristic polynomial:

ans =

s^3+100*s^2-2265873562520787/35184372088832*s-6440

Eigenvalues of A = diagonal canonical form of A is:

Abar =

    8.0250          0          0
         0    -8.0250          0
         0          0  -100.0000

Eigenvectors are

T =

    0.1237    -0.1237    -0.0016
    0.9923     0.9923     0.1590
         0          0     0.9873
```

▶ 圖 8-33　點擊「固有值與向量 A」按鍵後，顯示 MATLAB 命令視窗。

## 8-20-2　適用於狀態空間應用之的描述與用法

在 ACSYS 視窗內點選「轉移函數符號」(Transfer Function Symbolic) 鍵，便可執行轉移函數符號工具。你會得出圖 8-37 的視窗。對此例子來說，我們將使用狀態空間模式。從下拉選單中選擇適當的選項，如圖 8-37 所示。

讓我們繼續來求解前一節的範例，圖 8-38 顯示在狀態空間視窗中，此範例的矩陣之輸入。MATLAB 命令視窗的輸入與輸出顯示結果如圖 8-39 所示。注意：一開始 $(s\mathbf{I}-\mathbf{A})^{-1}$ 與 $\phi(t)$ 矩陣可能以有別於 (8-306) 式與 (8-307) 式的形式出現。不過，在簡單處理後，便可發現其實它們都是相同的。此乃由於使用 MATLAB 符號方法不同進而造成表示式的差異。在 MATLAB 命令視窗中使用「simple」命令即可進一步化簡這些矩陣。例如，為了化簡 $\phi(t)$，在 MATLAB 命令視窗內鍵入「simple (phi)」即可。若仍未能得到想要的格式，有可能是此項化簡已達到該軟體的極限。

```
State-space model is:

a =
          x1      x2      x3
   x1      0       1       0
   x2    64.4      0     -16
   x3      0       0    -100


b =
          u1
   x1      0
   x2      0
   x3    100


c =
          x1      x2      x3
   y1      1       0       0


d =
          u1
   y1      0


Continuous-time model.
Characteristic polynomial:

ans =

s^3+100*s^2-2265873562520787/35184372088832*s − 6440

Equivalent transfer-function model is:

Transfer function:
 4.263e − 014 s^2 + 8.527e−014 s − 1600
 ─────────────────────────────────────
      s^3 + 100s^2 − 64.4s − 6440

Pole, zero form:

Zero/pole/gain:
 4.2633e − 014 (s+1.937e008)(s − 1.937e008)
 ──────────────────────────────────────────
         (s+100)(s+8.025)(s − 8.025)
```

▶ 圖 8-34　點擊「狀態空間計算」按鈕後的 MATLAB 命令視窗。

```
The Controllibility matrix [B AB A^2B ...] is =

Smat =

     0        0    -1600
     0    -1600   160000
   100   -10000  1000000

The system is therefore controllable, rank of S matrix is =

rankS =

   3

Mmat =

  -64.4000   100.0000   1.0000
  100.0000     1.0000        0
    1.0000         0         0

The controllability canonical form (CCF) transformation matrix is:

Ptran =

  -1600       0      0
      0   -1600      0
  -6440       0    100

The transformed matrices using CCF are:

Abar =

  1.0e+003 *

       0    0.0010        0
       0         0   0.0010
  6.4400    0.0644  -0.1000

Bbar =

  0
  0
  1

Cbar =

  -1600    0    0

Dbar =

  0
```

▶ 圖 8-35 點擊「可控制性」按鈕後的 MATLAB 命令視窗。

```
The observability matrix (transpose:[C CA CA^2 ...]) is =

Vmat =

    1.0000         0         0
         0    1.0000         0
   64.4000         0  -16.0000

The system is therefore observable, rank of V matrix is =

rankV =

     3

Mmat =

  -64.4000  100.0000    1.0000
  100.0000    1.0000         0
    1.0000         0         0

The observability canonical form (OCF) transformation matrix is:

Qtran =

         0         0    1.0000
         0    1.0000 -100.0000
   -0.0625    6.2500 -625.0000

The transformed matrices using OCF are:

Abar =

  1.0e+003 *

    0.0000   -0.0000    6.4400
    0.0010   -0.0000    0.0644
         0    0.0010   -0.1000

Bbar =

   -1600
       0
       0

Cbar =

   0   0   1

Dbar =

   0
```

▶圖 8-36　點擊「可觀測性」按鈕後的 MATLAB 命令視窗。

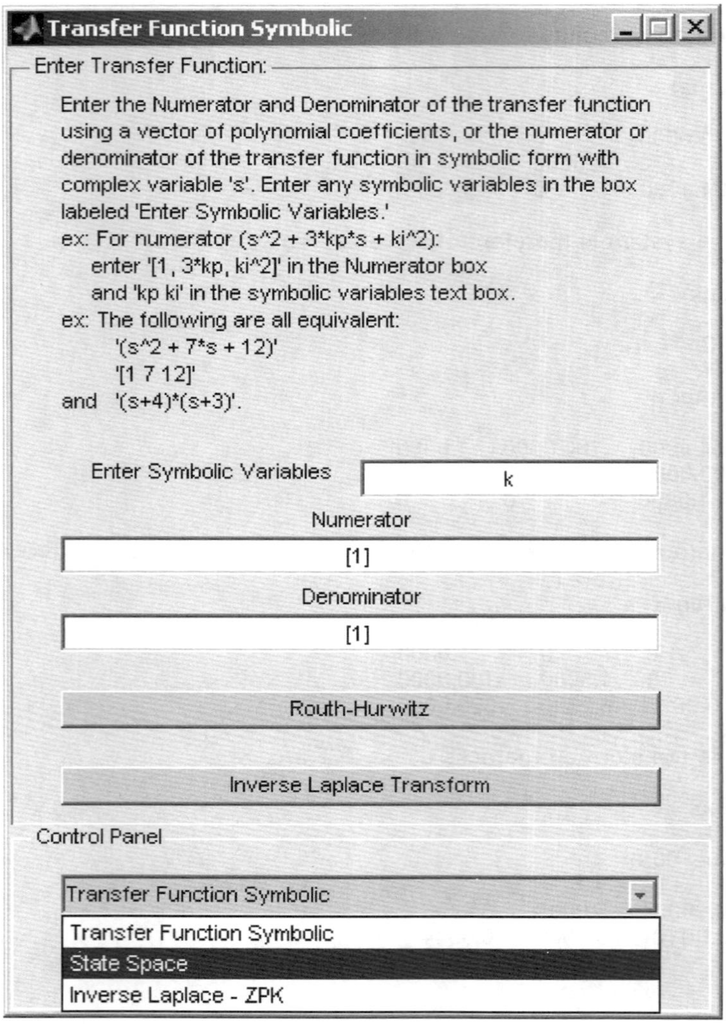

▶ 圖 8-37　轉移函數符號視窗。

## 8-21　個案研究：LEGO MINDSTORMS 機械手臂系統的位置控制

讓我們考慮如圖 2-42 所示的機器人手臂系統，以及附錄 D 中使用的比例控制器，在 D-1-6 節，我們控制機器人手臂的位置。在本節中，我們使用狀態空間方法來做同樣的操作。

**比例控制**

從 (6-57) 式中，系統的轉移函數為

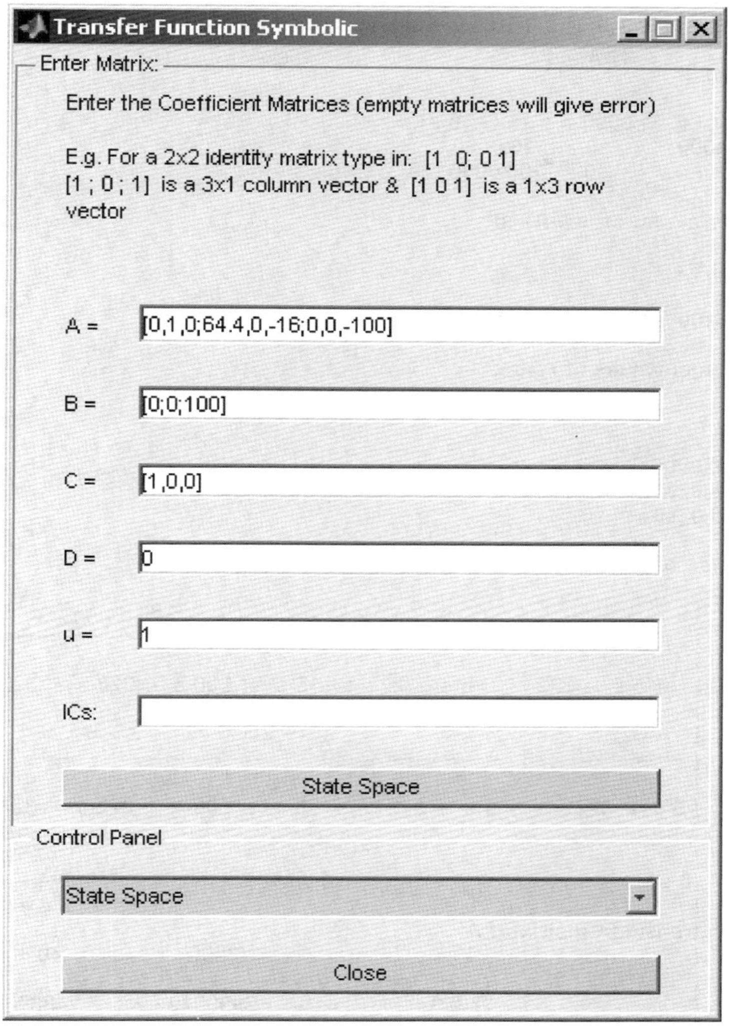

[圖 8-38] 將數值輸入到轉移函數符號窗口中。

$$\frac{\Theta(s)}{\Theta_{in}(s)} = \frac{\dfrac{K_p K_i K_s}{R_a J}}{\left(\dfrac{L_a}{R_a}s+1\right)\left\{Js^2\left(B+\dfrac{K_b K_i}{R_a}\right)s+\dfrac{K_p K_i K_s}{R_a J}\right\}} \qquad (8\text{-}379)$$

如同先前，$L_a/R_a$ 可能因為太小而被忽略。因此，從 (6-58) 式，系統的簡化轉移函數為

```
Enter A = [0 1 0;64.4 0-16;0 0 -100]

Asym =

         0    1.0000         0
    64.4000        0   -16.0000
         0        0  -100.0000

Determinant of (s*I-A) is:

detSIA =

s^3+100*s^2-322/5*s-6440

the eigenvalues of A are:

eigA =

 -100.0000
    8.0250
   -8.0250

Inverse of (s*I-A) is:

[        s                 5                        80                    ]
[5 -------------- , --------------- , ---------------------------------- ]
[        2                 2                 3       2                    ]
[    5 s - 322         5 s - 322         5 s + 500 s - 322 s - 32200]
[                                                                         ]
[       322                s                         s                    ]
[--------------- , 5 --------------- , -80 ---------------------------- ]
[        2                 2                 3       2                    ]
[    5 s - 322         5 s - 322         5 s + 500 s - 322 s - 32200]
[                                                                         ]
[                                                              1          ]
[  0 ,                  0 ,                                 -------       ]
[                                                            s + 100      ]

State transition matrix of A:
[                          40                  2000              40       ]
[%2 , 1/322 %1, - -------- exp (-100 t) - -------- %1 + -------- %2]
[                       24839                3999079           24839      ]
[                                                                         ]
[                       4000                  4000                        ]
[1/5 %1 ,    %2 ,   -------- exp (-100 t) - -------- %2 + 8/24839 %1]
[                       24839                24839                        ]
[                                                                         ]
[  0 ,                    0 ,                         exp (-100 t)]

                                  1/2              1/2
                  %1 : = 1610    sinh (1/5 1610      t)

                                              1/2
                  %2 : = cosh (1/5 1610         t)

Transfer function between u(t) and y(t) is:

                          8000
        - --------------------------------------
                  3       2
              5 s + 500 s - 322 s - 32200
```

▶ 圖 8-39　選擇性顯示 tfsym 工具的 MATLAB 命令視窗。

$$\frac{\Theta(s)}{\Theta_{in}(s)} = \frac{\frac{K_P K_i K_s}{R_a J}}{s^2 + \left(\frac{R_a B + K_b K_i}{R_a J}\right)s + \frac{K_P K_i K_s}{R_a J}} \tag{8-380}$$

表 8-1 重述了表 8-7 中針對 LEGO NXT 馬達的參數值。

將 (8-380) 式兩側預乘上分母項，可得

$$\left(s^2 + \frac{R_a B + K_b K_i}{R_a J}s + \frac{K_P K_i K_s}{R_a J}\right)\Theta(s) = \frac{K_P K_i K_s}{R_a J}\Theta_{in}(s) \tag{8-381}$$

對 (8-381) 式取反拉氏轉換，同時回想轉移函數與系統初始條件無關，我們得到以下具有常數實係數之微分方程式：

$$\frac{d^2\theta(t)}{dt^2} + \frac{R_a B + K_b K_i}{R_a J}\frac{d\theta(t)}{dt} + \frac{K_P K_i K_s}{R_a J}\theta(t) = \frac{K_P K_i K_s}{R_a J}\theta_{in}(t) \tag{8-382}$$

明顯地，你也可以利用第二章與第六章討論的技術直接求出 (8-382) 式。定義

$$\begin{aligned} x_1(t) &= \theta(t) \\ x_2(t) &= \frac{d\theta(t)}{dt} \\ u(t) &= \theta_{in}(t) \\ y(t) &= x_1(t) \end{aligned} \tag{8-383}$$

其中，$x_1(t)$、$x_2(t)$ 為狀態變量、$u(t)$ 為輸入，以及 $y(t)$ 為輸出。

其狀態方程式為

$$\begin{bmatrix} \frac{dx_1(t)}{dt} \\ \frac{dx_2(t)}{dt} \end{bmatrix} = \begin{bmatrix} 0 & 1 \\ -\frac{K_P K_i K_s}{R_a J} & -\frac{R_a B + K_b K_i}{R_a J} \end{bmatrix}\begin{bmatrix} x_1(t) \\ x_2(t) \end{bmatrix} + \begin{bmatrix} 0 \\ \frac{K_P K_i K_s}{R_a J} \end{bmatrix}u(t) \tag{8-384}$$

■表 8-1　機械手臂與負載的實驗參數

| | |
|---|---|
| 電樞電阻 | $R_a = 2.27\ \Omega$ |
| 電樞電感 | $L_a = 0.0047$ H |
| 馬達轉矩常數 | $K_i = 0.25$ Nm/A |
| 反電動勢常數 | $K_b = 0.25$ V/rad/s |
| 等效黏滯阻尼常數 | $B = 0.0027$ Nm/s |
| 機械時間常數 | $\tau_m = 0.1$ s |
| 總轉動慣量 | $J = 0.00302$ kg$\cdot$m$^2$ |
| 感測器增益 | $K_s = 1$ |

$$y(t) = \begin{bmatrix} 1 & 0 \end{bmatrix} \mathbf{x}(t) \tag{8-385}$$

在 (8-384) 式與 (8-385) 式的比例控制系統，以及 (8-317) 式與 (8-318) 式的狀態回授控制系統之間存在著一個微小卻十分重要的差異。比較此系統與範例 8-18-2 的系統，我們可見因為比例控制中的 $K_P$ 出現在順向路徑上，與反饋迴路相反，它也作為輸入 $u(t)$ 的係數出現在矩陣 **B** 中；也見 (8-337) 式和圖 8-26b 進行比較。因此，係數矩陣變成

$$\mathbf{A} = \begin{bmatrix} 0 & 1 \\ -\dfrac{K_P K_i K_s}{R_a J} & -\dfrac{R_a B + K_b K_i}{R_a J} \end{bmatrix}; \quad \mathbf{B} = \begin{bmatrix} 0 \\ \dfrac{K_P K_i K_s}{R_a J} \end{bmatrix}$$
$$\mathbf{C} = \begin{bmatrix} 1 & 0 \end{bmatrix}; \qquad D = 0 \tag{8-386}$$

利用 $K_P = 3$ (也可見工具盒 8-21-1)，並將表 8-1 的參數數值代入矩陣係數，可得

$$\mathbf{A} = \begin{bmatrix} 0 & 1 \\ -109.4028 & -10.0109 \end{bmatrix}; \quad \mathbf{B} = \begin{bmatrix} 0 \\ 109.4028 \end{bmatrix}$$
$$\mathbf{C} = \begin{bmatrix} 1 & 0 \end{bmatrix}; \qquad D = 0 \tag{8-387}$$

利用 ACSYS state tool，我們可以確認下述結果：

特性方程式為

$$|s\mathbf{I} - \mathbf{A}| = \begin{bmatrix} s & 1 \\ 109.4028 & s + 10.0109 \end{bmatrix} = s^2 + 10.0109s + 109.4028 = 0 \tag{8-388}$$

**A** 的固有值，或固有方程式的根為

$$s_{1,2} = -5.0054 \pm j9.1841 = -\zeta \omega_n \pm j\omega_n \sqrt{1 - \zeta^2} \tag{8-389}$$

**可控制性**：可控制性矩陣為

$$\mathbf{S} = \begin{bmatrix} \mathbf{B} & \mathbf{AB} \end{bmatrix} = \begin{bmatrix} 0 & 109.4028 \\ 109.4028 & -1095.22 \end{bmatrix} \tag{8-390}$$

由於 **S** 的秩為 2，系統可以完全的控制。

系統的 CCF 表現法為

$$\overline{\mathbf{A}} = \begin{bmatrix} 0 & 1 \\ -109.4028 & -10.0109 \end{bmatrix}; \quad \overline{\mathbf{B}} = \begin{bmatrix} 0 \\ 109.4028 \end{bmatrix}$$
$$\overline{\mathbf{C}} = \begin{bmatrix} 1 & 0 \end{bmatrix}; \qquad \overline{D} = 0 \tag{8-391}$$

**可觀測性**：可觀測性矩陣為

$$\mathbf{V} = \begin{bmatrix} \overline{\mathbf{C}} \\ \overline{\mathbf{C}}\overline{\mathbf{A}} \end{bmatrix} = \begin{bmatrix} 1 & 0 \\ 0 & 1 \end{bmatrix} \tag{8-392}$$

由於 S 的秩為 2，系統可以完全的觀測。

系統的 OCF 表現法為

$$\overline{\mathbf{A}} = \begin{bmatrix} 0 & -109.4028 \\ 1 & -10.0109 \end{bmatrix}; \quad \overline{\mathbf{B}} = \begin{bmatrix} 109.4028 \\ 0 \end{bmatrix}$$
$$\overline{\mathbf{C}} = \begin{bmatrix} 0 & 1 \end{bmatrix}; \quad \overline{D} = 0 \tag{8-393}$$

利用狀態空間工具中的時間響應選單，我們可以獲得系統對於單位-步階輸入的步階響應，如圖 8-40 所示。其結果與圖 7-59 相同，係透過 160° 的步階輸入而獲得。為了與 PD 控制器進行比較，我們使用了工具盒 8-21-2。

## PD 控制器

系統的轉移函數為

$$\frac{\Theta(s)}{\Theta_{in}(s)} = \frac{\dfrac{K_i K_s}{R_a J}(K_P + K_D s)}{s^2 + \left(\dfrac{R_a B + K_b K_i}{R_a J} + \dfrac{K_D K_i K_s}{R_a J}\right)s + \dfrac{K_P K_i K_s}{R_a J}} \tag{8-394}$$

將表 8-1 的參數數值代入，可得

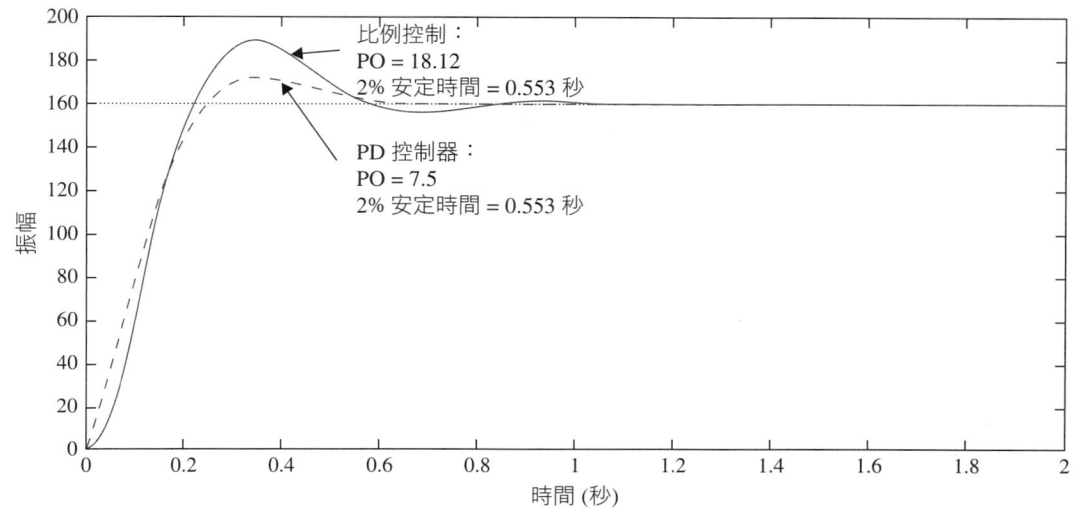

▶ 圖 8-40　NXT 機械手臂之對 $K_P = 3$ 之比例控制器與 $K_P = 3$、$K_D = 0.1$ 之 PD 控制器，單位-步階響應之比較。

$$\frac{\Theta(s)}{\Theta_{in}(s)} = \frac{36.4676(K_P + K_D s)}{s^2 + (10.0109 + 36.4676 K_D)s + 36.4676 K_P} \tag{8-395}$$

為了與圖 8-40 的比例控制器進行比較,我們保留 $K_P = 3$ 較早的值,並改變 $K_D$ 的數值。對 $K_D = 0.1$,(8-395) 式的轉移函數變成

$$\frac{\Theta(s)}{\Theta_{in}(s)} = \frac{3.647s + 109.4028}{s^2 + 13.66s + 109.4028} \tag{8-396}$$

利用工具盒 8-21-1,我們可以求出等效系統的狀態方程式。

### 工具盒 8-21-1

轉移函數在 (8-396) 式轉變成狀態空間形式:

```
s=tf('s')
G=36.4676*(0.1*s+3)/(s^2+(10.0109+36.4676*0.1)*s+36.4676*3)
controller_ss=ss(G)
```

PD 控制的係數矩陣變成

$$\mathbf{A} = \begin{bmatrix} -13.66 & -13.68 \\ 8 & 0 \end{bmatrix}; \quad \mathbf{B} = \begin{bmatrix} 4 \\ 0 \end{bmatrix} \tag{8-397}$$
$$\mathbf{C} = \begin{bmatrix} 0.9117 & 3.419 \end{bmatrix}; \quad D = 0$$

利用 ACSYS state tool,我們可以確認下述結果:

特性方程式為

$$|s\mathbf{I} - \mathbf{A}| = \begin{bmatrix} s+13.66 & 13.68 \\ -8 & s \end{bmatrix} = s^2 + 13.66s + 109.4028 = 0 \tag{8-398}$$

$\mathbf{A}$ 的固有值,或固有方程式的根為

$$s_{1,2} = -6.83 \pm j7.9241 = \omega_n(-\zeta \pm j\sqrt{1-\zeta^2}) \tag{8-399}$$

**可控制性**:可控制性矩陣為

$$\mathbf{S} = \begin{bmatrix} \mathbf{B} & \mathbf{AB} \end{bmatrix} = \begin{bmatrix} 4 & -54.64 \\ 0 & 32 \end{bmatrix} \tag{8-400}$$

由於 $\mathbf{S}$ 的秩為 2,系統可以完全的控制。

系統的 CCF 表現法為

$$\overline{\mathbf{A}} = \begin{bmatrix} 0 & 1 \\ -109.4028 & -13.66 \end{bmatrix}; \quad \overline{\mathbf{B}} = \begin{bmatrix} 0 \\ 1 \end{bmatrix} \tag{8-401}$$
$$\overline{\mathbf{C}} = \begin{bmatrix} 109.4028 & 3.6468 \end{bmatrix}; \quad \overline{D} = 0$$

**可觀測性**：可觀測性矩陣為

$$\mathbf{V} = \begin{bmatrix} \mathbf{C} \\ \mathbf{CA} \end{bmatrix} = \begin{bmatrix} 0.9117 & 3.4190 \\ 14.8982 & -12.4721 \end{bmatrix} \tag{8-402}$$

若 $K_p \neq 0$，矩陣 **V** 的秩為 2，系統可以完全的觀測。

系統的 OCF 表現法為

$$\overline{\mathbf{A}} = \begin{bmatrix} 0 & -109.4028 \\ 1 & -13.66 \end{bmatrix}; \quad \overline{\mathbf{B}} = \begin{bmatrix} 109.4028 \\ 3.6468 \end{bmatrix}$$
$$\overline{\mathbf{C}} = \begin{bmatrix} 0 & 1 \end{bmatrix}; \quad \overline{D} = 0 \tag{8-403}$$

利用狀態空間工具中的時間響應選單，我們可以獲得系統對於單位-步階輸入的步階響應，如圖 8-40 所示。比較比例與 PD 控制器，我們可見 PD 控制器透過增加系統的阻尼來提高超越量百分比與安定時間。

### 工具盒 8-21-2

圖 8-40 可以透過以下 MATLAB 函數序列求得：

```
KD=0;KP=3;
% enter transfer function numerator and denominator
num =160*36.4676*[KD KP]; % apply an input amplitude of 160 degrees
num =160*36.4676*[KD KP];
den = [1 10.0109+36.4676*KD 36.4676*KP];
step(num,den)
hold on
KD=0.1;KP=3;
% enter transfer function numerator and denominator
num =160*36.4676*[KD KP]; % apply an input amplitude of 160 degrees
den = [1 10.0109+36.4676*KD 36.4676*KP];
step(num,den)
axis([0 2 0 200])
```

## 8-22 摘要

本章專論線性系統的狀態變數分析。在第二章與第三章中，已介紹過狀態變數與狀態方程式的基礎。這些主題的正式討論則是在本章中。明確地說，本章介紹狀態變換矩陣與狀態變換方程式，並建立狀態方程式與轉移函數之間的關係。給定一個線性系統的轉移函數，藉由轉移函數的分解即可得到系統的狀態方程式。給定狀態方程式及輸出方程式，轉移函數可從分析上或直接從狀態圖得之。

特性方程式和固有值是以狀態方程式和轉移函數來定義，矩陣 **A** 的固有向量亦針對相異與多階的固有值來定義。本章亦討論以相似轉換將系統轉成可控制性典型式 (CCF)、

可觀測性典型式 (OCF)、對角典型式 (DCF) 和喬丹典型式 (JCF)。線性非時變系統的狀態可控制性與可觀測性，在本章中亦有定義，並以例說明之。離散-資料系統的狀態變數亦在本章的涵蓋之內，其分析與連續-資料系統的狀態變數分析非常相似。最後一個磁浮球的例子，摘要了線性系統狀態變數分析的重要元素。

8-20 節則介紹了 MATLAB 軟體工具 statetool、tfsym 及 tfcal，並利用兩個範例來說明此程式的功能。結合這些工具便可求解本章大部分的習題與範例。最後，在第二章、第六章及附錄 D 所研究的 NXT 機器人範例在 8-21 節延伸到空間狀態的形式，並研究比例控制器與 PD 控制器的影響。

## 參考資料

### 狀態變數與狀態方程式

1. B. C. Kuo, *Linear Networks and Systems*, McGraw-Hill, New York, 1967.
2. R. A. Gabel and R. A. Roberts, *Signals and Linear Systems*, 3rd Ed., John Wiley & Sons, New York, 1987.

### 可控制性與可觀測性

3. R. E. Kalman, "On the General Theory of Control Systems," *Proc. IFAC*, Vol. 1, pp. 481-492, Butterworth, London, 1961.
4. W. L. Brogan, *Modern Control Theory*, Second Edition, Prentice Hall, Englewood Cliffs, NJ. 1985.

## 習題

**8-1** 下列微分方程式係代表線性非時變系統。試以向量矩陣形式寫出動態方程式 (狀態方程式和輸出方程式)。

(a) $\dfrac{d^2 y(t)}{dt^2} + 4\dfrac{dy(t)}{dt} + y(t) = 5r(t)$

(b) $2\dfrac{d^3 y(t)}{dt^3} + 3\dfrac{d^2 y(t)}{dt^2} + 5\dfrac{dy(t)}{dt} + 2y(t) = r(t)$

(c) $\dfrac{d^3 y(t)}{dt^3} + 5\dfrac{d^2 y(t)}{dt^2} + 3\dfrac{dy(t)}{dt} + y(t) + \int_0^t y(\tau)d\tau = r(\tau)$

(d) $\dfrac{d^4 y(t)}{dt^4} + 1.5\dfrac{d^3 y(t)}{dt^3} + 2.5\dfrac{dy(t)}{dt} + y(t) = 2r(t)$

**8-2** 下列轉移函數顯示線性非時變系統。試以向量矩陣形式寫出動態方程式 (狀態方程式和輸出方程式)。

(a) $G(s) = \dfrac{s+3}{s^2 + 3s + 2}$

(b) $G(s) = \dfrac{6}{s^3 + 6s^2 + 11s + 6}$

(c) $G(s) = \dfrac{s+2}{s^2+7s+12}$

(d) $G(s) = \dfrac{s^3+11s^2+35s+250}{s^2(s^3+4s^2+39s+108)}$

**8-3** 利用 MATLAB 重做習題 8-2。

**8-4** 列寫圖 8P-4 所示系統方塊圖之狀態方程式。

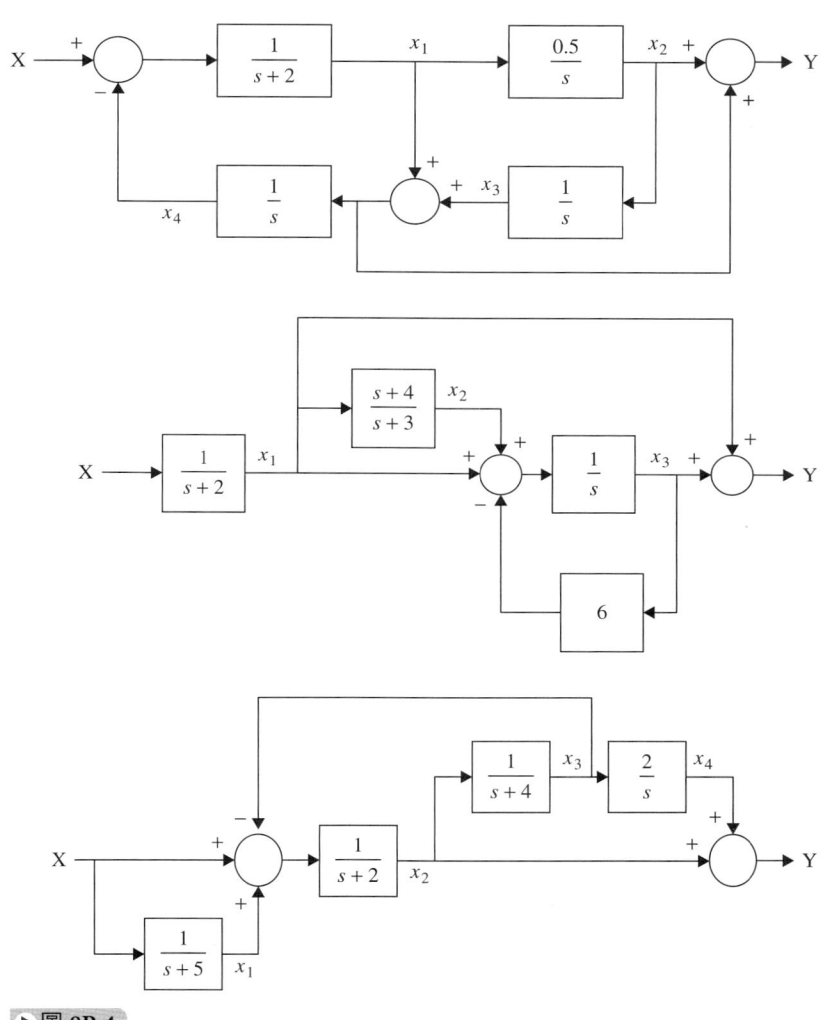

▶ 圖 8P-4

**8-5** 利用 (8-58) 式，證明

$$\phi(t) = \mathbf{I} + \mathbf{A}t + \dfrac{1}{2!}\mathbf{A}^2 t^2 + \dfrac{1}{3!}\mathbf{A}^3 t^3 + \cdots$$

**8-6** 線性非時變系統的狀態方程式為

$$\dfrac{d\mathbf{x}(t)}{dt} = \mathbf{A}\mathbf{x}(t) + \mathbf{B}u(t)$$

試求下列情形的狀態變換矩陣 $\phi(t)$，$\mathbf{A}$ 的特性方程式和固有向量。

(a) $\mathbf{A} = \begin{bmatrix} 0 & 1 \\ -2 & -1 \end{bmatrix}$ $\mathbf{B} = \begin{bmatrix} 0 & 1 \\ 1 & 0 \end{bmatrix}$ (b) $\mathbf{A} = \begin{bmatrix} 0 & 1 \\ -4 & -5 \end{bmatrix}$ $\mathbf{B} = \begin{bmatrix} 1 \\ 1 \end{bmatrix}$

(c) $\mathbf{A} = \begin{bmatrix} -3 & 0 \\ 0 & -3 \end{bmatrix}$ $\mathbf{B} = \begin{bmatrix} 0 \\ 1 \end{bmatrix}$ (d) $\mathbf{A} = \begin{bmatrix} 3 & 0 \\ 0 & -3 \end{bmatrix}$ $\mathbf{B} = \begin{bmatrix} 0 \\ 1 \end{bmatrix}$

(e) $\mathbf{A} = \begin{bmatrix} 0 & 2 \\ -2 & 0 \end{bmatrix}$ $\mathbf{B} = \begin{bmatrix} 0 \\ 1 \end{bmatrix}$ (f) $\mathbf{A} = \begin{bmatrix} -1 & 0 & 0 \\ 0 & -2 & 1 \\ 0 & 0 & -2 \end{bmatrix}$ $\mathbf{B} = \begin{bmatrix} 0 \\ 1 \\ 0 \end{bmatrix}$

(g) $\mathbf{A} = \begin{bmatrix} -5 & 1 & 0 \\ 0 & -5 & 1 \\ 0 & 0 & -5 \end{bmatrix}$ $\mathbf{B} = \begin{bmatrix} 0 \\ 0 \\ 1 \end{bmatrix}$

8-7 若有合用的電腦程式，用它來求出 $\phi(t)$ 和特性方程式。

8-8 試求出習題 8-6 在 $t \geq 0$ 時每一系統的狀態變換方程式。假設 $\mathbf{x}(0)$ 為初始狀態向量，而 $\mathbf{u}(t)$ 為單位步階函數。

8-9 查出下列矩陣是否可為狀態變換矩陣。[提示：檢查 $\phi(t)$ 的特性。]

(a) $\begin{bmatrix} -e^{-t} & 0 \\ 0 & 1-e^{-t} \end{bmatrix}$ (b) $\begin{bmatrix} 1-e^{-t} & 0 \\ 1 & e^{-t} \end{bmatrix}$

(c) $\begin{bmatrix} 1 & 0 \\ 1-e^{-t} & e^{-t} \end{bmatrix}$ (d) $\begin{bmatrix} e^{-2t} & te^{-2t} & t^2e^{-2t}/2 \\ 0 & e^{-2t} & te^{-2t} \\ 0 & 0 & e^{-2t} \end{bmatrix}$

8-10 求出下列系統的時間響應：

(a) $\begin{bmatrix} \dot{x}_1 \\ \dot{x}_2 \end{bmatrix} = \begin{bmatrix} 0 & 1 \\ -2 & -3 \end{bmatrix} \begin{bmatrix} x_1 \\ x_2 \end{bmatrix} + \begin{bmatrix} 0 \\ 1 \end{bmatrix} u$

(b) $\begin{bmatrix} \dot{x}_1 \\ \dot{x}_2 \end{bmatrix} = \begin{bmatrix} -1 & -0.5 \\ 1 & 0 \end{bmatrix} \begin{bmatrix} x_1 \\ x_2 \end{bmatrix} + \begin{bmatrix} 0.5 \\ 0 \end{bmatrix} u \quad y = \begin{bmatrix} 1 & 0 \end{bmatrix} \begin{bmatrix} x_1 \\ x_2 \end{bmatrix}$

8-11 已知一系統以動態方程式描述為

$$\frac{d\mathbf{x}(t)}{dt} = \mathbf{A}\mathbf{x}(t) + \mathbf{B}u(t) \quad y(t) = \mathbf{C}\mathbf{x}(t)$$

(a) $\mathbf{A} = \begin{bmatrix} 0 & 1 & 0 \\ 0 & 0 & 1 \\ -1 & -2 & -3 \end{bmatrix}$ $\mathbf{B} = \begin{bmatrix} 0 \\ 0 \\ 1 \end{bmatrix}$ $\mathbf{C} = \begin{bmatrix} 1 & 0 & 0 \end{bmatrix}$

(b) $\mathbf{A} = \begin{bmatrix} -1 & 1 \\ 0 & -1 \end{bmatrix}$ $\mathbf{B} = \begin{bmatrix} 0 \\ 1 \end{bmatrix}$ $\mathbf{C} = \begin{bmatrix} 1 & 1 \end{bmatrix}$

(c) $\mathbf{A} = \begin{bmatrix} 0 & 1 & 0 \\ 0 & 0 & 1 \\ 0 & -1 & -2 \end{bmatrix}$ $\mathbf{B} = \begin{bmatrix} 0 \\ 0 \\ 1 \end{bmatrix}$ $\mathbf{C} = \begin{bmatrix} 1 & 1 & 0 \end{bmatrix}$

(1) 求 **A** 的固有值。如果有的話，使用諸如 **ACSYS** 計算機程式來檢查你的答案。你可使用電腦程式來得到特性方程式，並利用 **ACSYS** 的 tfsim 或 tcal 程式來求解其根。

(2) 求 **X**($s$) 和 $U(s)$ 之間轉移函數的關係。

(3) 求轉移函數 $Y(s)/U(s)$。

**8-12** 已知一非時變系統的動態方程式為

$$\frac{d\mathbf{x}(t)}{dt} = \mathbf{A}\mathbf{x}(t) + \mathbf{B}u(t) \quad y(t) = \mathbf{C}\mathbf{x}(t)$$

其中

$$\mathbf{A} = \begin{bmatrix} 0 & 1 & 0 \\ 0 & 0 & 1 \\ -1 & -2 & -3 \end{bmatrix} \quad \mathbf{B} = \begin{bmatrix} 0 \\ 0 \\ 1 \end{bmatrix} \quad \mathbf{C} = \begin{bmatrix} 1 & 1 & 0 \end{bmatrix}$$

求矩陣 $\mathbf{A}_1$ 和 $\mathbf{B}_1$，使狀態方程式可寫成

$$\frac{d\bar{\mathbf{x}}(t)}{dt} = \mathbf{A}_1\bar{\mathbf{x}}(t) + \mathbf{B}_1 u(t)$$

其中

$$\bar{\mathbf{x}}(t) = \begin{bmatrix} x_1(t) \\ y(t) \\ \dfrac{dy(t)}{dt} \end{bmatrix}$$

**8-13** 已知動態方程式

$$\frac{d\mathbf{x}(t)}{dt} = \mathbf{A}\mathbf{x}(t) + \mathbf{B}u(t) \quad y(t) = \mathbf{C}\mathbf{x}(t)$$

(a) $\mathbf{A} = \begin{bmatrix} 0 & 2 & 0 \\ 1 & 2 & 0 \\ -1 & 0 & 1 \end{bmatrix}$ $\mathbf{B} = \begin{bmatrix} 0 \\ 1 \\ 1 \end{bmatrix}$ $\mathbf{C} = \begin{bmatrix} 1 & 0 & 1 \end{bmatrix}$

(b) $\mathbf{A} = \begin{bmatrix} 0 & 2 & 0 \\ 1 & 2 & 0 \\ -1 & 1 & 1 \end{bmatrix}$ $\mathbf{B} = \begin{bmatrix} 1 \\ 1 \\ 0 \end{bmatrix}$ $\mathbf{C} = \begin{bmatrix} 1 & 0 & 1 \end{bmatrix}$

(c) $\mathbf{A} = \begin{bmatrix} -2 & 1 & 0 \\ 0 & -2 & 0 \\ -1 & -2 & -3 \end{bmatrix}$ $\mathbf{B} = \begin{bmatrix} 1 \\ 1 \\ 1 \end{bmatrix}$ $\mathbf{C} = \begin{bmatrix} 1 & 0 & 0 \end{bmatrix}$

(d) $\mathbf{A} = \begin{bmatrix} -1 & 1 & 0 \\ 0 & -1 & 1 \\ 0 & 0 & -1 \end{bmatrix}$ $\mathbf{B} = \begin{bmatrix} 0 \\ 1 \\ 1 \end{bmatrix}$ $\mathbf{C} = \begin{bmatrix} 1 & 0 & 1 \end{bmatrix}$

(e) $\mathbf{A} = \begin{bmatrix} 1 & 1 \\ -2 & -3 \end{bmatrix}$ $\mathbf{B} = \begin{bmatrix} 0 \\ 1 \end{bmatrix}$ $\mathbf{C} = \begin{bmatrix} 1 & 0 \end{bmatrix}$

求能將狀態方程式轉成可控制性典型式 (CCF) 的轉換 $\mathbf{x}(t) = \mathbf{P}\bar{\mathbf{x}}(t)$。

8-14 針對習題 8-13 中所描述的系統，求出能將狀態方程式轉成可觀測性典型式 (OCF) 的轉換 $\mathbf{x}(t) = \mathbf{Q}\bar{\mathbf{x}}(t)$。

8-15 針對習題 8-13 中所描述的系統，若 $\mathbf{A}$ 的固有值互相不同，求能將狀態方程式轉成對角典型式 (DCF) 的轉換 $\mathbf{x}(t) = \mathbf{T}\bar{\mathbf{x}}(t)$；若 $\mathbf{A}$ 至少有一多階固有值，所求須能將狀態方程式轉成喬丹典型式 (JCF)。

8-16 考慮下述轉移函數。將狀態方程式轉換為可控制性典型式 (CCF) 和可觀測性典型式 (OCF)。

(a) $\dfrac{s^2-1}{s^2(s^2-2)}$ (b) $\dfrac{2s+1}{s^2+4s+4}$

8-17 一線性系統的狀態方程式描述如下：

$$\frac{d\mathbf{x}(t)}{dt} = \mathbf{A}\mathbf{x}(t) + \mathbf{B}u(t)$$

其係數矩陣給定如下，解釋為什麼這些狀態方程式不能轉成可控制性典型式 (CCF)。

(a) $\mathbf{A} = \begin{bmatrix} -2 & 0 \\ 0 & -1 \end{bmatrix}$ $\mathbf{B} = \begin{bmatrix} 0 \\ 1 \end{bmatrix}$ (b) $\mathbf{A} = \begin{bmatrix} -1 & 0 & 0 \\ 0 & -1 & 0 \\ 0 & 0 & -1 \end{bmatrix}$ $\mathbf{B} = \begin{bmatrix} 1 \\ 2 \\ 3 \end{bmatrix}$

(c) $\mathbf{A} = \begin{bmatrix} 1 & 2 \\ 1 & 1 \end{bmatrix}$ $\mathbf{B} = \begin{bmatrix} 2 \\ \sqrt{2} \end{bmatrix}$ (d) $\mathbf{A} = \begin{bmatrix} -2 & 1 & 0 \\ 0 & -2 & 0 \\ -1 & -2 & -3 \end{bmatrix}$ $\mathbf{B} = \begin{bmatrix} 1 \\ 0 \\ 1 \end{bmatrix}$

8-18 檢視下述系統的可控制性：

(a) $\begin{bmatrix} \dot{x}_1 \\ \dot{x}_2 \end{bmatrix} = \begin{bmatrix} -1 & 0 \\ 0 & -2 \end{bmatrix} \begin{bmatrix} x_1 \\ x_2 \end{bmatrix} + \begin{bmatrix} 2 \\ 5 \end{bmatrix} u$

(b) $\begin{bmatrix} \dot{x}_1 \\ \dot{x}_2 \end{bmatrix} = \begin{bmatrix} -1 & 0 \\ 0 & -2 \end{bmatrix} \begin{bmatrix} x_1 \\ x_2 \end{bmatrix} + \begin{bmatrix} 2 \\ 0 \end{bmatrix} u$

(c) $\begin{bmatrix} \dot{x}_1 \\ \dot{x}_2 \end{bmatrix} = \begin{bmatrix} -1 & 1 & 0 \\ 0 & -1 & 0 \\ 0 & 0 & -2 \end{bmatrix} \begin{bmatrix} x_1 \\ x_2 \\ x_3 \end{bmatrix} + \begin{bmatrix} 4 & 2 \\ 0 & 0 \\ 3 & 0 \end{bmatrix} \begin{bmatrix} u_1 \\ u_2 \end{bmatrix}$

(d) $\begin{bmatrix} \dot{x}_1 \\ \dot{x}_2 \end{bmatrix} = \begin{bmatrix} -1 & 1 & 0 \\ 0 & -1 & 0 \\ 0 & 0 & -2 \end{bmatrix} \begin{bmatrix} x_1 \\ x_2 \\ x_3 \end{bmatrix} + \begin{bmatrix} 0 \\ 4 \\ 3 \end{bmatrix} u$

(e) $\begin{bmatrix} \dot{x}_1 \\ \dot{x}_2 \\ \dot{x}_3 \\ \dot{x}_4 \\ \dot{x}_5 \end{bmatrix} = \begin{bmatrix} -2 & 1 & 0 & 0 & 0 \\ 0 & -2 & 1 & 0 & 0 \\ 0 & 0 & -2 & 0 & 0 \\ 0 & 0 & 0 & -5 & 1 \\ 0 & 0 & 0 & 0 & -5 \end{bmatrix} \begin{bmatrix} x_1 \\ x_2 \\ x_3 \\ x_4 \\ x_5 \end{bmatrix} + \begin{bmatrix} 0 & 1 \\ 0 & 0 \\ 3 & 0 \\ 0 & 0 \\ 2 \end{bmatrix} \begin{bmatrix} u_1 \\ u_2 \end{bmatrix}$

(f) $\begin{bmatrix} \dot{x}_1 \\ \dot{x}_2 \\ \dot{x}_3 \\ \dot{x}_4 \\ \dot{x}_5 \end{bmatrix} = \begin{bmatrix} -2 & 1 & 0 & 0 & 0 \\ 0 & -2 & 1 & 0 & 0 \\ 0 & 0 & -2 & 0 & 0 \\ 0 & 0 & 0 & -5 & 1 \\ 0 & 0 & 0 & 0 & -5 \end{bmatrix} \begin{bmatrix} x_1 \\ x_2 \\ x_3 \\ x_4 \\ x_5 \end{bmatrix} + \begin{bmatrix} 4 \\ 2 \\ 1 \\ 3 \\ 0 \end{bmatrix} u$

**8-19** 檢視下述系統的可觀測性：

(a) $\begin{bmatrix} \dot{x}_1 \\ \dot{x}_2 \end{bmatrix} = \begin{bmatrix} -1 & 0 \\ 0 & -2 \end{bmatrix} \begin{bmatrix} x_1 \\ x_2 \end{bmatrix} \quad y = \begin{bmatrix} 1 & 3 \end{bmatrix} \begin{bmatrix} x_1 \\ x_2 \end{bmatrix}$

(b) $\begin{bmatrix} \dot{x}_1 \\ \dot{x}_2 \end{bmatrix} = \begin{bmatrix} -1 & 0 \\ 0 & -2 \end{bmatrix} \begin{bmatrix} x_1 \\ x_2 \end{bmatrix} \quad y = \begin{bmatrix} 0 & 1 \end{bmatrix} \begin{bmatrix} x_1 \\ x_2 \end{bmatrix}$

(c) $\begin{bmatrix} \dot{x}_1 \\ \dot{x}_2 \\ \dot{x}_3 \end{bmatrix} = \begin{bmatrix} 2 & 1 & 0 \\ 0 & 2 & 1 \\ 0 & 0 & 2 \end{bmatrix} \begin{bmatrix} x_1 \\ x_2 \\ x_3 \end{bmatrix} \quad \begin{bmatrix} y_1 \\ y_2 \end{bmatrix} = \begin{bmatrix} 0 & 1 & 3 \\ 0 & 2 & 4 \end{bmatrix} \begin{bmatrix} x_1 \\ x_2 \\ x_3 \end{bmatrix}$

(d) $\begin{bmatrix} \dot{x}_1 \\ \dot{x}_2 \\ \dot{x}_3 \end{bmatrix} = \begin{bmatrix} 2 & 1 & 0 \\ 0 & 2 & 1 \\ 0 & 0 & 2 \end{bmatrix} \begin{bmatrix} x_1 \\ x_2 \\ x_3 \end{bmatrix} \quad \begin{bmatrix} y_1 \\ y_2 \end{bmatrix} = \begin{bmatrix} 3 & 0 & 0 \\ 4 & 0 & 0 \end{bmatrix} \begin{bmatrix} x_1 \\ x_2 \\ x_3 \end{bmatrix}$

(e) $\begin{bmatrix} \dot{x}_1 \\ \dot{x}_2 \\ \dot{x}_3 \\ \dot{x}_4 \\ \dot{x}_5 \end{bmatrix} = \begin{bmatrix} 2 & 1 & 0 & 0 & 0 \\ 0 & 2 & 1 & 0 & 0 \\ 0 & 0 & 2 & 0 & 0 \\ 0 & 0 & 0 & -3 & 1 \\ 0 & 0 & 0 & 0 & -3 \end{bmatrix} \begin{bmatrix} x_1 \\ x_2 \\ x_3 \\ x_4 \\ x_5 \end{bmatrix} \quad \begin{bmatrix} y_1 \\ y_2 \end{bmatrix} = \begin{bmatrix} 1 & 1 & 1 & 0 & 0 \\ 0 & 1 & 1 & 1 & 0 \end{bmatrix} \begin{bmatrix} x_1 \\ x_2 \\ x_3 \\ x_4 \\ x_5 \end{bmatrix}$

(f) $\begin{bmatrix} \dot{x}_1 \\ \dot{x}_2 \\ \dot{x}_3 \\ \dot{x}_4 \\ \dot{x}_5 \end{bmatrix} = \begin{bmatrix} 2 & 1 & 0 & 0 & 0 \\ 0 & 2 & 1 & 0 & 0 \\ 0 & 0 & 2 & 0 & 0 \\ 0 & 0 & 0 & -3 & 1 \\ 0 & 0 & 0 & 0 & -3 \end{bmatrix} \begin{bmatrix} x_1 \\ x_2 \\ x_3 \\ x_4 \\ x_5 \end{bmatrix} \quad \begin{bmatrix} y_1 \\ y_2 \end{bmatrix} = \begin{bmatrix} 1 & 1 & 1 & 0 & 0 \\ 0 & 1 & 1 & 0 & 0 \end{bmatrix} \begin{bmatrix} x_1 \\ x_2 \\ x_3 \\ x_4 \\ x_5 \end{bmatrix}$

**8-20** 描述一馬達控制系統之動態方程式為

$$e_a(t) = R_a i_a(t) + L_a \frac{di_a(t)}{dt} + K_b \frac{d\theta_m(t)}{dt}$$

$$T_m(t) = K_i i_a(t)$$

$$T_m(t) = J \frac{d^2\theta_m(t)}{dt^2} + B \frac{d\theta_m(t)}{dt} + K\theta_m(t)$$

$$e_a(t) = K_a e(t)$$

$$e(t) = K_s[\theta_r(t) - \theta_m(t)]$$

(a) 設定狀態變數為 $x_1(t) = \theta_m(t)$、$x_2(t) = d\theta_m(t)/dt$ 及 $x_3(t) = i_a(t)$，以下列形式寫出狀態方程式：

$$\frac{d\mathbf{x}(t)}{dt} = \mathbf{A}\mathbf{x}(t) + \mathbf{B}\theta_r(t)$$

以 $y(t) = \mathbf{C}\mathbf{x}(t)$ 的形式寫出輸出方程式，其中 $y(t) = \theta_m(t)$。

(b) 當從 $\Theta_m(s)$ 到 $E(s)$ 的回授路徑中斷時，求轉移函數 $G(s) = \Theta_m(s)/E(s)$。求閉-迴路轉移函數 $M(s) = \Theta_m(s)/\Theta_r(s)$。

**8-21** 已知一線性時變系統的矩陣 **A** 狀態方程式如下：

$$\frac{d\mathbf{x}(t)}{dt} = \mathbf{A}\mathbf{x}(t) + \mathbf{B}u(t)$$

其中

(a) $\mathbf{A} = \begin{bmatrix} 0 & 1 \\ -1 & 0 \end{bmatrix}$ (b) $\mathbf{A} = \begin{bmatrix} -1 & 0 \\ 0 & -2 \end{bmatrix}$ (c) $\mathbf{A} = \begin{bmatrix} 0 & 1 \\ 1 & 0 \end{bmatrix}$

試以下列方法求出狀態變換矩陣 $\phi(t)$：

(1) $e^{\mathbf{A}t}$ 的無窮級數展開，將結果以閉合形式表示。

(2) $(s\mathbf{I} - \mathbf{A})^{-1}$ 的反拉氏轉換。

**8-22** 使用一直流馬達的回授控制系統的示意圖，如圖 8P-22 所示，馬達所產生的轉矩 $T_m(t) = K_i i_a(t)$，其中 $K_i$ 為轉矩常數。該系統的常數為

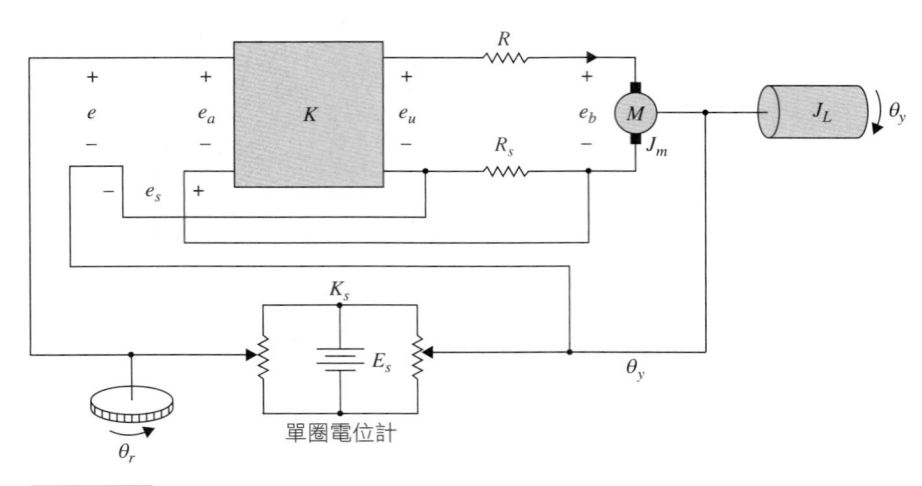

▶ 圖 8P-22

$K_s = 2$            $R = 2\,\Omega$            $R_s = 0.1\,\Omega$

$K_b = 5$ V/rad/sec     $K_i = 5$ N·m/A     $L_a \cong 0$ H

$J_m + J_L = 0.1$ N·m·sec$^2$     $B_m \cong 0$ N·m·sec

假設所有的單位是一致的，毋須作單位換算。

(a) 令狀態變數為 $x_1 = \theta_y$ 和 $x_2 = d\theta_y/d_t$，令輸出為 $y = \theta_y$。試以向量矩陣形態寫出此系統的狀態方程式。試證矩陣 **A** 和 **B** 為 CCF。

(b) 假設 $\theta_r(t)$ 為一單位-步階函數輸入，利用拉氏轉換表以起始狀態 **x**(0) 項求出 **x**(t)。

(c) 試求出矩陣 **A** 的特性方程式及固有值。

(d) 說明回授電阻 $R_s$ 的作用和目的。

**8-23** 以下列系統的參數重做習題 8-22：

$K_s = 1$            $K = 9$            $R_a = 0.1\,\Omega$

$R_s = 0.1\,\Omega$     $K_b = 1$ V/rad/sec     $K_i = 1$ N·m/A

$L_a \cong 0$ H     $J_m + J_L = 0.01$ N·m·sec$^2$     $B_m \cong 0$ N·m·sec

**8-24** 考慮可以對角化之矩陣 **A**。顯示 $e^{At} = Pe^{Dt}P^{-1}$，其中 **P** 將 **A** 轉換成對角矩陣，並且 $P^{-1}AP = D$，其中 **D** 是對角矩陣。

**8-25** 考慮可以轉換成喬丹典型式之矩陣 **A**，然後 $e^{At} = Se^{Jt}S^{-1}$，其中 **S** 將 **A** 轉換成喬丹典型式矩陣，以及 **J** 是在喬丹典型式矩陣中。

**8-26** 一回授控制系統的方塊圖如圖 8P-26 所示。

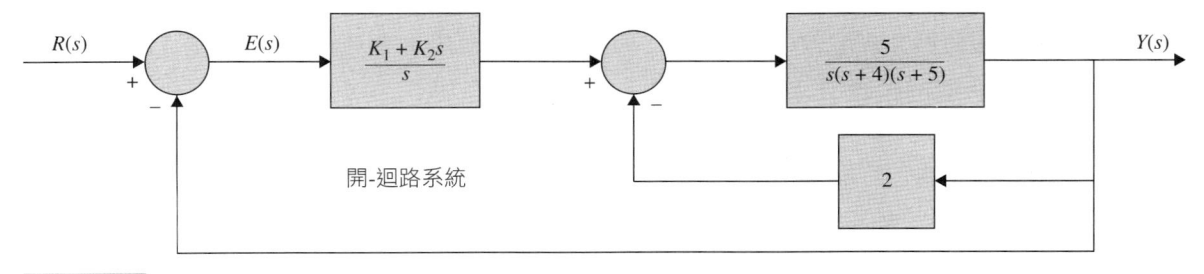

▶ 圖 8P-26

(a) 求開-迴路轉移函數 $Y(s)/E(s)$ 及閉-迴路轉移函數 $Y(s)/R(s)$。

(b) 寫出下列形式的動態方程式：

$$\frac{d\mathbf{x}(t)}{dt} = \mathbf{A}\mathbf{x}(t) + \mathbf{B}r(t) \quad y(t) = \mathbf{C}\mathbf{x}(t) + \mathbf{D}r(t)$$

求以系統的參數表示的 **A**、**B**、**C** 及 **D**。

(c) 若輸入 $r(t)$ 為單位-步階函數，設閉-迴路系統為穩定，應用終值定理求輸出 $y(t)$ 的穩態值。

**8-27** 一線性非時變系統的狀態方程式其係數矩陣為 (8-191) 式和 (8-192) 式 (CCF)。試證明

$$\text{adj}(s\mathbf{I}-\mathbf{A})\mathbf{B} = \begin{bmatrix} 1 \\ s \\ s^2 \\ \vdots \\ s^{n-1} \end{bmatrix}$$

以及 $\mathbf{A}$ 的特性方程式為

$$s^n + a_{n-1}s^{n-1} + \cdots + a_1 s + a_0 = 0$$

8-28 一線性非時變系統以下列微分方程式來描述：

$$\frac{d^3 y(t)}{dt^3} + 3\frac{d^2 y(t)}{dt^2} + 3\frac{dy(t)}{dt} + y(t) = r(t)$$

(a) 令狀態變數定義為 $x_1 = y$、$x_2 = dy/dt$ 及 $x_3 = d^2y/dt^2$ 以向量-矩陣的形式寫出系統的狀態方程式。

(b) 求 $\mathbf{A}$ 的狀態變換矩陣 $\phi(t)$。

(c) 令 $y(0) = 1$，$dy(0)/dt = 0$、$d^2 y(0)/dt^2 = 0$ 及 $r(t) = u_s(t)$，求系統的狀態變換方程式。

(d) 求 $\mathbf{A}$ 的固有值與特性方程式。

8-29 一彈簧-質量-摩擦系統以下列微分方程式描述：

$$\frac{d^2 y(t)}{dt^2} + 2\frac{dy(t)}{dt} + y(t) = r(t)$$

(a) 定義狀態變數為 $x_1(t) = y(t)$ 和 $x_2 = dy(t)/dt$。以向量-矩陣的形式寫出狀態方程式。求出 $\mathbf{A}$ 的狀態變換矩陣 $\phi(t)$。

(b) 定義狀態變數為 $x_1(t) = y(t)$ 和 $x_2(t) = y(t) + dy(t)/dt$。以向量-矩陣的形式寫出狀態方程式。求 $\mathbf{A}$ 的狀態變換矩陣 $\phi(t)$。

(c) 試證明 (a) 和 (b) 小題的特性方程式 $|s\mathbf{I}-\mathbf{A}|=0$ 是相同的。

8-30 已知狀態變數方程式 $d\mathbf{x}(t)/dt = \mathbf{A}\mathbf{x}(t)$，其中 $\sigma$ 和 $\omega$ 為實數。

(a) 試求狀態變換矩陣 $\mathbf{A}$。

(b) 試求 $\mathbf{A}$ 的固有值。

8-31 (a) 證明圖 8P-31 所示兩系統的輸入-輸出轉移函數相同。

(b) 寫出圖 8P-31a 系統的動態方程式，並以下面形式表示：

$$\frac{d\mathbf{x}(t)}{dt} = \mathbf{A}_1\mathbf{x}(t) + \mathbf{B}_1 u_1(t) \quad y_1(t) = \mathbf{C}_1\mathbf{x}(t)$$

並以下面形式寫出圖 8P-31b 所示系統的動態方程式：

(a)

(b)

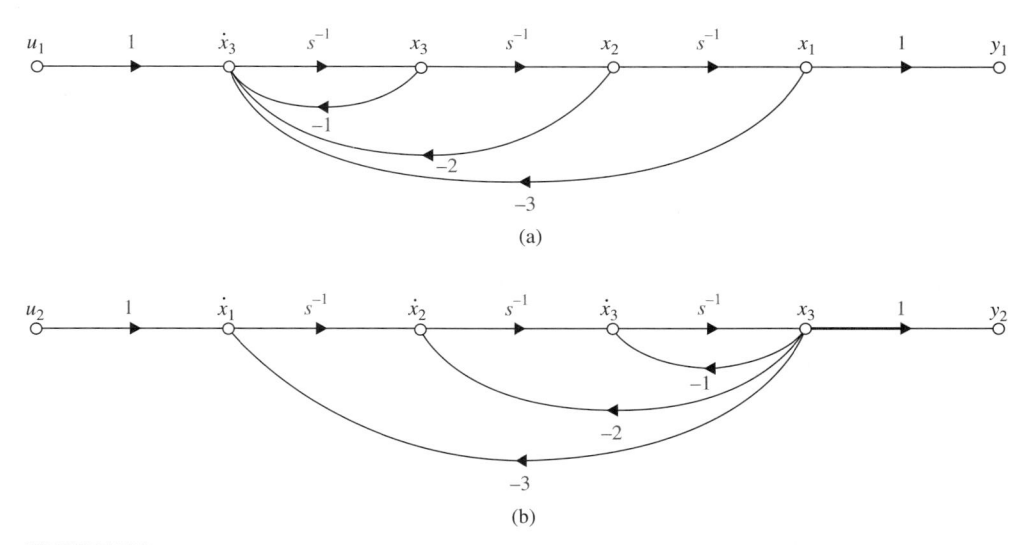

▶ 圖 8P-31

**8-32** 試畫出下列系統的狀態圖：

$$\frac{d\mathbf{x}(t)}{dt} = \mathbf{A}\mathbf{x}(t) + \mathbf{B}u(t)$$

(a) $\mathbf{A} = \begin{bmatrix} -3 & 2 & 0 \\ -1 & 0 & 1 \\ -2 & -3 & -4 \end{bmatrix}$  $\mathbf{B} = \begin{bmatrix} 0 \\ 0 \\ 1 \end{bmatrix}$

(b) $\mathbf{A}$ 與 (a) 小題的相同，但有

$\mathbf{B} = \begin{bmatrix} 0 & 1 \\ 1 & 0 \\ 1 & 0 \end{bmatrix}$

**8-33** 以直接分解法畫出下列轉移函數的狀態圖。由右至左指定狀態變數 $x_1, x_2, \ldots$。由狀態圖寫出狀態方程式，並且證明這些方程式是 CCF。

(a) $G(s) = \dfrac{10}{s^3 + 8.5s^2 + 20.5s + 15}$

(b) $G(s) = \dfrac{10(s+2)}{s^2(s+1)(s+3.5)}$

(c) $G(s) = \dfrac{5(s+1)}{s(s+2)(s+10)}$

(d) $G(s) = \dfrac{1}{s(s+5)(s^2+2s+2)}$

**8-34** 以並聯分解法畫出習題 8-33 所述系統的狀態圖，並使每一狀態圖所含的積分器為最少。常數分支的增益必須是實數。由狀態圖寫出狀態方程式。

**8-35** 以串聯分解法畫出習題 8-33 所述系統的狀態圖。由右至左以升冪順序來指定狀態變數。由狀態圖寫出狀態方程式。

**8-36** 一回授控制系統的方塊圖顯示於圖 8P-36 中。

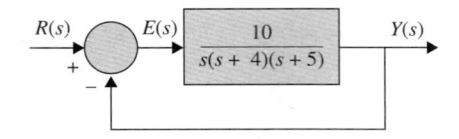

▶ 圖 8P-36

(a) 試繪出此系統的狀態圖。首先以直接分解法分解 $G(s)$，再由右至左以升冪順序指定狀態變數 $x_1, x_2, \ldots$。除了與狀態變數相關的節點之外，狀態圖應包含 $R(s)$、$E(s)$ 和 $C(s)$ 的節點。
(b) 試以向量矩陣形式寫出此系統的動態方程式。
(c) 以 (b) 小題所得到的狀態方程式，試求出此系統的狀態變換方程式。初始狀態向量為 $\mathbf{x}(0)$，而 $r(t) = u_s(t)$。
(d) 已知初始狀態 $\mathbf{x}(0)$ 和 $r(t) = u_s(t)$，試求輸出 $y(t)$ 在 $t \geq 0$。

8-37 (a) 求閉-迴路轉移函數 $Y(s)/R(s)$，並畫出圖 8P-36 中系統的狀態圖。
(b) 對 $Y(s)/R(s)$ 進行直接分解，並畫出狀態圖。
(c) 由右至左以升冪順序指定狀態變數，並以向量-矩陣的形式寫出狀態方程式。
(d) 以 (c) 小題得到的狀態方程式，求系統的狀態變換方程式。初始狀態向量為 $\mathbf{x}(0)$，而 $r(t) = u_s(t)$。
(e) 令初始狀態為 $\mathbf{x}(0)$ 且 $r(t) = u_s(t)$，試求 $t \geq 0$ 時的輸出 $y(t)$。

8-38 圖 8P-38 所示為一線性化惰速引擎控制系統方塊圖 (有關將非線性系統予以線性化的討論，請參閱 3-9 節)，此系統在正規操作點加以線性化，使得所有變數可表示線性化的擾動量。下列變數定義為：$T_m(t)$ 是引擎轉矩、$T_D$ 是定量負載干擾轉矩、$\omega(t)$ 是引擎速度、$u(t)$ 是節氣閥致動器的輸入電壓，而 $\alpha$ 則是節氣閥的角度。在引擎模型中的時間延遲可以近似地表示為

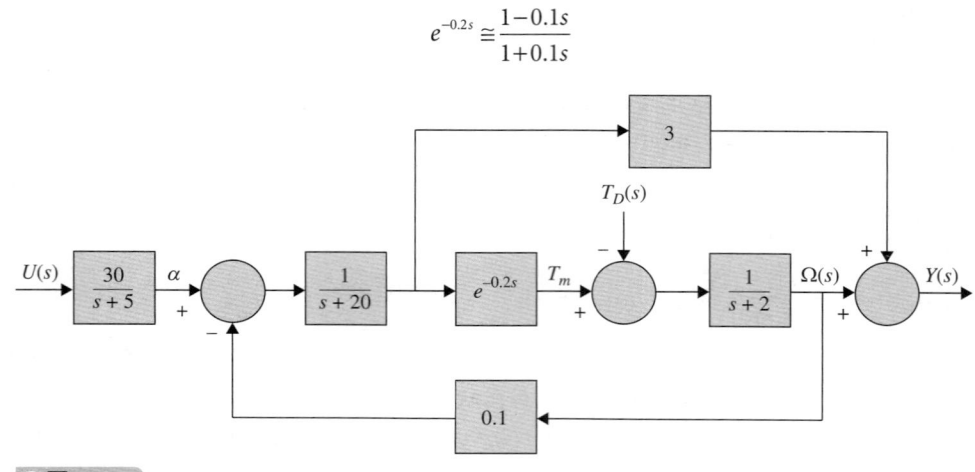

$$e^{-0.2s} \cong \frac{1-0.1s}{1+0.1s}$$

▶ 圖 8P-38

(a) 分解每一個方塊，然後畫出系統的狀態圖。由右至左以升冪順序指定狀態變數。

(b) 由 (a) 小題所得的狀態圖，以下列形式寫出狀態方程式：

$$\frac{d\mathbf{x}(t)}{dt} = \mathbf{A}\mathbf{x}(t) + \mathbf{B}\begin{bmatrix} u(t) \\ T_D(t) \end{bmatrix}$$

(c) 將 $Y(s)$ 寫成 $U(s)$ 和 $T_D(s)$ 的函數，將 $\Omega(s)$ 寫成 $U(s)$ 和 $T_D(s)$ 的函數。

8-39 一線性系統的狀態圖顯示於圖 8P-39 中。

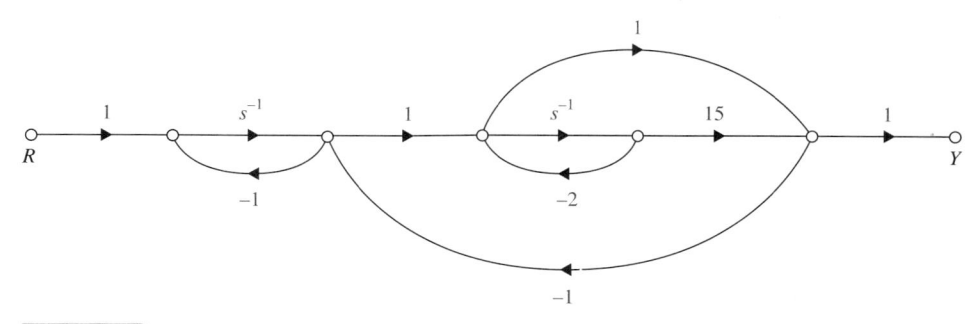

▶ 圖 8P-39

(a) 由右至左以升冪順序指定狀態變數。若有需要可加入額外的人為節點，使狀態變數節點在積分器分支刪去後成為「輸入節點」。
(b) 由 (a) 小題的狀態圖寫出系統的動態方程式。

8-40 一線性太空船控制系統的方塊圖示於圖 8P-40 中。

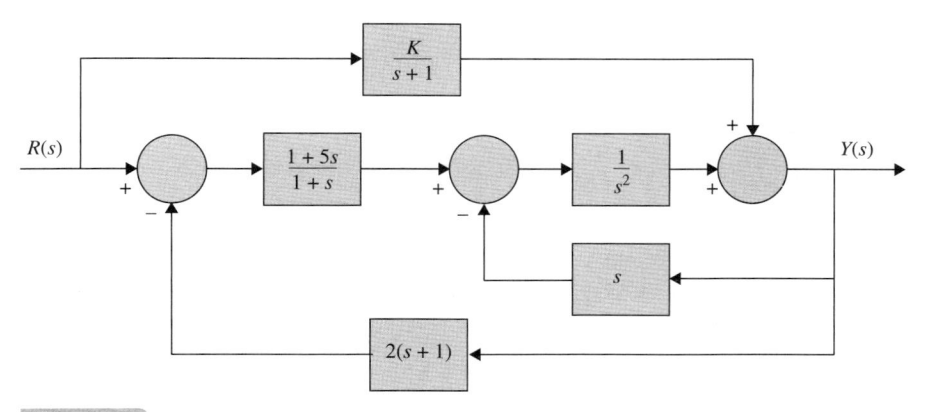

▶ 圖 8P-40

(a) 試求轉移函數 $Y(s)/R(s)$。
(b) 試求系統的特性方程式及其根，試證特性方程式的根與 $K$ 無關。
(c) 當 $K = 1$ 時，用最少的積分器，以分解 $Y(s)/R(s)$ 的方式來畫出系統的狀態圖。
(d) 當 $K = 4$ 時，重做 (c) 小題。
(e) 若系統是完全狀態可控制和可觀測的，則 $K$ 不能是哪些值？

8-41 汽車製造廠正不遺餘力地以滿足各政府所訂定的廢氣排出量執行標準。現代汽車的動力系統是由具有一稱為觸媒轉換器的內部濾清器的內燃機所組成。這系統所需控制的變數，諸

如引擎的空氣-燃料比 (A/F)、點火時間、廢氣再循環及注入氣體等。本題所考慮的控制問題是如何處理 A/F 的控制。一般來說，這與燃料的成分及其它因素有關，典型的 A/F 是 14.7：1，亦即每一克的燃料摻入 14.7 克的氣體。較高或較低的 A/F 值都將產生含高量的碳化氫、一氧化碳、含氮的氧化物的廢氣。此控制系統的方塊圖如圖 8P-41 所示，這個系統是用來控制 A/F 的，使得對一給定的輸入命令可得到預期的輸出。

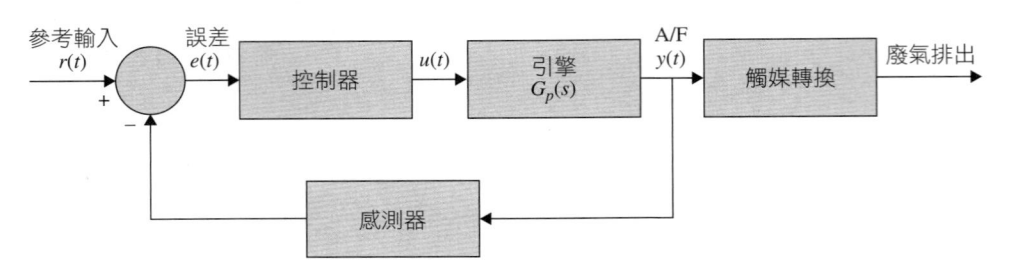

▶ 圖 8P-41

感測器是用來感測進入觸媒轉換器的廢氣混合物的成分。電子控制器則是用來檢查命令與感測器訊號的誤差，並計算出必須的控制訊號，以達到所要求的廢氣成分，輸出變數 $y(t)$ 則是有效 A/F。引擎的轉移函數為

$$G_p(s) = \frac{Y(s)}{U(s)} = \frac{e^{-T_d s}}{1+0.5s}$$

其中 $T_d = 0.2$ 秒為延續時間，可如下近似之：

$$e^{-T_d s} = \frac{1}{e^{T_d s}} = \frac{1}{1+T_d s + T_d^2 s^2/2! + \cdots} \cong \frac{1}{1+T_d s + T_d^2 s^2/2!}$$

感測器的增益為 1.0。

(a) 用上面所給的 $e^{-T_d s}$ 的近似式，試求 $G_p(s)$ 的表示式。以直接分解法，分解 $G_p(s)$，並畫出以 $u(t)$ 為輸入，$y(t)$ 為輸出的狀態圖。由右至左以升冪順序來指定狀態變數，並以向量-矩陣的形式寫出狀態方程式。

(b) 假設控制器是增益為 1 的簡單放大器 [亦即 $u(t) = e(t)$]，試求出閉-迴路系統的特性方程式及其根。

8-42 當汽車引擎的延遲時間是以下式近似時，重做習題 8-41。

$$e^{-T_d s} \cong \frac{1 - T_d s/3}{1 + \frac{2}{3}T_d s + \frac{1}{6}T_d^2 s^2} \quad T_d = 0.2 \text{ s}$$

8-43 一具備黏滯慣量阻尼器的永磁式直流馬達控制系統之示意圖顯示於圖 8P-43 中。這個系統可用在電子文字處理器的印字輪控制上。黏滯慣量型態的機械阻尼器，在應用上，是穩定控制系統的既簡單又經濟的方法。阻尼的效果是將轉子懸於黏性液體中而達到。描述系統動態的微分與代數方程式如下：

$$e(t) = K_s[\omega_r(t) - \omega_m(t)] \qquad K_s = 1\,\text{V/rad/s}$$
$$e_a(t) = Ke(t) = R_a i_a(t) + e_b(t) \qquad K = 10$$
$$e_b(t) = K_b \omega_m(t) \qquad K_b = 0.0706\,\text{V/rad/s}$$
$$T_m(t) = J\frac{d\omega_m(t)}{dt} + K_D[\omega_m(t) - \omega_D(t)] \qquad J = J_h + J_m = 0.1\,\text{oz}\cdot\text{in}\cdot\text{s}^2$$
$$T_m(t) = K_i i_a(t) \qquad K_i = 10\,\text{oz}\cdot\text{in/A}$$
$$K_D[\omega_m(t) - \omega_D(t)] = J_R\frac{d\omega_D(t)}{dt} \qquad J_R = 0.05\,\text{oz}\cdot\text{in}\cdot\text{s}^2$$
$$R_a = 1\,\Omega \qquad K_D = 1\,\text{oz}\cdot\text{in}\cdot\text{s}$$

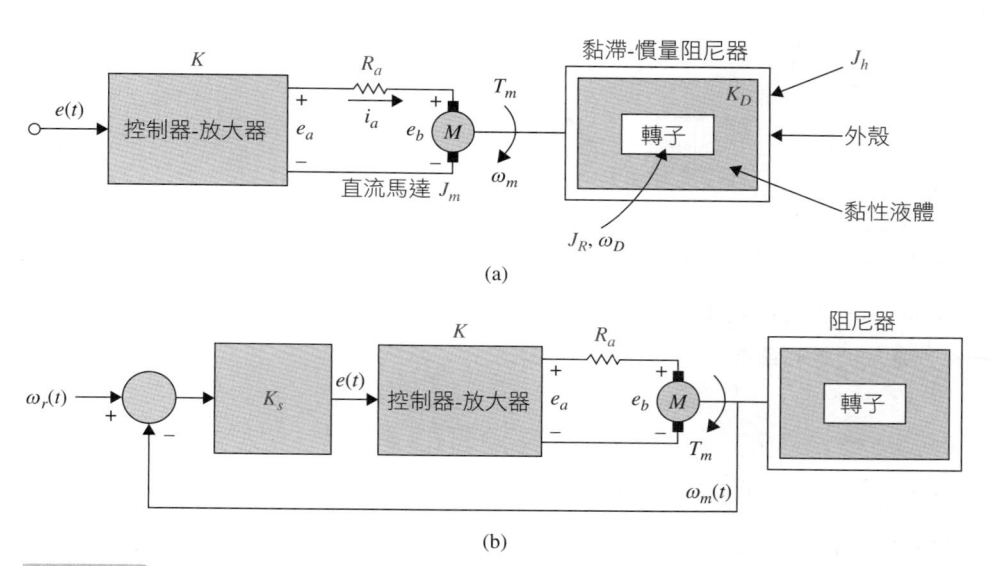

▶ 圖 8P-43

(a) 令狀態變數定義為 $x_1(t) = \omega_m(t)$ 和 $x_2(t) = \omega_D(t)$，寫出以 $e(t)$ 為輸入之開-迴路系統的狀態方程式。(開-迴路意指由 $\omega_m$ 到 $e$ 的回授路徑是斷開的。)
(b) 利用在 (a) 小題所得的狀態方程式及 $e(t) = K_s[\omega_r(t) - \omega_m(t)]$，畫出整個系統的狀態圖。
(c) 導出開-迴路轉移函數 $\Omega_m(s)/E(s)$ 和閉-迴路轉移函數 $\Omega_m(s)/\Omega_r(s)$。

**8-44** 試求出圖 8P-44 所示系統的狀態可控制性。

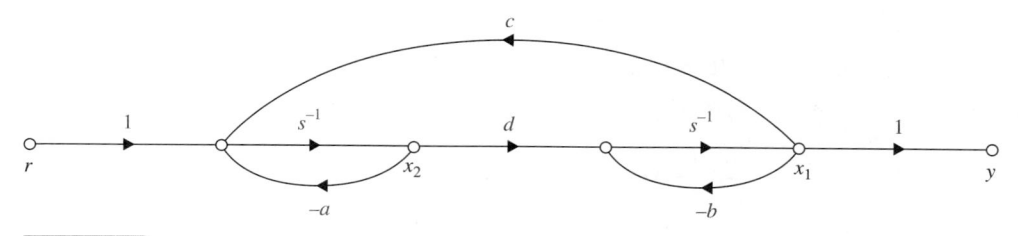

▶ 圖 8P-44

(a) $a = 1$、$b = 2$、$c = 3$ 及 $d = 1$。

(b) 是否有任何非零的 $a$、$b$、$c$ 和 $d$，使得系統成為非完全可控制的？

**8-45** 試求出下列系統的可控制性：

(a) $\mathbf{A} = \begin{bmatrix} -1 & 0 & 0 \\ 0 & -1 & 0 \\ 0 & 0 & -1 \end{bmatrix}$ $\mathbf{B} = \begin{bmatrix} 1 \\ 1 \\ 1 \end{bmatrix}$ (b) $\mathbf{A} = \begin{bmatrix} -1 & 0 & 0 \\ 0 & -2 & 0 \\ 0 & 0 & -3 \end{bmatrix}$ $\mathbf{B} = \begin{bmatrix} 1 \\ 1 \\ 1 \end{bmatrix}$

**8-46** 以下列方法求出顯示於圖 8P-46 之系統的可控制性和可觀測性。

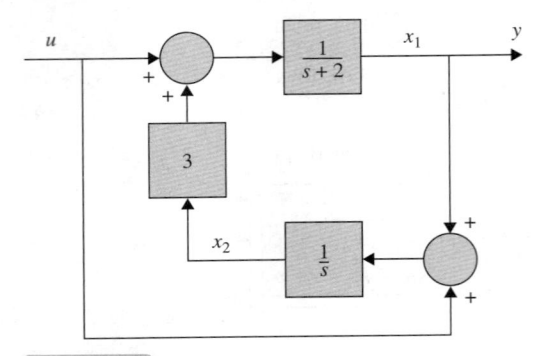

▶ 圖 8P-46

(a) 由 $\mathbf{A}$、$\mathbf{B}$、$\mathbf{C}$ 和 $\mathbf{D}$ 矩陣的條件。 (b) 轉移函數中零點-極點對消的條件。

**8-47** 一線性系統的轉移函數為

$$\frac{Y(s)}{R(s)} = \frac{s+\alpha}{s^3+7s^2+14s+8}$$

(a) 試求出適當的 $\alpha$ 值使得系統不是不可控制的，就是不可觀測的。
(b) 以 (a) 小題所得的 $\alpha$ 值，試定義狀態變數，使其中之一為不可控制的。
(c) 以 (a) 小題所得的 $\alpha$ 值，試定義狀態變數，使其中之一為不可觀測的。

**8-48** 考慮下列狀態方程式所描述的系統：

$$\frac{d\mathbf{x}(t)}{dt} = \mathbf{A}\mathbf{x}(t) + \mathbf{B}u(t)$$

其中

$$\mathbf{A} = \begin{bmatrix} 0 & 1 \\ -1 & a \end{bmatrix} \quad \mathbf{B} = \begin{bmatrix} 1 \\ b \end{bmatrix}$$

試求出在 $a$ 對 $b$ 平面上使得系統為完全可控制的區域範圍。

**8-49** 試求出使下列系統為完全狀態可控制，且為完全可觀測時，$b_1$、$b_2$、$d_1$ 及 $d_2$ 的值。

$$\frac{d\mathbf{x}(t)}{dt} = \mathbf{A}\mathbf{x}(t) + \mathbf{B}u(t) \quad y(t) = \mathbf{C}\mathbf{x}(t)$$

$$\mathbf{A} = \begin{bmatrix} 1 & 1 \\ 0 & 1 \end{bmatrix} \quad \mathbf{B} = \begin{bmatrix} b_1 \\ b_2 \end{bmatrix} \quad \mathbf{C} = \begin{bmatrix} d_1 & d_2 \end{bmatrix}$$

**8-50** 圖 8P-50 所示為一控制系統的示意圖，其目的為使水槽內的液體面保持在某一固定的準位上。槽內液體面以一浮體所控制，其高度 $h(t)$ 則被監視。開-迴路系統的控制訊號為 $e(t)$。該系統的參數及方程式如下：

電樞電阻 $R_a = 10\ \Omega$      電樞電感 $L_a = 0\ \text{H}$
轉矩常數 $K_i = 10\ \text{oz} \cdot \text{in/A}$      轉子慣量 $J_m = 0.005\ \text{oz} \cdot \text{in} \cdot \text{s}^2$
反電動勢常數 $K_b = 0.0706\ \text{V/rad/s}$      齒輪比 $n = N_1/N_2 = 1/100$
負載慣量 $J_L = 10\ \text{oz} \cdot \text{in} \cdot \text{s}^2$      負載及馬達摩擦力 = 可忽略
放大器增益 $K_a = 50$      水槽面積 $A = 50\ \text{ft}^2$

$$e_a(t) = R_a i_a(t) + K_b \omega_m(t) \quad \omega_m(t) = \frac{d\theta_m(t)}{dt}$$

$$T_m(t) = K_i i_a(t) = (J_m + n^2 J_L)\frac{d\omega_m(t)}{dt} \quad \theta_y(t) = n\theta_m(t)$$

由蓄水池到水槽間用 $N$ 個水閥連接，其中 $N = 10$。設所有水閥的特性都一樣，且由 $\theta_y$ 同步控制。液體流量由下列方程式所控制：

$$q_i(t) = K_I N \theta_y(t) \quad K_I = 10\ \text{ft}^3/\text{s} \cdot \text{rad}$$
$$q_o(t) = K_o h(t) \quad K_o = 50\ \text{ft}^2/\text{s}$$
$$h(t) = \frac{\text{水槽體積}}{\text{水槽面積}} = \frac{1}{A}\int[q_i(t) - q_o(t)]dt$$

(a) 定義狀態變數為 $x_1(t) = h(t)$、$x_2(t) = \theta_m(t)$ 及 $x_3(t) = d\theta_m(t)/dt$。以 $d\mathbf{x}(t)/dt = \mathbf{A}\mathbf{x}(t) + \mathbf{B}e_i(t)$ 的形式寫出系統的狀態方程式，畫出系統的狀態圖。

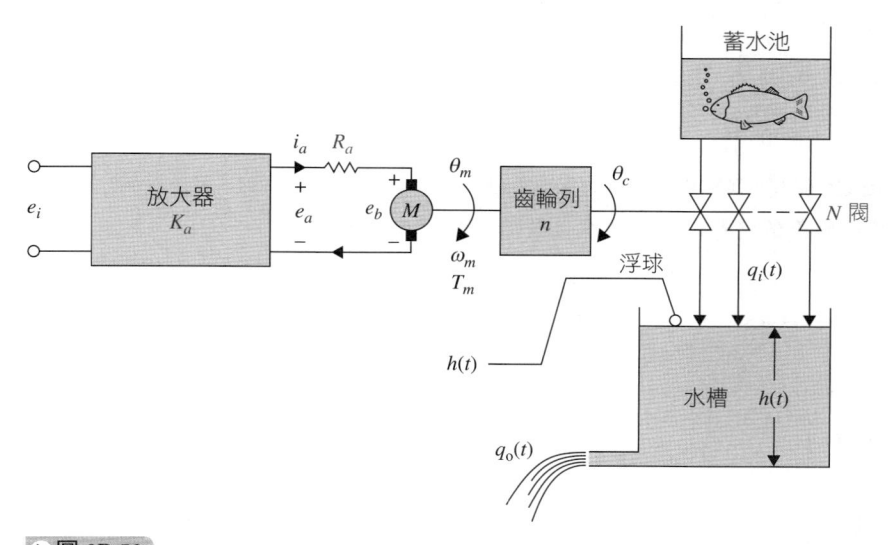

▶ 圖 8P-50

(b) 試求 (a) 小題所得之矩陣 **A** 的特性方程式和固有值。
(c) 試證此開-迴路系統是完全可控制的，亦即 [**A**, **B**] 是可控制的。
(d) 為經濟之故，僅測量三個狀態變數的其中一個變數，並作為回授控制用。假設輸出方程式為 $y = \mathbf{Cx}$，其中 **C** 可能是下列形態之一：

(1) $\mathbf{C} = \begin{bmatrix} 1 & 0 & 0 \end{bmatrix}$  (2) $\mathbf{C} = \begin{bmatrix} 0 & 1 & 0 \end{bmatrix}$  (3) $\mathbf{C} = \begin{bmatrix} 0 & 0 & 1 \end{bmatrix}$

試問 **C** 應為上述何種情況，方能使系統為完全可觀測。

**8-51** 習題 6-22 所述的「倒立桿-平衡」控制系統有下列的參數：

$$M_b = 1 \text{ kg} \quad M_c = 10 \text{ kg} \quad L = 1 \text{ m} \quad g = 32.2 \text{ ft/s}^2$$

系統的小訊號線性化狀態方程式模型為

$$\Delta \dot{\mathbf{x}}(t) = \mathbf{A}^* \Delta \mathbf{x}(t) + \mathbf{B}^* \Delta r(t)$$

其中

$$\mathbf{A}^* = \begin{bmatrix} 0 & 1 & 0 & 0 \\ 25.92 & 0 & 0 & 0 \\ 0 & 0 & 0 & 1 \\ -2.36 & 0 & 0 & 0 \end{bmatrix} \quad \mathbf{B}^* = \begin{bmatrix} 0 \\ -0.0732 \\ 0 \\ 0.0976 \end{bmatrix}$$

(a) 試求 $\mathbf{A}^*$ 的特性方程式及其根。
(b) 試求 [$\mathbf{A}^*$, $\mathbf{B}^*$] 的可控制性。
(c) 為經濟之故，僅測量其中一個變數以作回授之用。輸出方程式可寫成

$$\Delta y(t) = \mathbf{C}^* \Delta \mathbf{x}(t)$$

其中

(1) $\mathbf{C}^* = \begin{bmatrix} 1 & 0 & 0 & 0 \end{bmatrix}$    (2) $\mathbf{C}^* = \begin{bmatrix} 0 & 1 & 0 & 0 \end{bmatrix}$

(3) $\mathbf{C}^* = \begin{bmatrix} 0 & 0 & 1 & 0 \end{bmatrix}$    (4) $\mathbf{C}^* = \begin{bmatrix} 0 & 0 & 0 & 1 \end{bmatrix}$

試求哪一個 $\mathbf{C}^*$ 能使系統為可觀測的。

**8-52** 圖 8P-52 所示的雙倒擺可用下面的線性狀態方程式加以近似：

$$\frac{d\mathbf{x}(t)}{dt} = \mathbf{A}\mathbf{x}(t) + \mathbf{B}u(t)$$

其中

$$\mathbf{x}(t) = \begin{bmatrix} \theta_1(t) \\ \dot{\theta}_1(t) \\ \theta_2(t) \\ \dot{\theta}_1(t) \\ x(t) \\ \dot{x}(t) \end{bmatrix}$$

$$\mathbf{A} = \begin{bmatrix} 0 & 1 & 0 & 0 & 0 & 0 \\ 16 & 0 & -8 & 0 & 0 & 0 \\ 0 & 0 & 0 & 1 & 0 & 0 \\ -16 & 0 & 16 & 0 & 0 & 0 \\ 0 & 0 & 0 & 0 & 0 & 1 \\ 0 & 0 & 0 & 0 & 0 & 0 \end{bmatrix} \quad \mathbf{B} = \begin{bmatrix} 0 \\ -1 \\ 0 \\ 0 \\ 0 \\ 1 \end{bmatrix}$$

求狀態的可控制性。

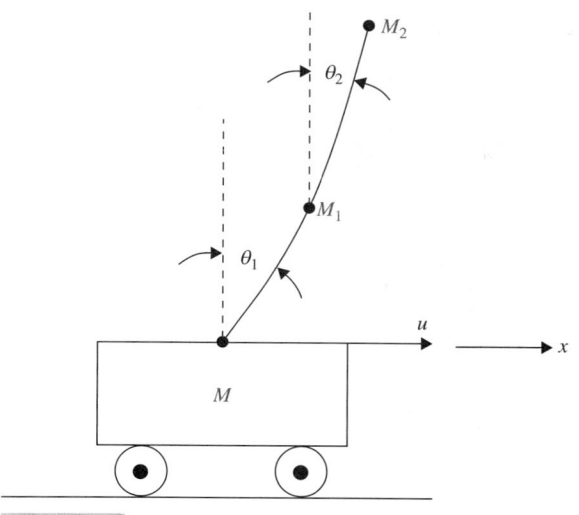

▶ 圖 8P-52

8-53 圖 8P-53 所示為一大型太空望遠鏡 (LST) 化簡後的控制系統方塊圖。為了模擬及控制的目的，希望以狀態方程式及狀態圖來表示。

(a) 畫出系統的狀態圖，並以向量-矩陣的形式寫出狀態方程式。因為狀態圖須包含最少數目的狀態變數，所以若能先寫出系統的轉移函數，將會很有幫助。

(b) 試求系統的特性方程式。

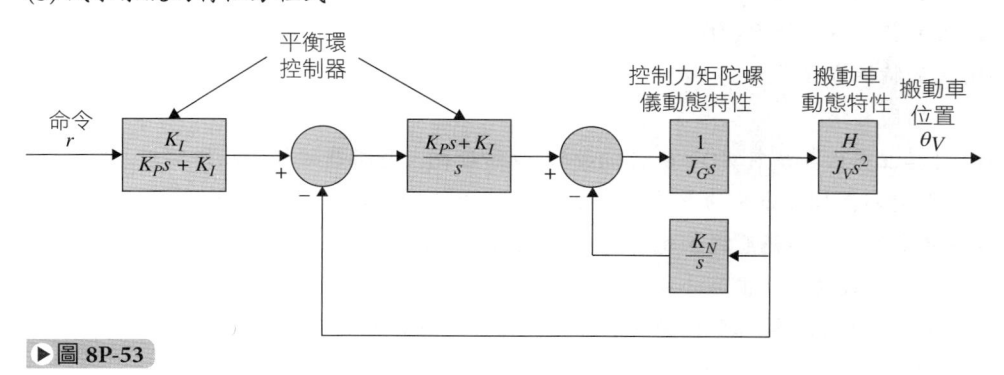

▶ 圖 8P-53

8-54 圖 8P-54 中的狀態圖代表兩個子系統串聯在一起。

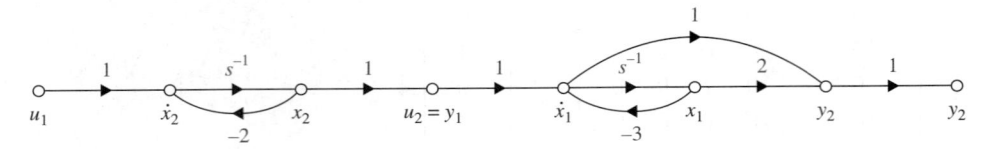

▶ 圖 8P-54

(a) 試求系統的可控制性與可觀測性。

(b) 考慮以將 $y_2$ 回授到 $u_2$ 而來進行輸出回授，亦即 $u_2 = -ky_2$，其中 $k$ 為一實常數。試求 $k$ 的值是如何影響系統的可控制性和可觀測性。

8-55 已知一系統

$$\frac{d\mathbf{x}(t)}{dt} = \mathbf{A}\mathbf{x}(t) + \mathbf{B}u(t) \quad y(t) = \mathbf{C}\mathbf{x}(t)$$

其中

$$\mathbf{A} = \begin{bmatrix} 0 & 1 \\ -1 & -3 \end{bmatrix} \quad \mathbf{B} = \begin{bmatrix} 1 \\ 2 \end{bmatrix} \quad \mathbf{C} = \begin{bmatrix} 1 & 1 \end{bmatrix}$$

(a) 試求系統的可控制性和可觀測性。

(b) 令 $u(t) = -\mathbf{K}\mathbf{x}(t)$，其中 $\mathbf{K} = [k_1, k_2]$，$k_1$、$k_2$ 為實常數。試求 $\mathbf{K}$ 中的元素是否及如何影響閉-迴路系統的可控制性和可觀測性。

8-56 系統的轉矩方程式為

$$J\frac{d^2\theta(t)}{dt^2} = K_F d_1 \theta(t) + T_s d_2 \delta(t)$$

其中 $K_F d_1 = 1$、$J = 1$。定義狀態變數為 $x_1 = \theta$ 及 $x_2 = d\theta/dt$。試以任何適用的電腦程式，求狀態變換矩陣 $\phi(t)$。

8-57 以習題 8-22 所得的狀態方程式 $d\mathbf{x}(t)/dt = \mathbf{A}\mathbf{x}(t) + \mathbf{B}\theta_r$ 開始，使用 ACSYS/MATLAB 或其它適用的電腦程式來求出：

(a) $\mathbf{A}$ 的狀態轉換矩陣 $\phi(t)$。

(b) $\mathbf{A}$ 的特性方程式。

(c) $\mathbf{A}$ 的固有值。

(d) 計算並畫出 3 秒內 $y(t) = \theta_y(t)$ 的單位-步階響應。將所有的起始條件都設為零。

8-58 使用狀態回授控制系統的方塊圖如圖 8P-58。試求回授增益 $k_1$、$k_2$ 和 $k_3$，以使：

- 對於步階輸入的穩態誤差 $e_{ss}$ [$e(t)$ 為誤差訊號] 為零。
- 特性方程式的複數根位於 $-1+j$ 和 $-1-j$。
- 試求第三個根。這三個根能任意配置又符合穩態的要求嗎？

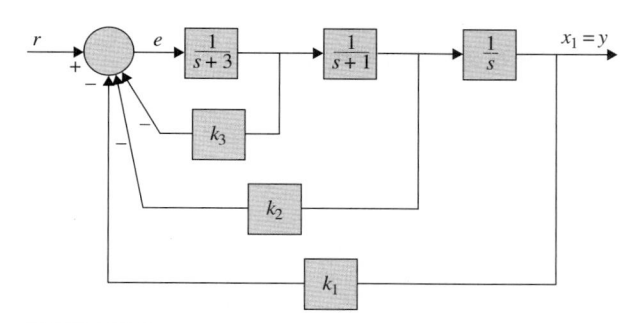

▶ 圖 8P-58

8-59 使用狀態回授控制系統的方塊圖如圖 8P-59a。回授增益 $k_1$、$k_2$、$k_3$ 和 $k_4$ 為實常數。
(a) 試求回授增益的值，以使：
- 步階輸入的穩態誤差 $e_{ss}$ [$e(t)$ 為誤差訊號] 為零。
- 特性方程式的根落於 $-1+j$、$-1-j$ 和 $-10$。

(b) 以串聯控制器代替狀態回授，如圖 8P-59b。試求控制器 $G_c(s)$ 的轉移函數，並以 (a) 小題所求的 $k_1$、$k_2$ 和 $k_3$ 及其它系統參數表示。

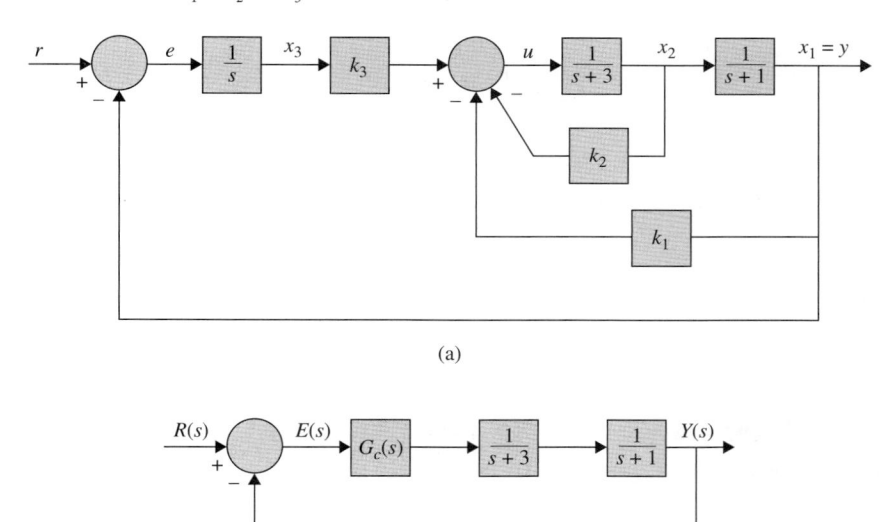

▶ 圖 8P-59

8-60 習題 8-39 顯示，要以串聯 PD 控制器來穩定習題 6-22 和習題 8-51 的倒立桿平衡控制系統是不可能的。若系統已改用狀態回授 $\Delta r(t) = -\mathbf{K}\mathbf{x}(t)$ 控制，其中

$$\mathbf{K} = \begin{bmatrix} k_1 & k_2 & k_3 & k_4 \end{bmatrix}$$

(a) 試求回授增益 $k_1$、$k_2$、$k_3$ 及 $k_4$，以使 $\mathbf{A}^* - \mathbf{B}^*\mathbf{K}$ 的固有值位於 $-1+j$、$-1-j$、$-10$ 及 $-10$。初始狀態 $\Delta x_1(0) = 0.1$、$\Delta \theta(0) = 0.1$ 及其它所有初始條件皆設為零，計算並繪出 $\Delta x_1(t)$、$\Delta x_2(t)$、$\Delta x_3(t)$ 及 $\Delta x_4(t)$ 的響應。

(b) 重做 (a) 小題，使得固有值落於 $-2+j2$、$-2-j2$、$-20$ 和 $-20$。解釋兩系統之間的差異。

**8-61** 習題 6-24 所述的磁浮球控制系統，其線性化的狀態方程式可表為

$$\Delta\dot{\mathbf{x}}(t) = \mathbf{A}^* \Delta\mathbf{x}(t) + \mathbf{B}^* \Delta i(t)$$

其中

$$\mathbf{A}^* = \begin{bmatrix} 0 & 1 & 0 & 0 \\ 115.2 & -0.05 & -18.6 & 0 \\ 0 & 0 & 0 & 1 \\ -37.2 & 0 & 37.2 & -0.1 \end{bmatrix} \quad \mathbf{B}^* = \begin{bmatrix} 0 \\ -6.55 \\ 0 \\ -6.55 \end{bmatrix}$$

令控制電流 $\Delta i(t)$ 是從狀態回授而來，即 $\Delta i(t) = -\mathbf{K}\Delta\mathbf{x}(t)$，其中

$$\mathbf{K} = \begin{bmatrix} k_1 & k_2 & k_3 & k_4 \end{bmatrix}$$

(a) 試求 $\mathbf{K}$ 的元素，以使 $\mathbf{A}^* - \mathbf{B}^*\mathbf{K}$ 的固有值落在 $-1+j$、$-1-j$、$-10$ 及 $-10$。

(b) 對於下列初始條件，試繪 $\Delta x_1(t) = \Delta y_1(t)$ (磁鐵位移) 與 $\Delta x_3(t) = \Delta y_2(t)$ (球位移) 的響應，

$$\Delta\mathbf{x}(0) = \begin{bmatrix} 0.1 \\ 0 \\ 0 \\ 0 \end{bmatrix}$$

(c) 對下列初始條件，重做 (b) 小題：

$$\Delta\mathbf{x}(0) = \begin{bmatrix} 0 \\ 0 \\ 0.1 \\ 0 \end{bmatrix}$$

對用於 (b) 和 (c) 小題的兩組初始條件，解釋閉-迴路系統的響應。

**8-62** 如圖 8P-62 所示之電熱爐，其溫度函數 $x(t)$ 由下列微分方程式所示：

$$\frac{dx(t)}{dt} = -2x(t) + u(t) + n(t)$$

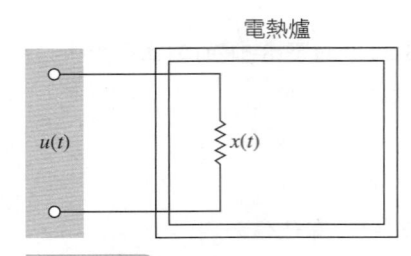

▶ 圖 8P-62

其中 $u(t)$ 為控制訊號，$n(t)$ 為因熱損失所引起的未知常數干擾。我們希望溫度 $x(t)$ 能追蹤常數參考輸入 $r$。

(a) 試設計一具有狀態回授與積分控制的控制系統，使能滿足下列規格：
- $\lim_{t \to \infty} x(t) = R = $ 常數。
- 閉-迴路系統的固有值為 $-10$ 和 $-10$。
- 令 $x(0) = 0$，針對 $r = 1$、$n(t) = -1$ 及 $r = 1$、$n(t) = 0$ 兩種情形，試繪 $t \geq 0$ 時的 $x(t)$ 響應。

(b) 試設計一個 PI 控制器，使

$$G_c(s) = \frac{U(s)}{E(s)} = K_P + \frac{K_I}{s}$$

$$E(s) = R(s) - X(s)$$

其中 $R(s) = R/s$。

試求使得特性方程式的根落在 $-10$ 和 $-10$ 的 $K_p$ 和 $K_I$ 值。令 $x(0) = 0$，針對 $r = 1$、$n(t) = -1$ 及 $r = 1$、$n(t) = 0$ 兩種情形，試繪 $t \geq 0$ 時的 $x(t)$ 響應。

**8-63** 已知系統的轉移函數

$$G(s) = \frac{10}{(s+1)(s+2)(s+3)}$$

求出當系統條件如下時的狀態空間模型：

$$x_1 = y$$
$$x_2 = \dot{x}_1$$
$$x_3 = \dot{x}_2$$

設計狀態控制回授 $u = -Kx$，使得閉-迴路極點位於 $s = -2 + j2\sqrt{3}$、$s = -2 - j2\sqrt{3}$ 及 $s = -10$。

**8-64** 圖 8P-64 所示為在移動平台上的倒立擺。

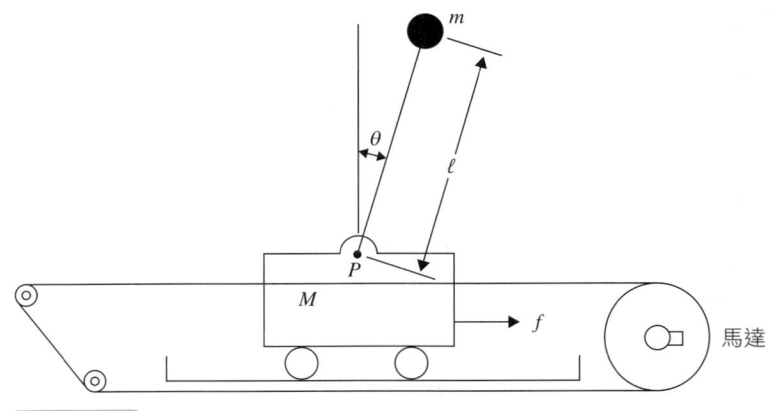

▶圖 8P-64

假設 $M = 2$ kg、$m = 0.5$ kg 及 $l = 1$ m。

(a) 如果 $x_1 = \theta$、$x_2 = \dot{\theta}$、$x_3 = x, x_4 = \dot{x}$、$y_1 = x_1 = \theta$ 與 $y_2 = x_3 = x$，求出系統的狀態空間模型。

(b) 設計一個增益為 $-K$ 的狀態回授控制，使得閉-迴路的根位於 $s = -4 + 4j$、$s = -4 - 4j$、$s = -210$ 及 $s = -210$。

8-65 考慮下述狀態空間方程式之系統：

$$\begin{bmatrix} \dot{x}_1 \\ \dot{x}_2 \end{bmatrix} = \begin{bmatrix} 0 & 1 \\ -6 & -5 \end{bmatrix} \begin{bmatrix} x_1 \\ x_2 \end{bmatrix} + \begin{bmatrix} 0 \\ 1 \end{bmatrix} u$$

(a) 設計狀態回授控制器，滿足下述條件：
   (i) 阻尼比 $\zeta = 0.707$。
   (ii) 單位-步階響應的尖峰時間為 3 秒。

(b) 利用 MATLAB 對系統的步階響應作圖，並且說明你的設計如何符合 (a) 小題的要求。

8-66 考慮下述狀態空間方程式之系統：

$$\begin{bmatrix} \dot{x}_1 \\ \dot{x}_2 \\ \dot{x}_3 \end{bmatrix} = \begin{bmatrix} -1 & -2 & -2 \\ 0 & -1 & 1 \\ 1 & 0 & -1 \end{bmatrix} \begin{bmatrix} x_1 \\ x_2 \\ x_3 \end{bmatrix} + \begin{bmatrix} 2 \\ 0 \\ 1 \end{bmatrix} u$$

(a) 設計狀態回授控制器，滿足下述條件：
   (i) 安定時間小於 5 秒 (1% 安定時間)。
   (ii) 超越量少於 10%。

(b) 利用 MATLAB 驗證你的設計。

8-67 圖 8P-67 顯示一 RLC 電路。

(a) 當 $v(t)$ 是輸入、$i(t)$ 是輸出，以及電容電壓和電感電流為狀態變數時，求出電路的狀態方程式。

(b) 求出可控制性系統的條件。

(c) 求出可觀測性系統的條件。

(d) 當 $v(t)$ 為輸入，電壓 $R_2$ 為輸出，以及電容電壓和電感電流為狀態變數時，重做 (a)、(b) 及 (c) 小題。

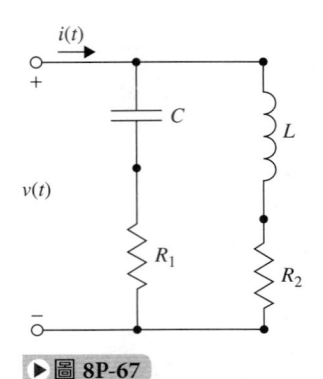

▶ 圖 8P-67

# Chapter 9 根軌跡分析

在開始本章之前,鼓勵讀者參閱附錄 B 來複習與複雜變量相關的理論背景。

在上一章已說明線性控制系統,轉移函數的極點與零點對系統動態的重要性。特性方程式的根就是閉-迴路轉移函數的極點,它決定了線性 SISO 系統的絕對穩定性與相對穩定性。注意:系統的暫態特性與閉-迴路轉移函數的零點有關。

在線性控制系統中的一個重要課題是:當系統的某一個參數改變時,特性方程式根的軌跡——或簡稱**根軌跡** (root loci)——的研究。在第七章已有好幾個例題說明根軌跡在研究線性控制系統時的重要性。艾凡思 (W. R. Evans)[1, 3] 首先探討根軌跡的基本性質與系統化的建構。本章會說明如何由一些簡單的規則來畫出這些根軌跡。

如同第七章所提及的,要精確地畫出根軌跡,可採用 MATLAB 根軌跡工具。若想成為技術人員,則我們所要做的只是熟悉其中一種軟體程式的應用。然而,為了分析與設計的目的,學習根軌跡的原理、性質及如何解釋根軌跡所提供的資料是很重要的。本章的資料就是為這些目的而準備的。

根軌跡的技巧並不限於控制系統的研究。一般而言,這些技術可用於研究任何具可變參數的方程式的根。一般根軌跡的問題要用到下列複變數 $s$ 的方程式:

$$F(s) = P(s) + KQ(s) = 0 \tag{9-1}$$

其中 $P(s)$ 為 $s$ 的 $n$-階多項式,

$$P(s) = s^n + a_{n-1}s^{n-1} + \cdots + a_1 s + a_0 \tag{9-2}$$

且 $Q(s)$ 為 $s$ 的 $m$-階多項式,$n$ 和 $m$ 為正整數,

### 學習重點

在學習完本章後,讀者將具備以下能力:

1. 制定或解釋根軌跡以確定參數變化對系統閉-迴路極點的影響。
2. 根據根軌跡的性質,手工繪製根軌跡。
3. 構建用於多參數變異研究的系統根廓線(例如,PD 或 PI 控制器)。
4. 利用 MATLAB 繪製根軌跡與根廓線。
5. 利用根軌跡或根廓線設計控制系統。

$$Q(s) = s^m + b_{m-1}s^{m-1} + \cdots + b_1 s + b_0 \tag{9-3}$$

現在我們並沒有對 $n$ 和 $m$ 的相對幅度做任何限制。(9-1) 式中的 $K$ 為一實常數,可從 $-\infty$ 變化至 $+\infty$。

係數 $a_1, a_2, ..., a_n, b_1, b_2, ..., b_m$ 假設為定值的實數。

多變數參數的根軌跡可一次改變一個參數加以處理。最後所得的軌跡稱為**根廓線** (root contour),這將在 9-5 節討論。若 (9-1) 式到 (9-3) 式中以 $z$ 代替 $s$,我們則可用類似方法畫出線性-離散資料系統特性方程式的根軌跡 (請參閱附錄 H)。

為了便於識別,本書根據 $K$ 的符號來定義下列根軌跡的種類:

1. 根軌跡 (RL):代表 $-\infty < K < \infty$ 的全部根軌跡。
2. 根廓線 (RC):當超過一個以上的參數在變化時根的軌跡。

一般而言,對大多數控制系統的應用而言,$K$ 值為正。當系統具有正回授或迴路增益為負的不尋常條件時,則會有 $K$ 值為負的情況發生。雖然我們知道有這種可能性,但在討論根軌跡技巧時,吾人僅需強調 $K$ 值為正的情況即可。

## 9-1 根軌跡的基本性質

因為我們主要的注意力是在控制系統,所以考慮一單迴路控制系統的閉-迴路轉移函數:

$$\frac{Y(s)}{R(s)} = \frac{G(s)}{1+G(s)H(s)} \tag{9-4}$$

切記!多迴路 SISO 系統的轉移函數也可表示成類似的形式。令 $Y(s)/R(s)$ 的分母多項式為零,可得閉-迴路系統的特性方程式。因此,特性方程式的根必須滿足

$$1 + G(s)H(s) = 0 \tag{9-5}$$

設 $G(s)H(s)$ 包含一可變實數參數 $K$ 的乘數因子,則此有理函數可寫成

$$G(s)H(s) = \frac{KQ(s)}{P(s)} \tag{9-6}$$

其中 $P(s)$ 和 $Q(s)$ 分別是 (9-2) 式及 (9-3) 式所定義的多項式。因此,(9-5) 式變成

$$1 + \frac{KQ(s)}{P(s)} = \frac{P(s) + KQ(s)}{P(s)} = 0 \tag{9-7}$$

(9-7) 式的分子多項式與 (9-1) 式的相同,因此若閉-迴路系統的迴路轉移函數 $G(s)H(s)$

可以寫成 (9-6) 式的形式,則可將控制系統的根軌跡視為一般根軌跡問題。

當可變參數 $K$ 不是以乘數因子出現在 $G(s)H(s)$ 中時,我們可以將函數轉換成 (9-1) 式的形式。以下例說明,考慮一控制系統的特性方程式:

$$s(s+1)(s+2)+s^2+(3+2K)s+5=0 \tag{9-8}$$

要將上式表成 (9-7) 式的形式,可對其兩邊除以不含 $K$ 的項,得

$$1+\frac{2Ks}{s(s+1)(s+2)+s^2+3s+5}=0 \tag{9-9}$$

比較上式與 (9-7) 式,可得

$$\frac{Q(s)}{P(s)}=\frac{2s}{s^3+4s^2+5s+5} \tag{9-10}$$

現在 $K$ 已獨立出來,成為函數 $Q(s)/P(s)$ 的乘數因子。

我們將證明 (9-5) 式的根軌跡可根據 $Q(s)/P(s)$ 的性質來繪製。如果 $G(s)H(s) = KQ(s)/P(s)$,則根軌跡的問題說明以特性方程式的根所表示的閉-迴路系統特性,可由對迴路轉移函數 $G(s)H(s)$ 的瞭解而得知。

現在開始討論滿足 (9-5) 式或 (9-7) 式的條件。

將 $G(s)H(s)$ 表示為

$$G(s)H(s)=KG_1(s)H_1(s) \tag{9-11}$$

其中 $G_1(s)H_1(s)$ 不包含變化參數 $K$,則 (9-5) 式可寫成

$$G_1(s)H_1(s)=-\frac{1}{K} \tag{9-12}$$

欲使 (9-12) 式成立,必須同時滿足下列條件:

**幅度條件:**

$$|G_1(s)H_1(s)|=\frac{1}{|K|} \quad -\infty < K < \infty \tag{9-13}$$

**角度條件:**

$$\angle G_1(s)H_1(s)=(2i+1)\pi \quad K \geq 0$$
$$=\pi \text{ 強度或 } 180° \text{ 的奇數倍} \tag{9-14}$$

$$\angle G_1(s)H_1(s)=2i\pi \quad K \leq 0$$
$$=0 \text{ 強度或 } 180° \text{ 的偶數倍} \tag{9-15}$$

其中 $i = 0, \pm1, \pm2, \ldots$ (皆為整數)。

事實上，(9-13) 式到 (9-15) 式的條件在根軌跡作圖上扮演不同的角色。

- (9-14) 式或 (9-15) 式的角度條件用來決定根軌跡在 $s$-平面上的軌跡。
- 一旦畫出根軌跡，則軌跡上 $K$ 的值由 (9-13) 式的幅度條件決定。

雖然有些性質可由解析而得，但根軌跡的構成基本上是繪圖的問題。根軌跡的繪製，是根據對函數 $G(s)H(s)$ 的極點與零點的瞭解而得。換言之，$G(s)H(s)$ 必須先寫成

$$G(s)H(s) = KG_1(s)H_1(s) = \frac{K(s+z_1)(s+z_2)\cdots(s+z_m)}{(s+p_1)(s+p_2)\cdots(s+p_n)} \tag{9-16}$$

其中 $G(s)H(s)$ 的極點和零點是實數或共軛複數。

將 (9-13) 式、(9-14) 式和 (9-15) 式中的條件應用於 (9-16) 式，可得

$$|G_1(s)H_1(s)| = \frac{\prod_{j=1}^{m}|s+z_j|}{\prod_{k=1}^{n}|s+p_k|} = \frac{1}{|K|} \quad -\infty < K < \infty \tag{9-17}$$

若 $0 \leq K < \infty$，則

$$\angle G_1(s)H_1(s) = \sum_{j=1}^{m}\angle(s+z_j) - \sum_{k=1}^{n}\angle(s+p_k) = (2i+1)\times 180° \tag{9-18}$$

若 $-\infty < K \leq 0$，則

$$\angle G_1(s)H_1(s) = \sum_{j=1}^{m}\angle(s+z_j) - \sum_{k=1}^{n}\angle(s+p_k) = 2i\times 180° \tag{9-19}$$

其中 $i = 0, \pm1, \pm2, \ldots$。

(9-18) 式在繪圖上的解釋為：在對應於正值 $K$ 的根軌跡上任一點 $s_1$，必須滿足下列條件：

**從 $G(s)H(s)$ 的零點到 $s_1$ 的向量角度和，與從 $G(s)H(s)$ 的極點至 $s_1$ 點的向量角度和，兩者間的差是 $180°$ 的奇數倍。**

對於負值 $K$，在根軌跡上的任一點 $s_1$ 必須滿足下列條件：

**從 $G(s)H(s)$ 的零點到 $s_1$ 點的向量角度和，與從 $G(s)H(s)$ 的極點至 $s_1$ 點的向量角度和，兩者間的差是 $180°$ 的偶數倍，包括零度。**

一旦繪製好根軌跡，可將 (9-17) 式寫成下式來決定根軌跡上的 $K$ 值：

$$|K| = \frac{\prod_{k=1}^{n}|s+p_k|}{\prod_{j=1}^{m}|s+z_j|} \tag{9-20}$$

將 $s_1$ 的值代入 (9-20) 式即可決定根軌跡在 $s_1$ 點的 $K$ 值。在繪圖上，(9-20) 式的分子表示從 $G(s)H(s)$ 的極點到 $s_1$ 的向量長度的乘積，而分母則表示從 $G(s)H(s)$ 的零點到 $s_1$ 向量長度的乘積。

為了說明 (9-18) 式到 (9-20) 式在根軌跡作圖時的用法，讓我們考慮

$$G(s)H(s) = \frac{K(s+z_1)}{s(s+p_2)(s+p_3)} \tag{9-21}$$

$G(s)H(s)$ 的極點和零點位置是任意假設的，如圖 9-1 所示。然後在 $s$-平面上任意選擇一點 $s_1$，並直接從 $G(s)H(s)$ 的極點和零點至 $s_1$ 點畫向量。若 $s_1$ 確實是位於 RL ($K$ 為正) 上，則它必須滿足 (9-18) 式，亦即圖 9-1 中的向量角度必須滿足

$$\angle(s_1+z_1) - \angle s_1 - \angle(s_1+p_2) - \angle(s_1+p_3) = \theta_{z1} - \theta_{p1} - \theta_{p2} - \theta_{p3} = (2i+1) \times 180° \tag{9-22}$$

其中 $i = 0, \pm 1, \pm 2, ...$。如圖 9-1 所示，向量角度的量測是以正實軸為參考線。同樣地，若 $s_1$ 是在 $K$ 為負值的根軌跡上，則必須滿足 (9-19) 式；即

$$\angle(s_1+z_1) - \angle s_1 - \angle(s_1+p_2) - \angle(s_1+p_3) = \theta_{z1} - \theta_{p1} - \theta_{p2} - \theta_{p3} = 2i \times 180° \tag{9-23}$$

其中 $i = 0, \pm 1, \pm 2, ...$。

若 $s_1$ 可滿足 (9-22) 式或 (9-23) 式其中之一時，則 (9-20) 式是用來求得在該點的 $K$ 值。如圖 8-1 所示，向量的長度分別以 $A$、$B$、$C$ 及 $D$ 表示，則 $K$ 的幅度為

$$|K| = \frac{|s_1||s_1+p_2||s_1+p_3|}{|s_1+z_1|} = \frac{BCD}{A} \tag{9-24}$$

$K$ 的符號是根據 $s_1$ 在 RL 或 CRL 之上而定。因此，已知 $G(s)H(s)$ 的乘數因子 $K$，極點和零點，則 $1 + G(s)H(s)$ 零點根軌跡的繪製包含下列兩個步驟：

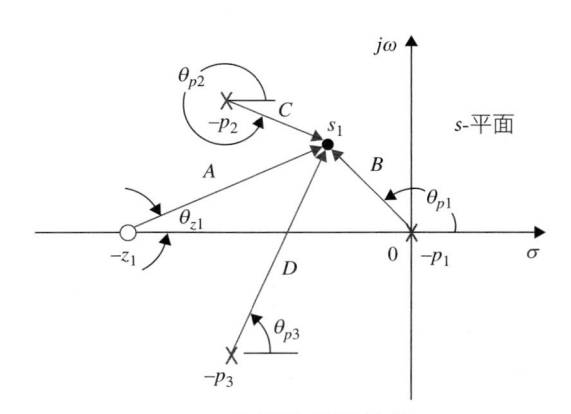

▶ 圖 9-1　$G(s)H(s) = K(s+z_1)/[s(s+p_2)(s+p_3)]$ 的極點-零點結構。

1. 對於正值 $K$，找出在 $s$-平面上所有滿足 (9-18) 式的 $s_1$ 點。若負值 $K$ 的根軌跡也要繪製，則必須滿足 (9-19) 式。
2. 用 (9-20) 式決定在根軌跡上 $K$ 的幅度。

我們已經建立了繪製根軌跡圖的基本條件。然而，如果我們採用上述的試誤法，則要找出在 $s$-平面上滿足 (9-18) 式或 (9-19) 式與 (9-20) 式的所有根軌跡點是一件冗長的工作。

有了 MATLAB 工具，如第七章所介紹的，試誤法早就過時了。然而，即使有快速的電腦，當要應用根軌跡於控制系統的分析與設計時，分析者仍然要對根軌跡的性質作深入的瞭解，以便輕易地畫出簡單和適度複雜系統的根軌跡，並解釋電腦求得的結果。

## 9-2 根軌跡的性質

下列根軌跡的性質對根軌跡的作圖與理解是有用的，這些性質是由 $G(s)H(s)$ 的極點和零點，及 $1+G(s)H(s)$ 的零點之間的關係發展而來，其中 $1+G(s)H(s)$ 的零點就是特性方程式的根。

### 9-2-1　$K=0$ 與 $K=\pm\infty$ 點

**根軌跡上 $K=0$ 之點即位於 $G(s)H(s)$ 的極點。**

**根軌跡上 $K=\pm\infty$ 之點即位於 $G(s)H(s)$ 的零點。**

這裡所指的極點與零點，包括那些在無限遠的點，如果有的話。由 (9-12) 式中根軌跡的關係可看出其中的原因，

$$G_1(s)H_1(s) = -\frac{1}{K} \tag{9-25}$$

當 $K$ 的幅度趨近於零時，$G_1(s)H_1(s)$ 會趨近於無限大，所以 $s$ 必定是趨近 $G_1(s)H_1(s)$ 或 $G(s)H(s)$ 的極點；同樣地，當 $K$ 的幅度趨近於無限大時，$s$ 必定趨近 $G(s)H(s)$ 的零點。

### 範例 9-2-1

考慮下列方程式

$$s(s+2)(s+3)+K(s+1)=0 \tag{9-26}$$

當 $K=0$ 時，方程式的三個根位於 $s=0$、$-2$ 及 $-3$。當 $K$ 的幅度為無限大時，方程式的三個根位於 $s=-1$、$\infty$ 及 $\infty$。對 $s$-平面上無限遠的點視為一觀念上的點是有用的。我們可以把有限的 $s$-平面看成是半徑無限大球體的一小部分而已，所以 $s$-平面無限遠的點是位於我們所面對球體的另一面。

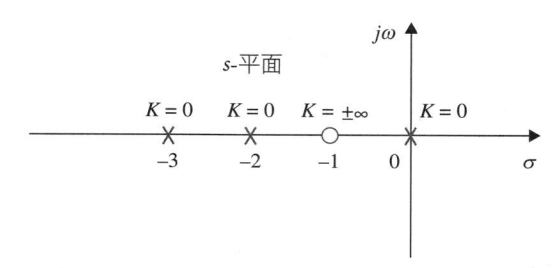

```
                    jω
            s-平面    ↑
  K=0    K=0    K=±∞   K=0
   ✕------✕------○------✕------→ σ
  -3     -2     -1      0
```

▶ **圖 9-2** 當 $K=0$ 與 $K=\pm\infty$ 時，位於 $s(s+2)(s+3)+K(s+1)=0$ 的根軌跡上的點。

將 (9-26) 式等號兩邊各除一不含 $K$ 之項，則可得

$$1+G(s)H(s)=1+\frac{K(s+1)}{s(s+2)(s+3)}=0 \tag{9-27}$$

因此

$$G(s)H(s)=\frac{K(s+1)}{s(s+2)(s+3)} \tag{9-28}$$

所以，當 $K=0$ 時，(9-26) 式的三個根就是函數 $G(s)H(s)$ 的極點；當 $K=\pm\infty$ 時，(9-26) 式的三個根即為 $G(s)H(s)$ 的三個零點，這包含在無限遠的點。本例中，有一有限零點 $s=-1$，另兩個零點則位於無限遠處。$K=0$ 與 $K=\pm\infty$ 時，根軌跡上的點顯示於圖 9-2 中。

## 9-2-2 根軌跡的分支數

根軌跡的分支是：當 $K$ 之值取在 $-\infty$ 和 $\infty$ 之間變化時，一個根的軌跡。因為根軌跡的分支數，必須和特性方程式的根之數目相等，所以有下列根軌跡的性質存在：

> 記錄根軌跡的分支數是很重要的。

**(9-1) 式或 (9-5) 式之根軌跡的分支數等於該多項式的階數。**

例如，當 $K$ 由 $-\infty$ 變化至 $\infty$ 時，(9-26) 式之根軌跡的分支數為三，因為該式有三個根。

要確定根軌跡是否已正確地繪製好，並記錄根軌跡圖的個別分支與分支數是非常重要的。當根軌跡圖以電腦繪製時更是如此，除非每一個根軌跡都以不同的顏色來表示，否則就要靠使用者自己去分辨。

### 範例 9-2-2

由於方程式

$$s(s+2)(s+3)+K(s+1)=0 \tag{9-29}$$

為三階，根軌跡的分支數為三。換言之，方程式有三個根，也因此方程式應該存在三個根軌跡。

## 9-2-3 RL 的對稱性

**根軌跡對 $s$-平面的實軸是對稱的。通常，根軌跡對稱於 $G(s)H(s)$ 的極點和零點組態的對稱軸。**

這個性質的原因在於具有實係數的 (9-1) 式，其根必是實數或共軛複數對。通常，如果 $G(s)H(s)$ 的極點和零點對稱於除了 $s$-平面上實軸之外的軸，我們可以將這個對稱軸視為通過線性變換獲得之新的複雜平面的實軸。

> 根軌跡的對稱性是很重要的。

### 範例 9-2-3

考慮方程式

$$s(s+1)(s+2)+K=0 \tag{9-30}$$

將方程式的兩邊除以不含 $K$ 的項，得到

$$G(s)H(s)=\frac{K}{s(s+1)(s+2)} \tag{9-31}$$

對於 $K = -\infty$ 到 $K = \infty$，(9-30) 式的根軌跡如圖 9-3 所示。由於 $G(s)H(s)$ 的極點-零點關係相對於實軸和 $s = -1$ 軸對稱，根軌跡的圖與兩個軸對稱。

作為對迄今所提及根軌跡之所有性質的複習，我們對圖 9-3 中的根軌跡進行以下練習。$K = 0$ 的點係位於 $G(s)H(s)$ 的極點，$s = 0$、$-1$ 及 $-2$。而函數 $G(s)H(s)$ 有三個零點於 $s = \infty$，此時 $K = \pm\infty$。讀者可以嘗試透過從其中一個 $K = -\infty$ 的點，經由同一分支上之 $K = 0$ 的點，並且在 $s = \infty$ 時結束於 $K = \infty$ 的點。

### 範例 9-2-4

當 $G(s)H(s)$ 的極點-零點組態相對於 $s$-平面中的一個點對稱時，根軌跡也將對稱於該點。這是由根軌跡圖說明的

$$s(s+1)(s+1+j)(s+1-j)+K=0 \tag{9-32}$$

顯示於圖 9-4。

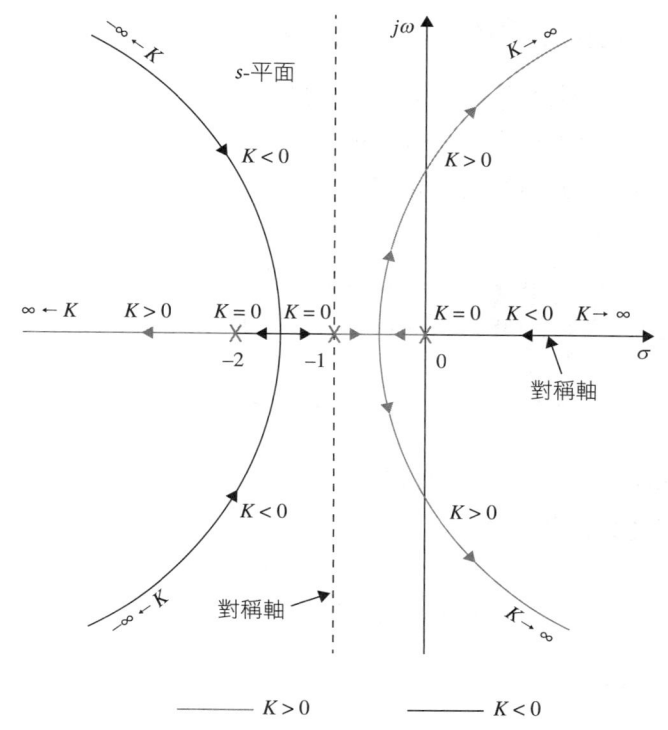

▶ 圖 9-3　$s(s+2)(s+3) + K(s+1) = 0$ 的根軌跡，顯示其對稱性質。

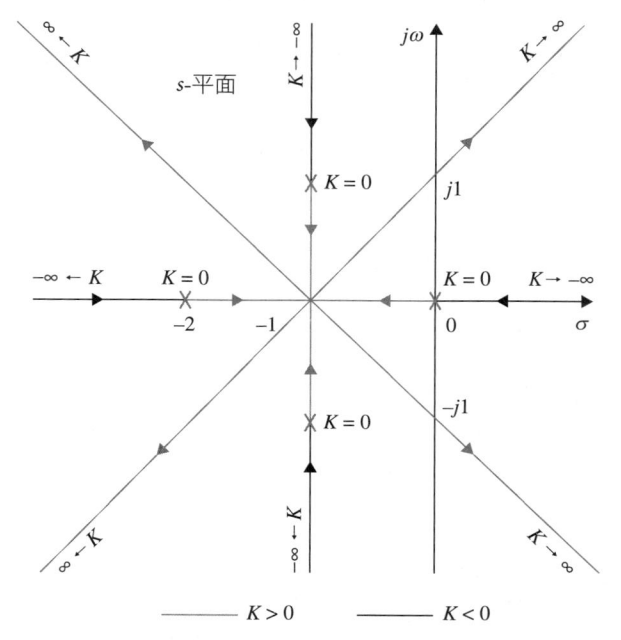

▶ 圖 9-4　$s(s+2)(s^2+2s+2) + K = 0$ 的根軌跡，顯示其對稱性質。

### 9-2-4　RL 之漸進線的角度：RL 在 $|s| = \infty$ 處的行為

若 $P(s)$ 的階數 $n$ 不等於 $Q(s)$ 的階數 $m$，則在 $s$-平面上有些根軌跡會趨向無限遠。根軌跡在 $s$-平面上無窮遠處的性質是由軌跡的漸近線於 $|s| \to \infty$ 處來描述，通常當 $n \neq m$ 時，將會有 $2|n-m|$ 個漸近線描述根軌跡在 $|s| = \infty$ 處的行為。漸近線的角度及其與 $s$-平面上實軸的交點將描述如下：

> 根軌跡的漸近線是指根軌跡在 $|s| = \infty$ 時的性質。

對於較大的 $s$ 值，$K \geq 0$ 的根軌跡 (RL) 會趨近於下列角度的漸近線

$$\theta_i = \frac{(2i+1)}{|n-m|} \times 180° \quad n \neq m \tag{9-33}$$

其中 $i = 0, 1, 2, ..., |n-m|-1$；$n$ 和 $m$ 分別為 $G(s)H(s)$ 的有限極點與零點的數目。

對於 $K \leq 0$，漸近線的角度為

$$\theta_i = \frac{2i}{|n-m|} \times 180° \quad n \neq m \tag{9-34}$$

其中 $i = 0, 1, 2, ..., |n-m|-1$。

### 9-2-5　漸近線的交點 (圖心)

根軌跡的 $2|n-m|$ 條漸近線的交點落在 $s$-平面實軸上的 $\sigma_1$ 處，即

$$\sigma_1 = \frac{\sum G(s)H(s) \text{ 的有限極點} - \sum G(s)H(s) \text{ 的有限零點}}{n-m} \tag{9-35}$$

其中 $n$ 為 $G(s)H(s)$ 有限極點的個數，而 $m$ 則為 $G(s)H(s)$ 有限零點的個數。漸近線的交點 $\sigma_1$ 代表根軌跡的圖心，它必為一實數，即

$$\sigma_1 = \frac{\sum G(s)H(s) \text{ 極點的實數部分} - \sum G(s)H(s) \text{ 零點的實數部分}}{n-m} \tag{9-36}$$

#### 範例 9-2-5

(9-26) 式在 $-\infty \leq K \leq \infty$ 時的漸近線與根軌跡如圖 9-5 所示。

**工具盒 9-2-1**

圖 9-5 中的根軌跡之 MATLAB 編碼。

```
num=[1 1];
den=conv([1 0],[1 2]);
den=conv(den,[1 3]);
mysys=tf(num,den);
```

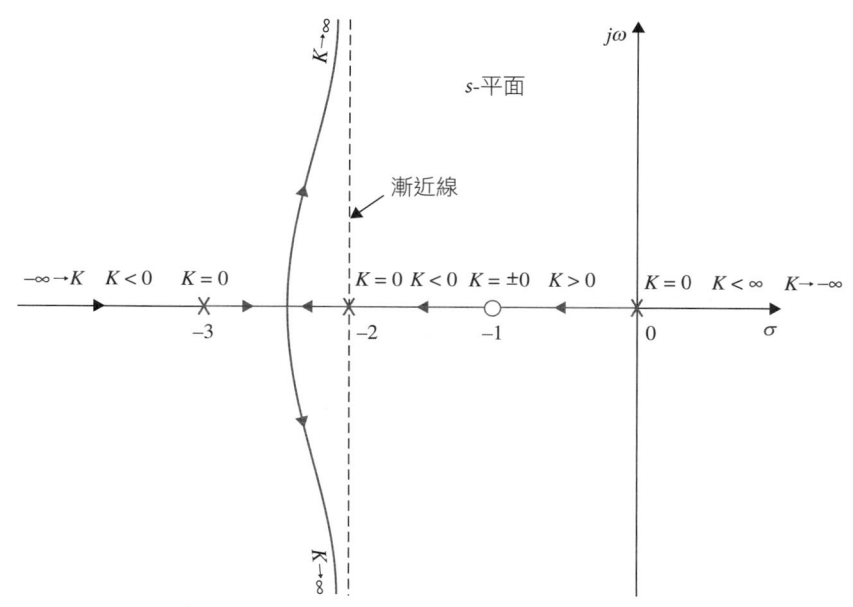

▶ 圖 9-5　當 $-\infty \leq K \leq \infty$ 時，$s(s+2)(s+3) + K(s+1) = 0$ 的根軌跡，顯示其對稱性質。

```
rlocus(mysys);
axis([-3 0 -8 8])

[k,poles] = rlocfind(mysys) % rlocfind command in MATLAB can choose the
desired poles on the locus
```

## 範例 9-2-6

考慮轉移函數

$$G(s)H(s) = \frac{K(s+1)}{s(s+4)(s^2+2s+2)} \tag{9-37}$$

其對應的特性方程式如下：

$$s(s+4)(s^2+2s+2) + K(s+1) = 0 \tag{9-38}$$

　　$G(s)H(s)$ 的極點-零點組態如圖 9-6 所示。根據至今所提及之根軌跡的六個性質，可獲得下述 (9-38) 式根軌跡性質的資訊，當 $K$ 從 $-\infty$ 變化到 $\infty$ 時：

1. $K = 0$：根軌跡上 $K = 0$ 的點位於 $G(s)H(s)$ 的極點：$s = 0$、$-4$、$-1+j$ 及 $-1-j$。
2. $K = \pm\infty$：根軌跡上 $K = \pm\infty$ 的點位於 $G(s)H(s)$ 的零點：$s = -1$、$\infty$、$\infty$ 及 $\infty$。
3. 因為 (9-37) 式與 (9-38) 式為四-階，因此有四個根軌跡分支。

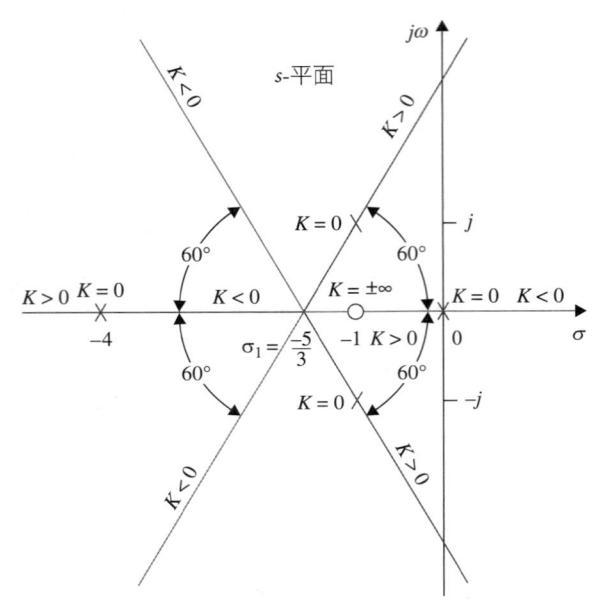

▶ 圖 9-6　$s(s+4)(s^2+2s+2)+K(s+1)=0$ 之根軌跡的漸近線。

4. 根軌跡對稱於實軸。
5. 因為 $G(s)H(s)$ 有限極點的數目比 $G(s)H(s)$ 有限零點的數目多三個 ($n-m=4-1=3$)，因此當 $K=\pm\infty$，三個根軌跡處於 $s=\infty$ 的位置。

可由 (9-33) 式得出 RL ($K \geq 0$) 之漸近線之角度：

$$j=0:\quad \theta_0 = \frac{180°}{3} = 60°$$

$$j=1:\quad \theta_1 = \frac{540°}{3} = 180°$$

$$j=2:\quad \theta_2 = \frac{900°}{3} = 300°$$

當 $K \leq 0$ 時，根軌跡的漸近線之角度可由 (9-34) 式得出，並計算得出為 0°、120° 及 240°。

6. 漸近線的交點由 (9-36) 式得出

$$\sigma_1 = \frac{(-4-1-1)-(-1)}{4-1} = -\frac{5}{3} \tag{9-34}$$

根軌跡的漸近線顯示於圖 9-6。

## 範例 9-2-7

許多方程式之根軌跡的漸近線顯示於圖 9-7。

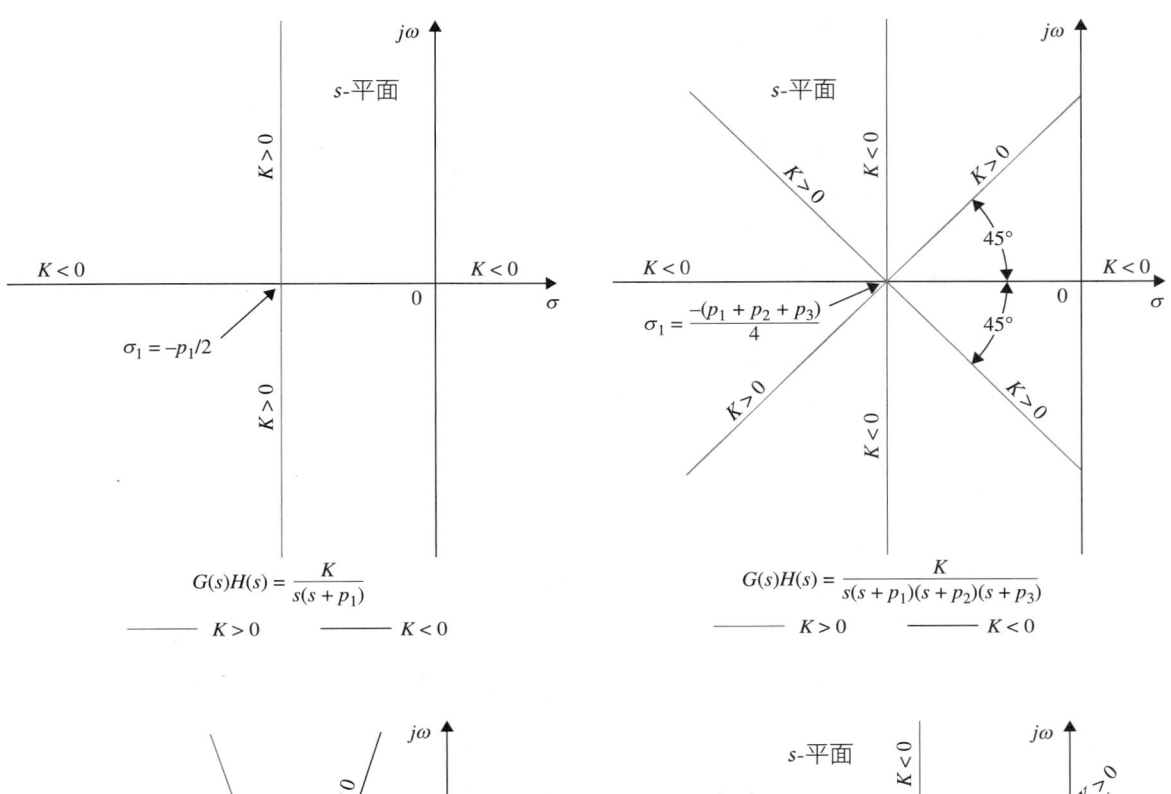

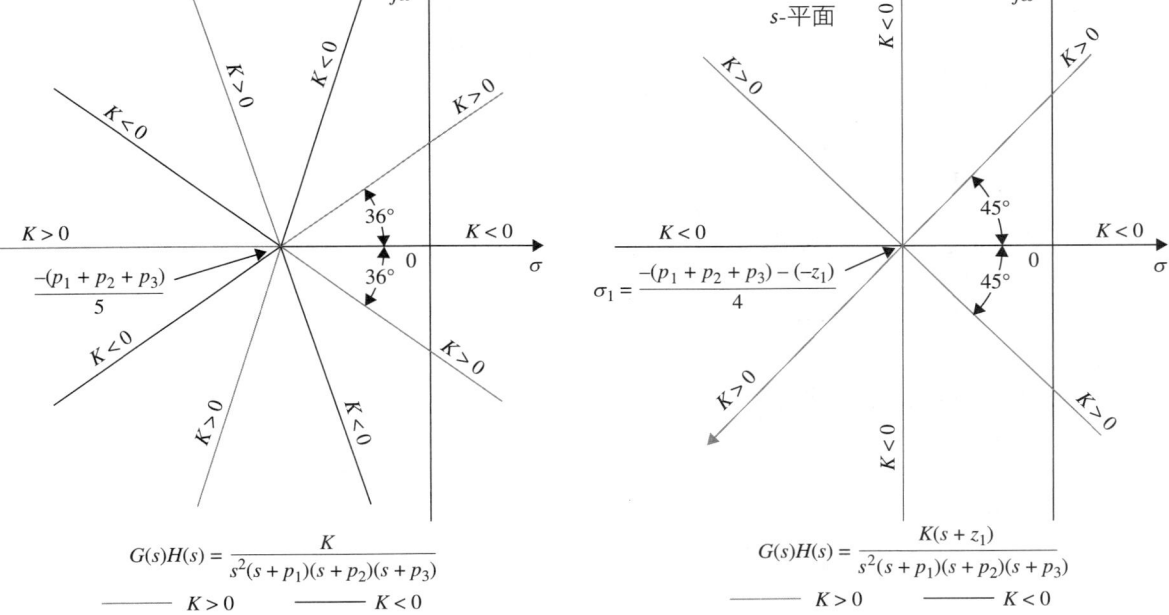

▶ 圖 9-7　根軌跡漸近線之範例。

## 9-2-6　實數軸上的根軌跡

　　$s$-平面的整條實軸為所有 $K$ 值之根軌跡所佔據。在實軸上某一已知的段落，若 $G(s)H(s)$ 實際上的極點和零點的總數在段落的右邊是奇數個時，則 $K \geq 0$ 的根軌跡是位於這個段落內。注意：實軸上其餘段落則是由 $K \leq 0$ 的根軌跡所佔據。$G(s)H(s)$ 的複數極點和零點並不影響根軌跡在實軸上的型式。

　　這些性質是基於以下觀察結果得出的：

1. 在實軸上的任何點 $s_1$，所有從 $G(s)H(s)$ 共軛複數極點與零點出發之向量的角度和為零。因此，只有 $G(s)H(s)$ 的實數零點和極點會影響 (9-18) 式與 (9-19) 式中的角度關係。
2. 僅有座落於 $s_1$ 點右方之 $G(s)H(s)$ 的實數極點與零點會影響 (9-18) 式和 (9-19) 式，因為座落於 $s$ 點左方之實數極點與零點毫無影響。
3. 每一個在 $s_1$ 點右方之 $G(s)H(s)$ 的實數極點提供 $-180°$，以及每一個在 $s_1$ 點右方之 $G(s)H(s)$ 的實數零點提供 $+180°$ 給 (9-18) 式與 (9-19) 式。

　　最後一項觀察顯示，對於 $s_1$ 作為根軌跡上的一個點，在該點的右側必須有**奇數個** $G(s)H(s)$ 的極點和零點。對於 $s_1$ 在對 $K \leq 0$ 的根軌跡分支上的一個點，點的右邊之 $G(s)H(s)$ 的總數和零點必須為**偶數**。以下範例說明在 $s$-平面實軸上確定之根軌跡屬性。

> $s$-平面的整個實軸被根軌跡佔據。

### 範例 9-2-8

　　實軸上之 $G(s)H(s)$ 兩個極點-零點組態的根軌跡如圖 9-8 所示。注意：對於所有的 $K$ 值，整個實軸被根軌跡所佔據。

## 9-2-7　RL 的離開角與抵達角

　　根軌跡在 $G(s)H(s)$ 的極點 (零點) 的離開 (到達) 角度，代表根軌跡的切線在接近該點時的角度。

　　正的 $K$ 值之根軌跡係利用 (9-18) 式求得到達與離開的角度，而負的 $K$ 值之根軌跡係利用 (9-19) 式求得。其細節由下述範例說明。

### 範例 9-2-9

　　對於圖 9-9 所示的根軌跡圖，透過得知根軌跡離開極點的角度，可以更準確地描繪極點 $s = -1 + j$ 附近的根軌跡。如圖 9-9 所示，在 $s = -1 + j$ 處之根軌跡離開角度由相對於實軸所測量的 $\theta_2$

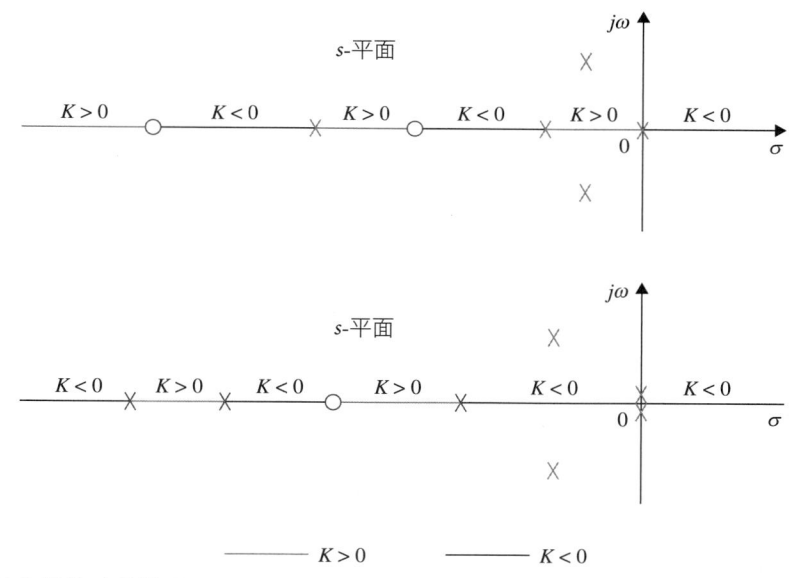

▶ 圖 9-8　實軸上根軌跡的性質。

表示。讓我們令 $s_1$ 為離開極點 $-1+j$ 之 RL 上的一個點，並且非常接近極點。然後，$s_1$ 必須滿足 (9-18) 式。因此，

$$\angle G(s_1)H(s_1) = -(\theta_1 + \theta_2 + \theta_3 + \theta_4) = (2i+1)180° \tag{9-40}$$

其中 $i$ 為任意整數。因為假設 $s_1$ 非常靠近極點 $-1+j$，透過考慮 $s_1$ 位在極點 $-1+j$，從另外三個極點所畫出的向量之角度近似。根據圖 9-9，(9-40) 式可以寫成

$$-(135° + \theta_2 + 90° + 26.6°) = (2i+1)180° \tag{9-41}$$

其中，$\theta_2$ 是唯一未知的角度。以本例來說，我們可以令 $i$ 為 $-1$，並且 $\theta_2$ 的結果為 $-71.6°$。

當確定 $G(s)H(s)$ 的簡單極點或零點處之正 $K$ 值的根軌跡出發或到達角度時，相同點處之負 $K$ 值的根軌跡到達或離開之角度與此角度相差 180°，在此使用 (9-19) 式。圖 9-9 顯示根軌跡對負 $K$ 值的到達角度為 108.4°，為 180° $-$ 71.6°。相同地，對圖 9-9 的根軌跡圖，我們可以顯示根軌跡對於負的 $K$ 值到達極點 $s=-3$ 的角度為 180°，而根軌跡對正的 $K$ 值離開同一個極點為 0°。對於位在 $s=0$ 的極點，負 $K$ 值根軌跡的到達角度為 180°，而正 $K$ 值根軌跡的偏離角為 180°。這些角度也同樣是根據已知 $G(s)H(s)$ 之極點與零點所分隔區域上的根軌跡類型來決定。由於從共軛複數極點和零點向實線上的任何點繪製之向量的角度總和為零，因此根軌跡在實軸上的到達和離開之角度不會受到 $G(s)H(s)$ 的複數極點與零點影響。

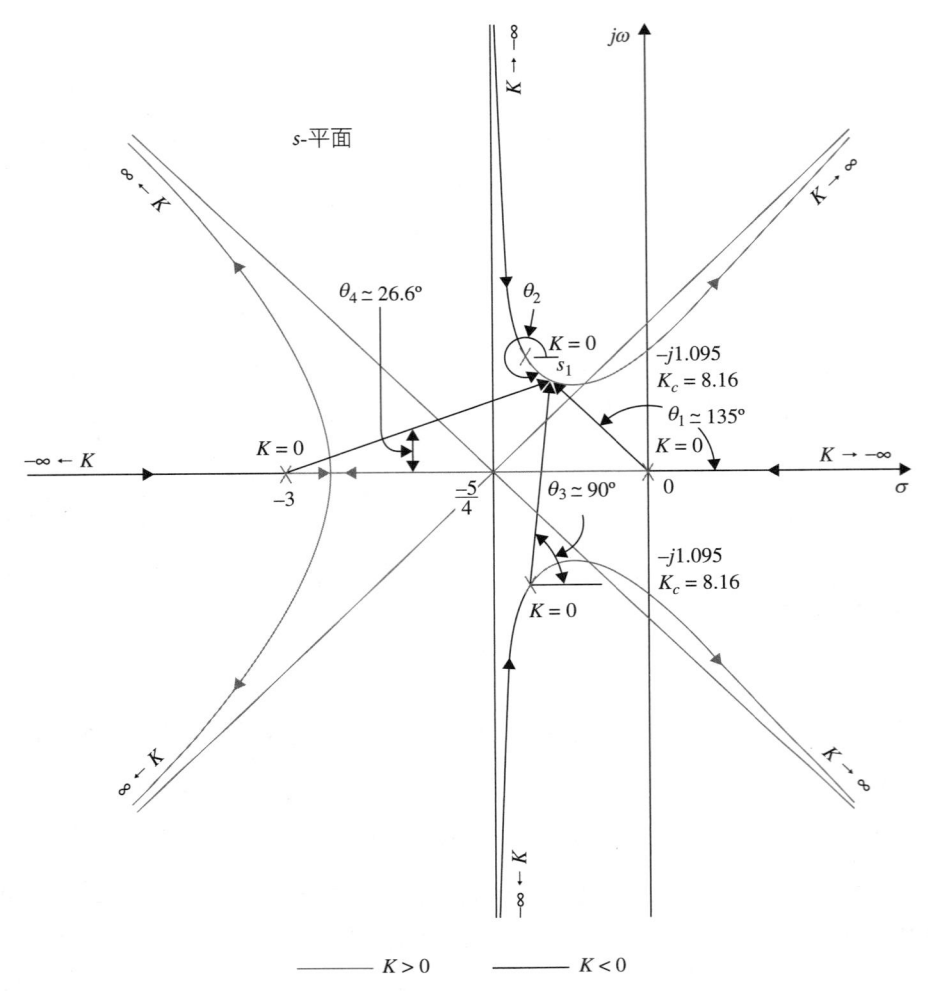

▶ 圖 9-9　$s(s+3)(s^2+2s+2)+K=0$ 之根軌跡說明到達或離開的角度。

## 範例 9-2-10

在本例中，我們研究 $G(s)H(s)$ 之高階極點或零點的到達與離開之角度。考慮到 $G(s)H(s)$ 在實軸上具有多次 (三-階) 極點，如圖 9-10 所示。僅顯示 $G(s)H(s)$ 的實數極點和零點，因為複數形式不影響實軸上根軌跡的類型或到達和離開角度。對於 $s=-2$ 處的三-階極點，有三個正 $K$ 值的軌跡離開，三個負 $K$ 值的軌跡到達此點。為了求出正 $K$ 值根軌跡的偏離角，我們在 $s=-2$ 附近的一個軌跡上分配一個點 $s_1$，並利用 (9-18) 式。得出

$$-\theta_1 - 3\theta_2 + \theta_3 = (2i+1)180° \tag{9-42}$$

其中 $\theta_1$ 與 $\theta_3$ 表示從 0 處之極點及從 −3 處的零點分別繪製到 $s_1$ 的向量角度。角度 $\theta_2$ 乘以 3，因為在 $s=-2$ 處有三個極點，所以從 −2 到 $s_1$ 有三個向量。將 (9-42) 式中的 $i$ 設為零，並且因為

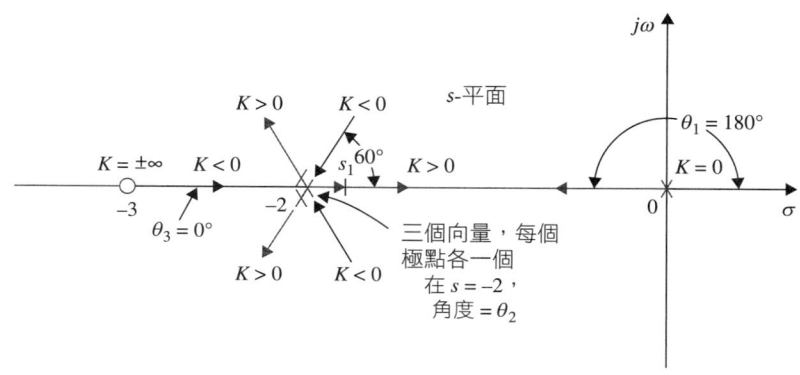

▶ 圖 9-10　三-階極點之離開與到達的角度。

$\theta_1 = 180°$，$\theta_3 = 0°$，我們得出 $\theta_2 = 0°$，它是位於 $s = 0$ 和 $s = -2$ 之間的正 $K$ 根軌跡的偏離角度。對於其它兩個正 $K$ 值軌跡的離開角度，我們在 (9-42) 式中連續設置 $i = 1$ 和 $i = 2$，並得出 $\theta_2 = 120°$ 和 $-120°$。相同地，對於到達 $s = -2$ 的三個負 $K$ 值根軌跡，(9-19) 式到達角度為 $60°$、$180°$ 及 $-60°$。

## 9-2-8　RL 與虛軸的交點

在 $s$-平面上根軌跡和虛軸的交點，及所對應的 $K$ 值，可用路斯-赫維茲準則來決定。在根軌跡與虛軸有多重交點的複雜情形下，交點與 $K$ 的臨界值可藉由根軌跡電腦程式的幫助來決定。第十章中頻率響應的波德圖法，亦可用在此處。

> 路斯-赫維茲準則可用於求根軌跡與虛軸的交點。

### 範例 9-2-11

圖 9-9 所示的根軌跡係為下列方程式：

$$s(s+3)(s^2+2s+2)+K=0 \tag{9-43}$$

圖 9-9 顯示根軌跡與 $j\omega$-軸相交在兩點。將路斯-赫維茲準則應用到 (9-43) 式，並且透過求解附屬方程式，我們求出在 $K = 8.16$ 處具有 $K$ 的穩定性之臨界值，並且 $j\omega$-軸上的相應交叉點在 $\pm j1.095$。

## 9-2-9　RL 上的分離點 (鞍點)

一方程式其根軌跡的分離點是對應於該方程式的多階根。

圖 9-11a 說明根軌跡的兩個分支在實軸的分離點處相交，並且沿相反方向離開軸的情況。在此情況下，當 $K$ 的值被分配為與該點對應的值時，分離點表示方程式的雙重根。

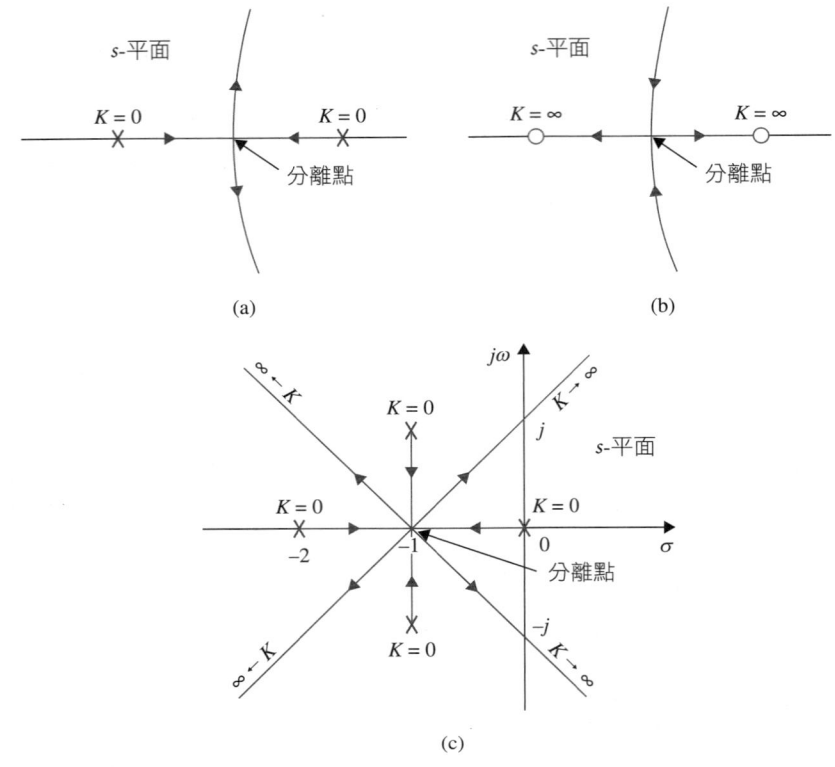

**圖 9-11** 在 $s$-平面上之實軸上的分離點的例子。

圖 9-11b 顯示當兩個複數共軛根軌跡接近實軸，在分離點相遇時的另一個常見情況，然後沿著實軸在相反的方向上離開。一般來說，分離點可能涉及兩個以上的根軌跡。圖 9-11c 說明當分離點代表四-階根軌跡時的情況。

- 根軌跡圖可能具有超過一個分離點。
- 分離點可能為 $s$-平面內的共軛複數點。

當然，一個根軌跡可以擁有不只一個分離點，甚至其分離點不一定都要在實軸上。由於根軌跡的共軛對稱，不在實軸上的分離點必定為共軛複數對稱。關於具有複雜分離點的根軌跡的示例，詳見圖 9-14。根軌跡的分離點性質如下：

$1 + KG_1(s)H_1(s) = 0$ 之 RL 上的分離點必須滿足

$$\frac{dG_1(s)H_1(s)}{ds} = 0 \tag{9-44}$$

很重要且必須指出的一點是：(9-44) 式中分離點的條件為必要而非充分條件。換句話說，所有在根軌跡上的分離點皆必須滿足 (9-44) 式，但並非所有 (9-44) 式的解皆為分離點。若要為分離點，則 (9-44) 式的解必須還要滿足 (9-5) 式，亦即必須也要是根軌跡上對

應某一實數 $K$ 的一點。

若將 (9-12) 式等號兩邊分別對 $s$ 取微分，可得

$$\frac{dK}{ds} = \frac{dG_1(s)H_1(s)/ds}{[G_1(s)H_1(s)]^2} \tag{9-45}$$

因此，(9-44) 式之分離點的條件也可寫成

$$\frac{dK}{ds} = 0 \tag{9-46}$$

## 9-2-10 在分離點處根軌跡的離開角與抵達角

根軌跡到達或離開分離點的角度取決於在該點涉及之根軌跡的數量。例如，圖 9-11a 與 b 所示之根軌跡皆到達，並以 180° 離開，然而在圖 9-11c 中，四個根軌跡以 90° 的角度到達和離開。通常，**$n$ 個根軌跡 ($-\infty \leq K \leq \infty$) 到達或離開分離點 $180/n$ 度**。

許多根軌跡的計算機程序具有求出分離點的特徵，這是手動執行相當繁瑣的任務。

### 範例 9-2-12

考慮二-階方程式 (相似於範例 7-7-1 的 PD 控制系統)

$$s(s+2) + K(s+4) = 0 \tag{9-47}$$

根據到目前為止描述之根軌跡的一些性質，(9-47) 式係對如圖 9-12 對 $-\infty < K < \infty$ 所繪製。可以證明根軌跡的複數部分是一個圓。兩個分離點位在實軸上：一個於 0 和 -2 之間，另一個在

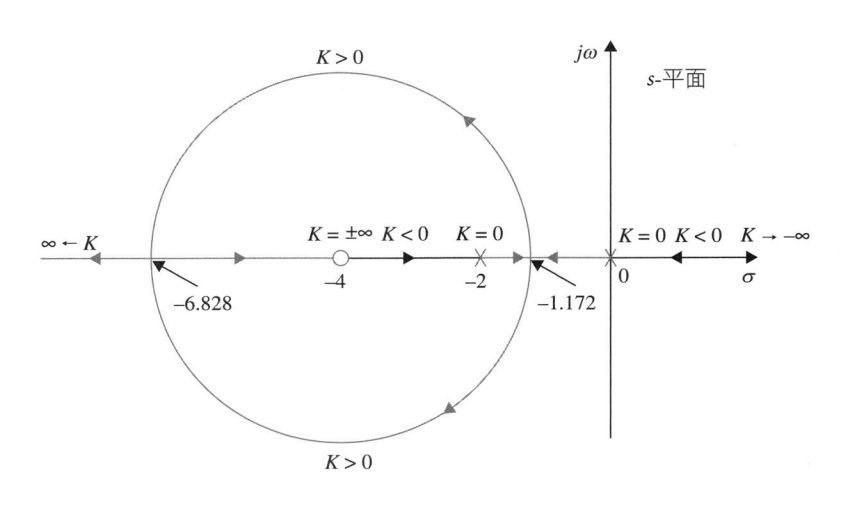

▶ 圖 9-12　$s(s+2) + K(s+4) = 0$ 的根軌跡。

−4 和 −∞ 之間。根據 (9-48) 式，可得知

$$G_1(s)H_1(s) = \frac{s+4}{s(s+2)} \tag{9-48}$$

利用 (9-44) 式，根軌跡的分離點必須滿足

$$\frac{dG_1(s)H_1(s)}{ds} = \frac{s(s+2)-2(s+1)(s+4)}{s^2(s+2)^2} = 0 \tag{9-49}$$

即

$$s^2 + 8s + 8 = 0 \tag{9-50}$$

求解 (9-50) 式，我們得知根軌跡的兩個分離點位於 $s = -1.172$ 與 $-6.828$。圖 9-12 顯示兩個分離點都位於正 $K$ 值的根軌跡上。

## 範例 9-2-13

考慮下述方程式 (另一個 PD 控制系統)

$$s^2 + 2s + 2 + K(s+2) = 0 \tag{9-51}$$

當量 $G(s)H(s)$ 可以透過對 (9-51) 式兩側除以不含 $K$ 之項，可得

$$G(s)H(s) = \frac{K(s+2)}{s^2+2s+2} \tag{9-52}$$

根據 $G(s)H(s)$ 的極點與零點，(9-52) 式的根軌跡繪製如圖 9-13。其圖顯示有兩個分離點：一

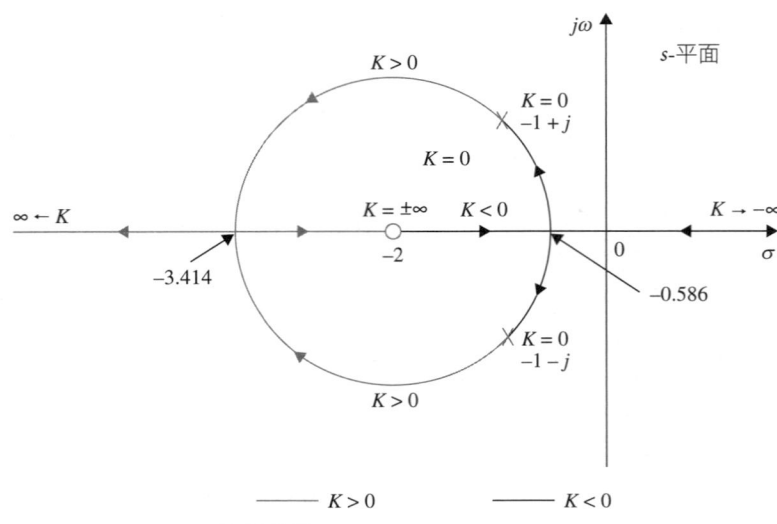

▶ 圖 9-13　$s^2 + 2s + 2 + K(s+2) = 0$ 的根軌跡。

個是當 $K > 0$，而另一個則是 $K < 0$。這些分離點是決定於

$$\frac{dG_1(s)H_1(s)}{ds} = \frac{d}{ds}\left(\frac{s+2}{s^2+2s+2}\right) = \frac{s^2+2s+2-2(s+1)(s+2)}{(s^2+2s+2)^2} = 0 \tag{9-53}$$

或是

$$s^2 + 4s + 2 = 0 \tag{9-54}$$

該方程式的解得出分離點於 $s = -0.586$ 和 $s = -3.414$。

## 範例 9-2-14

圖 9-14 顯示方程式的根軌跡

$$s(s+4)(s^2+4s+20) + K = 0 \tag{9-55}$$

將 (9-55) 式的兩邊除以不包含 $K$ 的項，可得

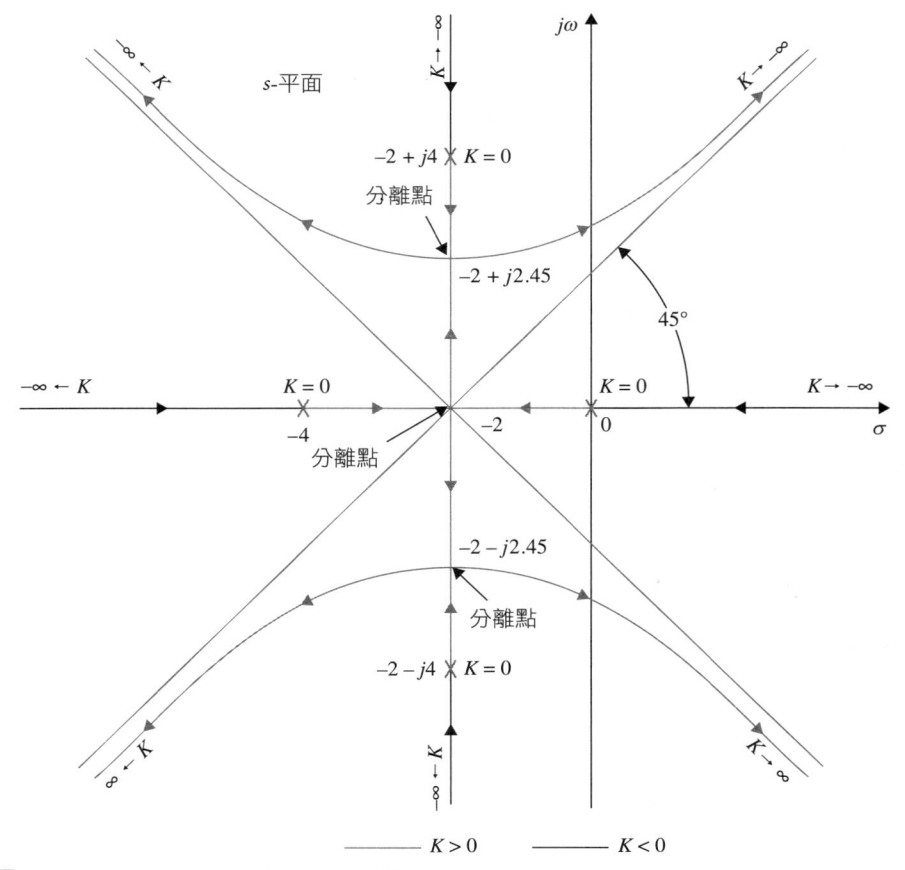

▶ 圖 9-14　$s(s+4)(s^2+4s+20)+K=0$ 的根軌跡。

$$1+KG_1(s)H_1(s)=1+\frac{K}{s(s+4)(s^2+4s+20)}=0 \tag{9-56}$$

由於 $G_1(s)H_2(s)$ 的極點在 s-平面上的軸 $\sigma = -2$ 和 $\omega = 0$ 是對稱的，所以方程式的根軌跡也對稱於這兩個軸。將 $G_1(s)H_2(s)$ 對 s 作微分，得到

$$\frac{dG_1(s)H_1(s)}{ds}=-\frac{4s^3+24s^2+72s+80}{[s(s+4)(s^2+4s+20)]^2}=0 \tag{9-57}$$

即

$$s^3+6s^2+18s+20=0 \tag{9-58}$$

最後一個方程的解為 $s = -2$、$-2 + j2.45$ 和 $-2 - j2.45$。在此情況下，圖 9-14 顯示 (9-58) 式之所有解為根軌跡上的分離點，其中兩點是複數的。

### 範例 9-2-15

在這個範例中，我們證明並非所有 (9-44) 式的解為根軌跡的分離點。方程式的根軌跡為

$$s(s^2+2s+2)+K=0 \tag{9-59}$$

示於圖 9-15。根軌跡顯示在此情況下，$K \geq 0$ 之根軌跡和 $K \leq 0$ 之根軌跡都不具有分離點。然而，(9-59) 式寫成

$$1+KG_1(s)H_1(s)=1+\frac{K}{s(s^2+2s+2)}=0 \tag{9-60}$$

並利用 (9-44) 式，我們得出分離點的方程式：

$$3s^2+4s+2=0 \tag{9-61}$$

(9-61) 式的根為 $s = -0.667 + j0.471$ 和 $-0.667 - j0.471$。這兩根不是根軌跡上的分離點，因為它們不符合 (9-59) 式任何實數的 $K$ 值。

### 9-2-11 根軌跡上 $K$ 值的計算

一旦根軌跡建立，就可以透過使用 (9-20) 式的定義方程式確定根軌跡上任何一個點 $s_1$ 的 $K$ 值。

$$|K|=\frac{\Pi \text{從極點 } G_1(s)H_1(s) \text{ 繪製到 } s_1 \text{ 的向量長度}}{\Pi \text{從零點 } G_1(s)H_1(s) \text{ 繪製到 } s_1 \text{ 的向量長度}} \tag{9-62}$$

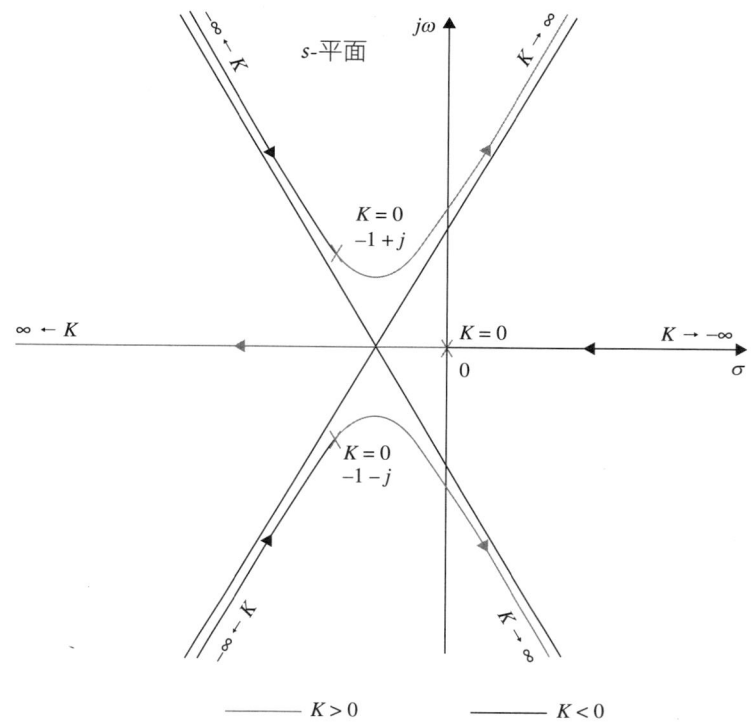

▶ 圖 9-15　$s(s^2 + 2s + 2) + K = 0$ 的根軌跡。

## 範例 9-2-16

作為確定 $K$ 在根軌跡上之值的說明，方程式的根軌跡

$$s^2 + 2s + 2 + K(s+2) = 0 \tag{9-63}$$

顯示於圖 9-16。由下述式子得出點 $s_1$ 的 $K$ 值：

$$K = \frac{A \times B}{C} \tag{9-64}$$

其中 $A$ 和 $B$ 是從 $G(s)H(s) = K(s + 2)/(s^2 + 2s + 2)$ 的極點畫到點 $s_1$ 之向量的長度，以及 $C$ 是從 $G(s)H(s)$ 的零點畫到點 $s_1$ 之向量的長度。以本例來說，$s_1$ 位於 $K$ 為正的根軌跡上。通常，根據根軌跡與虛軸相交的點之 $K$ 值也可以透過剛才描述的方法求出。圖 9-16 顯示 $s = 0$ 時的 $K$ 值為 $-1$。計算機方法和路斯-赫維茲準則，是求出穩定性 $K$ 之臨界值的另一個方便的替代方案。

## 9-2-12　摘要：根軌跡的性質

總之，除了極端複雜的情況，上述各項根軌跡性質已足以應付以手繪方式繪製出相當精確的根軌跡圖。計算機程式則可用來求出正確的根位置、分離點，以及根軌跡其它一些

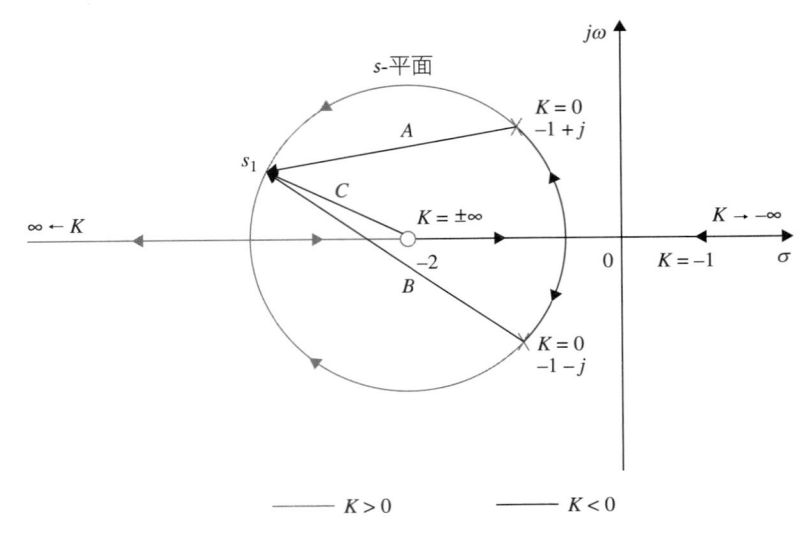

▶ 圖 9-16 在實軸上找到 $K$ 值之圖形方法。

特定點，當然亦包括完整根軌跡的繪製。不過，吾人亦不可完全依賴計算機求解，因為我們仍然必須決定 $K$ 的範圍與解析度，以便使得根軌跡圖具有合理的外觀。為了方便參考，上述的重要性質已整理如表 9-1 所示。

## 範例 9-2-17

考慮方程式

$$s(s+5)(s+6)(s^2+2s+2)+K(s+3)=0 \tag{9-65}$$

將 (9-65) 式的兩邊除以不包含 $K$ 的項，可得

$$G(s)H(s) = \frac{K(s+3)}{s(s+5)(s+6)(s^2+2s+2)} \tag{9-66}$$

確定根軌跡的以下屬性：

1. $K=0$ 點位於 $G(s)H(s)$ 的極點：$s=0$、$-5$、$-6$、$-1+j$ 和 $-1-j$。
2. $K=\pm\infty$ 點位於 $G(s)H(s)$ 的零點：$s=-3$、$\infty$、$\infty$、$\infty$、$\infty$。
3. 根軌跡有五個獨立的分支。
4. 根軌跡對稱於 $s$-平面上實軸。
5. 由於 $G(s)H(s)$ 有五個極點和一個有限零點，四個 RL 和 CRL [譯者註：CRL 係指 $K<0$ 的根軌跡，又稱作 complementary root loci (CRL)] 應該沿著漸近線接近無限大。RL 漸近線的角度透過 [(9-33) 式] 對 $i=0$、$1$、$2$、$3$ 求得

$$\theta_i = \frac{2i+1}{|n-m|}180° = \frac{2i+1}{|5-1|}180° \quad 0 \le K < \infty \tag{9-67}$$

■ 表 9-1　$1 + KG_1(s)H_1(s) = 0$ 的根軌跡的性質

| | |
|---|---|
| 1. $K = 0$ 的點 | 在根軌跡上，$K = 0$ 的點即 $G(s)H(s)$ 之極點 (包括在無窮遠處的極點)。 |
| 2. $K = \pm\infty$ 的點 | 在根軌跡上，$K = \pm\infty$ 的點即 $G(s)H(s)$ 之零點 (包括在無窮遠處的零點)。 |
| 3. 根軌跡的分支數目 | 根軌跡的總數等於方程式 $F(s) = 0$ 的階次。 |
| 4. 根軌跡的對稱性 | 根軌跡對稱於 $G(s)H(s)$ 極點-零點的對稱軸。 |
| 5. 根軌跡在 $s \to \infty$ 時的漸近線 | 對較大的 $s$ 值，RL ($K > 0$) 漸近至具下列角度的漸近線： $$\theta_i = \frac{2i+1}{|n-m|} \times 180°$$ 而 $K < 0$ 時，根軌跡漸近至 $$\theta_i = \frac{2i}{|n-m|} \times 180°$$ 其中 $i = 0, 1, 2, ..., |n-m|-1$<br>$n = G(s)H(s)$ 有限極點的數目<br>$m = G(s)H(s)$ 有限零點的數目 |
| 6. 漸近線的交點 | (a) 漸近線的交點只位於 $s$-平面的實軸上。<br>(b) 漸近線的交點可以下式求得： $$\sigma_1 = \frac{\sum G(s)H(s) \text{ 的極點的實數部分} - \sum G(s)H(s) \text{ 的零點的實數部分}}{n-m}$$ |
| 7. 在實軸上的根軌跡 | 在 $s$-平面實軸上某一已知段落，只在 $G(s)H(s)$ 位於段落**右邊**的實數極點和實數零點的總數為**奇數**時，RL ($K \geq 0$) 才會出現在本段落內。若在已知段落右邊的實數極點和實數零點的總數為**偶數**時，則 $K \leq 0$ 的根軌跡就出現在本段落內。 |
| 8. 離開和到達的角度 | 根軌跡到達或離開 $G(s)H(s)$ 的極點或零點的角度，可利用假設一非常靠近極點或零點的 $s_1$ 點，並應用下式來決定： $$\angle G(s_1)H(s_1) = \sum_{j=1}^{m} \angle(s_1 + z_j) - \sum_{k=1}^{m} \angle(x_1 + p_k)$$ $$= 2(i+1) \times 180° \quad K \geq 0$$ $$= 2i \times 180° \quad K \leq 0$$ 其中 $i = 0, \pm1, \pm2, ...$。 |
| 9. 根軌跡與虛軸的交點 | 根軌跡和虛軸的交點及所對應的 $K$ 值，可用<u>路斯-赫維茲</u>準則求得。 |
| 10. 分離點 | 在根軌跡上的分離點可由 $dK/ds = 0$ 或 $dG(s)H(s)/ds = 0$ 的根來決定。這只是必要的條件而已。 |
| 11. 計算在根軌跡上的 $K$ 值 | 在根軌跡上的任何點 $s_1$，其 $K$ 的絕對值可由下式決定： $$|K| = \frac{1}{|G_1(s_1)H_1(s_1)|}$$ |

因此，當 $K$ 逼近無限大時，四個根軌跡在接近無限大時分別與漸近線夾角為 45°、–45°、135° 和 –135°。CRL 在無限大處的漸近角由 (9-34) 式得出

$$\theta_i = \frac{2i}{|n-m|}180° = \frac{2i}{|5-1|}180° \quad -\infty < K \leq 0 \tag{9-68}$$

因此，當 $K$ 逼近 –∞ 時，$K < 0$ 的四個根軌跡應該與漸近線夾角 0°、90°、180° 和 270° 接近無窮大。

6. 漸近線的交點由 (9-36) 式求得

$$\sigma_1 = \frac{\Sigma(-5-6-1-1)-(-3)}{4} = -2.5 \tag{9-69}$$

這六個步驟的結果如圖 9-17 所示。值得注意的是，一般來說，漸近線的性質並不表示漸近線的哪一側是根部的位置。漸近線只表示 $|s| \to \infty$ 之根軌跡的行為。事實上，根軌跡甚至可以在有限的 $s$-域中與漸近線相交。如果得出附加資訊，則可以精確地繪製圖 9-17 所示的根軌跡片段。

7. 實軸上的根軌跡：$s = 0$ 和 –3，以及 $s = -5$ 和 –6 之間的實軸上有 $K \geq 0$ 之根軌跡。在實軸的

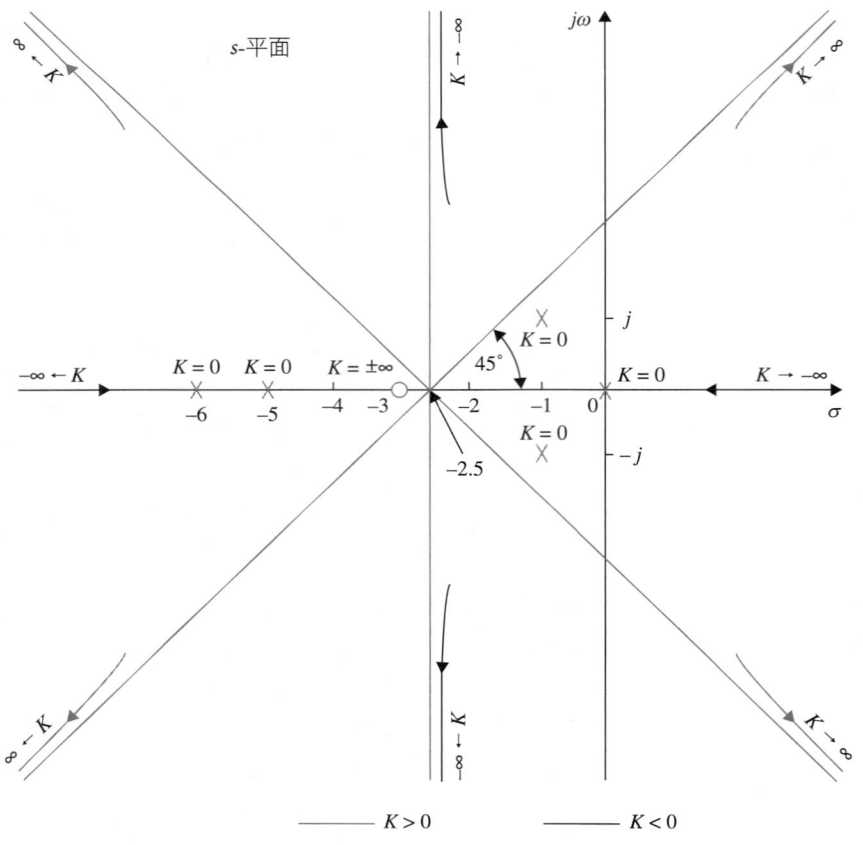

▶ 圖 9-17　$s(s+5)(s+6)(s^2+2s+2)+K(s+3)=0$ 之根軌跡的初步計算。

剩餘部分，即 $s = -3$ 和 $-5$ 之間，以及 $s = -6$ 和 $-\infty$ 之間，有 $K \leq 0$ 之根軌跡，如圖 9-18 所示。

8. **離開角度**：根軌跡離開極點 $-1 + j$ 的離開角度 $\theta$ 可以利用 (9-18) 式決定。若 $s_1$ 為離開極點 $-1 + j$ 之根軌跡上的點，並且 $s_1$ 非常靠近極點，如圖 9-19 所示，(9-18) 式對 $i = 0, \pm 1, \pm 2, ...$ 可得

$$\angle(s_1+3) - \angle s_1 - \angle(s_1+1+j) - \angle(s_1+5) - \angle(s_1+1-j) = (2i+1)180° \tag{9-70}$$

即

$$26.6° - 135° - 90° - 14° - 11.4° - \theta \cong (2i+1)180° \tag{9-71}$$

因此，選定 $i = 2$，$\theta \cong -43.8°$。

相同地，(9-19) 式係用來確定到達極點 $-1 + j$ 的 $K \leq 0$ 根軌跡之到達角度 $\theta'$。很容易看出，$\theta'$ 與 $\theta$ 相差 $180°$；因此，

$$\theta' = 180° - 43.8° = 136.2° \tag{9-72}$$

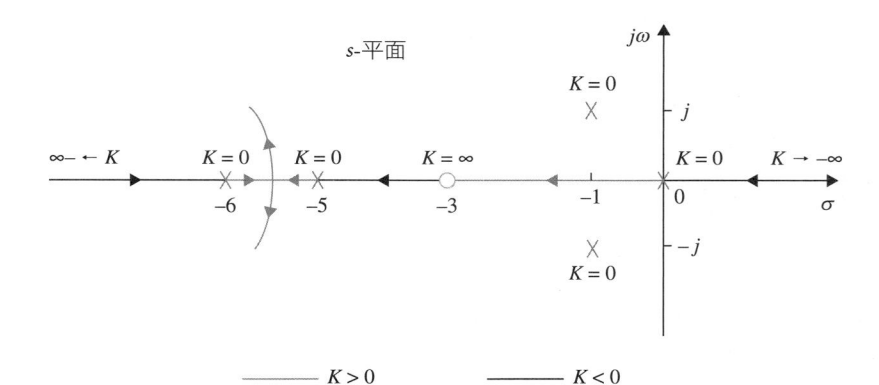

▶ **圖 9-18** 在實軸上 $s(s+5)(s+6)(s^2+2s+2) + K(s+3) = 0$ 之根軌跡。

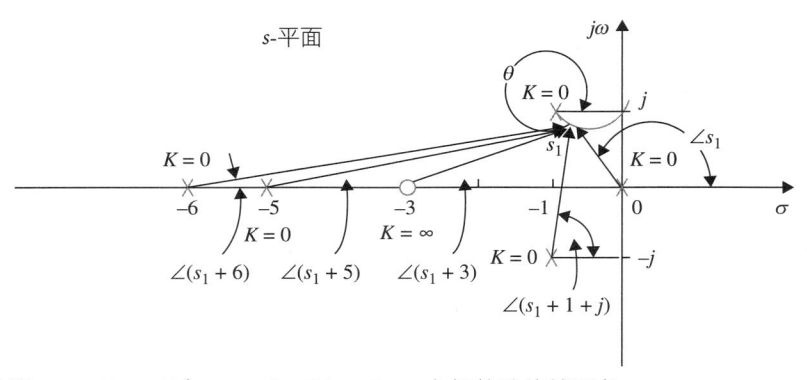

▶ **圖 9-19** 計算 $s(s+5)(s+6)(s^2+2s+2) + K(s+3) = 0$ 之根軌跡的離開角。

9. 使用路斯表確定虛軸上根軌跡之交點。(9-65) 式寫為

$$s^5 + 13s^4 + 54s^3 + 82s^2 + (60+K)s + 3K = 0 \tag{9-73}$$

路斯表如下：

| | | | |
|---|---|---|---|
| $s^5$ | 1 | 54 | $60+K$ |
| $s^4$ | 13 | 82 | $3K$ |
| $s^3$ | 47.7 | $0.769K$ | 0 |
| $s^2$ | $65.6-0.212K$ | $3K$ | 0 |
| $s^1$ | $\dfrac{3940-105K-0.163K^2}{65.6-0.212K}$ | 0 | 0 |
| $s^0$ | $3K$ | 0 | 0 |

對於 (9-73) 式在虛軸或 s-平面的右半邊沒有根，路斯表之第一列中的元素必須都是相同的符號。因此，必須滿足下列不等式：

$$65.6-0.212K > 0 \quad 或 \quad K < 309 \tag{9-74}$$

$$3940-105K-0.163K^2 > 0 \quad 或 \quad K < 35 \tag{9-75}$$

$$K > 0 \tag{9-76}$$

因此，如果 K 在 0 和 35 之間，(9-73) 式的所有根將保持在 s-平面的左半邊，這意味著當 K = 35 和 K = 0 時 (9-73) 式之根軌跡與虛軸相交。在與 K = 35 對應的虛軸上之相交點上的座標由輔助方程式確定：

$$A(s) = (65.6-0.212K)s^2 + 3K = 0 \tag{9-77}$$

這是透過利用恰好在當 K 設置為 35 時的 $s_1$ 行中零點的正上方一行之係數所獲得。將 K = 35 代入 (9-77) 式，可得

$$58.2s^2 + 105 = 0 \tag{9-78}$$

(9-78) 式的根為 $s = j1.34$ 和 $-j1.34$，它們是根軌跡與 $j\omega$-軸相交的點。

10. 分離點：根據上述九個步驟蒐集的資訊，根軌跡的試驗草圖指出在整個根軌跡上只能有一個分離點，而此點應位於 $G(s)H(s)$ 的兩極之間為 $s = -5$ 和 $-6$。為了求出分離點，我們將 (9-65) 式兩側對 s 作微分，並將其設置為零；得出方程式

$$s^5 + 13.5s^4 + 66s^3 + 142s^2 + 123s + 45 = 0 \tag{9-79}$$

由於預期只有一個分離點，所以 (9-79) 式僅有一個根是分離點的正確解。(9-79) 式的五個根軌跡是

$$s = 3.33 + j1.204 \qquad s = 3.33 - j1.204$$
$$s = -0.656 + j0.468 \qquad s = -0.656 - j0.468$$
$$s = -5.53$$

明顯地，分離點位在 −5.53。其他四個解並不滿足 (9-73) 式，並非分離點。根據前十個步驟所得到的訊息，(9-73) 式的根軌跡繪製如圖 9-20 所示。

## 9-3　根的靈敏度

根軌跡上分離點的條件 (9-46) 式引入特性方程式的**根靈敏度** (root sensitivity)。當 $K$ 變化時，特性方程式**根的靈敏度**定義為根靈敏度 $S_K$，如下所示

$$S_K = \frac{ds/s}{dK/K} = \frac{K}{s}\frac{ds}{dK} \tag{9-80}$$

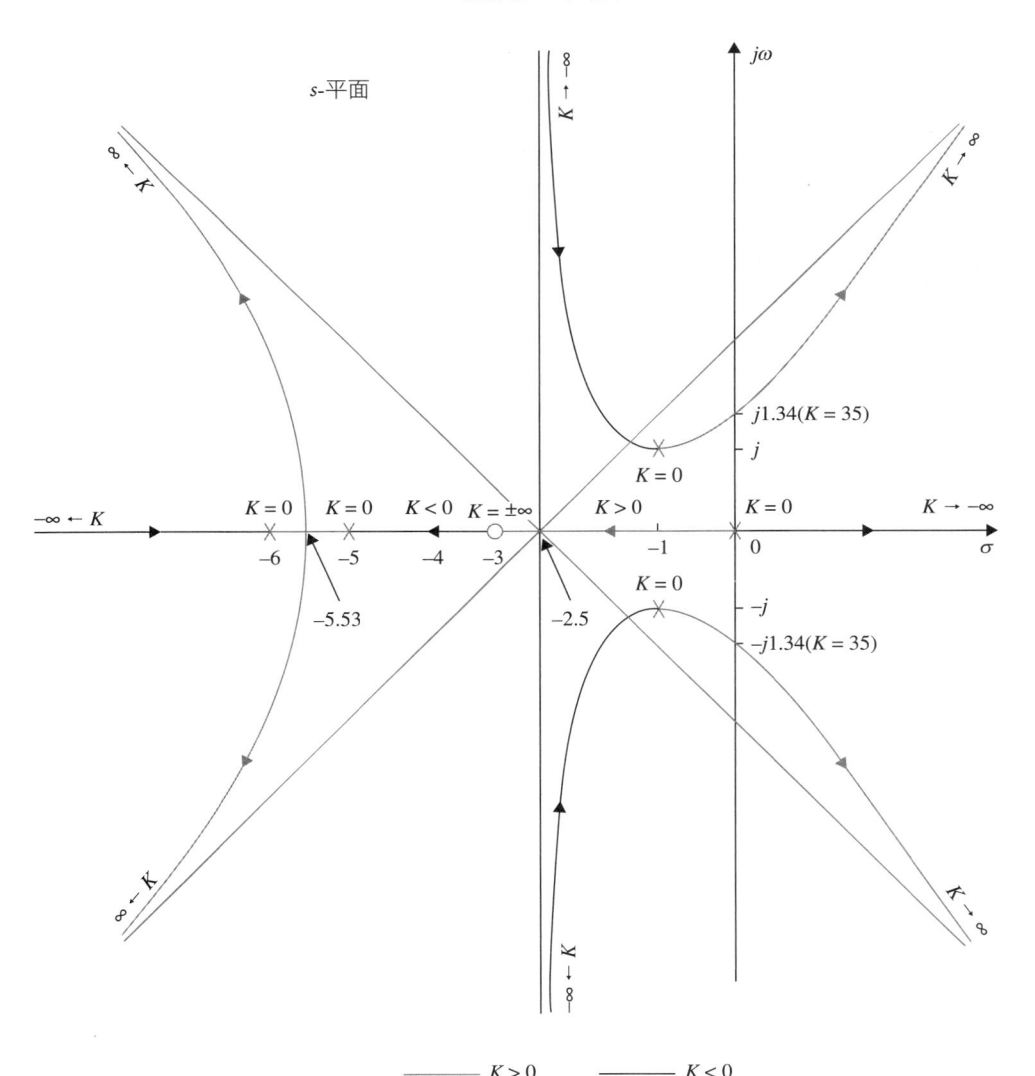

▶ 圖 9-20　$s(s+5)(s+6)(s^2+2s+2)+K(s+3)=0$ 的根軌跡。

因此，由 (9-46) 式可知在分離點的根靈敏度為無限大。從根靈敏度的觀點，我們應避免選擇在分離點操作的 $K$ 值，因為分離點相當於特性方程式的多階根。在控制系統的設計裡，不但是要獲得具有目標特性的系統，系統也必須對參數的變化不靈敏。例如，系統可能在某一 $K$ 值操作地令人滿意，但可能只因 $K$ 小量地變化，就使系統的性能變得不好或不穩定。以正式控制系統的術語，對參數變化不靈敏的系統稱為**強韌系統** (robust system)。因此，控制系統根軌跡的研究不但要包含相對於可變參數 $K$ 的根軌跡形狀，也要包含在根軌跡上根是如何隨 $K$ 的改變而改變。

### 範例 9-3-1

圖 9-21 所示為下式的根軌跡圖：

$$s(s+1)+K=0 \tag{9-81}$$

其中 $K$ 值從 $-20$ 到 $20$ 間的 $100$ 個數值均勻地遞增。根軌跡以數位的方式計算並繪出。在根軌跡圖上的每一點代表個別 $K$ 值的一個根。我們發現 $K$ 值為大時，根靈敏度為低。當 $K$ 值變小時，對於 $K$ 的相同變化，根的移動變得較大。在分離點 $s = -0.5$ 的根靈敏度為無限大。

圖 9-22 所示為下式的根軌跡：

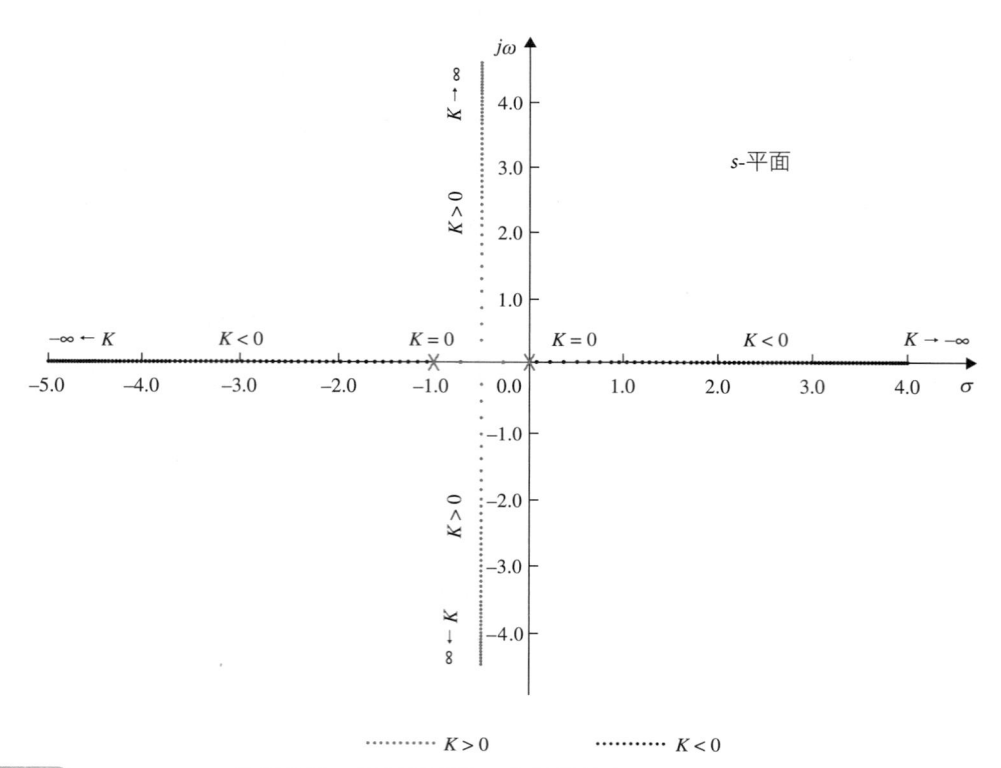

▶ **圖 9-21** $s(s+1)+K=0$ 的根軌跡，顯示相對於 $K$ 的根靈敏度。

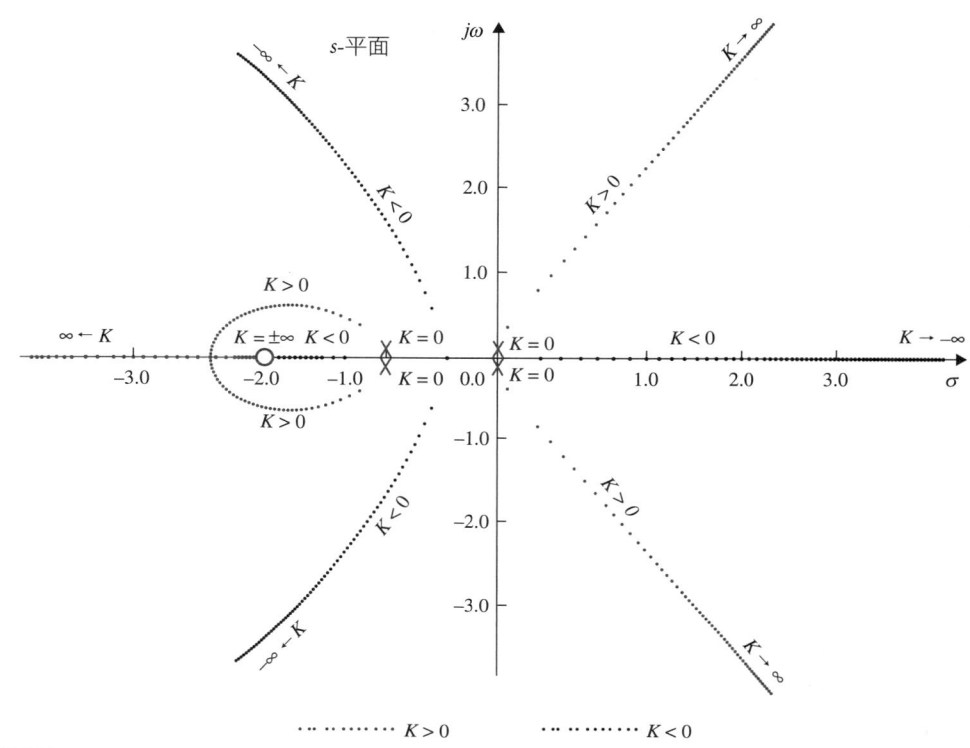

▶ 圖 9-22　$s^2(s+1)^2 + K(s+2) = 0$ 的根軌跡，顯示相對於 $K$ 的根靈敏度。

$$s^2(s+1)^2 + K(s+2) = 0 \tag{9-82}$$

其中 $K$ 值從 −40 到 50 之間的 200 個值均勻遞增。此根軌跡再一次顯示，當根趨於分離點 $s = 0$、−0.543、−1.0 和 −2.457 時，根靈敏度會隨之增加。利用 (9-46) 式，可更進一步地研究根靈敏度。對於 (9-81) 式的二-階方程式，

$$\frac{dK}{ds} = -2s - 1 \tag{9-83}$$

### 工具盒 9-3-1

(9-81) 式與 (9-82) 式之 MATLAB 指令。

```
num1=[1];
den1=conv([1 0],[1 1]);
mysys1=tf(num1,den1);
subplot(2,1,1);
rlocus(mysys1);
[k,poles] = rlocfind(mysys1) %rlocfind command in MATLAB can choose the
desired poles on the locus.
num2=[1 2];
den2=conv([1 0 0],[1 1]);
```

```
den2=conv(den2,[1 1]);
subplot(2,1,2)
mysys2=tf(num2,den2);
rlocus(mysys2);
[k,poles] = rlocfind(mysys2)
```

由 (9-81) 式可知 $K = -s(s + 1)$；而根靈敏度為

$$S_K = \frac{ds}{dK}\frac{K}{s} = \frac{s+1}{2s+1} \tag{9-84}$$

其中 $s = \sigma + j\omega$ 且為 (9-84) 式的根之值。當根在實軸上時 $\omega = 0$，故由 (9-84) 式可得

$$|S_K|_{\omega=0} = \left|\frac{\sigma+1}{2\sigma+1}\right| \tag{9-85}$$

當兩根為複數，且對於所有 $\omega$ 值 $\sigma = -0.5$，由 (9-84) 式可得

$$|S_K|_{\sigma=-0.5} = \left(\frac{0.25+\omega^2}{4\omega^2}\right)^{1/2} \tag{9-86}$$

由 (9-86) 式可明顯看出共軛複數對的根具有相同的靈敏度，這是因為方程式中 $\omega$ 僅以 $\omega^2$ 的形式出現。(9-85) 式指出：對應某一已知 $K$ 值，兩實根的靈敏度是不同的。表 9-2 針對數個 $K$ 值列出兩根靈敏度的幅度，其中 $|S_{K1}|$ 表第一個根的靈敏度，而 $|S_{K2}|$ 表第二個根的靈敏度。這些數值告訴我們：雖然兩個實根同樣在 $K = 0.25$ 到達 $\sigma = -0.5$，且各從 $s = 0$ 及 $s = -1$ 行經相同的距離，但兩根的靈敏度並不相同。

■表 9-2　根靈敏度

| $K$ | 第一個根 | $|S_{K1}|$ | 第二個根 | $|S_{K2}|$ |
| --- | --- | --- | --- | --- |
| 0 | 0 | 1.000 | −1.000 | 0 |
| 0.04 | −0.042 | 1.045 | −0.958 | 0.454 |
| 0.16 | −0.200 | 1.333 | −0.800 | 0.333 |
| 0.24 | −0.400 | 3.000 | −0.600 | 2.000 |
| 0.25 | −0.500 | ∞ | −0.500 | ∞ |
| 0.28 | $-0.5 + j0.173$ | 1.527 | $-0.5 - j0.173$ | 1.527 |
| 0.40 | $-0.5 + j0.387$ | 0.817 | $-0.5 - j0.387$ | 0.817 |
| 1.20 | $-0.5 + j0.975$ | 0.562 | $-0.5 - j0.975$ | 0.562 |
| 4.00 | $-0.5 + j1.937$ | 0.516 | $-0.5 - j1.937$ | 0.516 |
| ∞ | $-0.5 + j\infty$ | 0.500 | $-0.5 - j\infty$ | 0.500 |

## 9-4 根軌跡的設計觀點

根軌跡技巧中一個重要特性為：對大多數中度複雜的控制系統，分析者或設計者可使用一些或全部根軌跡的性質快速地畫出根軌跡，以得到關於系統性能的重要資料。瞭解根軌跡的所有性質是很重要的，即使是以數位電腦程式輔助作圖。從設計的觀點，若能知道在 s-平面上加入或移動 $G(s)H(s)$ 的極點或零點對根軌跡的影響，將有助於根軌跡的作圖。在第十章中所討論的 PI、PID、相位超前、相位落後，及超前-落後控制器的設計，全部均有助於瞭解 s-平面迴路轉移函數加入極點與零點的作用。

### 9-4-1 加入極點與零點至 $G(s)H(s)$ 的效應

控制系統中控制器設計的問題，可視為研究加極點或零點至迴路轉移函數 $G(s)H(s)$ 對根軌跡的影響。

### 9-4-2 加入極點至 $G(s)H(s)$

加一極點至 $G(s)H(s)$ 會產生將根軌跡推往右半平面的效果。加一極點至 $G(s)H(s)$ 的影響以下列範例說明。

#### 範例 9-4-1

考慮函數

$$G(s)H(s) = \frac{K}{s(s+a)} \quad a > 0 \tag{9-87}$$

$1 + G(s)H(s) = 0$ 的 RL 顯示於圖 9-23a 中。這些根軌跡是根據 $G(s)H(s)$ 在 $s = 0$ 和 $-a$ 的極點而畫出的。現在引入 $s = -b$ $(b > a)$ 的極點，函數 $G(s)H(s)$ 現變為

$$G(s)H(s) = \frac{K}{s(s+a)(s+b)} \tag{9-88}$$

圖 9-23b 顯示在 $s = -b$ 的極點，使根軌跡的複數部分向 s-平面的右半邊彎曲，而漸近線的角度由 $\pm 90°$ 變至 $\pm 60°$，漸近線的交點也由實軸上的 $-a/2$ 移至 $-(a + b)/2$。

若 $G(s)H(s)$ 代表一控制系統的轉移函數，則當 $K$ 值超越穩定臨界值時，根軌跡如圖 9-23b 所示的系統會變得不穩定；然而由圖 9-23a 中的根軌跡所代表的系統對於所有 $K > 0$ 總是穩定的。圖 9-23c 所示為當另一極點 $s = -c$ $(c > b)$ 加至 $G(s)H(s)$ 時的根軌跡。系統現為四-階，而四個複數根軌跡更向右彎了。這兩個複數軌跡的漸近線角度現為 $\pm 45°$。四-階系統的穩定條件比三-階系統的更為嚴苛。圖 9-23d 說明加一對共軛複數極點至 (9-87) 式的轉移函數會產生類似的影響。因此，我們可作出一個一般性的結論：加極點至 $G(s)H(s)$，會產生將根軌跡的主要部分往右移的效果。

(a)

(b)

(c)

(d)

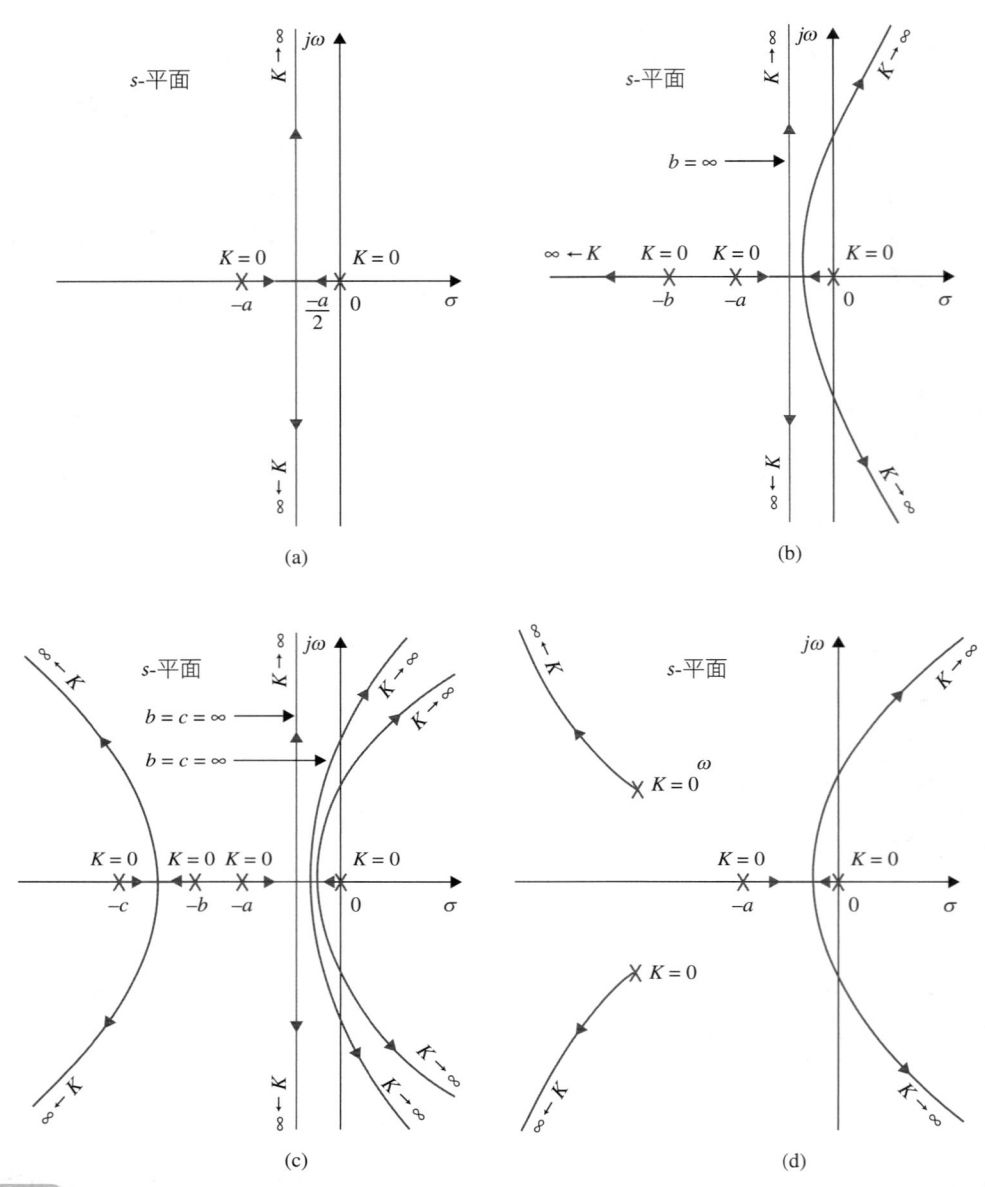

▶ 圖 9-23　加極點於 $G(s)H(s)$ 時對根軌跡圖的影響。

## 工具盒 9-4-1

圖 9-23 的結果可以透過以下 MATLAB 編碼獲得：

```
a=2;
b=3;
c=5;
num4=[1];
den4=conv([1 0],[1 a]);
subplot(2,2,1)
```

```
mysys4=tf(num4,den4);
rlocus(mysys4);
axis([-3 0 -8 8])
num3=[1];
den3=conv([1 0],conv([1 a],[1 a/2]));
subplot(2,2,2)
mysys3=tf(num3,den3);
rlocus(mysys3);
axis([-3 0 -8 8])
num2=[1];
den2=conv([1 0],conv([1 a],[1 b]));
subplot(2,2,3)
mysys2=tf(num2,den2);
rlocus(mysys2);
axis([-3 0 -8 8])
num1=[1];
den1=conv([1 0],conv([1 a],[1 b]));
den1=conv(den1, [1 c]);
mysys1=tf(num1,den1);
subplot(2,2,4);
rlocus(mysys1);
```

## 9-4-3 加入零點至 $G(s)H(s)$

加左半邊的零點至函數 $G(s)H(s)$，通常會產生將根軌跡往左半 $s$-平面移動與彎曲的效果。

下列範例將說明加零點至 $G(s)H(s)$ 對根軌跡所產生的影響。

### 範例 9-4-2

圖 9-24a 顯示 (9-87) 式中的 $G(s)H(s)$ 有一零點 $s = -b$ $(b > a)$ 加入時的根軌跡，原來系統 RL 的共軛複數部分現彎向左邊並形成一圓。因此，若 $G(s)H(s)$ 為一控制系統的迴路轉移函數，加入零點會改善系統的相對穩定性。圖 9-24b 顯示當一對共軛複數加入 (9-87) 式中的函數時，所產生的類似影響。圖 9-24c 顯示當一零點 $s = -c$ 加入轉移函數 (9-88) 式時的 RL。

### 工具盒 9-4-2

圖 9-24 的 MATLAB 編碼。

```
a=2;
b=3;
d=6;
c=20;
num4=[1 d];
den4=conv([1 0],[1 a]);
subplot(2,2,1)
```

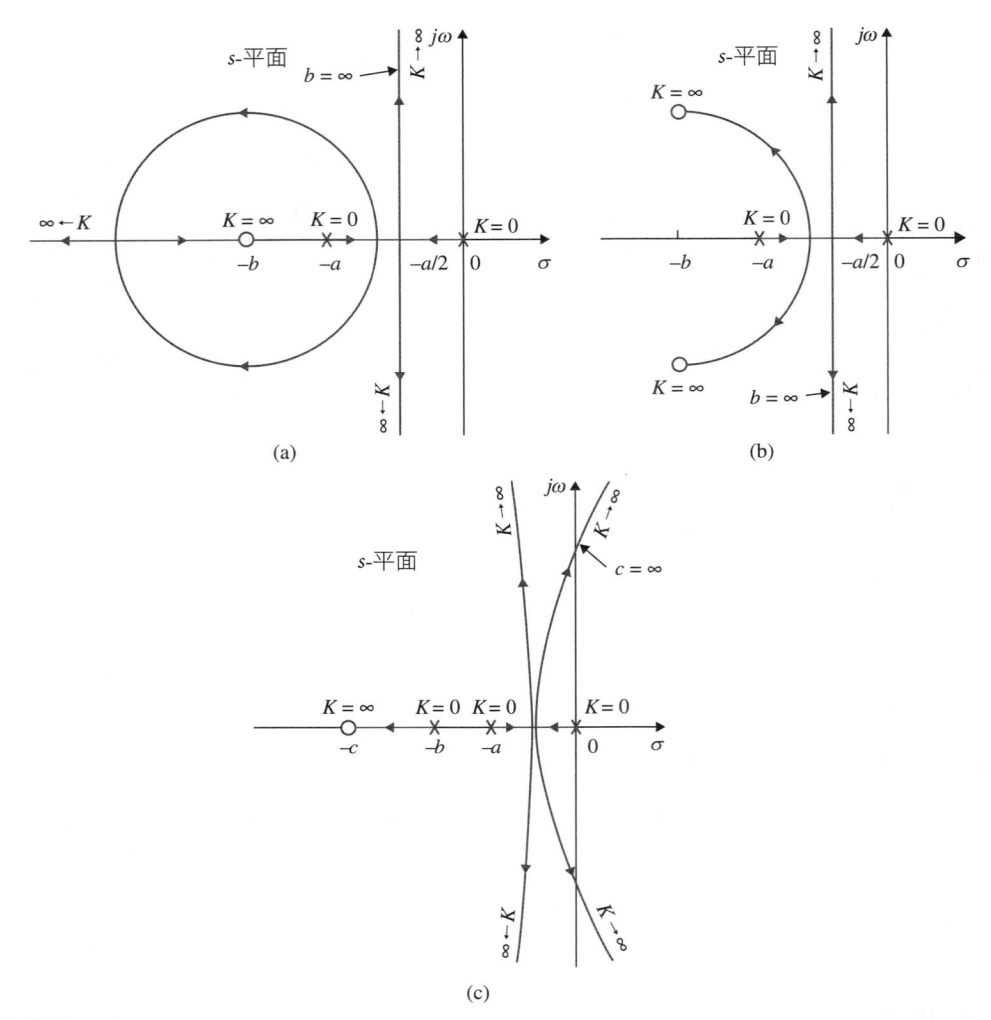

▶ **圖 9-24** 加零點於 $G(s)H(s)$ 時對根軌跡圖的影響。

```
mysys4=tf(num4,den4);
rlocus(mysys4);
num3=[1 c];
den3=conv([1 0],[1 a]);
subplot(2,2,2)
mysys3=tf(num3,den3);
rlocus(mysys3);
axis([-6 0 -8 8])
num2=[1 d];
den2=conv([1 0],conv([1 a],[1 b]));
subplot(2,2,3)
mysys2=tf(num2,den2);
rlocus(mysys2);
axis([-6 0 -8 8])
```

## 範例 9-4-3

考慮方程式

$$s^2(s+a)+K(s+b)=0 \tag{9-89}$$

以不含 $K$ 的部分除以 (9-89) 式的兩邊，可得迴路轉移函數

$$G(s)H(s)=\frac{K(s+b)}{s^2(s+a)} \tag{9-90}$$

可證明非零的分離點位置由 $a$ 值決定，且為

$$s=-\frac{a+3}{4}\pm\frac{1}{4}\sqrt{a^2-10a+9} \tag{9-91}$$

圖 9-25 所示為 $b = 1$ 時，(9-89) 式中幾個 $a$ 值的 RL。其結果摘要如下：

圖 9-25a：$a = 10$。分離點：$s = -2.5$ 和 $-4.0$。

圖 9-25b：$a = 9$。(9-91) 式中的兩個分離點收斂至一點 $s = -3$。

注意：當在 $-a$ 的極點由 $-10$ 移至 $-9$ 時 RL 的改變。

當 $a$ 值小於 9 時，由 (9-91) 式所決定的 $s$ 值不再滿足 (9-89) 式，這表示除了 $s = 0$ 外，沒有有限的分離點。

圖 9-25c：$a = 8$。除 $s = 0$ 外，在 RL 上沒有分離點。

當在 $s = -a$ 的極點沿實軸更往右邊移動時，RL 的複數部分就更被推向右邊。

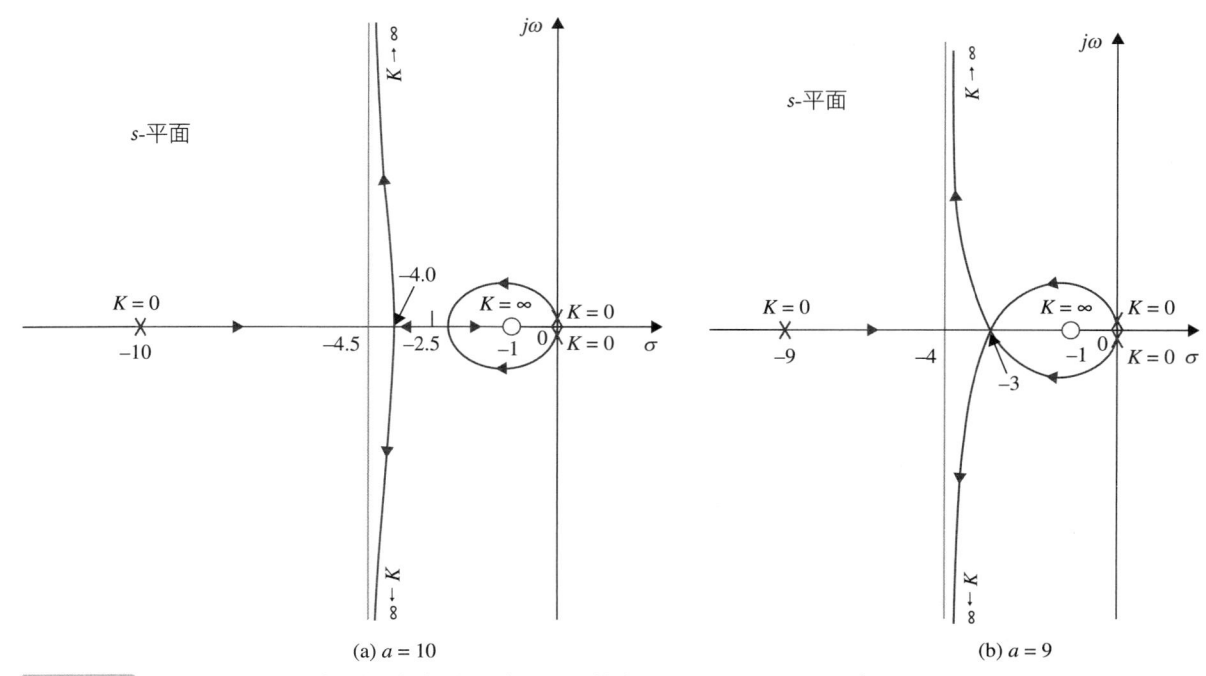

(a) $a = 10$  (b) $a = 9$

▶ 圖 9-25 移動 $G(s)H(s)$ 的極點對根軌跡圖的影響，其中 $G(s)H(s) = K(s+1)/[s^2(s+a)]$。

(c) $a = 8$

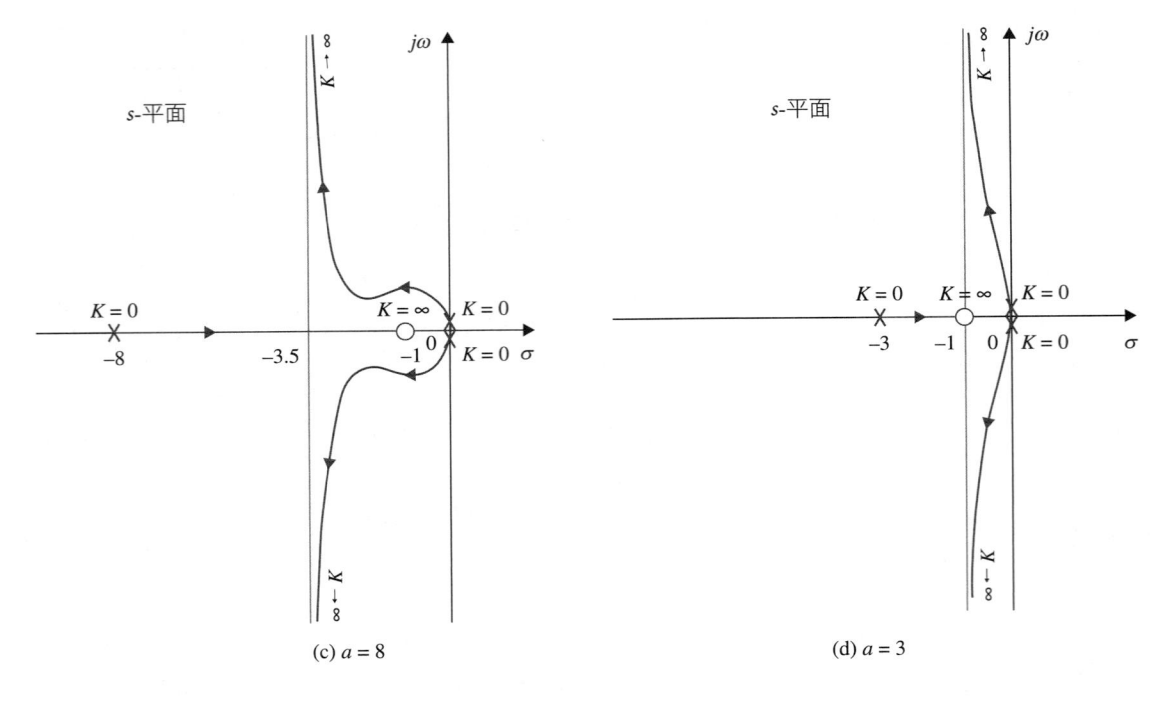

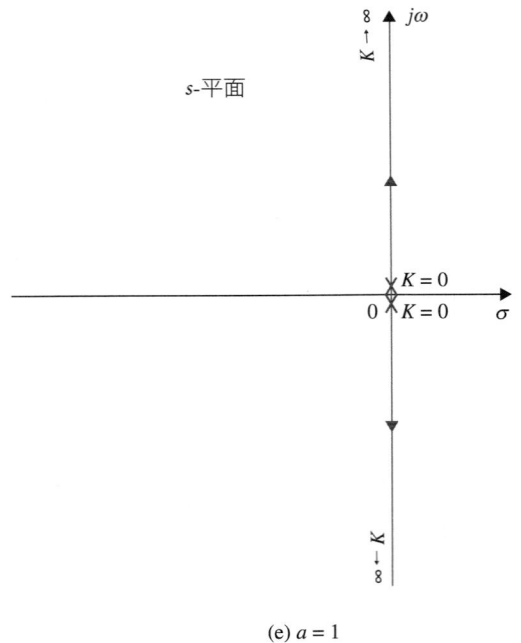

(d) $a = 3$

(e) $a = 1$

▶ 圖 9-25 （續）

圖 9-25d：$a = 3$

圖 9-25e：$a = b = 1$。在 $s = -a$ 的極點與在 $s = -b$ 的零點彼此對消，RL 退化成二-階；且全部落於 $j\omega$-軸上。

### 工具盒 9-4-3

圖 9-25 的 MATLAB 編碼。

```
a1=10;a2=9;a3=8;a4=3;b=1;
num1=[1 b];
den1=conv([1 0 0],[1 a1]);
subplot(2,2,1)
mysys1=tf(num1,den1);
rlocus(mysys1);
num2=[1 b];
den2=conv([1 0 0],[1 a2]);
subplot(2,2,2)
mysys2=tf(num2,den2);
rlocus(mysys2);
num3=[1 b];
den3=conv([1 0 0],[1 a3]);
subplot(2,2,3)
mysys3=tf(num3,den3);
rlocus(mysys3);
num4=[1 b];
den4=conv([1 0 0],[1 a4]);
subplot(2,2,4)
mysys4=tf(num4,den4);
rlocus(mysys4);
```

### 範例 9-4-4

考慮方程式

$$s(s^2+2s+a)+K(s+2)=0 \tag{9-92}$$

由其導得的等效 $G(s)H(s)$ 為

$$G(s)H(s)=\frac{K(s+2)}{s(s^2+2s+a)} \tag{9-93}$$

其目的是要研究在不同 $a$ 值 ($a > 0$) 時的 RL。RL 分離點的分程式為

$$s^3+4s^2+4s+a=0 \tag{9-94}$$

圖 9-26 所示為 (9-92) 式在下列條件的根軌跡。

圖 9-26a：$a = 1$。分離點：$s = -0.38$、$-1.0$ 和 $-2.618$，其中最後一點在 $K \leq 0$ 的 RL 上。當 $a$ 值從 1 增加時，$G(s)H(s)$ 在 $s = -1$ 的重根將以實部為 $-1$ 而分別往上與往下移動。在 $s = -0.38$ 和 $s = -2.618$ 的分離點將會往左移動，而在 $s = -1$ 的分離點將會往右移動。

圖 9-26b：$a = 1.12$。分離點：$s = -0.493$、$-0.857$ 和 $-2.65$，因為 $G(s)H(s)$ 極點和零點的實部不受 $a$ 值的影響，所以漸近線的交點總是在 $s = 0$ 處。

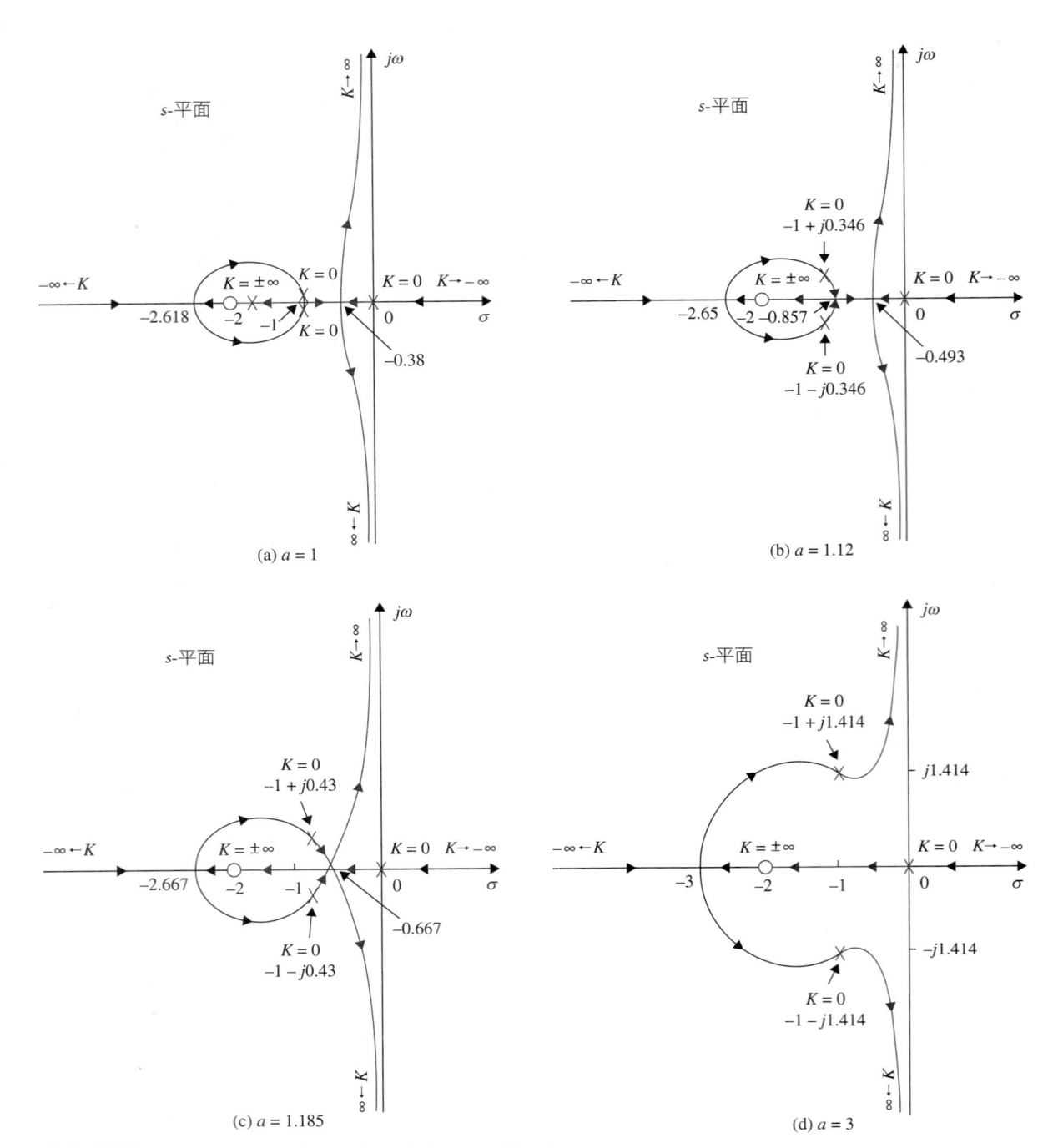

**圖 9-26** 移動 $G(s)H(s)$ 的極點時對根軌跡圖的影響，其中 $G(s)H(s) = K(s+2)/s[(s^2+2s+2)]$。

圖 9-26c：$a = 1.185$。分離點：$s = -0.667$、$-0.667$ 和 $-2.667$，RL 落於 $s = 0$ 和 $-1$ 之間的兩個分離點收斂成一點。

圖 9-26d：$a = 3$。分離點：$s = -3$。當 $a$ 大於 1.185 時，(9-94) 式將只為分離點產生一解。

讀者可研究圖 9-26c 與 d 中根軌跡的差異，且將 a 值由 1.185 漸漸改變至 3 並超過，以填滿根軌跡的發展過程。

## 9-5 根廓線：多重參數變動

前面所討論的根軌跡技巧都只限制在一個變化的參數 K，但是在許多控制系統的問題裡，必須研究許多參數改變時的影響。例如，當設計以極點和零點的轉移函數表示的控制器時，必須研究改變這些極點和零點之值時，對特性方程式根的影響。在 9-4 節中，具有兩個變化參數方程式的根軌跡，是以固定其中一個參數，而另一參數變化不同的值來研究。本節則將以更有系統的方式來研究多重參數問題。當一個以上的參數同時由 $-\infty$ 變至 $\infty$ 時，根軌跡稱為**根廓線** (root contours, RC)。可證明根廓線仍擁有與單一參數根軌跡同樣的性質，故至目前為止所討論的作圖法皆適用。

根廓線的原理可用下式說明：

$$P(s) + K_1 Q_1(s) + K_2 Q_2(s) = 0 \tag{9-95}$$

其中 $K_1$ 和 $K_2$ 為可變的參數，而 $P(s)$、$Q_1(s)$ 和 $Q_2(s)$ 為 s 的多項式。第一步先將某一參數設為零。現設 $K_2$ 為零，則 (9-95) 式變成

$$P(s) + K_1 Q_1(s) = 0 \tag{9-96}$$

上式只有一個可變參數 $K_1$。將上式等號的兩邊除以 $P(s)$，以決定 (9-96) 式的根軌跡，因此

$$1 + \frac{K_1 Q_1(s)}{P(s)} = 0 \tag{9-97}$$

上式為 $1 + K_1 G_1(s) H_1(s) = 0$ 的形式，故可根據 $G_1(s)H_1(s)$ 極點-零點的結構來畫其根軌跡。然後，恢復 $K_2$ 的值並將 $K_1$ 的值視為固定，再將 (9-95) 式的等號兩邊同除以不包含 $K_2$ 的部分，可得

$$1 + \frac{K_2 Q_2(s)}{P(s) + K_1 Q_1(s)} = 0 \tag{9-98}$$

上式為 $1 + K_2 G_2(s) H_2(s) = 0$ 的形式。當 $K_2$ 變化，而 $K_1$ 固定時，(9-95) 式的根廓線是根據下式極點-零點的結構來作圖：

$$G_2(s)H_2(s) = \frac{Q_2(s)}{P(s) + K_1 Q_1(s)} \tag{9-99}$$

須注意 $G_2(s)H_2(s)$ 的極點與 (9-96) 式的根相等。因此，當 $K_2$ 變化時，(9-95) 式的根廓

線必須都從 (9-96) 式根軌跡上的點開始。此即為何根廓線的問題必須考慮其為被鑲嵌在另一個根軌跡內。同樣的過程可以推廣成適用於兩個以上可變參數，下例即為多變數根廓線的作圖說明。

### 範例 9-5-1

考慮方程式

$$s^3 + K_2 s^2 + K_1 s + K_1 = 0 \tag{9-100}$$

其中 $K_1$ 和 $K_2$ 為可變參數，其值位於 0 和 ∞ 之間。

首先，設 $K_2 = 0$；則 (9-100) 式變成

$$s^3 + K_1 s + K_1 = 0 \tag{9-101}$$

將上式等號兩邊同除以 $s^3$（即不包含 $K_1$ 的部分），可得

$$1 + \frac{K_1(s+1)}{s^3} = 0 \tag{9-102}$$

(9-101) 式的根廓線是根據下式極點-零點的結構畫出：

$$G_1(s)H_1(s) = \frac{s+1}{s^3} \tag{9-103}$$

如圖 9-27a 所示。其次，讓 $K_2$ 在零和無限大之間變化，而 $K_1$ 保持為一非零的常數。將 (9-100) 式等號兩邊同除以一不含 $K_2$ 之項，可得

$$1 + \frac{K_2 s^2}{s^3 + K_1 s + K_1} = 0 \tag{9-104}$$

因此，當 $K_2$ 改變時，(9-100) 式的根廓線可由下式極點和零點的配置情形畫出：

$$G_2(s)H_2(s) = \frac{s^2}{s^3 + K_1 s + K_1} \tag{9-105}$$

$G_2(s)H_2(s)$ 的零點位於 $s = 0, 0$；但其極點為 $1 + K_1 G_1(s)H_1(s)$ 的零點，這可在圖 9-27a 中的 RL 看出。因此，當 $K_1$ 固定而 $K_2$ 改變時的根廓線必定都是由圖 9-27a 的 RL 推展而來。圖 9-27b 顯示當 $K_2$ 從 0 變化至 ∞，$K_1 = 0.0184$、0.25 和 2.56 時，(9-100) 式的根廓線。

### 工具盒 9-5-1

圖 9-27 的 MATLAB 編碼。

```
figure(1)
num=[1 1];
den=[1 0 0 0];
mysys=tf(num,den);
```

(a)

(b)

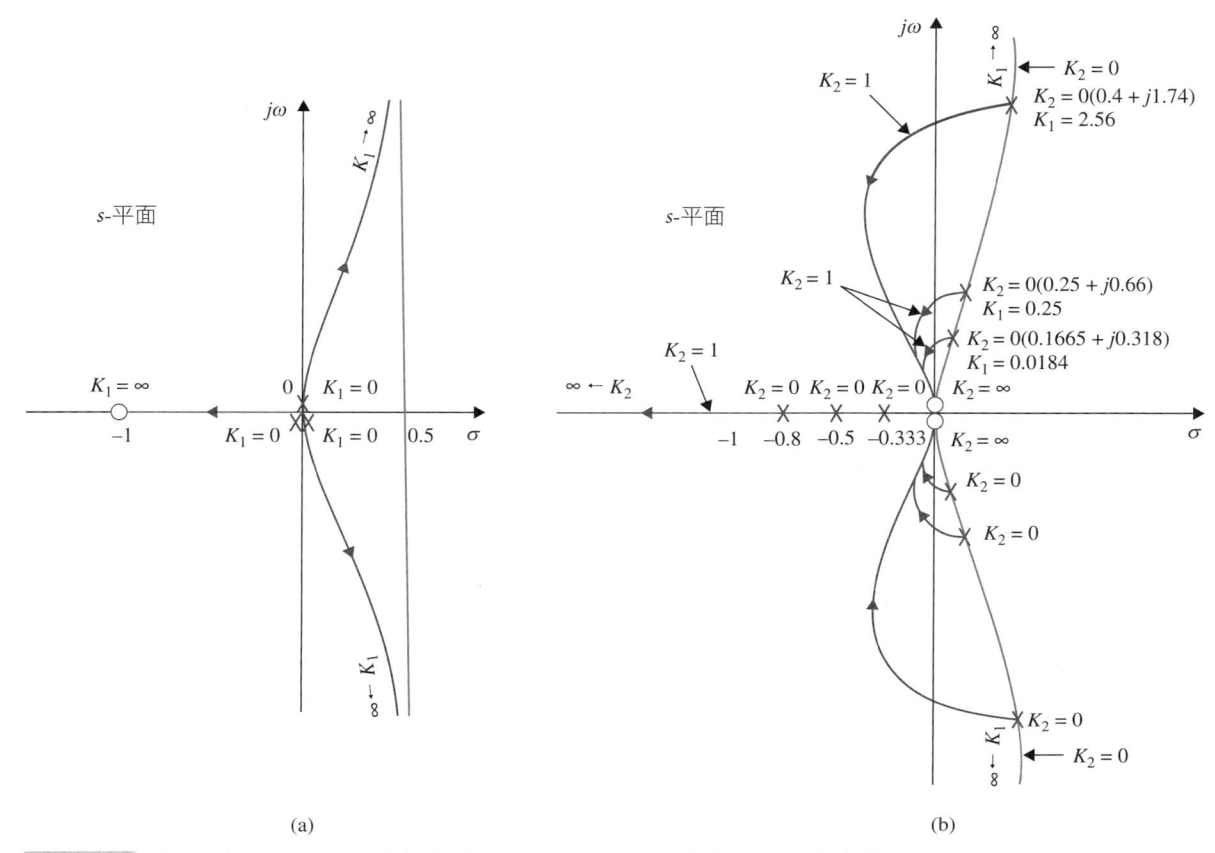

▶ 圖 9-27　$s^3 + K_2 s^2 + K_1 s + K_1 = 0$ 的根廓線。(a) $K_2 = 0$。(b) $K_2$ 變化，而 $K_1$ 為常數。

```
rlocus(mysys);
figure(2)
for k1=[0.0184,0.25,2.56];
num=[1 0 0];
den=[1 0 k1 k1];
mysys=tf(num,den);
rlocus(mysys);
hold on;
end;
```

### 範例 9-5-2

考慮一閉-迴路控制系統的迴路轉移函數

$$G(s)H(s) = \frac{K}{s(1+Ts)(s^2+2s+2)} \tag{9-106}$$

欲畫出以 $K$ 和 $T$ 為可變參數特性方程式的根廓線。系統的特性方程式為

$$s(1+Ts)(s^2+2s+2)+K=0 \tag{9-107}$$

首先，設 $T$ 為零。特性方程式變成

$$s(s^2+2s+2)+K=0 \tag{9-108}$$

當 $K$ 改變時，這個方程式的根廓線是根據下式極點-零點的結構繪出：

$$G_1(s)H_1(s)=\frac{1}{s(s^2+2s+2)} \tag{9-109}$$

如圖 9-28a 所示，然後令 $K$ 固定，而 $T$ 為可變參數。

將 (9-107) 式等號兩邊同除以不含 $T$ 的部分，可得

$$1+TG_2(s)H_2(s)=1+\frac{Ts^2(s^2+2s+2)}{s(s^2+2s+2)+K}=0 \tag{9-110}$$

當 $T$ 改變時，根廓線以 $G_2(s)H_2(s)$ 的極點-零點結構畫出。當 $T=0$ 時，位於根廓線上的點是 $G_2(s)H_2(s)$ 的極點。它們在 (9-108) 式的根廓線上，當 $T=\infty$ 時，(9-110) 式的根是在 $G_2(s)H_2(s)$ 的零點，它們是 $s=0$、$0$、$-1+j$ 和 $-1-j$。圖 9-28b 所示為當 $K=10$ 時，$G_2(s)H_2(s)$ 的極點-零點的結構。注意：$G_2(s)H_2(s)$ 有三個有限根和四個有限零點，當 $T$ 變化時，對於三個不同的 $K$ 值，(9-107) 式的根廓線顯示於圖 9-28、圖 9-30 和圖 9-31。

圖 9-30 中的根廓線顯示，當 $K=0.5$，$T=0.5$ 時，(9-107) 式的特性方程式有一位於 $s=-1$ 的四重根。

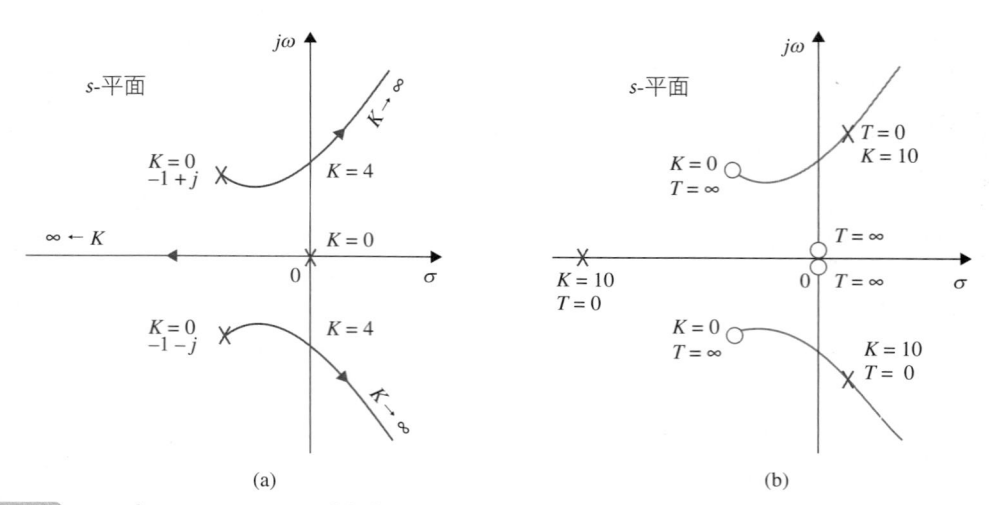

▶ **圖 9-28** (a) $s(s^2+2s+2)+K=0$ 的根軌跡。(b) $G_2(s)H_2(s)=Ts^2(s^2+2s+2)/[s(s^2+2s+2)+K]$ 極點-零點的結構。

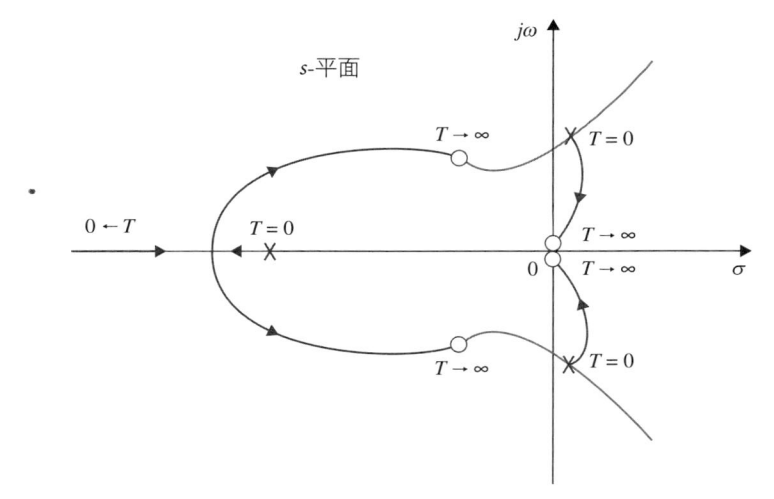

▶ 圖 9-29　$s(1+Ts)(s^2+2s+2)+K=0$，$K>4$ 的根廓線。

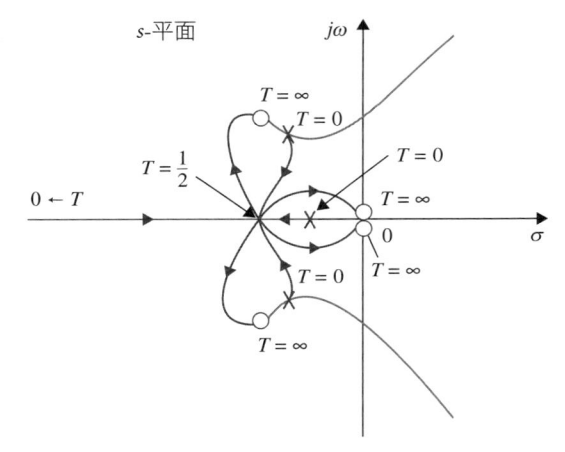

▶ 圖 9-30　$s(1+Ts)(s^2+2s+2)+K=0$，$K=0.5$ 的根廓線。

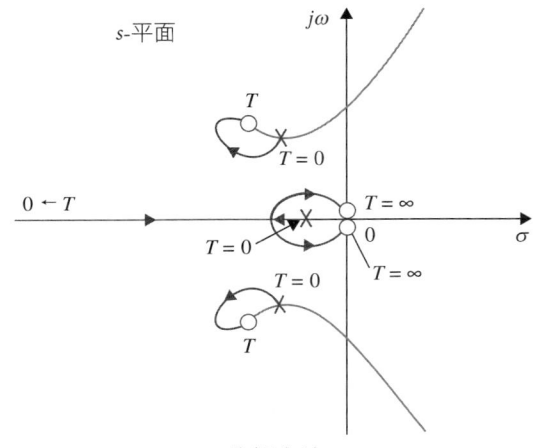

▶ 圖 9-31　$s(1+Ts)(s^2+2s+2)+K=0$，$K<0.5$ 的根廓線。

### 工具盒 9-5-2

範例 9-5-2 的 MATLAB 編碼。

```
%T=0
num=[1];den=conv([1 0],conv([0 1],[1 2 2]));
mysys=tf(num,den);
figure(1);rlocus(mysys);
%k>4
k=10;
num=conv([1 0 0],[1 2 2]);den=([1 2 2 k]);
mysys=tf(num,den);
figure(2);rlocus(mysys);
k=0.5;
num=conv([1 0 0],[1 2 2]);den=([1 2 2 k]);
mysys=tf(num,den);
figure(3);rlocus(mysys);
%0<k<0.5
k=.1;
num=conv([1 0 0],[1 2 2]);den=([1 2 2 k]);
mysys=tf(num,den);
figure(4);rlocus(mysys);
```

### 範例 9-5-3

以一例說明 $G(s)H(s)$ 的零點改變時的影響，考慮函數

$$G(s)H(s) = \frac{K(1+Ts)}{s(s+1)(s+2)} \tag{9-111}$$

特性方程式為

$$s(s+1)(s+2) + K(1+Ts) = 0 \tag{9-112}$$

先設 $T$ 為零，並考慮改變 $K$ 的影響。(9-112) 式變成

$$s(s+1)(s+2) + K = 0 \tag{9-113}$$

由上式可得

$$G_1(s)H_1(s) = \frac{1}{s(s+1)(s+2)} \tag{9-114}$$

(9-113) 式的根廓線是根據 (9-114) 式極點-零點的配置畫出，如圖 9-32 所示。

當 $K$ 固定且為非零，將 (9-112) 式等號兩邊除以不含 $T$ 的部分，可得

$$1 + TG_2(s)H_2(s) = 1 + \frac{TKs}{s(s+1)(s+2)+K} = 0 \tag{9-115}$$

對應於根廓線上 $T = 0$ 者，是 $G_2(s)H_2(s)$ 的極點或 $s(s + 1)(s + 2) + K$ 的零點。當 $K$ 變化時，$s(s + 1)(s + 2) + K$ 的 RL 如圖 9-32 所示。若選擇 $K = 20$ 為例，則 $G_2(s)H_2(s)$ 極點-零點的結構如圖 9-33 所示。當 $0 \leq T < \infty$ 時，(9-112) 式對三個不同 $K$ 值的根廓線顯示於圖 9-34。

### 工具盒 9-5-3

圖 9-34 的 MATLAB 編碼。

```
for k= [3 6 20];
num=[k 0];
den=([1 3 2 k]);
mysys=tf(num,den);
rlocus(mysys);
hold on
end;
```

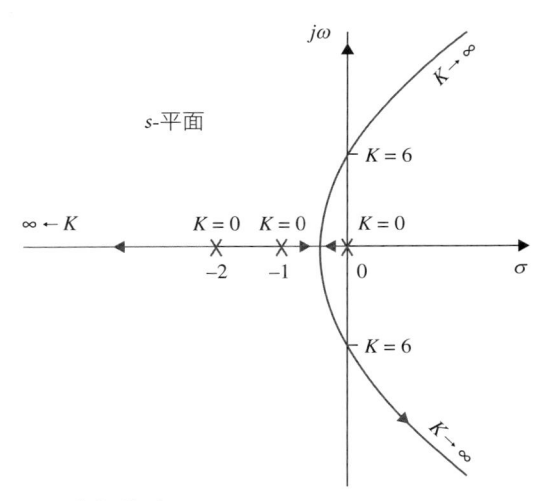

▶ **圖 9-32** $s(s + 1)(s + 2) + K = 0$ 的根軌跡。

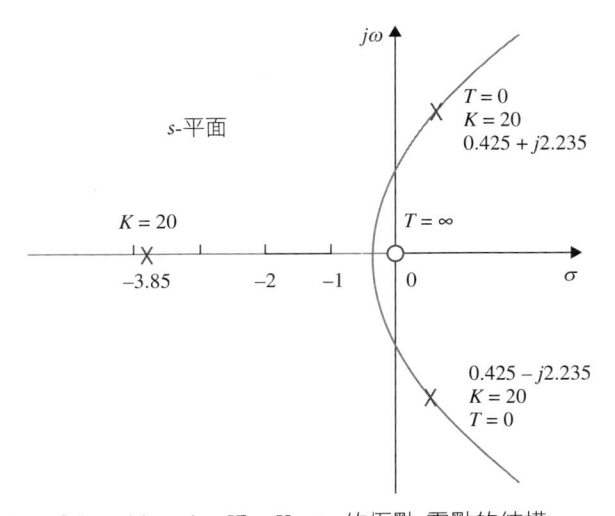

▶ **圖 9-33** $G_2(s)H_2(s) = TKs/[s(s + 1)(s + 2) + K]$，$K = 20$ 的極點-零點的結構。

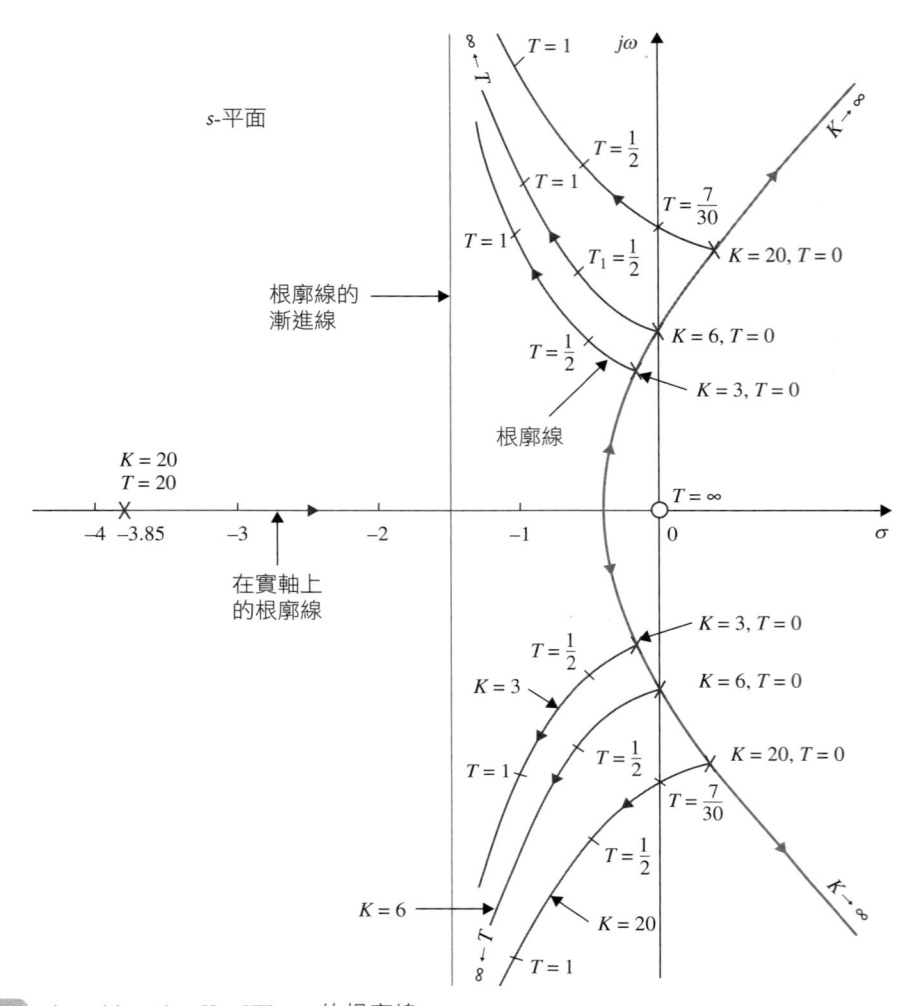

▶ 圖 9-34　$s(s+1)(s+2) + K + KTs = 0$ 的根廓線。

　　因為 $G_2(s)H_2(s)$ 有三個極點和一個零點，當 $T$ 變化時，根廓線漸近線的角度為 90° 和 −90°。可證明漸近線的交點總是在 $s = 1.5$。這是因為 $G_2(s)H_2(s)$ 極點之和為 3 [由 (9-115) 式分母多項式的 $s_2$ 項係數的負值得到]，$G_2(s)H_2(s)$ 零點之和為 0，以及 (9-30) 式中的 $n - m$ 為 2 之故。

　　圖 9-34 中的根廓線顯示，加一零點至迴路轉移函數，通常會將特性方程式的根往 s-平面的左方移動，而改進閉-迴路系統的相對穩定性。如圖 9-34 所示，當 $K = 20$ 時，系統在所有大於 0.2333 的 $T$ 值皆為穩定。然而，增加 $T$ 值最多只能使系統的相對阻尼比增加約 30%。

## 9-6　MATLAB 工具

　　除了本章中出現的 MATLAB 工具盒外，本章並不包含任何這樣的軟體，因為在此專注於理論開發。在第十一章，當我們解決控制系統設計問題時，將介紹 MATLAB SISO 設

計工具，可以讓讀者輕鬆解決根軌跡問題。

## 9-7 摘要

我們在本章介紹了線性控制系統的根軌跡技巧。此技巧為圖解法，用以研究當線性非時變系統之一個或多個參數改變時，其特性方程式的根。在第十章，將根軌跡法用於控制系統的設計。然而，要記住的是，特性方程式的根會準確地指出線性 SISO 系統的絕對穩定性，但對於相對穩定性則只有定性上的資料可提供。這是因為閉-迴路轉移函數的零點，如果有的話，亦會在系統的動態特性中扮演重要的角色。

根軌跡技巧亦可用於離散-資料系統中，但特性方程式須表示成 z 轉換的形式。根軌跡在 z-平面上的性質與作圖，在本質上與連續-資料系統的根軌跡在 s-平面者相同。不過，根位置對系統性能的解釋必須依據單位圓 $|z|=1$，且在 z-平面上解釋各性能的意義。

本章提供根軌跡的基本原理，並教導如何以人工繪製根軌跡。電腦程式可用來繪製根軌跡並提供圖形的詳細資料。本章最後一節介紹 MATLAB 的根軌跡工具。然而，作者相信電腦程式僅能當作一項工具，聰明的研究者不能不瞭解問題的基本原理。

根軌跡技巧亦可用於在系統迴路中具有純時間延遲的線性系統。在此不討論這個主題，因為具純時間延遲的系統以第十章所討論的頻率領域法來處理會更容易。

## 參考資料

### 一般主題

1. W. R. Evans, "Graphical Analysis of Control Systems," *Trans. AIEE*, Vol. 67, pp. 548-551, 1948.
2. W. R. Evans, "Control System Synthesis by Root Locus Method," *Trans. AIEE*, Vol. 69, pp. 66-69, 1950.
3. W. R. Evans, *Control System Dynamics*, McGraw-Hill Book Company, New York, 1954.

### 根軌跡的畫法與性質

4. C. C. MacDuff, *Theory of Equations*, John Wiley & Sons, New York, pp. 29-104, 1954.
5. C. S. Lorens and R. C. Titsworth, "Properties of Root Locus Asymptotes," *IRE Trans. Automatic Control*, Vol. AC-5, pp. 71-72, Jan. 1960.
6. C. A. Stapleton, "On Root Locus Breakaway Points," *IRE Trans. Automatic Control*. Vol. AC-7, pp. 88-89, April 1962.
7. M. J. Remec, "Saddle-Points of a Complete Root Locus and an Algorithm for Their Easy Location in the Complex Frequency Plane," *Proc. Natl. Electronics Conf.*, Vol. 21, pp. 605-608, 1965.
8. C. F. Chen, "A New Rule for Finding Breaking Points of Root Loci Involving Complex Roots," *IEEE Trans. Automatic Control*, Vol. AC-10, pp. 373-374, July 1965.
9. V. Krishran, "Semi-analytic Approach to Root Locus," *IEEE Trans. Automatic Control*, Vol. AC-11, pp. 102-108, Jan. 1966.
10. R. H. Labounty and C. H. Houpis, "Root Locus Analysis of a High-Grain Linear System with Variable Coefficients; Application of Horowitz's Method," *IEEE Trans. Automatic Control*, Vol. AC-11, pp. 255-263, April 1966.

11. A. Fregosi and J. Feinstein, "Some Exclusive Properties of the Negative Root Locus," *IEEE Trans, Automatic Control*, Vol. AC-14, pp. 304-305, June 1969.

### 根軌跡的解析表示

12. G. A. Bendrikov and K. F. Teodorchik, "The Analytic Theory of Constructing Root Loci," *Automation and Remote Control*, pp. 340-344, March 1959.
13. K. Steiglitz, "Analytical Approach to Root Loci," *IRE Trans, Automatic Control*, Vol. AC-6, pp. 326-332, Sept. 1961.
14. C. Wojcik, "Analytical Representation of Root Locus," *Trans, ASME*, J. Basic Engineering., Ser. D, Vol. 86, March 1964.
15. C. S. Chang, "An Analytical Method for Obtaining the Root Locus with Positive and Negative Gain," *IEEE Trans. Automatic Control*, Vol. AC-10, pp. 92-94, Jan. 1965.
16. B. P. Bhattacharyya, "Root Locus Equations of the Fourth Degree," *Interna. J. Control*, Vol. 1, No. 6, pp. 533-556, 1965.

### 根靈敏度

17. J. G. Truxal and M. Horowitz, "Sensitivity Consideration in Active Network Synthesis," *Proc. Second Midwest Symposium on Circuit Theory*, East Lansing, MI, 1956.
18. R. Y. Huang, "The Sensitivity of the Poles of Linear Closed-Loop Systems," *IEEE Trans., Appl. Ind.*, Vol. 77, Part 2, pp. 182-187, Sept. 1958.
19. H. Ur, "Root Locus Properties and Sensitivity Relations in Control Systems," *IRE Trans. Automatic Control*, Vol. AC-5, pp. 58-65, Jan. 1960.

## 習題

**9-1** 當 $K$ 從 $-\infty$ 變至 $\infty$ 時，試求下列方程式之根軌跡漸近線的角度與交點。

(a) $s^4 + 4s^3 + 4s^2 + (K+8)s + K = 0$
(b) $s^3 + 5s^2 + (K+1)s + K = 0$
(c) $s^2 + K(s^3 + 3s^2 + 2s + 8) = 0$
(d) $s^3 + 2s^2 + 3s + K(s^2 - 1)(s+3) = 0$
(e) $s^5 + 2s^4 + 3s^3 + K(s^2 + 3s + 5) = 0$
(f) $s^4 + 2s^2 + 10 + K(s+5) = 0$

**9-2** 利用 MATLAB 求解習題 9-1。

**9-3** 求證顯示之漸近角為

$$\begin{cases} \theta_i = \dfrac{(2i+1)}{|n-m|} \times 180° & K > 0 \\ \theta_i = \dfrac{(2i)}{|n-m|} \times 180° & K < 0 \end{cases}$$

**9-4** 證明漸近線中心是

$$\sigma_1 = \frac{\sum G(s)H(s)\text{ 之有限極點} - \sum G(s)H(s)\text{ 之有限零點}}{n-m}$$

**9-5** 繪製當 $K > 0$ 和 $K < 0$ 之漸近線

$$GH = \frac{K}{s(s+2)(s^2+2s+2)}$$

**9-6** 對於下列迴路轉移函數，求根軌跡在指定極點或零點的離開或到達角度。

(a) $G(s)H(s) = \dfrac{Ks}{(s+1)(s^2+1)}$ 在 $s = j$ 的到達角度 ($K < 0$) 和離開角度 ($K > 0$)。

(b) $G(s)H(s) = \dfrac{Ks}{(s-1)(s^2+1)}$ 在 $s = j$ 的到達角度 ($K < 0$) 和離開角度 ($K > 0$)。

(c) $G(s)H(s) = \dfrac{K}{s^2(s^2+2s+2)}$ 在 $s = -1+j$ 的離開角度 ($K > 0$)。

(d) $G(s)H(s) = \dfrac{K}{s^2(s^2+2s+2)}$ 在 $s = -1+j$ 的離開角度 ($K > 0$)。

(e) $G(s)H(s) = \dfrac{K(s^2+2s+2)}{s^2(s+2)(s+3)}$ 在 $s = -1+j$ 的到達角度 ($K > 0$)。

9-7 證明：

(a) 根軌跡從複數極點的離開角度是 $\theta_D = 180° - \arg GH'$，其中 $\arg GH'$ 是複數極點上 $GH$ 的相位角，忽略該極點的影響。

(b) 根軌跡到複數零點的到達角度是 $\theta_D = 180° - \arg GH''$，其中 $\arg GH''$ 是複數零點上 $GH$ 的相位角，忽略了該特定零點的貢獻。

9-8 求出下述開-迴路轉移函數之所有複數極點的離開和到達角度：

$$G(s)H(s) = \dfrac{K(s^2+2s+2)}{s(s^2+4)} \quad K > 0$$

9-9 在圖 9P-9 的極點-零點結構中，標示 $K = 0$ 和 $K = \pm\infty$ 的點，及在實軸上的 RL 和 CRL。在實軸的根軌跡上，加上箭頭以表示 $K$ 增加的方向。

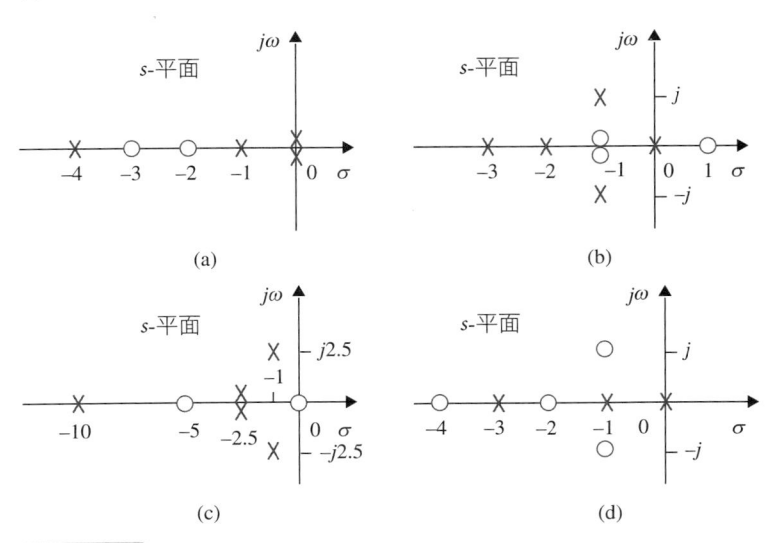

▶ 圖 9P-9

9-10 證明分離點 $\alpha$ 滿足下述式子：

$$\sum_{i=1}^{n} \dfrac{1}{\alpha + p_i} = \sum_{i=1}^{m} \dfrac{1}{\alpha + z_i}$$

9-11 求出由圖 9P-9 所示之極點-零點配置描述的系統根軌跡的所有分離點。

9-12 畫出下列已知 $G(s)H(s)$ 極點與零點的控制系統根軌跡圖。特性方程式可由令分子 $1 + G(s)H(s) = 0$ 而得。

(a) 極點在 0、−5、−6；零點在 −8。
(b) 極點在 0、−1、−3、−4；沒有有限零點。
(c) 極點在 0、0、−2、−2；零點在 −4。
(d) 極點在 0、−1+j、−1−j；零點在 −2。
(e) 極點在 0、−1+j、−1−j；零點在 −5。
(f) 極點在 0、−1+j、−1−j，沒有有限零點。
(g) 極點在 0、0、−8、−8；零點在 −4、−4。
(h) 極點在 0、0、−8、−8；沒有有限零點。
(i) 極點在 0、0、−8、−8；零點在 $-4+j2$、$-4-j2$。
(j) 極點在 −2、2；零點在 0、0。
(k) 極點在 $j$、$-j$、$j2$、$-j2$；零點在 −2、2。
(l) 極點在 $j$、$-j$、$j2$、$-j2$；零點在 −1、1。
(m) 極點在 0、0、0、1；零點在 −1、−2、−3。
(n) 極點在 0、0、0、−100、−200；零點在 −5、−40。
(o) 極點在 0、−1、−2；零點在 1。

9-13 利用 MATLAB 求解習題 9-12。

9-14 線性控制系統的特性方程式已知如下，畫出 $K \geq 0$ 的根軌跡。

(a) $s^3 + 3s^2 + (K+2)s + 5K = 0$
(b) $s^3 + s^2 + (K+2)s + 3K = 0$
(c) $s^3 + 5Ks^2 + 10 = 0$
(d) $s^4 + (K+3)s^3 + (K+1)s^2 + (2K+5) + 10 = 0$
(e) $s^3 + 2s^2 + 2s + K(s^2 - 1)(s+2) = 0$
(f) $s^3 - 2s + K(s+4)(s+1) = 0$
(g) $s^4 + 6s^3 + 9s^2 + K(s^2 + 4s + 5) = 0$
(h) $s^3 + 2s^2 + 2s + K(s-2)(s+4) = 0$
(i) $s(s^2 - 1) + K(s+2)(s+0.5) = 0$
(j) $s^4 + 2s^3 + 2s^2 + 2Ks + 5K = 0$
(k) $s^5 + 2s^4 + 3s^3 + 2s^2 + s + K = 0$

9-15 利用 MATLAB 求解習題 9-14。

9-16 單位回授控制系統的順向路徑轉移函數，已知如下：

(a) $G(s) = \dfrac{K(s+3)}{s(s^2+4s+4)(s+5)(s+6)}$

(b) $G(s) = \dfrac{K}{s(s+2)(s+4)(s+10)}$

(c) $G(s) = \dfrac{K(s^2+2s+8)}{s(s+5)(s+10)}$

(d) $G(s) = \dfrac{K(s^2+4)}{(s+2)^2(s+5)(s+6)}$

(e) $G(s) = \dfrac{K(s+10)}{s^2(s+2.5)(s^2+2s+2)}$  (f) $G(s) = \dfrac{K}{(s+1)(s^2+4s+5)}$

(g) $G(s) = \dfrac{K(s+2)}{(s+1)(s^2+6s+10)}$  (h) $G(s) = \dfrac{K(s+2)(s+3)}{s(s+1)}$

(i) $G(s) = \dfrac{K}{s(s^2+4s+5)}$

試繪 $K \geq 0$ 的根軌跡，試求使閉-迴路系統的相對阻尼比 (以特性方程式的主控複數根來測量) 為 0.707 的 $K$ 值，如果有解的話。

**9-17** 利用 MATLAB 求解習題 9-16。

**9-18** 單位-回授控制系統有下列的順向-路徑轉移函數。試繪 $K \geq 0$ 的根軌跡。試求出在分離點的 $K$ 值。

(a) $G(s) = \dfrac{K}{s(s+10)(s+20)}$  (b) $G(s) = \dfrac{K}{s(s+1)(s+3)(s+5)}$

(c) $G(s) = \dfrac{K(s-0.5)}{(s-1)^2}$  (d) $G(s) = \dfrac{K}{(s+0.5)(s-1.5)}$

(e) $G(s) = \dfrac{K\left(s+\dfrac{1}{3}\right)(s+1)}{s\left(s+\dfrac{1}{2}\right)(s-1)}$  (f) $G(s) = \dfrac{K}{s(s^2+6s+25)}$

**9-19** 利用 MATLAB 求解習題 9-18。

**9-20** 單位-回授控制系統的順向-路徑轉移函數為

$$G(s) = \dfrac{K}{(s+4)^n}$$

試繪閉-迴路系統特性方程式 $K \geq 0$ 的根軌跡，其中 (a) $n = 1$；(b) $n = 2$；(c) $n = 3$；(d) $n = 4$；以及 (e) $n = 5$。

**9-21** 利用 MATLAB 求解習題 9-20。

**9-22** 圖 7P-16 中控制系統，當 $K = 100$ 時的特性方程式為

$$s^3 + 25s^2 + (100K_t + 2)s + 100 = 0$$

試繪方程式 $K_t \geq 0$ 的根軌跡。

**9-23** 利用 MATLAB 驗證習題 9-22 得出的答案。

**9-24** 一具有轉速計回授的系統，其方塊圖顯示於圖 9P-24 中。

(a) 當 $K_t = 0$ 時，試繪特性方程式 $K \geq 0$ 的根軌跡。

(b) 設 $K = 10$ 時，試繪特性方程式 $K_t \geq 0$ 的根軌跡。

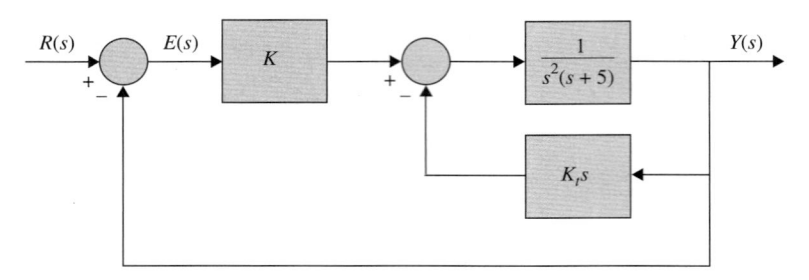

▶ 圖 9P-24

**9-25** 利用 MATLAB 求解習題 9-24。

**9-26** 描述於習題 6-14 與習題 7-40 中直流馬達控制系統的特性方程式可近似為

$$2.05J_L s^3 + (1+10.25J_L)s^2 + 116.84s + 1843 = 0$$

當 $K_L = \infty$ 且以負載慣量 $J_L$ 為可變參數時，試繪特性方程式 $J_L \geq 0$ 的根軌跡。

**9-27** 利用 MATLAB 求解習題 9-26。

**9-28** 圖 9P-24 中控制系統的順向-路徑轉移函數為

$$G(s) = \frac{K(s+\alpha)(s+3)}{s(s^2-1)}$$

(a) 令 $\alpha = 5$，試繪 $K \geq 0$ 的根軌跡。　　(b) 令 $K = 10$，試繪 $\alpha \geq 0$ 的根軌跡。

**9-29** 利用 MATLAB 求解習題 9-28。

**9-30** 控制系統的順向-路徑轉移函數為

$$G(s) = \frac{K(s+0.4)}{s^2(s+3.6)}$$

(a) 試繪 $K \geq 0$ 的根軌跡。　　(b) 利用 MATLAB 驗證 (a) 小題的答案。

**9-31** 描述於習題 7-42 中的液位控制系統，其特性方程式可寫成

$$0.06s(s+12.5)(As+K_o) + 250N = 0$$

(a) 若 $A = K_o = 50$，當 $N$ 從 0 變化至 $\infty$ 時，試繪特性方程式的根軌跡。
(b) 若 $N = 10$ 且 $K_o = 50$，試繪特性方程式在 $A \geq 0$ 的根軌跡。
(c) 若 $A = 50$ 且 $N = 20$，試繪 $K_o \geq 0$ 的根軌跡。

**9-32** 利用 MATLAB 求解習題 9-31。

**9-33** 針對下列情形，重做習題 9-31。

(a) $A = K_o = 100$。　　(b) $N = 20$ 且 $K_o = 50$。　　(c) $A = 100$ 且 $N = 20$。

**9-34** 利用 MATLAB 求解習題 9-33。

**9-35** 單位-回授系統的順向回授轉移函數是

$$G(s) = \frac{K(s+2)^2}{(s^2+4)(s+5)^2}$$

(a) 當 $K = 25$ 時，試繪根軌跡。　　(b) 求出系統穩定時的 $K$ 值範圍。
(c) 利用 MATLAB 驗證 (a) 小題的答案。

**9-36** 一單-迴路-回授控制系統的轉移函數為

$$G(s) = \frac{K}{s^2(s+1)(s+5)} \quad H(s) = 1$$

(a) 當 $K \geq 0$ 時，試繪 $1 + G(s)$ 的零點軌跡。　　(b) 當 $H(s) = 1 + 5s$ 時，重做 (a) 小題。

**9-37** 利用 MATLAB 求解習題 9-36。

**9-38** 一單-迴路-回授控制系統的轉移函數為

$$G(s) = \frac{Ke^{-Ts}}{s+1}$$

(a) 當 $K \geq 0$ 時，試繪 $1 + G(s)$ 的零點軌跡。　　(b) 利用 MATLAB 驗證 (a) 小題的答案。

**9-39** 一單-迴路-回授控制系統的轉移函數為

$$G(s) = \frac{10}{s^2(s+1)(s+5)} \quad H(s) = 1 + T_d s$$

試繪特性方程式 $T_d \geq 0$ 的根軌跡。

**9-40** 對於習題 6-14 與習題 7-40 描述的直流馬達控制系統，我們有興趣研究馬達軸的順應性 $K_L$ 對系統性能的影響。

(a) 令 $K = 1$，而其它系統的參數，則已知於習題 6-14 與習題 7-40。試求一以 $K_L$ 為增益因子的等效 $G(s)H(s)$。試繪特性方程式在 $K_L \geq 0$ 的根軌跡。消去 $G(s)H(s)$ 大的且彼此非常接近的負極點與零點，則系統可用一個四-階系統近似之。

(b) 令 $K = 1000$，重做 (a) 小題。

**9-41** 利用 MATLAB 求解習題 9-40。

**9-42** 描述於習題 6-14 與習題 7-40 的直流馬達控制系統，其特性方程式已知如下，其中馬達軸視為剛性的 $(K_L = \infty)$。令 $K = 1$、$J_m = 0.001$、$L_a = 0.001$、$n = 0.1$、$R_a = 5$、$K_i = 9$、$K_b = 0.0636$、$B_m = 0$ 及 $K_s = 1$。

$$L_a(J_m + n^2 J_L)s^3 + (R_a J_m + n^2 R_a J_L + B_m L_a)s^2 + (R_a B_m + K_i K_b)s + nK_s K_i K = 0$$

(a) 試繪 $J_L \geq 0$ 的根軌跡，以說明負載慣量的變化對系統性能的影響。
(b) 利用 MATLAB 驗證 (a) 小題的答案。

**9-43** 已知方程式

$$s^3 + \alpha s^2 + Ks + K = 0$$

我們想要針對幾個 $\alpha$ 值，研究上式在 $-\infty < K < \infty$ 的根軌跡。

(a) 當 $\alpha = 12$ 時，試繪 $-\infty < K < \infty$ 的根軌跡。
(b) 當 $\alpha = 4$ 時，重做 (a) 小題。

(c) 試求使整條 $-\infty < K < \infty$ 的根軌跡，只有一個非零分離點的 $\alpha$ 值。試繪此根軌跡。

**9-44** 利用 MATLAB 求解習題 9-43。

**9-45** 單位-回授-控制系統的順向-路徑轉移函數為

$$G(s) = \frac{K(s+\alpha)}{s^2(s+3)}$$

試求使根軌跡 $(-\infty < K < \infty)$ 各有零個、一個及二個分離點 (不包含在 $s = 0$ 的分離點) 的值。針對這三種情形，試繪 $-\infty < K < \infty$ 的根軌跡。

**9-46** 圖 9P-46 顯示為單位-回授控制系統之方塊圖。

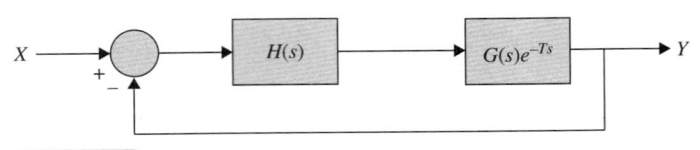

▶ 圖 9P-46

設計一個適合此系統的控制器 $H(s)$。

**9-47** 圖 9P-47a 為一單-迴路-回授控制系統的 $G(s)H(s)$ 的極點-零點結構。應用根軌跡離開角度 (和到達角度) 的性質，而不要實際作圖，試決定哪一個根軌跡圖為正確的。

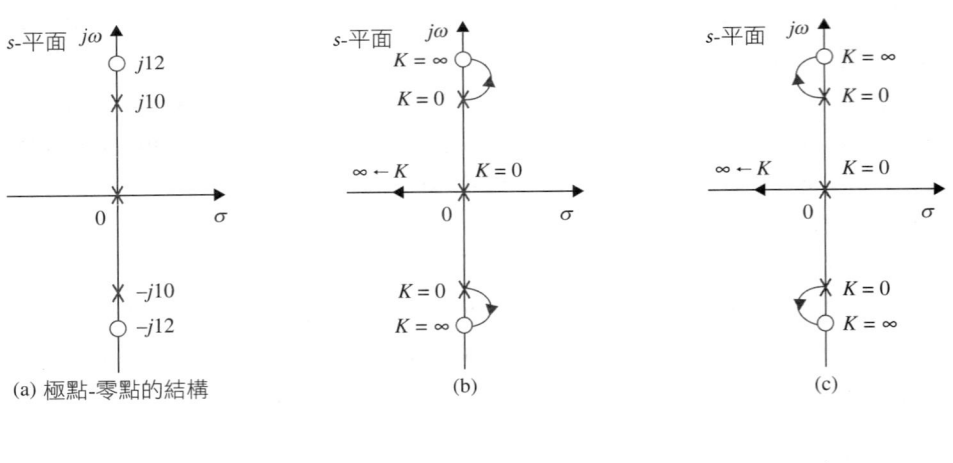

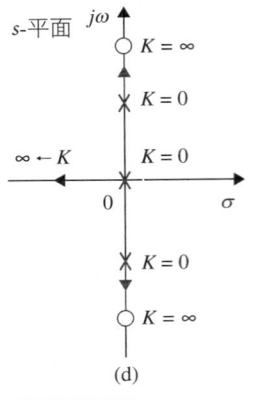

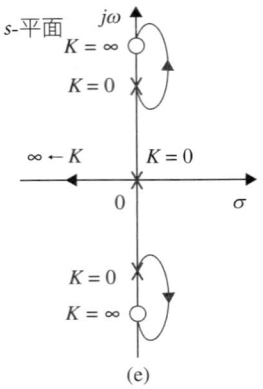

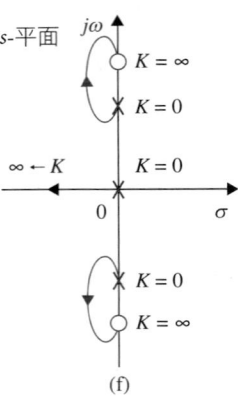

(a) 極點-零點的結構
(b)
(c)
(d)
(e)
(f)

▶ 圖 9P-47

# Chapter 10 頻域分析

在開始本章之前,鼓勵讀者參閱附錄 B 來複習與複變數以及頻域分析與各類頻率圖相關的理論背景 (包含漸近近似法──波德圖)。

在實務上,控制系統的性能大多藉由時域特性來做真實的衡量。其乃因大多數控制系統的性能都由加入某些測試訊號後的時間響應來判定。這和通訊系統的分析與設計以頻率響應為主剛好相反,此乃因通訊系統中所處理的大部分訊號不是正弦波就是由正弦波所組成的訊號。我們從第七章已知控制系統的時間響應,通常很難以解析法來決定,尤其對高-階系統更是如此。在設計問題中,並沒有統一的方法可以使所設計的系統完全符合時域性能規格,如最大超越量、上升時間、時間延遲、安定時間等。另一方面,在頻域裡卻有多種的圖解法可用,且不限於低階系統。因此,瞭解線性系統頻域和時域性能之間的相互關係是很重要的,如此,系統的時域特性便可用頻域特性來預測。在頻域中,測量系統對雜訊及參數變化的靈敏度也較容易。基於這些因素,我們以頻域來做控制系統的分析與設計的主要動機為方便性,及有許多現成分析工具可用。另一個原因是頻域方法提供其它觀點來探討控制系統,在複雜的分析與設計上它提供了重要或決定性的資訊。因此,控制系統的頻域分析,並不表示系統只侷限於弦波輸入 (可能永遠不是)。相反地,我們將能以頻域響應的研究來預測系統在時域的性能。

## 學習重點

在學習完本章後,讀者將具備以下能力:
1. 對系統進行頻率響應分析。
2. 利用極座標、大小和相位圖繪製系統的頻率響應。
3. 在頻率響應中,辨識出頻率響應中的共振峰值頻率和大小以及頻寬。
4. 對於原型二-階系統,建立頻域規格與時間響應規格的關聯性。
5. 繪製系統的奈奎斯特圖。
6. 使用奈奎斯特穩定度準則進行系統穩定度分析。
7. 使用 MATLAB 建構繪製頻率響應、奈奎斯特和尼可斯圖。
8. 利用頻率響應技術設計控制系統。

## 10-1 頻率響應的簡介

線性系統頻域分析的起點為轉移函數。讓我們考慮下列實際的範例。根據線性系統理論,當一線性非時變系統的輸

入為弦波，其振幅為 $R$，頻率為 $\omega_0$ 時，即

$$r(t) = R\sin\omega_0 t \tag{10-1}$$

則系統的穩態輸出 $y(t)$，將是具有相同頻率 $\omega_0$ 的弦波，但可能具有不同的振幅和相位，亦即

$$y(t) = Y\sin(\omega_0 t + \phi) \tag{10-2}$$

其中，$Y$ 為輸出弦波的振幅，而 $\phi$ 為相位角，單位為度或弳。

讓我們透過一個實例來研究此概念。

### 範例 10-1-1

對於範例 6-5-2 所模擬的車輛懸吊系統測試，如圖 10-1a 所示，其內使用一套四-柱振動器來向車輛施加各種激勵用以測試車輛懸吊系統的性能。使用如圖 10-1b 所示的 1-自由度四分之一車體模型，我們可以研究每個車輪懸吊的性能及其對各種道路輸入的響應。在本例中，我們對每個車輪施加正弦輸入，隨著激勵頻率從零變化到非常高 (取決於振動器頻率限制) 時來研究系統的行為。

四分之一車體系統的運動方程式可歸類為基礎激勵系統的 (詳見第二章)，其定義如下：

$$\ddot{z}(t) + 2\zeta\omega_n\dot{z}(t) + \omega_n^2 z(t) = -\ddot{y}(t) \tag{10-3}$$

其中，系統的參數已被比例調整以便能更簡單地處理此範例。

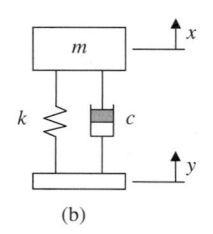

▶ 圖 10-1　(a) 在一個四-柱振動器測試設備上的凱迪拉克 SRX 2005 模型 (本圖引用自：作者對主動懸掛系統的研究)。(b) 一個車輪懸吊系統的一-自由度四分之一車體模型。

| | | |
|---|---|---|
| $m$ | 四分之一車體有效質量 | 10 kg |
| $k$ | 有效剛性 | 160 N/m |
| $c$ | 有效阻尼 | 100 N·m/s$^{-1}$ |
| $x(t)$ | 質量 $m$ 絕對位移 | m |
| $y(t)$ | 車底絕對位移 | m |
| $z(t)$ | 相對位移 $x(t) - y(t)$ | M |

(10-3) 式可反映受到道路激勵影響之車輛的反彈。相對運動的轉移函數如下所示：

$$G(s) = \frac{1}{(s+2)(s+8)} = \frac{1}{s^2 + 10s + 16} = \frac{1}{s^2 + 2\zeta\omega_n s + \omega_n^2} \tag{10-4}$$

其中，系統過阻尼 $\zeta = 1.25$，$\omega_n = 4$ rad/s。對於 $-\ddot{y}(t) = A\sin(\omega t)$ 時，系統的時間響應可以使用反拉氏轉換求得，詳見第三章。從 (10-3) 式和附錄 C 的拉氏轉換表，即 $\mathcal{L}[\sin(\omega_t)] = \omega/(s^2 + \omega^2)$，故可知

$$Z(s) = \frac{A\omega}{s^2 + \omega^2} \frac{1}{(s+2)(s+8)} \tag{10-5}$$

因此，

$$z(t) = \{暫態 \to 0\} + A \frac{1}{\sqrt{(\omega^2 + 4)(\omega^2 + 64)}} \sin\left(\omega t + \tan^{-1}\frac{-10\omega}{(16-\omega^2)}\right) \tag{10-6}$$

其中，由於系統本質上為穩定，故知暫態響應會消失，穩態響應為 $z(t) = Z \sin(\omega t + \phi)$，並且可以表示於極座標形式中

$$\begin{aligned} z(t) &= Z\sin(\omega t + \phi) \\ &= A|G(j\omega)|\angle G(j\omega) \\ &= AM\angle\phi \\ &= Z\angle\phi \end{aligned} \tag{10-7}$$

其中 $G(j\omega) = |G(j\omega)|\angle G(j\omega)$ 是頻率響應函數。我們定義

$$M = |G(j\omega)| = \frac{1}{\sqrt{(\omega^2 + 4)(\omega^2 + 64)}} \tag{10-8a}$$

$$\phi = \angle G(j\omega) = \tan^{-1}\frac{-10\omega}{(16-\omega^2)} \tag{10-8b}$$

分別作為頻率響應的大小和相位。詳見附錄 B，讀者便可以複習複變數。注意：當 $\omega$ 變化時，(10-8a) 式分母中的符號隨之變化，因此必須小心計算其相位。對於 $\omega = 1$ rad，頻率響應函數 $G(j\omega) = \frac{1}{(\omega j + 2)(\omega j + 8)}$ 的極座標表示如圖 10-2 所示。如圖所示，頻率響應係由大小 $M$ 和相位 $\phi$ 的向量 $G(j\omega) = |G(j\omega)|\angle G(j\omega) = M\angle\phi$ 來定義。考慮到輸入和輸出時間響應，如圖 10-3 所示，圖

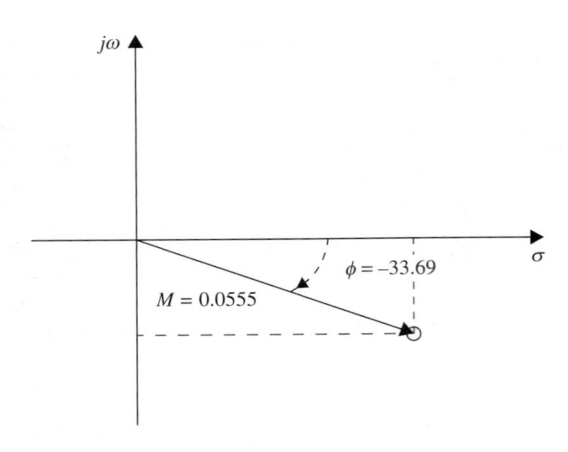

▶ 圖 10-2  對於 $\omega = 1$ rad/s,頻率響應函數 $G(j\omega) = \dfrac{1}{(\omega j + 2)(\omega j + 8)}$ 的極座標表示。

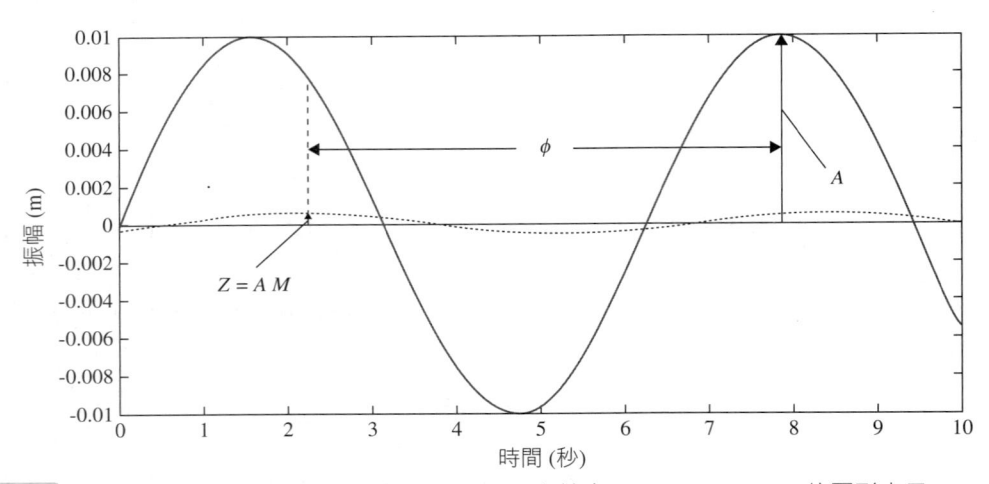

▶ 圖 10-3  對於 $A = 0.01$ 和 $\omega = 1$ rad/s,輸入 $A\sin(\omega t)$ 和輸出 $z(t) = Z\sin(\omega t + \phi)$ 的圖形表示。

中顯示在此例中的大小和相位值。

　　表 10-1 描述了當 $\omega$ 增加時不同的 $M$ 與 $\phi$ 值。如此表所示,大小 $M$ 隨頻率的增加而減小,相位 $\phi$ 則從 0° 變化到 −180°。當 $\omega$ 從 0.1 變化到 100 rad/s 時,頻率響應函數 $G(j\omega) = \dfrac{1}{(\omega j + 2)(\omega j + 8)}$ 的極座標表示如圖 10-4 所示,其中「×」值對應到表 10-1 所示的激勵頻率。一般來說,從圖 10-4,我們可以看出極座標頻率響應圖中大小 $M$ 和相位 $\phi$ 的向量隨著 $\omega$ 從零變化到無窮大,而改變其大小和方向。

　　根據附錄 B,我們可知圖 10-4 中的極座標圖可以單獨表示為大小和相位頻率響應圖,也稱為系統的波德圖。頻率響應圖如圖 10-5 所示。注意:如附錄 B 所討論的,在波德圖中,橫座標通常使用對數刻度,並且以 dB = (20 log $M$) 的刻度來表示大小和以度數來表示相位。

■表 10-1　範例 10-1-1 中系統的樣本大小和相位之數值

| $\omega$ rad/s | M | $\phi$ (度) |
|---|---|---|
| 0.1 | 0.0625 | −3.58 |
| 1 | 0.0555 | −33.69 |
| 10 | 0.0077 | −130.03 |
| 100 | 0.0001 | −174.28 |

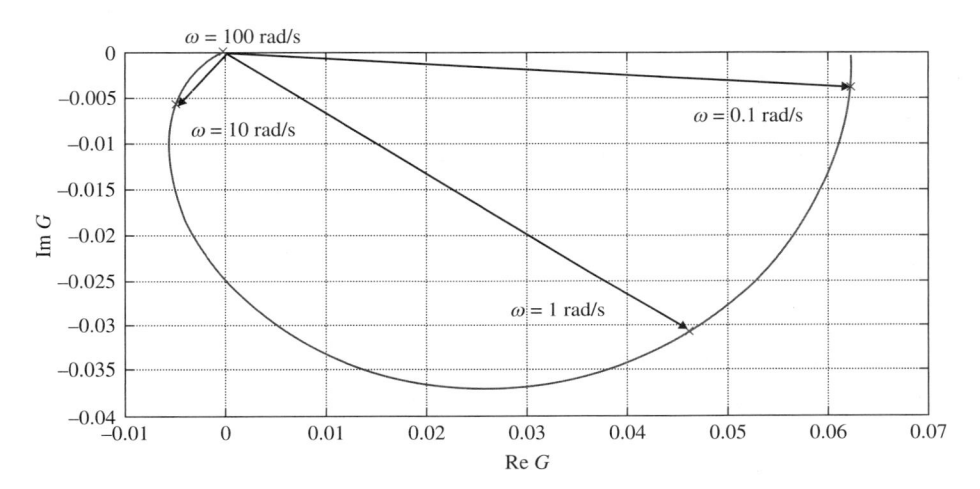

▶圖 10-4　當 $\omega$ 從 0.1 變化到 100 rad/s，頻率響應函數 $G(j\omega)=\dfrac{1}{(\omega j+2)(\omega j+8)}$ 的極座標表示。

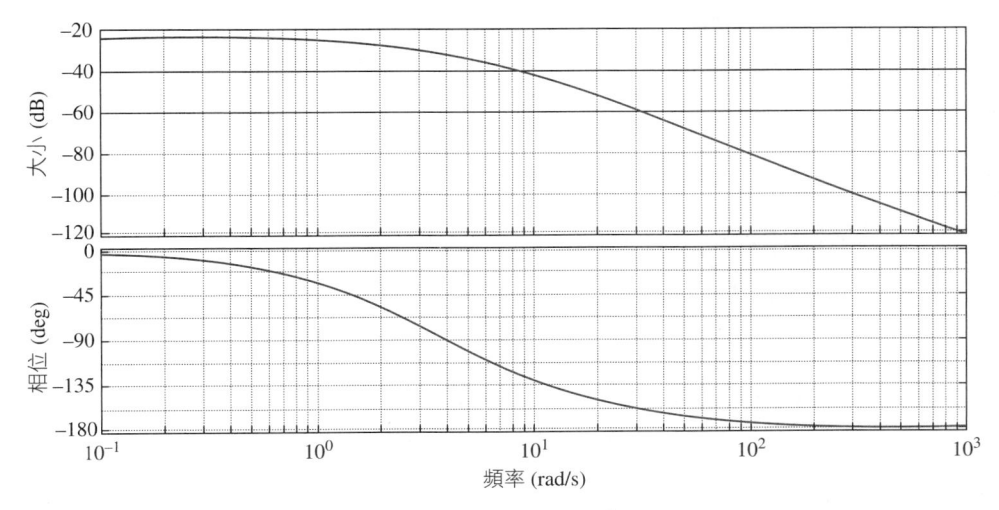

▶圖 10-5　當 $\omega$ 從 0.1 變化到 100 rad/s，函數 $G(j\omega)=\dfrac{1}{(\omega j+2)(\omega j+8)}$ 的大小與相位的頻率響應圖。

MATLAB 工具盒 10-1-1 可用來求出圖 10-3 到圖 10-5。

一般來說，對於線性 SISO 系統之轉移函數 $M(s)$；輸入和輸出的拉氏轉換 [詳見 (10-1) 式和 (10-2) 式]，它們之間的關係式如下：

$$Y(s) = M(s)R(s) \tag{10-9}$$

對於正弦穩態分析，我們用 $j\omega$ 代替 $s$，(10-9) 式變為

$$Y(j\omega) = M(j\omega)R(j\omega) \tag{10-10}$$

透過將函數 $Y(j\omega)$ 寫為

$$Y(j\omega) = |Y(j\omega)| \angle Y(j\omega) \tag{10-11}$$

其中，$M(j\omega)$ 和 $R(j\omega)$ 具有類似的定義，(10-10) 式導致輸入和輸出之間的大小關係：

$$|Y(j\omega)| = |M(j\omega)||R(j\omega)| \tag{10-12}$$

以及相位關係：

$$\angle Y(j\omega) = \angle M(j\omega) + \angle R(j\omega) \tag{10-13}$$

因此，對 (10-1) 式與 (10-2) 式分別描述的輸入和輸出訊號，輸出正弦波的大小為

$$Y = R|M(j\omega_0)| \tag{10-14}$$

以及輸出的相位為

$$\phi = \angle M(j\omega_0) \tag{10-15}$$

因此，透過得知線性系統的轉移函數 $M(s)$，大小特性 $|M(j\omega)|$ 和相位特性 $\angle M(j\omega)$ 完全描述了當輸入為正弦波時的穩態性能。頻域分析的關鍵在於閉-迴路系統的振幅和相位特性可用於預測時域之暫態與穩態的系統性能。

### 工具盒 10-1-1

輸入和輸出時間響應圖之圖 10-3 的 MATLAB 程式碼。

```
A=0.01;
w=10;
t=0:.001:10;
M=1/sqrt((w^2+4)*(w^2+64));
phi= atan(-10*w/(16-w^2));
if w > 4
phi= pi-atan(-10*w/(16-w^2));
end
plot(t,A*sin(w*t))
hold on
plot(t,A*R*sin(w*t+phi))
%%%%%%%%%%%%%%%%%%%%%%%%%%%%%%%
```

圖 10-4──極座標圖的 MATLAB 程式碼。

```
clf
w=0.01:0.01:100;
num = [1];
den = [1 10 16];
[re,im,w] = nyquist(num,den,w);
plot(re,im);
grid
hold on
w=.1;
phi= atan(-10*w/(16-w^2));
M=1/sqrt((w^2+4)*(w^2+64));
plot(R*cos(phi),R*sin(phi),'x')
w=1;
phi= atan(-10*w/(16-w^2));
M=1/sqrt((w^2+4)*(w^2+64));
plot(M*cos(phi),M*sin(phi),'x');
w=10;
phi= pi-atan(10*w/(16-w^2));
M=1/sqrt((w^2+4)*(w^2+64));
plot(M*cos(phi),M*sin(phi),'x')
w=100;
phi= pi-atan(10*w/(16-w^2));
R=1/sqrt((w^2+4)*(w^2+64));
plot(M*cos(phi),M*sin(phi),'x')
%%%%%%%%%%%%%%%%%%%%%%%%%%%%%%%%
```

圖 10-5──波德圖的 MATLAB 程式碼。

```
clf
num = [1];
den = [1 10 16];
G = tf(num,den);
bode(G);
grid
```

最後，以這些結果來看，根據圖 10-3 到圖 10-5，你可以發現懸吊系統的作用像是一個濾波器，可以顯著地降低道路顛簸的影響。然而，懸吊系統的性能會依頻率而定，其中懸吊轉移函數的大小隨著較高頻率而降低，而其相位則從 0° 變化到 –180°。

## 範例 10-1-2

在控制系統的頻域分析中，通常我們必須確定極座標圖的基本性質。考慮下列轉移函數 (亦可參閱範例 B-2-4)：

$$G(s) = \frac{10}{s(s+1)(s+2)} \qquad (10\text{-}16)$$

將 $s = j\omega$ 代入 (10-16) 式中，$\omega = 0$ 和 $\omega = \infty$ 處的 $G(j\omega)$ 的大小和相位計算如下：

$$\lim_{\omega \to 0} |G(j\omega)| = \lim_{\omega \to 0} \frac{5}{\omega} = \infty \tag{10-17}$$

$$\lim_{\omega \to 0} \angle G(j\omega) = \lim_{\omega \to 0} \angle 5/j\omega = -90° \tag{10-18}$$

$$\lim_{\omega \to \infty} |G(j\omega)| = \lim_{\omega \to \infty} \frac{10}{\omega^3} = 0 \tag{10-19}$$

因此，可以確定 $G(j\omega)$ 於 $\omega = 0$ 和 $\omega = \infty$ 處之極座標圖的性質。

為了將 $G(j\omega)$ 表示為其實部與虛部的和，我們必須透過將其分子和分母乘以其分母的共軛複數來使 $G(j\omega)$ 有理化。因此，$G(j\omega)$ 可被寫成求取 $G(j\omega)$ 圖在 $G(j\omega)$-平面實軸和虛軸上之交點的型式，即我們可將 $G(j\omega)$ 有理化得出

$$G(j\omega) = \frac{10(-j\omega)(-j\omega+1)(-j\omega+2)}{j\omega(j\omega+1)(j\omega+2)(-j\omega)(-j\omega+1)(-j\omega+2)} \tag{10-20}$$

經過簡化之後，(10-20) 式寫成

$$G(j\omega) = \text{Re}[G(j\omega)] + j\text{Im}[G(j\omega)] = \frac{-30}{9\omega^2 + (2-\omega^2)^2} - \frac{j10(2-\omega^2)}{9\omega^3 + \omega(2-\omega^2)^2} \tag{10-21}$$

之後我們確定與 $G(j\omega)$-平面兩個軸之極座標圖的交點，如果存在的話。若 $G(j\omega)$ 的極座標圖與實軸相交，則在交點處，$G(j\omega)$ 的虛部為零，即

$$\text{Im}[G(j\omega)] = 0 \tag{10-22}$$

相同地，透過將 (10-21) 式的 $\text{Re}[G(j\omega)]$ 設定為零可求出 $G(j\omega)$ 與虛軸的交點，即

$$\text{Re}[G(j\omega)] = 0 \tag{10-23}$$

將 $\text{Re}[G(j\omega)]$ 設定為零，可得 $\omega = \infty$ 與 $G(j\infty) = 0$，這意味著 $G(j\omega)$ 圖只在原點與虛軸相交。將 $\text{Im}[G(j\omega)]$ 設定為零，可得 $\omega = \pm\sqrt{2}$ rad/s。這代表實軸上的交點位於

$$G(\pm j\sqrt{2}) = -5/3 \tag{10-24}$$

結果為 $\omega = -\sqrt{2}$ rad/s，此值沒有物理意義，因為頻率為負值；它僅代表 $s$-平面的負 $j\omega$-軸上的一個映射點。通常，如果 $G(s)$ 是 $s$ 的有理函數 ($s$ 的兩個多項式的商)，則負的 $\omega$ 之 $G(j\omega)$ 的極座標圖是正的 $\omega$ 值之鏡像，對稱於 $G(j\omega)$-平面的實軸。從 (B-58) 式，我們發現 $\text{Re}[G(j0)] = \infty$ 和 $\text{Im}[G(j0)] = \infty$。有了這個訊息，現在便可以將 (10-16) 式的轉移函數繪製成極座標圖，如圖 10-6 所示。

讀者還應該能夠繪製出系統大小或相位圖的漸近線。此主題更深入的探討請參閱附錄 B。

MATLAB 工具盒可以用來求出圖 10-6 及系統的波德圖。

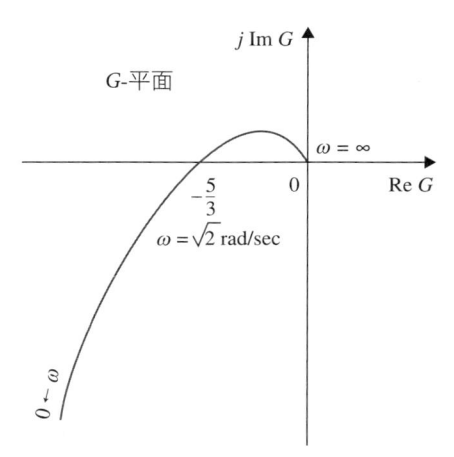

▶ 圖 10-6　$G(s) = \dfrac{10}{s(s+1)(s+2)}$ 的極座標圖。

### 工具盒 10-1-2

圖 10-6 ── 極座標圖的 MATLAB 程式碼。

```
clf
w=0.01:0.01:100;
num = [10];
den = [1 3 2 0];
[re,im,w] = nyquist(num,den,w);
plot(re,im);
grid
%%%%%%%%%%%%%%%%%%%%%%%%%%%%%%%%
```

圖 10-7 ── 波德圖的 MATLAB 程式碼。

```
clf
num = [10];
den = [1 3 2 0];
G = tf(num,den);
bode(G);
grid
```

## 10-1-1　閉-迴路系統的頻率響應

在前幾章所討論單-迴路控制系統的架構，閉-迴路系統的轉移函數為

$$M(s) = \frac{Y(s)}{R(s)} = \frac{G(s)}{1+G(s)H(s)} \tag{10-25}$$

以弦波穩態來分析，$s = j\omega$，則 (10-25) 式變成

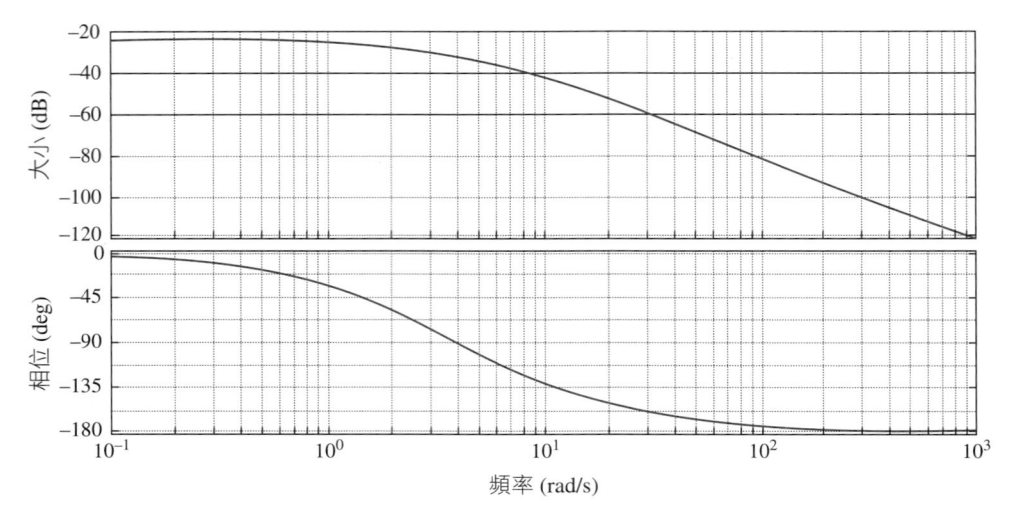

▶ 圖 10-7  $G(s) = \dfrac{10}{s(s+1)(s+2)}$ 的波德圖。

$$M(j\omega) = \frac{Y(j\omega)}{R(j\omega)} = \frac{G(j\omega)}{1+G(j\omega)H(j\omega)} \tag{10-26}$$

弦波穩態的轉移函數 $M(j\omega)$ 可以用其大小和相位表示為

$$M(j\omega) = |M(j\omega)| \angle M(j\omega) \tag{10-27}$$

或 $M(j\omega)$ 可以用實部和虛部表示為

$$M(j\omega) = \text{Re}[M(j\omega)] + j\text{Im}[M(j\omega)] \tag{10-28}$$

$M(j\omega)$ 的大小為

$$|M(j\omega)| = \left|\frac{G(j\omega)}{1+G(j\omega)H(j\omega)}\right| = \frac{|G(j\omega)|}{|1+G(j\omega)H(j\omega)|} \tag{10-29}$$

及 $M(j\omega)$ 的相位為

$$\angle M(j\omega) = \phi_M(j\omega) = \angle G(j\omega) - \angle[1+G(j\omega)H(j\omega)] \tag{10-30}$$

　　若 $M(s)$ 代表一個電子濾波器的輸入-輸出轉移函數，則 $M(j\omega)$ 的大小和相位代表對輸入訊號的濾波特性。圖 10-8 顯示一個理想低通濾波器的增益和相位特性，其中有一陡峭的截止頻率位於 $\omega_c$。事實上，這樣的理想低通濾波器是無法實現的。控制系統的設計與濾波器的設計有很多共通之處，而控制系統也常被視為訊號處理器。事實上，若如圖 10-8 所示之理想低通濾波器的特性為可實現的，則這種特性正是控制系統所亟需的，因為在頻率 $\omega_c$ 以下的所有訊號均可毫不失真地通過，且在頻率 $\omega_c$ 以上 (如雜訊) 可完全消除。

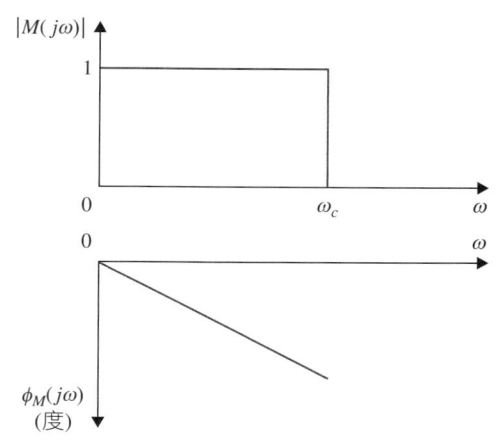

▶ 圖 10-8 理想低通濾波器的增益-相位特性。

若 $\omega_c$ 可以無限制地增大,則輸出 $Y(j\omega)$ 與輸入 $R(j\omega)$ 在任何頻率下將完全一樣。這樣的系統在時域將可完全地追蹤步階-函數的輸入。由 (10-29) 式可知,若對所有的頻率 $|M(j\omega)|$ 均為 1,則 $G(j\omega)$ 的大小值必須為無窮大。對於一無窮大的 $G(j\omega)$ 大小值,當然無法實際完成,也無法加以設計,因為大多數的控制系統在迴路增益非常高時,可能變成不穩定。此外,所有控制系統在操作時都容易受到雜訊干擾。因此,除了對輸入訊號有所反應外,系統必須能對雜訊及不需要的訊號加以去除或抑制。對於具有高-頻雜訊的控制系統,如飛機的機翼振動,其頻率響應必須具有有限的截止頻率 $\omega_c$。

> $M_r$ 顯示穩定閉-迴路系統的相對穩定性。

控制系統的頻率響應的相位特性也很重要,稍後我們將可以看到它對系統穩定度的影響。

圖 10-9 顯示一控制系統的典型增益及相位特性。如 (10-29) 式與 (10-30) 式所示,閉-迴路系統的增益和相位可由順向-路徑及迴路轉移函數來決定。在實際的應用上,$G(s)$ 和 $H(s)$ 的頻率響應經常可由外加正弦波輸入訊號於系統,並調整頻率由 0 到一超過系統頻率範圍外的值來決定。

## 10-1-2 頻域的規格

以頻域方法來設計線性控制系統時,必須定義一些規格以判斷系統的性能。時域所使用的規格,如最大超越量、阻尼比等,不能再直接用於頻域上。以下為實務上常用的頻域規格。

### 共振峰值 $M_r$

共振峰值 $M_r$ 為 $|M(j\omega)|$ 的最大值。

通常,$M_r$ 值為穩定閉-迴路系統相對穩定度的指標。一般而言,大的 $M_r$ 相當於步階

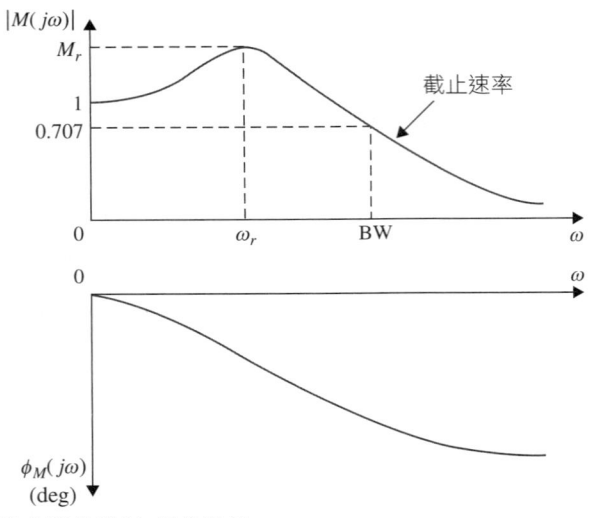

▶ 圖 10-9　回授控制系統典型的增益-相位特性。

響應的最大超越量越大。對於大多數的控制系統而言，在實際的應用上通常可接受的 $M_r$ 值應落在 1.1 到 1.5 之間。

### 共振頻率 $\omega_r$

共振頻率 $\omega_r$ 為共振峰值 $M_r$ 發生時的頻率。

### 頻寬 BW

頻寬 BW 為 $|M(j\omega)|$ 之值下降至其零頻率時之值的 70.7% 或下降 3 dB 時的頻率。

通常，控制系統的頻寬為時域暫態響應的指標。頻寬越大相當於上升時間越短，因為較高頻的訊號較容易通過此系統。反之，若頻寬小時，則只有相當低頻的訊號才可以通過，而時域響應將是慢且遲緩。頻寬也同時代表系統過濾雜訊的特性及強健性。強健性為系統對於參數變化靈敏度的一種衡量。強健系統對於參數的變化較不靈敏。

- 頻寬為控制系統的暫態響應特性的指標。
- 頻寬為系統的雜訊過濾特性及強健性的指標。

### 截止速率

通常，只用頻寬無法顯示一系統區分訊號與雜訊的能力。有時必須觀察 $|M(j\omega)|$ 的斜率，亦即所謂的頻率響應在高頻時的截止速率。當然，兩系統可以有相同的頻寬，但其截止速率卻不同。

以上所定義的頻域性能規格均已舉例如圖 10-9 所示。其它頻域的重要規格在本章稍後的各節會加以定義。

## 10-2 原型二-階系統的 $M_r$、$\omega_r$ 及頻寬

### 10-2-1 共振峰值與共振頻率

對於原型二-階系統、共振峰值 $M_r$、共振頻率 $\omega_r$ 及頻寬 BW，皆只與系統的阻尼比 $\zeta$ 和自然無阻尼頻率 $\omega_n$ 有關。

考慮原型二-階系統的閉-迴路轉移函數

$$M(s) = \frac{Y(s)}{R(s)} = \frac{\omega_n^2}{s^2 + 2\zeta\omega_n s + \omega_n^2} \tag{10-31}$$

在弦波穩態時，$s = j\omega$，則 (10-31) 式變成

$$\begin{aligned} M(j\omega) &= \frac{Y(j\omega)}{R(j\omega)} = \frac{\omega_n^2}{(j\omega)^2 + 2\zeta\omega_n(j\omega) + \omega_n^2} \\ &= \frac{1}{1 + j2(\omega/\omega_n)\zeta - (\omega/\omega_n)^2} \end{aligned} \tag{10-32}$$

令 $u = \omega/\omega_n$ 以簡化 (10-32) 式，則 (10-32) 式變成

$$M(ju) = \frac{1}{1 + j2u\zeta - u^2} \tag{10-33}$$

$M(ju)$ 的大小和相位分別為

$$|M(ju)| = \frac{1}{[(1-u^2)^2 + (2\zeta u)^2]^{1/2}} \tag{10-34}$$

及

$$\angle M(ju) = \phi_M(ju) = -\tan^{-1}\frac{2\zeta u}{1-u^2} \tag{10-35}$$

將 $|M(ju)|$ 對 $u$ 微分並令為 0，即可求得共振頻率。因此，

$$\frac{d|M(ju)|}{du} = -\frac{1}{2}[(1-u^2)^2 + (2\zeta u)^2]^{-3/2}(4u^3 - 4u + 8u\zeta^2) = 0 \tag{10-36}$$

由上式可得

$$4u^3 - 4u + 8u\zeta^2 = 4u(u^2 - 1 + 2\zeta^2) = 0 \tag{10-37}$$

在正規頻率，(10-37) 式的根為 $u_r = 0$ 及

$$u_r = \sqrt{1 - 2\zeta^2} \tag{10-38}$$

$u_r = 0$ 之解只表示 $|M(ju)|$-對-$\omega$ 曲線在 $\omega = 0$ 處的斜率為 0；如果阻尼比小於 0.707，則其並非真正的最大值。由 (10-38) 式可以得到共振頻率為

$$\omega_r = \omega_n \sqrt{1 - 2\zeta^2} \tag{10-39}$$

由於頻率為實數值，(10-39) 式只有在 $2\zeta^2 \leq 1$，或 $\zeta \leq 0.707$ 時有才意義。此即意味著對於所有的 $\zeta$ 值大於 0.707，則共振頻率 $\omega_r$ 為 0，且 $M_r = 1$。

將 (10-38) 式的 $u$ 代入 (10-35) 式，並加以簡化，可得

$$M_r = \frac{1}{2\zeta\sqrt{1-\zeta^2}} \quad \zeta \leq 0.707 \tag{10-40}$$

- 對於原型二-階系統而言，$M_r$ 只為 $\zeta$ 的函數。
- 對原型二-階系統而言，當 $\zeta \geq 0.707$ 時，$M_r = 1$ 及 $\omega_r = 0$。

在此特別提出，對原型二-階系統而言，$M_r$ 只為阻尼比 $\zeta$ 的函數，而 $\omega_r$ 則為 $\zeta$ 及 $\omega_n$ 的函數。此外，雖然以 $|M(ju)|$ 對 $u$ 微分為求得 $M_r$ 與 $\omega_r$ 值的有效方法，但對高-階系統而言，此一分析方法相當冗長，因而較少使用。對於高-階的系統，圖形法 (本章稍後討論) 和電腦解法將更有效率。

### 工具盒 10-2-1

圖 10-10 的 MATLAB 程式碼。

```
i=1;
zeta = [0 0.1 0.2 0.4 0.6 0.707 1 1.5 2.0];
for u=0:0.001:3
z=1;
M(z,i)= abs(1/(1+(j*2*zeta(z)*u)-(u^2)));z=z+1;
M(z,i)= abs(1/(1+(j*2*zeta(z)*u)-(u^2)));z=z+1;
M(z,i)= abs(1/(1+(j*2*zeta(z)*u)-(u^2)));z=z+1;
M(z,i)= abs(1/(1+(j*2*zeta(z)*u)-(u^2)));z=z+1;
M(z,i)= abs(1/(1+(j*2*zeta(z)*u)-(u^2)));z=z+1;
M(z,i)= abs(1/(1+(j*2*zeta(z)*u)-(u^2)));z=z+1;
M(z,i)= abs(1/(1+(j*2*zeta(z)*u)-(u^2)));z=z+1;
M(z,i)= abs(1/(1+(j*2*zeta(z)*u)-(u^2)));z=z+1;
M(z,i)= abs(1/(1+(j*2*zeta(z)*u)-(u^2)));z=z+1;
i=i+1;
end
u=0:0.001:3;
for i = 1:length(zeta)
plot(u,M(i,:));
hold on;
end
xlabel('\mu = \omega/\omega_n');
ylabel('|M(j\omega)| ');
axis([0 3 0 6]);
grid
```

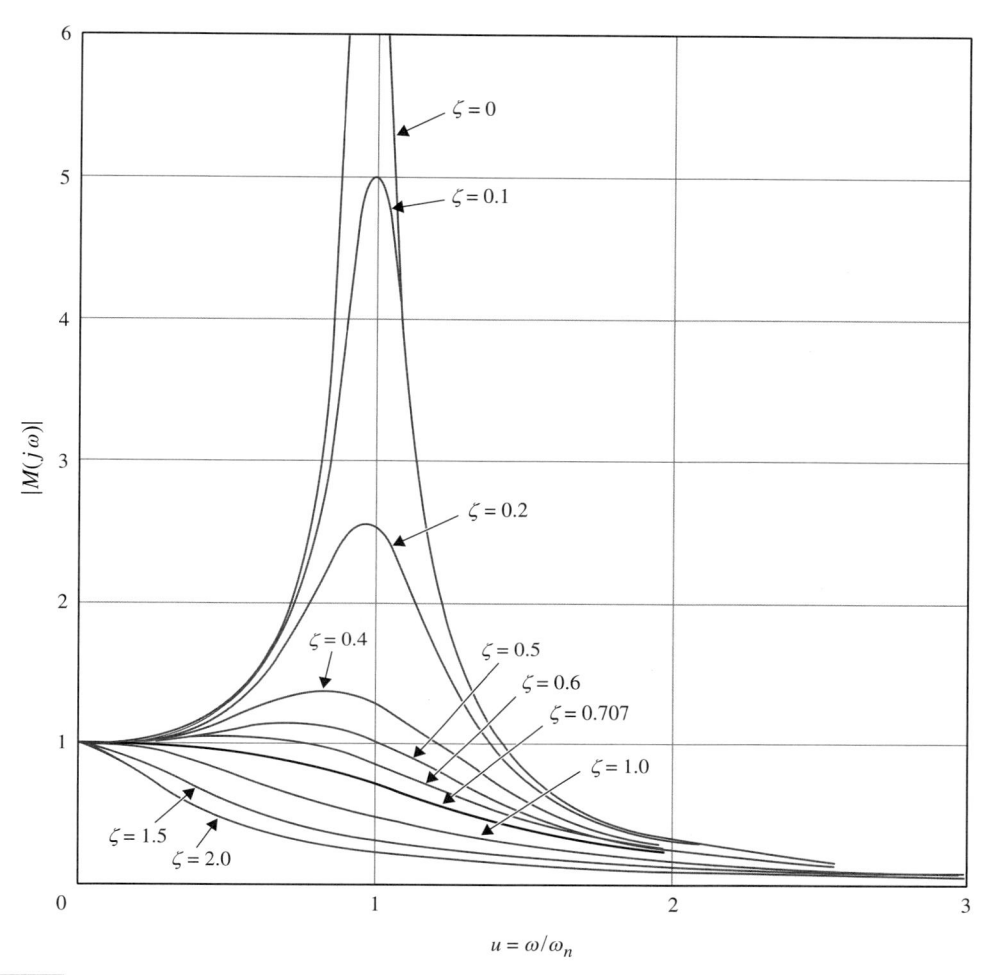

▶ 圖 10-10　原型二-階控制系統的增益放大值對正規化頻率變化圖。

圖 10-10 為 (10-34) 式中 $|M(ju)|$ 相對於 $u$ 在不同的 $\zeta$ 值所繪出的變化曲線圖。注意：若頻率沒有被正規化，則 $\omega_r = u_r\omega_n$ 的值會隨 $\zeta$ 減少而增加，如 (10-39) 式所示。當 $\zeta = 0$ 時，$\omega_r = \omega_n$。圖 10-11 和圖 10-12 分別代表 $M_r$ 和 $\zeta$ 及 $u_r (= \omega_r/\omega_n)$ 和 $\zeta$ 的關係圖。

BW/$\omega_n$ 會隨著阻尼比 $\zeta$ 的減少而呈現單調減少。

## 10-2-2　頻寬

根據頻寬的定義，可令 $|M(ju)|$ 之值為 $1/\sqrt{2} \cong 0.707$，即

$$|M(ju)| = \frac{1}{[(1-u^2)^2 + (2\zeta u)^2]^{1/2}} = \frac{1}{\sqrt{2}} \tag{10-41}$$

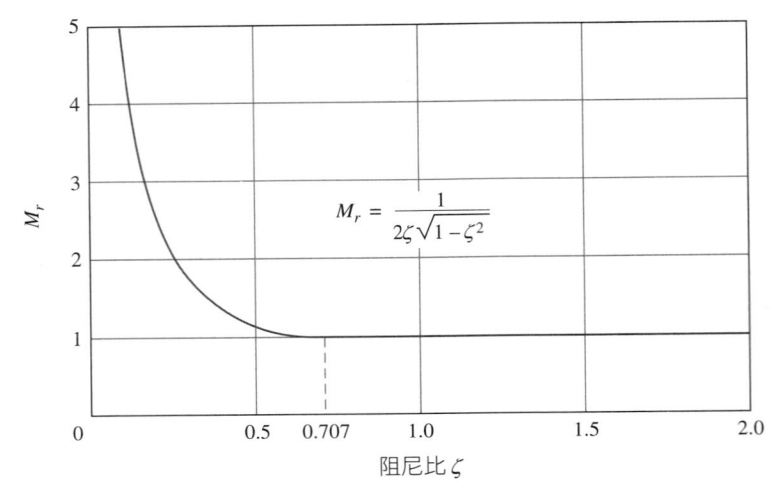

▶ 圖 10-11 原型二-階系統的 $M_r$ 對阻尼比之變化圖。

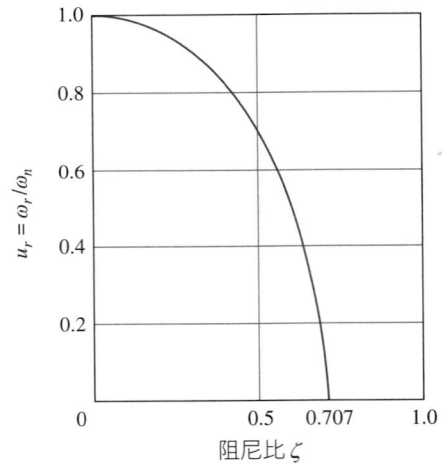

▶ 圖 10-12 原型二-階系統的正規共振頻率對阻尼比之曲線圖，其中 $u_r = \sqrt{1-2\zeta^2}$。

- BW 直接與 $\omega_n$ 成正比。
- 當系統不穩定時，$M_r$ 值不再有任何意義。
- 頻寬與上升時間成反比。

因此

$$[(1-u^2)^2 + (2\zeta u)^2]^{1/2} = \sqrt{2} \tag{10-42}$$

故可導出

$$u^2 = (1-2\zeta^2) \pm \sqrt{4\zeta^4 - 4\zeta^2 + 2} \tag{10-43}$$

上式中要取正號，因為在任何 $\zeta$ 值下，$u$ 必須為正實數值。因此，由 (10-43) 式可以決定原型二-階系統的頻寬為

$$BW = \omega_n \left[ (1-2\zeta^2) + \sqrt{4\zeta^4 - 4\zeta^2 + 2} \right]^{1/2} \qquad (10\text{-}44)$$

圖 10-13 所示為 BW/$\omega_n$ 表示成阻尼比 $\zeta$ 之函數的曲線圖。注意：當 $\zeta$ 增加時，BW/$\omega_n$ 單調地減少。更重要的是，(10-44) 式也顯示 BW 直接與 $\omega_n$ 成正比。

我們已建立一些原型二-階系統的時域響應與頻域特性之間的關係。這些關係可以歸納如下：

1. 閉-迴路頻率響應的共振峰值 $M_r$ 只由 $\zeta$ 決定 [(10-40) 式]。當 $\zeta$ 為零時，$M_r$ 為無限大；當 $\zeta$ 為負值時，系統則為不穩定，且 $M_r$ 值不再有任何意義。當 $\zeta$ 增加時，$M_r$ 會減少。

2. 當 $\zeta \geq 0.707$ 時，$M_r = 1$ (詳見圖 10-11)，且 $\omega_r = 0$ (詳見圖 10-12)。當與單位-步階時域響應比較時，(7-40) 式的最大超越量也只依 $\zeta$ 而變。然而，當 $\zeta \geq 1$ 時，最大超越量為零。

3. 頻寬直接與 $\omega_n$ 成正比 [由 (10-40) 式]；亦即頻寬會隨 $\omega_n$ 線性地增加及減少。對於 $\omega_n$ 固定時，頻寬也會隨著 $\zeta$ 的增加而減少 (詳見圖 10-13)。對於單位-步階響應，上升時間隨 $\omega_n$ 減少而增加 [詳見 (7-46) 式及圖 7-15]。因此，頻寬和上升時間彼此成反比。

4. 在 $0 \leq \zeta \leq 0.707$ 時，頻寬與 $M_r$ 彼此成正比。

原型二-階系統的極點位置、單位-步階響應、及頻率響應的大小值之間的關係，歸納

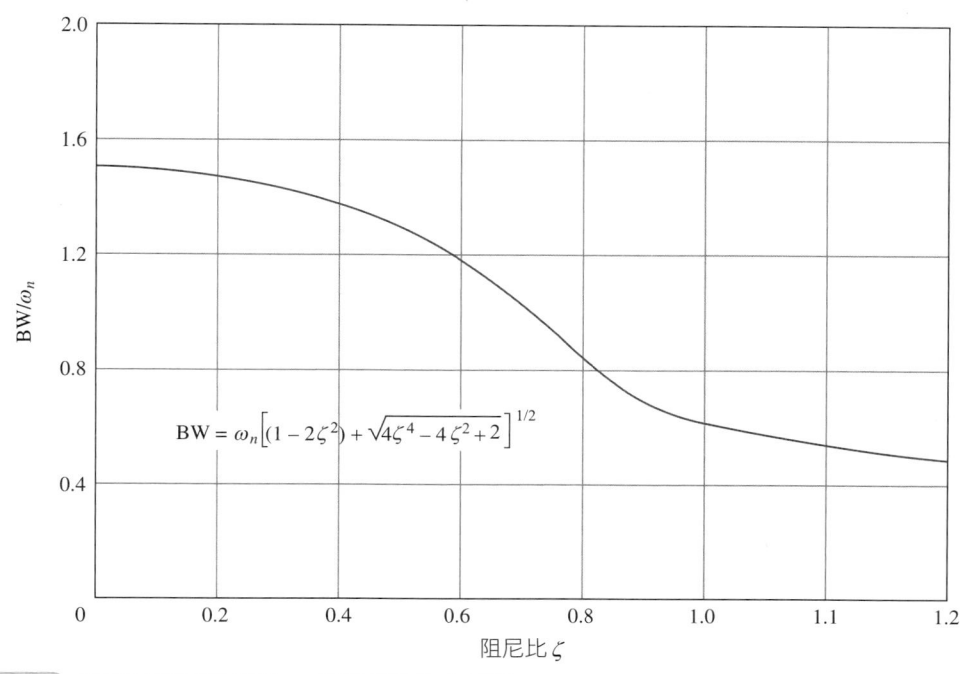

▶ 圖 10-13　原型二-階系統頻寬/$\omega_n$ 對阻尼比的曲線圖。

## 圖 10-14 說明

**原型二-階系統**

$$r(t) \to \boxed{\dfrac{\omega_n^2}{s^2 + 2\zeta\omega_n s + \omega_n^2}} \to y(t)$$

當 $\omega_n$ 變大時，極點離原點的距離變大

當 $\zeta$ 變大時，其與負實軸的夾角變小

極點位置（s-平面，$0 < \zeta < 1$，$\cos^{-1}\zeta$）

單位-步階響應：

$$t_r \approx \dfrac{1 - 0.4167\zeta + 2.917\zeta^2}{\omega_n}$$

當 $\omega_n$ 變大時，$t_r$ 變小且系統反應變快

當 $\zeta$ 變大時，$t_r$ 變大且系統反應變慢

頻率響應：

$$\text{BW} = \omega_n \left[ (1 - 2\zeta^2) + \sqrt{4\zeta^4 - 4\zeta^2 + 2} \right]^{1/2}$$

當 $\omega_n$ 變大時，BW 變大

當 $\zeta$ 變大時，BW 變小

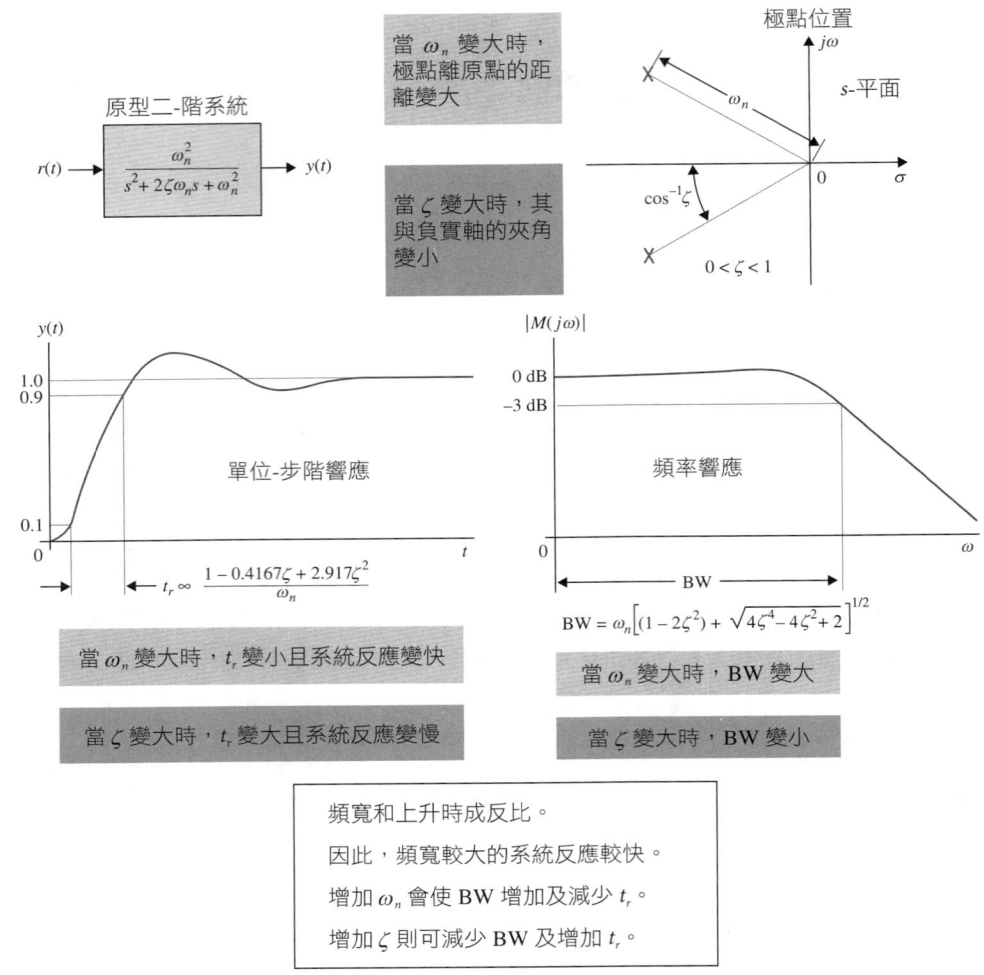

> 頻寬和上升時成反比。
> 因此，頻寬較大的系統反應較快。
> 增加 $\omega_n$ 會使 BW 增加及減少 $t_r$。
> 增加 $\zeta$ 則可減少 BW 及增加 $t_r$。

▶ 圖 10-14　原型二-階系統的極點位置、單位-步階響應，以及頻率響應的大小值之間的關係。

整理於圖 10-14 之中。

## 10-3　在順向-路徑轉移函數加入極點與零點的效應

在前一節所求得的時域和頻域響應之間的各種關係，只適用於 (10-31) 式所描述的原型二-階系統。當涉及其它二-階系統或高-階系統時，前述的關係，就會不一樣且更為複雜。在此有興趣的是，當原型二-階系統轉移函數加入極點和零點時，其頻率響應之效應為何。雖然，探討在閉-迴路轉移函數中加入極點和零點的方式較簡單；然而從設計觀點言，修正順向-路徑轉移函數較為實際。

接下來兩節的目的是說明 BW、$M_r$ 和原型二-階順向-路徑轉移函數之時域響應間的簡單關係。我們會探討順向-路徑轉移函數加入極點和零點後對於 BW 的典型效應。

## 10-3-1 在順向-路徑轉移函數加入一個零點的效應

(10-31) 式的閉-迴路轉移函數可以視為具有下列順向-轉移函數的單位-回授之原型二-階控制系統

$$G(s)=\frac{\omega_n^2}{s(s+2\zeta\omega_n)} \tag{10-45}$$

我們將一個位於 $s=-1/T$ 的零點加入至轉移函數中，則 (10-45) 式變成

$$G(s)=\frac{\omega_n^2(1+Ts)}{s(s+2\zeta\omega_n)} \tag{10-46}$$

在順向-路徑轉移函數中加入零點的一般效應為增加閉-迴路系統的頻寬。

閉-迴路轉移函數為

$$M(s)=\frac{\omega_n^2(1+Ts)}{s^2+(2\zeta\omega_n+T\omega_n^2)s+\omega_n^2} \tag{10-47}$$

原則上，此系統的 $M_r$、$\omega_r$ 及 BW 值均可利用與前一節的相同步驟推導出來。然而，由於現在有三個參數 $\zeta$、$\omega_n$ 及 $T$，所以就算它仍是二-階的系統，$M_r$、$\omega_r$ 及 BW 的正確表示式仍是較難以解析的方法求得。經過冗長的推導，可求得此系統的頻寬為

$$\text{BW}=\left(-b+\frac{1}{2}\sqrt{b^2+4\omega_n^4}\right)^{1/2} \tag{10-48}$$

其中

$$b=4\zeta^2\omega_n^2+4\zeta\omega_n^3 T-2\omega_n^2-\omega_n^4 T^2 \tag{10-49}$$

從 (10-48) 式不容易看出每個參數對頻寬的效應；但是圖 10-15 顯示在 $\zeta=0.070$ 和 $\omega_n=1$ 時，BW 與 $T$ 之間的關係圖。

**注意：在順向-路徑轉移函數中加入零點之一般效應為增加閉-迴路系統的頻寬。**

不過，如圖 10-15 所示，在一個小 $T$ 值的範圍中，頻寬卻反而下降。圖 10-16a 和 b 提供了以 (10-46) 式為順向-轉移函數 $G(s)$ 的閉-迴路系統 $|M(j\omega)|$ 的曲線圖；其中，$\omega_n=1$，$T$ 為取數個不同的值。圖 10-16 a 與 b 分別代表 $\zeta=0.707$ 和 $\zeta=0.2$ 時的 $|M(j\omega)|$ 圖形。這些曲線驗證了 $G(s)$ 在加入一個零點後，頻寬通常會隨著 $T$ 的增加而增加，但在 $T$ 值很小時，頻寬反而會降低。

### 工具盒 10-3-1

圖 10-16a 的 MATLAB 程式碼。

```
clear all
i=1;T=[5 1.414 1 0.1 0];zeta=0.707;
```

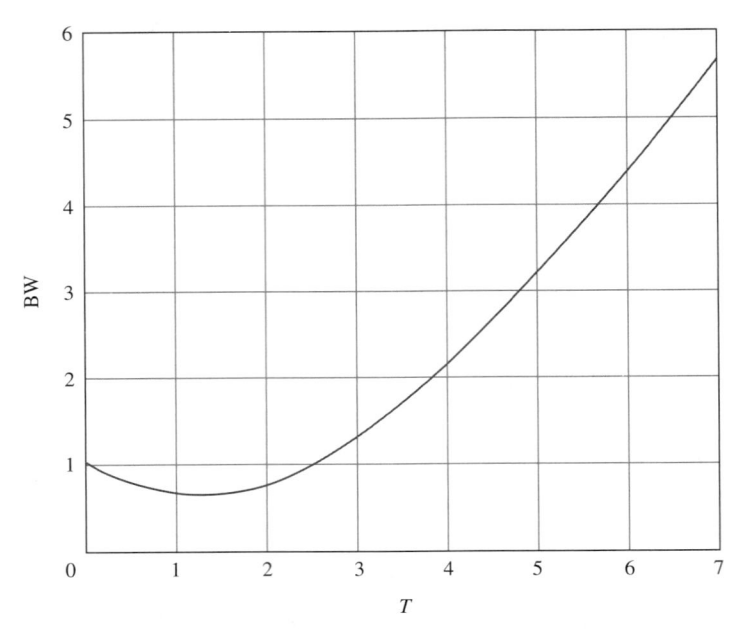

▶ **圖 10-15** 具有開-迴路轉移函數 $G(s) = (1 + Ts)/[s(s + 1.414)]$ 之二-階系統的頻寬圖。

```
for w=0:0.01:4
t=1; s=j*w;
M(t,i) = abs((1+(T(t)*s))/(s^2+(2*zeta+T(t))*s+1));t=t+1;
M(t,i) = abs((1+(T(t)*s))/(s^2+(2*zeta+T(t))*s+1));t=t+1;
M(t,i) = abs((1+(T(t)*s))/(s^2+(2*zeta+T(t))*s+1));t=t+1;
M(t,i) = abs((1+(T(t)*s))/(s^2+(2*zeta+T(t))*s+1));t=t+1;
M(t,i) = abs((1+(T(t)*s))/(s^2+(2*zeta+T(t))*s+1));t=t+1;
i=i+1;
end
w=0:0.01:4;
for i = 1:length(T)
plot(w,M(i,:));
hold on;
end
xlabel('\omega (rad/sec)');ylabel('|M(j\omega)|');
axis([0 4 0 1.2]);
grid
%%%%%%%%%%%%%%%%%%%%%%%%%%%%%%%%
```

圖 10-16b 的 MATLAB 程式碼。

```
clear all
i=1;
T=[0 0.2 5 2 1 0.5];
zeta=0.2;
for w=0:0.001:4
t=1;
s=j*w;
M(t,i) = abs((1+(T(t)*s))/(s^2+(2*zeta+T(t))*s+1));t=t+1;
M(t,i) = abs((1+(T(t)*s))/(s^2+(2*zeta+T(t))*s+1));t=t+1;
```

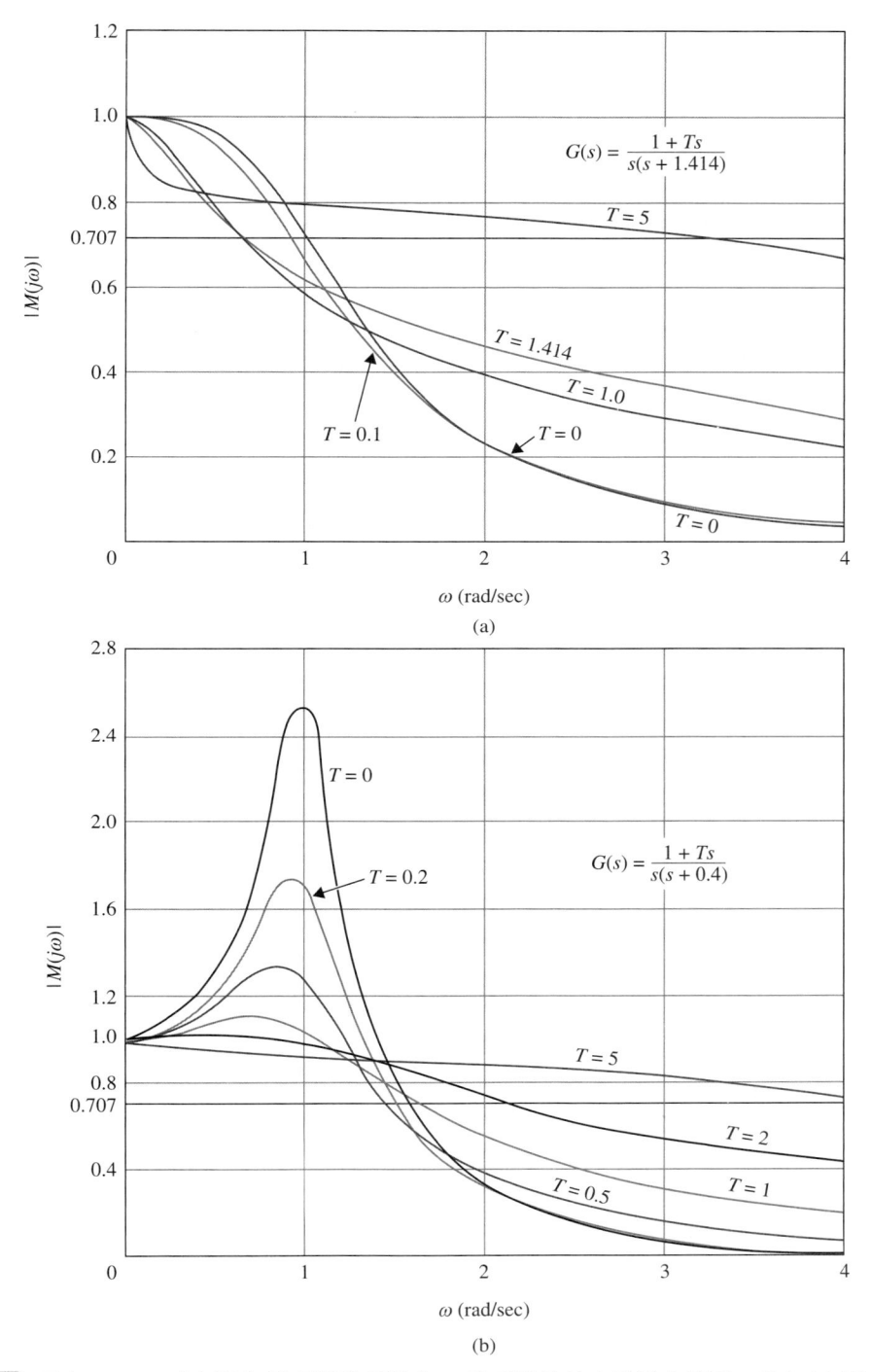

▶ 圖 10-16　具有 (10-46) 式之順向-路徑轉移函數之二-階系統的放大增益曲線圖，其中 (a) 圖：$\omega_n = 1$，$\zeta = 0.707$；(b) 圖：$\omega_n = 1$，$\zeta = 0.2$。

```
M(t,i) = abs((1+(T(t)*s))/(s^2+(2*zeta+T(t))*s+1));t=t+1;
M(t,i) = abs((1+(T(t)*s))/(s^2+(2*zeta+T(t))*s+1));t=t+1;
M(t,i) = abs((1+(T(t)*s))/(s^2+(2*zeta+T(t))*s+1));t=t+1;
M(t,i) = abs((1+(T(t)*s))/(s^2+(2*zeta+T(t))*s+1));t=t+1;
i=i+1;
end
w=0:0.001:4; TMP_COLOR = 1;
for i = 1:length(T)
plot(w,M(i,:));
hold on;
end
xlabel('\omega (rad/sec)');
ylabel('|M(j\omega)|');
axis([0 4 0 2.8]);
grid
```

圖 10-17 和圖 10-18 為此閉-迴路系統相對應之單位-步階響應。這些曲線顯示高頻寬系統具有快的上升時間。然而，當 $T$ 值變得很大時，此一閉-迴路轉移函數的零點，$s = -1/T$ 就非常接近原點，導致系統的時間常數變得很大。因此，圖 10-17 中可以看出上升時間很快，但是由於零點接近 $s$-平面原點造成大的時間常數，使得在時間響應上，拖曳了很久才能達到最後穩態 (亦即，安定時間較長)。

### 工具盒 10-3-2

圖 10-17 的 MATLAB 程式碼——如果必要，可使用 clear all (清除所有)、close all (關閉所有) 和 clc 指令。

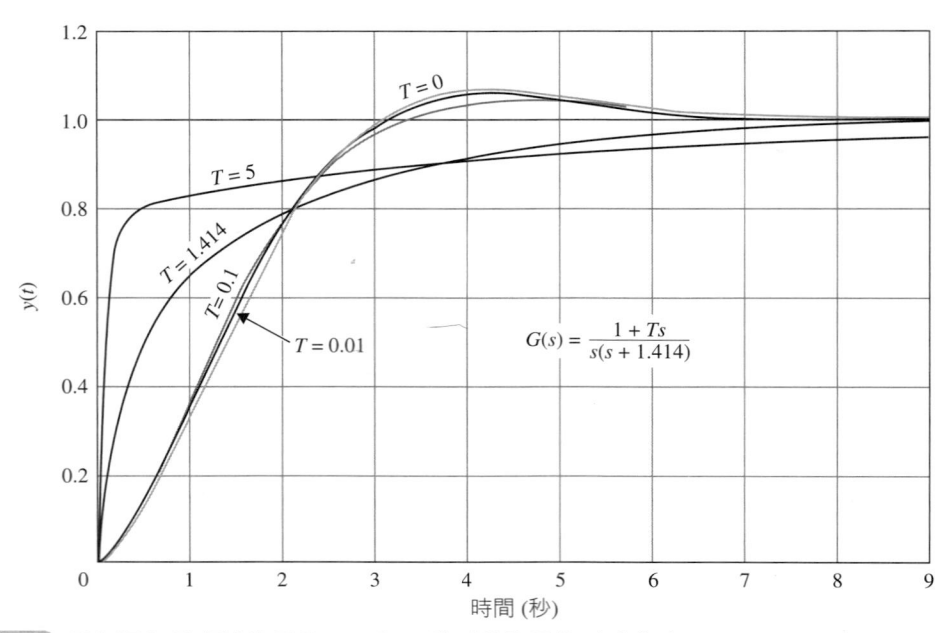

▶ **圖 10-17** 具有順向-路徑轉移函數 $G(s)$ 之二-階系統的單位-步階響應。

$$G(s) = \frac{1 + Ts}{s(s + 1.414)}$$

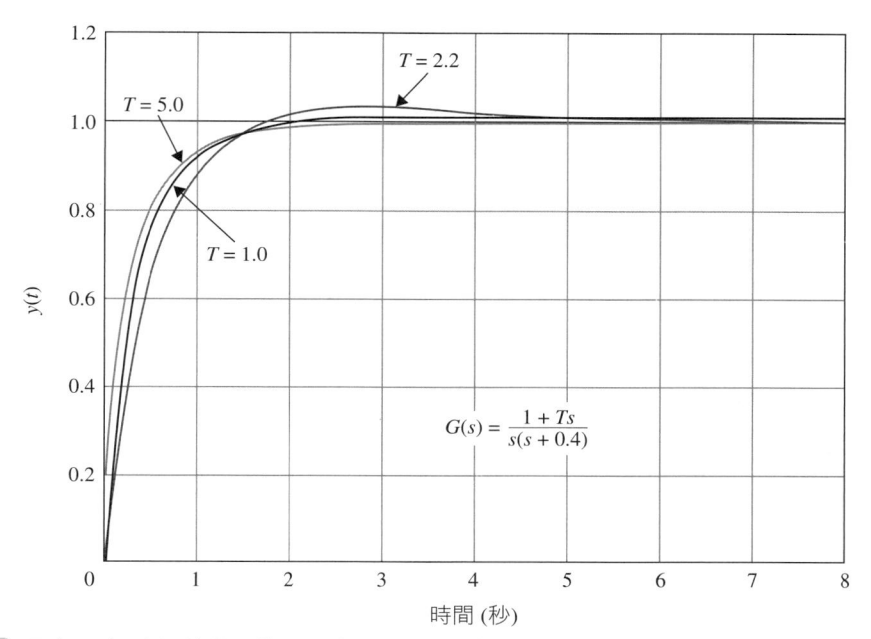

▶圖 10-18　具有順向-路徑轉移函數 $G(s)$ 之二-階系統的單位-步階響應。

```
clf
T=[5 1.414 0.1 0.01 0];
t=0:0.01:9;
for i=1:length(T)
num=[T(i) 1];
den = [1 1.414+T(i) 1];
step(num,den,t);
hold on;
end
xlabel('Time');
ylabel('y(t)');
grid
```

### 工具盒 10-3-3

圖 10-18 的 MATLAB 程式碼——如果必要，可使用 clear all (清除所有)、close all (關閉所有) 和 clc 指令。

```
clf
T=[1 5 2.2];
t=0:0.01:9;
for i=1:length(T)
num=[T(i) 1];
den = [1 0.4+T(i) 1];
step(num,den,t);
hold on;
```

```
end
xlabel('Time (seconds)');
ylabel('y(t)');
grid
```

## 10-3-2　在順向-路徑轉移函數加入一個極點的效應

加入一個極點 $s = -1/T$ 於 (10-45) 式的順向-路徑轉移函數後，可以得到

$$G(s) = \frac{\omega_n^2}{s(s + 2\zeta\omega_n)(1 + Ts)} \tag{10-50}$$

> 增加一極點於順向轉移函數中會使閉-迴路系統較不穩定，而且降低頻寬。

具有 (10-50) 式之 $G(s)$ 的閉-迴路系統，其頻寬之推導是相當冗長的。我們可以由圖 10-19 得到頻寬特性的定性指標，圖中顯示在 $\omega_n = 1$、$\zeta = 0.707$，及取數個不同的 $T$ 值時，$|M(j\omega)|$ 對 $\omega$ 的變化曲線圖。現在，由於系統變成三-階，故知某些系統參數的變化可能造成系統不穩定。由圖示可以看出，在 $\omega_n = 1$ 及 $\zeta = 0.707$ 時，系統對於所有正的 $T$ 值均為穩定；且在 $T$ 值很小時，系統頻寬會因加入極點而輕微的增加，$M_r$ 也相對地增加了。當 $T$ 值變大時，加入 $G(s)$ 的極點會造成頻寬降低，但 $M_r$ 增加的效應。因此，我們可以做結論，通常**在順向-路徑轉移函數中加入一極點的效應將會使閉-迴路系統較不穩定，且降低頻寬**。

> 當 $M_r = \infty$ 時，閉-迴路系統為臨界穩定。當系統不穩定時，$M_r$ 則不再具有任何意義。

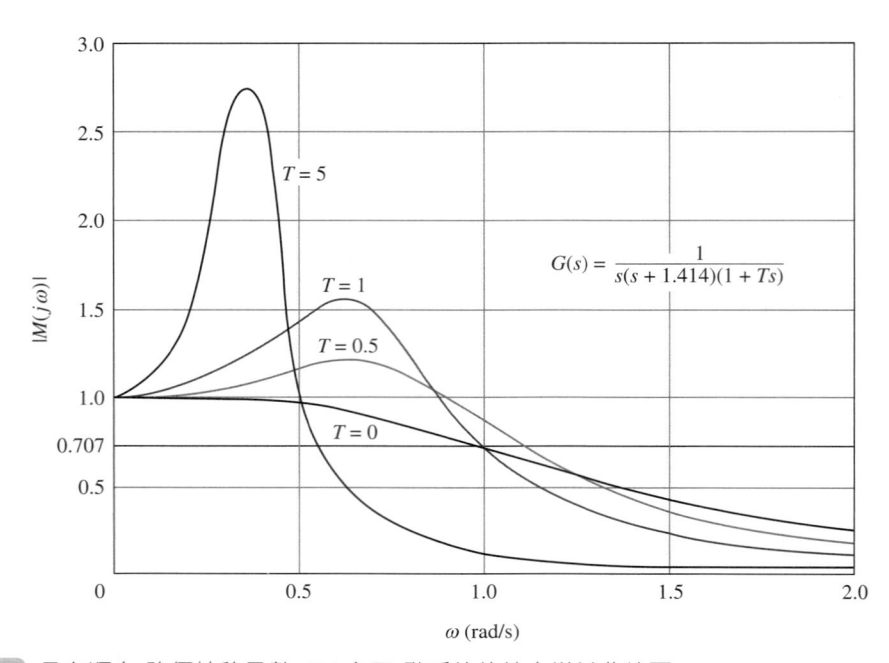

▶ **圖 10-19**　具有順向-路徑轉移函數 $G(s)$ 之三-階系統的放大增益曲線圖。

圖 10-20 所示的單位-步階響應，在較大的 $T$ 值，如 $T = 1$ 及 $T = 5$ 時，可觀察到以下的關係：

**1.** 上升時間隨頻寬的降低而上升。
**2.** 具較大的 $M_r$ 值亦等同於單位-步階響應會有較大的最大超越量。

$M_r$ 值與步階響應中的最大超越量之間的關係，只有在系統穩定時才有意義。當 $G(j\omega) = -1$ 時，$|M(j\omega)|$ 值為無窮大，閉-迴路系統為臨界穩定。另一方面，當系統為不穩定時，$|M(j\omega)|$ 雖仍為有限值，但不再具有任何意義。

### 工具盒 10-3-4

圖 10-20 的 MATLAB 程式碼——如果必要，可使用 clear all (清除所有)、close all (關閉所有) 和 clc 指令。

```
clf
T=[0 0.5 1 5];
t=0:0.1:18
for i=1:length(T)
num=[1];
den=conv([1 1.1414 0],[T(i) 1]);
G=tf(num,den);
Cloop=feedback(G,1);
y=step(Cloop,t); %step response for basic system
plot(t,y);
hold on
end
xlabel('Time (rad/s)');
ylabel('y(t)');
title('Step Response');
```

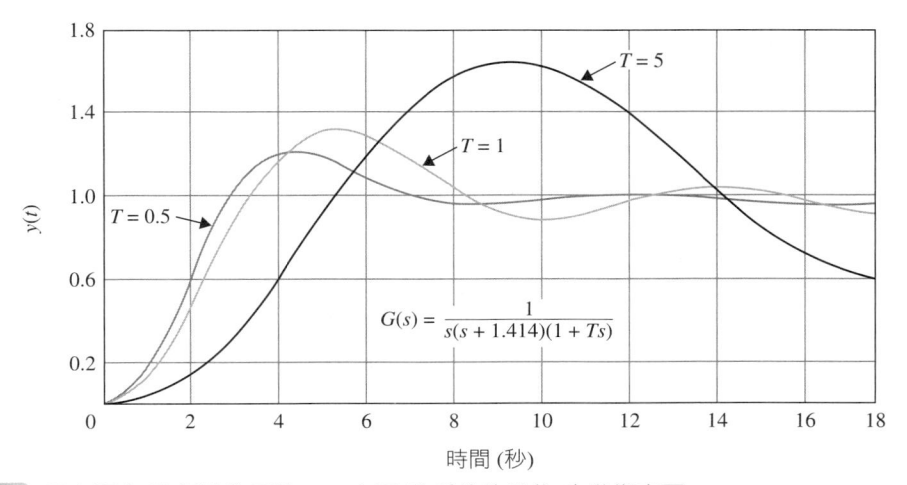

▶ **圖 10-20** 具有順向-路徑轉移函數 $G(s)$ 之三-階系統的單位-步階響應圖。

## 10-4 奈奎斯特穩定度準則：基本原理

到目前為止，我們已討論了兩種決定線性 SISO 系統穩定度的方法：路斯-赫維茲準則及根軌跡法，它們都是以特性方程式的根在 $s$-平面上的位置來決定穩定度。當然，如果特性方程式的係數全部已知，則可以利用 MATLAB 來求得方程式的根。

奈氏準則是一種用來決定閉-迴路系統穩定度的半圖形方法，它是以研究頻域中迴路轉移函數 $G(s)H(s)$，或 $L(s)$ 之曲線圖，即奈氏圖 (Nyquist plot) 的各種性質來判定。明確地說，$L(s)$ 的奈氏圖就是當 $\omega$ 由 0 變動到 $\infty$ 時，$L(j\omega)$ 在極座標上 $\text{Im}[L(j\omega)]$ 對 $\text{Re}[L(j\omega)]$ 變化之圖。此法為利用迴路轉移函數特性來求出閉-迴路系統性能的另一個例子。奈氏準則因具有下列的特色，使其在控制系統的分析與設計方法中別樹一格：

- $L(j\omega)$ 的奈氏圖為在極座標上 $\omega$ 從 0 到 $\infty$ 變化之。
- 奈氏準則也提供相對穩定度的指標。

1. 除了提供絕對穩定度外，一如路斯-赫維茲準則般，奈氏準則也提供穩定系統的相對穩定度，及不穩定系統不穩定程度的資訊。若有需要，奈氏準則亦可提供如何改善系統穩定度的指標。
2. $G(s)H(s)$ 或 $L(s)$ 的奈氏圖可以非常容易求得，尤其是利用電腦輔助。
3. $G(s)H(s)$ 之奈氏圖提供頻域特性的資訊，如 $M_r$、$\omega_r$、BW 及其它。
4. 奈氏圖在路斯-赫維茲準則不能處理，且根軌跡方法難以分析的純時間延遲系統仍可適用。

對於迴路轉移函數為非最小相類型的一般情況，此主題也在附錄 G 中探討。

### 10-4-1 穩定度問題

奈氏準則所提供的方法可以決定 $s$-平面上特性方程式的根相對於左半邊及右半邊的位置。不像根軌跡法，奈氏準則並未提供確實的特性方程式根的位置。

令一 SISO 系統的閉-迴路轉移函數為

$$M(s) = \frac{G(s)}{1+G(s)H(s)} \tag{10-51}$$

其中 $G(s)H(s)$ 可假設成以下形式：

$$G(s)H(s) = \frac{K(1+T_1 s)(1+T_2 s)\cdots(1+T_m s)}{s^p(1+T_a s)(1+T_b s)\cdots(1+T_n s)} e^{-T_d s} \tag{10-52}$$

其中，各個 T's 為實數或共軛複數係數，且 $T_d$ 為實數時間延遲。[1]

因為特性方程式可由設定 $M(s)$ 之分母多項式為 0 得到，故知特性方程式之根也是 $1 + G(s)H(s)$ 之零點。亦即，特性方程式之根必須滿足

$$\Delta(s) = 1 + G(s)H(s) = 0 \tag{10-53}$$

通常，若系統具有多重迴路，則 $M(s)$ 的分母可寫為

$$\Delta(s) = 1 + L(s) = 0 \tag{10-54}$$

其中，$L(s)$ 為迴路轉移函數，且為 (10-52) 式之形式。

在開始對奈氏準則詳加介紹之前，將不同系統轉移函數極點-零點關係加以彙整是有幫助的。

### 極點和零點之識別

- 迴路轉移函數零點：$L(s)$ 之零點。
- 迴路轉移函數極點：$L(s)$ 之極點。
- 閉-迴路轉移函數極點：$1 + L(s)$ 之零點 = 特性方程式 $1 + L(s)$ 之根 = $L(s)$ 之極點。

### 穩定條件

針對系統的組態，我們定義兩種型態的穩定度。

- **開-迴路穩定**。如果迴路轉移函數 $L(s)$ 的極點均位在 $s$-平面的左半邊內，則系統稱為**開-迴路穩定 (open-loop stable)**。對於單-迴路系統而言，開-迴路穩定相當於系統在任何一點開路時，仍為穩定。
- **閉-迴路穩定**。一系統若閉-迴路轉移函數的極點或 $1 + L(s)$ 的零點均位在 $s$-平面之左半邊內，則稱為**閉-迴路穩定 (closed-loop stable)**，或簡稱穩定。當系統有極點或零點故意放置在 $s = 0$ 時，則為例外的情況。

## 10-4-2　包圍和包容的定義

因為奈氏準則為一圖形化的方法，我們需要建立包圍 (encircled) 和包容 (enclosed) 的概念，如此有助於使用奈氏圖對穩定度的解釋。

### 包圍

若一點或區域在一複數函數平面的封閉路徑之內，則稱其被包圍於此封閉路徑。

---

[1] 在沒有延遲的情況下，即 $T_d = 0$，(10-52) 式形式如下：

$$G(s)H(s) = \frac{K(1+T_1 s)(1+T_2 s)\cdots(1+T_m s)}{s^p (1+T_a s)(1+T_b s)\cdots(1+T_n s)}$$

例如，在圖 10-21 中，$A$ 點是被封閉路徑 $\Gamma$ 包圍，因為 $A$ 位於封閉路徑之內。然而 $B$ 點則不被封閉路徑 $\Gamma$ 包圍，因為 $B$ 在封閉路徑之外。此外，當封閉路徑 $\Gamma$ 有方向性時，包圍尚可以依順時針 (CW) 或逆時針 (CCW) 方向來界定。如圖 10-21 所示，$A$ 點被 $\Gamma$ 以逆時針方向包圍。我們可以說，在路徑之內的區域是被包圍於指定的方向，而路徑之外的區域則不被包圍。

### 包容

若一點或區域被一封閉路徑以逆時針方向包圍，或若此點或區域落於以指定方向繞行的封閉路徑的左側，則稱此點或區域被此封閉路徑包容。

若只有一部分的封閉路徑顯示出來，則包容的概念特別有用。例如，圖 10-22a 和 b 的陰影區域即是被封閉路徑 $\Gamma$ 包容。換言之，$A$ 點在圖 10-22a 中被包容，但 $A$ 點在圖 10-22b 則沒有。然而，圖 10-22b 中的 $B$ 點及圖中的陰影區域均被包容。

### 10-4-3　包圍和包容的次數

當一點被一封閉路徑 $\Gamma$ 包圍時，則其被包圍的次數可以用 $N$ 表示。$N$ 值的大小可由

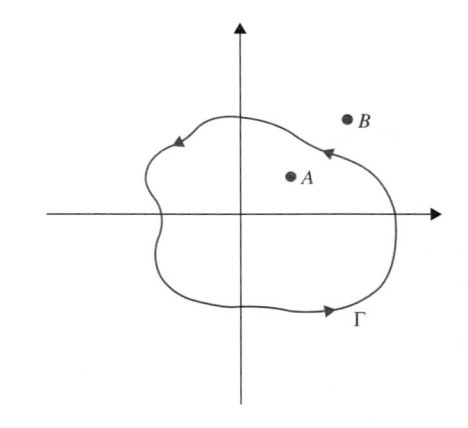

▶ **圖 10-21**　包圍的定義。

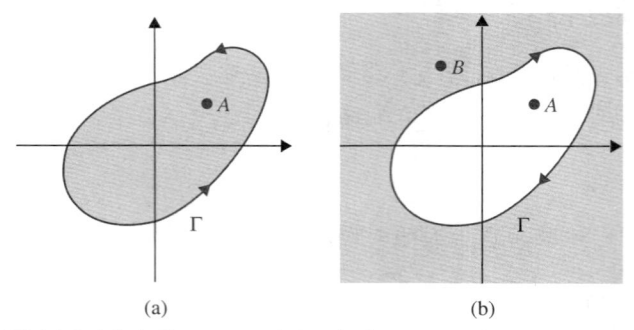

▶ **圖 10-22**　被包容的點和區域之定義。(a) $A$ 點被 $\Gamma$ 包容。(b) $A$ 點不被 $\Gamma$ 包容，但 $B$ 點被 $\Gamma$ 所包容。

此點畫一箭頭到封閉路徑 Γ 上的任何一點 $s_1$，並令 $s_1$ 隨指定方向行進，直到回到出發點。此箭頭的淨旋轉次數為 $N$，或淨角度為 $2\pi N$ 弳。例如，圖 10-23a $A$ 點被 Γ 包圍一次或 $2\pi$ 弳，及 $B$ 點被 Γ 包圍兩次或 $4\pi$ 弳，且均以順時針方向行進。在圖 10-23b 中，$A$ 點被 Γ 包容一次，而 $B$ 點被 Γ 包容兩次。根據定義，$N$ 在以逆時針繞行時為正，而以順時針繞行時為負。

## 10-4-4 輻角原理

奈氏準則最初是由複變理論中著名的「輻角原理」在工程上的應用而來。此原理以啟發式方式陳述如下。

令 $\Delta(s)$ 為一單值函數，如 (10-52) 式右邊的形式，它在 $s$-平面上的極點數為有限個。單值的意義是 $s$-平面上的每一點在 $\Delta(s)$-複數平面上均有一個且只有一個相對應點，當然包括無窮大的點。如第九章所定義的，在複數平面上無窮大可視為一個點。

假設在 $s$-平面內任意地選擇一連續的封閉路徑 $\Gamma_s$，如圖 10-24a 所示。若 $\Gamma_s$ 都沒有經

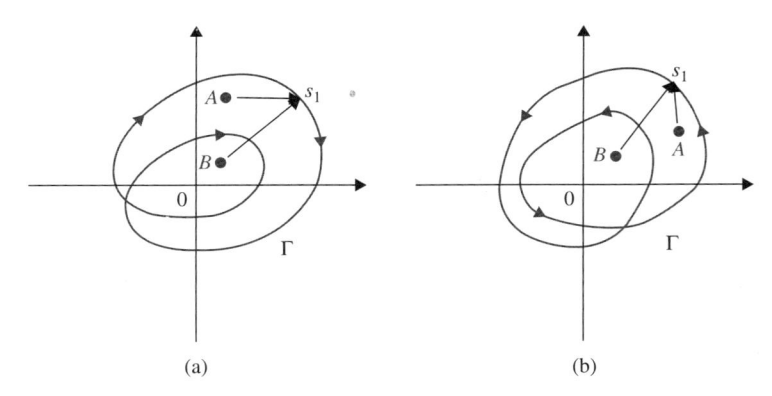

▶ 圖 10-23　包圍和包容次數的定義。

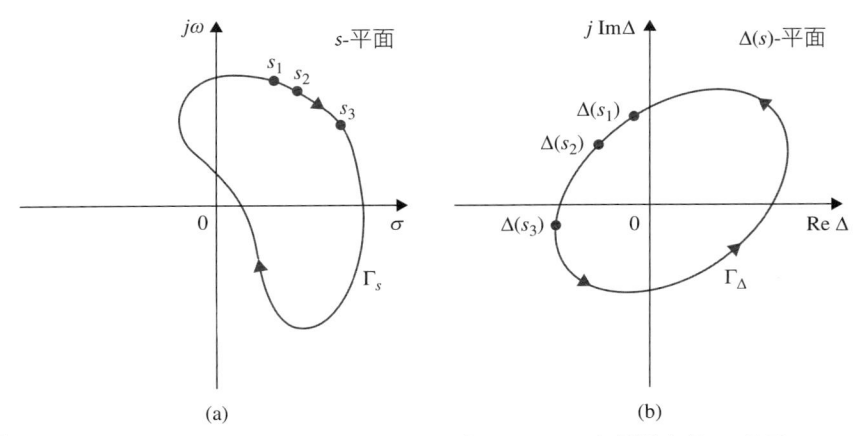

▶ 圖 10-24　(a) 在 $s$-平面中任意選擇的封閉路徑。(b) 在 $\Delta(s)$-平面中所對應的 $\Gamma_\Delta$ 軌跡。

過 $\Delta(s)$ 的任何極點，則經由函數 $\Delta(s)$ 映射到 $\Delta(s)$-平面上所得之軌跡 $\Gamma_\Delta$ 也必定是封閉曲線，如圖 10-24b 所示。當 $\Gamma_s$ 的軌跡從 $s_1$ 點開始以任意選擇的方向 (此例為順時針) 移動時，在經過的 $s_2$ 點及 $s_3$ 點，重回至 $s_1$ 點的 $\Gamma_s$ 軌跡上所有點之後 (如圖 10-24a)，所對應的 $\Gamma_\Delta$ 軌跡也會從 $\Delta(s_1)$ 點開始，分別經過 $\Delta(s_2)$ 點及 $\Delta(s_3)$ 點再重回至起始 $\Delta(s_1)$ 點。$\Gamma_\Delta$ 的移動方向可以為順時針或逆時針，亦即與 $\Gamma_s$ 相同方向或相反方向，這完全視函數 $\Delta(s)$ 而定。圖 10-24b 中 $\Gamma_\Delta$ 的方向，係為了說明方便而任意地假設它是逆時針方向。

> 不要企圖把 $\Delta(s)$ 和 $L(s)$ 聯想在一起，它們是不同的。

雖然從 $s$-平面至 $\Delta(s)$-平面的映射，對有理函數而言是一對一，但反之則不然。例如，考慮函數

$$\Delta(s) = \frac{K}{s(s+1)(s+2)} \tag{10-55}$$

其極點為在 $s$-平面上的 $s = 0$、$-1$ 及 $-2$。對 $s$-平面上的每一點，在 $\Delta(s)$-平面上只有一個相對應點。然而，對每一個在 $\Delta(s)$-平面上的點，此函數則可映射至 $s$-平面中三個對應點。說明這個觀念的最簡單的方法是將 (10-55) 式改寫為

$$s(s+1)(s+2) - \frac{K}{\Delta(s)} = 0 \tag{10-56}$$

若 $\Delta(s)$ 為一實常數 [即 $\Delta(s)$-平面實軸上的一點]，則 (10-56) 式是三-階方程式，故有三個 $s$-平面的根。此情形與根軌跡圖類似，亦即根軌跡圖是在已知 $K$ 值下，將 $\Delta(s) = -1 + j0$ 映射到 $s$-平面上特性方程式的根軌跡上。因此，(10-55) 式的根軌跡在 $s$-平面上有三個獨立的分支。

輻角原理陳述如下：

**令 $\Delta(s)$ 為一單值函數，且在 $s$-平面上的極點數為有限個。在 $s$-平面上，任意選擇一封閉路徑 $\Gamma_s$，使 $\Gamma_s$ 不會通過 $\Delta(s)$ 的任一極點或零點；則映射在 $\Delta(s)$-平面上所對應的軌跡 $\Gamma_\Delta$，將包圍原點許多次，其次數等於 $s$-平面上軌跡 $\Gamma_s$ 所包圍的 $\Delta(s)$ 的零點與極點數目之間的差。**

上述輻角原理可用下列方程式來表示

$$N = Z - P \tag{10-57}$$

其中，$N = $ 在 $\Delta(s)$-平面上軌跡 $\Gamma_\Delta$ 所包圍原點的次數
$Z = $ 在 $s$-平面上被 $s$-平面軌跡 $\Gamma_s$ 所包圍之 $\Delta(s)$ 的零點數目
$P = $ 在 $s$-平面上被 $s$-平面軌跡 $\Gamma_s$ 所包圍之 $\Delta(s)$ 的極點數目

一般而言，$N$ 可以是正值 $(Z > P)$、零 $(Z = P)$，或負值 $(Z < P)$。這三種情況分別說明於下。

1. $N > 0$ $(Z > P)$。如果在 $s$-平面中軌跡所包圍 (以順時針或逆時針方向) 的零點多於極點，則 $N$ 是正整數。在這種情況下，$\Delta(s)$-平面的軌跡 $\Gamma_\Delta$ 將以和 $\Gamma_s$ 相同的方向包圍 $\Delta(s)$-平面的原點 $N$ 次。

2. $N = 0$ $(Z = P)$。如果 $s$-平面軌跡所包圍的 $\Delta(s)$ 的極點和零點一樣多，或沒有包圍任何零點或極點，則 $\Delta(s)$-平面的軌跡 $\Gamma_\Delta$ 將不包圍 $\Delta(s)$-平面的原點。

3. $N < 0$ $(Z < P)$。如果 $s$-平面軌跡以特定方向所包圍的 $\Delta(s)$ 的極點多於零點，則 $N$ 是負整數。在這種情況下，$\Delta(s)$-平面上的軌跡 $\Gamma_\Delta$，將以和 $\Gamma_s$ 相反的方向包圍 $\Delta(s)$-平面的原點 $N$ 次。

有個簡單的方法可求出 $N$ 值，就是在 $\Delta(s)$-平面上從原點 (或任一其它的點) 以任意的方向畫一直線至盡可能遠處；這條直線和 $\Delta(s)$ 軌跡的淨相交數目就是 $N$ 的幅度。圖 10-25 提供許多以這種方式決定 $N$ 值的範例。這裡所假設的 $\Gamma_s$ 軌跡都是逆時針方向。

### 臨界點

為了方便起見，我們將 $\Delta(s)$-平面上的原點視為**臨界點** (critical point)，從臨界點可以決定 $N$ 值。稍後，我們也可將 $\Delta$ 複數平面上的其它點設定為臨界點，端視奈氏準則如何應用而定。

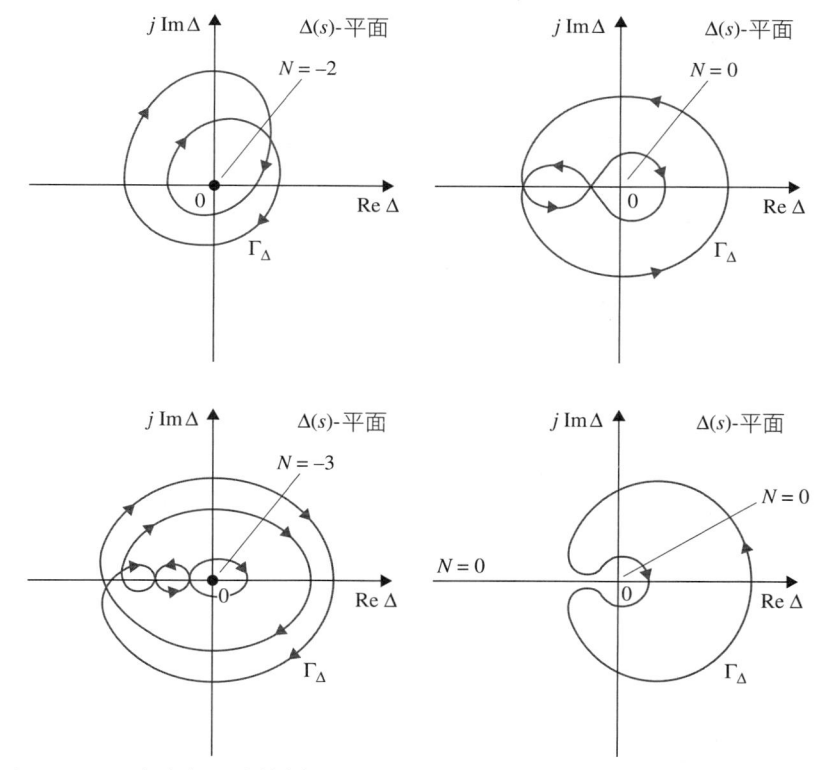

▶ **圖 10-25** 在 $\Delta(s)$ 平面上決定 $N$ 的範例。

在這裡我們並不對輻角原理作嚴密的證明。下列的說明範例，只是對整個原理作啟發式的討論。

讓我們考慮函數 $\Delta(s)$，其形式為

$$\Delta(s) = \frac{K(s+z_1)}{(s+p_1)(s+p_2)} \tag{10-58}$$

其中，$K$ 為正值。假設 $\Delta(s)$ 的極點和零點如圖 10-26a 所示。函數 $\Delta(s)$ 可以寫成

$$\begin{aligned}\Delta(s) &= |\Delta(s)| \angle \Delta(s) \\ &= \frac{K|s+z_1|}{|s+p_1||s+p_2|} [\angle(s+z_1) - \angle(s+p_1) - \angle(s+p_2)]\end{aligned} \tag{10-59}$$

圖 10-26a 顯示有 $s$-平面上任意選取的路徑 $\Gamma_s$，及在路徑上的任意的一點 $s_1$，同時 $\Gamma_s$ 並未通過 $\Delta(s)$ 的任何極點和零點。$\Delta(s)$ 函數在 $s = s_1$ 處之值為

$$\Delta(s) = \frac{K(s_1+z_1)}{(s_1+p_1)(s_1+p_2)} \tag{10-60}$$

因式 $(s_1+z_1)$ 可以用從 $-z_1$ 至 $s_1$ 所繪製的向量來做圖解表示，亦可對 $(s_1+p_1)$ 和 $(s_1+p_2)$ 畫出類似的向量。因此，$\Delta(s_1)$ 便可用從 $\Delta(s)$ 的有限極點及零點畫至 $s_1$ 點的向量來表示，如圖 10-26a 所示。現在，若 $s_1$ 點沿軌跡 $\Gamma_s$ 以規定的逆時針方向移動，一直到再回至起始點為止，則在 $s_1$ 完成一圈的繞行後，從未被 $\Gamma_s$ 所包圍之極點 $-p_1$ 和 $-p_2$ 所畫出的向量，其產生的角度為零。然而，從被 $\Gamma_s$ 所包圍的零點 $-z_1$ 到 $s_1$ 所繪製的向量 $(s_1+z_1)$ 將會產生

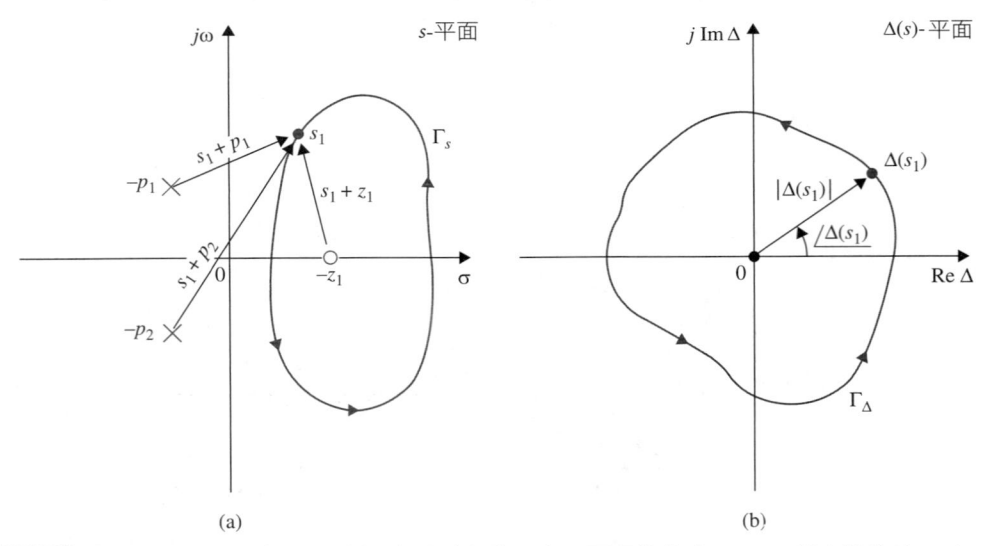

▶ 圖 10-26　(a) 在 (10-59) 式中 $\Delta(s)$ 的極點-零點組態及在 $s$-平面的軌跡 $\Gamma_s$。(b) 對應於軌跡 $\Gamma_s$ 之 $\Delta(s)$-平面軌跡 $\Gamma_\Delta$，即經由 (10-59) 式之映射而得之軌跡。

$2\pi$ 強度的正角 (以逆時針方向看)；即對應的 $\Delta(s)$ 圖必定會圍繞原點 $2\pi$ 強度，或以逆時針方向旋轉一周，如圖 10-26b 所示。此即為何只有在 s-平面上路徑 $\Gamma_s$ 內之 $\Delta(s)$ 的極點和零點，才會對 (10-57) 式中的 N 值有貢獻的緣故。由於 $\Delta(s)$ 的極點會貢獻出負相角，而零點會產生正相角，故只需根據 Z 和 P 之間的差額就可求出 N 值。在圖 10-26a 的例子中，Z = 1 及 P = 0。

> Z 與 P 只與被 $\Gamma_s$ 所包圍的 $\Delta(s)$ 零點和極點有關。

因此，

$$N = Z - P = 1 \tag{10-61}$$

此即表示 $\Delta(s)$-平面上的軌跡 $\Gamma_\Delta$ 將以和 s-平面軌跡 $\Gamma_s$ 相同的方向包圍原點一次。要牢記的是，Z 和 P 僅與被 $\Gamma_s$ 所包圍的 $\Delta(s)$ 零點和極點有關，而與 $\Delta(s)$ 的零點和極點總數無關。

一般而言，當 s-平面上的軌跡以任意的方向繞行一次時，所引起 $\Delta(s)$-平面上的軌跡所繞行的淨角度等於

$$2\pi(Z - P) = 2\pi N \text{ 弳} \tag{10-62}$$

此方程式表示，若 $\Delta(s)$ 在 s-平面上被軌跡 $\Gamma_s$ 以指定方向所包圍的零點數目比極點數目多 N 個時，則 $\Delta(s)$-平面的軌跡 (即 $\Gamma_\Delta$) 將以相同於 $\Gamma_s$ 方向包圍原點 N 次。反之，若 $\Gamma_s$ 所包圍的極點比零點多 N 個時，則在 (10-62) 式中的 N 是負值，故 $\Delta(s)$-平面上的軌跡必須以和 $\Gamma_s$ 相反的方向包圍原點 N 次。

表 10-2 將輻角原理所有可能的情形做一總結。

## 10-4-5 奈氏路徑

多年前，奈氏面臨解決穩定度問題，此問題涉及如何決定函數 $\Delta(s) = 1 + L(s)$ 是否有零點在 s-平面的右半邊。顯然地，奈氏發現輻角原理可用來求解穩定度的問題，只要選擇 s-平面上的軌跡 $\Gamma_s$ 完全包圍 s-平面的右半邊即可。當然，作為替代方法，$\Gamma_s$ 也可以選擇成

■表 10-2　輻角原理的所有可能情況之總結

| N = Z − P | s-平面軌跡的方向 | $\Delta(s)$-平面軌跡 ||
|---|---|---|---|
| | | 原點的包圍次數 | 包圍的方向 |
| N > 0 | 順時針方向 | N | 順時針方向 |
| | 逆時針方向 | N | 逆時針方向 |
| N < 0 | 順時針方向 | N | 逆時針方向 |
| | 逆時針方向 | N | 順時針方向 |
| N = 0 | 順時針方向 | 0 | 沒有包圍 |
| | 逆時針方向 | 0 | 沒有包圍 |

> 奈氏路徑被定義為包圍 s-平面的全部右半邊。

包圍 s-平面的全部左半邊，因為解答是相對的。圖 10-27 顯示了逆時針方向的 $\Gamma_s$ 軌跡，它包圍 s-平面的全部右半邊。此種路徑可當作 s-平面軌跡 $\Gamma_s$ 以便作為奈氏準則所用，因為在數學上，傳統地將逆時針方向定義為正方向。在圖 10-27 中所示路徑 $\Gamma_s$ 定義為<u>奈氏路徑</u> (Nyquist path)。因為奈氏路徑不能通過 $\Delta(s)$ 的任何極點和零點，所以在圖 10-27 中沿著 $j\omega$-軸上的小半圓便是用來顯示路徑會繞過 $\Delta(s)$ 座落在 $j\omega$-軸上的極點和零點。顯然，如果任何 $\Delta(s)$ 的極點或零點位於 s-平面的右半邊，都將會被奈氏路徑所包圍。

## 10-4-6 奈氏準則和 *L(s)* 或 *G(s)H(s)* 圖

當 s-平面上的軌跡是圖 10-27 的奈氏路徑時，奈氏準則便是輻角原理的直接應用。原則上，一旦奈氏路徑指定後，便可直接用 $\Delta(s) = 1 + L(s)$ 的圖來決定閉-迴路系統的穩定度；即取沿著奈氏路徑的 s 值，研究 $\Delta(s)$ 圖相對於 $\Delta(s)$-平面**臨界點** [在此例中為 $\Delta(s)$-平面的原點] 的圍繞情形。

由於 $L(s)$ 函數大多為已知，因此，簡單的處理法是畫出對應於<u>奈氏路徑</u>之 *L(s)* 圖，而閉-迴路系統的穩定度便可從觀察 *L(s)*-平面上 *L(s)* 圖相對於 **(−1, j0)** 點的圍繞情形來決定。

這是因為 $\Delta(s) = 1 + L(s)$ 平面的原點等同於 $L(s)$-平面的 $(-1, j0)$ 點。因此，$L(s)$-平面的 $(-1, j0)$ 點便成為用以決定閉-迴路穩定度的臨界點。

根據前面的討論，單-迴路系統 $L(s) = G(s)H(s)$ 的閉-迴路穩定度，可藉由探究 $G(s)H(s)$ 圖相對於 $G(s)H(s)$-平面上的 $(-1, j0)$ 點的行為來決定。因此，奈氏穩定度準則為利用迴路轉移函數特性來決定閉-迴路系統行為的另一個例子。

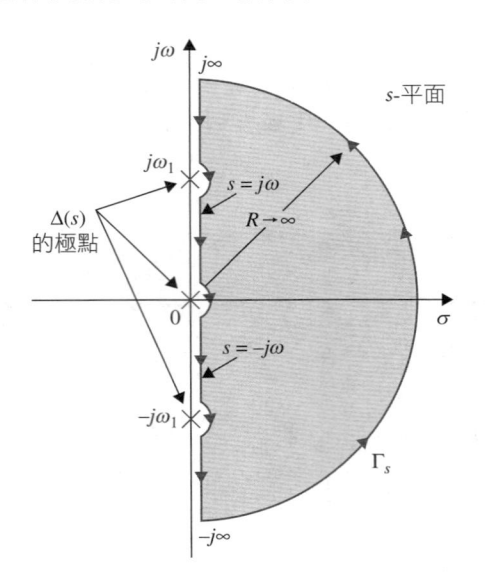

▶ **圖 10-27** 奈氏路徑。

因此，若已知 $L(s)$ 為一控制系統的迴路轉移函數，則將 $1 + L(s)$ 的分子多項式設為零可得到系統的特性方程式。利用奈氏準則求解系統穩定度問題的步驟如下：

1. 如圖 10-27 所示，定義 $s$-平面的奈氏路徑 $\Gamma_s$。
2. 於 $L(s)$-平面中建構相對於奈氏路徑的 $L(s)$ 圖。
3. 觀察 $L(s)$ 圖包圍 $(-1, j0)$ 點的次數 $N$。
4. 奈氏準則遵循 (10-57) 式，即

$$N = Z - P \tag{10-63}$$

其中，$N = L(s)$ 圖對 $(-1, j0)$ 點包圍的次數
$Z = 1 + L(s)$ 在奈氏路徑內部的零點數目，亦即在 $s$-平面上右半邊的零點數目
$P = 1 + L(s)$ 在奈氏路徑內部的極點數目，亦即在 $s$-平面上右半邊的極點數目。注意：$1 + L(s)$ 和 $L(s)$ 有相同的極點

針對先前所定義的兩種穩定度型態，其穩定度條件可以用 $Z$ 和 $P$ 來表示為
**對於閉-迴路穩定，$Z$ 必須等於 0；對於開-迴路穩定，$P$ 必須等於 0。**
因此，根據奈氏準則穩定度條件可陳述為

$$N = -P \tag{10-64}$$

亦即，欲使閉-迴路系統為穩定時，$L(s)$ 圖包圍 $(-1, j0)$ 點的次數必須與 $L(s)$ 在 $s$-平面的右半邊的極點數目相同，且其包圍必須是順時針方向 (若 $\Gamma_s$ 選定為逆時針方向)。

## 10-5 最小-相位轉移函數系統的奈氏準則

首先，我們應用奈氏準則於 $L(s)$ 為**最小-相位轉移函數** (minimum-phase transfer functions) 的系統。最小-相位轉移函數的各種特性之描述列在附錄 G，並歸納如下：

1. 最小-相位轉移函數並沒有極點或零點位於 $s$-平面之右半邊或虛軸上，但不包括原點。
2. 對於一個具有 $m$ 個零點和 $n$ 個極點 (不含 $s = 0$ 之極點) 的最小-相位轉移函數 $L(s)$，當 $s = j\omega$ 且 $\omega$ 由 $\infty$ 改變至 0 時，$L(j\omega)$ 的全部相位變化為 $(n - m)\pi/2$ 弳。
3. 在任何有限非零頻率時，最小-相位轉移函數之值不能為 0 或無窮大。
4. 當 $\omega$ 由 $\infty$ 變化到 0 時，最小-相位轉移函數永遠會有較多的正相位偏移。或者，當 $\omega$ 從 0 變化到 $\infty$ 時，它會有較多的負相位偏移。

由於大多數現實世界所遇到的迴路轉移函數都滿足上述的條件 1 且為最小-相位型態，因此應小心謹慎地研究此類系統的奈氏準則之應用。結果會發現這類的應用很簡單

> - 除了 $s = 0$ 之外，最小-相位轉移函數並沒有極點或零點在 $s$-平面的右半邊內或在 $j\omega$-軸上。
> - 對於最小-相位型態的 $L(s)$，奈氏準則可以根據 $\omega$ 從 $\infty$ 到 0 的 $L(j\omega)$ 圖來判斷。

因為最小-相位 $L(s)$ 並沒有任何的極點或零點在 $s$-平面的右半邊內或在 $j\omega$-軸上 (但 $s = 0$ 除外)，故知 $P = 0$，且 $\Delta(s) = 1 + L(s)$ 之極點也有相同的特性。因此，針對具有 $L(s)$ 為最小-相位轉移函數之系統，其**奈氏準則**可簡化為

$$N = 0 \tag{10-65}$$

因此，奈氏準則可陳述如下：對於一個具有最小-相位型態之迴路轉移函數 $L(s)$ 的閉-迴路系統，若對應於**奈氏路徑**的 $L(s)$ 圖並沒有包圍 $L(s)$-平面之 $(-1, j0)$ 點時，則該系統為閉-迴路穩定。

此外，若系統不穩定，則 $Z \neq 0$；在 (10-65) 式中的 $N$ 值則為正整數，此即表示臨界點 $(-1, j0)$ 會被**包容** $N$ 次 (依據此處所定義的奈氏路徑方向)。因此，具有最小-相位迴路轉移函數的系統，判斷其穩定度奈氏準則可以簡化為：對於一個具有最小-相位型態之迴路轉移函數 $L(s)$ 的閉-迴路系統，若對應於**奈氏路徑**的 $L(s)$ 圖並沒有包容 $(-1, j0)$ 點時，則該系統為閉-迴路穩定。若 $(-1, j0)$ 點被**奈氏**圖包容時，則系統為不穩定。

因為被一軌跡包容的區域定義為：位在該軌跡以指定方向前進時的左側區域，所以只要繪製出由 $\omega = \infty$ 到 0，或在正 $j\omega$-軸上的點所對應之 $L(j\omega)$ 的區段部分，即可應用奈氏準則來判斷。如此，便相當地簡化了求解程序，因為此圖可以容易地利用電腦產生出來。此法唯一的缺點為相對於 $j\omega$-軸的**奈氏**圖只提供了臨界點是否被包容，但無法提供包容多少次。因此，若此一系統為不穩定，則由包容的特性，無法提供此特性方程式有多少根在 $s$-平面右半邊的資訊。然而，在實際應用上，此一資訊並不那麼重要。由此一觀點，我們將相對於 $s$-平面正 $j\omega$-軸的 $L(j\omega)$ 圖定義為 $L(s)$ 的**奈氏**圖。

## 10-5-1 奈氏準則在最小-相位轉移函數為非嚴格真分式時之應用

如同根軌跡圖的情況，在設計上常需要找出等效的迴路轉移函數 $L_{eq}(s)$，使可變常數 $K$ 可以成為 $L_{eq}(s)$ 之乘數因子 [即 $L(s) = KL_{eq}(s)$]。因為等效迴路轉移函數並沒有相對應的任何物理實體，其極點數可能沒有零點多，因而如附錄 G 所定義的，其轉移函數為非嚴格真分式。理論上，建立非嚴格真分式的轉移函數奈氏圖並不困難，且奈氏準則也可以毫無困難地應用於穩定度的研究。然而，一些電腦程式並不能處理假分式之轉移函數，故可能要重新整理方程式以符合電腦程式之適用性。考慮此一情況，將含有可變參數 $K$ 的系統特性方程式改寫成如下：

$$1 + KL_{eq}(s) = 0 \tag{10-66}$$

如果 $L_{eq}(s)$ 的極點不比零點多，將等號兩邊除以 $KL_{eq}(s)$，上式變成

$$1+\frac{1}{KL_{eq}(s)}=0 \tag{10-67}$$

現在，我們可以繪製出 $1/L_{eq}(s)$ 的奈氏圖，而且 $K > 0$ 的臨界點仍然為 $(-1, j0)$。此時，在奈氏圖上的可變參數為 $1/K$。因此，經由此種小調整，奈氏準則仍能加以應用。

當迴路轉移函數為非最小-相位型時，此處所討論的奈氏準則會變得難以處理，例如：當 $L(s)$ 在 $s$-平面右半邊有極點及/或零點時便會如此。附錄 G 所討論的通用奈氏準則可處理所有型式的轉移函數。

## 10-6　根軌跡與奈氏圖的關係

因為根軌跡分析與奈氏準則均可處理線性 SISO 系統的特性方程式之根位置問題，所以此兩種分析方法是密切相關的。研究此兩種方法之間的相互關係，可加強對這兩種方法的瞭解。由特性方程式

$$1+L(s)=1+KG_1(s)H_1(s)=0 \tag{10-68}$$

在 $L(s)$-平面上的 $L(s)$ 奈氏圖為 $s$-平面之奈氏路徑的映射。因 (10-68) 式之根軌跡必須滿足以下條件

$$\angle KG_1(s)H_1(s)=(2j+1)\pi \quad K\geq 0 \tag{10-69}$$

$$\angle KG_1(s)H_1(s)=2j\pi \quad K\leq 0 \tag{10-70}$$

其中，$j = 0、\pm 1、\pm 2、\cdots\cdots$，根軌跡即代表由 $L(s)$-平面或 $G(s)H(s)$-平面實數軸到 $s$-平面的映射。事實上，對於 $K \geq 0$ 的 RL (根軌跡)，映射點在 $L(s)$-平面的負實數軸上；而對於 $K \leq 0$ 的 RL (根軌跡)，映射點在 $L(s)$-平面的正實數軸上。如前所述，對一有理函數而言，由 $s$-平面映射到函數平面為單值的映射，反之則為多值。例如，對應於 $s$-平面虛軸上各點的一個型式 1 之三-階轉移函數 $G(s)H(s)$ 的奈氏圖，如圖 10-28 所示。此相同系統的根軌跡圖如圖 10-29 所示，其為 $G(s)H(s)$-平面的實數軸到 $s$-平面的映射。注意：在此例中，$G(s)H(s)$-平面上的每一點都會對應到 $s$-平面上的三個點。$G(s)H(s)$-平面上的 $(-1, j0)$ 點則對應到根軌跡和虛軸相交的兩個點，以及根軌跡和實軸上的一個點。

奈氏圖和根軌跡圖都是將各自領域中的一小部分，即 $s$-平面的虛軸和 $G(s)H(s)$-平面的實軸，映射到對方。若能考慮 $s$-平面之虛軸和 $G(s)H(s)$-平面之實軸兩處以外的地方來映射將會更有用。例如，我們可將 $s$-平面上常數-阻尼比線映射到 $G(s)H(s)$-平面，用以決定閉-迴路系統之相對穩定度。圖 10-30 舉例說明了對應到 $s$-平面上不同常數-阻尼比線的數個 $G(s)H(s)$ 圖。如圖 10-30 之曲線 (3) 所示，當 $G(s)H(s)$ 曲線通過 $(-1, j0)$ 點時，它表示滿足 (10-67) 式，故 $s$-平面內相對應的軌跡會通過特性方程式之根。同樣地，我們也可以根據

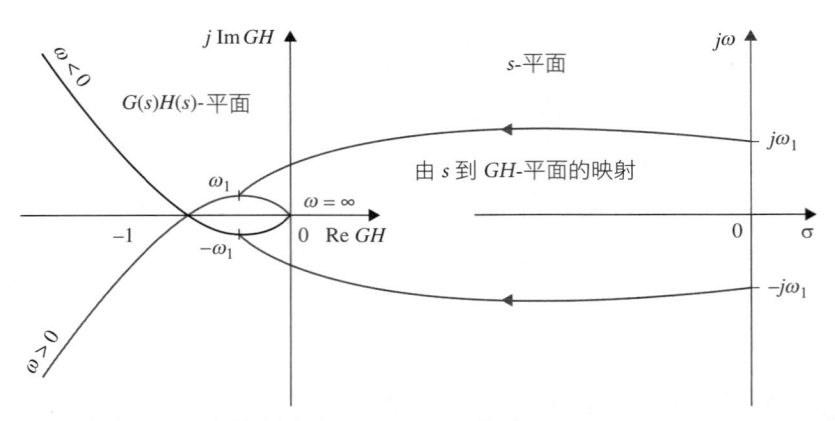

▶ 圖 10-28 可解釋為由 s-平面虛軸映射到 $G(s)H(s)$-平面的 $G(s)H(s) = K/[s(s+a)(s+b)]$ 極座標圖。

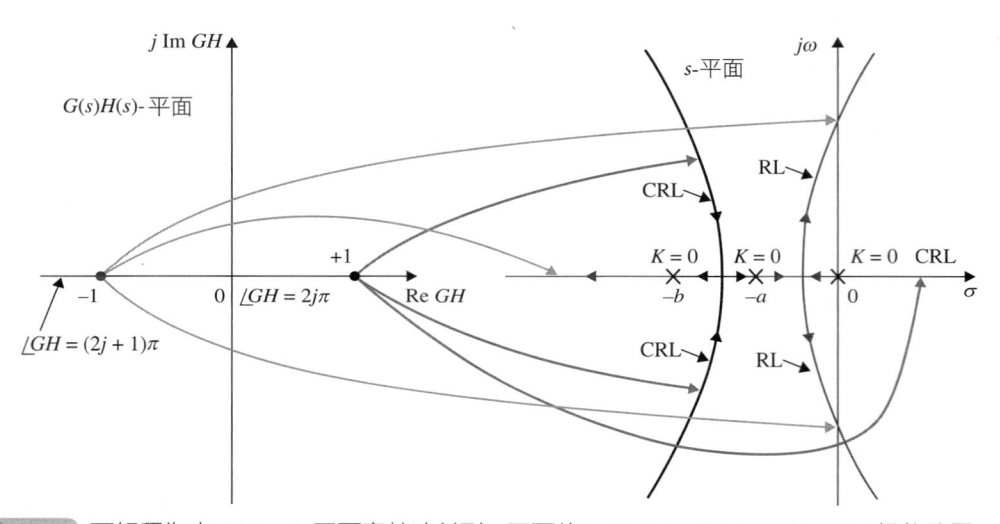

▶ 圖 10-29 可解釋為由 $G(s)H(s)$-平面實軸映射到 s-平面的 $G(s)H(s) = K/[s(s+a)(s+b)]$ 根軌跡圖。

$G(s)H(s)$-平面上從實數軸旋轉不同角度的直線來建構 s-平面上的根軌跡圖，如圖 10-31 所示。注意：現在根軌跡滿足下列條件：

$$\angle KG_1(s)H_1(s) = (2j+1)\pi - \theta \quad K \geq 0 \tag{10-71}$$

或者，對於不同的 $\theta$ 角，圖 10-24 根軌跡必須滿足

$$1 + G(s)H(s)e^{j\theta} = 0 \tag{10-72}$$

## 10-7 示範範例：最小-相位轉移函數的奈氏準則

以下的例子用來說明最小-相位轉移函數系統的奈氏準則之應用。

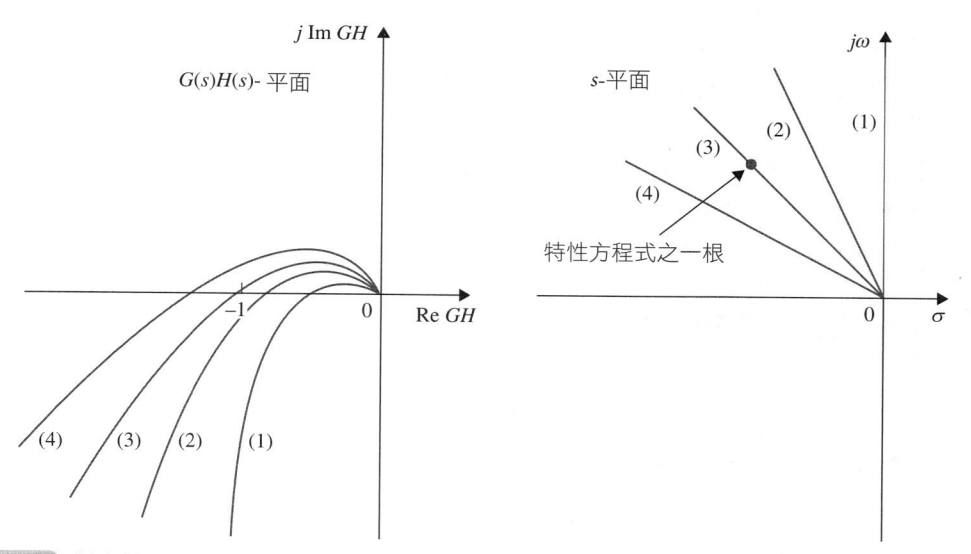

▶ 圖 10-30　對應於 s-平面上常數阻尼比線的 $G(s)H(s)$ 圖。

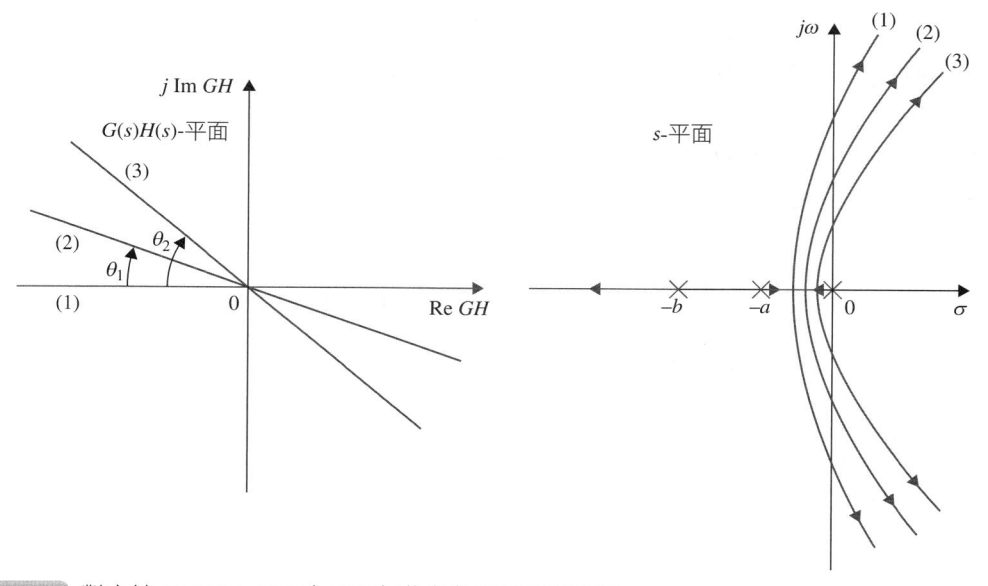

▶ 圖 10-31　對應於 $G(s)H(s)$-平面上不同相位角軌跡線的根軌跡。

### 範例 10-7-1

考慮一單-迴路回授控制系統，其迴路轉移函數為

$$L(s) = G(s)H(s) = \frac{K}{s(s+2)(s+10)} \tag{10-73}$$

其為最小-相位型態。此閉-迴路系統的穩定度可藉由研究從 $\omega = \infty$ 到 0 的 $L(j\omega)/K$ 奈氏圖是否包

容 (–1, j0) 點來決定。$L(j\omega)/K$ 的奈氏圖可用程式 freqtool 來繪製。圖 10-32 顯示了由 $\omega = \infty$ 到 0 之 $L(j\omega)/K$ 奈氏圖。不過，由於我們只對臨界點是否被包容有興趣，通常不需要繪出非常精確的奈氏圖。因為奈氏圖所包容的區域為曲線的左側，亦即對應於奈氏路徑從 $\omega = \infty$ 變化到 0 時的奈氏圖曲線行進方向之左側，所以判斷穩定度只需求出奈氏圖與 $L(j\omega)/K$-平面之實軸的相交點即可。在許多情況下，利用在實軸的交叉點，以及 $L(j\omega)/K$ 在 $\omega = \infty$ 的 $\omega = 0$ 特性資訊，便可繪製出大略的奈氏圖，毋須畫出精確的奈氏圖。我們可利用以下步驟，得到 $L(j\omega)/K$ 的奈氏圖。

**1.** 將 $s = j\omega$ 代入 $L(s)$。將 (10-73) 式設定 $s = j\omega$，可得

$$L(j\omega)/K = \frac{1}{j\omega(j\omega+2)(j\omega+10)} \tag{10-74}$$

**2.** 將 $\omega = 0$ 代入上式，得到 $L(j\omega)$ 的零-頻率特性

$$L(j0)/K = \infty \angle -90° \tag{10-75}$$

**3.** 將 $\omega = \infty$ 代入 (10-74) 式，可以找出奈氏圖在無窮頻率時之特性

$$L(j\infty)/K = 0 \angle -270° \tag{10-76}$$

這些結果可以由圖 10-32 中的圖形來驗證──亦可檢視附錄 G 以得出更多的極座標圖資訊。

**4.** 為了找出奈氏圖與實軸相交點 (如果有的話)，我們將方程式的分子和分母同乘以分母的共軛複數使 $L(j\omega)/K$ 有理化。因此，(10-74) 式成為

$$\begin{aligned} L(j\omega)/K &= \frac{[-12\omega^2 - j\omega(20-\omega^2)]}{[-12\omega^2 + j\omega(20-\omega^2)][-12\omega^2 - j\omega(20-\omega^2)]} \\ &= \frac{[-12\omega - j(20-\omega^2)]}{\omega[144\omega^2 + (20-\omega^2)^2]} \end{aligned} \tag{10-77}$$

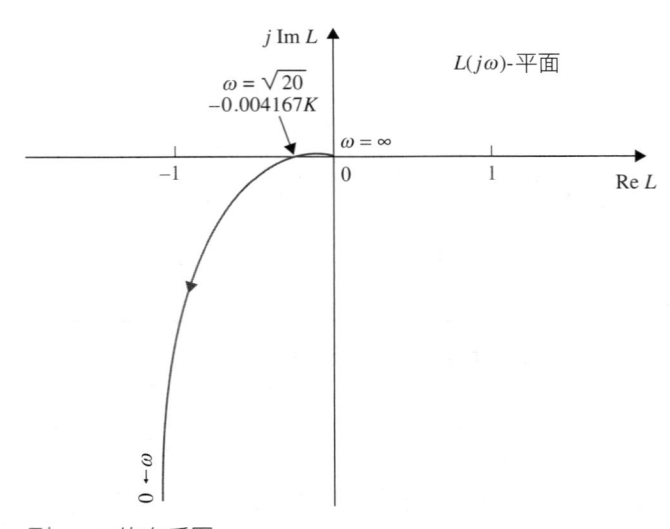

▶ **圖 10-32** 當 $\omega = \infty$ 到 $\omega = 0$ 的奈氏圖。

**5.** 為了求出在實軸上的可能交叉點，設 $L(j\omega)/K$ 之虛數部分為 0，其結果為

$$\text{Im}[L(j\omega)/K] = \frac{-(20-\omega^2)}{[144\omega^2 + (20-\omega^2)]} = 0 \tag{10-78}$$

### 工具盒 10-7-1

圖 10-32 的 MATLAB 程式碼。

```
w=0.1:0.1:1000;
num = [1];
den = conv(conv([1 10],[1,2]),[1 0]);
[re,im,w] = nyquist(num,den,w);
plot(re,im);
grid
```

上式的解為 $\omega = \infty$ [此為 $L(j\omega)/K = 0$ 之解]，及

$$\omega = \pm\sqrt{20} \text{ rad/s} \tag{10-79}$$

因為 $\omega$ 為正值，所以正確答案為 $\omega = \sqrt{20}$ rad/s。將此頻率代入 (10-77) 式，可以得到 $L(j\omega)$-平面上實軸交點為

$$L(j\sqrt{20})/K = -\frac{12}{2880} = -0.004167 \tag{10-80}$$

上述五個步驟應已足夠來描繪 $L(j\omega)/K$ 之簡要奈氏圖。因此，我們可以得知，若 $K$ 小於 240，則 $L(j\omega)$ 軌跡與實軸相交之點將會位在臨界點 $(-1, j0)$ 的右側，即臨界點並未被包容，故系統為穩定。若 $K = 240$，$L(j\omega)$ 的奈氏圖將與實數軸相交於 $-1$ 點，系統為臨界穩定。在此情形下，特性方程式會有兩個根 $s = \pm j\sqrt{20}$ 位在 $s$-平面虛軸上。如果增益值增加到大於 240，則 $L(j\omega)$ 與實軸的交點將會位於 $(-1, j0)$ 點左側，系統將為不穩定。當 $K$ 為負值時，我們可利用 $L(j\omega)$-平面的 $(+1, j0)$ 點作為臨界點。從圖 10-32 得知，對於所有負的 $K$ 值，實軸上的 $(+1, j0)$ 點始終被奈氏圖包容，系統將永遠不穩定。因此，由奈氏準則可以得到一結論：系統穩定之區間為 $0 < K < 240$。注意：路斯-赫維茲穩定準則也可得到相同的結果。

圖 10-33 為 (10-73) 式所描述之迴路轉移函數之系統特性方程式的根軌跡圖。從圖中可輕易地觀察出奈氏準則和根軌跡間的相互關係。

### 工具盒 10-7-2

圖 10-33 的 MATLAB 程式碼。

```
den=conv([1 2 0],[1 10]);
mysys=tf(.0001,den);
rlocus(mysys);
```

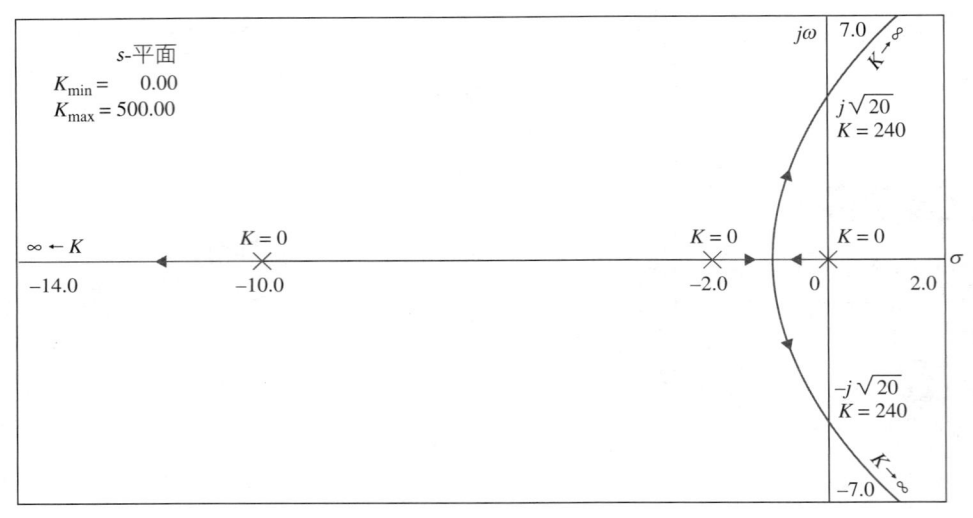

▶ 圖 10-33　$L(s) = \dfrac{K}{s(s+2)(s+10)}$ 的根軌跡。

## 範例 10-7-2

考慮特性方程式

$$Ks^3 + (2K+1)s^2 + (2K+5)s + 1 = 0 \tag{10-81}$$

上式兩邊同除以不含 $K$ 之項，可得

$$1 + KL_{eq}(s) = 1 + \frac{Ks(s^2+2s+2)}{s^2+5s+1} = 0 \tag{10-82}$$

因此

$$L_{eq}(s) = \frac{s(s^2+2s+2)}{s^2+5s+1} \tag{10-83}$$

此式為假分式。我們可以得到一些以手工方式繪製出 $L_{eq}(s)$ 奈氏圖的資訊，以決定系統之穩定度。令 $s = j\omega$ 於 (10-83) 式，可得

$$\frac{L_{eq}(j\omega)}{K} = \frac{\omega[-2\omega + j(2-\omega^2)]}{(1-\omega^2) + 5j\omega} \tag{10-84}$$

由上式，我們得到兩個奈氏圖的端點：

$$L_{eq}(j0) = 0\angle 90 \text{ 和 } L_{eq}(j\infty) = \infty\angle 90° \tag{10-85}$$

將 (10-84) 式有理化，亦即將其分子和分母同乘以分母之共軛複數，可得

$$\frac{L_{eq}(j\omega)}{K} = \frac{\omega^2[5(2-\omega^2) - 2(1-\omega^2)] + j\omega[10\omega^2 + (2-\omega^2)(1-\omega^2)]}{(1-\omega^2)^2 + 25\omega^2} \tag{10-86}$$

為求出 $L_{eq}(j\omega)/K$ 在實數軸可能的交點，令 (10-86) 式之虛數部分為 0，可以得到 $\omega = 0$ 及

$$\omega^4 + 7\omega^2 + 2 = 0 \tag{10-87}$$

### 工具盒 10-7-3

圖 10-34 的 MATLAB 程式碼。

```
w=0.1:0.1:1000;
num =[1 2 2 0];
den = [1 5 1];
[re,im,w] = nyquist(num,den,w);
plot(re,im);
axis([-2 1 -1 5]);
grid
```

利用 MATLAB 指令「roots([1 0 7 0 2])」，我們可以得知 (10-87) 式的全部四個根均為虛數 ($\pm j2.589, \pm j0.546$)，此即表示 $L_{eq}(j\omega)/K$ 與實軸只交於 $\omega = 0$。利用 (10-85) 式之資訊，以及除了 $\omega = 0$ 之外，並沒有其它與實軸有相交點之事實，則 $L_{eq}(j\omega)/K$ 之奈氏圖便可描繪如圖 10-34 所示。注意：此圖之描繪並沒有任何計算 $L_{eq}(j\omega)/K$ 之詳細資料，故只是一個不很精確的概圖。然而，此圖已足夠決定系統的穩定度。因圖 10-34 中當 $\omega = \infty$ 到 0 時，奈氏圖並未包容 $(-1, j0)$ 點，故知系統對所有正的 $K$ 值均穩定。

以 (10-83) 式 $L_{eq}(j\omega)/K$ 的極點與零點為基礎，圖 10-35 顯示有 (10-81) 式的奈氏圖。注意：對所有的正 $K$ 值而言，根軌跡均位於 $s$-平面的左半邊，此結果可確定奈氏準則對系統穩定度的結論。

當 $\omega = \infty$ 到 0 時，我們亦可繪製下式的奈氏圖：

$$\frac{K}{L_{eq}(j\omega)} = \frac{(1-\omega^2)+5j\omega}{[-2\omega^2 + j\omega(2-\omega^2)]} \tag{10-88}$$

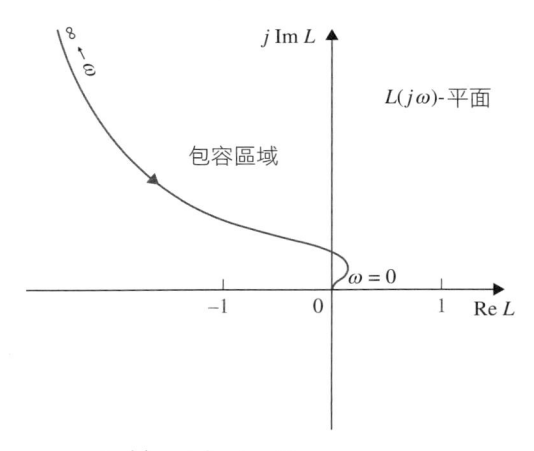

▶ **圖 10-34** 當 $\omega = \infty$ 到 $\omega = 0$ 時，$\dfrac{L_{eq}(s)}{K} = \dfrac{s(s^2+2s+2)}{s^2+5s+1}$ 的奈氏圖。

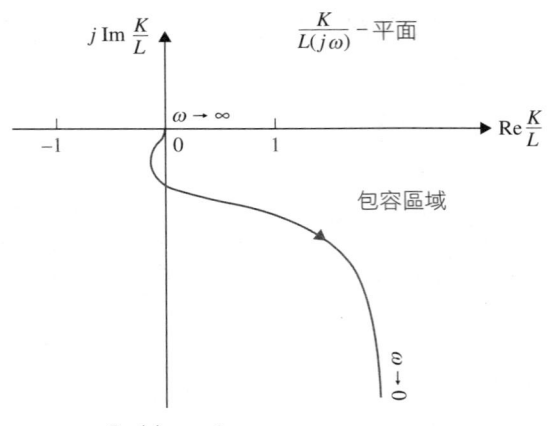

▶ 圖 10-35　當 $\omega = \infty$ 到 $\omega = 0$ 時，$\dfrac{L_{eq}(s)}{K} = \dfrac{s(s^2+2s+2)}{s^2+5s+1}$ 的奈氏圖。

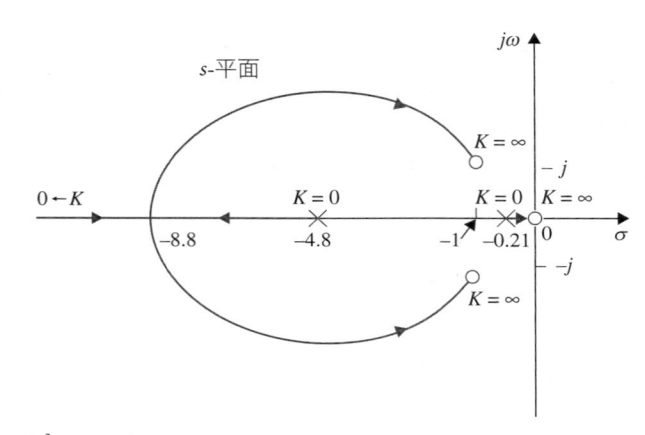

▶ 圖 10-36　$L_{eq}(s) = \dfrac{Ks(s^2+2s+2)}{s^2+5s+1}$ 的根軌跡圖。

此圖未包容 $(-1, j0)$ 點，因此由 $K/L_{eq}(j\omega)$ 的奈氏圖也可說明系統對所有正值的 $K$ 均穩定。

圖 10-36 為 (10-83) 式於 $K > 0$ 時之根軌跡，此圖係利用 (10-83) 式 $L_{eq}(s)$ 之極點-零點組態繪製而成。由於對所有的正 $K$ 值而言，根軌跡均停留在 $s$-平面的左半邊，故知系統在 $0 < K < \infty$ 時均為穩定。此結果與奈氏準則所得的結論相同。

## 10-8　加入極點與零點至 L(s) 對奈氏圖形狀的影響

因為控制系統的性能常會受增加和移除迴路轉移函數極點與零點的影響，故有必要研究 $L(s)$ 增加極點和零點時對奈氏圖之影響。

考慮一-階轉移函數

$$L(s) = \frac{K}{1+T_1 s} \tag{10-89}$$

其中，$T_1$ 為正實數常數。在 $0 \leq \omega \leq \infty$ 時，$L(j\omega)$ 的奈氏圖為一半圓，如圖 10-37 所示。此圖說明了在 $K$ 值由 $-\infty$ 變到 $\infty$ 時，閉-迴路系統相對於臨界點的穩定度。

## 10-8-1　加入位在 $s = 0$ 的極點

考慮把一極點 $s = 0$ 加到 (10-89) 式的轉移函數，則

$$L(s) = \frac{K}{s(1+T_1 s)} \tag{10-90}$$

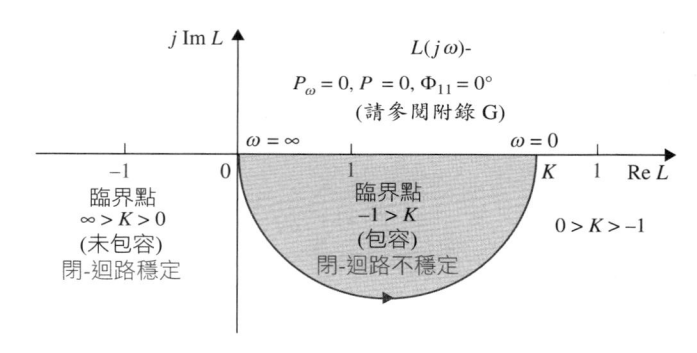

▶圖 10-37　$L(s) = \dfrac{K}{s(1+T_1 s)}$ 之奈氏圖。

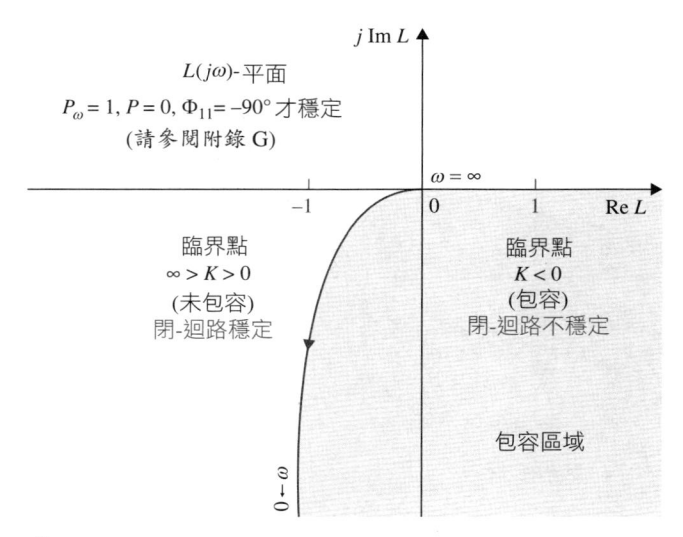

▶圖 10-38　$L(s) = \dfrac{K}{s(1+T_1 s)}$ 之奈氏圖。

由於增加 $s = 0$ 之極點相當於 $L(s)$ 除以 $j\omega$，故知 $L(j\omega)$ 的相位在零頻率及無窮頻率時會減少 90°。此外，$L(j\omega)$ 的大小在 $\omega = 0$ 時會趨近於無窮大。圖 10-38 說明了 (10-90) 式中 $L(j\omega)$ 之奈氏圖及在 $-\infty < K < \infty$ 時相對於臨界點的閉-迴路穩定度解釋。通常，把 $p$ 個重根位於 $s = 0$ 之極點加入 (10-89) 式的轉移函數時，對 $L(j\omega)$ 的奈氏圖會產生下面的影響：

$$\lim_{\omega \to \infty} \angle L(j\omega) = -(p+1)90° \tag{10-91}$$

$$\lim_{\omega \to 0} \angle L(j\omega) = -p \times 90° \tag{10-92}$$

$$\lim_{\omega \to \infty} |L(j\omega)| = 0 \tag{10-93}$$

$$\lim_{\omega \to 0} |L(j\omega)| = \infty \tag{10-94}$$

下例將說明在 $L(s)$ 中加入多-階極點的影響。

### 範例 10-8-1

圖 10-39 所示為下面轉移函數的奈氏圖、臨界點及穩定度解釋：

$$L(s) = \frac{K}{s^2(1+T_1 s)} \tag{10-95}$$

圖 10-40 則是下列 (10-96) 式的奈氏圖：

$$L(s) = \frac{K}{s^3(1+T_1 s)} \tag{10-96}$$

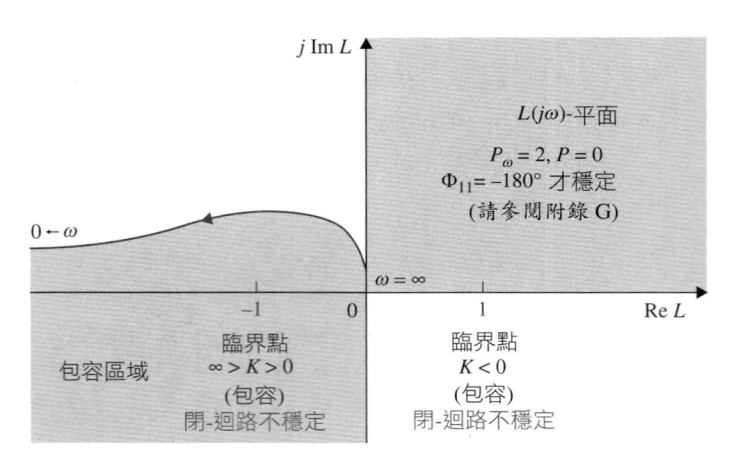

▶ 圖 10-39　$L(s) = \dfrac{K}{s^2(1+T_1 s)}$ 之奈氏圖。

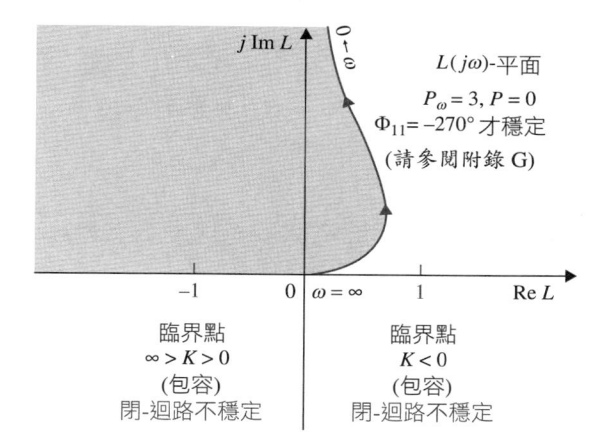

▶ 圖 10-40　$L(s) = \dfrac{K}{s^3(1+T_1s)}$ 之奈氏圖。

這些例子的結論是：加入 $s = 0$ 之極點於迴路轉移函數中，將對閉-迴路系統穩定度有不良的影響。若系統的迴路轉移函數具有位在 $s = 0$ 多-階極點 (型式 2 或更高) 時，則系統很可能會不穩定或很難穩定。

## 10-8-2　加入有限非零值的極點

當加入 $s = -1/T_2$ ($T_2 > 0$) 極點於 (10-89) 式的 $L(s)$ 時，可得

$$L(s) = \frac{K}{(1+T_1s)(1+T_2s)} \tag{10-97}$$

$L(j\omega)$ 之奈氏圖在 $\omega = 0$ 時並未受加入的極點所影響，因為

$$\lim_{\omega \to 0} L(j\omega) = K \tag{10-98}$$

$L(j\omega)$ 在 $\omega = \infty$ 之值為

$$\lim_{\omega \to \infty} L(j\omega) = \lim_{\omega \to \infty} \frac{-K}{T_1T_2\omega^2} = 0 \angle -180° \tag{10-99}$$

因此，在 (10-89) 式的轉移函數加入位在 $s = -1/T_2$ 的極點會使奈氏圖在 $\omega = \infty$ 時偏移 $-90°$ 的相位，如圖 10-41 所示。若在 (10-89) 式加入 $s = -1/T_2$ 和 $s = -1/T_3$ 兩個非零極點，則 $L(s)$ 變成

> 加入 $s = 0$ 之極點於迴路轉移函數中將降低閉-迴路系統的穩定度。

$$L(s) = \frac{K}{(1+T_1s)(1+T_2s)(1+T_3s)} \tag{10-100}$$

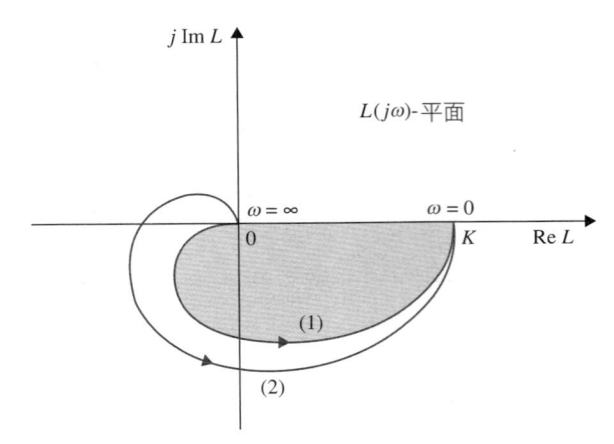

▶ 圖 10-41　奈氏圖。曲線 (1)：$L(s)=\dfrac{K}{(1+T_1 s)(1+T_2 s)}$。曲線 (2)：$L(s)=\dfrac{K}{(1+T_1 s)}(1+T_2 s)(1+T_3 s)$。

加入非零之極點於迴路轉移函數中也會降低閉-迴路系統的穩定度。

此函數的奈氏圖亦繪製於圖 10-41，其中 $T_1$、$T_2$、$T_3 > 0$。在本例中，於 $\omega = \infty$ 時的奈氏圖相當於 (10-97) 式的奈氏圖再依順時針方向旋轉 90°。這些例子說明了在迴路轉移函數中加入極點時，對閉-迴路系統穩定度產生不利影響。若系統具有 (10-89) 式和 (10-97) 式的迴路轉移函數，則只要 $K$ 值為正，閉-迴路系統就會穩定。當 $K$ 值為正時，若 (10-100) 式的奈氏圖與負實軸的交點位於 $(-1, j0)$ 點的左側，則該系統不穩定。

### 10-8-3　加入零點

在迴路轉移函數加入零點會提高閉-迴路系統穩定度。

第七章已提過，在迴路轉移函數中加入零點會降低最大超越量並增加系統穩定度。根據奈氏準則，對迴路轉移函數 $L(s)$ 乘上 $(1 + T_d s)$ 會使 $L(s)$ 在 $\omega = \infty$ 的奈氏圖增加 90° 的相位。下例將說明在 $L(s)$ 加入零點 $s = -1/T_d$ 對穩定度的影響。

#### 範例 10-8-2

考慮一閉-迴路控制系統的迴路轉移函數為

$$L(s)=\dfrac{K}{s(1+T_1 s)(1+T_2 s)} \tag{10-101}$$

此閉-迴路系統穩定的條件為

$$0 < K < \dfrac{T_1 + T_2}{T_1 T_2} \tag{10-102}$$

假設加入位在 $s = -1/T_d$ $(T_d > 0)$ 的零點於 (10-101) 式的轉移函數，則

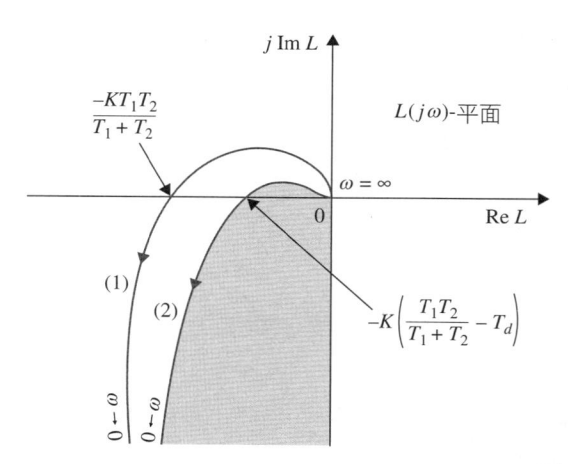

▶ 圖 10-42　奈氏圖。曲線 (1)：$L(s) = \dfrac{K}{s(1+T_1s)(1+T_2s)}$。曲線 (2)：$L(s) = \dfrac{K(1+T_ds)}{s(1+T_1s)(1+T_2s)}$；$T_d < T_1$；$T_2$。

$$L(s) = \frac{K(1+T_ds)}{s(1+T_1s)(1+T_2s)} \tag{10-103}$$

(10-101) 式和 (10-103) 式的兩個轉移函數之奈氏圖均繪製於圖 10-42。在 (10-103) 式增加零點之影響為：在 $\omega = \infty$ 時，其奈氏圖的相位會比 (10-101) 式之 $L(j\omega)$ 相位增加了 90°，但在 $\omega = 0$ 處並無影響。在 $L(j\omega)$-平面上，與負實軸的交點會由 $-KT_1T_2/(T_1+T_2)$ 移到 $-K(T_1T_2 - T_dT_1 - T_dT_2)/(T_1+T_2)$。因此，迴路轉移函數為 (10-103) 式的系統，其穩定條件為

$$0 < K < \frac{T_1 + T_2}{T_1T_2 - T_d(T_1 + T_2)} \tag{10-104}$$

其中，$T_d$ 為正，而 $K$ 值比在 (10-102) 式中有更高的上限。

## 10-9　相對穩定度：增益邊限與相位邊限

我們在 10-2 節已證明了頻域響應的共振峰值 $M_r$ 與時域響應的最大超越量之間的一般關係。像這一類對頻域和時域參數的比較並找出相互間的關係，對於預測回授控制系統的性能相當有用。通常，我們不僅對穩定的系統有興趣，同時對系統只有某種程度的穩定亦有興趣；後者常稱為**相對穩定度** (relative stability)。在時域中，相對穩定度可以由量測最大超越量和阻尼比參數得到。在頻域中，我們可用共振峰值 $M_r$ 代表回授控制系統的相對穩定度。另一個表示閉-迴路系統相對穩定度的方法，是用迴路轉移函數 $L(j\omega)$ 的奈氏圖距離 $(-1, j0)$ 點多近來表示。

> 相對穩定度可用來指示一系統有多穩定。

為了說明頻域相對穩定度的觀念，一個典型三-階系統針對四種不同的迴路增益 $K$ 值的奈氏圖及所對應的步階響應及頻率響應，繪製於圖 10-43。此處假設 $L(j\omega)$ 函數為最小-

(a) 穩定且高阻尼的系統

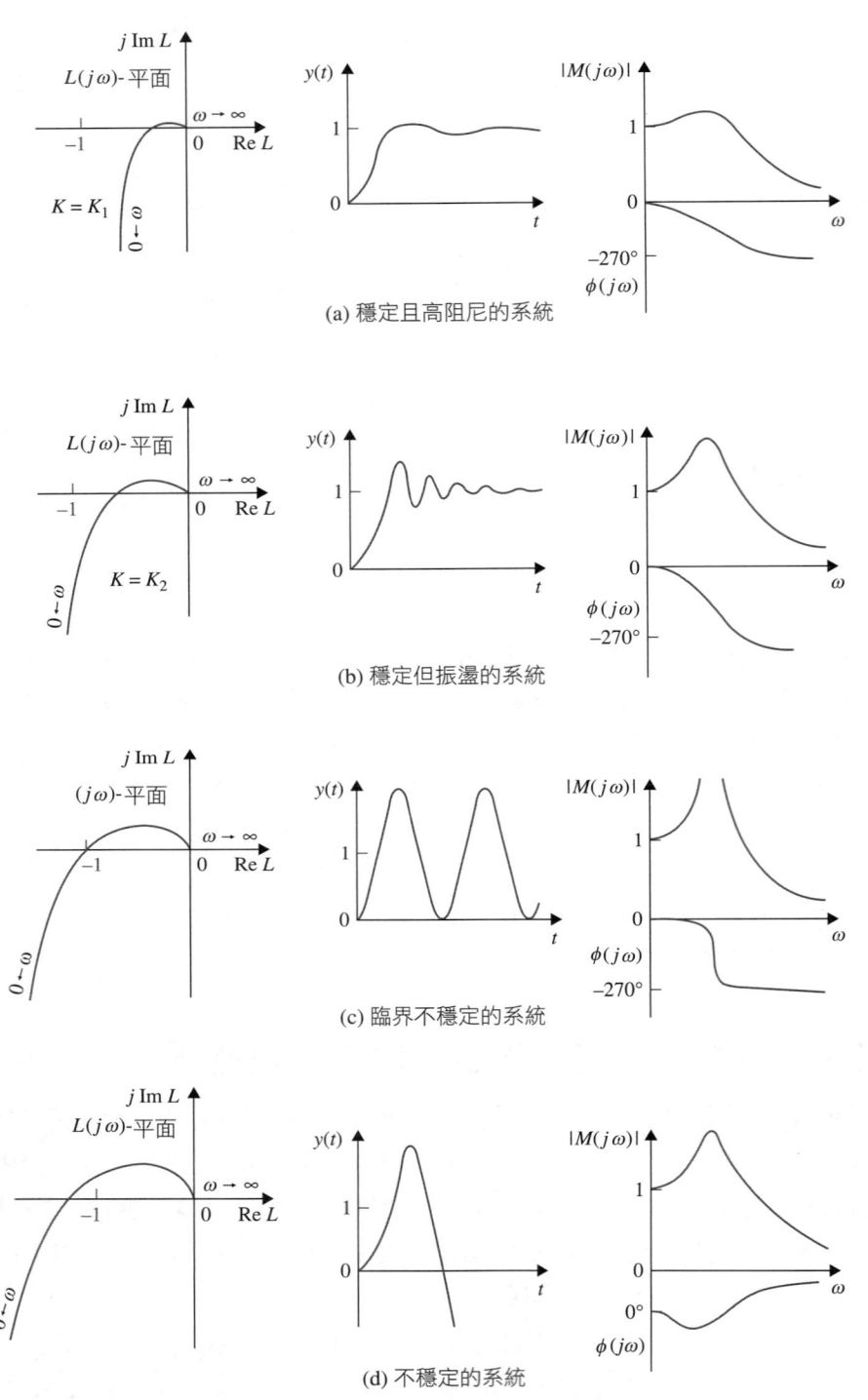

(b) 穩定但振盪的系統

(c) 臨界不穩定的系統

(d) 不穩定的系統

▶ 圖 10-43　奈氏圖、步階響應、及頻率響應之間的關係。

相位型態，因此以 (–1, j0) 點的包容性質便足以作為穩定度分析之用。此四種情形陳述如下：

> 當閉-迴路系統不穩定，$M_r$ 不再有任何意義。

1. 圖 10-43a；低迴路增益 K：$L(j\omega)$ 的奈氏圖和負實軸相交於 (–1, j0) 點右邊相當遠處之點。所對應的步階響應阻尼值很高，故知頻率響應的 $M_r$ 值較低。
2. 圖 10-43b；K 值增加：交越點移至較接近 (–1, j0) 的點；因為臨界點並未被包容，故系統仍為穩定的，但步階響應會有較高的最大超越量，且 $M_r$ 亦較大。
3. 圖 10-43c；K 值再增加：現在，奈氏圖和 (–1, j0) 點相交，故知系統變成臨界穩定。步階響應變成固定振幅之振盪，且 $M_r$ 變成無窮大。
4. 圖 10-43d；當 K 值相當大時：現在，奈氏圖包容了 (–1, j0) 點，系統為不穩定。步階響應變為無限大。$|M(j\omega)|$ 對 $\omega$ 之大小曲線圖則不具任何意義。事實上，即使系統不穩定，$M_r$ 值仍為有限值。以上的所有分析中，閉-迴路頻率響應的相位曲線 $\phi(j\omega)$ 也可提供穩定度的定性資訊。注意：當相對穩定度降低時，相位曲線的負斜率會變得更陡峭。當系統不穩定時，相位曲線在共振頻率以上變成正斜率。在實際應用上，閉-迴路系統的相位特性，並不常用來作為分析和設計之用。

## 10-9-1　增益邊限

**增益邊限** (gain margin, GM) 為衡量控制系統相對穩定度的最常用準則之一。在頻域中，增益邊限用來表示 $L(j\omega)$ 奈氏圖在負實軸上的交點和 (–1, j0) 點的接近程度。在定義增益邊限之前，我們且先定義奈氏圖上的**相位交越點** (phase crossover) 及**相位-交越頻率** (phase-crossover frequency)。

> 此處定義的增益邊限僅適用於最小相位迴路轉移函數。

**相位交越點**。在 $L(j\omega)$ 圖的相位交越點即為此圖與負實軸的交點。

**相位交越頻率**。**相位-交越頻率** $\omega_p$ 為在相位交越點之頻率，即

$$\angle L(j\omega_p) = 180° \tag{10-105}$$

參考圖 10-44，最小-相位型態之迴路轉路函數 $L(j\omega)$ 的奈氏圖，其相位-交越頻率為 $\omega_p$。在 $\omega = \omega_p$ 時，$L(j\omega)$ 的大小為 $|L(j\omega_p)|$。因此，具有 $L(s)$ 作為迴路轉移函數的閉-迴路系統，其增益邊限定義為

> 增益邊限可以由相位交越點來量測。

$$\begin{aligned}增益邊限 = \text{GM} &= 20\log_{10}\frac{1}{|L(j\omega_p)|} \\ &= -20\log_{10}|L(j\omega_p)|\, dB\end{aligned} \tag{10-106}$$

根據上述定義，從圖 10-44 和奈氏圖的性質，我們可得到下列有關系統增益邊限的結論。

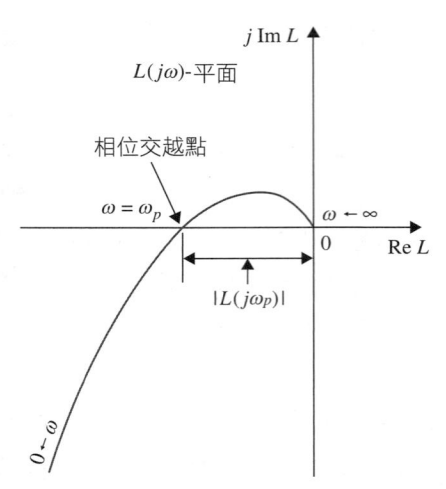

▶ 圖 10-44　在極座標上增益邊限之定義。

1. $L(j\omega)$ 圖未與負實軸相交 (即無有限非零相位交越點) 時，則

$$|L(j\omega_p)| = 0 \quad \text{GM} = \infty \text{ dB} \tag{10-107}$$

2. $L(j\omega)$ 圖與負實軸交於 0 和 −1 點之間 (即相位交越點介於此兩點間)，則

$$0 < |L(j\omega_p)| < 1 \quad \text{GM} > 0 \text{ dB} \tag{10-108}$$

3. $L(j\omega)$ 圖通過 $(-1, j0)$ 點 (即相位交越點位於此點)，則

$$|L(j\omega_p)| = 1 \quad \text{GM} = 0 \text{ dB} \tag{10-109}$$

4. $L(j\omega)$ 圖包容 $(-1, j0)$ 點 (即相位交越點位於臨界點左邊)，則

$$|L(j\omega_p)| > 1 \quad \text{GM} < 0 \text{ dB} \tag{10-110}$$

> 增益邊限為閉-迴路系統到達不穩定之前，以分貝來計算，所能增加之迴路增益量。

基於前述討論，增益邊限的實際意義可歸納為：**增益邊限為閉-迴路系統於到達不穩定之前，以分貝 (dB) 計算所能增加之迴路增益量。**

- 當奈氏圖在任何非零有限頻率未與負實軸相交，則增益邊限為無窮大 dB。此即表示理論上，在不穩定發生之前，迴路增益可以增加到無窮大。
- 當 $L(j\omega)$ 的奈氏圖通過 $(-1, j0)$ 點時，增益邊限為 0 dB，這表示系統已經到達不穩定的邊限而不能再增加其迴路增益。
- 當相位交越點位在 $(-1, j0)$ 點左側時，則增益邊限為負 dB，且迴路增益必須藉由增益

邊限來降低，以達到穩定度。

## 10-9-2　非最小-相位系統的增益邊限

若要把增益邊限用於非最小-相位迴路轉移函數，藉以衡量相對穩定度時要特別小心。對此類系統而言，即使相位交越點在 (−1, j0) 點之左側，仍可能為穩定。因此，負的增益邊限仍可能為穩定系統。雖然如此，相位交越點與 (−1, j0) 點之接近程度，仍為相對穩定度的指標。

## 10-9-3　相位邊限

增益邊限只是表示閉-迴路系統相對穩定度的許多方法之一。由其名字可知增益邊限只用迴路增益變化表示系統穩定度。基本上，增益邊限較大的系統比增益邊限較小的系統來得穩定。不幸的是，只有增益邊限並不足以代表所有系統的相對穩定度；尤其除了增益外，尚有其它可變的參數時更是如此。例如，以圖 10-45 的 $L(j\omega)$ 圖所表示的兩個系統，顯然有同樣的增益邊限。但事實上，軌跡 A 所對應的系統較軌跡 B 的系統穩定。原因是除了迴路增益外，任何系統參數的改變都會影響 $L(j\omega)$ 的相位，而軌跡 B 較易受影響而包容 (−1, j0) 點。此外，我們可以證明系統 B 確實具有比系統 A 大的 $M_r$ 值。

- 相位邊限由增益交越點來量測。
- 相位邊限是閉-迴路變成不穩定之前可被加入之純相位延遲量。

為了釐清相位變化對穩定度的影響，我們引入**相位邊限** (phase margin, PM)，其相關定義如下：

**增益交越點**。增益交越點為 $L(j\omega)$ 圖上使其大小為 1 之點。

**增益-交越頻率**。增益-交越頻率 $\omega_g$ 為 $L(j\omega)$ 在增益交越點的頻率；或

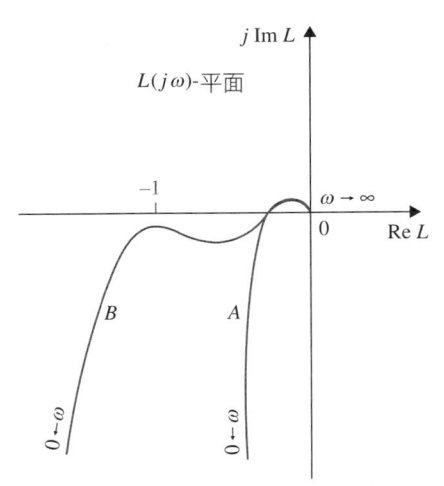

▶ **圖 10-45**　用以顯示出具有同樣的增益邊限，但是卻有不同相對穩定度之系統的奈氏圖。

$$|L(j\omega_g)| = 1 \tag{10-111}$$

相位邊限在此的定義僅適合具有最小-相位轉移函數之系統。

相位邊限之定義為：將 $L(j\omega)$ 圖對原點做旋轉，使得 $L(j\omega)$ 軌跡上的增益交越點通過 $(-1, j0)$ 點，其旋轉的角度稱為相位邊限 (以度為單位)。

圖 10-46 展示典型最小相位 $L(j\omega)$ 的奈氏圖。由經過增益交越點與原點的直線和 $L(j\omega)$-平面的負實軸之間所夾角度即相位邊限。相較於由迴路增益所決定之增益邊限，相位邊限則可顯示因系統參數變動所引起之系統穩定度的效應；因為理論上，對所有頻率而言，此種系統參數變動會對 $L(j\omega)$ 的相位造成等量的改變。相位邊限就是閉-迴路系統在變成不穩定前可以加入迴路轉移函數之純相位延遲。

當系統為最小-相位型態時，參考圖 10-46，相位邊限的解析表示式可寫成

$$\text{相位邊限 (PM)} = \angle L(j\omega_g) - 180° \tag{10-112}$$

其中，$\omega_g$ 為增益-交越頻率。

對非最小-相位轉移函數之奈氏圖的相位邊限，在解釋時應特別小心。當迴路轉移函數為非最小-相位型式時，增益交越點可能出現在 $L(j\omega)$ 的任何象限，故 (10-112) 式所定義的相位邊限不再有效。

### 範例 10-9-1

作為說明增益與相位邊限之範例，考慮一控制系統的迴路轉移函數如下：

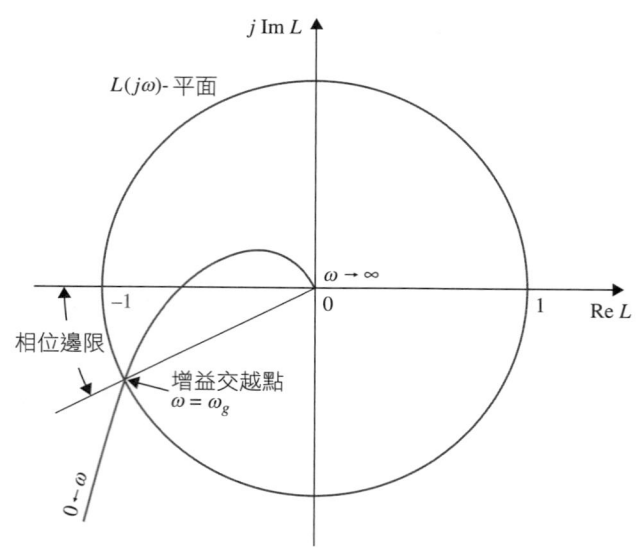

▶ **圖 10-46** $L(j\omega)$-平面所定義的相位邊限。

$$L(s) = \frac{2500}{s(s+5)(s+50)} \tag{10-113}$$

$L(j\omega)$ 之奈氏圖如圖 10-47 所示。由奈氏圖可得以下結果

$$\text{增益交越頻率 } \omega_g = 6.22 \text{ rad/sec}$$
$$\text{相位交越頻率 } \omega_p = 15.88 \text{ rad/sec}$$

增益邊限可由相位交越點量測。$L(j\omega_p)$ 之大小值為 0.182。因此，由 (10-106) 式可得增益邊限為

$$\text{GM} = 20\log_{10}\frac{1}{|L(j\omega_p)|} = 20\log_{10}\frac{1}{0.182} = 14.80 \text{ dB} \tag{10-114}$$

相位邊限由增益交越點求得，$L(j\omega_g)$ 之相位為 211.72°。因此，由 (10-112) 式，相位邊限為

$$\text{PM} = \angle L(j\omega_g) - 180° = 211.72° - 180° = 31.72° \tag{10-115}$$

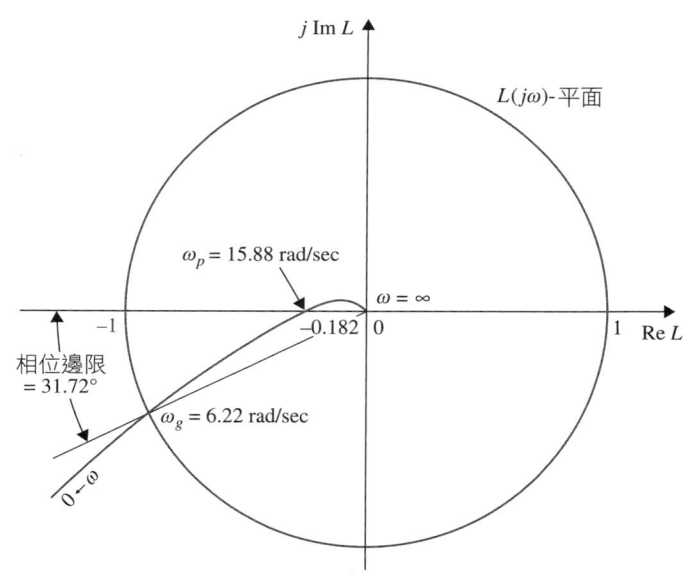

▶ 圖 10-47　$L(s) = \dfrac{2500}{s(s+5)(s+50)}$ 之奈氏圖。

在探討穩定度研究的波德圖方法之前，先歸納出奈氏圖之優缺點將會很有助益。

### 奈氏圖的優點

1. 奈氏圖可用來研究具有非最小-相位轉移函數系統之穩定度。
2. 一旦完成迴路轉移函數之奈氏圖，只要檢視奈氏圖與 (−1, j0) 點之相對位置，即可進行閉-迴路系統的穩定度分析。

### 奈氏圖的缺點
1. 只參考奈氏圖並不容易完成控制器之設計。

## 10-10 利用波德圖的穩定度分析

附錄 B 所描述之轉移函數的波德圖為線性控制系統在頻域分析與設計上非常有用的圖形化工具。在計算機出現之前，波德圖通常稱為「漸近圖」，因為其大小和相位曲線都由近似的特性繪出，而毋須繪出詳細的曲線。近代波德圖在控制系統上的應用有如下的優缺點。

### 波德圖的優點
1. 在沒有電腦時，波德圖可以用分段直線描繪出近似的大小和相位圖。
2. 由波德圖求取增益交越點、相位交越點、增益邊限及相位邊限比奈氏圖容易。
3. 就設計而言，新增控制器和參數改變的影響，在波德圖上比奈氏圖更容易看出。

### 波德圖的缺點
1. 波德圖只能對最小-相位系統的絕對和相對穩定度加以分析。例如，由波德圖則無法得知穩定度準則為何。

> 波德圖只能對具有最小-相位迴路轉移函數之系統作穩定度分析。

參考圖 10-44 和圖 10-46 對最小-相位迴路轉移函數的增益邊限和相位邊限所作的定義，兩者在波德圖上的詮釋如圖 10-48 所示。由波德圖特性對系統穩定度分析可作以下觀察：

1. 若相位交越點的 $L(j\omega)$ 大小值為負的 dB，則增益邊限為正且系統穩定。即增益邊限之量測在 0-dB 軸下方。若增益邊限量得在 0-dB 軸上方，則增益邊限為負，且系統不穩定。
2. 若 $L(j\omega)$ 於增益交越點之相位大於 $-180°$，則相位邊限為正，且系統穩定。即相位邊限量測於 $-180°$ 軸上方。若相位邊限在 $-180°$ 軸下方量得，則相位邊限為負，且系統不穩定。

### 範例 10-10-1

考慮 (10-113) 式中的迴路轉移函數；其波德圖繪於圖 10-49。由幅度和相位圖可以容易地觀測到以下結果。增益交越點為幅度曲線與 0-dB 軸之交點。

增益交越頻率 $\omega_g$ 為 6.22 rad/sec。相位邊限可由增益交越點求得。相位邊限從 $-180°$ 軸量起，為 31.72°。由於相位邊限在 $-180°$ 軸上方，相位邊限為正，故知系統穩定。

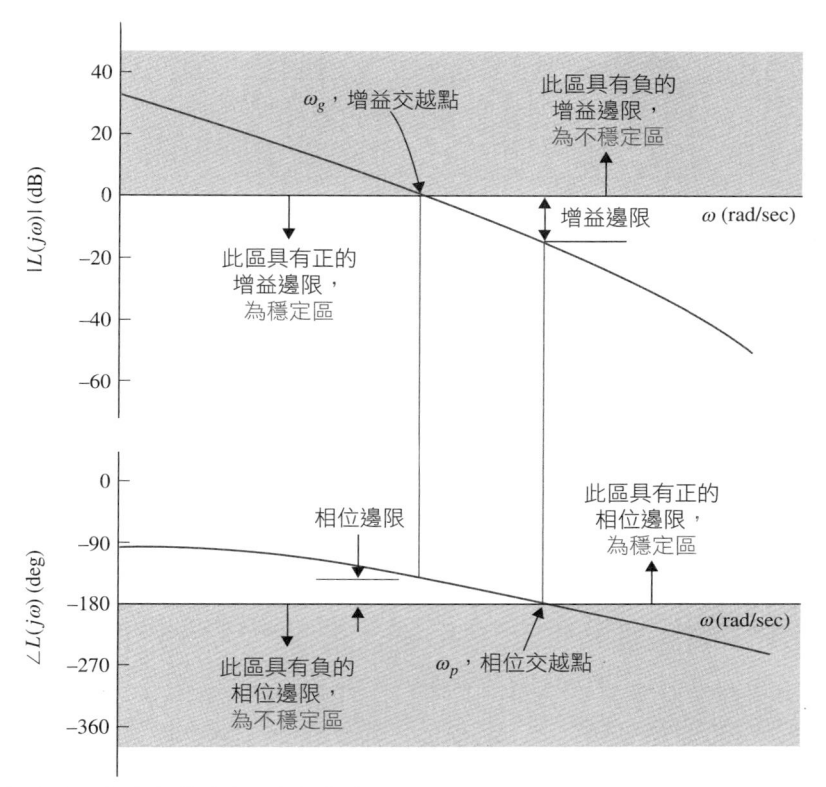

▶ 圖 10-48　在波德圖上決定增益邊限和相位邊限。

相位交越點為相位曲線與 −180° 軸之交點。相位-交越頻率 $\omega_p$ 為 15.88 rad/sec。增益邊限可由相位交越點求得，且其為 14.82 dB。由於增益邊限所量得在 0-dB 軸下方，增益邊限為正，故知系統穩定。

讀者應把圖 10-47 之奈氏圖與圖 10-49 之波德圖作比較，並在這些圖上標示出 $\omega_g$、$\omega_p$、GM 及 PM。

### 工具盒 10-10-1

圖 10-49 的 MATLAB 程式碼。

```
G = zpk([],[0 -1 -1],2500)
margin(G)
grid
```

## 10-10-1　具有純時間延遲之系統的波德圖

10-4 節討論了具有單純時間延遲的閉-迴路系統之穩定度分析。此主題可用波德圖很容易地分析出來。下一個範例說明穩定度分析的標準程序。

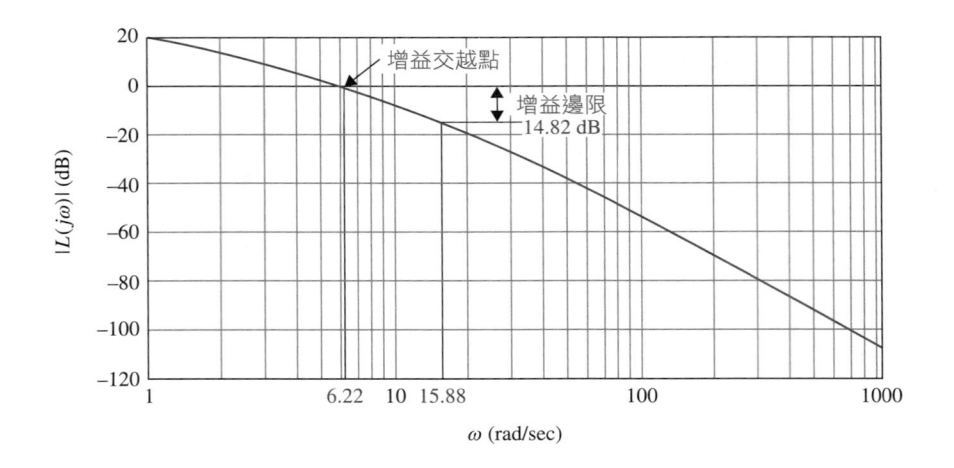

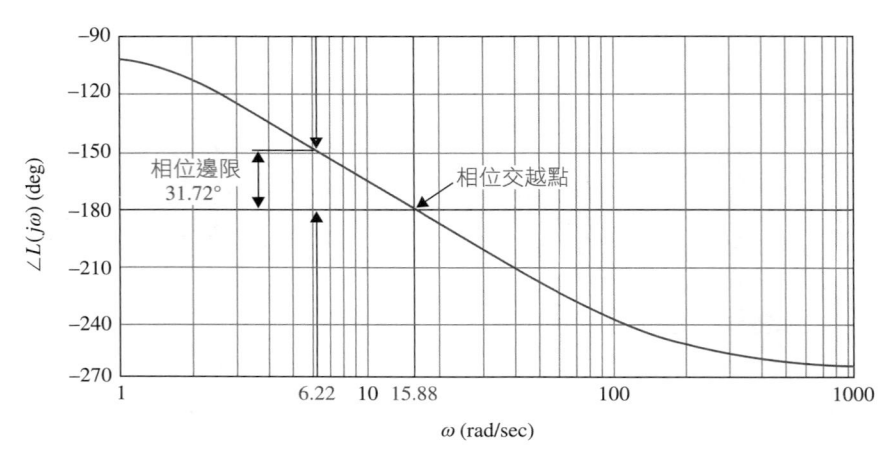

▶ 圖 10-49　$L(s) = \dfrac{2500}{s(s+5)(s+50)}$ 之波德圖。

## 範例 10-10-2

考慮一閉-迴路系統的迴路轉移函數

$$L(s) = \frac{Ke^{-T_d s}}{s(s+1)(s+2)} \tag{10-116}$$

圖 10-50 為 $L(j\omega)$ 在 $K = 1$ 及 $T_d = 0$ 時之波德圖，可得以下結果：

　　增益-交越頻率 = 0.446 rad/sec
　　相位邊限 = 53.4°
　　相位-交越頻率 = 1.416 rad/sec
　　增益邊限 = 15.57 dB

因此，系統在無時間延遲時為穩定。

純時間延遲相當於在相位曲線上加入 $-T_d\omega$ 弳的相位,而不影響大小曲線。時間延遲對穩定度的危害是顯而易見,因為時間延遲所引入的負相位隨頻率 $\omega$ 的增加而迅速增加。欲使系統穩定,時間延遲之臨界值必須滿足

$$T_d\omega_g = 53.4° \frac{\pi}{180°} = 0.932 \text{ rad} \tag{10-117}$$

求解上式中的 $T_d$,可得 $T_d$ 之臨界值為 2.09 秒。

繼續此例,任意設 $T_d = 1$ 秒,並求出穩定時 $K$ 之臨界值。圖 10-50 所示為 $L(j\omega)$ 在此新時間延遲之波德圖。當 $K$ 仍為 1 時,大小曲線維持不變。當 $\omega$ 增加時相位曲線往下掉,可得以下結果:

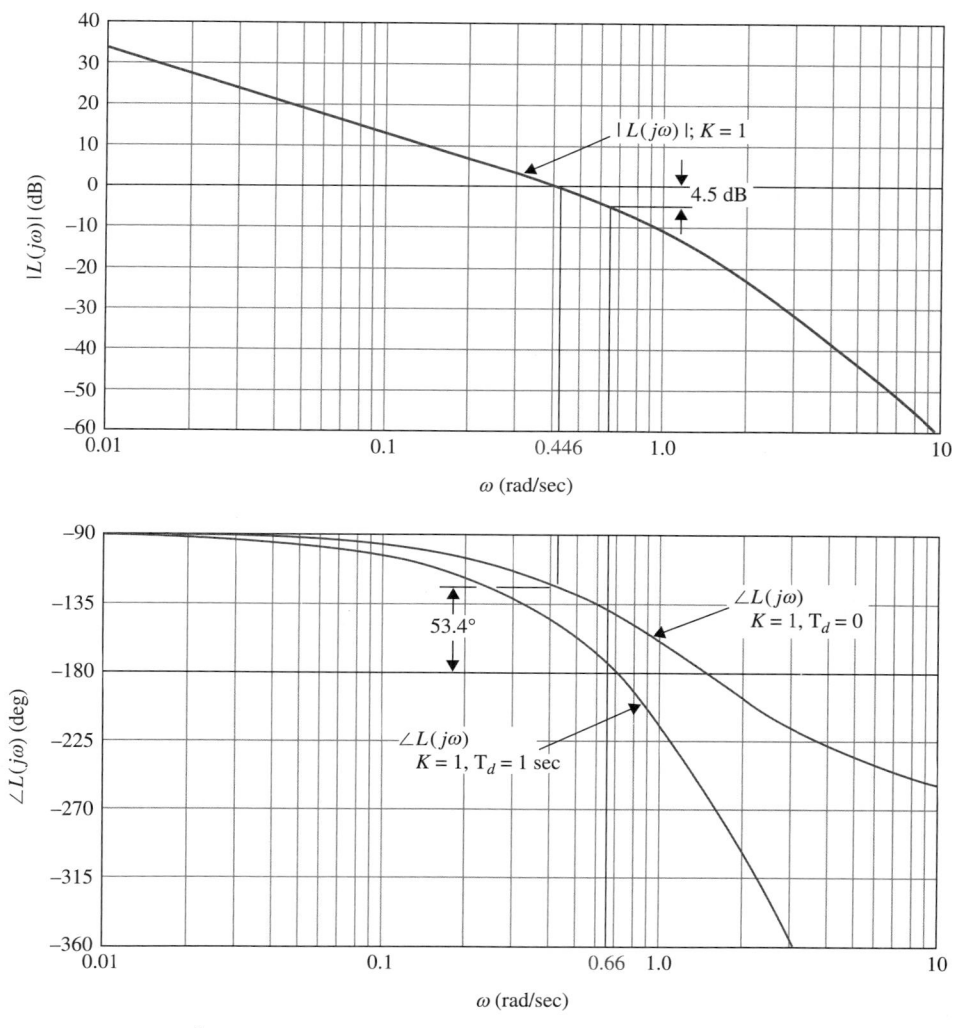

▶ 圖 10-50　$L(s) = \dfrac{Ke^{-T_d s}}{s(s+1)(s+2)}$ 之波德圖。

相位-交越頻率 = 0.66 rad/sec

增益邊限 = 4.5 dB

因此，利用 (10-106) 式增益邊限之定義，穩定時 $K$ 之臨界值為 $10^{4.5/20} = 1.68$。

## 10-11 相對穩定度與波德圖大小曲線斜率的關係

除了 GM、PM 及 $M_r$ 可作為系統相對穩定度衡量外，迴路轉移函數波德圖的幅度曲線在增益交越點的斜率也可提供閉-迴路系統相對穩定度的定性指標。例如，在圖 10-49 中若系統的迴路增益由正常值下降，大小曲線則往下移，然而相位曲線維持不變。此將導致增益-交越頻率降低，且在此頻率之大小曲線斜率為較小負值；相對應的相位邊限則增加。反之，若迴路增益增加，則增益-交越頻率隨之增加，且大小曲線在此處的斜率變得更負。此導致系統的相位邊限減少，因而系統變得較不穩定。在這些穩定度推論背後的理由相當簡單。對最小-相位轉移函數而言，大小和相位之間的關係是唯一的。因為在大小曲線上，負的斜率乃是轉移函數中極點比零點數目多的結果，相對應的相位也為負。通常，在大小圖上越陡峭的斜率，負相位就越大。因此，若增益交越點處的大小曲線斜率很陡峭，則相位邊限就可能很小，或為負值。

### 10-11-1 條件性穩定的系統

到目前為止的範例均很單純，因為大小和相位斜率只隨 $\omega$ 增加而單調地減少。以下範例說明條件性穩定系統 (conditionally stable system) 在迴路增益變化時，將會穿越穩定/不穩定情況。

#### 範例 10-11-1

考慮一閉-迴路系統之迴路轉移函數為

$$L(s) = \frac{100K(s+5)(s+40)}{s^3(s+100)(s+200)} \tag{10-118}$$

$L(j\omega)$ 在 $K = 1$ 的波德圖，如圖 10-51 所示。故可得到下列有關系統穩定性的結果：

增益-交越頻率 = 1 rad/sec

相位邊限 = $-78°$

此例共有兩個相位交越點：一個在 25.8 rad/sec，另一個在 77.7 rad/sec。若增益交越點位於這兩個頻率之間時，此區域的相位特性顯示系統為穩定。由波德圖的大小曲線，可發現穩定操作時，$K$ 值的範圍是在 69 dB 和 85.5 dB 之間。當 $K$ 值低於或超過這個範圍時，則 $L(j\omega)$ 的相位

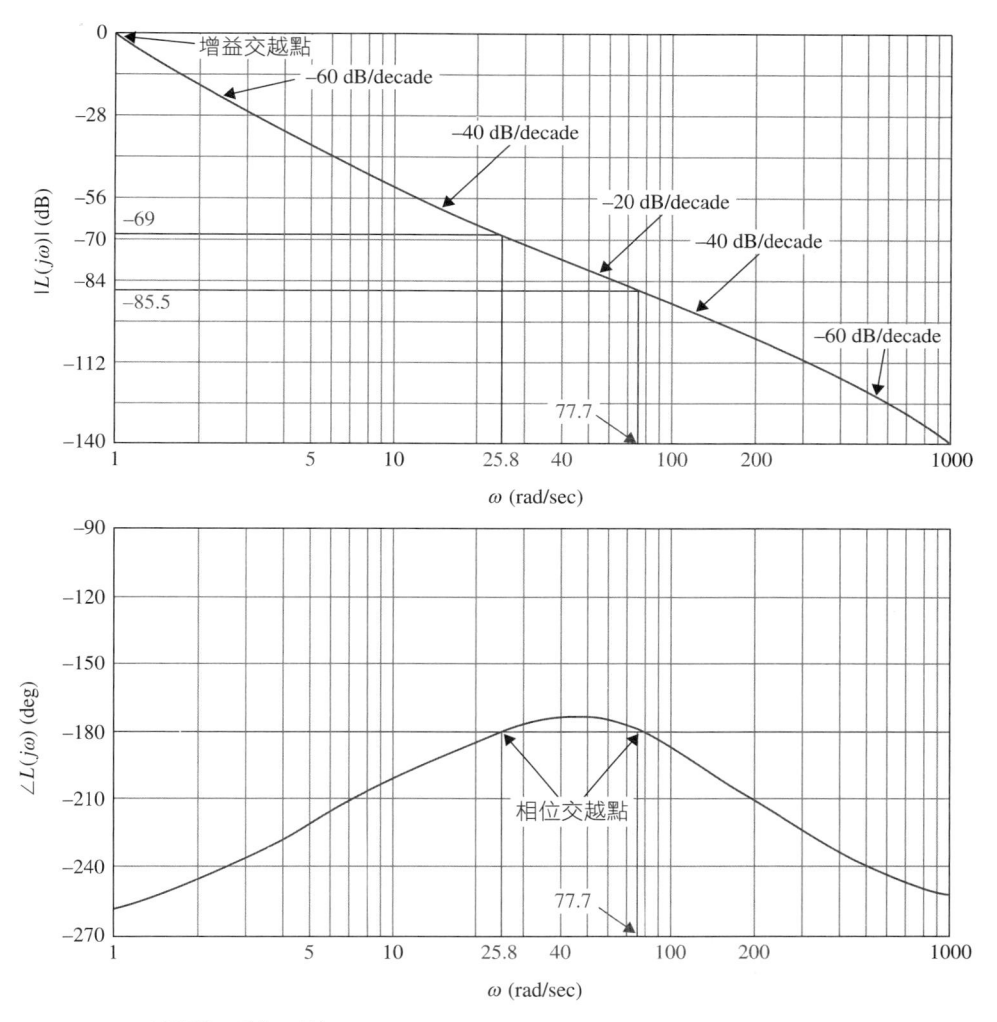

▶ 圖 10-51　$L(s) = \dfrac{100K(s+5)(s+40)}{s^3(s+100)(s+200)}$，$K = 1$ 之波德圖。

小於 −180°，系統為不穩定。這個範例適合於說明大小曲線在增益交越點處的斜率和相對穩定度之間的關係。由圖 10-51 中可看出在非常低和非常高頻率時，大小曲線的斜率為 −60 dB/decade 的兩個部分，若增益交越點跌進這兩個區域之一後，相位邊限變成負值而系統為不穩定。在大小曲線上，斜率為 −40 dB/decade 的兩個部分，若增益交越點跌入這兩個區域之一半時，系統才為穩定。即使如此，相位邊限亦很小。但是，若增益交越點跌入大小曲線中，斜率為 −20 dB/decade 的區域時，則系統為穩定的。

在圖 10-52 中所示為 $L(j\omega)$ 的奈氏圖。我們想要比較由波德圖和奈氏圖所導出的穩定度結果。圖 10-53 中所示為此系統的根軌跡圖。此根軌跡圖亦清楚地提供了相對於 $K$ 值的穩定度條件。在 $s$-平面上根軌跡經過 $j\omega$-軸之次數等於波德圖上 $L(j\omega)$ 通過 −180° 軸的次數，亦等於 $L(j\omega)$ 之奈氏圖通過負實軸的次數。讀者應核對波德圖的增益邊限，及奈氏圖上與負實軸之相交點座標，和根軌跡圖上與 $j\omega$-軸交點之 $K$ 值。

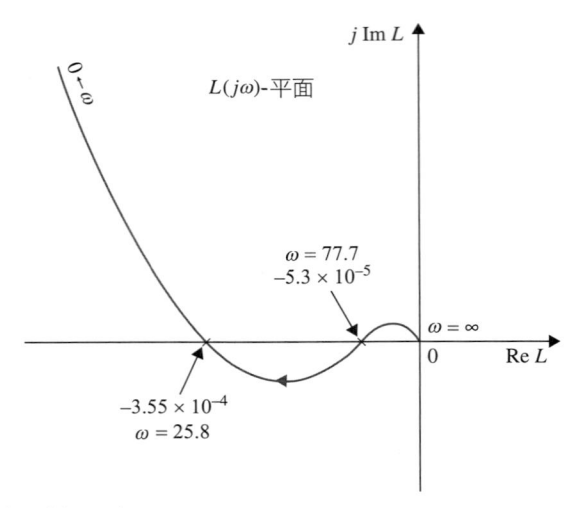

▶ 圖 10-52　$L(s) = \dfrac{100K(s+5)(s+40)}{s^3(s+100)(s+200)}$，在 $K=1$ 時的奈氏圖。

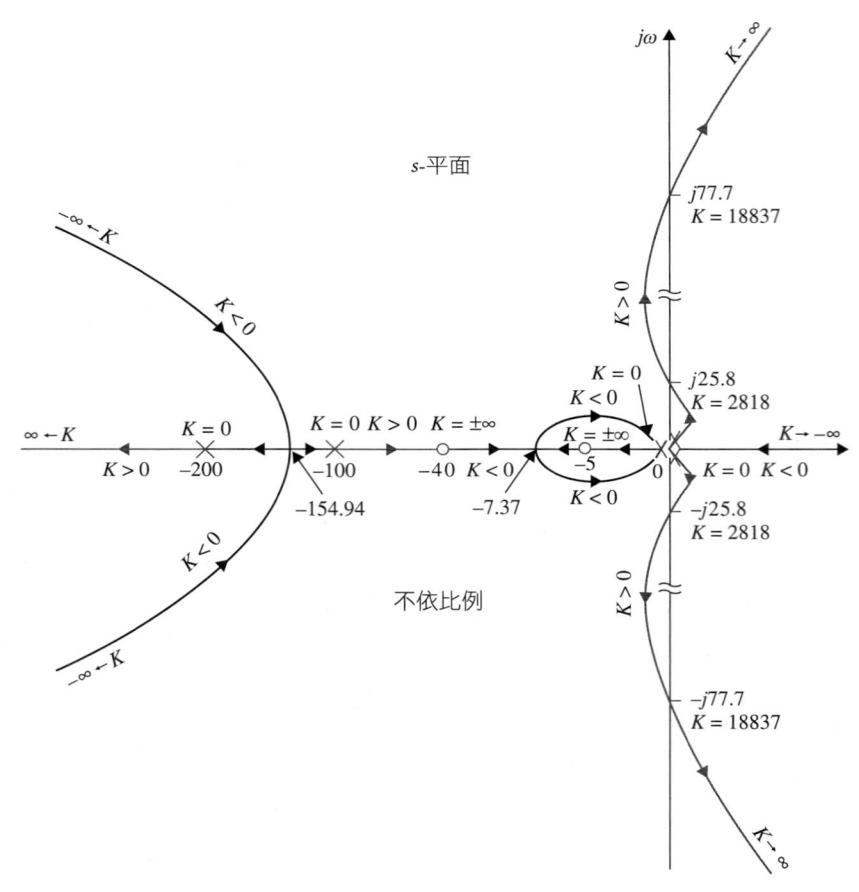

▶ 圖 10-53　$L(s) = \dfrac{100K(s+5)(s+40)}{s^3(s+100)(s+200)}$ 之根軌跡圖。

## 10-12 利用大小-相位圖的穩定度分析

大小-相位圖為頻域圖之另一種形式，詳細作法請參閱附錄 B 的 B-2-10 節。此圖對於頻域之分析和設計有某些優點。轉移函數 $L(j\omega)$ 之大小-相位圖就是 $|L(j\omega)|$(dB) 對 $\angle L(j\omega)$ (度) 之變化曲線圖。(10-113) 式的轉移函數之大小-相位圖如圖 10-54 所示，它主要是利用圖 10-49 之波德圖上的資料所繪出。增益和相位交越點以及增益與相位邊限均清楚地標示在 $L(j\omega)$ 的大小-相位圖上。

- 臨界點為 0-dB 軸與 –180° 軸之交點。
- 相位交越點為軌跡與 –180° 軸之交點。
- 增益交越點為軌跡與 0-dB 軸之交點。
- 增益邊限為由相位交越點到臨界點之垂直距離並以 dB 值表示。

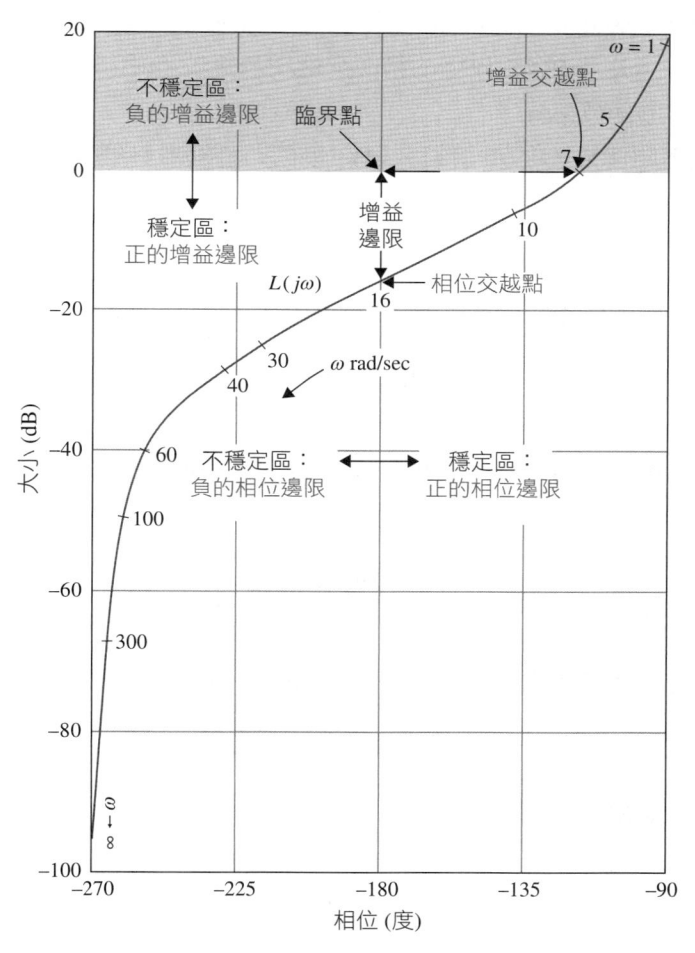

▶ 圖 10-54　$L(s) = \dfrac{10}{s(1+0.2s)(1+0.02s)}$ 之大小-相位圖。

- 相位邊限為由增益交越點到臨界點之水平距離，並以角度值衡量。

由增益交越點和相位交越點所界定的穩定和不穩定區亦標於圖上。由於 $|L(j\omega)|$ 的垂直軸是以 dB 為單位，因此當 $L(j\omega)$ 迴路增益改變時，軌跡可簡單地沿垂直軸上下移動。同樣地，將一固定相位加到 $L(j\omega)$ 時，軌跡形狀不變而會水平地移動。若 $L(j\omega)$ 包含一純時間延遲 $T_d$ 時，此時間延遲的效應為沿曲線加入一個等於 $-\omega T_d \times 180°/\pi$ 的相位。

大小-相位圖的其它優點在於針對單位-回授系統時，其諸如 $M_r$、$\omega_r$ 及 BW 之閉-迴路系統參數，皆可藉由此圖的定值-$M$ 軌跡之幫助而求得。這些閉-迴路性能參數無法從單位-回授系統之順向轉移函數的波德圖中看出。

## 10-13　大小-相位平面之定值-$M$ 軌跡：尼可斯圖

前述討論曾指出，高階系統的共振峰值 $M_r$ 和頻寬 BW 很難求得，而波德圖只能找出閉-迴路系統的增益邊限和相位邊限。因此，有必要發展一圖形法，利用順向轉移函數 $G(j\omega)$ 即可決定 $M_r$、$\omega_r$ 及 BW。以下的推導只能用於單位-回授系統。不過，經過適當地修改也可用於非單位-回授系統。

令 $G(s)$ 為單位-回授系統之順向轉移函數，則閉-迴路轉移函數為

$$M(s) = \frac{G(s)}{1+G(s)} \tag{10-119}$$

對於弦波穩態而言，以 $j\omega$ 取代 $s$，則 $G(s)$ 變成

$$\begin{aligned}G(j\omega) &= \text{Re }G(j\omega) + j\text{ Im }G(j\omega) \\ &= x + jy\end{aligned} \tag{10-120}$$

為了簡便，用 $x$ 代表 Re $G(j\omega)$，以 $y$ 代表 Im $G(j\omega)$。因此，閉-迴路轉移函數之大小可寫成

$$|M(j\omega)| = \left|\frac{G(j\omega)}{1+G(j\omega)}\right| = \frac{\sqrt{x^2+y^2}}{\sqrt{(1+x)^2+y^2}} \tag{10-121}$$

為了簡化符號，令 $M$ 代表為 $|M(j\omega)|$，則 (10-121) 式變成

$$M\sqrt{(1+x)^2+y^2} = \sqrt{x^2+y^2} \tag{10-122}$$

對 (10-122) 式兩邊取平方，可得

$$M^2[(1+x)^2+y^2] = x^2+y^2 \tag{10-123}$$

將上式重新整理，得

$$(1-M^2)x^2 + (1-M^2)y^2 - 2M^2 x = M^2 \tag{10-124}$$

將上式兩邊除以 $(1-M^2)$ 並加上 $[M^2/(1-M^2)]^2$ 項，可得

$$x^2 + y^2 - \frac{2M^2}{1-M^2}x + \left(\frac{M^2}{1-M^2}\right)^2 = \frac{M^2}{1-M^2} + \left(\frac{M^2}{1-M^2}\right)^2 \tag{10-125}$$

最後簡化為

$$\left(x - \frac{M^2}{1-M^2}\right)^2 + y^2 = \left(\frac{M}{1-M^2}\right)^2 \quad M \neq 1 \tag{10-126}$$

對一已知 $M$ 值，(10-126) 式為一圓，且圓心為

$$x = \operatorname{Re} G(j\omega) = \frac{M^2}{1-M^2} \quad y = 0 \tag{10-127}$$

半徑為

$$r = \left|\frac{M}{1-M^2}\right| \tag{10-128}$$

當 $M$ 取不同值時，(10-126) 式代表在 $G(j\omega)$-平面上的一組圓，稱為**定值-$M$ 軌跡** (constant-$M$ loci)，或**定值-$M$ 圓** (constant-$M$ circles)。圖 10-55 所示為 $G(j\omega)$-平面上典型的

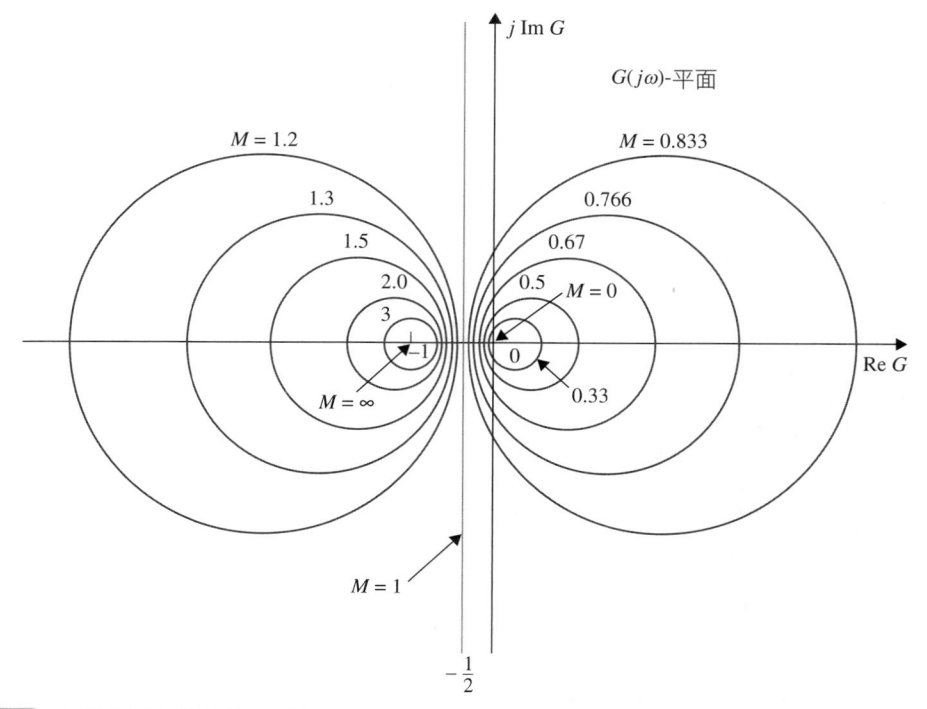

▶ **圖 10-55** 在極座標中的定值-$M$ 圓。

- 當系統不穩定時，定值-$M$ 軌跡及 $M_r$ 不再具有任何意義。
- BW 為 $G(j\omega)$ 曲線與尼可斯圖上 $M = -3$ dB 軌跡相交點之頻率。

定值-$M$ 圓。這些圓對稱於 $M = 1$ 直線及實軸。在 $M = 1$ 直線左邊的圓為 $M$ 大於 1 的軌跡，而在 $M = 1$ 直線右邊的圓為 $M$ 小於 1。從 (10-126) 式和 (10-127) 式可知，當 $M$ 趨向於無窮大時，圓退化成點 $(-1, j0)$。由圖上可看出，$G(j\omega)$ 曲線和定值-$M$ 圓的交點，可求出 $G(j\omega)$ 曲線上該相對應頻率的 $M$ 值。若要使 $M_r$ 保持小於某值時，則 $G(j\omega)$ 曲線必不能和所對應的 $M$ 圓相交於任何點，且不能包容 $(-1, j0)$ 點。具有最小半徑又和 $G(j\omega)$ 曲線相切的定值-$M$ 圓，其 $M$ 值就是 $M_r$，而相切處的頻率就是共振頻率 $\omega_r$。

圖 10-56a 說明單位-回授控制系統的 $G(j\omega)$ 奈氏圖及一些定值-$M$ 軌跡。對一已知的

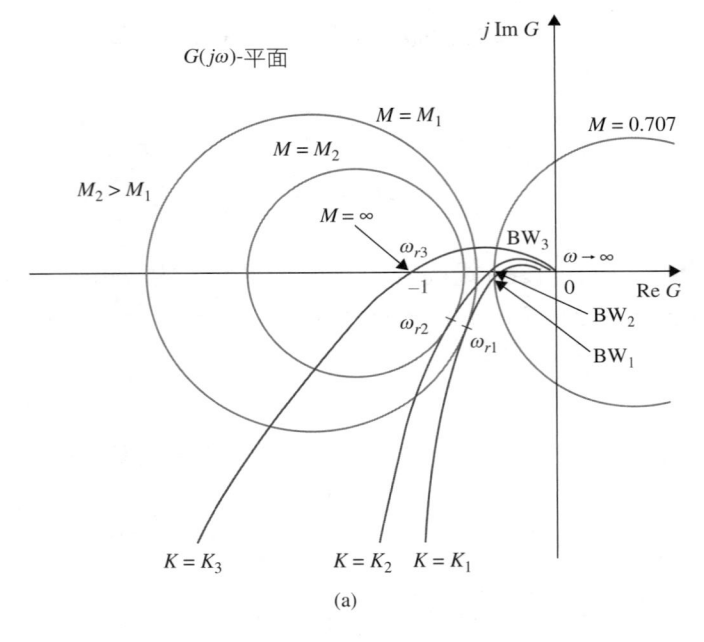

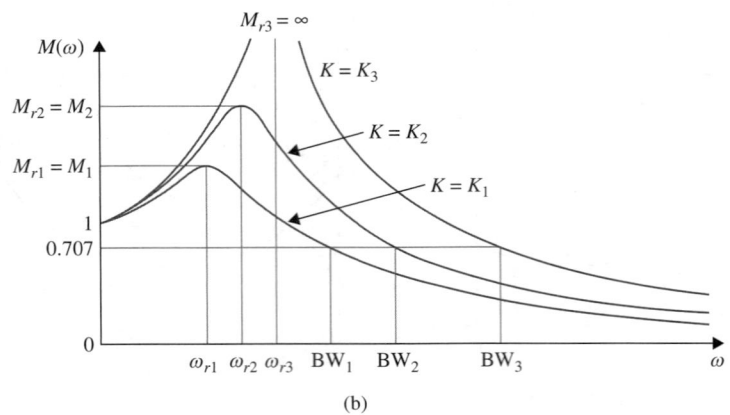

▶ 圖 10-56　(a) $G(s)$ 和定值 $M$-軌跡的極座標圖。(b) 相對應放大增益曲線圖。

迴路增益 $K = K_1$ 而言，$G(j\omega)$ 曲線和定值-$M$ 軌跡之間的一些重要交點都標示於 $|M(j\omega)|$-對-$\omega$ 曲線圖上。共振峰值 $M_r$ 就等於和 $G(j\omega)$ 曲線相切的最小 $M$ 圓的 $M$ 值。共振頻率是相切點的頻率，以 $\omega_{r1}$ 表示。若迴路增益增加至 $K_2$ 且系統仍維持穩定，則與 $G(j\omega)$ 曲線相切的定值-$M$ 圓，其半徑較小者將對應於較大 $M$ 值，因此會得到較大的共振峰值 $M_{r2}$。相對應於 $M_{r2}$ 的共振頻率出現在 $\omega_{r2}$，$\omega_{r2}$ 比 $\omega_{r1}$ 更接近於相位-交越頻率 $\omega_p$。當 $K$ 增加到 $K_3$ 使得 $G(j\omega)$ 曲線經過 $(-1, j0)$ 點時，則系統是處在臨界穩定；此時，$M_r$ 為無限大且 $\omega_{p3}$ 與共振頻率相同，即 $\omega_{p3} = \omega_r$。

從取得 $G(j\omega)$ 曲線和定值-$M$ 軌跡之間足夠的交點時，$|M(j\omega)|$-對-$\omega$ 變化之放大增益曲線可以畫成如圖 10-56b 所示。

閉-迴路系統的頻寬可由 $G(j\omega)$ 曲線和 $M = 0.707$ 軌跡的交點處之資訊求得。對於超過 $K_3$ 之 $K$ 值而言，系統為不穩定，故知定值-$M$ 軌跡和 $M_r$ 不再具有任何意義。

在極座標上畫出 $G(j\omega)$ 的奈氏圖有一主要缺點，若對系統做簡單修改，譬如改變系統的迴路增益時，就會使曲線不再保有原來的形狀。在設計時，不僅迴路增益經常在變，且常必須加入串聯控制器至原來的系統。這樣往往需要重畫修正後之 $G(j\omega)$ 的奈氏圖。當設計規範包含 $M_r$ 和 BW 時，則最好在 $G(j\omega)$ 的大小-相位圖上設計。因為當迴路增益改變時，整個 $G(j\omega)$ 曲線只須上移或下移而不須改變形狀。若只是 $G(j\omega)$ 的相位特性改變而不影響到增益時，則大小-相位圖只須在水平方向作修正。

基於以上的原因，極座標內的定值-$M$ 軌跡被繪製在大小-相位座標內，而所得之軌跡稱為<u>尼可斯圖</u> (Nichols chart)。選定定值-$M$ 軌跡後，其典型的尼可斯圖如圖 10-57 所示。

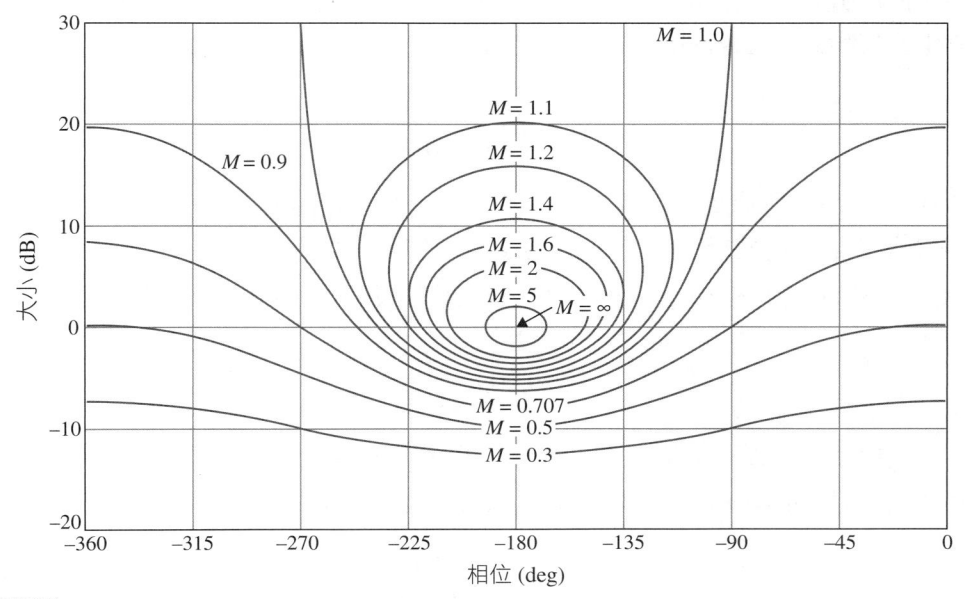

▶ 圖 10-57　尼可斯圖。

一旦系統的 $G(j\omega)$ 曲線繪製在尼可斯圖上，定值-$M$ 軌跡與 $G(j\omega)$ 軌跡之間的交點便提供 $G(j\omega)$ 在相對應該頻率的 $M$ 值。共振峰值 $M_r$ 可以由最小的定值-$M$ 軌跡 ($M \geq 1$) 與 $G(j\omega)$ 曲線相切點處的 $M$ 值求得。共振頻率就是 $G(j\omega)$ 在相切點處之頻率。閉-迴路系統的頻寬為 $G(j\omega)$ 曲線與 $M = 0.707$ (–3 dB) 軌跡相交點處之頻率。

下例將說明波德圖及尼可斯圖等分析方法之間的關係。

### 範例 10-13-1

考慮 7-9 節的飛機機翼控制平面之位置控制系統，其單位-回授系統之順向轉移函數如 (7-169) 式所示，並重複如下：

$$G(s) = \frac{1.5 \times 10^7 \, K}{s(s+400.26)(s+3008)} \tag{10-129}$$

圖 10-58 為 $G(j\omega)$ 之波德圖，其中 $K$ 值分別為 7.248、14.5、181.2，及 273.57。由所示的波德圖上可看出這些 $K$ 值的閉-迴路系統之增益與相位邊限。相對於此波德圖之 $G(j\omega)$ 的大小-相位圖，如圖 10-59 所示。這些大小-相位圖連同尼可斯圖提供了共振峰值 $M_r$、共振頻率 $\omega_r$，及頻寬 BW 的資訊。增益和相位邊限也清楚標示在大小-相位圖上。圖 10-60 所示為閉-迴路頻率響應。在表 10-3 歸納四種不同 $K$ 值的頻域分析結果與 7-9 節之時域分析所得的最大超越量。

## 10-14 應用尼可斯圖至非單位-回授系統

前幾章所討論的定值-$M$ 軌跡及尼可斯圖的分析，僅限於具有單位-回授的閉-迴路系統，其轉移函數為 (10-119) 式。當系統的回授不為一時，其閉-迴路轉移函數為

$$M(s) = \frac{G(s)}{1+G(s)H(s)} \tag{10-130}$$

其中 $H(s) \neq 1$。尼可斯圖及早先的定值-$M$ 軌跡，並不能藉由繪出 $G(j\omega)H(j\omega)$ 圖而直接用於回授不為一的閉-迴路系統中，因為，$M(s)$ 之分子並不包含 $H(j\omega)$。

但是，在做小調整後，這些軌跡仍可用於回授不為一的系統中。考慮方程式

$$P(s) = H(s)M(s) = \frac{G(s)H(s)}{1+G(s)H(s)} \tag{10-131}$$

顯然，(10-131) 式與 (10-119) 式具有相同形式。$P(j\omega)$ 之頻率響應可由 $G(j\omega)H(j\omega)$ 之大小-相位圖和尼可斯圖求出。一旦如此，$M(j\omega)$ 之頻率響應資訊便可如下所示來求得：

$$|M(j\omega)| = \frac{|P(j\omega)|}{|H(j\omega)|} \tag{10-132}$$

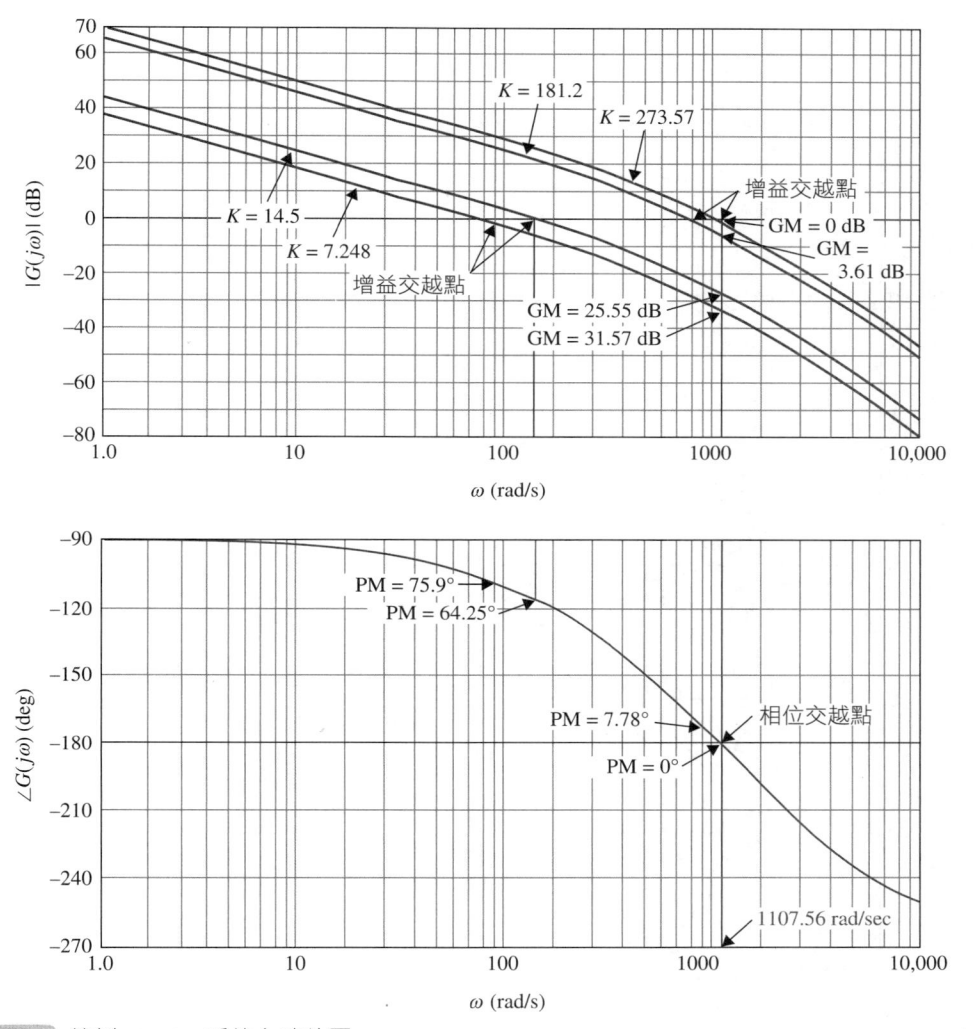

▶ 圖 10-58　範例 10-13-1 系統之波德圖。

或以 dB 表示成

$$|M(j\omega)|(dB) = |P(j\omega)|(dB) - |H(j\omega)|(dB) \tag{10-133}$$

$$\phi_m(j\omega) = \angle M(j\omega) = \angle P(j\omega) - \angle H(j\omega) \tag{10-134}$$

## 10-15　頻域的靈敏度研究

應用頻域方法研究線性控制系統有一好處，即高階系統的處理比時域容易許多。此外，系統相對於參數變動的靈敏度可以很容易地由頻域圖來闡釋。本節

> 靈敏度之研究在頻域中很容易實現。

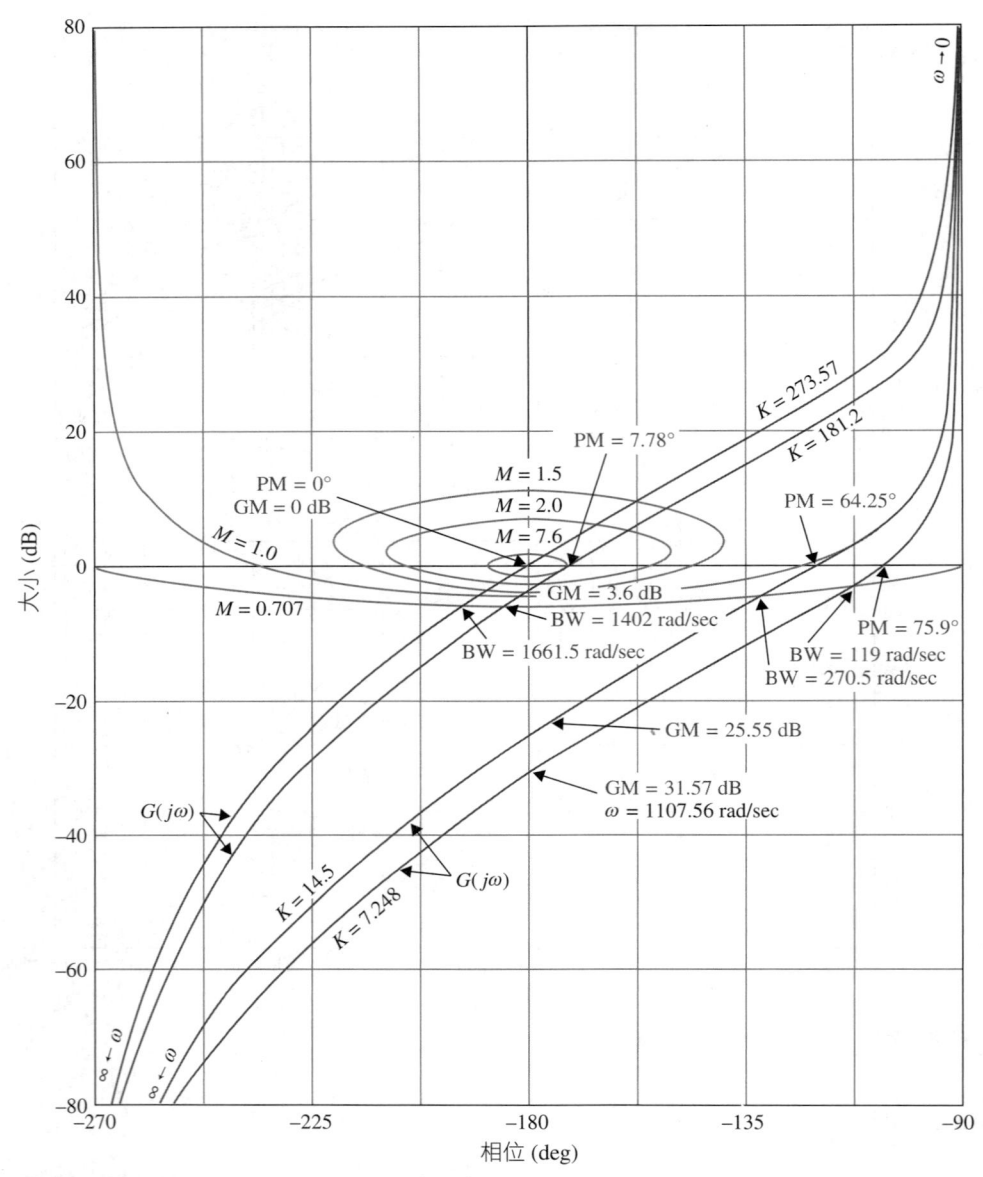

▶圖 10-59　範例 10-13-1 系統之增益-相位圖與尼可斯圖。

將根據靈敏度的觀點探討如何運用奈氏圖和尼可斯圖來分析和設計控制系統。

考慮具有單位-回授的線性控制系統，其轉移函數為

$$M(s) = \frac{G(s)}{1+G(s)} \tag{10-135}$$

$M(s)$ 相對於迴路增益 $K$ [即 $G(s)$ 的乘積因子] 參數的靈敏度定義為

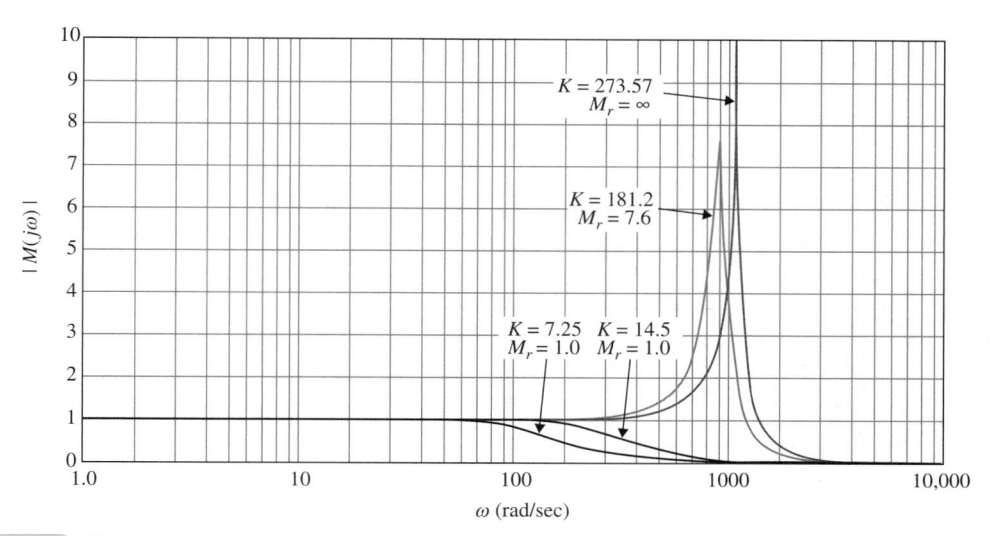

▶ 圖 10-60　範例 10-13-1 系統之閉-迴路頻率響應。

■表 10-3　頻域分析之歸納

| K | 最大超越量 (%) | $M_r$ | $\omega_r$ (rad/sec) | 增益邊限 (dB) | 相位邊限 (度) | BW (rad/sec) |
|---|---|---|---|---|---|---|
| 7.25 | 0 | 1.0 | 1.0 | 31.57 | 75.9 | 119.0 |
| 14.5 | 4.3 | 1.0 | 43.33 | 5.55 | 64.25 | 270.5 |
| 181.2 | 15.2 | 7.6 | 900.00 | 3.61 | 7.78 | 1402.0 |
| 273.57 | 100.0 | $\infty$ | 1000.00 | 0 | 0 | 1661.5 |

$$S_G^M(s) = \frac{\frac{dM(s)}{M(s)}}{\frac{dG(s)}{G(s)}} = \frac{dM(s)}{dG(s)} \frac{G(s)}{M(s)} \tag{10-136}$$

取 $M(s)$ 對 $G(s)$ 的微分，並將結果代入 (10-136) 式，簡化後可得

$$S_G^M(s) = \frac{1}{1+G(s)} = \frac{1/G(s)}{1+1/G(s)} \tag{10-137}$$

顯然，靈敏度函數 $S_G^M(s)$ 為複變數 $s$ 之函數。圖 10-61 為 $S_G^M(s)$ 之大小圖，其中 $G(s)$ 為 (10-113) 式之轉移函數。

值得注意的是，在頻率高於 4.8 rad/sec 時，閉-迴路系統的靈敏度較開-迴路系統的靈敏度來得差，而開-迴路系統對於 $K$ 參數變化的靈敏度始終為 1。通常，靈敏度的設計準則可用下列方式來建構為

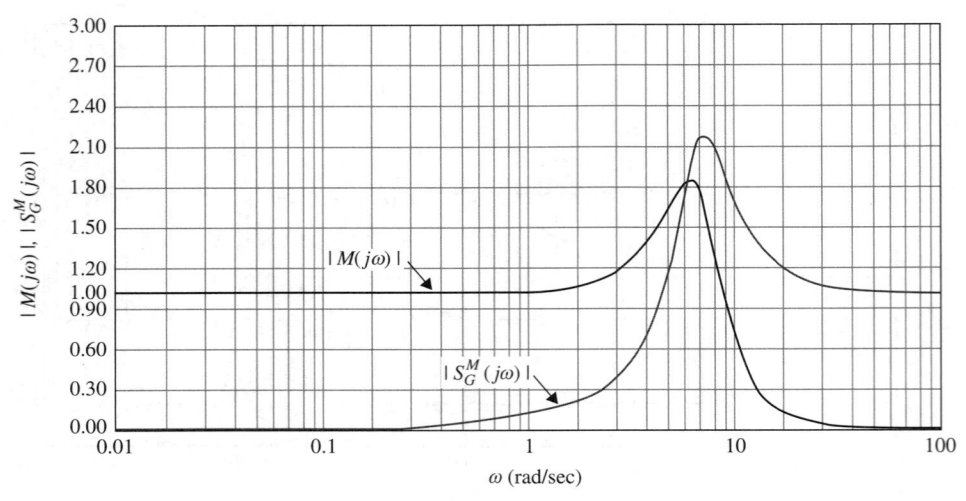

▶ 圖 10-61　$|M(j\omega)|$ 及 $|S_G^M(j\omega)|$ 對 $\omega$ 之變化圖，其中 $G(s) = \dfrac{2500}{s(s+5)(s+50)}$。

$$\left|S_G^M(j\omega)\right| = \frac{1}{|1+G(j\omega)|} = \frac{|1/G(j\omega)|}{|1+1/G(j\omega)|} \leq k \tag{10-138}$$

其中，$k$ 為正實數。這種靈敏度準則可作為對於穩態誤差和相對穩定度所額外加入的一般性能準則。

　　(10-138) 式是類比於閉-迴路轉移函數之大小，即 (10-121) 式的 $|M(j\omega)|$，但以 $1/G(j\omega)$ 代替 $G(j\omega)$。因此，(10-138) 式之靈敏度函數可藉由在大小-相位座標與尼可斯圖繪製出 $1/G(j\omega)$ 之圖來決定。圖 10-62 所示為 $G(j\omega)$ 和 (10-113) 式之 $1/G(j\omega)$ 的大小-相位圖。注意：$G(j\omega)$ 與 $M = 1.8$ 軌跡之下方相切，此即表示閉-迴路系統之 $M_r$ 值為 1.8。$1/G(j\omega)$ 曲線則與 $M = 2.2$ 曲線之上方相切，且根據圖 10-61 此值為最大的 $|S_G^M(s)|$ 值。從 (10-138) 式知，若系統為低靈敏度，則 $G(j\omega)$ 之迴路增益必定高，但又知高增益通常會導致不穩定。因此，設計者必須面對設計一高穩定度和低靈敏度系統的雙重挑戰。

　　設計強健控制系統 (低靈敏度) 的頻域方法會在第十一章討論。

## 10-16　MATLAB 工具與個案研究

　　除了本章的 MATLAB 工具盒外，本章不包含任何軟體。在第十一章中，我們將會介紹 MATLAB SISO 設計工具，其提供了用於分析控制工程轉移函數的 GUI (使用者圖形介面) 方法。

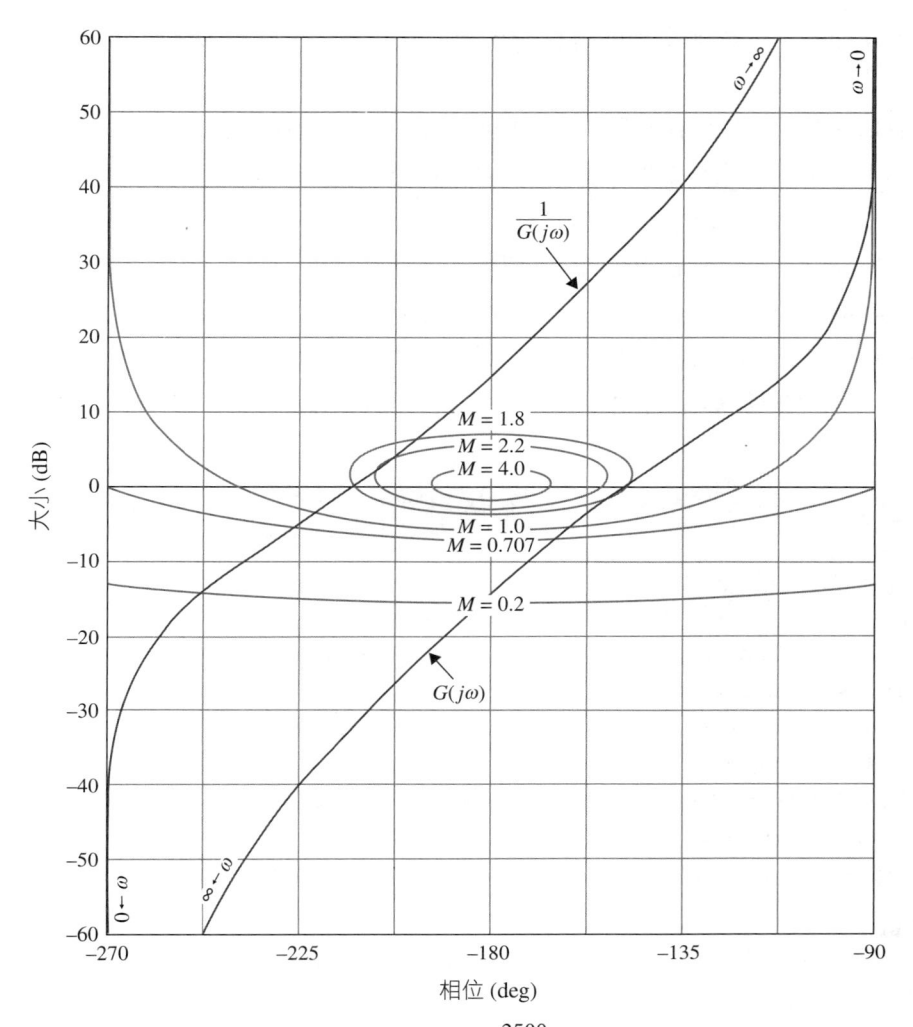

▶ **圖 10-62** $G(j\omega)$ 及 $1/G(j\omega)$ 之大小-相位圖 $G(s) = \dfrac{2500}{s(s+5)(s+50)}$。

## 10-17 摘要

　　本章先討論典型線性系統之開-迴路及閉-迴路頻率響應之間的關係，並定義頻域之性能規格，如共振峰值 $M_r$、共振頻率 $\omega_r$，及頻寬 BW。對於二-階原型系統，這些參數之間的關係都以解析方式導出。同時討論在迴路轉移函數加入簡單極點與零點對 $M_r$ 和 BW 的影響。

　　適用於線性控制系統穩定度分析的奈氏準則有完整的推導。單-迴路控制系統的穩定度可由研究迴路轉移函數 $G(s)H(s)$ 由 $\omega = 0$ 到 $\omega = \infty$ 之奈氏圖相對於臨界點之行為來得到。若 $G(s)H(s)$ 為最小-相位轉移函數，則其穩定度的條件可以簡化為奈氏圖不能包容臨界點。

在 10-6 節中詳細描述了根軌跡和奈氏圖之間的關係。此討論應有助於對這兩個主題的瞭解。

相對穩定度可由增益邊限和相位邊限來定義。這些指標定義於極座標和波德圖。增益-相位圖可用來建構尼可斯圖，以利於對閉-迴路系統加以分析。$M_r$ 和 BW 值可藉由將 $G(j\omega)$ 軌跡畫在尼可斯圖上而輕易地來求得。

含有純時間延遲之系統的穩定度可利用波德圖來分析。

靈敏度函數 $S_G^M(j\omega)$ 定義為因 $G(j\omega)$ 的改變而所造成 $M(j\omega)$ 之變化的一種衡量。本章也說明了 $G(j\omega)$ 和 $1/G(j\omega)$ 頻域響應圖可以作為靈敏度之研究。

最後，利用本章開發出的 MATLAB 工具盒，讀者可以熟練本章所討論的所有觀念。

## 參考資料

### 連續-資料系統的奈氏準則

1. H. Nyquist, "Regeneration Theory," *Bell System. Tech. J.*, Vol. 11, pp.126-147, Jan. 1932.
2. R. W. Brockett and J. L. Willems, "Frequency Domain Stability Criteria—Part I," *IEEE Trans. Automatic Control*, Vol. AC-10, pp. 255-261, July 1965.
3. R. W. Brockett and J. L. Willems, "Frequency Domain Stability Criteria—Part II," *IEEE Trans. Automatic Control*, Vol. AC-10, pp. 407-413, Oct. 1965.
4. T. R. Natesan, "A Supplement to the Note on the Generalized Nyquist Criterion," *IEEE Trans. Automatic Control*, Vol. AC-12, pp. 215-216, April. 1967.
5. K. S. Yeung, "A Reformulation of Nyquist's Criterion," *IEEE Trans. Educ.*, Vol. E-28, pp. 59-60, Feb. 1985.

### 靈敏度函數

6. A. Gelb, "Graphical Evaluation of the Sensitivity Function Using the Nichols Chart," *IRE Trans. Automatic Control*, Vol. AC-7, pp. 57-58, Jul. 1962.

## 習題

**10-1** 單位-回授控制系統的順向-路徑轉移函數為

$$G(s) = \frac{K}{s(s+6.54)}$$

針對以下的 $K$ 值：
(a) $K = 5$ (b) $K = 21.38$ (c) $K = 100$

試以解析方式求解閉-迴路系統的共振峰值 $M_r$、共振頻率 $\omega_r$，及頻寬 BW。利用本書中所提供的二-階原型系統的公式。

**10-2** 利用 MATLAB 驗證你在習題 10-1 得出的答案。

**10-3** 系統的轉移函數為

$$G(s) = \frac{s + \dfrac{1}{A_1}}{s + \dfrac{1}{A_2}}$$

確定系統何時是領先-網絡或延遲-網絡。

10-4 利用 MATLAB 求解以下的習題。不要用解析方法求解。下面為單位-回授控制系統的順向-路徑轉移函數。試求閉-迴路系統的共振峰值 $M_r$、共振頻率 $\omega_r$，及頻寬 BW。(提醒：須確定系統為穩定。)

(a) $G(s) = \dfrac{5}{s(1+0.5s)(1+0.1s)}$ 　　(b) $G(s) = \dfrac{10}{s(1+0.5s)(1+0.1s)}$

(c) $G(s) = \dfrac{500}{(s+1.2)(s+4)(s+10)}$ 　　(d) $G(s) = \dfrac{10(s+1)}{s(s+2)(s+10)}$

(e) $G(s) = \dfrac{0.5}{s(s^2+s+1)}$ 　　(f) $G(s) = \dfrac{100e^{-s}}{s(s^2+10s+50)}$

(g) $G(s) = \dfrac{100e^{-s}}{s(s^2+10s+100)}$ 　　(h) $G(s) = \dfrac{10(s+5)}{s(s^2+5s+5)}$

10-5 二-階單位-回授控制系統，其閉-迴路轉移函數為

$$M(s) = \frac{Y(s)}{R(s)} = \frac{\omega_n^2}{s^2 + 2\zeta\omega_n s + \omega_n^2}$$

系統規格為最大超越量不超過 10%，及上升時間要小於 0.1 秒。試以解析方式求出相對應之 $M_r$ 和 BW 值。

10-6 重做習題 10-5，但最大超越量 ≤ 20%，且 $t_r \leq 0.2$ 秒。

10-7 重做習題 10-5，但最大超越量 ≤ 30%，且 $K = 10$。

10-8 考慮已知的單位-回授控制系統之順向-路徑轉移函數為

$$G(s) = \frac{0.5K}{s(0.25s^2 + 0.375s + 1)}$$

(a) 試以解析方式求出 K 值使得閉-迴路寬約為 1.5 rad/s (0.24Hz)。

(b) 利用 MATLAB 驗證你在 (a) 小題所得出的答案。

10-9 令共振峰值為 2.2，重做習題 10-8。

10-10 二-階原型系統之閉-迴路頻率響應 $|M(j\omega)|$-對-頻率的變化圖，如圖 10P-10 所示。描繪出系統相對應的單位-步階響應，指出步階-輸入所產生的最大超越量、峰值時間，及穩態誤差。

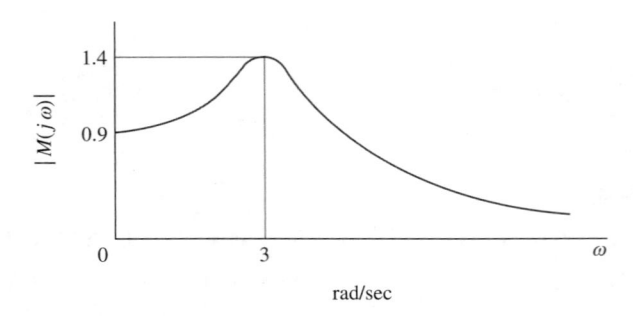

▶ 圖 10P-10

**10-11** 具有積分控制 $H(s) = \dfrac{K}{s}$ 之系統的順向-路徑轉移函數為

$$G(s) = \dfrac{1}{10s+1}$$

(a) 當閉-迴路共振峰值為 1.4 時，求出 K 值。
(b) 根據 (a) 小題的結果，求出共振頻率、步階-輸入超越量、相位邊限及閉-迴路的 BW。

**10-12** 單位-回授控制系統之順向-轉移函數為

$$G(s) = \dfrac{1+Ts}{2s(s^2+s+1)}$$

試利用 MATLAB 求出閉-迴路系統在 $T = 0.05$、1、2、3、4 及 5 時的 BW 和 $M_r$ 值。

**10-13** 單位-回授控制系統之順向-轉移函數為

$$G(s) = \dfrac{1}{2s(s^2+s+1)(1+Ts)}$$

試利用 MATLAB 求出閉-迴路系統在 $T = 0$、0.5、1、2、3、4 及 5 時的 BW 和 $M_r$ 值。利用 MATLAB 求解。

**10-14** 若已知一系統之迴路轉移函數為

$$G(s)H(s) = \dfrac{0.5K}{0.25s^3 + 0.375s^2 + s + 0.5k}$$

(a) 使用二-階近似來求出 BW 和阻尼比。
(b) 如果 BW = 1.5 rad/s，試求出 K 值和阻尼比。
(c) 利用 MATLAB 驗證你在 (b) 小題所得出的答案。

**10-15** 單-回授-迴路系統之迴路轉移函數 $L(s)$ 為以下各小題所示。試繪製 $\omega = 0$ 到 $\omega = \infty$ 之 $L(j\omega)$ 的奈氏圖。試判定閉-迴路系統的穩定度。若系統為不穩定，試求出閉-迴路轉移函數位在 s-平面右半面的極點數目。以解析法求出 $L(j\omega)$-平面上，$L(j\omega)$ 曲線與負實軸之交點。可以使用 MATLAB 來畫出 $L(j\omega)$ 的奈氏圖。

(a) $L(s) = \dfrac{20}{s(1+0.1s)(1+0.5s)}$
(b) $L(s) = \dfrac{10}{s(1+0.1s)(1+0.5s)}$

(c) $L(s) = \dfrac{100(1+s)}{s(1+0.1s)(1+0.2s)(1+0.5s)}$

(d) $L(s) = \dfrac{10}{s^2(1+0.2s)(1+0.5s)}$

(e) $L(s) = \dfrac{3(s+2)}{s(s^3+3s+1)}$

(f) $L(s) = \dfrac{0.1}{s(s+1)(s^2+s+1)}$

(g) $L(s) = \dfrac{100}{s(s+1)(s^2+2)}$

(h) $L(s) = \dfrac{10(s+10)}{s(s+1)(s+100)}$

**10-16** 單-回授-迴路系統之迴路轉移函數 $L(s)$ 為以下所示。利用奈氏準則來決定可使系統穩定之 $K$ 值，並描繪 $L(j\omega)$ 在 $K = 1$ 時從 $\omega = 0$ 到 $\omega = \infty$ 之奈氏圖。可以使用電腦程式來繪製奈氏圖。

(a) $L(s) = \dfrac{K}{s(s+2)(s+10)}$

(b) $L(s) = \dfrac{K(s+1)}{s(s+2)(s+5)(s+15)}$

(c) $L(s) = \dfrac{K}{s^2(s+2)(s+10)}$

(d) $L(s) = \dfrac{K}{(s+5)(s+2)^2}$

(e) $L(s) = \dfrac{K(s+5)(s+1)}{(s+50)(s+2)^3}$

**10-17** 單位-回授控制系統之順向-路徑轉移函數為

$$G(s) = \dfrac{K}{(s+5)^n}$$

利用奈氏準則，試求閉-迴路系統穩定時之 $K$ 值範圍 ($-\infty < K < \infty$)。描繪 $\omega = 0$ 到 $\omega = \infty$ 之 $G(j\omega)$ 的奈氏圖，令

(a) $n = 2$      (b) $n = 3$      (c) $n = 4$

**10-18** 繪製圖 10P-18 所示之控制系統的奈氏圖。

透過奈氏準則來判定可使閉-迴路系統為穩定的 $K$ 值 ($-\infty < K < \infty$) 範圍。

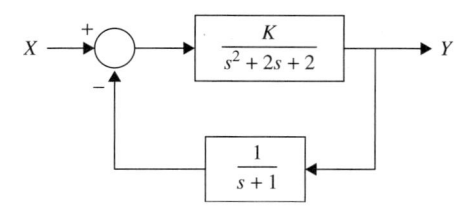

▶ 圖 10P-18

**10-19** 某一線性控制系統的特性方程式如下式所示。

$$s(s^3+2s^2+s+1)+K(s^2+s+1)=0$$

(a) 試應用奈氏準則來決定可使系統為穩定的 $K$ 值。

(b) 利用路斯-赫維茲準則來檢查答案。

**10-20** 當特性方程式改為 $s^3+3s^2+3s+1+K=0$ 時，重做習題 10-19。

**10-21** 單位-回授控制系統之 PD (比例-微分) 控制器的順向-路徑轉移函數為

$$G(s) = \frac{10(K_P + K_D s)}{s^2}$$

選取 $K_P$ 值，使拋物線-誤差常數 $K_a$ 為 100。試求等效的順向-路徑轉移函數 $G_{eq}(s)$，其中 $\omega = 0$ 到 $\omega = \infty$。利用奈氏準則試求穩定之 $K_D$ 範圍。

**10-22** 如圖 10P-22 所示之回授控制系統方塊圖。
  (a) 應用奈氏準則求出穩定時之 $K$ 值範圍。
  (b) 利用路斯-赫維茲準則確認 (a) 小題所求得之解。

$$G(s) = \frac{K}{(s+4)(s+5)}$$

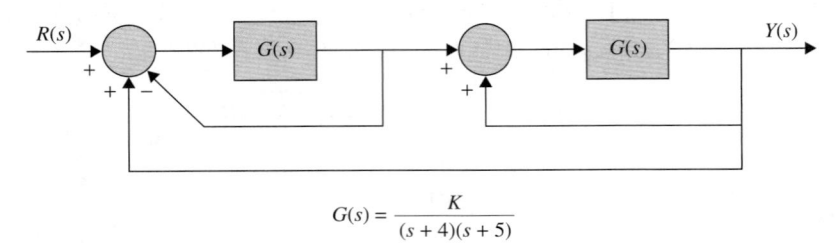

▶ 圖 10P-22

**10-23** 如圖 10P-23 所示之液位控制系統的順向-路徑轉移函數為

$$G(s) = \frac{K_a K_i n K_I N}{s(R_a J s + K_i K_b)(As + K_o)}$$

已知以下的系統參數：$K_a = 50$、$K_i = 10$、$K_I = 50$、$J = 0.006$、$K_b = 0.0706$、$n = 0.01$ 及 $R_a = 10$。$A$、$N$ 和 $K_o$ 為變數。
  (a) 當 $A = 50$ 和 $K_o = 100$ 時，以 $N$ 為變動參數描繪 $\omega = 0$ 到 $\infty$ 之 $G(j\omega)$ 的奈氏圖。試求使閉-迴路系統穩定時，$N$ 的最大整數值。
  (b) $N = 10$ 和 $K_o = 100$ 時，以 $A$ 為乘數因子描繪等效轉移函數 $G_{eq}(j\omega)$ 的奈氏圖，並求出穩定時 $A$ 之臨界值。
  (c) 當 $A = 50$ 和 $N = 10$ 時，以 $K_o$ 為乘數因子，描繪等效轉移函數 $G_{eq}(j\omega)$ 的奈氏圖，並求穩定時 $K_o$ 之臨界值。

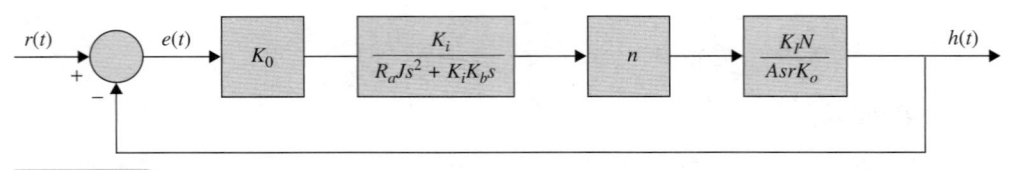

▶ 圖 10P-23

**10-24** 如圖 10P-24 所示之直流馬達控制系統方塊圖。利用奈氏準則求解穩定的 $K$ 值範圍，其中 $K_t$ 值分別為
  (a) $K_t = 0$　　(b) $K_t = 0.01$　　(c) $K_t = 0.1$

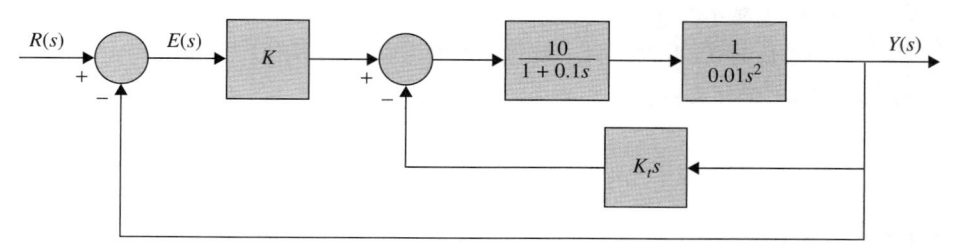

▶ 圖 10P-24

**10-25** 如圖 10P-24 所示之系統，令 $K = 10$，利用奈氏準則求穩定時之 $K_t$ 值。

**10-26** 圖 10P-26 顯示伺服馬達之方塊圖。

假設 $J = 1 \text{ kg} \cdot \text{m}^2$，$B = 1 \text{ N} \cdot \text{m/rad/s}$。當 $K_f$ 具有以下值時，使用奈氏準則求出使系統穩定的 $K$ 值範圍：

(a) $K_f = 0$        (b) $K_f = 0.1$        (c) $K_f = 0.2$

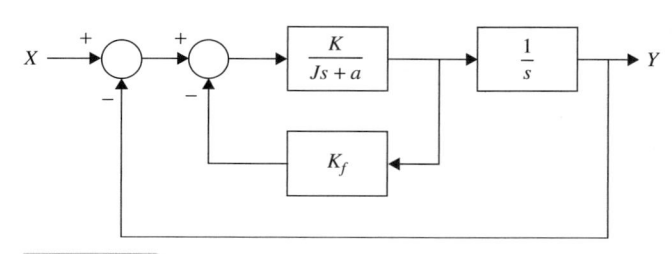

▶ 圖 10P-26

**10-27** 對於圖 10P-26 所示的系統，令 $K = 10$。使用奈氏準則求出穩定時的 $K_f$ 範圍。

**10-28** 對於圖 10P-28 所示的控制系統，繪製奈氏圖並應用奈氏準則來求出穩定時的 $K$ 值範圍，並求出使系統不穩定之 $K$ 值時，位在 s-平面右半邊的特性方程式之根的數目。

(a) $G(s) = \dfrac{s+1}{(s-1)^2}$        (b) $G(s) = \dfrac{s-1}{(s+1)^2}$

▶ 圖 10P-28

**10-29** 如圖 6P-25 所示的軋鋼控制系統，其順向-路徑轉移函數為

$$G(s) = \frac{100Ke^{-T_d s}}{s(s^2+10s+100)}$$

(a) 當 $K = 1$ 時，試求可使閉-迴路系統穩定時最大的時間延遲 $T_d$，以秒計。

(b) 當時間延遲 $T_d$ 為 1 秒時，試求可使系統穩定之最大 $K$ 值。

**10-30** 重做習題 10-29，考慮以下條件：

(a) 當 $K = 0.1$ 時,試求可使閉-迴路系統穩定時最大的時間延遲 $T_d$,以秒計。

(b) 當時間延遲 $T_d$ 為 0.1 秒時,試求可使系統穩定之最大 $K$ 值。

**10-31** 已知系統的開-迴路轉移函數為

$$G(s)H(s) = \frac{K}{s(\tau_1 s + 1)(\tau_2 s + 1)}$$

針對下述條件,研究之系統穩定度:

(a) $K$ 很小。  (b) $K$ 很大。

**10-32** 如圖 10P-32 所示之系統,係以水和化學濃縮劑混合,控制化學溶液濃度於適當的比例。在放大器輸出 $e_a(V)$ 和控制閥位置 $x$ (in.) 間的轉移函數為

$$\frac{X(s)}{E_a(s)} = \frac{K}{s^2 + 10s + 100}$$

當感測器在檢視純水時,放大器的輸出電壓 $e_a$ 為零。當其檢視濃縮劑時 $e_a = 10$ V;當控制閥移動 0.1 in. 時,可將輸出濃度由零變至最大濃度。假設控制閥有非常好的外形結構,因此,輸出濃度與控制閥的位置成線性變化。輸出管的橫截面積為 0.1 in.$^2$,水流速率為 103 in./sec (與控制閥位置無關),為確保感測器能檢視到均勻的溶劑,吾人必須將此感測器置於距控制閥有一適當的距離 $D$ (in.)。

(a) 試導出此系統的迴路轉移函數。

(b) 當 $K = 10$,試利用奈氏準則求出使系統穩定時的最大距離 $D$ (in.)。

(c) 令 $D = 10$ in.,試求系統為穩定時的最大 $K$ 值。

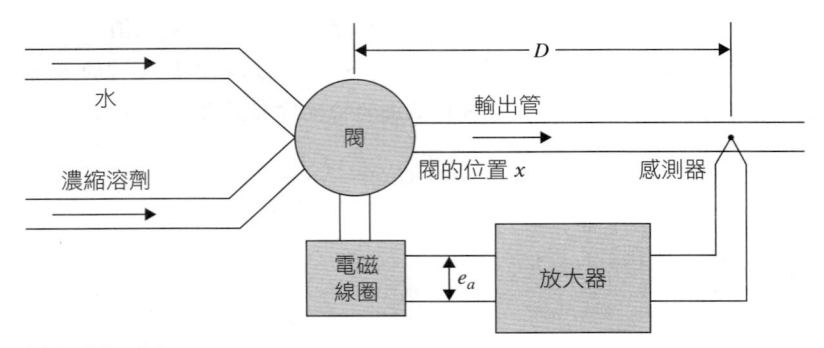

▶ 圖 10P-32

**10-33** 如習題 10-32 所描述之混合系統,已知以下的系統參數:
當感測器檢視純水時,放大器輸出電壓 $e_s = 0$ V;當檢視濃縮溶劑時,$e_a = 1$ V;當控制閥移動 0.1 in. 時,可將輸出濃度由零變到最大濃度。其餘系統特性與習題 10-32 相同。重做習題 10-32 中的三個問題。

**10-34** 圖 10P-34 顯示一控制系統的方塊圖。

(a) 繪製奈氏圖並使用奈氏準則求出使系統穩定的 $K$ 值範圍。

(b) 試求使系統不穩定之 $K$ 值時,位在 $s$-平面右半邊之特性方程式根的數目。

(c) 利用路斯-赫維茲準則求出使系統穩定的 $K$ 值範圍。

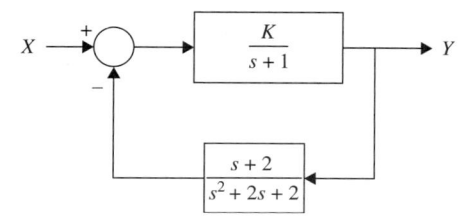

▶ 圖 10P-34

**10-35** 單位-回授控制系統的順向-路徑轉移函數為

$$G(s)=\frac{1000}{s(s^2+105s+600)}$$

(a) 試求閉-迴路系統之 $M_r$、$\omega_r$ 及 BW 值。
(b) 二-階系統的開-迴路轉移函數為

$$G_L(s)=\frac{\omega_n^2}{s(s+2\zeta\omega_n)}$$

欲使此二-階系統與上述的三-階系統有相同的 $M_r$ 及 $\omega_r$ 時，則二-階系統的參數應為何？比較兩系統的 BW 值。

**10-36** 針對習題 10-4 的順向-路徑轉移函數，試描繪其波德圖。試求各系統之增益邊限、增益交越頻率、相位邊限，及相位交越頻率。

**10-37** 已知系統的轉移函數為

$$G(s)H(s)=\frac{25(s+1)}{s(s+2)(s^2+2s+16)}$$

使用 MATLAB 繪製系統的波德圖，並求出系統的相位邊限和增益邊限。

**10-38** 使用 MATLAB 繪製圖 10P-34 所示之系統的波德圖，其中 $K=1$，並利用相位邊限和增益邊限求出系統為穩定時的 $K$ 值範圍。

**10-39** 以下為單位-回授控制系統的順向-路徑轉移函數。試畫出 $G(j\omega)/K$ 之波德圖，並 (1) 求出 $K$ 值，使系統增益邊限為 20 dB；(2) 求出 $K$ 值，使系統相位邊限為 45°。

(a) $G(s)=\dfrac{K}{s(1+0.1s)(1+0.5s)}$  (b) $G(s)=\dfrac{K(s+1)}{s(1+0.1s)(1+0.2s)(1+0.5s)}$

(c) $G(s)=\dfrac{K}{(s+3)^3}$  (d) $G(s)=\dfrac{K}{(s+3)^4}$

(e) $G(s)=\dfrac{Ke^{-s}}{s(1+0.1s+0.01s^2)}$  (f) $G(s)=\dfrac{K(1+0.5s)}{s(s^2+s+1)}$

**10-40** 以下為單位-回授控制系統之順向-路徑轉移函數。試在尼可斯圖的增益-相位座標內畫出 $G(j\omega)/K$，並 (1) 求出 $K$ 值，使系統的增益邊限為 10 dB；(2) 求出 $K$ 值，使系統相位邊限

為 45°；(3) 求出 K 值，使 $M_r = 1.2$。

(a) $G(s) = \dfrac{10K}{s(1+0.1s)(1+0.5s)}$

(b) $G(s) = \dfrac{5K(s+1)}{s(1+0.1s)(1+0.2s)(1+0.5s)}$

(c) $G(s) = \dfrac{10K}{s(1+0.1s+0.01s^2)}$

(d) $G(s) = \dfrac{10Ke^{-s}}{s(1+0.1s+0.01s^2)}$

**10-41** 單位-回授系統之迴路轉移函數為

$$G(s)H(s) = \frac{K(s+1)(s+2)}{s^2(s+3)(s^2+2s+25)}$$

(a) 繪製波德圖
(b) 繪製根軌跡圖
(c) 試求出會發生不穩定時的增益與頻率
(d) 試求相位邊限為 20° 時的增益
(e) 試求相位邊限為 20° 時的增益邊限

**10-42** 經實驗畫出單位-回授控制系統的順向-路徑轉移函數之波德圖，如圖 10P-42 所示，其順向-增益 K 設定為正規值。

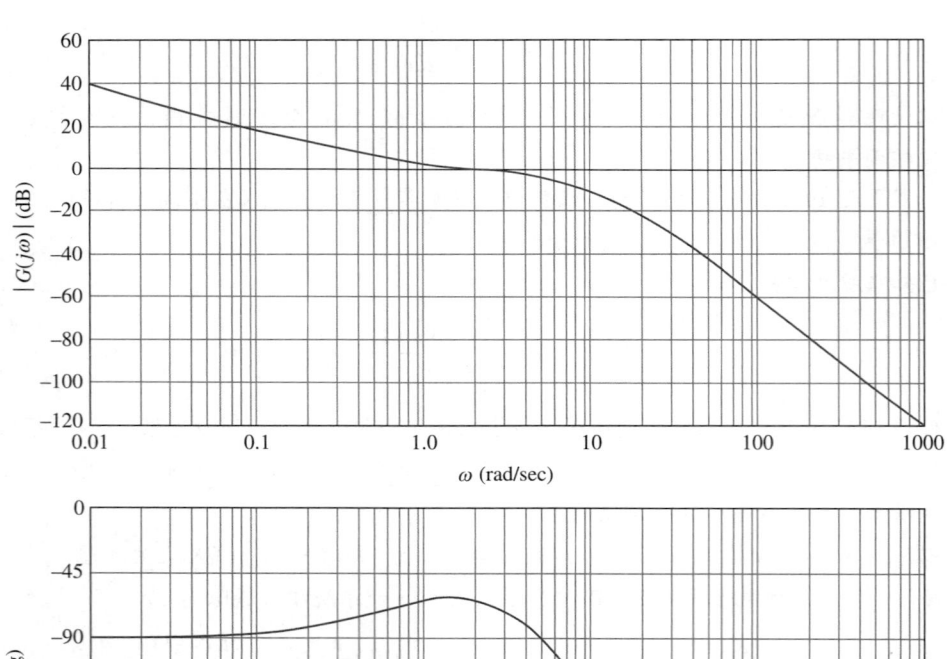

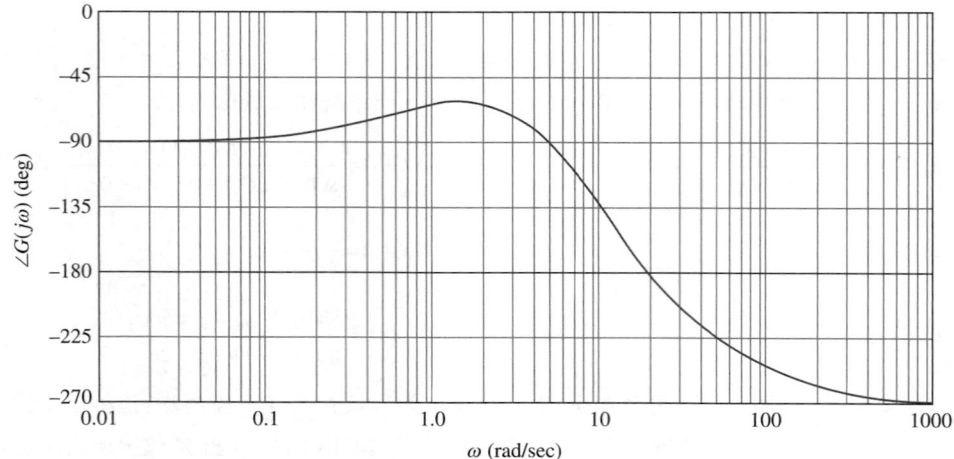

▶ 圖 10P-42

(a) 由此圖盡量求出系統增益及相位邊限，與增益-及相位-交越頻率。
(b) 重複 (a) 小題，且增益設為正規值之兩倍。
(c) 重複 (a) 小題，且增益設為正規值之 10 倍。
(d) 若增益邊限為 40 dB 時，則增益必須改變為其正規值的多少倍？
(e) 若相位邊限為 45° 時，則迴路增益必須改變為其正規值的多少倍？
(f) 當系統參考輸入為單位-步階函數時，試求系統穩態誤差。
(g) 順向-路徑現在有一時間延遲 $T_d$ 秒，以致於順向-路徑轉移函數要乘以 $e^{-T_d s}$。試求當 $T_d$ = 0.1 秒且增益為正規值時的增益邊限及相位邊限。
(h) 當增益設為正規值時，試求使系統仍維持穩定的最大時間延遲 $T_d$。

**10-43** 重做習題 10-42，利用圖 10P-42 求解以下各題。
(a) 求增益 $K$ 變成正規值四倍時的增益邊限和相位邊限，與增益-和相位-交越頻率。
(b) 求當增益邊限為 20 dB 時，增益必須改變為正規值的多少倍？
(c) 求系統穩定時，順向-路徑增益的邊限值。
(d) 當相位邊限為 60° 時，試求增益要改變為正規值的多少倍？
(e) 若系統參考輸入為單位-步階函數，且增益為其正規值的兩倍，試求系統的穩態誤差。
(f) 若系統參考輸入為單位-步階函數，且增益為其正規值的 20 倍時，試求系統的穩態誤差。
(g) 系統現在有一純時間延遲，因此順向-路徑轉移函數要乘上 $e^{-T_d s}$。試求當 $T_d$ = 0.1 秒時的增益和相位邊限。在此，增益設為正規值。
(h) 當增益為正規值的 10 倍時，試求系統所能容忍且不會造成不穩定的最大時間延遲 $T_d$。

**10-44** 單位-回授控制系統的順向-路徑轉移函數為

$$G(s)H(s) = \frac{80e^{-0.1s}}{s(s+4)(s+10)}$$

(a) 試畫出系統的奈氏圖。
(b) 試畫出系統的波德圖。
(c) 求出系統的相位邊限與增益邊限。

**10-45** 單位-回授控制系統的順向-路徑轉移函數為

$$G(s) = \frac{K(1+0.2s)(1+0.1s)}{s^2(1+s)(1+0.01s)^2}$$

(a) 試畫出 $G(j\omega)/K$ 之波德圖及奈氏圖，並決定系統穩定時的 $K$ 值。
(b) 畫出系統 $K \geq 0$ 之根軌跡。利用波德圖之資訊，試求根軌跡與 $j\omega$ 軸交點之 $K$ 及 $\omega$ 值。

**10-46** 重做習題 10-45，其中轉移函數為

$$G(s) = \frac{K(s+1.5)(s+2)}{s^2(s^2+2s+2)}$$

**10-47** 重做習題 10-45，其中轉移函數為

$$G(s)H(s) = \frac{16000(s+1)(s+5)}{s(s+0.1)(s+8)(s+20)(s+50)}$$

**10-48** 如圖 6P-16 所示的直流馬達控制系統，其順向-路徑轉移函數為

$$G(s) = \frac{6.087 \times 10^8 K}{s(s^3 + 423.42s^2 + 2.6667 \times 10^6 s + 4.2342 \times 10^8)}$$

試畫出當 $K=1$ 時 $G(j\omega)$ 之波德圖，並求系統之增益及相位邊限，與穩定時之臨界 $K$ 值。

**10-49** 考慮圖 6P-20 的機器手臂模型，在輸出位置 $\Theta_L(s)$ 與馬達電流 $I_a(s)$ 之間的轉移函數為

$$G_p(s) = \frac{\Theta_L(s)}{I_a(s)} = \frac{K_i(Bs+K)}{\Delta_o}$$

其中

$$\Delta_o(s) = s\{J_L J_m s^3 + [J_L(B_m+B) + J_m(B_L+B)]s^2 \\ + [B_L B_m + (B_L+B_m)B + (J_m+J_L)K]s + K(B_L+B_m)\}$$

此機器手臂被一閉-迴路系統所控制。系統參數為

$K_a = 65$、$K = 100$、$K_i = 0.4$、$B = 0.2$、$J_m = 0.2$、$B_L = 0.01$、$J_L = 0.6$ 及 $B_m = 0.25$

(a) 導出順向-路徑轉移函數 $G(s) = \Theta_L(s)/E(s)$。
(b) 畫出 $G(j\omega)$ 之波德圖，並求出系統的增益及相位邊限。
(c) 畫出 $|M(j\omega)|$ 對 $\omega$ 之變化圖，其中 $M(s)$ 為閉-迴路轉移函數。並求出 $M_r$、$\omega_r$ 及 BW。

**10-50** 對於習題 3-28 中所描述的且顯示於圖 10P-50 的「球與樑」系統，假設如下：

| | | | |
|---|---|---|---|
| $m = 0.11$ kg | 球的質量 | $I = 9.99 \times 10^{-6}$ kg·m$^2$ | 球的慣性矩 |
| $r = 0.015$ | 球的半徑 | $P$ | 球的位置座標 |
| $d = 0.03$ m | 槓桿長臂的偏移 | $\alpha$ | 長樑的角度座標 |
| $g = 9.8$ m/s$^2$ | 重力加速度 | $\theta$ | 伺服傳動齒輪的轉動角度 |
| $L = 1.0$ m | 長樑的長度 | | |

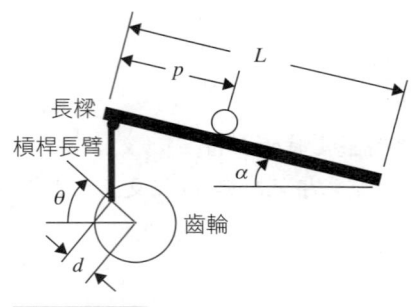

▶ 圖 10P-50

如果系統由單位-回授控制系統中的比例控制器所控制，試

(a) 求出從齒輪角 ($\theta$) 到球位置 ($P$) 的轉移函數。

(b) 求出閉-迴路系統的轉移函數。

(c) 求出 $K$ 值穩定性的範圍。

(d) 繪製當 $K = 1$ 時，系統的波德圖，並求出系統的增益和相位邊限。

(e) 繪製 $|M(j\omega)|$ 對 $\omega$ 之變化圖，其中 $M(s)$ 為閉-迴路轉移函數。求出 $M_r$、$\omega_r$ 及 BW。

**10-51** 單位-回授控制系統的順向-路徑轉移函數為 $G(j\omega)/K$，其增益-相位圖如圖 10P-51 所示。試求以下的系統性能特性。

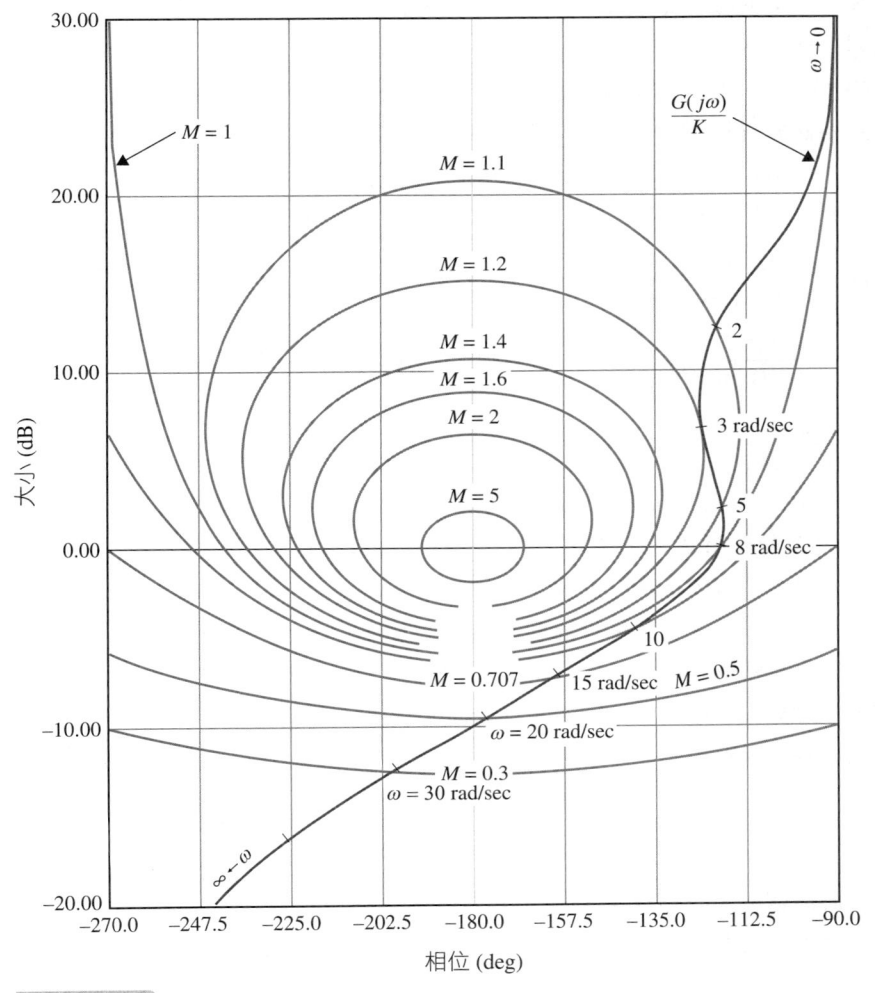

▶ 圖 10P-51

(a) 當 $K = 1$ 時之增益-交越頻率 (rad/sec)。

(b) 當 $K = 1$ 時之相位-交越頻率 (rad/sec)。

(c) 當 $K = 1$ 時之增益邊限 (dB)。

(d) 當 $K = 1$ 時之相位邊限 (deg)。

(e) 當 $K=1$ 時之共振峰值 $M_r$。
(f) 當 $K=1$ 時之共振頻率 $\omega_r$ (rad/sec)。
(g) 當 $K=1$ 時之閉-迴路系統 BW。
(h) 當增益邊限為 20 dB 時的 $K$ 值。
(i) 當系統為臨界穩定時之 $K$ 值,並求出持續振盪的頻率 (rad/sec)。
(j) 當參考輸入為單位-步階函數時的穩態誤差。

**10-52** 當 $K=10$ 時,重做習題 10-51 的 (a) 到 (g) 小題。令增益邊限為 40 dB,重做上一題的 (h) 小題。

**10-53** 對於習題 10-44 中的系統,試繪製尼可斯圖並求出閉-迴路頻率響應的大小和相位角,然後繪製閉-迴路系統的波德圖。

**10-54** 利用 ACSYS 或是 MATLAB 來分析下列各單位-回授控制系統的頻率響應。試繪製出波德圖、極座標圖與增益-相位圖,並計算相位邊限、增益邊限、$M_r$ 及 BW。

(a) $G(s)=\dfrac{1+0.1s}{s(s+1)(1+0.01s)}$

(b) $G(s)=\dfrac{0.5(s+1)}{s(1+0.2s)(1+s+0.5s^2)}$

(c) $G(s)=\dfrac{(s+1)}{s(1+0.2s)(1+0.5s)}$

(d) $G(s)=\dfrac{1}{s(1+s)(1+0.5s)}$

(e) $G(s)=\dfrac{50}{s(s+1)(1+0.5s^2)}$

(f) $G(s)=\dfrac{(1+0.1s)e^{-0.1s}}{s(s+1)(1+0.01s)}$

(g) $G(s)=\dfrac{10e^{-0.1s}}{s^2+2s+2}$

**10-55** 對於圖 10P-51 所示之 $G(j\omega)/K$ 之增益-相位圖,當系統有一純時間延遲 $T_d$ 加於順向-路徑時,順向-路徑轉移函數變成 $G(s)e^{-T_d s}$。
(a) 當 $K=1$ 時,試求可使相位邊限為 $40°$ 的 $T_d$。
(b) 當 $K=1$ 時,試求可使系統維持穩定之最大 $T_d$ 值。

**10-56** 令 $K=10$,重做習題 10-55。

**10-57** 重做習題 10-55,使得在 $K=1$ 時,增益邊限為 5 dB。

**10-58** 爐溫控制系統之方塊圖,如圖 10P-58 所示。此系統的受控程序之轉移函數為

$$G_p(s)=\dfrac{1}{(1+10s)(1+25s)}$$

燃燒器的時間延遲 $T_d$ 為 2 秒。
有很多透過有理函數來近似 $e^{-T_d s}$ 的方法。其中一種方法是透過馬克勞倫級數來近似指數函數;亦即

$$e^{-T_d s} \cong 1 - T_d s + \dfrac{T_d^2 s^2}{2}$$

或

$$e^{-T_d s} \cong \frac{1}{1+T_d s+T_d^2 s^2/2}$$

此處，級數中僅使用其前三項。顯然，當 $T_d s$ 的大小很大時，此種近似值是無效的。
更好的近似法是使用<u>帕德</u>近似法，此法可採用下列的二-項近似式：

$$e^{-T_d s} \cong \frac{1-T_d s/2}{1+T_d s/2}$$

轉移函數的這種近似法在 s-平面右半邊中包含一個零點，使得近似系統的步階響應在 $t = 0$ 附近可能存在一個小的負值欠過度。

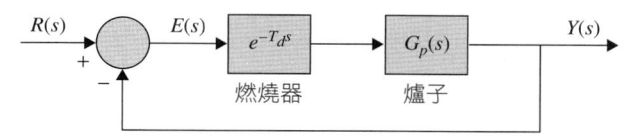

▶ 圖 10P-58

(a) 畫出 $G(s) = Y(s)/E(s)$ 之波德圖，並求出增益-交越及相位-交越頻率，與增益邊限及相位邊限。
(b) 時間延遲改用下式來近似

$$e^{-T_d s} \frac{1}{1+T_d s+T_d s^2/2}$$

並重做 (a) 小題。評論此項近似之準確度。多項式近似法仍維持準確的最大頻率為何？
(c) 重做 (b) 小題，但時間延遲項改用下式來近似：

$$e^{-T_d s} \cong \frac{1-T_d s/2}{1+T_d s/2}$$

**10-59** 令 $T_d$ 改為 1 秒，重做習題 10-58。

**10-60** 針對習題 10-49 所述之系統，在 $K = 1$ 時，試繪製出 $\left|S_G^M(j\omega)\right|$ 對 $\omega$ 之變化圖。試求最大靈敏度時之頻率及最大靈敏度值。

**10-61** 圖 10P-61 顯示飛機的俯仰控制器系統，如 7-9 節所述。
如果系統由一個單位-回授控制系統中的比例控制器所控制，
(a) 試求出俯仰角與升降角之間的轉移函數。
(b) 試求出閉-迴路系統的轉移函數。
(c) 試求出 K 值穩定性的範圍。
(d) 當 $K = 1$ 時，試繪製系統的<u>波德圖</u>，並求出系統的增益和相位邊限。
(e) 試繪製 $|M(j\omega)|$ 對 $\omega$ 之變化圖，其中 $M(s)$ 為閉-迴路轉移函數。求出 $M_r$、$\omega_r$ 及 BW。

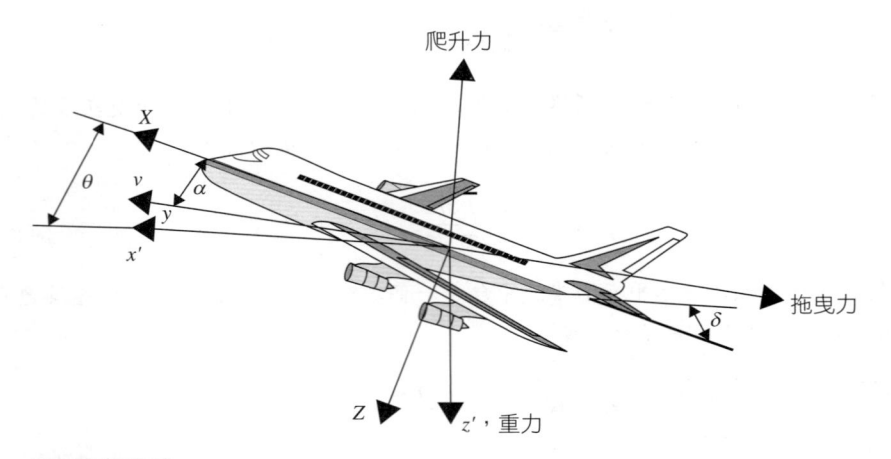

▶ 圖 10P-61

# Chapter 11
# 控制系統設計

## 11-1　簡介

現在，我們要利用先前章節中所提供的所有基礎和分析，來達成控制系統設計的最終目的。以圖 11-1 所示之方塊圖的受控程序而言，控制系統的設計包含以下三個步驟：

1. 利用設計規格決定系統該做什麼，並如何來做。
2. 決定控制器或補償器的組態，相對於它如何連接到受控程序的方式。
3. 決定控制器的參數值以達成設計目標。

這些設計工作將在以下各節中深入探討。

### 11-1-1　設計規格

如同第七章所討論的，我們通常使用設計規格來描述在已知輸入下系統的預期性能。這些規格依個別的應用而有所不同，通常包含了**相對穩定度** (relative stability)、**穩-態精確度（誤差）**[steady-state accuracy (error)]、**暫態-響應特性** (transient-response characteristics)，和**頻率-響應特性** (frequency-response characteristics)。此外，在某些應用上也加入了額外的規格。例如，**對參數變化的靈敏度**，即**強健性** (robustness)，或**雜訊去除**。

線性控制系統的設計可在時-域或頻-域中實現。例如，**穩-態精確度**通常以步階輸入、斜坡輸入或拋物線輸入等測試訊號加以定義。因此，符合這些需求的設計以在時-域中實現較為方便。其它規格，譬如**最大超越量** (maximum overshoot)、**上升時間** (rise time) 和**安定時間** (settling time) 等，也都是針對單位-步階輸入來定義，故在時-域設計上特

---

**學習重點**

在學習完本章後，讀者將具備以下能力：

1. 使用時-域和頻-域方法來設計簡單的控制系統。
2. 將各種控制器（包括比例、微分、積分、超前和落後）併入讀者的控制系統，以實現簡單的控制程序。
3. 使用 MATLAB 來探討控制系統的時-域和頻-域性能。
4. 使用 MATLAB SISO 設計工具來加速設計過程。

```
         u(t)              y(t)
    ────────→ ┌─────────┐ ────────→
    控制向量   │受控程序 G_p│  受控變數
              └─────────┘  (輸出向量)
```

▶ **圖 11-1** 受控程序。

別有用。以前已經學過的相對穩定度性則是利用**增益邊限** (gain margin)、**相位邊限** (phase margin) 和 $M_r$ 來加以衡量。這些正是典型的頻-域規格，應與波德圖、極座標圖、增益-相位圖和尼可斯圖等配合使用。

之前已提過，對一個二-階原型系統而言，時-域和頻-域規格之間可以找到一些簡單的解析關係。但是，對高-階系統而言，要建立時-域和頻-域規格之間的關係則很困難。就如以前所指出的，控制系統的分析和設計必須對一相同的問題以不同的方法不斷地加以測試，並從中找到最好的方法。

因此，對於系統設計要在時-域或頻-域中進行與否，通常完全取決於設計者的喜好。在此要指出的是：在多數情況下，最大超越量、上升時間和安定時間等時-域規格，一般是用於最後系統性能的衡量。對一不熟練的設計者而言，要理解諸如增益和相位邊限及共振峰值等頻-域規格與實際系統性能間的關係是很困難的。例如，增益邊限為 20 dB 是否可確保最大超越量小於 10%？設計者對於最大超越量要小於 5% 和安定時間小於 0.01 秒的規格會較有概念，但是對於相位邊限為 60° 和 $M_r$ 值小於 1.1 的系統性能規格則較無法理解。以下概述希望可以釐清和解釋使用時-域與頻-域規格的選擇和原因。

1. 就沿革上而言，線性控制系統的設計可使用頻域中波德圖、奈氏圖、增益-相位圖及尼可斯圖之圖形工具來實現。這些工具的優點為可用近似的方法來描繪，而不需要詳細地畫出。因此，設計者可以使用**增益邊限**、**相位邊限**及 $M_r$ 等頻域規格來實現設計。高-階系統通常不會增添特別的問題。對於某些類型的控制器而言，頻域設計的程序已相當制式化，不需在試誤法上花太多力氣。
2. 於時-域中，利用**上升時間**、**延遲時間**、**安定時間**、**最大超越量**及其它類似之性能規格，在解析上，僅能設計二-階的系統，或某些能近似為二-階的系統。對於二-階以上的系統，建立使用時-域規格的通用設計程序，是很困難的。

控制系統的設計一直由傳統方法主導，但是高效能和「使用者-友善」電腦軟體的發展與使用正迅速改變這種情況。就近代的電腦軟體工具而言，設計者可利用時-域規格在幾分鐘內執行很多的設計。如此一來，便大大降低了在頻-域設計時，可利用人工繪圖快速得到結果的優勢。

我們在整章中會搭配 MATLAB 工具盒幫助讀者更好理解這些範例，同時在本章末，會介紹 MATLAB SISO 設計工具來增加讀者利用根軌跡與頻-域方法設計控制器的能力。

最後，除非很有經驗，否則通常很難找到一組有意義又可滿足時-域性能需求的頻-域規格。例如，60°的相位邊限並無意義，除非我們知道它所對應的最大超越量為何。通常，至少必須對相位邊限和 $M_r$ 加以規定，才能控制最大超越量。因此，雖然實際的系統設計是一種試誤過程，但在真正設計前更須用試誤法建立一組智慧型頻-域規格。不過，頻-域方法在解釋雜訊消除和系統靈敏度方面仍很有價值；同時，它也是另一種設計方法。因此，本章將**同時**討論時-域和頻-域的設計技術，使這兩種方法可以做一比較和交互參照。

## 11-1-2　控制器組態

通常，線性受控程序的動態可用圖 11-1 的方塊圖來表示。設計的目的在於使輸出向量 **y**(t)，即受控變數，可以依所設計的方式輸出。此一問題基本上涉及在預定時間內決定控制訊號 **u**(t)，以使設計要求均能滿足。

大多數控制系統的傳統設計方法為**固定-組態設計** (fixed-configuration design)，即一開始設計者決定整個所要設計系統的基本組態，並根據受控程序配置控制器的位置。接下來的問題為控制器元件之設計。因為大多數控制的效果為修正或補償系統性能特性，所以利用固定組態的設計通常稱為**補償**。

圖 11-2 為幾個以控制器作為補償的常用系統組態，其陳述如下。

- 串接式補償。圖 11-2a 為以串接方式配置控制器和受控程序的系統組態，稱為**串接式補償** [series (cascade) compensation]，此為最常用的系統組態。
- 回授補償。圖 11-2b 把控制器配置於次回授路徑中，稱為**回授補償** (feedback compensation)。
- 狀態回授補償。圖 11-2c 為狀態變數經由一常實數增益回授來產生控制訊號的系統，稱為**狀態回授** (state-feedback)。對於高-階系統，狀態回授的問題在於必須有很多的轉換器來感測狀態變數，以便將大量的狀態變數回授。因此，此類的狀態回授控制組態在實際應用上，不是非常昂貴，便是不切實際。甚至低-階系統，也不見得所有狀態變數均能直接取得，所以就需要一**觀測器**或**估測器**利用所量測到的輸出變數來估測狀態變數。
- 串接回授補償。圖 11-2d 為採用一串接控制器和一回授控制器的串接回授補償組態。
- 前授補償。圖 11-2e 和 f 為所謂的**前授補償** (feedforward compensation)。在圖 11-2e 中，前授控制器 $G_{cf}(s)$ 以串接方式配置於以 $G_c(s)$ 為順向-路徑控制器的閉-迴路系統之前。在圖 10-2f 中，前授控制器 $G_{cf}(s)$ 和順向路徑以並聯方式配置。前授補償的關鍵在於控制器 $G_{cf}(s)$ 不在系統迴路之中，所以不會影響原有系統特性方程式的根。$G_{cf}(s)$ 的極點和零點可以選擇用來增加或消去閉-迴路系統轉移函數的極點和零點。

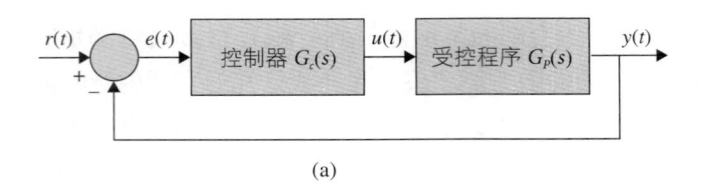

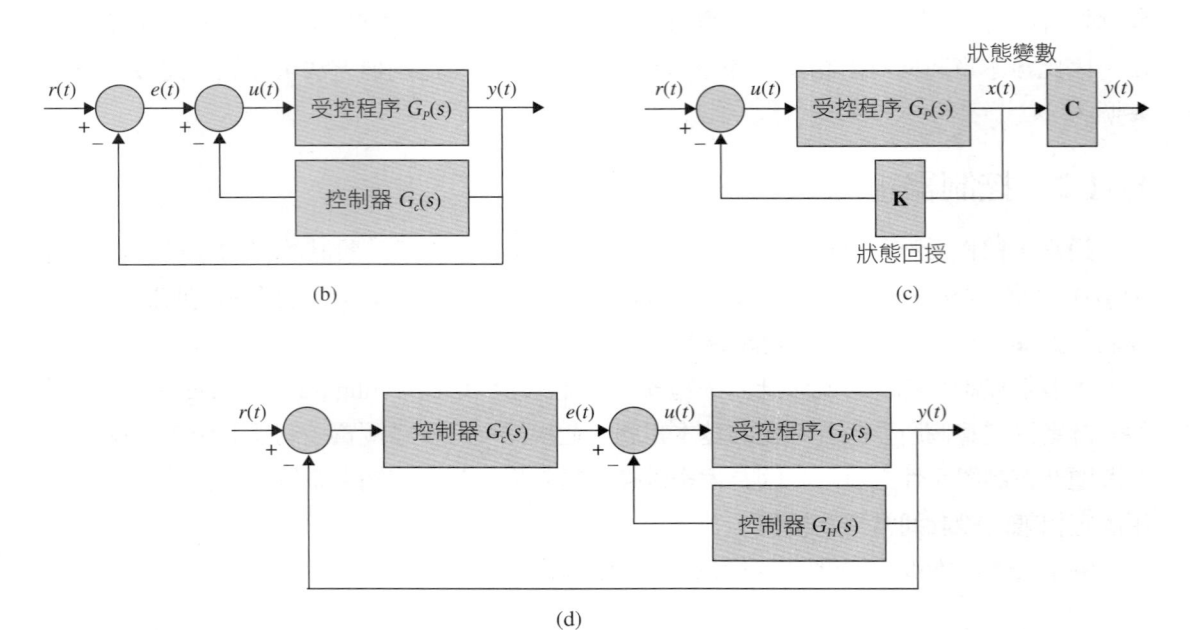

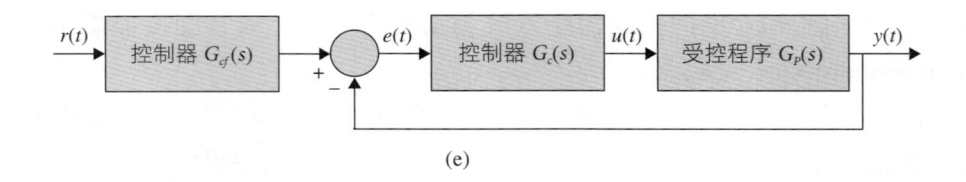

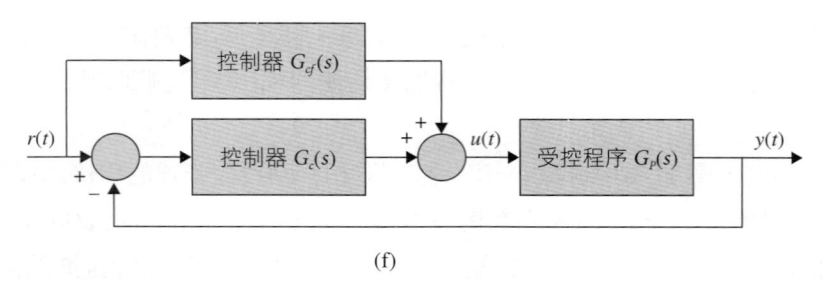

▶ 圖 11-2　用於控制系統補償的各種控制器組態。(a) 串接式補償。(b) 回授補償。(c) 狀態-回授控制。(d) 串接-回授補償 (兩個自由度)。(e) 具有串接式補償之順向補償 (兩個自由度)。(f) 前授補償 (兩個自由度)。

圖 11-2a、b 和 c 的補償組態，由於只有一個控制器 (雖然控制器中存在不只一個參數可以變化)，所以只有一個自由度。一個自由度控制器的缺點在於可以實現的性能準則被限制住了。例如，當系統被設計來達成一定程度的相對穩定度時，則此系統對參數變化的靈敏度會較差。或是，當特性方程式的根被選定來達到某一相對阻尼時，則步階響應的最大超越量可能因為閉-迴路轉移函數零點的關係而仍不符合需求。在圖 11-2d、e、f 的補償架構為兩個自由度。

針對以上所提到的補償器，其中最常用者為 PID 控制器。它是以激勵訊號的比例、積分和微分加以組合，並送往受控程序。因為在時-域中，這些訊號元件可以容易實現和可視覺化，所以 PID 控制器最常使用時-域的方法來設計。除了 PID 控制器外，超前、落後、超前-落後及凹陷控制器也經常使用。這些控制器的名字是源自其在頻-域中的特性。因此，這些控制器通常使用頻-域方法來設計。儘管存在這些設計的趨勢，但是所有控制系統的設計將受益於檢視由時-域和頻-域觀點所產生的設計。因此，這兩種方法將都會廣泛地使用於本章之中。

> PID 控制器為工業實例中最常用的控制器。

在此要指出以上所列出的補償架構並不完整。這些補償架構將在後續的幾節中詳細討論。雖然圖 11-2 所示為連續-資料控制系統；但這些相同的組態仍然可以用於離散-資料控制系統，而離散-資料系統中，控制器均為數位的，具有必要的介面和訊號轉換器。

## 11-1-3 設計的基本原理

選定控制器組態之後，設計者必須依據系統規格適當地選擇控制器型式和元件值。控制系統設計可用的控制器型式只受限於設計者的想像。在工程的實際應用上，通常選擇能符合所有設計規格的最簡單控制器。一般而言，較複雜的控制器較為昂貴，可靠度也較差，且不易設計。對一特定的應用，設計者通常以其過去的經驗來選擇特定的控制器；有時候憑直覺，反而藝術的成分多於科學。總之，若為初學者，剛開始時會發現要明智而又有把握地選擇適當的控制器是很困難的。由於信心來自經驗，所以本章將對控制系統基本元件的設計提供導引式的經驗。

在選定控制器後，下一步便是選定控制器參數值。這些參數值乃是組成控制器之一個或多個轉移函數的係數。基本的設計方法為利用前幾章所討論的分析工具來決定個別參數值對設計規格和系統性能的影響。利用此資訊來選擇控制器的參數以符合所有設計規格。雖然有時候過程很直接，但在大多數情形下，由於控制器參數常相互影響且對設計規格的影響也互相矛盾，因此常需要反覆多次設計才能選定。例如，某特定參數可以使最大超越量滿足，但在嘗試對此系統的另一參數加以改變以達到上升時間的需求時，卻因此使最大超越量無法達到！顯然，當設計規格和控制器參數增加時，設計的複雜程度就相對增加。

不論是以時-域或頻-域來實現設計，建立基本的設計法則很重要。記住，時-域設計

通常仰賴 s-平面和根軌跡。頻-域設計則處理迴路轉移函數的增益和相位，以滿足規格。

通常，對時-域和頻-域特性加以整理有助於建立基本設計法則：

1. 閉-迴路轉移函數的共軛複數根會導致欠阻尼的步階響應。若系統所有極點為實數，則為過阻尼的步階響應。不過，即使在系統為過阻尼的情形下，閉-迴路系統轉移函數的零點也可能產生超越量。
2. 系統的響應主要操控於 s-平面上最靠近原點的極點。越在左邊的極點，其所導致的暫態越快消失。
3. 系統的主極點越在 s-平面的左邊，系統的反應越快，頻寬也越寬。
4. 系統的主極點越在 s-平面的左邊，系統越貴且內部訊號越大。雖然這可以用解析的方法來證明，但很明顯地，用槌頭來敲打釘子時，敲打越用力，則釘子釘入的速度越快，但每次敲打耗能越多。同理，跑車可以加速較快，但比一般的車子更耗油。
5. 當系統轉移函數的極點和零點幾乎可以對消時，則系統在此極點的響應會有較小的振幅。
6. 時-域和頻-域的規格彼此稍具關聯性。上升時間和頻寬成反比。相位邊限與增益邊限越大、及 $M_r$ 越小均可改善阻尼現象。

## 11-2　PD 控制器的設計

到目前為止所討論的大部分控制系統範例，所用的控制器都是具有一常數增益 $K$ 的簡單放大器。此類控制的作用為**比例控制** (proportional control)，因為控制器輸出訊號和控制器輸入訊號間的關係僅為比例常數。

直覺地，除了比例操作外，應該也可以對輸入訊號加以微分或積分。因此，連續-資料的控制器可以由幾個部分組成：如加法器 (加或減)、放大器、衰減器、微分器和積分器。設計者的工作便是決定使用哪些元件，用於哪一部分，以及如何把這些元件連接在一起。例如，在實務上眾所周知的 PID 控制器，其中字母簡寫的意義為**比例、積分**及**微分**。PID 控制器的積分和微分元件有其各自的性能內涵，若要加以應用則需要瞭解這些元件的基本特性。為了對這一控制器有所瞭解，首先只考慮此控制器 PD 的部分。

圖 11-3 為回授控制系統方塊圖。受控程序是任意的一個二-階原型系統，其轉移函數為

$$G_p(s) = \frac{\omega_n^2}{s(s+2\zeta\omega_n)} \tag{11-1}$$

串接控制器為比例-微分 (PD) 型式，其轉移函數為

$$G_c(s) = K_P + K_D s \tag{11-2}$$

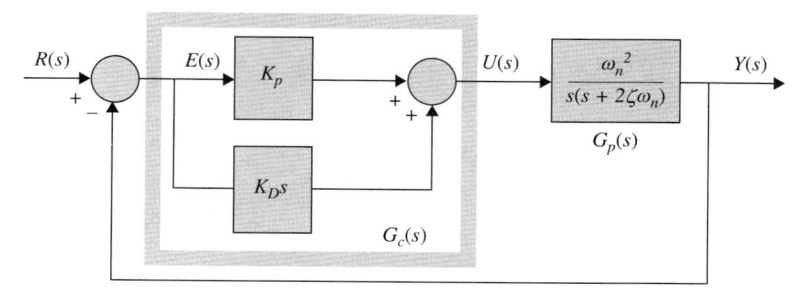

▶ 圖 11-3　具有 PD 控制器的控制系統。

因此，加於受控程序的控制訊號為

$$u(t) = K_P e(t) + K_D \frac{de(t)}{dt} \tag{11-3}$$

其中，$K_P$ 和 $K_D$ 分別為比例和微分常數。利用表 6-1 中所示的元件，有兩個電路可用來實現 PD 控制器，如圖 11-4 所示。圖 11-4a 中電路的轉移函數為

$$\frac{E_o(s)}{E_{in}(s)} = \frac{R_2}{R_1} + R_2 C_1 s \tag{11-4}$$

比較 (11-2) 式和 (11-4) 式，可得

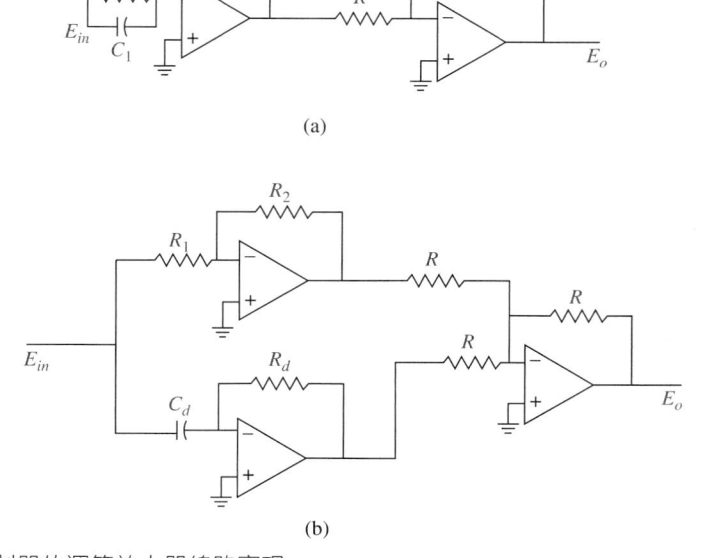

▶ 圖 11-4　PD 控制器的運算放大器線路實現。

$$K_P = R_2/R_1 \quad K_D = R_2 C_1 \tag{11-5}$$

圖 11-4b 的轉移函數為

$$\frac{E_o(s)}{E_{in}(s)} = \frac{R_2}{R_1} + R_d C_d s \tag{11-6}$$

比較 (11-2) 式和 (11-6) 式，得

$$K_P = R_2/R_1 \quad K_D = R_d C_d \tag{11-7}$$

利用圖 11-4a 電路的優點為只使用到兩個運算放大器。但由於 $K_P$ 和 $K_D$ 均與 $R_2$ 有關，故此電路並不允許個別選定 $K_P$ 和 $K_D$ 值。$P_D$ 控制器的重要考量為當 $K_D$ 值很大時，則需要較大的電容 $C_1$。在圖 11-4b 中的 $K_P$ 和 $K_D$ 可以獨立控制。大的 $K_D$ 值可選擇大的 $R_d$ 值來補償，因此可得到一真實的 $C_d$ 值。雖然本書的範圍並不包括在實現轉移函數時必須考量的實務議題，但這些議題在實務上是非常重要的。

補償系統的順向-路徑轉移函數為

$$G(s) = \frac{Y(s)}{E(s)} = G_c(s)G_p(s) = \frac{\omega_n^2(K_P + K_D s)}{s(s + 2\zeta\omega_n)} \tag{11-8}$$

亦即 PD 控制在順向-路徑轉移函數中，增加一簡單零點 $s = -K_P/K_D$。

### 11-2-1　PD 控制的時-域詮釋

PD 控制對控制系統暫態-響應的影響，請參閱圖 11-5 的時間響應來加以研究。假設一個穩-態系統只用比例控制，其單位-步階響應如圖 11-5a 所示，此系統具有相當大的最大超越量，且較為振盪。單位-步階輸入和輸出 $y(t)$ 之間的誤差訊號，及誤差訊號對時間的微分 $de(t)/dt$，可分別由圖 11-5b 和 c 表示。最大超越量和振盪的特性也同時反映在 $e(t)$ 和 $de(t)/dt$ 上。為便於說明，假設系統包含一馬達，而其轉矩與 $e(t)$ 成正比。比例控制系統性能的分析如下：

> PD 控制在順向-路徑轉移函數中加入一個簡單零點 $s = -K_P/K_D$。

1. 在 $0 < t < t_1$ 之時間範圍內：誤差訊號 $e(t)$ 為正。馬達轉矩為正，且快速上升。輸出 $y(t)$ 的大超越量和接下來的振盪導因於在此時間範圍內，馬達產生了超過所需要的轉矩，且缺乏阻尼之故。

2. 在 $t_1 < t < t_3$ 之時間範圍內：誤差訊號 $e(t)$ 為負，且相對應之馬達轉矩為負。負轉矩將使輸出加速度降低，並導致輸出 $y(t)$ 反轉和欠過度。

3. 在 $t_3 < t < t_5$ 之時間範圍內：馬達轉矩再度為正，並企圖減少在前一時間範圍內由於負轉矩所導致在響應上的欠過度。因為系統假設為穩定，故誤差振幅隨每次的振盪而減

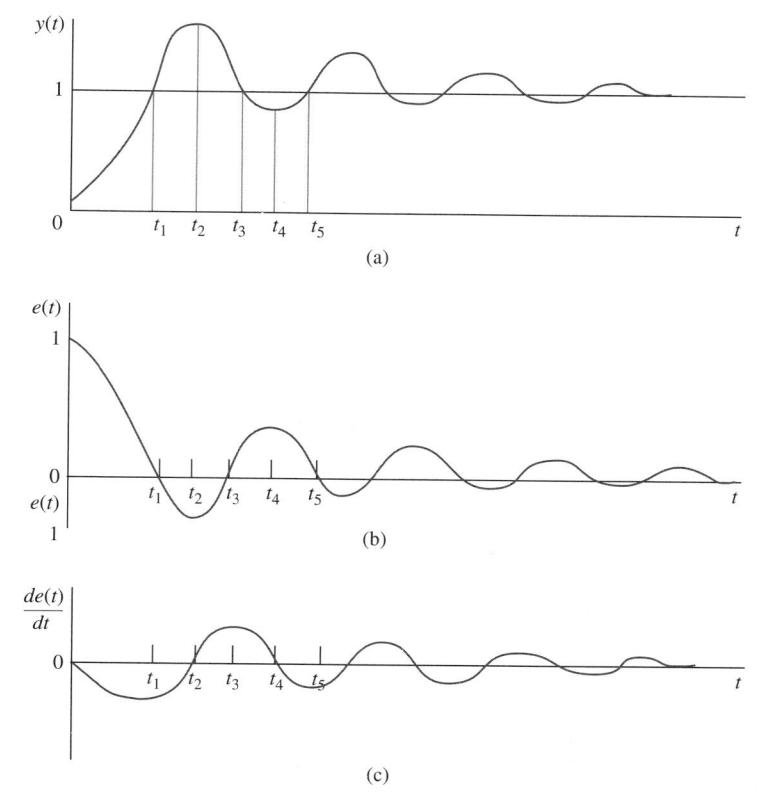

▶ 圖 11-5　微分控制對 $y(t)$、$e(t)$ 及 $de(t)/dt$ 波形的影響。(a) 單位-步階響應。(b) 誤差訊號。(c) 誤差訊號對時間的改變率。

少,且輸出逐漸安定於終值。

由以上系統時間響應的分析,可知造成高超越量的因素為

1. $0 < t < t_1$ 時,正矯正轉矩過大。
2. $t_1 < t < t_2$ 時,減速轉矩不恰當。

因此,要降低步階響應的超越量,同時上升時間又增加不多,則可採用以下的方法:

1. 在 $0 < t < t_1$ 時,降低矯正轉矩。
2. 在 $t_1 < t < t_2$ 時,增加減速轉矩。

同理,在 $t_2 < t < t_4$ 的時間範圍內,於 $t_2 < t < t_3$ 時的負矯正轉矩應降低,且在 $t_3 < t < t_4$ 時由於在正方向,所以要增加減速轉矩以改善 $y(t)$ 的欠過度。

在 (11-2) 式所描述的 PD 控制精確地提供所需的補償。由於 PD 控制的控制訊號如 (11-3) 式所述,因此圖 11-5c 顯示了由 PD 控制器所提供的效應,描述如下:

1. $0 < t < t_1$ 時，$de(t)/dt$ 為負；如此將減少由 $e(t)$ 單獨產生的原來轉矩。
2. $t_1 < t < t_2$ 時，$e(t)$ 和 $de(t)/dt$ 均為負，此表示 PD 控制所產生之負的減速轉矩將比只有比例控制時來得大。
3. $t_2 < t < t_3$ 時，$e(t)$ 和 $de(t)/dt$ 均為正。因此，原來導致欠過度的負轉矩也降低了。

因此，這些效應導致 $y(t)$ 產生較小的超越量和欠過度。

檢視微分控制的另一種方式為：因 $de(t)/dt$ 為 $e(t)$ 的斜率，故知微分控制 (即 PD 控制) 在本質上為預測控制。亦即，利用已知的斜率，控制器可以預測誤差的方向，並用來對受控程序作更好的控制。就線性系統言，由步階-輸入所產生的 $e(t)$ 或 $y(t)$ 的斜率若較大，則較高的超越量會跟著發生。微分控制可量測 $e(t)$ 瞬間的斜率，並事先就預測出大的超越量，故可在過大超越量實際發生前做出適度的矯正工作。

> PD 本質上為一預測控制。

直覺地，若穩-態誤差隨時間而變化，微分控制只對系統的穩-態誤差有影響。若系統的穩-態誤差相對時間而言為一常數，則誤差對時間微分為零，而控制器微分的部分便不提供輸入給受控程序。但是，若穩-態誤差隨時間而增加，則 $de(t)/dt$ 所造成的轉矩將減少誤差的大小。(11-8) 式清楚地表示 PD 控制並不改變系統的型式；而系統的型式直接影響單位-回授系統的穩-態誤差。

> 若誤差隨時間變化，則微分或 PD 控制只對穩-態誤差有影響。

## 11-2-2　PD 控制的頻-域詮釋

對頻-域設計而言，PD 控制器的轉移函數可寫成

$$G_c(s) = K_P + K_D s = K_P\left(1 + \frac{K_D}{K_P}s\right) \tag{11-9}$$

因此，更容易用波德圖來解釋。(11-9) 式在 $K_P = 1$ 時的波德圖如圖 11-6 所示。通常，比例控制增益 $K_P$ 可以由系統的一系列增益結合而得到，所以 PD 控制器的零-頻率增益可視為 1。PD 控制器的高通濾波器特性可以清楚地由圖 11-6 的波德圖看出。相位-超前的特性可以用來改善控制系統的相位邊限。但不幸地，PD 控制器的大小特性會把增益-交越頻率推向更高頻。因此，PD 控制器的設計準則為選擇控制器的轉折頻率 $\omega = K_P/K_D$，使得在新的增益-交越頻率時能有效地改善相位邊限。對一已知的系統而言，均存在一個可改善系統阻尼的最佳 $K_P/K_D$ 值範圍。其它的考量為實際在實現 PD 控制器時 $K_P$ 和 $K_D$ 值的選擇。PD 控制在頻域中的其它明顯效應就是它的高-通特性。在大多數情形下，此特性增

> PD 控制器為一高-通濾波器。
> PD 控制器的缺點為強化了高頻的雜訊。
> PD 控制器通常會增加 BW 和減少步階響應的上升時間。

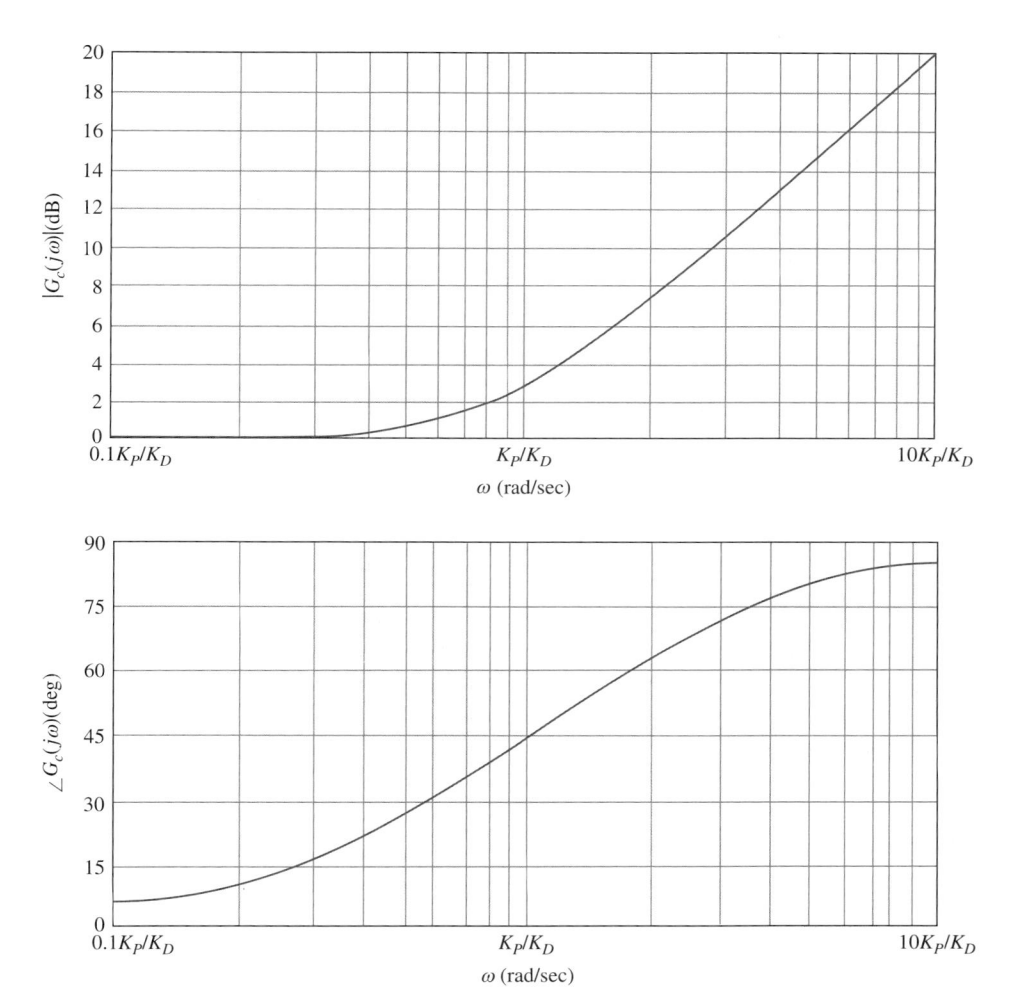

▶ 圖 11-6　$1+\dfrac{K_D s}{K_P}$ 之波德圖，其中 $K_p = 1$。

加了系統的 BW，且減少了步階-響應的上升時間。PD 控制器在實際應用上的缺點為，當系統輸入有高頻雜訊進入時，控制器微分的部分為一高-通濾波器，它強化了任何的高頻雜訊。

## 11-2-3　PD 控制之效應的摘要整理

儘管對輕微阻尼或初始不穩定系統沒有影響，但一適當設計的 PD 控制器，仍會以下列的方式影響系統的性能：

1. 改善阻尼和減少最大超越量。
2. 降低上升時間和安定時間。

3. 增加 BW。
4. 改善 GM、PM 和 $M_r$。
5. 可能強化高頻雜訊。
6. 在電路實現時,可能需要一相當大的電容。

以下的範例說明 PD 控制器對二-階系統在時-域和頻-域響應的影響。

### 範例 11-2-1[1]　直流馬達的控制:短時間-常數模型

考慮如圖 7-52 所示之飛機傾斜度控制系統的二-階模型。系統的順向-路徑轉移函數如 (7-161) 式描述,其為

$$G(s) = \frac{4500K}{s(s+361.2)} \tag{11-10}$$

設定以下之性能規格:

單位-斜坡輸入之穩-態誤差 ≤ 0.000443
最大超越量 ≤ 5%
上升時間 $t_r$ ≤ 0.005 秒
2% 安定時間 $t_s$ ≤ 0.005 秒

為了滿足所指定之穩-態誤差的最大值規格,$K$ 值應設為 181.17。不過,如此的 $K$ 值,會使系統的阻尼比為 0.2,且最大超越量為 52.7%,此時單位-步階響應如圖 7-54 所示。考慮加入一 PD 控制器於系統的順向路徑,使系統阻尼和最大超越量可以改善,且單位-斜坡輸入的穩-態誤差可以保持在 0.000443。

**時-域設計**

(11-9) 式的 PD 控制器,在 $K = 181.17$ 時,系統順向-路徑轉移函數變成

$$G(s) = \frac{\Theta_y(s)}{\Theta_e(s)} = \frac{815{,}265(K_P + K_D s)}{s(s+361.2)} \tag{11-11}$$

閉-迴路轉移函數為

$$\frac{\Theta_y(s)}{\Theta_r(s)} = \frac{815{,}265 K_D \left(s + \dfrac{K_P}{K_D}\right)}{s^2 + (361.2 + 815{,}265 K_D)s + 815{,}265 K_P} \tag{11-12}$$

(11-12) 式顯示 PD 控制器的影響如下:

1. 在 $s = -K_P/K_D$ 處添加一個零點到閉-迴路轉移函數。
2. 增加阻尼項,其為分母中 $s$ 項的係數,從 361.2 增大到 $361.2 + 815{,}265 K_D$。

---

[1] 這個範例也可以用 MATLAB SISO 設計工具解決。詳見範例 11-10-1。

**3.** 對穩-態響應沒有影響。

根據 (11-12) 式，可得出下述觀察結果：

由單位-步階輸入造成的穩-態誤差 $e_{ss} = 0$。

斜坡-誤差常數為

$$K_v = \lim_{s \to 0} sG(s) = \frac{815,265 K_P}{361.2} = 2257.1 K_P \tag{11-13}$$

單位-斜坡輸入所造成的穩-態誤差為 $e_{ss} = 1/K_v = 0.000443/K_P$。

同時，根據 (11-12) 式，特性方程式可寫為

$$s^2 + (361.2 + 815,265 K_D)s + 815,265 K_P = 0 \tag{11-14}$$

由此可以清楚地看出 $K_D$ 對阻尼有正的影響。在此要立即指出 (11-11) 式不再是原型二-階系統，因為其暫-態響應也被轉移函數在 $s = -K_P/K_D$ 之零點所影響。為了要設計出 PD 控制器，我們首先將系統近似成原型二-階系統。亦即，從圖 11-5 與先前 7-7-5 節的相關討論可知，如果我們選擇 $K_D$ 的值比 $K_P$ 小，則相較於系統主控的極點，我們便可以假設控制器位在 $s = -K_P/K_D$ 的零點在時-域上的影響很小。因此，如果使用原型二-階轉移函數，我們便可忽略零點，故從 (11-14) 式可知

$$\text{最大超越量} = 0.05 = e^{-\pi\zeta/\sqrt{1-\zeta^2}} \tag{11-15}$$

上式可為 5% 的超越量提供所需的阻尼比。因此，$\zeta = 0.69$。利用 2% 的安定時間公式，對於 0.005 秒的安定時間，即

$$2\% \text{ 安定時間：} t_s = 0.005 \cong \frac{4.0}{\zeta \omega_n} \quad 0 < \zeta < 0.9 \tag{11-16}$$

故知自然頻率的期望值為 $\omega_n = 1159.2$ rad/s。因此，

$$K_P = \frac{(1159.2)^2}{815,265} = 1.648231 \tag{11-17}$$

$$\zeta = \frac{361.2 + 815,265 K_D}{(2)(1159.2)} = 0.156 + 351.6 K_D \tag{11-18}$$

即

$$K_D = 0.001519 \tag{11-19}$$

注意：根據 (11-13) 式，(11-17) 式自動滿足單位-斜坡輸入 ≤ 0.000443 的穩-態誤差。使用這些數值，系統的極點位於

$$s_{1,2} = -\frac{(361.2 + 815,265K_D)}{2}$$
$$\pm j\sqrt{\frac{(361.2 + 815,265K_D)^2}{4} - 815,265(K_P)} \tag{11-20}$$
$$= -800 \pm j838.9$$

零點則位於

$$s = -K_P/K_D = -1085 \tag{11-21}$$

從第九章的 (9-18) 式可知，如欲使期望的閉-迴路系統極點位在根軌跡上，則極點必須滿足角度準則。在我們的情況下，如圖 11-7 所示，

$$\angle(s+361.2) + \angle s - \angle(s+1085) = 117.6° + 133.6° - 71.2° = 180° \tag{11-22}$$

閉-迴路極點與零點會理所當然地符合根軌跡的角度準則。

利用工具盒 11-2-1，我們可以得到根據 (11-17) 式到 (11-19) 式之 PD 控制器參數值的單位-步階輸入時間響應。如圖 11-8 所示，系統響應滿足上升時間和安定時間準則，而最大超越量則遠高於所需的 5%。這是因為控制器零點的影響，詳見 7-8 節。為了達到預期的響應，我們必須將系統的極點沿著根軌跡移動到新的位置，同時探索時間響應的行為。

> 永遠記得檢查直流馬達能夠提供需要的轉矩，以達到期望的響應。你必須調整馬達低於它的轉矩限制。

最簡單的方式是將固定的零點值 $s = -K_P/K_D = -1085$ 代入 (11-14) 式，並當 $K_D$ 增加，求出閉-迴路極點。固定控制器的零點具有將控制器未知的參數數量從兩個減少到一個的優點。因此，系統的修正特性方程式為

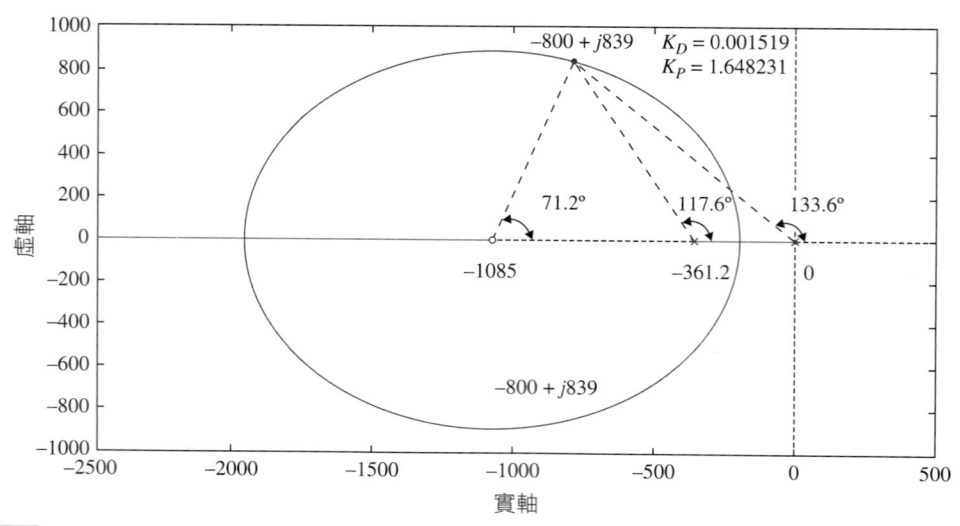

▶ 圖 11-7　當控制器零點固定在 $s = -K_P/K_D = -1085$，(11-12) 式的根軌跡。

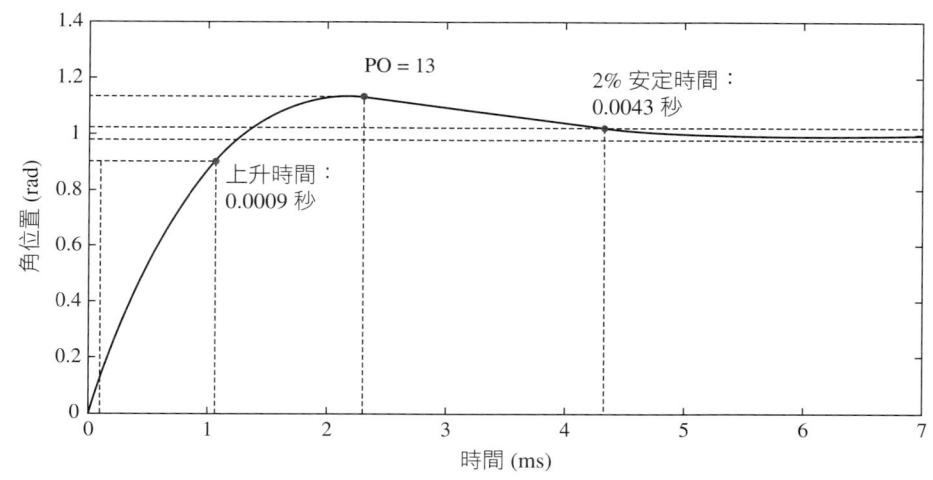

▶ 圖 11-8 當控制器零點固定在 $s = -K_P/K_D = -1085$ 以及極點位在 $s = -800 \pm j838.9$ 時，(11-12) 式的單位-步階響應。

$$s^2 + (361.2 + 815,265K_D)s + 815,265(1085K_D) = 0 \tag{11-23}$$

求解 (11-23) 式中系統的極點，可得

$$s_{1,2} = -\frac{(361.2 + 815,265K_D)}{2} \pm j\sqrt{\frac{(361.2 + 815,265K_D)^2}{4} - 815,265(1085K_D)} \tag{11-24}$$

　　圖 11-9 中的根軌跡圖是透過改變 (11-24) 式的 $K_D$ 值來求得。當 $K_D = 0.01105$ 和 $K_P = 13.1285$ 時，便可以達到期望的系統響應，如圖 11-10 所示。根據圖 11-9 中的根軌跡，(11-24) 式中的極點位於 $s_1 = -1200$ 和 $s_2 = -8170$。請注意，兩極點預計會出現很高的過阻尼響應。然而，控制器的零點主控性有助於非共振性超越量。系統單位-步階響應的屬性如表 11-1 所示。

　　實務上，讀者必須經常檢查所需的馬達轉矩以實現此響應。你可以透過求出馬達的轉矩轉移函數並求出其時間響應來達成；同時詳見附錄 D 中有關致動器電流飽和的討論。請記住，如果所需的轉矩高於馬達的失速轉矩，你的馬達將無法提供所需的響應。如果你的控制器參數需要比馬達所提供更高的轉矩，請考慮將控制器的零點向右移動 (盡可能多)，並重複此程序以找出所需的響應。對於位在 $s = -K_P/K_D = -565$ 的零點，當 $K_P = 1$ 且 $K_D = 0.00177$ 時可以獲得期望的響應；請參照利用根廓線方法求出步階響應的替代設計方法，並且檢查範例 11-10-1 的 MATLAB SISO 設計方法。

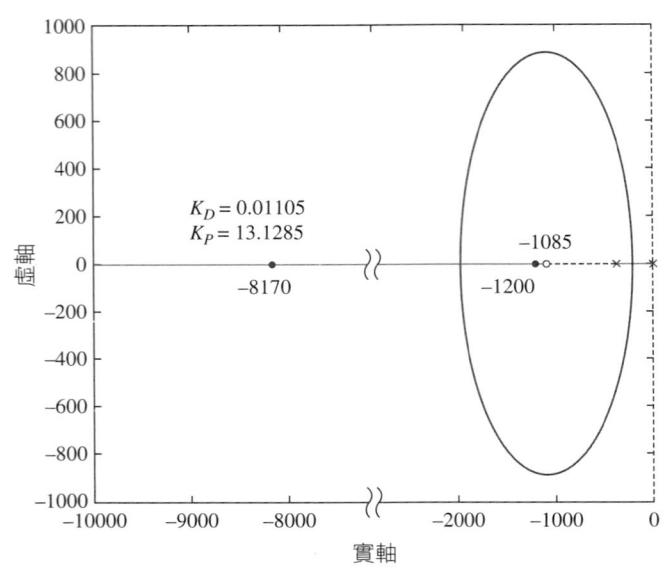

▶ 圖 11-9 控制器零點固定在 $s = -K_P/K_D = -1085$ 時，(11-12) 式的根軌跡，圖中顯示當 $K_D = 0.01105$ 和 $K_P = 13.1285$ 時期望響應的極點。

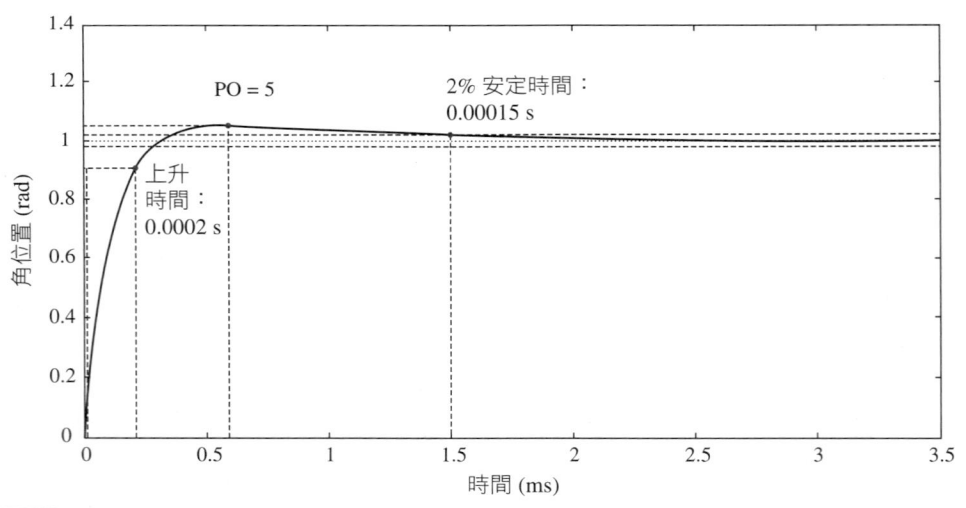

▶ 圖 11-10 當 $K_D = 0.01105$ 和 $K_P = 13.1285$ 時，(11-12) 式的期望單位-步階響應。

■ 表 11-1 範例 11-2-1 中具有 PD 控制器之系統的單位-步階響應屬性，此處利用一個位於 $s = -K_P/K_D = -1085$ 的固定零點

| $K_D$ | $t_r$(秒) | $t_s$(秒) | 最大超越量 (%) |
|---|---|---|---|
| 0 | 0.00125 | 0.0151 | 52.2 |
| 0.000152 | 0.0009 | 0.0043 | 13 |
| 0.01105 | 0.0002 | 0.00015 | 5 |

### 工具盒 11-2-1

圖 11-7 所示之 (11-11) 式的根軌跡可由下述的 MATLAB 函式序列求得：

```
num = [815265 815265*1085];
den = [1 361.2 0];
rlocus(num,den)
%%%%%%%%%%%%%%%%%%%%%%%%%%%%%%%%%%
```

圖 11-8 可由下述的 MATLAB 函式序列求得：

```
KD=0.001519;KP=1.648231;
num =[815265*KD 815265*KP];
den = [1 361.2+815265*KD 815265*KP];
step(num,den)
```

圖 11-10 可由下述的 MATLAB 函式序列求得：

```
KD=0.0121;KP=13.1285;
KP/KD % zero location
num =[815265*KD 815265*KP];
den = [1 361.2+815265*KD 815265*KP];
step(num,den)
```

## 使用根廓線之替代時-域設計方法

考慮 (11-14) 式中的特性方程式，我們可以設定 $K_P = 1$，這是穩-態誤差可接受條件。系統的阻尼比為

$$\zeta = \frac{361.2 + 815,265 K_D}{1805.84} = 0.2 + 451.46 K_D \tag{11-25}$$

對此二-階系統而言，當 $K_D$ 值增加時，零點將移到非常靠近原點的地方，且可有效地消去 $G(s)$ 在 $s = 0$ 之極點。因此，當 $K_D$ 值增加時，(11-11) 式的轉移函數近似於一-階系統，而其極點位於 $s = -361.2$，且閉-迴路系統不會有任何的超越量。不過，對於高-階系統而言，當 $K_D$ 變得很大時，在 $s = -K_P/K_D$ 的零點反而可能會增加超越量。

我們可以利用根廓線的方法，針對 (11-14) 式的特性方程式找出 $K_P$ 和 $K_D$ 值變化時所造成的影響。首先，令 $K_D$ 為零，(11-14) 式變成

$$s^2 + 361.2s + 815,265 K_P = 0 \tag{11-26}$$

當上式中的 $K_P$ 由 0 到 $\infty$ 變化時，其根軌跡如圖 11-11 所示。你可以使用工具盒 11-2-2 繪出根軌跡。根據第九章的討論，當 $K_D \neq 0$ 時，(11-14) 式的特性方程式可調整為

$$1 + G_{eq}(s) = 1 + \frac{815,265 K_D s}{s^2 + 361.2s + 815,265 K_P} = 0 \tag{11-27}$$

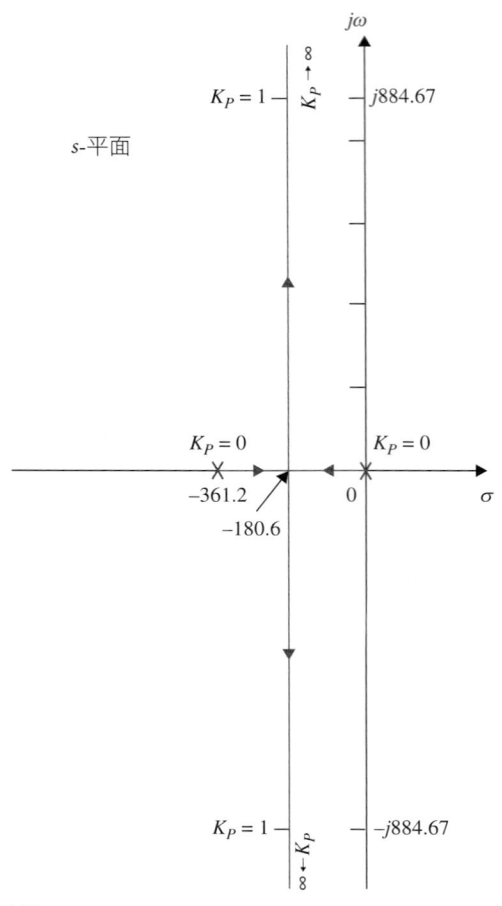

```
                              jω
                              ↑
                         K_P→∞
              K_P = 1 ─┤     ─ j884.67
                       │
         s-平面          │
                       │
                       │
                       │
                       │
                       │
       K_P = 0      K_P = 0
    ──×─────────►──┼──◄──×────────► σ
      −361.2   ↘   │    0
              −180.6
                       │
                       │
                       │
                       │
                       │
              K_P = 1 ─┤     ─ −j884.67
                       K_P
                       ∞←
```

▶ **圖 11-11**　(11-26) 式之根軌跡。

　　令 $K_P =$ 常數而 $K_D$ 改變時，(11-14) 式的根廓線可依據 $G_{eq}(s)$ 的極點-零點組態來建構。或者，根廓線也可以透過求解 (11-20) 式所示之系統特性方程式的極點值來建立。使用其中一種方法，固定 $K_P$ 值和變化 $K_D$ 便可繪製出根廓線，如圖 11-12 所示，其中 $K_P = 0.25$ 和 $K_P = 1$。

　　當 $K_P$ 為 0.25，$K_D = 0$ 時，兩個特性方程式之根在 $-180.6 + j413.76$ 和 $-180.6 - j413.76$。當 $K_D$ 值增加時，根廓線顯示因為 PD 控制器而改善的阻尼。注意：就穩-態的需求而言，$K_P$ 的這個值是不能接受的。

　　我們可以看出當 $K_P = 1$ 和 $K_D = 0$ 時，特性方程式的根位於 $-180.6 + j884.67$ 和 $-180.6 - j884.67$，且閉-迴路系統的阻尼比為 0.2。當 $K_D$ 值增加時，兩個特性方程式的根沿圓弧移向實軸。當 $K_D$ 增加到等於 0.00177 時，則兩根均為實數且相等為 $-902.92$，此時為臨界阻尼。當 $K_D$ 增加到大於 0.00177 時，則兩根變成實數且不相等，分別位在 $-900.065$ 和 $-0.00177$，此系統為過阻尼，但是可預期控制器零點的效應會導致具有超越量的非振盪響應。圖 11-13 顯示了沒有 PD 控制且 $K_P = 1$ 和 $K_D = 0.00177$ 時之閉-迴路系統的單位-步階響

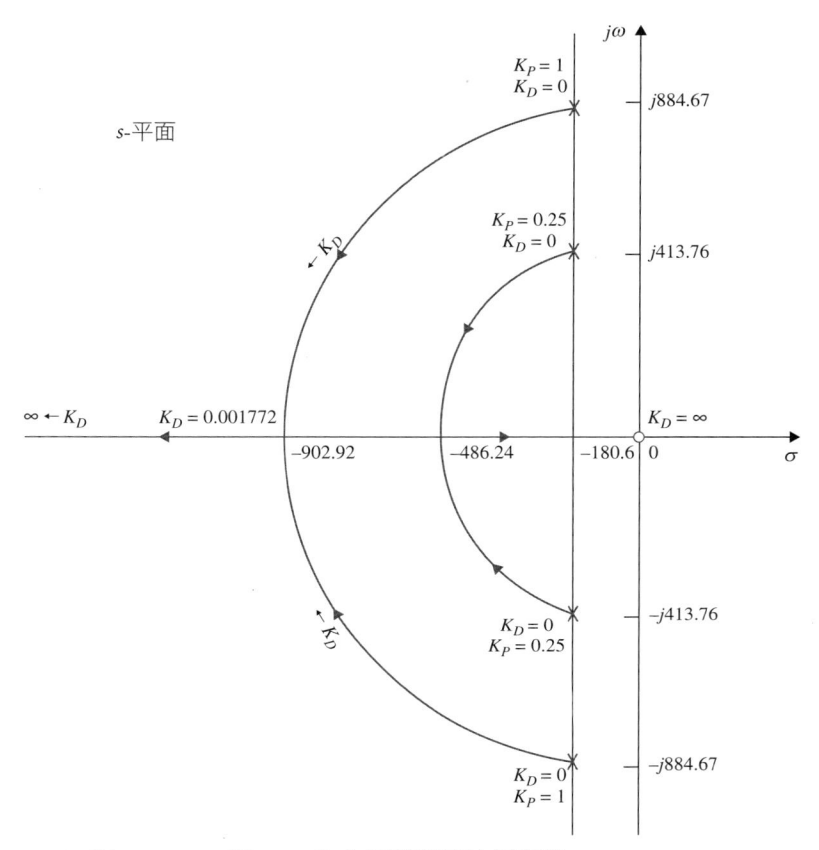

▶ **圖 11-12** (11-14) 式在 $K_P = 0.25$ 和 $1.0$，$K_D$ 為可變值時的根廓線。

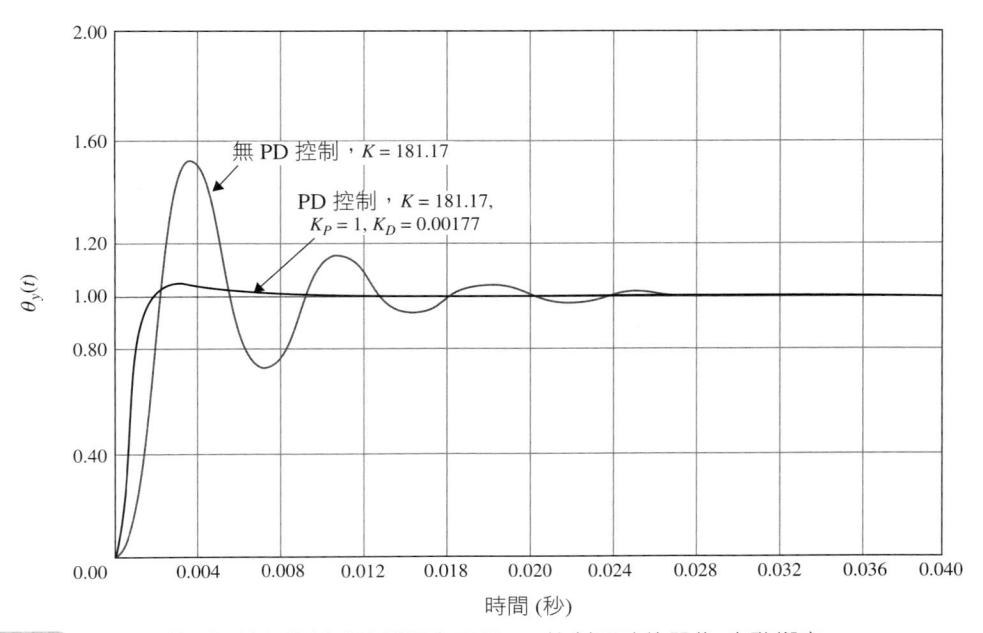

▶ **圖 11-13** 圖 7-52 所示傾斜度控制系統採用和不用 PD 控制器時的單位-步階響應。

■表 11-2　利用根廓線方法得出範例 11-2-1 中具有 PD 控制器之系統的單位-步階響應屬性

| $K_D$ | $t_r$ (秒) | $t_s$ (秒) | 最大超越量 (%) |
|---|---|---|---|
| 0 | 0.00125 | 0.0151 | 52.2 |
| 0.0005 | 0.0076 | 0.0076 | 25.7 |
| 0.00177 | 0.00119 | 0.0049 | 4.2 |
| 0.0025 | 0.00103 | 0.0013 | 0.7 |

應。採用 PD 控制時，最大超越量為 4.2%。目前的例子雖然是以臨界阻尼來選定 $K_D$ 值，但最大超越量則由閉-迴路轉移函數位在 $s = -K_P/K_D = -565$ 的主控零點所引起。

表 11-2 為 $K_P = 1$，以及 $K_D = 0, 0.0005、0.00177$ 和 $0.0025$ 時，最大超越量、上升時間和安定時間的結果。由表 11-2 的結果可知在 $K_D \geq 0.00177$ 時，所有性能規格需求均能滿足。此處所得出的性能規格更接近期望的值，並且施加於馬達的負擔應該比之前的設計方法更小。請記住：$K_D$ 值應該大到足以滿足性能要求即可。大的 $K_D$ 值等同會產生大的 BW，這將會導致高頻雜訊的問題，並且也必須考量實現運算放大器電路時的電容值問題。最後，如前述所討論的，請不要忘記檢查你的馬達是否能夠為所需的響應提供必要的轉矩。

可作以下的通用結論：PD 控制器可減少最大超越量、上升時間和安定時間。

研究參數 $K_P$ 和 $K_D$ 影響的另一種解析方法為：以 $K_P$ 和 $K_D$ 的參數平面來評估性能特性。由 (11-14) 式的特性方程式，可得

$$\zeta = \frac{0.2 + 451.46 K_D}{\sqrt{K_P}} \tag{11-28}$$

應用穩定度規格於 (11-14) 式，可得系統穩定度的條件為 $K_P > 0$ 和 $K_D > -0.000443$。

### 工具盒 11-2-2

圖 11-11 所示之 (11-26) 式的根軌跡可由下述的 MATLAB 函式序列求得：

```
den = [1 361.2 0];
num = [1];
rlocus(num,den)
```

### 工具盒 11-2-3

圖 11-12 所示之 (11-14) 式的根廓線可由下的 MATLAB 函式序列求得：

```
KP = 1;
KD = 0;
num = [815265 0];
den = [1 361.2 815265*KP];
```

```
rlocus(num,den)
hold on
%%%%%%%%%%%%%%%%%%%%%%%%%%%%%%%%%%%%%%%%%%%%
KP = 0.25;
KD = 0;
den = [1 361.2 815265*KP];
num = [815265 0];
rlocus(num,den)
%%%%%%%%%%%%%%%%%%%%%%%%%%%%%%%%%%%%%%%%
axis([-3000 1000 -1000 1000])
xaxis1 = -361.2/2 *ones(1,100);yaxis1 = -1000:20:1000-1;
plot(xaxis1,yaxis1);
grid
```

$K_P$-對-$K_D$ 參數平面上的穩定度邊界如圖 11-14 所示。常數-阻尼比-軌跡如 (11-28) 式所描述，且為一拋物線。圖 11-14 所示為常數-$\zeta$ 軌跡，其中 $\zeta$ 分別為 0.5、0.707 和 1.0。斜坡-誤差常數 $K_v$ 如 (11-13) 式，此式在參數平面上為一水平線，可如圖 11-14 所示。此圖提供了 $K_P$ 和 $K_D$ 對不同系統性能準則影響的清楚圖形描述。例如，當 $K_v$ 設定為 2257.1 時 (相當於 $K_P = 1$)，由常數-$\zeta$ 軌跡可以看出阻尼隨 $K_D$ 之增加而單調地增加。常數-$K_v$ 軌跡和常數-$\zeta$ 軌跡之間的交點，提供達成所要設計之 $K_v$ 和 $\zeta$ 的 $K_D$ 值。

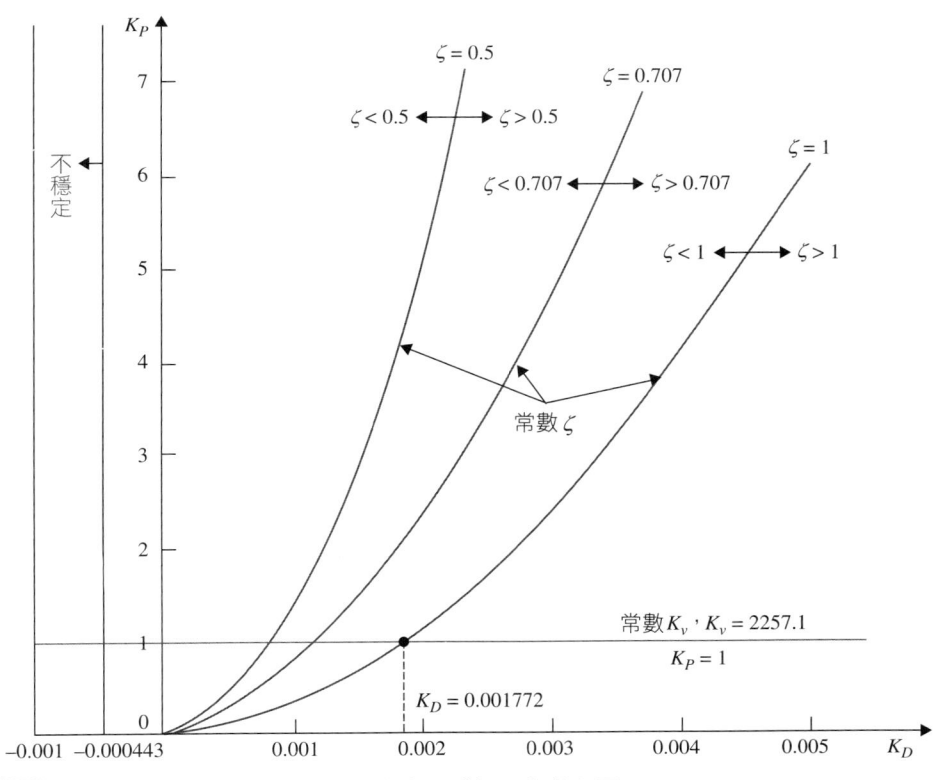

▶ 圖 11-14　具 PD 控制器之傾斜度控制系統的 $K_P$-對-$K_D$ 參數平面。

### 頻-域設計

現在，我們要在頻-域中進行 PD 控制器的設計。圖 11-15 為 (11-11) 式 $G(s)$，在 $K_P = 1$ 和 $K_D = 0$ 時的波德圖。未補償系統的相位邊限為 22.68°，且共振峰值 $M_r$ 為 2.522。這些值均相當於一輕微的阻尼系統。已知性能準則如下所示：

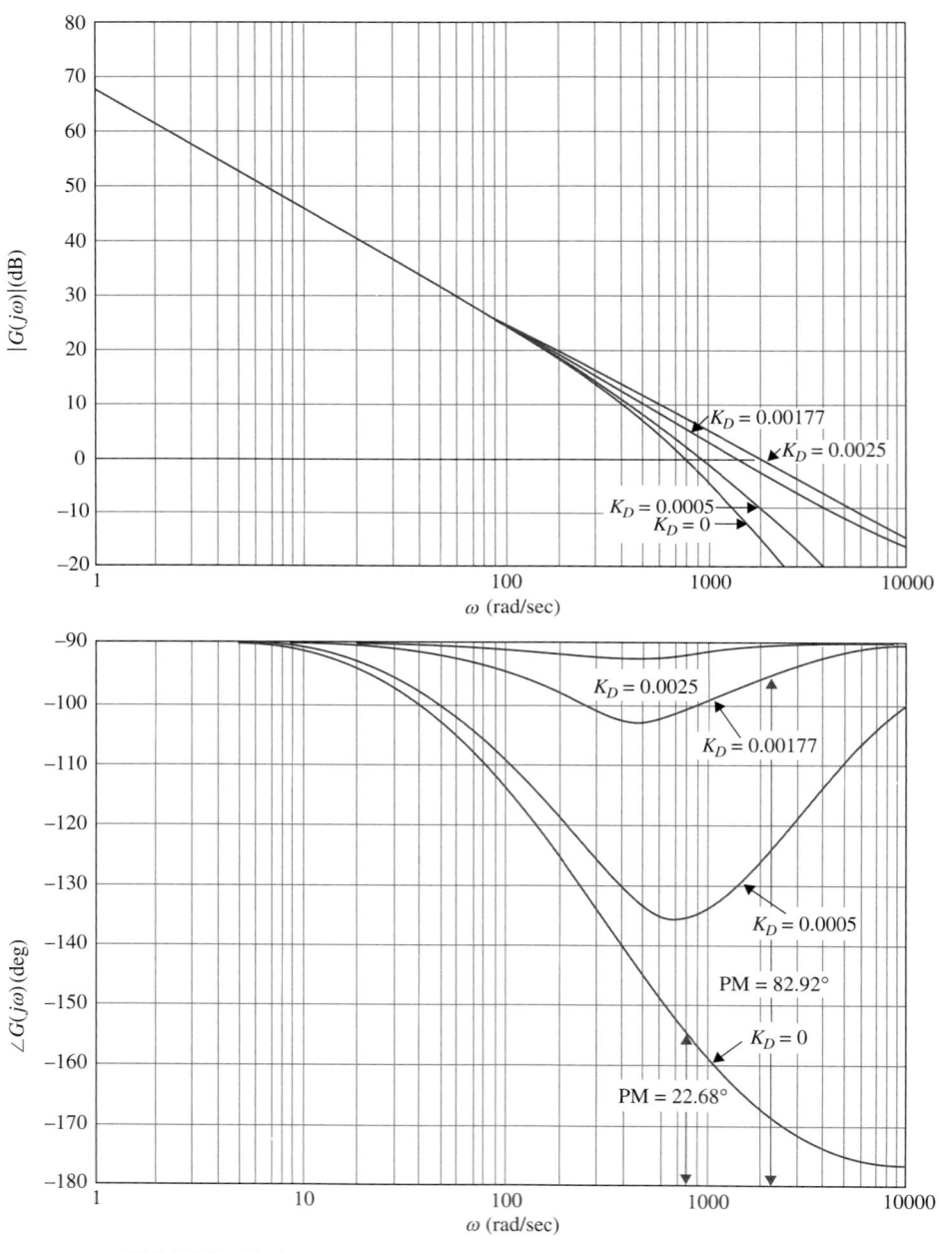

▶ **圖 11-15** $G(s) = \dfrac{815,265(1+K_D s)}{s(s+361.2)}$ 的波德圖。

單位-斜坡輸入的穩-態誤差 ≤ 0.00443

相位邊限 ≥ 80°

共振峰值 $M_r \leq 1.05$

BW ≤ 2000 rad/sec

圖 11-15 所示為 $G(s)$ 在 $K_P = 1$，$K_D = 0$、0.005、0.00177 和 0.0025 時的波德圖。表 11-3 所列為補償系統利用這些控制器參數而在頻域所量測的性能，同時表內亦列有時-域之各種屬性以作為比較。這些性能資料和波德圖可以用工具盒 11-2-4 產生。

由表 11-3 可以看出增益邊限一直為無窮大，因此相對穩定度必須由相位邊限加以衡量。此為增益邊限不能作為相對穩定度有效衡量的一個例子。當 $K_D = 0.00177$ 時，此值相當於臨界阻尼，相位邊限為 82.92°，共振峰值 $M_r$ 為 1.025 和 BW 為 1669 rad/sec。在頻域中的性能需求均能滿足。PD 控制器的其它影響為 BW 和增益-交越頻率均增加了。而在此例中，相位-交越頻率仍為無窮值。

### 工具盒 11-2-4

圖 11-15 之波德圖可由下述的 MATLAB 函式序列求得：

```
KD = [0 0.0005 0.0025 0.00177];
for i = 1:length(KD)
num = [815265*KD(i) 815265];
den =[1 361.2 0];
bode(tf(num,den));
hold on;
end
axis([1 10000 -180 -90]);
grid
```

■表 11-3　範例 11-2-1 中具有 PD 控制器之系統的頻-域特性

| $K_D$ | GM (dB) | PM (度) | 增益交越 (rad/sec) | BW (rad/sec) | $M_r$ | $t_r$ (秒) | $t_s$ (秒) | 最大超越量 (%) |
|---|---|---|---|---|---|---|---|---|
| 0 | ∞ | 22.68 | 868 | 1370 | 2.522 | 0.00125 | 0.0151 | 52.5 |
| 0.0005 | ∞ | 46.2 | 913.5 | 1326 | 1.381 | 0.0076 | 0.0076 | 25.7 |
| 0.00177 | ∞ | 82.92 | 1502 | 1669 | 1.025 | 0.00119 | 0.0049 | 4.2 |
| 0.0025 | ∞ | 88.95 | 2046 | 2083 | 1.000 | 0.00103 | 0.0013 | 0.7 |

## 範例 11-2-2[2]　直流馬達控制：未忽略電氣時間常數

第七章所討論的三-階飛機傾斜度控制系統，其順向-路徑轉移函數如 (7-169) 式所示，即

$$G(s) = \frac{1.5 \times 10^7 K}{s(s^2 + 3408.3s + 1,204,000)} \tag{11-29}$$

在此仍使用範例 11-2-1 的時-域規格。7-9 節提到，當 $K = 181.17$ 時，系統最大超越量為 78.88%。

在此要嘗試以一個具有如 (11-2) 式所描述之轉移函數的 PD 控制器來達到所要的暫態-響應性能需求。具有 PD 控制器的系統，其順向-路徑轉移函數在 $K = 181.17$ 時為

$$G(s) = \frac{2.718 \times 10^9 (K_P + K_D s)}{s(s^2 + 3408.3s + 1,204,000)} \tag{11-30}$$

注意：因為系統轉移函數為三-階，故系統可能因為控制器參數的選擇而變得不穩定。
如果系統不穩定，PD 控制可能對於改善系統的穩定度並沒有幫助。

**時-域設計**

任意令 $K_P = 1$，閉-迴路系統的特性方程式可寫成

$$s^3 + 3408.3s^2 + (1,204,000 + 2.718 \times 10^9 K_D)s + 2.718 \times 10^9 = 0 \tag{11-31}$$

為利用根廓線的方法，將 (11-31) 式改寫成

$$1 + G_{eq}(s) = 1 + \frac{2.718 \times 10^9 K_D s}{s^3 + 3408.2s^2 + 1,204,000s + 2.718 \times 10^9} = 0 \tag{11-32}$$

其中

$$G_{eq}(s) = \frac{2.718 \times 10^9 K_D s}{(s + 3293.3)(s + 57.49 + j906.6)(s + 57.49 - j906.6)} \tag{11-33}$$

以 $G_{eq}(s)$ 極點-零點組態為基礎，(11-31) 式的根廓線可繪製如圖 11-16 所示。由圖 11-16 的根廓線可以看出 PD 控制器對改善系統相對穩定度的影響。注意：當 $K_D$ 值增加時，特性方程式之一根將由 −3293.3 移向原點，而另外兩個共軛複數根開始往左向外朝相交於 $s = -1704$ 處之垂直漸進線趨近。當 $K_D$ 值太大時，此一情形的即時評估為：兩複數根確實可以降低阻尼，但增加系統的自然頻率。顯然，從相對穩定度的觀點言，兩特性方程式複數根的理想位置應選擇在根廓線的彎曲部分附近，如此，相對阻尼比接近於 0.707。由圖 11-16 的根廓線可以清楚地看到，若原系統一開始為欠阻尼或不穩定，由 PD 控制器所引入之零點，可能無法增加足夠的阻尼，或改善系統穩定度。

---

[2] 有關 MATLAB SISO 設計工具的實現，請參閱範例 11-10-2。

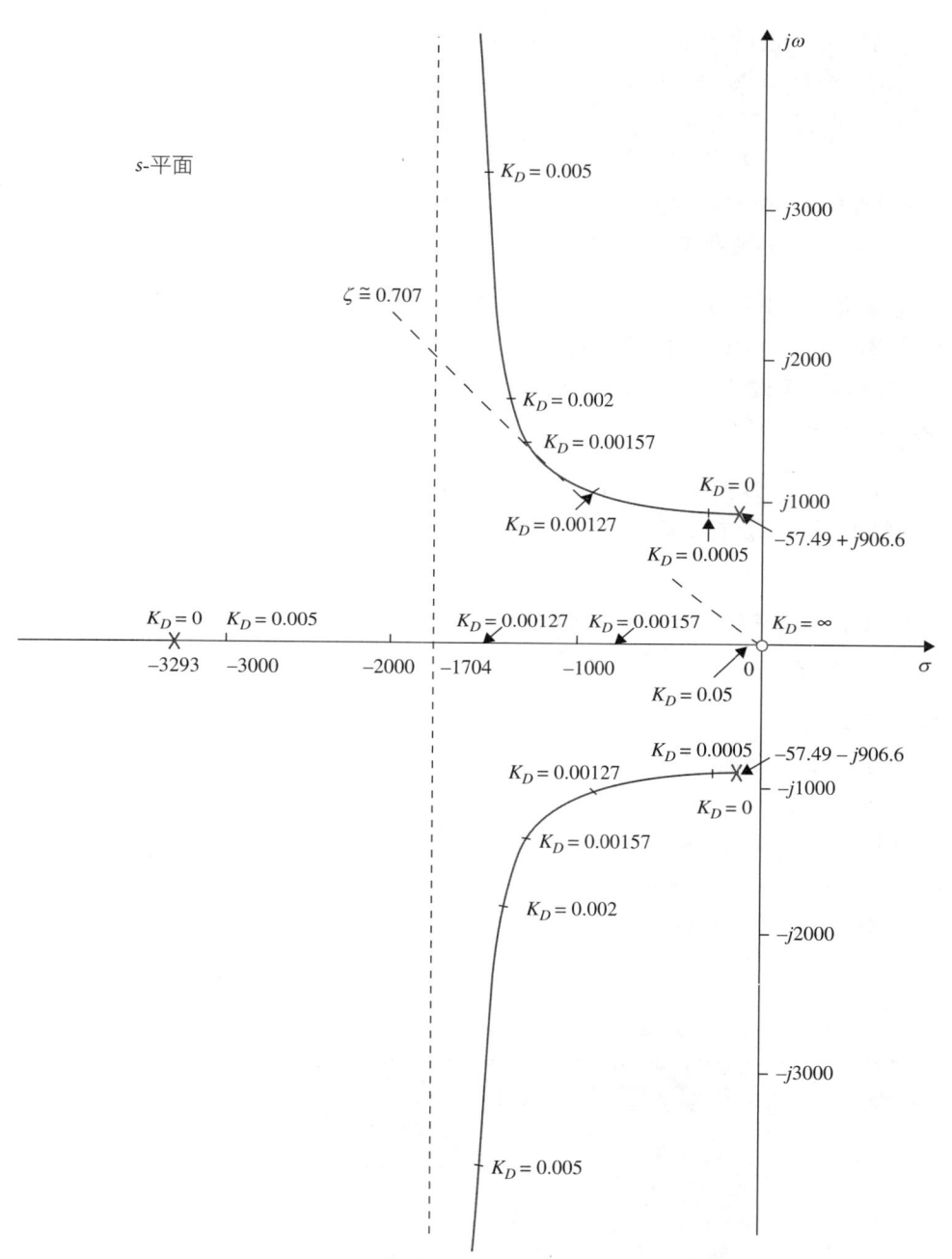

▶ 圖 11-16　$s^3 + 3408.3s^2 + (1{,}204{,}000 + 2.718 \times 10^9 K_D)s + 2.718 \times 10^9 = 0$ 的根廓線。

### 工具盒 11-2-5

圖 11-16 所示之根廓線可由下述的 MATLAB 函式序列求得 (你可能期望使用 clc、close all 或 clear all)：

```
kd=0.005;
num = [2.718*10^9*kd 0];
den = [1 3408.2 1204000 2.718*10^9];
rlocus(num,den)
```

表 11-4 列出以參數 $K_D$ 為函數之最大超越量、上升時間、安定時間及特性方程式根的結果。以下為 PD 控制器對三-階系統影響的結論：

1. 最大超越量的最小值 (11.37%) 發生在 $K_D$ 約等於 0.002 時。
2. 上升時間隨 $K_D$ 之增加而改善 (減少)。
3. $K_D$ 值太大時，確實增加了最大超越量，進而使安定時間變大，後者是由於阻尼會隨著 $K_D$ 無限增加而減少所導致。

圖 11-17 所示為 PD 控制器對不同的 $K_D$ 值所得到的單位-步階響應。結論為：當 PD 控制改善了系統阻尼時，卻無法符合最大超越量的要求。

### 頻-域設計

(11-30) 式的波德圖可以用來進行 PD 控制器在頻-域的設計。圖 11-18 所示為 $K_P = 1$，$K_D = 0$ 時的波德圖。以下為未補償系統的性能資料：

增益邊限 = 3.6 dB
相位邊限 = 7.77°
共振峰值 $M_r$ = 7.62
頻寬 BW = 1408.83 rad/sec
增益交越 (GCO) = 888.94 rad/sec
相位交越 (PCO) = 1103.69 rad/sec

■表 11-4　範例 11-2-2 中具有 PD 控制器之三-階系統的時-域屬性

| $K_D$ | 最大超越量 (%) | $t_r$ (秒) | $t_s$ (秒) | 特性方程式的根 | |
|---|---|---|---|---|---|
| 0 | 78.88 | 0.00125 | 0.0495 | −3293.3 | −57.49 ± j906.6 |
| 0.0005 | 41.31 | 0.00120 | 0.0106 | −2843.07 | −282.62 ± j936.02 |
| 0.00127 | 17.97 | 0.00100 | 0.00398 | −1523.11 | −942.60 ± j946.58 |
| 0.00157 | 14.05 | 0.00091 | 0.00337 | −805.33 | −1301.48 ± j1296.59 |
| 0.00200 | 11.37 | 0.00080 | 0.00255 | −531.89 | −1438.20 ± j1744.00 |
| 0.00500 | 17.97 | 0.00042 | 0.00130 | −191.71 | −1608.29 ± j3404.52 |
| 0.01000 | 31.14 | 0.00026 | 0.00093 | −96.85 | −1655.72 ± j5032 |
| 0.05000 | 61.80 | 0.00010 | 0.00144 | −19.83 | −1694.30 ± j11583 |

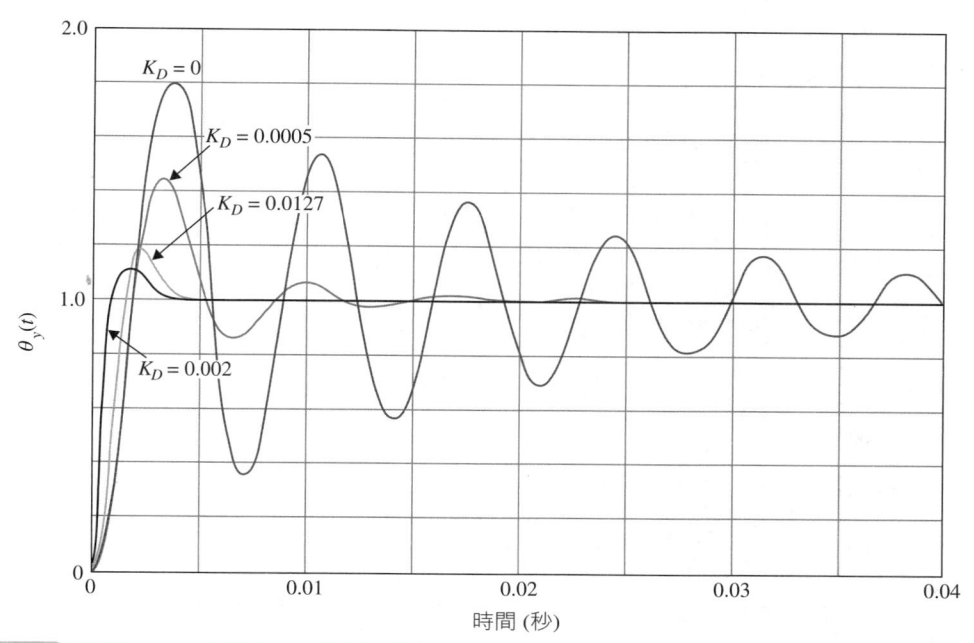

▶ 圖 11-17　範例 11-2-2 中具有 PD 控制器之系統的單位-步階響應。

在此使用和範例 11-2-1 相同的頻-域性能需求。解決這個問題的合理方法是，首先考慮需要再加多少相位角才能實現 80° 的相位邊限。因為未補償系統在滿足穩-態規格下的相位邊限只有 7.77°，所以 PD 控制器必須提供 72.23° 額外的相角。此一額外的相角必須配置於補償後之系統的增益交越點，以實現 PM 為 80°。參考圖 11-6 的 PD 控制器波德圖，從大小曲線中可以看到此種額外的相角總是會伴隨著一個增益。結果，補償系統的增益交越點被推往較高的頻率，而在該頻率處未補償系統的相位相對應於一個更小的 PM。因此，我們可能會遇到效益遞減的問題。此現象類似圖 11-16 的根廓線圖，在該圖中較大的 $K_D$ 值會把根推往更高頻，而系統的阻尼也確實地降低了。利用表 11-4 中的 $K_D$ 值，補償系統的頻-域性能資料可由波德圖得到，所得結果均列於表 11-5 中。部分相對應的波德圖則繪於圖 11-18。注意：當 PD 控制器加入後，增益邊限變成無窮大，而相位邊限便成為相對穩定度的主要衡量指標。此乃因 PD-補償系統的相位曲線停留在 −180° 軸的上方，且相位交越點在無窮大的緣故。

當 $K_D$ = 0.002 時，相位邊限為最大，其值為 58.42°，且 $M_r$ 仍然最小，其值為 1.07。這些值剛好與表 11-4 以時-域設計所得的最佳值相同。當 $K_D$ 值增加到大於 0.002 時，相位邊限減少；這與時-域設計中，大的 $K_D$ 值確實會降低阻尼的結論相同。不過，BW 和增益交越點會隨 $K_D$ 值之增加而持續增加。頻-域設計再度說明了 PD 控制無法完全滿足系統規格的缺點。如同時-域設計一樣，當原系統具有非常低的阻尼或不穩定時，PD 控制對於改善系統穩定度可能沒有效用。PD 控制另一個可能無效的情形為：若相位曲線在接近增益-交越頻率的斜率非常陡峭時，則 PD 控制器可能無效。這是因為由 PD 控制器所增加的增益使得增益交越點上移，更導致了相位邊限快速降低，而使相位補償形同虛設。

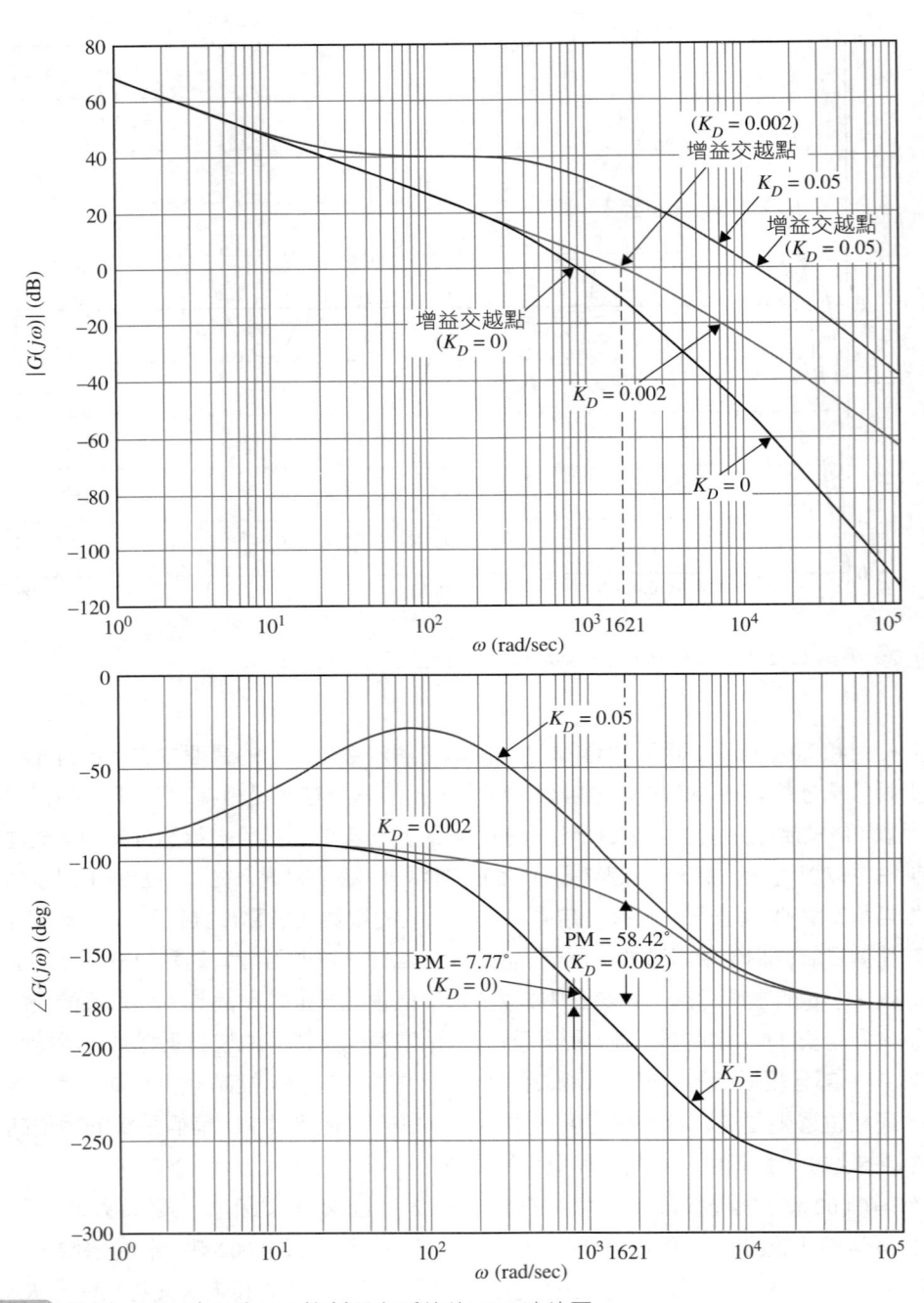

▶圖 11-18　範例 11-2-2 中具有 PD 控制器之系統的 $G(s)$ 波德圖。

■表 11-5　範例 11-2-2 中，具有 PD 控制器之三-階系統的頻-域特性

| $K_D$ | GM (dB) | PM (度) | $M_r$ | BW (rad/sec) | 增益交越 (rad/sec) | 相位交越 (rad/sec) |
|---|---|---|---|---|---|---|
| 0 | 3.6 | 7.77 | 7.62 | 1408.83 | 888.94 | 1103.69 |
| 0.0005 | ∞ | 30.94 | 1.89 | 1485.98 | 935.91 | ∞ |
| 0.00127 | ∞ | 53.32 | 1.19 | 1939.21 | 1210.74 | ∞ |
| 0.00157 | ∞ | 56.83 | 1.12 | 2198.83 | 1372.30 | ∞ |
| 0.00200 | ∞ | 58.42 | 1.07 | 2604.99 | 1620.75 | ∞ |
| 0.00500 | ∞ | 47.62 | 1.24 | 4980.34 | 3118.83 | ∞ |
| 0.01000 | ∞ | 35.71 | 1.63 | 7565.89 | 4789.42 | ∞ |
| 0.0500 | ∞ | 16.69 | 3.34 | 17989.03 | 11521.00 | ∞ |

### 工具盒 11-2-6

圖 11-17 可由下述的 MATLAB 函式序列求得：

```
KP = 1;
KD = [0.0005 0.0127 0.002];
for i =1:length(KD)
num =[2.718e9*KD(i) 2.718e9*KP];
den = [1 3408.3 0 0];
tf(num,den);
[numCL,denCL]=cloop(num,den);
step(numCL,denCL)
hold on
end
axis([0 0.04 0 2])
```

### 工具盒 11-2-7

圖 11-18 中，範例 11-2-2 之 $G(s)$ 的波德圖可由下述的 MATLAB 函式序列求得：

```
KD = [0,0.002,0.05];
KP=1;
for i = 1:length(KD)
num =[2.718e9*KD(i) 2.718e9*KP];
den = [1 3408.3 1204000 0];
bode(num,den);
hold on;
end
```

## 11-3 PI 控制器的設計

由 11-2 節可知，PD 控制器雖可以改善控制系統的阻尼和上升時間，卻犧牲高頻寬和共振頻率，而且除非它隨時間而變，否則穩-態誤差不受影響 (一般步階-輸入造成的穩-態誤差不會隨時間改變)。因此，PD 控制器在許多情形下可能無法完全滿足補償的目的。

PID 控制器的積分部分會產生一個與輸入訊號對時間的積分成正比的訊號。圖 11-19 所示為一個具有串接 PI 控制器的原型二-階系統。PI 控制器的轉移函數為

$$G_c(s) = K_P + \frac{K_I}{s} \tag{11-34}$$

利用表 6-1 的電路元件，(11-34) 式可以用兩個運算放大器電路來實現，如圖 11-20 所

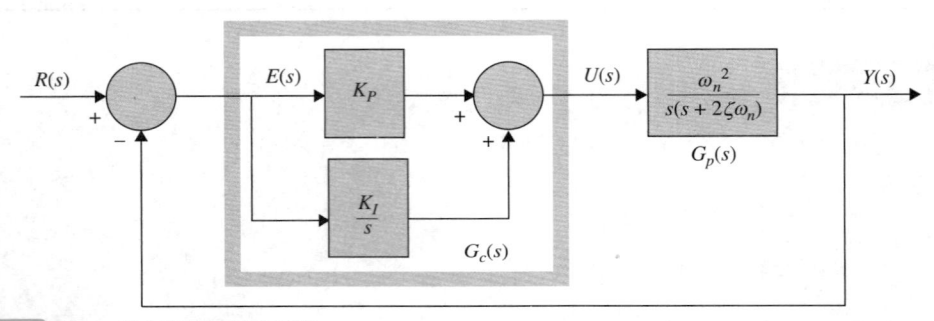

▶圖 11-19 具 PI 控制器的控制系統。

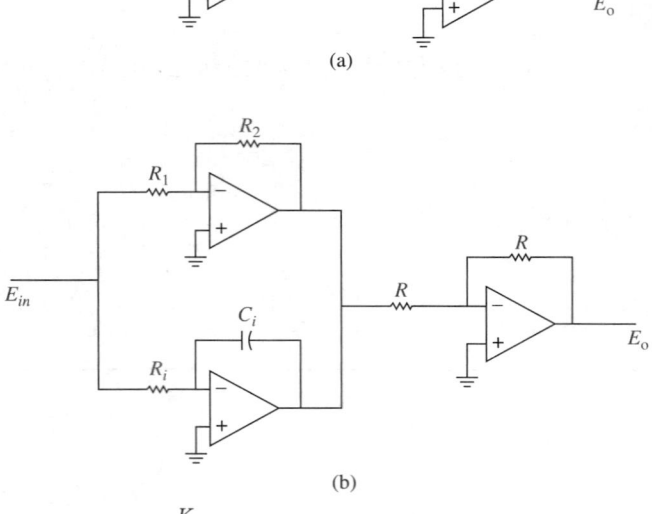

▶圖 11-20 PI 控制器，$G_c(s) = K_P + \frac{K_I}{s}$ 的運算放大器電路的實現。(a) 兩個運算放大器電路。(b) 三個運算放大器電路。

示。圖 11-20a 中的兩個運算放大器電路的轉移函數為

$$G_c(s) = \frac{E_o(s)}{E_{in}(s)} = \frac{R_2}{R_1} + \frac{R_2}{R_1 C_2 s} \tag{11-35}$$

比較 (11-34) 式和 (11-35) 式，可得

$$K_P = \frac{R_2}{R_1} \quad K_I = \frac{R_2}{R_1 C_2} \tag{11-36}$$

圖 11-20b 中的三個運算放大器電路的轉移函數為

$$G_c(s) = \frac{E_o(s)}{E_{in}(s)} = \frac{R_2}{R_1} + \frac{1}{R_i C_i s} \tag{11-37}$$

因此，PI 控制器參數與電路參數的關係為

$$K_P = \frac{R_2}{R_1} \quad K_I = \frac{1}{R_i C_i} \tag{11-38}$$

圖 11-20b 電路的優點為 $K_P$ 和 $K_I$ 值可以獨立地由電路參數決定。不過 $K_I$ 與電容值成反比。不幸地，有效的 PI 控制設計經常要用小的 $K_I$ 值。在此再度強調，大的電容值是不易實現的。

補償系統的順向-路徑轉移函數為

$$G(s) = G_c(s)G_p(s) = \frac{\omega_n^2 (K_P s + K_I)}{s^2(s + 2\zeta\omega_n)} \tag{11-39}$$

顯然，PI 控制器的影響為

1. 將一個位在 $s = -K_I/K_P$ 的零點加於順向-路徑轉移函數。
2. 將一個位在 $s = 0$ 的極點加於順向-路徑轉移函數。此即表示系統的型式增加 1，亦即變成型式 2 的系統。因此，原有系統的穩-態誤差改變了一-階，即若對一已知輸入的穩-態誤差為常數時，則 PI 控制可將其降為零 (假設補償系統仍維持為穩定)。

對於圖 11-19 所示的系統，其順向-路徑轉移函數如 (11-39) 式所述，現在此系統在參考輸入為斜坡函數時之穩-態誤差為零。不過，由於系統變成三-階，有可能較原來的二-階系統更不穩定；當選擇不當的 $K_P$ 和 $K_I$ 值時，系統甚至會不穩定。

在具有 PD 控制之型式 1 的系統中，$K_P$ 的值很重要，因為斜坡-誤差常數 $K_v$ 直接與 $K_P$ 成正比，因此當輸入為斜坡訊號時，穩-態誤差的大小與 $K_P$ 成反比。另一方面，若 $K_P$ 值太大，則系統可能變成不穩定。同理，對型式為 0 的系統，步階-輸入所引起的穩-態誤差將與 $K_P$ 成反比。

當型式 1 的系統因 PI 控制器而變成型式 2 的系統時，$K_P$ 就不再會影響穩-態誤差。且對一穩定系統以斜坡輸入時，其穩-態誤差永遠為零。因此，剩下的問題便是如何選擇適當的 $K_P$ 和 $K_I$ 組合使得暫態-響應符合需求。

### 11-3-1　PI 控制的時-域詮釋和設計

(11-34) 式之 PI 控制器的極點-零點組態如圖 11-21 所示。乍看之下，PI 控制似乎會犧牲穩定度來改善穩-態誤差。不過，若適當地選擇 $G_c(s)$ 的零點位置，則阻尼和穩-態誤差均可加以改善。因為 PI 控制器在本質上為低-通濾波器，所以補償系統通常會有較慢的上升時間和較長的安定時間。一種設計 PI 控制的可行方法為選擇位在 $s=-K_I/K_P$ 的零點盡量靠近原點，且遠離受控程序大部分重要的極點；另外，$K_P$ 和 $K_I$ 值均應盡量取小的值。

### 11-3-2　PI 控制的頻-域詮釋和設計

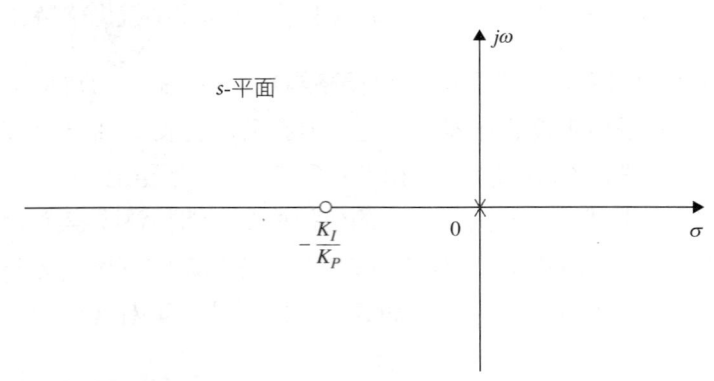

對於頻-域設計，PI 控制器的轉移函數可寫為

$$G_c(s) = K_P + \frac{K_I}{s} = \frac{K_I\left(1 + \frac{K_P}{K_I}s\right)}{s} \tag{11-40}$$

$G_c(j\omega)$ 的波德圖如圖 11-22 所示。注意：$G_c(j\omega)$ 在 $\omega=\infty$ 時的大小值為 $20\log_1 K_P$ dB，這表示，當 $K_P$ 值小於 1 時，$G_c(j\omega)$ 的大小會衰減。此一衰減特性可用來改善系統穩定度。$G_c(j\omega)$ 的相位永遠為負，此便不利於穩定度。因此，在符合頻寬的需求下，我們要將控制器的轉折頻率 $\omega=K_I/K_P$ 盡可能地往左邊配置，使 $G_c(j\omega)$ 相位落後的特性不會降低系統所要達到的相位邊限。

在頻-域中，利用 PI 控制來達成所需相位邊限的設計步驟如下：

1. 未補償系統之順向-轉移函數 $G_p(s)$ 的波德圖要依據穩-態性能的需求來設定迴路增益。

▶ 圖 11-21　PI 控制器的極點-零點組態。

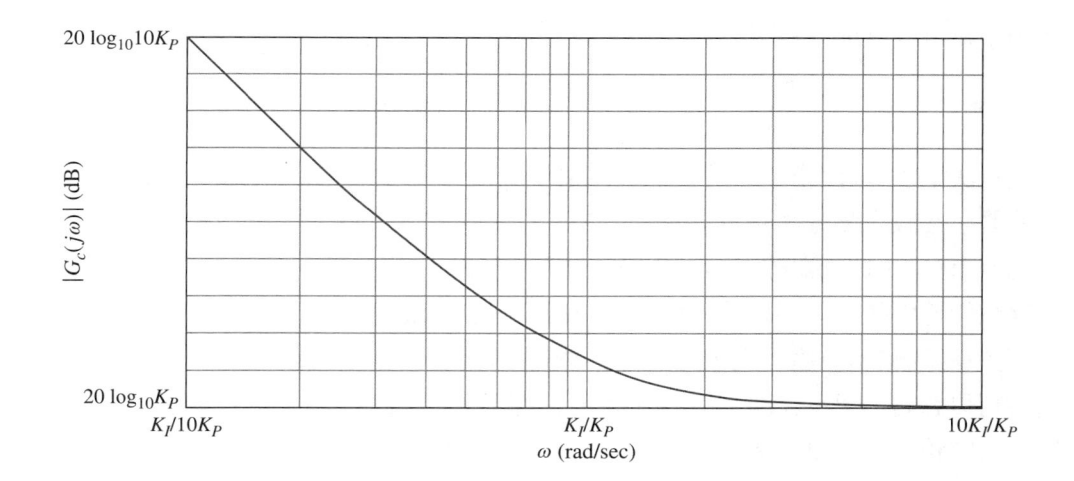

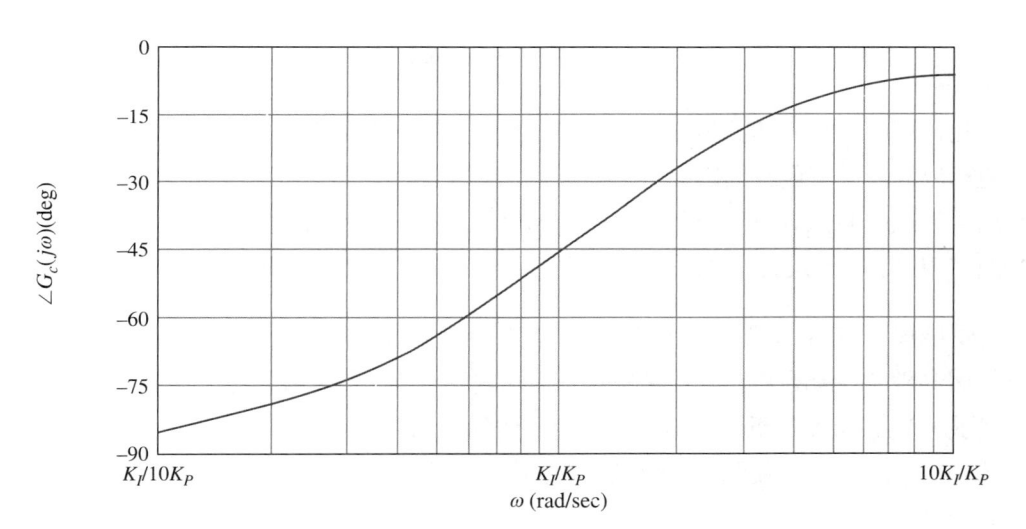

▶ **圖 11-22** PI 控制器 $G_c(s) = K_P + \dfrac{K_I}{s}$ 之波德圖。

2. 未補償系統的相位和增益邊限可由波德圖求出。對某特定的相位邊限需求，在波德圖上求出相對應於此相位邊限新的增益-交越頻率 $\omega'_g$。為實現所想要設計的相位邊限，補償的轉移函數之大小圖必須在新的增益-交越頻率通過 0 dB 軸。

3. 為了使未補償轉移函數的大小曲線可以在新的增益-交越頻率 $\omega'_g$ 下降到 0 dB 軸，PI 控制器必須提供與大小曲線在新增益-交越頻率之增益相等的衰減量。換言之，需設定

一個通用的原則為，把 $K_I/K_P$ 值選擇於 $\omega'_g$ 之下 10 倍，有時候可以 20 倍。

$$\left|G_P(j\omega'_g)\right|_{dB} = -20\log_{10}K_P \text{ dB} \quad K_P < 1 \tag{11-41}$$

由上述可以得到

$$K_P = 10^{-|G_P(j\omega'_g)|_{dB}/20} \quad K_P < 1 \quad (11\text{-}42)$$

一旦決定了 $K_P$ 值後，則只要選擇適當的 $K_I$ 值，便可以完成整個設計。到目前為止，我們已經假設雖然增益-交越頻率已由 $G_c(j\omega)$ 在 $\omega'_g$ 處的衰減量而改變，但原來的相位並沒有受 PI 控制器的影響。不過這是不可能的，因為就圖 11-22 來看，PI 控制器的衰減特性伴隨一個不利於相位邊限的相位落後。很明顯地，若把轉折頻率 $\omega = K_I/K_P$ 配置在遠小於 $\omega'_g$ 處，則 PI 控制器的相位落後對於補償系統靠近 $\omega'_g$ 處的相位之影響將可以忽略。另一方面，$K_I/K_P$ 的值也不能太小，否則系統的頻寬會太低，將導致上升時間和安定時間太長。一個通用的原則為，把 $K_I/K_P$ 值選擇等同於 $\omega'_g$ 之下 10 倍，有時候可以 20 倍。亦即，我們可設定

$$\frac{K_I}{K_P} = \frac{\omega'_g}{10} \text{ rad/s} \quad (11\text{-}43)$$

由此通用原則，$K_I/K_P$ 值的選擇對設計者而言便非常保守，故要注意它對 BW 及使用運算放大器來實現時的影響。
4. 補償系統的波德圖可用來研究是否所有系統性能規格均滿足。
5. 把 $K_I$ 和 $K_P$ 值代入 (11-40) 式中，可得所要設計 PI 控制器的轉移函數。

若受控程序 $G_p(s)$ 為型式 0，則 $K_I$ 值可以用斜坡-誤差常數的需求加以選擇，如此，便只有一個參數 $K_P$ 需要決定。由選擇某一範圍內的 $K_P$ 值來計算閉-迴路系統的相位邊限、增益邊限、$M_r$ 及 BW，便可以輕易地決定最佳的 $K_P$ 值。

基於以上的討論，我們可以總結一個適當設計的 PI 控制器的優缺點，如下所示：

1. 改善阻尼和降低最大超越量。
2. 增加上升時間。
3. 降低 BW。
4. 改善增益邊限、相位邊限及 $M_r$。
5. 濾除高頻雜訊。

值得注意的是，在 PI 控制器設計的過程中，選擇適當的 $K_I$ 和 $K_P$ 組合，以使控制器電路在實現時的電容值不至於過大，這個問題比 PD 控制器設計的情況更為困難。

以下的範例將說明如何設計 PI 控制及其影響為何。

## 範例 11-3-1　直流馬達控制：小時間-常數之模型

考慮範例 11-2-1 所討論的二-階傾斜度控制系統。利用 (11-34) 式之 PI 控制器，則系統的順向-路徑轉移函數變成

$$G(s) = G_c(s)G_P(s) = \frac{4500KK_P(s+K_I/K_P)}{s^2(s+361.2)} \tag{11-44}$$

**時-域設計**

令時-域性能需求為

拋物線輸入 $t^2u_s(t)/2$ 的穩-態誤差 $\leq 0.2$
最大超越量 $\leq 5\%$
上升時間 $t_r \leq 0.01$ 秒
安定時間 $t_s \leq 0.02$ 秒

拋物線輸入穩-態誤差規格的意義，在於其間接地訂定了暫-態響應速度的最小需求。

拋物線誤差常數為

$$\begin{aligned} K_a &= \lim_{s \to 0} s^2 G(s) = \lim_{s \to 0} s^2 \frac{4500KK_P(s+K_I/K_P)}{s^2(s+361.2)} \\ &= \frac{4500KK_I}{361.2} = 12.46KK_I \end{aligned} \tag{11-45}$$

拋物線輸入 $t^2u_s(t)/2$ 的穩-態誤差為

$$e_{ss} = \frac{1}{K_a} = \frac{0.08026}{KK_I}(\leq 0.2) \tag{11-46}$$

我們簡單地令 $K = 181.17$，因為此值乃範例 11-2-1 所採用之值。如同上式所示，為滿足拋物線輸入的穩-態誤差需求，若用較大的 $K$，則 $K_I$ 值會較小。將 $K = 181.17$ 代入 (11-46) 式，並在最小穩-態誤差為 0.2 之需求條件下，求解 $K_I$ 值，可得最小的 $K_I$ 值為 0.002215。若有必要，$K$ 值可以在稍後再予以調整。

當 $K = 181.17$ 時，閉-迴路系統特性方程式為

$$s^3 + 361.2s^2 + 815,265K_Ps + 815,265K_I = 0 \tag{11-47}$$

**穩定度試驗**：對 (11-47) 式做<u>路斯</u>測試，可得系統為穩定的條件為 $0 < K_I/K_P < 361.2$。這表示 $G(s)$ 在 $s = -K_I/K_P$ 處的零點不能放在 $s$-平面左邊較遠的位置，否則系統將會為不穩定。以目前的例子而言，$G_P(s)$ 除了在 $s = 0$ 的極點之外，最重要的極點為 $-361.2$。因此，$K_I/K_P$ 應選擇成滿足以下的條件：

$$\frac{K_I}{K_P} << 361.2 \tag{11-48}$$

## 724 自動控制系統

讓我們將位於 $-K_I/K_P$ 的零點放置在相當靠近原點處。(11-47) 式在 $K_I/K_P = 10$ 時的根軌跡如圖 11-23。注意：除了在 $s = -10$ 零點附近的小圓圈根軌跡外，這些根軌跡大部分與 (11-26) 式在圖 11-11 中所得者相當類似。假設我們需要得到的相對阻尼比為 0.707。在此情況下，由於兩個根軌跡的相似，所以 (11-44) 式可以近似為

$$G(s) \cong \frac{815,265 K_P}{s(s+361.2)} \tag{11-49}$$

上式分子中的 $K_I/K_P$ 項已被忽略不計。由 (11-49) 式可知，達成此阻尼比所需要的 $K_P$ 值為 0.08 —— 與等效的原型二-階系統做比較。若 $K_I/K_P$ 滿足 (11-48) 式，則此種近似對於具有 PI 控制器的三-階系統也為真。因此，取 $K_P = 0.08$，$K_I = 0.8$ 時，圖 11-23 的根軌跡可以看出兩複數根的相對阻尼比約為 0.707，以及三個特性方程式的根位於 $s_1 = -10.605$ 和 $s_{2,3} = -175.3 \pm j175.4$。

事實上，我們可以證明只要 $K_P = 0.08$，而且選取 $K_I$ 值使得 (11-48) 式滿足時，則複數根的相對阻尼比會非常接近 0.707。例如，讓我們選擇 $K_I/K_P = 5$ 時，則三個特性方程式的根為

$$s = -5.145 - 178.03 + j178.03 \quad \text{和} \quad -178.03 - j178.03$$

而且相對阻尼比仍然為 0.707。雖然閉-迴路轉移函數的實數極點被移動了，但它與 $s = -K_I/K_P$ 處

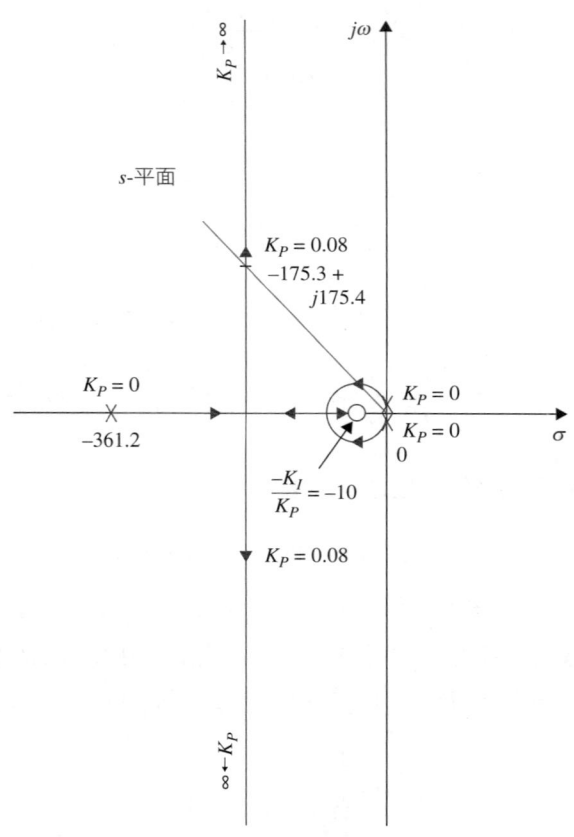

▶ **圖 11-23** (11-47) 式的根軌跡，其中 $K_I/K_P = 10$ 且 $K_P$ 為可變值。

的零點仍足夠靠近，所以由實數極點引起的暫態-響應可以忽略。作為另一例子，當 $K_P = 0.08$，$K_I = 0.4$ 時，則補償系統的閉-迴路轉移函數為

$$\frac{\Theta_y(s)}{\Theta_r(s)} = \frac{65,221.2(s+5)}{(s+5.145)(s+178.03+j178.03)(s+178.03-j178.03)} \tag{11-50}$$

### 工具盒 11-3-1

圖 11-23 中 (11-47) 式的根軌跡可由下述的 MATLAB 函式序列求得：

```
KP = 0.000001; % start with a very small KP
KI=10*KP;
num = [KP KI];
den = [1 361.2 815265*KP 815265*KI];
G=tf(num,den)
rlocus(G)
```

因為 $s = 5.145$ 處的極點非常接近 $s = -5$ 處的零點，所以此極點的暫態-響應可以忽略，故系統的動態在本質上是由兩個複數極點所主導。

表 11-6 為具有 PI 控制之系統對不同 $K_I/K_P$ 值的單位-步階響應的結果，其中 $K_P = 0.08$，其對應的相對阻尼比為 0.707。

表 11-6 的結果驗證了 PI 控制可降低超越量，但代價是會耗用較長的上升時間。對 $K_I \leq 1$ 而言，表 11-6 顯示安定時間會突然減少，易令人困惑。此乃因在這些例子中的安定時間是由響應進入 0.95 到 1.00 之間區域的點來量測，而最大超越量小於 5%。

只要選擇 $K_P$ 比 0.08 小，則系統的最大超越量可以再進一步減少，而比在表 11-6 中的值來得小。不過，上升時間和安定時間將會過大。例如 $K_P = 0.04$，$K_I = 0.04$ 時最大超越量為 1.1%，但是上升時間增加為 0.0182 秒，且安定時間為 0.024 秒。

對於所考慮的系統，在 $K_I$ 小於 0.08 時，除非 $K_P$ 也降低，否則最大超越量的改善顯示響應也會跟著變得緩慢。如前所述，圖 11-20 的電容值 $C_2$ 與 $K_I$ 成反比。**因此，基於實用上的因素，$K_I$**

■表 11-6　範例 11-3-1 中具有 PI 控制器之系統的單位-步階響應屬性

| $K_I/K_P$ | $K_I$ | $K_P$ | 最大超越量 (%) | $t_r$ (秒) | $t_s$ (秒) |
|---|---|---|---|---|---|
| 0 | 0 | 1.00 | 52.7 | 0.00135 | 0.015 |
| 20 | 1.60 | 0.08 | 15.16 | 0.0074 | 0.049 |
| 10 | 0.80 | 0.08 | 9.93 | 0.0078 | 0.0294 |
| 5 | 0.40 | 0.08 | 7.17 | 0.0080 | 0.023 |
| 2 | 0.16 | 0.08 | 5.47 | 0.0083 | 0.0194 |
| 1 | 0.08 | 0.08 | 4.89 | 0.0084 | 0.0114 |
| 0.5 | 0.04 | 0.08 | 4.61 | 0.0084 | 0.0114 |
| 0.1 | 0.008 | 0.08 | 4.38 | 0.0084 | 0.0115 |

**值有一個下限值。**

　　圖 11-24 所示為具 PI 控制之傾斜度控制系統的單位-步階響應，其中 $K_p = 0.08$，此外亦有數個 $K_p$ 值的情況。範例 11-2-1 中所設計具有 PD 控制器之相同系統 ($K_p = 1$ 且 $K_D = 0.00177$) 的單位-步階響應也畫於此圖內作為比較。讀者可以透過修改工具盒 11-2-1 來獲得這些結果。

### 工具盒 11-3-2

圖 11-24 可由下述的 MATLAB 函式序列求得：

```
K=181.7;
num=[4500*K*0.00177 4500*K];
den=[1 361.2 0];
tf(num,den);
[numCL,denCL]=cloop(num,den);
step(numCL,denCL)
hold on
KI= [0.008 0.08 0.8 1.6];
KP=.08;
for i =1:length(KI)
num=[4500*K*KP 4500*K*KI(i)];
den=[1 361.2 0 0];
tf(num,den);
[numCL,denCL]=cloop(num,den);
step(numCL,denCL)
hold on
end
axis([0 0.05 0 2])
```

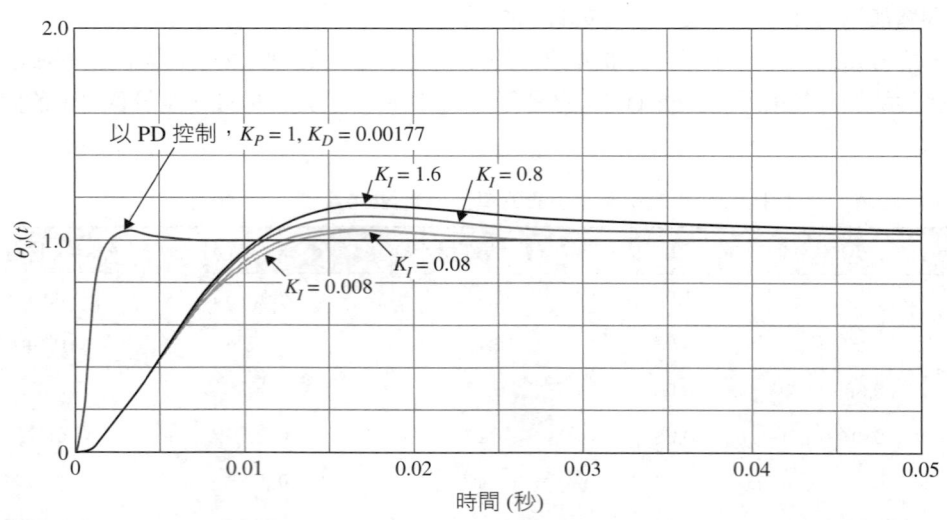

▶ **圖 11-24** 範例 11-3-1 中具有 PI 控制之系統的單位-步階響應，和範例 11-2-1 中具有 PD 控制器之系統的單位-步階響應之比較。

**頻-域設計**

未補償系統的順向-路徑轉移函數可由 (11-44) 式中的 $G(s)$ 令 $K_P = 1$、$K_I = 0$ 來得到，其波德圖繪於圖 11-25。此時，相位邊限為 22.68°，且增益-交越頻率為 868 rad/sec。

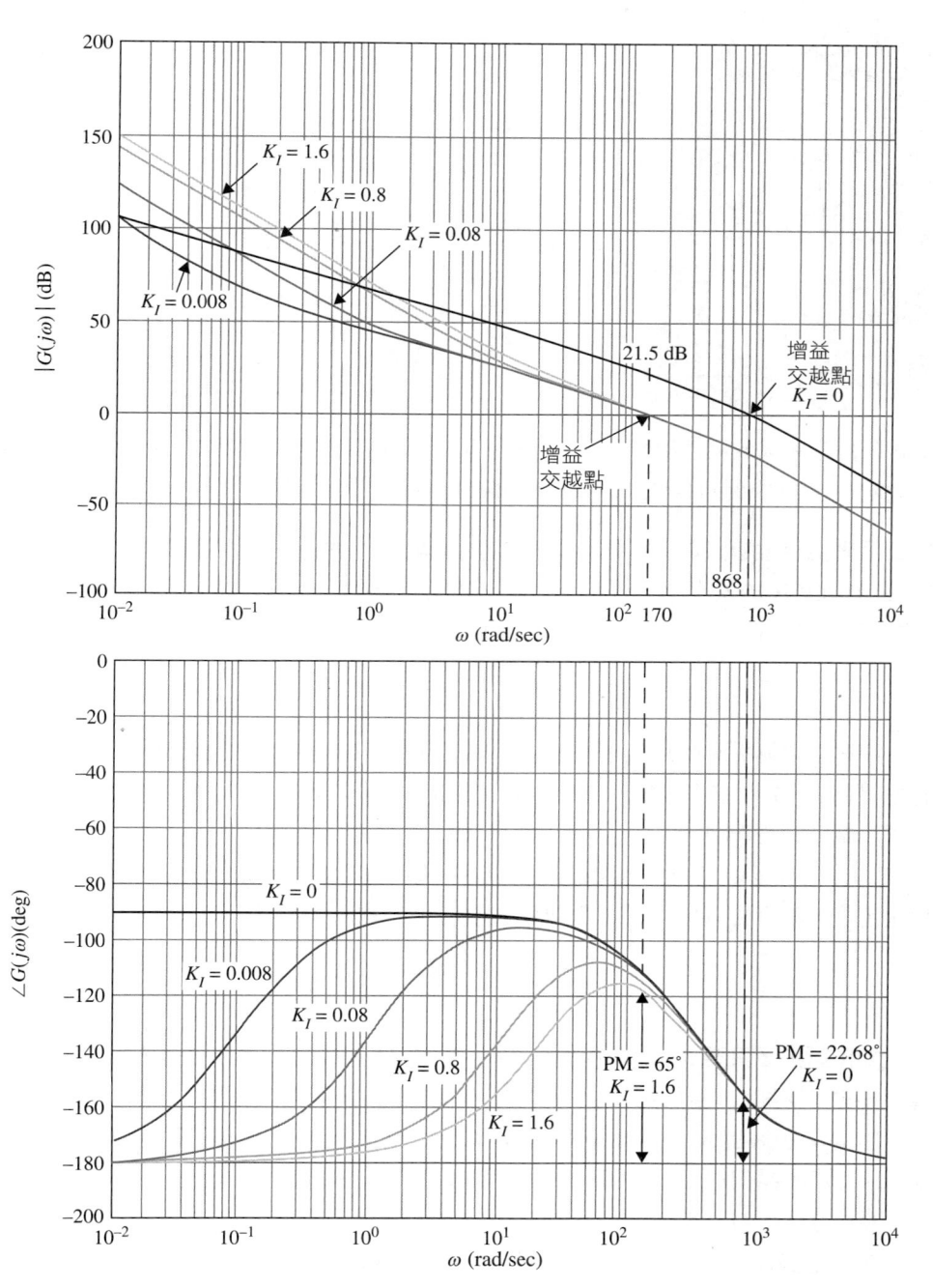

▶ 圖 11-25　範例 11-3-1 中具有 PI 控制之系統的波德圖，其中 $G(s) = \dfrac{815,265 K_P (s + K_I/K_P)}{s^2(s+361.2)}$。

### 工具盒 11-3-3

範例 11-3-1 中控制系統的波德圖——圖 11-25 可由下述的 MATLAB 函式序列求得:

```
K=181.7;
KI = 0;
KP=1;
num=[4500*K*KP 4500*K*KI];
den =[1 361.2 0 0];
bode(num,den)
hold on
KI = [1.6 0.8 0.08 0.008];
KP=0.08;
for i = 1:length(KI)
num=[4500*K*KP 4500*K*KI(i)];
den =[1 361.2 0 0];
bode(num,den)
hold on
end
grid
```

讓我們指定所需的相位邊限至少為 65°，而且此項規格需要以 (11-40) 式的 PI 控制器來達成。依據從 (11-41) 式到 (11-43) 式中所陳述的 PI 控制器設計步驟，我們可進行下列的步驟:

1. 找出可實現相位邊限為 65° 的新增益-交越頻率 $\omega'_g$。由圖 11-25 可知，$\omega'_g$ 為 170 rad/sec。$G(j\omega)$ 在此頻率的大小為 21.5 dB。因此，PI 控制器應在 $\omega'_g$ = 170 rad/sec 時，提供 –21.5 dB 的衰減。將 $|G(j\omega'_g)|$ = 21.5 dB 代入 (11-42) 式，可以解得 $K_P$ 值為

$$K_P = 10^{-|G(j\omega'_g)|_{dB}/20} = 10^{-21.5/20} = 0.084 \tag{11-51}$$

注意:之前所進行的時-域設計中，$K_P$ 值選為 0.08 而使特性方程式複數根的相對阻尼比約近似為 0.707。(在本例中，在選擇相位邊限為 PM = 65° 時，為了與時-域響應進行比較，我們已做了一些手腳。)

2. 令 $K_P$ = 0.08，以便我們將頻-域設計的結果和以前時-域設計所求得的結果做比較。一旦 $K_P$ 值決定後，則可由 (11-43) 式作為求解 $K_I$ 的通式。故

$$K_I = \frac{\omega'_g K_P}{10} = \frac{170 \times 0.08}{10} = 1.36 \tag{11-52}$$

如前所述，只要 $K_I/K_P$ 值相對於 $G(s)$ 在 –361.2 極點處的大小值是充分小，則 $K_I$ 值並不重要。由此可知，(11-52) 式所得出之 $K_I$ 值對於此系統而言，並非充分小。

當 $K_P$ = 0.08 與 $K_I$ = 0、0.008、0.08、0.8 及 1.6 時，順向-轉移函數的波德圖如圖 11-25。表 11-7 所列為補償和未補償系統在不同 $K_I$ 值時的頻-域特性。注意:當 $K_I/K_P$ 值為充分小時，相位邊限、$M_r$、BW 及增益-交越 (CO) 頻率均變化很小。

在此應加以注意，系統的相位邊限可藉由將 $K_P$ 值降到 0.08 以下來加以進一步改善。不過，系統頻寬將會更減少。例如，在 $K_P$ = 0.04，$K_I$ = 0.04 時，相位邊限為 75.7°，$M_r$ = 1.01，

■表 11-7　範例 11-3-1 中具有 PI 控制器之系統的頻-域性能資料

| $K_I/K_P$ | $K_I$ | $K_P$ | $G_M$ (dB) | $P_M$ (度) | $M_r$ | BW (rad/sec) | 增益交越 (rad/sec) | 相位交越 (rad/sec) |
|---|---|---|---|---|---|---|---|---|
| 0 | 0 | 1.00 | $\infty$ | 22.6 | 2.55 | 1390.87 | 868 | $\infty$ |
| 20 | 1.6 | 0.08 | $\infty$ | 58.45 | 1.12 | 268.92 | 165.73 | $\infty$ |
| 10 | 0.8 | 0.08 | $\infty$ | 61.98 | 1.06 | 262.38 | 164.96 | $\infty$ |
| 5 | 0.4 | 0.08 | $\infty$ | 63.75 | 1.03 | 258.95 | 164.77 | $\infty$ |
| 1 | 0.08 | 0.08 | $\infty$ | 65.15 | 1.01 | 256.13 | 164.71 | $\infty$ |
| 0.1 | 0.008 | 0.08 | $\infty$ | 65.47 | 1.00 | 255.49 | 164.70 | $\infty$ |

但 BW 卻減少到 117.3 rad/sec。

## 範例 11-3-2　直流馬達控制：電時間常數未忽略

現在，我們考慮對 (11-19) 式所描述的三-階傾斜度控制系統採用 PI 控制。首先，時-域設計之實現如下。

**時-域設計**

令時-域規格為

拋物線輸入 $t^2 u_s(t)/2$ 之穩-態誤差 $\leq 0.2$

最大超越量 $\leq 5\%$

上升時間 $t_r \leq 0.01$ 秒

安定時間 $t_s \leq 0.02$ 秒

這些規格與範例 11-3-1 的二-階系統規格完全相同。

採用 (11-34) 式的 PI 控制器，則系統的順向-路徑轉移函數變成

$$\begin{aligned} G(s) = G_c(s)G_p(s) &= \frac{1.5 \times 10^7 KK_P(s+K_I/K_P)}{s^2(s^2+3408.3s+1,204,000)} \\ &= \frac{1.5 \times 10^7 KK_P(s+K_I/K_P)}{s^2(s+400.26)(s+3008)} \end{aligned} \quad (11\text{-}53)$$

我們可以證明拋物線輸入所引起的系統穩-態誤差仍是如 (11-46) 式可以求出，且當任意地令 $K = 181.17$ 時，則 $K_I$ 最小值為 0.002215。

當 $K = 181.17$ 時，閉-迴路系統的特性方程式為

$$s^4 + 3408.3s^3 + 1,204,000s^2 + 2.718 \times 10^9 K_P s + 2.718 \times 10^9 K_I = 0 \quad (11\text{-}54)$$

730 自動控制系統

對上式採用路斯表，可得

| $s^4$ | 1 | 1,204,000 | $2.718 \times 10^9 K_I$ |
|---|---|---|---|
| $s^3$ | 3408.3 | $2.718 \times 10^9 K_P$ | 0 |
| $s^2$ | $1,204,000 - 797,465 K_P$ | $2.718 \times 10^9 K_I$ | 0 |
| $s^1$ | $\dfrac{1,204,000 K_P - 797,465 K_P^2 - 3408.3 K_I}{1,204,000 K_P - 797,465 K_P}$ | 0 | |
| $s^0$ | $2.718 \times 10^9 K_I$ | 0 | |

因此，穩定的條件為

$$K_I > 0$$
$$K_P < 1.5098 \tag{11-55}$$
$$K_I < 353.255 K_P - 233.98 K_P^2$$

PI 控制器的設計要求為 $K_I/K_P$ 選擇一個較小的值，即相對於 $G(s)$ 最接近原點的根，該根位在 $-400.26$。(11-54) 式的根軌跡圖可根據 (11-53) 式的極點-零點組態畫出。圖 11-26a 為當 $K_I/K_P =$

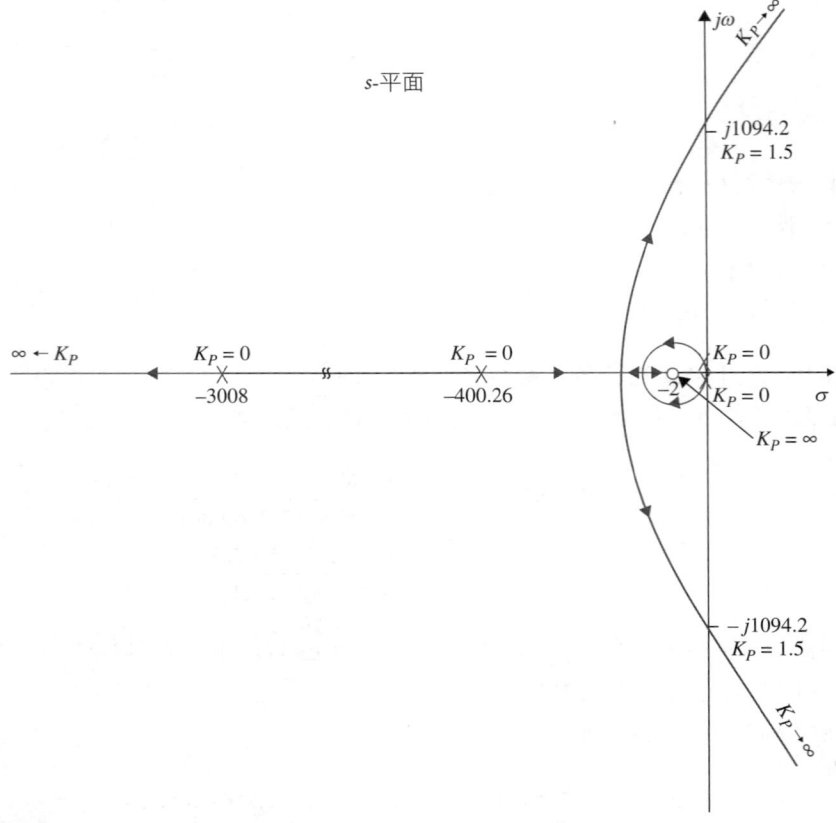

▶ 圖 11-26 (a) 範例 11-3-2 中具有 PI 控制器之控制系統的根軌跡，其中 $K_I/K_P = 2$，$0 \leq K_P < \infty$。

2 而 $K_P$ 變化時的根軌跡。因為 PI 控制器之極點-零點所產生接近於原點的根軌跡又再次形成一小迴路，而離原點很遠的根軌跡，則與圖 7-53 的未補償系統相當類似。沿此根軌跡來適當地選擇 $K_P$ 值，便可滿足以上所要求的性能規格。為了降低上升時間和安定時間，應選擇 $K_P$ 的值以便使得主根成為共軛複數根。表 11-8 提供了數個 $K_I/K_P$ 和 $K_P$ 組合的性能。注意：雖然這些參數的不同組合均等同於系統能滿足性能規格，但在 $K_P = 0.075$、$K_I = 0.15$ 時的系統則可提供圖示各組合間最佳的上升時間和安定時間。

**頻-域設計**

(11-53) 式在 $K = 181.17$、$K_P = 1$ 及 $K_I = 0$ 時的波德圖，如圖 11-26b 所示。未補償系統的性能資料為

增益邊限 = 3.578 dB　　　　　相位邊限 = 7.788°
$M_r = 6.572$　　　　　　　　BW = 1378 rad/sec

令補償系統的相位邊限最少為 65°，且要由 (11-40) 式的 PI 控制器來達成。依據 (11-41) 式到 (11-43) 式之 PI 控制器的設計步驟進行如下：

1. 找出可實現相位邊限為 65° 的新增益-交越頻率 $\omega'_g$。由圖 10-20 可求出，$\omega'_g$ 為 163 rad/sec，且在此頻率的 $G(j\omega)$ 大小值為 22.5 dB。因此，PI 控制器應在 $\omega'_g = 163$ rad/sec 時提供 $-22.5$ dB 的衰減量。將 $|G(j\omega'_g)| = 22.5$ dB 代入 (11-42) 式，並求解 $K_P$，可得

$$K_P = 10^{-|G(j\omega'_g)|_{dB}/20} = 10^{-22.5/20} = 0.075 \tag{11-56}$$

此值正是時-域設計中所選擇的結果完全相同，即當 $K_I = 0.15$ 或 $K_I/K_P = 2$ 時，可導致系統的最大超越量為 4.9%。

■表 11-8　範例 11-3-2 中具有 PI 控制器之系統的單位-步階響應屬性

| $K_I/K_P$ | $K_I$ | $K_P$ | 最大超越量 (%) | $t_r$(秒) | $t_s$(秒) | 特性方程式的根 | | | |
|---|---|---|---|---|---|---|---|---|---|
| 0 | 0 | 1 | 76.2 | 0.00158 | 0.0487 | −3293.3 | −57.5 | ±j906.6 | |
| 20 | 1.6 | 0.08 | 15.6 | 0.0077 | 0.0471 | −3035 | −22.7 | −175.3 | ±j180.3 |
| 20 | 0.8 | 0.04 | 15.7 | 0.0134 | 0.0881 | −3021.6 | −259 | −99 | −28 |
| 5 | 0.4 | 0.08 | 6.3 | 0.00883 | 0.0202 | −3035 | −5.1 | −184 | ±j189.2 |
| 2 | 0.08 | 0.04 | 2.1 | 0.02202 | 0.01515 | −3021.7 | −234.6 | −149.9 | −2 |
| 5 | 0.2 | 0.04 | 4.8 | 0.01796 | 0.0202 | −3021.7 | −240 | −141.2 | −5.3 |
| 2 | 0.16 | 0.08 | 5.8 | 0.00787 | 0.01818 | −3035.2 | −185.5 | ±j190.8 | −2 |
| 1 | 0.08 | 0.08 | 5.2 | 0.00792 | 0.01616 | −3035.2 | −186 | ±j191.4 | −1 |
| 2 | 0.15 | 0.075 | 4.9 | 0.0085 | 0.0101 | −3033.5 | −187.2 | ±j178 | −1 |
| 2 | 0.14 | 0.070 | 4.0 | 0.00917 | 0.01212 | −8031.8 | −187.2 | ±j64 | −1 |

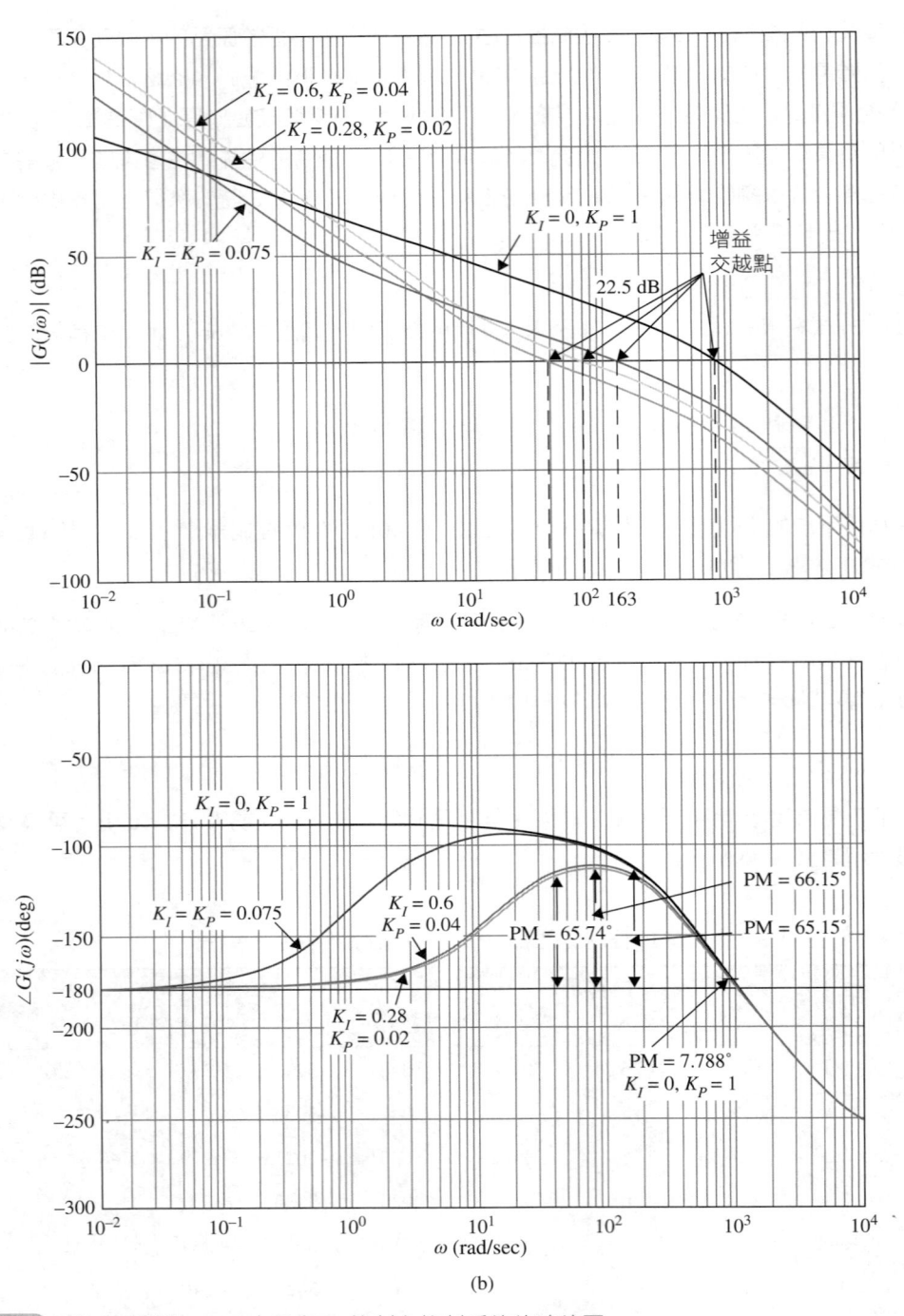

▶ 圖 11-26 (續)(b) 範例 11-3-2 中具有 PI 控制之控制系統的波德圖。

**2.** 所建議的 $K_I$ 值可由 (11-43) 求出：

$$K_I = \frac{\omega_g' K_P}{10} = \frac{163 \times 0.075}{10} = 1.222 \tag{11-57}$$

### 工具盒 11-3-4

圖 11-26b 中控制系統的波德圖可由下述的 MATLAB 函式序列求得：

```
KI = [1.222 0.6 0.28 0.075 0];
KP = [0.075 0.04 0.02 0.075 1];
for i = 1:length(KI)
num = [1.5e7*181.17*KP(i) 1.5e7*181.17*KI(i)];
den =[1 3408.3 1204000 0 0];
bode(num,den)
hold on
end
grid
axis([0.01 10000 -270 0]);
```

因此 $K_I/K_P = 16.3$。不過，在這些設計參數下，系統的相位邊限只有 59.52。

為了實現所想要的設計 PM = 65°，我們必須降低 $K_P$ 和 $K_I$ 值。表 11-9 提供利用數種 $K_P$ 和 $K_I$ 的組合來設計所得的結果。注意：在此表中的最後三種設計均能滿足 PM 需求。不過，這些設計的區別在於：

減少 $K_P$ 將導致 BW 減少和 $M_r$ 增加。

減少 $K_I$ 將導致實現電路中電容值的增加。

事實上，只有在 $K_I = K_P = 0.075$ 的情形，在頻-域和時-域都能提供最佳全方位性能。嘗試增加 $K_I$ 值時，則最大超越量將會過大。這是一個可證明只指定相位邊限仍有所不足的範例。本例的目的在於指出 PI 控制器的特性和設計中重要的考量。在此不作更詳細介紹。

圖 11-27 所示為未補償系統與幾個具有 PI 控制之系統的單位-步階響應。

■ 表 11-9　範例 11-3-2 中具有 PI 控制器之系統的性能整理

| $K_I/K_P$ | $K_I$ | $K_P$ | GM (dB) | PM (度) | $M_r$ | BW (rad/sec) | 最大超越量 (%) | $t_r$(秒) | $t_s$(秒) |
|---|---|---|---|---|---|---|---|---|---|
| 0 | 0 | 1 | 3.578 | 7.788 | 6.572 | 1378 | 77.2 | 0.0015 | 0.0490 |
| 16.3 | 1.222 | 0.075 | 25.67 | 59.52 | 1.098 | 264.4 | 13.1 | 0.0086 | 0.0478 |
| 1 | 0.075 | 0.075 | 26.06 | 65.15 | 1.006 | 253.4 | 4.3 | 0.0085 | 0.0116 |
| 15 | 0.600 | 0.040 | 31.16 | 66.15 | 1.133 | 134.6 | 12.4 | 0.0142 | 0.0970 |
| 14 | 0.280 | 0.020 | 37.20 | 65.74 | 1.209 | 66.34 | 17.4 | 0.0268 | 0.1616 |

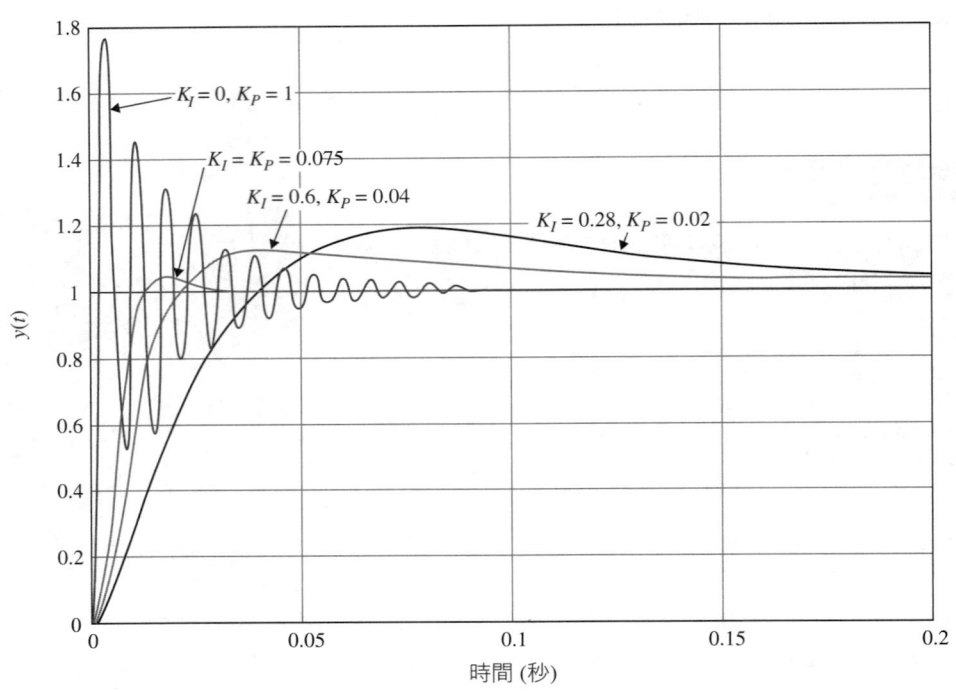

◤ 圖 11-27 ◢ 範例 11-3-2 中具有 PI 控制器之系統的單位-步階響應。

### 工具盒 11-3-5

圖 11-27 可由下述的 MATLAB 函式序列求得：

```
KI = [0 0.6 0.28 0.075];
KP = [1 0.04 0.02 0.075];
t = 0:0.0001:0.2;
for i = 1:length(KI)
num = [1.5e7*181.17*KP(i) 1.5e7*181.17*KI(i)];
den =[1 3408.3 1204000 0 0];
 [numCL,denCL]=cloop(num,den);
step(numCL,denCL,t)
hold on
end
grid
axis([0 0.2 0 1.8])
```

## 11-4　PID 控制器的設計

由前面的討論可以知道，PD 控制器可以增加系統的阻尼，但對穩-態誤差沒有影響。

PI 控制器可以同時改善相對穩定度和穩-態誤差，但上升時間會增加。如此，便導致了使用 PID 控制器的動機，它可同時具有 PI 和 PD 控制器的最佳優點。以下為設計 PID 控制器的步驟。

> PD 控制器增強系統的阻尼，但穩-態響應不受影響。
> PI 控制器提高相對穩定度，同時提高穩-態誤差，但上升時間增加。
> PID 控制器結合了 PD 和 PI 控制器的功能。

1. PID 控制器由 PI 部分與 PD 部分串接而成。PID 控制器的轉移函數為

$$G_c(s) = K_P + K_D s + \frac{K_I}{s} = (K_{P1} + K_{D1} s)\left(K_{P2} + \frac{K_{I2}}{s}\right) \tag{11-58}$$

由於 PID 控制器，只使用三個參數，所以 PD 部分的比例常數設為 1。令 (11-58) 式兩邊相等，可得

$$K_P = K_{P2} + K_{D1} K_{I2} \tag{11-59}$$

$$K_D = K_{D1} K_{P2} \tag{11-60}$$

$$K_I = K_{I2} \tag{11-61}$$

2. 考慮只有 PD 部分作用。選擇 $K_{D1}$ 值，使得所設計之相對穩定度可以達成。在時-域中，相對穩定度可用最大超越量來量測；而在頻-域中，則可用相位邊限來測量。
3. 選擇 $K_{I2}$ 和 $K_{P2}$，使相對穩定度的設計規格均能滿足。

注意：設定 $K_{P1} = 1$ 與範例 11-2-1 和範例 11-2-2 中的 PD 控制器設計一致。以下的範例說明了如何在頻-域和時-域中設計 PID 控制器。

### 範例 11-4-1　直流馬達控制：小時間-常數之模型

考慮如 (11-29) 式所示之三-階傾斜度控制系統的順向-路徑轉移函數。當 $K = 181.17$ 時，轉移函數為：

$$G_p(s) = \frac{2.718 \times 10^9}{s(s+400.26)(s+3008)} \tag{11-62}$$

**時-域設計**

令時-域性能規格為

斜坡輸入 $t^2 u_s(t)/2$ 之穩-態誤差 $\leq 0.2$

最大超越量 $\leq 5\%$

上升時間 $t_r \leq 0.005$ 秒

安定時間 $t_s \leq 0.005$ 秒

由前面範例可知，這些需求無法由 PI 控制或 PD 控制單獨作用來滿足。讓我們應用轉移函數為 $(1+K_{D1}s)$ 的 PD 控制，則順向-路徑轉移函數變為

$$G(s) = \frac{2.718 \times 10^9 (1+K_{D1}s)}{s(s+400.26)(s+3008)} \tag{11-63}$$

表 11-4 顯示，由最大超越量觀點可求得最佳的 PD 控制器需具有 $K_{P1} = 1$ 及 $K_{D1} = 0.002$，而對應的最大超越量為 11.37%。上升時間和安定時間均在需求值之內。其次，再加入 PI 控制器，則順向-路徑轉移函數變成

$$G(s) = \frac{5.436 \times 10^6 K_{P2}(s+500)(s+K_{I2}/K_{P2})}{s^2(s+400.26)(s+3008)} \tag{11-64}$$

依循前述的準則可選擇一相當小的 $K_{I2}/K_{P2}$ 值 (請參閱範例 11-3-1 與範例 11-3-2)，在此我們令 $K_{I2}/K_{P2} = 15$。(11-64) 式變成

$$G(s) = \frac{5.436 \times 10^6 K_{P2}(s+500)(s+15)}{s^2(s+400.26)(s+3008)} \tag{11-65}$$

表 11-10 所列為在不同 $K_{P2}$ 值時，各種時-域性能特性以及特性方程式的根。顯然，最佳的 $K_{P2}$ 值介於 0.2 到 0.4 之間。

選擇 $K_{P2} = 0.3$，並令 $K_{D1} = 0.002$ 及 $K_{I2} = 15$，$K_{P2} = 4.5$，則利用由 (11-59) 式到 (11-61) 式可得到 PID 控制器的系統參數為

■表 11-10 範例 11-4-1 所設計具有 PID 控制之三-階傾斜度控制系統的時-域性能特性

| $K_{P2}$ | 最大超越量 (%) | $t_r$(秒) | $t_s$(秒) | 特性方程式的根 | | | |
|---|---|---|---|---|---|---|---|
| 1.0 | 11.1 | 0.00088 | 0.0025 | −15.1 | −533.2 | $−1430 \pm j$ | 1717.5 |
| 0.9 | 10.8 | 0.00111 | 0.00202 | −15.1 | −538.7 | $−1427 \pm j$ | 1571.8 |
| 0.8 | 9.3 | 0.00127 | 0.00303 | −15.1 | −546.5 | $−1423 \pm j$ | 1385.6 |
| 0.7 | 8.2 | 0.00130 | 0.00303 | −15.1 | −558.4 | $−1417 \pm j$ | 1168.7 |
| 0.6 | 6.9 | 0.00155 | 0.00303 | −15.2 | −579.3 | $−1406 \pm j$ | 897.1 |
| 0.5 | 5.6 | 0.00172 | 0.00404 | −15.2 | −629 | $−1382 \pm j$ | 470.9 |
| 0.4 | 5.1 | 0.00214 | 0.00505 | −15.3 | −1993 | $−700 \pm j$ | 215.4 |
| 0.3 | 4.8 | 0.00271 | 0.00303 | −15.3 | −2355 | $−519 \pm j$ | 263.1 |
| 0.2 | 4.5 | 0.00400 | 0.00404 | −15.5 | −2613 | $−390 \pm j$ | 221.3 |
| 0.1 | 5.6 | 0.00747 | 0.00747 | −16.1 | −284 | $−284 \pm j$ | 94.2 |
| 0.08 | 6.5 | 0.00895 | 0.04545 | −16.5 | −286.3 | $−266 \pm j$ | 4.1 |

$$K_I = K_{I2} = 4.5$$
$$K_P = K_{P2} + K_{D1}K_{I2} = 0.3 + 0.002 \times 4.5 = 0.309 \tag{11-66}$$
$$K_D = K_{D1}K_{P2} = 0.002 \times 0.3 = 0.0006$$

注意：PID 設計可以得到一較小的 $K_D$ 和較大的 $K_I$ 值，此等同於在實現電路可用較小的電容。

圖 11-28 所示為具有 PID 控制器系統的單位-步階響應，同時，範例 11-2-2 和範例 11-3-2 所分別設計之 PD 與 PI 控制的步階-響應亦繪於圖上。注意：若 PID 控制適當地設計時，則可同時獲得 PD 和 PI 控制的優點。

### 工具盒 11-4-1

圖 11-28 可由下述的 MATLAB 函式序列求得：

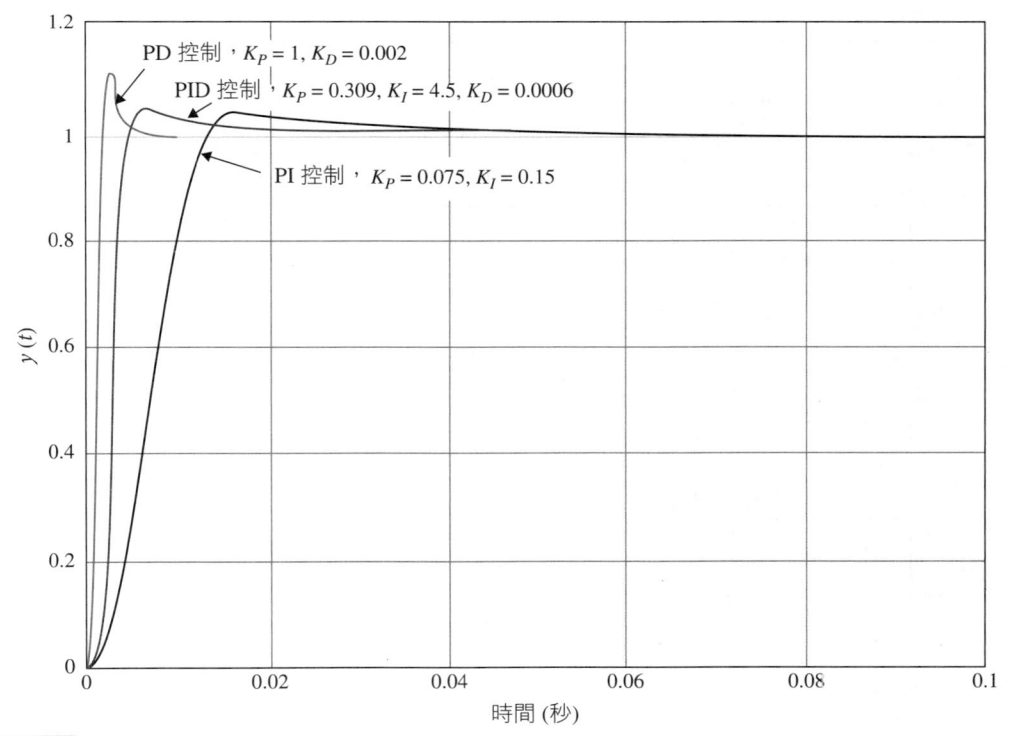

```
KI = [0 0.15 4.5];
KP = [1 0.075 0.309];
KD = [0.002 0 0.0006];
for i = 1:length(KI)
num = [1.5e7*181.17*KD(i) 1.5e7*181.17*KP(i) 1.5e7*181.17*KI(i)];
den =[1 3408.26 1203982.08+1.5e7*181.17*KD(i) 1.5e7*181.17*KP(i)
      1.5e7*181.17*KI(i)];
```

▶ **圖 11-28** 範例 11-4-1 之系統以 PD、PI 及 PID 為控制器的步階響應。

```
step(num,den)
hold on
end
grid
```

**頻-域設計**

　　以 PD 控制之三-階傾斜度控制系統已在範例 11-2-2 討論，其結果列於表 11-4。當 $K_p = 1$ 和 $K_D = 0.002$ 時，最大超越量為 11.37%，但此為 PD 控制所能提供的最好情形。利用這個 PD 控制器時，系統的順向-路徑轉移函數為

$$G(s) = \frac{2.718 \times 10^9 (1 + 0.002s)}{s(s + 400.26)(s + 3008)} \tag{11-67}$$

圖 11-29 為其相對應的波德圖。我們根據所給定的時-域規格預估相對應的頻-域規格，如下所示：

相位邊限 ≥ 70°

$M_r \leq 1.1$

BW ≥ 1000 rad/sec

　　由圖 11-29 的波德圖可以看出，要達到相位邊限為 70°，則新的相位-交越頻率應為 $\omega'_g = 811$ rad/sec，而在此頻率下 $G(j\omega)$ 的大小值為 7 dB。因此，利用 (11-42) 式，$K_{P_2}$ 值可計算得到

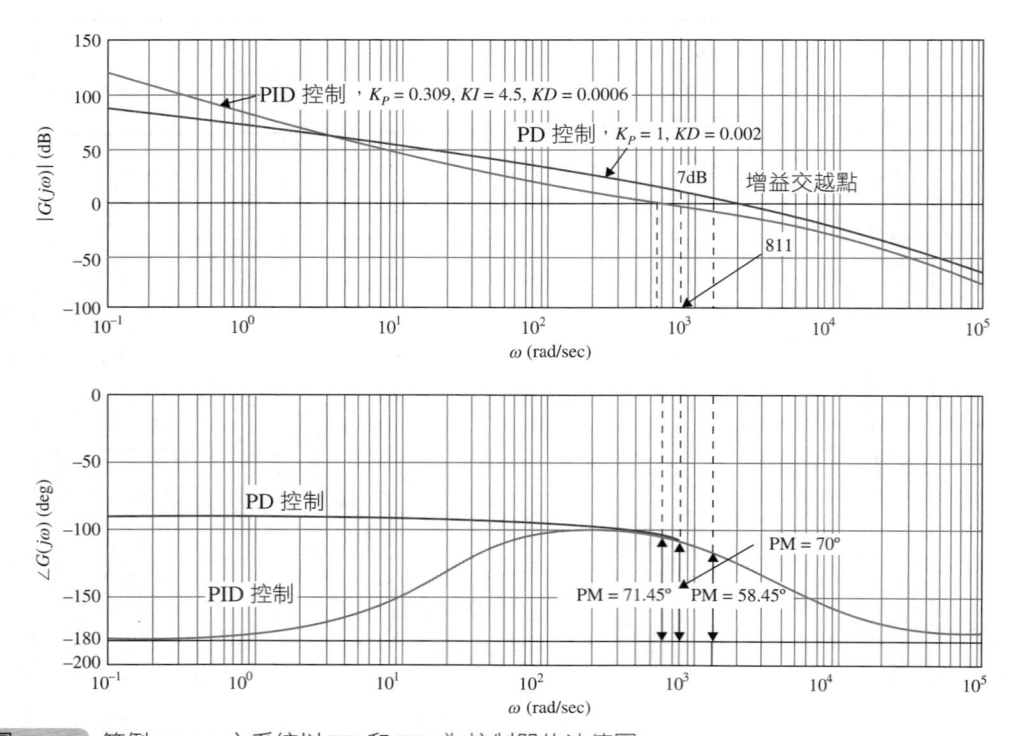

▶ **圖 11-29**　範例 11-4-1 之系統以 PD 和 PID 為控制器的波德圖。

■表 11-11　範例 11-4-1 中以 PID 為控制器之系統的頻-域性能

| $K_{P2}$ | $K_{I2}$ | GM (dB) | PM (度) | $M_r$ | BW (rad/sec) | $t_r$ (秒) | $t_s$ (秒) | 最大超越量 (%) |
|---|---|---|---|---|---|---|---|---|
| 1.00 | 0 | ∞ | 58.45 | 1.07 | 2607 | 0.0008 | 0.00255 | 11.37 |
| 0.45 | 6.75 | ∞ | 68.5 | 1.03 | 1180 | 0.0019 | 0.0040 | 5.6 |
| 0.40 | 6.00 | ∞ | 69.3 | 1.027 | 1061 | 0.0021 | 0.0050 | 5.0 |
| 0.30 | 4.50 | ∞ | 71.45 | 1.024 | 1024 | 0.0027 | 0.00303 | 4.8 |
| 0.20 | 3.00 | ∞ | 73.88 | 1.031 | 528.8 | 0.0040 | 0.00404 | 4.5 |
| 0.10 | 1.5 | ∞ | 76.91 | 1.054 | 269.5 | 0.0076 | 0.0303 | 5.6 |

$$K_{P2} = 10^{-7/20} = 0.45 \tag{11-68}$$

注意：由時-域設計中，以 $K_{I2}/K_{P2} = 15$ 所求得之 $K_{P2}$ 值的範圍為 0.2 到 0.4 之間。而 (11-68) 式所得結果則略微超出此範圍。表 11-11 所示為當 $K_D = 0.002$ 和 $K_{I2}/K_{P2} = 15$ 時，$K_{P2}$ 值由 0.45 開始變化數個值的頻-域性能結果。注意：當 $K_{P2}$ 持續減少時，相位邊限也單調地增加，但當 $K_{P2}$ 值小於 0.2 時，最大超越量反而增加。本例的相位邊限結果容易讓人誤導，但共振峰值 $M_r$ 則較為精確。

## 11-5　相位-超前與相位-落後控制器的設計

　　PID 控制器以及其組成成分的 PD 和 PI 控制器形式，都是以微分和積分運算來表現對控制系統的補償。通常，可以把控制系統之控制器設計視為濾波器設計的問題；因此便有很多可能的設計。就濾波器的觀點而言，PD 控制器為高-通濾波器，PI 控制器為低-通濾波器，而 PID 控制器則為帶-通或帶-拒濾波器 (取決於控制器的參數值)。在此節，我們會介紹高-通濾波器，即通常視為**相位-超前控制器** (phase-lead controller)，因為在某些頻率範圍內，它會引入正的相位角至系統；低-通濾波器則為**相位-落後控制器** (phase-lag controller)，因為所引入的相對應相角為負的。這兩種情況都可以由圖 11-30 所示的電路圖表示。

> 高-通濾波器通常視為**相位-超前控制器**，因為在某些頻率範圍內，系統會被引入正的相位角。
> 低-通濾波器則視為**相位-落後控制器**，因為所引入的相對應相角是負的。

　　簡單的超前或落後控制器的轉移函數可表示為

$$G_c(s) = K_c \frac{s+z_1}{s+p_1} \tag{11-69}$$

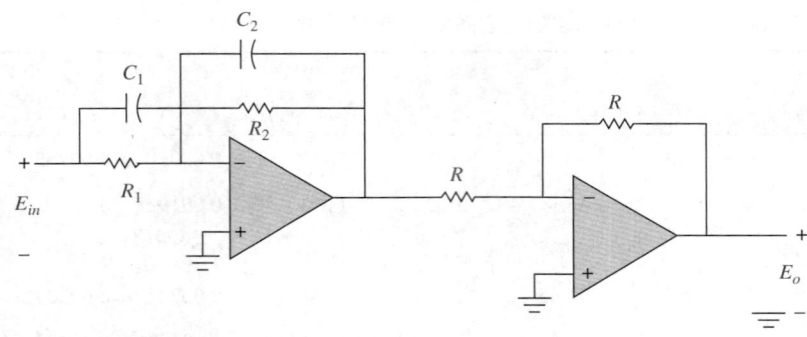

▶圖 11-30　$G_c(s) = K_c \dfrac{s+z_1}{s+P_1}$ 的運算放大器電路實現。

PD 控制器為高通濾波器。
PI 控制器為低通濾波器。
PID 控制器為帶通過或帶衰減濾波器。

其中，控制器在 $p_1 > z_1$ 時為高-通或相位-超前；而在 $p_1 < z_1$ 時，則為低-通或相位-落後。

(11-69) 式之運算放大器電路實現可由第六章的表 6-1g 得到，並加入一反相放大器重繪於圖 11-30。此電路的轉移函數為

$$G_c(s) = \frac{E_o(s)}{E_{in}(s)} = \frac{C_1}{C_2} \frac{s+\dfrac{1}{R_1C_1}}{s+\dfrac{1}{R_2C_2}} \tag{11-70}$$

比較上述兩個方程式，可得

$$\begin{aligned} K_c &= C_1/C_2 \\ z_1 &= 1/R_1C_1 \\ p_1 &= 1/R_2C_2 \end{aligned} \tag{11-71}$$

令 $C = C_1 = C_2$ 可以把設計參數由 4 個減為 3 個，則 (11-70) 式可以寫成

$$\begin{aligned} G_c(s) &= \frac{R_2}{R_1}\left(\frac{1+R_1Cs}{1+R_2Cs}\right) \\ &= \frac{1}{a}\left(\frac{1+aTs}{1+Ts}\right) \end{aligned} \tag{11-72}$$

其中

$$a = \frac{R_1}{R_2} \tag{11-73}$$

$$T = R_2C \tag{11-74}$$

## 11-5-1 相位-超前控制的時-域詮釋與設計

本節首先以 (11-70) 式和 (11-72) 式來表示相位-超前控制器 ($z_1 < p_1$ 或 $a > 1$)。為了不讓相位-超前控制器危及穩-態誤差，(11-72) 式中的因子 $a$ 應由順向-路徑增益 $K$ 所吸收。因此，基於設計目的，$G_c(s)$ 可寫成

$$G_c(s) = \frac{1+aTs}{1+Ts} \quad (a>1) \tag{11-75}$$

(11-75) 式的極點-零點組態如圖 11-31 所示。根據第八章對於增加一對極點-零點所產生影響的討論，若適當地選擇參數，使得順向-路徑轉移函數的零點接近於原點，則相位-超前控制器可以改善閉-迴路系統的穩定度。設計相位-超前控制器在本質上為配置 $G_c(s)$ 的極點和零點，以使設計規格均可滿足。根廓線的方法可用來求出參數的適當範圍。以下的原則可作為參數 $a$ 和 $T$ 的選擇參考。

1. 把 $-1/aT$ 之零點移向原點，可以改善上升和安定時間。若零點太接近原點，則最大超越量會又再增加，因為 $-1/aT$ 同時亦為閉-迴路轉移函數之零點。
2. 把 $-1/T$ 的極點遠離零點和原點，可以降低最大超越量，但若 $T$ 值太小，則上升和安定時間仍將增加。

**相位-超前控制器**對於控制系統時-域規格的**影響**歸納如下：

1. 若適當地使用，則可增加系統阻尼。
2. 改善上升和安定時間。
3. 以 (11-75) 式之形式，相位-超前控制並不會對穩-態誤差產生影響，因為 $G_c(0) = 1$。

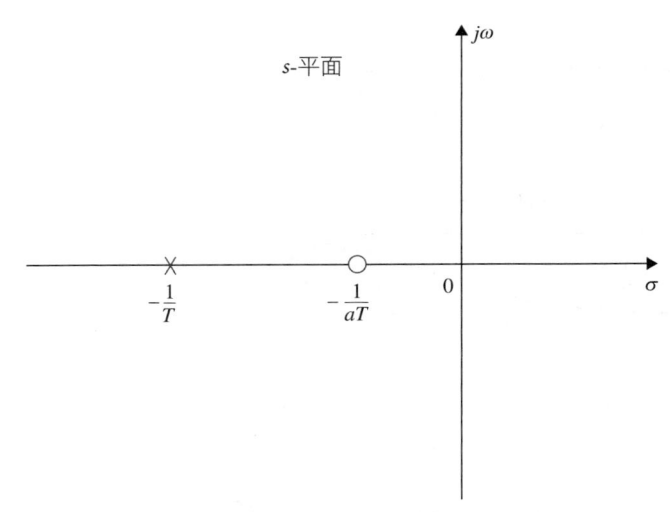

▶ 圖 11-31　相位-超前控制器之極點-零點組態。

## 11-5-2 相位-超前控制的頻-域詮釋與設計

圖 11-32 為 (11-75) 式之相位-超前控制器的波德圖，其中兩個轉折頻率為 $\omega = 1/aT$ 和 $\omega = 1/T$。相位最大值 $\phi_m$ 和其發生頻率 $\omega_m$ 的推導如下。由於 $\omega_m$ 為兩個轉折頻率的幾何平均值，所以

$$\log_{10} \omega_m = \frac{1}{2}\left(\log_{10}\frac{1}{aT} + \log_{10}\frac{1}{T}\right) \tag{11-76}$$

因此，

$$\omega_m = \frac{1}{\sqrt{aT}} \tag{11-77}$$

為了決定最大相角 $\phi_m$，$G_c(j\omega)$ 的相位可寫為

$$\angle G_c(j\omega) = \phi(j\omega) = \tan^{-1}\omega aT - \tan^{-1}\omega T \tag{11-78}$$

由上式可得

$$\tan\phi(j\omega) = \frac{\omega aT - \omega T}{1 + (\omega aT)(\omega T)} \tag{11-79}$$

將 (11-77) 式代入 (11-79) 式中，可得

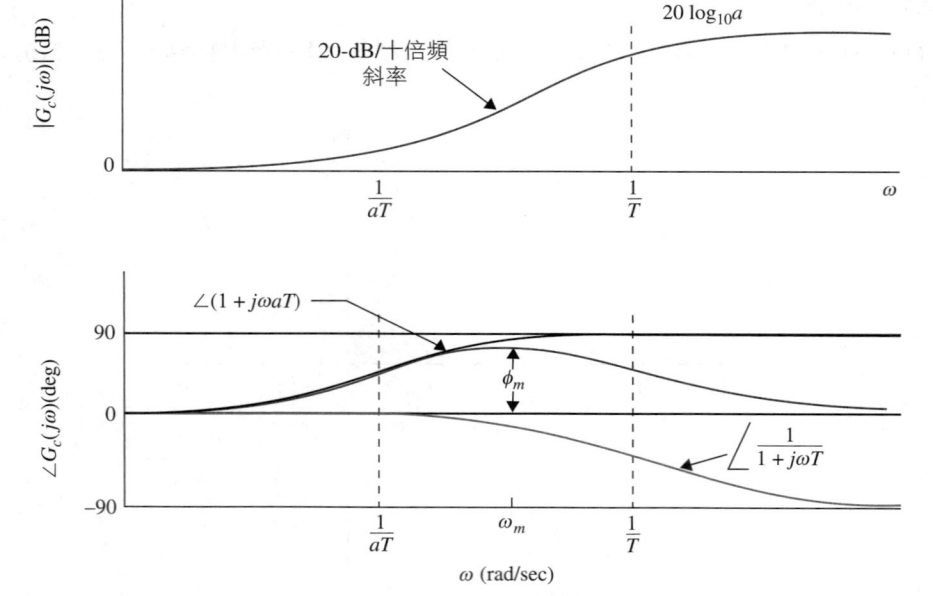

▶ 圖 11-32 相位-超前控制器之波德圖，其中 $G_c(s) = a\dfrac{s + 1/aT}{s + 1/T}$，$a > 1$。

$$\tan\phi_m = \frac{a-1}{2\sqrt{a}} \tag{11-80}$$

或

$$\sin\phi_m = \frac{a-1}{a+1} \tag{11-81}$$

因此,只要知道 $\phi_m$ 值,便可以決定 $a$ 值為

$$a = \frac{1+\sin\phi_m}{1-\sin\phi_m} \tag{11-82}$$

相角 $\phi_m$ 與 $a$ 之間的關係,和相位-超前控制器的波德圖特性提供了頻-域設計的優勢。但其困難在於時-域和頻-域規格之間的相互關係。下面將說明在頻-域中設計相位-超前控制器的一般原則。在此假設設計規格只包含穩-態誤差和相位邊限之需求。

1. 先利用穩-態誤差規格求出未補償系統 $G_p(j\omega)$ 之 $K$ 值,再繪出 $G_p(j\omega)$ 之波德圖。待 $a$ 值決定後,$K$ 值須再往上調。
2. 求出未補償系統的相位邊限和增益邊限,並決定要達成相位邊限規格所需要增加的相位-超前量。由所增加的相位-超前量可預估相位角 $\phi_m$,並由 (11-82) 式算出 $a$ 值。
3. 一旦決定了 $a$ 值,則只需要再求出 $T$ 值,到此設計基本上即已完成。$T$ 值的決定方法便是要配置相位-超前控制器的轉折頻率,即 $1/aT$ 和 $1/T$,以使 $\phi_m$ 發生在新的增益-交越頻率 $\omega'_g$ 上,如此,補償系統的相位邊限便增加了 $\phi_m$。注意:相位-超前控制器的高-頻增益為 $20\log_{10} a$ dB。因此,為了要使新的增益-交越頻率 $\omega_m$ 為 $1/aT$ 和 $1/T$ 的幾何平均值,必須將 $\omega_m$ 配置於未補償系統 $G_p(j\omega)$ 大小值為 $-10\log_{10} a$ dB 的頻率處。如此,由相位-超前控制器所增加的增益 $10\log_{10} a$ dB 剛好使補償過的系統大小曲線在 $\omega_m$ 處通過 0 dB。
4. 以補償系統的順向-路徑轉移函數的波德圖來驗證是否所有的性能規格均能滿足。若無法滿足,則必須再選一個新的 $\phi_m$ 值,並重複以上步驟。
5. 若設計規格均能滿足,則相位-超前的轉移函數可由 $a$ 和 $T$ 值來加以建立。

若設計規格中也包括了 $M_r$ 和/或 BW,則上述結果必須以尼可斯圖或電腦程式的輸出資料加以驗證。

利用以下的範例來說明相位-超前控制器在時-域和頻-域中的設計。

## 範例 11-5-1

圖 11-33 的方塊圖說明 6-5-1 節中所描述的太陽-追蹤器控制系統。此系統可安置在太空船上用以精準地追蹤太陽。變數 $\theta_r$ 代表陽光的參考角,$\theta_o$ 代表太空船的軸。太陽-追蹤器系統的目的是設法使 $\theta_r$ 和 $\theta_o$ 之間的誤差 $\alpha$ 保持接近零。系統的參數為

| | |
|---|---|
| $R_F = 10{,}000\ \Omega$ | $K_b = 0.0125\ \text{V/rad/sec}$ |
| $K_i = 0.0125\ \text{N} \cdot \text{m/A}$ | $R_a = 6.25\ \Omega$ |
| $J = 10^{-6}\ \text{kg} \cdot \text{m}^2$ | $K_s = 0.1\ \text{A/rad}$ |
| $K = $ 待決定 | $B = 0$ |
| $n = 800$ | |

未補償系統的順向-路徑轉移函數為

$$G_p(s) = \frac{\Theta_o(s)}{A(s)} = \frac{K_s R_F K K_i / n}{R_a J s^2 + K_i K_b s} \tag{11-83}$$

其中，$\Theta_o(s)$ 和 $A(s)$ 分別為 $\theta_o(t)$ 與 $\alpha(t)$ 的拉氏轉換。將系統參數的數值代入 (11-83) 式，可得

$$G_p(s) = \frac{\Theta_o(s)}{A(s)} = \frac{2500K}{s(s+25)} \tag{11-84}$$

**時-域設計**

系統的時-域規格如下：

1. 對單位-斜坡函數輸入 $\theta_r(t)$，穩-態誤差 $\alpha(t)$ 需小於或等於最後穩-態輸出速度的 0.01 rad。換言之，對斜坡-輸入而言，穩-態誤差應小於或等於 1%。
2. 步階響應的最大超越量需小於 5%，或更小。
3. 上升時間 $t_r \leq 0.02$ 秒。
4. 安定時間 $t_s \leq 0.02$ 秒。

放大器增益 $K$ 的最小值可由所需的穩-態誤差決定。應用終值定理至 $\alpha(t)$，可得

$$\lim_{t \to \infty} \alpha(t) = \lim_{s \to 0} s A(s) = \lim_{s \to 0} \frac{s \Theta_r(s)}{1 + G_p(s)} \tag{11-85}$$

對於單位-步階輸入，$\Theta_r(s) = 1/s^2$。利用 (11-84) 式，則 (11-85) 式可得

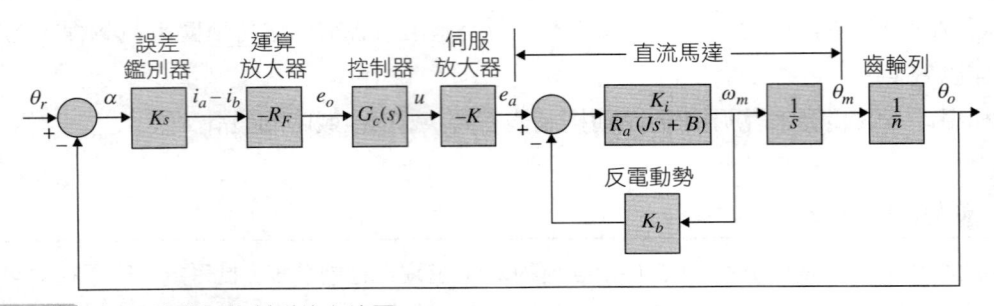

▶ 圖 11-33　太陽-追蹤器控制系統方塊圖。

$$\lim_{t\to\infty}\alpha(t)=\frac{0.01}{K} \tag{11-86}$$

因此，當 $\alpha(t)$ 的穩-態值小於或等於 0.01 時，$K$ 必須大於或等於 1。$K = 1$ 為最壞的情形，此時未補償系統的特性方程式為

$$s^2 + 25s + 2500 = 0 \tag{11-87}$$

我們可以證明 $K = 1$ 時，未補償系統的阻尼比只有 0.25，此值等同於最大超越量超過 44.4%。圖 11-34 所示為 $K = 1$ 時系統的單位-步階響應——即標示為無補償系統的響應曲線。

現在，考慮使用 (11-75) 式的相位-超前控制器。補償系統的順向-路徑轉移函數可寫成

$$G(s)=\frac{2500K(1+aTs)}{as(s+25)(1+Ts)} \tag{11-88}$$

以補償系統來滿足穩-態誤差需求時，$K$ 值必須滿足

$$K \geq a \tag{11-89}$$

令 $K = a$，則系統的特性方程式為

$$(s^2+25s+2500)+Ts^2(s+25)+2500aTs=0 \tag{11-90}$$

在此可利用根廓線法來說明相位-超前控制器改變 $a$ 和 $T$ 值所產生的影響。首先，令 $a = 0$，

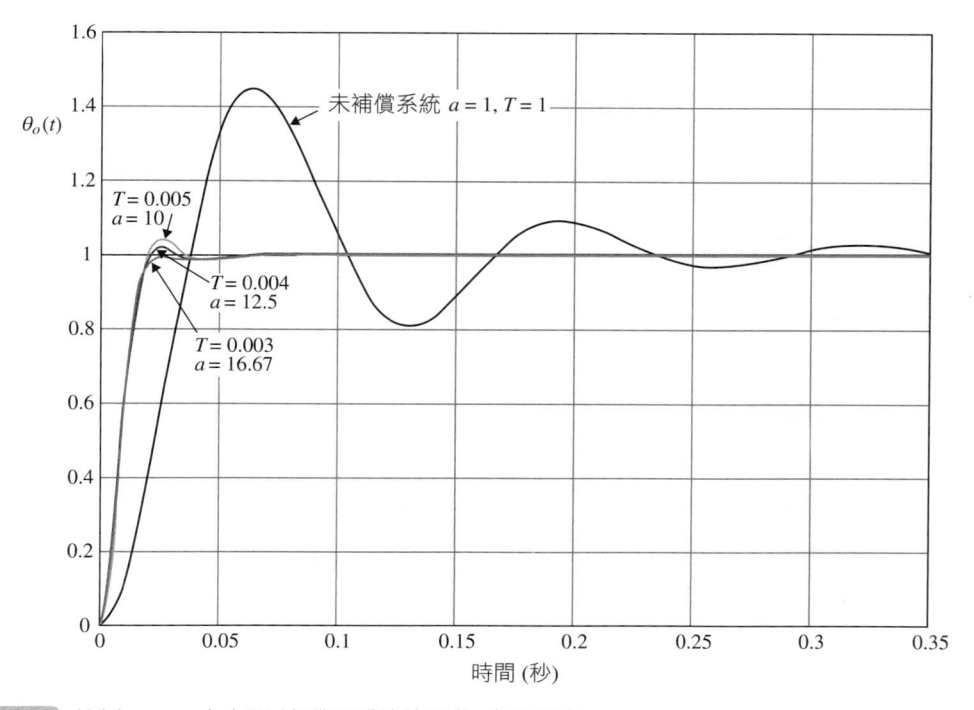

▶ **圖 11-34** 範例 11-5-1 中太陽-追蹤器系統的單位-步階響應。

則 (11-90) 式的特性方程式變成

$$s^2 + 25s + 2500 + Ts^2(s+25) = 0 \tag{11-91}$$

(11-91) 式兩邊除以不含 $T$ 之項，可得

$$1 + TG_{eq1}(s) = 1 + \frac{Ts^2(s+25)}{s^2 + 25s + 2500} = 0 \tag{11-92}$$

因此，在 $T$ 變化時，(11-91) 式的根廓線可由 (11-92) 式 $G_{eq1}(s)$ 的極點-零點組態來決定。這些根廓線繪於圖 11-35。注意：$G_{eq1}(s)$ 的極點為當 $a = 0$ 和 $T = 0$ 時之特性方程式的根。由圖 11-35 的根廓線可以清楚地看出，只在 (11-84) 式中的分母增加 $(1 + Ts)$ 因子將不會改善系統性能，因為特性方程式的根被推往右半平面。事實上，當 $T$ 值大於 0.0133 時，系統變為不穩定。為發揮相位-超前控制器完全的影響，我們必須確保 (11-90) 式之 $a$ 值為 $a > 0$。為了畫出以 $a$ 為可變參數的根廓線，把 (11-90) 式左右兩邊除以不含 $a$ 之項，可得到以下方程式：

$$1 + aG_{eq2}(s) = 1 + \frac{2500aTs}{s^2 + 25s + 2500 + Ts^2(s+25)} = 0 \tag{11-93}$$

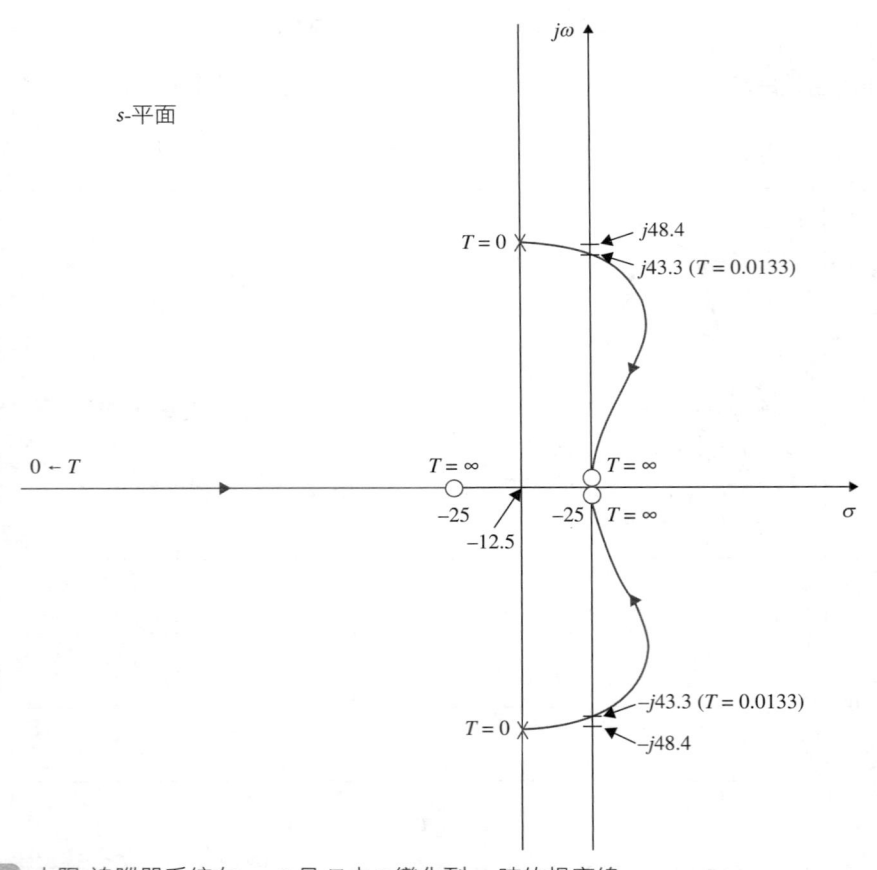

▶ 圖 11-35　太陽-追蹤器系統在 $a = 0$ 且 $T$ 由 0 變化到 $\infty$ 時的根廓線。

對一已知 $T$ 值，(11-90) 式在 $a$ 值變化時的根廓線可以根據 $G_{eq2}(s)$ 的極點和零點得到。注意：$G_{eq2}(s)$ 的極點與 (11-91) 式的根相同。因此，對一已知的 $T$，(11-90) 式在 $a$ 值變化時的根廓線必定由圖 11-35 之根廓線上的點開始 ($a = 0$)。這些根廓線結束 ($a = \infty$) 於 $s = 0$、$\infty$、$\infty$ 處，這些點都為 $G_{eq2}(s)$ 的零點。(11-90) 式的完整根廓線如圖 11-36，其乃針對不同的 $T$ 值，而 $a$ 值由 0 到 $\infty$ 變化所得之。

### 工具盒 11-5-1

圖 11-34 的單位-步階響應可由下述的 MATLAB 函式序列求得：

```
a = [1 10 12.5 16.67];
T = [1 0.005 0.004 0.003];
for i = 1:length(T)
   num = [2500*a(i)*T(i) 2500];
   den =[T(i) 25*T(i)+1 25 0];
   [numCL,denCL]=cloop(num,den);
   step(numCL,denCL)
   hold on
end
grid
axis([0 0.35 0 1.8])
```

### 工具盒 11-5-2

圖 11-35 的根廓線可由下述的 MATLAB 函式序列求得：

```
for i=1:1:30000
    T=0.005*i;
    num = [T 25*T 0 0];
    den = [T 1+25*T 25 2500];
    F = tf(num,den);
    P=pole(F);
    PoleData1(i)=P(1,1) ;
    PoleData2(i)=P(2,1) ;
    PoleData3(i)=P(3,1) ;
end
plot(real(PoleData1(:)),imag(PoleData1(:)))
hold on
plot(real(PoleData2(:)),imag(PoleData2(:)));
plot(real(PoleData3(:)),imag(PoleData3(:)));
axis([-100 10 -50 50])
```

由圖 11-36 的根廓線可知，對於有效的相位-超前控制，$T$ 值應該要小。對於大的 $T$ 值，系統自然頻率會隨著 $a$ 值增加而快速增加，而系統阻尼則改善不多。

讓我們任意地選擇 $T = 0.01$。表 11-12 所示為當 $aT$ 值由 0.02 變化到 0.1 時，單位-步階響應的屬性。MATLAB 工具盒 11-5-3 可以用來計算時-域響應。由這些結果可知，雖然上升時間和安定時間會隨 $aT$ 增加而持續減少，但當 $aT = 0.05$ 時可以得到最小的最大超越量。不過，最大超越

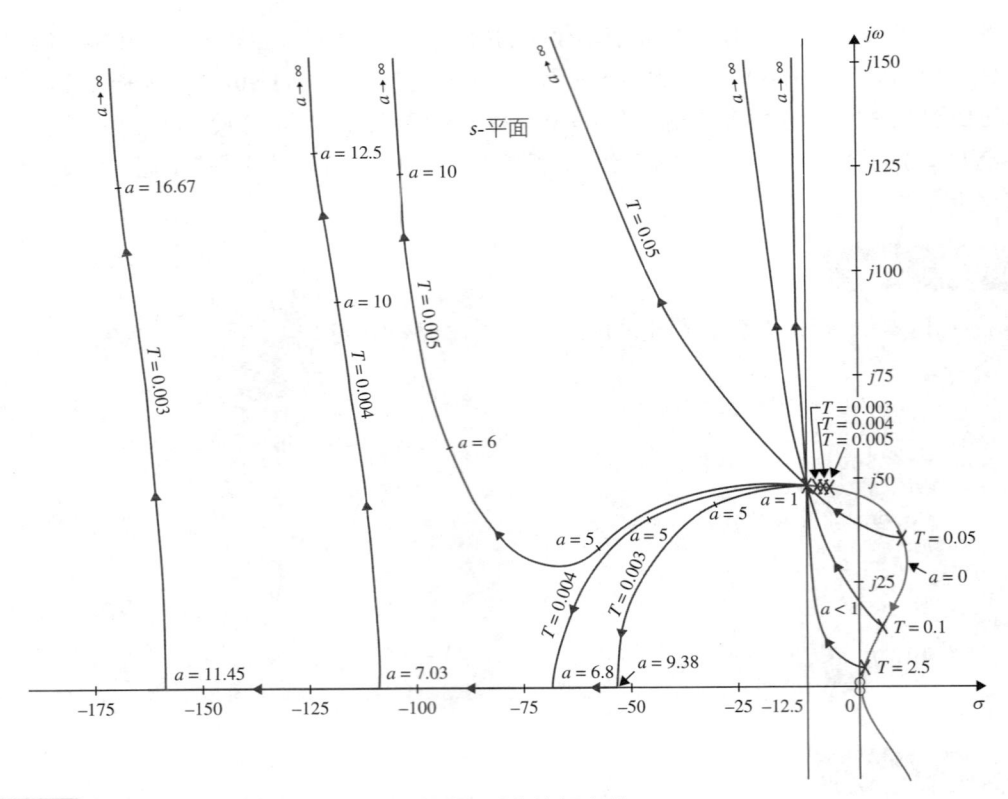

▶ 圖 11-36　具有相位-超前控制器之太陽-追蹤器系統的根廓線。

■ 表 11-12　範例 11-5-1 中具有相位-超前控制器之系統的單位-步階響應屬性：$T = 0.01$

| $aT$ | $a$ | 最大超越量 (%) | $t_r$ (秒) | $t_s$ (秒) |
|---|---|---|---|---|
| 0.02 | 2 | 26.6 | 0.0222 | 0.0830 |
| 0.03 | 3 | 18.9 | 0.0191 | 0.0665 |
| 0.04 | 4 | 16.3 | 0.0164 | 0.0520 |
| 0.05 | 5 | 16.2 | 0.0146 | 0.0415 |
| 0.06 | 6 | 17.3 | 0.0129 | 0.0606 |
| 0.08 | 8 | 20.5 | 0.0112 | 0.0566 |
| 0.10 | 10 | 23.9 | 0.0097 | 0.0485 |

量的最小值為 16.2%，也已經超過設計規格。

接下來，我們設定 $aT = 0.05$，且令 $T$ 由 0.01 到 0.001 變化，如表 11-13 所示。表 11-13 所示為單位-步階響應屬性。當 $T$ 值減少時，最大超越量降低，但上升時間和安定時間增加。此一情形，由表中可以看出，在 $aT = 0.05$ 時滿足了設計需求。圖 11-34 也顯示不同三組控制器參數之相位-超前補償系統的單位-步階響應。

■表 11-13　範例 11-5-1 具有相位-超前控制器之系統的單位-步階響應屬性：$aT = 0.05$

| $T$ | $a$ | 最大超越量 (%) | $t_r$ (秒) | $t_s$ (秒) |
|---|---|---|---|---|
| 0.01 | 5.0 | 16.2 | 0.0146 | 0.0415 |
| 0.005 | 10.0 | 4.1 | 0.0133 | 0.0174 |
| 0.004 | 12.5 | 1.1 | 0.0135 | 0.0174 |
| 0.003 | 16.67 | 0 | 0.0141 | 0.0174 |
| 0.002 | 25.0 | 0 | 0.0154 | 0.0209 |
| 0.001 | 50.0 | 0 | 0.0179 | 0.0244 |

選擇 $T = 0.004$ 和 $a = 12.5$，則相位-超前控制器的轉移函數為

$$G_c(s) = a\frac{s+1/aT}{s+1/T} = 12.5\frac{s+20}{s+250} \tag{11-94}$$

補償系統之轉移函數為

$$G(s) = G_c(s)G_p(s) = \frac{31250(s+20)}{s(s+25)(s+250)} \tag{11-95}$$

為求出相位-超前控制器之運算放大器電路實現，在此任意選定 $C = 0.1\,\mu F$。電路中的電阻值可以利用 (11-73) 式和 (11-74) 式求出，可得 $R_1 = 500,000\,\Omega$，$R_2 = 40,000\,\Omega$。

### 工具盒 11-5-3

圖 11-36 的根廓線可由下述的 MATLAB 函式序列求得：

```
T = [0.003,0.004,0.005,0.05,0.1,2.5];
for j=1:length(T)
for i = 1:1500
a=i*.01 ;
num = [2500*a*T(j) 0];
den = [T(j) 25*T(j)+1 25+2500*a*T(j) 2500];
F = tf(num,den);
P=pole(F);
PoleData1(i)=P(1,1) ;
PoleData2(i)=P(2,1) ;
PoleData3(i)=P(3,1) ;
plot(real(PoleData1(i)),imag(PoleData1(i)),real(PoleData2(i)),
imag(PoleData2(i)), real(PoleData2(i)),imag(PoleData2(i)))
hold on
end
axis([-175 0 -10 150])
end
%%%%%%%%%%%%%%%%%%%%%%%%%%%%%%%%%%%
% Step Response for Table 11-11 also see Toolbox 11-5-1.
T=0.01;
a=[2 3 4 5 6 8 10];
for i = 1:length(a)
```

```
num = [2500*a(i)*T 2500]; %Eq. (11-78) with K=a
den = [T 25*T+1 25+2500*a(i)*T 2500]; %Closed loop Eq. (11-79) with K=a
step(num,den)
hold on
end
```

**頻-域設計**

讓我們指定穩-態誤差的規格與上面所要求的相同。針對頻-域設計規格而言，相位邊限需要大於 45°。以下為設計步驟：

1. (11-84) 式在 $K = 1$ 時的波德圖如圖 11-37 所示。
2. 未補償系統在增益-交越頻率 $\omega_c = 47$ rad/sec 時的相位邊限為 28°。由於所需最小的相位邊限為 45°，因此在增益-交越頻率處，最少要增加 17° 的超前相位到迴路中。
3. (11-75) 式之相位-超前控制器必須在補償系統的增益-交越頻率處提供額外的 17°。不過，由於利用相位-超前控制器，波德圖的大小曲線也因為增益-交越頻率往較高頻偏移而受影響。雖然可以很容易調整控制器的轉折頻率 ($1/aT$ 和 $1/T$)，使控制器的最大相角 $\phi_m$ 正好落於新的增益-交越頻率上，但是在此點的原始相位曲線不再是 28°，且可能更少；此乃因大部分受控程序的相位會隨頻率增加而減少。事實上，若未補償系統的相位在靠近增益-交越頻率處隨頻率增加而快速減少，則單-級相位-超前控制器不再有效。

   由於要正確預估添加多少相位-超前到系統裡有其困難；因此，必須多加一些「安全相角」以彌補潛在的相位減少，確保相位邊限的規格能滿足。所以，本例的 $\phi_m$ 不是用 17° 而是採用 25°。利用 (11-82) 式，可得

$$a = \frac{1 + \sin 25°}{1 - \sin 25°} = 2.46 \tag{11-96}$$

4. 為了決定控制器兩個轉折頻率的適當位置 (即 $1/aT$ 和 $1/T$)，由 (11-77) 式可知，最大相位-超前 $\phi_m$ 發生於兩個轉折頻率的幾何平均值。為了達到所決定之 $a$ 值的最大相位邊限，$\phi_m$ 應發生於新的增益-交越頻率 $\omega'_g$，但此值並未知。採用以下的步驟可確保 $\phi_m$ 發生於 $\omega'_g$。
   (a) (11-75) 式的相位-超前控制器的高-頻增益為

$$20\log_{10} a = 20\log_{10} 2.46 = 7.82 \text{ dB} \tag{11-97}$$

   (b) 兩轉折頻率 $1/aT$ 和 $1/T$ 的幾何平均值 $\omega_m$ 應取在未補償系統轉移函數 $G_p(j\omega)$ 以 dB 表示的增益等於 (11-97) 式負值的一半，即 $-3.91$ dB 時的頻率。如此，補償系統轉移函數的大小曲線會在 $\omega = \omega_m$ 時通過 0-dB 軸。因此，$\omega_m$ 之頻率發生於

$$\left| G_p(j\omega) \right|_{dB} = -10\log_{10} 2.46 = -3.91 \text{ dB} \tag{11-98}$$

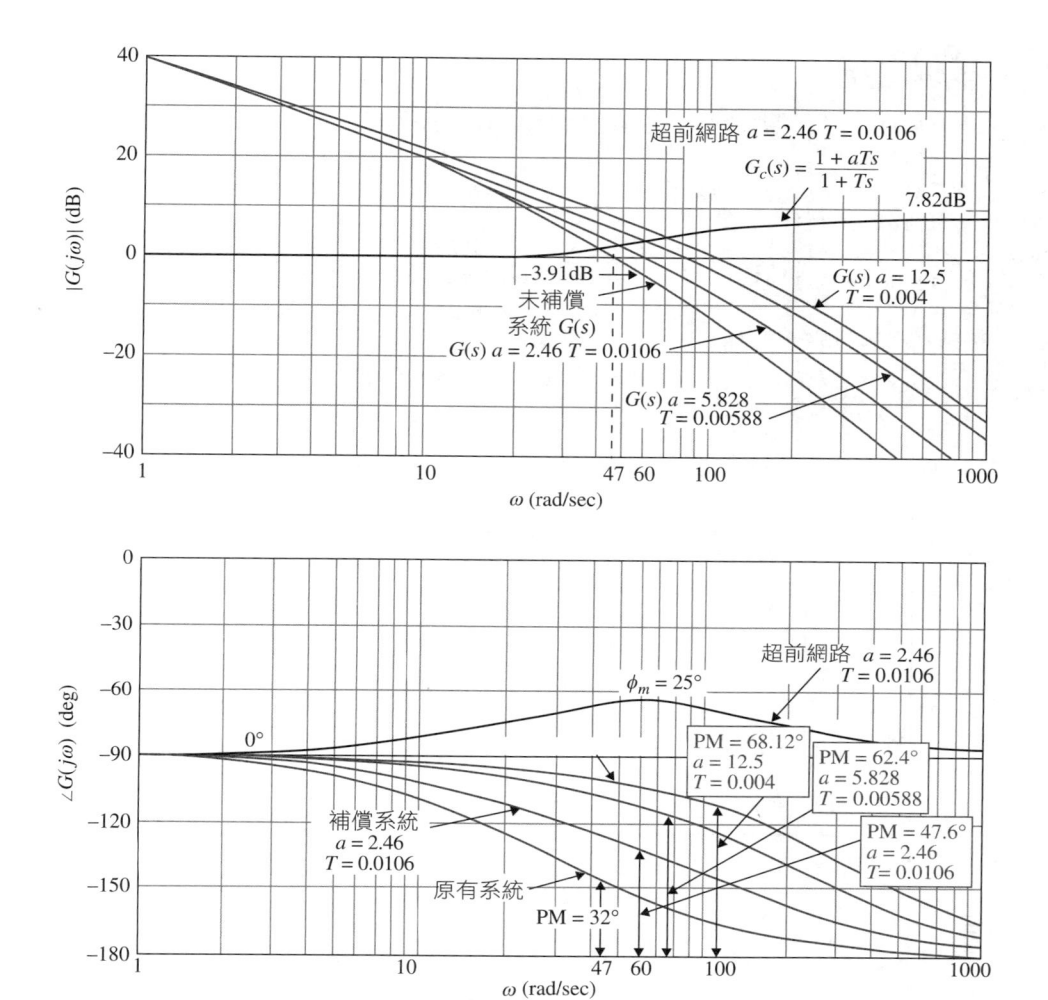

▶ **圖 11-37** 範例 11-5-1 中具有相位-超前補償和未補償系統的波德圖，其中 $G(s) = \dfrac{2500(1+aTs)}{s(s+25)(s+Ts)}$。

### 工具盒 11-5-4

圖 11-37 的波德圖可由下述的 MATLAB 函式序列求得：

```
a = [0 2.46,12.5,5.828];
T = [0 0.0106,0.004,0.00588];
for i = 1:length(T)
num = [2500*a(i)*T(i) 2500]; % numerator of Eq. (11-78) with K=a
den =[T(i) 1+25*T(i) 25 0]; % denominator of Eq. (11-78) with K=a
bode(num,den);
hold on;
end
grid
```

### 工具盒 11-5-5

圖 11-38 中 $G(s)$ 的尼可斯圖可由下述的 MATLAB 函式序列求得：

```
a = [0 2.46,12.5,5.828];
T = [0 0.0106,0.004,0.00588];
for i = 1:length(T)
num = [2500*a(i)*T(i) 2500]; % numerator of Eq. (11-78) with K=a
den =[T(i) 1+25*T(i) 25 0]; % denominator of Eq. (11-78) with K=a
t = tf(num,den)
nichols(t); ngrid;
hold on;
end
```

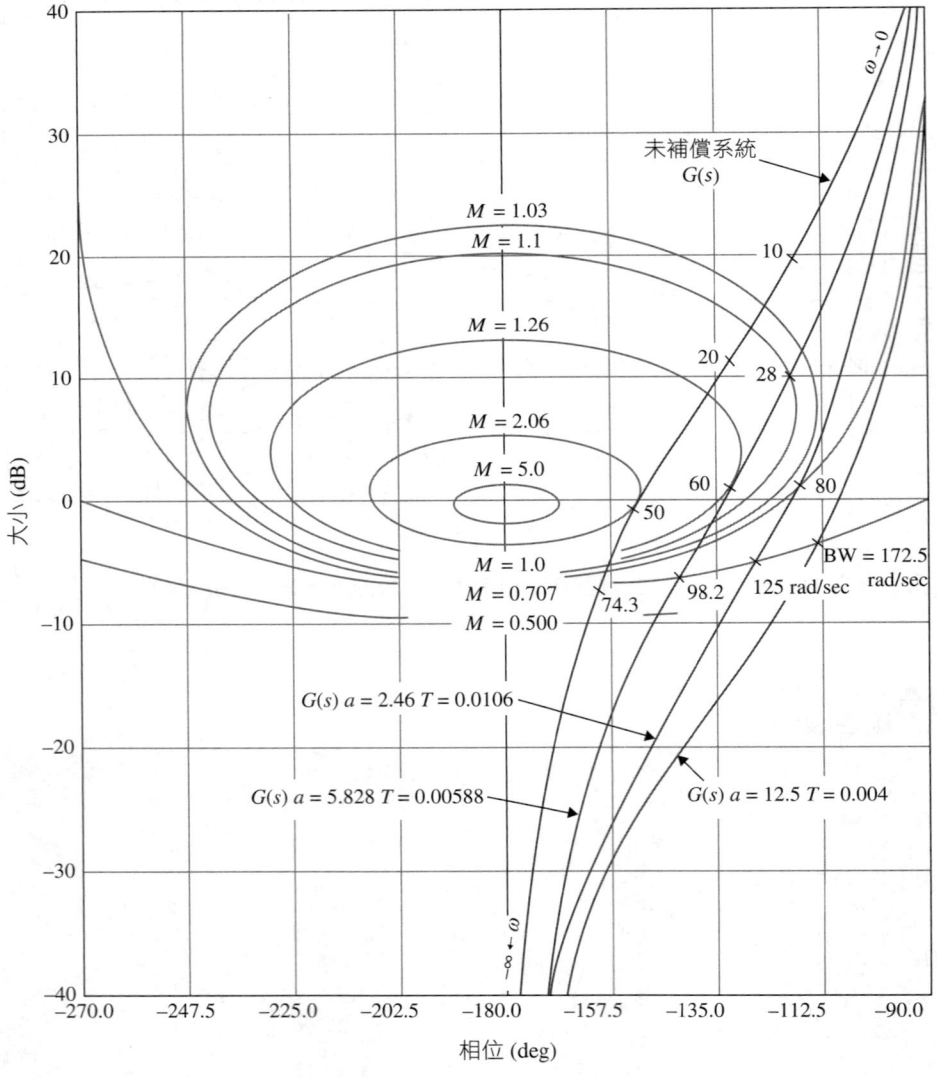

▶ **圖 11-38** 範例 11-5-1 之系統 $G(s)$ 的尼可斯圖，其中 $G(s) = \dfrac{2500(1+aTs)}{s(s+25)(1+Ts)}$。

■表 11-14　範例 11-5-1 中具有相位-超前控制器之系統的屬性

| $a$ | $T$ | PM (度) | $M_r$ | 增益交越 (rad/sec) | BW (rad/sec) | 最大超越量 (%) | $t_r$ (秒) | $t_s$ (秒) |
|---|---|---|---|---|---|---|---|---|
| 1 | 1 | 28.03 | 2.06 | 47.0 | 74.3 | 44.4 | 0.0255 | 0.2133 |
| 2.46 | 0.0106 | 47.53 | 1.26 | 60.2 | 98.2 | 22.3 | 0.0204 | 0.0744 |
| 5.828 | 0.00588 | 62.36 | 1.03 | 79.1 | 124.7 | 7.7 | 0.0169 | 0.0474 |
| 12.5 | 0.0040 | 68.12 | 1.00 | 113.1 | 172.5 | 1.1 | 0.0135 | 0.0174 |

由圖 11-37，頻率 $\omega_m$ 可求得為 60 rad/sec。現在，利用 (11-77) 式可得

$$\frac{1}{T} = \sqrt{a}\omega_m = \sqrt{2.46} \times 60 = 94.1 \text{ rad/s} \tag{11-99}$$

故知，$1/aT = 94.1/2.46 = 38.21$ rad/sec。相位-超前控制器的轉移函數為

$$G_c(s) = a\frac{s + 1/aT}{s + 1/T} = 2.46\frac{s + 38.21}{s + 94.1} \tag{11-100}$$

補償系統的順向-路徑轉移函數為

$$G(s) = G_c(s)G_p(s) = \frac{6150(s + 38.21)}{s(s + 25)(s + 94.1)} \tag{11-101}$$

由圖 11-37 可以看出，補償系統的相位邊限確實為 47.6°。

在圖 11-38 中，只以尼可斯圖來顯示原有和補償系統的大小及相位。此圖可直接利用圖 11-37 波德圖上的資料繪出。$M_r$、$\omega_r$ 及 BW 的值均可由尼可斯圖求出。

驗證補償系統的時-域性能後，則可得以下結果：

$$\text{最大超越量} = 22.3\% \qquad t_r = 0.02045 \text{ 秒} \qquad t_s = 0.07439 \text{ 秒}$$

這些值並不符合先前所列出的時-域規格。圖 11-37 也顯示了具有相位-超前控制器之補償系統在 $a = 5.828$ 和 $T = 0.00588$ 時的波德圖。相位邊限改善為 62.4°。利用 (11-81) 式，可以證明在時-域設計中所得到的 $a = 12.5$ 確實相對於 $\phi_m = 58.41°$。把此相位加到原有的 28° 相位，可得相位邊限為 86.41°。採用三種相位-超前控制器之系統時-域和頻-域的屬性歸納列於表 11-14。結果顯示，在 $a = 12.5$ 和 $T = 0.004$ 時，即使所設計的相位邊限為 86.41°。而實際值卻因為在新的增益交越點之相位曲線向下滑落的緣故，只有 68.12°。

### 範例 11-5-2[3]

此例將説明相位-超前控制器對具有相當高迴路增益之三-階系統的應用。

---

[3] 有關 MATLAB SISO 設計工具的實現，請參閱範例 11-10-3。

考慮圖 11-33 所描述太陽-追蹤器系統中，直流馬達的電感並非為零。以下為已知的系統參數：

$R_F = 10{,}000\ \Omega$  $\quad\quad\quad\quad K_b = 0.0125\ \text{V/rad/sec}$
$K_i = 0.0125\ \text{N}\cdot\text{m/A}$ $\quad\quad R_a = 6.25\ \Omega$
$J = 10^{-6}\ \text{kg}\cdot\text{m}^2$ $\quad\quad\quad K_s = 0.3\ \text{A/rad}$
$K = 待決定$ $\quad\quad\quad\quad\quad\ B = 0$
$n = 800$ $\quad\quad\quad\quad\quad\quad\ L_a = 10^{-3}\ \text{H}$

直流馬達的轉移函數為

$$\frac{\Omega_m(s)}{E_a(s)} = \frac{K_i}{s(L_a J s^2 + JR_a s + K_i K_b)} \tag{11-102}$$

系統的順向-路徑轉移函數為

$$G_p(s) = \frac{\Theta_o(s)}{A(s)} = \frac{K_s R_F K K_i / n}{s(L_a J s^2 + JR_a s + K_i K_b)} \tag{11-103}$$

將系統參數值代入 (11-103) 式，可得

$$G_p(s) = \frac{\Theta_o(s)}{A(s)} = \frac{4.6875 \times 10^7 K}{s(s^2 + 625s + 156{,}250)} \tag{11-104}$$

**時-域設計**

系統的時-域規格如下：

1. 由單位-斜坡函數輸入 $\theta_r(t)$ 所產生的穩-態誤差 $\alpha(t)$ 要小於或等於最終穩-態輸出速度的 1/300 rad。
2. 步階響應的最大超越量應小於 5%，或越小越好。
3. 上升時間 $t_r \le 0.004$ 秒。
4. 安定時間 $t_s \le 0.02$ 秒。

放大器增益 $K$ 的最小值可由穩-態誤差需求來決定。對 $\alpha(t)$ 採用終值定理，可得

$$\lim_{t\to\infty}\alpha(t) = \lim_{s\to 0} sA(s) = \lim_{s\to 0}\frac{s\Theta_r(s)}{1+G_p(s)} \tag{11-105}$$

把 (11-104) 式代入 (11-105) 式，且 $\Theta_r(s) = 1/s^2$，可得

$$\lim_{t\to\infty}\alpha(t) = \frac{1}{300K} \tag{11-106}$$

因此，若 $\alpha(t)$ 的穩-態值要小於 1/300，則 $K \ge 1$。令 $K = 1$，則 (10-94) 式的順向-路徑轉移函數變成

$$G_p(s) = \frac{4.6875 \times 10^7}{s(s^2 + 625s + 156,250)} \tag{11-107}$$

在此可以證明太陽-追蹤器閉-迴路系統在 $K = 1$ 時，對於單位-步階響應具有以下的屬性：

最大超越量 = 43%　　上升時間 $t_r = 0.004797$ 秒　　安定時間 $t_s = 0.04587$ 秒

為了改善系統響應，我們可以選擇 (11-75) 式所描述的相位-超前控制器。補償系統的順向-路徑轉移函數為

$$G(s) = G_c(s)G_p(s) = \frac{4.6875 \times 10^7 K(1 + aTs)}{as(s^2 + 625s + 156,250)(1 + Ts)} \tag{11-108}$$

現在，為了滿足穩-態誤差需求，$K$ 值必須重新調整，使得 $K \geq a$。令 $K = a$，則相位-超前補償系統的特性方程式變成

$$(s^3 + 625s^2 + 156,250s + 4.6875 \times 10^7) + Ts^2(s^2 + 625s + 156,250) + 4.6875 \times 10^7 aTs = 0 \tag{11-109}$$

我們可利用根廓線的方法來檢查改變相位-超前控制器之 $a$ 和 $T$ 值所產生的影響。首先，令 $a$ 為零，則 (11-109) 式之特性方程式變成

$$(s^3 + 625s^2 + 156,250s + 4.6875 \times 10^7) + Ts^2(s^2 + 625s + 156,250) = 0 \tag{11-110}$$

(11-110) 式的兩邊除以不含 $T$ 的項，可得

$$1 + G_{eq1}(s) = 1 + \frac{Ts^2(s^2 + 625s + 156,250)}{s^3 + 625s^2 + 156,250s + 4.6875 \times 10^7} = 0 \tag{11-111}$$

當 $T$ 值變化時，(11-110) 式的根廓線可以由 (11-111) 式中 $G_{eq1}(s)$ 的極點-零點組態得到，如圖 11-39。當 $a$ 由 0 變化到 $\infty$，則可以把 (11-109) 式兩邊除以不含 $a$ 的項，可得

$$1 + G_{eq2}(s) = 1 + \frac{4.6875 \times 10^7 aTs}{s^3 + 625s^2 + 156,250s + 4.6875 \times 10^7 + Ts^2(s^2 + 625s + 156,250)} = 0 \tag{11-112}$$

對已知 $T$ 值，$a$ 值變化時 (11-109) 式之根廓線可以由 $G_{eq2}(s)$ 的極點和零點求得。$G_{eq2}(s)$ 的極點與 (11-110) 式的根是相同的。因此，當 $a$ 變化時的根廓線起始於 ($a = 0$) 以 $T$ 為參數的根廓線上。圖 11-39 所示為當 $a$ 變化時，在 $T = 0.01$、0.0045、0.001、0.0005、0.0001 和 0.00001 時根廓線的主要部分。注意：由於未補償系統為輕微的阻尼，所以為使相位-超前控制器可有效應用，則 $T$ 值應非常小。即使當 $T$ 值非常小時，也只有一小範圍的 $a$ 值可以增加阻尼。不過，系統的自然頻率隨 $a$ 的增加而增加。圖 11-39 的根廓線可以證明特性方程式主根的近似位置為最大阻尼發生點。表 11-15 所列之特性方程式的根和步階-響應的屬性，所對應的 $T$ 值大都會產生幾乎最小的最大超越量。圖 11-40 為在 $a = 500$，$T = 0.00001$ 時的單位-步階響應。雖然最大超越量只有 3.8%，但在此情形下，欠過度卻大於超越量。

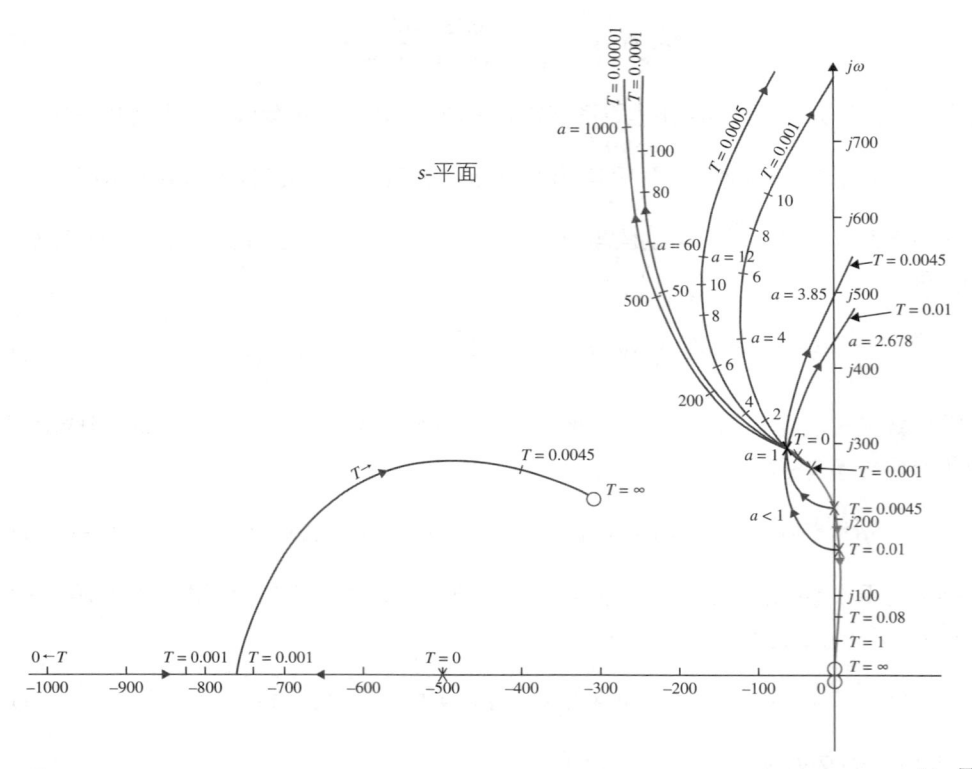

▶ 圖 11-39　範例 11-5-2 中具有相位-超前控制器之太陽-追蹤器系統的根廓線，其中 $G_c(s) = \dfrac{1+aTs}{1+Ts}$。

■ 表 11-15　範例 11-5-2 中具有相位-超前控制器之系統的特性方程式的根和時間響應

| $T$ | $a$ | 特性方程式的根 | | | 最大超越量 (%) | $t_r$ (秒) | $t_s$ (秒) |
|---|---|---|---|---|---|---|---|
| 0.001 | 4 | −189.6 | −1181.6 | $-126.9 \pm j439.5$ | 21.7 | 0.0037 | 0.0184 |
| 0.0005 | 9 | −164.6 | −2114.2 | $-173.1 \pm j489.3$ | 13.2 | 0.00345 | 0.0162 |
| 0.0001 | 50 | −147 | −10024 | $-227 \pm j517$ | 5.4 | 0.00348 | 0.0150 |
| 0.00005 | 100 | −147 | −20012 | $-2337 \pm j515$ | 4.5 | 0.00353 | 0.0150 |
| 0.00001 | 500 | −146.3 | $-10^5$ | $-2387 \pm j513.55$ | 3.8 | 0.00357 | 0.0146 |

### 工具盒 11-5-6

圖 11-40 的單位-步階響應可由下述的 MATLAB 函式序列求得：

```
a = [50,100,500];
T = [0.0001,0.00005,0.00001];
for i = 1:length(T)
num = 4.6875e7 * [a(i)*T(i) 1];
den = conv([1 625 156250 0],[T(i) 1]);
[numCL,denCL]=cloop(num,den);
```

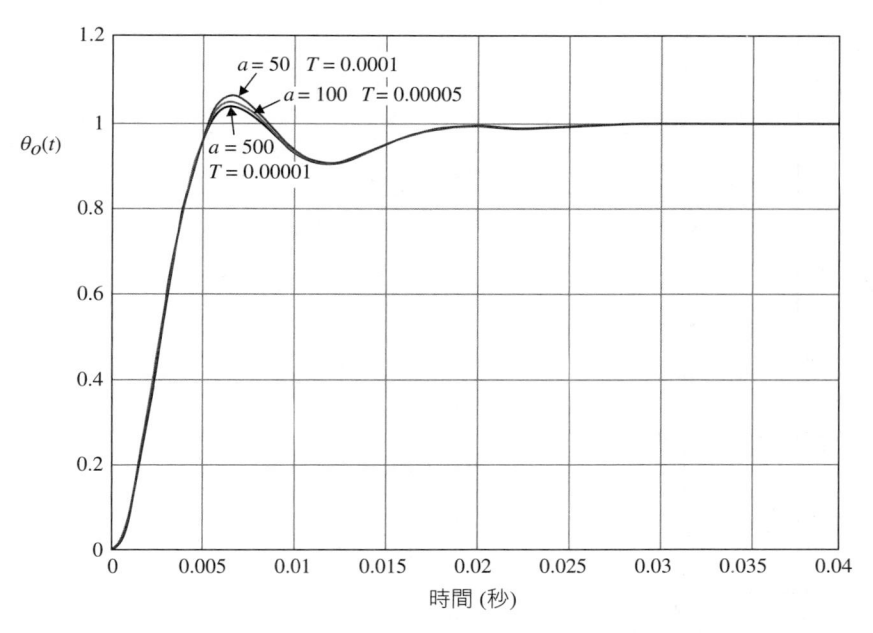

▶ **圖 11-40** 範例 11-5-2 中具有相位-超前控制器之太陽-追蹤器系統的單位-步階響應，其中 $G_c(s) = \dfrac{1+aTs}{1+Ts}$。

```
format long
roots(denCL)
step(numCL,denCL)
hold on
end
axis([0 .04 0 1.2])
grid
```

### 頻-域設計

(11-104) 式的 $G_p(s)$ 之波德圖如圖 11-41 所示。未補償系統的性能為

PM = 29.74°

$M_r$ = 2.156

BW = 426.5 rad/sec

我們要指出的是，先前所提出的頻-域設計步驟在此無效，此乃因圖 11-41 的 $G_p(j\omega)$ 相位曲線在靠近增益交越點時，有一非常陡峭的斜率。例如，若希望得到相位邊限為 65°，則必須至少有 65 − 29.74 = 35.26° 的超前相位，或 $\phi_m$ = 35.26°。利用 (11-82) 式，可以計算出 $a$ 值為

$$a = \frac{1+\sin\phi_m}{1-\sin\phi_m} = \frac{1+\sin 35.26°}{1-\sin 35.26°} = 3.732 \tag{11-113}$$

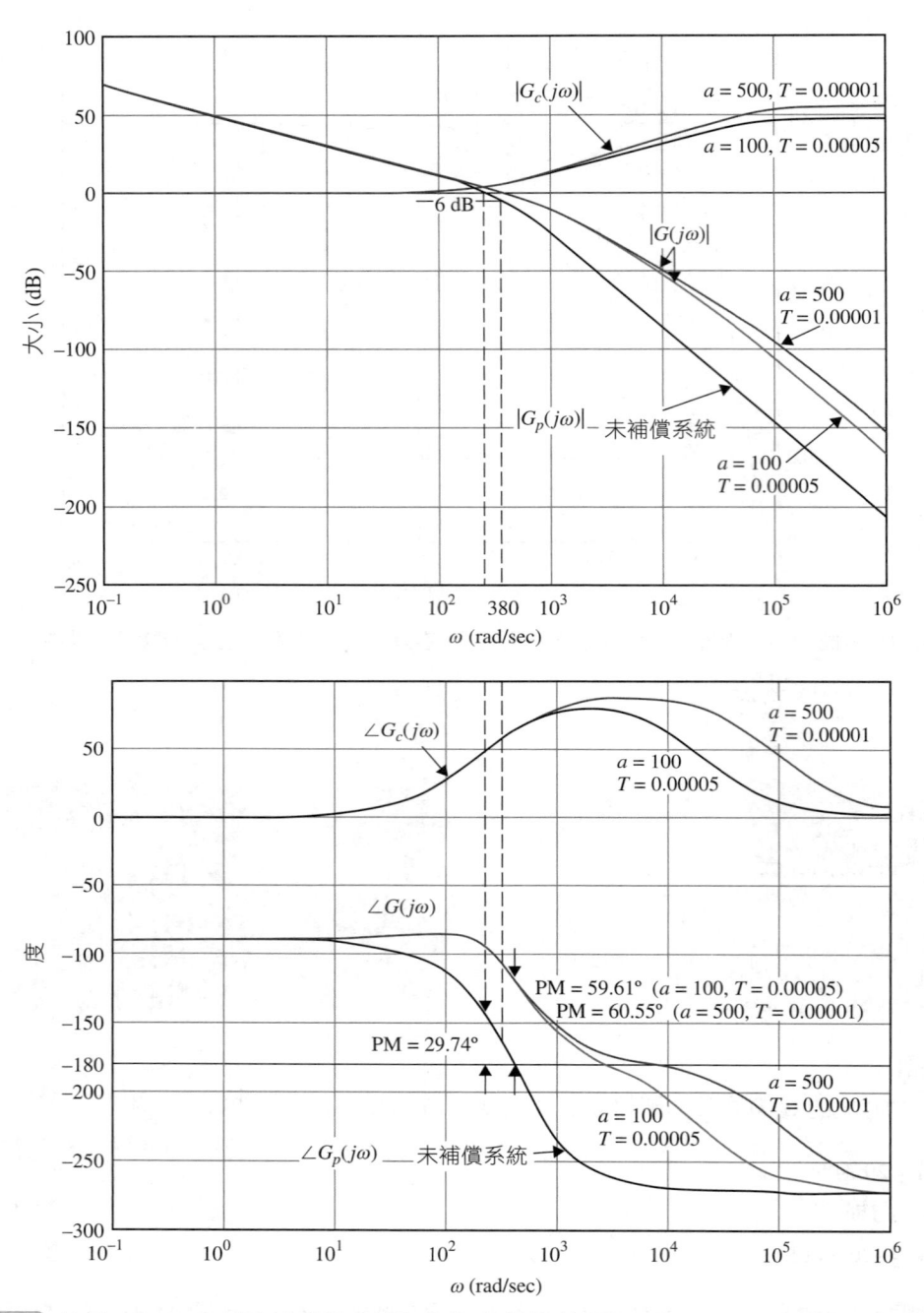

▶ 圖 11-41 範例 11-5-2 中太陽-追蹤器系統之相位-超前控制器和順向-路徑轉移函數的波德圖，其中 $G_c(s) = \dfrac{1+aTs}{1+Ts}$。

## 工具盒 11-5-7

圖 11-41 的波德圖可由下述的 MATLAB 函式序列求得：

```
a = [100 500];
T = [0.00005 0.00001];
for i = 1:length(T)
num = [a(i)*T(i) 1];
den =[T(i) 1];
bode(num,den);
hold on;
end
a = [0 100 500];
T = [0 0.00005 0.00001];
for i = 1:length(T)
num = 4.6875e7 * [a(i)*T(i) 1];
den = conv([1 625 156250 0],[T(i) 1]);
bode(num,den);
end
axis([1 1e6 -300 90]);
grid
```

讓我們選擇 $a = 4$。理論上，要使 $\phi_m$ 發揮最大效用，$\omega_m$ 應置於新的增益交越點，在此頻率點處，$G_p(j\omega)$ 的大小為 $-10\log_{10}a$ dB $= -10\log_{10}4 = -6$ dB。由圖 11-41 的波德圖可知，此頻率為 380 rad/sec。因此，令 $\omega_m = 380$ rad/sec。$T$ 值可以利用 (11-77) 式求出：

$$T = \frac{1}{\omega_m\sqrt{a}} = \frac{1}{380\sqrt{4}} = 0.0013 \tag{11-114}$$

不過，在檢查相位-超前補償系統於 $a = 4$ 和 $T = 0.0013$ 的頻率響應時，發現相位邊限只增加到 $38.27°$，且 $M_r = 1.69$。其原因為 $G_p(j\omega)$ 相位曲線的負斜率太過陡峭。事實上，在新的增益-交越頻率 380 rad/sec 處，$G_p(j\omega)$ 的相位為 $-170°$，而非原始交越點的 $-150.26°$；這其中的落差幾乎為 $20°$！由時-域設計可知，在表 11-16 中的第一列顯示：當 $a = 4$ 和 $T = 0.001$ 時，最大超越量為 $21.7\%$。

檢查相位-超前補償系統於 $a = 500$ 和 $T = 0.00001$ 時的頻率響應，可得以下的性能資料：

$$\text{PM} = 60.55° \qquad M_r = 1 \qquad \text{BW} = 664.2 \text{ rad/sec}$$

由此可看出 $a$ 值增加，大體上而言，只能彌補因增益交越點往上移所造成的相位陡峭落差的特性。

圖 11-41 所示為補償系統的相位-超前控制器和順向-路徑轉移函數在 $a = 100$，$T = 0.0005$ 和 $a = 500$，$T = 0.00001$ 時的波德圖。表 11-16 所列為性能資料的整理。

選擇 $a = 100$ 和 $T = 0.00005$ 時，相位-超前控制器可用下列的轉移函數描述：

$$G_c(s) = \frac{1}{a}\frac{1+aTs}{1+Ts} = \frac{1}{100}\frac{1+0.005s}{1+0.00005s} \tag{11-115}$$

■表 11-16　範例 11-5-2 中具有相位-超前控制器之系統的性能

| T | a | PM (度) | GM (dB) | $M_r$ | BW (rad/sec) | 最大超越量 (%) | $t_r$ (秒) | $t_s$ (秒) |
|---|---|---|---|---|---|---|---|---|
| 1 | 1 | 29.74 | 6.39 | 2.16 | 430.4 | 43.0 | 0.00478 | 0.0459 |
| 0.00005 | 100 | 59.61 | 31.41 | 1.009 | 670.6 | 4.5 | 0.00353 | 0.015 |
| 0.00001 | 500 | 60.55 | 45.21 | 1.000 | 664.2 | 3.8 | 0.00357 | 0.0146 |

利用 (11-73) 式和 (11-74) 式，且令 $C = 0.01\,\mu F$，則相位-超前控制器的電路參數為

$$R_2 = \frac{T}{C} = \frac{5 \times 10^{-5}}{10^{-8}} = 5000\,\Omega \tag{11-116}$$

$$R_1 = aR_2 = 500{,}000\,\Omega \tag{11-117}$$

補償系統的順向-路徑轉移函數為

$$\frac{\Theta_o(s)}{A(s)} = \frac{4.6875 \times 10^7 (1+0.005s)}{s(s^2+625s+156{,}250)(1+0.00005s)} \tag{11-118}$$

其中，放大器增益 $K$ 設為 100，以滿足穩-態規格。

## 11-5-3　相位-超前補償的效應

由上面兩個範例的結果，可以把單-級相位-超前控制器的影響和限制歸納如下：

1. 相位-超前控制器會在順向-路徑轉移函數增加一零點和一極點，且零點會位在極點的右邊。一般的效應為對閉-迴路系統增加較多的阻尼，而上升時間和安定時間則降低。
2. 順向-路徑轉移函數在增益交越點附近的相位會增加。閉-迴路系統的相位邊限也會增加。
3. 順向-路徑轉移函數在波德圖上的大小曲線於增益-交越頻率的斜率降低。這樣通常等同於以改善增益和相位邊限的方式來改善系統相對穩定度。
4. 閉-迴路系統的頻寬會增加，此相對於較快的時間響應。
5. 系統穩-態誤差不受影響。

## 11-5-4　單-級相位-超前控制的限制

一般而言，相位-超前控制並不適合所有的系統。單-級相位-超前補償是否能改善控制系統穩定度的關鍵，全看下列條件：

1. **頻寬條件**：若原有系統為不穩定或具有較低的穩定邊限，則達成相位邊限規格所需增加的超前相位可能會太大。如此對控制器而言，將需要非常大的 $a$ 值，且將導致補償系統具有非常大的頻寬；結果，高頻雜訊便由輸入端進入系統，造成不良的效果。不過，若是雜訊從靠近輸出端進入系統，則增加的頻寬對於雜訊去除有所助益。大的頻寬也提供強健性的優點 (即系統對於參數變化較不敏感，且具有先前所描述的雜訊去除特性)。

2. 若原有系統為不穩定或具有較低的穩定邊限，順向-路徑轉移函數之波德圖的相位曲線在靠近增益-交越頻率時具有較陡的負斜率。在此條件下，單-級相位-超前控制器可能無效。因為在新增益交越點的相位遠比舊交越點的相位來得小，所以額外加入的相位-超前無法達到預期效果。為了達到所需的相位邊限，控制器要用一非常大的 $a$ 值來實現。由於放大器增益 $K$ 必須設定來補償 $a$ 值，因此對於大的 $a$ 值需要非常昂貴的高增益放大器。

   如範例 11-5-2 所示，補償系統可能發生欠過度比超越量大的情形。通常，有一部分的相位曲線仍位在 180° 軸的下面，結果雖然所設計的相位邊限仍然滿足，但僅為一**條件穩定系統**。

3. 一單-級相位-超前控制器最大的可用超前相位小於 90°。因此，若所需超前相位大於 90°，則要使用多級的控制器。

## 11-5-5　多級相位-超前控制器

當所設計的相位-超前控制器需要大於 90° 的額外相位時，則需要採用多級的控制器。圖 11-42 所示為一個兩-級相位-超前控制器的運算放大器電路實現。此電路的輸入輸出轉移函數為

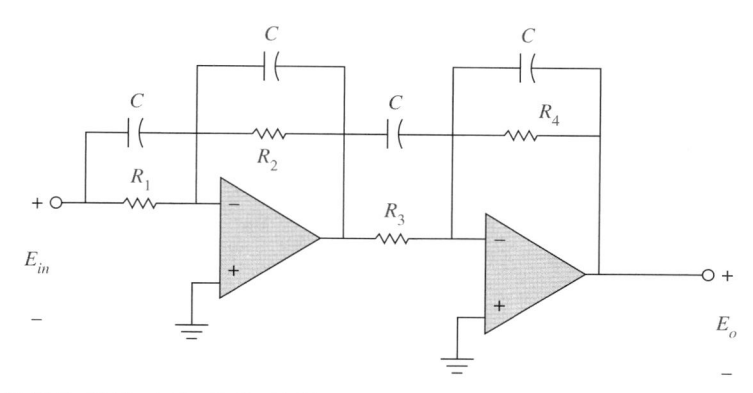

▶ **圖 11-42**　兩-級相位-超前 (相位-落後) 控制器。

$$G_c(s) = \frac{E_o(s)}{E_{in}(s)} = \left(\frac{s + \frac{1}{R_1 C}}{s + \frac{1}{R_2 C}}\right)\left(\frac{s + \frac{1}{R_3 C}}{s + \frac{1}{R_4 C}}\right) \tag{11-119}$$

$$= \frac{R_2 R_4}{R_1 R_3}\left(\frac{1 + R_1 Cs}{1 + R_2 Cs}\right)\left(\frac{1 + R_3 Cs}{1 + R_4 Cs}\right)$$

或

$$G_c(s) = \frac{1}{a_1 a_2}\left(\frac{1 + a_1 T_1 s}{1 + T_1 s}\right)\left(\frac{1 + a_2 T_2 s}{1 + T_2 s}\right) \tag{11-120}$$

其中，$a_1 = R_1/R_2$、$a_2 = R_3/R_4$、$T_1 = R_2 C$ 和 $T_2 = R_4 C$。

在時-域內，多級相位-超前控制器的設計會變得較麻煩，因為有更多的極點和零點需要配置。根廓線的方法也因為有更多的變數而變得不實用。在此情形下，頻-域設計便成一種較好的選擇方法。例如，對兩-級的控制器而言，我們可以選擇兩-級控制器的第一級參數來滿足相位邊限需求，然後再以第二級來滿足其它的需求。通常，兩級的架構甚至參數都一樣並無不可。下面範例說明利用兩-級相位-超前控制器來設計系統。

### 範例 11-5-3

範例 11-5-2 所設計的太陽-追蹤器系統，令上升時間和安定時間的需求改變為

上升時間 $t_r \leq 0.001$ 秒
安定時間 $t_s \leq 0.005$ 秒

其它規格需求不變。要加速上升時間和安定時間的方法之一為增加系統的順向-路徑轉移函數之增益。考慮順向-路徑轉移函數為

$$G_p(s) = \frac{\Theta_o(s)}{A(s)} = \frac{156{,}250{,}000}{s(s^2 + 625s + 156{,}250)} \tag{11-121}$$

另一個解釋此種順向-路徑增益的變動是：斜坡-誤差常數被增大為 1000 (在範例 11-5-1 為 300)。圖 11-43 為 $G_p(s)$ 的波德圖。閉-迴路系統為不穩定，其相位邊限為 –15.43°。

### 工具盒 11-5-8

圖 11-43 所示的波德圖可由下述的 MATLAB 函式序列求得：

```
num = 156250000;
den =([1 625 156250 0]);
bode(num,den);
hold on;
num = 156250000 * [0.0087 1];
```

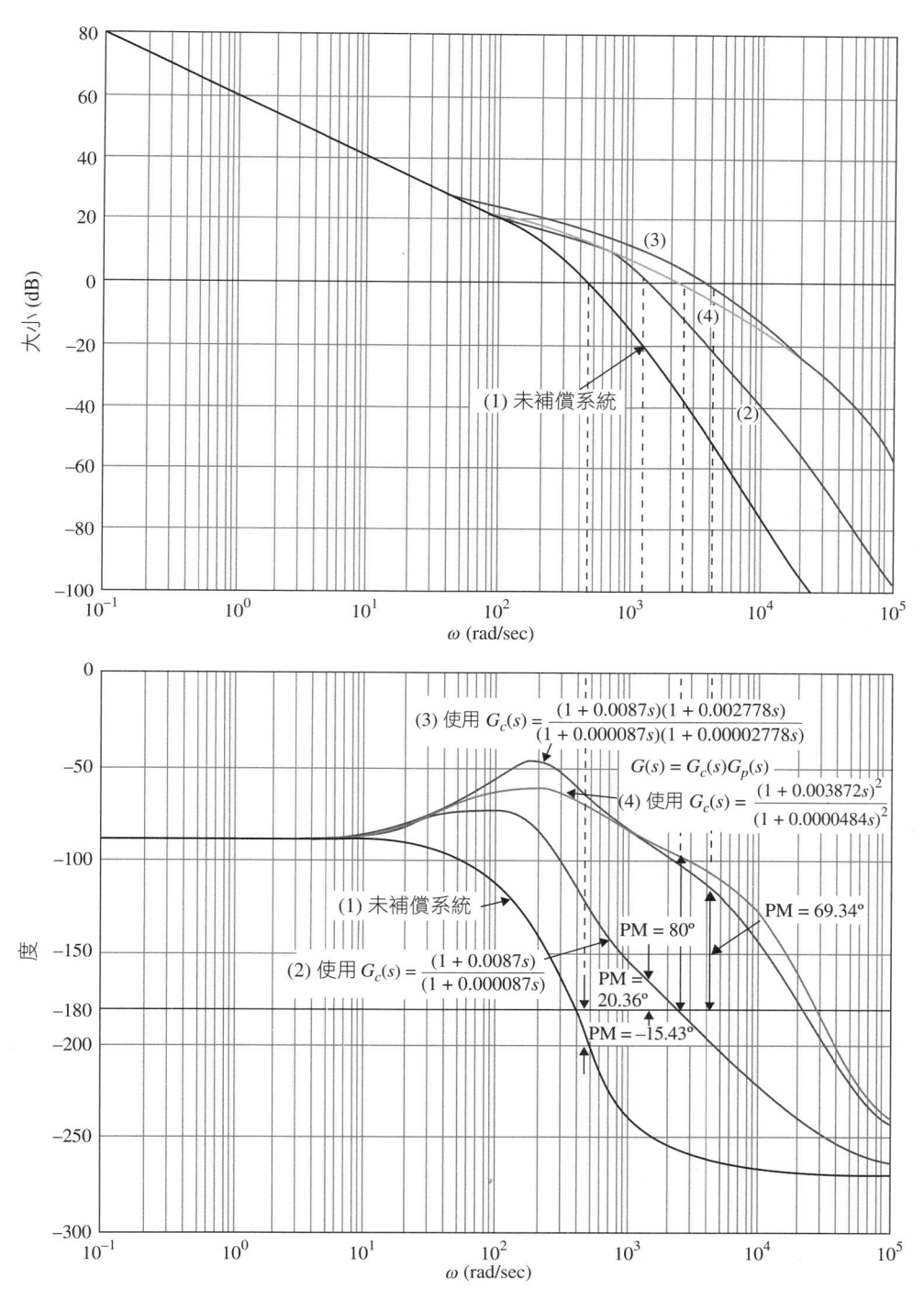

Chapter 11 控制系統設計 763

▶ 圖 11-43 範例 11-5-2 中，未補償和使用兩-級相位-超前控制器補償之太陽-追蹤器系統的波德圖。
$G_p(s) = \dfrac{156,250,000}{s(s^2+625s+156,250)}$。

```
den = conv([0.000087 1],[1 625 156250 0]);
bode(num,den);
num = 156250000 * conv([0.0087 1],[0.002778 1]);
den =conv(conv([0.000087 1],[0.00002778 1]),[1 625 156250 0]);
bode(num,den);
num = 156250000 * conv([0.003872 1],[0.003872 1]);
den =conv(conv([0.0000484 1],[0.0000484 1]),[1 625 156250 0]);
bode(num,den);
axis([1 1e5 -300 20]);
grid
```

由於範例 11-5-2 的補償系統具有 60.55° 的相位邊限，故我們可預期如為了滿足本例更為嚴格的時間響應需求，則將必須有更大的相對應的相位邊限才行。很顯然地，這種相位邊限的增加無法只用單-級相位-超前控制器來實現，採用兩-級控制器較為合適。

此項設計必須經過一些試誤法的過程，才能得到能滿足條件的控制器。因為所採用的為兩-級控制器，此種設計便具有多重的彈性。我們可令第一級相位-超前控制器之 $a_1 = 100$。由 (11-81) 式可得到此控制器提供之超前相位為

$$\phi_m = \sin^{-1}\left(\frac{a_1 - 1}{a_1 + 1}\right) = \sin^{-1}\left(\frac{99}{101}\right) = 78.58° \tag{11-122}$$

為了使 $\phi_m$ 影響為最大，新的增益交越點應該滿足

$$-10\log_{10} a_1 = -10\log_{10} 100 = -20 \text{ dB} \tag{11-123}$$

由圖 11-43 可知，在大小曲線上相對於此一增益的頻率約為 1150 rad/sec。將 $\omega_{m1} = 1150$ rad/sec 和 $a_1 = 100$ 代入 (11-67) 式，可得

$$T_1 = \frac{1}{\omega_{m1}\sqrt{a_1}} = \frac{1}{1150\sqrt{100}} = 0.000087 \tag{11-124}$$

故知，具有單-級相位-超前控制器的順向-路徑轉移函數為

$$G(s) = \frac{156,250,000(1 + 0.0087s)}{s(s^2 + 625s + 156,250)(1 + 0.000087s)} \tag{11-125}$$

上式的波德圖如圖 11-43 的曲線 (2) 所示。我們可看出此暫時設計的相位邊限只有 20.36°。接下來，我們可任意地設定第二級之 $a_2$ 值為 100。由圖 11-43 所示之 (11-125) 式之轉移函數的波德圖可以發現，$G(j\omega)$ 的大小在 $-20$ dB 時的頻率約為 3600 rad/sec。因此，

$$T_2 = \frac{1}{\omega_{m2}\sqrt{a_2}} = \frac{1}{3600\sqrt{100}} = 0.00002778 \tag{11-126}$$

故知，具有兩-級相位-超前控制器的太陽-追蹤器系統的順向-路徑轉移函數 (其中 $a_1 = a_2 = 100$) 為

$$G(s) = \frac{156,250,000(1 + 0.0087s)(1 + 0.002778s)}{s(s^2 + 625s + 156,250)(1 + 0.000087s)(1 + 0.00002778s)} \tag{11-127}$$

■表 11-17　範例 11-5-3 中使用兩-級相位-超前控制器之太陽-追蹤器系統的性能

| $a_1 = a_2$ | $T_1$ | $T_2$ | PM (度) | $M_r$ | BW (rad/sec) | 最大超越量 (%) | $t_r$ (秒) | $t_s$ (秒) |
|---|---|---|---|---|---|---|---|---|
| 80 | 0.0000484 | 0.0000484 | 80 | 1 | 5686 | 0 | 0.00095 | 0.00475 |
| 100 | 0.000087 | 0.0000278 | 69.34 | 1 | 5686 | 0 | 0.000597 | 0.00404 |
| 70 | 0.0001117 | 0.000039 | 66.13 | 1 | 5198 | 0 | 0.00063 | 0.00404 |

圖 11-43 所示為採用上列設計所得之具有兩-級相位-超前控制器的太陽-追蹤器系統的波德圖 [即曲線 (3)]。由圖 11-43 可知,具有 (11-127) 式所指定 $G(s)$ 之系統的相位邊限只有 69.34°。不過,如表 11-17 所列的各項系統屬性所示,此系統滿足了所有時-域的規格。事實上,選取 $a_1 = a_2 = 100$ 顯然太過於嚴格。為了證明如此設計並非唯一的,可以選擇 $a_1 = a_2 = 80$,然後再取 $a_1 = a_2 = 70$,結果時-域規格仍能滿足。由以上類似的設計步驟,最後可以得到在 $a_1 = a_2 = 70$ 時,$T_1 = 0.0001117$ 和 $T_2 = 0.000039$;而在 $a_1 = a_2 = 80$ 時,$T_1 = T_2 = 0.0000484$。圖 11-43 的曲線 (4) 即為補償系統在 $a_1 = a_2 = 80$ 時之波德圖。表 11-17 歸納了這三種控制器的系統性能。

圖 11-44 所示為具有兩-級相位-超前控制器,$a_1 = a_2 = 80$ 和 100 時的系統之單位-步階響應。

### 工具盒 11-5-9

圖 11-44 可由下述的 MATLAB 函式序列求得:

```
num = 156250000 * conv([100*0.000087 1],[80*0.00002778 1]);
den =conv(conv([0.000087 1],[0.00002778 1]),[1 625 156250 0]);
[numCL,denCL]=cloop(num,den);
step(numCL,denCL)
hold on
num = 156250000 * conv([80*0.0000484 1],[80*0.0000484 1]);
den =conv(conv([0.0000484 1],[0.0000484 1]),[1 625 156250 0]);
[numCL,denCL]=cloop(num,den);
step(numCL,denCL)
grid
```

## 11-5-6　靈敏度的考量

在 10-15 節之 (10-137) 式所定義的靈敏度函數可作為系統強健性的設計規格。閉-迴路系統轉移函數相對於順向-路徑轉移函數改變時的靈敏度可定義為

$$S_G^M(s) = \frac{\partial M(s)/M(s)}{\partial G(s)/G(s)} = \frac{G^{-1}(s)}{1+G^{-1}(s)} = \frac{1}{1+G(s)} \tag{11-128}$$

$|S_G^M(j\omega)|$ 對頻率的變化圖可以說明系統靈敏度為頻率的函數。理想的強健性是在一很寬的頻率範圍內,$|S_G^M(j\omega)|$ 的值都很小 (<< 1)。舉例來看,在範例 11-5-2 中所設計的太

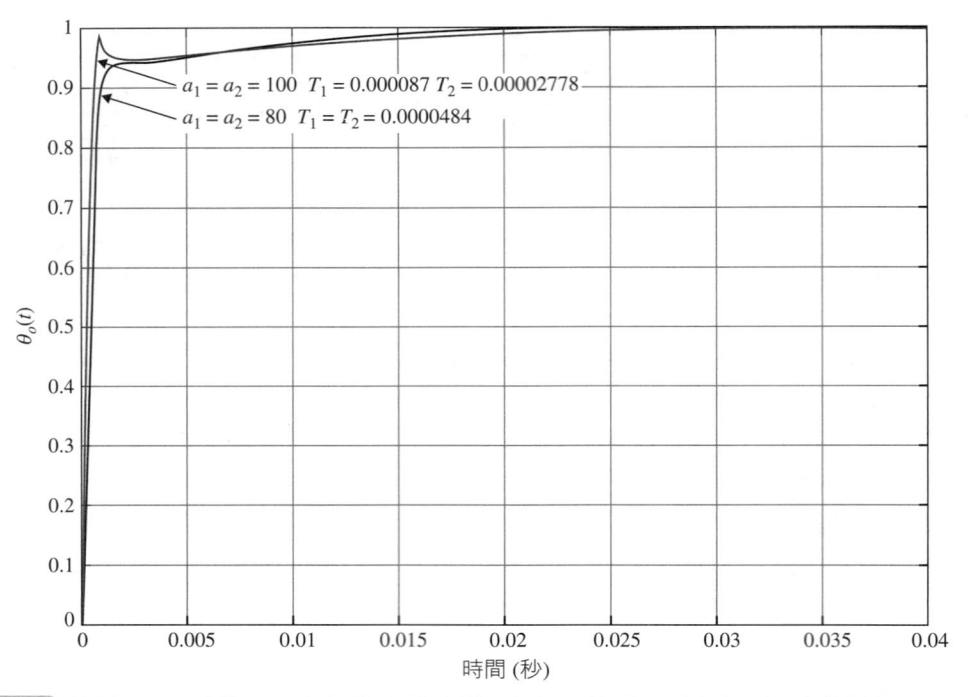

▶ **圖 11-44** 範例 11-5-2 中使用兩-級相位-超前控制器之太陽-追蹤器系統的單位-步階響應。

$$G_c(s) = \left(\frac{1+a_1T_1s}{1+T_1s}\right)\left(\frac{1+a_2T_2s}{1+T_2s}\right) , \quad G_p(s) = \frac{156{,}250{,}000}{s(s^2+625s+156{,}250)} 。$$

陽-追蹤器系統，採用單-級相位-超前控制時，$a = 100$，$T = 0.00005$ 的靈敏度函數繪於圖 11-45。注意：靈敏度函數在低頻時很小，且在 $\omega < 400$ rad/sec 時也小於 1。雖然範例 11-5-2 的太陽-追蹤器系統並不需要多級相位-超前控制器，但可證明當採用兩-級相位-超前控制器時，不只 $a$ 值大大降低，並導致了運算放大器較低的增益，且系統將更為強健。遵循範例 11-5-3 所描述的設計步驟，即可對具有 (11-104) 式所描述之程序轉移函數的太陽-追蹤器系統進行兩-級相位-超前控制器的設計。

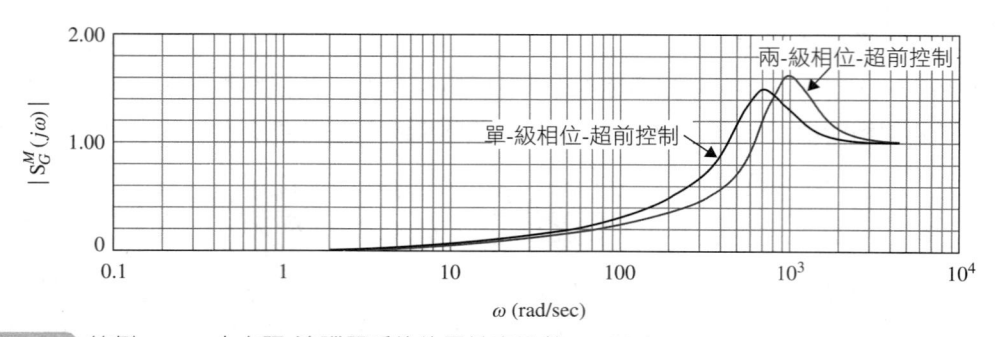

▶ **圖 11-45** 範例 11-5-2 中太陽-追蹤器系統的靈敏度函數。

控制器的參數為 $a_1 = a_2 = 5.83$ 和 $T_1 = T_2 = 0.000673$。補償系統的順向-路徑轉移函數為

$$G(s) = \frac{4.6875 \times 10^7 (1+0.0039236s)^2}{s(s^2+625s+156,250)(1+0.000673s)^2} \tag{11-129}$$

由圖 11-45 可以看出，具有兩-級相位-超前控制器之系統靈敏度函數在 $\omega < 600$ rad/sec 時小於 1。因此，具有兩-級相位-超前控制器的系統比具有單-級相位-超前控制器的系統更具強健性。而越強健的系統具有更高的頻寬。通常，使用相位-超前控制的系統是因為具較高的頻寬而更為強健。不過，圖 11-45 也顯示：具有兩-級相位-超前控制器的系統在高頻時有較高的靈敏度。

## 11-5-7　相位-落後控制的時-域詮釋與設計

在 $a < 1$ 時，(11-72) 式的轉移函數代表一個相位-落後或低-通濾波器。此轉移函數為

$$G_c(s) = \frac{1}{a}\left(\frac{1+aTs}{1+Ts}\right) \quad a < 1 \tag{11-130}$$

$G_c(s)$ 的極點-零點組態如圖 11-46 所示。不像 PI 控制器有提供一個 $s = 0$ 的極點，相位-落後控制器只影響穩-態誤差，此乃因 $G_c(s)$ 的零頻率增益大於 1。因此，使用相位-落後控制器會使任何有限且非零的誤差常數增加 $1/a$ 倍。

由於 $s = -1/T$ 的極點在零點 $s = -1/aT$ 的右邊，所以必須依循 11-3 節中所討論的相同 PI 控制設計原理才能使相位-落後控制器有效地改善阻尼。因此，應用相位-落後控制的適當方法就是要把極點和零點緊密配置在一起。對於型式 0 和型式 1 的系統，此種組合應配置於 s-平面靠近原點處。圖 11-47 說明型式 0 和型式 1 系統在 s-平面上的設計策略，而相位-落後控制器不能使用於型式 2 的系統。

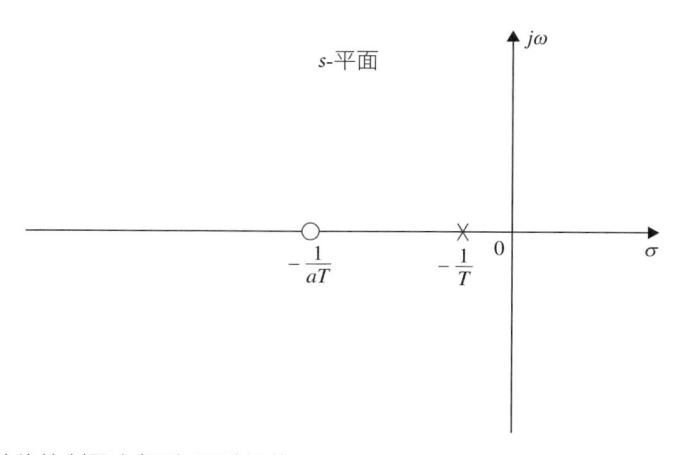

▶圖 11-46　相位-落後控制器之極點-零點組態。

以上所描述的設計準則可用型式 0 控制系統之受控程序來加以解釋，即

$$G_p(s) = \frac{K}{(s+p_1)(s+\bar{p}_1)(s+p_3)} \tag{11-131}$$

其中 $p_1$ 和 $\bar{p}_1$ 為共軛複數極點，如圖 11-47 所示。

正如同相位-超前控制器的情況，我們可以拿掉 (11-130) 式的增益因子 $1/a$，因為不論 $a$ 值為何，$K$ 值均可以調整以作為補償。應用 (11-130) 式的相位-落後控制器 (忽略 $1/a$ 因子)，則系統的順向-路徑轉移函數變成

$$G(s) = G_c(s)G_p(s) = \frac{K(1+aTs)}{(s+p_1)(s+\bar{p}_1)(s+p_3)(1+Ts)} \quad (a<1) \tag{11-132}$$

假設 $K$ 值可以滿足穩-態誤差需求。同時，也假設在此所選擇之 $K$ 值會使系統為欠阻尼或不穩定。現在，令 $1/T \cong 1/aT$，並配置這組極點-零點對使其靠近 $-1/p_3$ 的極點，如圖 11-47。圖 11-48 顯示了此系統在具有和不具有相位-落後控制器時的根軌跡。因為此控制器之極點-零點的組合非常靠近位於 $-1/p_3$ 之極點，所以具有和不具有相位-落後控制之主控根的根軌跡形狀相當類似。藉由將 (11-132) 式重寫成下式的形式，便可以容易地加以解釋，即

$$\begin{aligned} G(s) &= \frac{Ka(s+1/aT)}{(s+p_1)(s+\bar{p}_1)(s+p_3)(s+1/T)} \\ &\cong \frac{Ka}{(s+p_1)(s+\bar{p}_1)(s+p_3)} \end{aligned} \tag{11-133}$$

由於 $a$ 小於 1，相位-落後控制的應用相當於在不影響系統的穩-態性能下，將順向-路徑增益由 $K$ 降為 $Ka$。圖 11-48 所示為選擇 $a$ 值使補償系統的阻尼可以滿足。顯然，所能增加阻尼的量在 $-p_1$ 和 $\bar{p}_1$ 兩極點非常靠近虛軸時會受到限制。因此，可以利用下列的方程式來選擇 $a$ 值：

$$a = \frac{\text{達到所需阻尼的 } K \text{ 值}}{\text{達到穩-態誤差性能的 } K \text{ 值}} \tag{11-134}$$

$T$ 值之選擇以使控制器極點和零點非常接近且接近於 $-1/p_3$ 為準則。

在時-域設計上，相位-落後控制通常會增加上升時間和安定時間。

### 11-5-8 相位-落後控制的頻-域詮釋與設計

藉由假設增益因子 $1/a$ 最終可由順向增益 $K$ 所吸收，則相位-落後控制器的轉移函數可重新寫為

(a) 型式 0 系統

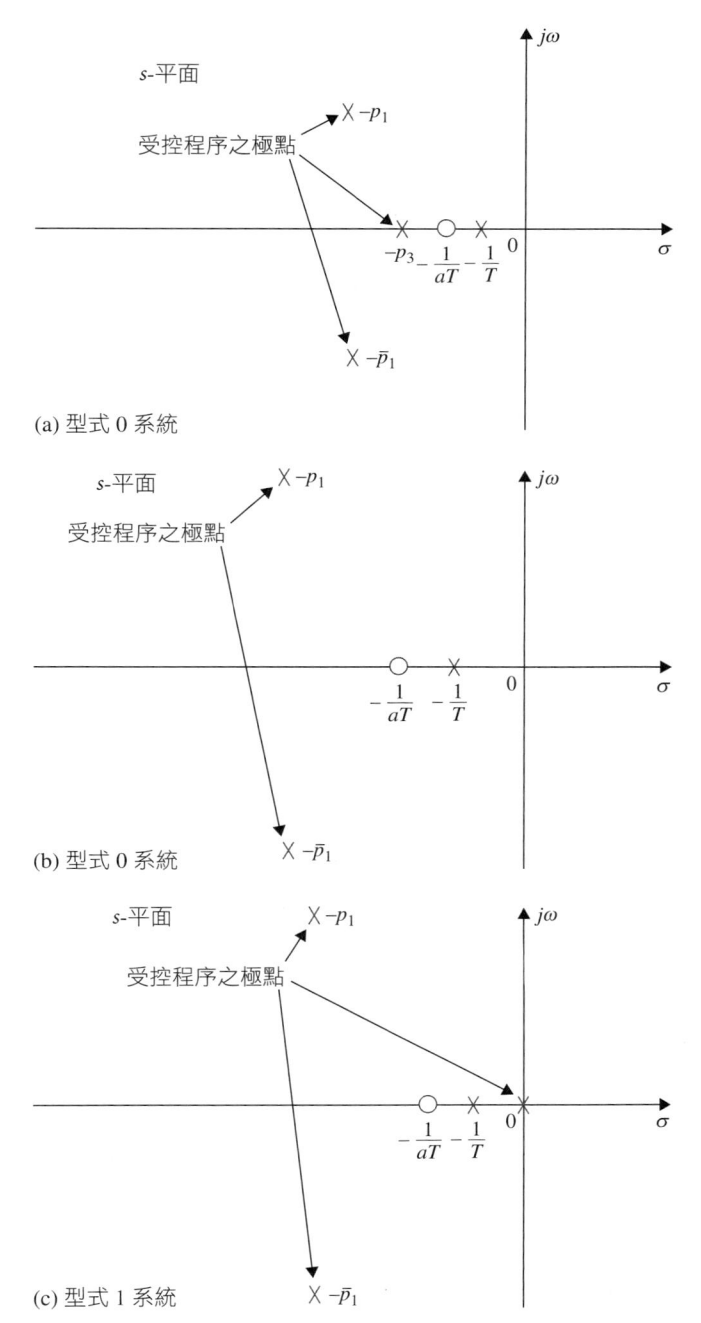

(b) 型式 0 系統

(c) 型式 1 系統

▶ **圖 11-47** 型式 0 和型式 1 系統之相位-落後控制的設計策略。

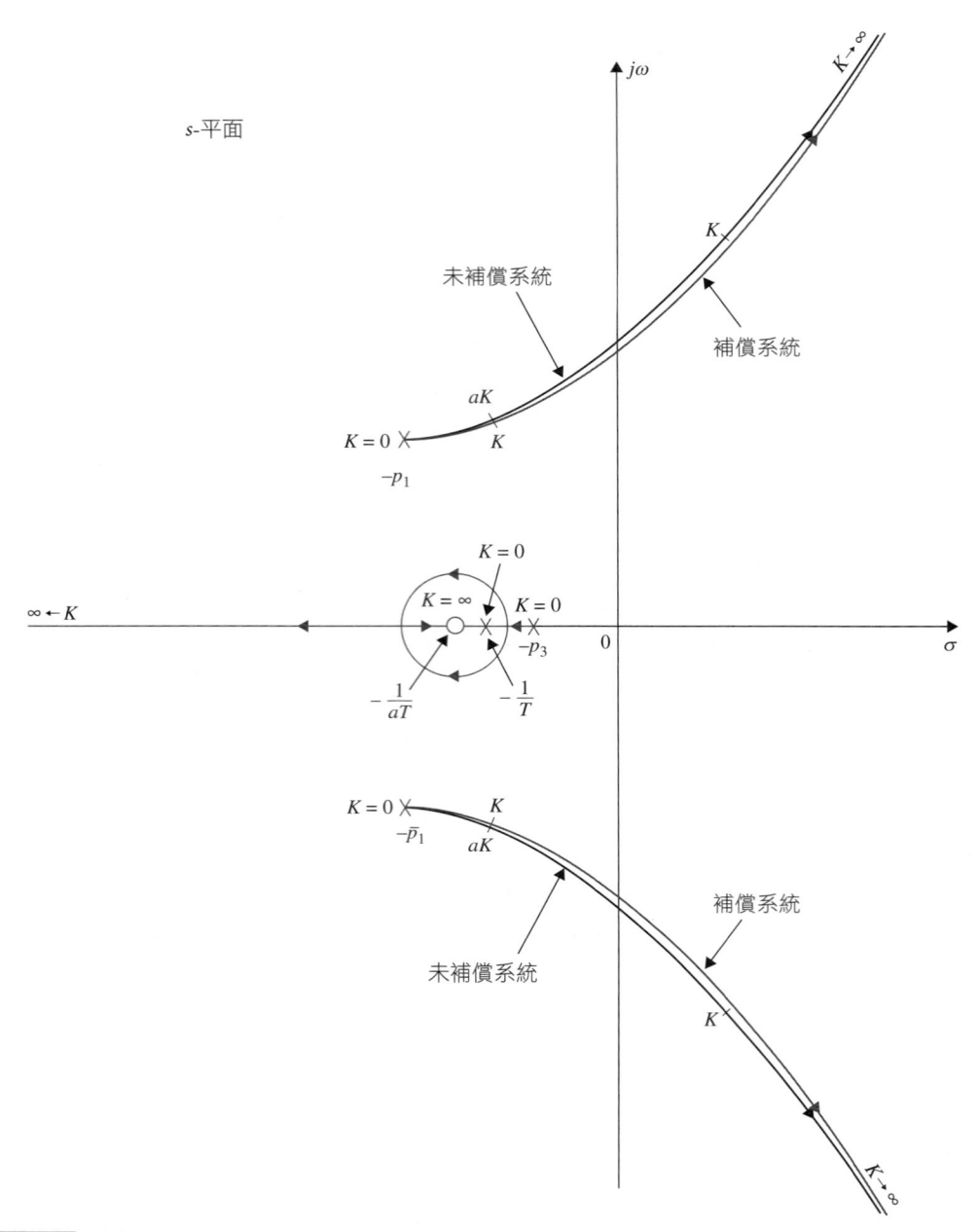

▶ 圖 11-48　未補償和相位-落後補償系統之根軌跡。

$$G_c(s) = \frac{1+aTs}{1+Ts} \quad (a<1) \tag{11-135}$$

圖 11-49 所示為 (11-135) 式的波德圖。大小曲線圖的轉折頻率位在 $\omega = 1/aT$ 和 $1/T$。因為相位-超前和相位-落後控制器的轉移函數除 $a$ 值外，在型式上是相同的，故由圖 11-49 的

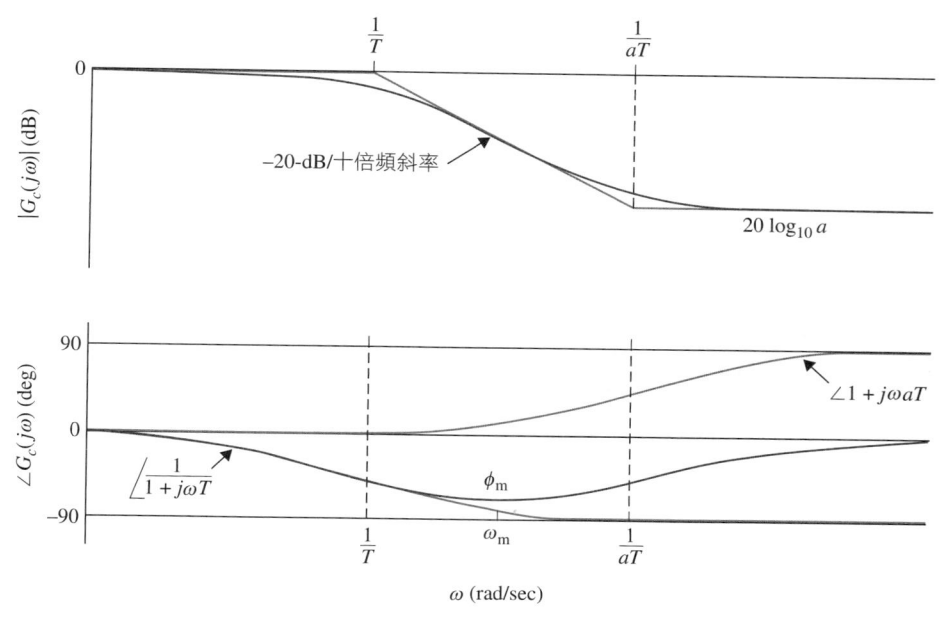

▶ 圖 11-49 相位-落後控制器的波德圖。$G_c(s) = \dfrac{1 + aTs}{1 + Ts}$，$a < 1$。

相位曲線可得最大的落後相位 $\phi_m$，即

$$\phi_m = \sin^{-1}\left(\frac{a-1}{a+1}\right) \quad (a<1) \tag{11-136}$$

圖 11-49 顯示相位-落後控制器在高頻時提供了 $20 \log_{10} a$ 的衰減。因此，相位-落後補償法是利用網路在高頻的衰減來做設計，不像相位-超前補償法是利用網路的最大相位-超前做設計。此法與根軌跡設計法在順向-路徑增益中引進衰減因子 $a$ 的情形類似。對於相位-超前控制，其的目的在於增加開-迴路系統在增益交越點附近的相位，並在新的增益交越點配置最大的超前相位。而相位-落後控制的目的則是將增益交越點移向較低頻處，以使所設計相位邊限可以實現，並使波德圖的相位曲線在增益交越頻率處儘量保持不變。

用波德圖來作相位-落後補償的設計步驟如下：

1. 先畫出未補償系統的開-迴路轉移函數的波德圖。依穩-態誤差的性能要求設定出系統的開-迴路增益 $K$。
2. 由波德圖求出未補償系統的相位邊限和增益邊限。
3. 假設想要增加相位邊限，所需要設計之相位邊限的頻率可由波德圖中找出。此頻率也稱為新的增益-交越頻率 $\omega'_g$，且補償之大小曲線在此頻率通過 0 dB 軸。
4. 為了使大小曲線在前述新的增益-交越頻率 $\omega'_g$ 處降至 0 dB，相位-落後網路所提供的增益衰減量必須等於大小曲線在新增益交越頻率時的增益值。換言之，

$$|G_p(j\omega'_g)| = -20\log_{10}a \text{ dB} \quad (a<1) \tag{11-137}$$

由上式求解 $a$ 值，可得

$$a = 10^{-|G_p(j\omega'_g)|/20} \quad (a<1) \tag{11-138}$$

一旦 $a$ 值決定後，則僅必須選擇適當的 $T$ 值來完成整個設計。由圖 11-45 的相位特性可以觀察出：若轉折頻率 $1/aT$ 位於遠低於新增益-交越頻率 $\omega'_g$ 時，補償後系統的相位特性在 $\omega'_g$ 附近不會受到相位-落後補償太大的影響。換言之，$1/aT$ 之值不能太小於 $\omega'_g$，否則系統的頻寬將會過低，而使系統的反應變得很慢，且較不具強健性。通常，選擇比新增益-交越頻率 $\omega'_g$ 小 10 倍的頻率作為轉折頻率 $1/aT$ 之值；即

$$\frac{1}{aT} = \frac{\omega'_g}{10} \text{ rad/sec} \tag{11-139}$$

則

$$\frac{1}{T} = \frac{a\omega'_g}{10} \text{ rad/sec} \tag{11-140}$$

5. 研究相位-落後補償後的系統波德圖，判定其是否符合工作性能的規格。若否，將 $a$ 和 $T$ 值重新調整，並重複以上步驟。若設計規格還包括增益邊限，或 $M_r$，或 BW，則這些值也必須加以驗證是否滿足。

因為相位-落後控制使系統有更多的衰減，若設計得宜，穩定度邊限將可改善，但頻寬會降低。低頻寬的唯一好處為可降低對高頻雜訊和干擾的靈敏度。

以下範例說明相位-落後控制器的設計和所有的應用。

## 範例 11-5-4

針對範例 11-5-1 所設計的二-階太陽-追蹤器系統，未補償系統的順向-路徑轉移函數為

$$G_p(s) = \frac{\Theta_o(s)}{A(s)} = \frac{2500K}{s(s+25)} \tag{11-141}$$

**時-域設計**

系統的時-域規格如下：

1. 單位-斜坡函數輸入 $\theta_r(t)$ 之穩-態誤差 $\alpha(t) \leq 1\%$。
2. 單位-步階響應的最大超越量 $< 5\%$，或越小越好。
3. 上升時間 $t_r \leq 0.5$ 秒。
4. 安定時間 $t_s \leq 0.5$ 秒。

**5.** 由於雜訊問題，系統頻寬必須 < 50 rad/sec。

注意：上升時間和安定時間需求已在範例 11-5-1 的相位-超前設計中加以考慮。未補償系統的根軌跡如圖 11-50a 所示。

如同範例 11-5-1，一開始令 $K = 1$。未補償系統的阻尼比為 0.25，最大超越量為 44.4%。圖 11-51 所示為在 $K = 1$ 時系統之響應。

選擇 (11-130) 式作為相位-落後控制器之轉移函數，則補償系統的順向-路徑轉移函數為

$$G(s) = G_c(s)G_p(s) = \frac{2500K(s+1/aT)}{s(s+25)(s+1/T)} \tag{11-142}$$

若 $K$ 值保持為 1，則穩-態誤差為 $a$ %。因為 $a < 1$，此值就比未補償系統來得好。對於有效的相位-落後控制，控制器轉移函數的極點和零點應緊密配置在一起，而對於型式 1 的系統，此組合配置應非常靠近 $s$-平面的原點。由圖 11-50a 所示的未補償系統根軌跡圖可以看出，若 $K$ 可設定為 0.125 時，則阻尼比為 0.707，且系統最大超越量為 4.32%。藉由將控制器極點和零點設定於靠近 $s = 0$，補償系統主控根的根軌跡形狀將非常類似於未補償系統的軌跡。利用 (11-134) 式可求得 $a$ 值，即

$$a = \frac{\text{達到設計所需阻尼之 } K \text{ 值}}{\text{達到所需穩態性能之 } K \text{ 值}} = \frac{0.125}{1} = 0.125 \tag{11-143}$$

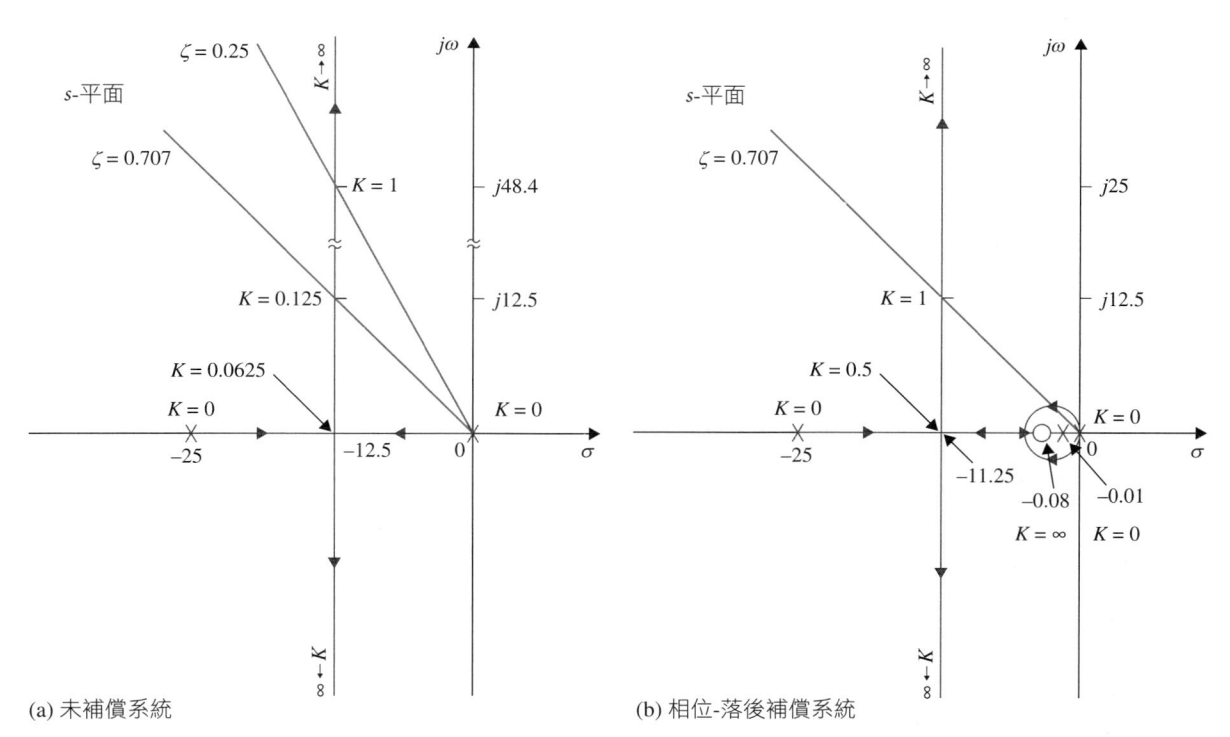

(a) 未補償系統

(b) 相位-落後補償系統

▶ **圖 11-50** 範例 11-5-4 中太陽-追蹤器系統的根軌跡。 $G_p(s) = \dfrac{2500K}{s(s+25)}$ , $G_c(s) = \dfrac{1+aTs}{1+Ts}$ , $a = 0.125$ , $T = 100$。

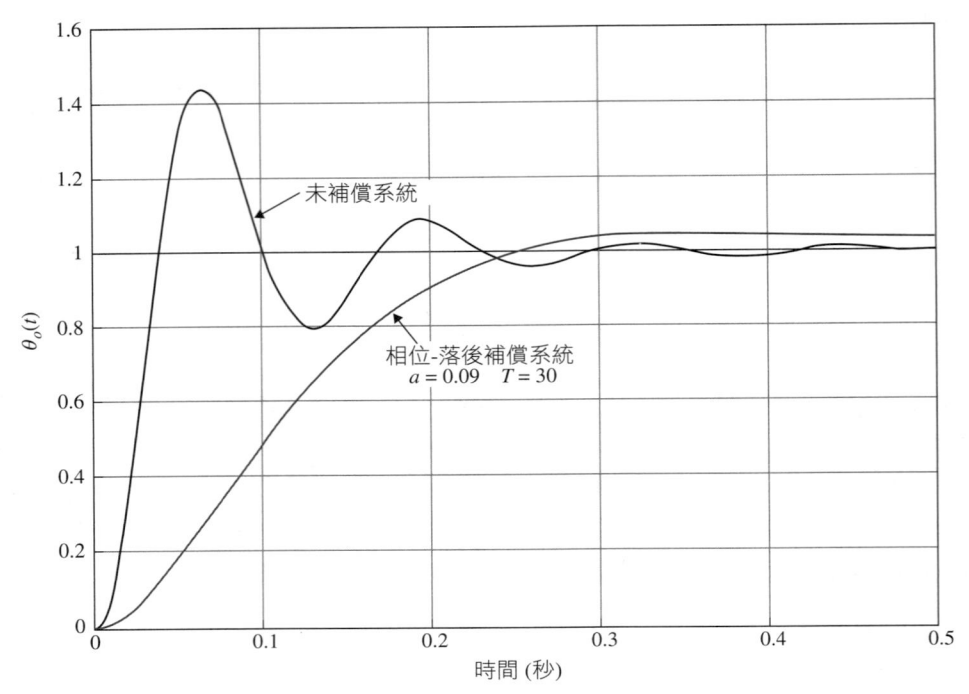

▶ **圖 11-51** 範例 11-5-4 中未補償和使用相位-落後控制補償之太陽追蹤器系統的單位-步階響應。 $G_c(s) = \dfrac{2500K}{s(s+25)}$，$G_c(s) = \dfrac{1+aTs}{1+Ts}$，$a = 0.09$，$T = 30$。

因此，若 $T$ 值很大，則當 $K = 1$ 時，特性方程式的主根會導致阻尼比接近 0.707。讓我們任意地選擇 $T = 100$。補償系統的根軌跡如圖 11-50b 所示。在 $K = 1$、$a = 0.125$ 和 $T = 100$ 時，特性方程式的根為

$$s = -0.0805, \quad -12.465 + j12.465 \quad \text{和} \quad -12.465 - j12.465$$

相對的阻尼比確實為 0.707。若選擇較小的 $T$ 值，則阻尼比會比 0.707 小。從實務的觀點來看，$T$ 值不能太大，因為由 (11-74) 式，$T = R_2C$，大的 $T$ 值會導致大的電容或不可實現的大電阻。若要降低 $T$ 值，同時又能滿足最大超越量的需求，則 $a$ 值要減少。不過，$a$ 值不能無限制地減少，否則控制器位在 $-1/aT$ 處的零點將會遠在實軸左側。表 11-18 所列為相位-落後補償之太陽-追蹤器系統在不同 $a$ 和 $T$ 值的時-域性能屬性。不同的設計參數均清楚地列出。

因此，一組適合的控制器參數為 $a = 0.09$，$T = 30$。當 $T = 30$ 時，選擇 $C = 1\,\mu\text{F}$，則 $R_2$ 需為 30 MΩ。對一較小的 $T$ 值，則可採用兩-級相位-落後控制器來實現。補償系統在 $a = 0.09$ 和 $T = 30$ 時的單位-步階響應如圖 10-47 所示。注意：在犧牲上升時間和安定時間下，最大超越量已降低了。雖補償系統的安定時間比未補償系統來得短，但事實上，相位-落後補償系統卻花較長的時間來達到穩態。

除了本例為 $a < 1$ 的情況之外，在範例 11-5-1 中利用 (11-90) 式到 (11-93) 式所進行之相位-超前控制的根廓線設計以及圖 11-35 和圖 11-36 的根廓線，對於相位-落後控制設計都仍然有效。

■表 11-18　範例 11-5-4 中具有相位-落後控制器之太陽-追蹤器系統的性能

| $a$ | $T$ | 最大超越量 (%) | $t_r$ (秒) | $t_s$ (秒) | BW (rad/sec) | | 特性方程式的根 |
|---|---|---|---|---|---|---|---|
| 1.000 | 1 | 44.4 | 0.0255 | 0.2133 | 75.00 | −12.500 | ± j48.412 |
| 0.125 | 100 | 4.9 | 0.1302 | 0.1515 | 17.67 | −0.0805 | −12.465 ± j12.465 |
| 0.100 | 100 | 2.5 | 0.1517 | 0.2020 | 13.97 | −0.1009 | −12.455 ± j9.624 |
| 0.100 | 50 | 3.4 | 0.1618 | 0.2020 | 14.06 | −0.2037 | −12.408 ± j9.565 |
| 0.100 | 30 | 4.5 | 0.1594 | 0.1515 | 14.19 | −0.3439 | −12.345 ± j9.484 |
| 0.100 | 20 | 5.9 | 0.1565 | 0.4040 | 14.33 | −0.5244 | −12.263 ± j9.382 |
| 0.090 | 50 | 3.0 | 0.1746 | 0.2020 | 12.53 | −0.2274 | −12.396 ± j8.136 |
| 0.090 | 30 | 4.4 | 0.1719 | 0.2020 | 12.68 | −0.3852 | −12.324 ± j8.029 |
| 0.090 | 20 | 6.1 | 0.1686 | 0.5560 | 12.84 | −0.5901 | −12.230 ± j7.890 |

因此，在圖 11-36 中，只有對應於 $a < 1$ 部分的根廓線可用於相位-落後控制。由這些根廓線可以清楚地看出，對於有效的相位-落後控制而言，$T$ 值要相當大才行。圖 11-52 進一步說明：當 $T$ 值很大時，閉-迴路轉移函數的複數根對 $T$ 值很不敏感。

### 頻-域設計

圖 11-53 為 (11-141) 式中 $G_p(j\omega)$ 在 $K = 1$ 時的波德圖。由此波德圖可以看出：未補償系統相位邊限只有 28°。此時並不知道要多少的相位邊限方能達到 5% 之最大超越量，故在此我們利用圖 11-53 的波德圖來進行以下的設計。由相位邊限為 45° 開始，我們可以觀察到若增益-交越頻率 $\omega'_g$ 為 25 rad/sec 時，便可實現此相位邊限。這表示相位-落後控制器必須在 $\omega$ = 25 rad/sec 時，把 $G_p(j\omega)$ 之大小曲線降為 0 dB，且不可明顯地影響此頻率附近的相位曲線。雖然將轉折頻率 $1/aT$ 配置於 $\omega'_g$ 值的 1/10 時，相位-落後控制器仍然可提供一小的負相位，故安全的作法應將 $\omega'_g$ 選擇小於 25 rad/sec，在此選擇為 20 rad/sec。

由波德圖可以得到，在 $\omega'_g$ = 20 rad/sec 時，$\left|G_p(j\omega'_g)\right|_{dB}$ 的值為 11.7 dB。因此，利用 (11-138) 式，可得

$$a = 10^{-\left|G_p(j\omega'_g)\right|/20} = 10^{-11.7/20} = 0.26 \tag{11-144}$$

將 $1/aT$ 值選為 $\omega'_g$ = 20 rad/sec 的 1/10，則

$$\frac{1}{aT} = \frac{\omega'_g}{10} = \frac{20}{10} = 2 \text{ rad/s} \tag{11-145}$$

故

$$T = \frac{1}{2a} = \frac{1}{0.52} = 1.923 \tag{11-146}$$

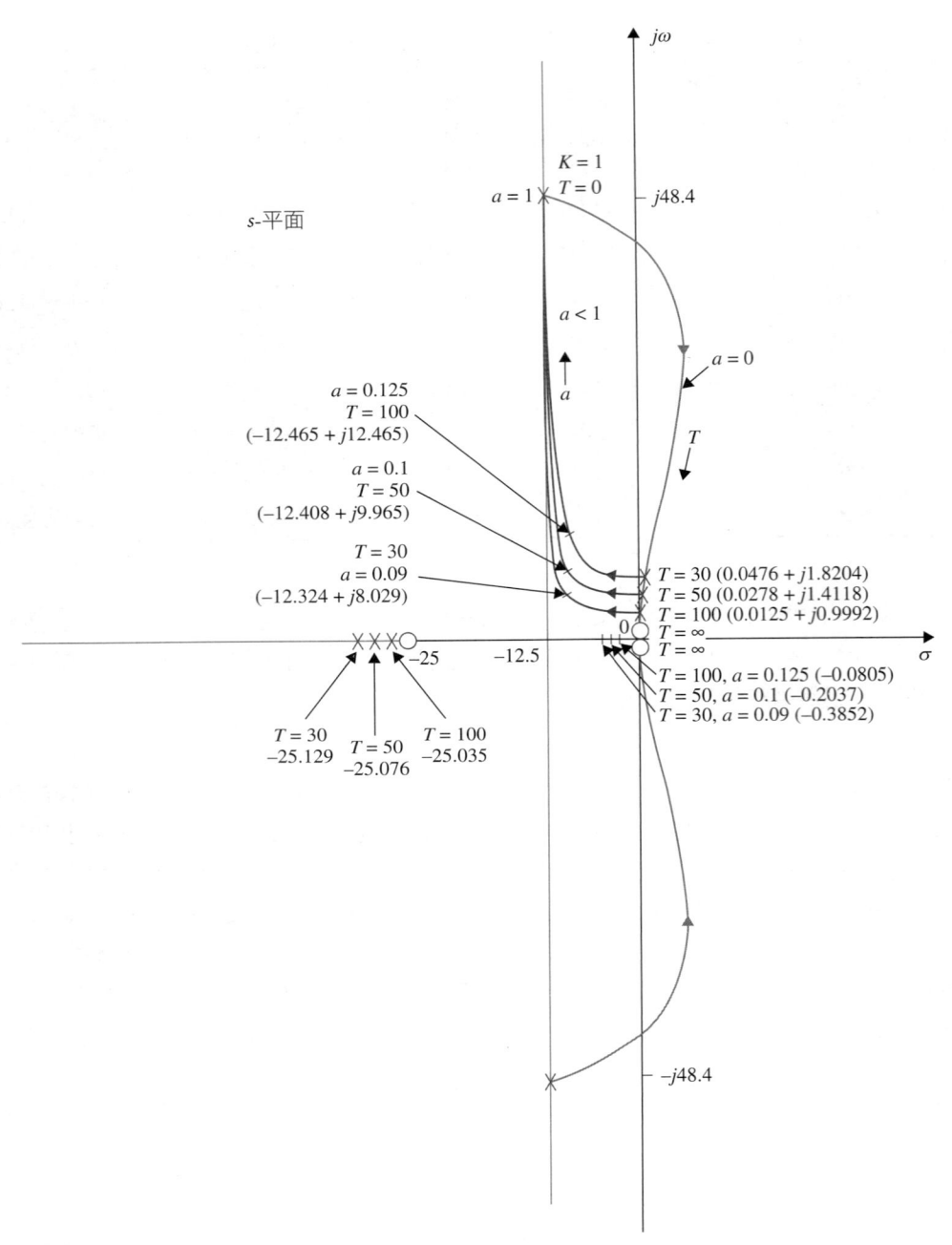

▶ **圖 11-52** 範例 11-5-4 中使用相位-落後控制器之太陽-追蹤器系統的根廓線。

　　檢驗具有所設計之相位-落後控制的系統的單位-步階響應，可以發現最大超越量為 24.5%。因此，下一步驟要以較高之相位邊限來嘗試。表 11-19 所列為利用不同相位邊限 (到 80°) 得出的設計結果。

　　由表 11-19 的結果可以看出，並沒有任何情形可以滿足最大超越量 ≤ 5%。在 $a = 0.044$ 和 $T =$

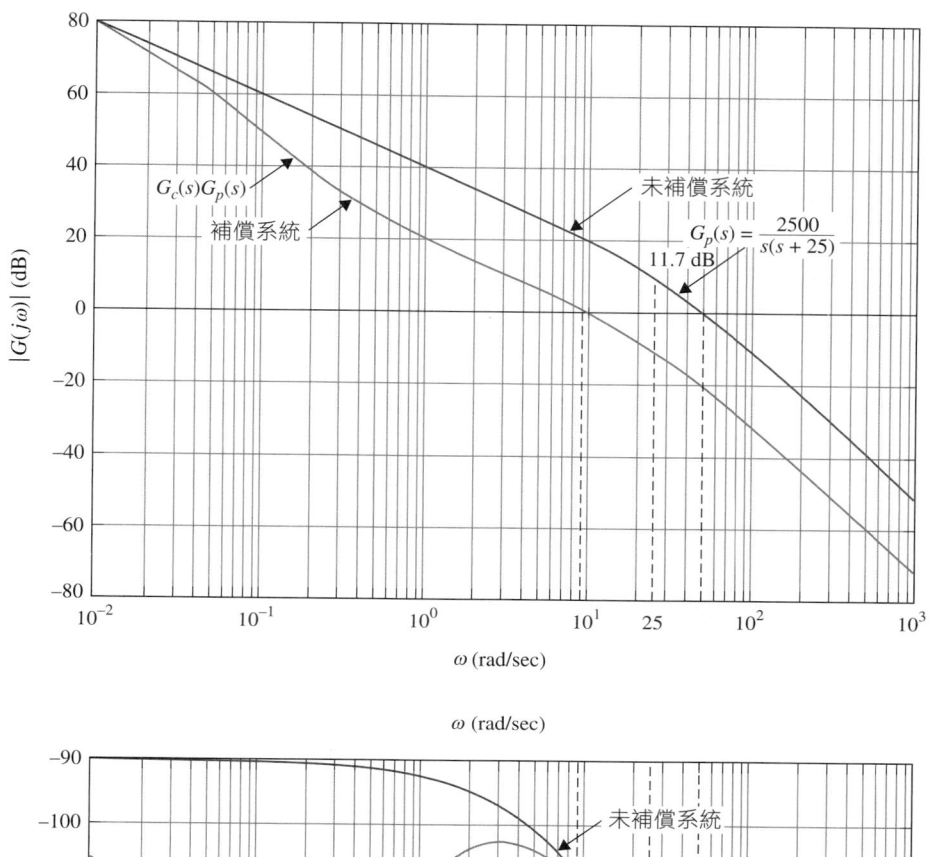

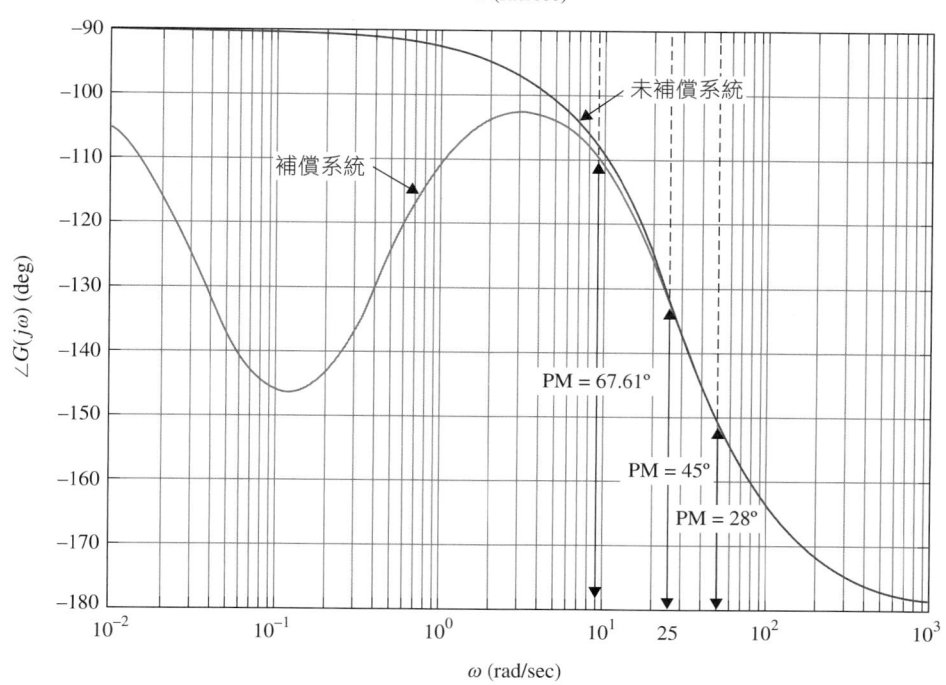

▶ 圖 11-53　範例 11-5-4 未補償和以相位-落後控制補償之系統的波德圖。$G_c(s) = \dfrac{1+3s}{1+30s}$，$G_p(s) = \dfrac{2500}{s(s+25)}$。

■表 11-19　範例 11-5-4 中具有相位-落後控制器之太陽-追蹤器系統的性能屬性

| 需求 PM (度) | $a$ | $T$ | 實際 PM (度) | $M_r$ | BW (rad/sec) | 最大超越量 (%) | $t_r$ (秒) | $t_s$ (秒) |
|---|---|---|---|---|---|---|---|---|
| 45 | 0.26 | 1.923 | 46.78 | 1.27 | 33.37 | 24.5 | 0.0605 | 0.2222 |
| 60 | 0.178 | 3.75 | 54.0 | 1.19 | 25.07 | 17.5 | 0.0823 | 0.303 |
| 70 | 0.1 | 10 | 63.87 | 1.08 | 14.72 | 10.0 | 0.1369 | 0.7778 |
| 80 | 0.044 | 52.5 | 74.68 | 1.07 | 5.7 | 7.0 | 0.3635 | 1.933 |

52.5 時的情形下，才能產生最好的最大超越量，但 $T$ 值太大而無法實際應用。因此，我們單獨考慮 $a = 0.1$ 和 $T = 10$ 的情形，並把 $T$ 值增加。則如表 11-18 所示，當 $a = 0.1$，$T = 30$ 時，最大超越量降為 4.5%。補償系統的波德圖如圖 11-53 所示。此時相位邊限為 67.61°。

圖 11-51 所示之相位-落後補償系統的單位-步階響應指出了相位-落後控制的主要缺點。因為相位-落後控制器本質上為低通濾波器，補償系統的上升時間和安定時間通常會增加。不過，下面的範例將會證明，在改善穩定度方面，相位-落後控制會比單-級相位-超前更具多樣性和更廣的應用，尤其對於欠阻尼或負阻尼的系統更適合。

## 範例 11-5-5

考慮範例 11-5-3 所設計的太陽-追蹤器系統，其順向-路徑轉移函數如 (11-121) 式所述。現在，我們恢復 $K$ 值，以使根軌跡圖可加以使用。因此，(11-121) 式可寫為

$$G_p(s) = \frac{156{,}250{,}000K}{s(s^2 + 625s + 156{,}250)} \tag{11-147}$$

閉-迴路系統的根軌跡，如圖 11-54 所示。當 $K = 1$ 時，系統為不穩定且特性方程式的根為 $-713.14$、$44.07 + j466.01$ 和 $44.07 - j466.01$。

範例 11-5-3 說明以單-級相位-超前控制器無法達到穩定度的性能規格。令性能規格為

　　最大超越量 $\leq 5\%$
　　上升時間 $t_r \leq 0.02$ 秒
　　安定時間 $t_s \leq 0.02$ 秒

假設所欲設計的相對阻尼比為 0.707。由圖 11-54 可看出：在 $K = 0.10675$ 時，未補償系統之特性方程式的主控根為 $-172.77 \pm j172.73$，其所對應的阻尼比為 0.707。因此，可由 (11-134) 式決定 $a$ 值，

$$a = \frac{\text{達到所需阻尼之 } K \text{ 值}}{\text{達到所需穩-態性能之 } K \text{ 值}} = \frac{0.10675}{1} = 0.10675 \tag{11-148}$$

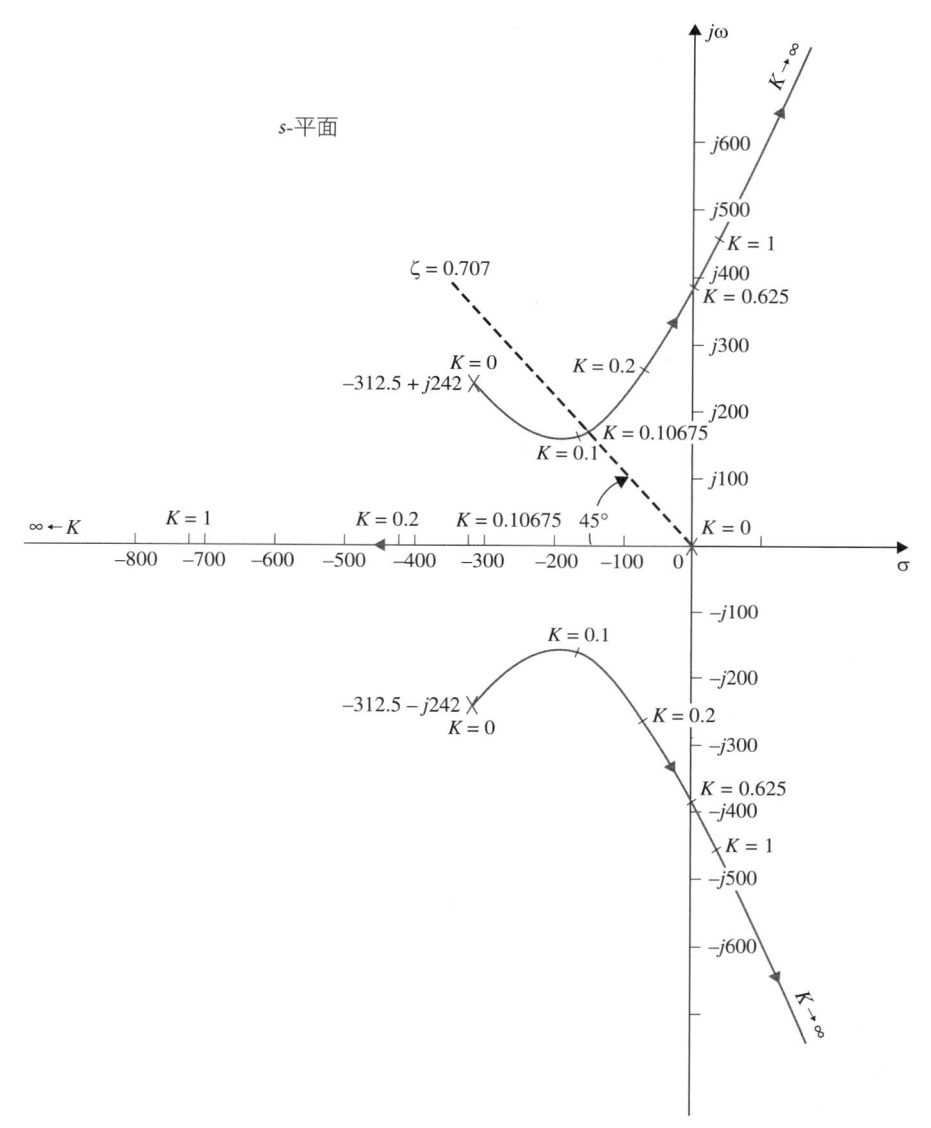

▶ 圖 11-54 範例 11-5-5 中未補償系統之根軌跡。$G_p(s) = \dfrac{156{,}250{,}000K}{s\,(s^2 + 625s + 156{,}250)}$。

　　令 $a = 0.1$。因為主控根的根軌跡遠離 s-平面原點，所以 T 值有較大範圍的彈性。表 11-20 所列為在 $a = 0.1$ 時，不同 T 值的性能結果。

　　因此，結論為只用單級的相位-落後控制器，便可以滿足穩定度需求，而相位-超前控制器則需要兩級，可參考範例 11-5-3。

### 靈敏度函數

　　相位-落後補償控制器在 $a = 0.1$ 及 $T = 20$ 時的靈敏度函數 $\left|S_G^M(j\omega)\right|$，如圖 11-55 所示。注意：靈敏度函數在頻率到達 102 rad/sec 前均小於 1。此乃因相位-落後控制導致低頻寬之故。

■表 11-20　範例 11-5-5 中具有相位-落後控制器之太陽-追蹤器系統的性能

| $a$ | $T$ | BW (rad/sec) | PM (度) | 最大超越量 (%) | $t_r$ (秒) | $t_s$ (秒) |
|---|---|---|---|---|---|---|
| 0.1 | 20 | 173.5 | 66.94 | 1.2 | 0.01273 | 0.01616 |
| 0.1 | 10 | 174 | 66.68 | 1.6 | 0.01262 | 0.01616 |
| 0.1 | 5 | 174.8 | 66.15 | 2.5 | 0.01241 | 0.01616 |
| 0.1 | 2 | 177.2 | 64.56 | 4.9 | 0.01601 | 0.0101 |

## 11-5-9　相位-落後控制的效應與限制

由上述範例的結果，相位-落後控制對線性控制系統工作性能的效應和限制可總結如下：

1. 對已知的順向-路徑增益 $K$ 而言，順向-路徑轉移函數的大小在增益-交越頻率附近衰減，因此改善了系統的相對穩定度。
2. 增益-交越頻率降低；因此一，閉-迴路系統的頻寬也變窄。
3. 由於頻寬降低，所以系統的上升時間和安定時間通常較長。
4. 系統對於參數的變化較為靈敏，因系統頻寬已降低，而靈敏度函數在比系統頻寬更高的頻率均大於 1。

## 11-5-10　相位-落後控制器的設計

由前面章節已知，相位-超前控制通常可以改善上升時間和阻尼，但卻增加閉-迴路系統的自然頻率。另一方面，若適當地使用相位-落後控制，則可以改善阻尼，但卻有較長的上升時間和安定時間。因此，每一種控制方法都有其優缺點和限制，而且許多系統不能以單一的方法來滿足所有規格。是故，若有必要時，可以將超前和落後控制器加以組合，

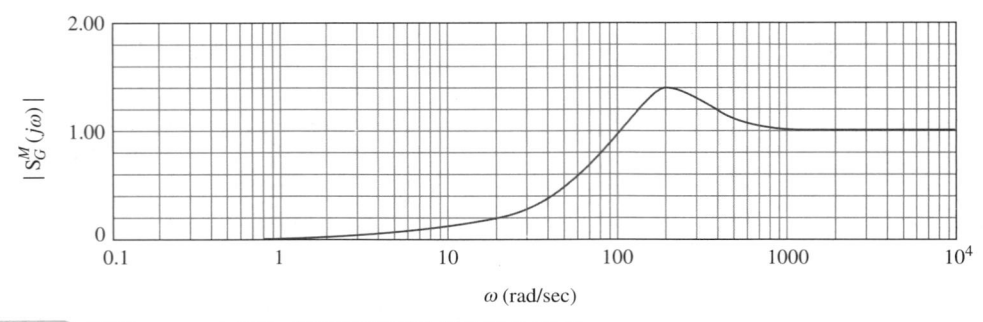

▶圖 11-55　範例 11-5-5 中相位-落後補償系統的靈敏度函數。

使兩種方法的優點均能利用。

簡單的落後-超前 (或超前-落後) 控制器的轉移函數可寫為

$$G_c(s) = G_{c1}(s)G_{c2}(s) = \left(\frac{1+a_1T_1s}{1+T_1s}\right)\left(\frac{1+a_2T_2s}{1+T_2s}\right) \quad (a_1>1, a_2<1) \quad (11\text{-}149)$$

$$|\leftarrow 超前 \rightarrow||\leftarrow 落後 \rightarrow|$$

如前面所討論的，超前和落後控制器的增益與衰減可以由調整順向增益 $K$ 來補償，所以增益因子不包括在 (11-149) 式中。

由於在 (11-149) 式中的超前-落後控制器轉移函數中有四個參數，所以此設計並不像單-級相位-超前或相位-落後設計般的直接。通常，此控制器之相位-超前的部分主要是達到較短上升時間和較高頻寬的目的，而相位-落後的部分主要是提供系統的阻尼。設計時，可以先從相位-超前或相位-落後控制器開始。以下範例 11-5-6 將說明設計步驟。

## 範例 11-5-6

考慮範例 11-5-3 之太陽-追蹤器系統。在 $K = 1$ 時，未補償系統為不穩定。範例 11-5-4 設計了兩-級相位-超前控制器，而範例 11-5-5 則是設計了單-級相位-落後控制器。

基於範例 11-5-3 的設計，首先以 $a_1 = 70$，$T_1 = 0.00004$ 來設計相位-超前控制。剩下的相位-落後控制則可運用根軌跡或波德圖來設計。表 11-21 所列為使用不同 $a_2$ 值得出的結果。由表 11-21 的結果可知，當 $a_1 = 70$，$T_1 = 0.00004$ 時，可使最大超越量為最小的 $a_2$ 約為 0.2。

與範例 11-5-4 所設計的相位-落後控制結果比較，BW 由 66.94 rad/sec 增加為 351.4 rad/sec，且上升時間由 0.01273 秒降為 0.00668 秒。由於靈敏度函數在接近頻寬為 351.4 rad/sec 之前，其大小均不超過 1，所以此具有超前-落後控制器之系統較具強健性。圖 11-56 顯示兩-級相位-超前控制、單-級相位-落後控制和超前-落後控制之單位-步階響應，以作為比較之用。

注意：若在控制器相位超前部分採用較大的 $a_1$ 值，則太陽-追蹤器系統的頻寬和上升時間會分別增加與減少。不過，雖然最大超越量保持較小值，但步階響應卻有較大的欠過度。

■表 11-21　範例 11-5-6 中具有超前-落後控制器之太陽-追蹤器系統的性能

| $a_2$ | $T_2$ | PM (度) | $M_r$ | BW (rad/sec) | 最大超越量 (%) | $t_r$ (秒) | $t_s$ (秒) |
|---|---|---|---|---|---|---|---|
| 0.1 | 20 | 81.81 | 1.004 | 122.2 | 0.4 | 0.01843 | 0.02626 |
| 0.15 | 20 | 76.62 | 1.002 | 225.5 | 0.2 | 0.00985 | 0.01515 |
| 0.20 | 20 | 70.39 | 1.001 | 351.4 | 0.1 | 0.00668 | 0.00909 |
| 0.25 | 20 | 63.87 | 1.001 | 443.0 | 4.9 | 0.00530 | 0.00707 |

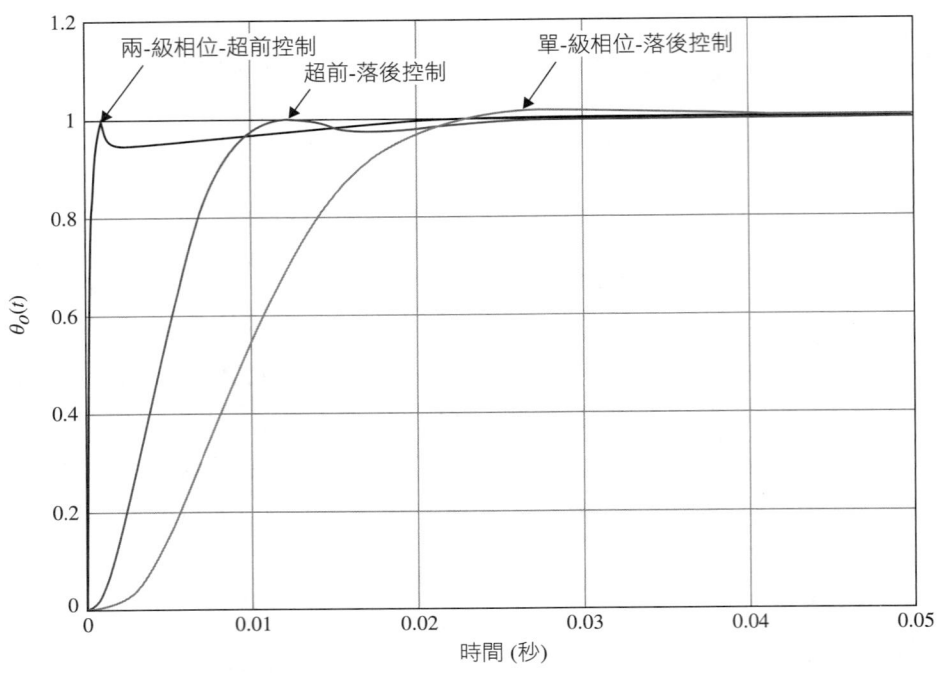

▶ 圖 11-56　範例 11-5-6 中太陽-追蹤器系統使用單-級相位-落後、超前-落後和兩-級相位-超前控制的單位-步階響應。

## 11-6　極點-零點對消設計：凹陷濾波器

許多受控程序的轉移函數包含一對或更多對非常接近 s-平面虛軸的共軛複數極點。若複數根非常接近虛軸，則閉-迴路系統會變成輕微阻尼或不穩定。一個立即的想法是利用控制器，將控制器的轉移函數零點加以適當的選擇以消去受控程序中不要的複數極點，以及將控制器的極點置於 s-平面所要的位置上。例如，若一個受控程序的轉移函數為

$$G_p(s) = \frac{K}{s(s^2 + s + 10)} \tag{11-150}$$

上式的複數共軛極點在閉-迴路系統中可能會產生穩定度的問題，尤其 K 值很大時。所以，建議可採用之串聯控制器的形式為

$$G_c(s) = \frac{s^2 + s + 10}{s^2 + as + b} \tag{11-151}$$

常數 a 和 b 可根據閉-迴路系統的工作性能規格來決定。

雖然這種型式的控制器可能是理想的，但它需要一個精確的受控程序模型 $G_p(s)$，而在實務上很少有此種模型。無論多麼精確，由於受控體的動態特性或非線性行為無法模擬，程序模型 $G_p(s)$ 的轉移函數通常會與真實系統所有偏差。因此，受控程序之轉移函數

的真正極點和零點可能無法被精確地建模。事實上，系統中真實的階數可能比模型的轉移函數為高。另一個設計上的困難是系統的動態性質會改變，即使變量很小。這是由於在操作環境下系統元件的老化或改

> 實務上，因為有模型的不準確性，精確的極點-零點對消是不可能的。

變，而使轉移函數在系統操作時極點與零點會移動。控制器的參數受限於實際上可用的實體元件，也不能任意指定其值。由於上述及其它原因，即使我們能精確的設計控制器的極點與零點，然而實際上精確的極點-零點對消常是不可行的。在許多情形下，採用極點-零點對消補償的方法，精確的對消設計並不能有效改善控制系統的性能。

假設一受控程序可表示成

$$G_p(s) = \frac{K}{s(s+p_1)(s+\overline{p}_1)} \tag{11-152}$$

其中，$p_1$ 和 $\overline{p}_1$ 是兩個想要被消去的共軛複數極點。令串聯控制器的轉移函數為

$$G_c(s) = \frac{(s+p_1+\varepsilon_1)(s+\overline{p}_1+\overline{\varepsilon}_1)}{s^2+as+b} \tag{11-153}$$

其中，$\varepsilon_1$ 是一個複數，其值很小，$\overline{\varepsilon}_1$ 為其共軛複數。補償後系統的開-迴路轉移函數為

$$G_c(s) = G_c(s)G_p(s) = \frac{K(s+p_1+\varepsilon_1)(s+\overline{p}_1+\overline{\varepsilon}_1)}{s(s+p_1)(s+\overline{p}_1)(s^2+as+b)} \tag{11-154}$$

由於無法精確對消，所以我們不能刪掉 (11-154) 式的分母 $(s+p_1)(s+\overline{p}_1)$。閉-迴路轉移函數變成

$$\frac{Y(s)}{R(s)} = \frac{K(s+p_1+\varepsilon_1)(s+\overline{p}_1+\overline{\varepsilon}_1)}{s(s+p_1)(s+\overline{p}_1)(s^2+as+b)+K(s+p_1+\varepsilon_1)(s+\overline{p}_1+\overline{\varepsilon}_1)} \tag{11-155}$$

圖 11-57 的根軌跡可說明不精確的極點-零點對消的效應。由於不精確的極點-零點對消，閉-迴路系統的兩個極點分別位於極點-零點對 $s = -p_1$、$-\overline{p}_1$ 和 $-p_1-\varepsilon_1$、$-\overline{p}_1-\overline{\varepsilon}_1$ 之間。因此，閉-迴路極點非常接近應該被消去的開-迴路極點和零點。(11-155) 式可近似為

$$\frac{Y(s)}{R(s)} \cong \frac{K(s+p_1+\varepsilon_1)(s+\overline{p}_1+\overline{\varepsilon}_2)}{(s+p_1+\delta_1)(s+\overline{p}_1+\overline{\delta}_1)(s^3+as+b+K)} \tag{11-156}$$

其中，$\delta_1$ 和 $\overline{\delta}_1$ 是值非常小的共軛複數對，它們與 $\varepsilon_1$、$\overline{\varepsilon}_1$ 及所有其它的參數有關。(11-156) 式的部分分式展開式寫成

$$\frac{Y(s)}{R(s)} = \frac{K_1}{s+p_1+\delta_1} + \frac{K_2}{s+\overline{p}_1+\overline{\delta}_1} + 其它極點項 \tag{11-157}$$

我們可證明 $K_1$ 與 $\varepsilon_1 - \delta_1$ 成正比，且為一個很小的數，同時 $K_2$ 亦是一個很小的數。這個練

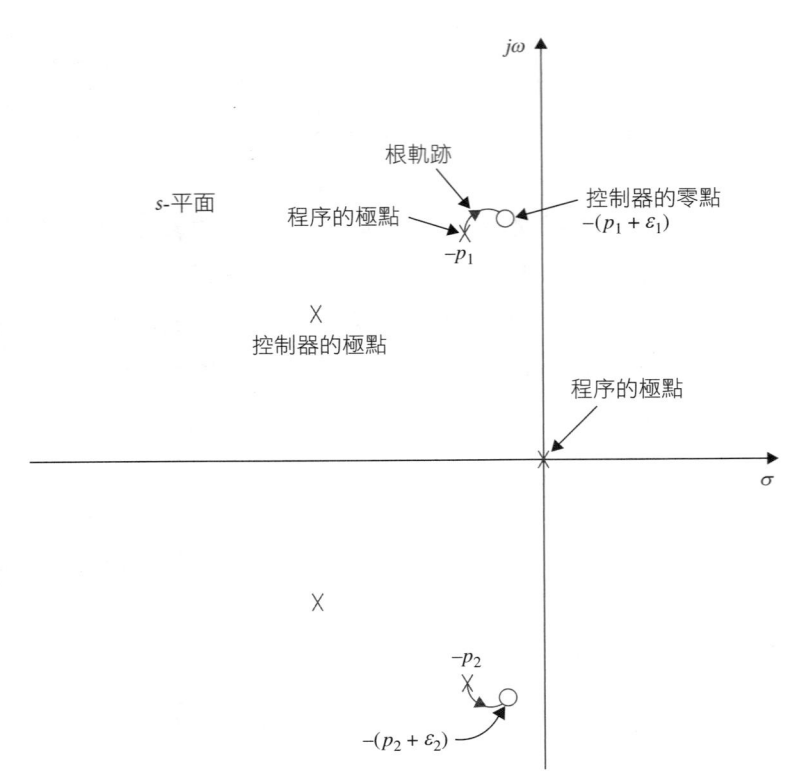

▶ 圖 11-57 非精確對消的極點-零點組態與根軌跡。

習指出,我們雖然不能精確地消去在 $-p_1$ 和 $-\bar{p}_1$ 的極點,但此種不精確對消所引起的暫態項的振幅很小,故除非欲消去的控制器零點離目標很遠,否則不精確對消的影響可以忽略。另一個看法是將 $G(s)$ 的零點保留為閉-迴路轉移函數 $Y(s)/R(s)$ 的零點,由 (11-156) 式可看到兩對的極點和零點非常靠近,所以從暫態-響應的觀點,它們可以被對消。

　　記住,不要消去右半 $s$-平面上的極點,因為此種不精確的對消,將會導致系統不穩定。如果不需要的極點非常接近 $s$-平面的虛軸或在虛軸右邊時,非精確的極點-零點對消可能會產生困難。在這種情形下,非精確對消會引起系統不穩定。圖 11-58a 顯示的極點-零點位置使得非精確的極點-零點對消後,仍會得到穩定的系統;但在圖 11-58b,非精確的對消則是不能接受的。即使欲對消的極點和零點之間的相對距離很小,但它會導致在時間響應解的一些殘餘項。雖然這些項具有很小的振幅,但它們會隨著時間增長而無限制的增大。因此,系統響應到最後將會不穩定。

## 11-6-1　二-階主動式濾波器

　　具有複數極點和零點的轉移函數可由不同型式的運算放大器電路來實現。考慮以下的轉移函數

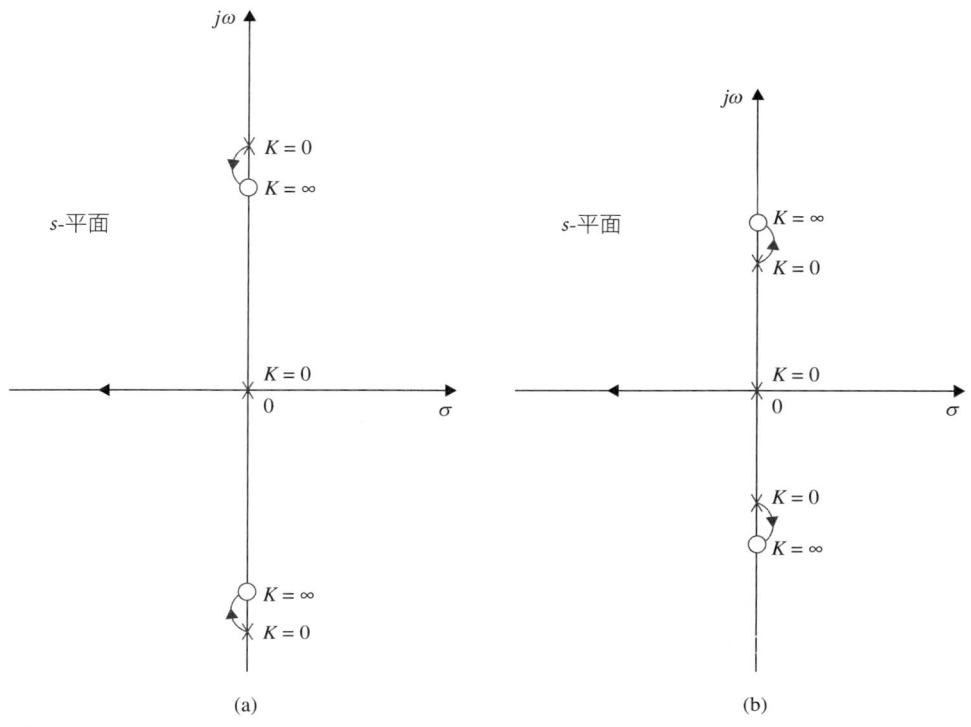

▶ 圖 11-58　用以說明非精確極點-零點對消效應的根軌跡圖。

$$G_c(s) = \frac{E_2(s)}{E_1(s)} = K\frac{s^2 + b_1 s + b_2}{s^2 + a_1 s + a_2} \tag{11-158}$$

其中，$a_1$、$a_2$、$b_1$ 及 $b_2$ 為實常數。(11-158) 式的主動式濾波器的實現可利用 8-11 節所討論的狀態變數直接分解的方法來完成。圖 11-59 所示為一典型的運算放大器電路。(11-158) 式中轉移函數的參數與電路參數之間的關係如下：

$$K = -\frac{R_6}{R_7} \tag{11-159}$$

$$a_1 = \frac{1}{R_1 C_1} \tag{11-160}$$

$$a_2 = \frac{1}{R_2 R_4 C_1 C_2} \tag{11-161}$$

$$b_1 = \left(1 - \frac{R_1 R_7}{R_3 R_8}\right) a_1 \quad (b_1 < a_1) \tag{11-162}$$

$$b_2 = \left(1 - \frac{R_2 R_7}{R_3 R_9}\right) a_2 \quad (b_2 < a_2) \tag{11-163}$$

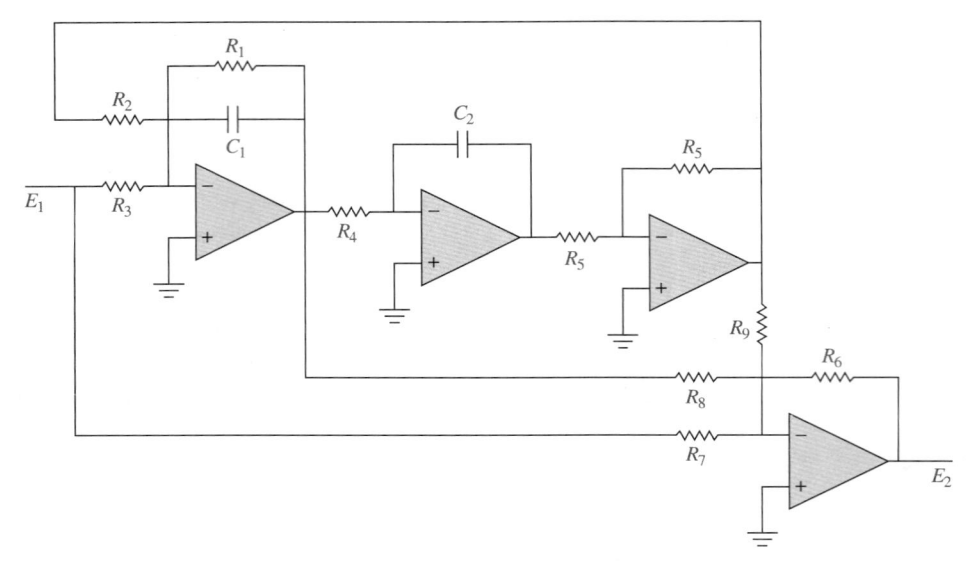

▶ 圖 11-59　二-階轉移函數 $\dfrac{E_2(s)}{E_1(s)} = K\dfrac{s^2 + b_1 s + b_2}{s^2 + a_1 s + a_2}$ 的運算放大器電路實現。

由於 $b_1 < a_1$，所以 (11-158) 式中 $G_c(s)$ 的零點具有較少的阻尼，且比極點更為接近 $s$-平面之原點。由設定不同的 $R_7$ 和 $R_8$ 組合，並設定 $R_9$ 為無窮值，便可得到各式各樣的二-階轉移函數。注意：所有參數均可獨立調整。例如，可調整 $R_1$ 來設定 $a_1$；可調整 $R_4$ 來設定 $a_2$；$b_1$ 和 $b_2$ 可分別由調整 $R_8$ 與 $R_9$ 來設定。增益 $K$ 則可由 $R_6$ 獨立地控制。

### 11-6-2　頻-域的詮釋和設計

極點-零點對消的設計觀念在頻-域中很容易掌握，頻-域分析也會提供設計方法上的看法。圖 11-60 為具有複數零點的典型二-階控制器轉移函數之波德圖。此控制器的大小圖，在共振頻率 $\omega_n$ 時有一凹陷現象。相位圖在共振頻率之下為負，在共振頻率之上為正，且在共振頻率時通過零度。此種大小曲線衰減和正相位的特性可以用來有效地改善線性系統的穩定度。由於大小曲線上「凹陷」的特性，所以此控制器在工業上也稱為**凹陷濾波器** (notch filter) 或**凹陷控制器** (notch controller)。

由頻-域的觀點來看，在某些設計條件下，凹陷控制器比相位-超前和相位-落後控制器具有更多優點，因為它的大小和相位的特性並不會影響到系統高頻與低頻的特性。毋須使用極點-零點對消的原理，則作為補償之用的凹陷控制器在頻-域的設計涉及決定所需的衰減量和控制器的共振頻率。

將 (11-158) 式凹陷控制器的轉移函數表示成

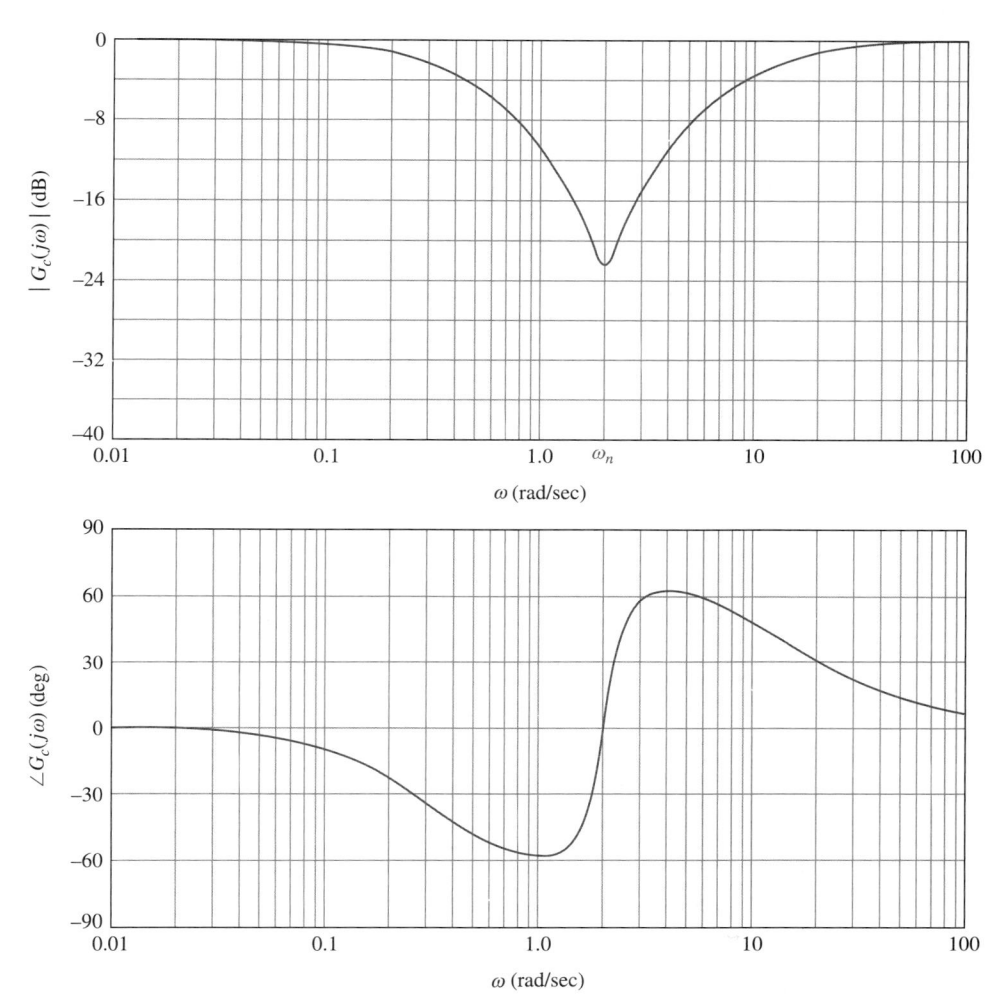

▶ **圖 11-60** 凹陷控制器轉移函數 $G(s) = \dfrac{(s^2 + 0.8s + 4)}{(s + 0.384)(s + 10.42)}$ 的波德圖。

$$G_c(s) = \frac{s^2 + 2\zeta_z \omega_n s + \omega_n^2}{s^2 + 2\zeta_p \omega_n s + \omega_n^2} \tag{11-164}$$

在此,我們已經藉由假設 $a_2 = b_2$ 加以簡化上式。

$G_c(j\omega)$ 在共振頻率 $\omega_n$ 處所提供的衰減量為

$$|G_c(j\omega_n)| = \frac{\zeta_z}{\zeta_p} \tag{11-165}$$

因此,若在 $\omega_n$ 處所需要的衰減量為已知時,則 $\zeta_z/\zeta_p$ 的比值也可求出。

以下範例將會說明,以極點-零點對消和在共振頻率所需衰減量來設計凹陷控制器。

## 範例 11-6-1

系統轉移函數中的共軛複數極點代表機械元件連結間的順應性。例如，若馬達和負載之間的軸為非剛性，則此軸可模擬成一扭力彈簧，這會導致系統轉移函數中有共軛複數極點。圖 11-61 所示為一速度控制系統，其中馬達和負載的連結可模擬為一扭力彈簧。系統方程式為

$$T_m(t) = J_m \frac{d\omega_m(t)}{dt} + B_m \omega_m(t) + J_L \frac{d\omega_L(t)}{dt} \tag{11-166}$$

$$K_L[\theta_m(t) - \theta_L(t)] + B_L[\omega_m(t) - \omega_L(t)] = J_L \frac{d\omega_L(t)}{dt} \tag{11-167}$$

$$T_m(t) = K\omega_e(t) \tag{11-168}$$

$$\omega_e(t) = \omega_r(t) - \omega_L(t) \tag{11-169}$$

其中
- $T_m(t)$ = 馬達轉矩
- $\omega_m(t)$ = 馬達角速度
- $\omega_L(t)$ = 負載角速度
- $\theta_L(t)$ = 負載角位移
- $\theta_m(t)$ = 馬達角位移
- $J_m$ = 馬達慣量 = 0.0001 oz · in. · sec$^2$
- $J_L$ = 負載慣量 = 0.0005 oz · in. · sec$^2$
- $B_m$ = 馬達黏滯摩擦係數 = 0.01 oz · in. · sec
- $B_L$ = 軸黏滯摩擦係數 = 0.001 oz · in. · sec
- $K_L$ = 軸彈簧常數 = 100 oz · in./rad
- $K$ = 放大器增益 = 1

此系統的迴路轉移函數為

$$G_p(s) = \frac{\Omega_L(s)}{\Omega_e(s)} = \frac{B_L s + K_L}{J_m J_L s^3 + (B_m J_L + B_L J_m + B_L J_L)s^2 + (K_L J_L + B_m B_L + K_L J_m)s + B_m K_L} \tag{11-170}$$

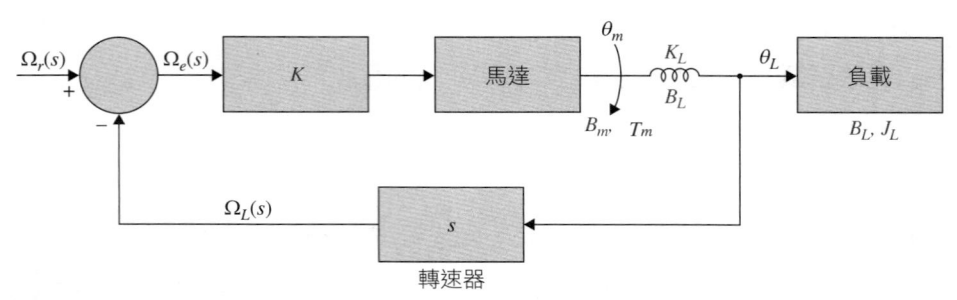

▶ 圖 11-61　範例 11-6-1 之速度控制系統的方塊圖。

把系統參數代入上式，$G_p(s)$ 變成

$$G_p(s) = \frac{20,000(s+100,000)}{s^3 + 112s^2 + 1,200,200s + 20,000,000}$$
$$= \frac{20,000(s+100,000)}{(s+16.69)(s+47.66+j1094)(s+47.66-j1094)} \tag{11-171}$$

因此，馬達和負載之間軸的順應性在 $G_p(s)$ 中產生了輕微阻尼的兩個共軛複數極點。共振頻率約在 1095 rad/sec，且閉-迴路系統為不穩定。$G_p(s)$ 的複數根即使在系統穩定時，也會造成速度響應的振盪。

**極點-零點對消的凹陷控制器設計**

系統的性能規格如下：

單位-步階輸入產生的負載穩-態速度誤差不可超過 1%。
輸出速率最大超越量 $\leq$ 5%。
上升時間 $t_r < 0.5$ 秒。
安定時間 $t_s < 0.5$ 秒。

為了補償此系統，必須消除或實際地減少 $G_p(s)$ 之共軛複數根 $s = -47.66 + j1094$ 和 $-47.66 - j1094$ 的影響。在此選擇 (11-164) 式的凹陷控制器轉移函數來改善系統性能。此控制器的共軛複數零點應配置於可以消去系統中不需要之極點位置。因此，凹陷控制器的轉移函數應為

$$G_c(s) = \frac{s^2 + 95.3s + 1,198,606.6}{s^2 + 2\zeta_p \omega_n s + \omega_n^2} \tag{11-172}$$

補償系統的順向-路徑轉移函數為

$$G(s) = G_c(s)G_p(s) = \frac{20,000(s+100,000)}{(s+16.69)(s^2 + 2\zeta_p \omega_n s + \omega_n^2)} \tag{11-173}$$

由於是型式 0 的系統，故步階-誤差常數為

$$K_P = \lim_{s \to 0} G(s) = \frac{2\times 10^9}{16.69 \times \omega_n^2} = \frac{1.198 \times 10^8}{\omega_n^2} \tag{11-174}$$

對一單位-步階輸入，系統的穩-態誤差可寫為

$$e_{ss} = \lim_{t \to \infty} \omega_e(t) = \lim_{s \to 0} s\Omega_e(s) = \frac{1}{1+K_P} \tag{11-175}$$

因此，欲使穩-態誤差小於或等於 1 % 時，則需 $K_P \geq 99$。由 (11-174) 式可求出相對於 $\omega_n$ 的規格，

$$\omega_n \leq 1100 \tag{11-176}$$

就穩定度觀點而言，選擇較大的 $\omega_n$ 值較好。因此，令 $\omega_n = 1100$ rad/sec，此值為穩-態誤

差所允許的上限值。不過，以上的設計規範只能以非常大的 $\zeta_p$ 值來達成。例如，當 $\zeta_p = 15,000$ 時，則時間響應具有以下的性能：

最大超越量 = 3.7%
上升時間 $t_r = 0.1897$ 秒
安定時間 $t_s = 0.256$ 秒

雖然性能需求滿足了，但此解卻是不可實現的，因為對於非常大的 $\zeta_p$ 值是無法由實際上可用的控制器元件來實現。

讓我們選擇 $\zeta_p = 10$ 和 $\omega_n = 1000$ rad/sec。具凹陷控制器的系統順向-路徑轉移函數為

$$G(s) = G_c(s)G_p(s) = \frac{20,000(s+100,000)}{(s+16.69)(s+50)(s+19,950)} \tag{11-177}$$

我們可證明系統為穩定，但是最大超越量為 71.6%。現在，我們可以把 (11-177) 式的轉移函數視為一個新的設計問題。對此問題有很多可能的解可以滿足以上的設計規格。在這些可能的方法中，我們採用相位-落後或 PI 控制器。

### 第二級相位-落後控制器的設計

現在設計相位-落後控制器作為系統的第二級控制器。具有凹陷控制器補償之系統的特性方程式的根為 $s = -19954$、$-31.328 + j316.36$ 和 $-31.328 - j316.36$。相位-落後控制器的轉移函數為

$$G_{c1}(s) = \frac{1+aTs}{1+Ts} \quad (a<1) \tag{11-178}$$

為了設計上的目的，我們已將 (11-178) 式的增益因子 $1/a$ 略去。

選擇相位-落後控制器的 $T$ 值為 10。表 11-22 提供在不同 $a$ 值下，時-域的性能。就整體性能而言，最好的 $a$ 值為 0.005。因此相位-落後控制器的轉移函數為

$$G_{c1}(s) = \frac{1+aTs}{1+Ts} = \frac{1+0.05s}{1+10s} \tag{11-179}$$

具有凹陷和相位-落後控制器補償之系統的順向-路徑轉移函數為

■表 11-22　範例 11-6-1 中具有凹陷相位-落後控制器之系統的時-域性能

| $a$ | $T$ | $aT$ | 最大超越量 (%) | $t_r$ (秒) | $t_s$ (秒) |
|---|---|---|---|---|---|
| 0.001 | 10 | 0.01 | 14.8 | 0.1244 | 0.3836 |
| 0.002 | 10 | 0.02 | 10.0 | 0.1290 | 0.3655 |
| 0.004 | 10 | 0.04 | 3.2 | 0.1348 | 0.1785 |
| 0.005 | 10 | 0.05 | 1.0 | 0.1375 | 0.1818 |
| 0.0055 | 10 | 0.055 | 0.3 | 0.1386 | 0.1889 |
| 0.006 | 10 | 0.06 | 0 | 0.1400 | 0.1948 |

$$G(s) = G_c(s)G_{c1}(s)G_p(s) = \frac{20{,}000(s+100{,}000)(1+0.05s)}{(s+16.69)(s+50)(s+19{,}950)(1+10s)} \tag{11-180}$$

系統的單位-步階響應如圖 11-62。因為步階-誤差常數為 120.13，故步階-輸入的穩-態誤差為 1/120.13 或 0.83%。

**第二級為 PI 控制器的設計**

PI 控制器可應用於改善系統的穩態-誤差和穩定性。PI 控制的轉移函數可寫為

$$G_{c2}(s) = K_P + \frac{K_I}{s} = K_P\left(\frac{s + K_I/K_P}{s}\right) \tag{11-181}$$

在此可用 (11-179) 式中相位-落後控制器的基礎來設計 PI 控制器。即

$$G_{c1}(s) = 0.005\left(\frac{s+20}{s+0.1}\right) \tag{11-182}$$

因此，令 $K_P = 0.005$ 和 $K_I/K_P = 20$，則 $K_I = 0.1$。圖 11-62 所示為具有凹陷-PI 控制器之系統單位-步階響應。步階響應的屬性為

% 最大超越量 = 1%
上升時間 $t_r = 0.1380$ 秒
安定時間 $t_s = 0.1818$ 秒

除了在目前例子中步階-函數輸入的穩-態速度誤差為 0 外，這些屬性均和凹陷-相位-落後控制器

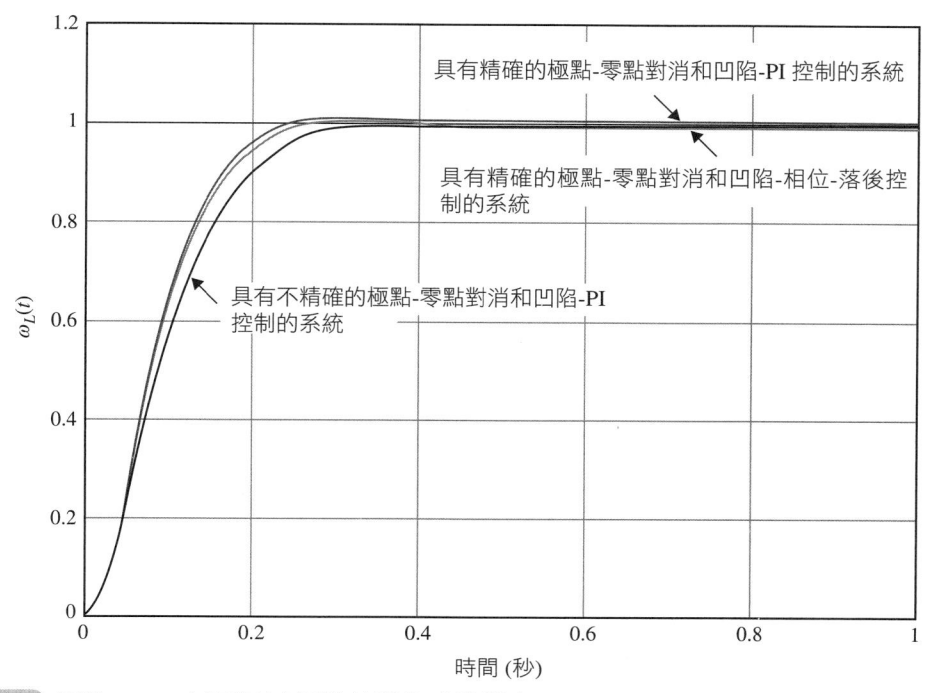

▶ **圖 11-62** 範例 11-6-1 中速度控制系統的單位-步階響應。

的結果相當接近。

**非精確極點-零點對消的靈敏度**

前面已經提過，在現實生活中精確的極點-零點對消幾乎不可能。考慮 (11-152) 式之凹陷控制器轉移函數的分子多項式無法以實際的電阻和電容元件來實現。反而，較容易實現的凹陷控制器轉移函數可選擇為

$$G_c(s) = \frac{s^2 + 100s + 1,000,000}{s^2 + 20,000s + 1,000,000} \tag{11-183}$$

圖 11-62 所示為具有 (11-183) 式之凹陷控制器系統的單位-步階響應。單位-步階響應的屬性如下：

% 最大超越量 = 0.4%
上升時間 $t_r = 0.17$ 秒
安定時間 $t_s = 0.2323$ 秒

**頻-域設計**

為了完成凹陷控制器的設計，可以參考圖 11-63 所示之 (11-171) 式的波德圖。由於 $G_p(s)$ 的共軛複數極點，大小圖在 1095 rad/sec 處有一峰值 24.86 dB。由圖 11-63 的波德圖可以看出大小圖必須在 1095 rad/sec 之共振頻率處往下拉 −20 dB，才可使共振得以消除。如此便需要 −44.86 dB 的衰減。因此，由 (11-165) 式可得

$$|G_c(j\omega_c)| = -44.86 \text{ dB} = \frac{\zeta_z}{\zeta_p} = \frac{0.0435}{\zeta_p} \tag{11-184}$$

其中，$\zeta_z = 95.3/2\sqrt{1198606.6} = 0.0435$ 可由 (11-172) 式求出。由 (11-184) 式求解 $\zeta_p$，可得 $\zeta_p = 7.612$。此衰減量必須配置於 1095 rad/sec 之共振頻率處；因此，$\omega_n = 1095$ rad/sec。(11-162) 式的凹陷控制器變成

$$G_c(s) = \frac{s^2 + 95.3s + 1,198,606.6}{s^2 + 16,670.28s + 1,199,025} \tag{11-185}$$

具有 (11-185) 式之凹陷控制器的系統，其波德圖如圖 11-63 所示。由此可知具有凹陷控制器的系統，其相位邊限只有 13.7°，且 $M_r$ 為 3.92。

為了完成此一設計，我們使用 PI 控制器作為第二級控制器。由 11-3 節設計 PI 控制器的方法，可以假設所設計的相位邊限為 80°。由圖 11-63 的波德圖可知，要實現 80° 的相位邊限，新的增益-交越頻率應為 $\omega'_g = 43$ rad/sec，且 $G(j\omega'_g)$ 的大小是 30 dB。因此，由 (11-42) 式

$$K_P = 10^{-|G(j\omega'_g)|_{dB}/20} = 10^{-30/20} = 0.0316 \tag{11-186}$$

$K_I$ 值可以利用 (11-43) 式求得

$$K_I = \frac{\omega'_g K_P}{10} = \frac{43 \times 0.0316}{10} = 0.135 \tag{11-187}$$

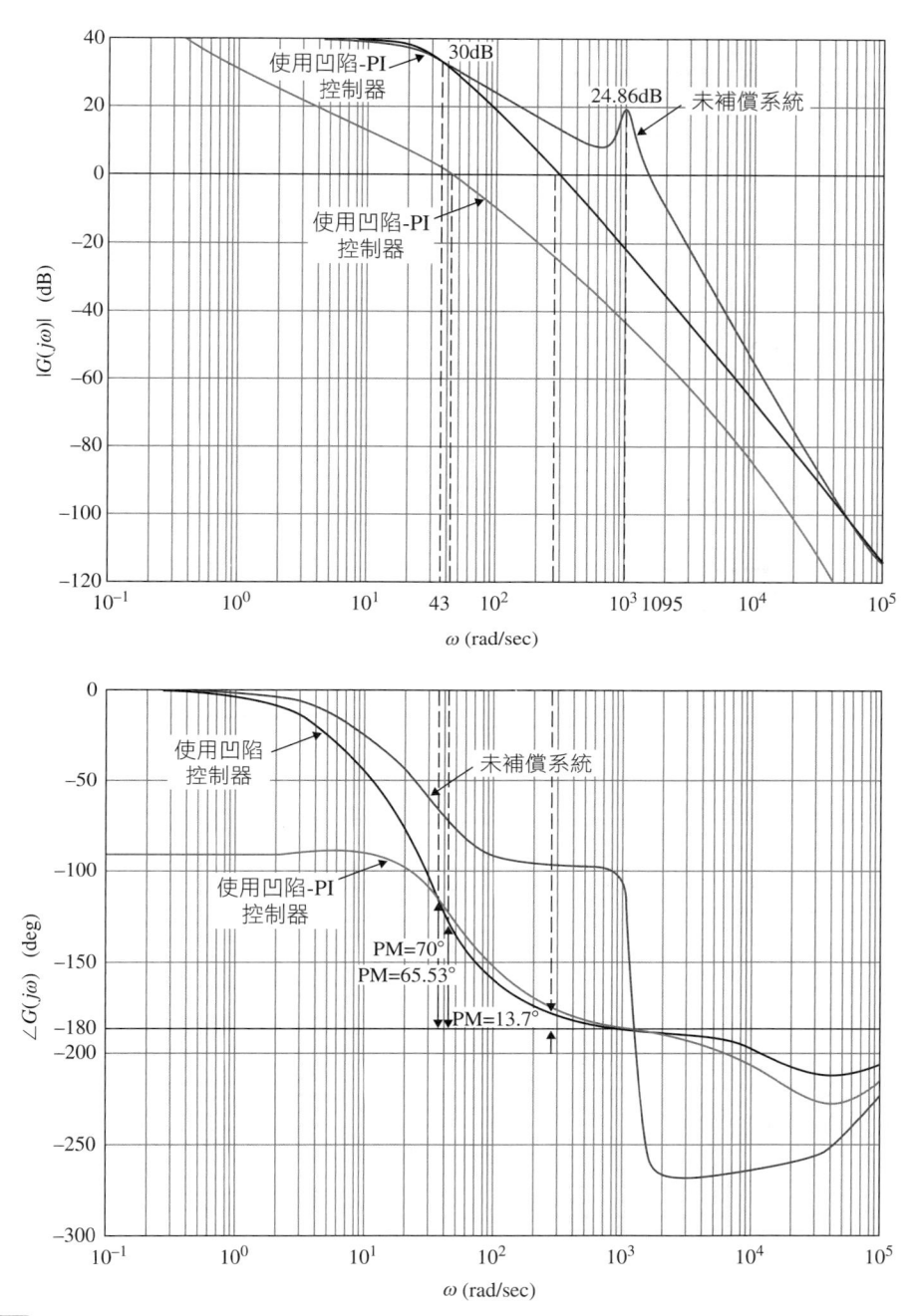

▶ 圖 11-63 範例 11-6-1 中之未補償速度控制系統，和採用凹陷控制器，及採用凹陷-PI 控制器後的波德圖。

由於原有系統為型式 0 的系統，因此最後的設計必須再調整 $K_I$ 值。表 11-23 所列為 $K_P = 0.0316$ 而 $K_I$ 從 0.135 變化的性能。以最好的最大超越量、上升時間及安定時間而言，$K_I$ 最佳值為 0.35。因此，具凹陷-PI 控制器的補償系統順向-路徑轉移函數為

■表 11-23　範例 11-6-1 中具有在頻-域所設計的凹陷-PI 控制器之系統的系統性能

| $K_P$ | $K_I$ | PM (度) | 最大超越量 (%) | $t_r$ (秒) | $t_s$ (秒) |
|---|---|---|---|---|---|
| 0.0316 | 0.1 | 76.71 | 0 | 0.2986 | 0.5758 |
| 0.0316 | 0.135 | 75.15 | 0 | 0.2036 | 0.4061 |
| 0.0316 | 0.200 | 72.22 | 0 | 0.0430 | 0.2403 |
| 0.0316 | 0.300 | 67.74 | 0 | 0.0350 | 0.1361 |
| 0.0316 | 0.350 | 65.53 | 1.6 | 0.0337 | 0.0401 |
| 0.0316 | 0.400 | 63.36 | 4.3 | 0.0323 | 0.0398 |

$$G(s) = \frac{20,000(s+100,000)(0.0316s+0.35)}{s(s+16.69)(s^2+16,670.28s+1,199,025)} \tag{11-188}$$

圖 11-63 所示為具凹陷-PI 控制器之系統波德圖，其中 $K_P = 0.0316$，$K_I = 0.35$。此補償系統在 $K_P = 0.0316$，$K_I = 0.135$、0.35 及 0.40 時的單位-步階響應如圖 11-64 所示。

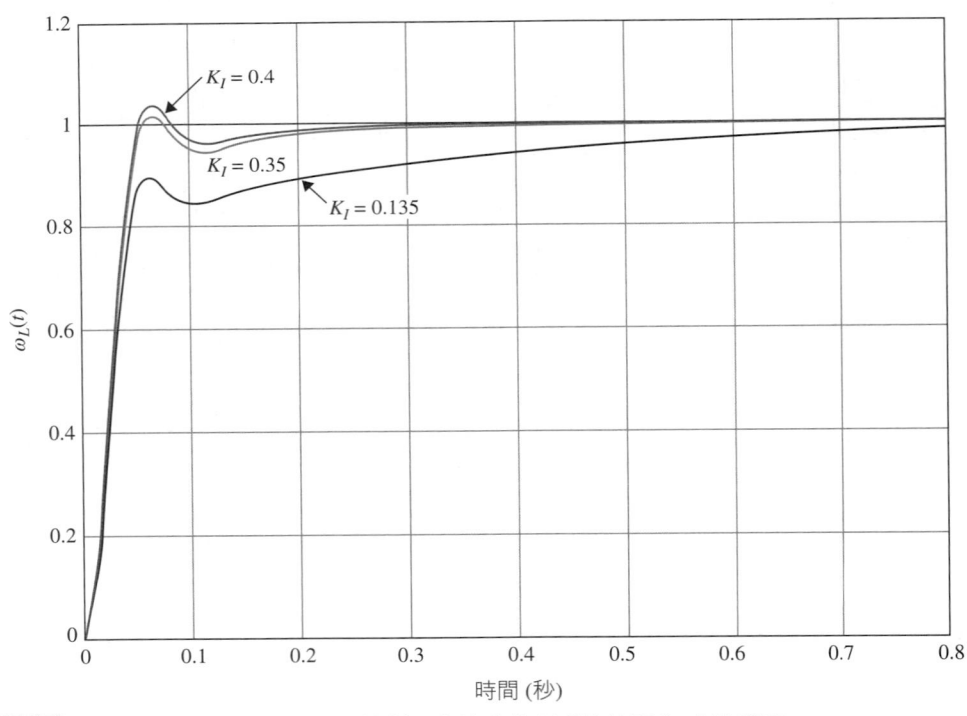

▶圖 11-64　範例 11-6-1 中具有凹陷-PI 控制器之速度控制系統的單位-步階響應。

$$G_c(s) = \frac{s^2+95.3s+1,198,606.6}{s^2+16,670.28s+1,199,025} \; , \; G_{c2}(s) = 0.0316 + \frac{0.35}{s} \, \text{。}$$

## 11-7　順向與前饋式控制器

在前面章節中所討論的各種控制器都只有一個自由度，因為對系統而言，只有一個控制器；雖然控制器可能經由串聯或並聯銜接起來而有好幾級。單一自由度控制器的限制已在 11-1 節中討論過。在圖 11-2d 到 f 的兩個自由度的補償組態提供了更多的設計彈性，這些組態可以同時滿足多個設計準則。

由圖 11-2e，系統的閉-迴路轉移函數為

$$\frac{Y(s)}{R(s)} = \frac{G_{cf}(s)G_c(s)G_p(s)}{1+G_c(s)G_p(s)} \tag{11-189}$$

且誤差轉移函數為

$$\frac{E(s)}{R(s)} = \frac{1}{1+G_c(s)G_p(s)} \tag{11-190}$$

因此，控制器 $G_c(s)$ 可設計成使誤差轉移函數具有所需要的某些特性，而控制器 $G_{cf}(s)$ 可以選擇滿足輸入-輸出關係所需的性能。另一種敘述兩個自由度設計的變通性為：控制器 $G_c(s)$ 通常可選擇成提供系統某種程度的穩定度，但因為 $G_c(s)$ 的零點總是會變為閉-迴路轉移函數的零點，除非經由轉移函數 $G_p(s)$ 極點的處理消去一些零點，否則這些零點可導致系統輸出相當大的超越量，即使特性方程式所決定的相對阻尼良好。在此情況下，轉移函數 $G_{cf}(s)$ 可用做控制或對消閉-迴路轉移函數不想要的零點，而仍保持特性方程式的完整。當然，我們亦可在 $G_{cf}(s)$ 引入一些零點來對消由 $G_c(s)$ 補償而引起不想要的閉-迴路轉移函數之極點。在圖 11-2f 的前授補償組態也可提供順向補償的相同目的，而這兩種組態的差異在於系統和硬體實現的考量。

應該記住的是，儘管順向和前授補償似乎很有用，因為它們可直接在閉-迴路轉移函數中增加或消除極點或零點，但仍然有一個牽涉到回授特性的基本問題。假使順向或前授控制真的如此有用，為何還需要回授呢？因為 $G_{cf}(s)$ 位在圖 11-2e 和 f 系統的回授迴路外邊，此系統極易受 $G_{cf}(s)$ 參數變化的影響。因此，這些補償型式在實用上並不全然能滿足各種情況的應用。

### 範例 11-7-1

作為說明順向和前授補償器的設計範例，考慮範例 11-5-4，以相位-落後控制的二-階太陽-追蹤器系統。相位-落後補償的缺點為上升時間相當長。考慮相位-落後補償的太陽-追蹤器系統，其順向-路徑轉移函數為

$$G(s) = G_c(s)G_p(s) = \frac{2500(1+10s)}{s(s+25)(1+100s)} \tag{11-191}$$

時間響應的屬性如下：

最大超越量 = 2.5%
$t_r$ = 0.1637 秒
$t_s$ = 0.2020 秒

如圖 11-65a 所示，藉由將一 PD 控制器 $G_{cf}(s)$ 加入至系統中，便可在不增加超越量下改善上升時間和安定時間。此作法將可有效地增加閉-迴路轉移函數的零點，而不影響到特性方程式。選擇此 PD 控制器為

$$G_{cf}(s) = 1 + 0.05 \tag{11-192}$$

時-域性能如下：

最大超越量 = 4.3%
$t_r$ = 0.1069 秒
$t_s$ = 0.1313 秒

相反地，若採用圖 11-65b 的前授組態，則轉移函數 $G_{cf1}(s)$ 直接與 $G_{cf}(s)$ 相關。亦即，令圖 11-65a 和 b 兩系統的閉-迴路轉移函數相等，可得

$$\frac{[G_{cf1}(s)+G_c(s)]G_p(s)}{1+G_c(s)G_p(s)} = \frac{G_{cf}G_c(s)G_p(s)}{1+G_c(s)G_p(s)} \tag{11-193}$$

由上式求解 $G_{cf1}(s)$，得

$$G_{cf1}(s) = [G_{cf}(s)-1]G_c(s) \tag{11-194}$$

因此，由 (11-192) 式所給的 $G_{cf}(s)$，可以求得前授控制器的轉移函數為

$$G_{cf1}(s) = 0.05s\left(\frac{1+10s}{1+100s}\right) \tag{11-195}$$

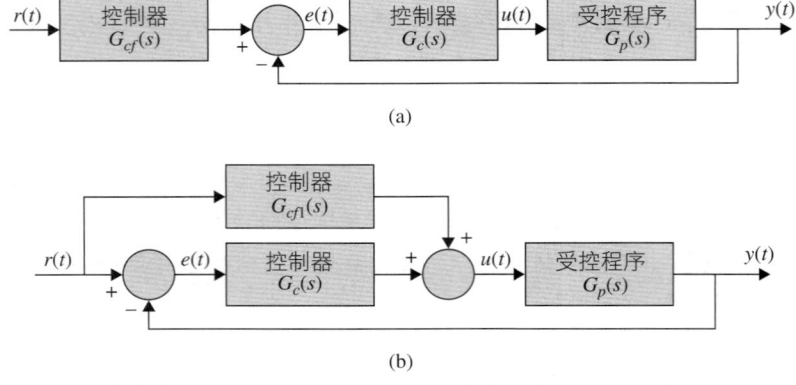

▶ 圖 11-65　(a) 具有串聯式補償之順向補償。(b) 具有串聯式補償之前授補償。

## 11-8　強健控制系統的設計

在許多控制系統的應用上，系統設計不只是要能滿足阻尼和準確度的規格，也必須對外部干擾和參數變化具有強健性 (不靈敏)。我們已經證明一般控制系統的回授在先天上便具有降低外部雜訊和參數變化所造成影響的能力。但不幸地，一般回授架構的強健性，只有在高迴路增益下才能達成，而這通常會危及穩定度。考慮圖 11-66 的控制系統。外部的雜訊以訊號 $d(t)$ 表示，而且我們假設放大器增益 $K$ 在操作期間容易變化。系統在 $d(t) = 0$ 時的輸入-輸出轉移函數為

$$M(s) = \frac{Y(s)}{R(s)} = \frac{KG_{cf}(s)G_c(s)G_p(s)}{1+KG_c(s)G_p(s)} \tag{11-196}$$

當 $r(t) = 0$ 時，雜訊-輸出轉移函數為

$$T(s) = \frac{Y(s)}{D(s)} = \frac{1}{1+KG_c(s)G_p(s)} \tag{11-197}$$

通常，設計策略是想要選擇控制器 $G_c(s)$ 使輸出 $y(t)$ 在雜訊較強的某一頻率範圍內對雜訊是不靈敏的，而前授控制器 $G_{cf}(s)$ 則需要設計成使輸入 $r(t)$ 和輸出 $y(t)$ 之間具有想要的轉移函數。

定義 $M(s)$ 因 $K$ 值變化而造成的靈敏度為

$$S_K^M = \frac{M(s)\text{改變的比例}}{K\text{值改變的比例}} = \frac{dM(s)/M(s)}{dK/K} \tag{11-198}$$

因此，在圖 11-66 的系統中

$$S_K^M = \frac{1}{1+KG_c(s)G_p(s)} \tag{11-199}$$

此式和 (11-197) 式完全相同。因此，靈敏度函數和雜訊-輸出轉移函數是相同的，這表示雜訊抑制和對 $K$ 值變化的強健性可以用相同的控制方法來設計。

以下的例子將說明圖 11-66 的兩個自由度控制系統如何達成高增益系統，除了可滿足性能和強健性需求外，並可去除雜訊。

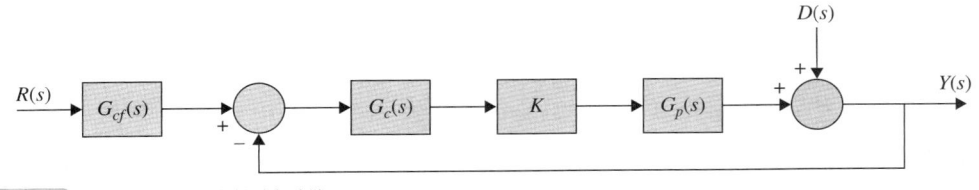

▶ 圖 11-66　受雜訊影響的控制系統。

## 範例 11-8-1

考慮範例 11-5-4 的二-階太陽-追蹤器系統。在該例中，系統係以一相位-落後控制器來補償。順向-路徑轉移函數為

$$G_p(s) = \frac{2500K}{s(s+25)} \qquad (11\text{-}200)$$

其中 $K = 1$。相位-落後補償系統在 $a = 0.1$ 和 $T = 100$ 時的順向-路徑轉移函數為

$$G(s) = G_c(s)G_p(s) = \frac{2500K(1+10s)}{s(s+25)(1+100s)} \quad (K=1) \qquad (11\text{-}201)$$

由於相位-落後控制器為低通濾波器，故其閉-迴路轉移函數 $M(s)$ 對 $K$ 的靈敏度便不好。此系統的頻寬只有 13.97 rad/sec；因此，在 13.97 rad/sec 以上的頻率，$|S_K^M(j\omega)|$ 會大於 1。圖 11-67 所示為 $K = 1$、0.5 及 2.0 時，系統的單位-步階響應。注意：若在某些原因下，$K$ 值由 1 開始變化，則相位-落後補償系統響應的變化會很大。對於這三個 $K$ 值的步階響應和特性方程式的根均列於表 11-24。圖 11-68 所示為具有相位-落後控制的系統根軌跡。當 $K$ 由 0.5 變化到 2.0 時，特性方程式的兩個複數根變化很大。

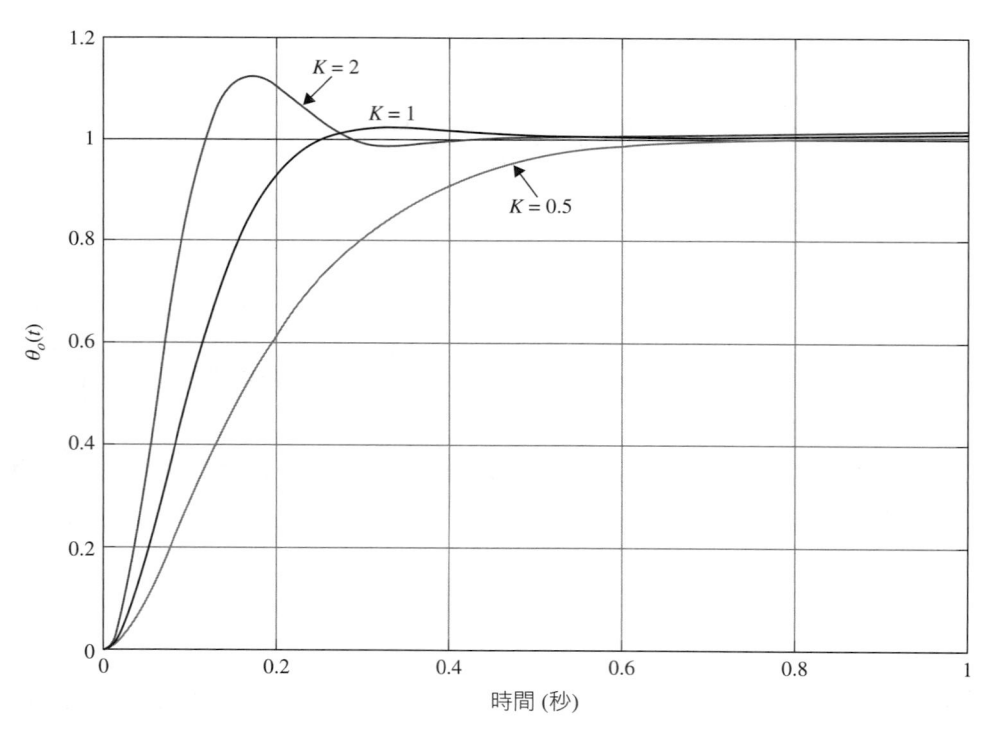

▶ 圖 11-67 具有相位-落後控制之二-階太陽-追蹤器系統的單位-步階響應。 $G(s) = \dfrac{2500K(1+10s)}{s(s+25)(1+100s)}$。

■表 11-24　範例 11-8-1 中具有相位-落後控制之二-階太陽-追蹤器系統的單位-步階響應屬性

| $K$ | 最大超越量 (%) | $t_r$ (秒) | $t_s$ (秒) | 特性方程式的根 |
|---|---|---|---|---|
| 2.0 | 12.6 | 0.07854 | 0.2323 | −0.1005　−12.4548 ± j18.51 |
| 1.0 | 2.6 | 0.1519 | 0.2020 | −0.1009　−12.4545 ± j9.624 |
| 0.5 | 1.5 | 0.3383 | 0.4646 | −0.1019　−6.7628　−18.1454 |

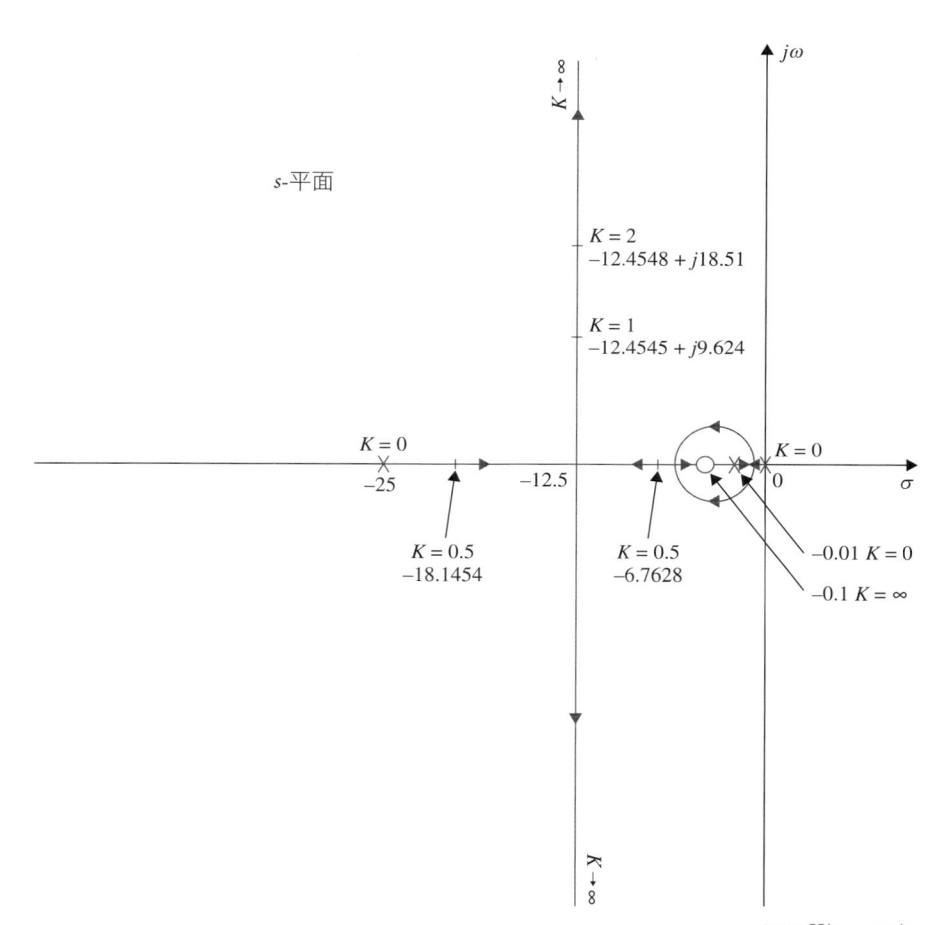

▶ 圖 11-68　具有相位-落後控制器之二-階太陽-追蹤器系統的根軌跡。 $G(s) = \dfrac{2500K(1+10s)}{s(s+25)(1+100s)}$。

### 工具盒 11-8-1

圖 11-67 可由下述的 MATLAB 函式序列求得：

```
K = 1;
num = K *2500 * [10 1];
den = conv([1 25 0], [100 1]);
[numCL,denCL]=cloop(num,den);
```

```
step(numCL,denCL)
hold on;
K = 2;
num = K*2500 * [10 1];
den = conv([1 25 0], [100 1]);
[numCL,denCL]=cloop(num,den);
step(numCL,denCL)
hold on;
K = 0.5;
num = K*2500 * [10 1];
den = conv([1 25 0], [100 1]);
[numCL,denCL]=cloop(num,den);
step(numCL,denCL)
hold on;
axis([0 1 0 1.2]);
grid
```

強健控制器的設計策略為把控制器的兩個零點配置於所設計相位-落後補償系統的閉-迴路極點 $s = -12.455 \pm j9.624$ 的附近。因此，可令控制器轉移函數為

$$G_c(s) = \frac{(s+13+j10)(s+13-j10)}{269} = \frac{(s^2+26s+269)}{269} \tag{11-202}$$

具有強健控制器之系統的順向-路徑轉移函數為

$$G(s) = \frac{9.2937K(s^2+26s+269)}{s(s+25)} \tag{11-203}$$

圖 11-69 所示為具有強健控制器之系統的根軌跡。將 $G_c(s)$ 的兩個零點配置在所要的特性方程式根的附近，會大幅地改善系統的靈敏度。事實上，在靠近兩複數極點附近，即根軌跡終止處的根靈敏度非常低。由圖 11-69 可以看出，當 $K$ 值趨近無窮值時，兩特性方程式的根接近於 $-13 \pm j10$。

### 工具盒 11-8-2

圖 11-68 可由下述的 MATLAB 函式序列求得：

```
num = 2500 * [10 1];
den = conv([1 25 0], [100 1]);
rlocus(num,den);
axis([-30 10 -20 20])
% Use the cursor to obtain values of K and the poles
```

### 工具盒 11-8-3

圖 11-69 可由下述的 MATLAB 函式序列求得：

```
num = 9.2937*[1 26 269];
den = [1 25 0];
rlocus(num,den);
% Use the cursor to obtain values of K and the poles
```

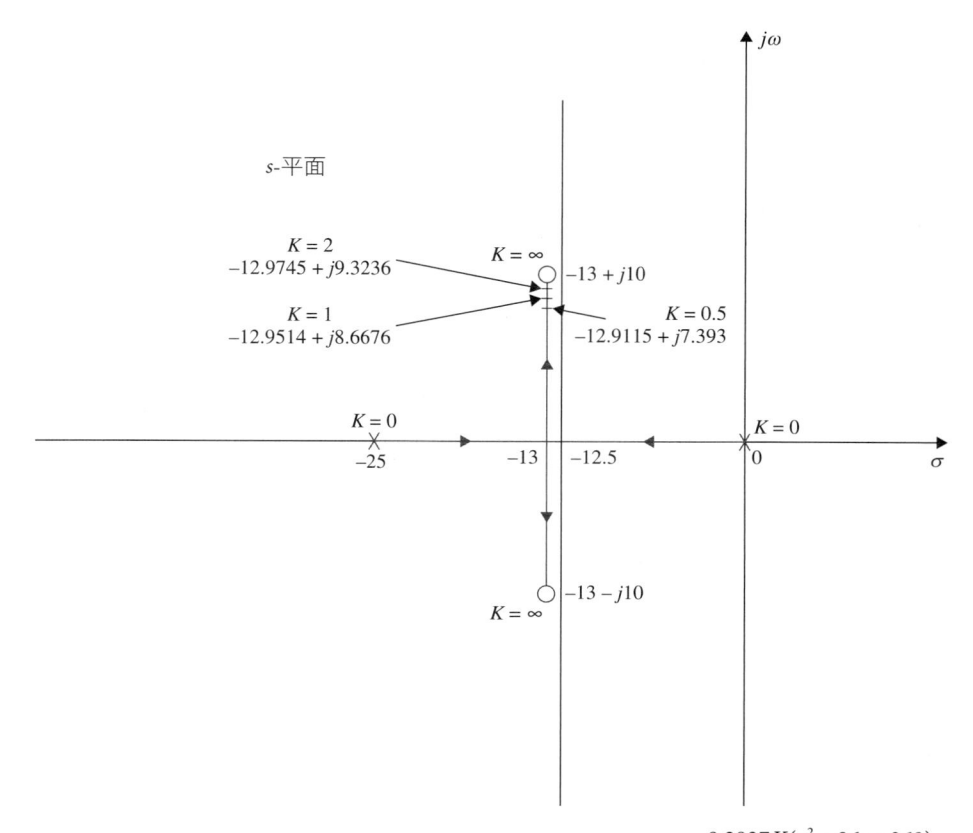

▶ **圖 11-69** 具有強健控制器之二-階太陽-追蹤器系統的根軌跡。$G(s) = \dfrac{9.2937K(s^2 + 26s + 269)}{s(s+25)}$。

　　由於順向-路徑轉移函數的零點與閉-迴路轉移函數的零點相同，所以此設計無法只靠串接式控制器 $G_c(s)$ 完成，因為閉-迴路零點會與閉-迴路極點對消。這表示還要再加上順向控制器，如圖 11-70 所示；其中 $G_{cf}(s)$ 應包含可以消去閉-迴路轉移函數零點的極點，即 $G_{cf}(s)$ 的分母要包含 $s^2 + 26s + 269$。因此，此順向控制器的轉移函數為

$$G_{cf}(s) = \dfrac{269}{s^2 + 26s + 269} \tag{11-204}$$

圖 11-70 為整個系統的方塊圖。補償系統在 $K = 1$ 時的閉-迴路轉移函數為

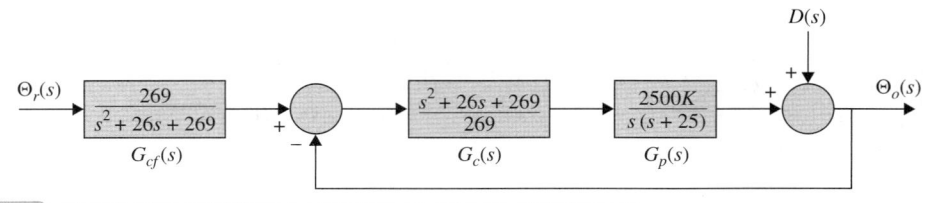

▶ **圖 11-70** 具有強健控制器和順向控制器的二-階太陽-追蹤器系統。

$$\frac{\Theta_o(s)}{\Theta_r(s)} = \frac{242.88}{s^2 + 25.903s + 242.88} \tag{11-205}$$

此系統在 $K = 0.5$、1.0 及 2.0 時的單位-步階響應如圖 11-71 所示,而其屬性則列於表 11-25 中。如此一來,系統對於 $K$ 值變化的靈敏度將非常低。

由於圖 11-70 所示的系統較具強健性,所以可以降低雜訊的影響。不過,我們無法以 $d(t)$ 為單位-步階函數來評估圖 11-70 控制器對系統的影響。在去除雜訊的實際改善特性上,以對 $\Theta_o(s)/D(s)$ 之頻率響應來研究較為適合。由圖 11-70,雜訊對輸出的轉移函數可寫為

$$\frac{\Theta_o(s)}{D(s)} = \frac{1}{1 + G_c(s)G_p(s)} = \frac{s(s+25)}{10.2937s^2 + 266.636s + 2500} \tag{11-206}$$

(11-206) 式的大小-波德圖如圖 11-72 所示,其中包括未補償和以相位-落後控制之系統的波

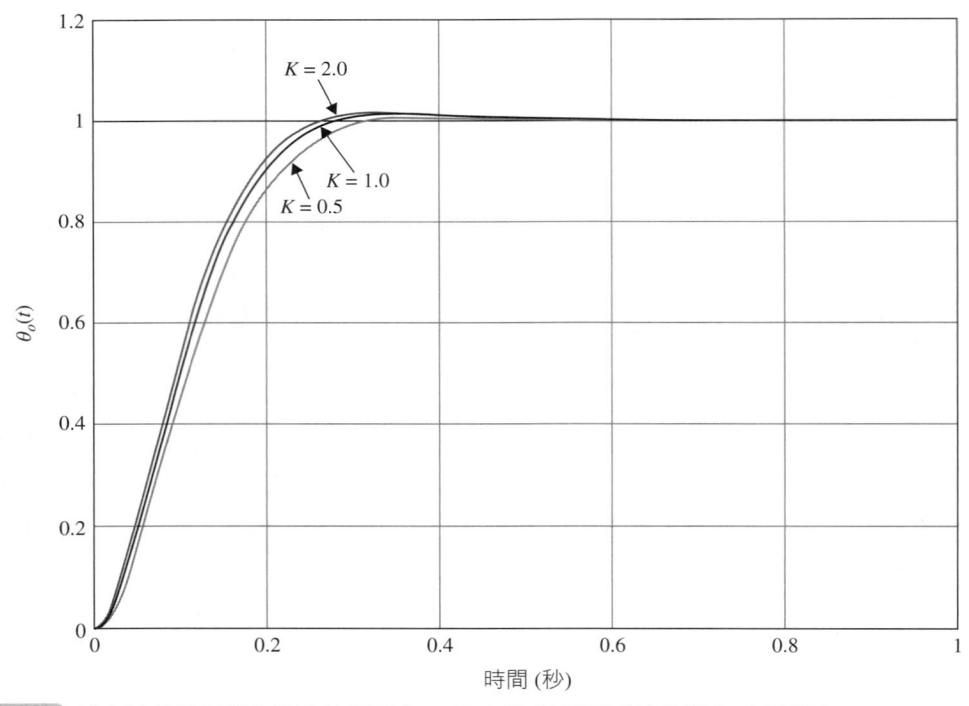

▶圖 11-71 具有強健控制器和順向控制器之二-階太陽-追蹤器系統的單位-步階響應。

■表 11-25 範例 11-8-1 中具有強健控制器之二-階太陽追蹤器系統的單位-步階響應屬性

| $K$ | 最大超越量 (%) | $t_r$ (秒) | $t_s$ (秒) | 特性方程式的根 |
|---|---|---|---|---|
| 2.0 | 1.3 | 0.1576 | 0.2121 | $-12.9745 \pm j9.3236$ |
| 1.0 | 0.9 | 0.1664 | 0.2222 | $-12.9514 \pm j8.6676$ |
| 0.5 | 0.5 | 0.1846 | 0.2525 | $-12.9115 \pm j7.3930$ |

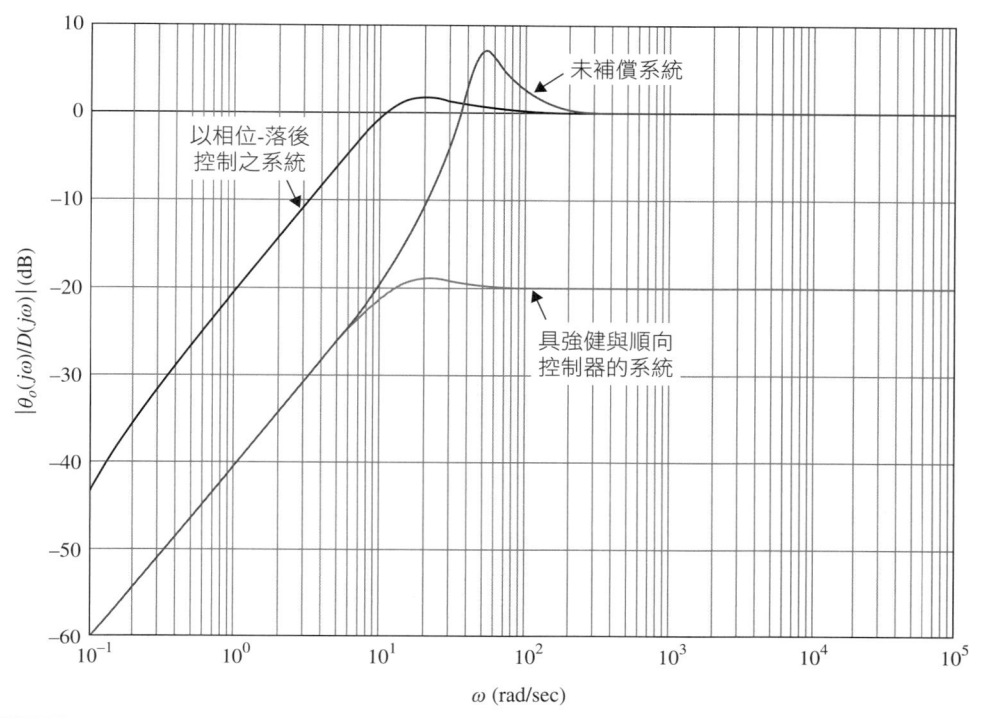

▶ 圖 11-72　因二-階太陽-追蹤器系統雜訊所引起之響應的大小波德圖。

德圖。注意：$D(s)$ 和 $\Theta_o(s)$ 之間頻率響應的大小遠比未補償與相位-落後控制系統來得小。雖然相位-落後控制增加了系統穩定度，但也強化了 40 rad/sec 以下頻率的雜訊。

## 範例 11-8-2

本例將對一具順向補償強健控制器的三-階太陽-追蹤器系統加以設計，此系統已於範例 11-5-5 中，以相位-落後控制設計。未補償系統的順向-路徑轉移函數為

$$G_p(s) = \frac{156,250,000K}{s(s^2+625s+156,250)} \tag{11-207}$$

其中，$K = 1$。閉-迴路系統的根軌跡如圖 11-54 所示，而且在表 11-20 已列出相位-落後控制的結果。我們選擇相位-落後控制器的參數為 $a = 0.1$，$T = 20$。特性方程式的主控根為 $s = -187.73 \pm j164.93$。

讓我們將二-階強健控制器的兩個零點配置於 $-180 \pm j166.13$，以使控制器的轉移函數成為

$$G_c(s) = \frac{s^2+360s+60,000}{60,000} \tag{11-208}$$

為了簡化此控制器高頻實現問題，可以對 $G_c(s)$ 增加兩個非主極點。以下是以 (11-208) 式的

$G_c(s)$ 作分析。補償系統的根軌跡，如圖 11-73 所示。因此，藉由把控制器的零點配置於非常靠近所設計主極點之處，則系統對於接近及超過 $K$ 的標稱值時的變動非常不靈敏。順向控制器的轉移函數為

$$G_{cf}(s) = \frac{60,000}{s^2 + 360s + 60,000} \tag{11-209}$$

在 $K = 0.5$、$1.0$、$2.0$ 及 $10.0$ 時，單位-步階響應的特性，以及其對應的特性方程式之根，均列於表 11-26 中。

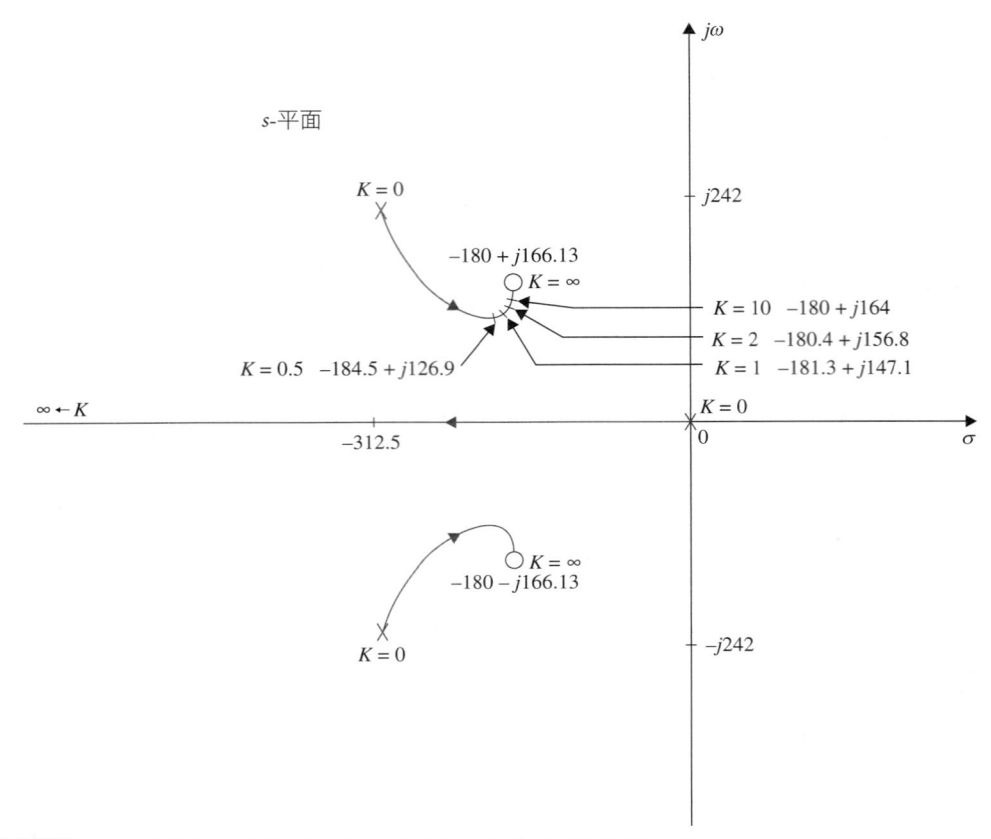

▶ 圖 11-73　具有強健與順向控制器之三-階太陽-追蹤器系統的根軌跡。

■ 表 11-26　範例 11-8-2 具有強健和順向控制的三-階太陽-追蹤器系統的單位-步階響應與特性方程式根的性質

| $K$ | 最大超越量 (%) | $t_r$ (秒) | $t_s$ (秒) | 特性方程式的根 | |
|---|---|---|---|---|---|
| 0.5 | 1.0 | 0.01115 | 0.01616 | −1558.1 | $−184.5 \pm j126.9$ |
| 1.0 | 2.1 | 0.01023 | 0.01414 | −2866.6 | $−181.3 \pm j147.1$ |
| 2.0 | 2.7 | 0.00966 | 0.01313 | −5472.6 | $−180.4 \pm j156.8$ |
| 10.0 | 3.2 | 0.00924 | 0.01263 | −26307 | $−180.0 \pm j164.0$ |

## 範例 11-8-3

在本例中，我們要考慮位置控制系統的設計，此系統有一可變負載慣量。在控制系統中，這是十分常見的情形。例如，當使用不同的印字輪時，電子印表機馬達所承受的負載慣量就會改變。系統對於所有會用到的印字輪，都應要有令人滿意的性能才是。

為了說明強健系統對負載慣量的變化不敏感的設計，考慮單位-回授控制系統的順向-路徑轉移函數為

$$G_p(s) = \frac{KK_i}{s[(Js+B)(Ls+B)+K_iK_b]} \tag{11-210}$$

系統的參數如下：

$K_i$ = 馬達轉矩常數 = 1 N·m/A
$K_b$ = 馬達反電動勢常數 = 1 V/rad/sec
$R$ = 馬達電阻 = 1 Ω
$L$ = 馬達電感 = 0.01 H
$B$ = 馬達與負載之間的黏滯摩擦係數 ≅ 0
$J$ = 馬達與負載的慣量，變化於 0.01 到 0.02 N·m/rad/sec$^2$ 之間
$K$ = 放大器增益

將這些系統參數代入 (11-210) 式，可得

$$J = 0.01 \text{ 時}：G_p(s) = \frac{10,000K}{s(s^2+100s+10,000)} \tag{11-211}$$

$$J = 0.02 \text{ 時}：G_p(s) = \frac{5000K}{s(s^2+100s+5000)} \tag{11-212}$$

性能規格如下：

斜坡-誤差常數 $K_v \geq 200$
最大超越量 ≤ 5% 或盡可能的小
上升時間 $t_r \leq 0.05$ 秒
安定時間 $t_s \leq 0.05$ 秒

在 $0.01 \leq J \leq 0.02$ 之下要能保持這些規格。

圖 11-74 顯示未補償系統在 $J = 0.01$ 和 0.02 時的根軌跡。我們發現不管 $J$ 值為何，未補償系統在 $K > 100$ 時為不穩定。

為了達到強健控制，我們選擇圖 11-65a 的系統組態。我們引進一個二-階串聯控制器，並將其零點放在靠近補償系統所想要的主控特性方程式附近，零點應放置成使得主控特性方程式的根對 $J$ 的變化不靈敏。為了達成此目的，將兩個零點放在 $-55 \pm j45$，不過準確的位置並不重要。依指示選擇控制器的兩個零點，則補償系統的根軌跡顯示：對於不同的 $J$，特性方程式的兩個複

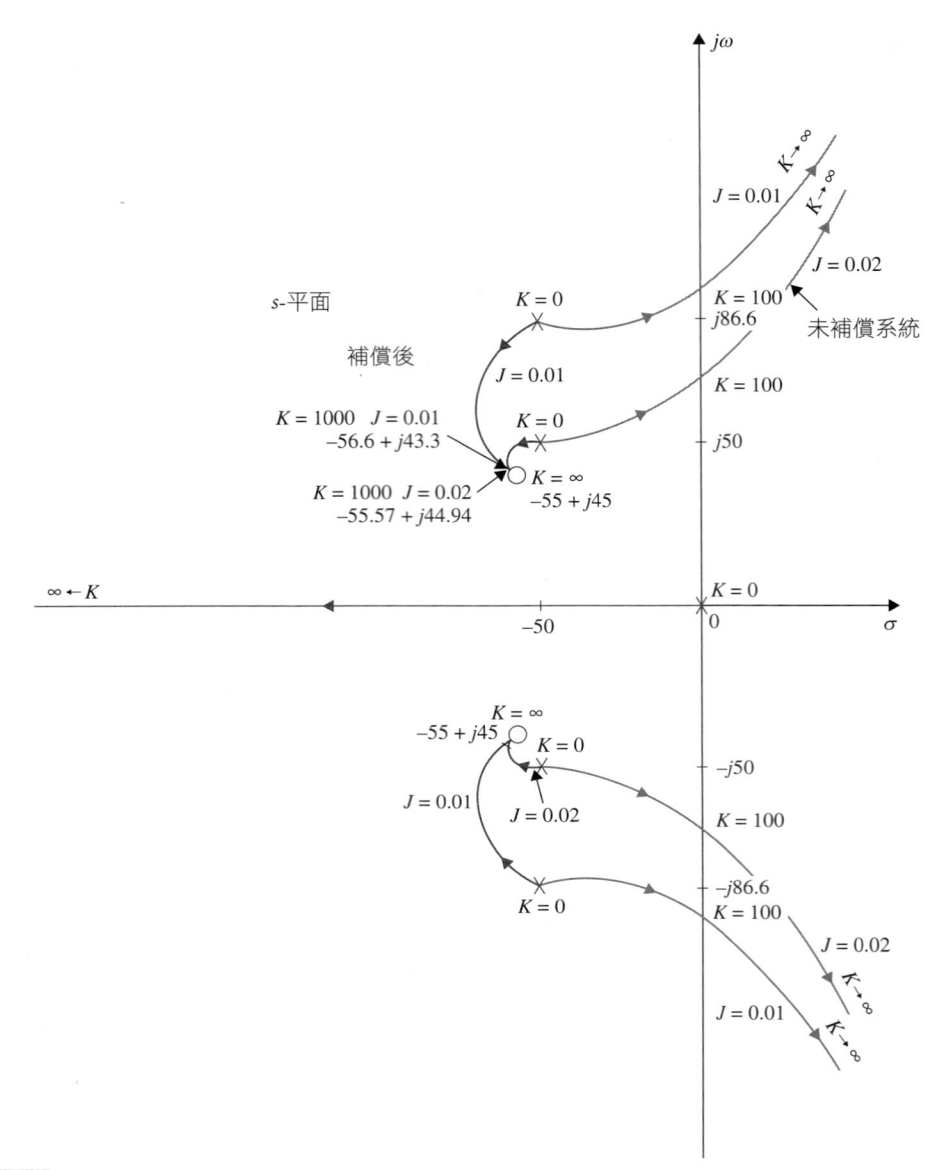

▶ 圖 11-74 範例 11-8-3 中具有強健與順向控制器之位置控制系統的根軌跡。

數根非常靠近這兩個零點,尤其是當 $K$ 值很大時,強健控制器的轉移函數為

$$G_c(s) = \frac{(s^2 + 110s + 5050)}{5050} \tag{11-213}$$

同範例 11-8-2,我們可以將兩個非主控極點加至 $G_c(s)$,以減輕控制器高頻實現的問題。接著,以 (11-213) 式的 $G_c(s)$ 來進行分析。

雖然 $K = 200$ 已足以滿足 $K_v$ 的要求,但仍令 $K = 1000$。若 $J = 0.01$,則補償系統的順向-路徑轉移函數為

■表 11-27　範例 11-8-3 具有強健與順向控制器之系統的單位-步階響應的特性及特性方程式的根

| $J$ N·m/rad/sec$^2$ | 最大超越量 (%) | $t_r$ (秒) | $t_s$ (秒) | 特性方程式的根 | |
|---|---|---|---|---|---|
| 0.01 | 1.6 | 0.03453 | 0.04444 | −1967 | −56.60 ± j43.3 |
| 0.02 | 2.0 | 0.03357 | 0.04444 | −978.96 | −55.57 ± j44.94 |

$$G(s) = G_c(s)G_p(s) = \frac{1980.198(s^2 + 110s + 5050)}{s(s^2 + 100s + 10{,}000)} \tag{11-214}$$

若 $J = 0.02$，則

$$G(s) = \frac{990.99(s^2 + 110s + 5050)}{s(s^2 + 100s + 5000)} \tag{11-215}$$

為了消去閉-迴路轉移函數的兩個零點，順向控制器的轉移函數須為

$$G_{cf}(s) = \frac{5050}{s^2 + 110s + 5050} \tag{11-216}$$

對於 $K = 1000$，$J = 0.01$ 和 0.02，補償系統之單位-步階響應的特性與特性方程式的根列於表 11-27 中。

## 11-9　次-迴路回授控制

上述所討論的控制架構，都是在控制系統的主-迴路順向-路徑或前授路徑中，採用串聯控制器。雖然串聯控制因實作簡單而最常使用，但需視系統的特性而定，有時在次-回授迴路中加入控制器反而更好，如圖 11-2b 所示。例如，一個轉速計可以直接耦合到一個直流馬達，不僅可作速度指示，也可將轉速計輸出訊號回授回來以改善閉-迴路系統的穩定度。馬達的速度可由處理馬達反電動勢的資料而得。原則上，PID 控制器或相位-超前和相位-落後控制器都能應用到次-迴路控制器的結構中，各有不同程度的效果。在某些情況下，次-迴路控制可以產生更強健的系統，即對外界的干擾與內部的參數變化較不靈敏。

### 11-9-1　速率-回授或轉速計-回授控制

用驅動訊號的微分來改善閉-迴路系統阻尼的原理，亦可應用至輸出訊號來達到類似的效果。換句話說，輸出訊號的微分回授回來並與系統驅動訊號相加。實際上，若輸出變數是機械位移，轉速計可以用來將機械位移轉換成電子訊號，此訊號是和位移的微分成比例。圖 11-75 為將輸出訊號的微分由次要路徑回授回來的控制系統方塊圖。轉速計的轉移函數是 $K_{ts}$，其中 $K_t$ 是轉速計常數，通常以每秒的伏特/弳度來表示，以便於分析。市售轉

速計的 $K_t$ 可由其規格表得知，典型的單位為伏特/1000 rpm。速率或轉速器回授的效果，可將其應用至一個二-階的原型系統來說明。考慮圖 11-75 的系統，其受控程序的轉移函數為

$$G_p(s) = \frac{\omega_n^2}{s(s+2\zeta\omega_n)} \tag{11-217}$$

系統的閉-迴路轉移函數為

$$\frac{Y(s)}{R(s)} = \frac{\omega_n^2}{s^2 + (2\zeta\omega_n + K_t\omega_n^2)s + \omega_n^2} \tag{11-218}$$

其特性方程式為

$$s^2 + (2\zeta\omega_n + K_t\omega_n^2)s + \omega_n^2 = 0 \tag{11-219}$$

由特性方程式可明顯看出：轉速計回授的效果在於增加系統的阻尼，這是因為 $K_t$ 與阻尼比 $\zeta$ 出現在同一項中。

以這個觀點，轉速計回授控制與 PD 控制有完全一樣的效果。然而，圖 11-3 中具有 PD 控制的系統，其閉-迴路轉移函數為

$$\frac{Y(s)}{R(s)} = \frac{\omega_n^2(K_P + K_D s)}{s^2 + (2\zeta\omega + K_D\omega_n^2)s + \omega_n^2 K_P} \tag{11-220}$$

比較 (11-218) 式和 (11-220) 式中的兩個轉移函數，我們發現：若 $K_P = 1$ 且 $K_D = K_t$ 時，這兩個特性方程式是相等的。不過，(11-220) 式有一零點在 $s = -K_P/K_D$，但 (11-218) 式卻沒有。因此，具有轉速計回授的系統，其響應可由特性方程式來唯一決定，但具 PD 控制的系統其輸出則也要視 $s = -K_P/K_D$ 的零點而定，此零點對步階響應的最大超越量有重要影響。

根據穩態分析，具有轉速計回授系統的順向-路徑轉移函數為

$$\frac{Y(s)}{E(s)} = \frac{\omega_n^2}{s(s+2\zeta\omega_n + K_t\omega_n^2)} \tag{11-221}$$

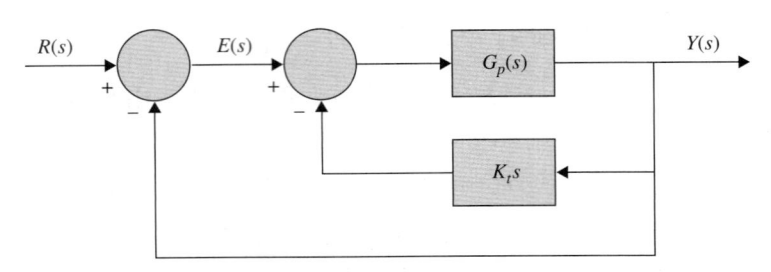

▶ 圖 11-75　具有轉速計回授的控制系統。

因為系統仍是型式 1，所以穩-態誤差的基本特性並不為轉速計回授所改變。亦即，當輸入是步階-函數時，其穩-態誤差是零。但對單位-斜坡函數輸入而言，系統的穩-態誤差是 $(2\zeta + K_t\omega_n)/\omega_n$，然而圖 11-3 中具有 PD 控制的系統其穩-態誤差為 $2\zeta/\omega_n$。因此，對於型式 1 的系統，轉速計回授降低了斜坡-誤差常數 $K_v$，但並不影響步階-誤差常數 $K_p$。

## 11-9-2　利用主動濾波器的次-迴路回授控制

為降低成本與節省空間，可將含有 RC 元件與運算放大器的主動濾波器應用於補償用的次-回授迴路以代替轉速計。下列的範例將說明這種方法。

### 範例 11-9-1

考慮範例 11-5-4 的太陽-追蹤器系統，不將串聯控制器置於順向-路徑，而採用圖 11-76a 的次-迴路回授控制，其中

$$G_p(s) = \frac{2500}{s(s+25)} \tag{11-222}$$

且

$$H(s) = \frac{K_t s}{1+Ts} \tag{11-223}$$

要維持型式 1 的系統，$H(s)$ 有必要包含一個位在 $s = 0$ 的零點。(11-223) 式可用圖 11-76b 中的運算放大器電路來實現。此電路不能用於順向-路徑中作為串聯控制器，因為當頻率為零時，

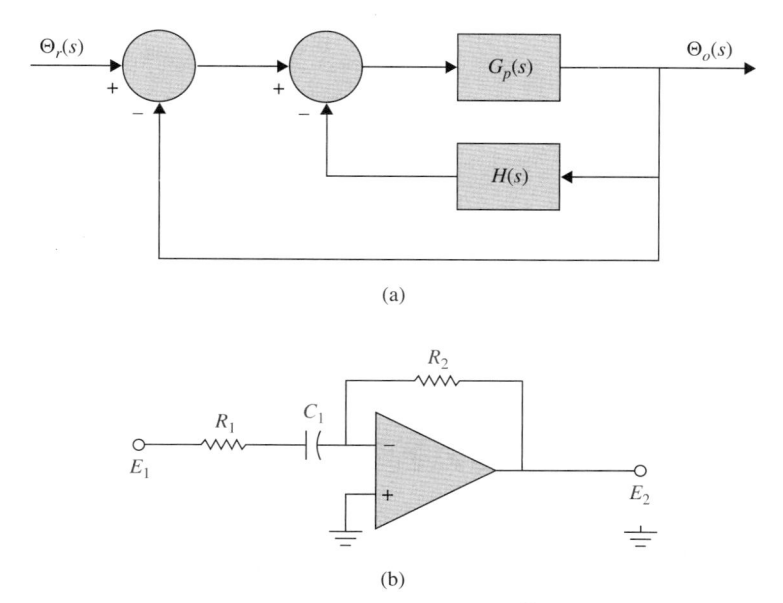

▶ 圖 11-76　(a) 具有次-迴路控制的太陽-追蹤器控制系統。(b) $\dfrac{K_t s}{1+Ts}$ 的運算放大器實現。

此電路在穩態時為一開路電路。若用在次-迴路控制器，其直流訊號的零傳遞性質則不會造成任何問題。

圖 11-76a 中系統的順向-路徑轉移函數為

$$\frac{\Theta_o(s)}{\Theta_e(s)} = G(s) = \frac{G_p(s)}{1+G_p(s)H(s)}$$
$$= \frac{2500(1+Ts)}{s[(s+25)(1+Ts)+2500K_t]} \tag{11-224}$$

系統的特性方程式為

$$Ts^3 + (25T+1)s^2 + (25+2500T+2500K_t)s + 2500 = 0 \tag{11-225}$$

為了說明參數 $K_t$ 和 $T$ 的影響，首先考慮 $K_t$ 為固定，而 $T$ 為可變，並畫出 (11-225) 式的根廓線。將 (11-225) 式等號兩邊除以不含 $T$ 的部分，可得

$$1 + \frac{Ts(s^2+25s+2500)}{s^2+(25+2500K_t)s+5000} = 0 \tag{11-226}$$

當 $K_t$ 相當大時，上式的兩個極點為實數，而其中一個非常靠近原點。若選擇 $K_t$ 使 (11-226) 式的極點為複數將影響更大。

當 $K_t = 0.02$ 而 $T$ 從 0 變至 ∞ 時，(11-225) 式的根廓線如圖 11-77 所示。當 $T = 0.006$ 時，特性方程式的根為 $-56.72$、$-67.47 + j52.85$ 及 $-67.47 - j52.85$。單位-步階響應的特性如下：

最大超越量 = 0%
$t_r = 0.04485$ 秒
$t_s = 0.06061$ 秒
$t_{max} = 0.4$ 秒

系統的斜坡-誤差常數為

$$K_v = \lim_{s \to 0} sG(s) = \frac{100}{1+100K_t} \tag{11-227}$$

因此，就如同有轉速計回授般，(11-213) 式的次-迴路回授控制器降低了斜坡-誤差常數 $K_v$，但系統仍為型式 1。

## 11-10　MATLAB 工具與個案研究

在本節中，我們將使用 MATLAB **SISO** 設計工具檢驗涉及本章各範例的一些結果之求解以及顯示許多圖形的步驟。透過使用者-圖形介面 (GUI) 方法，SISO 建立了一個使用者-友善的環境，以減少控制系統設計的複雜性。SISO 設計工具允許讀者使用根軌跡、波

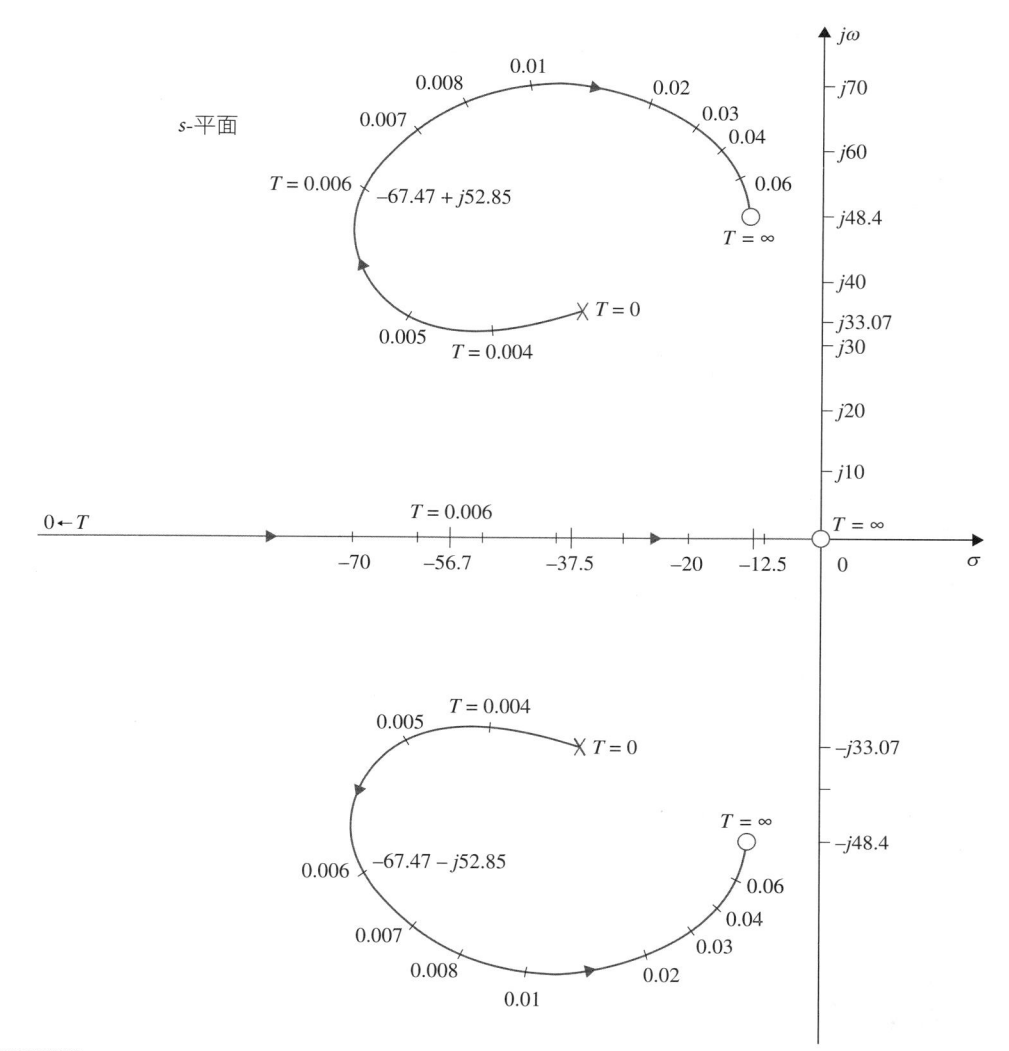

▶ 圖 11-77　$Ts^3 + (25T+1)s^2 + (25 + 2500K_t + 2500T)s + 2500 = 0$ 於 $K_t = 0.02$ 時的根廓線。

德圖和尼可斯圖與奈氏圖技術來設計單-輸入/單-輸出 (SISO) 補償器。[4] 在默認的情況下，SISO 設計工具假設圖 11-78 所示的回授方塊圖有著回授增益 H、與受控體 G 串聯的補償器 C，以及前置濾波器 F。

我們透過以下範例說明 SISO 工具的用法。

---

[4] 有關範例的 SISO 設計工具的詳細描述，請參閱 http://www.mathworks.com/help/control/ug/overview-of-the-siso-design-tool.html。

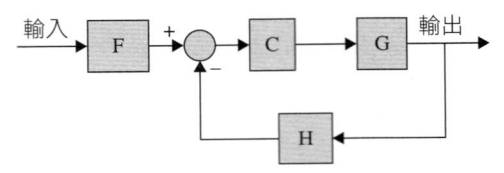

▶ 圖 11-78　用於 MATLAB 設計工具的預設控制組態。

## 範例 11-10-1

回想範例 11-2-1 傾斜度控制系統的順向-路徑轉移函數

$$G(s) = \frac{4500K}{s(s+361.2)} \tag{11-228}$$

這個問題的設計限制如下：

單位-斜坡輸入的穩-態誤差 = 0.000443

最大超越量 ≤ 5%

上升時間 $t_r \leq 0.005$ 秒

安定時間 $t_s \leq 0.005$ 秒

**時-域設計**

**比例控制器**：我們首先使用 SISO 設計工具設計一個比例控制器。為了滿足規定的穩-態誤差需求的最大值，$K$ 應設為 181.17。為了檢查比例控制器的性能，我們需要找到系統的根軌跡。而為了要實現根軌跡設計方法，我們利用 MATLAB 工具盒 11-10-1 輸入圖 11-78 中所示的受控體 $G$ 和控制器 $C$ 的轉移函數。注意：在預設情況下，回授增益 $H$ 和預濾波器 $F$ 的值自動設置為一。

**工具盒 11-10-1**

針對範例 11-10-1 之根軌跡 SISO 設計工具可由下述的 MATLAB 函式序列啟動：

```
% Create plant G.
num = [4500];
den = [1 361.2 0];
G=tf(num,den);
% Create controller C.
C = 181.17;
% Launch the root locus tool in the SISO GUI.
sisotool('rlocus',G,C)
% Be sure to use the Unicode Character 'APOSTROPHE' (U+0027),
% otherwise you will get an error
%%%%%%%%%%%%%%%%%%%%%%%%%%%%%%%%
```

圖 11-79 顯示了系統的根軌跡，其中 $K = 181.17$ 的閉-迴路系統極點位在 $s_{1,2} = -181 \pm j885$（MATLAB 並未顯示這個值）。要檢視閉-迴路系統的極點和零點，請轉到「檢視」(View) 選項並選擇「閉-迴路極點」(Closed-Loop Poles)，如圖 11-80 所示。回想一下，閉-迴路系統的極點為

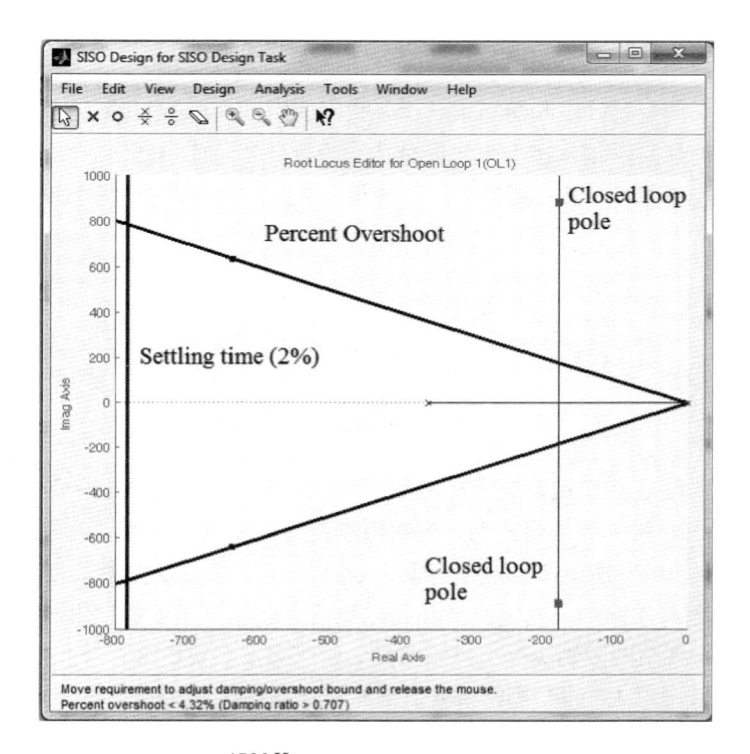

▶ 圖 11-79　範例 11-10-1 中 $G(s) = \dfrac{4500K}{s(s+361.2)}$ 之根軌跡，使用 MATLAB SISO 設計工具，將超越量百分比和安定時間作為設計限制。

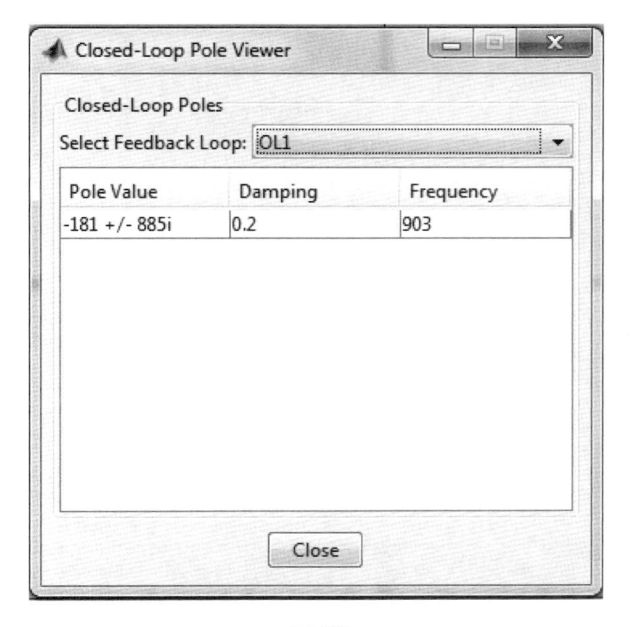

▶ 圖 11-80　範例 11-10-1 中單位回授之 $G(s) = \dfrac{4500K}{s(s+361.2)}$ 的閉-迴路極點。

$$s_{1,2} = -180.6 \pm \sqrt{32616 - 4500K} \qquad (11\text{-}229)$$

**納入設計準則**：作為設計控制器的第一步，我們使用 SISO 設計工具的內建設計準則選項在根軌跡上建立所需的極點區域。接下來，要選擇「設計要求」(Design Requirement) 選項，請在每次要添加新的設計需求時，按右鍵點擊根軌跡圖。為此，選擇「新建」(New) 選項，並輸入以下內容之一：

- 安定時間
- 超越量百分比
- 阻尼比
- 自然頻率

在本例中，我們已經將安定時間和超越量百分比納入作為設計限制。輸入兩個本例開頭條列的限制，一次輸入一個。為了要將上升時間也作為限制輸入，使用者首先必須利用一個方程式建立阻尼比與自然頻率的關係當成上升時間。回想一下，第七章提供了二-階原型系統上升時間之近似方程式。因為本例中，安定時間和超越量百分比是更重要的標準，因此我們將它們作為主要的限制。在根據這些限制設計出控制器後，便可確定系統是否符合上升時間的限制。

圖 11-79 顯示 $K = 181.17$ 的閉-迴路系統之極點並不座落在期望的區域中。如圖所示，在此 $K$ 值下，系統的阻尼比為 0.2，最大超越量為 52.7%，如圖 11-81 中單位-步階響應所示。為了實現

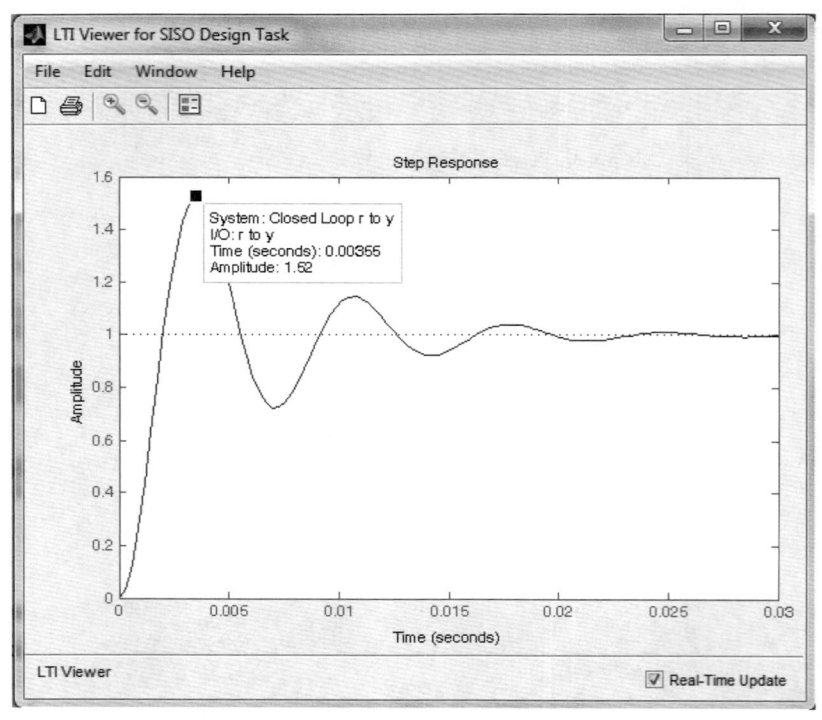

▶ **圖 11-81** 範例 11-10-1 之系統的單位-步階響應。

期望的響應,系統的期望極點必須位於超越量百分比範圍內,並且靠近圖 11-79 中的 −800 處標記的安定時間所設定邊界的左側。

要查看對單位輸入的閉-迴路系統時間響應,請從分析選單中選擇「響應到步驟指令」(Response to Step Command) 選項,該選項位於圖 11-79 所示之視窗的頂部。要得到該圖,必須在「控制和估計工具管理器」(Control and Estimation Tools Manager) 窗口的「分析圖」(Analysis) 選項中選擇「閉-迴路 r 到 y」(Closed Loop r to y) 響應,如圖 11-82 所示。

**PD 控制器**:使用 (11-228) 式的 PD 控制器和 $K = 181.17$,系統的順向-路徑轉移函數變為

$$G(s) = \frac{815,265(K_P + K_D s)}{s(s+361.2)} \tag{11-230}$$

閉-迴路轉移函數為

$$\frac{\Theta_y(s)}{\Theta_r(s)} = \frac{815,265 K_D \left(s + \dfrac{K_P}{K_D}\right)}{s^2 + (361.2 + 815,265 K_D)s + 815,265 K_P} \tag{11-231}$$

特性方程式可寫成

$$s^2 + (361.2 + 815,265 K_D)s + 815,265 K_P = 0 \tag{11-232}$$

如範例 11-2-1 中所討論的,我們可以將**根廓線方法** (root-contour method) 應用於 (11-232) 式

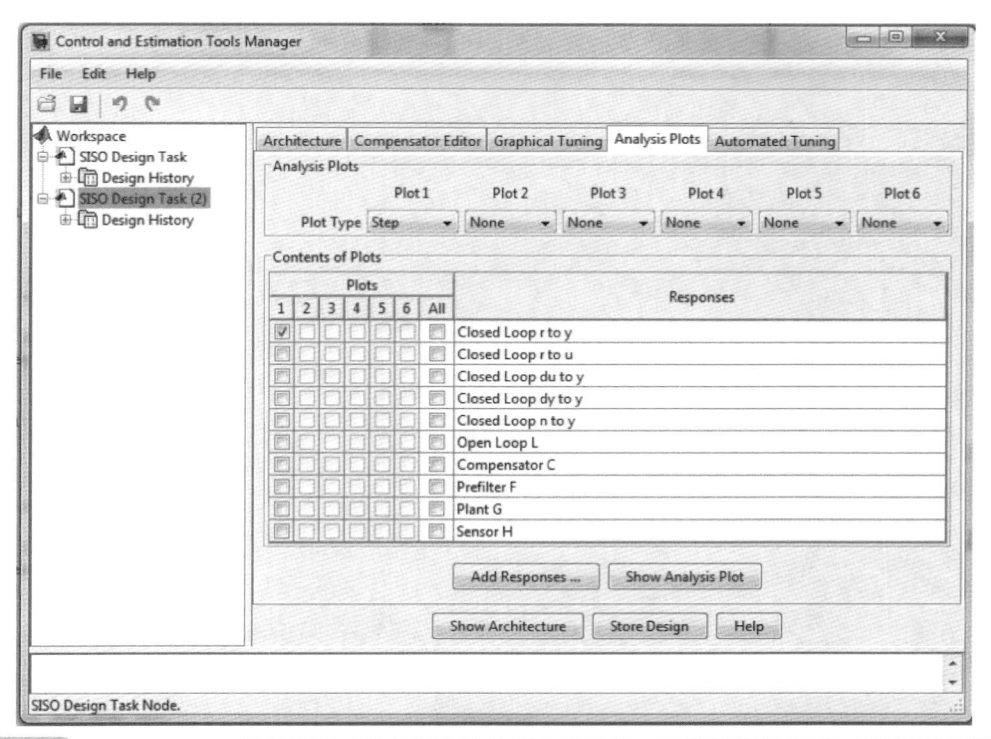

▶ **圖 11-82** MATLAB SISO 設計工具中的控制和估計工具管理器,用於選擇閉-迴路系統之時間響應。

中的特性方程式。透過在求出下列式子中 $G_{eq}(s)$ 的根軌跡來檢查 $K_P$ 和 $K_D$ 改變造成的影響：

$$1+G_{eq}(s)=1+\frac{815,265K_D s}{s^2+361.2s+815,265K_P}=0 \tag{11-233}$$

其中，透過使 $K_P$ 值固定並改變 $K_D$ 的值來繪製根廓線。因此，利用工具盒 11-10-2，我們得到當 $K_P = 1$ 時 (11-232) 式的根廓線，如圖 11-83 所示。如同範例 11-2-1 所討論的，當 $K_D$ 設定為 0.00177，根為實數並位在 –903 處，並且為嚴重阻尼。

### 工具盒 11-10-2

圖 11-83 所示之 (11-232) 式的根廓線可由下述的 MATLAB 函式序列求得：

```
% Create plant G.
num = [815265 0];
den = [1 361.2 815265]; %KP=1
G=tf(num,den);
% Create controller C.
C = 0.00177;
% Launch the root locus tool in the SISO GUI.
sisotool('rlocus',G,C)
% Be sure to use the Unicode Character 'APOSTROPHE' (U+0027),
% otherwise you will get an error
%%%%%%%%%%%%%%%%%%%%%%%%%%%%%%%%%
```

接下來，如圖 11-84a 所示，透過在控制和估計工具管理器視窗中的補償器編輯器選項，對控制器 C 添加一個零點來求出 PD 控制器的根軌跡。要向控制器輸入零點，在「動態」

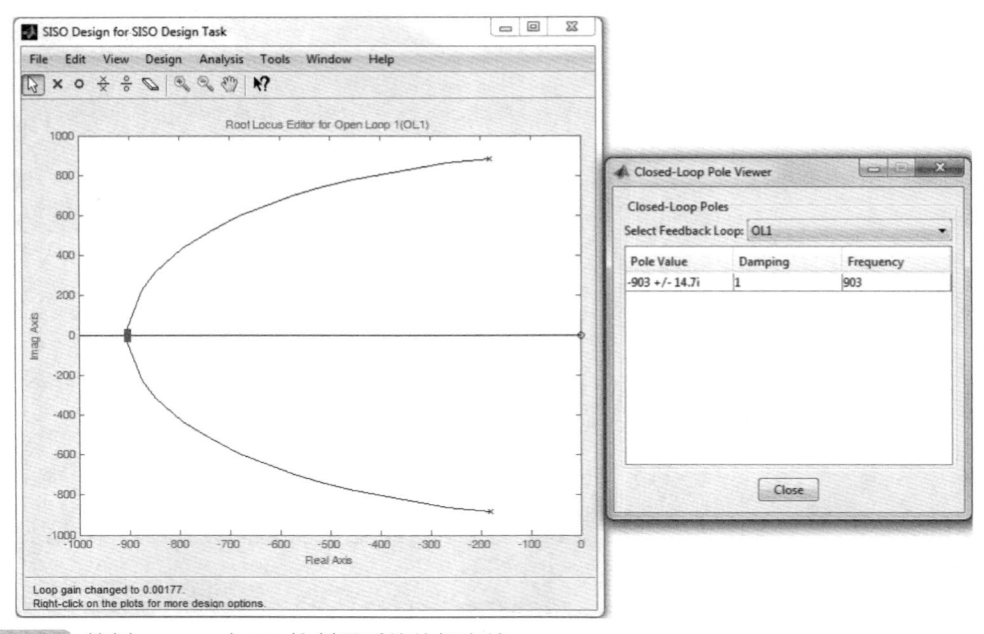

▶ **圖 11-83** 範例 11-10-1 之 PD 控制器系統的根廓線。

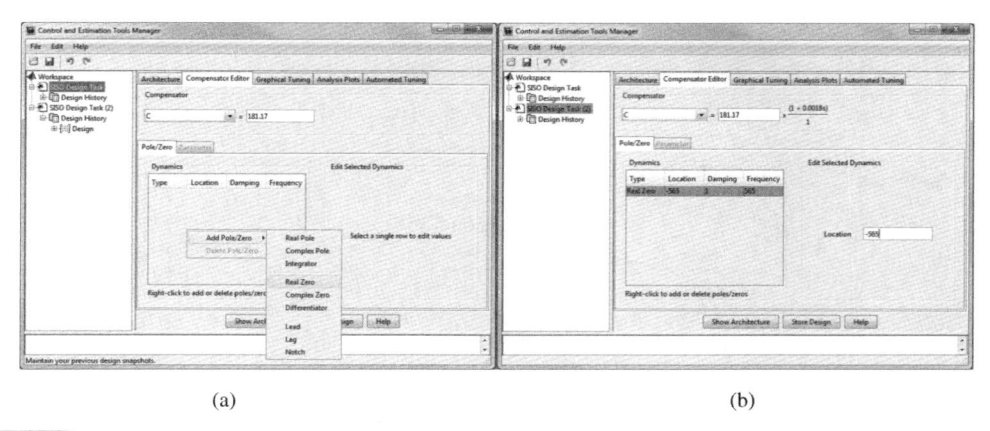

Chapter 11　控制系統設計　**817**

▶ **圖 11-84**　對控制器 C 加入零點創造一個 PD 控制器。(a) 加入過程。(b) 加入位在 $s = -K_P/K_D = -565$ 的零點後之視窗。

(Dynamics) 區域中按右鍵點擊游標；選擇添加極點/零點，然後選擇實數零點的選項。單擊「動態」方框中的新「實數零點」(Real Zero) 並輸入 PD 控制器的新零點數值。從範例 11-2-1 可以看出，對於根廓線方法，$K_P = 1$ 和 $K_D = 0.00177$ 的根廓線會趨近於零值，它等同於一個位在 $s = -K_P/K_D = -565$ 處的零點。

新的根軌跡圖以及控制器增益為 181.17 的閉-迴路極點數值會出現在圖 11-85 中──你可以從「檢視」選項中查看極點的當前位置。注意：因為 MATLAB 的捨入過程使得圖 11-83 和圖 11-

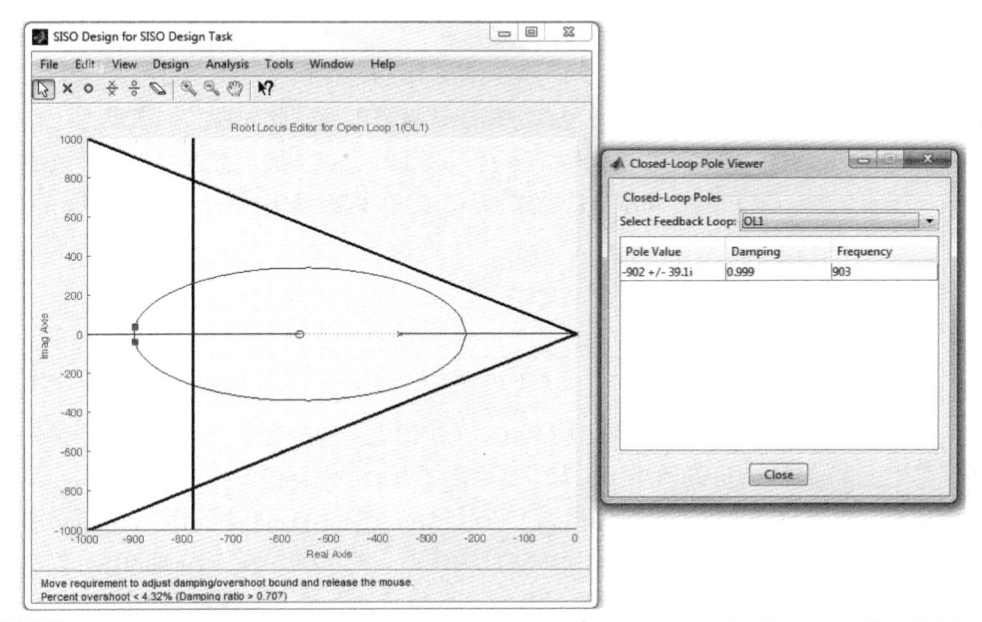

▶ **圖 11-85**　在 PD 控制器加入位於 $s = 565 = -1/0.00177$ 的零點以及使用增益為 181.17 後，範例 11-10-1 的根軌跡圖。

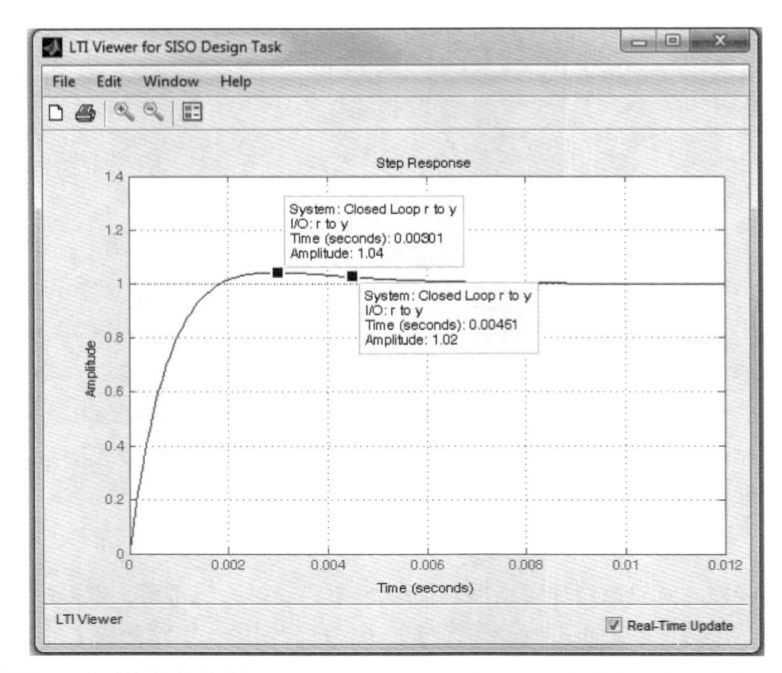

▶ **圖 11-86** 範例 11-10-1 中具有控制器 $C(s) = 181.17(s + 1/0.00177)$ 之系統的步階響應。

85 的極點之間存在些微的差異，但這並不會造成問題。圖 11-86 中受控系統的步階響應顯示系統已經符合所有設計標準。2% 的安定時間現在為 0.0451 秒，而超越量為 4%。有趣的是，雖然閉-迴路極點都是實數，但是由於 PD 控制器零點對響應的主控影響，系統產生一種具有超越量的非振盪響應。這個結果與範例 11-2-1 完美的吻合。

除了這些發現之外，回顧範例 11-2-1，馬達轉矩限制是任何設計中最重要的限制。在實務上，請始終驗證所使用的致動器是否有足夠的轉矩或負載來產生此類響應。事實上，作為一個安全要素，馬達最好在最大轉矩值的 50% 下運行。為了檢查這一點，你需要求出系統的轉矩轉移函數。根據圖 7-52，藉由應用 SFG 增益公式，系統的閉-迴路轉矩轉移函數可寫成

$$T(s) = \frac{T_m(s)}{\Theta_r(s)}$$
$$= \frac{K_s K_1 K_i (K_P + K_D s)s}{(R_a J_t + K_1 K_2 J_t)s^2 + (R_a B_t + K_1 K_2 B_t + K_i K_b + K_s K_1 K_i K_D N)s + K_s K_1 K_i K_P N} \tag{11-236}$$

輸入 7-9 節的參數值，並使用工具盒 11-10-3，求出馬達轉矩響應。這裡的問題是如果馬達能夠瞬間產生近 14,000 oz·in 的轉矩。或者，是否需要更改控制器的參數？

如果你需要對現有的設計做極小的微調，可以輕鬆地將圖 11-85 中的閉-迴路極點移動到安定時間限制左側的位置，如圖 11-88a 所示。在此情況下，$K_P = 0.85$ 和 $K_D = 0.0015$，以及系統的極點在 $s_{1,2} = -794 \pm j250$。系統的步階響應如圖 11-88b 所示，顯然符合要求。

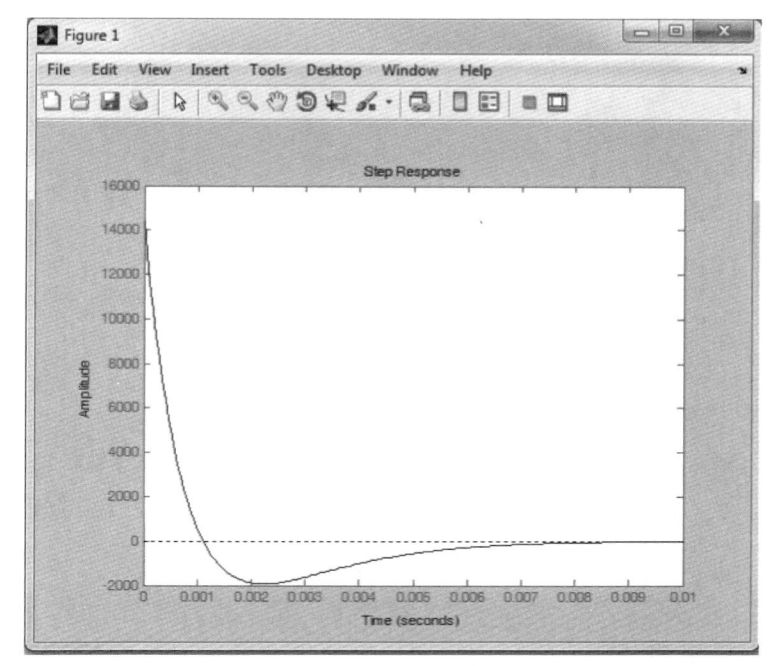

▶ 圖 11-87 範例 11-10-1 中具有控制器 $C(s) = 181.17(s + 1/0.00177)$ 之系統的馬達轉矩步階響應。

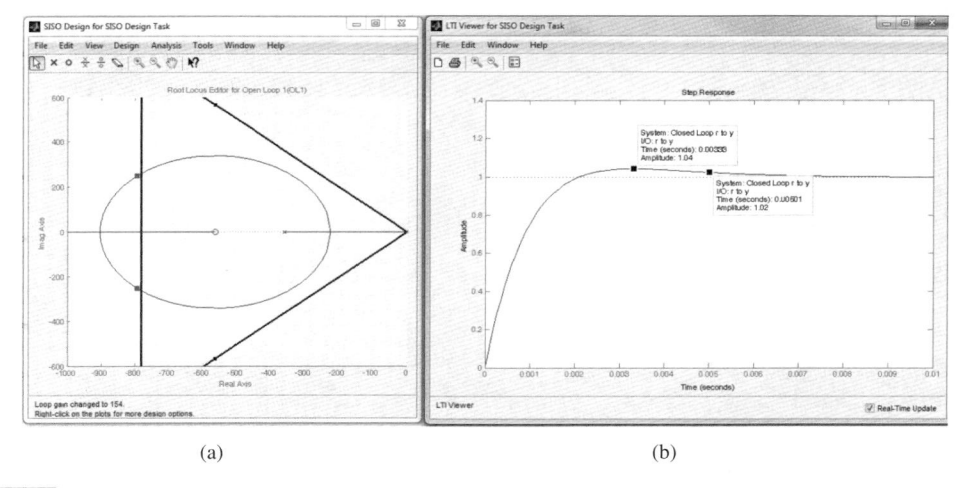

▶ 圖 11-88 (a) 根軌跡圖。(b) 範例 11-10-1 中具有控制器 $C(s) = 154.03(s + 1/0.00177)$ 之系統的步階響應。

### 工具盒 11-10-3

圖 11-87 所示之 (11-236) 式的單位-步階響應可由下述的 MATLAB 函式序列求得：

```
num = 10*9*[181.17*0.00177 1 0];
den1=5*0.0002+10*0.5*0.0002;
den2=5*0.015+10*0.5*0.015+9*0.0636+10*9*181.17*0.00177/10;
```

```
den3=10*9*181.17/10;
den = [den1 den2 den3];
step(num,den)
```

**頻-域設計**

現在，讓我們使用以下性能準則來進行頻-域中 PD 控制器的設計：

單位-斜坡輸入的穩-態誤差 ≤ 0.000443

相位邊限 ≥ 80°

共振峰值 $M_r$ ≤ 1.05

BW ≤ 2000 rad/s

利用工具盒 11-10-4 啟動 MATLAB 波德圖設計工具 SISO 設計。使用這種設計工具，我們可以得到範例 11-10-1 中控制器 $C(s) = 181.17(s + 1/0.00177)$ 的迴路大小和相位圖，如圖 11-89 所示。

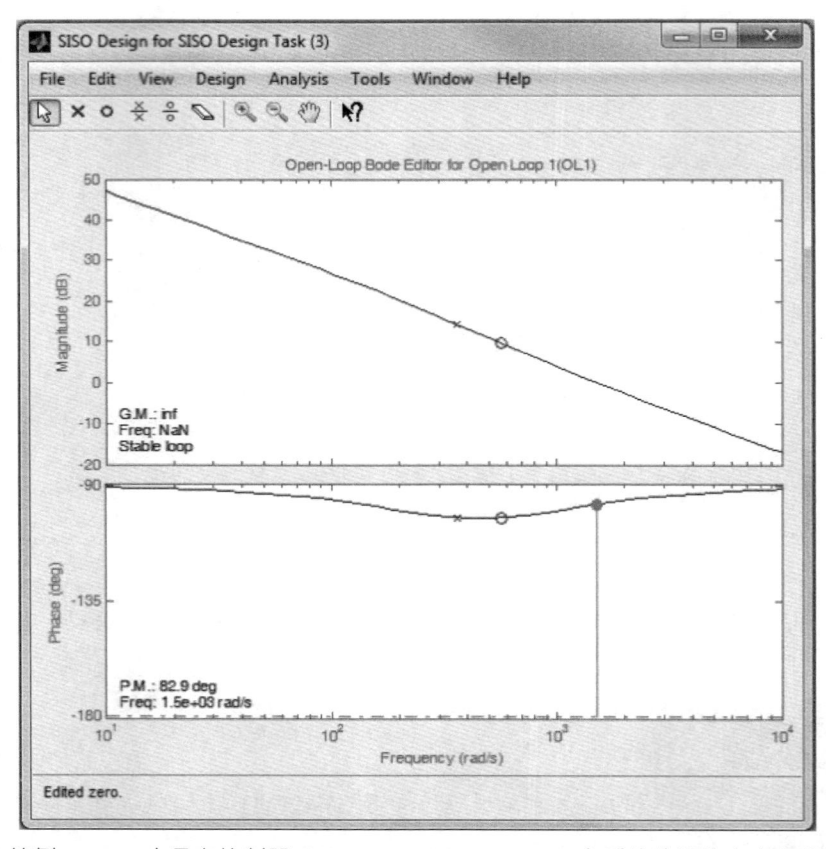

▶ **圖 11-89** 範例 11-10-1 中具有控制器 $C(s) = 181.17(s + 1/0.00177)$ 之系統的迴路大小和相位圖。

### 工具盒 11-10-4

範例 11-10-1 之中的波德圖 SISO 設計工具可由下述的 MATLAB 函式序列啟動：

```
% Create plant G.
num = [815265 815265*1085];
den = [1 361.2 0];
G=tf(num,den);
% Create controller C.
C = 181.17;
% Launch the root locus tool in the SISO GUI.
sisotool('bode',G,C)
% Be sure to use the Unicode Character 'APOSTROPHE' (U+0027),
% otherwise you will get an error
%%%%%%%%%%%%%%%%%%%%%%%%%%%%%%%%%%
```

如同根軌跡設計方法，要達成此目的要使用具有位在 $s = -K_P/K_D = -565$ 處之零點的 PD 控制器。在這種情況下，增益邊限是無窮大的，而相位邊限是 83°。因此，該系統還完全符合頻-域中的所有設計準則。

### 範例 11-10-2　複習範例 11-2-2

使用下述工具盒來得出對應於 (11-30) 式的無補償根軌跡和波德圖。如圖 11-90 所示，使用根軌跡和波德圖，你可以按照範例 11-10-1 中所討論的過程來設計 PD 控制器。

### 工具盒 11-10-5

範例 11-10-1 之 SISO 設計工具可由下述的 MATLAB 函式序列啟動：

```
% Create plant G.
num = [1.5e-7];
den = [1 3408.2 1204000 0];
G=tf(num,den);
% Create controller C.
C = 181.17;
% Launch the root locus tool in the SISO GUI.
sisotool(G,C)
% Be sure to use the Unicode Character 'APOSTROPHE' (U+0027),
% otherwise you will get an error
%%%%%%%%%%%%%%%%%%%%%%%%%%%%%%%%%%
```

### 範例 11-10-3　複習範例 11-5-2

使用下述工具盒來得出對應於 (11-104) 式的無補償根軌跡和波德圖。如圖 11-91 所示，使用根軌跡和波德圖，你可以按照範例 11-10-1 中討論的過程來設計相位-超前控制器。

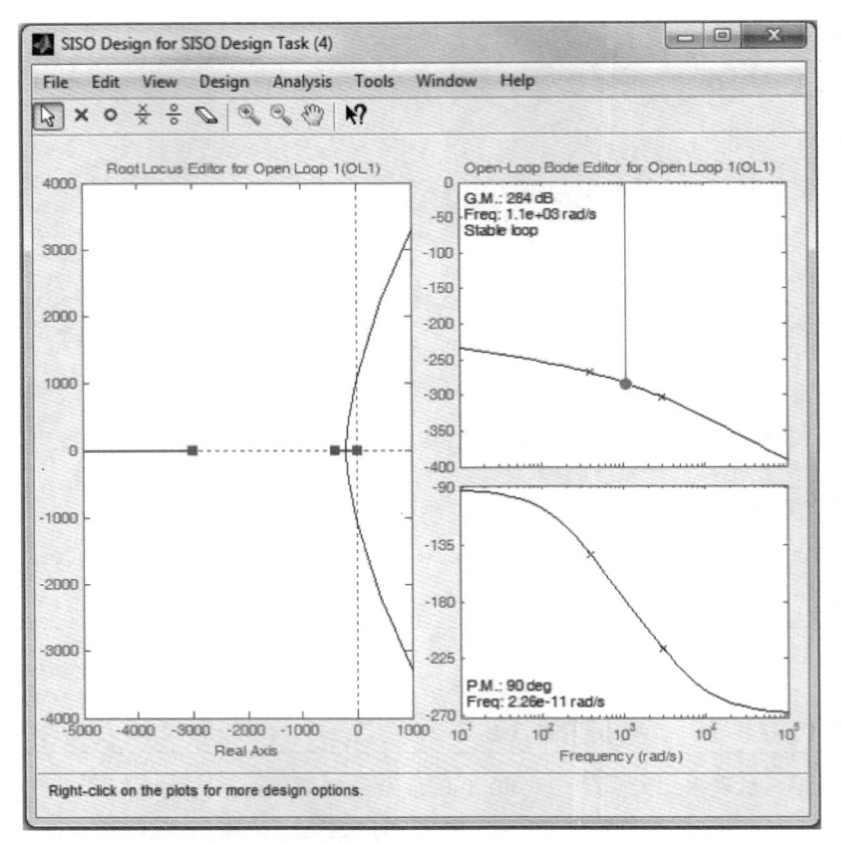

▶ 圖 11-90　範例 11-5-2 之 PD 控制系統的根軌跡與波德圖。

### 工具盒 11-10-6

範例 11-10-1 之 SISO 設計工具可由下述的 MATLAB 函式序列啟動：

```
% Create plant G.
num = 4.6875e7;
den = [1 635 156250 0];
G=tf(num,den);
% Create controller C.
C = 1;
% Launch the root locus tool in the SISO GUI.
sisotool(G,C)
% Be sure to use the Unicode Character 'APOSTROPHE' (U+0027),
% otherwise you will get an error
%%%%%%%%%%%%%%%%%%%%%%%%%%%%%%%%%
```

當 $a = 500$ 和 $T = 0.00001$ 時，使用控制和估計工具管理器添加控制器 $C(s) = \dfrac{1+aTs}{1+Ts}$，如圖 11-91 所示。最終系統的根軌跡、波德圖及步階響應如圖 11-92 所示。同樣地，範例 11-5-2 的結果再次獲得確認。

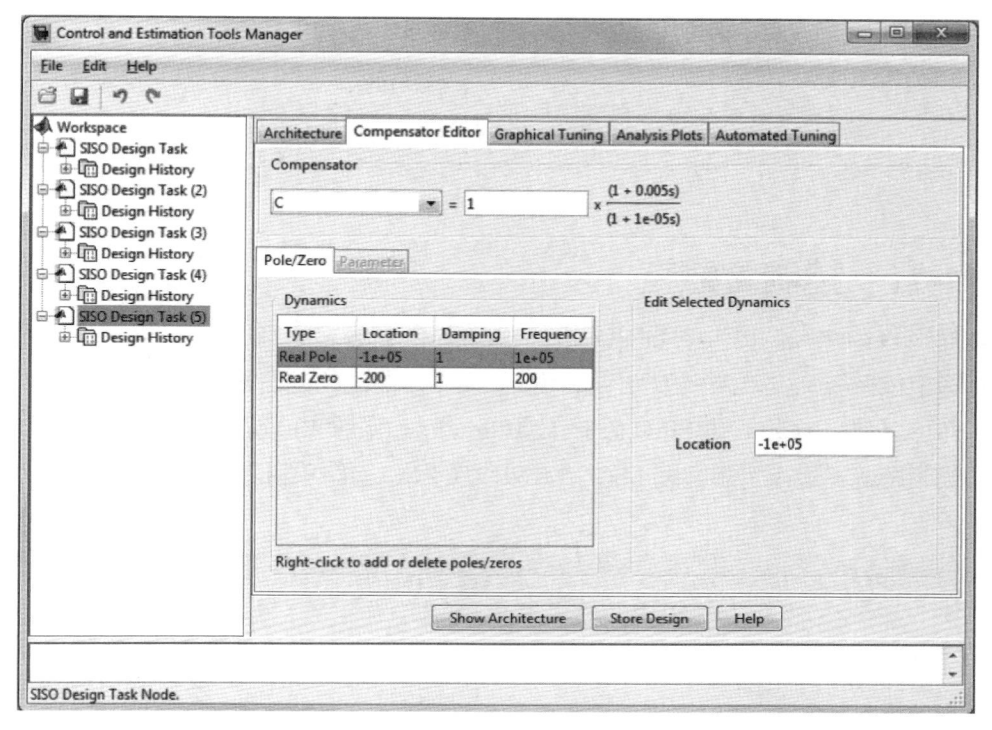

▶ 圖 11-91　在範例 11-10-3 的 SISO 設計工具中，當 $a = 500$ 和 $T = 0.00001$ 時，超前控制器 $G_c(s) = \dfrac{1+aTs}{1+Ts}$ 的實現。

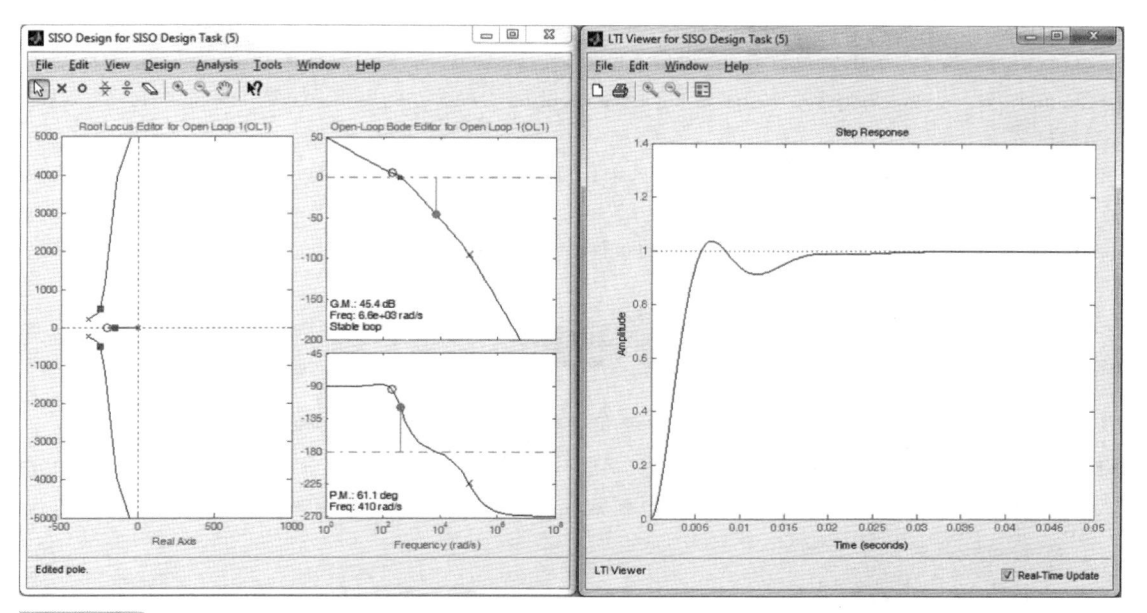

▶ 圖 11-92　範例 11-5-2 中具有超前控制器之太陽-追蹤器系統的根軌跡、波德圖及單位-步階響應。當 $a = 500$ 和 $T = 0.00001$ 時，$G_c(s) = \dfrac{1+aTs}{1+Ts}$。

在本例中，我們說明了相位-超前控制器在三-階系統中的應用：

$$G_p(s) = \frac{\Theta_o(s)}{A(s)} = \frac{4.6875 \times 10^7 K}{s(s^2 + 625s + 156,250)} \tag{11-237}$$

## 11-11 控制實驗室

在附錄 D 中，我們提供了 LEGO MINDSTORMS 實驗室的例子，包括拾起與放置機器人和升降定位系統。作為課程項目，你可以使用本章討論的想法為這些系統設計不同的控制器。你可以利用 MATLAB **SISO** 設計工具 Simulink (附錄 E) 或本章中使用的工具盒來開發你的控制系統。最後，請參閱 LEGO MINDSTORMS 術語項目之「問題」部分的結尾。

## 參考資料

1. Bailey, F. N., and S. Meshkat, "Root Locus Design of a Robust Speed Control," *Proc. Incremental Motion Control Symposium*, pp. 49–54, Jun. 1983.
2. Graebel, W. P., *Engineering Fluid Mechanics*, Taylor & Francis, New York, 2001.
3. Kleman, A., *Interfacing Microprocessors in Hydraulic Systems*, Marcel Dekker, New York, 1989.
4. Kuo, B. C., and F. Golnaraghi, *Automatic Control Systems*, John Wiley & Sons, New York, 2003.
5. Manring, N. D., *Hydraulic Control Systems*, John Wiley & Sons, New York, 2005.
6. McCloy, D., and H. R. Martin, *e Control of Fluid Power*, Longman Group Limited, London, 1973.
7. Ogata, K., *Modern Control Engineering*, Prentice-Hall, New Jersey, 1997.
8. Smith, H. W., and E. J. Davison, "Design of Industrial Regulators," *Proc. IEE (London)*, Vol. 119, pp. 1210–1216, Aug. 1972.
9. Willems, J. C., and S. K. Mitter, "Controllability, Observability, Pole Allocation, and State Reconstruction," *IEEE Trans. Automatic Control*, Vol. AC-16, pp. 582–595, Dec. 1971.
10. Woods, R. L., and K. L. Lawrence, *Modeling and Simulation of Dynamic Systems*, Prentice-Hall, New Jersey, 1997.

## 習題

多數下列習題可利用電腦程式求解。若讀者有這種程式，強烈建議你加以利用。

11-1　圖 11P-1 為一具串聯控制器之控制系統的方塊圖。試求能滿足下列規格的控制器 $G_c(s)$ 的圖 11P-1 為一具有串聯控制器之控制系統的方塊圖。試求能滿足下列規格的控制器 $G_c(s)$ 的轉移函數：

斜坡-誤差常數 $K_v$ 為 5。

閉-迴路轉移函數的形式為

$$M(s) = \frac{Y(s)}{R(s)} = \frac{K}{(s^2 + 20s + 200)(s+a)}$$

其中，$K$ 和 $a$ 為實常數，試求 $K$ 和 $a$ 的值。

設計的策略為將閉-迴路系統的極點配置於 $-10 + j10$ 和 $-10 - j10$，並調整 $K$ 和 $a$ 的值以滿足穩-態要求。如此，閉-迴路轉移函數便選好了。因 $a$ 值很大，所以不會感覺到它對暫-態-響應的影響。試求所設計系統的最大超越量。

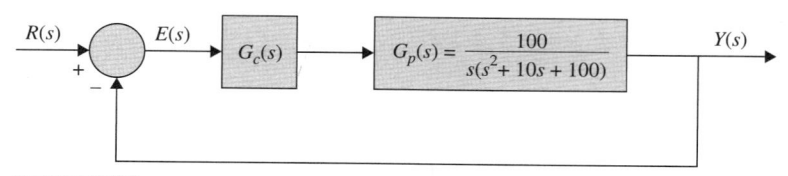

▶ 圖 11P-1

11-2 若斜坡-誤差常數為 9，重做習題 11-1。最大可實現的 $K_v$ 為何？請解釋欲實現非常大的 $K_v$ 時會發生的困難。

11-3 單位-回授控制系統之順向-路徑轉移函數為

$$G(s) = \frac{K}{s(\tau s + 1)}$$

求出使得系統超越量在 $\zeta = 0.4$ 時為 25.4% 的 $K$ 和 $\tau$ 的值。

11-4 系統之順向-路徑轉移函數為

$$G(s)H(s) = \frac{24}{s(s+1)(s+6)}$$

設計一個符合下述條件之 PD 控制器：
(a) 當輸入為斜率為 $2\pi$ rad/s 的斜坡時，穩-態誤差小於 $\pi/10$。
(b) 相位邊限介於 40° 到 50°。
(c) 增益-交越頻率大於 1 rad/s。

11-5 具有 PD 控制器的系統示於圖 11P-5。
(a) 試求 $K_P$ 和 $K_D$ 的值，使斜坡-誤差常數 $K_v$ 為 1000 且阻尼比為 0.5。
(b) 試求 $K_P$ 和 $K_D$ 的值，使斜坡-誤差常數 $K_v$ 為 1000 且阻尼比為 0.707。
(c) 試求 $K_P$ 和 $K_D$ 的值，使斜坡-誤差常數 $K_v$ 為 1000 且阻尼比為 1.0。

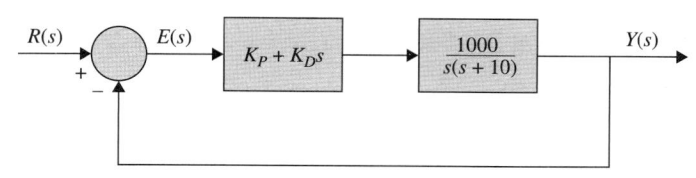

▶ 圖 11P-5

11-6 對於圖 11P-5 的控制系統，先設定 $K_P$ 的值使斜坡-誤差常數為 1000。

(a) 再由 0.2 至 1.0，每次增加 0.2 來改變 $K_D$ 的值，並求出系統單位-步階響應的相位邊限、增益邊限 $M_r$、BW 及最大超越量。求出可使相位邊限為最大的 $K_D$ 值。

(b) 由 0.2 至 1.0，每次增加 0.2 來改變 $K_D$ 值，求出可使最大超越量為最小的 $K_D$ 值。

11-7 系統之順向-路徑轉移函數為

$$G(s)H(s) = \frac{1}{(2s+1)(s+1)(0.5s+1)}$$

設計一個 PD 控制器，使 $K_P = 9$，相位邊限大於 25°。

11-8 系統之順向-路徑轉移函數為

$$G(s)H(s) = \frac{60}{s(0.4s+1)(s+1)(s+6)}$$

(a) 設計一個 PD 控制器滿足下述規範：

(i) $K_v = 10$。　　　　　　　　　　(ii) 相位邊限為 45°。

(b) 使用 MATLAB 繪製補償系統的波德圖。

11-9 考慮圖 7-51 飛行器傾斜度控制系統的二-階模型。系統的轉移函數為

$$G_p(s) = \frac{4500K}{s(s+361.2)}$$

(a) 設計一串聯 PD 控制器，其轉移函數為 $G_c(s) = K_D + K_{Ps}$，並能滿足下列性能規格：

對一單位斜坡-輸入的穩-態誤差 ≤ 0.001　　　最大超越量 ≤ 5%

上升時間 $t_r$ ≤ 0.005 秒　　　　　　　　　安定時間 $t_s$ ≤ 0.005 秒

(b) 針對上面所列出的規格，再加上系統的頻寬必須小於 850 rad/sec，重做 (a) 小題。

11-10 圖 11P-10 為描述於習題 2-36 中液-位控制系統的方塊圖。入口的數目以 N 表之，並令 N = 20。設計 PD 控制器，使對於一單位-步階響應，水槽能在 3 秒內以無超越量方式達到參考液位的 5%。

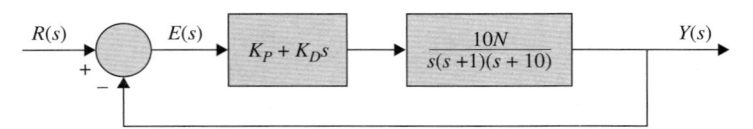

▶ 圖 11P-10

11-11 對於習題 11-10 所描述的液-位控制系統

(a) 設定 $K_P$ 使斜坡-誤差常數為 1。由 0 至 0.5 改變 $K_D$ 值，並求出得到最大相位邊限的 $K_D$ 值。記錄增益邊限、$M_r$ 及 BW。

(b) 畫出未補償系統與補償系統的靈敏度函數 $\left|S_G^M(j\omega)\right|$，其中 $K_D$ 和 $K_P$ 的值已決定於 (a) 小題。PD 控制器是如何影響穩定度？

11-12 一伺服系統之方塊圖顯示於圖 11P-12。

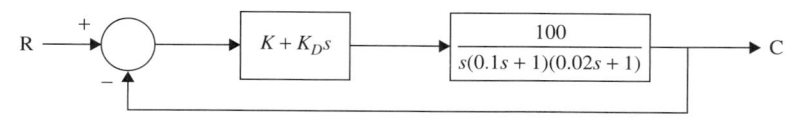

```
     R  +           ┌─────────┐   ┌──────────────────────┐
    ───→○──────────→│ K + K_Ds │──→│        100           │─────→ C
         ↑ −        └─────────┘   │ s(0.1s+1)(0.02s+1)   │
         │                        └──────────────────────┘
         └────────────────────────────────┘
```

▶ **圖 11P-12**

設計 PD 控制器使相位邊限大於 50°，BW 大於 20 rad/s。使用 MATLAB 來驗證你的答案。

**11-13** 單位-回授系統之順向-路徑轉移函數為

$$G_p(s)H(s) = \frac{1000K}{s(0.2s+1)(0.005s+1)}$$

設計一個補償器，使得單位-輸入的穩-態誤差小於 0.01，閉-迴路阻尼比 $\zeta > 0.4$。
使用 MATLAB 繪製補償系統的波德圖。

**11-14** 直流馬達之開-迴路轉移函數為

$$G(s) = \frac{250}{s(0.2s+1)}$$

設計 PD 控制器，使輸入斜坡的穩-態誤差小於 0.005，單位-輸入的最大超越量為 20%，BW 必須保持在與未補償系統近似的數值。

**11-15** 已知塑料擠出的開-迴路受控體模型如下：

$$G(s) = \frac{40}{(s+1)(0.25s+1)}$$

設計一系列超前補償器，描述如下：

$$G_c(s) = \frac{r(\tau s+1)}{(r\tau s+1)}$$

使得相位邊限為 45°，並且 BW 必須保持在與未補償系統近似的值。

**11-16** 假設 $r < 0.1$，重做習題 11-15。

**11-17** 單位-回授系統之順向-路徑轉移函數為

$$G(s)H(s) = \frac{1000K}{s(0.2s+1)(0.05s+1)}$$

(a) 設計一個 PD 控制器滿足下述規範：
　(i) 對於單位-斜坡輸入，穩-態誤差小於 0.01。
　(ii) 相位邊限大於 45°。
　(iii) 對於 $\omega < 0.2$ 的正弦輸入，穩-態誤差小於 0.004。
　(iv) 在輸出端，頻率大於 200 rad/s 時的雜訊降至 100。
(b) 使用 MATLAB 繪製補償系統的波德圖，並驗證或改進你在 (a) 小題的答案。

**11-18** 一個型式 0 的受控程序 $G_p(s)$ 和 PI 控制器的控制系統顯示於圖 11P-18。

(a) 試求使斜坡-誤差常數 $K_v$ 為 10 的 $K_I$ 值。

(b) 試求 $K_P$ 值，使系統特性方程式複數根的虛部大小為 15 rad/sec。試求特性方程式的根。

(c) 畫出特性方程式的根廓線，其中 $K_I$ 如 (a) 小題所決定的，$0 \le K_P \le \infty$。

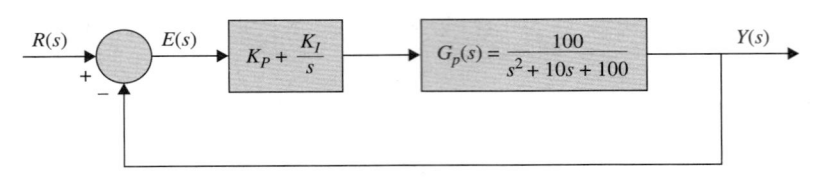

```
R(s) ──→○──E(s)──→[ K_P + K_I/s ]──→[ G_p(s) = 100/(s² + 10s + 100) ]──→ Y(s)
         ↑−                                                                │
         └────────────────────────────────────────────────────────────────┘
```

▶ 圖 11P-18

**11-19** 對於習題 11-18 所描述的控制系統：

(a) 設定 $K_I$ 值使斜坡-誤差常數為 10。試求使相位邊限為最大的 $K_P$ 值。並求出相位邊限、增益邊限、$M_r$ 及 BW。此最佳的 $K_P$ 值與習題 11-18(c) 小題所繪根廓線的關係為何？

(b) 試繪製未補償系統與補償系統的靈敏度函數 $|S_G^M(j\omega)|$，其中 $K_I$ 和 $K_P$ 的值已在 (a) 小題求出。解釋 PI 控制對靈敏度的影響。

**11-20** 針對顯示於圖 11P-18 的控制系統，

(a) 試求使斜坡-誤差常數 $K_v$ 為 100 的 $K_I$ 值。

(b) 以 (a) 小題所求得的 $K_I$ 值，試求使系統穩定的臨界 $K_P$ 值。試繪製特性方程式在 $0 \le K_P \le \infty$ 的根廓線。

(c) 試證明不論 $K_P$ 值的大小為何，最大超越量皆很高。使用 (a) 小題所求出的 $K_I$ 值。試求當最大超越量為最小時的 $K_P$ 值。最大超越量為多少？

**11-21** 以 $K_v = 10$ 重做習題 11-20。

**11-22** 系統的順向-路徑轉移函數為

$$G(s) = \frac{24}{s(s+1)(s+6)}$$

(a) 設計一個 PI 控制器滿足下述規範：

 (i) 斜坡-誤差常數 $K_v > 20$。

 (ii) 相位邊限介於 40° 到 50°。

 (iii) 增益-交越頻率大於 1 rad/s。

(b) 使用 MATLAB 繪製閉-迴路系統的波德圖。

**11-23** 機械手臂-定位系統之順向-路徑轉移函數由下列式子表示：

$$G(s) = \frac{40}{s(s+2)(s+20)}$$

(a) 設計一個 PI 控制器滿足下述規範：

 (i) 斜坡-輸入之穩-態誤差小於斜率的 5%。

 (ii) 相位邊限介於 32.5° 到 37.5°。

(iii) 增益-交越頻率為 1 rad/s。
(b) 使用 MATLAB 繪製閉-迴路系統的波德圖，並驗證你在 (a) 小題得到的答案。

**11-24** 系統之順向-路徑轉移函數為

$$G(s) = \frac{210}{s(5s+7)(s+3)}$$

設計具有單位直流增益的 PI 控制器，使系統的相位邊限大於 40°，然後求出系統的 BW。

**11-25** 已知船隻操舵之轉移函數為

$$G(s) = \frac{2353K(71-500s)}{71s(40s+13)(5000s+181)}$$

設計一個 PI 控制器滿足下述規範：
(a) 斜坡-誤差常數 $K_v = 2$。
(b) 相位邊限大於 50°。
(c) 對任何大於增益交越之頻率，PM > 0。這代表系統在任何情況下總是穩定的。
(d) 在相對於 K 值的根軌跡內，顯示閉-迴路的極點。

**11-26** 單位-回授系統之轉移函數為

$$G(s) = \frac{2 \times 10^5}{s(s+20)(s^2+50s+10000)}$$

(a) 當 $r = 0.2$ 和 $\tau = 0.05$，設計一個具有轉移函數 $H(s) = \frac{(\tau s+1)}{(r\tau s+1)}$ 的 PD 控制器。
(b) 透過將控制器設計應用到 (a) 小題以求出斜坡-誤差常數 $K_v$。
(c) 考慮將 (a) 小題中所設計的 PD 控制器應用於系統。求出使得 PI 控制器的斜坡-誤差常數 $K_v = 100$ 之 K 值。
(d) 如果 PI 控制器極點為 3.16 rad/s，交越頻率保持在 31.6 rad/s，PI 控制器的零點是多少？[考慮 PI 控制器之轉移函數為 $H(s) = \frac{r(\tau s+1)}{(r\tau s+1)}$。]
(e) 使用 MATLAB 繪製補償系統的波德圖，並求出相位邊限。

**11-27** 一個型式 0 的受控程序及 PID 控制器的控制系統示於圖 11P-27。設計控制器的參數以滿足下列規格：

斜坡-誤差常數 $K_v = 100$　　　上升時間 $t_r < 0.01$ 秒　　　最大超越量 < 2%

試繪製所設計系統的單位-步階響應。

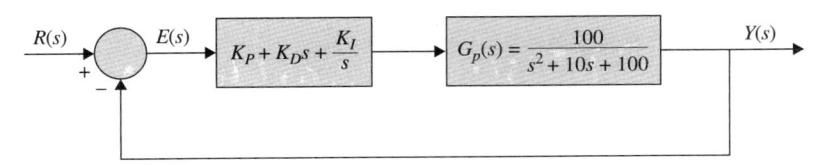

▶ 圖 11P-27

**11-28** 汽車製造業者正致力於政府所訂定的廢氣排放性能標準。現代的汽車動力系統包含一內

燃機，它具有一個稱為觸媒轉換器的內部清潔裝置。此系統必須控制引擎的空氣/汽油比 (A/F)、點火時間、廢氣再循環及噴射氣體。本題所考慮的控制系統與空氣/油料比的控制有關。由於汽油的組成和其它因素，標準的 A/F 比為 14.7：1，即每一克的汽油需要 14.7 克的空氣。若 A/F 值比標準值高或低，都會在排氣管產生較高的碳氫化合物、一氧化碳及氮氧化合物。圖 11P-28 所示為此控制系統方塊圖，它控制 A/F 比值使輸出變數在給定的命令訊號下仍能維持在需求值。由圖 11P-28 可以看出感測器感測進入觸媒轉換器的排氣混合成分。電子控制器可以偵測出命令與感測器訊號之間的差異，並計算達到需求排氣成分所需的控制訊號。輸出訊號 $y(t)$ 為有效的空氣/汽油比。此引擎的轉移函數為

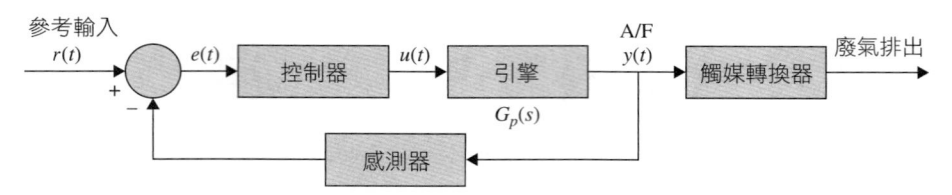

▶ 圖 11P-28

$$\frac{Y(s)}{U(s)} = G_p(s) = \frac{e^{-T_d s}}{1 + \tau s}$$

其中，$T_d = 0.2$ 秒為時間延遲。時間常數 $\tau$ 為 0.25 秒。近似的時間延遲可用一級數表示：

$$e^{-T_d s} \cong \frac{1}{1 + T_d s + T_d^2 s^2 / 2}$$

(a) 令此控制器為 PI 控制器，即

$$G_c(s) = \frac{U(s)}{E(s)} = K_P + \frac{K_I}{s}$$

試求斜坡-誤差常數 $K_v = 2$ 時的 $K_I$。試求在單位-步階響應之最大超越量為最小和安定時間為最小時的 $K_P$。並求出最大超越量和安定時間的值。畫出單位-步階響應 $y(t)$ 之圖。試求系統穩定時 $K_P$ 的臨界值。

(b) 若使用 PID 控制器，此系統性能可再改善嗎？

$$G_c(s) = \frac{U(s)}{E(s)} = K_P + K_D s + \frac{K_I}{s}$$

11-29 頻-域分析與設計法的優點之一在於：無須近似即可處理具有純時間延遲的系統。考慮習題 11-28 所討論的車輛引擎控制系統。

系統之轉移函數為

$$G_p(s) = \frac{e^{-0.2s}}{1 + 0.25s}$$

令控制器為 PI 的型式：$G_c(s) = K_P + K_I/s$。設定 $K_I$ 值以使斜坡-誤差常數 $K_v$ 為 2。試求使相

位邊限為最大的 $K_p$ 值。此最佳的 $K_p$ 與習題 11-28 的 (a) 小題所求的 $K_p$ 值比較起來如何？試求使系統穩定的臨界 $K_p$ 值。此 $K_p$ 值與習題 11-28 所求的臨界 $K_p$ 值比較起來如何？

**11-30** 圖 11P-30 顯示簡易的飛機傾斜度控制器。

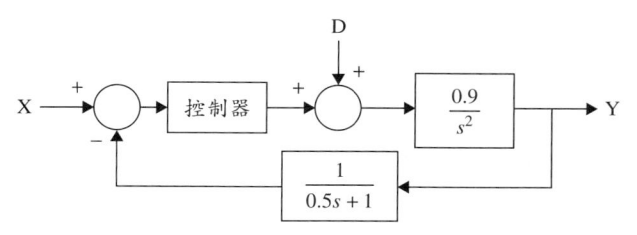

▶ 圖 11P-30

其中，$D$ 是擾動轉矩。設計一個滿足以下要求之 PID 控制器：
(a) 相位邊限為 $45°$。　　(b) PM = $65°$。　　(c) 大的 BW (盡可能的大)。

**11-31** 考慮習題 11-15 的塑料擠出之開-迴路受控體模型：

$$H(s)=\frac{(\tau_1 s+1)(\tau_2 s+1)}{\tau_1\tau_1 s^2+\left(\tau_1+\dfrac{\tau_2}{r}\right)s+1}$$

並滿足下列條件：
(a) 穩-態誤差為零。
(b) 閉-迴路系統對單位-步階輸入的穩-態誤差小於 1%。
(c) 增益-交越頻率為 5 rad/s。

**11-32** 在太空梭上用來追蹤星星和星體的太空望遠鏡可以模擬為一純質量 $M$。太空望遠鏡以磁浮軸承懸浮著，因此沒有摩擦力，而其傾斜度則由安裝於酬載基座上的磁性致動器所控制。此控制在 $z$ 軸上的運動之動態模型，如圖 11P-32a 所示。太空望遠鏡上的電子元件所需電力必須透過電纜傳送。圖示之彈簧施加一彈力於該物質，以模擬纜線之連結。由磁性致動器所產生的力以 $f(t)$ 表示。在 $z$ 方向的力量方程式可寫成

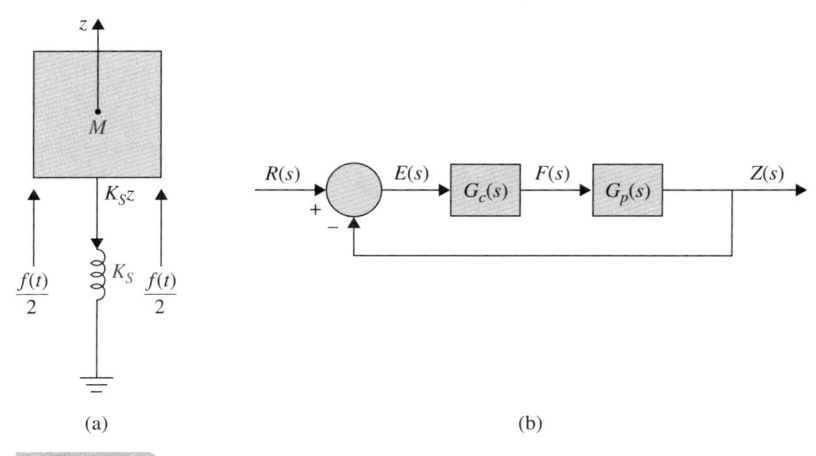

▶ 圖 11P-32

$$f(t) - K_s z(t) = M \frac{d^2 z(t)}{dt^2}$$

其中，$K_s = 1$ lb/ft，$M = 150$ lb（質量）；$f(t)$ 以磅為單位，而 $z(t)$ 以呎為單位。

(a) 試證系統輸出 $z(t)$ 的自然響應是無阻尼的振盪訊號，試求此開-迴路太空梭系統的自然無阻尼頻率。

(b) 如圖 11P-32b 所示，設計一 PID 控制器：

$$G_c(s) = K_P + K_D s + \frac{K_I}{s}$$

使以下性能規格得以滿足：

　　斜坡-誤差常數 $K_v = 100$

特性方程式複數根所對應的相對阻尼比為 0.707，且自然無阻尼頻率為 1 rad/sec。
計算並畫出所設計系統的單位-步階響應。求最大超越量。說明此設計的結果。

(c) 設計一 PID 控制器，使以下規格可以滿足：

　　斜坡-誤差常數 $K_v = 100$　　　　最大超越量 < 5%

計算並畫出所設計系統的單位-步階響應。求出所設計系統的特性方程式的根。

**11-33** 重做習題 11-32 的 (b) 小題，其規格如下：

　　斜坡-誤差常數 $K_v = 100$

特性方程式複數根所對應的相對阻尼比為 1.0，且自然無阻尼頻率為 1 rad/sec。

**11-34** 考慮圖 11P-34 所示的巡航控制系統。

其中，$f$ 引擎馬力，$v$ 是速度，$u$ 是摩擦力，$u = \mu v$。

假設 $M = 1000$ kg、$\mu = 50$ Nsec/m 及 $f = 500$ N。

(a) 求出系統的轉移函數。

(b) 設計一個 PID 控制器滿足下述規範：

　　(i)　上升時間少於 5 秒。　　　　(ii) 最大超越量少於 10 %。
　　(iii) 穩-態誤差少於 2 %。

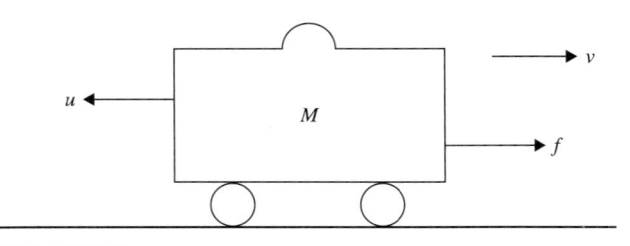

▶ 圖 11P-34

**11-35** 一庫存控制系統可用以下狀態方程式建立模型：

$$\frac{dx_1(t)}{dt} = -2x_2(t)$$

$$\frac{dx_2(t)}{dt} = -2u(t)$$

其中，$x_1(t)$ 為庫存的準位，$x_2(t)$ 為產品的銷售率，$u(t)$ 為生產率。輸出方程式為 $y(t) = x_1(t)$。時間的一個單位為 1 天。圖 11P-35 為具有串接控制器的閉-迴路庫存控制系統方塊圖。令控制器為 PD 控制器，$G_c(s) = K_P + K_D s$。

(a) 試求 PD 控制器之參數 $K_P$ 和 $K_D$，以使特性方程式的根具有相對阻尼比為 0.707，且 $\omega_n = 1$ rad/sec。畫出 $y(t)$ 之單位-步階響應，並求最大超越量。

(b) 試求在超越量為零且上升時間小於 0.06 秒時的 $K_P$ 和 $K_D$。

(c) 設計 PD 控制器使得 $M_r = 1$ 和 BW $\leq$ 40 rad/sec。

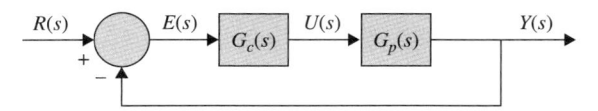

▶ 圖 11P-35

11-36 具有串接控制器 $G_c(s)$ 之型式 2 控制系統的方塊圖，如圖 11P-36 所示。

試設計一 PD 控制器使以下規格可以滿足：

最大超越量 < 10%　　　　　　　　上升時間 < 0.5 秒

(a) 試求閉-迴路系統之特性方程式，並求出穩定時的 $K_P$ 和 $K_D$ 值。畫出 $K_D$-對-$K_P$ 平面上的穩定度範圍。

(b) 畫出當 $K_D = 0$，$0 \leq K_P < \infty$ 時之特性方程式的根軌跡。然後，針對數個固定 $K_P$ 值，畫出 $0 \leq K_D < \infty$ 的根廓線；其中，$K_P$ 可從 0.001 到 0.01 範圍中找數個值。

(c) 設計此 PD 控制器滿足以上的性能規格。利用根廓線的資訊幫助此設計。畫出 $y(t)$ 之單位-步階響應。

(d) 在頻-域驗證 (c) 小題的設計結果。試求設計系統的相位邊限、增益邊限、$M_r$ 及 BW。

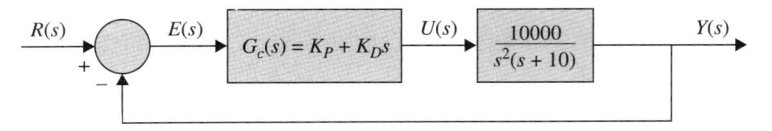

▶ 圖 11P-36

11-37 考慮圖 11P-37 所示且於 4-7-3 節中討論過的直流馬達。

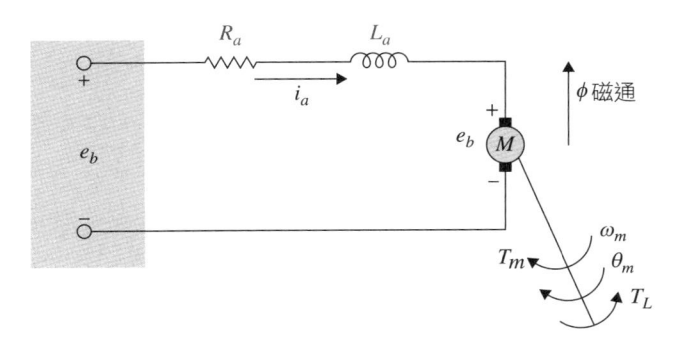

▶ 圖 11P-37

假設下述條件：

轉子慣量 $(J) = 0.01 \text{ kg} \cdot \text{m}^2/\text{s}^2$　　　機械系統的阻尼比 $(\zeta) = 0.1 \text{ Nms}$

反電動勢常數 $(K_b) = 0.01 \text{ Nm/amp}$　　　轉矩常數 $(K_t) = 0.01 \text{ Nm/amp}$

電樞電阻 $(R_a) = 1 \text{ }\Omega$　　　電樞電桿 $(L_a) = 0.5 \text{ H}$

設計一個滿足下述條件之 PID 控制器：

(a) 安定時間少於 2 秒。

(b) 最大超越量少於 5%。

(c) 穩-態誤差少於 1%。

11-38 對於圖 11P-37 所描述之直流馬達，假設下述條件：

轉子慣量 $(J) = 3.2284 \times 10^{-6} \text{ kg} \cdot \text{m}^2/\text{s}^2$　　　機械系統的阻尼比 $(\zeta) = 3.5077 \times 10^{-6} \text{ Nms}$

反電動勢常數 $(K_b) = 0.0274 \text{ Nm/amp}$　　　轉矩常數 $(K_t) = 0.0274 \text{ Nm/amp}$

電樞電阻 $(R_a) = 4 \text{ }\Omega$　　　電樞電桿 $(L_a) = 2.75 \times 10^{-6} \text{ H}$

設計一個滿足下述條件之 PID 控制器：

(a) 安定時間少於 40 ms。

(b) 最大超越量少於 16%。

(c) 零點穩-態誤差少於 1%。

(d) 因為干擾產生之穩-態誤差為零。

11-39 考慮習題 3-43 和習題 8-51 所描述的倒單擺-平衡控制系統。$\mathbf{A}^*$ 和 $\mathbf{B}^*$ 為小訊號線性化模型的矩陣，已在習題 8-51 中定義；即，

$$\Delta \dot{\mathbf{x}} = \mathbf{A}^* \Delta \mathbf{x}(t) + \mathbf{B}^* \Delta r(t)$$
$$\Delta y(t) = \mathbf{C} \Delta \mathbf{x}(t)$$
$$\mathbf{D}^* = [0 \quad 0 \quad 1 \quad 0]$$

圖 11P-39 為具有串接 PD 控制器之系統方塊圖。請問可否用 PD 控制器來穩定此系統？若可，求 $K_P$ 和 $K_D$ 值；若否，請解釋原因。

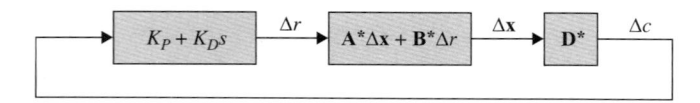

▶ 圖 11P-39

11-40 單位-回授控制系統的系統，其受控程序的轉移函數為

$$G_p(s) = \frac{100}{s^2 + 10s + 100}$$

設計一串聯控制器 (PD、PI 或 PID)，使以下性能規格可以滿足：

步階-輸入的穩-態誤差 = 0　　　最大超越量 < 2%　　　上升時間 < 0.02 秒

在頻-域設計此控制器，並在時-域驗證之。

11-41 已知包含干擾信號 $D(s)$ 之單位-回授控制系統的順向-路徑轉移函數為

$$G(s) = \frac{1}{(s^2 + 3.6s + 9)}$$

(a) 設計一個轉移函數為 $H(s) = \frac{K(\tau_1 s + 1)(\tau_2 s + 1)}{s}$ 之 PID 控制器，使得在 2% 安定時間內，對任何干擾之響應在少於 3 秒內衰減掉。

(b) 利用 MATLAB 繪製閉-迴路系統對不同步階-干擾輸入之響應，並驗證你在 (a) 小題之設計。

11-42 對於圖 11P-35 所示的庫存控制系統，設計一相位-超前控制器如下：

$$G_c(s) = \frac{1 + aTs}{1 + Ts} \quad a > 1$$

試求滿足以下性能規格之 $T$ 與 $a$ 值。

步階-輸入的穩-態誤差 $= 0$　　　　　　最大超越量 $< 5\%$

(a) 以 $T$ 和 $a$ 為變數，利用根廓線設計此控制器。畫出此設計系統的單位-步階響應。畫出 $G(s) = G_c(s)G_p(s)$ 的波德圖並求出所設計系統的 PM、GM、$M_r$ 及 BW。

(b) 設計一相位-超前控制器以滿足下面的性能規格：

步階-輸入的穩-態誤差 $= 0$　　　　相位邊限 $> 75°$　　　$M_r < 1.1$

建構 $G(s)$ 的波德圖，並在頻-域中完成設計。試求此設計系統的時間響應特性。

11-43 考慮一單位-回授控制系統的受控程序為

$$G_p(s) = \frac{1000}{s(s + 10)}$$

令串聯式控制器為單-級相位-超前控制器：

$$G_c(s) = \frac{1 + aTs}{1 + Ts} \quad a > 1$$

(a) 試求當 $G_c(s)$ 的零點可以在 $s = -10$ 消去 $G_p(s)$ 極點的 $a$ 和 $T$ 值。

此設計系統的阻尼比應為 1。試求此設計系統之單位-步階響應特性。

(b) 利用波德圖在頻-域中完成此設計。設計規格為

相位邊限 $> 75°$　　　　　　　　　$M_r < 1.1$

試求所設計系統之單位-步階響應特性。

11-44 圖11P-44 顯示了具有兩個自由度之四分之一車體型模型之實現。

假設：

車體質量 $(m_c) = 2500$ kg

懸吊質量 $(m_w) = 320$ kg

懸吊系統之彈簧常數 $(k_c) = 80,000$ N/m

車輪與輪胎之彈簧常數 $(k_w) = 500,000$ N/m

懸吊系統之阻尼常數 $(C_s) = 350$ Ns/m

車輪與輪胎之阻尼常數 $(X_m) = 15,020$ Ns/m

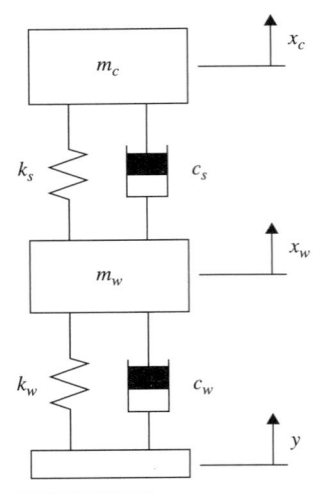

▶ 圖 11P-44

當車輛遇到任何道路干擾時，車體不應該有大的振盪，振盪應迅速衰減。如果輪胎之形變可忽略不計，並且道路干擾 (D) 被認為是步階-輸入，

(a) 設計一個 PID 控制器滿足下述要求：
 (i) 最大超越量少於 5%。　　　　　(ii) 安定時間少於 5 秒。
(b) 利用 MATLAB 繪製閉-迴路系統對不同步階-干擾輸入之響應，並驗證你在 (a) 小題之設計。

11-45 考慮圖 11P-10 之液位控制系統，其控制器為相位-超前控制器：

$$G_c(s) = \frac{1+aTs}{1+Ts} \quad a>1$$

(a) 當 $N = 20$，求最大超越量約為 0% 時的 $a$ 和 $T$ 值，其中 $a$ 值不能超過 1000。試求所設計系統之單位-步階響應，並畫出單位-步階響應圖。
(b) 當 $N = 20$，在頻-域中設計此相位-超前控制器。求相位邊限為最大，且 BW > 100 時的 $a$ 和 $T$ 值。但 $a$ 值不能超過 1000。

11-46 一單位-回授控制系統的受控程序轉移函數為

$$G_p(s) = \frac{6}{s(1+0.2s)(1+0.5s)}$$

(a) 建構 $G_p(j\omega)$ 的波德圖，並求出系統的 PM、GM、$M_r$ 和 BW。
(b) 設計一串聯式單-級相位-超前控制器，其轉移函數如下：

$$G_c(s) = \left(\frac{1+aTs}{1+Ts}\right) \quad a>1$$

此系統之相位邊限要最大。$a$ 值不能超過 1000。試求所設計系統的 PM 和 $M_r$。並求出單位-步階響應的特性。
(c) 以 (b) 小題所設計之系統為基礎設計兩-級相位-超前控制器，使相位邊限至少為 85°。

兩-級相位-超前控制器的轉移函數為

$$G_c(s) = \left(\frac{1+aT_1s}{1+T_1s}\right)\left(\frac{1+bT_2s}{1+T_2s}\right) \quad a>1 \quad b>1$$

其中，$a$ 和 $T_1$ 由 (b) 小題所得。$T_2$ 值不可超過 1000。求此設計系統的 PM 和 $M_r$，並求出單位-步階響應的特性。

(d) 畫出 (a)、(b)、(c) 小題之輸出的單位-步階響應。

**11-47** 圖 11P-47 顯示推車上之倒單擺。

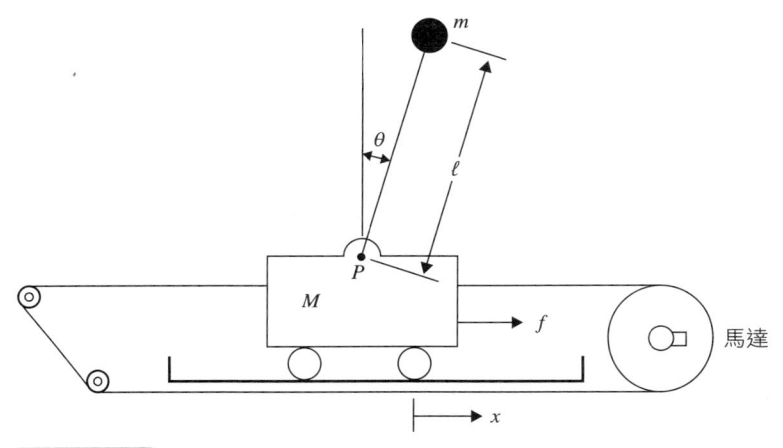

▶ 圖 11P-47

假設：

| $M$ | 推車的質量 | 0.5 kg |
| --- | --- | --- |
| $m$ | 倒單擺的質量 | 0.2 kg |
| $\mu$ | 推車的摩擦係數 | 0.1 N/m/s |
| $l$ | 倒單擺質量 $m$ 中心到樞紐點的長度 | 0.3 m |
| $I$ | 倒單擺的慣量 | 0.006 kg*m$^2$ |

(a) 設計一個 PID 控制器使安定時間小於 5 秒，倒單擺從垂直位置偏移之擺角絕不超過 0.05 弧度。

(b) 如果將步階-輸入應用到推車，設計一個 PID 控制器使 $x$ 和 $\theta$ 的安定時間小於 5 秒，$x$ 的上升時間小於 0.5 秒，$\theta$ 的超越量小於 20°（0.35 rad）。

**11-48** 鎖-相-迴路的直流馬達控制系統。圖 11P-48 為其系統方塊圖。系統參數和轉移函數如下：

參考速度指令，$\omega_r$ = 120 pulse/sec　　　相位偵測增益，$K_p$ = 0.06 V/pulse/sec
放大器增益，$K_a$ = 20　　　　　　　　　編碼器增益，$K_e$ = 5.73 pulse/rad
計數器增益，$N$ = 1　　　　　　　　　　馬達轉移函數，

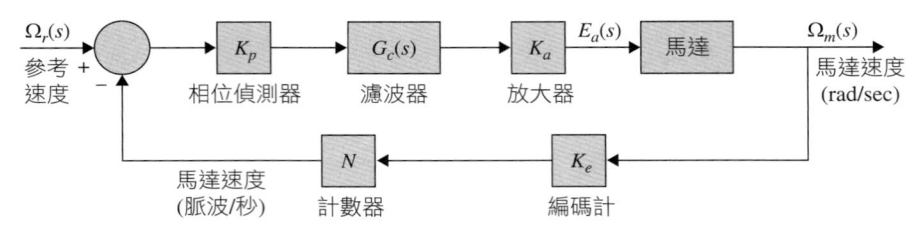

▶ 圖 11P-48

$$\frac{\Omega_m(s)}{E_a(s)} = \frac{10}{s(1+0.05s)}$$

(a) 令濾波器 (控制器) 之轉移函數型式為

$$G_c(s) = \frac{E_o(s)}{E_i(s)} = \frac{1+R_2Cs}{R_1Cs}$$

其中，$R_1 = 2 \times 10^6\ \Omega$，$C = 1\ \mu F$。試求閉-迴路系統特性方程式複數根的相對阻尼比為最大時的 $R_2$ 值。畫出特性方程式在 $0 \le R_2 < \infty$ 時的根軌跡。當輸入為 120 pulse/sec 時，以所求出之 $R_2$ 值，計算並畫出馬達速度 $f_\omega(t)$ (pulse/sec) 的單位-步階響應。並把速度的單位由 pulse/sec 轉換成 rpm。

(b) 令濾波器之轉移函數為

$$G_c(s) = \frac{1+aTs}{1+Ts} \quad a > 1$$

其中，$T = 0.01$。試求特性方程式複數根的相對阻尼比為最大時的 $a$ 值。當輸入為 120 pulse/sec 時，計算並畫出馬達速度 $f_\omega(t)$ (pulse/sec) 的單位-步階響應。

(c) 在頻-域中設計一相位-超前控制器使相位邊限最少為 60°。

11-49 考慮圖 11P-10 所示之液-位控制系統的控制器為單-級相位-落後控制器。

$$G_c(s) = \frac{1+aTs}{1+Ts} \quad a < 1$$

(a) 當 $N = 20$ 時，試求特性方程式兩複數根所對應的相對阻尼比約為 0.707 時的 $a$ 和 $T$ 值。畫出輸出 $y(t)$ 的單位-步階響應。畫出 $G_c(s)G_p(s)$ 的波德圖，並求出所設計系統的相位邊限。

(b) 當 $N = 20$ 時，在頻-域設計一相位-落後控制器，使相位邊限約為 60°。畫出輸出 $y(t)$ 之單位-步階響應，並求出單位-步階響應的特性。

11-50 一單位-回授控制系統的受控程序為

$$G_p(s) = \frac{K}{s(s+5)^2}$$

串聯控制器的轉移函數為

$$G_c(s) = \frac{1+aTs}{1+Ts}$$

(a) 設計一相位-超前控制器 ($a > 1$)，使以下性能規格可以滿足：

　　　斜坡-誤差常數 $K_v = 10$　　　　　最大超越量接近於最小

$a$ 值不超過 1000。畫出單位-步階響應並列出其屬性。

(b) 在頻-域設計一相位-超前控制器，使以下性能規格可以滿足：

　　　斜坡-誤差常數 $K_v = 10$　　　　　相位邊限接近最大

$a$ 值不可超過 1000。

(c) 設計一相位-落後控制器 ($a < 1$)，使以下性能規格可以滿足：

　　　斜坡-誤差常數 $K_v = 10$　　　　　最大超越量 $< 1\%$
　　　上升時間 $t_r < 2$ 秒　　　　　　　安定時間 $t_s < 2.5$ 秒

試求所設計系統的 PM、GM、$M_r$ 和 BW。

(d) 在頻-域中設計一相位-落後控制器，使以下性能規格可以滿足：

　　　斜坡-誤差常數 $K_v = 10$　　　　　相位邊限 $\geq 70°$

驗證所設計系統的單位-步階響應屬性，並與 (c) 小題的結果做比較。

**11-51** 圖 11P-51 顯示對於習題 3-28 中所描述的「球與樑」系統。

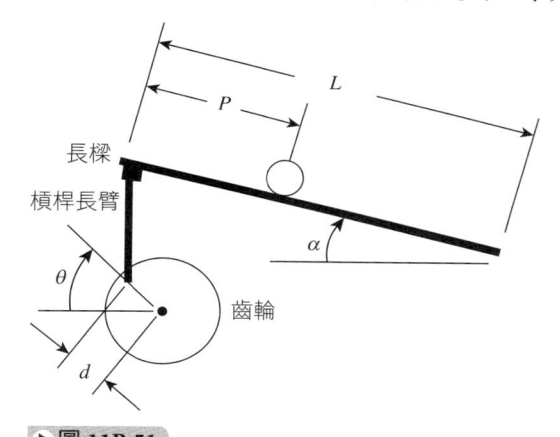

▶ 圖 11P-51

假設：

| | |
|---|---|
| $m = 0.1$ kg | 球的質量 |
| $r = 0.015$ | 球的半徑 |
| $d = 0.03$ m | 槓桿長臂的偏移 |
| $g = 9.8$ m/s$^2$ | 重力加速度 |
| $L = 1.0$ m | 長樑的長度 |
| $I = 9.99 \times 10^{-6}$ kg · m$^2$ | 球的慣性矩 |
| $P$ | 球的位置座標 |
| $\alpha$ | 長樑的角度座標 |
| $\theta$ | 伺服傳動齒輪的轉動角度 |

設計一個 PID 控制器使安定時間小於 3 秒以及最大超越量不超過 5%。

**11-52** 一單位-回授控制之直流馬達控制系統，其受控程序的轉移函數為

$$G_p(s) = \frac{6.087 \times 10^{10}}{s(s^3 + 423.42s^2 + 2.6667 \times 10^6 s + 4.2342 \times 10^8)}$$

由於馬達轉軸的順應性，系統的轉移函數包含了兩個輕微阻尼極點，它們會導致輸出響應的振盪。此系統要滿足以下性能準則：

最大超越量 < 1%　　　　　　　　上升時間 $t_r$ < 0.15 秒

安定時間 $t_s$ < 0.15 秒　　　　　　輸出響應不能有振盪

斜坡-誤差常數不能受影響

(a) 設計一串聯相位-超前控制器：

$$G_c(s) = \frac{1+aTs}{1+Ts} \quad a > 1$$

使除了振盪外，所有步階-響應的性能均能滿足。

(b) 為了消除馬達轉軸順應性所產生的振盪，加入另一級控制器，其轉移函數為

$$G_{c1}(s) = \frac{s^2 + 2\zeta_z\omega_n s + \omega_n^2}{s^2 + 2\zeta_p\omega_n s + \omega_n^2}$$

目的在於使 $G_{c1}(s)$ 的零點可以消去 $G_p(s)$ 的兩個複數極點。設定 $\zeta_p$ 值使 $G_{c1}(s)$ 的兩個極點不至於對系統響應產生影響。若所有需求均能滿足，試求單位-步階響應屬性。畫出未補償系統和 (b) 小題中以相位-超前控制器所設計之補償系統的單位-步階響應。

**11-53** 求永磁式直流馬達所控制的電腦磁帶機，如圖 11P-53a 所示。圖 11P-53b 為此閉-迴路系統的方塊圖。常數 $K_L$ 為磁帶的彈簧常數，$B_L$ 為磁帶和絞盤之間的黏滯摩擦係數。系統參數如下：

$K_i$ = 馬達轉矩常數 = 10 oz · in./A

$K_b$ = 馬達反電動勢常數 = 0.0706 V/rad/sec

$B_m$ = 馬達摩擦係數 = 3 oz · in./rad/sec

$R_a$ = 0.25 Ω　　　　　　　　　　$L_a \cong$ 0 H

$K_L$ = 3000 oz · in./rad　　　　　　$B_L$ = 10 oz · in./rad/sec

$J_L$ = 6 oz · in./rad/sec$^2$　　　　　$K_f$ = 1 V/rad/sec

$J_m$ = 0.05 oz · in./rad/sec$^2$

(a) 利用 $\theta_L$、$\omega_L$、$\theta_m$ 及 $\omega_m$ 為狀態變數，$e_a$ 為輸入，求 $e_a$ 和 $\theta_L$ 之間的系統狀態方程式。利用狀態方程式畫出狀態圖。導出以下的轉移函數：

$$\frac{\Omega_m(s)}{E_a(s)} \quad \text{和} \quad \frac{\Omega_L(s)}{E_a(s)}$$

(b) 此系統的目的在於精確地控制磁帶速度 $\omega_L$。若考慮使用轉移函數為 $G_c(s) = K_P + K_I/s$ 之 PI 控制器。求以下規格均能滿足的 $K_P$ 和 $K_I$ 值：

斜坡-誤差常數 $K_v = 100$　　　　　　上升時間 $< 0.02$ 秒
安定時間 $< 0.02$ 秒　　　　　　　　最大超越量 $< 1\%$ 或為最小

畫出系統 $\omega_L(t)$ 之單位-步階響應。

(c) 以頻-域來設計 PI 控制器。$K_I$ 值為 (b) 小題所求出之值。改變 $K_p$ 值並計算 PM、GM、$M_r$ 及 BW 之值。並求出 PM 最大時的 $K_p$ 值。若與 (b) 小題所求之 $K_p$ 值比較，其結果為何？

(a)

(b)

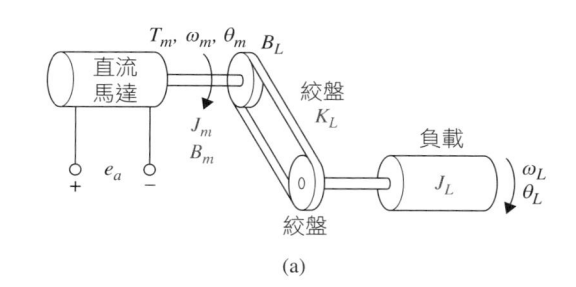

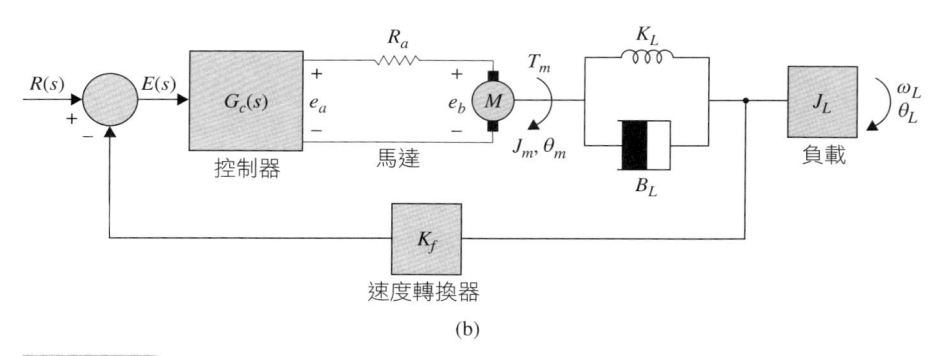

▶ 圖 11P-53

11-54　圖 11P-54 所示為一馬達控制系統，連結馬達和負載之間的軸為撓性軸。馬達轉矩和馬達位移之間的轉移函數為

$$G_p(s) = \frac{\Theta_m(s)}{T_m(s)} = \frac{J_L s^2 + B_L s + K_L}{s\left[J_m J_L s^3 + (B_m J_L + B_L J_m)s^2 + (K_L J_m + K_L J_L + B_m B_L)s + B_m K_L\right]}$$

其中，$J_L = 0.01$、$B_L = 0.1$、$K_L = 10$、$J_m = 0.01$、$B_m = 0.1$ 及 $K = 100$。

(a) 計算並求出 $\theta_m(t)$ 的單位-步階響應。求出單位-步階響應屬性。

(b) 一個二-階凹陷控制器的轉移函數為

$$G_c(s) = \frac{s^2 + 2\zeta_z \omega_n s + \omega_n^2}{s^2 + 2\zeta_p \omega_n s + \omega_n^2}$$

設計此控制器使其零點可以與 $G_p(s)$ 極點對消。$G_c(s)$ 的兩個極點應選擇不影響系統的穩-態誤差，且最大超越量為最小。計算單位-步階響應屬性，並畫出此響應。

(c) 在頻-域中完成此二-階控制器的設計。畫出未補償系統 $G_p(s)$ 的波德圖，並求出其 PM、GM、$M_r$ 及 BW。令 $G_c(s)$ 的兩個零點可以消去 $G_p(s)$ 的兩個複數極點。利用 (11-

155) 式，及由二-階凹陷控制器所需要的衰減量求 $\zeta_p$ 值，並求出補償系統的 PM、GM、$M_r$ 及 BW。若此頻-域設計結果與 (b) 小題比較，其結果為何？

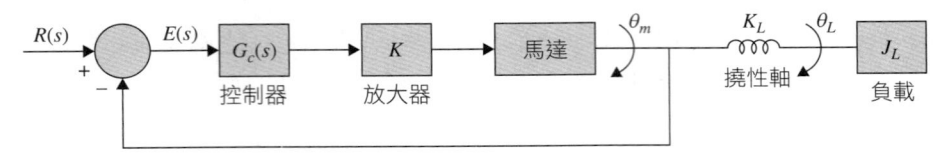

▶ 圖 11P-54

**11-55** 一單位-回授控制系統之受控程序的轉移函數為

$$G_p(s) = \frac{500(s+10)}{s(s^2+10s+1000)}$$

(a) 畫出 $G_p(s)$ 的波德圖，並求未補償系統的 PM、GM、$M_r$ 及 BW。計算並畫出系統的單位-步階響應。

(b) 二-階凹陷控制器的轉移函數為

$$G_c(s) = \frac{s^2+2\zeta_z\omega_n s+\omega_n^2}{s^2+2\zeta_p\omega_n s+\omega_n^2}$$

設計此串聯控制器，使其零點可以消去 $G_p(s)$ 的複數極點。利用 11-8-2 節的方法求 $\zeta_p$ 值。試求此設計系統的 PM、GM、$M_r$ 及 BW 值。計算並畫出單位-步階響應。

(c) 設計一串聯二-階凹陷控制器使其零點可以消去 $G_p(s)$ 的複數極點。試求以下列性能均能滿足時的 $\zeta_p$ 值：

最大超越量 < 1%　　上升時間 < 0.4 秒　　安定時間 < 0.5 秒

**11-56** 設計圖 11P-56 中的控制器 $G_{cf}(s)$ 和 $G_c(s)$，使以下性能規格均能滿足：

斜坡-誤差常數 $K_v = 50$　　特性方程式主根約位於 $-5 \pm j5$　　上升時間 < 0.1 秒

當 K 在 ±20% 之間變化時，系統必須具強健性；且上升時間和超越量也要符合規格

計算並畫出單位-步階響應以驗證此設計。

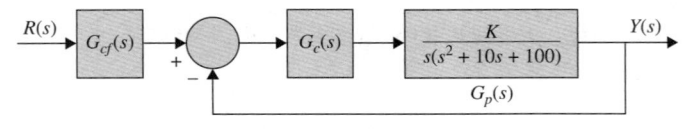

▶ 圖 11P-10

**11-57** 圖 11P-57 為馬達控制系統方塊圖。受控程序之轉移函數為

$$G_p(s) = \frac{1000K}{s(s+a)}$$

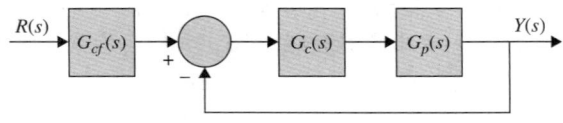

▶ 圖 11P-57

其中，$K$ 為放大器增益和馬達轉矩常數結合之值，且 $a$ 為馬達時間常數的倒數。設計 $G_{cf}(s)$ 和 $G_c(s)$ 之控制器使以下性能規格均能滿足：

斜坡-誤差常數 $K_v = 100$ (在 $a = 10$ 時)　　　上升時間 < 0.3 秒

最大超越量 < 8%　　　特性方程式之主根為 $-5 \pm j5$

當 $a$ 值在 8 到 12 之間變化時，系統必須具強健性

計算並畫出單位-步階響應以驗證此一設計。

**11-58** 圖 11P-58 為具轉速計回授之直流馬達控制系統方塊圖。試求以下性能規格均能滿足時的 $K$ 和 $K_t$ 值：

斜坡-誤差常數 $K_v = 1$

特性方程式主根所對應的相對阻尼比約為 0.707；若求得兩解，則選較大的 $K$ 值。

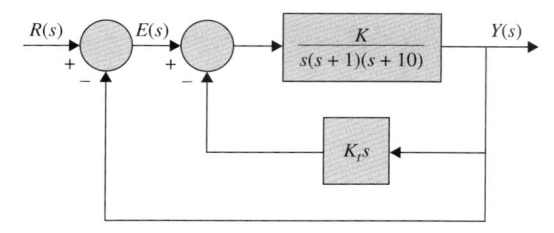

▶ **圖 11P-58**

**11-59** 對於圖 11P-59 的系統，以習題 11-58 的規格進行設計。

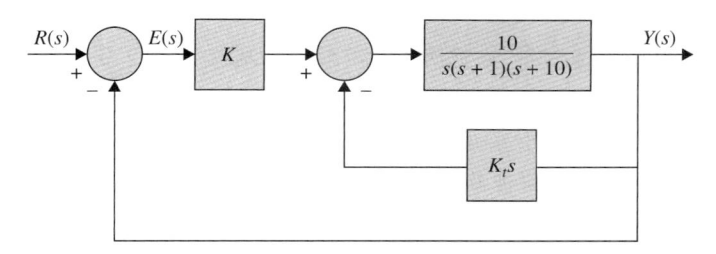

▶ **圖 11P-59**

**11-60** 圖 11P-60 受控程序為型式 2 的控制系統方塊圖。系統是以轉速計回授與一串聯控制器來做補償。求 $a$、$T$、$K$ 及 $K_t$ 的值，使能滿足下列規格：

斜坡-誤差常數 $K_v = 100$　　　特性方程式的主根須對應 0.707 的阻尼比

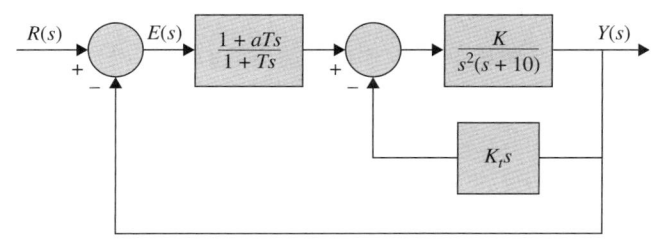

▶ **圖 11P-60**

**11-61** 描述於 7-9 節的飛機傾斜度控制系統可用圖 11P-61 的方塊圖來表示。系統的參數為

| $K=$ 變數 | $K_s = 1$ | $K_1 = 10$ | $K_2 = 0.5$ | $K_t =$ 變數 | $R_a = 5$ |
|---|---|---|---|---|---|
| $L_a = 0.003$ | $K_i = 9.0$ | $K_b = 0.0636$ | $J_m = 0.0001$ | $J_L = 0.01$ | |
| $B_m = 0.005$ | $B_L = 1.0$ | $N = 0.1$ | | | |

試求 $K$ 與 $K_t$ 的值，使能滿足下列規格：

斜坡-誤差常數 $K_v = 100$

特性方程式複數根的相對阻尼比要約等於 0.707

試繪製所設計系統的單位-步階響應。證明系統性能對 $K$ 極不靈敏，並解釋為何如此。

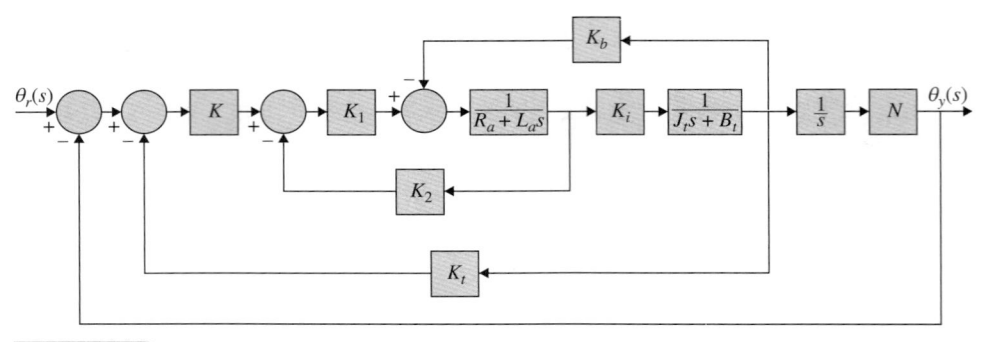

▶ 圖 11P-61

11-62 圖 11P-62 為使用串聯控制器 $G_c(s)$ 之位置控制系統的方塊圖。

(a) 試求放大器增益 $K$ 的最小值，使單位-步階干擾轉矩所造成之輸出 $y(t)$ 的穩-態值 $\leq$ 0.01。

(b) 試證明若採用 (a) 小題所求出的最小 $K$ 值，則未補償系統會不穩定。試繪出開-迴路轉移函數 $G(s) = Y(s)/E(s)$ 的波德圖，並求出 PM 與 GM 的值。

(c) 單-級相位-超前控制器的轉移函數為

$$G_c(s) = \frac{1+aTs}{1+Ts} \quad a > 1$$

設計此控制器，使相位邊限為 30°。試證這幾乎是單-級相位-超前控制器所能達到的最高相位邊限。試求出補償系統的 GM、$M_r$ 及 BW。

(d) 以 (c) 小題所達成的系統為基礎，設計一個兩-級相位-超前控制器，使相位邊限為 55°。試證這是本系統以一個兩-級相位-超前控制器所能達到的最佳 PM。試求補償系統的 GM、$M_r$ 及 BW。

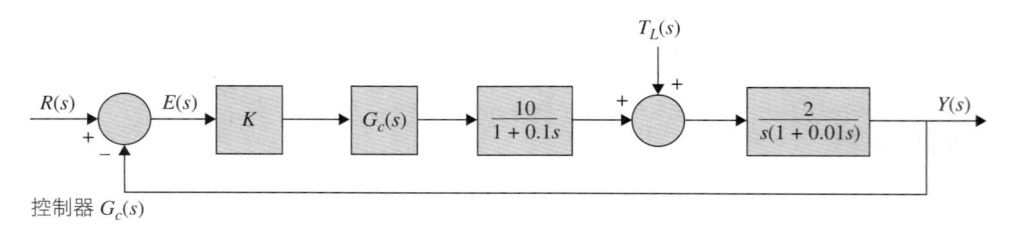

控制器 $G_c(s)$

▶ 圖 11P-62

**11-63** 一單位-回授控制系統的系統轉移函數為

$$G_c(s) = \frac{60}{s(1+0.2s)(1+0.5s)}$$

試證由於增益相當高,未補償系統會不穩定。

(a) 設計一個兩-級相位-超前控制器:

$$G_c(s) = \left(\frac{1+aT_1s}{1+T_1s}\right)\left(\frac{1+bT_2s}{1+T_2s}\right) \quad a>1, \quad b>1$$

使相位邊限大於 60°。設計步驟如下:首先,決定 $a$ 和 $T_1$ 值,以實現用一個單-級相位-超前控制器所能達到的最大相位邊限。其次,設計控制器的第二級,以實現不足 60° 相位邊限的部分。試求補償系統的 GM、$M_r$ 及 BW。計算並繪出補償系統的單位-步階響應。

(b) 設計一個單-級相位-落後控制器

$$G_c(s) = \frac{1+aTs}{1+Ts} \quad a<1$$

使補償系統的相位邊限大於 60°。試求補償系統的 GM、$M_r$ 及 BW。計算並繪出補償系統的單位-步階響應。

(c) 設計一落後-超前控制器,其 $G_c(s)$ 如 (a) 小題的 (1) 式。先設計相位落後部分以達到 40° 的相位邊限;所得的系統再以相位領前部分來補償,以達到 60° 的相位邊限。試求補償系統的 GM、$M_r$ 及 BW。計算並繪出補償系統的單位-步階響應。

**11-64** 習題 6-25 的軋鋼系統方塊圖顯示於圖 11P-64。受控程序的轉移函數為

$$G_p(s) = \frac{Y(s)}{E(s)} = \frac{5e^{-0.1s}}{s(1+0.1s)(1+0.5s)} \quad K_s = 1$$

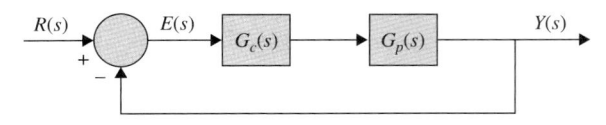

▶ 圖 11P-64

(a) 時間延遲以下式近似:

$$e^{-0.1s} \frac{1-0.05s}{1+0.05s}$$

設計一串聯控制器,使補償系統的相位邊限至少為 60°。試求補償系統的 GM、$M_r$ 及 BW。計算並繪出補償系統與未補償系統的單位-步階響應。

(b) 不使用時間延遲的近似式,重做 (a) 小題。

**11-65** 人類呼吸是為了提供全身的氣體交換。為了能充分地滿足身體對氣體交換的需要,一個呼吸控制系統是必需的。控制的標準為適當的換氣,以確保動脈血液中的氧氣與二氧化

碳能有符合需要的濃度。呼吸是由小腦發出的神經脈衝所控制，該脈衝訊號傳遞到胸腔及橫隔膜以控制呼吸速度的氣體量。在呼吸中樞附近的化學感受器對於二氧化碳和氧氣的濃度很敏感，可提供回授訊號。圖 11P-65 的方塊圖為人類呼吸控制系統的簡化模型。我們的目的是有效控制肺部的氣體循環，使流過化學感受器血液中的二氧化碳和氧氣濃度能維持平衡。

(a) 當 $G_c(s) = 1$ 時，試繪製轉移函數 $G(s) = Y(s)/E(s)$ 的波德圖。試求 PM 與 GM，並決定系統的穩定度。

(b) 設計一 PI 控制器 $G_c(s) = K_P + K_I/s$，使能滿足下列規格：
　　斜坡-誤差常數 $K_v = 1$　　　　　　相位邊限為最大
試繪出系統的單位-步階響應。試求單位-步階響應的特性。

(c) 設計一 PI 控制器，使能滿足下列規格：
　　斜坡-誤差常數 $K_v = 1$　　　　　　最大超越量為最小
試繪出系統的單位-步階響應。求出單位-步階響應的特性。試比較 (b) 與 (c) 小題的結果。

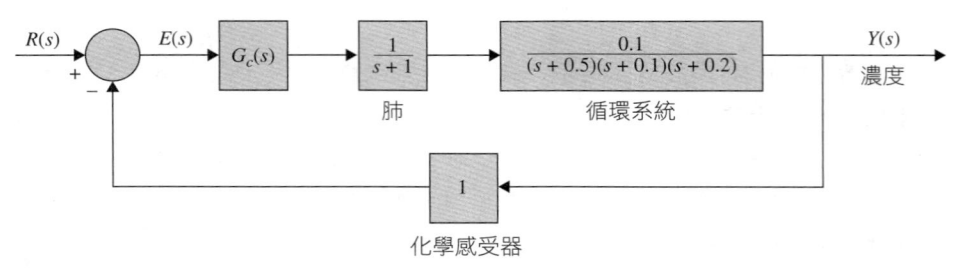

▶ 圖 11P-65

11-66 使用狀態回授控制系統的方塊圖如圖 11P-66。試求回授增益 $k_1$、$k_2$ 及 $k_3$，以使：
　　對於步階-輸入的穩-態誤差 $e_{ss}$ [$e(t)$ 為誤差訊號] 為零；
　　特性方程式的複數根位於 $-1+j$ 和 $-1-j$。

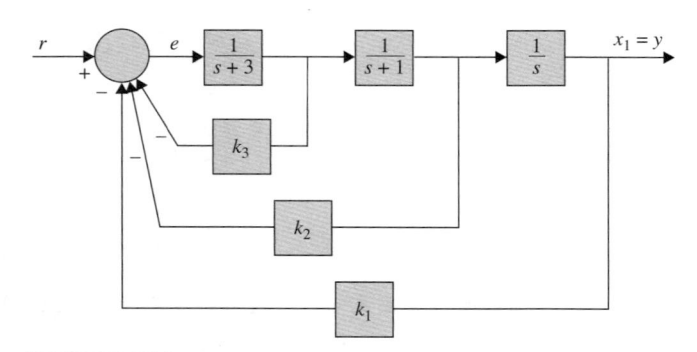

▶ 圖 11P-66

試求第三個根。這三個根能任意配置而又符合穩-態規格的要求嗎？

11-67 使用狀態回授控制系統的方塊圖如圖 11P-67a。回授增益 $k_1$、$k_2$、$k_3$ 和 $k_4$ 為實常數。

(a) 試求回授增益的值,以使:

步階-輸入的穩-態誤差 $e_{ss}$ [$e(t)$ 為誤差訊號] 為零。

特性方程式的根落於 $-1+j$、$-1-j$ 及 $-10$。

(b) 以串聯控制器代替狀態回授,如圖 11P-67b。試求控制器 $G_c(s)$ 的轉移函數,並以 (a) 小題所求的 $k_1$、$k_2$ 和 $k_3$ 及其它系統參數表示。

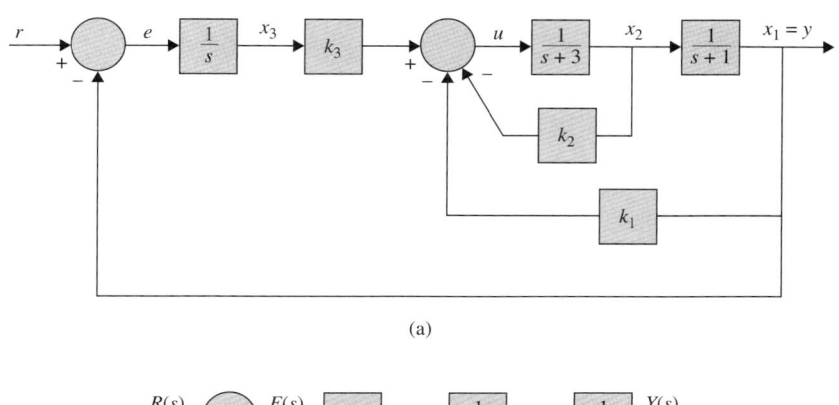

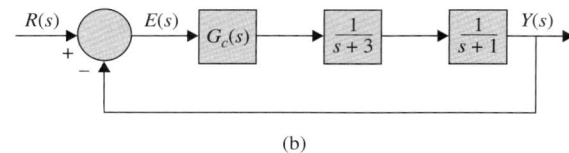

▶ 圖 11P-67

## 學期專題

**11-68** 為第八章中所提及的簡單 LEGO MINDSTORMS 機器人手臂開發一個比例、PD、PI 及 PID 控制器。

　　PD 性能規格如下:

　　　　安定時間 $t_s \le 0.3$ 秒

　　　　最大超越量 $\le 5\%$

　　　　單位-斜坡輸入之穩-態誤差 $\le 0.05$

　　PI 性能規格如下:

　　　　安定時間 $t_s \le 1.5$ 秒

　　　　上升時間 $t_s \le 0.3$ 秒

　　　　最大超越量 $\le 10\%$

　　　　單位-斜坡輸入之穩-態誤差 $\le 0.7$

　　PID 性能規格如下:

　　　　上升時間 $t_s \le 0.3$ 秒

　　　　安定時間 $t_s \le 1.5$ 秒

　　　　最大超越量 $\le 5\%$

　　　　單位-斜坡輸入之穩-態誤差 $\le 0.7$

詳見附錄 D。(注意:控制器設計過程不是唯一的。)

# 索引 Index

A 的狀態-轉移矩陣　state-transition matrix of A　443
PID 控制器　PID controller　273
$\delta(t)$ 的拉氏轉換　Laplace transform of $\delta(t)$　121

## 一畫
一-階原型　first-order prototype　104

## 二畫
二-階原型　second-order prototype　102, 108
力-電壓　force-voltage　65

## 三畫
上升時間　rise time　340, 354, 689
大小　magnitude　10
工作性能　performance　337
干擾　disturbance　172
干擾向量　disturbance vector　440

## 四畫
不可壓縮流體系統　incompressible fluid systems　52
不穩定　unstable　240
分支點　branch point　175
分解　decomposition　140, 468
反拉氏轉換　inverse Laplace transform　99
反電動勢常數　back-emf constant　310
尤拉公式　Euler formula　95
支路　branches　189
方塊　blocks　173
方塊圖　block diagram　2, 18, 171
欠阻尼　underdamped　114
比例　proportional　381
比例控制　proportional control　381
比較　compare　176
比較器　comparator　171
牛頓運動定律　Newton's law of motion　26

## 五畫
主根　dominant root　404
主動控制　active control　38
主極點　dominant pole　395
凹陷控制器　notch controller　786
凹陷濾波器　notch filter　786
加速度　acceleration　26
包容　enclosed　627
包圍　encircled　627
可控制性矩陣　controllability matrix　462
可觀測性典型式　observability canonical form, OCF　463
可觀測性矩陣　observability matrix　464
失速電流　stall current　306
尼可斯圖　Nichols chart　667
平面繞組　surface-wound　285
平移　transitional　26
未調變　unmodulated　12
正回授　positive feedback　177
正阻尼　positive damping　349
正實根　real and positive　242
目標　objectives　2

## 六畫
交流控制系統　ac control system　13
光學編碼器　optical encoder　68
回授控制系統　feedback control system　176, 267
回授補償　feedback compensation　691
回饋　feedback　172
因果系統　causal system　88
因-果關係　cause-and-effect relationships　8
多變數系統　multivariable systems　4
安定時間　settling time　340, 355, 689
自由響應　free response　443
自然頻率　natural frequency　346

## 七畫

串接分解　cascade decomposition　140
串接式補償　series (cascade) compensation　691
串聯 (串接)　series (cascade) connection　190
串聯分解　cascade decomposition　468
伺服放大器　servo-amplifier　301
位移　displacement　26
位置控制系統　position-control system　12
完全可控制的　completely controllable　478
扭轉彈簧常數　torsional spring constant　32
抑制-載波調變訊號　suppressed-carrier modulated signal　279
抗飽和保護　anti windup protection　274
步階-誤差常數　step-error constant　374
狄拉克 delta　Dirac delta　121
系統型式　system type　373
角位移　angular displacement　32
角速度　angular velocity　32

## 八畫

並聯　parallel　190
並聯分解　parallel decomposition　140, 468
取樣-資料　sampled-data　14
取樣器　sampler　15
受控程序　controlled process　7
受控變數　controlled variables　2
受控體　plant　174
固有向量　eigenvectors　458
固有值　eigenvalues　139, 242
固定-組態設計　fixed-configuration design　691
固定軸　fixed axis　32
奈氏圖　Nyquist plot　626
定值-$M$ 軌跡　constant-$M$ loci　665
定值-$M$ 圓　constant-$M$ circles　665
延遲時間　delay time　340
性能　performance　347
性能標準　performance criteria　337
拉氏運算子　Laplace operator　88

拉氏轉換表　Laplace transform table　96
拋物線-誤差常數　parabolic-error constant　376
物理實驗　physical experiment　336
狀態方程式　state equations　126, 436, 440
狀態可控制性　state controllability　478
狀態向量　state vector　439
狀態圖　state diagram　431
狀態-轉移方程式　state-transition equation　444
狀態-轉移矩陣　state-transition matrix　441
狀態變數　state variables　126, 291, 436
直角座標形式　rectangular form　94
直流馬達　DC Motor　268, 301
直流控制系統　dc control system　13
直接分解　direct decomposition　140, 468
空間狀態形式　space state form　128, 436
阻尼比　damping ratio　346
阻尼因子　damping factor　346
阻抗值　impedance　8
非時變　time-invariant　12
非常小的正數　small positive number　247
非線性　nonlinear　12
非線性系統　nonlinear system　87

## 九畫

前授補償　feedforward compensation　691
封-閉迴路　closed-loop　176
流阻　resistance　56
流容　capacitance　53
流感　inductance　55, 56
流體連續性方程式　fluid continuity equation　52
相同單位　same units　29
相似轉變換　similarity transformation　461
相位　phase　10
相位-交越頻率　phase-crossover frequency　651
相位交越點　phase crossover　651
相位-超前控制器　phase-lead controller　739
相位-落後控制器　phase-lag controller　739
相位邊限　phase margin, PM　653, 690

相位變數標準典型式　phase-variable canonical form, PVCF　450
相對穩定度　relative stability　240, 649, 689
致動器　actuator　172, 174, 268
負回授　negative feedback　9
負回授迴路　negative feedback loop　177
負阻尼　negative damping　120, 349
重疊原理　Superposition Principle　184

## 十畫

修正型二-階原型　modified second-order prototype　113
剛體　rigid　35
原型二-階系統　prototype second-order system　29, 345
容積守恆　conservation of volume　53
座標系統　coordinate system　299
庫倫摩擦　Coulomb friction　28
時間常數　time constant　46, 341
時間響應　time response　104, 336
時變　time-varying　12
根軌跡　root loci　400, 545
根廓線　root contours, RC　546, 585
根靈敏度　root sensitivity　573
特性方程式　characteristic equation　139, 455
特解　particular solution　113
迴路　loop　194
迴路法　loop method　43
迴路增益　loop gain　194
馬達電氣時間常數　motor electric-time constant　294
馬達機械時間常數　motor mechanical time constant　295
馬達轉矩常數　motor torque constant　307

## 十一畫

動-圈式　moving-coil　285
動態方程式　dynamic equation　439
動態系統　dynamic systems　25, 267

參考　reference　337
參考(測試)輸入訊號　reference (test) input signal　336
參考輸入　reference input　295
強健性　robustness　689
強韌系統　robust system　574
控制性　controllability　477
控制性標準型　controllability canonical form, CCF　450
控制實驗室　Control Lab　268, 336
控制器　controller　7, 174, 268
斜坡-誤差常數　ramp-error constant　375
旋轉　rotational　26
晨起症候群　morning sickness　10
條件性穩定系統　conditionally stable system　660
條件頻率　conditional frequency　347
笛卡爾　Cartesian　92
終值　final value　107
設計　design　337
速度　velocity　26
速度控制系統　velocity-control system　12
連續資料　continuous-data　12
部分分式展開　partial-fraction expansion　96
閉-迴路位置控制　closed-loop position control　303
閉-迴路系統　closed-loop system　7
閉-迴路穩定　closed-loop stable　627

## 十二畫

喬丹方塊　Jordan blocks　467
喬丹典型式　Jordan canonical form, JCF　467
單位回授迴路　unity feedback loop　177
單位-步階　unit-step　339
單邊拉氏轉換　one-sided Laplace transform　88
最大超越量　maximum overshoot　339, 689
最小的集合　minimal set　128, 436
減掉　subtract　177
測試訊號　test signals　337
測試輸入　test inputs　337

無刷直流　brushless dc　285
絕對穩定　absolute stability　240
虛接地　virtual ground　270
虛短路　virtual short　270
超越量　overshoot　117
開-迴路車底激勵　open-loop base excitation　302
開-迴路控制系統　open-loop control system　6
開-迴路穩定　open-loop stable　627
順向路徑　forward path　194
順向路徑增益　forward-path gain　194

## 十三畫

傳導　conduction　49
微分　derivative　381
微分方程式　differential equations　25
感測器　sensor　171, 174, 268
極點　poles　92, 241
極點配置設計　pole-placement design　478
節點　nodes　188
節點法　node method　43
解析函數　analytic function　92
跡　trace　456
路徑　path　194
路徑增益　path gain　194
路斯表　Routh's tabulation　246
路斯陣列　Routh's array　246
運算放大器　op-amps　268
過阻尼　overdamped　110
零初始狀態　zero initial conditions　209
零阻尼　zero damping　349
電位計　potentiometers　268
電流定律　current law　43
電容　capacitor　43
電感　inductors　43
電樞電阻　armature resistance　306
電壓定律　voltage law　43

## 十四畫

實際可實現的系統　physically realizable system　88
實際系統　actual system　21
對角典型式　diagonal canonical form, DCF　465
對流　convection　49
誤差　error　171, 176
誤差鑑別器　error discriminator　300
輔助方程式　auxiliary equation　248
齊次解　homogeneous solution　113

## 十五畫

增益邊限　gain margin, GM　651, 690
廣義固有向量　generalized eigenvectors　458
數位控制系統　digital control system　14
暫態　transient　113, 335
暫態與穩態響應　transient and the steady-state responses　113
暫態響應　transient response　336
暫態-響應特性　transient-response characteristics　689
標準的一階-原型系統　standard first-order prototype　46
標準原型二-階系統　standard prototype second-order system　86
模型式的　model-based　336
歐姆定律　Ohm's law　42
熱阻　thermal resistance　49
熱容　capacitance　48
熱膨脹係數　thermal expansion coefficient　54
線性　linear　12
線性常微分方程式　linear ordinary differential equation　87, 104
線性模型　linear models　268
編碼器　encoders　268
調節器系統　regulator system　8
調整器　regulators　493
調變　modulated　12
質量守恆　conservation of mass　52
質量守恆定律　the law of conservation of mass　52

## 十六畫

機械時間常數　mechanical time constant　313
激勵訊號　actuating signals　2
積分　integral　381
輸入　inputs　2, 29, 171
輸入向量　input vector　439
輸出　outputs　2, 29, 171, 437
輸出方程式　output equations　439, 440
輸出向量　output vector　439
輸出感測器　output sensor　176
輻射　radiation　49
靜摩擦　static friction　28
頻寬　bandwidth　8

## 十七畫以上

總增益　overall gain　8
臨界不穩定　marginally unstable　242
臨界阻尼　critically damped　108, 346
臨界點　critical point　631, 634
臨界穩定　marginally stable　242
黏滯阻尼　viscous damping　28
黏滯摩擦　viscous friction　28
黏滯-摩擦係數　viscous-friction coefficient　311
擾流　turbulent　56
簡單共軛複數極點　simple complex-conjugate poles　94
簡單極點　simple pole　92
簡單零點　simple zero　92
轉矩　torque　32
轉矩常數　torque constant　288
轉動慣量　moment of inertia　314
轉移函數　transfer function　19, 89, 120
轉移函數矩陣　transfer-function matrix　136
轉速計　tachometer　268, 301
轉速計常數　tachometer constant　280
離散資料　discrete-data　12
穩定的　stable　19, 239
穩定度　stability　8
穩態　steady-state　113, 335
穩-態精確度(誤差)　steady-state accuracy (error)　689
穩態誤差　steady-state error　337, 340, 363
穩態響應　steady-state response　336
類比　analogous　33
鐵芯　iron-core　285
驅動　actuate　176
體積模數　bulk modulus　54
靈敏度　sensitivity　8
觀測性　observability　477
觀測器　observer　478